中国长材轧制技术与装备

主　　编　周　琳
副 主 编　陈其安　姜尚清
执行主编　彭兆丰

北京

冶 金 工 业 出 版 社

2014

内 容 简 介

本书以我国长材轧制技术的发展为背景，介绍了近年长材轧制技术的新进展，力求反映出在新的形势下，长材生产企业为了实现可持续发展，在轧制工艺、主辅设备及电气控制技术等方面所开展的创新性工作和取得的主要成果，以及长材轧制技术的发展趋势。书中所举的实例以其翔实的数据反映出我国已建和在建长材轧机的技术特点和先进程度。

本书可供从事轧钢生产、科研和管理工作的工程技术人员、科技人员和冶金院校相关专业师生阅读参考。

图书在版编目(CIP)数据

中国长材轧制技术与装备/周琳主编 . —北京：冶金工业出版社，2014.6
ISBN 978-7-5024-6417-2

Ⅰ.①中… Ⅱ.①周… Ⅲ.①棒材轧制—中国 ②线材轧制—中国 Ⅳ.①TG335.6

中国版本图书馆 CIP 数据核字(2014) 第 115544 号

出 版 人 谭学余
地　　址 北京北河沿大街嵩祝院北巷 39 号，邮编 100009
电　　话 (010)64027926 电子信箱 yjcbs@cnmip.com.cn
责任编辑 李培禄 李 臻 美术编辑 彭子赫 版式设计 孙跃红
责任校对 石 静 责任印制 李玉山
ISBN 978-7-5024-6417-2
冶金工业出版社出版发行；各地新华书店经销；三河市双峰印刷装订有限公司印刷
2014 年 6 月第 1 版，2014 年 6 月第 1 次印刷
210mm×297mm；47 印张；1542 千字；724 页
198.00 元

冶金工业出版社投稿电话：(010)64027932 投稿信箱：tougao@cnmip.com.cn
冶金工业出版社发行部 电话：(010)64044283 传真：(010)64027893
冶金书店 地址：北京东四西大街 46 号(100010) 电话：(010)65289081(兼传真)
(本书如有印装质量问题，本社发行部负责退换)

序　言

长材包括钢轨、大中小型型钢、棒材和线材，广泛应用于国民经济的建筑、铁路交通、航空航天、机械制造以及方兴未艾的新兴产业中，是社会经济可持续发展不可或缺的钢材品种。长材生产在我国钢铁工业中占有重要地位，其实际产量多年来高达 3 亿吨以上，占钢材总产量的 50% 左右。

长材生产技术和装备的进步一直是广受关注的热点之一。中国钢铁界历经几代人近半个多世纪的不懈努力终于使我国成为了长材的生产大国，技术装备水平进入了世界先进行列。

这些努力始于 1958 年的全民大炼钢铁之际，但直至 20 世纪 80 年代中期，仍收效甚微。当时我国的大中型、小型、棒材和线材生产仍然是横列式轧机的一统天下，且品种单一，落后面貌没能得到彻底改变。

1979 年改革开放后，中国钢铁界以新的视觉观察世界，开始引进当时的国际先进技术与装备，如高速线材和合金钢小型连轧机等，走上了"引进、消化、吸收、再创新"的道路，实现了长材"高速、无扭、无张力"生产。至 2000 年左右，我国就已建成了几十套连续式小型棒材和线材轧机，国产化的比例持续提高。与此同时，我国长材的品种和质量也有了大幅度的提高。如高级别带肋钢筋和紧固件用圆钢、H 型钢、高速铁路用钢轨、汽车用长材和高级别、多样化的特钢棒材等都实现了国产化，有力地支撑了一系列传统产业和新兴产业的技术更新换代和结构调整。

从 20 世纪末期开始，我国长材的产品、技术和装备就开始逐步进入国际市场，不少单位都能够向国外出口全套的技术装备。

进入 21 世纪的我国钢铁产业必须转变发展模式，走可持续发展的道路，克服资源环境制约，这已成为全社会的共识。基于庞大的产量基数和在经济建设中不可替代的作用，长材产业首当其冲，必须全面贯彻科学发展观，以创新驱动实现技术与产品的升级换代，为我国社会和经济的可持续发展做出贡献。

恰逢此时，中国金属学会轧钢分会和中国钢铁工业协会科技环保部组织了全国与长材相关的研究设计单位、大学和生产厂 60 多位专家编著了《中国长材轧制技术与装备》一书，分轨梁、大中型型钢、小型棒材、线材、精整热处理等方面对长材的生产工艺、设备、自动化技术和产品的现状以及发展趋势进行了较为全面的论述。本书全面反映了我国长材产业的发展历史和当前的综合水平，必将对我国产业结构调整、技术与产品的升级换代、向世界长材强国迈进有所裨益。对于关注长材产业的国内外读者，它也是一本不可多得的参考书。

　　由衷感谢参与本书撰写、编辑、出版和发行的同志们。

中国金属学会轧钢分会理事长
鞍钢集团公司总经理　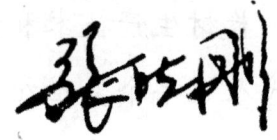

前　言

（一）

　　长材也称型钢，包括钢轨、大中小 H 型钢和其他型钢、棒材和线材。我国是名副其实的长材生产大国，多年来产量稳居世界第一。近 40 年来长材的产量在我国钢材总产量中所占的比例一直在 50% 左右。例如，2011 年和 2012 年我国长材产量分别为 40281.4 万吨和 44398.8 万吨，分别占当年钢材总产量 88415.6 万吨和 95186.1 万吨的 45.57% 和 46.63%。与此同时，长材主流生产企业的技术装备及产品质量也进入了世界先进行列。我国长材的产量和质量的稳步提高，不仅为解决全国人民的住房、出行的道路（包括公路和铁路）、国家安全等直接提供了不可或缺的物质基础，还为国民经济其他产业部门的发展提供了有力的支撑，在国民经济中的重要性不言自明。

　　这些成绩的取得是中国钢铁界从 20 世纪 50 年代起，几代人大半个世纪的苦苦探索，并为之付出了巨大代价的结果，着实来之不易。

　　进入 21 世纪，可持续发展已成为全球经济发展的普适原则，如何实现资源环境友好的协调发展已是各领域共同探索、努力追求的主流目标。在我国长材已经远离供不应求转而面临产能严重过剩局面、钢铁工业正面对污染和资源消耗严重指责的今天，如何以创新驱动实现转型发展就是所有长材工作者继往开来的重任，光荣而艰巨。

　　这些年来，轧钢分会组织编辑出版了热轧带钢、冷轧带钢、厚板、无缝管、焊管等专业丛书，旨在系统地总结我国在相应生产技术领域的发展现状，提示今后的发展主题。但是，要在 21 世纪第二个 10 年出版的本书，却必须更加突出当前可持续发展的时代主题，以更高更开阔的视野总结过去展望未来。

　　为此，轧钢分会提议以中国金属学会轧钢分会和中国钢铁工业协会科技环保部出面组织，编写一部长材生产技术与装备的专著，并请中冶京诚瑞信长材工程技术有限公司具体负责本书的编写工作。中冶京诚瑞信长材工程技术有限公司成立了以总经理周琳领衔、技术总监范思石主管、彭兆丰教授执掌日常编写事务的执编组。在拟出初步的编写提纲后，经过认真讨论认可，邀请有关大学、院所和工厂在长材生产和理论研究方面有造诣的专家为本书撰稿。

为长材出一本书，是我国许多钢铁人的共同愿望，也是笔者多年的夙愿。能够承担此重任并尽力赋予本书上述的时代特点，实为一大幸事。

<h2 style="text-align:center;">（二）</h2>

关于本书的定位：本书可以是工程师、大学生和研究生的参考书，但它不是教科书，也不是设计手册。本书要以最新的资料和生产经验，较为全面地介绍长材轧制技术的各个领域，介绍它的过去、现在和可能的未来。尽管水平有限，我们仍然力图给读者一个完整、清晰的概念。

为此，笔者参考了这些年新出版类似的钢铁书籍，也查阅了美国、德国、前苏联在 20 世纪 80 年代以来出版的几本老书。其中，美国钢铁协会主编的《The Making、Shaping and Treating of Steel》一书从 1925 年至 1985 年的 60 年间再版了 10 次，被称为钢铁生产的"圣经"；德国钢铁协会主编的《钢铁生产概况》（冶金工业出版社 2011 年出版）等为本书的编写提供了很好的借鉴。笔者从中体会到一本好的技术著作尽管要有详尽、最新的资料，但更为重要的是要把握住它的定位和时代特点，给出明确的观点。即便对书中个别观点尚存在争议，也必须坚持这个原则。

在本书中介绍了一些炼钢—连铸的基本知识，其初衷来自笔者多年实际工作中的体会。其实，连续化、集成的生产模式以及产品应用的牵引已经成为当代钢铁工业发展的重要特征。将各工序分别单独考虑的处理方法已经让位于充分体现工序间协调互动的流程工程学的理念和方法。在长材物流中，轧钢工序正处于"承上启下"的重要位置，上承炼钢—连铸，下启长材的应用客户。近年来在长材新产品研发（应用牵引）的过程中，研发者逐渐发现，仅有先进的轧钢工艺和设备并不能生产出好的产品，需要从钢种研究开始，将炼钢—连铸工艺和轧钢工艺结合起来才能出好产品和取得好的经济效益。炼钢—连铸的知识对轧钢工作者绝对不是多余的，而是必备的。因此，本书理应引导读者尽可能一体化地看待长材炼钢—连铸—轧制—应用技术进步的现状和发展趋势。其实，轧钢工程师具有相关炼钢—连铸知识是再自然不过的事。美国另一本名著《Hot Rolling of Steel》一书中就对炼钢—铸锭和连铸进行了较为详细的介绍。联想到我的前辈，学机械或别的专业，为轧钢做出了开拓性贡献者就有好几个。重要原因之一，就是他们有比较宽的知识面。因此，笔者大胆地将向国内众多炼钢—连铸专家学习的心得体会写进了书中。

长材中的大型、中型、小型和线材的分类是有界定的。如何划分这些产品在正文中有较详细的论述。本书中的小型棒材、线材基本遵循了传统的按类别叙述的方法；而大型、中型则没有。按传统的分类，重轨、大型H型钢、大规格圆钢应列入大型材，中型H型钢以其规格而论亦应属于大型材。对这些重量级产品本书采用分别独自建章的方式叙述。

重轨年产量不过300万~350万吨，并不是很高。但其质量却在长材中位于要求最高之列，是我国长材装备和生产水平的主要标尺。因此，列出单独的一章专门介绍。H型钢在我国不仅是新生事物，而且发展速度超快，2012年的年产量和消费量都在1000万吨左右，超过了其他所有异型材的总和。对这种"新而大"的产品当然要给以重点介绍，也专门列出了一章。

至于大规格圆钢，在我国和世界都不算新鲜，但我国在短短的几年中竟建设了近20条大圆钢生产线，在世界却是新鲜事。按"存在即合理"的哲学原理，大、中规格的圆钢生产线在我国大量新建与存在定有其合理成分，因此也列了一章来介绍它。

至于中型型钢，我国只建设了两条连续中型型钢生产线，且建成后的生产情况不是太好。横列式中型型钢轧机，只有两家国企和民企还在生产。因此，无论连续式还是横列式中型型钢轧机，不仅数量少，而且在技术上也并没有什么特色，故不作介绍。

随着合金钢比重的增加和对产品质量越来越高的要求，需要精整热处理的长材产品逐年增多。有关内容在过去教科书和技术专著中都介绍得比较少，而近年又涌现了一些新的热处理和精整方法，笔者认为这个短缺需要及时补上。

因此，也列出一专门的章节。

　　孔型设计是非常专业的技术，非有丰富实践经验的专家撰稿不可。原计划单独成为一章，请各专业生产厂的孔型设计专家执笔。收齐各方稿件后发现，就各单独品种而言，各孔型设计的稿件都写得不错；而就孔型设计技术自身而言，则显得系统性不足，一些相关的基础知识没有介绍，且并没有涵盖所有型钢产品的孔型设计方法。若将这内容补齐，恐过于繁杂，占用篇幅太多。因此，改而将孔型设计附在大、中型或小型、线材的章节中，这样较自由地发挥，可长可短。

　　特别要指出的是，有前苏联留学背景，在鞍钢孔型设计室、特别是攀钢大型厂工作过，有30年生产实践经验的老专家林建椿老先生，对大中型的孔型设计进行了仔细的审核，指正了其中的一些错误，并亲自撰写了球扁钢槽式轧制法一节，笔者在此对林老先生表示深深的谢意。

（三）

　　如前所述，以创新驱动实现转型发展是长材工作者继往开来的重任。如何创新？如何从我国钢铁及长材发展的坎坷历史中感悟"开来"的方向？本书虽然是一本技术专著，但越来越多的事实说明，技术并非万能。

　　20世纪80年代以后，我国钢铁工业迅速走上了大型化、现代化、自动化的道路，迈入了大发展阶段。但长材生产却有一个挥之不去的困扰。欧洲、北美等先进地区，电炉钢占总量的30%～35%左右，小型、线材生产多采用电炉钢，炼钢—连铸与轧制能力匹配，形成典型的短流程，优势明显。而我国废钢资源短缺、电力供应紧张且价格高，没有条件发展电炉炼钢，小型、线材轧制只能与高炉—转炉—连铸配合。由于产品单重小、轧机机时产量低，与先进的转炉炼钢—连铸能力严重失衡，发展受到严重的制约。经过多年努力，在2003年轧钢界终于将小型和线材轧机的单机产量提高到80万～100万吨，甚至更高。高产量的棒材与线材轧机很适合与先进的转炉—连铸相匹配，这是我们50年来第一次找到了适合中国国情的小型和线材的生产工艺流程，即1炉（1座转炉）—1机（1台5～6流的小方坯连铸机）—1轧（1套小型或线材轧机）的生产模式。继首次在江西萍乡钢厂的设计中推出这个模式后，很快得到推广，为中国长材生产的快速发展提供了技术支撑。因此，从我国国情出发进行技术创新是长材发展的灵魂。

然而，此后却出现了始料不及的后果——对创新技术成果的喜悦和推广应用的激情很快被产能过剩的焦虑所取代。早在2006年，即已出现产能过剩的苗头；在随后的几年里势头仍然不减，长材从供不应求很快转变为严重过剩。我们多年努力获得的创新成果，从根本上改变了长达50多年之久长材短缺的局面，却在随后几年之内就坠入了产能严重过剩的困境。这些年来长材生产技术进步并没有停顿，尤其是主流企业的技术和产品都已迈入了国际先进之列。但与之形成鲜明对照的是，我们却也没有停顿地陷入越来越深的产能过剩的深渊。这究竟是为什么？如何破解？

我们回顾中国钢铁工业发展的坎坷历史。先后有"在15年超英赶美号召下的1958年的全民大炼钢铁"、"经历了9年文革之后，1975年在提出建设10个鞍钢"和"1985年提出用小、洋、群等土办法把钢铁搞上去"等一而再、再而三的非理性行为。现在，并不能否认那些时期钢铁工业的技术的确有所进步，但还是走了弯路，没有得到正常的发展，反而给国家造成了巨大的损失。原因固然是多方面的，尚待后人给出中肯的评述。不过，结合今天的困境对我国钢铁业和长材走过60年的颠簸历程进行反思，不难得出这样的看法：技术很重要，但技术并不能决定一切。历史证明，最重要的是只有在科学发展观的正确指引下技术才能充分发挥它应有的作用。现在，创新驱动转型发展为长材的发展指明了方向，我们肩负着继往开来的重任，牢牢把握科学发展观必须放在首位。

（四）

本书是我国钢铁界相关专家集体创作的结晶。参加撰稿的有来自中冶京诚、东北大学、包钢、中冶东方、中冶华天、攀钢、鞍钢、唐钢、中国钢研科技集团公司、株洲硬质合金集团有限公司、淮阴钢厂、永锋钢铁有限公司、重庆川深金属新材料公司、青岛雷霆重工机械研究所等单位共计60余位业内专家。

　　在轧钢分会的组织下，经过专家们的共同努力，这本包括长材轧制理论、生产工艺、设备与电控技术的《中国长材轧制技术与装备》就要交付出版了。这是几代人对我国长材轧制技术所做的较为系统的总结，学术水平的高低且留待大家评议。我们能说的是：我们尽力了。感谢各位撰稿人为本书所付出的辛勤劳动，感谢中国金属学会轧钢分会理事长张晓刚先生为本书作序，笔者更要感谢本人服务了半个多世纪的中冶京诚公司（北京钢铁设计研究总院）和瑞信长材工程技术有限公司的领导和各位同仁，是他们提供了如此宽松的工作环境又提供了如此丰富的资料，让笔者能与国内众多的专家共同来总结这些经验并结集出版。谢谢大家，谢谢为本书的出版而出过力的各位女士们、先生们！

彭兆丰

2013 年 12 月 27 日于北京

目　　录

第1篇　长材生产总论

第 2 篇　长材轧制工艺

第3篇　长材轧制设备

第 4 篇　长材生产的电气传动和控制

第1篇 长材生产总论

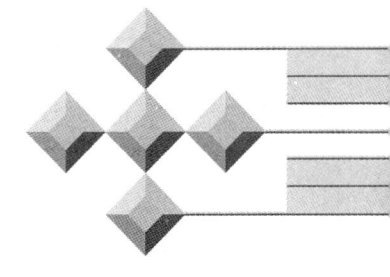

1 长材概况

1.1 中国和世界的长材生产

钢铁由于其性能的多样性和可再生性,成为当今工业社会发展难以取代的材料之一。德国钢铁学会认为:钢铁现在是,并且在可预见的未来仍将是人类使用材料的第一选择[1]。因此,世界上所有工业大国均把钢铁工业视为与粮食、能源具有同等地位的产业。表 1-1 列出了从 2001~2010 年间世界主要产钢国家的钢产量。表 1-1 显示,2001~2010 年的 10 年间世界钢产量从 8.5 亿吨,增长到 14.17 亿吨,增长了 65.88%,年平均增长 6.59%,世界钢铁产量持续稳定的增长,为上述论断提供了有力的支持。在全世界工程材料的用量中,钢铁仅次于水泥,是世界上用量第二大工程材料,它的用量是其他非金属材料总和的 15 倍。

表 1-1 2001~2010 年世界主要产钢国家的钢产量

国　家		2001 年	2002 年	2003 年	2004 年	2005 年	2006 年	2007 年	2008 年	2009 年	2010 年
钢产量 /万吨	美　国	9010.4	9158.7	9367.7	9968.1	9489.7	9855.7	9810.2	9135.0	5819.6	8049.5
	德　国	4480.3	4501.5	4480.9	4637.4	4454.2	4722.4	4855.0	4583.3	3267.0	4383.0
	日　本	10286.6	10774.5	11051.1	11271.8	11247.1	11622.6	12020.3	11873.9	8753.4	10959.9
	韩　国	4385.2	4539.0	4631.0	4752.1	4782.0	4845.5	5151.7	5362.5	4857.2	5636.3
	中　国	15163.4	18236.6	22233.6	28291.1	35324.0	41914.9	48928.8	50031.2	57356.7	62665.4
	俄罗斯	5897.0	5977.7	6145.0	6558.3	6614.6	7083.0	7238.7	6851.0	6001.1	6694.2
	巴　西	2671.7	2960.4	3114.7	3290.9	3161.0	3090.1	3376.2	3371.6	2650.6	3292.8
	世界总计	85107.3	90417.0	96991.5	107135.8	114402.9	124711.6	134657.7	132922.8	123236.8	141726.4
中国占世界比例/%		17.82	20.17	22.92	26.41	30.88	33.61	36.34	37.64	46.54	44.22

用轧制方法生产钢材,具有生产过程连续性强、易实现机械化和自动化等优点。因此,与铸造、锻造、挤压、拉拔等生产工艺相比,轧制生产效率高、生产成本低,对批量大的钢铁产品最具市场竞争力。2010 年世界钢产量为 14.17 亿吨,其中钢锭的产量只占 5%,用于铸件的钢水只占 0.3%,其他 94.7% 的钢水是铸成连铸坯后进一步加工成材。在 5% 的钢锭中大部分供锻造使用,也有少部分经初轧开坯或锻造开坯后再轧制成材。94.7% 的连铸坯中大部分经轧制成材,但也有少数连铸坯作为锻造的原料。因此,轧制加工占世界钢产量的比例无确切的统计数,估计世界钢产量中 92%~95% 是以轧制方法加工成材的。据此,轧钢是钢铁生产中最主要的加工方式。轧钢的产品主要有长材、板材和管材三大类。

一般将具有一定断面形状和尺寸的实心金属材称为长材或型钢,在这里,我们将复杂断面型钢和简单断面的棒材线材统称为长材。长材应用于国民经济各个领域,世界经济发展水平不同的国家,长材在钢材总量中所占的比例差异很大,表 1-2 列出了近年来主要产钢国家长材产量及其在钢材产量中的比例。

表 1-2　世界主要产钢国热轧材、长材产量及长材占热轧材的比例

国　家	2001 年			2002 年			2003 年			2004 年		
	热轧材/万吨	长材/万吨	长材比例/%	热轧材/万吨	长材/万吨	长材比例/%	热轧材/万吨	长材/万吨	长材比例/%	热轧材/万吨	长材/万吨	长材比例/%
美　国	8975.7	2535.8	28.25	9071.8	2514.1	27.71	9613.8	2683.2	27.91	10168.2	2761.9	27.16
巴　西	1807.3	698.3	38.64	1903.2	718.2	37.74	2086.9	742.2	35.56	2339.6	841.9	35.98
德　国	3845.0	1252.7	32.58	3897.2	1264.0	32.43	3834.3	1260.8	32.88	4147.6	1361.9	32.84
日　本	9478.2	3383.5	35.70	9828.8	3453.3	35.13	10050.4	3399.2	33.82	10319.7	3474.1	33.66
韩　国	4430.0	1800.9	40.65	4618.9	1991.0	43.11	4838.1	2039.6	42.16	4943.6	2011.6	40.69
中　国	16067.6	9383.5	58.40	19251.6	11222.5	58.29	24109.0	13484.9	55.93	31975.7	16288.8	50.94
世　界	78652.1	29911.6	38.03	83265.1	33063.6	39.71	91237.8	36168.5	39.64	102752.4	39826.3	38.76

国　家	2005 年			2006 年			2007 年		
	热轧材/万吨	长材/万吨	长材比例/%	热轧材/万吨	长材/万吨	长材比例/%	热轧材/万吨	长材/万吨	长材比例/%
美　国	9522.8	2611.5	27.42	9852.8	2766.5	28.08	9623.6	2813.9	29.24
巴　西	2260.7	705.9	31.22	2345.3	905.0	38.59	2585.0	1015.9	39.30
德　国	3939.1	1272.7	32.31	4294.9	1400.0	32.60	4382.3	1433.3	32.71
日　本	10118.8	3376.1	33.36	10412.1	3563.8	34.23	10820.3	3639.4	33.63
韩　国	4937.4	1879.9	38.07	5086.2	1958.2	38.50	5426.3	2040.6	37.61
中　国	37771.1	19091.6	50.55	46893.4	23297.0	49.68	56560.9	26725.4	47.25
世　界	107764.7	41928.8	38.91	121426.3	48284.0	39.76	132768.6	52958.4	39.89

国　家	2008 年			2009 年			2010 年		
	热轧材/万吨	长材/万吨	长材比例/%	热轧材/万吨	长材/万吨	长材比例/%	热轧材/万吨	长材/万吨	长材比例/%
美　国	8876.5	2582.4	29.09	5474.6	1608.1	29.37	7569.9	2034.8	26.88
巴　西	2469.3	1038.1	42.04	2022.3	837.1	41.39	2540.1	1023.8	40.31
德　国	3980.5	1371.6	34.46	2904.1	1022.9	35.22	3682.7	1191.8	32.36
日　本	10608.2	3439.3	32.42	7686.8	2331.9	30.34	9776.5	2834.1	28.99
韩　国	5810.7	1998.3	34.39	5144.0	1908.6	37.10	5903.1	1841.6	31.20
中　国	58488.1	26715.3	45.68	69243.7	33250.8	48.02	79627.4	36290.7	45.58
世　界	131437.3	52579.1	40.00	126063.2	53807.9	42.68	136121.8	57382.8	42.16

资料来源：Worldsteel Association：Steel Statistical Yearbook 2011。

从表 1-2 可以看出，发达国家如美国，长材在钢材总产量中的比例在 30% 以下，保持在 26% ~ 30% 之间，板材占的比例高达 65% ~ 70%；德国长材比例保持在 32% ~ 34%，板材为 65% 左右；而我国长材在钢材中的比例高达 45% ~ 50%。近 20 年来，我国钢铁业内专家一直认为长材在我国钢材产量中的比例过高，属于非正常状态，并以先进国家为标准，力主要提高板管比。近年我国新建了大量的钢板和钢管轧机，板材的产量快速增长，2000 年我国板材产量仅为 4541.2 万吨，钢板占钢材的比例仅为 34.54%，而同年长材产量 7556.7 万吨，占钢材的比例高达 57.55%；到 2010 年我国板材产量达 36112.4 万吨，占钢材的比例为 45.35%；但长材产量并没有减少，而以更快的速度增长，2010 年长材所占比例有所降低，但仍高达 45.57%，产量达 36290.7 万吨，与钢板的产量相当。汽车工业是板材的最大用户，我国 2010 年小汽车产量和销售量均超过 1800 万辆，为世界之最，对板材的消费拉动不能谓之不强，但现在我国板材产能过剩问题突出，总销售的形势并不好，而长材也问题重重，但相对板材要好些。这说明在人口众多、处在工业化和城镇化过程中的中国，住房建设和城市基础设施的建设对长材产品的需求拉动，比汽车对板材的拉动更强，业内人士估计这一趋势还可能要持续 15 ~ 20 年。2005 ~ 2010 年我国各种长材品种的产量如表 1-3 所列。

表 1-3　2005~2010 年我国各种长材的产量　　　　　　　　（万吨）

年　份	全国钢材产量	铁道用材	大型钢材	中小型材	棒　材	钢　筋	线　材	长材合计	长材比例/%
2005	37771	318.5	747.77	2664.6	1187.43	6776	6051.1	16557.97	43.84
2006	46854	334.27	917.2	2667.1	2210.9	8303.8	7151	19373.33	41.35
2007	56461	342.1	1014.7	2839.5	4587.9	10136.6	7928.7	22261.6	39.43
2008	58177.3	474.2	887.4	3093.2	4769.9	9560.0	7930.3	26715.3	45.92
2009	69243.8	586	947.1	4118.9	5565.4	12150.6	9585.7	32953.6	47.59
2010	79627	550.3	946.6	4252	6892.6	13096.4	10552.8	36290.7	45.58

1.2　长材的品种规格、分类和标准

1.2.1　长材的品种规格

长材品种规格繁多，按不同的分类方法，长材可分为以下几类：

（1）按断面特点或横断面形状长材可分为复杂断面长材和简单断面长材。复杂断面长材又称为异型断面长材（型钢），其特征是横断面具有明显的凸凹分枝。复杂断面长材还可以分成凸缘型钢、多台阶型钢、宽薄型钢、局部特殊加工型钢、不规则曲线型钢、复合型钢、周期断面型钢和金属丝材等。简单断面长材和复杂断面长材图形如图 1-1~图 1-3 所示。

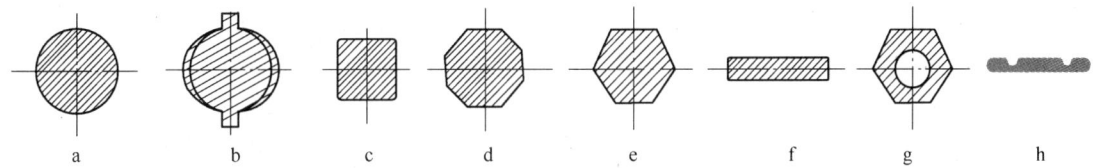

图 1-1　简单断面长材

a—圆钢；b—钢筋；c—方钢；d—八角钢；e—六角钢；f—扁钢；g—六角中空钢；h—双槽弹簧扁钢

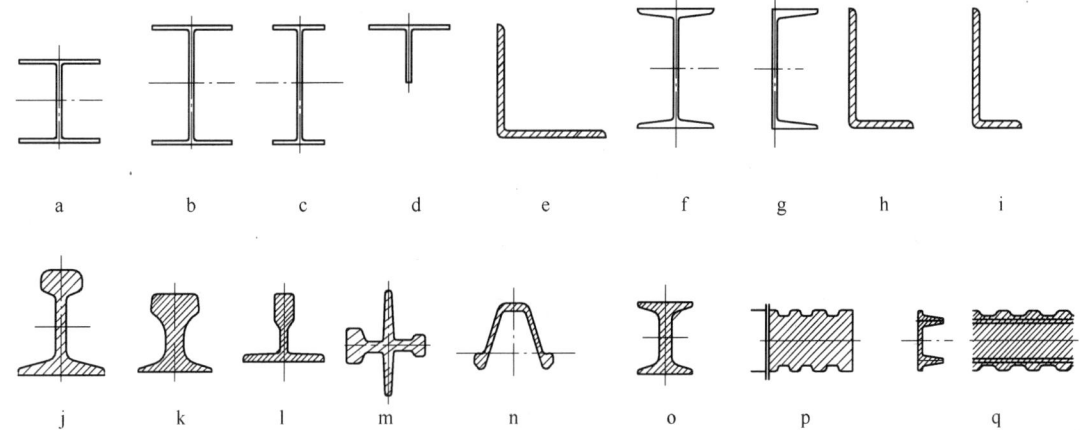

图 1-2　复杂断面长材（一）

a—H 型钢 HW；b—H 型钢 HM；c—H 型钢 HN；d—T 字钢；e—等边角钢；f—工字钢；g—槽钢；
h—不等边角钢；i—L 钢；j—钢轨；k—吊车轨；l—电梯导轨；m—十字钢；
n—矿用 U 型钢；o—矿用工字钢；p—矿用花边钢；q—矿用周期钢

除了在图 1-2 和图 1-3 中所示的复杂断面长材之外，还有许多更为复杂的长材没有列在图中。在这众多的长材产品中断面最简单的长材——圆钢（包括带肋钢筋和线材）是用得最多的产品，在复杂断面长

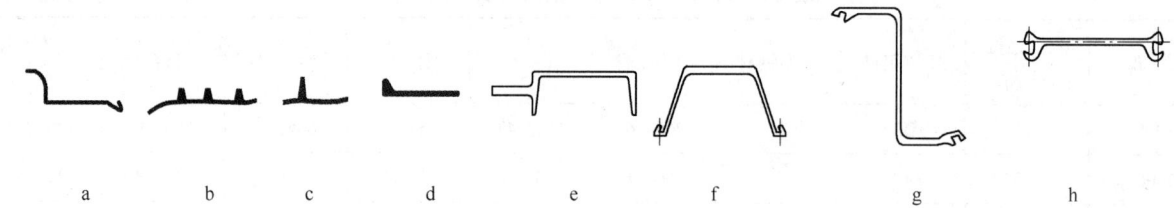

a　　　b　　　c　　　d　　　e　　　f　　　g　　　h

图 1-3　复杂断面长材 (二)
a—汽车轮辋钢；b—三爪履带钢；c—单爪履带钢；d—球扁钢；e—F 钢；
f—U 型钢板桩；g—Z 型钢板桩；h— 一字形钢板桩

材中用得最多的是 H 型钢 (约占复杂断面长材的 70% ~ 80%)，再次是列入了国家标准或行业标准的长材产品，如热轧型钢 (包括工字钢、槽钢、等边角钢、不等边角钢、L 钢)、钢轨 (包括铁路用钢轨、轻轨、起重机用钢轨、电梯导轨)、矿用型钢 (包括矿山用支护 U 型钢、矿用工字钢、矿用周期扁钢、矿用花边钢)、热轧球扁钢、履带用热轧型钢、中空六角形钎钢、机车用方钢等。还有许多是根据下游用户新的需求而开发出来的新的型钢，如图 1-2 和图 1-3 中所示的十字钢、F 钢等。新产品会随着生产技术发展和社会进步不断涌现，但只有正式列入国家或行业、企业标准的产品才是工业化批量生产的产品。

　　可用热轧方法生产的长材产品会按市场的法则进行取舍。其原则有两个：一是可能，长材的孔型设计可以轧制出用户要求的断面形状和尺寸；二是经济，产品的需求数量值得用热轧的方法批量生产。过去在计划经济时代，只要有用户需要就轧的观念，在市场经济情况下已经行不通。尽管用户需要，但用量很少，用热轧的方法生产并不经济时，可能会考虑用其他压力加工方法如模锻、冷弯、挤压法生产。如在图 1-3 中所列的 F 钢，用于城市轨道交通的供电，我国莱钢花了几年的时间开发这种产品，但其用量很少，生产成本很高，能否投入批量生产还很难说。在一些轧钢专业的教科书中给出了形状更为复杂的长材产品 (参见图 1-3)，笔者无法详细一一考证图中所示的产品中哪些是热轧方法生产的产品，哪些是用挤压或其他方法生产的。但以我国目前 3.6 亿吨长材产品的生产实践看，其中许多是不用热轧方法生产的，热轧的长材产品远没有图 1-4 中所示那么多，可能有这样形状的产品，但不是用热轧方法生产的，而是用挤压或冷弯的方法生产的。

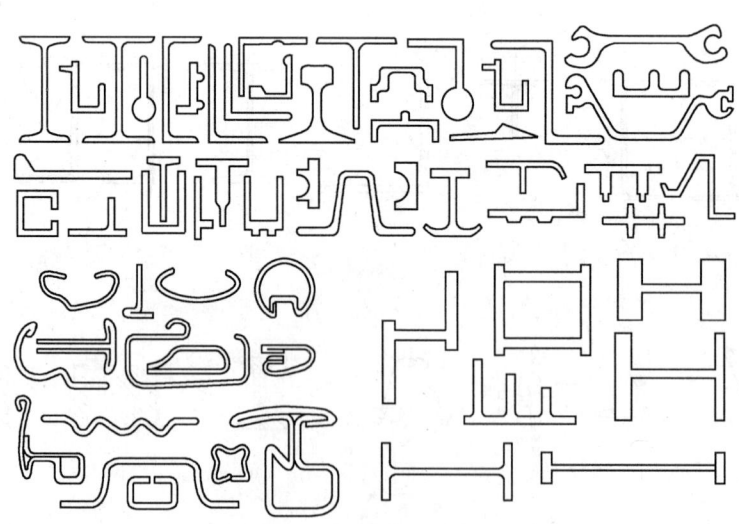

图 1-4　各种形状的长材

　　(2) 按生产方法型钢可分为热轧型钢、冷弯型钢、冷轧型钢、冷拔型钢、挤压型钢、锻压型钢、热弯型钢、焊接型钢和特殊轧制型钢等。现今生产型钢的最主要方法是热轧，因为热轧具有生产规模大、生产效率高、能量消耗少和生产成本低等优点。

　　(3) 按使用部门分类长材有铁路用材 (钢轨、鱼尾板、道岔用轨、车轮、轮箍)、汽车用材 (轮辋、轮胎挡圈和锁圈)、造船用型钢（L型钢、球扁钢、Z字钢、船用窗框钢）、结构和建筑用型钢（H型钢、工字钢、槽钢、角钢、吊车钢轨、窗框和门框用材、钢板桩等）、矿山用钢（U型钢、Ⅱ型钢、槽帮钢、矿用工字钢、刮板钢）、机械制造用异型钢等。

（4）按断面尺寸大小分为大型钢、中型钢和小型钢，常以它们适合在大型、中型或小型轧机上轧制来划分。大型、中型和小型的区分并不严格。还有用单重（kg/m）来区分的方法。一般认为，单重在5kg/m以下的是小型钢，单重在5~20kg/m的是中型钢，单重超过20kg/m的是大型钢。

（5）按使用范围分类有通用型钢、专用型钢和精密型钢。

（6）按使用状态长材产品还可大致分为以下几类：

第一类，用混凝土包覆使用的钢筋。它广泛用于住宅、各种工业和民用建筑，城市建设的柱、梁、基础，高速公路的路、桥、隧道，铁路的枕轨等，它的作用是加强混凝土构件的受拉和受弯能力。对这类钢材性能的基本要求是：抗拉强度、屈服强度、屈强比、伸长率、可焊性。因为它在水泥包裹状态下使用，水泥将空气和水隔绝，防止它氧化，因此对这类钢材一般没有防腐蚀的要求，只有在酸性介质中或在海水中长期使用的混凝土构件，才要求钢筋有耐腐蚀性能。如最近动工兴建的连接珠江三角洲与香港的粤-港-珠大桥就要使用耐海水腐蚀的不锈钢钢筋。

第二类，经简单防腐处理后直接使用的结构件。主要长材品种是H型和其他异型钢材，用于机场、高层及公共建筑、厂房及仓库建筑、铁路桥梁、隧道工程、高速公路、桥梁闸坝、码头港湾、造船、车辆、起重机械、其他机械及各种构架、矿山巷道的支护。这类钢材首先是断面形状和尺寸规格符合在特定条件下的使用要求，对其性能的基本要求，除抗拉强度和屈强强度、伸长率和可焊性外，还要求防腐蚀性能。"911"事件纽约国际贸易大楼顷刻之间倒塌的教训告诉我们，用于高层建筑的H型钢还要求防火性能。正是防腐蚀的问题没有完全解决，阻碍了经济钢材在民用和公共建筑中的进一步推广应用。

第三类，承载和导向的轨道。这类产品包括铁路用的重轨、轻轨、起重机用轨、电梯导轨等。这类产品也是在热轧后直接使用，用于承载重负荷和高速运行的铁路车辆与起重运输机。产品在重负荷下反复受弯受压，安全性要求高。对这类产品除了在断面形状、尺寸精度方面有很严格的要求外，对钢水化学成分、产品的力学性能、金相组织、非金属夹杂物等都有严格的要求。

第四类，经过热加工或冷加工制成机械部件使用的产品，如各种机械的轴、齿轮、轴承、弹簧、拉杆、连杆、模具等，在汽车制造、机车和各种机械制造中广泛应用。这类产品对力学性能（强度、硬度、韧性、淬透性、耐磨性等）和金相组织有特殊的要求，其生产流程对炼钢、连铸、轧钢也都有更为严格的要求，为减少下游机械加工量对产品精度也提出了更高的要求。为此在生产这类产品的生产线上需要配置更多机架的轧机或高精密的轧机（如三辊减径定径机）。汽车工业和机械制造业的快速发展，要求钢厂提供经过精整和热处理、无表面和内部缺陷、性能优良的钢材，甚至要求提供不需要下游工序再进行切削加工就可直接使用的钢材。

第五类，加工成丝或棒后使用。优质和合金钢直条棒材经热处理后使用，而线材有较大的比例经进一步冷拔加工和热处理后使用。这类产品主要以线材为原料，也有以热轧圆钢为原料，进一步冷拔后加工而成。如焊丝、标准件用冷镦钢丝、弹簧钢丝、轴承钢丝、不锈钢丝、混凝土用高强度预应力绳、钢绞线、标准件等。

型钢的断面形状、尺寸范围及用途见表1-4。

表1-4 型钢的断面形状、尺寸范围及用途

品　种	尺 寸 范 围	用　途
H型钢	高度×宽度（mm×mm）：宽边500×500，中边900×300，窄边600×200	土木建筑、矿山支护、桥梁、车辆、机械工程
钢板桩	有效宽度（mm）：U型500，Z型400，直线型500	港口、堤坝、工程围堰
钢轨	单重（kg/m）：重轨30~78，轻轨5~30，起重机轨120	铁路、起重机
工字钢	高度×宽度（mm×mm）：100×68~630×180	土木建筑、矿山支护、桥梁、车辆、机械工程
槽钢	高度×宽度（mm×mm）：50×37~400×104	土木建筑、矿山支护、桥梁、车辆、机械工程

品　种	尺　寸　范　围	用　途
角钢	高度×宽度（mm×mm）：等边20×20～200×200，不等边25×16～200×125	土木建筑、铁塔、桥梁、车辆、船舰
矿用钢	工字钢、槽帮钢	支护、矿山运输
T型钢	高度×宽度（mm×mm）：150×40～300×150	土木建筑、铁塔、桥梁、车辆、船舰
球扁钢	宽度×厚度（mm×mm）：180×9～250×12	船舰
钢轨附件	单重（kg/m）：6～60	钢轨垫板、接头夹板
异型钢		车辆、机械工程、窗框等

1.2.2　我国长材产品标准

钢材的技术要求是为了满足下游产业使用需要对钢材提出的规格和性能要求，如形状、尺寸、表面状态、力学性能、物理化学性能、金属内部组织和化学成分等方面的要求。钢材的技术要求由产品用户按不同的用途提出，再根据我国现在实际生产技术可达到的水平和生产的经济性来制定，它的体现就是产品的标准。产品标准按其使用的广泛性，分国家标准、行业标准（旧称部颁标准）和企业标准。长材的国家标准和冶金行业标准如表1-5和表1-6所示。

表1-5　我国的长材主要品种标准

序　号	长材品种	规格范围/mm	标准编号	标准名称(简称)
1	圆钢	φ5.5～310	GB/T 702—2008	热轧棒材
2	方钢	边长5.5～310	GB/T 702—2008	热轧棒材
3	六角钢	对边8～70	GB/T 702—2008	热轧棒材
4	八角钢	对边8～70	GB/T 702—2008	热轧棒材
5	扁钢	3～60×100～200	GB/T 702—2008	热轧棒材
6	带肋钢筋	φ6.0～50	GB1499.2—2007	热轧混凝土用钢筋-带肋钢筋
7	光面钢筋	φ6.0(6.5)～22	GB 1499.1—2008	热轧混凝土用钢筋-光面圆钢
8	线材	φ5.0～50	GB/T 14981—2009	热轧圆盘条
9	等边角钢	20×20～250×250	GB/T 706—2008	热轧型钢
10	不等边角钢	25×16～200×125	GB/T 706—2008	热轧型钢
11	L钢	250×90～500×120	GB/T 706—2008	热轧型钢
12	槽钢	50×37～400×104	GB/T 706—2008	热轧型钢
13	工字钢	100×60～630×180	GB/T 706—2008	热轧型钢
14	H型钢,HW	100×100～500×500	GB/T 11263—2010	热轧H型钢和剖分T字钢
	H型钢,HM	150×100～600×300	GB/T 11263—2010	热轧H型钢和剖分T字钢
	H型钢,HN	100×50～1000×300	GB/T 11263—2010	热轧H型钢和剖分T字钢
	H型钢,HT	100×50～400×200	GB/T 11263—2010	热轧H型钢和剖分T字钢
	H型钢,TW	50×100～200×400	GB/T 11263—2010	热轧H型钢和剖分T字钢
	H型钢,TM	75×100～300×300	GB/T 11263—2010	热轧H型钢和剖分T字钢
15	钢轨	38、43、50、60、75(kg/m)	GB/T 2585—2007	铁路用热轧钢轨
	轻轨	9、12、15、30(kg/m)	GB/T 11264—1989	轻轨
16	球扁钢	80×5～430×20	GB/T 9945—2001	热轧球扁钢
17	矿用U型钢	18U、25U、29U、36U、40U	GB/T 4697—2008	热轧矿用U型钢
18	U型钢板桩	400×85～750×225	GB/T 20993—2007	热轧U型钢板桩
19	平面弹簧扁钢	70×6～160×40	GB/T 1222—2007	弹簧钢
	双槽弹簧扁钢	70×6～160×40	GB/T 1222—2007	弹簧钢

序号	长材品种	规格范围/mm	标准编号	标准名称(简称)
20	中空钢	H19、H22、H25	GB/T 6481—2002	凿岩用中空六角形钎杆
21	钎杆	JH22-22 ~ JH32-32 JD32-32 ~ JD51-51T	GB/T 6482—2007	凿岩用螺纹连接钎杆
22	起重机钢轨	QU70、QU80、QU100、QU120	YB/T 5055—1993	起重机钢轨
23	电梯导轨	75×64 ~ 140×129	YB/T 157—1999	电梯导轨用热轧型钢
24	矿用工字钢	9号、11号、12号	YB/T 5047—2000	矿用热轧型钢
	矿用周期扁钢	7П、8П	YB/T 5047—2000	矿用热轧型钢
25	履带钢	LT-203、LT-216、LW-171、LW-203	YB/T 5304—2005	履带用热轧型钢
26	汽车轮辋钢	5.5F ~ 8.5B	YB/T 5227—2005	汽车车轮轮辋用热轧型钢

注：表中所列标准只写出简要名称，未写出标准全称，如"热轧棒材"其全称应是《热轧棒材尺寸、外形、重量及其允许偏差》。

除了上述主要长材品种标准外，我国还有与长材品种相配套的钢种或专用钢材的标准，如表1-6所示。

表1-6 我国长材其他配套标准

序号	标准编号	标准名称（简称）	序号	标准编号	标准名称（简称）
1	GB/T 701—2008	低碳钢热轧圆盘条	12	YB/T 4163—2007	铁塔用热轧角钢
2	GB/T 3429—2002	焊接用钢盘条	13	GB/T 18669—2002	船用锚链圆钢
3	GB/T 5223.3—2005	预应力混凝土用钢棒	14	GB/T 20934—2007	钢拉杆
4	GB/T 5068—1999	铁路机车车辆车轴用钢	15	GB/T 12773—2008	内燃机气阀用钢及合金棒材
5	GB/T 1220—2007	不锈钢棒	16	YB/T 2008—1980	不锈钢无缝钢管管坯
6	GB/T 1221—2007	耐热钢棒	17	YB/T 001—1991	初轧坯
7	GB/T 4356—2002	不锈钢盘条	18	YB/T 002—1991	热轧钢坯
8	GB/T 6478—2001	冷镦和冷挤压用钢	19	YB/T 5221—1993	合金结构钢圆管坯
9	GB/T 24595—2009	调质汽车用钢棒	20	YB/T 5137—1998	高压用无缝钢管圆管坯
10	GB/T 5216—2004	保证渗透性结构钢	21	YB/T 5222—2004	优质碳素钢圆管坯
11	GB/T 3207—2008	银亮钢	22	GB/T 2101—2008	型钢验收标准及质量证明书

1.2.3 长材轧机形式、轧机尺寸和命名原则

现在在长材轧制生产中使用的轧机种类主要有：

（1）三辊式轧机（three-high mill），在一个机座中装有上、中、下三个传动轧辊，上、下辊为同方向旋转，中辊则为反向旋转。轧件从中、下辊中咬入轧制，在机后提升然后再由中、上辊反向轧制，在同一个机架轧制多道。这种轧机曾广泛用作长材的轨梁、中型、小型轧机的成品轧机及线材轧机的开坯机。因其速度低，劳动强度大，现在我国已很少采用。

（2）二辊可逆式轧机（reversing mill），具有两个传动辊，可以逆转，轧件在轧辊中进行多道次的往复轧制。用作初轧开坯、厚板及炉卷轧机的粗轧机，轨梁、大中型 H 型钢、大规格圆钢生产线的开坯机。

（3）二辊不可逆式轧机（two-high horizontal mill），具有两个传动的轧辊，不可逆转，轧件在每架轧机上只轧1道。是目前长材轧机中用得最多的一种轧机，适用于大中小圆钢及钢筋生产，以及线材生产的粗、中轧。

（4）二辊立式轧机（two-high vertical mill），结构与二辊不可逆式轧机相同，区别仅为两个轧辊垂直布置；用途与二辊不可逆式轧机相同，用于大中小圆钢及钢筋生产，以及线材的粗、中轧。

（5）二辊悬臂式轧机（cantalever mill），两个悬臂辊环前后两架交错90°布置，既可单独或双机架传动，也可多架由1台电机集体传动。曾用作中小棒材的粗轧和中轧机，现多用作线材轧机的预精轧、精轧和减径定径机。

（6）三辊 Y 型轧机（KOCKS mill），具有三个互成 60° 的传动辊，后一架与前一架错开 60° 布置，不可逆转，轧件在每架轧机上只轧 1 道。广泛用作无缝管的连轧机和张力减径机，在长材生产中目前仅用作中、小规格圆钢的精轧减径与定径机，用于简化孔型系统和提高轧件的尺寸精度。

（7）四辊万能轧机（universal mill），两个水平辊和两个立辊布置在同一个垂直平面上，两个水平辊传动，立辊为不传动的轧辊，轧件在轧制过程中四个方向受到压缩。用于轧制平行翼缘的 H 型钢、钢轨及其他型钢。

（8）行星式轧机（planetary mill），由上下两个传动的大轧辊分别带动许多围绕在大轧辊周围的小行星轧辊。在 20 世纪 60～70 年代曾设想用作长材或板材生产的粗轧机，但在试验中机械事故频发，实际生产中几乎没有人用。

（9）摆锻式轧机（swaying-forging mill），奥地利 GFM 公司开发了这种轧机，将轧制与锻造结合在一起，看似一种完美的加工方式，但其生产率低，失去了轧钢的实际意义。开发者是想用于高合金钢的开坯轧制，但生产率低下，响应者很少，在世界范围内只建了少数几台。我国钢厂从国外公司转手买了两台二手设备，但都没有使用。

各种长材轧机的辊系如图 1-5 所示。

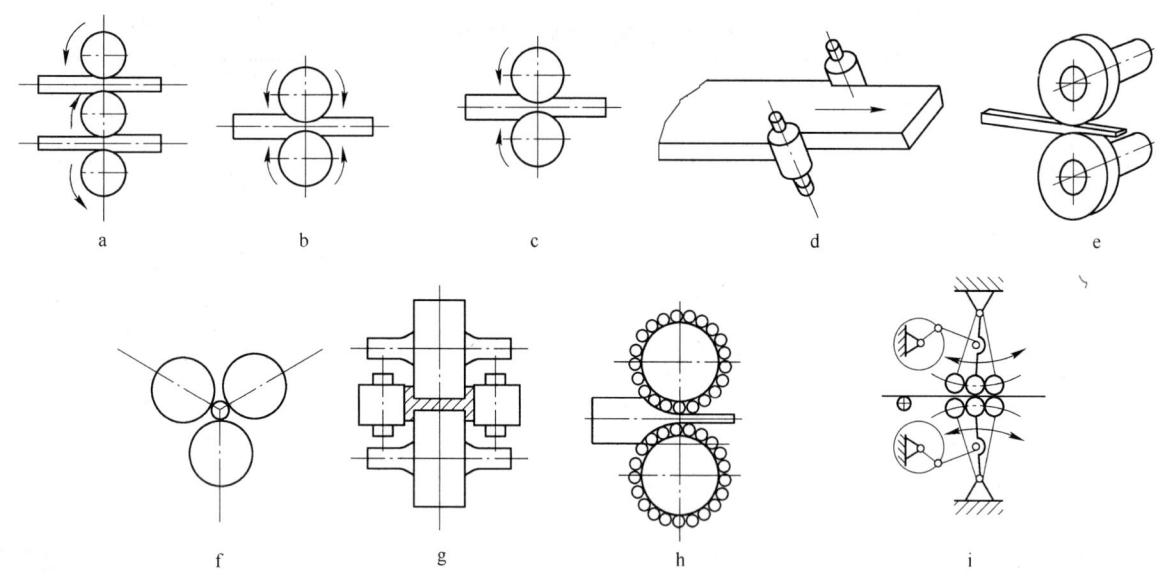

图 1-5　长材轧机辊系示意图
a—三辊式轧机；b—二辊可逆式轧机；c—二辊不可逆式轧机；d—二辊立式轧机；e—二辊悬臂式轧机；
f—三辊 Y 型轧机；g—四辊万能轧机；h—行星式轧机；i—摆锻式轧机

长材轧机通常由一个或多个机列组成，每个机列都包括工作机构（工作机座）、传动机构（传动装置）和驱动机构（主电机）3 个部分，再细分一些由电动机、联轴节、减速机和齿轮机座、主联轴节和连接轴等组成。老式的三辊式轧机为穿梭轧制，轧制过程中不要求调速，主电机可采用交流电机，由一台交流电机传动多台轧机。现代轧机要求在轧制过程中级联调速，主电机采用直流或交流调速电机单独传动。现代的轧机设计将减速机、齿轮机座设计为一体，称之为联合减速机。工作机座由轧辊、轧辊轴承、轧辊调整装置、轧辊平衡装置、机架、导卫装置和轨座等组成（参见图 1-6）。轧辊是工作机座中最重要的部件，用以直接完成金属的塑性变形。通常长材轧机的轧辊在辊身上刻有轧槽，上、下轧辊的轧槽组成孔型。坯料经过一系列孔型轧制成型钢，故孔型设计是长材生产技术工作中的核心。但近年来无孔型轧制在普通钢圆钢、钢筋和线材生产中受到重视并得到推广，它在无孔型的平辊上靠进出口导卫的夹持进行轧制。长材轧机一个列中安装的机架数，根据轧机的布置形式而定。横列式轧机一个机列中通常安装 1～5 个机架，最多可达 9 架。连续式轧机和万能轧机通常一个机列只安装一个机架。长材轧机按轧制钢材品种不同，有专业化轧机和综合性轧机之分，专业化轧机是仅适于生产某一类型产品的轧机，如 H 型钢轧机、钢轨轧机等；综合性轧机是生产多品种规格的轧机，通常以三辊式轧机最为常见[3]。

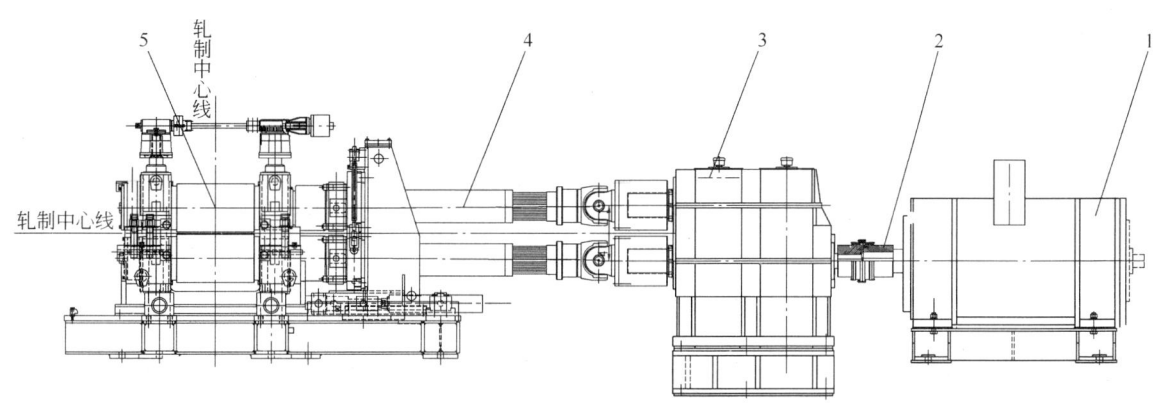

图 1-6 轧机机列的组成

1—传动主电机；2—电机接手；3—联合齿轮箱；4—万向接手；5—二辊工作机座

长材轧机一般用轧辊名义直径命名，例如 650 型钢轧机即其轧辊名义直径，更确切地说是指传动轧辊的人字齿轮节圆直径为 650mm。因为轧辊的直径是变化的，新辊和旧辊直径有所差别，所以在复杂型钢的闭口孔型中，上、下轧辊的辊环直径相差很大，而传动轧辊的人字齿轮节圆直径是固定的。一个轧钢车间，往往有若干列或若干架轧机，通常以最后一架精轧机的轧辊名义直径作为轧钢机的标称。

长材轧机按其生产的产品来分，以前的轧钢工艺教科书分为轨梁轧机、大型型钢轧机、中型型钢轧机、小型型钢轧机、线材轧机或棒、线材轧机。这种分类的原则应是相对比较科学的，但随着近年生产技术的发展，各类长材轧机的产品结构发生了很大的变化，主要变化是：

（1）连铸技术的发展使轧钢生产普遍采用连铸坯为原料，且热送热装一火轧制成材。尽管少数高合金钢仍需要钢锭模铸—锻造或初轧开坯，但就整个钢铁行业而言，已极少有人再建专门的初轧机和开坯机。以前建的初轧-开坯机，虽然还保留一部分开坯功能，但几乎都已进行过改造，直接以连铸坯生产大圆钢成为主导产品。因此，初轧-开坯机生产线已不复存在，应代之以大圆钢和初轧-开坯机生产线。

现在二辊可逆开坯机不但还有，而且还有一定程度的发展。主要用于厚板生产和炉卷轧机的粗轧机架，轨梁轧机和 H 型钢轧机的开坯机架，以及大圆钢生产线的粗轧开坯机架，当然也有合金钢厂在生产大圆钢的同时，也为小型和线材轧机生产少量质量要求极高的小方坯。

（2）钢轨生产由传统的三辊横列式闭口孔型轧制，改为三机架万能可逆轧制，不仅成品轧机的机型和成品轧机辊径范围有所变化，还带来了其他变化。新式的三机架万能可逆式轧机，除轧制钢轨外，还能生产 H 型钢和槽钢、角钢等其他型钢，但由其钢轨的专业化性质所决定，其生产的 H 型钢只是中等规格的，因此，轨梁轧机已不再是长材轧机中规格最大的成品轧机。

在以横列式穿梭轧制生产钢轨时，钢轨轧机除生产钢轨外，还生产大型的工、槽、角及圆钢。万能轧机拆除立辊，可当普通二辊轧机生产槽钢、角钢，但不能生产圆钢（当然采用有扭转轧制也可以生产，但没有人这样做）。

世界机械制造业向我国转移，轴和齿轮制造需要大量的大圆钢（$\phi 80 \sim 220mm$），催生了我国大量建造大圆钢的专业生产线。上面提到专业化的开坯轧机在我国几乎没有了（在邢台钢厂还有两台专业化的 850 二辊开坯机），但建设了 10 多条大圆钢生产线；为钢锭开坯的初轧机关闭了，二辊可逆式轧机的数量不但没有减少，反而增加了许多。

（3）H 型钢生产以前我国是空白，1998 年以后快速发展。H 型钢以其合理的断面和优异的力学性能迅速代替了传统的工字钢、槽钢、角钢，现在我国每年 H 型钢的生产量和消费量达 1000 万吨左右，是复杂断面长材中增长最快和消费量最大的品种。重轨的生产量约 300 万吨/年，工、槽、角及其他型钢的生产量和消费量不足 300 万吨，也就是说 H 型钢占型材消费量的 70% ~75%。H 型钢轧机除生产 H 型钢外，也可以生产其他型钢。我国近年建设了两套专业中型型钢轧机，生产和经营状况都不算好。这说明，即使像我国这样的钢材生产和消费大国，建立专业化的大型和中型型钢轧机都不再必要。因此，以前的大型型钢轧机、中型型钢轧机要为现在的大型 H 型钢轧机、中型 H 型钢轧机所代替。大型 H 型钢轧机的产品最大可达 1000mm×300mm，是长材轧机中最大规格的成品轧机。

（4）线材轧制技术从 20 世纪 60 年代以来已发生了翻天覆地的变化，最高轧制速度从不足 30m/s 提高到现在的 120m/s；卷重从不足 500kg 提高到 2500kg，甚至更重；单线的产量从不足 5 万吨/年，提高到现在的 60 万 ~ 70 万吨/年；但成品轧机的辊径却变小了，过去线材轧机的辊径为 300mm，现在只有170mm 或 150mm。

所有这些主要的变化，在后面的章节中将会给予详细的阐述，但更应该反映在长材轧机的分类中。根据现在长材生产和轧机的实际我们认为长材轧机应分为：轨梁轧机、大型 H 型钢轧机、中小型 H 型钢轧机、大圆钢和开坯轧机、小型棒材轧机、线材轧机。各种轧机的特性如表 1-7 所示。

表 1-7　长材轧机的分类及特性

轧机名称	轨梁轧机	大型 H 型钢轧机	中型 H 型钢轧机
粗轧机辊径/mm	$\phi1100$	$\phi1100$	$\phi1000$
成品轧机辊径/mm	万能轧机 水平辊最大直径：$\phi1200$ 立辊最大直径：$\phi800$	万能轧机 水平辊：$\phi1400/\phi1300$ 立辊：$\phi940/\phi840$	万能轧机 水平辊：$\phi1100/\phi1020$ 立辊 $\phi680/\phi620$
产品规格/mm	重轨：43 ~ 75kg/m 吊车轨：QU100、QU120 H 型钢：200 ~ 450 槽钢：24a ~ 40c 角钢：140 ~ 200	HW：250 × 250 ~ 400 × 400 HM：350 × 250 ~ 600 × 300 HN：400 × 200 ~ 1000 × 300 工字钢：36b ~ 63c	HN：100 × 50 ~ 400 × 200 HM：150 × 100 ~ 300 × 200 HW：100 × 100 ~ 200 × 200 工字钢：100 ~ 400 角钢：80 ~ 200 槽钢：100 ~ 360
原料规格/mm × mm	280 × 325，280 × 380，319 × 410	异型：555 × 440 × 90， 730 × 370 × 90， 1000 × 380 × 100	150 × 150，230 × 230， 230 × 350，320 × 460
坯料单重/kg			1360 ~ 8940
轧制速度[1]/m·s^{-1}			
年生产能力/万吨	90	100	50 ~ 100

轧机名称	大圆钢和开坯轧机	小型棒材轧机	线材轧机
粗轧机辊径/mm	$\phi850 ~ 1250$	$\phi550 ~ 650$	$\phi550 ~ 700$
成品轧机辊径/mm	$\phi550 ~ 850$	$\phi330 ~ 380$	$\phi150 ~ 170$
产品规格/mm	$\phi70 ~ 300$，150 ~ 200 方	圆钢：$\phi(14)16 ~ 50$ 钢筋：10 ~ 40 扁钢：35 × 6 ~ 120 × 12 方钢：16 × 16 ~ 40 × 40 槽钢：30 × 15 ~ 126 × 53 等边角钢：25 × 3 ~ 90 × 6 工字钢：80 × 42,100 × 50,126 × 74	$\phi(5.0)5.5 ~ 25$
原料规格/mm × mm	330 × 300 ~ 500 × 500， $\phi400 ~ 600$	150 × 150 ~ 170 × 170	150 × 150 ~ 170 × 170
坯料单重/kg		2200 ~ 2620	2000 ~ 2500
轧制速度[1]/m·s^{-1}		18	120
年生产能力/万吨	60 ~ 80	50 ~ 100	50 ~ 70

①轧制速度为成品轧机的最高轧制速度。

从表 1-7 可以看出：各种类型和规格的轧机均有一个合适的产品范围，在此范围内轧机的生产率高，产品质量好，轧辊强度和设备能力均能得到充分发挥。一般情况下小断面的型钢在小辊径的轧机上轧制，大断面的型钢在大辊径的轧机上轧制[4]。

1.3 我国长材生产的发展历史

1.3.1 1949 年以前的中国长材生产

1728 年英国的约翰·彼尼（John Payne）在两个刻成不同形状孔型的轧辊中加工锻造棒材。1759 年英国的托马斯·伯勒克里（Thomas Blockley）取得了用孔型轧制圆钢的专利，标志着在人类历史上正式开始生产型钢。1820 年，第一根铁轨轧制成功，美国在 1874 年有 69 台轧机在生产不同重量的钢轨[3]。但轧钢机在我国出现却已是很晚的事了。

我国现代化的轧钢生产从张之洞在 1890 年兴建、1893 年 9 月建成投产的大冶铁厂开始，大冶铁厂安装了我国第一台现代化的轧机。它是一列三机架 $\phi800mm$ 轧机，由一台 4772.5kW（6400 马力）的蒸汽机传动，用于生产钢轨和其他型钢，生产了我国最早的 43kg/m 的钢轨。轧钢在我国的发展并不顺利，大冶铁厂的中国第一套钢轨轧机，由于上游炼钢引进的两座贝斯麦酸性转炉，不适合使用大冶高磷生铁，钢轨的原料含磷过高，不符合生产钢轨的要求而被逼进行炼钢改造，重新建碱性平炉为轧机供料，为此，背上了巨额的债务。此后，一段时间生产顺利，在 1914 年左右为中国的铁路建设提供了大约 1/3 的钢轨。后因没有统一的产品标准，生产的品种过多过杂，轧辊导卫的备件多，生产成本高，竞争不过进口的洋钢轨，于 1924 年停产[4]。1938 年抗日战争期间，国民政府将汉冶萍煤铁厂搬往重庆。此时，国民政府军政部兵工署下属大渡口钢铁厂有两个轧钢厂，大型轧钢厂和中板厂，有两套轧机，一套是 2400mm 的二辊式中板轧机，另一套是 $\phi800mm \times 3$ 的钢轨轧机，中间由一台 4772.5kW 的蒸汽机驱动。第 24 兵工厂条钢厂也有两套轧机，一套为 $\phi320mm \times 5$，另一套是 $\phi500mm \times 2$，中间亦由一台蒸汽机共同传动两套轧机。后来在条钢厂又增加了一套 $\phi300mm \times 5$ 的小型轧机。这就是迄今为止，我们所知道的早期中国的长材轧机。

20 世纪 30~40 年代，日本在中国东北的鞍山、大连、本溪建了一些钢铁企业和轧钢厂，但这些日本人出资、日本人管理、产品为日本侵华战争服务的企业，只是建在中国土地上，用的是中国的资源、中国的劳动力的日本企业，而不是中国钢铁工业。

20 世纪 30 年代后期，阎锡山在太原建立了太原钢铁厂，除炼铁炼钢系统的高炉、平炉外，轧钢系统有 $\phi650mm \times 3$ 大型轧机（设备由 KPOP 公司 1937 年制造）和 1 套穿梭式的小型轧机。40 年代我国在上海、天津、唐山还建设了一些小型的轧钢厂生产小型的长材产品。总之在 1949 年以前，在山西太原、四川重庆、上海出现了一些较为现代的钢铁工业，虽规模很小，但就太原钢铁公司的 $\phi650mm \times 3$ 轧机而言，其工艺和设备与当时的世界水平相差无几，1960 年时曾用于生产 43kg/m 钢轨和 $\phi60~120mm$ 圆钢，这套轧机一直保留至 90 年代中期才拆除。

1.3.2 1949~1979 年的中国长材生产

1949 年以后，中国的钢铁和长材生产得到了一定程度的发展。从 1952 年，在鞍山钢铁公司三大改造工程开始，恢复并扩建了大型厂、中型厂，新建了无缝钢管厂。1958 年建成武汉钢铁公司大型厂，1964 年建成包头钢铁公司轨梁厂，1974 建成攀枝花钢铁公司轨梁厂等大型型钢生产基地。1954 年北满钢厂从苏联引进了生产合金钢的 $\phi825mm$ 开坯机、$\phi500mm \times 3$ 中型轧机、$\phi450mm \times 2/\phi250mm \times 5$ 的小型轧机。1956 年大冶钢厂也从东德引进了 $\phi850mm$ 开坯机，还从苏联引进了类似北满钢厂那样的小型轧机。1960 年首钢从苏联引进了 19 机架的全连续式的小型轧机，以 90mm×90mm×10000mm 的坯料，生产 $\phi12~32mm$ 的圆钢和钢筋，轧制速度 15m/s，这样的轧机在当时应不算落后。但由于当时我国的电控水平和备品备件的制造水平都跟不上，技术、管理均不到位，在此后的 20 年里，这套轧机一直不能正常生产。

1960 年我国湘潭钢厂从东德台尔曼厂引进了一套直流传动的全连续式的 4 线线材轧机，原料为初轧厂供应的 90mm×90mm×8000mm 的方坯，生产 $\phi5.5~10mm$ 的线材，盘重 500kg。设计最大终轧速度 28m/s，年生产能力 50 万吨。这套轧机在 1960~1998 年将近 40 年期间没有正常生产过，从未达到设计产量和设计的作业时间。

从 20 世纪 60 年代至 80 年代中，中国除了上述提到的长材工程和生产厂外，再也没有建设过像样的生产线。当时中国最有名的小型轧机是唐钢小型，$\phi450mm \times 1/\phi250mm \times 5$ 横列式，用 70mm×70mm×

3500mm 的轧制坯（φ650mm×3 开坯机将 650kg 的 254mm（10in）锭开坯）生产 φ16mm 的钢筋，坯料单重只有 130kg。中国最著名的线材轧机是上钢二厂的线材轧机，其粗轧是一组集体传动的 8 机架平辊有扭轧机（将近 100 年前的 1879 年摩根就建造了这种轧机），中轧和精轧是横列式的复二重式轧机，用 90mm×90mm×3500mm 的坯料生产 φ6.5～10mm 的线材，最高轧制速度 15m/s，坯料单重只有 220kg。两套轧机靠生产单一品种，产量达到 30 万吨/年，在当时产量也不算很低，但就全国的水平而言，直到 1992 年全国小型和线材单机平均产量只有 2 万吨/年。20 世纪 70 年代国外大力发展连续式小型轧机、高速无扭线材轧机，我们却仍在大量重复建设复二重式轧机。

1973 年，当时的冶金工业部组织全国的主要设计院编写过《钢铁厂轧钢标准设计》，包括：2300mm 中板车间设计、1200mm 叠轧薄板车间设计、100 无缝车间设计、650mm×3 开坯车间设计、500mm×3 中型车间设计、400mm×2/250mm×5 小型车间设计、复二重线材车间设计等 7 种，清一色都是世界淘汰的落后轧机。

1.3.3　1979 年以后的中国长材生产

1978 年武钢三大工程——热连轧、冷连轧、冷轧硅钢的引进，80 年代宝钢建设的启动，标志着中国钢铁工业变革时代的到来。但武钢三大工程的引进、宝钢建设的启动，主要是板材生产系统，长材生产系统如何走新的路各方都还在观望。尽管在 1975 年以后，国内开始研究线材高速无扭轧机，并于 1981 年在上钢二厂建设了一套工业试验的高速无扭轧机，但与世界水平相比差距太大，"自力更生"很重要，但在当时的水平下，只靠"自力更生"已难以缩小与世界的差距。

1.3.3.1　线材生产

我国线材生产新起点是从马钢开始的。马钢在 20 世纪 80 年代从德国 SMS 引进了速度为 85m/s 的新型高速线材轧机（1983 年签订合同，1987 年建成投产）。马钢线材的引进为中国轧钢界打开了一扇窗，由此观察到了世界线材生产技术的进步。走"大卷重、高速、无扭转"的共同发展之路，很快成为轧钢界的共识。从此，我国又先后在上钢二厂、唐山等厂引进多套高速无扭线材轧机，国内（如北京钢铁设计研究总院）也开始研发线材高速无扭轧机。在引进—消化—逐渐国产化模式下，在引进 Morgan、Danieli、SMS 先进线材轧机的同时，积极进行线材轧机国产化的开发。90 年代以后，国外先进的线材轧机仍在继续引进，CERI 等主要国产线材轧机的机型也在逐渐成熟和稳定，促进了我国线材生产技术及装备的快速提高。

1.3.3.2　小型生产

小型和棒材轧机的先进技术引进比线材更晚一些。1985 年左右首钢特钢引进了一套瑞典的二手短应力线轧机，贵阳钢厂、抚顺钢厂、大连二轧也引进了类似的二手设备。瑞典短应力线轧机的出现，使我国轧钢界产生了一些思考。当时国内轧钢界一些人提出，要以短应力线轧机改造我国的横列式轧机。但引进这几套二手设备都不争气，没有一套运转成功，在客观上为"改造横列式"论泼了一瓢冷水，响应者寥寥。1989 年上钢五厂从西班牙引进了一套半连轧的合金钢棒材轧机，国人首次懂得合金钢也可以用较重的坯料以半连轧方式生产，而且知道了小型轧机的机型除铸造的闭口式外还有预应力式轧机。1994 年抚顺钢厂合金钢小型生产线引进，使国人大开眼界，知道了合金钢可以连铸，轧钢坯料单重可达 2.5t 甚至更重，合金钢可以连续轧制，还有在线的温度控制，等等。抚钢合金钢小型轧机投产的成功，全面展示了短应力线轧机在连续轧制生产线中的优越性。在当时冶金工业部领导和科技司的支持下，经参与其中的设计人员在全国轧钢会议上向轧钢界推荐介绍，全连续式无扭轧制和短应力线轧机很快在我国深入人心，成为了我国小型轧机现代化的两个最重要的标志。从此，各种形式的高刚度短应力线轧机如雨后春笋般在我国涌现，更让许多业内人士始料不及的是，我国的小型和线材竟跨过了半连续式的过渡阶段，直接从"横列式"跨入"全连续式"。

1983 年首钢从加拿大 Co-Steel 国际公司以专利交换的形式购买了生产螺纹钢的孔型设计和导卫装置技术，1992～1993 年广州钢厂和唐山钢铁公司先后从 Danieli 引进了连续式小型轧机以及切分轧制技术。连铸坯的热送热装、全连续式的工艺布置、短应力线轧机的普遍采用、切分轧制在钢筋生产中的应用，是我国小型轧钢生产高效率、低成本的四大法宝。

小型、线材轧机在我国数量多，涉及面广，但从某种意义上说，只有小型和线材轧机才是真正"民生"的轧机，它找到了适合中国的发展方式，高产的小型和线材轧机与高效转炉、高效连铸结合，"1 炉（1 座转炉）—1 机（1 套 5 ~ 6 流的小方坯连铸机）—1 套小型或线材轧机"，这种高效率、低成本的结构模式，为 2000 年以来中国钢铁工业的高速发展提供了技术支撑。

1.3.3.3 大、中型 H 型钢生产

在 1908 年美国伯利恒、德国培因厂采用万能轧制法成功生产平行腿的 H 型钢以后，美国、德国等国家新建了大量的生产平行腿工字钢的轧钢厂。1958 年欧洲产生了新的工字钢系列——IPE 工字钢系列，推动了 H 型钢生产在世界，特别是在日本的快速发展。但 H 型钢生产在我国起步很晚，1997 年马钢从 Demag 引进大型 H 型钢生产线，莱芜钢厂从新日铁引进半连续式的中型 H 型钢生产线，我国才从此起步。马钢大型 H 型钢生产线刚投产的最初几年非常困难，这样好的设备，生产出的好产品竟然是没有人要，头两年只生产了几万吨。为在中国推广 H 型钢，马钢牵头出人出钱，编制 H 型钢的生产标准和使用标准，使 H 型钢生产和使用标准化，建立了市场的信心。在马钢的带头推动下，我国产业界在短短几年内就认识到了 H 型钢的优越性，H 型钢市场从冷变火。继马钢之后，在莱芜、津西、山西安泰相继建设了大型 H 型钢生产线；在日照、津西、马钢、长治、鞍山宝德等建起了多套中型 H 型钢生产线。更让人始料不及的是，H 型钢在我国得到了迅速普及和推广，更多人认识到 H 型钢的断面特性优于普通的工字钢、槽钢和角钢，其生产量和使用量迅速超过后者。估计目前 H 型钢的生产量和使用量占型钢总量 70% ~ 75% 以上。热轧 H 型钢在中国，在不到 10 年的时间内，从无到有，从不知它如何用，到占据复杂型钢市场 70% ~ 75%，说明现在的中国对新技术新材料有着极大的兴趣与需求，只要你是真正的好东西很快就会推广开来。

大型 H 型钢生产线，以 1 + 3 布置，精轧为 3 机架的 UR-E-UF 可逆式连轧，采用 X-H 轧法。我国建设了 4 条大型 H 型钢生产线，关键设备——3 机架的 UR-E-UF 可逆式连轧机组均由 SMS 引进。中型 H 型钢生产线多采用 1 + (7 ~ 10) 架的半连续式布置，关键设备——7 ~ 10 架的万能轧机也多从国外引进，近来国内开发了中型 H 型钢的万能轧机和 X-H 轧制法的孔型设计，希望在国内和国际市场进行推广。

1.3.3.4 钢轨生产

钢轨是铁路运输专用钢材，与铁路关系密切，工业化要发展铁路运输，首先要建生产钢轨的轧钢厂。1894 年我国在大冶铁厂建立的第一套轧机就是 $\phi 800\text{mm} \times 3$ 的轨梁轧机。1949 年以后，我国先后在鞍钢、武钢、包钢、攀钢建了 4 套轨梁轧机，都验证了这个道理。在当时条件下所建起来的是 3 架一列式或 1 + 3 二列式轧机。

1964 年在日本运行成功的高速铁路，开创了铁路运输高速、重载的新时代。当铁路机车时速超过 200km/h 时，对钢轨提出了一系列的新要求，即所谓"高纯度、高强度、高精度"的"三高"要求。为保证达到"三高"要求，在炼钢的炉外精炼、连铸，轧制的加热、轧制、精整等一系列环节进行了许多重大的改进，包括万能轧制和复合矫直等。万能轧制法生产钢轨，从 20 世纪 70 年代就在日本、法国、美国普遍采用。当时的万能轧制法，与现代 SMS 开发的万能轧制法还有较大的不同，2 机架的二辊可逆式轧机（与现在相同），接着是 3 列串列布置的 U1-E1、U2-E2、U3 轧机，在 2 机架二辊可逆式轧机上轧制多道成轨型后，在 U1-E1 上可逆轧制 3 道，在 U2-E2 上轧制 1 道，在 U3 上轧制 1 道成最后的成品。

20 世纪 90 年代 SMS 为韩国建立了 1 + 3 的大型 H 型钢轧机，韩国在 SMS 的支持下在 3 机架可逆式万能轧机 U1-E-U2 上轧制钢轨，获得了成功。从此，SMS 将此生产工艺用于我国的鞍钢、包钢、武钢以及印度等多个厂。在鞍钢、包钢等多年孔型设计经验的支持下，大获成功，成为钢轨生产的新工艺。

我国在 20 世纪 50 ~ 60 年代建设的 4 个轨梁厂经过 40 年的运行，工艺和设备都显得老旧、落后。从 1990 年左右开始，我国铁路部门和钢铁界就在商讨，实现铁路运输高速化，与钢轨生产现代化问题。攀钢经过多年准备，率先进行现代化改造，并在 2004 年完成改造。2001 年鞍钢也与 SMS 签订购买设备合同，对老生产线进行改造。随后包钢、武钢也对老生产线进行了彻底的现代化改造。四大钢轨厂完成现代化改造，实现了钢轨生产的"三高"，标志着我国钢轨生产和高速铁路的发展进入了全新的阶段。

1.4　现代长材生产技术的特点

1.4.1　产品

（1）热轧长材产品的规格范围在逐渐扩大。在 20 世纪 60 年代，线材高速无扭轧机出现以前，线材套轧的规格范围为 $\phi 6.5 \sim 10mm$，直流连轧的产品为 $\phi 6.0 \sim 12mm$；1966 年出现了 Morgan 型的高速无扭轧机后，线材轧机的产品范围扩大至 $\phi 5.5 \sim 20mm$；90 年代中出现了 8 + 4 的线材减径定径机后线材轧机的产品范围扩大至 $\phi 5.0(4.5) \sim 25mm$。

老式横列式小型轧机的产品范围为 $\phi 16 \sim 25mm$，现在以生产普通钢为主的小型轧机产品范围扩大为 $\phi 10 \sim 50mm$；以生产特殊钢为主的小型-大盘卷复合轧机，直条棒材的产品范围为 $\phi 12 \sim 80mm$，大盘卷的产品范围为 $\phi 16 \sim 42(50)mm$；为满足机械制造齿轮和轴类的需要，以及多样化的模锻坯需要，半连续式开坯和大圆钢轧机的产品范围现在是 $\phi 80 \sim 260(310)mm$；我国现在的装备水平，简单断面的圆从 $\phi 5.0 (4.5) \sim 300(310)mm$ 都可以用轧制的方法生产，其中 $\phi 5.0(4.5) \sim 50mm$ 可以以成卷的方式供货。

等边角钢的产品范围，在 GB/T 9787—1988 中为 $20mm \times 20mm \sim 200mm \times 200mm$，为适应输电铁塔的需要在 GB/T 9706—2008 中扩大为 $20mm \times 20mm \sim 250mm \times 250mm$。H 型钢产品规格范围为 $100mm \times 50mm \sim 1000mm \times 300mm$，腰高为 1000mm，比 63C 工字钢 $h = 630mm$ 高了许多。新轻轨标准（讨论稿）规定轻轨规格为 9kg/m、12kg/m、15kg/m、18kg/m、22kg/m、24kg/m、30kg/m；铁路用热轧钢轨标准规定铁路用钢轨规格为 38kg/m、43kg/m、50kg/m、60kg/m、75kg/m。

（2）热轧长材单重增加，产品的尺寸精度在不断提高。

老式横列式轧机生产钢筋，用 $90mm \times 90mm \times 3000mm$ 的坯料，单重只有 190kg，线材单重只有 250kg；现在小型和线材轧机普遍用 $150mm \times 150mm \times 12000mm$、单重 2065kg 或 $160mm \times 160mm \times 12000mm$、单重 2345kg 的坯料。单重提高使轧机的效率大大提高，成品的定尺率提高，金属收得率提高。

在老式的横列式轧机上生产 $\phi 6.5mm$ 的线材，其头尾的尺寸公差达 ±0.5mm 以上；现在高速线材轧机生产卷重达 2500kg 的线材，其尺寸公差为 ±0.15 ~ ±0.3mm，在采用 8 + 4 的线材减径定径机后，$\phi 5.5 \sim 20mm$ 线材的尺寸精度更提高至 ±0.10mm。

热轧直条圆钢产品的尺寸公差是随直径变化的，圆钢直径越大，其公差范围越宽。以大于 7 ~ 20mm 的圆钢为例，现在标准的公差范围是 ±0.25 ~ ±0.4mm。在使用了 KOCKS 三辊减径定径机后，直条圆钢的产品精度如表 1-8 所示。

表 1-8　KOCKS 轧机的产品精度

直径/mm	尺 寸 偏 差		直径/mm	尺 寸 偏 差	
	mm	DIN10060		mm	DIN10060
$\phi 13 \sim 25$	±0.10	1/5DIN	$\phi 36 \sim 50$	±0.13	1/6DIN
$\phi 26 \sim 35$	±0.12	1/5DIN	$\phi 51 \sim 60$	±0.16	1/6DIN

（3）长材产品的强度级别在不断提高，产品性能特殊化、多样化。

冷镦钢线的强度为 1040 ~ 1130MPa，小汽车用轮胎钢丝强度为 3600 ~ 4000MPa，为切割太阳能电池用单晶硅的硬线强度达 4000MPa。

国内铁路运输的热轧钢轨的强度为 880MPa（U71Mn）、980MPa（U75V）、1080MPa（U76CRE）和 1240MPa（AB1）。

型钢特别是 H 型钢，以前多为单一的碳素结构钢（Q195、Q215、Q235、Q275），现在增加了许多新的钢种，如耐候钢、低合金高强度钢等。

1.4.2　装备现代化

古语曰："欲要善其事，必先利其器"，要生产好的产品，要提高生产效率，首先要有好的装备，当然只有好装备还不够，还要有好的生产软件和好的管理。20 世纪 80 年以来，我国钢铁界以先进国家为师，引进世界最先进的钢铁生产和长材轧制装备和技术，走引进—消化—国产化—再创新之路，使我国长材生产装备实现了现代化。现在我国长材生产中，主流工艺装备是：

（1）钢轨生产采用 2 + 3 可逆式万能轧制法。

（2）大型 H 型钢和钢梁生产采用异形坯、1 + 3 可逆式万能轧制法，中型 H 型钢和型钢采用半连续式的万能轧制法（普通型钢用二辊轧制法）。

（3）开坯和大直径圆钢采用 1 + (6 ~ 8) 的半连续式轧制法。

（4）小型轧机采用 18 ~ 22 机架的连续无扭转轧制法。

（5）线材轧机采用 28 ~ 30 机架的高速无扭轧制法。

这些工艺装备技术体现了当代世界轧制技术的水平。特别值得一提的是，我国的小型和线材轧机，出乎业内人士的意料之外，从 20 世纪 90 年代的横列式套轧，跨过了半连续式的发展阶段，从 90 年代末开始直接跨进了全连续式的时代。现代化的生产设备和工艺，加上逐渐现代化的管理模式，带来我国长材生产的高效率和产品质量及精度逐渐提高。

当然长材轧制设备中的一些关键的装备技术还需要引进，如轧制钢轨和 H 型钢的 3 机架可逆式连轧机、轧制棒材的三辊 KOCKS 减径定径机、轧制线材的 8 + 4 减径定径机等，任重而道远，长材界的同仁仍需努力。

1.4.3 坯料绝大部分采用连铸坯

我国的长材生产企业，除少数高合金钢或订货量很少的品种仍在以模铸钢锭为原料外，绝大多数长材轧机均直接以连铸坯为原料，其中不少轧机实现了连铸坯的直接热送热装。直接以连铸坯为原料是钢铁生产的一场革命性的变革，取消了初轧的均热和开坯，缩短了工艺流程，提高金属收得率 10% ~ 13%，大大节约能源、场地和人工成本，从本质上提高了我国钢材的竞争力。

1.4.4 轧机配置和布置高效化

特别值得一提的是长材轧钢车间与上游的连铸—炼钢车间紧凑布置，实现辊道低成本运输和实现热送热装；在连铸车间和长材轧机生产管理一体化，按长材轧机的定货单冶炼钢种，安排连铸工艺，甚至按长材生产的品种安排连铸坯的切断定尺长度，减少切头切尾损失。

另一个是线材、小型车间的 +5m 平台高架式布置。最早采用 +5m 平台的高架式布置，是因为线材精轧机有两个很大的润滑油箱需要放在平台下，如果不用高架式，就要挖 -5m 的大坑，而且散卷冷却后的集卷机，也要在 -8m 左右的坑内，施工很不方便。线材轧机采用高架式布置后，不但解决了精轧机润滑油箱和集卷机不要挖深坑的问题，而且车间的流体管线和电缆可以布置在 +5m 平台下，施工和维修都十分方便。轧线设备布置在 +5m 平台上，水冲铁的一次沉淀池的深度可以相应提高 5m，好处多多。线材车间采用 +5m 平台的高架式布置，小型车间很快效仿，我国近 10 年来新建的线材和小型车间基本上都是采用这种高架式的布置，最近还扩展到开坯和大圆钢车间。高架式布置厂房的基础投资略有增加，但带来的好处是施工、维修方便，而且可充分利用空间，节约用地。后者对人多地少的我国尤为重要。

1.4.5 上与炼钢连铸、下与精整热处理系统设计

以前的工程建设做轧钢就是做轧钢，做炼钢就是做炼钢，顶多考虑一下它们之间的物料平衡，很少考虑其他。现代系统工程学概念被应用于钢铁厂的系统设计，轧钢厂（长材）的建设与生产必须与前面的炼铁、炼钢、连铸，后面的精整热处理，整个完整的系统一起考虑，方能取得高质量、高效率、低成本的效果。主要需要考虑：

（1）本企业有几个长材车间，这几个长材车间的产品怎么分工？使各个长材轧机和上游的炼钢、连铸都能合理发挥。

（2）几套长材轧机怎么合理供坯？使之与上游的连铸-转炉在产能、钢种、工艺流程等方面能合理衔接，该复杂的工艺要复杂，该简单的流程要简单。

（3）根据本企业长材产品的定位确定需要不需要精整热处理，哪些产品需要精整，哪些产品需要热处理-精整，热处理-精整量是多少，是集中热处理-精整，还是分散在各车间？

1.4.6　普遍采用控轧控冷技术

控制轧制过程中的温度，特别是完成精轧变形的温度（亚共析低碳钢在奥氏体→铁素体的 A_{c3} 附近，过共析高碳钢在 A_{c3} 以上奥氏体完全再结晶的温度区），以获得细小的晶粒（前者为未完全再结晶的变形奥氏体晶粒，后者为完全再结晶的稳定奥氏体晶粒）。在精轧后以适当的冷却速度稳定变形得到细晶粒，并在随后的冷却过程中在可控的速度下完成奥氏体→铁素体的转变（前者获得细小片状的珠光体，后者获得高比例的索氏体），从而改善材料的性能。这种被称为控制轧制和控制冷却的新技术在长材轧制领域得到普遍的推广和应用。

控制冷却最早用于线材生产，线材轧制速度拉高至 75m/s 后，在精轧前增加预水冷。小型棒材轧机早期是精轧后的穿水冷却，20 世纪 90 年代后设置了精轧前的水冷。因此，小型棒材和线材的控轧控冷技术应用得最早，最为成熟，也最为普遍。大约在 2003 年之后轧后水冷技术逐渐推广至大、中型 H 型钢生产，现在试图推广至 φ70(90) ~ φ220(250)mm 的大棒材生产线中。

1.5　中国长材生产的特点

我国的长材生产技术与装备除与 1.3 节所述的世界长材技术的发展方向相一致之外，在一个人口众多、市场巨大的国度中生产长材还具有它自己独特的特点，这些特点是：

（1）我国长材不仅总产量高，而且轧机的单机产量也高。在 20 世纪 90 年代初，我国横列式套轧的小型和线材轧机平均单机产量不足 2 万吨/年，2010 年生产钢筋的小型轧机单机产量一般均在 80 万吨以上，达 100 万吨者，不在少数。105m/s 级的单线线材轧机，在国外同类轧机的产量为 35 万 ~ 40 万吨/年，我国这类轧机普遍在 55 万 ~ 60 万吨/年，高达 65 万 ~ 70 万吨/年者有之，双线线材的产量更是高达 100 万 ~ 110 万吨/年。目前我国各类长材轧机普遍达到的产量水平如表 1-9 所示。

表 1-9　目前我国各类长材轧机普遍达到的产量水平　　　　　　　　　　（万吨/年）

1 + 3 的大型 H 型钢轧机	2 + 3 的钢轨和钢梁轧机	连续小型轧机（生产钢筋）	单线线材轧机（105m/s）	双线线材轧机
100 ~ 110	80 ~ 100	80 ~ 100	60 ~ 70	100 ~ 110

我国长材轧机单机高产的原因，一是我国市场需求非常大，巨大的市场容量足以容纳任何高产的轧机；二是大市场使一个企业有多套性能相似的轧机，这些轧机实行专业分工，各自生产范围较窄的产品，使效率大大提高；三是我国工人吃苦耐劳的精神，我国钢铁企业普遍实行"人歇机不歇"的工作制度，除了在春节期间的设备检修外，其他节假日都不休息，因此轧机的年实际作业时间很高，普遍高达7500 ~ 7800h 以上。

（2）我国长材产品绝大多数以长流程工艺生产。与欧美先进国家不同，我国废钢资源缺乏，电力供应不足，使我国短流程生产工艺的发展受到严重制约，因此，我国长材生产绝大部分是采用高炉—转炉—连铸—轧制的长流程工艺。氧气转炉炼钢和连铸技术的快速进步使炼钢的产量和质量都大大提高，转炉大型化不仅生产效率高，而且是提高工艺装备和自动化水平的基础。因此，在我国钢铁产业政策中规定：新建转炉的容积为不小于120t，这一规定虽然有点过于严格，但业内专家普遍认为转炉合理容积至少应不小于 80 ~ 100t。以目前冶炼普通钢平均时间 35min/炉计算，80t 转炉的年产量应为 100 万吨，100t 转炉为 120 万吨。

与这样先进的转炉相配套，板带热连轧机、厚板轧机没有问题，长材轧机中的轨梁、大型 H 型钢、中型 H 型钢和开坯-大圆钢轧机，其年产量都在 80 万 ~ 100 万吨左右，因此，与先进转炉配合也没有问题。唯有线材和小型轧机的产量低，一般只有 40 万 ~ 50 万吨，这样低的产量与转炉炼钢之间不匹配。棒材和线材轧机的单产过低，与先进转炉不配套，严重制约了我国钢铁工业技术进步与产量的提高。

在经过多年努力后，我国的长材工作者使线材和小型轧机的单产提高至 80 万 ~ 100 万吨，并与炼钢—连铸组成了 1 炉（1 座转炉）—1 机（1 套连铸机）—1 轧（1 套小型或线材轧机）的高效率、低成本的工艺生产系统。这个系统的逐渐创立和完善，对促进 2003 年以来，我国钢铁产量快速增长起到了至关重要的作用。

（3）我国是长材生产大国，但还不是长材生产强国，先进长材产品比例偏低。从表 1-3 中可以看出，在长材产品中钢筋的产量最高，其次是线材。钢材消费结构显示，住房建设和市政基础设施的建设是我国钢材消费的主体。

在 1990 年以前，中国长期处于钢铁产品供不应求的局面。用钢行业，尤其是建筑行业，均执行节约钢材或不使用钢材的政策，钢结构的使用远远少于工业化国家，因此，在型钢总量中，钢结构用的 H 型钢、槽钢和海洋建筑工程用钢桩等具有代表性的型钢产品的比例明显低于其他产钢大国。型钢品种数量也远远低于工业先进国家，经济断面型钢，如 H 型钢和轻型薄壁型钢等品种的市场开发缓慢。

在钢筋中 400MPa 以上的高级别钢筋，只占 40% 左右，60%～65% 仍是低级别的钢筋。线材产品，国外约 70% 以上是以制成金属制品的形式使用，而我国 70% 以上的线材在热轧状态直接使用。合金钢和特殊钢在棒线材中占的比例明显低于先进国家。

我国长材产量大、单机产量高只能说明我们只是钢铁生产大国，而低端产品占主要地位，加之自主创新技术尚不足，说明我们还远非长材生产强国。这一状况在未来会有较大的改变。

（4）装备水平落后的企业所占的比例较大。我国有许多装备先进、生产水平也很高的长材企业，但也还存在为数不少的横列式的线材、小型和中型轧机，这些轧机没有固定的连铸坯来源，或只有小电炉和小转炉供应坯料，甚至以工频电炉供料，原料材料、电力消耗高，产品质量没有保证，生产的产品以次充好，超差的"瘦身钢筋"、"地条钢"屡禁不止，扰乱市场。低价的劣质钢筋大有逆式淘汰之势，以劣淘优。钢铁小企业越禁越多，为当前钢铁宏观调控一大难题。

（5）生产能力大于市场需求，在中型钢的范围内表现最为突出。现在我国有钢轨生产厂 4 家，生产线 6 条，另有 3 条生产线正在建设中，其中 7 条为现代化的钢轨生产线，产能在 500 万吨/年以上，而我国钢轨的年需求量只有 300 万吨左右。我国现有大型 H 型钢生产线 4 条，中型 H 型钢生产线 7 条，专业的型钢生产线 2 条，在河北唐山地区小型 H 型钢生产线有 10 多条，H 型钢总生产能力高达 2000 万吨，而目前我国 H 型钢的消费量在 1000 万吨左右。供大于求的结果，造成价格的恶性无序竞争。

1.6 长材轧制技术展望

如前所述，我国和世界的长材轧制技术和装备将向可持续的方向发展，并依靠下游用钢领域产品和技术更新换代需要进行。我国长材产能已严重过剩，大规模的产能扩张已不可能，就中国而言将转向产能的收缩和品种结构的调整。在大规模的产能扩张的形势下，技术发展的重点是提高效率，在产能收缩的形势下将更加注重品种、质量、节能和环保。

中国的钢铁发展速度不但要放慢，在一定时期内可能还会出现负增长。亚洲和拉美发展中国家、俄罗斯等还会有一定的增长。但这些国家的增长与中国井喷式的增长会有很大的不同，至少速度不会像中国那么快。产量的快速增长与技术进步应是不同的概念，但又是相互关联的。大规模的投资，一是促进更注重高效率的工艺和设备；二是以更多的资金投入新工艺新装备的研发，技术和装备的更新速度会更快。社会投资减少对新工艺新装备的研发会有所影响，但技术进步不会停止。

1.6.1 轨梁轧制工艺和装备

以万能轧制法为核心的大型 H 型钢与钢轨生产工艺和由 U1-E-U2 组成的 3 机架可逆式连轧机都已成熟，正在大型 H 型钢和钢轨生产中发挥主导作用。在可预见的未来，设备和工艺会继续完善，但在短期内还看不到在工艺和装备上会有根本性的突破，即比钢轨万能轧制法、H 型钢 X-H 万能轧制法更为先进的轧制工艺。

1.6.1.1 钢轨生产

（1）以高强度钢种、高纯净度的炼钢—连铸、高精度万能轧制和精整为核心的钢轨生产工艺将继续完善，研发强度更高、韧性更好的新钢种。抗拉强度达到 1300MPa、伸长率约为 15%、室温冲击功约为 100J 的贝氏体钢，可能得到推广和应用；100m 长尺钢轨的在线热处理工艺将更加完善和实用，以提高钢轨的强度和耐磨性能。

（2）铁水脱硫→顶底复吹转炉炼钢→LF 炉外精炼→RH 真空处理→大方坯连铸的生产工艺，实现了钢水的高纯净度，连铸取样分析的钢中氢含量控制在 $w(H) \leqslant 2.0 \times 10^{-4}\%$。钢水的低氢含量，取消了延续多年的钢轨缓冷工艺，使 100m 长尺的高速钢轨生产成为可能。但为使连铸坯中的氢充分析出，现在连铸坯仍需堆冷。炼钢—连铸工艺的进一步改进，使钢水中的氢含量有可能进一步降低，进而取消连铸坯堆冷，实现连铸坯的热送热装，进一步节能。

（3）中国发展的特点是以追求轧机的高产量为主要目标，因此，在中国建设了 4 条钢轨生产线（还有一条生产线正在建设中），均为 2 架初轧开坯机 + 3 架可逆式连轧机的模式。为减少投资成本，今后其他国家可能适度降低产量，而建设 1 架开坯机 + 3 架可逆式万能连轧机的钢轨生产线。1 + 3 的钢轨生产线，虽然钢轨产量会有所降低，但更适合同时生产 H 型钢等其他型钢。连续式或 1 + 9 的半连续式布置生产钢轨，轧辊的数量和备辊数量比 1 + 3 多很多，在生产上是不经济的。以人工的低工资抵销生产备件的高成本，是以劣淘优的逆向淘汰，是不可持续的。

（4）涡流-超声波联合探伤仪，已作为正式的工艺设备安装在今天的钢轨生产线上，用于探测钢轨的表面和内部缺陷。但漏检误检常常发生，让钢轨厂头痛不已，因此人工目检仍是不可缺少的。实际需求将催生能准确探测钢轨表面和内部缺陷的仪器，代替现在的人工在线检测。

1.6.1.2　大中型 H 型钢和其他型钢生产

（1）以 X-H 万能轧制为基础的变形工艺不会有根本性的改变，大中型 H 型钢以 1 架开坯机 + 3 机架可逆式万能轧机的轧制方式进行生产，中等规格的中型 H 型钢以 1 + (9 ~ 10) 的布置方式进行生产，小规格 H 型钢以连续式的布置方式进行生产，适应了各种断面型钢不同小时产量的需求，在当前的技术水平下是较为合理的选择。

1 + (9 ~ 10) 的布置方式适合生产中等规格的 H 型钢和其他大型型钢，当用于生产钢轨时，其轧辊备辊数量和辊型消耗都会高于 1 + 3 的方式，尽管国内有厂家以 1 + 10 万能的布置方式在生产钢轨，但实际上是不经济的。

（2）1 + 3 的大型 H 型钢生产线和 1 + (9 ~ 10) 的中型 H 型钢生产线，将进一步开发新的型钢品种，如 U 型钢板桩、履带钢等，以适应市场对型钢新品种的需要。

（3）H 型钢以其断面受力的合理性和连接方式的方便性，成为众多型材中用量最多的型钢（估计占型钢总用量的 70% ~75% 左右），广泛用于工业厂房、民用高层建筑、体育场馆、桥梁和工程机械的承重件。但 H 型钢的防腐蚀问题，成为 H 型钢推广应用的瓶颈。耐大气和海水腐蚀新钢种的开发，将有助于 H 型钢使用面的扩大和更进一步的推广。

（4）低温轧制获得细晶粒和轧后快冷技术提高材料的强韧性同样适合于型钢和 H 型钢生产，快冷技术将很快在此领域获得推广和应用。

（5）三辊式的穿梭轧制在型钢生产中的应用已超过 100 年，100 多年来对三辊式轧机进行了一些改进，但三辊式轧机的一些固有缺点仍不能得到有效克服，如轧制速度低、轧制时间长、轧件单重小、人工操作劳动强度大等。从 20 世纪 30 ~ 40 年代起，美国、德国引领世界钢铁界逐渐淘汰三辊式轧机，近 30 年来在线材、棒材生产领域迅速将三辊式轧机淘汰，近 20 年在钢轨、H 型钢生产中也迅速将其淘汰。但三辊式的穿梭轧制在生产履带钢、汽车轮辋钢等特殊产品上，仍有设备简单、适于小批量多品种、生产成本低的优势，一时还难以完全淘汰。技术人员要千方百计从技术和装备的角度创造条件，淘汰这种落后的轧制方式。

如上所述，世界钢铁界在 SMS 公司的引领下经多年来的努力，特别是近年经中国多家公司的共同实践，已解决了多机架连续式轧制钢轨、工字钢、槽钢、角钢、矿用工字钢的技术问题。预计在最近，将解决对称断面矿用 U 型钢、U 型钢板桩、三爪履带钢的多机架连轧问题。现在剩下的问题是：断面极不对称的单爪履带钢、球扁钢、汽车轮辋钢等少数几个品种。如果工艺、设备设计开发公司与生产厂孔型设计专家密切合作，在现有的万能轧机或二辊平/立轧机的组合上有所变化，对这少数几个产品的孔型设计方法上也能有所改进，多机架（2 ~ 4 机架）连轧生产单爪履带钢、球扁钢、汽车轮辋钢也有可能取得突破。

1.6.2　开坯和大圆钢生产

连铸技术的成熟，使得直接以连铸坯为原料轧制成材的"一火成材"工艺成为轧钢生产的主流工艺。

从 20 世纪 80 年代开始，世界掀起关闭初轧开坯机的浪潮。世界制造业向中国转移，机器中轴类、齿轮类零件需要以大规格圆钢为原料，导致 φ80～220mm 的大圆钢需求突然增加，市场引导我国 90 年代以来，新建改建了 17 套左右的开坯-大圆钢生产线，而国外已极少建设这样的生产线。

大圆钢产量高，不宜以全连续式生产，退而次之是半连续式，即一架二辊可逆式初轧机 + 6～8 机架平/立交替的连轧机组成的生产线。一架二辊可逆式初轧机还适合开坯，因此也顺带将一部分大连铸坯开成 150mm×150mm～200mm×200mm 的小方坯，供下游的线材和小型轧机使用，并以大压缩比提高产品的性能，用于生产性能要求极高的轴承钢、齿轮钢和冷镦钢等高端产品。我国多家生产厂的对比实践证明，大连铸坯经开坯二火轧成的钢帘线、轴承钢、齿轮钢和冷镦钢的性能就是优于小连铸坯一火轧成。

φ80～220mm 的大圆钢有市场需求，但其需求量远不像钢筋、线材、小规格圆钢这样大。在我国建设了 17 条左右的大圆钢生产线后，市场趋于饱和状态。如果不生产大圆钢，而建专门的开坯机（如邢台钢厂），在连铸技术日新月异的今天，恐怕就要三思而行了，因为经开坯二火轧成，毕竟生产成本要提高一大块。而且对多数企业而言，再回到初轧-开坯的老路上去也是不可能的。最可行的办法是调整线材与小型轧机的连铸坯的尺寸，在性能和生产成本之间找到新的平衡点。

现有的开坯-大圆钢生产线会在下列技术方面得到改进：

（1）轴承钢的高温扩散加热技术。

（2）开发大规格圆钢的低温轧制和轧后快速冷却技术。

（3）将圆钢切成定尺长度，这是一个看似简单而实际上一直没有能很好解决的老大难问题。现在的工艺是：φ12～60（50）mm 小圆钢在冷床冷却后用冷剪切定尺，φ60（80）～250mm 圆钢用热锯切定尺。少数切口断面要求极高的产品用砂轮锯切断，但砂轮锯切断成本很高，钢厂不喜欢用。能否找到生产效率高、成本低、切口断面整齐的切断方法，现在还没有方向。很有可能要依靠其他学科和技术的发展，帮助长材工作者解决这一难题。

（4）现在的生产工艺中直径不小于 φ60（80）mm 含 Cr-Mo、Cr-Ni 的大圆钢轧后需要缓冷，缓冷的目的有两个，对中高碳钢一是防止白点产生，二是防止相变应力和热应力引起的裂纹。

缓冷需要大量的缓冷坑，缓冷后棒材产生弯曲，最少需要矫直精整，这样会提高生产成本还要占据大量的生产面积。钢轨生产通过炼钢减少钢中的氢含量，取消轧后的缓冷，为其他钢种的生产提供了学习的榜样。其他钢种通过减少钢中的氢、氧含量是否也可取消缓冷？炼钢减少钢中的氢、氧含量要提高成本，轧后缓冷、精整同样要提高成本；炼钢成本的提高与轧后缓冷、精整成本的提高，哪一个多？进行对比后就可决定何种方法最经济。炼钢过程是化学反应，在炼钢中解决可能比轧钢要容易些。过去没有人去研究这类炼钢—轧钢之间的交叉问题，希望今后能有学者进行这方面的研究，并能提出有效的解决办法。

1.6.3　小型棒材生产

小型棒材生产线分两类：一是以生产钢筋为主的高产量小型棒材生产线；二是以生产高质量优质钢和合金钢为主的小型棒材生产线。

1.6.3.1　以生产钢筋为主的高产量小型棒材生产线

（1）高产高效仍将是此类轧机的主旋律，现在中国已出现了多台小时产量高达 180t/h 的小型轧机，这意味着此轧机的年产量将达 110 万吨。尽管业内人士曾经呼吁，过分的高产量将带来消耗指标高、甚至影响产品质量等诸多问题，但继续提高轧机单产的努力在中国并没有停止。为达到高产，切分轧制工艺是主要法宝之一，2 切、3 切、4 切、5 切工艺在中国已普遍采用，出现 6 切分也并不是不可能。

（2）为配合更高的产量，在轧机设计和轧线配置上要进行相应的改进，如适当加大辊径、增加轧机刚度、继续加大主电机功率等。

（3）提高钢筋的强度级别，使 400MPa 的钢筋成为中国的主力钢筋，并快速增加 500MPa 钢筋的生产和使用量，是当前中国实现节能减排的当务之急。研究 400MPa 钢筋生产的性能稳定、低成本工艺正在我国进行，每一两年都会有新的工艺出现。全面推广可靠的 400MPa 的钢筋生产工艺经济社会意义重大。

（4）高效率的钢筋小型轧机与高效率的转炉和连铸相配套，才能产生更全面的经济效益，中国钢铁界并不缺乏这种结合的动力。新的高效能轧机将很快组合成新的转炉炼钢—5～6 流连铸—高效能钢筋小型轧机的生产系统。

（5）高效率、低消耗是提高钢筋轧机竞争力的法宝。全连续无扭轧制、切分轧制工艺使钢筋轧机获得高效率；直接使用连铸坯、连铸坯热送热装，还有无孔型轧制可使生产成本降低。

（6）中国钢铁产量的饱和，必将引发一部分产能或钢铁生产技术向发展中国家转移。我国 80～100 万吨级的高产钢筋轧机的模式，未必能适应发展中国家的需求。较低的单产和多品种将是这些国家的基本需求，如何适应这种需求，我们仍需要仔细研究。

1.6.3.2　以生产优质钢和合金钢为主的小型棒材轧机

这类轧机的特征是：较大规格的坯料、脱头轧制、精轧机前后配置水冷温控轧制、配置有三辊的 KOCKS 减径定径机，有的在生产直条圆钢的同时还生产大盘卷。随着中国钢铁市场的饱和与汽车、机械制造业兴起，对特殊钢需求的增长，更多的长材生产企业由生产普通钢转向生产特殊钢，这一趋势引发的变化是：

（1）长材生产企业在由生产普通钢转向生产特殊钢的同时也将他们原本所熟悉的钢铁长流程生产工艺带进特殊钢和合金钢生产。高炉冶炼→铁水脱硫→顶底复吹转炉炼钢→炉外精炼→连铸→长材轧制，将成为中国特殊钢和合金钢生产的主导和标准工艺。

（2）生产优质钢和合金钢为主的小型棒材轧机的产品规格范围，如抚顺合金钢棒材轧机为 $\phi12～75mm$，经过多年的生产和设计实践，产品范围有所调整，但调整不大，在 $\phi16(14)～70(60)mm$ 之间。市场需求是中间规格的特殊钢需求量大，最后的趋势是将中等规格产品进行更细的划分，$\phi14～30mm$ 与 $\phi30～80mm$ 各为一条单独的生产线，以利于进一步专业化。但这仅仅是中国市场的特例，国外市场可能不是这样。

（3）现有特殊钢和合金钢小型棒材轧机的主要特征，如较大规格的坯料、脱头轧制、精轧机前后配置水冷温控轧制、配置有三辊的 KOCKS 减径定径机等，不会有根本的变化。

$180mm×180mm～220mm×220mm$ 的连铸坯断面不会变，但粗轧机组前几架的辊径可能从 $\phi650mm$ 加大至 $\phi700mm$ 或 $\phi750mm$，从而改善咬入条件和加大压下量。

低温温控轧制将会得到普遍采用，水冷段的设置、更有效地实现轧制工艺所要求的控制、更合适的均温距离等，都将更为精细化。

（4）三辊 KOCKS 减径定径机对提高产品尺寸精度、实现单一孔型轧制和自由轧制都起着不可替代的作用。SMS 的三辊定径机与三辊 KOCKS 轧机相似，在钢管的减径定径中应用非常成功，但在棒材轧机上应用较少，但有企业选用 SMS 的三辊定径机，我们不会感到奇怪。四辊式减径定径机在我国几个企业中的应用并不成功，估计后来者会引以为戒。生产小型棒材的生产线是否都需要安装三辊 KOCKS 减径定径机，需要视具体情况而定，不一定都装。

1.6.4　线材生产

1966 年 10 月 Morgan 公司开发的，以 10 机架集体传动、悬臂式碳化钨小辊环、侧交 45°布置、单线无扭轧制为主要特征的高速无扭轧机，在加拿大投产成功，标志着线材轧制技术进入了新的时代。20 世纪 60 年代，直流传动的连续式线材轧机最高轧制速度在 30m/s 以下，横列式的套轧最高轧制速度仅 15～18m/s；世界第一台 Morgan 型高速无扭轧机将轧制速度提高至 45m/s。在此后的 40 年间，Morgan 引领世界线材技术发展的新潮流，不断改进设计，将结构更新、速度更高的无扭轧机推向世界。轧机的最高轧制速度一路飙升，至 20 世纪 90 年代中，最高轧制速度达到了 112m/s。此后 Morgan 与 Danieli 公司又各自开发了 4 机架的线材减径定径机，将最高轧速提高至 120m/s，设计速度 140m/s。单线轧机产量由最初的 15 万吨/年，提高到 60 万～70 万吨/年。

8+4 减径定径机的出现，标志着线材轧机开发思想的转变，由早期的通过改进结构提高轧制速度，达到提高生产率的目的，转变为增加轧机孔型的共用性，减少换孔型和换辊时间，增加轧机的有效作业时间，同样可达到提高轧机生产率的目的。自 20 世纪 90 年代中至今的近 20 年期间，线材轧机的最高设计速度一直稳定在 140m/s，最高轧钢速度 120m/s，最小辊径时的保证速度 112m/s。现在线材轧机基本分为两大类，第一类是以传统 10 机架精轧机为核心的线材轧机，第二类是以精轧机 + 减径定径机为核心的线材精轧机，前者主要用于生产普通碳素钢和优质钢线材，后者主要用于生产优质钢和合金钢线材。线材轧机在结构上已非常完备，可以改进的余地不是很多，小的改进会有，但轧机结构不会有突破性的改进；轧制速度也不会有大的提高。以现有的 10 机架和 8 + 4 为基础，进行小的改进是可能的。

（1）适当增大坯料断面，如将现在的 150mm × 150mm ~ 160mm × 160mm 的坯料，加大至 170mm × 170mm ~ 180mm × 180mm，以适应生产不同级别的钢种和提高产品的最终性能。但过大的坯料断面，如用 200mm × 200mm 或 220mm × 220mm 的坯料生产线材，显然是不合适的，为满足少数产品的需要而将所有产品的压缩比提高，生产成本增加，将使大多数产品失去竞争力。

（2）增大粗轧机组的辊径，以便在粗轧施行大压下量轧制，获得细小的晶粒，改善产品的金相组织和力学性能。

（3）采用短应线轧机代替传统的闭口式轧机为粗轧和中轧机组。短应线轧机需要备用机架，其初始投资要略高于闭口式轧机，但其操作简便，换辊换机架方便，将给生产带来极大的好处，对要获得高产的线材轧机而言，是非常合适的。

（4）采用 8 + 4 形式的精轧-减径定径机，可实现单一孔型系统轧制，减少换孔型和换辊时间，减少轧辊和导卫的备品数量；可提高线材的尺寸精度；可实现完全意义上的低温控轧，提高产品的力学性能；可实现自由轧制，即按用户要求的产品尺寸，而不是按 GB 标准中规定的尺寸交货。这对以生产优质钢和合金钢为主的线材轧机，其优越性可以得到充分体现；但对生产以建筑材为主的线材轧机，8 + 4 的优越性就体现不出来了，反而增加了生产成本。因此，8 + 4 形式的精轧-减径定径机的采用要因地制宜，不一定所有新线材轧机都采用。

（5）预精轧机组采用与 8 机架精轧机辊径相同、结构完全相同，可与精轧机互换的轧辊箱，减少备件，增加轧机的灵活性。

（6）在预精轧机组与精轧机组之间采用 SMS 开发的柔性活套，可缩短轧线的长度，增加轧件断面上的温度均匀性，更加准确有效地控制轧件进入精轧机的温度，实现温控轧制。

（7）线材精轧机除现在大量使用的 10 机架、8 + 4 两种主要形式外，Morgan 公司还推出了两架为一组传动的双机架 Morgan 轧机。提出这个设计概念已有 10 年以上，和以往 Morgan 一呼百应相比，世界钢铁界对此表现得异常冷静，响应者寥寥。双机架为一组的轧机，更换机架更方便，增加了轧机的灵活性，但电控设备和机械设备的费用都要大幅度增加。其性能的改善与投资的增加不成比例，因此，没有人愿意带头试验。两架为一组传动的双机架 Morgan 轧机，除在预精轧机有少量使用外，并没有得到推广。"十年磨一剑，锋刃未曾试"，有谁愿试？何时能试？我们不知道。创新不一定都能成功，但 Morgan 引领的线材技术创新多数获得了成功。

（8）线材风冷线的单机风量和总风量都在增加。1998 年投产的杭州钢厂线材风冷线，每台风机风量为 15.6 万立方米/（小时·台），总风量为 171.6 万立方米/小时；2010 年投产的天津轧三线材，前 6 台风机风量为 20 万立方米/（小时·台），后 12 台风机为 15.6 万立方米/（小时·台），总风量为 274 万立方米/小时；2008 年投产的青钢 4 线材，前 11 台风机风量为 26 万立方米/（小时·台），后 8 台风机为 15.7 万立方米/（小时·台），总风量为 421.6 万立方米/小时。增加风机风量，可提高线材的冷却速度，增加高碳钢的索氏体化率，以适应硬线、钢帘线等高碳钢产品的生产。

（9）以生产建筑钢材为主的高产双线线材轧机，目前其年产量已达 100 万 ~ 110 万吨，要求其继续增加产量的呼声在中国仍在继续。在用户的强烈要求下，我们也可能推出新型的双线线材轧机将产量提高到 120 万 ~ 130 万吨。这与高产钢筋轧机的理由相同，目的是与高效率的转炉、连铸相匹配，提高企业的整体经济效益。这是我国特有的现象，其他国家可能没有这种需求。

参 考 文 献

[1] 德国钢铁学会. 钢铁生产概览[M]. 中国金属学会译. 北京：冶金工业出版社，2011.

［2］　Worldsteel Association. Steel Statistical Yearbook［M］. 2011.

［3］　American Association of Iron and steel. The making sheaping and treading of steel［M］. NewYork，1985.

［4］　Willian L Roberts. Hot rolling of steel［M］. New York and Basel，1983.

［5］　方一兵，潜伟．汉阳铁厂与中国早期铁路建设——兼论中国钢铁工业化早期的若干特征［J］．中国科技史，2005，26
　　　（4）.

［6］　傅德武．轧钢学［M］．北京：冶金工业出版社，1983.

［7］　李曼云，等．小型型钢连轧生产工艺与设备［M］．北京：冶金工业出版社，1999.

［8］　乔德庸，等．高速轧机线材生产［M］．北京：冶金工业出版社，1999.

［9］　施东成．轧钢机械设计方法［M］．北京：冶金工业出版社，1990.

［10］　陈汉骙．高速线材精轧机的最新发展［C］//房世兴．高速线材轧机装备技术．北京：冶金工业出版社，1997.

［11］　邹家祥．轧钢机械［M］.3 版．北京：冶金工业出版社，2006.

编写人员：中冶京诚瑞信长材工程技术有限公司　彭兆丰

2　长材生产系统中的炼钢与连铸

2.1　概述

2.1.1　导言

氧气转炉炼钢和连铸技术的出现与成熟，引发20世纪下半叶钢铁生产一场根本性的变革。在钢铁生产流程中，炼焦、烧结、炼铁、炼钢、连铸、轧钢各个领域的技术都在快速发展，但炼钢、连铸技术的发展最快，最具有革命性。20世纪50年代以前用平炉炼钢需要5~8h方可炼一炉钢，今天30~40min即可完成。过去用钢锭模铸，经均热、初轧开坯、二次加热、二次轧制成材，从高炉投料至成品材出厂的生产周期，大约需要35~45天的时间；今天，经高炉铁水、转炉炼钢、连铸坯、一次加热轧制成材，甚至不经加热直接成材，从高炉投料至成品材出厂只需要10~14h即可完成。可以这样说，钢铁生产中上游的炼焦、烧结、炼铁，下游的轧钢、锻造都是围绕炼钢、连铸这个中心的技术进步来进行的。钢铁生产者认清这个发展潮流的本质，努力促进炼钢、连铸、轧钢三者之间的合理结合，则是半个多世纪以来，推动钢铁产量提高和生产成本降低最主要的推动力。

现代的研究表明，钢材的性能主要取决于化学成分和有害杂质的含量及形态，也就是说主要取决于炼钢工序；钢材的生产成本也主要取决于冶炼方法，即炼铁和炼钢的方法。但钢材直接面对市场需求，钢只有以材为载体，其前工序的先进性和优越性才能得以体现，最终赢得市场，取得经济效益。

炼钢和轧钢之间的经济、技术是如此紧密地联系在一起，以至一向以炼钢厂、轧钢厂分块管理的我国，许多企业（如鞍钢、马鞍山、韶关钢厂）都将炼钢与轧钢合并在一起管理，称之为"炼-轧厂"，并选派炼钢专业并在炼钢厂工作多年的工程师当轧钢厂厂长，炼钢、轧钢的密切程度和相互渗透，由此可见一斑。学炼钢专业的人士当轧钢厂厂长，是对我国大学专业分得过细的反思。它告诉我们，对从事轧钢生产、研究和设计的专业人士来说，对钢铁生产系统要有较为全面的知识是非常必要的。

但是，钢铁生产系统实在太复杂，铁前的采矿、选矿、炼焦、烧结；铁中和铁后的炼铁、炼钢、连铸、轧钢、锻造、精整热处理，这一系列的工序和工艺，其中任何一项都是专门的技术，都有许多专著。因此，任何一位专家都不可能完全了解和精通。美国钢铁学会组织众多专家编过一本书《The Making Shaping and Treating of Steel》，全面介绍了美国和世界的钢铁生产技术，作为钢铁生产、管理、贸易从业人员的学习教材。该书从1925年至1985年的60年间曾再版10次，对推动美国钢铁整体水平的提高，起到过非常积极的作用。最近德国钢铁学会也组织专家写了一本《钢铁生产概览》，对钢铁生产的全行程进行了权威、通俗而全面的介绍。由此可见，先进国家在工业化的过程中，对钢铁行业从业人员的整体教育是非常重视的。

本书讲述的主要内容是"长材轧制技术与装备"，不是"普通冶金学"，不可能负担起全面介绍钢铁生产知识的责任，但本书作者认为，必要的炼钢知识对轧钢工作者太重要了。我国轧钢（长材）工程建设和生产中出现过许多问题，问题表现在轧钢，而问题的根源有可能在炼钢，从1894年大冶铁厂生产的钢轨不合格，到今天一流的8+4线材轧机生产不出好产品，这样的例子在我国比比皆是。

近年来，有关炼钢、连铸的专著很多，轧钢专业人员也很想了解一些炼钢的知识，但面对众多的炼钢专著却有些望而却步，想学，但又没有那么多的时间来学，也不知从哪里下手去学。笔者多年从事长材设计工作，与炼钢专业的同事们进行过长期的合作，学习了一些炼钢、连铸方面的基本知识，参考几本较为重要的炼钢专著和文献，试图以"从轧钢（长材）看钢铁生产"这样的视角，简单介绍一些与长材生产联系最紧密、对长材影响和制约最大的钢铁生产知识。

2.1.2　钢铁生产的基本流程

钢铁生产是一个系统工程，生产的基本流程如图 2-1 所示。首先在矿山要对铁矿石和煤炭进行采选，将精选炼焦煤和达到要求品位的矿石，通过管道、陆路或水路运输送到钢铁企业的原料场进行配煤或配矿、混匀，分别在焦化厂和烧结厂炼焦和烧结，获得符合高炉炼铁质量要求的焦炭和烧结矿。球团厂可以直接建在矿山，也可以建在钢铁厂，它的任务是将细粒精矿粉造球、干燥，经高温焙烧后得到 $\phi 9 \sim 16mm$ 的球团矿，作为高炉炼铁的辅助原料。

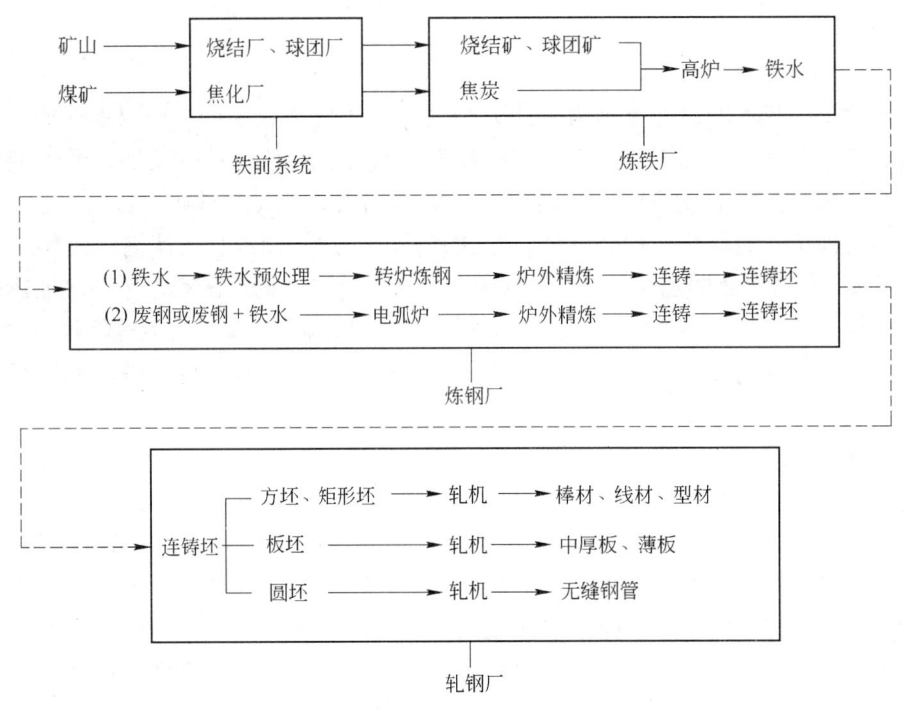

图 2-1　钢铁生产基本流程

高炉是炼铁的主要设备，使用的原料为铁矿石（包括烧结矿、球团矿和块矿）、焦炭和少量熔剂（石灰石），产品为铁水、高炉煤气和高炉渣。铁水送往炼钢厂炼钢；高炉煤气用来加热炼铁热风炉，同时供炼钢厂和轧钢厂使用；高炉渣经水淬后送往水泥厂生产水泥。

炼钢，目前有两条主要的工艺路线，即转炉炼钢流程和电弧炉炼钢流程。通常将"高炉炼铁→铁水预处理→转炉炼钢→炉外精炼→连铸"称为长流程，而将"废钢→电弧炉→精炼→连铸"称为短流程。短流程无需庞杂的铁前系统和高炉炼铁，以回收的废钢为原料，经电弧炉熔化后，经与长流程相同的工艺成坯、成材，因而工艺简单，投资低，建设周期短。但短流程的生产规模相对较小，生产品种相对较少，在欧美多用于生产带肋钢筋或薄板坯的连铸连轧，生产成本相对较高。

炼钢厂最终的产品是连铸坯。按照形状，连铸坯分为方坯、矩形坯、板坯和圆坯。方坯和矩形坯分别被棒材、线材和型材轧机轧成棒材、线材和型材；板坯被轧成中厚板和薄板；圆坯被穿孔、轧成无缝钢管。

钢铁联合企业的正常运转，除了上述主体工序外，还需要其他辅助行业为之服务，这些辅助行业包括：耐火材料和石灰生产，机修、动力、制氧、供电供水、污水处理、质量检测、通讯、交通运输和环保等[1]。

从铁矿石中获得金属铁的工艺有多种，已投入工业生产的有高炉炼铁法和非高炉炼铁两大类，非高炉炼铁又分直接还原和熔融还原两种，其中最有竞争力的仍是高炉炼铁。高炉炼铁今天是，在可预见的未来仍会是世界钢铁生产的主流工艺。高炉炼铁仍能作为主流工艺的主要原因是其高效率、高质量。高效率的表现之一是单体设备的产量最高，一座高炉可年产铁 200 万 ~ 400 万吨；表现之二是铁水的质量好，含硫低，温度高；表现之三是能耗低，包括前工序，可达 500kgce/t 以下。其他炼铁工艺，到目前为止均未达到上述水平。2010 年国内外高炉达到的技术水平如表 2-1 所示。

表 2-1　2010 年国内外高炉技术指标对比[2]

炉容 /m³	区域	项目	利用系数 /t·(m³·d)⁻¹	焦比 /kg·t⁻¹	煤比 /kg·t⁻¹	燃料比 /kg·t⁻¹	风温 /℃	富氧 /%	顶压 /kPa	煤气利用率 /%	座数	年产量 /万吨
5000	国内	平均	2.3	333	156	489	1270	5.43	274	50.45	2	356
		最大	2.3	343	157	498	1280	7.55	278	51.70		
	国外	平均	2.09	360	133	493	1141	3.69	333	49.72	6	323
		最大	2.21	400	157	511	1213	5.68	372	51.16		
4000	国内	平均	2.19	335	173	508	1215	3.70	232	50.09	8	271
		最大	2.50	402	193	540	1250	5.38	243	51.99		
	国外	平均	2.11	341	153	498	1138	5.30	247	48.11	13	261
		最大	2.37	445	226	536	1240	9.80	313	50.45		
3000	国内	平均	2.30	387	153	536	1167	3.26	215	45.70	11	214
		最大	2.73	443	175	577	1220	6.17	235	48.00		
	国外	平均	2.37	361	133	494	1147	3.89	212	49.69	14	220
		最大	2.49	396	155	513	1190	5.17	240	51.50		
2000	国内	平均	2.35	380	140	519	1158	2.54	186	45.44	15	145
		最大	2.61	503	172	587	1259	5.60	220	50.37		
	国外	平均	2.17	343	135	491	1130	5.10	157	48.10	27	134
		最大	2.93	414	233	525	1204	13.10	269	50.72		
1000	国内	平均	2.53	389	157	541	1168	1.82	175	46.26	25	78
		最大	3.15	534	204	646	1240	3.30	230	50.50		
	国外	平均	2.06	382	101	489	1058	2.97	109	49.06	33	64
		最大	2.50	427	128	518	1149	4.80	177	49.57		

　　小高炉燃料消耗高，污染严重，国家产业政策严禁新建 1000m³ 以下的小高炉。大高炉生产效率高，污染少，以板材为主要产品的特大型钢铁企业多建 4000m³ 以上的特大型高炉。但特大型高炉对原料和燃料的要求高，我国矿石的品位低，焦煤资源缺乏，难以满足特大型高炉的要求。中小钢铁企业近年多选用 2000～3000m³ 的中型高炉，以适应我国的矿石品位和焦煤资源。

2.2　转炉炼钢

2.2.1　炼钢概述

　　目前，炼钢方法根据其还原步骤不同主要分为以下两种：

　　(1) 高炉—转炉炼钢（长流程）；

　　(2) 电炉炼钢（短流程）。

　　高炉—转炉炼钢方法是将铁矿石还原成铁水，然后将铁水在转炉中吹炼，生产出钢水。转炉炼钢生产过程（长流程）通常包括：铁水预处理、转炉吹炼（主要是脱磷、脱碳）、炉外精炼（脱硫、脱氧和合金化）、连铸等几个工序。电炉炼钢方法（短流程）生产过程要简单得多，主要包括固体原料（废钢、直接还原铁）入炉、电弧炉吹炼生产钢水，以后工序同长流程。炼钢工艺流程如图 2-2 所示。

　　世界主要产钢国家都已没有平炉炼钢，只有俄罗斯、乌克兰等少数几个国家还保留有平炉。2010 年全世界平炉钢产量只有 1706 万吨，其中俄罗斯为 653 万吨，乌克兰为 876 万吨。世界主要产钢国家的电炉钢产量及其占总钢产量比例如表 2-2 所示[4]。

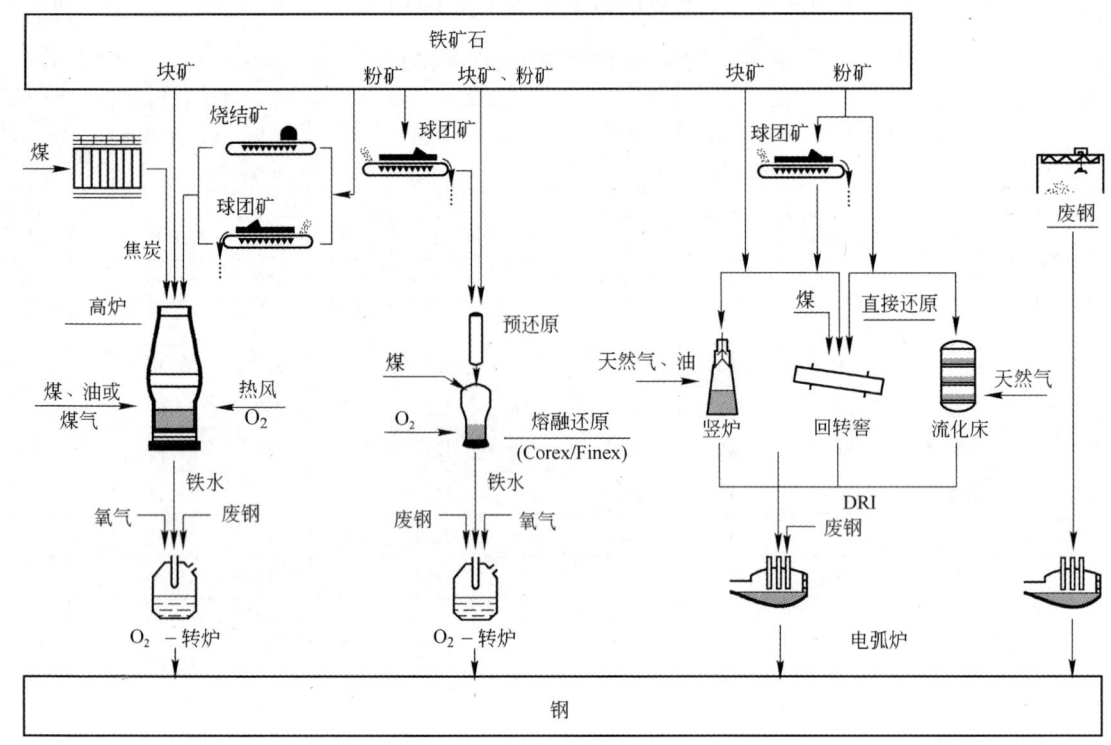

图 2-2　炼钢工艺流程图[3]

表 2-2　世界主要产钢国家电炉钢产量及占总钢产量比例统计

国　家	2006 年		2007 年		2008 年		2009 年		2010 年	
	产量/万吨	比例/%	产量/万吨	比例/%	产量/万吨	比例/%	产量/万吨	比例/%	产量/万吨	比例/%
美　国	5609.8	56.9	5700.3	58.1	5306.2	58.1	3593.3	61.7	4933.8	61.3
德　国	1467.4	31.1	1501.5	30.9	1463.9	31.9	1133.6	34.7	1321.5	30.2
日　本	3026.1	26.0	3096.1	25.8	2950.1	24.8	1919.7	21.9	2364.3	21.8
韩　国	2216.4	45.7	2395.6	46.5	2339.8	43.6	2090.5	43.0	2425.1	41.6
俄罗斯	1626.9	23.0	1929.1	26.6	2000.0	29.2	1611.9	26.9	1798.0	26.9
中　国	4420.2	10.5	4500.0	9.2	4550.0	9.1	5576.5	9.7	6125.8	9.8
巴　西	754.1	27.3	808.1	23.9	793.3	23.5	634.9	24.0	781.2	23.7
世　界	39521.5	31.7	41738.5	31.0	40992.7	30.8	36149.4	28.5	41072.6	29

长流程和短流程的技术经济比较如表 2-3 所示[5]。

表 2-3　高炉—转炉炼钢与电弧炉炼钢两大流程比较

类　别	高炉—转炉流程	电弧炉流程
吨钢投资/美元	1000 ~ 1500	500 ~ 800
劳动生产率/t·(人·年)$^{-1}$	600 ~ 800	1000 ~ 3000
建设周期/年	4	1 ~ 1.5
从原料到钢水的吨钢能耗(标煤)/kg·t^{-1}	703.17	213.73
从原料到成品的吨钢运输需求/t·t^{-1}	15.8	9.48
二氧化碳吨钢排放/kg·t^{-1}	2000 ~ 3000	800

　　从表 2-3 可以看出，废钢—电炉流程在投资、建设周期、劳动生产率、能耗、二氧化碳排放等诸多方面都有明显的优势。这种新工艺 20 世纪 70 年代中由欧洲开发，从 80 年代起在美国得到了快速的发展，90 年代以后欧洲也快速跟上。表 2-2 统计数字显示，2010 年世界电炉钢的产量占总钢产量的 29%，美国

更是高达61.3%，同为亚洲国家的日本电炉钢的比例为21.8%，韩国为41.6%，而我国电炉钢的比例只有9.8%，远远低于世界水平。不是我国不知道电炉炼钢的优越性，而是在我国现实条件下的无奈选择。充足的废钢资源、廉价和有保障的电力供应，是选择短流程工艺的先决条件，而这两个先决条件我国都不具备。

在20世纪90年代，我国引进了10多条超高功率电炉—LF炉—小方坯连铸—小型轧机短流程生产线。由于废钢资源缺乏和电力供应不足及电价过高，导致这些短流程生产厂都难以为继，最后不得不兑高炉铁水，甚至全铁水吹氧炼钢。电炉兑高炉铁水，虽然降低了生产成本，甚至在一定程度上提高了钢水的纯净度，但它违背了当初建电炉，节能、环保、节约投资的初衷。随着我国废钢资源的积累，这种情况可能会有所改变，但我国电力供应紧张的状况在较长的时期内都难以改观，因此，电炉炼钢在我国的发展恐怕仍需时日。目前我国钢铁生产（约占90%的钢产量）的主要流程仍是：高炉炼铁→转炉炼钢→炉外精炼→连铸→轧钢。

2.2.2 转炉炼钢生产技术

2.2.2.1 概况

1855年英国人亨利·贝塞麦（Henry Bessemer）发明了酸性转炉炼钢法，廉价钢开始供应社会。1949年氧气顶吹转炉炼钢法在奥地利实验成功，1951年氧气顶吹转炉炼钢工业化试验投入生产，从此推动了钢铁工业的迅速发展。

转炉炼钢的主要任务是：将铁水脱硫、脱磷、脱碳和脱氧并合金化，然后将钢水浇铸成钢坯。氧气转炉炼钢必须完成去除杂质（硫、磷、氧、氮、氢和夹杂物）、调整钢液成分和调整钢液温度三大任务。转炉炼钢以铁水为主原料，向转炉熔池吹入氧气，使杂质元素氧化，杂质元素氧化热提高钢水温度，一般30~40min可炼一炉钢。

吹炼过程中两组重要的氧化反应是：

（1）脱碳；

（2）有害杂质元素的氧化及造渣。

其中脱碳是最重要的，不管顶吹还是顶底复合吹都是把铁水中的碳氧化成可燃烧的一氧化碳，作为炉气从炉中逸出。铁水中有害元素的去除分两个阶段：第一阶段是把它们氧化，使其不溶解于铁水；第二阶段让它们溶解于炉渣。转炉吹炼过程中的典型化学反应是：

脱碳 $\qquad$ $[C] + [O] \longrightarrow CO$（炉气）

造渣脱除残余元素：

脱硅 $\qquad$ $[Si] + 2[O] + 2[CaO] \rightleftharpoons (2Ca \cdot SiO_2)$

脱锰 $\qquad$ $[Mn] + [O] \rightleftharpoons (MnO)$

脱磷 $\qquad$ $2[P] + 5[O] + 3(CaO) \rightleftharpoons (3CaO \cdot P_2O_5)$

脱硫 $\qquad$ $[S] + [CaO] \rightleftharpoons (CaS) + [O]$

注：符号$[\ ]$表示溶于铁液中的组元；$(\ )$表示溶于渣中的组元；$\rightleftharpoons$表示可逆反应。

目前，转炉炼钢是世界上最主要的炼钢方法，2010年转炉钢的产量约占世界钢产量的70%。转炉炼钢经历了顶吹（LD法）、底吹（Q-BOP法）和顶底复合吹三个发展阶段。现在我国主要采用顶吹LD法（≤50~60t的小转炉）与顶底复合吹工艺（≥80~100的大中型转炉）。转炉炼钢车间纵向布置如图2-3所示，顶底复合吹转炉如图2-4所示。

转炉采用顶底复合吹工艺，顶部吹氧，底吹惰性气体，加强熔池搅拌，抑制喷溅，缩短吹炼时间。顶底复吹技术，不仅钢水中氧含量降低，钢铁料、铁合金、石灰等主副原料消耗降低，缩短冶炼时间，提高炉龄，而且吹炼平稳，比单一的顶吹或底吹工艺更具有成本优势。顶底复合吹与炉外二次精炼相结合，可以生产出许多质量高、成本低的钢种，这是其他炼钢方法无法达到的。顶底复合吹要求转炉的容积要比较大，目前60t转炉也有采用复合吹者，但80~100t以上的大炉子效果比较好。

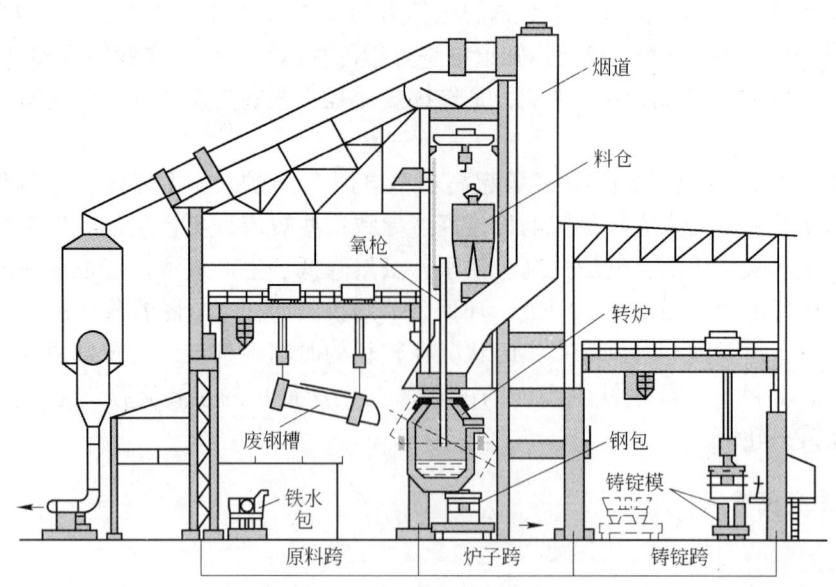

图 2-3　转炉炼钢车间纵向布置示意图

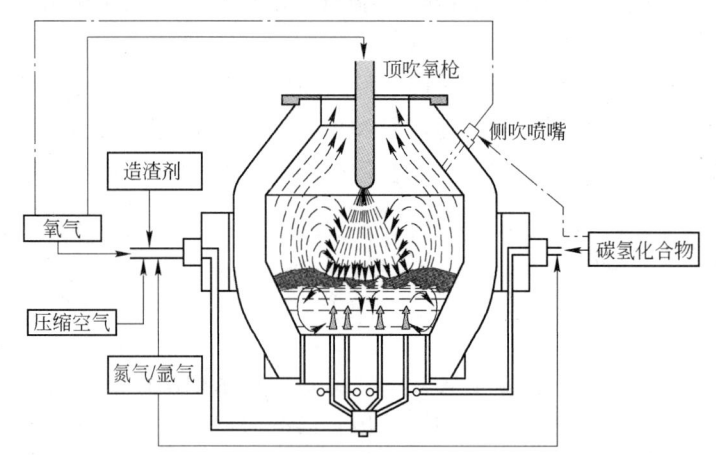

图 2-4　顶底复合吹转炉示意图

2.2.2.2　转炉的炼钢过程

转炉的炼钢过程可分为三大步骤：装料、吹炼、出钢，如图 2-5 所示。具体的吹炼过程是：

上一炉出完钢后，加改质剂调整炉渣黏度，溅渣护炉后倒完残余炉渣，然后堵出钢口。加入底石灰，减轻废钢对炉衬的冲击。

加入铁水和废钢后，摇正炉体，下降氧枪至规定的枪位，开始吹炼。加入石灰保证炉渣碱度，加入轻烧白云石保证 MgO 含量。当氧流与熔池面接触时，钢水中的碳、硅、锰开始氧化，称为"点火"。点火后几分钟，初渣形成并覆盖于熔池表面。随着碳、硅、锰氧化，熔池温度升高，火焰的亮度增加，炉渣起泡，并有小铁粒从炉口喷溅出来，此时应适当降低枪位。

吹炼中期脱碳反应剧烈，渣中 FeO 含量降低，致使炉渣熔点增高和黏度加大，并可能出现稠渣现象。此时应适应提高枪位，并加入氧化铁或铁矿石，并可考虑加入萤石。但要防止"喷溅"。

吹炼末期，碳含量降低，脱碳反应减弱，火焰变得短而透明。确定吹炼终点，并提枪停止供氧（称为"拉碳"），倒炉测温取样，若碳含量和温度均合适，则出钢，否则补吹后出钢。出钢前戴挡渣帽，出钢过程中加入脱氧剂和铁合金进行脱氧和合金化，在出钢末期加挡渣塞[6]。

2.2.2.3　转炉长寿技术

现在国内外转炉炉衬普遍采用镁碳砖。镁碳砖具有抗渣性能强、导热性好等优点。钢水、炉渣的高温冲刷和废钢的机械冲击会造成转炉炉衬的损坏。溅渣护炉是保护炉衬的主要手段，其基本原理如

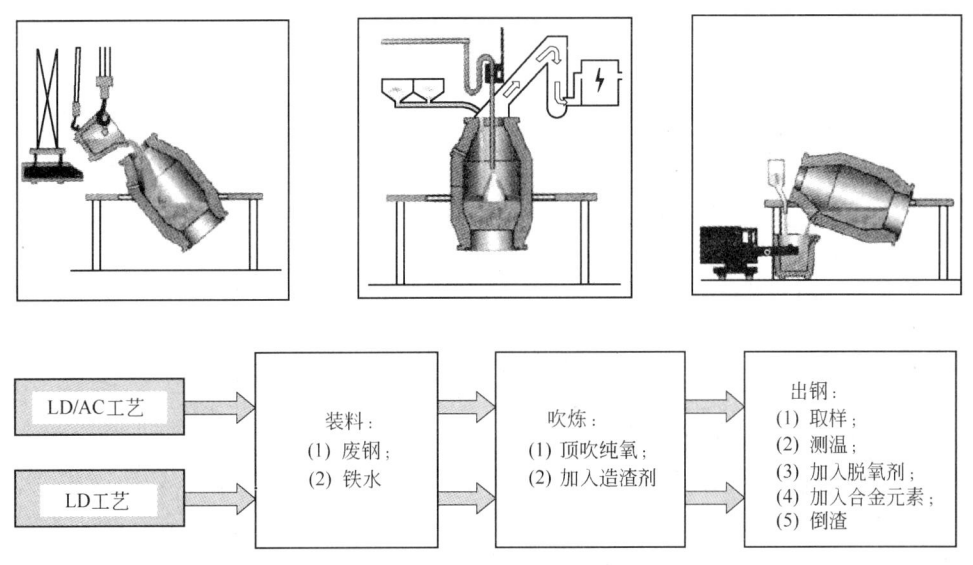

图 2-5　氧气顶吹转炉的炼钢过程示意图

下：利用高速氮气射流冲击熔渣液面，将 MgO 饱和的高碱度炉渣喷溅涂敷在炉衬的表面，形成有一定耐火度的溅渣层，如图 2-6 所示。

采用溅渣护炉和长寿复合吹等技术，可使转炉平均炉龄得到快速提高。1999 年我国转炉的平均炉龄只有 2715 炉，2005 年转炉的平均炉龄快速提高到 5785 炉，2010 年达到 10014 炉。转炉炉龄提高至 6000 炉以上，就可以实现一年换一次炉衬，与其他设备检修同步，使炼钢车间的建设产生质的变化。1 座转炉常年运转的方式代替 2 吹 1（即 2 座炉壳，1 个在用，1 个备用）或 3 吹 2 的模式，使基本建设费用大为降低，生产管理大为简化。2003~2010 年我国转炉平均炉龄如表 2-4 所示[7]。

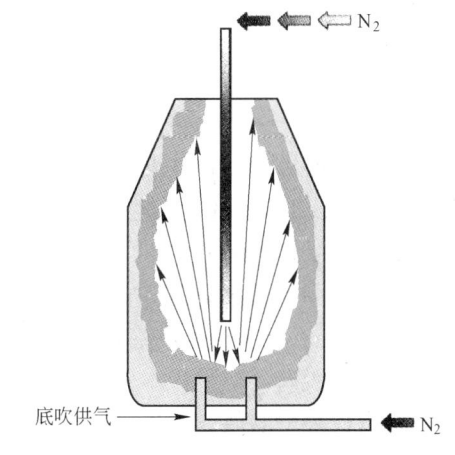

图 2-6　转炉溅渣护炉示意图

表 2-4　2003~2010 年我国转炉平均炉龄

年　份	2003	2004	2005	2006	2007	2008	2009	2010
平均炉龄/炉	4630	5218	5785	6823	7921	8314	10014	10014

2.2.3　炼钢方法的重大创新

老式的炼钢工艺是将铁水或融化后废钢的脱硫、脱磷、脱碳、脱氧和合金化都放在一个炉子（转炉或电炉）里进行，这样废工废时，炼钢的效率很低。在炼钢技术发展过程中逐渐将炼钢不同阶段化学反应分解，发明了分步炼钢法。将原来单一的转炉或电炉冶炼发展成铁水预处理→转炉冶炼→炉外精炼或电炉冶炼→炉外精炼。将转炉脱硫（或脱磷）的任务移至铁水预处理工序，将合金化、脱气、调温移至炉外精炼工序。转炉冶炼只负责脱碳和升温，电炉只负担熔化废钢和脱碳，这样将冶炼过程大大简化，效率大大提高，钢水质量也得到大大改进。

2.2.3.1　铁水预处理

铁水预处理的作用是在铁水进入转炉之前，去除某些有害元素（主要是硫、硅、磷），使其含量降低到所要求的范围内，以简化炼钢过程，提高钢的质量。

铁水预处理按需要可以分别在炼铁工序、炼钢工序进行，如在铁水沟、盛铁水的容器（铁水包、鱼雷罐车，见图 2-7 和图 2-8）或转炉中进行。

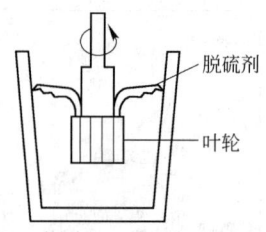

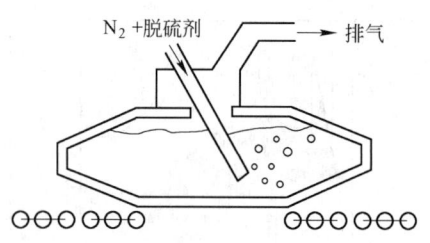

图 2-7　铁水包中 KR 搅拌脱硫示意图　　　　　　　　图 2-8　鱼雷罐车喷吹脱硫示意图

A　铁水脱硫预处理

硫在钢中是有害元素，钢中硫化物会直接导致连铸坯内部出现裂纹和影响表面质量，同时影响钢材的力学性能和加工性能，所以必须降低硫的含量。通常高炉铁水硫含量为 0.03% ~ 0.07%，而钢水的硫含量一般要求小于 0.025%，有些钢种的硫含量要求控制在 0.005% 以下。由于转炉脱硫的效果不好（一般脱硫率为 30% ~ 40%），所以尝试开发了铁水脱硫预处理，将铁水进转炉前的硫含量降低到 0.005% ~ 0.010%，以减轻炼钢脱硫的负担。铁水脱硫预处理技术有数十种之多，如机械搅拌法、吹气搅拌法、喷射法、镁脱硫法等。目前常用的有喷吹法和 KR 搅拌法。

喷吹法是将脱硫剂用载气经喷枪吹入铁水深部，使粉剂与铁水充分接触，在上浮过程中将硫除去。

KR 搅拌法是以一种外衬耐火材料的搅拌器浸入铁水罐中旋转搅拌铁水，使之产生旋涡，同时加入脱硫剂使其卷入铁水内部进行充分反应，以达到铁水脱硫的目的。这种方法具有脱硫效率高、脱硫剂耗量大等特点。

铁水炉外脱硫剂以钙基和镁基为主，主要有电石（CaC_2）、石灰（CaO）、金属镁以及以它们为基础的复合脱硫剂。目前我国主要采用 KR 法和喷吹钝化颗粒镁脱硫工艺。

B　铁水脱磷预处理

磷也是钢中的有害杂质，它会引起钢的冷脆性。转炉的脱磷效果很好，按正常的冶炼程序即可脱磷 80% 以上，因此，炉外铁水脱磷预处理在欧洲和我国用得都比较少，只是在冶炼超低碳的不锈钢等少数产品时才需要预脱磷。但是日本，除了脱硫以外还进行脱硅和脱磷的预处理。脱磷之前必须先脱硅，脱硅是适应铁水脱磷的需要，也可以减少转炉炼钢石灰的消耗量和渣量。目前，铁水脱磷方法有两种，一种为炉外法，在铁水包或鱼雷罐车中进行；另一种为炉内法，在专用转炉内进行。炉内脱磷工艺称为两级转炉串联操作 SRP 工艺。

铁水脱磷剂主要由氧化剂、造渣剂和助燃剂组成。造渣剂有两类：一类是苏打（即碳酸钙），它既能氧化磷又能生成磷酸钙留在渣中；另一类是石灰系脱磷剂，它由氧化铁或氧气将磷氧化成 P_2O_5，再与石灰结合生成磷酸钙留在渣中。氧化铁有轧钢氧化铁皮、铁矿石、烧结返矿、锰矿等，此类脱磷剂需添加萤石和氧化钙助熔剂。SRP 转炉脱磷率达 89.4%，铁水终点磷含量不大于 0.025%。

2.2.3.2　炉外精炼[9]

炉外精炼就是把按传统工艺在炼钢炉（转炉或电炉）中完成的精炼任务，部分或全部移到钢包或其他容器中进行。因此，炉外精炼也称为二次精炼或钢包冶金。炉外精炼的任务是：（1）钢水成分和温度均匀化；（2）精确控制钢水成分和温度；（3）脱氧、脱硫、脱磷、脱碳；（4）去除钢中气体（氢气）；（5）去除夹杂物和控制夹杂物的形态。

炉外精炼的作用是：（1）提高质量，扩大生产品种；（2）优化冶金生产流程，提高生产效率，节能，降低生产成本；（3）炼钢—连铸间的缓冲，使炼钢—炉外精炼—连铸—轧制工序的热送热装—轧制实现有机的连接。

炉外精炼采用的基本手段有：渣洗、真空处理、搅拌、加热、吹喷等。

炉外精炼的方法有 30 多种，根据生产的品种不同，各厂采用的精炼设备也不尽相同，现在用得比较多的是 LF/VD 法、RH 法、CAS 法等。

A　渣洗

所谓渣洗，就是在转炉或电弧炉在出钢过程中，通过向钢液对合成渣冲洗，进一步提高钢质的一种炉外精炼方法，目前，在转炉和电弧炉生产中得到普遍采用。预熔渣是将石灰和铝矾土预先熔化，冷却破碎后直接用于炼钢生产。渣洗过程是在出钢时直接在盛钢桶中进行，没有固定的设备和装备。

渣洗除了可以快速脱硫外，还能有效地脱氧和去除杂质，从而减轻出钢过程中二次氧化的有害作用。

B　钢包吹氩精炼法

钢包内吹喷惰性气体（Ar气）搅拌工艺（底吹或顶吹法），又称"钢包氩"技术，是最普通也是最简单的炉外精炼处理工艺。其冶金功能是均匀钢水成分、温度，促进夹杂物上浮。通常钢包吹氩的强度为 $0.003 \sim 0.01 m^3/(t \cdot min)$。

钢包吹氩精炼法最常见的有 CAS 法和 CAS-OB 法两种。

（1）CAS法：其特点是除底部吹氩外，还通过强吹氩将渣液面吹开，然后在钢包吹开的液面上加一沉入罩，罩内充满钢液中排出的或专门导入的氩气。通过罩上方的加料口，可添加合成渣料和微调钢液成分的合金，如图 2-9a 所示。

CAS 法的优点是：钢水成分和温度均匀，而且控制快速、准确，操作方便；可稳定提高合金收得率；净化钢液，去除杂质，提高连铸坯质量；基建、设备投资少，操作费用低。

（2）CAS-OB法：为解决钢水升温问题，日本又在 CAS 法的基础上增设顶吹氧枪和加铝丸的设备，通过熔入钢水内的铝氧化发热，实现钢水升温，通常称之为 CAS-OB 工艺，如图 2-9b 所示。

C　LF 炉

LF 炉（Ladle-Furnace）又称钢包精炼炉，是 20 世纪 70 年代出日本开发成功的，并得到大量推广，成为当代世界最主要的炉外精炼设备。图 2-10 为 LF 炉示意图。LF 炉具有以下工艺优点：精炼功能强，适宜生产超低硫、超低氧钢；具有电弧加热功能，热效率高，升温幅度大，温度控制精度高等；具备搅拌和合金化功能，易于实现窄成分控制，有利于提高产品的稳定性；采用渣钢精炼工艺，精炼成本低；设备简单，投资少。

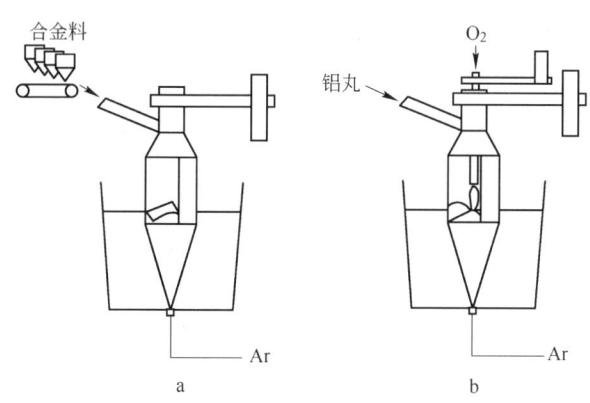

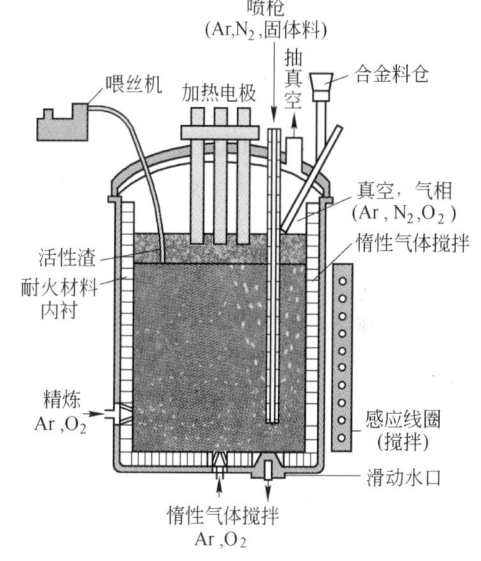

图 2-9　CAS 法和 CAS-OB 法的工作原理示意图
a—CAS 法；b—CAS-OB 法

图 2-10　LF 炉示意图

LF 炉精炼工艺主要包括三个部分：

（1）加热与温度控制。LF 炉采用电弧加热，对钢水的热效率一般不小于 60%，高于电炉升温热效率。每吨钢水平均升温 1℃ 耗电 0.5 ~ 0.8kW。通常 LF 炉的供电功率为 150 ~ 200kV · A/t，升温速度可达 3 ~ 5℃/min。LF 炉采用计算机终点动态控制，可保证终点温度控制精度不低于 ±5℃。

（2）白渣精炼工艺。LF 炉利用白渣进行钢水精炼，实现钢脱硫、脱氧，生产超硫钢和低氧钢。因此，白渣精炼是 LF 炉工艺的核心，也是提高钢水纯净度的重要保证。

（3）合金微调与窄成分控制。合金微调与窄成分控制技术是保证钢材成分与性能稳定的关键技术之一，也是 LF 炉的重要冶金功能。

D　RH 法

RH 法又称为真空循环脱气法。开发的主要目的是：钢水脱氧、脱氢，防止钢中产生白点。其基本原理是利用气泡将钢水不断地提升到真空室内进行脱气、脱碳等反应，然后钢水再回到钢包中。图 2-11 为 RH 真空处理装置示意图。

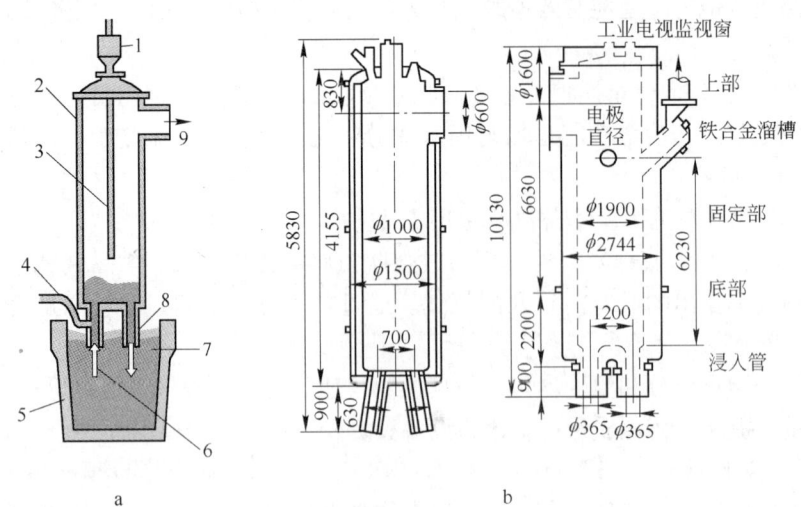

图 2-11　RH 真空处理装置示意图

a—RH 法示意图；b—日本广畑厂 RH 真空槽结构（左为旧式，右为新式）

1—铁合金投料孔；2—真空室；3—氧枪；4—氩气导管；5—钢包；

6—上升管；7—钢液；8—下降管；9—抽气管

E　VOD 与 AOD 法

VOD 是 Vacuum（真空）、Oxygen（氧）、Decarburization（脱碳）三个词第一个字母的组合，表示在真空条件下吹氧脱碳，该装置如图 2-12 所示。它是将钢包放入真空罐内从顶部的氧枪向钢包吹氧脱碳，同时从底部吹氩搅拌。此方法适合于生产超低碳不锈钢，达到保铬去碳的目的，可以与转炉配合使用。

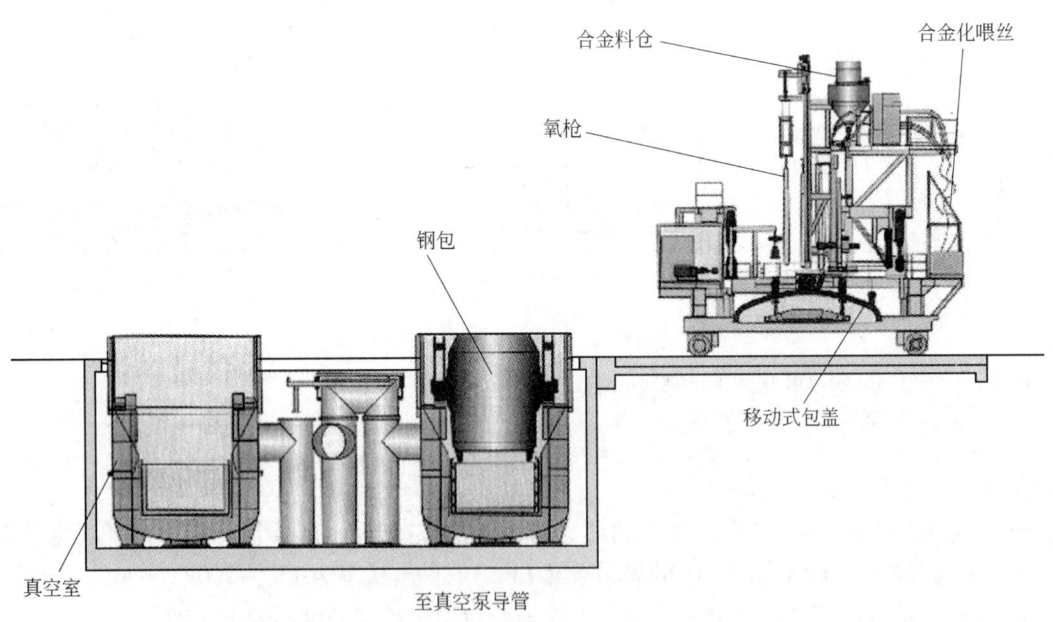

图 2-12　VOD 装置示意图

AOD 法（Argon Oxygen Decarburization）是为专门冶炼不锈钢而发展起来的一种专用冶炼方法，世界上不锈钢总产量中约有 93% 是用这种方法生产的。

AOD 法的炉子结构与转炉差不多，在大气压力下从顶部向炉内吹氧的同时，从侧部吹入惰性气体（Ar），通过降低 p_{CO} 来实现脱碳保铬。

2.2.3.3 炉容大型化

随着炼钢技术的发展，转炉与电炉的炉容都在不断地扩大。20 世纪 60 年代我国在首钢建设的第一套氧气顶吹转炉炉容只有 15t，70～80 年代我国建造了大量的 30t 转炉，90 年代以后逐渐扩大到 80t、100t，并建造了多台 150t、200t、300t 的转炉。

电炉的情况亦类似，20 世纪 60～70 年代我国合金钢厂只有 5t、10t 的小电炉，后来建造了 30t 电炉。20 世纪 90 年代后，从国外引进了 60t、90t 的超高功率电炉，继而引进 100t、150t 甚至 300t 的超高功率电炉。

炼钢炉型大型化，一是高生产率的要求。大转炉与小转炉冶炼普通钢的周期时间基本相同，目前的水平冶炼普通钢为 30～36min，冶炼特殊钢平均 40min，转炉容量增大其产量就相应增加，而大小转炉的操作人员、管理人员是一样的，这样大转炉可获得更大的产量，更低的生产成本；二是技术上的要求，如上所述要生产高质量的钢水，一定要在转炉以外配置炉外精炼设备，但生产实践证明，炉容小于 60t 的小转炉，由于热容量小，配置 LF 炉不能稳定生产，再如转炉采用顶底复合吹工艺，顶部吹氧，底吹惰性气体，可加强熔池搅拌，抑制喷溅，缩短吹炼时间，提高炉龄，但由炉底的透气砖底吹惰性气体时，若炉容太小，则炉底的透气砖太少，容易发生堵塞，现一般认为 60t 以上转炉顶底复合吹的效果比较好；三是大转炉可以配置更为先进的自动化设备。为此，我国的钢铁产业政策中规定，钢铁厂新建转炉必须不小于 120t。

吸取 20 世纪 60～70 年代轧钢界要求连铸生产 60mm×60mm～90mm×90mm 小方坯的经验教训，目前轧钢界不再提建造小转炉的要求了。但笔者认为，根据现在轧钢的发展水平，炉容不小于 120t 的转炉与厚板、热带钢轧机或大中型 H 型钢轧机配套是合适的，但与棒材和线材或钢轨轧机配套并不合适，与后三种长材轧机配套的转炉以 60～100t 为宜。

2.3 连铸与模铸

2.3.1 概述

从炉外精炼出来的钢水，需要浇铸成具有一定形状、一定尺寸和一定重量的铸坯，供下游的热轧机进一步加工成材。直到 20 世纪 70 年代，钢水还是要用钢锭模铸成钢锭，如今世界大多数钢铁厂已采用连续铸锭。连铸是 20 世纪最重要的冶金科技成就，它的出现和广泛应用从根本上改变了钢铁生产的面貌。连铸技术在 20 世纪 80 年代初趋于成熟，目前，我国和世界的钢铁企业都已基本上实现了全连铸生产。2010 年世界钢产量为 141726.4 万吨，连续铸钢产量为 134127.3 万吨，连铸比为 94.6%；中国钢产量为 62465.4 万吨，连铸产量为 61369.2 万吨，连铸比达 97.93%。

与模铸相比连铸可以省去初轧开坯。模铸工艺从钢水→坯的收得率为 84%～88%，而连铸工艺为 96%～97%，钢水收得率可以提高 8%～12%，大大降低材料及能源消耗。现代连铸钢水→坯的收得率已超过 96%。连铸坯的洁净度比模铸高，内部结构更加均匀，偏析程度小。连铸的最大优点是易于实现自动化操作，改善生产过程的可控制性及产品质量的均匀性。

因此，钢锭模铸应用得越来越少，然而生产大锻件或少量高合金钢时模铸仍是不可缺少的工艺手段。

连铸机按铸坯断面大小和形状可分为：板坯连铸机、大方坯和矩形坯连铸机、小方坯连铸机、方-板坯复合连铸机、圆坯连铸机、异形坯连铸机和薄板坯连铸机等。小方坯的最小尺寸可达 100mm×100mm，大方坯的最大尺寸可达 400mm×500mm，圆坯最大为 φ800mm，板坯的横断面尺寸可达到 400mm×2500mm，最大板坯宽度可达 3250mm。根据我国多年的生产经验，小方坯连铸机要不小于 120mm×120mm 方能正常操作，最好要不小于 150mm×150mm。

连铸机的机型直接影响铸坯的产量、质量、基本建设投资和生产成本。按铸机的结构和外形连铸机机型有：立式、立弯式、圆弧形、椭圆弧形和水平式等，如图 2-13 所示。

目前，在我国板材生产系统以立弯式连铸机应用最多，长材生产系统以圆弧形连铸机用得最广。

2.3.2 连铸机的主体设备

一台连铸机主要由钢包回转台、中间包、中间包车、结晶器、结晶器振动装置、二次冷却装置、拉矫机、切割装置和铸坯运出装置组成，如图 2-14 所示。

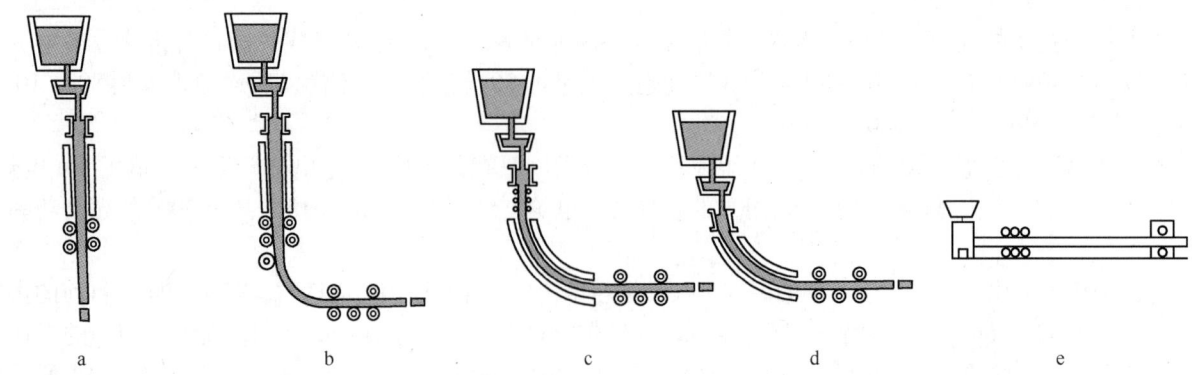

图 2-13 连铸机机型

a—立式；b—立弯式；c—圆弧形（带有连续弯曲加工和矫直装置）；d—椭圆弧形；e—水平式

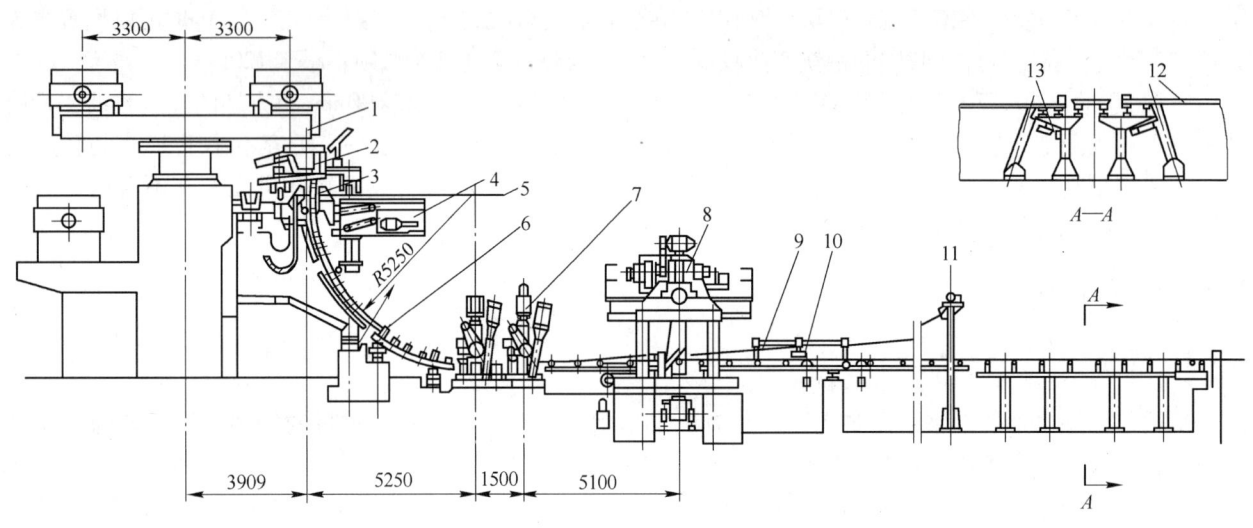

图 2-14 圆弧形小方坯连铸机工艺布置图

1—钢包回转台；2—中间包及小车；3—结晶器；4—结晶器振动装置；5—浇铸平台；6—二次冷却装置；7—拉矫机；

8—机械剪；9—定尺装置；10—引锭杆存放装置；11—引锭杆跟踪装置；12—冷床；13—推钢机

（1）钢包回转台：钢包回转台设置在转炉跨与连铸跨之间。它的本体是一个具有同一水平高度两端带有钢包支承架的转臂，绕回转台的中心旋转。可实现多炉连浇、吹氩调节钢水温度、钢包加盖保温、钢包倾翻等功能。

（2）中间包：中间包是钢包与结晶器之间用来接收钢水的过渡装置（图 2-15）。它的作用是稳定钢流，减少钢流对结晶器中坯壳的冲刷；使钢液在中间包中有合适的流场和适当长的停留时间，以保证钢水温度均匀及夹杂物分离上浮。对多流连铸机由中间包对钢水进行分流；在多炉连浇时，中间包存贮的钢水在换包时起到衔接缓冲作用。

（3）中间包台车：中间包台车是中间包的运输工具，设置在连铸平台上，每台连铸机有两台中间包台车。

（4）结晶器：结晶器是连铸机的"心脏"。要求有良好的导热性能，能使钢液在结晶器内迅速凝固成足够厚的初生铸壳；结构刚性好，易于制造、拆装、调整和维修；有较好的耐磨性和较高的寿命；振动平衡可靠；

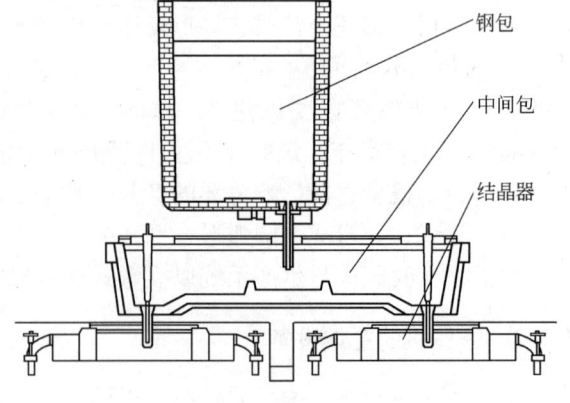

钢包

中间包

结晶器

图 2-15 钢水从钢包经中间包到达结晶器

有足够的强度和硬度。结晶器由铜和少量的银、铬或锆制成，表面电镀铬、镍、镉、钴等。结晶器的形式可分为直结晶器和弧形结晶器。

（5）结晶器振动装置：结晶器振动的目的是防止初生坯壳与结晶器间因黏结而被拉断，起强制脱模作用。要求振动方式能有效防止因坯壳黏结而造成的拉漏事故；振动参数有利于改善铸坯的表面质量，形成光滑铸坯；振动机构能准确实现圆弧轨迹，不产生过大的加速度而引起冲击和摆动。

（6）二次冷却装置：二次冷却装置的作用是采用直接喷水冷却铸坯，使钢坯加速凝固，能顺利进入拉矫区；通过夹辊和侧导辊对带有液芯的铸坯起支撑和导向作用，防止并限制铸坯发生鼓肚、变形和漏钢事故；对引锭杆起导向和支撑作用。

（7）拉坯矫直机：拉坯矫直机（简称拉矫机）用于对铸坯的拉引和矫直。要求其具有足够的拉引和矫直能力，以克服浇铸过程中出现的最大阻力，并备有可靠的过载保护措施；具有良好的调速性能，以适应不同条件下拉速的变化和快速上引锭杆的需要；在结构上要适应铸坯断面在一定范围内变化，并允许不能矫直的铸坯通过。为提高拉速实行液芯拉矫而减少内裂，开发了轻压下和多点矫直的技术。

（8）引锭装置：引锭装置包括引锭头、引锭杆和引锭杆的存放装置。引锭杆按结构形式分为挠性引锭杆和刚性引锭杆；按安装方式分为下装引锭杆和上装引锭杆。

（9）钢坯切割设备：钢坯切割设备用于在铸坯连续进行过程中将它切割成所需要的定尺长度。切割的方法有火焰切割和机械剪切两类。

2.3.3 方坯连铸机的工艺参数

方坯连铸机的工艺参数主要有：

（1）铸坯断面，指连铸坯的横断面形状和尺寸，一般要根据轧钢工序的轧制能力和品种的要求确定。长材轧制的铸坯断面有方坯、矩形坯、圆坯和异型坯。圆坯由于其结晶过程中冷却均匀，产生的等轴晶数量增多，其性能优于方坯与矩形坯。但近年来的实践证明，方坯、矩形坯质量反而优于圆坯，因为圆坯均匀冷却，低熔点的碳化物和夹杂物富集中心，其心部的偏析和夹杂比方坯、矩形坯更为严重，更主要的是轻压下可以有效地改善偏析和夹杂，方、矩形坯可以采用轻压下，圆坯不能采用，只能听之任之。但圆连铸坯冷却均匀，产生等轴晶的优点是不能被忽视的。当生产齿轮钢时，等轴晶圆坯制造的齿轮全圆周性能均匀，方坯、矩形坯非等轴晶制造的齿轮在圆周方向上会有所差异。在制造齿轮时，中心部分为安装轴孔，正为将圆铸坯中心的夹杂物掏空废弃。因此，当生产齿轮钢时推荐使用圆连铸坯。一般铸坯的断面尺寸越大，对夹杂物上浮越有利，铸机生产能力越高，这也是近年连铸坯断面有逐渐加大趋势的原因。但断面越大要求后道工序的开坯能力越强。

（2）冶金长度，指从结晶器液面到连铸坯全部凝固为止的钢坯中心线距离。该参数与铸坯的断面、钢种、浇铸温度和冷却制度等有关。

（3）拉坯速度，指连铸机每分钟拉出铸坯的长度，其单位是 m/min，它与浇铸的钢种、铸坯断面大小、结晶器形式及其冷却制度、铸机的装备水平和炼钢车间的管理水平有关。目前，世界上板坯连铸机最高拉速已达 4.5 m/min，130mm×130mm 的方坯拉速已达 7m/min。我国生产 150~160 小方坯的实际拉速为 2.5~3.0m/min，生产特殊钢和合金钢拉速为 2.0m/min 左右。

（4）连铸机的弧形半径，指连铸机的外弧半径尺寸，它由浇铸钢种的质量要求、拉矫机形式和投资能力大小决定。一般取：

$$R = (40 \sim 50)h$$

式中 R——连铸机的弧形半径，mm；

h——连铸坯的断面高度，mm。

（5）连铸机流数，每台连铸机同时浇铸的钢坯总支数称为流数。板坯连铸机一般为 2 流，小方坯连铸机最多可达 8 流，但比较合适的流数应为 5~6 流。流数太多，中间流与边部流间的温差过大则在所难免。

2.3.4 连铸工艺

影响连铸坯质量的过程参数主要有：中间包内的钢水温度，连铸保护渣的化学组成和物化性质，结晶器冷却方式，结晶器的倒锥角与表面涂层，结晶器振动频率、振幅与振动波型，拉坯速度，电磁搅拌和电磁制动的强度，二次冷却与喷水系统，二次扇形段内支撑辊间隙调整。其中特别重要的是，要协调好钢水温度、拉坯速度、结晶器液面控制系统以及铸坯冷却系统的相互关系。图2-16 示出了保证小方坯质量的连铸机控制参数。现将几个关键工艺介绍如下。

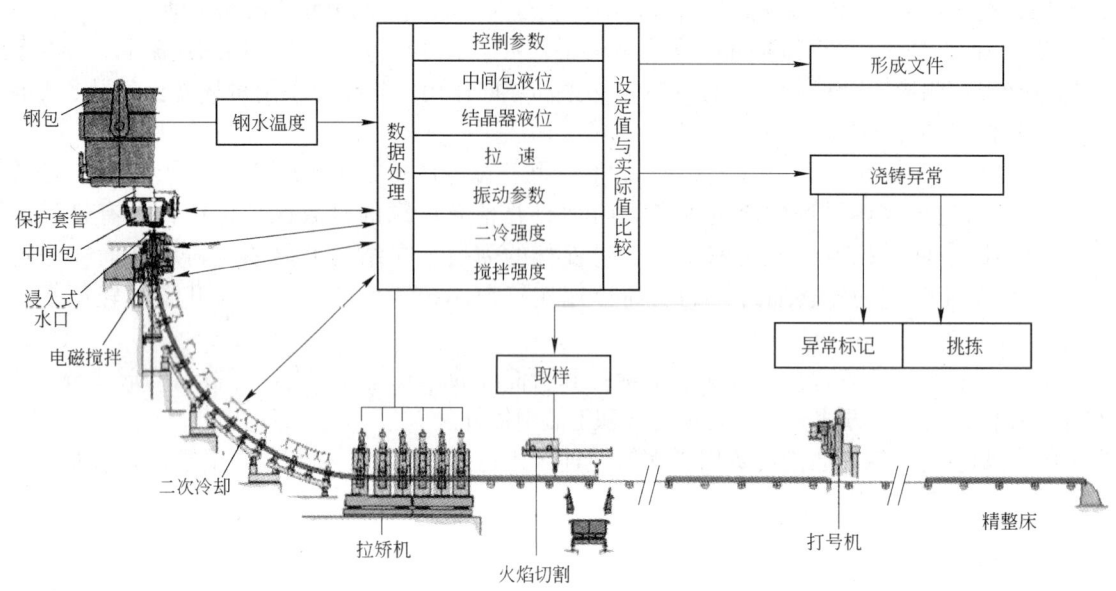

图 2-16   保证小方坯质量的连铸机控制参数

2.3.4.1 钢水在钢包中的温度控制

钢包吹氩调温：连铸生产中采用钢包吹氩方式来搅动钢水，使钢包内温度均匀。

加废钢调温：当钢水温度过高时，可在吹氩的同时，向钢包内加入纯净的轻型废钢，以降低钢水温度。

钢包保温：主要方法有加钢包保温剂、加快烘包的升温速度和加速钢包周转、钢包加盖等。

因连铸的浇铸时间长，加上中间包的散热损失，则钢包内的钢水温度要比模铸高出 20~50℃。

2.3.4.2 中间包钢水温度控制

为了保证连铸坯的质量和保证连铸操作过程的正常进行，必须控制合适而稳定的浇铸温度。一般情况下，浇铸温度要高于所浇钢种液相线 10~30℃。

2.3.4.3 保护浇铸

在连铸生产中，为了防止钢水的二次氧化，同时尽量减少钢水的热损失，采用了钢包/中间包覆盖剂工艺对钢水进行保护浇铸。

钢包覆盖剂要防止钢水二次氧化，减少温降，以便向连铸提供温度合适的钢液。钢包覆盖剂有酸性、中性、碱性三种，目前主要采用碱性钢包覆盖剂。

中间包覆盖剂的作用是绝热保温，防止钢液面结壳；隔绝空气，防止钢液二次氧化；吸收上浮至钢液面的非金属夹杂物等。中间包覆盖剂也有酸性、中性、碱性三种，目前主要采用碱性中间包覆盖剂，并采用双层渣覆盖（碱性覆盖剂上面加碳化稻壳）。

结晶器保护渣要针对不同钢种来开发和选择。

2.3.4.4 中间包冶金

中间包作为冶金精炼反应器应具备如下功能：

（1）防止钢液再污染技术。钢包到中间包采用石英长水口浇铸，氩保护密封，有效地防止了钢液从钢包到中间包的二次氧化。

防止钢包到中间包卷渣技术包括：抬高钢包和长水口以直接观察钢液是否带渣；向水口吹氩；使用电磁装置、传感装置、称重装置对下渣进行监测等。

此外，也可在中间包上加盖密封来防止钢液再污染。

（2）促使夹杂物去除技术。采用大容量的中间包是为了提高钢的清洁度，使换包时保持稳定状态，不卷渣又不必降低拉速。为了不使钢包发生涡流卷渣，保持中间包操作的最小深度是必要的。

控制中间包中的流场形态，使流动合理，液面保持平稳，尽量减轻湍流的干扰，减少死区，增大钢水平均停留时间，有利于夹杂物的去除。

中间包冶金的其他技术还有：中间包吹 Ar 搅拌，中间包加热（感应加热、等离子加热）等。

2.3.5　连铸新技术

近年出现的连铸新技术主要有：

（1）全程保护浇铸。全程无氧化保护浇铸，防止钢水二次氧化，主要技术包括：

1）钢包、中间罐及结晶器内钢水表面均应覆盖专用保护渣，起到隔热、防止氧化、吸附夹杂物和润滑等作用；

2）钢包到中间罐采用长水口保护浇铸及氩气密封装置；

3）中间罐到结晶器采用浸入式水口保护渣浇铸。

（2）大容量、深液面的中间罐冶金技术。采用优化设计的 T 形中间罐，内形有最佳的流场分布，同时也便于挡渣墙、堰的砌筑；中间罐内钢液有足够深度，以保证钢水内夹杂物有充分的上浮时间；也保证在更换钢包时中间罐钢水液面的稳定。

（3）中间罐连续测温系统。中间罐温度是连铸生产过程中重要的参数，也是工艺操作人员必须掌握的一个重要工艺参数。对中间罐钢水温度连续监测是生产出高质量产品的一个有效的保障，同时能够使连铸机生产稳定。

（4）结晶器液面自动检测及塞棒控制。采用结晶器液面自动检测和塞棒控制机构，可以在稳定拉速的条件下保持液面波动在很小的范围内，同时也可改善操作人员的工作条件，消除人员干扰而产生的漏钢等事故。

（5）结晶器液压振动。采用高频小振幅的振动装置，可实现在线调整振幅、振频和改变振动波形，减少振痕，获得最佳的表面质量。

（6）电磁搅拌。采用结晶器和末端电磁搅拌（M + F-EMS），结晶器电磁搅拌技术的应用可以大大提高铸坯表面和潜层面的质量，减少连铸坯表面夹渣、气孔、微裂纹；末端电磁搅拌可以改善内部质量，减少中心偏析和中心疏松。

（7）气水雾化冷却分区动态控制。采用气水雾化冷却方式二冷水调节范围和浇铸钢种覆盖面大，同时二次冷却采用分区控制，通过控制模型使铸坯冷却均匀，温度回升小，从而减少裂纹的产生。

（8）铸坯凝固末端轻压下技术。为了尽可能获得稳定优良的冶金效果，改善铸坯内部中心区域质量（中心疏松和偏析），在方坯/矩形坯生产中采用凝固末端动态轻压下技术，以改善中心偏析及疏松等缺陷，提高铸坯内部质量等级。

（9）连续矫直技术。采用连续矫直技术，使矫直应力在多个位置上均匀分布，避免在矫直点处变形应力集中，而在表面/两相区产生因矫直产生的变形裂纹。

（10）热装热送工艺。连铸机与轧钢生产线之间有热送辊道相连，铸坯可以通过辊道直接送到加热炉。这样可以节省能量，减少加热时间，减少金属消耗，减少厂房堆存量、厂房面积和起重设备，降低建设投资和生产成本。

（11）采用计算机二级控制，具有浇铸速度控制、切割长度优化、质量跟踪和判断等功能[10,11]。

2.4　与长材轧机配套的炼钢—连铸生产系统

在 20 世纪 80 年代以前，我国有许多独立经营的小型或线材生产厂，他们自己没有炼铁、炼钢和连铸，需要外购连铸坯或轧制坯生产小型和线材产品。外购坯供应渠道不稳定，运输费用高，连铸坯的物理热不能有效利用，产品能耗高，产品成本高，没有竞争力，80 年代后被市场淘汰。曾在我国很有名气的线材专业厂，如上钢二厂、天津轧五、广州轧钢厂、沈阳轧钢厂，专业的小型厂如上海新沪钢厂等先后退出市场。如前所述，由于我国废钢资源缺乏，电力供应紧张，以废钢为原料的电炉短流程没有发展起来，在我国无论板材还是长材系统，其主流都是高炉—转炉长流程。现在我国绝大多数的长材轧机都是设在有完整的烧结、炼铁、炼钢、连铸、轧钢系统的联合企业中，已极少有独立经营的小型或线材生产厂。

在我国长材与板材、管材同在一个大型企业之中者有之，如宝钢、鞍钢、马钢、包钢、武钢、攀钢等大企业，以生产板材为主，同时也有长材生产线；但也有不少专业的长材生产厂，如青钢、邢钢、萍乡、三明、南昌、津西（津西还有中宽带钢和窄带钢）等厂。长材设在大企业中的好处是，实力超强，可资源共享，特别是钢种的开发和炼钢水平的提高，可充分共享板材的成果，对生产高品质长材是非常有利的。带来的问题是，长材与板材相比，无论单机产量还是质量要求上均不如板材，因此在企业中不容易引起公司领导层的重视，其发展也就受到限制。长材专业生产厂，因其专业生产长材，其好处是很容易做强、做精。当然其天然的缺点是不够大，特别是钢种的研究、开发和炼钢装备和操作水平，与特大企业相比还是有不小差距，这些是制约这些专业长材发展的一大障碍，至少目前中国的情况还是如此。

长材轧制既然是联合企业中的一员，就存在与其他主要成员炼铁、炼钢、连铸合理结合的问题。使联合企业内部的烧结、炼铁、炼钢、连铸、轧钢之间，流程合理，产能配套，物流顺畅，各部分装备技术水平基本相当，是一门极其复杂的技术，需要针对不同的工程，组织多学科的专家来共同完成。但炼钢—连铸装备和生产水平的高低，直接关系到下游轧钢（长材）的成败，因此，关注和研究与轧钢（长材）联系最紧密的连铸与炼钢的合理连接，对于每一条轧钢生产线（包括长材）的建设和生产都至关重要。

2.4.1　长材生产系统中的炼钢—连铸

炼钢与轧钢是钢铁生产系统中紧密相连的两个关键工序，是"唇齿相依，唇亡齿寒""一荣俱荣，一损俱损"的兄弟。不幸的是，由于专业分工过细，轧钢工作者往往只低头看轧钢，没有抬起头来也去看一看炼钢，造成轧钢与炼钢之间的衔接不合理，导致企业生产和经营失败，这样的事例实在是太多了。

早在 1892 年，张之洞创办了我国第一个钢铁联合企业——大冶铁厂，办厂的目的是为修芦汉铁路（从芦沟桥到汉口），以国产的钢轨替代进口。但当时炼钢从国外引进的是贝斯麦酸性转炉，因不能冶炼大冶的高磷铁水，生产的钢中磷含量过高，不符合钢轨的要求，导致其后的 800 轧梁轧机停产。后来不得不花大批银两重新引进碱性平炉，代替贝斯麦酸性转炉，为此企业背上巨额债务[12]。

20 世纪 70 ～ 90 年代，我国轧钢工作者不明白连铸坯断面小，连铸时铸钢水口内径就要小，内径小单位时间流过的钢水就少，导致浇铸时间长，浇铸温度没有保证，连铸机不可能正常工作的道理，要求连铸机生产 60mm × 60mm ～ 90mm × 90mm 的小方坯，以供应当时仅有的横列式小型和线材轧机，致使我国连铸技术将近 10 年长期处于停滞状态。后来小型线材轧机用坯规格提高到 120mm × 120mm、135mm × 135mm，小方坯连铸机工作开始正常；此后用坯规格又提高至 150mm × 150mm、165mm × 165mm，小方坯连铸机功能得到充分发挥，进入了最佳状态，我国钢铁工业才得以快速发展。

我国从 20 世纪 80 年代中开始引进国外速度达 105m/s 的先进线材轧机，但与之配套的上游炼钢仍是 15 ～ 30t 的小顶吹转炉，没有任何精炼设备，却要生产硬线、弹簧钢之类的高端产品，虽多方组织攻关，但仍是劳而无功白费力气。H-D 钢厂有 5 套线材轧机，是国内知名的线材专业厂，但其炼钢系统装备水平不高，当时只有 30t、45t 转炉，多建几个炉子，产量是上去了，但这些小转炉炼不出好钢，其质量还是上不去。后来新建了 80t 转炉，配置了相应的精炼设备，情况才有所好转。由于其炼钢水平不是很高，炼钢造成的不足，以轧机来弥补，大连铸方坯经 850 轧机开坯，再供给线材轧机，为此他们建设了两套专门开坯的 850 轧机。在我们看来，如果炼钢系统的配置比较好，在今天的技术水平下，少量二次开坯是必要的，但大量二次开坯没有必要，既浪费能源又增加生产成本。这些不尽合理的设计，都是只考虑轧钢没考虑炼钢—连铸所带来的麻烦。

总结我国钢铁发展历史上的经验与教训，笔者与笔者的同事们认为：处理好轧钢与炼钢—连铸之间的合理衔接，比轧钢内部的工艺布置和设备选型还要重要，至少是同样重要。就长材轧机而言，与炼钢—连铸之间的合理衔接，主要需要考虑以下几个主要问题：

（1）炼钢—连铸—长材轧机间的产能要匹配，即机时产量要基本相同。

（2）连铸坯的断面要合理，既要满足轧钢产品性能要求的压缩比，又要考虑连铸能方便组织生产。连铸坯断面规格的数量不能太多，最好是一种断面，连铸生产组织最为方便，如轧钢确实需要多种断面的坯料，以不超过三种规格为宜。

（3）炼钢工艺装备水平与长材轧机要求生产的产品要一致。与炼钢专家多次讨论，他们认为根据轧钢产品大纲的不同，炼钢系统应有不同的配置。

1）铁水预处理—转炉顶底复合吹—炉后钢包吹氩—连铸：用于 Q195～235、优质碳素结构钢等普通碳含量、产品质量要求一般的钢种。

2）铁水预处理—转炉顶底复合吹—LF 炉外精炼—连铸：用于生产低合金钢、冷镦钢等合金含量高、气体含量控制要求一般的钢种。

3）铁水预处理—转炉顶底复合吹—LF 炉外精炼—VD 真空处理—连铸：主要用于生产弹簧钢、齿轮钢、钢绞线等对于气体、夹杂物要求较为严格的钢种。

4）铁水预处理—转炉顶底复合吹—LF 炉外精炼—RH 真空处理—连铸：主要用于生产轴承钢、钢帘线、重轨、T91 管坯钢等对于气体、夹杂物要求非常严格的钢种。

（4）连铸的装备水平与长材需要生产的产品也要一致。大断面的连铸坯要求连铸机要有较大的弯曲半径，生产齿轮钢、弹簧钢、轴承钢等合金钢品种的连铸机，除插入式水口、保护渣浇铸、连铸液面控制、水雾冷却、多点矫直等一般措施外，还需要有电磁搅拌、轻压下等新技术。

2.4.1.1 理想的长材生产系统

理想的钢铁生产系统是：炼钢—连铸—轧钢一体化，稳定地连续化生产，才能取得最大的经济效益。而实现这个目标，最容易和最佳的组合是 1 炉（1 座炼钢转炉）、1 机（1 套 2～6 流的连铸机）和 1 套轧机。转炉、连铸机、轧机一对一配置，给生产、经营、管理都带来极大的方便，不仅可实现连铸坯的热送热装，节约能源，而且连铸坯不需要中间存贮，这样就不需要大片的中间仓库及中间存贮所需要的大量的起重运输设备及操作人员；同时炼钢可直接按轧钢的定单组织生产，炼钢—连铸—轧钢组织生产变得容易且简单。从炼钢转炉倒入铁水到轧钢成品出厂，过去需 2～3 周，现在缩短至 3～5h，大大加快了资金的周转，取得了技术与资本多项叠加的经济效益。

如果 1 座转炉、1 套连铸机与下游 2 套轧机组合成生产线，在不得已的情况下，还勉强可以接受，但上述热送热装及其他的优点就会大打折扣，给生产组织管理增加难度。如果 1 座转炉或 1 套连铸机要与下游 2 套以上的轧机相配套，其生产组织就非常困难。所以，实现 1 炉—1 机—1 套轧机的组合，从 20 世纪 80 年代以来，一直是世界钢铁生产者所追求的目标。

在上面已介绍过，炼钢技术的进步是与转炉和电炉的大型化同行的，即要实现炼钢的高效率和高质量，必须采用大容量的转炉或电炉。我国产业政策规定，新建转炉容量必须不小于 120t，业内人士认为有一点过，但大多数炼钢专家仍认为，转炉容量不小于 80t 的底线必须坚守，至多退到 60t。转炉大型化就意味着高产量，各种吨位转炉的大致产量如表 2-5 所列。

表 2-5 各种吨位转炉的参考产量

转炉容量/t		120	100	80	60
平均冶炼时间 /min·炉⁻¹	普通钢	36	36	36	36
	特殊钢	40	40	40	40
年工作天数/天		310	310	310	310
年产钢量 /万吨	普通钢	148.8	124	99.2	74.4
	特殊钢	133.9	111.6	89.3	67
年产材量 /万吨	普通钢	141	118	94	71
	特殊钢	125	104	84	63

注：钢水→连铸的收得率：普通钢为 98%，特殊钢为 97.5%；连铸坯→轧材的收得率：普通钢为 97%，特殊钢为 96%。

从表 2-5 可以看出，要实现 1 炉—1 机—1 套轧机配套的目标，生产普通钢与 60t、80t、100t、120t 转炉相配的下游轧机的年产量必须分别是：70 万吨、95 万吨、120 万吨、140 万吨的级别。对于热带钢轧机和厚板轧机，这样的年产能力很容易达到。所以，对世界而言，在 20 世纪 80 年代就找到了转炉炼钢—连铸—厚板轧机或宽带钢轧机之间一对一配套合理的结合点。对长材轧机中的轨梁轧机、大中型 H 型钢轧机，其年产量也在 80 万～100 万吨之间，它们与炼钢—连铸实现合理衔接也还比较容易。困难在长材轧机中生产不大于 φ20～25mm 小规格产品的棒线材轧机，从 80 年代至 90 年代中期，小型棒材与线材轧机的单机产量只有 30 万～40 万吨/年，这类轧机与转炉炼钢之间合理的结合点却迟迟没有找到。

2.4.1.2　转炉炼钢与棒线材轧机的结合过程

先进的工业化国家，小型棒材和线材在钢材总产量中只占 20% 左右，他们以生产建筑材为主的线材与小型轧机多与电炉炼钢流程相配合，极少与转炉相配合，因此，他们没有与转炉配合的烦恼，也没有要解决与转炉配合的动力。我国的情况与先进国家大不相同，一是我国小型棒材和线材的产量在钢材的总产量中占 45% 以上，其比例之高，绝对产量之大，远远高于先进国家；二是我国由于废钢资源和电力供应的问题，电炉钢在我国的比例很低，主要钢产量靠转炉长流程生产。不解决占中国钢铁产量半壁江山的小型和线材轧机与转炉炼钢之间的合理匹配，我们就会重蹈 1975 年与 1985 年的历史覆辙，重复建设落后产能，中国钢铁工业的现代化就无法实现。为解决长材轧机中的线材和小型轧机与先进的大转炉相匹配的问题，从 20 世纪 80 年代中期起，我国的长材工作者与炼钢工作者进行了将近 30 年的探索和努力。

20 世纪 80 ~ 90 年代，我国开始从国外引进全连续式的小型棒材轧机和高速线材轧机，并很快实现部分国产化。当时棒材轧机的单机产量只有 30 万 ~ 40 万吨/年，无法与 80 ~ 100t 以上的先进大转炉相配合，而且当时人转炉在中国也还不普遍，大多数民营企业只能与 30 ~ 45t 的小转炉相配合。当时以生产板材为主的国企大厂如武钢、宝钢、鞍钢也要建线材轧机，而前面的炼钢系统是大转炉，如何为线材轧机供坯，令人头痛不已。有的大厂选择了 2 套轧机与 1 座大转炉配合。武钢线材采用 200mm × 200mm 的连铸坯为原料，后来加大至 220mm × 220mm，外界称武钢线材用大料是富人"穿丝绸砍柴"，其实武钢何尝不知穿丝绸去砍柴是浪费，但又不得已而为之。后来武钢利用炼钢技术的优势，坚持用大规格坯料生产线材，反而走出一条钢帘线生产的新工艺。

小转炉不仅效率低，更主要的是无法配置先进的炉外精炼设备，没有炉外精炼设备生产纯净度高的钢水是不可能的，由此带来的后果就是只能生产低质量的钢种。大量低质量的钢材曾在长时间内困扰我国的钢铁市场，让我们头痛不已。

20 世纪 90 年代中期以后，我国的小型轧机在采用全线无扭转轧制、全线短应力线轧机、切分轧制工艺等一系列措施后，将以生产钢筋为主的小型轧机产量逐渐提高到 60 万 ~ 80 万吨，继而至 80 万 ~ 100 万吨以上；1998 年国内开发的双线线材轧机在湘钢投产，将线材轧机产量提高到 100 万 ~ 110 万吨。80 万 ~ 100 万吨/年的高产棒材、线材轧机一出现，为与大型转炉配套创造了条件，我国钢铁界眼睛为之一亮。

我国钢铁界很快整合成 1 炉（1 座转炉）、1 机（1 台 5 ~ 6 流连铸机）、1 套轧机（小型和线材轧机）的生产系统模式推向市场。中冶京诚公司在萍乡工程设计中首先采用了这种模式，取得了非常成功的示范性效果，随后国内其他工程迅速效仿。正是这种投资省、效率高、生产成本低的组合生产系统，推动了 2003 年以来我国钢铁工业的高速发展。现在在老厂改造和新生产线的设计中，我们正在大力推广这种组合模式，以推动我国棒线材生产系统的进一步合理化。

2.4.1.3　综合促进发展

1967 年美国阿波罗登月舱登月时，阿波罗登月舱的总设计师在报上撰文介绍说，阿波罗登月舱所采用的技术都是已成功应用的成熟技术，没有一项是我的创造，我不过是将这些成熟的技术综合在一起。因此，"综合就是创造"这句名言被公认为是对系统设计工作最精辟的总结。

分步炼钢法将炼钢过程分解为铁水预处理、转炉复合吹炼、炉外精炼三大步骤。转炉长寿技术将平均炉龄提高至 8000 炉以上，为一座转炉的操作模式创造了最基本的条件。高速连铸技术的发展，使连铸机的效率大为提高，也使一座转炉与一套连铸机相配套的操作模式成为可能。高产的小型轧机和线材轧机的出现，以及将高产的小型线材轧机纳入到一座转炉与一套连铸机的系统中，这种综合为中国钢铁工业的高速发展提供了重要的技术支撑。

只从小型、线材轧机本身看，全线无扭转轧制、双高线、短应线轧机、切分轧制工艺，这些都是从国外引进的技术，并没有什么新鲜之处，中国轧钢界所做的只不过是将这些技术用得更熟练，发挥到极致。但是，当我国将高产的小型和线材轧机，纵向与高产的转炉—连铸技术结合在一起，就产生了质的变化，其优点由转炉炼钢、连铸、棒线材轧机共同放大，所产生的高效率、低成本的综合经济效益也大大增强。以技术进步为依托的转炉—连铸机—小型棒材轧机（或线材轧机）的 1—1—1 对应的系统，为我国钢铁工业的快速进步带来了实实在在的效益。它使我国的钢铁工业没有重蹈 20 世纪 70 年代和 80 年代的覆辙，重复落后技术的老路，在 21 世纪，特别是 2003 年以后，推动我国长材生产取得了快速增长。

应该说，我们只是初步解决了长流程钢铁生产中，转炉炼钢—连铸与小型或线材轧机的结合问题。之所以说只是初步，是因为年产 100 万吨以上的小型轧机只有采用切分轧制工艺方可达到，达 100 万吨以上产量的线材轧机只有双线线材轧机，这两者都只限于生产钢筋和普通钢产品。生产优质钢的小型轧机其产量也只在 60 万 ~80 万吨之间，单线线材轧机产量在 50 万 ~60 万吨之间，因此，生产优质钢的小型和线材轧机，还难以实现与连铸—大型转炉一对一的配置。如何解决这一难题，我们还在研究探索之中。

大型转炉与产量高达 80 万 ~100 万吨的轨梁、大中型 H 型钢轧机配合相对容易，这些在先进国家都有成熟的经验，所以在此我们不作专门的介绍。大中型转炉与棒材和线材轧机的合理配合，其他国家鲜有经验，而我国摸索出了一条行之有效的初步经验，我们愿在此介绍给世界的同行们，特别是发展中国家的同行们。

2.4.2 长材生产系统组成实例

2.4.2.1 轨梁生产系统

轨梁轧机与炼钢系统的组成如图 2-17 所示。

我国现有 4 个生产钢轨的企业（鞍钢、攀钢、包钢、武钢）、6 条钢轨生产线，邯郸现代化钢轨生产线也已建成，也想加入钢轨生产的行列，唐山的轨梁轧机正在建设中。钢轨钢为碳含量 0.70% ~0.80% 的高碳钢，对钢的纯净度要求高，钢中氢、氧及其他夹杂物的含量都有严格的限制。因此炼钢最好是用一个转炉专门用于钢轨生产，我国几家钢轨专业生产厂都是采用这种模式，炼钢厂一座转炉专门与钢轨对接。钢轨的质量要求高，特别是用于高速铁路的 100m 长尺钢轨，对其内在质量、表面质量和尺寸精度要求都非常高（在第二篇第 6 章钢轨生产技术中将做详细介绍）。在铁道部门的严格要求下，我国四大钢轨生产厂都非常规范，一丝不苟地都按上述工艺流程框图实行"三高"配置，即炼钢—连铸的高纯度、轧制和矫直工序的高精度以及保证高的表面质量的除鳞和检测工艺。其生产工艺为：铁水脱硫处理→80t（或者 100t）转炉炼钢→LF 炉外精炼→RH 真空处理→电磁搅拌与动态轻压下的无缺陷大方坯连铸→连铸坯堆冷→步进梁式炉加热→高压水除鳞→高刚度开坯机开坯→带 AGC 可逆式万能轧机轧制→步进式冷床预弯及冷却→长尺钢轨平/立复合矫直→长尺钢轨无损检测（超声波探伤、涡流探伤、断面尺寸与平直度激光检测）→长尺钢轨纵向任意定尺锯切→人工再检查→入库[13]。

由于采用了标准规范的生产工艺，我国铁路用钢轨的质量稳定，实物质量基本上达到了国外的先进水平，满足了我国铁路提速和 300km/h 水平的高速铁路建设和使用要求。

这种组合不仅在我国有，在日本、韩国、德国也都有，在此不作更为深入的介绍。

2.4.2.2 大型和中型 H 型钢生产系统

大型和中型 H 型钢生产系统的组成如图 2-18 所示。

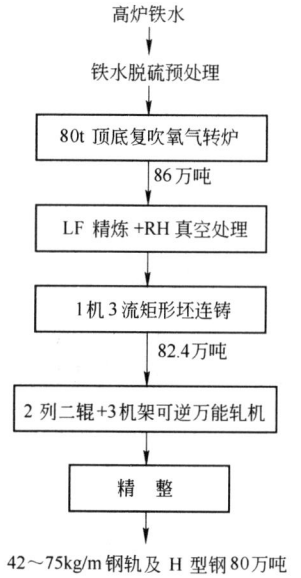

图 2-17 轨梁轧机与炼钢系统的组成

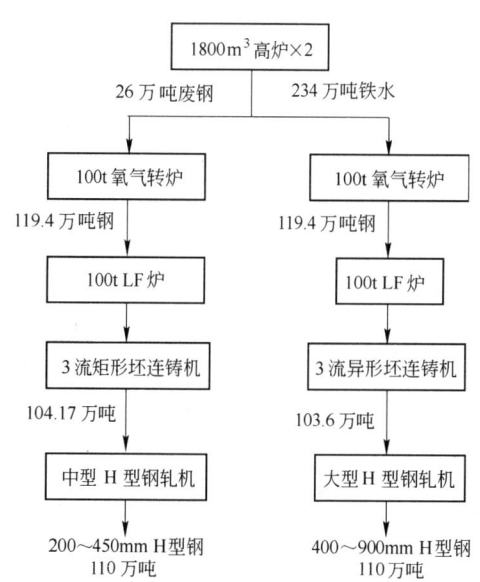

图 2-18 大型和中型 H 型钢生产系统的组成

现在我国生产大型和中型 H 型钢的厂家主要有马钢、莱钢、津西、日照、山西长治、鞍山宝得、山西安泰等。其中马钢配有大型 H 型钢和中型 H 型钢，莱钢大、中、小型 H 型钢都有，津西除有大型 H 型钢外还有两套规格相同的中型 H 型钢，山西安泰只有大型 H 型钢，日照、山西长治、鞍山宝得只有中型 H 型钢。我国的特点是：市场容量大，所以我国的许多企业拥有两套或三套这类轧机，生产从小到大的全部规格产品，便于用户定货。大型和中型 H 型钢轧机其年产量都在 80 万 ~ 100 万吨之间，所生产的钢种也多为碳素结构钢，因此其炼钢—连铸—轧钢间的一对一配套比较容易，在此亦不作专门的讨论。

2.4.2.3　棒材和线材生产系统

一个年产 200 万吨的棒材和线材生产系统如图 2-19 所示，其成品轧机一个生产线材，另一个生产小型棒材。上游与其配套的各是一座转炉和一套 5 ~ 6 流的小方坯连铸机，可设置两座 1500m³ 的高炉为转炉供应铁水。这种系统炼钢—连铸—轧钢之间的配置非常合理，各自的产能都能充分发挥。由于线材在生产小规格时产量有所降低，故不能完全实现连铸坯热送热装，但可以大部分实现热送热装。这种建设费用省、生产效率高、经营成本低的专业的线材和带肋钢筋生产厂，在我国很多，运转非常成功，它为促进我国钢铁产量的快速增长做出了很大的贡献。

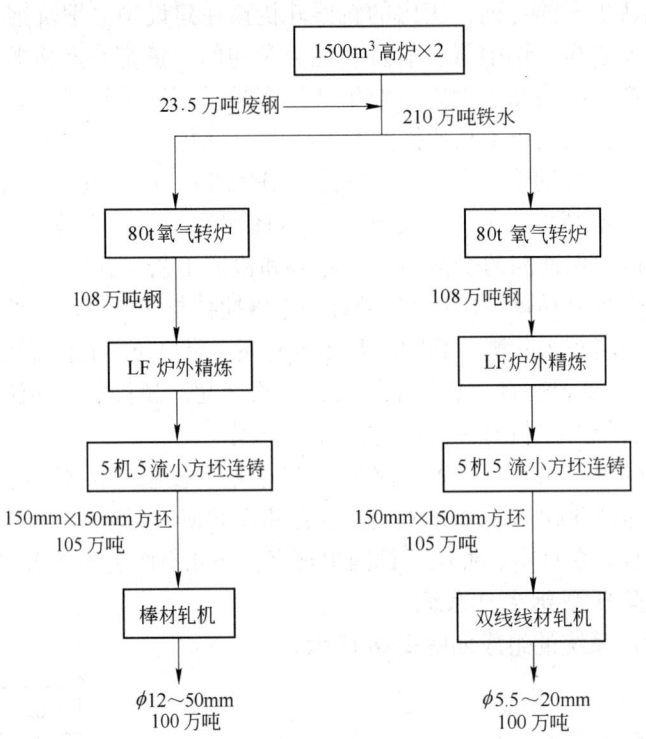

图 2-19　一个年产 200 万吨的专业棒材和线材系统配置

A　小型棒材车间

产品尺寸：带肋钢筋 φ12 ~ 50mm，光面圆钢 φ16 ~ 50mm。

设计产量：100 万吨/年（带肋钢筋 φ12mm 采用四切分法生产，φ18mm、φ20mm、φ22mm 采用二切分法生产，φ14mm、φ16mm 采用三切分法生产）。

生产钢种：低合金钢（HRB500、HRB400、HRB335）、碳素结构钢（Q235）、优质碳素钢（45 号）。

坯料规格：150mm × 150mm × 12000mm，最大单重 2060kg，年需原料量 1030928t（收得率 97%）。

B　线材车间

产品尺寸：φ5.5 ~ 16mm 光面高速线材和螺纹盘卷。

生产钢种：碳素结构钢（Q235、Q275）、优质碳素结构钢（45 号、60 号）、低合金钢（20MnSi）。

设计产量：100 万吨/年。

坯料规格：150mm × 150mm × 12000mm，最大单重 2060kg，年需原料量 1030928t（收得率 97%）。

单线产量达到100万吨/年的线材车间还很难做到，可用一个双线线材轧机或两个单线线材轧机的方案来解决。

C　炼钢车间

炼钢车间基本工艺路线的确定包括以下内容：

（1）生产工艺的选择。其中包括：

1）铁水运输方式的选择。铁水运输采用转炉兑铁水罐一罐到底运输方式，通过铁路线直接将高炉铁水运输到转炉炼钢车间。

2）铁水脱硫工艺方式的选择。铁水脱硫采用在转炉兑铁水罐内复合喷吹方式。

3）炼钢炉选型、容量和座数的确定。根据生产规模和产品质量要求，确定采用两座公称容量为80t的转炉；采用干法除尘工艺。

4）炉外精炼装置的选型。根据炼钢生产规模和产品质量要求，确定精炼系统配置为双工位LF钢包精炼炉两座（建设一座，预留一座）、双工位RH真空脱气装置一座（预留），作为简易精炼设施，对应每座转炉设置吹氩喂丝站三处。

（2）基本工艺路线的确定。车间主要工艺路线如下：铁水罐（车）→铁路→铁水脱硫站→转炉→LF/（RH）/吹氩喂丝→连铸机。

路线一：针对产品大纲中的Q195等普碳钢，转炉精炼采用炉后钢包吹氩喂丝处理，以降低生产成本。

路线二：针对产品大纲中的合金钢和机械用钢等低硫、低合金钢，硬线钢精炼采用LF处理，主要进行脱硫和合金调整。

路线三：（预留）将来要提高产品档次，生产轴承钢、弹簧钢、齿轮钢等高级别机械用钢，精炼采用LF+RH处理；过渡期可采用路线二生产质量要求低一些的轴承钢、弹簧钢、齿轮钢。

（3）基本工艺设施的配置。根据生产规模和确定的工艺路线，炼钢车间配置如表2-6所示。

表2-6　80t转炉车间基本工艺设施配置

序　号	设　施　名　称	建设数	预留数	最终数	备　注
1	一罐到底铁水运输线	2		2	
2	复合喷吹铁水脱硫设施	1	1	2	
3	80t顶底复吹转炉	2		2	
4	80t LF	1	1	2	
5	80t RH		1	1	
6	1号小方坯连铸机（5流）	1		1	
7	2号小方坯连铸机（5流）	1		1	

当然，我国钢铁产量增加的过程是一个动态的发展过程，最初与棒线材轧机配套的转炉是30t、40t，随后发展至50t、60t；之后随着小型和线材轧机产量的逐渐提高，配套转炉的容量也逐渐加大至80t、100t。直到现在我国的棒线材轧机与50t、60t转炉相配套的还有很多，而且都有很好的经济效益。

在我国这样一个钢材生产与消费大国，200万吨的钢材产量既不能满足市场要求，也满足不了钢铁企业家追求更大规模效益的欲望。因此，产能为300万吨或400万吨的线材和小型的专业厂在我国也不少。在图2-19的基础上，增加一个小型棒材车间就成了300万吨材系统。一个厂有两个性质相近的小型棒材生产车间，其生产的产品规格可以分工，一个生产较大规格的产品，如φ25~50mm，另一个生产较小规格的产品，如φ12~24mm，这样两套轧机的产量可以更高。

以这两个车间为基础还可以组合出更多不同形式的车间来，在此不一一列举。

2.4.2.4　特殊钢生产系统

20世纪80年代以前，我国的老式合金钢厂中，冶炼采用5t、10t、30t小电炉，浇铸为模铸，轧制用多套横列式轧机经二次或三次加热轧制，轧机的套数很多，装备水平落后，轧机效率低，产品质量差。我国钢铁界进行深刻的反思后，彻底转变"合金钢生产量不能大，不可用连续轧制"的陈腐观念，吸取国外的成功经验，从 90 年代引进欧洲先进的特殊钢和合金钢生产系统。这种特殊钢和合金钢生产系统是：（超高功率）电炉炼钢→炉外精炼→连铸（或连铸＋模铸）→轧制加工→精整热处理。

我国在 20 世纪 90 年代中期引进的抚顺钢厂、北满钢厂、大冶钢厂、上钢五厂都是采用这种传统的工艺。如上所述，废钢资源的短缺、电力供应的紧张，不仅使生产普通钢的短流程无法生存，生产高附加值的合金钢厂也难以为继。在走投无路之时，大冶钢厂强力推行电炉兑高炉铁水的冶炼工艺并获得了成功。电炉兑高炉铁水不但降低了生产成本，而且提高了合金钢的纯净度。善于学习的江苏兴澄，效仿大冶电炉兑高炉铁水，同样获得成功。在 90 年代末兴澄钢厂转型扩建的设计中，中冶京诚公司与兴澄钢厂紧密合作，吸取日本的经验采用了转炉冶炼合金钢的新工艺，并获得了成功。从此，一种适合中国国情的特殊钢和合金钢长流程生产工艺在我国获得了广泛流传与应用。

长流程生产特殊钢和合金钢工艺在我国的应用，取得了很好的效果，近几年长流程合金钢厂持续购销两旺，经济效益诱人，并为我国汽车工业和机械制造业提供了强有力的支撑。2010 年我国小汽车生产量和销售量均超过 1800 万辆，稳居世界第一，其后盾就是冷轧汽车板和以长流程工艺生产的高质量、低成本的结构钢、弹簧钢、齿轮钢、轴承钢和冷镦钢。说到小汽车，一个有趣的故事不能不提。中国汽车工业的发展中，上海汽车与德国大众联合建立"上海大众汽车公司"是一个里程碑。在合资合同中有一个细节规定，大众汽车部件的国产化，必须得到大众公司德国本部技术中心的认可。当时这一颇受争议的条款，现在看来是一条保证大众汽车质量非常重要的措施。大众坚决不用达不到德国标准的国产配件，帮助大众汽车保证了高质量，从而也间接地保证了中国合金钢的质量，提升了中国特殊钢与合金钢整体的质量水平。

特殊钢和合金钢长流程生产工艺并非是中国创造，日本最先用转炉生产合金结构钢、弹簧钢、齿轮钢、轴承钢一类的合金钢。我国在吸取前人经验的基础上，将生产特殊钢与合金钢的长工艺流程做得更为合理，更为完善。

特殊钢和合金钢的生产系统包含极其复杂的技术，将复杂的技术仔细分解，有两个最基本也是最重要的问题，一是这个厂要有几个成品加工车间；二是冶炼（包括炼铁—炼钢—连铸或模铸）要采用什么样的工艺流程。这两个最基本的定位决定了这个厂的性质，在某种意义上也决定了它的成败。

根据我们在中国十多个特殊钢和合金钢系统的设计和建设经验，我国特殊钢和合金钢系统的成品加工车间大致有两类。

A　以生产中、低合金钢为主的特殊钢企业

生产工艺组成是：高炉炼铁→铁水脱硫→转炉炼钢→炉外精炼→连铸→轧制→精整热处理。

成品轧钢车间的组成是：大棒材车间、小型棒材车间、线材车间、精整热处理车间。

在我国兴澄、淮阴、河南济源等地都是按这种理念和模式建设的特殊钢企业，即将建设的新抚钢、青岛钢厂也将按此理念建设（参见图 2-20）。

这类合金钢厂的特点是：

（1）产品为市场需要量比较大的钢种，如合金结构钢、弹簧钢、齿轮钢、冷镦钢、轴承钢等汽车与机械制造用钢。不生产用量少、冶炼和轧制难度都比较大的不锈钢、合金工具钢、阀门钢一类产品。

（2）因生产的钢种，一是用量大，二是用转炉—连铸方法生产的工艺成熟，因此在生产工艺流程中完全不考虑电炉、钢锭模铸及初轧均热，效率高，生产成本低。

（3）成品轧机选择三套轧机及精整热处理车间，三套轧机是：开坯—大棒材轧机（产品范围：$\phi 90$（70）～250（300）mm，150mm × 150mm ～ 180mm × 180mm）、小型棒材轧机（$\phi 14 ～ 80$mm）、线材轧机（$\phi 5 ～ 20$mm）。这样的选择使产品从 $\phi 5 ～ 330$mm 的范围都能覆盖，可以满足机械制造和汽车工业要求；而且每一套轧机都能实现高效率。

（4）合金钢厂的特色与差异，体现在炼钢工艺设备的配置和成品的精整处理上，对合金钢厂配置完善的精整热处理设备是必不可少的。

以上述车间为基础可以变化出许多不同的车间组合来，如有企业认为市场对小规格棒材的需求量比较大，可建两个棒材车间将产品分得更细，一个生产 $\phi 14 ～ 30$mm，另一个生产 $\phi 30 ～ 80$mm 的产品。有的企业认为专业的精整热处理车间会提高生产成本，则可将精整热处理设在各车间，如此等等。

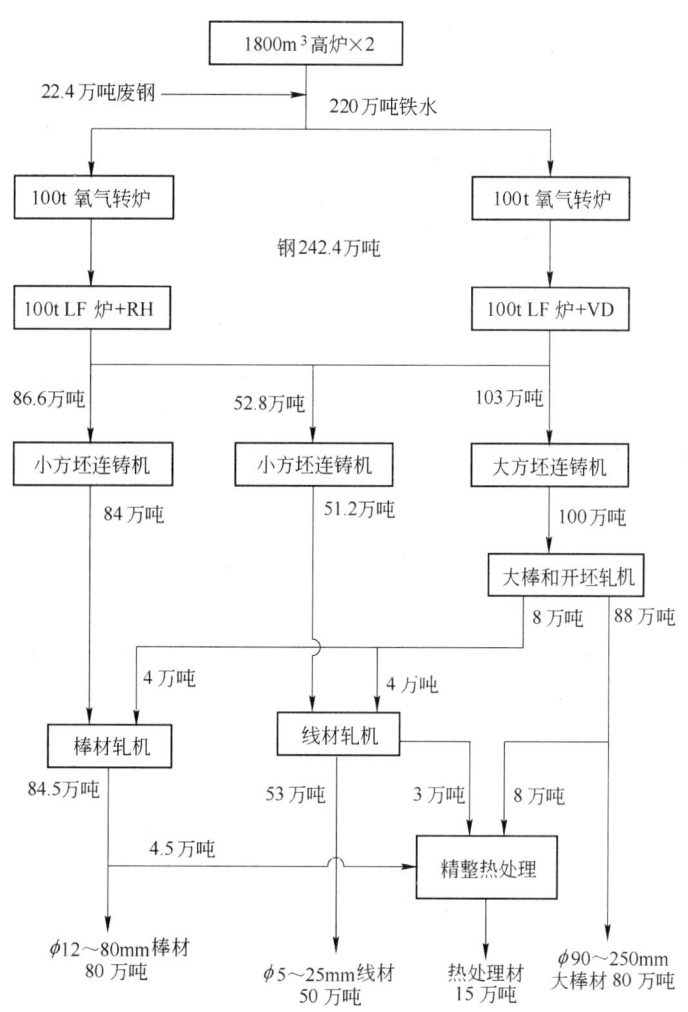

图 2-20 以生产中、低合金钢为主的特殊钢和合金钢生产系统

B 以生产中、高合金钢为主的特殊钢企业

生产工艺组成是:

(1) 高炉炼铁→铁水脱硫→转炉炼钢→炉外精炼→连铸→轧制→精整热处理;

(2) 废钢→电炉炼钢→炉外精炼→连铸(+模铸)→轧制→精整热处理。

成品轧钢车间的组成是:锻造车间、大棒材车间、小型棒材车间、线材车间、扁钢车间、精整热处理车间。

我国抚顺、大连、大冶、长城钢厂等生产高合金钢的钢厂基本上是按此理念进行设计和建设的 (参见图 2-21)。

高合金钢生产企业的特点是:

(1) 除要生产合金结构钢、弹簧钢、齿轮钢、冷镦钢、轴承钢等汽车与机械制造用钢外,还要生产用量相对较少的不锈钢、合金工具钢、阀门钢、镍合金等产品。

我国的合金钢企业有过沉痛的经验教训。20 世纪 80 年代以前实行计划经济,合金钢产品主要为军工生产服务,因此产品可以不计成本。实行市场经济以后,一是军工需求量有限;二是即使军工产品也要计算成本,这样使工艺装备落后、小批量生产的合金钢企业陷入极端困难的境地。在痛定思痛之后,老合金钢企业才认识到,不能形成批量生产,产品成本下不来;没有批量规模,不可能取得经济效益。因此,即使高合金钢企业也要坚持生产量大面广的合金结构钢、弹簧钢、齿轮钢、冷镦钢、轴承钢一类产品,高合金不锈钢、合金工具钢、阀门钢、镍合金一类产品要穿插在大批量的产品中生产。

(2) 连铸技术以超出人们预料的速度在向前发展,目前除高速钢、D2 等少数钢种不能连铸外,包括热作模具钢 (H13)、马氏体不锈钢 (2Cr13) 在内的高合金钢都可实现连铸,因此大多数的合金钢线材、

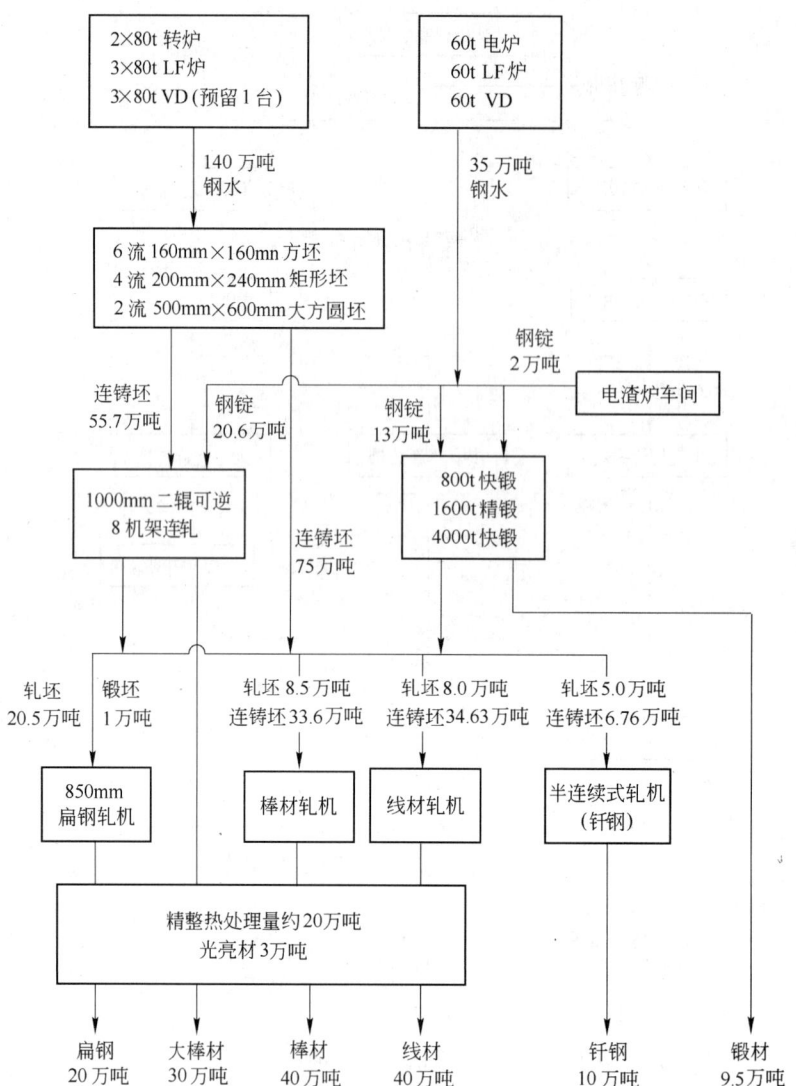

图 2-21　以生产中、高合金钢为主的特殊钢和合金钢生产系统

小规格棒材和大规格棒材都应该直接用连铸坯生产。还有一部分产品，其性能要求特别高，需要用大规格连铸坯开坯后二次轧制成小型棒材或线材。

（3）因生产的钢种复杂，除一部分用量大的钢种可用转炉—连铸方法生产外，还有一部分用量少或批量小的钢种要采用电炉—模铸的方式生产。因此炼钢系统有转炉—连铸，还要有电炉—模铸。

（4）成品轧机除选择开坯—大棒、小型棒材、线材三套轧机及精整热处理车间外，还需要有锻造车间，因为大锻件是高合金钢厂最具特色的产品之一，是不可丢弃的。在抚顺、大连和长城钢厂还专门设置了生产工模具钢的扁钢车间，因为高效率的塑料工业和机械制造业，大量使用塑料模和冷冲压模，而模具约80%是以扁平状态使用的。

（5）或许还要保留一套相对比较落后的轧机，用于生产本厂最具特色的产品，如图 2-21 中所示的钎钢，或如高温合金之类的其他产品。

参 考 文 献

[1] 薛正良. 钢铁生产概论[M]. 北京：冶金工业出版社，2009.

[2] 中国金属学会，中国钢铁工业协会. 2011～2020 年中国钢铁工业科学与技术发展指南[M]. 北京：冶金工业出版社，2012.

[3] 德国钢铁学会. 钢铁生产概览[M]. 中国金属学会译. 北京：冶金工业出版社，2011.

[4] Worldsteel Association. Steel Statictical Yearbook[M]. 2011.

[5] 徐匡迪，洪新.电炉短流程回顾和发展中的若干问题[J].中国冶金，2005，15(7).

[6] 王社斌，宋秀安.转炉炼钢生产技术[M].北京：化学工业出版社，2008.

[7] 殷瑞钰.我国炼钢技术的发展和2010年展望[J].炼钢，2008，24(6).

[8] 张文治.电弧炼钢技术的发展趋势[J].工业加热，2009，38(2).

[9] 刘德明.炉外精炼新技术[J].天津冶金，2006(1).

[10] 王玫，王志道.小方坯连铸机技术继续发展探讨[J].连铸，2006(2).

[11] 叶枫.特钢方坯连铸工艺路线的选择及若干问题的探讨[J].连铸，2011(9).

[12] 方一兵，潜伟.汉阳铁厂与中国早期铁路建设——兼论中国钢铁工业化早期的若干特征[J].中国科技史杂志，2005，26(4).

[13] 孙浩.攀钢万能轧机生产重轨工艺装备及技术优势[J].四川冶金，2005，27(3).

编写人员：中冶京诚瑞信长材工程技术有限公司　彭兆丰

3　长材轧制理论

3.1　长材轧机的典型布置形式

20 世纪 90 年代以前，我国长材轧机的布置形式绝大多数是横列式。自此之后发生了很大的变化，现在生产钢轨和大型 H 型钢的轧机主要是串列式布置，以生产中型 H 型钢为主的万能轧机多数为半连续式布置，小型和线材轧机绝大部分都是全连续式布置。当然大型、中型和小型都还保存有少部分横列式轧机。

3.1.1　串列式布置

现代生产钢轨和大型 H 型钢的轧机是万能轧机，多采用串列式布置，其轧机组成最常见的方式是：粗轧机为一台或两台二辊可逆开坯机（简称 BD 机），中轧机是一组万能-轧边-万能三机架可逆连轧机组（简称 U1-E-U2 机组）或者是一组或两组万能-轧边可逆连轧机组（简称 UE 机组），精轧机是一台成品万能轧机（简称 U_f 轧机），如图 3-1 和图 3-2 所示。

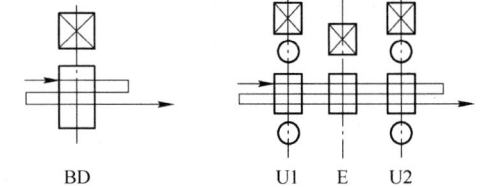

大型型钢轧机在布置形式上近年来有以下发展：

(1) 各架万能轧机可根据需要很方便地转换成二辊轧机。

(2) 以生产 H 型钢为主时，不设置万能精轧机，U-E-U 机组形成 X-H 孔型系统，在 H 孔型直接出成品，优点是大大缩短厂房长度。

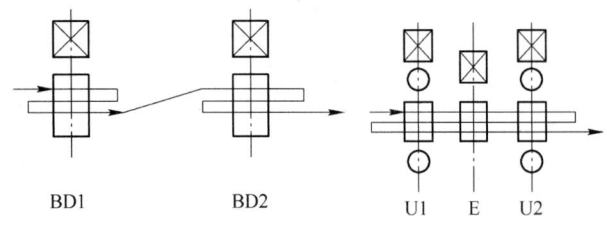

图 3-1　生产钢轨的串列式轧机的典型布置

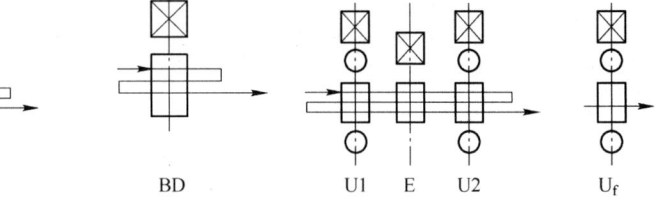

图 3-2　生产大型 H 型钢的串列式轧机的典型布置

3.1.2　横列式布置

横列式大型型钢轧机以一列式和二列式最多，如图 3-3 所示。这种布置的历史最悠久。我国在 20 世纪 50～60 年代建造的大型和轨梁轧机均采用这种布置形式。

一列式布置的轧机一般是三辊轧机。二列式布置，其 BD 机一般为二辊可逆开坯机，第二列的轧机为三辊轧机。横列式布置的优点是：厂房占地短、产品灵活、设备简单、造价低、操作方便，便于生产断面形状复杂的产品，对小批量、多品种的适应性强。其缺点是：生产对称断面的钢轨尺寸精度差，变形不均匀；无法生产平行翼缘的 H 型钢，特别是宽翼缘的 H 型钢。而 H 型钢以其断面的合理性和使用的方便性，占据了型钢市场的 70% 以上。上述横列式大型轧机难以克服的缺点，致使我国四大轨梁厂（鞍钢、包钢、攀钢、武钢）的横列式大型轧机均被淘汰，代之以串列式的万能轧机。

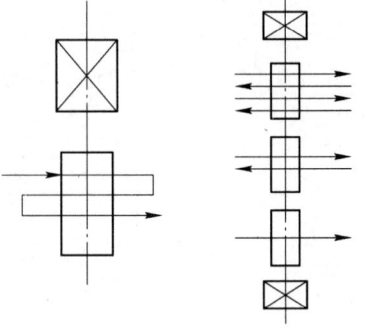

图 3-3　横列式布置的大型型钢轧机

3.1.3 半连续式布置

中型 H 型钢（150~400mm）按其尺寸规格应列入大型型钢之列，但目前我国仍称之为中型 H 型钢。中型 H 型钢多采用半连续式布置的万能轧机轧制，其布置如图 3-4 所示。在这种机组中有一台二辊可逆开坯机，其后为由 5~7 架万能轧机（U）和 2 架轧边机（E）组成的连轧机组。

当前，生产大规格圆钢亦采用半连续式布置，如图 3-5 所示。它由开坯机演变而来，在一架二辊开坯机后，为 6~8 机架的平/立交替布置的二辊连轧机。

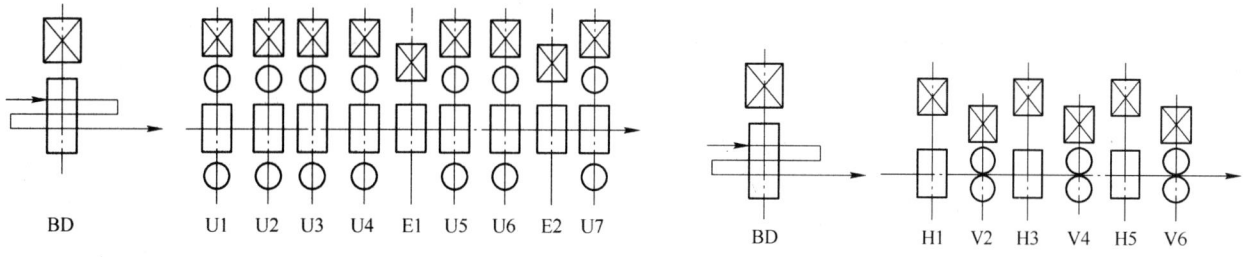

图 3-4　半连续式中型 H 型钢轧机的典型布置　　　图 3-5　半连续式大规格圆钢轧机的典型布置

3.1.4 全连续式布置

全连续式小型 H 型钢轧机的轧线布置如图 3-6 所示，其粗轧机组为 5 机架的平/立轧机（平/立/平/平/立布置），精轧机组为 10 机架连轧机。

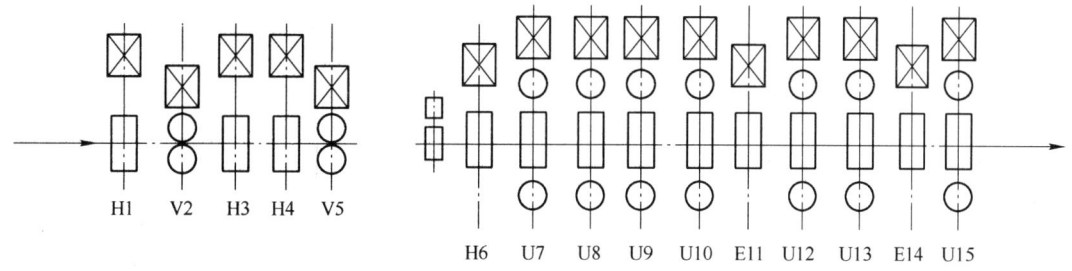

图 3-6　全连续式中、小型 H 型钢轧机的典型布置

从理论上说全连续式布置应该最适合于生产轻型薄壁的 H 型钢。但实际上，H 型钢在连轧时，由于轧件形状的限制，在整个连轧线的长度上，轧辊冷却水充满了由轧件腰部、两条上腿和上、下游轧辊所组成的空间中，无法排出，轧件腰部温降很快，故万能连轧机轧制轻型薄壁 H 型钢的优点并不明显。另外，型钢的市场常常要求多规格、小批量，连续式布置满足这种要求有困难。因此，在世界范围内万能连轧机的数量不多。

全连续式的中型型钢轧机（生产工字钢、槽钢、角钢）如图 3-7 所示。轧线一般由 13~15 架轧机组成，粗轧组 5 架，精轧机组 8 架，由立辊、平辊、平立可转换轧机组成。这种轧机可以生产槽钢、角钢、工字钢等异形断面产品，也可以生产圆钢，有相当大的灵活性。但这种轧机在世界和我国都没有得到发展，我国建设了两套，运营效果并不理想。

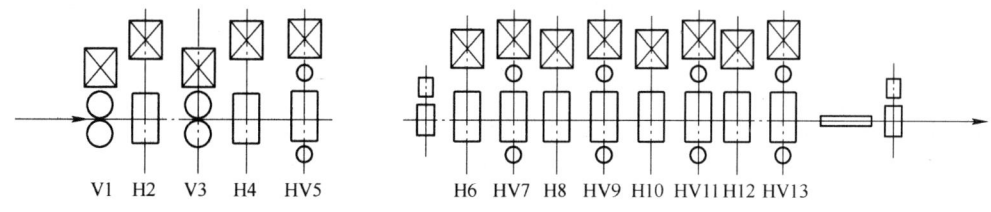

图 3-7　全连续式中型型钢轧机的典型布置

　　究其原因，一是我国 H 型钢发展很快，2010 年 H 型钢产量已达 1000 万吨左右，型钢产品的市场大部分为 H 型钢所取代，槽钢、角钢、工字钢的市场需求量不是很大；二是这不大的市场，为价格更低的横列式所挤占；三是轧线同时可生产圆钢和型钢，增加了适应的灵活性，但也增加了管理的复杂性，降低了效率。要同时生产圆钢和型钢，要求轧机可平/立转换，增加了轧机的复杂性，增加了投资和运营成本。圆钢和型钢所要求的炼钢工艺和轧钢工艺都有所差别，都要兼顾，亦增加投资和运营成本。结果这种轧机生产型钢竞争不过横列式，生产圆钢竞争不过半连续的专业化轧机，处于两难的境地。这种轧机对一些市场需求不大的中小国家可能合适，对我们这样一个一切追求高效率的大国并不合适。

　　全连续式小型型钢轧机轧线布置如图 3-8 所示，其典型组成是 18 机架，平立交替布置，粗轧、中轧、精轧各 6 个机架。世界小型轧机的发展大致为从横列穿梭式到半连续式，又从半连续式发展到全连续式。我国小型轧机的发展没有遵循这个规律，20 世纪 90 年代以前我国小型轧机大部分仍是落后的 2 列或 3 列的横列式轧机，90 年代中期以后，随着连铸化、连轧化的快速发展，以连铸坯为原料、以热送热装为特征、以全线无扭转轧制为主要标志的小型连轧机生产模式，在我国迅速发展，成为我国小型轧机的主流，促进了我国钢铁产量的高速增长。

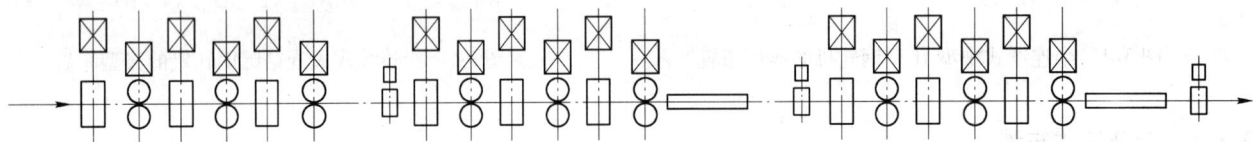

图 3-8　全连续式小型型钢轧机的典型布置

　　全连续式的线材轧机如图 3-9 所示，轧线由 28 个机架组成，粗轧、中轧、预精轧各 6 架，精轧为 10 机架的高速无扭轧机。这种由 28 机架组成的线材轧机，是目前我国线材生产的主流轧机，它的最高轧制速度在 95 ~ 105m/s 之间，单线产量可达 50 万 ~ 60 万吨/年。近年来也建设了多条带减径定径机的"8 + 4"线材轧机，其精轧由 10 机架改为 8 架，在其后增加一组 4 机架的减径定径机，其最高轧制速度可提高到 120m/s（保证速度 112m/s）。

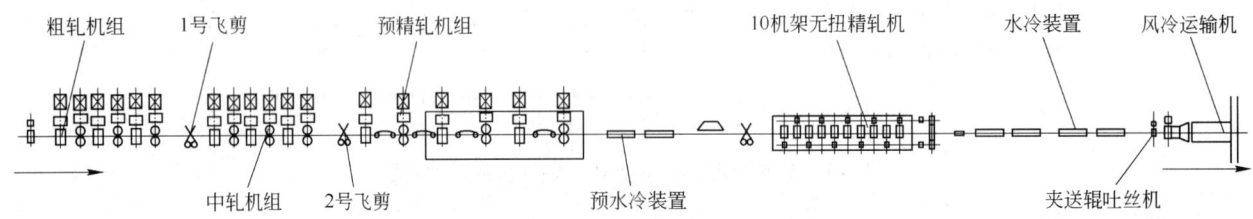

图 3-9　全连续式高速线材轧机的典型布置

3.2　二辊孔型与四辊万能孔型轧制凸缘型钢的区别

3.2.1　凸缘型钢的轧制特点及使用万能孔型轧制的优点

3.2.1.1　二辊孔型轧制凸缘型钢的轧法及轧不出平行边的原因

　　由轧辊形状和轧件的变形特性所决定，二辊孔型轧制凸缘型钢，最大的困难在于如何轧出薄而且高的边（腿），因为边和辊面是相互垂直的。为了实现这个目的，只有采用带所谓开、闭口边的孔型，见图 3-10。这种孔型在轧制过程中存在以下问题：

　　（1）除腰部外，孔型横断面上各处变形程度不同。

　　（2）轧件的边部必须带有一定的斜度，不能轧出内外侧均无斜度的平行边。

　　（3）轧辊消耗大，原因一是辊环直径大，二是斜度小时轧辊的车修量大，三是辊面上线速度差大，磨损严重。

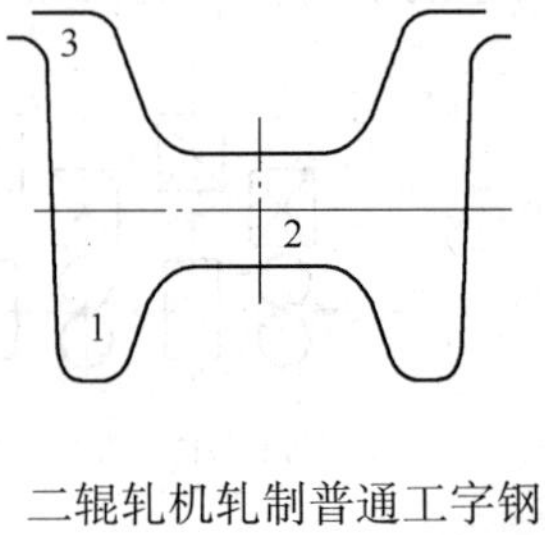

图 3-10　二辊轧机轧制普通工字钢的孔型
1—闭口边；2—腰；3—开口边

（4）动力消耗大。

（5）产品尺寸精度低。

（6）轧制效率低，对轧边部来说，轧制两道才相当于一个道次的压缩量。

（7）闭口边的楔卡使轧件边宽拉缩严重。

这种孔型轧不出来带平行边、宽边的薄腰 H 型钢。轧不出平行边的原因主要是孔型的侧壁不能无斜度，无斜度则轧辊不能车修，轧件难以脱槽。轧不出宽边的原因是辊径差太大。例如 φ650 轧机轧制边宽150mm 的产品，最大的辊径为 680 + 170 = 850mm，而最小的辊径才 630 - 150 = 480mm，在实际生产中，使用直径 850mm 的大轧辊，而使用强度却只能按 480mm 计算，工具费用消耗很大。辊径差大的另外两个后果：一是沿着轧件的边部上轧辊的线速度差大，轧辊磨损严重；二是边高拉缩严重。轧不出薄腰的原因主要在于二辊轧机总是要多配几个孔型，辊身长度大，弹跳大，腰部不能轧薄。要轧制出具有薄而高的边的凸缘型钢，使用万能孔型是最可行最有效的方法。

3.2.1.2 使用万能孔型轧制的优点

使用万能孔型轧制的优点是：

（1）立辊从左右方向直接压下，可直接轧制薄而高的平行边。

（2）轧制过程中轧件的边高拉缩小，因此要求的坯料高度小，可以不用或少用异型坯。粗轧的道次数可以减少，在万能孔型中轧制时可以直接对边部施加以较大的压下量，得到较大的延伸，减少总道次数。

（3）只简单地改变压下规程（辊缝），就可以轧出厚度不同的产品。另外通过轧边端孔型的调整，可以同时改变边部的宽度。同一组轧辊即可轧出许多不同规格的产品。

（4）孔型中的辊面线速度差小，轧辊的磨损较小并且均匀。另外由于轧辊的几何形状简单，容易使用具有高耐磨性能的新型钢料轧辊。轧辊的加工和组装也比较简单。

（5）轧制过程一般是在对称压下的情况下进行，变形相对比较均匀。

（6）不依靠孔型的侧压和楔卡使轧件变形，轧件的表面划伤较小，轧制动力消耗小。

3.2.2 在万能孔型和轧边端孔型中轧件的变形特点

H 型钢的轧制要使用万能孔型和轧边端孔型。前者的作用是将边部和腰部轧薄，使轧件延伸；后者的作用是加工边端。

万能孔型中轧件的变形特点是：

（1）腰部和边部的变形区形状近似于平辊轧板。水平辊轧腰的变形区形状就是平辊轧板，但轧件的变形受到边部的影响。边部变形区，水平辊侧面是一个半径极大的双曲面，接近于平板，立辊是一个圆或者是一个接近圆的椭圆，相当于在一个平板和圆辊之间轧板。由变形区形状所决定，在万能孔型中轧件的变形比较均匀，远远好于二辊孔型轧制工字钢。所以辊耗、能耗都比较小，是一种较经济的轧制方式。

（2）边部和腰部的变形互相影响。边部的变形大，将对腰部产生拉延；反之，则腰部拉延边部。对宽边产品，边部拉腰部的现象明显，因为边部的断面积远大于腰部。用 F_y 和 F_b 分别表示腰部和边部的断面积，则有：

$$F_b = 2tb$$

式中，t 为边厚；b 为边宽。考虑到腰厚 d 一般是边厚的 0.75 倍以下，并且 b 不小于腰高 h，于是有：

$$F_y = d(h - 2t) = 0.75t(h - 2t) = 0.75th - 1.5t^2$$

$$\frac{F_b}{F_y} = \frac{2tb}{0.75th - 1.5t^2} = \frac{2b}{0.75h - 1.5t} \geqslant 3$$

这种情况下，如果边部的压下大，则腰部很容易拉薄，甚至不接触轧辊，腰部的表面质量很差。

反之，腰部也拉边部，虽然情况不会有边部拉腰部那么严重，但也不可忽略。尤其是对于窄边的产品，腰部压下大将把边宽拉小，边宽是很不容易轧出来的，除非是特殊情况，应避免拉小。在孔型设计时应充分考虑这一点。

（3）腰部全后滑。有关公式的推导非常麻烦，在此略去。从定性上说，立辊是被动的，从边根向上立辊辊面上各点的线速度越来越小，所以轧件的出口速度低于水平辊的名义线速度。

（4）边部的变形区长，立辊先接触轧件。如果轧件咬入端是一个平断面，腰部无舌头，则咬入将出现困难。在生产中要注意切头后是否影响万能孔型的咬入。日本最早建设的万能轧机，曾经将轧边机放在万能轧机之前，以保证咬入。设计万能孔型时，最好使来料的内腔比水平辊的宽度小 1~2mm，以保证咬入。

（5）轧制后边端不齐，外侧宽展大，见图 3-11。造成这种现象的主要原因如下：一是水平辊侧面对边部内侧的金属质点作用有向下的摩擦力；二是边部内侧轧辊的线速度差大，轧件出辊时要保持是一个整体，边端受到边根的拉缩，类似于轧件闭口边的拉缩；三是边部外侧立辊的压下量大，宽展也大。由于边端不齐，为了保证产品质量，轧边端孔型是必不可少的。

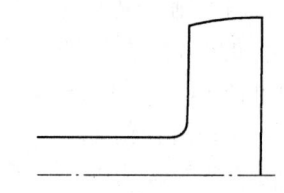

图 3-11　万能孔型轧后轧件
边端的形状

在轧边端孔型中轧件的变形特点是：

（1）从变形区形状参数 l/h 可知（l 是变形区投影长度，h 是变形区的平均高度），轧边端过程是典型的高件轧制。轧制时变形深入不下去，宽展集中在轧辊接触面附近，形成明显的双鼓变形，造成轧件边端局部增厚。双鼓局部增厚的边部在后续的万能孔型中产生不均匀压下，一是造成强迫宽展，边宽又得到恢复；二是造成水平辊侧面和立辊的不均匀磨损，对应双鼓局部增厚处出现槽沟。因此，轧边端的压下量应尽量小，只要轧平边端即可。

（2）轧边端时变形区内轧件的断面形状是窄而高，边根不能横向移动，边端受到摩擦力的约束，压下量一旦过大，轧件边部将出现塑性失稳弯曲，达不到轧边端的目的。由于这一原因，轧边端压下量也不能大，一般情况下，轧边端道次的压下率不应大于 5%。

（3）由于轧边端时轧件与轧辊的接触面很窄，压下量小，接触面积很小，所以在万能—轧边端往复可逆轧制时存在着张力饱和现象。张力一旦加大，轧边端孔型中的轧件将被拉住或者拔出。生产中可以自动调节张力。

由变形特点所决定，轧制 H 型钢时孔型设计一般应遵守以下原则：

（1）在万能孔型中，轧件边部的压下率应略大于腰部。原因是边部的断面积大于腰部，边部的变形所产生的影响大于腰部，也可避免出现拉缩边宽的现象。但不能相差太多，在 1%~3% 之间，如果差值过大，将影响腰部表面的质量。

（2）轧边端的压下量应尽量小，只要轧平即可。

（3）为保证咬入，万能孔型前的来料内腔应略小于水平辊的宽度，差值为 1~2mm。

（4）一般常规轧制，成品孔型侧面的斜度在 0~20′ 之间，其他万能孔型侧壁的斜度在 4°~10° 之间。

3.2.3　横列式轧机与二辊开坯机接万能轧机轧制凸缘型钢的区别

这里以 650mm×1/650mm×3 横列式轧机（以下简称 650）和 650mm×1（BD）+万能-轧边-万能（U-E-U）往复可逆连轧（以下简称 UEU）+万能精轧（U_f）轧机两种不同的布置形式为例，比较二者轧制 20 号工字钢的区别。设坯料为 200mm 方坯。

使用 650 轧机需要轧制 12 道次，按最小的备辊量计算，即使一根备辊也不用，需用 11 根轧辊，根据前文所述可知，需用的轧辊直径在 800mm 以上，单根辊重约 8t，轧辊总重 88t。加上轧辊加工，每开发一个新品种，轧辊费用约 200 万元。按轧制万吨计，每吨成本 200 元。而且由于车削轧辊的需要，辊的材质不能太硬，成品孔的寿命仅几百吨。轧机弹跳大，轧件温降大，产品尺寸精度无法提高。

UEU 轧机需轧制 10 道次，即使也轧制 12 道次，可以在 650 开坯机上轧制 5 道次，UEU 机组往复可逆 3 次，轧 6 道次，成品 1 道次。这种情况下所用的 650 开坯孔型可以是对称切深孔，不用大辊环，新轧辊直径为 690mm。所用的最小轧辊总重量为：3 根 690mm 轧辊，每根约 5t，4 架 U 和 E 机架，共需用直径为 800~850mm、宽 200mm 左右的辊片 8 片，总重约 7t，辊轴是公用的，轧辊总重约 22t。即 UEU 轧机用辊量仅为 650 轧机的 1/4 左右。并且万能轧机的轧辊形状简单，可以磨削，所以可使用高耐磨材料。即使采用普通的冷硬球墨铸铁辊，根据国内某轧钢厂的生产实践，轧制工字钢时，万能成品孔轧辊的寿命约为二辊孔型的 3 倍。

万能轧机相对于二辊孔型的 650 轧机还有以下优点：产品可以更新换代，生产 H 型钢、平行边槽钢和 T 型钢等产品；可轧制轻型薄壁型钢；轧件尺寸精度高。

$650 \times 1 + U\text{-}E\text{-}U + U_f$ 布置形式的建设投资要大于 650 横列式轧机。

3.3 型钢轧制的咬入条件

3.3.1 光辊的咬入条件

光辊咬入，也就是指没有孔型形状和侧壁影响与作用的咬入，即板带钢轧制的咬入条件。对于光辊轧制的咬入条件，目前广泛采用咬入角 α 是否小于咬入时的摩擦角 β 来判断，即咬入条件为：

$$\alpha \leqslant \beta$$

这是一般的轧制原理，也是轧钢工作者的一般常识。

对于咬入时的摩擦角 β 或摩擦系数 f，轧制原理认为取决于轧制温度、轧辊材质、轧制速度、轧件材质、辊面的光洁程度等因素。

对于孔型中的轧制，咬入条件则要复杂得多，即使全部考虑了上述各因素，也难以准确计算咬入条件。

3.3.2 箱形孔型的咬入条件

关于箱形孔型的咬入问题，主要是研究孔型侧壁对咬入条件的影响，这时要考虑到轧件与轧辊一旦接触，接触处轧件就要被压缩。

在箱形孔型和类似箱形孔型的其他带两侧的孔型中，轧件进孔型时经常先与孔型侧壁接触。这样为使咬入得以实现，必须使轧件前端的角部和前端上下两个水平边被压缩，如图 3-12 所示，最后使 $\alpha_{\text{最大}}$ 不大于咬入时的摩擦角 β。进孔型时轧件动能越大，轧件前端的角部被压缩也越大，越容易实现咬入。

为确定箱形孔型的咬入条件，首先要分析轧件的作用力，然后通过力的平衡方程式，求出咬入系数。

图 3-12 轧件被箱形孔型咬入时前端面的形状

3.3.2.1 轧辊对轧件的作用力

孔型侧壁接触轧件之后，轧件就以轧辊给它的平均速度前进，而且由于轧件端部被压缩，产生塑性变形，有部分金属向轧制方向流动，另一部分向反方向流动。这样轧件前端四个角部在接触孔型侧壁被压缩时，将产生前滑和后滑，如图 3-13a 所示，在前滑区金属以大于该处轧辊孔型侧壁的水平速度前进，在后滑区金属以小于该处孔型侧壁的水平速度前进。

在后滑区中，轧辊对轧件作用的力如图 3-13a 所示有：孔型侧壁单位压力的合力 N_1 和与其对应的摩擦力 t_1，它朝着轧制方向，通过后滑区的重心，并与重心的切线成 δ 角。

在前滑区中，轧辊对轧件作用的力如图 3-13a 所示有：孔型侧壁单位压力的合力 N_2 和与其对应的摩擦力 t_2，后者逆着轧制方向，通过前滑区的重心，并与重心的切线成 δ 角。

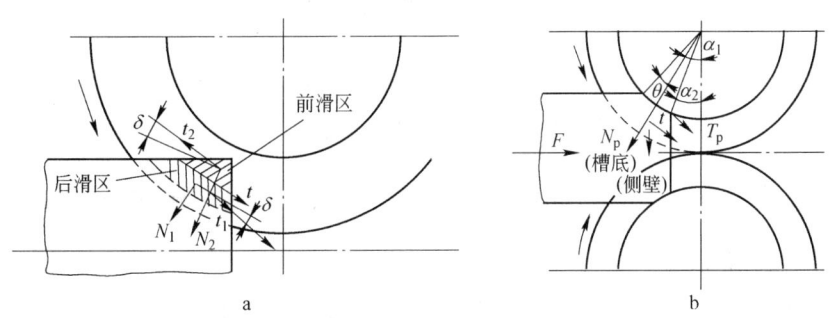

图 3-13 在箱形孔型中咬入时轧辊对轧件作用力的图示
a—轧辊对轧件的作用力；b—保证咬入的条件

　　由于 δ 角很小可以忽略不计，因此可以认为 t_1 和 t_2 是作用在前滑区和后滑区重心点圆周处的切线方向上。

　　根据轧制理论，一般轧制过程，由于轧辊形状所决定，前滑区小于后滑区，因此，$N_1 > N_2$，相应地，$t_1 > t_2$，并有：

$$t = t_1 - t_2$$

t 的方向是顺轧制方向，如图 3-13a 所示，它是使轧件进入孔型的力。

　　力 t 作用在轧件与轧辊接触表面的重心上，或者说它作用在前滑区和后滑区重心之间，它距离前滑区和后滑区重心的距离与 t_1 和 t_2 的大小成正比。力 t 随着轧件与轧辊接触表面面积的增大而增大。

　　孔型侧壁咬着轧件，并不能保证咬入过程正常进行。能不能最后咬入和建立轧制过程，还要考虑孔型槽底的作用。

　　为保证咬入，必须如图 3-13b 所示使得 $\alpha_1 \leqslant k\beta$。若 $\alpha_1 > k\beta$ 就不能咬入或咬入中止，并产生打滑。与光辊轧制的咬入条件判别式相比较，孔型咬入条件判别式增加了一个系数 k，一般称之为咬入系数。

　　在极限的咬入条件中，咬入开始时，在孔型侧壁上前滑区的剩余摩擦力应被充分利用。

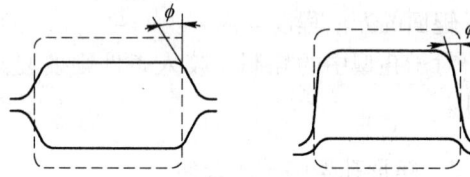

图 3-14　两种不同形式的箱形孔型

3.3.2.2　力的平衡方程与咬入系数 k

　　箱形孔型形式主要有两种，即四个侧壁的开口孔和两个侧壁的闭口孔，如图 3-14 所示。在极限咬入条件下，其力的平衡方程和咬入系数 k 分别分析如下。

　　A　四个侧壁箱形孔型咬入时的力平衡方程和咬入系数 k

　　四个侧壁箱形孔型咬入轧件时是对称的，在轧制方向上的平衡方程，参照图 3-13b，可写成：

$$\Sigma X = 4t\cos\alpha_0 - 4N\sin\varphi\sin\alpha_0 - 2N'_{\mathrm{p}}\sin\alpha_0 + 2T_{\mathrm{p}}\cos\alpha_0 + F = 0$$

式中　t——孔型侧壁作用在轧件前侧面上的摩擦力；

　　　N——孔型侧壁作用在轧件前端侧面上的正压力；

　　　α_0——合力作用点与上下辊轴心连线所形成的圆心角；

　　　φ——孔型侧壁与其垂直线所形成的斜角；

　　　N'_{p}——孔型槽底作用在轧件前端上的正压力（或径向力）；

　　　T_{p}——孔型槽底作用在轧件前端的摩擦力；

　　　F——轧件作用在轧辊上的惯性力。

　　因为惯性力较小，所以可以忽略不计，并认为轧件端边与孔型槽底、轧件侧面与孔型侧壁的摩擦系数 f_y 相同，则由上式可以得出：

$$\cos\alpha_0(2t + T_{\mathrm{p}}) \geqslant \sin\alpha_0(2N\sin\varphi + N'_{\mathrm{p}})$$

由于 $t = Nf_\mathrm{y}$ 和 $T_{\mathrm{p}} = N'_{\mathrm{p}}f_\mathrm{y}$，因此上式可写成：

$$f_\mathrm{y}\cos\alpha_0(2N + N'_{\mathrm{p}}) \geqslant \sin\alpha_0(2N\sin\varphi + N'_{\mathrm{p}})$$

满足上式可得出：

$$f_\mathrm{y} \geqslant \tan\alpha_0 \frac{2N\sin\varphi + N'_{\mathrm{p}}}{2N + N'_{\mathrm{p}}} \tag{3-1}$$

式 3-1 中，$\alpha_0 = \alpha_1 - \dfrac{\theta}{2}$，$N = p_1q$，$N'_{\mathrm{p}} = p_2RB\theta$；按实测数据得出的结果，侧向单位压力 p_1 为垂直单位压力 p_2 的 1/2，因此式 3-1 可写成：

$$f_\mathrm{y} \geqslant \tan\left(\alpha_0 - \frac{\theta}{2}\right)\frac{2p_1q\sin\varphi + p_2RB\theta}{2p_1q + RB\theta p_2} \tag{3-2}$$

消去 p_1 和 p_2 后，则为：

$$f_y \geqslant \tan\left(\alpha_0 - \frac{\theta}{2}\right)\frac{q\sin\varphi + RB\theta}{q + RB\theta} \tag{3-3}$$

式中　p_1——孔型侧壁作用在轧件侧面上的单位压力；

　　　q——轧件侧面与孔型侧壁的接触面积；

　　　p_2——孔型槽底作用在轧件前端面上下边的单位压力；

　　　R——孔型槽底的轧辊半径；

　　　B——轧件的宽度；

　　　θ——轧件前端面上下边间的压缩角；

　　　φ——孔型侧壁的倾角或以度表示的孔型侧壁斜度。

当用 $\tan\beta_y$ 代替 f_y 时，式 3-1 可改写成：

$$\tan\alpha_0 \leqslant \tan\beta_y \frac{2N + N'_p}{2N\sin\varphi + N'_p}$$

由上式可知，对于有四个侧壁箱形孔型的咬入系数 k 为：

$$k = \frac{2N + N'_p}{2N\sin\varphi + N'_p} = \frac{q + RB\theta}{q\sin\varphi + RB\theta} \tag{3-4}$$

当 $\theta = 90°$ 和 $N = 0$ 时，$k = 1$，这时 $\tan\alpha_0 = \tan\beta_y$，即为在光辊上的咬入条件，也就是当无孔型侧壁作用时，就相当于在光辊上的轧制。另外，根据式 3-4 也可以看出，除极限条件外 $k > 1$，也就是说：在带有孔型侧壁的条件下，咬入条件要优于光辊轧制。

　　B　两个侧壁箱形孔型咬入时的力平衡方程与咬入系数 k

　　对于有两个侧壁的箱形孔型，如图 3-13b 所示，其轧制方向的力平衡方程可写成：

$$2t\cos\alpha_0 + 2T_p\cos\alpha_0 \geqslant 2N\sin\varphi\sin\alpha_0 + 2N_p\sin\alpha_0$$

或者写成：

$$(N + N')f_y\cos\alpha_0 \geqslant (N\sin\varphi + N'_p)\sin\alpha_0$$

由此得出：

$$f_y \geqslant \tan\alpha_0 \frac{N\sin\varphi + N'_p}{N + N'_p}$$

上式也可写成：

$$f_p \geqslant \tan\left(\alpha_0 - \frac{\theta}{2}\right)\frac{p_1 q\sin\varphi + p_2 RB\theta}{p_1 q + p_2 RB\theta}$$

　　参考实测单位压力数据，侧向单位压力为垂直单位压力的 $1/2$，即 $p_1 = 0.5p_2$，由此上式可消去 p_1 和 p_2，从而写成：

$$f_y \geqslant \tan\left(\alpha_0 - \frac{\theta}{2}\right)\frac{0.5q\sin\varphi + RB\theta}{0.5q + RB\theta}$$

由上式可知，对有两个侧壁箱形孔型的咬入系数 k 为：

$$k = \frac{N + N'_p}{N\sin\varphi + N'_p} = \frac{0.5q + RB\theta}{0.5q\sin\varphi + RB\theta}$$

　　如果已知摩擦系数 f_y、轧件侧面和前端面的接触面积 q 和 $RB\theta$，则可用上述关系式求出在箱形孔型中的最大允许咬入角。为此要确定出轧件侧面和前端面与轧辊接触的面积 q 和 $RB\theta$。

　　C　轧件侧面与轧辊的接触面积 q

　　轧件前端侧面与轧辊的接触面积 q 取决于轧件宽度 B 与孔型槽底宽度 b_k 之比和孔型侧壁斜度 φ 的大小。影响 q 增大的因素，都会促进咬入条件的改善，反之亦然。q 可按下式计算：

$$q = \frac{(B - b_k)^2\cos\varphi}{4\sin^2\varphi\sin2\alpha_1} + \frac{(B - b_k)R\theta}{2\sin\varphi}$$

由上式（证明略）可见，当 $B = b_k$ 时，$q = 0$，这正是预期的结果，即 $B = b_k$ 时孔型侧壁对咬入轧件无作用，它相当于在光辊上的咬入条件。

　　D　端边压缩角 θ

为求出 q，还必须求出端边压缩角 θ。端边压缩角 θ 可根据功的平衡方程式来决定。当孔型有四个侧壁对轧件作用时：

$$\theta = \frac{3(B - b_k)^2(2f_y - f_y\alpha_1^2 + 2\alpha_1\theta)}{32BR\varphi^2(\alpha_1^2 + f_y\alpha_1) - 12f_yR\varphi(B - b_k)(2\alpha_1 - \alpha_1^3)}$$

当孔型有两个侧壁对轧件作用时：

$$\theta = \frac{3(B - b_k)^2(2f_y - f_y\alpha_1^2 + 2\alpha_1\varphi)}{64BR\varphi^2(\alpha_1^2 + f_y\alpha_1) - 12f_yR\varphi(B - b_k)(2\alpha_1 - \alpha_1^3)}$$

　　E　摩擦系数 f_y

以上各式中的摩擦系数 f_y 可取之为：

$$f_y = 0.877 - 0.0039t$$

式中　t——轧件的温度，℃。

　　F　修正系数

为了检验上述分析结果的正确程度，以及确定对公式的修正系数，前苏联学者在实验室做了专门的实验，研究了箱形孔型中的咬入条件。所研究的箱形孔型，其侧壁斜度为 $0 \sim 20\%$。另外也用光辊进行了对比实验。实验是在 $D = 330$mm 的半工业性轧机上进行的，于高温下轧低碳钢，其成分（质量分数）为：$0.05\% \sim 0.12\%$ C，$0.2\% \sim 0.5\%$ Mn，$0.2\% \sim 0.3\%$ Si。

轧件与孔型侧壁的接触面积 q、端边压缩角 θ 均按上述公式计算，即可得到咬入条件的理论值。在前几式中代入实测的 q、θ 和 α_1，则可得到咬入条件的实验值。实验值与理论值之比即为修正系数。对公式 3-3 得出修正系数为 1.67，因而在孔型中的咬入条件经修正后成为：

对四个侧壁的：

$$f_y \geq 1.67\tan\left(\alpha_1 - \frac{\theta}{2}\right)\frac{q\sin\varphi + RB\theta}{q + RB\theta}$$

对两个侧壁的：

$$f_y \geq 1.67\tan\left(\alpha_1 - \frac{\theta}{2}\right)\frac{0.5q\sin\varphi + RB\theta}{0.5q + RB\theta}$$

这样用前述的理论公式确定出 θ 和 q 值代入上式就可确定咬入条件。为了实现咬入，必须使摩擦系数 f_y 等于或大于上式右侧之值。如果选用的 α_1 只满足这一条件，则 α_1 即为所求的咬入角，否则须另选 α_1。

3.4　型钢轧制的宽展和弯曲

由于孔型形状的作用，型钢轧制的宽展计算要比板带钢轧制复杂得多，迄今为止，尚无一种比较准确的计算方法。实际应用上，大都采用几种简化的处理方法，其中有相对宽展公式，也叫 Z. Wusatowski 法；相似轧件法；外接矩形法，又称 Б. П. Бахтинов 法；等效轧件法等。

3.4.1　Z. Wusatowski 法（相对宽展公式）

Z. Wusatowski 在 1949 年对低碳钢的生产数据进行整理后，结合实验室数据，采用数学统计的方法，得出了表达相对宽展系数的公式为：

$$\frac{b}{B} = \beta = \lambda_p^{-W_p}$$

式中　B，b——分别为轧制前、后轧件的宽度。

$$\lambda_p = \frac{h_p}{H_p}$$

$$W_p = 10^{-1.269\delta_p}\varepsilon_p^{0.556}$$

$$\delta_p = \frac{B}{H_p}$$

$$\varepsilon_p = \frac{H_p}{D_p}$$

式中，H_p，h_p——分别为轧制前和轧制后轧件的平均高度，$H_p = \frac{F_0}{B}$，$h_p = \frac{F_1}{b}$；

D_p——轧辊平均直径，$D_p = D - h_p$。

到 1950 年，Z. Wusatowski 将上式修正为：

$$\beta = \alpha cde\lambda_p^{-W_p}$$

式中 α——温度修正系数，其值与轧制温度的关系见表 3-1；

c——考虑速度影响的修正系数，其值为：

$$c = (0.002958 + 0.00341\lambda)v_B + (1.077168 - 0.10431\lambda)$$

v_B——轧制速度，m/s；

d——考虑钢种影响的修正系数，其值见表 3-2；

e——考虑轧辊材质和辊面加工状态的修正系数，其值见表 3-3。

表 3-1　温度修正系数 α

温度/℃	750~900	900 以上
α	1.005	1.0

表 3-2　考虑钢种影响的修正系数 d

序　号	化学成分(质量分数)/%						d	钢　种
	C	Si	Mn	Ni	Cr	W		
1	0.06	0.1	0.22				1.00000	转炉沸腾钢
2	0.20	0.20	0.50				1.02026	碳素结构钢
3	0.30	0.25	0.50				1.02338	碳素结构钢
4	1.04	0.30	0.45				1.00734	低合金工具钢
5	1.25	0.20	0.25				1.01454	低合金工具钢
6	0.35	0.50	0.60				1.01636	锰热强钢
7	1.00	0.30	1.50				1.01066	锰热强钢
8	0.50	1.70	0.70				1.01410	弹簧钢
9	0.50	0.40	24.0				0.99741	高锰耐磨钢
10	1.20	0.35	13.0				1.00887	高锰耐磨钢
11	0.06	0.20	0.25	3.50	0.40		1.01034	渗碳钢
12	1.30	0.25	0.30		0.50	1.80	1.00902	合金工具钢
13	0.40	1.90	0.60	3.00	0.30		1.02719	合金工具钢

表 3-3　考虑轧辊材质和辊面加工状态的修正系数 e

轧辊材质与状态	加工粗糙的轧辊	加工光洁硬辊面	磨光的钢辊
e	1.025	1.0	0.975

上述宽展系数经验公式的速度条件为小于 17m/s。

3.4.2　相似轧件法

相似轧件法由 А. Ф. Головин 提出，其实质是将非矩形断面轧件简化成断面面积相同、高宽比也与原来高宽比相同的矩形轧件，即：

$$F_z = F_x$$

$$\frac{b_z}{h_z} = \frac{b_x}{h_x}$$

式中，F_z，b_z，h_z——分别为实际轧件的断面面积、宽度和高度；

　　　　F_x，b_x，h_x——分别为简化成相似矩形轧件后的相似轧件的断面面积、宽度和高度。

　　在计算宽展时，先按光辊轧制矩形件——光辊轧制相似件计算，再乘以考虑孔型和轧件形状的系数，即：

$$\beta_{zk} = \frac{\Delta b}{\Delta h} = K_i \frac{\Delta b_x}{\Delta h_x}$$

式中　$\Delta b / \Delta h$——在孔型中轧制时的实际宽展指数；

　　　　$\Delta b_x / \Delta h_x$——在光辊上轧制相似轧件时的宽展指数；

　　　　K_i——考虑孔型形状影响的修正系数，当孔型形状对轧件起强制宽展作用时，$K_i > 1$；当孔型形状对轧件起限制宽展作用时，$K_i < 1$。

$$K_i = \phi(B/H, b/h, \delta, \text{孔型与轧件形状})$$

式中　B/H，b/h——分别为轧前轧件和孔型的宽高比；

　　　　δ——孔型的充满程度；

　　　　K_i——根据实验数据确定的系数。

　　А. Ф. Головин 用此法计算了简单断面形状孔型的宽展，包括角钢轧制宽展的计算。相似轧件法也是一种经验计算法。

3.4.3　外接矩形法

　　外接矩形法由 Б. П. Бахтинов 和 М. М. Щтернов 提出。凸形轧件和凹形轧件外接以矩形，接法如图 3-15 和图 3-16 所示。外接矩形的宽度 b_w 等于轧件最大宽度，外接矩形的高度 h_w 等于与下一孔型辊缝相对应处的高度。

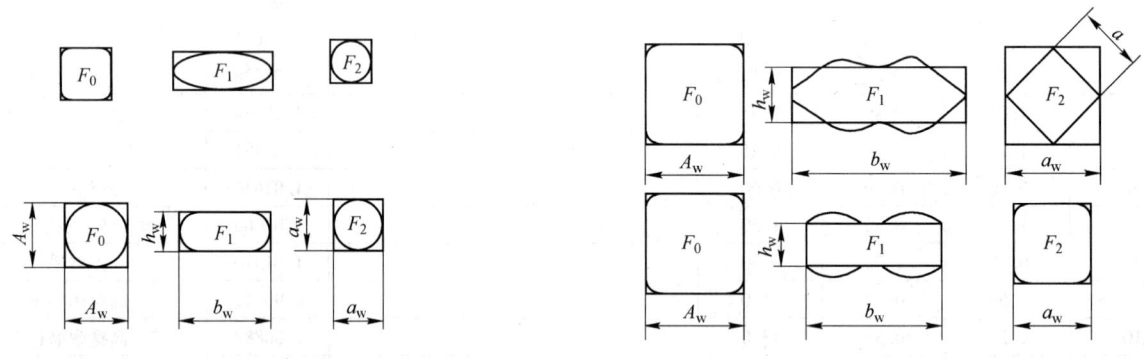

图 3-15　凸形轧件的外接矩形　　　　　　　　　　图 3-16　凹形轧件的外接矩形

　　外接矩形法是针对前后道次的方形或者是前后道次的圆形断面尺寸已经确定后，确定中间轧件的面积和尺寸的方法。

　　从图 3-15 和图 3-16 可以看出，外接方形或矩形的断面面积与轧件实际断面面积是不同的，其关系为：

$$F_0 = C_0 A_w^2$$
$$F_1 = C_1 h_w b_w$$
$$F_2 = C_2 a_w^2$$

其延伸关系为：

$$\mu_1 = \frac{F_0}{F_1}$$

$$\mu_2 = \frac{F_1}{F_2}$$

$$\frac{\mu_1}{\mu_2} = \frac{F_0 F_2}{F_1^2}$$

将 F_0、F_1 和 F_2 值带入上式, 则得到:

$$\frac{\mu_1}{\mu_2} = \frac{F_0 F_2}{F_1^2} = \frac{C_0 A_w^2 C_2 a_w^2}{C_1^2 h_w^2 b_w^2} = \frac{C_0 C_2}{C_1^2} \frac{A_w^2 a_w^2}{b_w^2 h_w^2} = K_s K_{\Delta b}$$

式中 K_s——断面形状的影响系数, 称为形状系数;

$\qquad K_{\Delta b}$——轧制条件的影响系数。

K_s 可以根据轧件断面尺寸及其外接矩形的尺寸来确定。

$K_{\Delta b}$ 要根据 $K_{\Delta b} = \phi(A_w/a_w, A, D, f)$ 的实验曲线来确定, 该曲线如图 3-17 所示。

确定出 K_s 和 $K_{\Delta b}$ 后, 即可得出 μ_1/μ_2, 并进一步求出 F_1:

$$F_1 = \sqrt{F_0 F_1} / \sqrt{\mu_1/\mu_2}$$

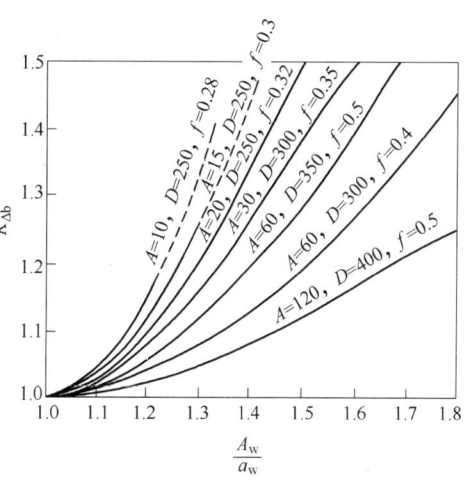

图 3-17 $K_{\Delta b} = \phi(A_w/a_w, A, D, f)$ 的关系

3.4.4 等效轧件法

等效轧件法的实质是非方或者矩形的轧件化成等效的矩形断面, 然后再确定宽展。所谓等效轧件, 其高度 h_d 等于外接矩形的高度 h_w 和轧件断面平均高度 h_p 的平均值, 即:

$$h_d = 0.5(h_w + h_p) \approx \sqrt{h_w h_p} \approx \sqrt{\frac{h_w F}{b_w}} \approx \frac{h_p}{\sqrt{C}} \approx h_w \sqrt{C}$$

等效轧件的宽度 $b_d = b$, 其中 b 为轧件的最大宽度。这样将非矩形断面轧件化为矩形件, 同时考虑一些附加因素, 如坯料和孔型的形状以及孔型充满程度等, 来计算轧件的宽展:

$$\Delta b = b_1 - b_0 = \left(\sqrt{\frac{h_0}{h_1}} \sqrt{\frac{C_0}{C_1}} + \alpha^2 - \alpha - 1 \right) b_0$$

$$C_0 = F_0/F_{0w}$$

$$C_1 = F_1/F_{1w}$$

式中 F_0, F_1——分别为轧前和轧后轧件的断面面积;

$\qquad F_{0w}$, F_{1w}——分别为轧前和轧后外接矩形的断面面积。

$$\alpha = \left(\frac{h_0}{h_1} \sqrt{\frac{C_0}{C_1}} - 1 \right) (C_{\Delta b} - 0.5)$$

$$C_{\Delta b} = \exp\left(1 - \frac{b_0}{b_k} \sqrt{\frac{h_0}{h_1}} \sqrt{\frac{C_0}{C_1}} \right)$$

$$b_k = \sqrt{1 - \left(1 - \frac{h_1}{h_0} \sqrt{\frac{C_1}{C_0}} \right)^2 \frac{\delta^2 - 1}{\delta^2} \frac{2\delta - 1}{2\delta} l_p}$$

$$\delta = \frac{2\mu l_d}{h_0 \sqrt{C_0} - h_1 \sqrt{C_1}} = 2\mu \sqrt{\frac{R_k}{h_0 \sqrt{C_0} - h_1 \sqrt{C_1}}}$$

$$l_d = \sqrt{R_k h_0 \sqrt{C_0} - h_1 \sqrt{C_1}}$$

$$R_k = R_0 - 0.5 h_1 \sqrt{C_1} = R_g + 0.25 h_1 (1 + C_1)$$

式中 $C_{\Delta b}$——移至宽向的金属体积占高向移动体积的比例;

$\qquad b_k$——轧件的临界宽度;

$\qquad \mu$——摩擦系数;

R_0——轧辊原始半径；

R_g——孔型槽底的工作半径。

3.4.5   型钢轧制时轧件的弯曲

3.4.5.1   轧件上下方向的弯曲

A   辊径差引起的轧件弯曲

习惯上将上下辊径差称之为"压力"；$D_下 > D_上$ 为"下压"，轧件出口向上弯曲；$D_上 > D_下$ 为"上压"，轧件出口向下弯曲。

实际上这种理解是片面的，这是因为辊径差不仅使轧件上下表面的速度不同，而且也使轧件上下层的压下量和延伸不同，B. H. Выдрин 等人通过试验，较为系统地研究了这一问题。在试验中他们发现，当辊径不等时，所用压下量较小，轧件出口就向辊径小的方向弯曲；在逐渐增大压下量时，轧件的弯曲强度逐渐减小，达到一定压下量时，轧件出轧辊呈平直状态；再继续增大压下量，轧件出口时向辊径大的方向弯曲，如图 3-18 所示。通过大量的试验，得出角速度相同、轧辊直径不同时，轧件弯曲方向与 $\dfrac{\Delta D}{D}$ 以及 $\dfrac{\Delta h \Delta D}{H^2}$ 之间的关系，如图 3-19 所示。图中曲线上侧表示轧件出口向大辊径方向弯曲，曲线下侧表示轧件出口向小辊径方向弯曲。

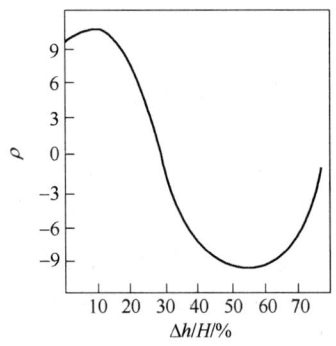

图 3-18   辊径差一定时轧件弯曲与相对压下量的关系
（$\Delta D = 35\text{mm}$，铅件 $H = 10\text{mm}$）

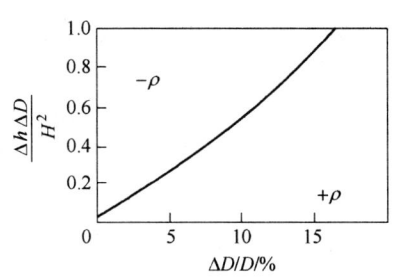

图 3-19   辊径转速相同、直径不同时
确定轧件弯曲方向的曲线

B   轧制梯形件上下方向的弯曲

轧制梯形件时上下方向的弯曲，实际上是上下辊对轧件的不对称压下产生的弯曲。

B. H. Выдрин 等人通过在等直径轧辊上轧梯形断面轧件，形成不对称压下，研究了不对称轧制对轧件弯曲的影响，轧制结果如图 3-20 和图 3-21 所示。

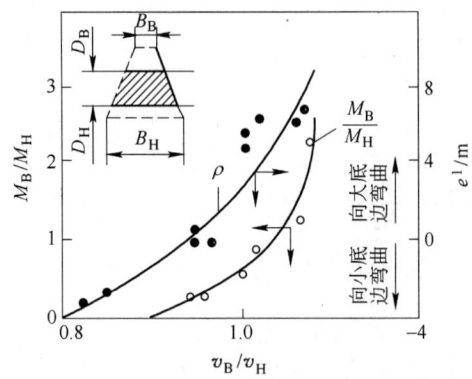

图 3-20   不对称压下时辊径圆周速度不相等
对轧件曲率和转矩分布的影响
（$B_B/B_H = 0.5$，$\Delta h/h_1 = 0.25$）

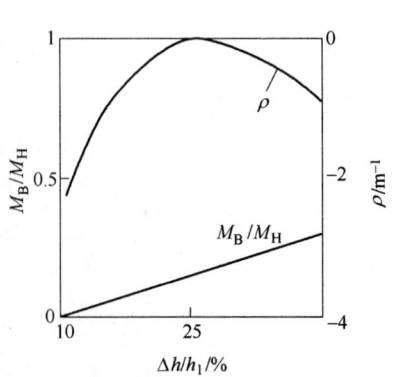

图 3-21   不对称压下时相对压下量对轧件
曲率和轧制转矩分布的影响

由图 3-20 可见，当 $\frac{B_B}{B_H} = 0.5$、$\frac{\Delta h}{h_1} = 0.25\%$、$D_B = D_H$、$v_B = v_H$ 时，轧件出轧辊向梯形件大边方向弯曲，即向下弯曲，这时下辊承受的转矩 M_H 几乎比上辊的转矩 M_B 大一倍，即 $\frac{M_B}{M_H} = 0.6$；当 $v_B/v_H = 0.94 \sim 0.96$ 时，轧件的曲率等于 $0(\rho = 0)$，而上下辊承受的转矩比 $\frac{M_B}{M_H} = 0.18 \sim 0.19$；当继续减小轧辊速度比为 $\frac{v_B}{v_H} = 0.82 \sim 0.91$ 时，轧辊转矩比 $\frac{M_B}{M_H} \approx 0$，即整个轧制转矩都由下轧辊所承受，甚至上轧辊的转矩为负值，这时轧件的曲率也为负值（$\rho = -1.9 \sim -3.8$）；当 $\frac{v_B}{v_H} > 1$ 时，轧件的曲率增大，而且上轧辊的转矩也增大。

由图 3-21 可见，在不同压下量时，轧件的弯曲随 $\frac{\Delta h}{h_1}$ 变化，在特定的 $\frac{\Delta h}{h_1}$ 值时，如 $\frac{\Delta h}{h_1} = 25\%$，轧件无弯曲。$\frac{\Delta h}{h_1}$ 大于或小于特定值时，轧件皆发生弯曲。$\frac{M_B}{M_H}$ 随 $\frac{\Delta h}{h_1}$ 的增大而增大。

3.4.5.2 轧件左右方向的弯曲

在横向不对称轧制时轧件也将产生弯曲，如图 3-22 所示。

轧件弯曲边的弧长比为：

$$\frac{S_2}{S_1} = \frac{r_2}{r_1} = \frac{r_1 + B}{r_1} = 1 + \frac{B}{r_1}$$

当忽略不计展宽时，图 3-22 所示的各种横向不对称轧制，其轧件两侧边的自然延伸比，对于图 3-22a 所示情况为：

$$\frac{\mu_2}{\mu_1} = \frac{\dfrac{H}{h_2}}{\dfrac{H}{h_1}} = \frac{h_1}{h_2}$$

对于图 3-22b 所示情况为：

$$\frac{\mu_2}{\mu_1} = \frac{\dfrac{H_2}{h}}{\dfrac{H_1}{h}} = \frac{H_2}{H_1}$$

对于图 3-22c 和 d 所示情况为：

$$\frac{\mu_2}{\mu_1} = \frac{\dfrac{H_2}{h_2}}{\dfrac{H_1}{h_1}} = \frac{H_2 h_1}{H_1 h_2}$$

轧件弯曲与自然延伸的关系为 $\frac{S_2}{S_1} = \frac{\mu_2}{\mu_1}$，考虑到上述公式，对于图 3-22a 所示情况为：

$$\frac{S_2}{S_1} = 1 + \frac{B}{r_1} = \frac{h_1}{h_2}$$

对于图 3-22b 所示情况为：

$$\frac{S_2}{S_1} = 1 + \frac{B}{r_1} = \frac{H_2}{H_1}$$

对于图 3-22c 和 d 所示情况为：

$$\frac{S_2}{S_1} = 1 + \frac{B}{r_1} = \frac{H_2 h_1}{H_1 h_2}$$

通过上述公式，则可根据变形条件确定出轧件的弯曲半径、轧件两侧的长度差；或相反，根据所要求的弯曲半径，确定变形条件。

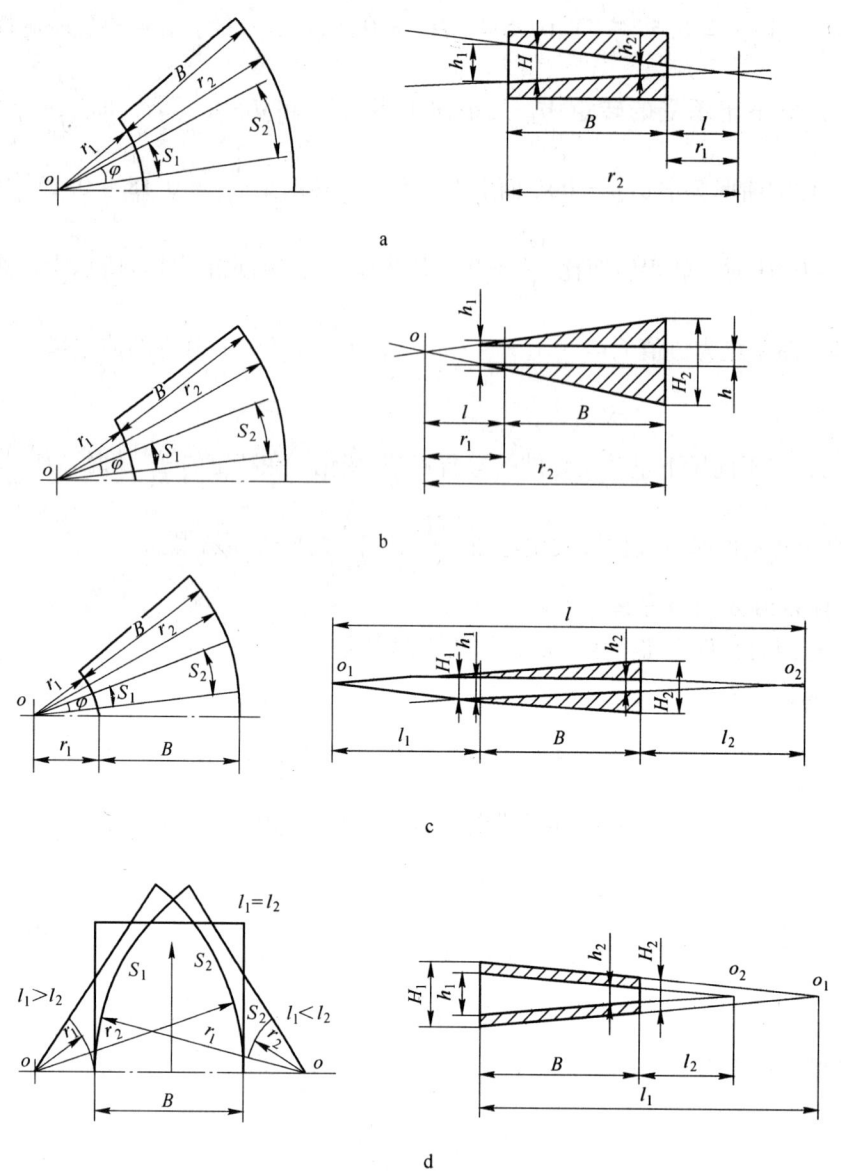

图 3-22　轧件左右弯曲的不对称轧制

3.5　型钢轧制的力能参数计算

3.5.1　计算力能参数的意义

　　力能参数是轧制过程的重要参数，研究力能参数不论在理论上还是在实践上都有重要意义，只有对力能参数有了足够的了解，才能合理地处理和解决如下问题：

　　（1）强化现有轧制规程，充分发挥轧机的设备潜力。如加大压下量，减少道次，会引起轧制力的增大，同时也使轧制转矩和电机负荷增大，这时轧辊强度和电机能力是否允许，就需要计算轧制的力能参数来判断。

　　（2）扩大品种规格。在现有轧机上扩大品种规格，要求了解轧制的力能参数，根据它来确定能否轧制该品种规格或如何轧制，如轧制方式和轧制道次等。

　　（3）设计新轧机。轧制的力能参数是轧机和其他设备设计和选择的原始数据。轧机机架和各部分零部件的尺寸直接取决于轧制力和轧制力矩。主传动电机的大小直接取决于轧制功率。

　　（4）节约轧制耗能。只有准确计算出轧制的力能参数，才能合理选择轧机和电机，才不会造成"大马拉小车"等浪费能源的现象。同时，也只有准确计算轧制力能参数，才能合理分配各道次的变形量以达到节能的目的。

轧制型钢时，特别是轧制各种异形型钢时，其变形方式、轧制方式或所用的孔型系统与能耗也直接相关，因而力能参数也是判别变形方式优劣的依据之一。

在型钢轧制过程中，如何计算轧制力能参数，迄今为止尚无较为有效的方法。

在一般情况下，对于热轧过程，采用如下公式计算轧制力 F_w：

$$F_w = k_{wp}A_d = k_{fm}f(w)A_d$$

式中　　k_{wp}——平均单位压力；

　　　　A_d——轧辊与轧件的接触面积；

　　　　k_{fm}——单向应力状态下的平均变形抗力；

　　$f(w)$——应力状态系数。

确定 $f(w)$ 很困难，这是因为它与很多因素有关系，如轧件和孔型的几何形状、摩擦系数、变形速度、轧件的金属性能、变形温度和程度等，其中的大多数因素又互相影响。

例如，当改变变形区几何形状时，不仅函数 $f(w)$ 随之改变，同时被轧制的轧件温度也将变化，这是由于变形程度和变形速度的变化会导致轧件温度有变化。

正确地确定轧辊与轧件之间摩擦系数 μ 的平均值，也是非常复杂的，现有所使用的计算 μ 值的方法都是比较粗略的。

准确计算轧辊与轧件之间的接触面积也有很大的困难，这是因为用计算方法仅能得出近似解，而且轧卡轧件时，所得到的接触面积比实际接触面积大得多，这就意味着，即使通过实验手段也比较难以得到准确的接触面积。

确定变形抗力也有一定的困难，这是因为在确定平均变形速度和平均温降时，经常会产生较大的误差。

因此虽然不少学者研究了型钢轧制的力能参数，给出了不少的计算方法，可是按照这些方法计算同一种型钢轧制过程，经常会有很大的误差。

3.5.2　在孔型中轧制时单位压力和摩擦力的分布

为计算型钢轧制的力能参数，需要确定型钢轧制时的单位压力和单位摩擦力，又叫正应力和切应力。这种研究一般是与研究金属在孔型中的流动同时进行的，但可惜的是到目前为止仅在不大的范围内进行过，并且仅对一些个别情况得到一些结果。下面仅用两例说明轧制型钢时单位压力和摩擦力的不均匀分布。

3.5.2.1　在菱形孔中轧制

在菱形孔中轧制方轧件时，其孔型槽底最先与轧件接触，然后接触面宽度逐渐扩大，所以在孔型槽底的咬入弧长最大，其两侧的咬入弧长最小，因而其单位压力的曲线在孔中间比在孔型两侧要长。

正应力 p_n（单位正应力）和纵向应力 t_x（纵向摩擦力）以及横向摩擦力 t_y（横向切应力）的变化与光辊上轧制基本相似。

在轧制方向上切应力值 $t_x = 0$ 处的断面为临界面（或称中性面或中立面）。在孔型中轧制，轧件宽度中间与两侧的临界点不在同一个横断面上，这说明菱形孔型轧制方轧件时，其临界面不是平面而是曲面。不论是单位压力，还是纵向切应力在变形区中的分布都是不均匀的，在孔型两侧后滑区的切应力 t_x 比孔型中间部分的大，而在前滑区则相反。在展宽方向上的切应力值 t_y，孔型两侧的比孔型中间的小。

3.5.2.2　在椭圆孔型中轧制

在椭圆孔型中轧制方轧件，在轧件纵向上，孔型对称处的咬入弧长度比轧件两侧的咬入弧长小，这是因为方件的两侧先与孔型接触之故。在椭圆孔型中轧制方件时其单位压力与摩擦力的变化特点，不论在轧件宽度中间，还是在其两侧都相同。孔型中间处的平均单位压力为其两侧的 0.7~0.9 倍。

正压力和切应力的分布图形接近于梯形。

根据 $t_x = 0$ 判断临界点的位置，同样可见其临界面是曲面而不是平面。

p_n、t_x 和 t_y 的分布都是不均匀的。此外通过在上述两种孔型中的实验结果可见，t_x、t_y、p_n 之间没有严格的正比关系。

3.5.3　轧辊与轧件接触面积的确定

根据 $F_w = k_{wm}A_d = k_{fm}f(w)A_d$ 计算力能参数，必须知道轧件与轧辊接触面的面积。接触面的面积取决于所使用的孔型系统。方-椭圆孔型系统沿咬入弧长的接触形状如图 3-23 所示，这种情况可较容易地求出其接触面面积。如果接触表面的形状复杂，就要把它看成是由几个形状简单的部分组成的。下面介绍在孔型中轧制时，确定轧件与轧辊接触面面积的方法。

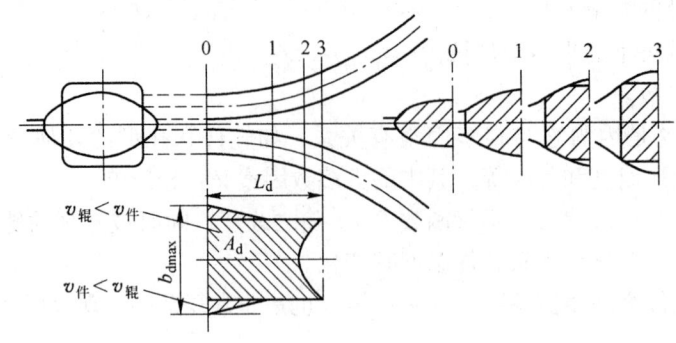

图 3-23　椭圆孔型轧制方轧件时的接触表面

3.5.3.1　接触面积的计算方法

A　E. Siebel 和 E. Lueg 提出的平均高度法

E. Siebel 和 E. Lueg 提出在孔型轧制中，按如下平均值方法确定轧件与轧辊的接触面积：

$$A_d = \frac{l_{dm}(b_0 + b_1)}{2}$$

$$l_{dm} = \sqrt{\frac{\Delta h_m D_m}{2}} = \sqrt{R_{am}\Delta h_m}$$

$$\Delta h_m = h_{0m} - h_{1m}$$

$$h_{0m} = A_0/b_0$$

$$h_{1m} = A_1/b_1$$

$$R_{am} = \frac{D_0 - h_{1m}}{2}$$

式中　l_{dm}——变形区的平均长度；

　b_0，b_1——分别为轧制前和后的轧件宽度；

　Δh_m——平均压下量；

　R_{am}——轧辊平均工作半径；

　h_{0m}，h_{1m}——分别为轧制前后的轧件平均高度；

　A_0，A_1——分别为轧制前后轧件断面面积；

　D_0——轧辊的原始直径。

B　G. Zouhar 方法

a　方-椭圆孔型系统

如图 3-24 所示，接触面积 A_d 由宽为 b_1、长为 Yl_{dmin} 的矩形以及一边长为 b_1、另一边长为 Xb_0 的梯形所组成，其值由下式确定：

$$A_d = b_1 Yl_{dmin} + \frac{Xb_0 + b_1}{2}(1 - Y)l_{dmin}$$

系数 k 用于考虑顶角处圆弧的影响。按孔型槽底计的变形区长度可用如下方程式确定，即：

$$l_{\mathrm{imin}} = \sqrt{R_{\min}(h_0 - h_1)}$$

k 值、X 和 Y 亦为系数，皆由实验确定。

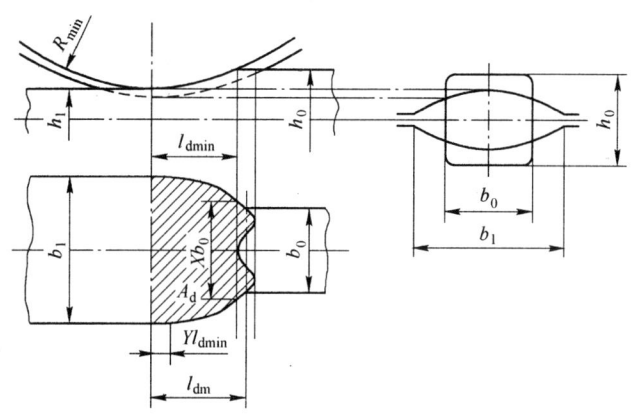

图 3-24 G. Zouhar 方法椭圆孔型轧制方轧件时的接触表面

b 椭圆-方孔型系统

与前面的方-椭圆系统相类似，接触面积也分成矩形（A）和梯形（B）两部分，因此参照图 3-25 可写出：

$$A_{\mathrm{d}} = \underbrace{b_1 Y l_{\mathrm{d}}}_{A} + \underbrace{(b_0' + b_1) l_{\mathrm{d}}(1 - Y)/2}_{B}$$

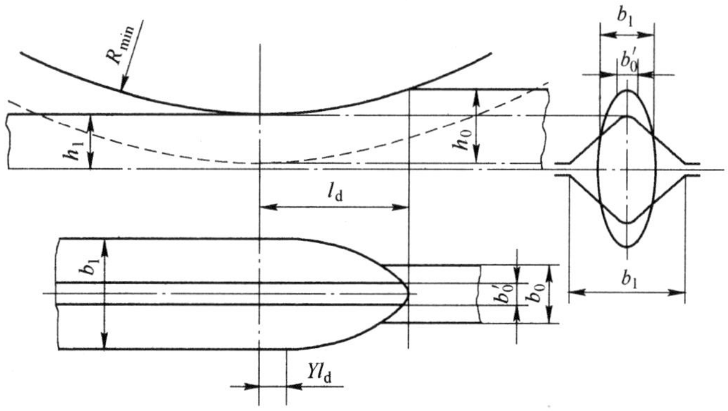

图 3-25 G. Zouhar 方法方孔型轧制椭圆轧件时的接触表面

按孔型槽底计的变形区长度也是用方-椭圆孔型系统那种关系式确定。

c 圆-椭圆孔型系统

接触面积也是由矩形（A）和梯形（B）两部分所组成，如图 3-26 所示，因此可以按下式确定：

$$A_{\mathrm{d}} = \underbrace{b_1 Y l_{\mathrm{d}}}_{A} + \underbrace{(b_0 + X d_0) l_{\mathrm{d}}(1 - Y)/2}_{B}$$

按孔型槽底计的变形区长度 l_{d} 由下式确定：

$$l_{\mathrm{d}} = \sqrt{R_{\min}(d_0 - h_1)}$$

d 椭圆-圆孔型系统

如图 3-27 所示，其接触面积可以近似地用下式表示：

$$A_{\mathrm{d}} = l_{\mathrm{d}}(b_0' + b_1)/2$$

$$l_{\mathrm{d}} = \sqrt{R_{\min}(h_0 - d_1)}$$

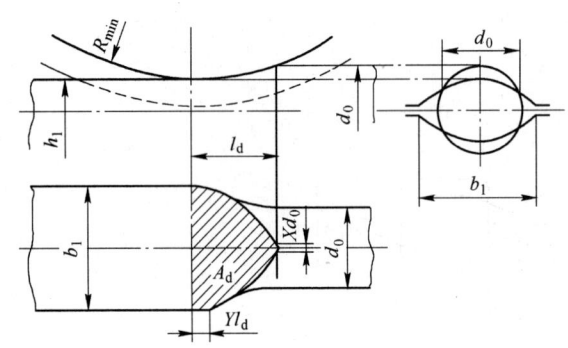

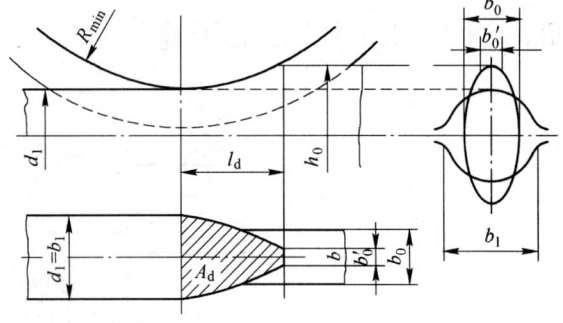

图 3-26　椭圆孔型轧制圆轧件时的接触表面　　　　　图 3-27　圆孔型轧制椭圆轧件时的接触表面

e　菱-方、方-菱、菱-菱孔型系统

当取接触面积由矩形（A）和梯形（B）组成时，参考图 3-28，可得下式：

$$A_d = \underbrace{b_1 Y l_d}_{A} + \underbrace{(b_0' + b_1)l_d(1 - Y)/2}_{B}$$

其中

$$l_d = \sqrt{R_{min}(h_0 - h_1)}$$

G. Zouhar 提出的上述计算方法用于方-菱、菱-菱、菱-方孔型系统，其误差不超过 4% ~ 7%；用于方-椭圆和椭圆-圆孔型系统，其误差为 2% ~ 15%；用于方-椭圆系统误差为 4% ~ 13%。

A. Hensel 的研究认为，按 G. Zouhar 方法计算延伸孔型系统的基础面积，最大误差为 ± 10%。

C　A. Geleji 方法

用 A. Geleji 方法似乎能得出比 E. Siebel 和 E. Lueg 方法较为确切的结果，但比 G. Zouhar 方法的精度差一些。

如图 3-29 所示，A. Geleji 的计算方法如下：

$$A_d = l_{deff} b_1$$

$$l_{deff} = (l_{dm} + l_{dmax})/2$$

$$l_{dm} = \sqrt{R_{am}\Delta h_{max}}$$

$$l_{dmax} = \sqrt{R_{\Delta h_{max}}\Delta h_{max}}$$

$$R_{\Delta h_{max}} = (D_0 - h_{1max})$$

$$R_{am} = (D_0 - h_{1m})/2$$

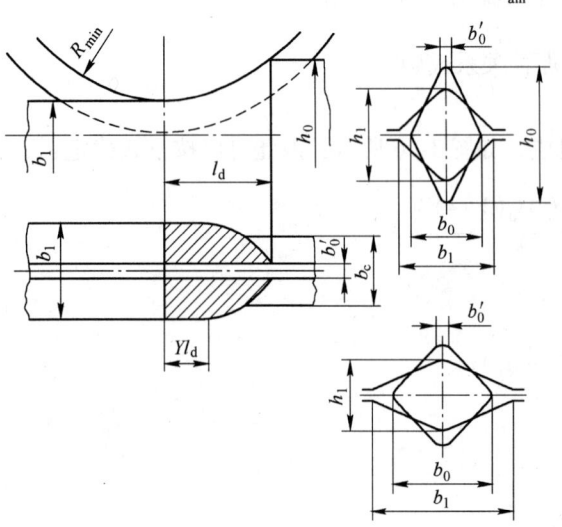

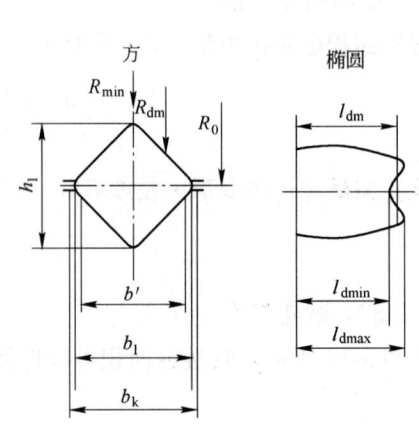

图 3-28　菱-方、方-菱和菱-菱孔型系统的接触表面　　　　图 3-29　按 A. Geleji 方法计算时接触面积的确定

式中　l_{dm}——咬入弧的平均长度；

$\quad\quad l_{dmax}$——最大咬入弧长；

$\quad\quad \Delta h_{max}$——高向的最大压下量；

$\quad\quad h_{1max}$——高向压下量最大处的轧后高度；

$\quad\quad D_0$——上下辊轴线的间距。

　　D　轧制异型钢的接触面积

　　轧制异型钢如角钢、槽钢、Z 字钢、钢轨等，确定其接触面积的最简单的方法是将它们变换成面积相同的矩形。这时轧件的入口和出口断面就用等面积的矩形来代替了。其计算方法与前述方法相同，问题是如何确定上下辊的平均工作半径。

　　轧前和轧后的轧件平均高度 h_{0m} 和 h_{1m} 为：

$$h_{0m} = A_0/b_0$$

$$h_{1m} = A_1/b_1$$

　　接触面积 A_d 为：

$$A_d = l_{dm}(b_0 + b_1)/2$$

　　变形区平均长度 l_{dm} 为：

$$l_{dm} = \sqrt{D_{am}\Delta h_m/2} = \sqrt{R_{am}\Delta h_m}$$

　　平均工作辊径 D_{am} 为：

$$D_{am} = (D_0 - h_{1m})/2$$

　　上面确定 D_{am} 的方法是用于简单对称断面轧件的。对于较复杂的断面可用下述方法。例如，轧制槽钢时，先确定上下辊的平均工作半径，见图 3-30。先画出两个与轧辊轴线平行的直线 AB 和 CD，它们处于轧件断面之外，距中性线 NN 为任意的距离，中性线 NN 应通过孔型的重心点，这样，AB 和 CD 就形成上部面积 A_0 和下部面积 A_1 的上下边界线。除了这两线之外，其他的界线是孔型周边的线以及两个垂直于 AB 和 CD 的垂直线，在图 3-30 中这两条垂直线的距离为 135mm。

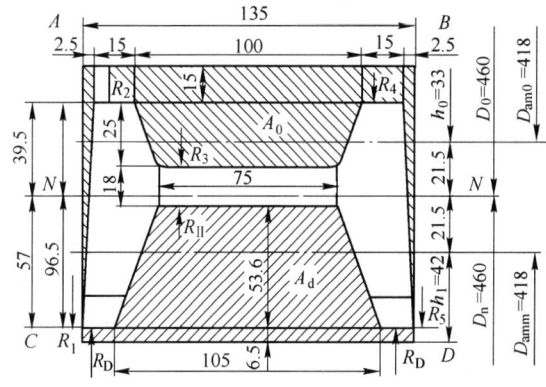

图 3-30　轧制槽钢时计算接触面积的图示

　　任意选定 AB 线距上槽底的距离为 15mm，CD 线距下槽底距离为 6.5mm。然后计算出 A_0 和 A_1，以及用如下方法确定上下平均辊径 D_{am0} 和 D_{amn}：

$$h_0 = A_0/b$$

$$h_n = A_n/b$$

　　两个三角形面积为 $2 \times 2.5 \times 96.5 \times 0.5 = 241.5 mm^2$，一个矩形面积为 $15 \times 135 = 2025 mm^2$，一个梯形面积为 $0.5 \times (100 + 75) \times 25 = 2187.5 mm^2$，则：

$$A_0 = 4454.0 mm^2$$

　　一个梯形面积为 $(75 + 105) \times 53.5 \times 0.5 = 4815.0 mm^2$，一个矩形面积为 $135 \times 6.5 = 877.5 mm^2$，则

$$A_1 = 5692.5 mm^2$$

$$h_0 = A_0/b = 4454/135 = 33 mm^2$$

$$h_n = A_n/b = 5692.5/135 = 42 mm^2$$

　　结果所得的工作辊径 D_{am0} 距直线 AB 33mm，D_{amn} 距直线 CD 42mm，如图 3-30 所示，进而求出距中性线 NN 的距离以及各尺寸为：

$$96.5 + 6.5 + 15.0 = 118mm$$

$$(118 - 33 - 42)/2 = 21.5mm$$

$$D_{am0} = D_{amn} = 460 - 2 \times 21.5 = 418mm$$

$$R_{am} = 418/2 = 209mm$$

$$h_{0m} = A_0/b_0 = 8815/129 \approx 68.5mm$$

$$h_{1m} = A_1/b_1 = 5955/132 = 45mm$$

$$\Delta h_m = h_{0m} - h_{1m} = 68.5 - 45 = 23.5mm$$

$$l_{dm} = \sqrt{209 \times 23.5} = 70mm$$

$$A_d = l_{dm}b_m = 70 \times (129 + 132)/2 = 9135mm^2$$

如果轧辊直径不等或孔型的轧槽深度不等时，其平均辊径为：

$$R_{am} = (R_{o0} + R_{on})/2$$

3.5.3.2 实验方法

借助于急刹车卡住轧件，得到轧卡件。在轧卡件上容易确定出接触面的边界。在实验研究中，经常使用铅件和塑料件得到轧卡件。使用这类材料的缺点是在低速下展宽大，因而轧卡件的展宽也大，从而使轧件的接触面积略大于非轧卡件的接触面积。

在许多情况中要进行修正，这就需要进行展宽与轧制速度关系的专门研究。在轧卡件上能明显地看出接触面的投影。在研究轧件上的变形区形状时，经常要使用照相法。

3.5.4 平均变形速度计算

在热轧时，变形速度对变形抗力有很大的影响，变形抗力沿变形区的长度上有变化，在光辊上用小于25%的压下量轧制时，其最大变形速度在变形区入口处，然后按抛物线规律减小，在变形区出口处为零，如图3-31所示。

在孔型中轧制时，轧件变形和与其对应的变形速度，沿轧件横断面的分布是极为不均匀的。对于孔型中轧制平均变形速度的确定，A. Hensel 建议采用类似 H. Hoff 和 T. Dahl 提出的计算方法，即

$$\dot{\varphi} = \frac{v_{nm}}{l_{dm}}l_{nm}\frac{h_{1m}}{h_{0m}}$$

$$v_{nm} = \frac{D_{am}\pi n}{60}$$

式中　v_{nm}——轧辊的平均圆周速度。

3.5.5 单位压力、轧制力和轧制力矩计算

3.5.5.1 在延伸孔型中轧制时的力能参数计算

A　单位压力和轧制力

在力能参数中最为重要的参数之一是轧制力。由于在孔型中轧制与在光辊上轧制不同，因此必须注意在孔型中轧制的特点。不少的研究者都指出过，在孔型中轧制时，由于有限制宽展，从而导致出现附加摩擦力——横向变形阻力，它使轧制力和轧制功都增大。例如 E. Siebel 和 G. Zouhar 为考察这种附加摩擦力所引起的轧制力增大，对广泛使用的各种孔型系统如方-菱、方-椭圆、菱-菱、椭

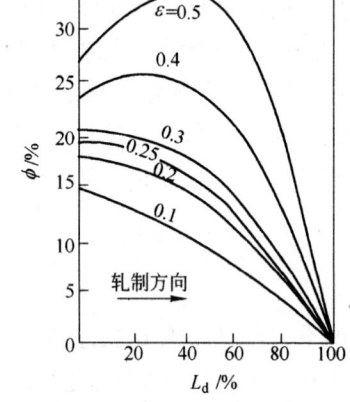

图3-31　不同压下量时变形速度
沿咬入弧长的分布
($R = 35mm$, $h_1 = 20mm$, $n = 60r/min$)

圆-立椭圆以及其他延伸孔型系统,在计算平均变形抗力时,引入两个修正系数,其平均单位压力可按下式计算:

$$k_{\mathrm{w}} = k_{\mathrm{wf}}\alpha_1\alpha_2$$

式中　k_{w}——在孔型中轧制时的单位压力;

k_{wf}——在光辊上轧制时的单位压力;

α_1——考虑轧制变形速度影响的系数,其数值见表 3-4;

α_2——考虑孔型侧壁摩擦损耗的系数,其数值见表 3-5。

表 3-4　速度影响系数 α_1

轧制速度/m·s⁻¹	1~2	2~5	5~10	10~20	20~50
α_1	1.00	1.10	1.20	1.35	1.50

表 3-5　摩擦影响系数 α_2

孔型系统	α_2		孔型系统	α_2	
	E. Siebel	G. Zouhar		E. Siebel	G. Zouhar
四边形-四边形	1.1~1.2		圆-椭圆		1.2~1.3
立椭圆-椭圆	1.2~1.3		椭圆-圆		1.1~1.2
菱-菱	1.2~1.3	1.1	方-菱		1.1
方-椭圆	1.2~1.3		菱-方		1.1
椭圆-方	1.2~1.3	1.1~1.2	开坯孔型	1.2~1.5	

计算轧制力 F 的公式如下:

$$F = k_{\mathrm{wf}}A_{\mathrm{d}}$$

$$A_{\mathrm{d}} = l_{\mathrm{d}}b$$

$$l_{\mathrm{d}} = \sqrt{R_{\min}\Delta h}$$

$$\Delta h = h_{0\max} - h_{1\max}$$

式中　$R_{\min}$——最小轧辊半径;

$h_{0\max}$——最大轧前高度;

$h_{1\max}$——最大轧后高度;

b——轧件宽度。

对于椭圆-方孔型系统,轧件宽度 $b = (b_0 + b_1)/2$。

B　轧制力矩

对两个轧辊的轧制力矩,可用下式确定:

$$M = 2Fa = 2Fml_{\mathrm{d}}$$

式中　a——合力的力臂值;

m——力臂系数,$m = a/l_{\mathrm{d}}$。

较为粗略的计算,m 可取为 0.30~0.45,因此轧制力矩为:

$$M = 2F(0.30 \sim 0.45)l_{\mathrm{d}} = (0.6 \sim 0.9)l_{\mathrm{d}}F$$

3.5.5.2　轧制异形型钢时的力能参数计算

确定轧制异形材时的轧制力和轧制力矩,比计算延伸孔型中的轧制力和轧制力矩还要困难。计算轧制力可以使用一般计算光辊轧制力的公式，这时主要的问题是确定接触面积。最好的方法是使用轧卡件上的接触面积投影到水平面上，并减去由于轧卡而使接触面积增大的部分。如果没有轧卡件，最好是采用平均高度法确定其接触面积。

参 考 文 献

[1] 魏立群. 金属压力加工原理[M]. 北京：冶金工业出版社，2008.
[2] 赵志业. 金属塑性变形与轧制理论[M]. 2版. 北京：冶金工业出版社，1994.
[3] 王廷溥，齐克敏. 金属塑性加工学——轧制理论与工艺[M]. 2版. 北京：冶金工业出版社，2012.
[4] 科普，威格斯. 金属塑性成形导论[M]. 康永林，洪慧平译. 北京：高等教育出版社，2010.
[5] 王平，崔建忠. 金属塑性成形力学[M]. 北京：冶金工业出版社，2006.
[6] 王占学. 塑性加工金属学[M]. 北京：冶金工业出版社，1989.

编写人员：东北大学　吴　迪

4 长材原料

4.1 概况

长材轧制所用的坯料也经历了从钢锭、初轧坯到连铸坯的发展过程。

4.1.1 用钢锭作原料

早期建设的长材轧机如钢轨轧机、大型型钢轧机、中型型钢轧机、小型轧机和线材轧机都是用钢锭直接轧制成材的。H 型钢采用的钢锭重量为 4~20t，钢轨采用的钢锭重量为 4~10t，钢轨和 H 型钢与初轧机布置在一条生产线上，一火加热轧成材。这种布置在欧美 20 世纪 50 年代建设的轧机上常见，日本过去也有类似布置。小型与线材轧机只轧 500~650kg 的小钢锭，最小的 101.6mm(4in) 锭只有 100kg 左右，用三辊式轧机开坯后轧制成材。在 50~70 年代这种形式的轧机我国曾大量存在。

用钢锭一火加热直接轧成材，可减少金属损失，节约燃料，降低成本。缺点是产品质量低，初轧机和 H 型钢或钢轨轧机的能力不平衡，初轧能力难以发挥。在 60 年代后期，由于技术的进步和用户对产品质量要求提高，世界上一般均不再用钢锭作原料。小钢锭产品质量低，铸锭占地面积大，劳动强度大，随着高效转炉的发展，80 年代后我国也逐渐淘汰了小钢锭一火生产小型和线材的工艺。

4.1.2 用初轧坯作原料

生产 H 型钢初轧坯有异形和矩形两种断面，一般来说，生产 400mm×200mm 以上的 H 型钢时用异形初轧坯，中等规格一般采用矩形坯，生产小于 400mm×200mm 的 H 型钢用矩形坯，小规格采用方坯。生产钢轨用矩形坯，生产中型材用矩形坯或方坯，生产小型和线线一般用 90mm×90mm~110mm×110mm 的初轧方坯，以 3~13t 左右的钢锭轧制而成。

初轧坯作原料时，由于只需变更初轧坯的轧制程序就可以获得任意断面的尺寸，因此钢坯的形状和尺寸变换性大，可以适应各种规格的 H 型钢和其他型钢轧制。此外钢坯进行中间检查，可以根据钢坯表面质量进行充分清理，因此原料的表面质量好。而且钢坯几何尺寸精度高，轧材压缩比大，成品质量好。在 20 世纪 50~70 年代，使用初轧坯为原料，曾经是长材生产的标准工艺。其缺点是金属消耗大，燃料消耗大，成本高。现在已很少用初轧坯作原料，只有少数合金钢的棒材或线材轧机仍用钢锭或大连铸坯经初轧开坯的轧制坯作原料。

4.1.3 用连铸坯作原料

连铸坯作为高效、节能、环保的原料，代替钢锭或初轧坯用于生产长材产品，包括大中型和小型 H 型钢、钢轨、小型和线材，具有质量好、节省能源等优点，我国新建的 H 型钢、钢轨、普通钢的小型和线材生产线全部采用连铸坯作为原料。

现在我国长材使用的原料有：钢锭、连铸坯与锻坯。2010 年我国粗钢产量 62665 万吨，连铸比为 97.9%，模铸的比例只占 1.9%，其他 0.2% 为铸件。也就是说轧钢（包括长材轧制）绝大部分是以连铸坯为原料，钢锭与锻坯的总量不到 2%。其中锻坯的数量更少，只有少数质量要求极高的产品，如高速钢、冷作模具钢、阀门钢及军工用途的产品才用锻坯。

我国由于废钢资源缺乏，电力供应不足，短流程工艺发展受到制约，长流程工艺生产的钢产量约占总产量的 90%。随着我国废钢资源积累量逐渐增多，将来可能会有所改变，但在现阶段我国钢铁生产仍以长流程工艺为主导。

　　转炉炼钢和连铸技术经过半个世纪的发展，通过一系列的工艺流程调整与优化，冶炼工艺流程变成了铁水预处理→转炉炼钢→炉外精炼处理→连铸，这样一个高效、节能的工艺流程。过去只有电炉能冶炼的钢种，现在几乎都能用转炉生产，该流程能够生产下列钢种：

　　（1）碳素结构钢 Q195 ~ Q275、08F、010F、08 ~ 50 等 23 个品种系列。

　　（2）合金结构钢 20Mn ~ 45Mn、35、42SiMn、15Cr ~ 45Cr、12CrMo ~ 42CrMo、15CrMn ~ 35CrMn、12CrNi ~ 42CrNi 等 47 个品种系列。

　　（3）弹簧钢 65 ~ 85、65Mn、55Si2Mn ~ 60Si2Mn、50CrV 等 11 个品种系列。

　　（4）轴承钢 GCr6 ~ GCr15、GCr9SiMn ~ GCr15SiMn 等 5 个品种系列。

　　（5）不锈钢 Cr 系、Cr-Mn 系、Cr-Ni 系、Cr-Ni-Ti 系、Cr-Ni-Mo 系、Cr-Ni-Mo-Ti 系、Cr-Ni-Mo-Cu 系、Cr-Ni-Al 系等 93 个品种系列。

　　近年来还开发了硬线钢、石油管线用钢、汽车用无原子间隙双相钢等品种系列。据统计，目前国内外由转炉初炼、精炼炉精炼、连铸机铸成坯的钢种达 180 个以上[1]。

　　连铸很好，但并非万能，除上述钢种系列外，仍需有部分钢种要用模铸钢锭。其中主要有两种：一种是还不能连铸的钢种，如合金工具钢 5CrMnMo、5CrNiMoV，高速钢 W18Cr4V 等，高温合金 N80A、GH4169、GH2132 等；另一种是在技术上可以用连铸生产，但订货量太少，用连铸方法生产反而不经济，不得不仍用模铸生产。仍用模铸钢锭生产的量虽只有我国钢产量的 2%，但用模铸生产的产品用途都非常重要。量虽少，但它的经济价值和社会价值远比其所占的比例高得多，因此，我们不能不重视它。所以在介绍长材的坯料时钢锭仍不可不介绍。而且，因为钢锭比较少见了，一般技术人员对它已不熟悉，介绍一些实际的资料也许能提供一些参考。

4.2　钢锭

4.2.1　钢锭的种类

　　根据钢的脱氧方法不同，钢锭可分为镇静钢钢锭、半镇静钢钢锭和沸腾钢钢锭。

　　镇静钢一般用于优质钢和合金钢的浇铸，半镇静钢用于普通中、低碳钢的浇铸，沸腾钢用于普通低碳钢的浇铸。

　　镇静钢通常采用上大下小带保温帽的钢锭模，沸腾钢通常采用上小下大或瓶式钢锭模，半镇静钢多采用上小下大的沸腾钢钢锭模。

　　镇静钢和沸腾钢钢锭如图 4-1 所示。小钢锭一般用名义尺寸（指钢锭大头的尺寸）来表示，大钢锭一般用公称重量来表示。

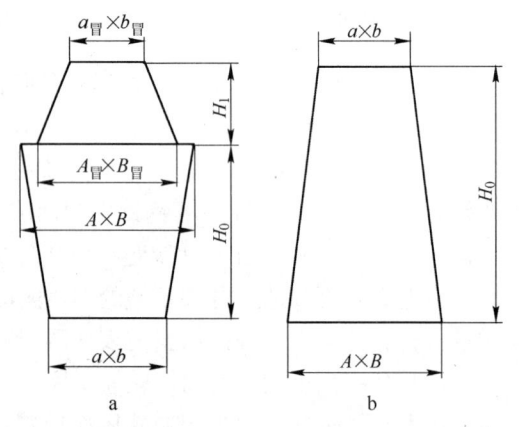

图 4-1　镇静钢和沸腾钢钢锭示意图
a—镇静钢钢锭；b—沸腾钢钢锭

4.2.2　仍需要铸锭的钢种

　　钢锭曾经是钢铁生产中不可或缺的中间产品，随着连铸技术的快速发展，如今已成为稀罕之物。在我国，不仅生产普通钢的钢铁厂采用全连铸，许多以生产机械用钢（合金结构钢、齿轮钢、弹簧钢、轴承钢、冷镦钢等）为主的合金钢厂，也只有连铸小方坯和大方坯（或矩形坯、圆坯），而没有钢锭。只有在少数生产特殊高合金钢的钢厂，如宝钢、上钢五厂、抚顺、大连、北满、大冶、长城钢厂等，仍保留有模铸钢锭。即使在这类高合金钢厂，钢锭的使用量也只占 15% ~ 20% 以下，大部分合金钢产品都以连铸坯生产。模铸钢锭一般用于制造大型锻件，如大型燃气轮机的转子、航天器外壳等，也用于生产难以连铸的高合金钢，以及定货量很少不值得用连铸生产的产品。

　　DY 钢厂需要使用钢锭生产的钢种和锭型如表 4-1 所列。该厂以钢锭为原料的生产工艺为：钢锭→初轧开坯→棒材轧机→成材。

表 4-1 DY 钢厂模铸生产的钢种、钢号和锭型

钢 种	代 表 钢 号	锭 型	冶炼方式	中间轧制坯尺寸/mm×mm
轴承钢	GCr15	2.5t	电渣重熔	180×180
合结/冷镦钢	40CrNiMo、4330V、40CrMnMo、20Cr2Ni4	3t	60t 或 50t 电炉	180×180
不锈钢	304、316L	3t、5t	60t 或 50t 电炉	180×180
	9Cr18、9Cr18Mo、4Mn18Cr4V	1.2t、1.6t	电渣重熔	120×120
工模具钢	521、8407、D2	2.5t、5t	电渣重熔	150×150
	T8、5CrMnMo、5CrNiMoV	3t、5t	60t 或 50t 电炉	180×180
	Cr12、Cr12MoV、D2、Cr12W	1.2t、1.6t	60t 或 50t 电炉	120×120（精锻开坯）
特殊用途钢	45A、38CrSi、50Z、30CrNi2WVA	3t	60t 或 50t 电炉	180×180
	30CrMnSiNiA、40CrNiMoA、304、GCr15Z	2.5t、5t	电渣重熔	180×180
	1Cr17Ni2、1Cr14Ni3W2VB、1Cr11Ni2W2MoV	1.2t、2.5t	电渣重熔	150×150（精锻开坯）
叶片钢	17-4PH、1Cr12Ni2W2VNb、2Cr13、1Cr11MoV	1.2t、2.5t	电渣重熔	150×150
	21-4N、8Cr20Si2Ni	1.2t	电渣重熔	150×150（精锻开坯）
高温合金	N80A、GH4169、GH2132	1.2t、3t	电渣重熔、60t 或 50t 电炉	120×120（精锻开坯）

DL 厂在 2006 年搬迁中新建了 φ1060mm/940mm×2500mm 二辊可逆轧机，其轧制的钢锭是：

5.6t 锭（680mm/580mm×1710mm），用于生产大于 200mm 的圆和大于 100mm 的钢承轴；

2.8t 锭（650mm×460mm/620mm×360mm×1440mm），用于生产宽度大于 500mm 的扁坯；

4.1t 锭（570mm×460mm×1500mm），用于生产小规格的合金工具钢；

1.0t 锭（370mm×280mm×1060mm），用于生产高速钢坯。

CC 厂在最近的改造设计中新建了 φ1200mm/1000mm×2700mm 二辊可逆轧机，采用钢锭生产的钢种是：

马氏体不锈钢，如 Y1Cr13、0-4Cr13、06-40Cr13、1Cr17Ni214Cr17Ni2；

奥氏体不锈钢，如 0Cr18Ni9、321、1Cr18Ni9Ti、316（L）、TP347（H）；

热作模具钢，如 H13、5CrMnMo、5CrNiMo、S1360；

冷作模具钢，如 D2、Cr12MoV；

管坯钢，如 1Cr18Ni9Ti、TP347H、T91、13Cr、22Cr、27MnV[2]。

4.2.3 钢锭重量和钢锭本体体积的确定[3]

钢锭重量主要决定于轧材的重量、开坯机的能力、所生产的钢种及对成品质量的要求等。钢锭的重量应当为轧材重量的倍数，为了缩短整模时间、减少清理面积和钢锭模的消耗，炼钢车间希望尽量把钢锭加大。但高速钢等少数钢种由于产品的质量要求，一般铸成较小的钢锭。钢锭重量和钢锭本体体积的确定步骤如下：

（1）根据每一根钢坯的轧材根数、每根轧材重量和金属消耗计算出钢坯的重量：

$$G_1 = gln_2k_2$$

式中　G_1——钢坯重量，kg；

　　　g——1m 成品轧材的重量，kg；

　　　l——轧材的定尺长度，m；

　　　n_2——1 根钢坯切成成品轧材的根数；

　　　k_2——由钢坯到成品钢材的金属消耗系数（包括烧损、切头切尾、取样，但不包括轧废）。

（2）根据金属消耗计算出钢锭的整体重量：

$$G = G_1n_1k_1$$

式中　G——钢锭重量，kg；

　　　G_1——钢坯重量，kg；

n_1——1 个钢锭切成的钢坯根数；

k_1——钢锭开坯的金属消耗系数（包括烧损、切头切尾、取样，但不包括轧废）。

（3）镇静钢钢锭本体重量：考虑到剪切保温帽部分时，钢锭本体大约有 1% 也随之切去，所以钢锭本体重量应为：

$$G_2 = (1 + \varphi)[G_1 n_1 + (\varphi' + 0.01)G]$$

式中　G_2——镇静钢钢锭本体重量，kg；

φ——钢锭加热时的烧损，%；

φ'——钢锭开坯时的切尾，%。

（4）镇静钢保温帽部分重量为：

$$G_3 = G - G_2$$

（5）钢锭本体体积：计算钢锭本体体积时，需要考虑到钢锭是铸态组织以及中间有孔隙等因素，所以钢锭的密度小于 7.8t/m³；另外，为了便于计算，钢锭的圆角亦未考虑。由于以上两个原因对其体积要加以修正，其修正系数沸腾钢为 1.2，镇静钢为 1.1。为计算简便，将其修正系数与密度合并为 γ_1，这样钢锭本体体积为：

$$V = G_2 / \gamma_1$$

式中　V——钢锭本体体积，m³；

γ_1——钢锭密度与修正系数之乘积，t/m³，见表 4-2。

表 4-2　γ_1 数值表

钢锭类型	$\gamma_1 / \text{t} \cdot \text{m}^{-3}$		
	A 厂	B 厂	推 荐 值
镇静钢钢锭	6.9 ~ 7	7	7
沸腾钢钢锭	6.5 ~ 6.6	6.74	6.5 ~ 6.6
半镇静钢钢锭	6.9	6.95	6.9

4.2.4　钢锭断面的选择

钢锭产生纵向裂纹与钢锭的横断面有关。对于镇静钢而言，浇铸前已经脱氧，在浇铸后的冷却过程中，由于钢锭的冷却收缩与钢锭模受热膨胀，钢锭与钢锭模壁脱离。钢锭凝固的初生外壳必须承受钢锭内尚未凝固钢液的静压力。如果初生的外壳过薄，承受不住钢液的静压力，就会使初生外壳破裂，沿着钢锭的纵向产生裂纹。因此，初生外壳的厚薄与钢锭的外表面（或钢锭模的内表面）形状，即与钢锭断面形状有很大关系。在锭重相同的情况下，不同的断面形状，其外表面大小不同，断面积与周长比值亦不同。钢锭的外表面越大，散热越快，钢锭的初生外壳越厚，强度也越大，产生纵向裂纹的可能性就小。圆钢锭较方锭容易产生裂纹的原因也在于此。因此，正确选择钢锭断面形状，对保证钢锭质量非常重要。

钢锭的横断面有方形、长方形（矩形）、圆形、多角形（六角、八角、十二角）等。常用的大部分为方形或长方形，这是按钢种、加工方法和成品形状要求来决定的。采用初轧机开坯时，多浇铸成方锭或矩形锭；采用精锻机开坯时只有电渣重熔用圆锭，其他亦用方锭或长方锭；用大吨位的快锻机开坯的大钢锭多浇成多角形锭。

钢锭断面或连铸坯断面的大小主要取决于产品的用途和轧机的能力，在有关轧钢工艺设计手册中曾给出开坯机轧辊直径与最大钢锭边长的经验公式，用于计算和选择钢锭断面大小。

二辊式开坯机：　　　　　　　　　$a = (0.7 \sim 0.8)D$

三辊式开坯机：　　　　　　　　　$a = (0.4 \sim 0.45)D$

式中　a——钢锭的最大边长，mm；

D——开坯机的轧辊直径，mm[3]。

上述经验公式，在当时的条件下主要考虑了初轧机或开坯机的咬入条件和轧辊的强度两个主要因素。

现在三辊开坯机在我国已很少采用，101.6mm(4in)钢锭在20世纪70年代就已淘汰，203.2mm(8in)钢锭和254mm(10in)锭在90年代以后也已逐渐淘汰。二辊开坯机还有以钢锭为原料者，但主要是以连铸坯为原料。现在设计和生产考虑的主要因素，已不是在咬入条件允许的情况下发挥初轧机的最大生产能力，以获得最高产量，而更多考虑的是生产条件优化，使产品质量最优、能耗最低。近年来新建的初轧开坯机，一般选用较大直径的轧机，有利于变形的均匀和渗透。现在二辊式开坯机一般为：

$$a = (0.5 \sim 0.6)D$$

成品轧机的粗轧机列为：
$$a = (0.27 \sim 0.32)D$$

式中　a——连铸坯的最大边长或直径，mm；

　　　D——开坯机或成品轧机粗轧机的轧辊直径，mm。

4.2.4.1　方形断面

方形断面钢锭曾经有过平边、凹边、凸边及波浪边等多种，现在钢锭整体使用的数量很少，钢锭模数量和形状都尽量简化，几乎只用方形平边钢锭，其他形式的方锭极少使用。

4.2.4.2　长方形断面

长方形断面钢锭可分为边长之比不大于1.25及较大比例两种，第一种用于轧制型钢和少数板坯；第二种用于轧制板坯，亦称扁锭，在长材生产中多用于模具钢扁钢钢坯的轧制。轧制长材和少数板坯的长方形钢锭，钢锭的宽度与厚度之差约为两道次的压下量，5t以上的钢锭宽面与窄面之差约为80~100mm，有的达200mm。

用于轧制板坯和宽度较宽的扁钢用坯的扁锭，其最大宽度（指钢锭的大头）比要求轧成扁坯的宽度大6%~11%，其作用是保证立轧道次最少，使其不影响轧机的生产能力。扁锭宽度与厚度之比一般为1.5~2.5，个别情况可以达到3。该比值越大对轧制越有利，但钢锭模寿命短，钢锭模容易挠曲，使脱模困难。此外，宽厚比越大，则宽面相距越近，使进入模子的钢水强烈冲刷凝固层，在凝固的外壳上产生薄弱点，所以从这个角度来看，钢锭宽厚比选择过大是不恰当的。长方形钢锭的宽厚比可按表4-3选取。国内现在大型初轧机使用扁锭（大头）之宽厚比为1.72~2.6。

表4-3　长方形钢锭的宽厚比

钢锭类型	A厂	B厂	C厂
沸腾钢	1.72~2.5	1.92	1.72
镇静钢	1.95~2.57	1.95~2.20	1.80

长方形钢锭的圆角半径应不大于窄边宽度的10%。由于板坯在轧制过程中可能形成折痕，因此钢锭的窄边应当突出，而宽边应当凹进。如果轧成大方坯，则钢锭所有的面都应做成凸边。

4.2.4.3　圆形断面

圆形断面的钢锭，横断面面积与钢锭周边的比值比较大，散热面积小，形成的初生外壳薄，易产生裂纹，所以很少浇铸直径大于500mm的钢锭。但圆形钢锭各部分冷却均匀，方便剥皮，因此适合于浇铸合金钢钢锭，早期的火车车轮轧制就是以圆钢锭为原料生产的。现在除少量用电渣重熔生产的高合金钢，并用粗锻开坯的钢锭采用圆锭外，已很少使用圆钢锭。

钢锭断面的大小，主要取决于轧机的能力、产品的质量要求，一般参照类似的轧机选用，也可以参照4.1节中给出经验公式计算。

钢锭越重，断面面积也随之加大，在其他条件相同的情况下，钢锭的凝固时间会加长，促使气泡和非金属夹杂物上浮，保证获得致密及洁净的金属；但过大的断面也会使钢锭化学成分不均匀性增加。

4.2.4.4　钢锭的高宽比

钢锭的高宽比通常用下式表示：

$$Z = H_0/D$$

式中　Z——高宽比值；

　　　H_0——钢锭的高度，mm，见图4-1；

　　　D——钢锭的平均宽度，mm。

钢锭的平均宽度 D 以 $F^{1/2}$ 来表示，F 是钢锭的平均横断面面积，不同钢锭形状的 D 值列于表 4-4。

表 4-4　不同钢锭形状的 D 值

钢锭形状	D 值	备注
方形	a	a 为方形断面的平均边长
长方形	$(ab)^{1/2}$	a 及 b 分别为宽边及窄边的平均边长
圆形	$0.886(2R)$	R 为圆形断面钢锭的平均半径
六边形	$0.93a$	a 为对面两边之间的平均距离
八边形	$0.91a$	

在其他条件相同的情况下，镇静钢钢锭的高宽比越大，钢锭的散热面积也越大，因此结晶速度会加快，使钢锭中的偏析减少。同一重量的钢锭，其高宽比越大，呈细长状，在开坯机上轧制的道次就越少，对提高轧机的产量就越有利。从提高轧机效率和减少能耗的角度，以尽量提高钢锭的高宽比为宜。但过大的高宽比也会产生如下问题：

（1）随着钢锭高度的增加，钢水的静压力也增加，促使钢锭表面形成热裂的可能性增加；

（2）随着钢锭高度的增加，上铸时飞溅增加，会使钢锭表面的结疤和皮下气泡的数量增加；

（3）钢锭的高宽比越大，中心疏松或二次缩孔越严重；

（4）钢锭的高度越大，产生翻皮的可能性也越大；

（5）钢锭的高宽比越大，钢锭模内非金属夹杂物上浮越困难。

沸腾钢钢锭没有镇静钢钢锭那样的缩孔问题，通常选用比镇静钢钢锭更大的高宽比。钢锭的高宽比见表 4-5。

表 4-5　钢锭的高宽比

钢锭种类	H_0/D	
	资料介绍	现场采用
1t 以下的镇静钢钢锭	4~4.5	4.5~5
1~5t 的镇静钢钢锭	3~4.5	2.5~4.5
5~8t 的镇静钢钢锭	2.5~4.0	2.5~4.0
8~15t 的镇静钢钢锭	2.0~2.5	2.0~2.8
15t 从上的镇静钢钢锭	1.5~2.0	1.5~2.0

4.2.4.5　钢锭锥度的确定

钢锭的锥度指锭身一侧的锥度，用百分数来表示，即：

$$i = [(A - a)/2H_0] \times 100\%$$

式中　i——钢锭的锥度，%；

A——钢锭大头的边长，mm；

a——钢锭小头的边长，mm；

H_0——钢锭的高度，mm。

为保证钢锭的质量，进一步改善钢锭的低倍组织，镇静钢钢锭的锥度除了考虑脱模的需要外（脱模 1%~1.5% 已足够），更重要的是要增加温度梯度，使钢锭从尾部向头部凝固，以减少缩孔的形成。钢锭越重，其锥度也要相应增大。对于 4~5t 的钢锭，锥度在 2.1%~2.5% 时可以保证得到致密的低倍组织，而对于更大的钢锭来说，锥度不能小于 3%。

钢种不同镇静钢钢锭的锥度也应有所不同。碳钢、弹簧钢、滚珠钢、合金结构钢及合金工具钢钢锭锥度一般不小于 2.5%；耐热不锈钢钢锭锥度一般大于 3%；铬不锈钢及其他易产生低倍组织缺陷的钢种钢锭的锥度一般大于 5%。为了使钢锭的低倍组织致密，钢锭越高，钢锭的锥度也应越大。镇静钢扁锭锥度比长材用锭的锥度要小，宽面一般为 3%~4.5%，窄面在 1%~2.5% 之间。

上大下小的镇静钢钢锭锥度应尽可能大些，这样可使钢锭更加致密，缩孔也更浅，因为钢锭上部断面越大,钢锭中部未凝固部分的钢液受模壁影响越小,并使其位于钢锭的头部。但锥度太大,对加热、轧制和锻造等工作都不利。实际上轧制用镇静钢钢锭最合适的锥度为 3% ~4%;锻造用镇静钢钢锭,一般希望不超过 5% 。

沸腾钢钢锭的锥度 1.5% 左右就够了,现在几乎没有人再用沸腾钢钢锭,对沸腾钢钢锭多讨论已没有意义。

4.2.4.6　钢锭保温帽尺寸的确定

(1)钢锭保温帽部分重量为:

$$G_3 = G - G_2$$

式中　G_3——保温帽重量;

G——钢锭整体总重量;

G_2——镇静钢钢锭本体重量。

钢锭凝固收缩时大约有 3% 的钢液是由保温帽内的钢液补充的,所以保温帽内钢液重量为:

$$G_{3液} = 1.03G - G_2$$

(2)钢锭保温帽部分的钢液体积为:

$$V_{3液} = G_{3液}/\gamma_{液}$$

钢水的密度 $\gamma_{液}$ 为 $7.0t/m^3$ 。

(3)保温帽下面的边长要小于钢锭本体上断面的边长,其差值用 Δ 表示,一般为 20 ~100mm。镇静钢钢锭保温帽如图 4-2 所示,并有

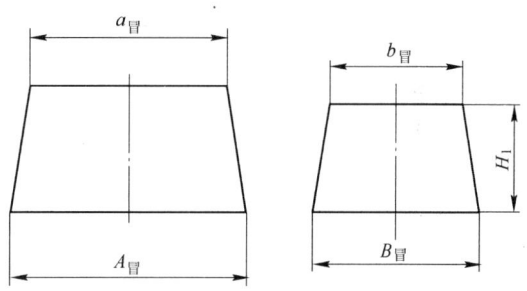

$$A_{冒} = A - \Delta$$

$$B_{冒} = B - \Delta$$

保温帽下部的断面面积为:

$$F'_{冒} = A_{冒} B_{冒} - 0.86r_1$$

圆角半径 r_1 通常采用和钢锭本体上部断面一样,为钢锭平均宽度的 10% ,即

图 4-2　镇静钢钢锭保温帽示意图

$$r_{1冒} = 0.1(AB)^{1/2}$$

(4)保温帽的锥度 i 受脱模、装炉夹钳吊车钳口斜度的限制,一般采用 10% ~15% ,具体可参考表 4-6 选取。假设保温帽的浇铸高度为 H'_1,则钢液处断面边长可按下式计算:

$$a_{冒} = A_{冒} - 2H'_1 i_1/100$$

$$b_{冒} = B_{冒} - 2H'_1 i_1/100$$

为了使吊的夹钳夹住,钢锭保温帽的侧边平面上部的宽度 (C) 至少为 100mm。并且可求得圆角半径为:

$$r_{2冒} = (b_{冒} - C)/2$$

钢液水平面处保温帽横断面面积为:

$$F''_{冒} = (a_{冒} b_{冒}) - 0.86r_2^2$$

(5)保温帽的平均断面面积为:

$$F_{均} = 1/4(A_{冒} + a_{冒})(B_{冒} + b_{冒}) - 0.215(r_1 + r_2)^2$$

(6)保温帽必须浇铸的高度 H_1 可按下列公式计算:

$$F'_{冒} + F''_{冒} = 2F_{均}$$

$$H_1 = 6V_3/(F'_{冒} + F''_{冒} + 4F_{均})$$

因为钢锭模保温帽的总高度为:

$$H = H_1 + (80 ~ 100)mm$$

所以钢液凝固后,H_1 就是钢锭保温帽的大致高度(略有收缩)。

(7)复核保温帽锥度:

$$i_1 = \left[(A_冒 - a_冒)/(2H_1)\right] \times 100$$

应在允许范围之内。

4.2.5　镇静钢钢锭的参考尺寸

镇静钢钢锭的参考尺寸如表4-6和表4-7所示。

表 4-6　下注镇静钢方形、长方形钢锭参考尺寸

钢锭重量/t	锭身尺寸/mm			帽口尺寸/mm		
	大头断面	小头断面	锭身高	下口边长	上口边长	帽口高
0.74	520×175	504×135	1150			200
0.9	580×190	560×150	1150			200
1.3	680×230	660×190	1150			200
1.68	800×385	774×255	1080			
2.12	948×296	880×254	1100			
4	550×550	405×405	1545			400
5.5	680×680	580×580	1710	630×630	520×520	500
5.7	680×680	580×580	1850	570×570	460×460	500
6.5	750×650	665×565	1920	650×650	540×540	540
7.1	760×660	685×580	1975	650×650	540×540	540
8.3	815×735	705×625	2030	755×645	615×535	550
8.55	840×760	720×640	2075	760×670	620×650	(480)
8.8	950×680	850×545	2115	880×570	745×515	550
11.4	1250×640	1210×530	1955		1060×450	560
14.1	1450×640	1430×540	1890	1390×609	1270×485	560
15	1650×640	1600×540	1890	1550×580	1430×460	600
16.9	1600×745	1555×625	1900	1550×675	1430×620	560

表 4-7　电炉冶炼的镇静钢方形钢锭参考尺寸

钢锭重量/kg	锭身尺寸/mm			重量/kg		
	大头断面	小头断面	锭身高	帽口高	锭总重	帽口重
600	330×330	260×260	815			
600	305×305	245×245	1000			
630	335×335	248×248	930	220	612	84
630	342×342	266×266	800	260	633	138
650	335×335	245×245	1045	240	651	82
700	340×340	266×266	905			
800	380×380	310×310	800	300		
850	385×385	310×310	870			
1000	370×370	280×280	1060			
1000	400×400	300×300	950	310		
1100	400×400	310×310	1040	315	1150	195
1200	435×435	345×345	980	300		
1400	470×470	384×384	850	335		
1500	460×460	380×380	1050			
1600	470×470	380×380	1050	335	1600	283
1950	490×490	405×405	1234		1953	

钢锭重量/kg	锭身尺寸/mm			重量/kg		
	大头断面	小头断面	锭身高	帽口高	锭总重	帽口重
2000	500×500	400×400	1650	340		300
2300	516×516	422×422	1320	288	2300	
2500	530×530	442×442	1345	400	2500	450
3100	570×570	460×460	1500	400	3100	560
3200	570×570	502×502	1300	480	3200	790
5600	680×680	580×580	1710			

4.2.6 钢锭的锭重和锭型数量

钢锭锭型的大小首先取决于选用初轧-开坯机的规格，其次决定于钢种的特性。如高速钢，许多厂仍用1.0t锭，长钢用4.2t锭；高合金工具钢只用4.6t的小锭。此类高碳高合钢在结晶的过程中容易产生偏析，锭型过大的钢锭凝固时间长，导致严重偏析；另外这类钢种的高温强度高，变形抗力大，而加工温度范围又比较窄，过大的锭型开坯时轧制的道次过多，而使加工温度过低产生裂纹。

老的合金钢厂完全以钢锭为原料，因此钢锭的锭型较多，如长钢825mm轧机现在仍使用1.3t、2.5t、2.7t、3.0t、4.0t、4.5t、5.0t、5.5t、6.0t等9种锭型。抚顺钢厂虽然已在用200mm×200mm的连铸坯，但850mm轧机仍用1.7t、2.1t、3.0t、4.0t、4.2t、4.6t、4.8t、5.2t等8种锭型。过多的锭型需要繁多的备用钢锭模，给炼钢生产管理造成诸多不便。现代初轧-开坯机主要以连铸坯为原料，辅助以少量的钢锭，所需要钢锭的锭型可以大大简化。以宝钢初轧为例，在1985年设计时共有21种锭型，2005年改造时采用324mm×425mm的矩形坯后，生产方坯和管坯只保留了3种锭型（8.3t、10.35t、14.5t），另外三种锭型用于生产板坯和大型模具扁钢。大冶钢厂是国内著名的合金钢企业，其850mm轧机在采用360mm×420mm的矩形连铸坯后，仍以少量的钢锭生产难以连铸的合金钢，现在大冶钢厂仅有3种锭型（4.0t、5.0t、6.0t）用于轧制开坯（还有7t、9t、18t等3种锭型用于锻造）。

根据国内合金钢厂的实践经验，在采用大方坯或矩形坯为主要原料之后，仍保留少量钢锭以生产高合金钢的钢厂，其钢锭锭型数量3~5种即可。新设计的大连1000mm初轧-开坯机采用4种锭型，现在实际只用了3种；正在设计中的长钢准备采用6种锭型，在实际生产中还可能进一步简化。表4-8列出了一些典型合金钢的轧机规格与采用的锭型。

表4-8 国内一些初轧-开坯机采用的钢锭锭型

序号	企业和轧机名称	轧辊尺寸/mm×mm	钢锭锭型	备 注
1	长钢825mm初轧	890/825×2300	1.3t、2.5t、2.7t、3.0t、4.0t、4.5t、5.0t、5.5t、6.0t	1967年建
2	大钢1000mm初轧	950/850×2350	5.5t、7.1t、7.5t	1960年建
3	大冶850mm初轧	850/780×2400	4.0t、5.0t、6.0t	1956年建
4	抚顺850mm初轧		1.7t、2.1t、3.0t、4.0t、4.2t、4.6t、4.8t、5.2t	1985年建
5	大连1000mm初轧	φ1060/940×2500	1.0t、2.8t、4.1t、5.6t	2009年建
6	长钢1050mm初轧	φ1200/1000×2700	4.1t、4.2t、5.3t、5.6t、8.0t、8.8t	在设计中

几个生产合金钢锭的锭型参考尺寸如表4-9所列。

表4-9 合金钢锭的锭型参考尺寸

钢锭重量/t	钢锭尺寸/mm×mm	使 用 钢 厂
5.5	(470×1100/380×1050)×1850	
5.5	(680×680/580×580)×2110	TG
7.1	(710×810/610×700)×2200	
7.5	(520×1100/420×1050)×2200	

钢锭重量/t	钢锭尺寸/mm×mm	使用钢厂
6.4	522×712×2556	BG
10.3	617×824×2950	
14.5	802×1023×2400	
5.6	680/580×1710	DL
2.8	(650×460/620×360)×1440	
4.1	570×460×1500	
1.0	370×280×1060	
4.1	(570×570/466×466)×1990	CG
4.2	(705×480/640×380)×1660	
5.6	(680×680/580×580)×2040	
5.3	(800×570/710×460)×1780	
8.8	(950×680/850×545)×2115	
8.0	(780×780/640×640)×2500	

　　注：BG 厂所列为管坯、方坯用钢锭锭型，轧板坯的锭型最大为 28t。

4.2.7　钢锭的处理

　　钢锭常见缺陷有：

　　(1) 横裂纹：钢锭表面的横向裂纹，其分布没有严格的规则，较多地产生于钢锭局部的地方，严重的裂纹可贯穿钢锭的几面，裂口较深，有的地方与重皮伴生。

　　(2) 纵向裂纹：钢锭表面的纵向裂纹多见于钢锭的角部及各面上，严重的纵向裂纹也有贯穿以钢锭全长者。

　　(3) 结疤：为钢锭表面被污溅的金属凸块，多产生在钢锭的下部，其形状呈壳皮状或瘤子状，也有粒状或小块状者。

　　(4) 皮下气泡：为隐藏在钢锭表皮下的一种针状孔眼，呈蜂窝状分布。皮下气泡距离钢锭表面很近，在清理钢锭表面缺陷时很容易发现，且常产生在钢锭的下部与角部。

　　(5) 缩孔：为镇静钢头部深至锭身的空腔（如果空腔集中在保温帽的上部为合理正常的缩孔）。纵向剖开钢锭呈漏斗状空穴，四壁常伴有夹杂物和疏松。

　　炼钢车间生产的钢锭大部分用脱模吊车脱模后，钢锭与钢锭模已松开，但仍放在钢锭模中，连模带锭一起用平板机车直接送至初轧-开坯车间的均热炉前，在 650～850℃ 的高温用钳式吊将钢锭装入均热炉加热，加热至要求的温度，随后进入二辊可逆式轧机轧制。热装钢锭的缺陷只能在轧制成坯后再进行清理。

　　但也有部分钢锭的表面质量不好，这部分表面缺陷带到成品钢材中去，或造成更大的清理量，或造成产品报废，损失太大。这部分钢锭不直接热装，而是进行清理后再装炉轧制。更有极少数钢锭的硬度很高，需要在清理前装入车底式炉中进行退火，以降低钢锭的硬度，退火后对表面质量进行检查，并对表面缺陷进行人工修磨清理。现在抚顺、大冶钢厂、长城钢厂等高合金生产厂，仍保留钢锭退火→钢锭表面修磨清理的工艺。大冶钢厂现在共有 6 台车底式炉对钢锭进行退火，退火后用人工砂轮进行清理。

4.3　连铸坯

　　连铸坯的获得可以是长流程工艺：高炉炼铁→铁水预处理→转炉吹炼→炉外精炼→连铸；也可以是短流程工艺：废钢→超高功率电炉→炉外精炼→连铸。我国由于废钢资源缺乏，电力供应不足，现阶段连铸坯的获得仍以长流程工艺为主。

4.3.1　连铸坯的选择

　　连铸坯是轧钢与炼钢之间连接的纽带，一个钢铁厂设计成败的关键之一就在于连铸坯的选择是否正确。连铸坯的选择包括：连铸坯的断面尺寸、连铸坯的机时产量、连铸坯质量要求、连铸机与轧机之间的总图布置，这四个主要问题。当然还有其他许多细节问题，如炼钢钢包数量、钢包的保温、轧钢加热炉的形式、入炉方式等也都需要——解决好，但在总体设计阶段解决好了这四个主要问题，实质上就是处理好了转炉炼钢—炉外精炼—连铸—长材轧机之间的合理衔接问题，这就决定了这个厂能在优质、高产、低成本下运行。若在总体设计阶段没有解决好这四个主要问题，则这个车间长期都会在不合理的状态下运转。

4.3.1.1 连铸坯的断面尺寸

决定连铸坯的断面尺寸主要考虑如下因素：

（1）保证产品大纲中所规定产品的性能要求。各种产品的压缩比与产品的最终用途、钢种有关；而炼钢的钢水纯净度、连铸装备水平也会影响到坯料的压缩比。目前还没有一个统一的数学模型来描述连铸坯→材的压缩比与各相关因素间的定量关系，主要靠试验和实际生产经验的积累。根据我国设计、生产、研究多年积累的经验，在现有炼钢和连铸的条件下，各种钢材要求的压缩比为：

1）重轨（坯→材）：10~12。

2）H型钢：≥5~6（异形坯以腿部的平均厚度与成品腿厚之比进行计算）。

3）各种圆形材的不同钢种的压缩比为：

管坯用料≥3~4；

优质碳素结构钢（低碳、中碳钢）≥4；

一般合金结构钢≥4~6；

碳素工具钢（高碳钢）≥10~12；

合金工具钢≥12~15；

齿轮钢≥8~10；

轴承钢（一般用途，热轧状态交货）≥15；

轴承钢（退火状态交货）≥25；

轴承钢（滚动体）≥40~50；

冷镦钢≥40~50。

（2）异形材的轧制需要考虑最大规格产品外形轮廓能正确成型。这部分在孔型设计的章节中将予以详细的论述。

（3）还要充分考虑在生产这样大小断面时，连铸能正常运行，并能与转炉的生产节奏相配合，这方面我国有过沉痛的教训。在20世纪50~70年代，我国的小型和线材轧机大多是横列式轧机，使用60mm×60mm~90mm×90mm的轧制坯为原料。当70~80年代连铸机开始成熟时，轧钢界只知道连铸具有很大的优越性，并不知道连铸同样要有一定的条件限制，要求连铸机供应轧机60mm×60mm~90mm×90mm的连铸坯，这样小的连铸坯连铸机无法正常生产，严重制约了我国连铸的发展。后来连铸界认为连铸机可以正常生产的最小断面为120mm×120mm，轧钢界才勉强同意将最小断面定为120mm×120mm，此后，我国连铸机生产才逐步正常；后来引进国外的轧机又将小型和线材轧机的坯料加大至135mm×135mm、150mm×150mm，我国小方坯连铸机才走上高速发展之路，才有了日后小型和线材生产的高速增长。各种长材轧机使用的典型的坯料尺寸如表4-10所列。

表4-10 各种长材轧机使用的典型坯料尺寸

轧 机 类 型	坯料尺寸(高×宽)/mm×mm	产品规格/mm×mm
轨梁轧机	280×325	43kg/m、50kg/m
	380×380	60kg/m
	410×319	75kg/m
大型H型钢轧机	异1，555×440×90	H250×250~400×400
		H350×250~500×300
		H400×200~500×200

轧机类型	坯料尺寸(高×宽)/mm×mm	产品规格/mm×mm
大型 H 型钢轧机	异 2，730×370×90	H600×300
		H600×200～700×300
	异 3，1000×380×100	H800×300～900×300
中型 H 型钢轧机	230×230	H175×175～200×200
		H200×150
		H175×90～200×100
		槽钢：160×63～220×79
	230×350	H250×175～300×200
		H250×125～350×175
		槽钢：240×78～320×92
	320×410	H350×175～400×200
		槽钢：360×96～400×104
	150×150	H100×100～125×125
		H150×100
		H100×50～150×75
		槽钢：100×48～140×60
		角钢：80×80～200×200
开坯和大棒材轧机	300×370、400×500、φ600	圆钢：φ75～300 方坯 165×165、200×200、240×240
普通小型轧机	150×150～165×165	钢筋：φ10～42 圆钢：φ14～50
合金钢小型轧机	180×180～240×240	圆钢：φ12～70
普通线材轧机	150×150～165×165	线材：φ5.5～20 钢筋：φ6.5～16
合金钢线材轧机	150×150～170×170	线材：φ5.0～25

（4）按轧机轧辊直径的大小来选择坯料尺寸，这在 20 世纪 50～70 年代曾在我国非常流行，现在已没有人这样做了。现在是按产品质量需要选定坯料尺寸，再按选定的坯料选择需要的轧机轧辊直径，该多大就多大。实行标准化设计和标准化生产后，这 20 多年来新建的长材轧机，基本上是按设计时选定的坯料尺寸进行生产。在实践中，对坯料尺寸进行少量调整的轧机是有的，如少数棒材和线材轧机将原来设计的 150mm×150mm 加大至 160mm×160mm 或 165mm×165mm。

4.3.1.2　连铸机的机时产量

上文说过，1 炉(1 座转炉)—1 机(1 套连铸机)—1 轧(1 套热轧成品轧机)的组合方式对炼钢和轧钢都是最为有利的，是钢铁厂实现高产、优质、低成本的最佳组合。为实现这个目标，全世界的钢铁工作者（包括设计、研究、生产）为之奋斗了半个多世纪。高效转炉—连铸与轧机的配合，对于厚板轧机、热连轧，甚至轨梁、大中型 H 型钢都不存在问题，因为这些轧机的产量比较高，平均机时产量都在 120～140t/h 以上，即轧机的年产量都在 80 万～100 万吨以上，与 100～120t 大型转炉很容易配合。但对于产品断面小的线材和小型轧机，机时产量低只有 50～60t/h，年产量 30 万～40 万吨，与大型转炉不好配合。在这样的产量水平下，只能采用 30～40t 小容积的转炉。小转炉热容量小，许多先进的装备不能用（如顶底复合吹、LF 炉外精炼），生产效率低，钢水质量不稳定，曾长期困扰我国的中小钢铁企业。我国长材工作者在经过将近 30 年的努力之后，将小型和线材轧机的产量提高到 80 万～100 万吨以上，使其与转炉—连铸的配合变得有利。目前我国的生产水平是：

生产钢筋为主的小型轧机机时产量为 160t/h，年产量 100 万吨；180t/h，年产量 110 万吨；

生产建材为主的双线线材轧机机时产量为180t/h，年产量110万吨；

生产建材为主的单线线材轧机机时产量为100t/h，年产量60万吨；

生产合金钢的大棒与开坯轧机机时产量为130～140t/h，年产量80万吨。

以此机时产量与转炉—连铸配套就会比较合理，容易组成1炉—1机—1轧的生产系统。

影响连铸产量的因素很多，主要是断面大小、生产的钢种、铸机的拉速。现在连铸机可达到的拉速如表4-11所列。

表4-11　连铸机的拉速

断面尺寸/mm×mm	钢　种	可用拉速/m·min⁻¹	推荐拉速/m·min⁻¹
150×150～160×160	普通碳钢	2.2～4.5	2.5～2.6
	合金钢	2.2～4.0	2.0～2.2
180×180	普通碳钢	1.7～1.8(2.5)	1.3～1.5
	合金钢	1.3～1.6	1.0～1.3
370×490	合金钢	0.5～0.8	0.55～0.6

以合理的拉速可以计算出与下游轧机配套的连铸机所需的流数。连铸机的流数和产量如表4-12所示。

表4-12　连铸机的流数和产量

连铸坯断面尺寸/mm×mm	单重/kg·m⁻¹	拉速/m·min⁻¹	4流的机时产量/t	5流的机时产量/t	6流的机时产量/t	7流的机时产量/t
150×150	171	2.5	102.6	128.25	154.90	179.55
160×160	194.56	2.2	102.73	128.41	154.09	179.77
165×165	206.91	2.06	102.30	127.87	154.44	179.02

同样可以计算出与不同机时产量的小型和线材轧机配套的转炉容量。转炉产量计算如表4-13所示。就目前的技术水平而言，与棒线材轧机配套的合适的转炉容量应在60～100t之间，转炉容量过大，不仅投资增加，而且转炉的能力也不能充分发挥，造成长期的浪费。我国产业政策中规定新建转炉容量必须在120t以上。这项规定对板带也许是合适的，但对长材并不合适。

表4-13　转炉产量计算

转炉容量/t	平均装炉量/t	平均冶炼时间/min	每天产量/t	平均小时产量/t	年产量/t
60	60	36	2400	100.0	744000
70	70	36	2800	116.7	868000
80	80	36	3200	134.3	992000
90	90	36	3600	150.0	1116000
100	100	36	4000	166.7	1240000
110	110	36	4400	184.3	1364000

4.3.1.3　连铸坯的内在质量

在一个钢铁厂的系统设计中，轧钢专业按与用户确定的产品方案，向炼钢专业提出产品的钢种、代表钢号和各钢号的产量要求；炼钢—连铸专业根据轧钢提出的钢种和代表钢号的质量要求，选择转炉、炉外精炼和连铸机的生产工艺、装备水平。

A　普通碳素钢的质量要求

普通碳素钢主要用于桥梁、工业与民用建筑、各种型钢、条钢和铆钉、螺钉、螺母等，它的主要质量要求是保证力学性能，可在牌号上直接体现，对钢中的气体含量和最终的金相组织无特殊要求。如Q195、Q235、Q275、Q435等是指其抗拉强度分别为195MPa、235MPa、275MPa和435MPa。

B　机械用钢钢水洁净度的基本要求

机械用钢以轴承钢、弹簧钢、齿轮钢、冷镦钢等为代表性钢种，在这些钢种中除冷镦钢外，多为中高碳钢，从而有较高的强度；同时对于钢中的硫、磷含量有一定的要求，以减少钢材组织中晶界偏析，避免出现热脆及冷脆，影响钢材性能。它们对于钢中夹杂物的控制非常严格，特别是对于帘线钢等，要求钢中大于 $5\mu m$ 的硬性夹杂要尽可能的少，且呈均匀分布弥散；部分机械用钢对于钢中的气体含量还有严格的要求。各钢种对钢水纯净度的常规要求见表4-14。

表4-14　各类钢种对钢水洁净度的基本要求

钢　种	夹杂物含量/%	夹杂物最大尺寸/μm	备　注
轴承钢	$T[O] < 10 \times 10^{-4}$，更高水平 $T[O] < 8 \times 10^{-4}$，$Ti < 30 \times 10^{-4}$	15	
齿轮钢	高水平 $T[O] < 15 \times 10^{-4}$，次高水平 $T[O] < 20 \times 10^{-4}$		$[C] - [Ti] = 0.1\%$
弹簧钢	$T[O] < 15 \times 10^{-4}$，$[N] \leqslant 60 \times 10^{-4}$，$[H] \leqslant 3 \times 10^{-4}$		
硬线钢(钢帘线)	$[H] < 2 \times 10^{-4}$，$[N] < 40 \times 10^{-4}$，$T[O] < 15 \times 10^{-4}$	10	
锅炉管钢 T91	$[S] < 50 \times 10^{-4}$，$[N] < (300 \sim 700) \times 10^{-4}$，$T[O] < 40 \times 10^{-4}$		
合金钢棒材	$[H] < 2 \times 10^{-4}$，$[N] < (10 \sim 20) \times 10^{-4}$，$T[O] < 10 \times 10^{-4}$		
线　材	$[N] < 60 \times 10^{-4}$，$T[O] < 30 \times 10^{-4}$	20	
管线钢	$[C] < 40 \times 10^{-4}$，$[S] < (10 \sim 30) \times 10^{-4}$，$[N] < 35 \times 10^{-4}$，$T[O] < 30 \times 10^{-4}$，$[H] < 1.5 \times 10^{-4}$	100	

C　国内外代表性钢厂的生产工艺

国内部分代表性机械用钢生产企业的工艺装备配置情况见表4-15。

表4-15　国内机械用钢工艺装备情况

序号	企业名称	冶炼设备	精炼设备	连铸坯尺寸/mm × mm	钢　种
1	新冶钢	120t 转炉 × 2	铁水预处理，LF × 4 + RH × 4	矩坯/模铸	优碳、合结、弹簧、轴承、管坯
2	江阴兴澄特钢一炼车间	100t 电炉	LF + VD	280 × 300 矩坯	优碳、合结、弹簧、轴承
3	江阴兴澄特钢二炼车间	100t 转炉 × 2	LF × 2 + RH × 2	370 × 490 矩坯、$\phi500 \sim 800$ 圆坯	优碳、合结、弹簧、轴承
4	武汉钢铁公司一炼钢厂	100t 转炉	LF + VD	250 × 280、200 × 200	重轨、弹簧、低合金、冷镦、硬线
5	鞍山钢铁公司一炼钢厂	100t 转炉	LF + VD	280 × 380、280 × 280	帘线、软线、硬线、军工、无缝、重轨
6	淮阴钢铁公司转炉炼钢厂	90t 转炉	LF + RH	150 × 150、$\phi160 \sim 230$	优碳、管坯、合结、冷镦、弹簧、轴承、硬线
7	江苏苏兴钢铁公司	100t DC EAF	LF + VD	135 × 150、195 × 195	优碳、合金
8	宝钢电炉炼钢厂	150t DC EAF	LF + VD	$\phi195$、160 × 160	优碳、合金
9	天津荣成钢铁集团	100t 转炉	LF + VD	$\phi180 \sim 450$、150 × 150、350 × 350	优碳、合金

轴承钢是最重要的冶金产品，是合金钢领域检验项目最多、质量要求最严、生产难度最大的钢种之一，素有国家"工业心脏"之称。国外先进钢铁企业大多采用转炉配加炉外精炼冶炼高质量轴承钢的工艺流程，详见表4-16。

表4-16　国外典型高质量轴承钢生产工艺流程及其质量情况

序号	生产厂	生产流程	精炼效果/%
1	山阳特钢	$90 \sim 150t$ EAF(EBT)—LF—RH—CC(350mm × 500mm)	$T[O]5.4 \times 10^{-4}$，$[Ti](14 \sim 15) \times 10^{-4}$
2	新日铁	高炉—铁水预处理(脱 P、S)—270t 转炉—RH—CC(350mm × 500mm)	$T[O]6.3 \times 10^{-4}$，$[Ti]8.4 \times 10^{-4}$，转炉出钢[C]0.9%
3	NKK 京滨制铁所	高炉—铁水预处理—转炉—真空除渣—钢包精炼—RH—CC	$T[O]7.5 \times 10^{-4}$，$[Ti]15 \times 10^{-4}$
4	JFE	高炉—铁水预处理—180t 转炉—真空除渣—钢包精炼—RH—CC(400mm × 560mm)	$T[O]6.3 \times 10^{-4}$，$[Ti]8.4 \times 10^{-4}$，转炉出钢[C]0.9%

续表4-16

序号	生产厂	生 产 流 程	精炼效果/%
5	大同知多厂	40t EAF—钢包氧化气氛下喷粉脱磷—除渣—LF—RH—CC	$T[O]5 \times 10^{-4}$, $[S+P+O+N] < 80 \times 10^{-4}$
6	神户制钢	高炉—铁水预处理—转炉—真空除渣—LF—RH—CC	$T[O]5.4 \times 10^{-4}$, $[Ti]8.4 \times 10^{-4}$, $[P]63 \times 10^{-4}$, $[S]26 \times 10^{-4}$
7	爱 知	80t EAF—真空除渣 VSC—LF—RH—CC	$T[O] < 7 \times 10^{-4}$
8	克房伯	80t EAF—LF—RH—CC	采用 RH 可使总[O]降低26%
9	蒂 森	BOF—140t TBM—RH—IC(CC) 110t EAF—LF—脱气—CC(260mm × 330mm)	$T[O]6 \times 10^{-4}$ $T[O]9 \times 10^{-4}$
10	克勒克纳	铁水预处理—转炉—LF—VD—WF—弱搅拌—CC	$T[O] < 10 \times 10^{-4}$
11	SKF	100t EAF—MR—ASEA—SKF—IC	$T[O]4.9 \times 10^{-4}$, $[Ti]14.4 \times 10^{-4}$
12	和歌山	转炉—RH—CC	$T[O]6 \times 10^{-4}$, $[Ti]12 \times 10^{-4}$
13	高 波	EAF—ASEA—SKF—Ar EAF—ASEA—SKF	$T[O]5 \times 10^{-4}$, $[Ti]9 \times 10^{-4}$ $T[O]9 \times 10^{-4}$, $[Ti]12 \times 10^{-4}$

注：表4-14～表4-16的资料为中冶京诚潘宏涛博士提供。

4.3.2 连铸坯的缺陷及其分类

最严格的炼钢和连铸生产工艺亦不可能保证生产完全无内外缺陷的连铸坯，所谓"无缺陷"是在连铸坯（或轧坯）中不存在影响进一步加工和使用质量的缺陷。要去除坯料中所有的缺陷，既不经济也不是总有必要。在实际生产中是以该钢种进一步加工的工艺和产品的最终用途，对连铸的内部和表面缺陷进行分类。

第一类，最严格的要求是最终的产品用途非常重要（航空航天、军工），要求坯料（连铸坯或钢锭开坯后的轧制坯）酸洗或剥皮后经肉眼检查（包括荧光磁粉检查）发现的缺陷必须去除。例如，高淬透性的合金钢棒材需在离线再加热后以油淬火，必须完全没有裂纹，因为淬火时裂纹会进一步扩展。

第二类，较低一级的要求是坯料在下一步将进行轧制和锻造加工，但不进行热处理，因此加热时要减少氧化铁皮的生成。在很多情况下轻度的表面缺陷并不完美，但仅这些暴露的缺陷无需酸洗后去除。考虑到轧件将要经受热轧和冷轧的变形，甚至中等尺寸的裂纹都可以接受。在这种情况下仅需去除探伤后发现的主要缺陷，如结疤、坯料角部裂纹、重皮和较深的裂纹等。

第三类，不是很严的要求是仅去除在坯料表面大的结疤、坯料角部裂纹、深的重皮和过烧，因为坯料中过烧的部位将影响产品最终性能或轧制过程中的操作。

在YB/T 2011—2004《连续铸钢方坯和矩形坯》标准中对连铸坯的质量进行了较为详细的规定，连铸坯的缺陷可分为三大类，即外形尺寸缺陷、内部质量缺陷和表面质量缺陷。

4.3.2.1 外形尺寸缺陷

连铸坯外形尺寸缺陷包括对角线差（脱方）、切斜、鼓肚、弯曲度、头部的压扁宽展等，在标准中都规定了允许的偏差值。连铸方坯和矩形坯的尺寸及允许偏差如表4-17所示。

表4-17　连铸方坯和矩形坯的尺寸及允许偏差　　　　　（mm）

公称边长	边长允许偏差	对角线长度之差	切 斜	鼓 肚
100～140	±4.0	6	≤10	≤4.0
140～180	±5.0	7	≤12	≤4.0
180～280	±6.0	9	≤15	≤5.0
280～380		10		≤6.0
>380		12		≤6.0

注：矩形坯测量对角线差，以长边作为公称边长。

4.3.2.2 内部质量（低倍组织）缺陷

普通碳钢的低倍组织没有特殊要求，但优质钢和合金钢，一般为高碳钢和含有高熔点的合金元素，容易出现低倍组织缺陷。在YB/T 153—1999《优质碳素结构钢和合金结构钢连铸方坯低倍组织缺陷评级图》标准中，对优质碳素结构钢、合金结构钢、弹簧钢以及轴承钢和不锈钢的低倍组织缺陷的形貌特征、产生的原因及评级的原则作出了规定。这类钢主要的低倍组织缺陷有：

（1）中心疏松。产生的原因是钢液凝固时体积收缩而没有足够的补充，以及最后凝固时气体析集和低熔点杂质集聚。

（2）中心偏析。产生的原因是钢液在凝固过程中，由于选分结晶器的影响及连铸坯中心部位冷却速度慢，碳及其他低熔点夹杂物富集在中心，形成偏析，连铸坯鼓肚加重偏析程度。

（3）缩孔。产生的原因是钢液凝固时柱状晶发达及局部柱状晶"搭桥"，中心最后凝固部分集中收缩而得不到钢液的补充。

（4）内部裂纹。其中包括角部裂纹、皮下裂纹、中间裂纹、中心裂纹等。

1）角部裂纹：产生的原因是钢液在结晶器内、外冷却强度不当及冷却不均，造成连铸坯角部承受的应力超过钢的强度；

2）皮下裂纹：产生的原因是结晶器变形，局部摩擦力过大，对弧不准，结晶器及二冷区冷却不均匀，连铸坯鼓肚及矫直应力过大；

3）中间裂纹：产生的原因是连铸坯冷却不均匀，出二冷区后表面温度回升产生热应力，在拉坯和矫直过程中连铸坯受机械应力过大，柱状晶发达也助长了裂纹的产生；

4）中心裂纹：产生的原因是连铸坯凝固末期坯的心部钢液凝固收缩产生的应力，连铸坯鼓肚，二冷制度不当，矫直应力过大，钢液过热度高，气体含量高也能引起连铸坯中心裂纹。

（5）皮下气泡。产生的原因是钢液脱氧不良及二次氧化，气体含量高，加入钢液中原材料或浇铸系统不干燥，结晶器润滑油用量过多。

（6）非金属夹杂物。产生的原因是冶炼时脱氧产物、二次氧化物等形成的夹杂物进入结晶器未能上浮。

（7）白亮带。产生的原因是电磁搅拌不当，钢液运动速度快，凝固前沿温度梯度小，凝固前沿富集溶质的钢液流出形成白亮带。

（8）夹渣。产生的原因是中间罐低液位浇铸产生旋涡将渣吸入至结晶器内未能上浮分离，或结晶器内液面波动过大将渣卷入钢液在凝固前未能浮出形成中心夹渣。

（9）异金属夹杂。产生的原因是加入的合金料或浇铸过程中掉入的异金属未完全熔化。

（10）翻皮。产生的原因是浇铸过程中结晶器内液面波动过大、水口插入浅或倾角不合适等将液面的氧化膜卷入钢液在凝固前未能浮出[10]。

经过炼钢和连铸的多年努力，上述低倍组织缺陷已大大减少。包钢和攀钢的研究报告指出，在严格控制 [P]、[S]、[H]、[O] 的条件下，对重轨用的高碳钢连铸坯而言，影响大连铸方坯质量的主要是中心疏松和中心偏析。包钢对高碳钢连铸坯的研究表明，铸坯中心疏松和中心偏析有着密切的联系，即中心疏松严重时中心偏析也严重。包钢的报告说，钢坯的中心偏析与碳含量有复杂的关系，并且在钢中的碳含量为 0.6% 时偏析倾向性最大。在相同的过热度下，尤其当过热度大于 25℃ 后，拉速越大，中心疏松越严重；而在拉速相同的情况下，中心疏松级数随过热度的增加而增大。

高碳钢中心的 C、Mn、P、S 的偏析系数，随中心疏松级数增大而增大，成分偏析增大的严重程度由大到小顺序为 S、P、C、Mn。S、P 在钢中都是有害元素，因此，在冶炼中应尽量减少其含量，以改善铸坯中心的偏析。而当前在连铸技术中，解决高碳大方坯中心偏析和中心疏松最好的手段是电磁搅拌和轻压下技术。包钢采用结晶器电磁搅拌（M-EMS, The mould electromagnetic stirrer）+ 末端电磁搅拌（F-EMS, The final electromagnetic stirrer）生产的 280mm × 380mm 重轨钢坯，轧成 152mm × 152mm 的方坯后，钢坯试样碳成分方差值范围为 0.027 ~ 0.041，碳成分的均匀性得到改善[11]。

宝钢的研究报告指出：高合金钢在连铸过程中会形成大量的疏松、缩孔、内裂纹，其主要原因是该钢种含有大量高熔点的元素 Cr、Ni、Mo、V 等，在结晶过程中这些高熔点元素易先积聚在先结晶的固相中，造成成分偏析，使凝固温度下降，造成合金钢在降低到较低温度时才能结晶完毕。再者，合金钢凝固温度区间较宽，促进了柱状晶的形成，在较大的柱状晶区易形成裂纹，中心位置易形成疏松、缩孔、内裂。在解决高合金钢铸坯中心质量问题方面，调整二冷段的冷却强度会起到一定的作用，但由于铸坯的厚度较大，外部冷却对铸坯内部的影响已经不是很大了。电磁搅拌在铸机的扇形段上部会有很好的作用，对铸坯初期凝固组织起到很好的促进作用。但铸坯凝固后期，由于铸坯厚度的增大液相的减少，电磁搅拌的作用会减弱。而末端轻压下技术则可以很好地解决铸坯的中心偏析、中心疏松和中裂纹等内部缺陷。凝固末端轻压下是指在铸坯液相穴末端对铸坯实施轻微压下，基本补偿或抵消铸坯凝固收缩量，阻止凝固收缩引起的富含偏析元素的残余钢液向钢坯中心流动，从而改善铸坯中心的质量。

在轻压下技术中，压下区间的选择至关重要。中国台湾中钢公司大方坯的生产实践表明，在中心线固相率低于 0.55 时轻压下，铸坯内部裂纹非常集中，而且中心偏析改善有限；中心线固相率大于 0.75 时，没有裂纹产生，但轻压下对改善中心质量的作用不大；而在固相率为 0.55 ~ 0.75 区域进行压下能取得很好的效果。宝钢对锅炉管坯用钢 T91 的 320mm×425mm 连铸大方坯研究表明，在拉速为 0.55m/min 时合理的压下区间固相率应该是 0.72 ~ 0.81 左右。采用轻压下后，铸坯质量良好，无中间裂纹，基本上消除了中心疏松[12]。

外国公司对连铸坯的内部裂纹作出了较为详细的定量规定，如 Morgan 在济源合金钢和特殊钢线材轧机的合同中引用 DIN 标准，对买方的连铸坯质量作出如下规定：

(1) 所有用于轧制的优质坯料必须无内部和表面缺陷。

(2) 坯料的表面脱碳应符合 DIN 标准规定。

(3) 按照附加的标准连铸坯可接受的内部缺陷是：

1) 80% 等于或优于一级；

2) 20% 等于或优于二级。

按 DIN 标准缺陷的分级如表4-18 所示。

表 4-18　坯料（连铸坯或轧制坯）的缺陷分级

缺陷类别	0 级	1 级	2 级	3 级	4 级	备　注
中间裂纹	0	$L \leq 8mm$, $N \leq 2$	$L \leq 8mm$, $D \geq 10mm$, $N \leq 4$	$L \leq 10mm$, $D \geq 8mm$, $N \leq 8$	$L \leq 12mm$, $D \geq 6mm$, $N \leq 10$	L——裂纹长度；D——裂纹间距；N——裂纹数量
中心疏松	0	点数≤25	点数≤35	点数≤45	点数≤55	
中心裂纹	0	$L \leq 10mm$	$L \leq 20mm$	$L \leq 30mm$	$L \leq 40mm$	L——裂纹直径
中心孔洞	0	$D \leq 1mm$	$D \leq 1.5mm$	$D \leq 2.0mm$	$D \leq 2.5mm$	D——孔洞直径
角部裂纹	0	$L \leq 5mm$, $D \geq 15mm$	$L \leq 10mm$, $D \geq 10mm$	$L \leq 15mm$, $D \geq 5mm$	$L \leq 20mm$, $D \geq 3mm$	L——裂纹长度；D——裂纹离表面距离
皮下裂纹	0	$L/Q \cong 1$, $D \geq 15mm$	$L/Q \cong 2$, $D \geq 10mm$	$L/Q \cong 3$, $D \geq 5mm$	$L/Q \cong 3$, $D \geq 5mm$	L——裂纹长度；Q——裂纹间距；D——裂纹离表面距离

注：1. 中间裂纹：轴承钢：80% 等于或优于 1 级，20% 等于或优于 2 级。

2. 中心疏松：轴承钢：100% 等于或优于 2 级。

3. 角部裂纹：轴承钢：80% 等于或优于 1 级，20% 等于或优于 2 级。

4.3.2.3　表面质量缺陷

按我国 YB/T 2011—2004《连续铸钢方坯和矩形坯》标准的规定, 对连铸方坯的表面质量要求是:

（1）连铸坯表面不得有目视可见的重接、翻皮、结疤、夹杂。

（2）普通质量的非合金钢和低合金钢不得有深度大于 2mm 裂纹, 优质合金钢、特殊质量的非合金钢和合金钢不得有深度大于 1mm 的裂纹。

（3）普通质量的非合金钢和低合金钢不得有深度或高度大于 3mm 的划痕、压痕、擦伤、皱纹、冷溅、凸块、凹坑。

（4）优质非合金钢、特殊质量非合金钢和合金钢不得有深度或高度大于 2mm 的划痕、压痕、气孔、皱纹、冷溅、凸块、凹坑、横向振痕。

（5）连铸坯表面不得有影响使用的缩孔、皮下气泡、裂纹。

（6）连铸坯表面如果存在上述不允许的超出规定的缺陷, 应进行清除。清除的宽度不得小于深度的 6 倍, 长度不得小于深度的 10 倍。整修后缺陷部位应圆滑、无棱角。整修单面深度不得大于连铸坯边长的 8%, 两相对面清除深度之和不得大于厚度的 12%。

在我国的标准中对连铸坯的表面质量要求相对比较粗, 但容易执行。DIN 标准中对表面缺陷作出了较详细的定量规定, 但这些规定难以执行, 例如如何判断在断面上裂纹的数量和长度, 只有切试样检测才能做到, 而切试样只能是抽检, 不可能每根坯料逐根检查。所以这样的标准只能在出现质量争议时, 作为评定坯料质量级别的标准, 在正常生产中难以作为生产的检验标准。

大连钢厂大直径棒材合同中对大方坯的质量要求是:

（1）达到成品表面质量要求的大方坯应满足:

1）所有用于轧制的大钢坯轧制前必须除鳞;

2）大钢坯表面脱碳层的深度符合 DIN 标准规定;

3）直径 80~200mm 的圆钢, 可接受的缺陷深度最大为 2mm。

（2）钢坯的内部缺陷按照标准 MDH 应满足:

1）80% 等于或超过一级;

2）20% 等于或超过二级[2]。

4.3.3　连铸坯的热送热装

4.3.3.1　热送热装的优点

早期连铸与长材轧机之间的联系并不是很紧密, 连铸坯在下料台下料后冷却, 中间堆存, 经人工肉眼检查或其他表面质量检查, 有缺陷坯料进行人工或机械清理后, 再装入加热炉加热, 进而进行下一步的轧制加工。连铸技术的进步, 使连铸坯内部和外部缺陷大大减少, 不再需要连铸后的冷却和检查, 这为热送热装创造了基本的条件。在 20 世纪 80 年代, 开发了连铸坯直接热装再加热的技术, 自从那时以来, 连铸坯热送热装技术在热轧带钢、厚板、长材轧机中普遍采用。连铸坯热送热装的优点是:

（1）节能。连铸坯直接热装技术的最大意义在于节能效果显著。表 4-19 中列出在各种热装温度下的节能效果, 从表中可以看出, 铸坯在 400℃ 热装时, 比 20℃ 室温装炉产量提高 19%, 节能 0.417 × 10^6 kJ/t[2]; 500℃ 热装时可节能 0.25 × 10^6 kJ/t; 600℃ 热装时可节能 0.34 × 10^6 kJ/t; 800℃ 热装时产量提高 95%, 可节能 0.834 × 10^6 kJ/t[2]。此外, 直接热装可缩短加热炉加热时间, 减少氧化烧损, 提高金属收得率 0.5% ~ 1.0%。

表 4-19　坯料在各种热装温度下的节能效果

钢坯入炉表面温度/℃	20	100	200	300	400	500	600	700	800
预计的炉子最高相对产量/%	100	102	106	112	119	130	144	165	195
炉子相应产量时的单耗/kJ·kg^{-1}	1340	1302	1214	1126	1034	921	795	649	502
炉子产量恒定时的单耗/kJ·kg^{-1}	1340	1302	1227	1151	1068	976	867	745	624

（2）改善表面质量。原以为连铸坯的表面质量不佳, 需要冷却后进行检查, 并对有缺陷的表面进行

人工和机械清理。在连铸采取一系列措施改善表面质量以后，发现直接热装加热炉加热，其表面质量反而比冷却以后再装炉要好。究其原因是，连铸坯在冷却过程中发生相变，产生相变应力；内外冷却速度不同，产生温度应力；两种应力的叠加，产生表面裂纹的几率增加。

（3）取消连铸坯中间存贮环节，大大减少中间存贮的面积，减少起重运输机械和操作人员，使建设的初始投资和生产的运行成本大大降低，生产管理过程大为简化。

（4）使坯→材的生产周期大大缩短。模铸工艺，从高炉投料→轧制成材，平均需要 40~45 天的时间；连铸坯冷装工艺，从高炉投料→轧制成材，大约需要 10~15 天的时间；连铸坯热送热装工艺，从高炉投料→轧制成材，仅需要 24~30h。生产周期的缩短，使钢厂的流动资金周转大大加快，其效益与节能、人员减少相叠加，产生多重效益。

4.3.3.2 连铸坯可直接热装的钢种

在长材生产中可实现连铸坯热送热装的钢种如表4-20所示。

表 4-20 可热送热装的钢种

钢 种	代 表 钢 号	热送轧成小型棒材或线材
普碳钢	20MnSi	可 以
优碳钢	45	表面切削后使用，非冷镦、冷拔者可以
合结钢	40Cr, 20CrMnMo	表面切削后使用，非冷镦、冷拔者可以
弹簧钢	50CrVA	表面切削后使用，非直接成型者可以
轴承钢	GCr15	表面切削后使用，非直接成型者可以
焊条钢	H08A	部分可以
冷镦钢	ML20	部分可以

在 20 世纪 90 年代中，曾认为高碳的轴承钢和弹簧钢不能热装，这些钢种的连铸坯需要冷却后进行表面检查，并对角部进行清理后再装炉加热。我国多家钢厂对轴承钢和弹簧钢实行热送热装，不仅节约能源，反而减少了表面裂纹的产生，提高了收得率。目前，不仅碳素钢可热装，大部分合金钢也可进行热装。但连铸开始的 1~2 根坯质量无保证，不宜热装。某些要求高的轴承钢、轧后用于冷镦或冷拔者也不宜进行热装。另外，碳含量小于 0.4% 用铝脱氧的钢种如碳结钢、合结钢在直接热装时，会因随后的加热过程中，在大约 780~830℃ 氮化铝在晶界析出而产生表面裂纹。解决办法最初是在连铸坯出料台架冷却至 550℃ 以下再热装，后来是在连铸坯出坯辊道上设冷却水箱，对这些钢种的钢坯表面进行喷水冷却后，使表面层温度降低至 550℃ 以下，形成一层硬壳以阻止表面裂纹的产生后再热装，而其他钢种如弹簧钢、易切钢、轴承钢则不进行水淬。

不同钢种由于其碳含量和合金成分的不同，热送热装的温度也不同：一般中碳钢应采用中低温温送；高碳铬轴承钢应采用高温红送；一些低合金齿轮钢宜采用高温热装（SCM822H 齿轮钢应避免在 700~870℃ 进行热送热装）；锰硫比低于 30 的钢种宜采用低温热装；高锰硫比和碳氮化物形成元素含量较高的钢种，则宜采用高温热装。

4.3.3.3 实现热送热装的途径与方法

连铸坯热送热装技术从炼钢到连铸到轧钢，生产组织受到多种因素的影响，任何环节出现问题都将直接影响到热送热装的顺利进行。但要实现热送热装，从工程设计开始两个最基本的环节要处理好，一是连铸机、加热炉、轧机之间的能力，即机时产量要匹配，二是在炼钢—连铸与轧钢之间的总图布置要考虑到热送热装的要求。在工程最开始阶段处理好这两个最基本的关系，就为热送热装创造了基本的条件。投产后就是生产组织和管理的问题了。钢铁企业在应用连铸坯热送热装技术时，应从钢水冶炼抓起，钢水的质量、钢包周转的数量、烘烤、浇铸过程的全程保护等，保证铸坯的质量和温度稳定。轧钢要根据钢种的不同成分，制定合理的加热工艺，合理的轧制制度和控轧控冷的冷却制度，力保产品的表面和内在质量，从而使产品的性能最佳化。

A 炼钢转炉—连铸—长材轧机间的合理配置

在 1 炉（1 座转炉）—1 机（1 台连铸机）—1 套棒材或线材机的配置中，最理想的情况是三者能力完全一样；实际上加热和轧机能力稍大于连铸（15%～20%左右），最为灵活，在轧机换孔型或换辊的短时间停歇，连铸坯可以入炉加热，等轧机重新启动后在一段时间内将多送的坯料轧完。如果连铸机的机时产量大于加热炉—轧机的机时产量，多余的连铸坯无法入炉，就要下线成为冷坯。少量的冷坯储存是必要的，在连铸机检修时应急之用，过多的冷坯就会破坏连铸—轧机之间的生产节奏。此时，生产管理者就会降低连铸机的拉速，以适应轧机的生产能力。

连铸机的断面相对固定，即使有变化其变化也不能太多。轧机的情况就不一样了，产品规格要根据市场的订货需求来组织，往往会从小至大规格的跨度很大，生产大规格的机时产量高，小规格时机时产量低。为保持机时产量稳定，充分发挥连铸机和加热炉的能力，在钢筋生产中采用切分轧制的工艺，比较好地解决了这个问题。因此，以生产钢筋为主要产品的小型棒材轧机，连铸坯的热送热装比较容易实现，热送热装率最高，国内先进企业，钢筋轧机的热装率可达80%～85%。线材轧机情况又有所不同，线材不能切分，大规格和小规格轧机的机时产量差别较大，而且线材轧机生产的钢种往往也比小型棒材轧机复杂，因此线材轧机的热装率比钢筋轧机低，一般能达到60%～70%就不错了。

在大型和中型H型钢的生产中，连铸坯的热送热装是保证正常生产节奏必不可少的工艺措施。不同规格（不同的腰宽、腿宽、腰厚、腿厚的组合）产品的单重很不相同，为使切头切尾的量最少，提高定尺率，在生产过程中需要根据轧制不同规格的产品，计算出不同的坯料长度，通知连铸按此长度供坯。连铸坯的长度在不断地变化中，一批又一批相同长度的坯料入炉，每一批轧制成同一规格的产品。如果不能实现热装，同一规格长度的坯料要在中间仓库堆存，不仅要占很大的面积，而且给生产管理带来很大的麻烦。

铁路用钢轨的钢种为$w(C)=0.70\%～0.80\%$的高碳钢，以钢的性质而言这种高碳钢也是可以热送热装的，因为轴承钢和高线82B的碳含量也高达0.80%，连铸坯热送热装效果很好。但轧制铁路用钢轨的连铸坯不实行热送热装，这是因为生产钢轨时，为防止产生白点，除炼钢严格控制氢含量外（钢液$[H]<2\times10^{-4}\%$），还需要连铸坯堆冷，以使钢中的残余氢充分地析出。

B 连铸与长材轧钢生产线之间的总图布置

总的原则是连铸与轧机尽量靠近布置，使连铸→轧机加热炉之间运输的路径最短，保证连铸坯的温度稳定，并以尽可能高的温度进入轧机的再加热炉。各厂的地形地貌千差万别，但不管各厂的炼钢—连铸与轧钢之间的总图位置如何的不同，连铸与轧钢间的相对关系，不外乎下列三种：

（1）连铸机的出坯方向与轧线平行，而且比较靠近，如图4-3所示。这种布置最为理想。现代线材或小型棒材轧机多布置在+5.0m的平台上，连铸机的出坯跨一般在±0.0m的平面，通过运输辊道和移钢提升台架，即可将连铸与轧钢的加热炉连接起来，运输路径短，中间环节少，对实现连铸坯的热送热装最为有利。这种布置在现在是用得最多的一种热送热装布置。

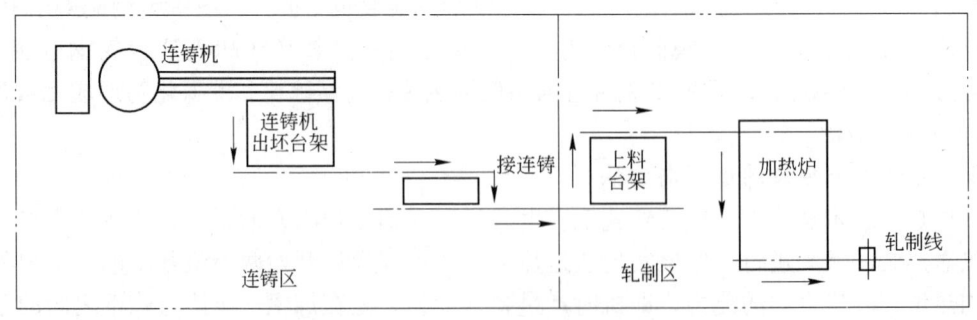

图4-3 连铸出坯跨与轧线平行布置

（2）连铸机的出坯方向与轧线垂直，而且比较靠近，如图4-4所示。这种布置需要在连铸机与轧钢中间增加一个旋转的转盘，将连铸坯旋转90°，然后，通过移钢台架和辊道将连铸与轧钢的加热炉连接起来。

（3）连铸机的出坯方向与轧线平行，但距离比较远，如图4-5所示。这种布置比较麻烦，在连铸的出坯台架与运输辊道之间需要设置一台横移小车，将钢坯横向移动，再通过移钢台架和辊道将连铸与轧钢

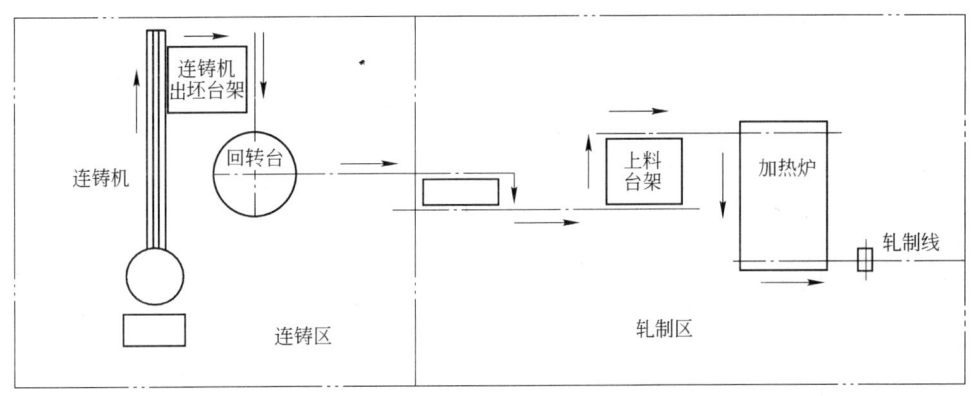

图 4-4   连铸机的出坯方向与轧线垂直布置

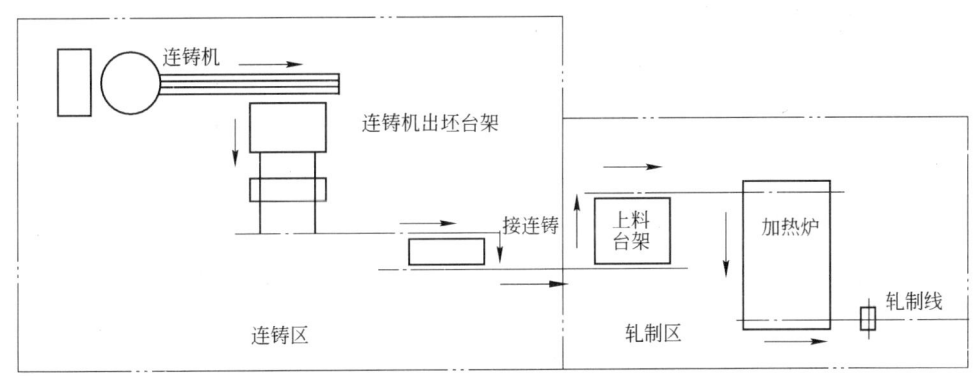

图 4-5   连铸机的出坯方向与轧线平行布置，但距离较远

的加热炉连接起来。

这三种情况我们在设计中都曾碰到过，通过与用户很好的配合，都妥善地处理了连铸与轧机间的衔接问题。还有比这三种情况更为特殊者，如宝钢初轧的改造，新建的大电炉—大方坯连铸与初轧机有数公里远的距离，用上述三种方法都不能解决连铸坯的热送热装问题，我们与宝钢商量采用火车加保温罩的方法进行热送。坯料带来的物理热是宝贵的，生产实践证明，只要高于室温，就有利用价值。

4.4   钢坯修磨生产线

4.4.1   概述

如上所述，炼钢和连铸技术的进步使连铸坯的内部和表面质量都大大提高，当前绝大多数结构用的碳素钢产品（包括重轨、大中型 H 型钢和普通型钢、带肋钢筋、线材）连铸坯，在轧制加热前都不需要进行检查和清理（重轨用连铸坯在连铸后要求堆冷，使铸坯中的氢析出）。许多中等合金含量的连铸坯（合金结构钢、齿轮钢、弹簧钢、轴承钢）也可不经修磨清理直接入炉加热，随后轧制。仅少数质量要求很高的产品，需要对连铸坯或者钢锭开坯后的轧制坯进行检查和清理。因为坯料或轧材的任何表面缺陷，在塑性变形的过程中不仅不会消失，相反会逐步扩大，因此钢坯表面的检查和修磨在合金钢和优质钢的生产中是非常重要的，特别像钢帘线、高级弹簧钢、特殊用途的轴承钢的热轧坯表面缺陷，必须在投料之前清除。

按产量而言，需要在加热前进行检查和清理的连铸坯或方坯，在整个轧钢生产中所占的比例很低，估计 2010 年 4.6 亿吨长材产量中轧前需要进行清理的坯料不超过 100 万吨，但需要对坯料进行检查和清理的产品，其用途的重要性远高于不需要清理的产品。

对坯料的检查清理在我国还存在不同的认识，一部分厂家认为坯料的检查清理是生产高质量弹簧钢、钢帘线、冷镦钢产品不可或缺的工序；而另外一些厂家认为坯料的表面缺陷，特别是连铸坯的表面缺陷，其上覆盖着厚厚一层氧化铁皮不容易被发现，此外检查清理，使生产工艺流程加长，不仅增加中间检查清理工序，而且这些工序要等钢坯冷却后才能进行，连铸坯或轧制坯都不能实现热送热装，增加生产成本。因此，目前在我国生产弹簧钢、钢帘线、冷镦钢等产品的厂家有对钢坯进行检查清理者，如宝钢、兴澄、上钢五厂、大连等厂，但也有许多对钢坯不进行清理者。从实践效果看，对坯料进行清理的厂家，生产同类产品的质量确实高于未经清理者，但生产成本也高。于是，在我国形成了对坯料进行清理者生产高端产品，对坯料不进行清理者生产中低端产品的市场供应格局。

4.4.2　需要检查清理的钢种和产品

BG、SH、DL 的生产工艺相似，有大方坯连铸，也有小方连铸，还有用大方坯二次开坯的小轧制坯，而且在初轧—开坯机后都设有火焰清理机，他们采用的工艺是大连铸方坯在加热前不检查清理，在必要时可用开坯后的火焰清理机扒皮。对小连铸方坯和二次开坯后的轧制坯进行检查清理。GY 钢厂与这三个厂不同，现在还没有初轧—开坯机，直接用 200mm×200mm 的连铸坯生产小型材，用 150mm×150mm 连铸坯生产线材，该厂对这两种规格的连铸坯都进行清理。BG 高线轧机精整线产品大纲如表 4-21 所示，SH 方坯精整线的产品大纲如表 4-22 所示[13,14]。河南济源钢厂方坯精整线设计处理的钢种如表 4-23 所示。

表 4-21　BG 高线轧机精整线产品大纲

序号	产品名称	代表钢种	产量/t		合计	
			100~160mm	180mm	数量/t	比例/%
1	优质碳素结构钢	25，45	4000	36000	40000	10
2	合金结构钢	20CrMnTi，30MnV，17CrMnBHZ	10000	90000	100000	25
3	滚珠轴承钢	GCr15，GCr15SiMn	14000	126000	140000	35
4	弹簧钢	60Si2MnA，55SiCr	8000	72000	80000	20
5	冷镦钢	ML20MnTiB	4000	36000	40000	10
	合计		40000	360000	400000	100

表 4-22　SH 方坯精整线的产品大纲

钢种	代表钢号	坯料规格/mm×mm
冷镦钢	ML20~35，ML35CrMo，ML20MnVB，LF18Mn2V	150×150，皮 200×200
合金结构钢	40Cr，35CrMo，42CrMnMo，F45MnV，20CrMnTiH	150×150，200×200
碳钢	20，45	150×150，200×200
弹簧钢	50CrVA	150×150，200×200
轴承钢	GCr15	150×150，200×200
易切削钢	Y20，Y45Ca	150×150，200×200
不锈钢	0Cr18Ni9Cu3	150×150，200×200

表 4-23　GY 钢厂方坯精整线设计处理的钢种

产品名称		产品规格/mm×mm	代表钢种	精整项目
弹簧钢坯	汽车用	140×140	50CrV，55SiCr，60Si2Cr	SB，UT，MT，BG
	一般用途	140×140，160×160	B65Mn，60Si2Mn	SB，MT，BG
优质碳素钢坯	钢帘线	140×140	B70Lx，B77Lx	SB，UT，MT，BG
	胎圈钢丝	140×140	SWRH72A，B	SB，MT，BG
	预应力钢丝及钢绞线	140×140	SWRH82A，B	SB，MT，BG
冷镦钢坯	优质冷镦钢坯	140×140，160×160	B35VB，SCW435，SCR440	SB，UT，MT，BG
	一般冷镦钢坯	140×140，160×160		SB，MT，BG

注：SB—抛丸处理；UT—超声波探伤处理；MT—磁粉探伤处理；BG—砂轮修磨。

产品经精整探伤检测后，其实物质量均可达到如下水平：

方坯弯曲度：≤4mm/m；

方坯表面处理质量：抛丸后表面质量 Sa2.5；

方坯表面质量检测精度（磁粉探伤）：深度 0.30mm × 宽度 0.10mm × 长度 10mm[15]。

4.4.3　方坯精整的工艺流程及平面布置

方坯精整的工艺流程如图 4-6 所示。

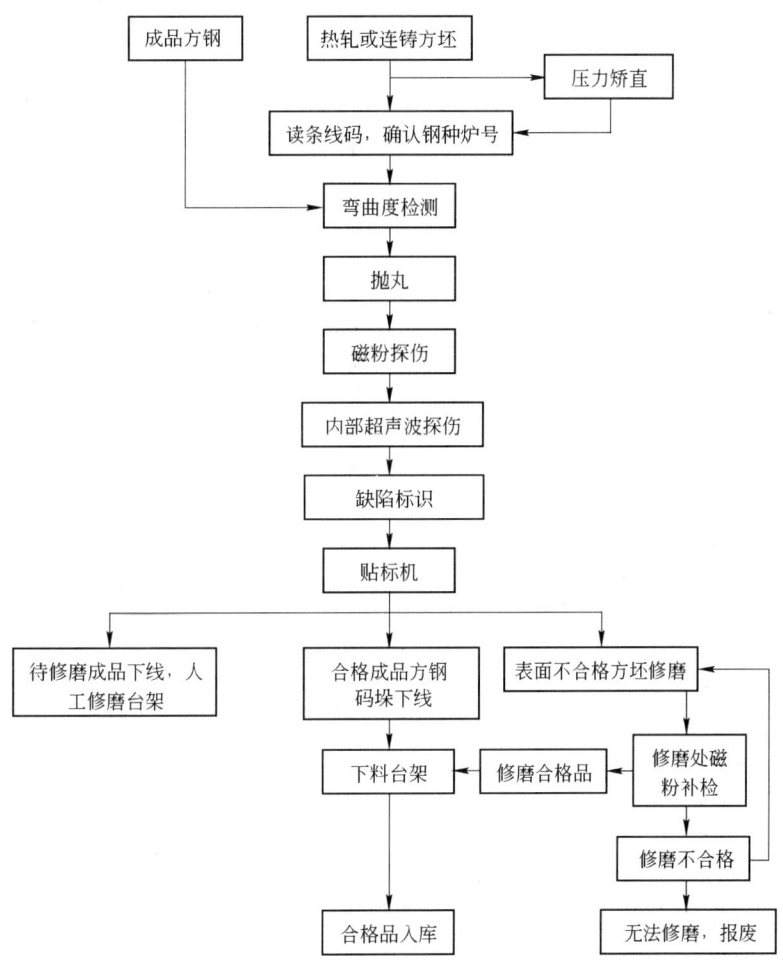

图 4-6　方坯精整生产线的工艺流程框图

BG 线材车间和 GY 厂小方坯精整线的平面布置如图 4-7 和图 4-8 所示[14]。

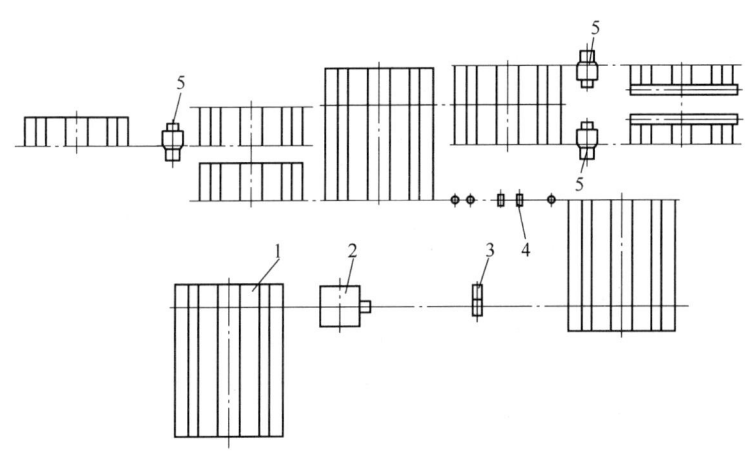

图 4-7　小方坯精整线平面布置图

1—上料台架；2—抛丸机；3—超声波探伤装置；4—磁粉探伤装置；5—砂轮修磨机

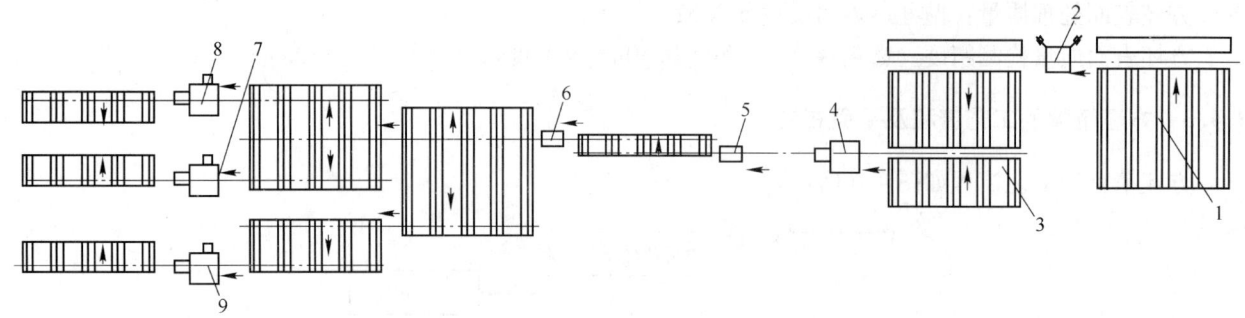

图 4-8　GY 厂小方坯精整线平面布置图

1—1 号上料台架；2—矫直机；3—2 号上料台架；4—抛丸机；5—1 号磁粉探伤装置；6—2 号磁粉探伤装置；
7—1 号砂轮修磨机；8—2 号砂轮修磨机；9—3 号砂轮修磨机

4.4.4　钢坯精整线主要设备

钢坯精整线主要由抛丸机、超声波探伤装置、磁粉探伤装置、砂轮修磨机等主要设备经台架和辊道连接组成一条连续的生产线。

4.4.4.1　抛丸机

抛丸机主要用于清理钢坯表面的氧化铁皮，为无损探伤做准备。抛丸机为机电一体产品，PLC 控制，由抛丸机本体、洗净装置、吹干装置和丸粒回收系统组成。抛丸机采用 4 个抛头对小方坯 4 个表面同时进行连续抛丸处理。该机还有清洗和吹干设施，可使抛丸后钢坯表面清洁，不致附着氧化铁皮影响后面的超声波探伤、磁粉探伤的精度。在其后的磁粉探伤时喷洒在钢坯表面的磁粉液为循环使用，不会因氧化铁皮掺入磁粉液而影响磁粉液的辉度和探伤精度，而且不致增加磁粉液的更换频率，增加生产成本。在抛丸机的出口，用压缩空气和水清除钢坯表面的氧化铁皮和丸粒。

抛丸机设置在抛丸清理室内，抛丸过程中产生的粉尘由统一设置的除尘系统除尘，以保证生产安全和环境卫生。抛丸机抛射丸粒过程和钢坯运送过程由 PLC 控制，抛丸机除鳞率可达 97%。

4.4.4.2　超声波探伤装置

超声波探伤装置用于检测方坯内部缺陷，自动标记缺陷部位。它由机械设备、超声波探伤仪、水耦合介质、钢坯标记装置等组成。机械设备由机座、导辊、随动机构等组成。该装置为机电一体化产品，随机的 PLC 单独控制。

超声波探伤装置为双面探头，每面设置探头 8 个，以覆盖钢坯的表面，保证探测断面范围，相邻探头呈 90°布置。探头与钢坯为非接触式，耦合介质为水，水膜厚度不大于 20μm，比一般超声波探伤装置的 5μm 左右要大，这样对有较大弯曲度的钢坯也能进行探伤。探头架为可回转机构，可根据钢坯头部位置及钢坯的弯曲度形状随意转动，这样可以使探头尽快与钢坯头部结合，使钢坯头部探测盲区减少。探伤使用的工作频率为 2.5～5.0MHz，这种较宽范围的探伤频率，可使对钢坯内部缺陷的探测更为精准。探伤速度为 0～60m/min，可根据生产工序进行选择。

超声波探伤装置可离线调整和维护。根据产品大纲，部分钢种无需超声波探伤，这时生产线可在超声波探伤装置离线的情况下继续生产。另外超声波探伤装置应经常调整和维护，此时可将超声波探伤装置离线到操作室一侧进行处理。探伤装置带有 PC 机，可自动进行数据处理和信号处理，自动完成探伤和标记过程，自动将数据传送到管理计算机。

探伤精度：钢坯断面四周盲区不大于 5mm，钢坯头尾盲区不大于 100mm，内部缩孔 $\phi2mm×10mm$。缺陷位置标记精度为 ±50mm。

4.4.4.3　磁粉探伤装置

荧光磁粉法探伤原理是在被探伤工件上建立一个磁场，当工件表面或近表面有不连续缺陷时，会切割表面的磁力线，从而形成缺陷部位的漏磁场。这种磁场吸引颗粒极细的磁粉，形成肉眼可见的磁痕。荧光磁粉是在普通磁粉的外表均匀涂敷一层荧光物质，荧光磁粉颗粒在紫外线灯的照射下，激发出对人体十分敏感的黄绿色荧光，从而使人能更方便地识别有缺陷的部位，达到探伤的目的。

磁粉探伤装置由喷淋装置、一次磁化装置、二次磁化装置、DC 去磁装置、AC 去磁装置及磁粉循环装置等组成，为机电一体化产品，PLC 单独控制。

该装置为非接触式双向磁化方式，人工目视检查和标记。探伤的过程是：工件输送→高压水清洗、吹干→1 号磁化站喷淋磁化液→1 号磁化站磁化→1 号检查站荧光检查（人工标识、判废）→2 号磁化站喷淋磁化液→2 号磁化站磁化→2 号检查站荧光检查（人工标识、判废）→压缩空气吹干→退磁→辊道运输送出。

一般钢坯精整作业线是将磁粉探伤装置布置在抛丸机之后，因磁粉探伤装置的速度高于抛丸机速度，在它们之间设一过渡台架或两组运输辊道的中心线错开，以便能各自独立操作。钢坯在 V 形辊道中运输，在进入磁化装置前，喷淋装置对钢坯表面喷射高压水，清洗钢坯表面的氧化铁皮粉尘，然后用压缩空气将水吹干，以保证磁化液不被污染和获得更佳的探伤效果。磁化站的喷淋泵向钢坯表面喷洒荧光磁粉液，经过磁化装置后，钢坯表面有缺陷部位的漏磁场吸引荧光磁粉颗粒显现缺陷，从而发现钢坯表面和角部的微小缺陷，如裂纹、折叠、凹坑和结疤等。

钢坯进入一次磁化装置时，由一个操作工通过肉眼检查钢坯上部 A、B 两面的缺陷，并在缺陷处标记；然后进入二次磁化装置，由另外一个操作人员检查另外两面 C、D 面的缺陷。检查完毕后钢坯进入退磁装置通磁。如果不将钢坯中的剩磁退去，修磨时研磨下的粉尘将附着在钢坯上，影响钢坯的清洁度，甚至影响修磨效果。为了将钢坯的剩磁退净，退磁装置设置了直流去磁和交流去磁两个装置。

比较老式的装置是两个磁化站分开布置，在 1 号检查站检查上部的 A、B 面后，用一个翻转装置将钢坯翻转 90°，然后再在 2 号检查站检查 C、D 面。现在新式设计是 1 号、2 号磁化站直线串列布置，中间不需要钢坯翻转 90°。在 2 号磁化站磁化后，操作人员通过一套凸透镜的光学系统发现下表面 C、D 两面的缺陷。当在下表面 C、D 两面发现缺陷时，在缺陷处人工做标记不是很方便，操作人员按暂停按钮，钢坯停止前进，等对缺陷处做上标记后按启动钮，钢坯继续前行，从而解决下表面 C、D 面的缺陷标记问题。这样不再需要钢坯翻转装置，减少设备重量，也减少占地空间。

磁粉液可循环使用，但在使用中磁粉液的浓度将发生变化，并将影响磁粉液的辉度，进而影响钢坯表面缺陷的检测精度。磁粉液浓度可自动管理。为了保持磁粉液的浓度和清洁度，磁粉液需定期更换，更换周期一般为 2 天。该装置能探测深 0.3mm、宽 0.1mm、长 10mm 的缺陷，探伤速度最大 250mm/s（15m/min），可满足钢帘线对钢坯表面缺陷的要求。

4.4.4.4　砂轮修磨机

砂轮修磨机为小车式，由修磨机、修磨小车及轨道、一次集尘装置、二次集尘装置、隔声罩和操作室等组成，可完成点磨、角磨、剥皮等功能。操作人员可全程监视修磨过程并可在操作室里切换手动和自动控制所有的动作。全自动化操作用于全表面和角部修磨，以达到最大的产量和生产的安全。手动操作主要用于有缺陷区域的深度修磨或操作人员自定义区域的修磨。电动修磨台翻转系统可将钢坯翻转

90°，操作平稳可靠，它和横移给进系统一起控制修磨的运行，使剥皮过程可实现完全自动化。此外，为修磨高品质的钢坯，采用摄 CDD 技术进行补充修磨。整个修磨过程由 PLC 控制。砂轮机砂轮片速度控制采用光电管测量砂轮片直径，自动调整砂轮片转速，保持其线速度恒定。砂轮机采用恒功率磨削，伺服系统闭环控制。砂轮片最大线速度为 80m/s，磨削速度为 0~60m/min[14]。

图 4-9 所示为 Danieli Centro Maskin 最新的标准 DC-MK 修磨机，配备 200kW 的电机，其修磨机的主要技术参数如表 4-24 所示[16]。

图 4-9　钢坯修磨机

表 4-24　Danieli Centro Maskin 最新的标准 DCMK 修磨机技术参数

修磨机技术参数	数　值	修磨机技术参数	数　值
修磨砂轮最大垂直行程/mm	450	修磨时修磨台车最大设定速度/m·s^{-1}	1.0
修磨砂轮最大水平行程/mm	800	传输时修磨台车最大速度/m·s^{-1}	1.5
修磨功率/kW	200	修磨台车加/减速度/m·s^{-2}	1.0
安全系数/%	0.85	修磨砂轮最大直径/mm	610
可利用电机功率/kW	170	修磨砂轮最小直径/mm	380
修磨机砂轮线速度/m·s^{-1}	80	中径/mm	508
自动化系统	Hi-GRING	宽度/mm	76

4.4.4.5　钢坯喷号机

钢坯号经抛丸处理后变得模糊不清，不利于钢坯的在线跟踪管理。为此在 1 号台架的入口端设钢坯喷号机。钢坯喷号机主要由机架、定位平移气缸、定位上下移动气缸、喷印气缸、喷印头组成，此外还有控制柜和喷号用油漆泵柜。喷印字体大小可以调，喷涂料为酒精基的油漆，清洗剂也为酒精溶液。

喷号机根据精整线管理计算机传出的信息进行喷印。喷号机本身的动作与上下设备联动控制。

4.4.4.6　电气设备

小方坯精整线的工艺设备既独立又相互关联。主要设备为机电一体化产品。生产线采用 L1 和 L2 两级控制系统。生产线的电气化水平反映了该生产线的水平。完成主要的功能如下：计划输入和初始数据处理，全线顺序控制，自动连锁；全线画面式集中操作，画面式监控、状态显示和故障处理；数据收集、处理和数据传送；钢坯自动跟踪。

参 考 文 献

[1] 王社斌，宋安秀. 转炉炼钢生产技术[M]. 北京：化学工业出版社，2008.

[2] 中冶京诚. 大连钢厂大棒车间初步设计[M]. 2008.

[3] 武汉钢铁设计院. 轧钢设计参考资料[M]. 1978.

[4] 高宏适. 高强度钢帘线用线材的制造技术[N]. 世界金属导报，2011-08-16(21).

[5] 张伟，杜显彬. 我国汽车用渗碳齿轮钢的发展概况[C]. 2009 高品质特殊钢技术与市场论坛论文集.

[6] 申勇，申彬. 弹簧钢的技术发展和生产工艺现状[J]. 金属制品，2009，35(3).

[7] 秦添艳. 轴承钢的生产和发展[J]. 热处理，2011，26(2).

[8] 孙丽娜，吴国玺. 转炉生产轴承钢生产工艺研究[J]. 辽宁科技学院学报，2010，12(1).

[9] 刘浏. 不锈钢冶炼工艺与生产技术[J]. 河南冶金，2010，18(6).

[10] YB/T 2011—2004 连续铸钢方坯和矩形坯[S].

[11] 刘岩军，李春龙，智建国. 连铸高碳钢方坯中心疏松和偏析研究[C]. 2003 年中国钢铁年会论文集：452～454.

[12] 沈建国，王迎春. 大方坯连铸内部缺陷与轻压下工艺研究[J]. 铸造技术，2012，33(3).

[13] 中冶京诚. 江阴兴澄特种钢铁有限公司滨江二期工程轧钢车间方坯精整线初步设计[M]. 2008.

[14] 闵建军，罗述康. 现代化的方坯精整生产线[J]. 轧钢，2002，19(5)：23.

[15] 中冶京诚. 济源钢铁公司方坯精整线初步设计[M]. 2010.

[16] Danieli Centro Maskin Project. Billet Inspection and Conditioning Line for Tiantan [M]. 2010.

编写人员：中冶京诚瑞信长材工程技术有限公司　彭兆丰

5　长材坯料加热与加热炉

5.1　坯料的加热

5.1.1　坯料加热的工艺要求

长材坯料加热对加热炉提出的要求是：

（1）提供足够高的初始温度，软化钢材，有利于轧制过程顺利进行。加热炉坯料的出炉温度要求：对于线材轧机碳钢小方坯、圆坯：900~1150℃；对于棒材轧机碳钢大方坯、大圆坯：950~1250℃；对于型钢不锈钢方坯、圆坯、异型坯：1050~1280℃。

（2）坯料断面和长度方向的温度达到均匀性和同一性。对于加热炉坯料断面温差：10~20℃；长度方向的温差：20~25℃。

（3）在加热后阶段控制残留碳化物的溶解与奥氏体均匀化。对于特殊钢种，如轴承钢，需要在加热后期有时间进行扩散对碳化物进行溶解与奥氏体均匀化，因而有最短在炉时间要求。

（4）减少氧化烧损和脱碳。氧化烧损会降低加热质量，减少金属收得率，增加能耗，因而减少氧化烧损率对提高经济效益具有重要意义。对于轴承钢、弹簧钢、高碳钢、轨梁钢等钢种，减少脱碳层厚度，可提高成品质量。为了满足工艺要求，需要对炉内传热过程的规律进行分析，从而得到满足工艺要求的正确方法和途径。

5.1.2　炉内坯料的传热过程

一般情况下，长材轧制加热多采用火焰炉加热，其炉型有推钢式加热炉、步进式加热炉和环形加热炉等。虽然炉型不同，但坯料在炉内传热过程的规律是相同的，本节着重讨论火焰加热坯料的传热过程。

热量从坯料表面向内传递，整个过程可分为炉膛向坯料表面的过热过程和坯料表面向内部传热过程两个过程。

5.1.2.1　炉膛向坯料表面的传热过程

对于火焰加热炉，热源是燃料燃烧的化学热，燃料燃烧释放出烟气和化学热，通过烟气、炉子内衬等载体，将燃烧化学热传递给炉内坯料。炉膛向坯料表面的传热形式可分为对流传热和辐射传热两种。

A　炉内对流传热过程

对流传热的机理是炉内流动的高温燃烧产物（炉内高温烟气）的分子的热运动，将能量传递给物体表面的过程。

由于分子黏性的作用，在坯料表面存在一层"覆面层"，它相当于坯料表面的绝热层，并阻碍炉内高温烟气向坯料表面传递热量，炉内高温烟气的紊流程度必须达到一定的程度，才能破坏这层"覆面层"，更有效地向坯料传递热量。描述这种紊流程度的参数被称为雷诺数（Re）。

一般火焰加热炉的对流传热热流用下式描述：

$$Q_c = 0.0438 \times \frac{\lambda}{d} Re^n (T_g - T) \tag{5-1}$$

式中　Q_c——高温烟气对坯料表面热流，W/m^2；

λ——烟气导热系数，$W/(m \cdot ℃)$；

d——烟气流动的当量水力直径，m；

Re——烟气流速雷诺数，m/s；

T_g——炉气温度，℃；

T——坯料表面温度,℃;

n——系数,取决于烟气种类、物料形状和布列方式。

B　炉内辐射传热过程

对于非火焰加热炉,如电阻炉、辐射管加热炉,可以不考虑烟气辐射。

对于火焰加热炉,向坯料表面辐射传热过程是炉气、炉衬等其他炉内高温表面向坯料表面辐射传热过程,同时,坯料相互之间也存在辐射传热热流。

为了计算方便,通常将炉膛作为一个封闭体系来研究炉膛内衬、炉气和物料之间的辐射传热热量,并假定:

(1)炉气充满炉膛,整个体积是均匀的,它的吸收率等于其黑度,炉气对于炉衬及物料表面在任何方向上的吸收率是一样的。

(2)炉衬表面和物料表面的温度都是均匀的,它能吸收、辐射和反射辐射能而对辐射能的透过率为零。

(3)炉气以对流方式传递给炉衬的热流在数值上等于炉衬的散热热流。

这样,炉气传递给物料表面的热流为:

$$Q_{r} = 5.67K\left[\left(\frac{t_0 + 273}{100}\right)^4 - \left(\frac{t_2 + 273}{100}\right)^4\right] \tag{5-2}$$

式中　Q_r——炉气对物料表面的辐射热流,W/(m²·℃);

t_0——炉气温度,℃;

t_2——物料表面温度,℃;

K——炉气对物料的辐射系数,W/(m²·K⁴)。

内衬的温度也可计算出来。

对于重油等液体燃料、碳氢比高的气体燃料和固体燃料燃烧的高温气体中,含有固体颗粒,炉气黑度增大,会增强炉内向坯料辐射热流。

5.1.2.2　坯料内部的传热过程

通过热传导传递到坯料表面的热流再通过热传导传递到物料内部,并使物料逐步升温。

导热热流通过下式计算:

$$q = \frac{\lambda}{x}(t_2 - t_1) \tag{5-3}$$

式中　q——传导热流,W/m²;

λ——物料导热系数,W/(m·℃);

t_1——热面 1 的温度,℃;

t_2——热面 2 的温度,℃;

x——热面 1 到热面 2 的距离,m。

热量在物料内部传递的速率取决于物料的热扩散率。热扩散率是影响物料内部温度分布均匀性的重要参数,其定义式如下:

$$\sigma = \frac{\lambda}{\rho c} \tag{5-4}$$

式中　σ——热扩散率,m²/s;

λ——物料的导热系数,W/(m·℃);

ρ——物料的密度,kg/m³;

c——物料的平均比热容,J/(kg·℃)。

其中物料的密度和比热容随温度变化不大,但是物料的导热系数随着温度变化显著,因而不同钢种的加热特性是不同的。如图 5-1 所示,在 800℃以下,低碳钢导热系数大,随着钢的碳含量增加,钢的导热系数减少,不锈钢等高合金钢导热系数最低;当物料温度升高到 800℃以上时,各种钢的导热系数差异减小。钢的这种特性将影响到物料在加热炉低温段的加热制度的制定和操作控制。

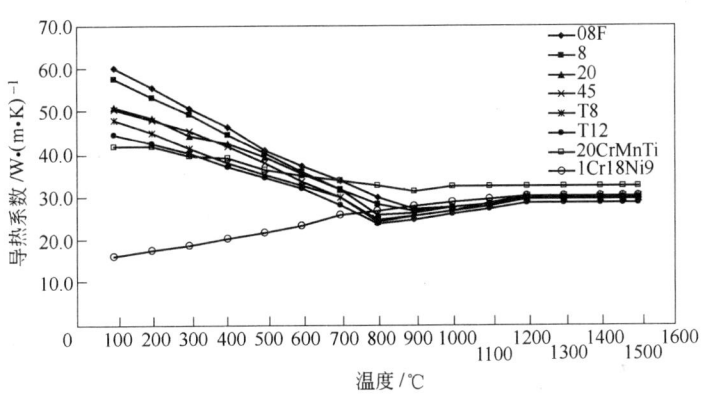

图 5-1 钢的导热系数

例如，将 08F、20CrMnTi 和 1Cr18Ni9 这三种钢同时放入熔融的铝液中进行加热，其断面温度分布将有很大的差异，如图 5-2 所示。

由于长材坯料厚度一般在 75mm 以上，属于厚料加热过程，所以坯料升温有一个从外到内的过程，这是加热过程需要遵守的规律。

5.1.2.3 坯料加热过程的数学模型

加热炉炉膛内的辐射换热是炉内传热的主要方式。对于连续加热炉炉膛传热数学模型一般都采用一维长炉模型，即将炉长分成若干炉段，在每一炉段内用平均炉气温度来代替该段的温度分布，一般要考虑各炉段之间的辐射换热。如果

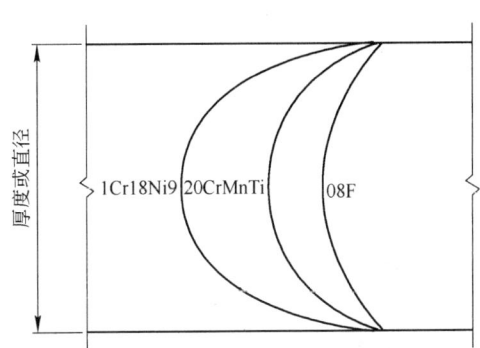

图 5-2 不同钢在熔融的铝液中加热
断面温度分布的差异

不考虑各炉段之间的纵向辐射，则整个炉子模型相当于由若干个相关的"零维模型"组成，即为分段零维模型。对于间断式加热炉，炉温一般按照"零维模型"来考虑。

在一维炉温模型的基础上，如考虑炉高方向温度分布的不均匀性就属于二维模型的范畴。如果考虑长、宽和高三个方向的传热，就构成了加热炉炉膛三维数学模型，这类模型一般可用于离线分析和研究。

在建立炉温模型后，再建立加热炉内坯料加热过程数学模型来研究坯料加热过程中的内部温度场，这是目前应用广泛和行之有效的研究方法。加热炉内坯料的非稳态导热数学模型，其模型方程见方程式 5-5（如果坯料是圆柱体可采用圆柱坐标系方程）：

$$\rho C_p \frac{\partial t}{\partial \tau} = \frac{\partial}{\partial x}\left(\lambda \frac{\partial t}{\partial x}\right) + \frac{\partial}{\partial y}\left(\lambda \frac{\partial t}{\partial y}\right) + \frac{\partial}{\partial z}\left(\lambda \frac{\partial t}{\partial z}\right) \tag{5-5}$$

初始条件：

$$\tau = 0, \quad t(0, x, y, z) = t_0$$

边界条件：

$$x = 0, \quad \frac{\partial t}{\partial x} = 0$$

$$x = \frac{w}{2}, \quad -\lambda(t)\frac{\partial t}{\partial x} = q_s$$

$$y = 0, \quad -\lambda(t)\frac{\partial t}{\partial y} = q_l$$

$$y = h, \quad -\lambda(t)\frac{\partial t}{\partial y} = q_u$$

$$z = 0, \quad -\lambda(t)\frac{\partial t}{\partial z} = q_f$$

$$z = b, \quad -\lambda(t) \frac{\partial t}{\partial z} = q_e$$

式中　　ρ——坯料密度，kg/m^3；

　　　　C_p——坯料比热容，$J/(kg \cdot \text{℃})$；

　　　　λ——坯料导热系数，$W/(m \cdot \text{℃})$；

　　　　t——坯料温度，℃。

三维导热数学模型计算结果精度高，可以真实地反映坯料在加热过程中任一位置的温度变化，随着计算机性能的提高，现在能很好用于设计计算和过程控制模型计算。同时，为了减少计算量，二维模型和一维模型也被应用到设计计算和过程控制的计算中。

该方程的边界条件随炉型、物料的摆放方式有所变化，方程解法一般采用差分方式。

5.1.3　加热炉产量和影响产量的因素

5.1.3.1　产量概述

加热炉是长材生产线中的一个设备，实际的加热炉产量不仅取决于加热炉自身的能力，还取决于轧机、连铸机能力以及生产线的组织协调状况。正是由于上述原因，产量是一个复杂的问题，本章仅讨论加热炉自身的产量以及与产量相关的问题。

一般地说，代表规格坯料在冷装时，在加热炉内被加热到出钢温度时的加热炉产量，称为"额定产量"。轧机供应商会给出额定产量，它是加热炉设计的重要依据，同时也是加热炉性能考核的重要指标。

工艺上首先需达到加热炉的目标产量，让我们分析一下影响加热炉产量的因素，探讨达到产量的方法。

5.1.3.2　影响产量的因素

影响产量的因素主要有：

（1）物料尺寸。对于长材加热炉，坯料的长度相对固定，一批长材，长度和断面相对固定，这有利于加热炉产量的稳定和组织生产。

1）坯料长度：炉子产量和坯料长度成正比。坯料的长度越长，炉底覆盖率越高，小时产量就越大。

例如，如果代表规格坯料长度为10000mm，对应其产量为100t/h，则对应最长坯料12000mm的小时产量为：$100 \times 12000/10000 = 120t/h$。

2）坯料断面：对于长材加热炉，坯料的厚度一般大于70mm，属于厚料传热过程，加热时间由加热速率决定。对于小方坯、大方坯、圆坯、异型坯的加热由于在炉中布置的方式不同，加热速率有很大的差异，也影响加热炉的产量。

（2）物料布置方式。对方坯、圆棒加热而言，物料之间的间距大小，不仅决定装炉量的大小，还影响物料的传热效率，因而对产量有影响。

对于 H 型坯料，由于单位炉长布料的总质量减少，如果达到与方坯同样的额定产量，需要加大炉子的有效长度。

（3）单面加热和双面加热。对于连续加热炉，现在我们大多采用双面加热，如果对于厚度小于70mm的坯料，我们也可以采用单面加热，但单面加热或者单面、双面混合加热，会对加热炉炉底应力产生差异，这个问题在计算产量时也应考虑。各种炉型的炉底强度如表5-1所示。

表 5-1　各种炉型的炉底强度

炉　型		原料条件	过钢炉底强度/kg·(m²·h)⁻¹
推钢式	单面加热	75～120mm 方坯	300～400
	部分下加热	≤120mm 方坯	400～550
	全部上下加热	>120mm 方坯	500～650
步进式	底式	≤120mm 方坯	350～450
	梁式	>120mm 方坯	500～550

对于车底式炉，需要增设垫铁，在垫铁之间安装烧嘴，增加坯料的受热面，以提高传热效率，提高炉子产量。

（4）物料物理性质。钢种的不同通常从两个方面考虑对产量的影响：一方面是钢种不同，材料的导热系数和热焓就不同，从而对加热速率产生影响，同时，由于某些钢种导热系数较低，加热速率过快就会产生较大的温度内应力，造成坯料出现裂纹等加热缺陷，需要对加热速率进行限制，从而导致产量下降；另一方面，由于坯料不同，其表面黑度就不一样，造成加热速率上的差异，例如，一般碳钢表面的黑度为 0.8，而不锈钢板坯的表面黑度为 0.53 ~ 0.6，这就造成在加热不锈钢时，加热能力的下降。

对于高碳钢、奥氏体不锈钢、铁素体不锈钢和马氏体不锈钢的加热，和普碳钢相比，炉子的在炉时间延长，加热炉产量下降。

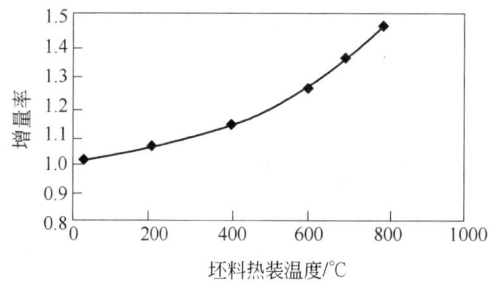

（5）物料出炉温度。加热物料时，被加热坯料出炉温度越高，加热时间越长，产量越小。

（6）物料入炉温度。热装可以缩短加热时间，提高加热速率，从而提高加热炉产量。图 5-3 表示加热炉产量和热装温度的关系。

图 5-3　产量与坯料热装温度的关系

（7）物料均热时间。某些物料在加热到一定温度后，需要在炉内均热段进行高温扩散，使残留的碳化物溶解和奥氏体组织均匀化，这一过程造成物料在炉时间延长，产量降低。例如轴承钢加热需要提供高温扩散所需时间，加热炉的产量将会下降。

（8）物料出炉时温差。坯料轧制物料断面温差一般要求在 10 ~ 25℃ 以内，如果要减小到 10℃ 以内，就需要增加在炉时间，降低产量。

（9）最高允许炉温。坯料在入炉时，如果炉温受到限制，炉子产量就会降低。

例如对于高碳钢、合金工具钢、不锈钢加热，或者厚料加热，为了避免物料温度应力产生危害，入炉时的温度控制在 650 ~ 700℃，炉子产量将会下降。

炉子的加热能力是和加热效率直接关联的，炉温越高加热速率越高，加热速率和燃料量没有关系，只是产量大的炉子加热所需燃料量大。

（10）燃料燃烧条件。燃料不同，燃烧产生的高温烟气中 CO_2、H_2O 分压不一样，因而烟气黑度不一样；同时燃料碳氢比不同，产生的烟气黑度就不同，一般煤气燃烧产生的烟气黑度在 0.2 ~ 0.35，而重油等液体燃料的黑度可达 0.8 ~ 0.9。总之，烟气黑度越高，烟气辐射能力越强，加热效率就越高。

同时，燃料在富氧的条件下，高温烟气中 CO_2、H_2O 分压得到提高，烟气黑度增大，也能提高加热炉效率。

此外，炉温均匀性的提高，不仅可以改善加热质量，也可以提高加热效率。总之以上因素是长材加热炉产量设计环节需要考虑的因素，也是实际操作时需要考虑的。

5.1.3.3　产量计算

一般情况下，加热炉额定产量由轧机供应商或工厂设计院给出，同时也给出了炉长，只是需要核算炉底应力是否合理。特殊情况时需要计算炉子额定产量。

简便的算法如下：

（1）确定加热炉的年有效工作时间。一般取 6000 ~ 6500h，一般是年日历时间扣除加热炉年检修时间、每周例行检查时间、坯料品种变换时间、轧机换辊等待时间，最后得到年有效工作时间。

换辊时间随轧机类型不同，有所差异。例如，对于品种少的轧线，换辊频率低，换辊占用时间短。对于品种多的轧线，情况相反，换辊占用时间就长。

（2）多座炉子的利用率系数。对于配备多座加热炉的轧线，除考虑单座加热利用系数外，还需考虑炉群利用系数，修正系数如下：

1 座炉：1.0；

2 座炉：0.80 ~ 0.85。

（3）年加热坯料量。年加热坯料量一般可从产品大纲得到，但是年加热坯料是指冷坯、碳钢、代表规格的坯料量，遇到下列情形，应进行产量转换：

1）热装坯料：根据热装温度和热装率，将热装坯料量转换成冷装坯料量；

2）特殊钢种加热：根据各钢种在炉时间的比率，将不锈钢、高碳钢、轴承钢的年加热量转换成普碳钢的年加热量。

（4）额定产量 P_n。按下式计算：

$$P_n = \frac{G}{n\,\tau\,\eta_1\eta_2} \tag{5-6}$$

式中　P_n——加热炉额定产量，t/h；

　　　G——加热炉年加热冷装碳钢坯料量，t；

　　　n——加热炉座数；

　　　τ——加热炉年有效工作时间，h，一般取 6000 ~ 6500h；

　　　η_1——单座加热利用系数；

　　　η_2——炉群利用系数。

5.1.3.4　加热炉长度

加热炉长度是影响加热炉产量最主要的因素，一般是由工厂设计院给出，工业炉设计师需要对炉长进行复核，一般可利用下式通过炉底应力计算得到炉长：

$$L = 1000Q/(PBn)$$

式中　L——炉子有效长度，m；

　　　Q——单座炉子的额定产量，t/h；

　　　P——炉底强度，kg/($m^2 \cdot h$)，数值见表 5-1；

　　　B——规格坯料长度，m；

　　　n——规格布料的排数，单排 $n=1$，双排 $n=2$。

最根本的问题是，加热炉炉长应满足额定产量下达到相应的出钢温度和坯料断面温差。因此，最可靠的办法是利用加热炉数学模型进行坯料的加热升温曲线计算，核实在一定的加热制度下、一定产量下，坯料在出料时刻的出钢温度和断面温差是否满足要求。

计算方式实际上是求解方程式 5-5，具体的步骤是：

（1）给定合理的炉温设定值。

（2）对坯料断面进行网格化，网格节点如图 5-4 所示。

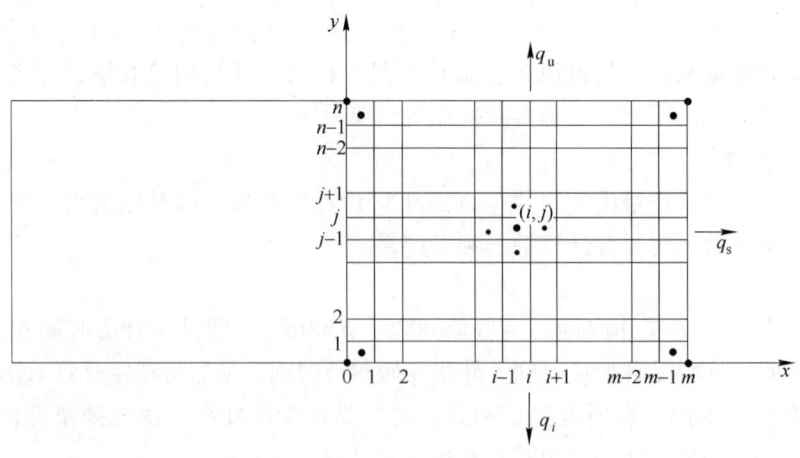

图 5-4　坯料断面网格节点示意图

（3）对方程进行离散，内部节点的计算式如下：

$$a_i T_i = a_{i-1} T_{i-1} + a_{i+1} T_{i+1} + a_{j-1} T_{j-1} + a_{j+1} T_{j+1} + b$$

式中　T——离散区域温度；

a——方程离散系数。

（4）对于外部节点的表面热流由式5-2确定。

（5）根据产量和炉长确定坯料在炉时间，计算坯料从入炉开始到出料这段时间内的温升曲线。

（6）判断坯料在出炉时刻的平均温度和断面温差是否满足工艺要求。

一般需要编制计算机程序进行计算。

如果平面布置条件和投资条件允许，可适当降低加热炉的炉底应力，选用长度较大的加热炉，这样可以适当降低炉子消耗。

5.1.4 加热温度制度的选择

加热温度制度是指规定加热炉长度方向温度控制段数量和各温度控制段的温度设定值。已建成加热炉温度制度的选择和炉子产量、坯料厚度、钢种、氧化脱碳量控制、均热时间等要求有关。

5.1.4.1 温度控制段的划分

对于常规加热方式或单蓄热方式的长材加热炉，炉子长度方向上可分为均热段、加热段和不供热的预热段。但是在下列情况下，为了提高温度控制的精度，需要不少于两个加热段的加热炉。

（1）加热炉额定产量不小于180t/h，且加热段长度超过11m。

（2）坯料厚度超过250mm加热炉或加热H型坯料的加热炉。

（3）加热不锈钢、高碳钢、轴承钢的加热炉。

对于双蓄热加热方式的长材加热炉，单加热温度控制段的长度以6~9m为宜。

炉膛高度方向上，一般分上下温度控制段。对于加热炉，坯料下方有水梁等支撑件，会带走热量，下加热单独控制对保证坯料断面均匀性有益处。

对于特别宽的炉子或工艺的需要，炉膛宽度方向上也可以划分出温度控制段。

5.1.4.2 加热模式

加热模式可分为正常模式、缓慢升温模式、快速加热模式和炉头升温模式等几种，如表5-2所示。

表5-2 加热炉的不同加热模式

项 目	正常模式	缓慢升温模式	快速加热模式	炉头升温模式
升温特征	以正常升温速度升温	在入炉时控制炉温在600~900℃，坯料缓慢升温	在入炉时控制炉温在1200℃以上，坯料快速升温	均热段炉温设定值高于全炉各段炉温设定值
适用范围	普通钢种	不锈钢、高碳钢、轴承钢加热	厚坯料加热	小方坯加热或炉底应力低的加热炉
效 果	正 常	减小升温过程中产生的应力	延长均热时间，减小断面温差	减少氧化烧损和脱碳量，节能

加热炉加热模式对炉子设计和操作有很大的影响。

5.1.4.3 供热配置

加热炉供热能力配置的依据是：

（1）满足最大产量时的加热要求；

（2）满足多钢种、冷热装、产量变化加热要求，并具有调节的灵活性；

（3）满足最终的出钢温度要求；

（4）满足某些段快速升温的要求。

具体各段的烧嘴能力配置量可根据加热计算确定，并根据经验数据进行调整。

5.1.5 坯料加热的均匀性

坯料加热的均匀性是加热质量的重要指标，加热均匀性受炉气、炉墙和物料布置方式的影响。具体影响加热均匀性的因素如下：

（1）烧嘴布置方式。可供选择的烧嘴安装方式共有三种：炉顶加热方式、侧加热方式、端加热方式。

可根据炉子宽度、烧嘴性能、炉内支撑梁的布置、坯料温度均匀性要求来布置烧嘴。

（2）烧嘴性能和控制模式。烧嘴的火焰形状需和加热模式相适应，保证火焰在最大程度上均匀辐射被加热的物料，对于长焰烧嘴来说，就需要燃料逐步分散燃烧，在火焰长度方向上逐步析出热量，保证火焰区域内温差不要超过一定范围，才能保证被加热物料的温度均匀性。

随着烧嘴技术的进步，现在加热炉加热采用先进的分部燃烧法、无焰弥散燃烧法等，均是追求大尺度空间加热时火焰本身的温度均匀性。

对于侧加热来说选用调焰烧嘴，可通过调整火焰长度来满足炉宽方向的温度均匀性要求。

现在加热炉越来越多地使用脉冲控制模式，这样能保证加热负荷变化时，烧嘴的火焰长度保持稳定；同时对于侧加热烧嘴，可以通过烧嘴错时启动实现流场扰动，并减少相对的两支烧嘴相互干扰，这些均有利于提高物料加热的均匀性。

对于蓄热烧嘴而言，利用烧嘴的换向可以造成炉内气流的改变，有利于改善炉温均匀性。

同时，增加烧嘴喷口的速度，可以造成炉气循环，也是提高炉温均匀性的手段。

（3）物料布置方式。为了提高物料加热的均匀性，物料布置的原则是：

1）物料尽最大可能暴露在火焰辐射、炉衬辐射下加热；

2）物料之间尽可能不堆积，并尽可能保持一定间隙；

3）物料不要布置在烧嘴喷口上，以免阻碍气流的流动。

（4）炉内隔墙的设置。炉内隔墙的设置一方面改善炉内气流分布的特性，提高坯料加热均匀性；另一方面增加炉墙的辐射面积，有利于坯料吸热量的增加。

（5）减少水梁黑印的措施。水梁黑印是支撑坯料的水梁由于遮蔽和水梁垫块导热的作用，在坯料下方形成的低温区，这种低温区会影响坯料断面温度均匀性，进而影响最终产品质量。减少水梁黑印的措施有：

1）合适的垫块高度和材质；

2）合适的垫块支撑和包扎结构；

3）合适的垫块间距；

4）水梁在出料端交错；

5）延长物料在炉时间；

6）对于步进式加热炉，可进行踏步操作。

5.1.6　炉压和影响炉压因素

对于常规燃烧炉压的控制不是加热炉设计的难点，炉压控制也不是操作难点。随着蓄热燃烧，尤其是以高炉煤气为燃料的双蓄热燃烧系统的使用，炉压稳定控制成为一大难题。

对于以高炉煤气为燃料的双蓄热燃烧系统的炉压控制需要注意下列问题：

（1）配置足够的蓄热体，以保证在大负荷供热或者部分蓄热通道被堵的情况下，炉内的烟气能够顺利排出，换向阀前烟气不超过规定的温度。

（2）排烟风机能力应留有一定的富余，保证长时间运行后，排烟系统有足够的抽力将烟气排出。

（3）合理控制换向时序，减少炉压波动。

5.1.7　坯料的氧化烧损

对于长材加热来说，氧化烧损会降低加热质量，减少金属收得率，增加能耗，因而减少氧化烧损率对提高经济效益具有重要意义。

5.1.7.1　坯料的氧化机理

坯料在炉中加热，坯料中的 Fe 和炉气中的 O_2、H_2O、CO_2 等主要氧化性气体在高温下发生化学反应，生成 FeO、Fe_2O_3、Fe_3O_4 等氧化物，形成了氧化铁皮。

坯料主要和炉内 O_2 反应，其方程式如下：

$$2Fe + O_2 =\!=\!= 2FeO$$

$$3Fe + 2O_2 = Fe_3O_4$$

$$4Fe + 3O_2 = 2Fe_2O_3$$

以上三个反应是不可逆的，只要有 O_2 存在，就发生该反应。

同时，坯料和炉内 CO_2、H_2O 发生反应，其方程式如下：

$$Fe + CO_2 = FeO + CO$$

$$3FeO + CO_2 = Fe_3O_4 + CO$$

$$Fe + H_2O = FeO + H_2$$

$$3Fe + 4H_2O = Fe_3O_4 + 4H_2$$

$$3FeO + H_2O = Fe_3O_4 + H_2$$

$$2Fe_3O_4 + H_2O = 3Fe_2O_3 + H_2$$

这些反应是可逆的。

同时，如果燃料中含有 S，烟气中的 SO_2 在坯料表面生成低熔点的 FeS，加剧氧化铁皮的生成。

炉内氧化铁皮的厚度将遵守 Fick 定律，计算加热炉中坯料氧化层厚度的公式是：

$$\frac{dS_{ox}^2}{d\tau} = 2k\exp\left(-\frac{A}{T}\right) \tag{5-7}$$

式中　S_{ox}——坯料氧化层厚度，m；

　　　　τ——在炉时间，h；

　　　　T——坯料表面温度，K；

　　k，A——与炉气 O_2、CO_2、H_2O 等浓度有关的系数。

5.1.7.2　影响坯料氧化的因素

影响坯料氧化的因素有：

（1）加热温度：坯料在 600℃ 以下的炉温基本不生成氧化铁皮；700℃ 时生成的氧化铁皮达到可测量程度；炉温超过 900℃ 时，炉内氧化铁皮显著增加。长材加热炉的炉温大多在 1000～1250℃ 之间，正好位于易于生成氧化铁皮的温度段。

（2）加热时间：时间越长，氧化铁皮生成量越大。

（3）炉内气氛：炉气中 O_2、CO_2、H_2O 均为氧化性气体，氧化能力最强的是 O_2。O_2 一是随助燃空气进入炉内，另一个进入炉内的途径是吸冷风。如何控制空燃比、炉头吸冷风是改善炉内气氛、减少氧化烧损的措施。

（4）钢的化学成分：钢的化学成分对钢的氧化烧损也有显著的影响。虽然钢的化学成分是坯料加热时无法改变的，但是必须针对其化学成分制定相应的加热制度。一般来说，增加碳含量可提高钢的抗氧化能力，Cr、Al、Si、Ni 等元素可在金属表面形成连续、致密的氧化膜而显著提高钢的抗氧化能力，W 可破坏这层氧化膜。

5.1.7.3　减少坯料氧化的措施

减少坯料氧化的措施有：

（1）严格控制各段空气过剩系数。减少氧化烧损要严格控制各段空气过剩系数，根据加热工艺，均热段不可避免吸入冷风，同时要求均热段保持弱氧化气氛，均热段空燃比控制在 0.9～0.95 为宜，而加热段空燃比可控制为 1.05～1.1。

加热炉操作应尽量平稳，避免急剧调整炉温，避免在炉温超温后，直接向炉内喷助燃空气降温。

加热炉的各控制段应尽量避免在低负荷下运行；为了保持火焰长度或为了避免回火，可人为加大空气过剩系数。

（2）加强热工仪表的管理。仪表不正常就达不到控制炉内气氛的目的。煤气热值分析仪、残氧分析仪、炉温热电偶、流量检测装置和流量控制阀等仪表应及时校正，以准确控制炉内参数。

（3）制定合理加热升温曲线和动态管理二级计算机系统。为了使坯料在炉时间最短，特别是在高温段停留时间最短，应针对性地根据坯料尺寸、入炉温度、出炉温度和钢种，制定最优加热曲线，减少氧化烧损。二级计算机系统能更准确地控制坯料出钢温度的准确度，减少温度过高造成的氧化烧损。同时，二级计算机系统可在停轧保温期间自动管理炉温，降低氧化烧损。

（4）尽量采用热装并提高热装温度。实践表明：采用热装并提高热装温度，可减少坯料在炉时间，显著降低氧化烧损。

降低炉内烧损率，不仅可以提高金属收得率，提高效益，同时也可以降低能耗，二者是一致的。

5.1.8　坯料的脱碳

对于重轨钢、轴承钢、弹簧钢、工具钢等高碳钢的加热，还需要关注如何在加热过程中降低坯料表面的脱碳问题。

5.1.8.1　钢的脱碳机理

脱碳和氧化是同时发生的，和铁被氧化一样，坯料表面附近的碳（以 Fe_3C 形式存在）首先被炉内气氛氧化，具体反应方程式如下：

$$2Fe_3C + O_2 \Longrightarrow 6Fe + 2CO$$

$$Fe_3C + H_2O \Longrightarrow 3Fe + H_2 + CO$$

$$Fe_3C + CO_2 \Longrightarrow 3Fe + 2CO$$

$$Fe_3C + 2H_2 \Longrightarrow 3Fe + CH_4$$

随着表面层碳氧化，表面层的碳浓度降低，坯料内部的碳向坯料表面扩散，造成坯料更深处区域碳浓度降低，并形成一定厚度的贫碳区，这就是脱碳过程。

炉内氧化铁皮的厚度和氧化一样，将遵守 Fick 定律。通常，我们将除去氧化层后，碳含量不大于95%原始碳含量的坯料厚度定义为脱碳层厚度。对于普碳钢的明火加热，计算坯料脱碳层厚度的公式是：

$$\frac{d(S_{ox} + S_{dc})^2}{d\tau} = 9\left\{0.515\left[1 - 23.2w(C)\right]\exp\left[\left(-\frac{19900}{T}\right) + 0.242w(C)\exp\left(\frac{6790}{T}\right)\right]\right\} \tag{5-8}$$

式中　S_{ox}——坯料氧化层厚度，m；

　　　S_{dc}——坯料脱碳层厚度，m；

　　　τ——在炉时间，h；

　　　T——坯料表面温度，K；

$w(C)$——坯料中原始层碳的质量分数，%。

5.1.8.2　影响钢脱碳的因素

影响钢脱碳的因素有：

（1）加热温度：一般随着温度的升高，脱碳会越来越强烈。但是，有些钢种如高碳铬轴承钢在1150℃有一个温度拐点，随着温度上升，脱碳速度会降低。

（2）加热时间：脱碳层深度与加热时间呈抛物线关系，时间越长，脱碳层深度越大。

（3）炉内气氛：在加热炉中，特别是采用含氢燃料的加热炉，通过控制炉内气氛来降低脱碳层厚度基本上是不可行的，因为燃料采用不完全燃烧方式，燃烧的烟气中势必含有一定量的 H_2，而 H_2 是一种很强的脱碳气体，因而还原性气氛未必可减小脱碳层厚度；正好相反，只有氧化性气氛可降低脱碳层厚度，但这与氧化烧损控制相矛盾。

（4）钢的成分：有文献表明，钢中含铬可降低脱碳速率，因而轴承钢含铬较多。

5.1.8.3　减少钢脱碳的措施

影响钢脱碳的四个因素中，能够改变的是加热温度和加热时间，具体长材加热炉减少钢脱碳的措施如下：

（1）准确控制出钢温度，并在加热过程中严格控制炉温，在满足轧制出钢温度和温差的前提下，降低坯料表面温度。

（2）制定合理的加热曲线，尽量减少钢的加热时间特别是在高温区的停留时间。

（3）对于步进梁式加热炉，可通过将步进机构分段的办法，提高坯料在高温段的运行速度，降低坯料在高温段停留时间，从而降低氧化烧损。而实际生产中会增加操作难度，基本不被使用。

5.1.9 坯料加热的能耗

5.1.9.1 单耗

对于长材加热炉，通常采用连续运行方式，坯料加热的能耗一般用单耗表示。单耗的定义式如下：

$$R = \frac{BQ_d}{G} \tag{5-9}$$

式中　R——单耗，kJ/kg；

　　　B——炉子燃料消耗（标态），m^3/h（或 kg/h）；

　　　Q_d——燃料低发热值（标态），kJ/m^3（或 kJ/kg）；

　　　G——炉子产量，kg/h。

一般情况下，加热炉以额定产量加热冷装代表规格坯料到出钢温度时的单耗被称为额定单耗，而月或全年的燃料消耗量和产量比被称为平均单耗。平均单耗由于炉子停炉、保温待轧等因素，往往小于额定单耗。长材加热炉的额定单耗如表 5-3 所示。

表 5-3　长材加热炉的额定单耗

轧机类型	设定出钢温度/℃	额定单耗/GJ·t⁻¹	
		平均先进指标	先进指标
大　型	1250	1.45	1.35
中　型	1150	1.30	1.17
小　型	1150	1.32	1.23
高速线材	1100	1.20	1.125

注：1. 额定单耗未特殊注明时是指加热冷装（20℃）碳素结构钢标准坯、炉内水梁或炉底水管 100% 绝热、达到额定设计产量时的单位燃料消耗。

　　2. 本表适用于步进梁式炉、推钢式炉和环形加热炉。对于无水冷滑轨推钢炉，单耗值可以降低一些。

　　3. 本表适用于非蓄热供热方式和常规控制模式，蓄热式燃烧和脉冲控制单耗值可以降低一些。

5.1.9.2 加热炉炉膛热平衡

可以用理论方法分项计算出热量收入和支出项，编制加热炉炉膛热平衡表，最后求出燃料消耗量。

热量收入项包括：燃料燃烧化学热 Q_{s1}、燃料物理热 Q_{s2}、助燃空气物理热 Q_{s3}、雾化剂物理热 Q_{s4}、钢氧化反应的化学热 Q_{s5}。

热量支出项包括：物料吸热 Q_{z1}、烟气带走热量 Q_{z2}、水冷热损失 Q_{z3}、炉衬热损失 Q_{z4}、孔洞热辐射损失 Q_{z5}、孔洞逸气热损失 Q_{z6}、不完全燃烧热损失 Q_{z7}、排渣热损失 Q_{z8}、化学反应热损失 Q_{z9}、干燥蒸发热损失 Q_{z10}。

各项热平衡的计算可参照 GB/T 13338《工业燃料炉热平衡测定与计算基本规则》进行。典型的热平衡表如表 5-4 所示。

表 5-4　加热炉典型的热平衡表

热　量　收　入		热　量　支　出	
项　目	所占比例/%	项　目	所占比例/%
燃料化学热	约86	坯料加热	50~53
空气物理热	约12	燃烧产物	33~37
钢氧化放热	约2	炉墙热损失	1~2
		水冷损失	8~9
		开孔损失	1~2
		其他损失	2~3
合　计	100	合　计	100

热平衡分析的意义在于直观看到热量支出项和各支出项所占比例，从而为节能降耗措施的采取提供指导方向。

5.2　加热炉炉型结构和设备

5.2.1　加热炉炉型

5.2.1.1　加热炉的种类

长材加热炉按照坯料在炉内运行方式，可分为推钢式炉和步进式炉，步进式炉又可分为步进底式和步进梁式。推钢式加热炉是将坯料平放在炉底或支撑梁上，采用推钢机推动坯料在炉内运动。步进式炉是用步进底或步进梁通过步进运动搬运物料在炉内运动。不同炉型的特性比较如表5-5所示。

表5-5　不同炉型的特性

项　目	推钢式炉	步进底式炉	步进梁式炉
运动方式	滑动前进	步进机构搬运	步进机构搬运
对坯料要求	可加热方坯、矩形坯	可加热矩形坯、方坯、圆坯、钢锭	可加热矩形坯、方坯、圆坯、钢锭
坯料运动时的振动	大	很小	很小
滑　痕	底部有划痕	底部无划痕	底部无划痕
限制加热钢种	不锈钢、易脱碳钢	无	无
黑　印	大	小，但缝隙处有低温点	较大
自动化程度	差	高	高
炉长限制因素	受推钢比限制	无	无
水梁寿命	长	短	短
单双面加热	可双面加热	单面加热	双面加热
能　耗	较大	大	小
一次投资	小	较大	大

随着节能、加热质量和自动化要求的提高，现代长材轧线加热炉越来越多采用双面加热的步进梁式加热炉。

5.2.1.2　装出料方式

装料方式有侧装和端装，出料方式有侧出和端出等方式。装出料方式的选择和炉子种类、坯料状况和该轧线上加热炉座数有关。

对于推钢式炉，只能采用端部装料，出料方式可采用侧出和端出两种。端部出料存在吸冷风严重、热损失大的缺点，应尽量采用推钢机侧推出料方式。

对于步进梁式加热炉，装出料方式可按照表5-6选择。

表5-6　步进梁式加热炉装出料方式

轧机类型	坯　料	装料方式	出料方式
高速线材	小方坯	侧　进	侧　出
小型轧机	小方坯	侧　进	侧　出
中型轧机	小方坯、矩形坯、H型坯	端进或侧进	侧　出
大型轧机	大方坯、矩形坯、H型坯	端　进	端　出

一般采用悬臂辊完成侧进侧出装出料方式。

端进采用推钢机或装钢机完成，端出采用出钢机完成。

对于坯料规格较多的加热炉，为了增加坯料转换的灵活性，可采用"端进 + 侧出"或"端进 + 端出"的装出料方式。

5.2.1.3　炉型结构和烧嘴布置方式

炉型结构的影响因素有前面叙述的装出料方式，同时温度段划分、烧嘴的布置方式、排烟方式等对炉型结构也有影响。

A　温度段的划分

为了满足加热工艺升温曲线和炉子温度控制的要求，炉子在炉长方向分为均热段、若干个加热段和不供热的预热段。

各段的炉膛高度和深度可以不同，同时各段炉膛之间有隔墙、压下等结构。

B　烧嘴的布置

烧嘴布置方式共有三种：炉顶加热方式、端加热方式、侧加热方式。

炉顶加热方式一般选用平焰烧嘴，优点是在炉顶上形成一层均匀的高温气层，温度分布均匀；缺点是在长度方向上调节性差、操作环境温度高、造价高等。建议用于均热段上。对于长材坯料加热，上加热用炉顶平焰烧嘴是一个不错的选择。

端加热方式能够保证炉宽方向温度的均匀性，并能灵活调整炉宽方向供热量分配以适应坯料的变化；缺点是不能灵活调整炉长方向的供热量，同时在结构布置上会带来很多不便，特别是需要增加"狗洞"，给操作环境和管道布置带来很多问题。对于长材坯料加热，下加热段可以采用端加热方式。

侧加热方式布置简单，能够灵活调节炉长方向的供热量分布以适应加热制度的变化，侧烧嘴保证炉子宽度方向温度均匀性的前提是能够灵活调整侧烧嘴的火焰长度；缺点是对于宽度较大的炉子，采用流量比例控制时，火焰长度无法保证炉子宽度方向的温度均匀性。在这种情况下，建议采用脉冲控制模式。

C　排烟方式

排烟方式分为上排烟和下排烟两种方式，具体选择哪种排烟方式要根据车间平面布置来确定。

排烟方式的不同，对装料端的炉型结构带来影响，其中烟气流动在炉宽方向均匀性对坯料加热有影响。

5.2.2　加热炉用烧嘴

对于长材加热炉，常用的烧嘴有平焰烧嘴、调焰烧嘴、直焰烧嘴和蓄热烧嘴。可根据工艺要求、燃料条件和炉型结构来选择合适的烧嘴。

5.2.2.1　平焰烧嘴

燃气平焰烧嘴用于炉顶加热。在平焰烧嘴中，煤气由顶部引入烧嘴内管，经导流片使气流旋转，然后从烧嘴头以一定角度喷出。空气由侧部进入烧嘴外管，经切向布置的导流孔后，旋转的气流在烧嘴头部与旋转的煤气气流混合燃烧，由于贴附效应，气流沿特殊设计的烧嘴砖内壁向四周铺展，从而形成贴附于炉顶的一层平焰。平焰烧嘴外形如图5-5所示。

5.2.2.2　调焰烧嘴

调焰烧嘴一般安装在加热炉侧墙上，可适应煤气、燃油等多种燃料。

助燃空气分两次供给，采用分段燃烧法，降低了火焰温度峰值，改善了火焰温度分布的均匀性，同时降低了 NO_x 的生成。调焰烧嘴可通过改变一次风、二次风的比例，来调整火焰的长度。同时，煤气被喷入到低 O_2 区，燃烧持续时间将被延长，消除高温集中区，炉温将更为均匀。调焰烧嘴外形如图5-6所示。

图5-5　平焰烧嘴

5.2.2.3　直焰烧嘴

直焰烧嘴安装在加热炉端部，适应煤气、燃油等多种燃料。

煤气和空气由侧部进入烧嘴内，烧嘴保证燃料和助燃空气充分混合、燃烧。由于降低 NO_x 的需要，可将这种烧嘴助燃风分两次给入，但两次给入风量比例是固定的。直焰烧嘴外形如图5-7所示。

图 5-6　调焰烧嘴

图 5-7　直焰烧嘴

5.2.2.4　蓄热烧嘴

蓄热烧嘴利用蓄热介质，通过换向装置周期性地加热蓄热介质，并组织燃料和助燃控制燃烧。蓄热介质能和烟气、空气和煤气等介质充分接触换热，预热温度效率高，预热温度一般达到 900 ~ 1000℃，排烟温度可控制到 160 ~ 200℃，节能效果明显。同时，由于蓄热燃烧能够得到比较高的蓄热温度，所以低热值燃料可用于加热出料温度高的坯料。

蓄热烧嘴按照蓄热介质不同，可分为单蓄热烧嘴和双蓄热烧嘴，一般安装在加热炉侧墙上。

选用蓄热烧嘴时，需要考虑下列因素：

（1）配置数量合适的蓄热体。蓄热体的数量要与烟气流量和温度、换向周期相匹配。

（2）换向装置须在工作温度下保证严密性和使用寿命。

（3）和蓄热烧嘴配套的助燃风机、排烟风机性能应留有足够的余量，主要是考虑到换向装置的泄漏和蓄热体发生部分堵塞。

另外，蓄热燃烧系统也存在以下不足：

（1）维护费用比较高，主要是蓄热体和换向装置的维护费用。

（2）炉压波动比较严重，在使用一段时间后炉压偏高，冒火现象比较严重。

（3）换向时产生泄漏，空燃比控制有一定难度。

5.2.3　预热器

目前长材加热炉应用最常见的预热器为金属管式空气预热器。

为了给烧嘴提供热风，在加热炉上采用空气预热器回收烟气余热。图 5-8 是空气预热器的外形图。

一个炉子共设置若干组空气预热器。

空气预热器形式是带麻花形插入件的二行程金属管状预热器。金属管内插入麻花形薄板片，一方面增加了空气在管内的流速与行程，另一方面由于产生了连续不断的涡流，在离心力的作用下，管中心的空气与壁面边界层的气体可充分混合，从而减薄了层流底层，强化了对流传热，同时降低了管壁温度。

空气预热器高温管组采用 1Cr18SiAl 钢管或其他耐热钢钢管，空气预热器低温管组采用 20 号钢管或其他材质钢管。

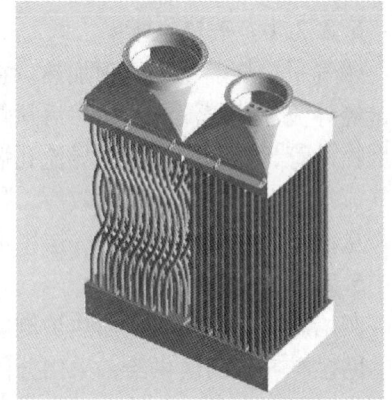

图 5-8　空气预热器

为了保护空气预热器，一般采取下列措施：

（1）在预热器前的烟道加掺冷风装置，使预热器前烟道的烟温不超过预先设定值。

（2）设置热风放散阀，当预热器预热温度超过预先设定值时，热风自动放散。

（3）在预热器最后排管组上设置热电偶，当管子温度低于设定值时，可适当提高第一个加热段炉温。

为了进一步回收烟气余热，也可以在烟道上设置煤气预热器、蒸汽过热器和省煤器等余热利用装置。

5.2.4 加热炉钢结构

加热炉钢结构是炉子的骨架,由普碳钢板和型钢焊接组成,用以支撑炉子耐火材料和设备。

加热炉钢结构分为三个主要部分:下部钢结构、上部钢结构和吊炉顶钢结构。

(1)下部钢结构:对于推钢式加热炉,下部钢结构用于炉底的架空,隔绝炉底热量向土建基础传递,保护土建基础温度在合理范围内。

对于步进式加热炉,下部钢结构由炉底铺板和大型工槽钢的横梁和立柱所组成,用以安装和支撑炉子支承梁和炉子砌体。考虑到炉底横梁的制作安装对保证炉子固定梁安装的平面度极为重要,以及在下部钢结构下部要安装步进梁立柱穿过炉底的开孔和裙式水封刀等,故它们与水封槽的制作需有一定的配合要求,因此该部分钢结构应与步进框架和支撑梁一起在制造厂加工制作,以便顺利安装。

(2)上部钢结构:上部钢结构的侧墙由钢板与工槽钢立柱焊接而成,用以安装炉门和炉体锚固砖的挂钩。锚固砖的挂钩是用耐热钢制作的。沿炉两侧长度方向的钢板内侧,上下间隔有序地焊接有耐热钢材质的托架。炉顶上部支撑结构用中小型工字钢和 H 型梁及其支撑立柱焊接而成,用以铺设平焰烧嘴的操作平台和支撑炉子上部的空煤气管道。

(3)吊炉顶钢结构:当加热炉采用浇注料作为工作层时,为了安装吊挂炉顶的锚固砖并使炉顶耐火材料在生产使用中具有稳定的结构,吊炉顶钢结构需由刚性大的小型工字钢梁构成,每根梁搭接在炉子上部钢结构横梁上,下部吊挂有锚固砖,在锚固砖与吊梁之间用不同材质的锚固钩连接。当加热炉采用纤维材料作为工作层时,炉顶钢结构由型钢和钢板焊接而成。

钢结构强度要考虑支撑耐材、管道、设备和通行平台总重量,还要考虑温度对钢结构造成的影响。

钢结构如果在工厂制作,要考虑运输和安装的便利性。

5.2.5 耐火材料的选用和砌筑结构

5.2.5.1 热工窑炉对耐火材料的要求

热工窑炉对耐火材料的要求是:

(1)能抵抗高温热负荷作用,不软化,不熔融,要求具有相当高的耐火度。

(2)具有高的体积稳定性,残存收缩及残存膨胀小,无晶型转变及体积效应小。

(3)能抵抗高温热负荷和重负荷的共同作用不丧失强度,不发生蠕变和坍塌;要求材料具有相当高的常温强度和高温热态强度,高的荷重软化温度和抗蠕变性。

(4)能抵抗温度急剧变化或受热不均的影响,不开裂不剥落;要求材料具有好的耐热震性。

(5)能抵抗火焰和炉料、料尘的冲刷、撞击和磨损。

(6)外形整齐,尺寸准确,质优价廉,便于运输、施工和维修等。

5.2.5.2 耐材选型

炉顶结构如图 5-9 所示。其中工作层为可塑料或浇注料,厚度为 230mm;绝热层为绝热板,厚度为 30~50mm;防护层为纤维浇注料,厚度为 50~70mm。

炉墙结构如图 5-10 所示。其中工作层为低水泥浇注料或可塑料,厚度为 230mm;保温层为轻质隔热砖,厚度为 115mm;绝热层为绝热板,厚度为(50~60)mm×2 层。

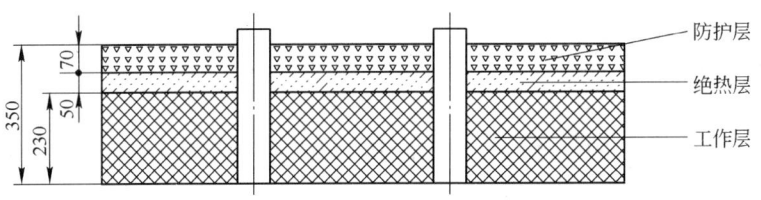

图 5-9 加热炉炉顶结构示意图

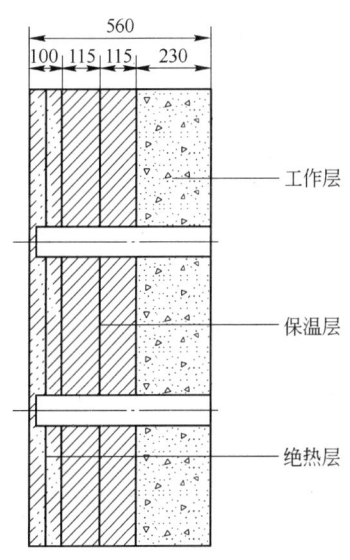

图 5-10 炉墙结构示意图

炉底结构如图5-11所示。其中工作层为浇注料或高铝砖，厚度为116mm；过渡层为重质高铝砖LZ-65 + 重质黏土砖N-1，厚度均为65mm；保温层为轻质隔热砖，厚度为65mm × 2层；绝热层为绝热板，厚度为50mm。

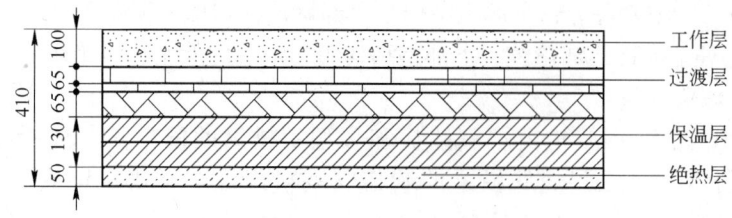

图5-11　炉底结构示意图

5.2.6　炉内水梁和垫块

5.2.6.1　炉内水梁

炉内水梁用于支撑炉内坯料，一般采用水冷或汽化冷却方式，保证在炉内高温环境下，水梁壁面温度相对稳定，保持自身一定强度，用于支撑炉内物料。

支撑梁由厚壁无缝钢管制作，纵向支撑梁采用水管结构，支撑梁立柱由无缝钢管制作。

炉底支撑梁的水平梁、立柱、T型接头、U型接管等在制造厂进行制作，其中水平梁与T型接头、U型接管的连接在制造厂焊接，立柱与水平梁（T型接头）的焊接在施工现场进行。已焊好的焊口采用保温罩或包扎缓冷措施。

对于推钢式加热炉，水梁纵梁应固定在装料端基础上，并可以在横水管上自由膨胀。

对于步进式加热炉，水梁立柱管与纵向梁采用刚性焊接结构连接，立柱管在安装时要考虑到纵向梁受热时的膨胀量（预应力处理），以使其在炉子工作状态下保持与纵向梁的垂直受力。在立柱管根部做成可调的结构，便于安装时调节纵梁的水平标高。

对于长材加热炉，坯料长度一般大于4m，可采用水梁交错方式来减少水梁遮蔽给坯料带来的"黑印"。

5.2.6.2　水梁垫块

在炉底支撑梁上设置耐热垫块将水冷管低温面与加热的板坯相互隔开是减少和消除水管处"黑印"的有效措施。

长材加热炉可分为线材加热炉、棒材加热炉和型钢加热炉，各段垫块材质可根据炉温不同，采用不同的材质，见表5-7。

表5-7　加热炉各段的材质

炉子种类	均热段	加热段	预热段
棒材加热炉	Co20 或 Co5	Cr25Ni31WNbRe	Cr25Ni20
线材加热炉	Cr28Ni48W5 或 Cr25Ni31WNbRe	Cr25Ni31WNbRe	Cr25Ni20
型材加热炉	Co40 或 Co50	Co20 或 Cr25Ni20	Cr25Ni20

对于垫块高度，一般按表5-8进行选取。

表5-8　加热炉垫块高度　　　　　　　　　　　　　　　　　（mm）

均热段	加热段	预热段
80 ~ 100	约80	60

垫块固定方式分为焊接固定和骑卡固定两种，预热段垫块一般采用焊接固定方式。而加热段和均热段垫块，两种方式均可采用。

对于推钢式加热炉，垫块一般宜采用焊接固定方式。

5.2.6.3　水梁绝热包扎结构

一般情况下，水梁包扎采用高铝纤维毯和浇注料的复合包扎结构，其中浇注料厚度为60mm，高铝纤维毯厚度为20mm。

水梁包扎也有采用预制块结构的，这可以减少维修时间和维护成本。

5.2.7 加热炉附属设备

加热炉附属设备包括：装炉门升降装置、出料炉门升降装置、装料悬臂辊、出料悬臂辊、装料推钢机、装料机、出料机、出料推钢机、步进式炉底步进机械等。

5.2.7.1 装、出料炉门升降装置

加热炉的装、出料炉门多为上下开启形式。设置炉门升降装置用于开启或关闭炉门。

炉门升降装置的分类如下：

（1）手动炉门升降装置，主要用于正常生产时很少开闭的炉门，例如推钢式加热炉的装料炉门升降装置。用扇形链轮杠杆或蜗轮蜗杆升降机人工驱动。

（2）电动炉门升降装置，适用于各种炉门的升降，对于炉门重量大于 2t 的炉门，一般要使用平衡重来平衡炉门重量，以减小电机扭矩。

（3）液压驱动炉门升降装置，适用于炉门重量大于 4t 的炉门。

（4）气动炉门升降装置，适用于炉门重量小于 0.2t 的小型侧开炉门。

除手动炉门外，其他炉门都由 PLC 控制，为保证安全生产，与相关设备都有连锁关系。

5.2.7.2 装、出料悬臂辊

装、出料悬臂辊适用于侧进、侧出的加热炉。装料悬臂辊将坯料从炉子侧部运送到炉内；出料悬臂辊将炉内坯料从侧部运送到炉外。悬臂辊的机械强度应满足在高温环境下运载物料的要求，辊轴一般采用水冷方式；悬臂辊的运转转速满足工艺节奏的要求；悬臂辊的布置不得和炉内支撑梁的布置发生干扰。

悬臂辊由变频电机驱动，速度可调，以便于相邻辊道同速。

悬臂辊由 PLC 控制，为保证安全生产，与相关设备都有连锁关系。

5.2.7.3 装料推钢机

根据炉型的不同，装料推钢机的分类如下：

（1）推钢炉装料推钢机。布置在加热炉装料侧端部，用于将坯料推入炉内，它也是坯料在炉内运行的唯一动力，因此推力及行程都比较大。

此种装料推钢机一般有两种形式：齿条式推钢机、液压式推钢机。

齿条式推钢机（图 5-12）由电机驱动，工作可靠；但设备机构复杂，体积、重量都较为庞大，造价高。

液压式推钢机（图 5-13）由液压缸驱动，结构简

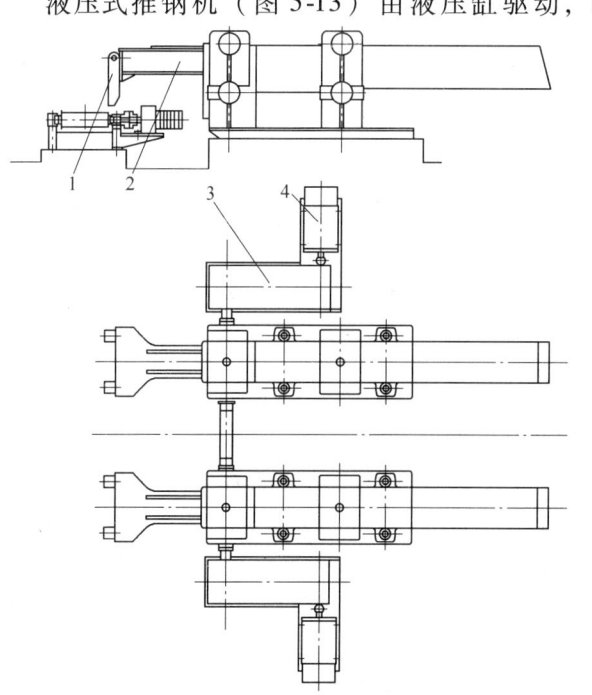

图 5-12 推钢炉齿条式推钢机

1—推头；2—导向杆；3—减速机；4—电动机

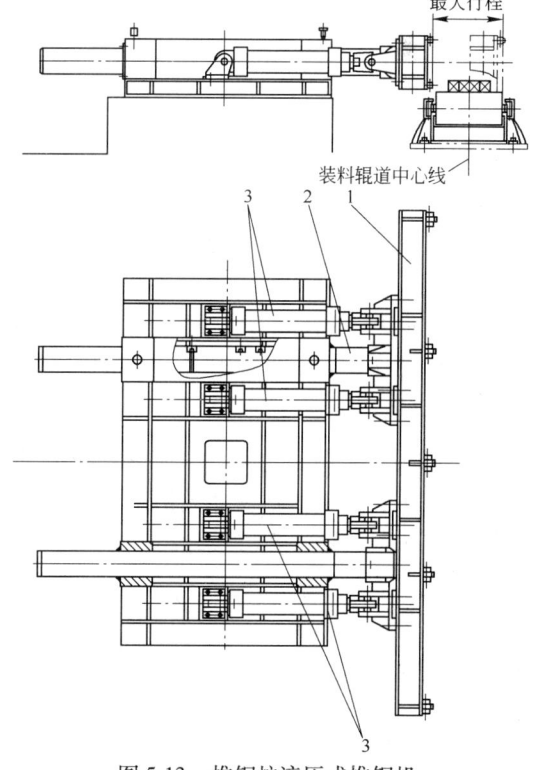

图 5-13 推钢炉液压式推钢机

1—推头；2—导向杆；3—液压缸

单，推力大；但需要设置专门的液压站提供动力源，如能利用车间原有的液压站，则优点更加显著。

（2）悬臂辊侧装料的步进炉装料推钢机（图 5-14）。布置在加热炉装料侧端部，用于将悬臂辊上的坯料推正，并保证与前一块坯料的间距及炉内的坯料垂直于炉子中心线。由于此种推钢机只推一块坯料，因此推力及行程都比较小。驱动形式一般多为液压缸驱动。

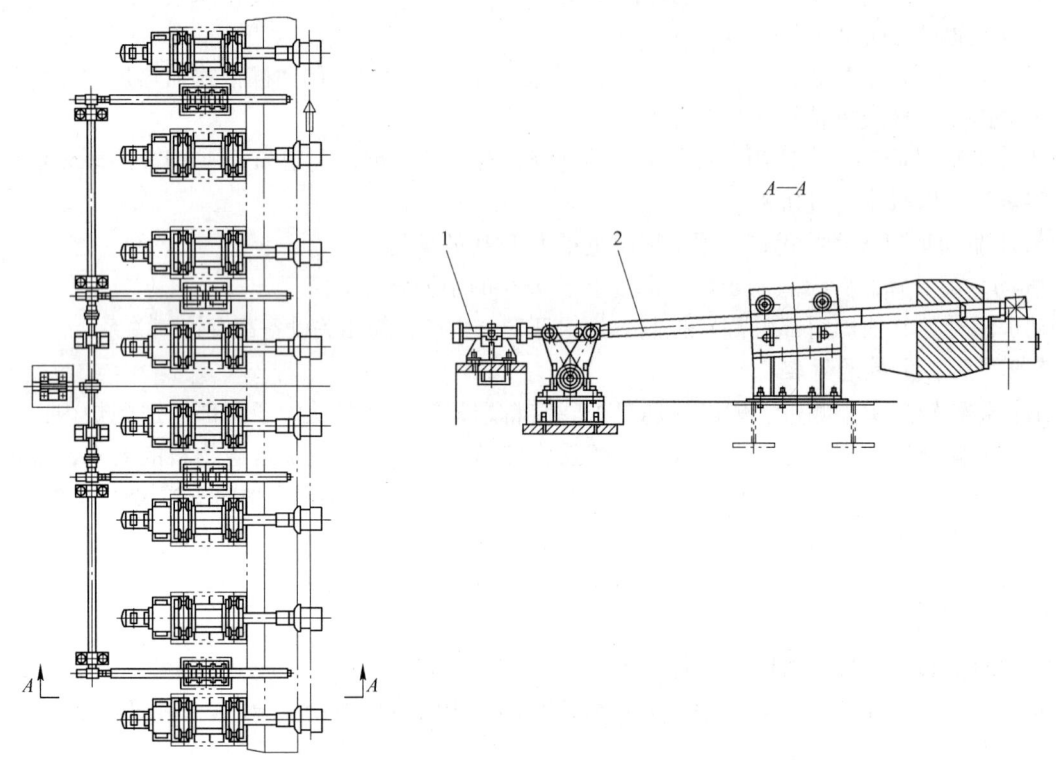

图 5-14　悬臂辊侧装料的步进炉装料推钢机
1—液压缸；2—推杆

以上两种装料推钢机均由 PLC 控制，为保证安全生产，与相关设备都有连锁关系。

5.2.7.4　装、出料机

装料机（图 5-15）位于加热炉装料端，用于将装炉辊道上已定位的钢坯送到加热炉内。该设备分为升降和进退两种动作，升降动作由液压缸驱动，进退动作由电动机驱动。

托料杆上设有高于辊面的推头，其工作顺序为：推正、上升、前进、下降、后退。

出料机（图 5-16）位于加热炉出料端，用于将炉内已加热好的钢坯取出送到出炉辊道上。该设备分为升降和进退两种动作，升降动作由液压缸驱动，进退动作由电动机驱动。

其工作顺序为：前进、上升、后退、下降。

5.2.7.5　出料推钢机

在出料侧为实炉底的侧出料加热炉的出料端侧面设置出料推钢机（图 5-17）。当加热好的钢坯到达出料位置后，出料推钢机推杆伸入炉内，将钢坯推到炉外出料辊道上。

出料推钢机一般采用摩擦辊传动的方式。推力较大时上下摩擦辊同时传动，推力小时只用下摩擦辊传动。

有的小型钢坯加热炉，轧制周期很短，为满足轧制周期的要求，将出料推钢机放在一个可以横移的小车上。当一批钢坯（例如 3 ~ 8 根）到达出钢位置后，靠出料推钢机的横向移动，可以依次将钢坯逐根推出炉外。

推杆一般采用连铸方坯，在推杆头部装上清渣推头，还可将炉底的氧化铁皮清出炉外。

出料推钢机由 PLC 控制，为保证安全生产，与相关设备都有连锁关系。

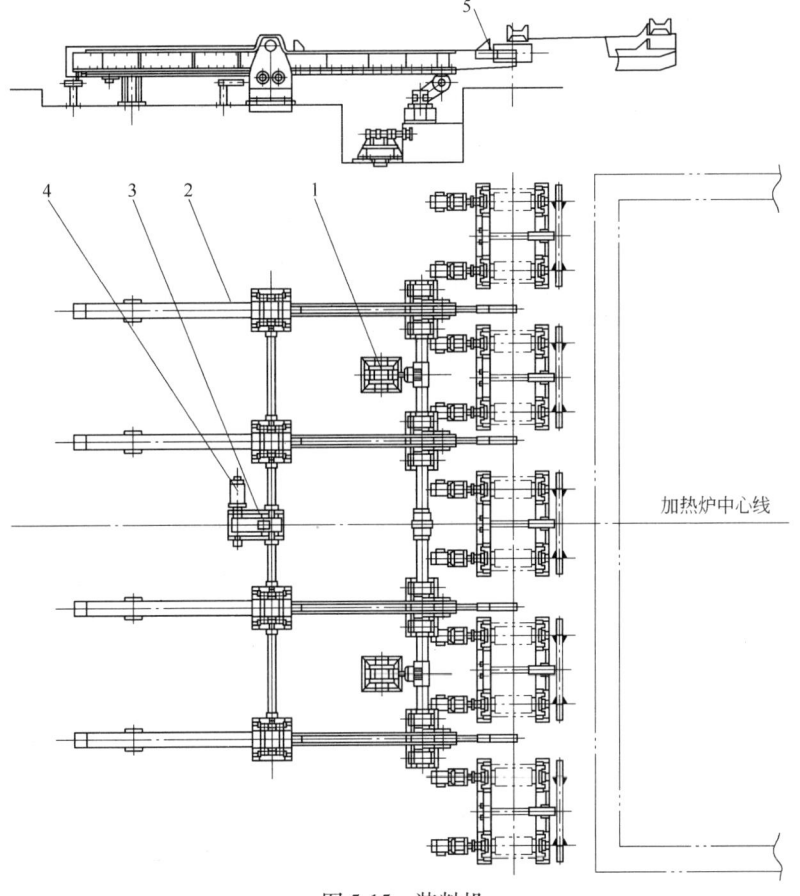

图 5-15　装料机

1—液压缸；2—托料杆；3—减速机；4—电动机；5—推头

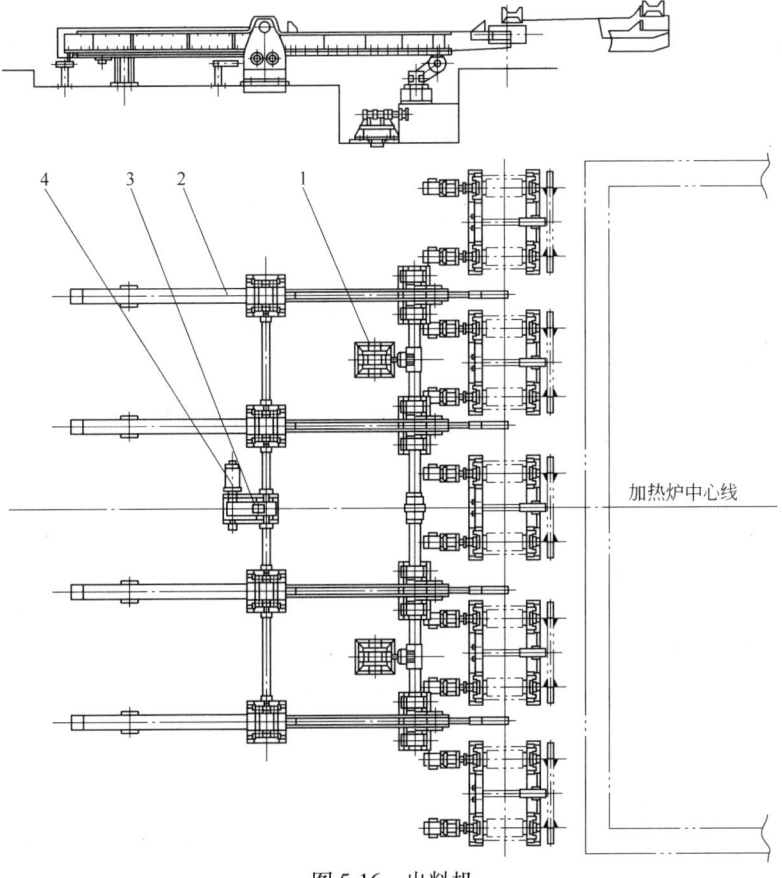

图 5-16　出料机

1—液压缸；2—托料杆；3—减速机；4—电动机

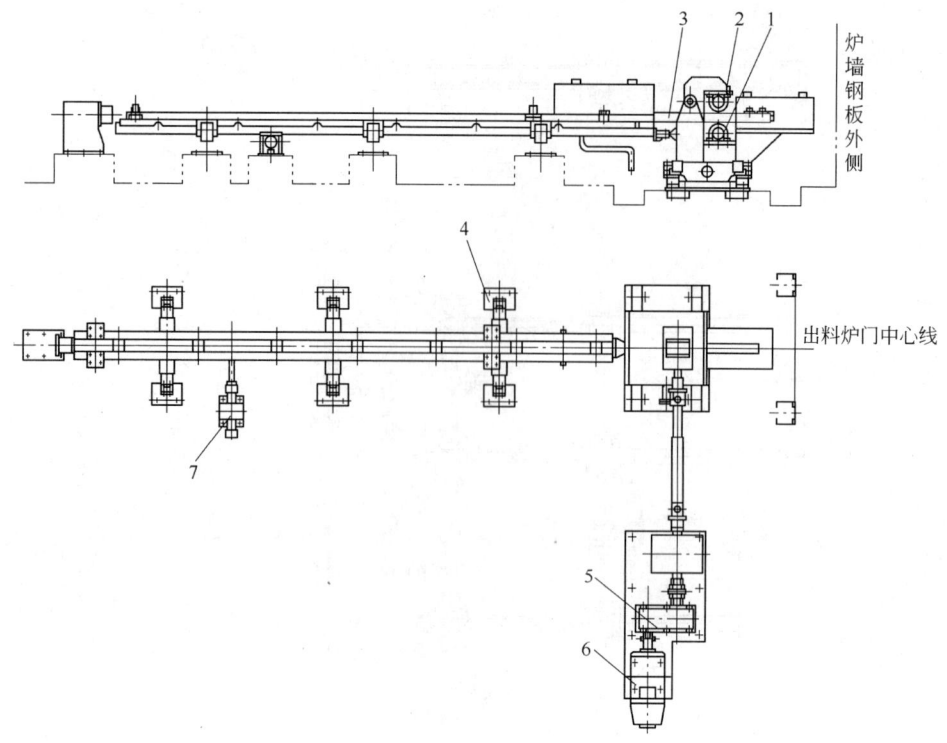

图 5-17　出料推钢机

1—下摩擦辊；2—上摩擦辊；3—推杆；4—横移轨道；5—减速机；6—电动机；7—液压缸

5.2.7.6　步进式加热炉炉底步进机械

步进式炉的运行轨迹，目前绝大多数采用矩形轨迹。

炉底步进机械有水平运动和升降运动，步进梁的原始位置设在后下位。步进梁在上升过程中，将钢坯从固定梁上托起至后上位，然后步进梁前进至前上位，钢坯在炉内向前移动一个步距，步进梁下降至前下位，将钢坯放于固定梁上，而后步进梁返回原始位置，完成一次步进正循环动作。经如此多次循环，钢坯从炉子装料端一步步地向出料端移动，至使到达出料端的钢坯已被加热到预定的温度，再由出料设备将加热好的钢坯送出炉外进行轧制。

步进式加热炉的炉底步进机械由驱动机构、步进框架、定心装置组成。

A　驱动机构

驱动机构分为升降机构和平移机构两部分。而传动方式则有机械传动和液压传动两种。国外的步进式炉有一段时期多采用组合方式，即升降采用机械传动，平移采用液压传动。国内步进式炉现普遍采用液压传动。机械传动和液压传动的比较见表5-9。

表 5-9　机械传动和液压传动比较

项　目	液　压　传　动	机　械　传　动
性　能	(1) 便于调整速度； (2) 步进梁升降过程中间可以加减速以减少冲击； (3) 驱动力可以调节，易于控制，便于实现自动化	(1) 交流电机传动速度微调困难； (2) 步进梁升降过程中加减速调节需大量的控制设备，由于运行周期短，调整较困难
构　造	(1) 由标准液压元件组成液压站和传动机构，机构紧凑简单； (2) 液压站集中放于专用位置，炉底空间相对增大	(1) 传动机构较大，非标准件多，较复杂； (2) 电动机、减速机等传动机构必须放在步进梁附近，占炉底面积较多
可靠性	与液压元件的制造质量和配管技术的水平有关	使用时间较长，可靠性较好
维　修	(1) 液压元件已标准化，便于维修、更换； (2) 事故处理和安全措施容易； (3) 平移框架和升降框架共用一个液压站，便于管理和维护； (4) 炉底下部较宽敞，维修方便	(1) 机构较大，维修较困难； (2) 设备事故维修时间较长（如减速机事故等）； (3) 炉子下部场地相对较窄，设备多，维修场地较小

液压传动的步进机械升降机构有双轮斜轨和曲柄摇杆两种形式，国内目前采用最多的是双轮斜轨式。平移机构是液压缸直接驱动平移框架在上滚轮上做平移运动。

　　B　双轮斜轨式步进机械

双轮斜轨式炉底步进机械主要由以下几部分组成：斜轨、滚轮组、升降框架、水平框架、上定心装置、下定心装置、水平缸、升降缸等，如图5-18所示。

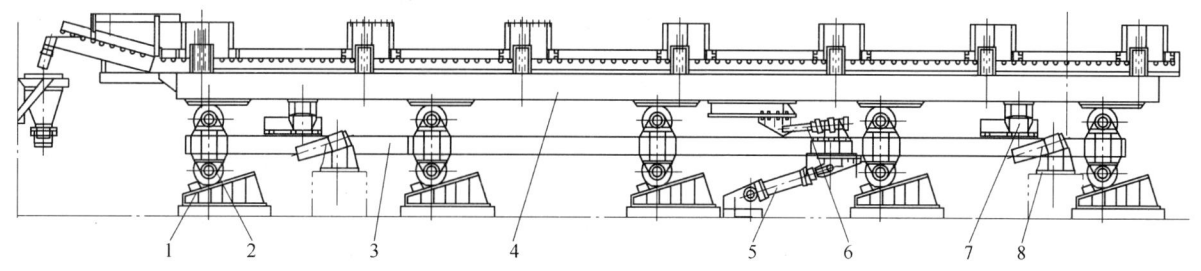

图5-18　双轮斜轨式步进机械

1—斜轨；2—滚轮；3—升降框架；4—平移框架；5—升降缸；6—平移缸；7—上定心轮；8—下定心轮

步进机构采用双层框架斜轨式结构。升降框架上下各有若干对滚轮组，在炉宽方向分两列布置，下面的滚轮靠斜轨座支撑，上面的滚轮支撑水平框架，框架各有四套升降定心和水平定心装置，保证使炉底步进机械沿炉子中心线正常运行，减少钢坯在炉内的跑偏，使钢坯被顺利地输送到出料端。升降定心装置安装于升降框架和炉子基础上，水平定心装置安装于升降框架和水平框架上。

　　C　步进机械的运行

步进梁以矩形轨迹运行，即分别进行升、进、降、退的连贯动作。并且在水平运动和升降运动过程中，运行速度是变化的。其目的在于保证水平运动和升降运动的缓起缓停，以及在升降过程中，当步进梁从固定梁上托起或向固定梁上放下钢坯时能轻托轻放，防止步进机械产生冲击和振动，避免损伤梁上的绝热材料和炉内钢坯表面氧化铁皮的脱落，延长维修周期和使用寿命。

在PLC的控制下，按照要求的运行曲线，液压站向执行机构（液压缸）提供足够压力及所需流量变化的液压介质，使步进梁能按照规定的程序实现升、进、降、退、正循环、逆循环、等高位等动作。在正常生产时，步进机械处于正循环状态，将要加热的钢坯从装料端一步步地送向出料端。在整个过程中，液压系统应保证执行机构准确地按照PLC的指令完成设定的运行轨迹及运行速度。

步进梁运行轨迹及速度曲线如图5-19所示。

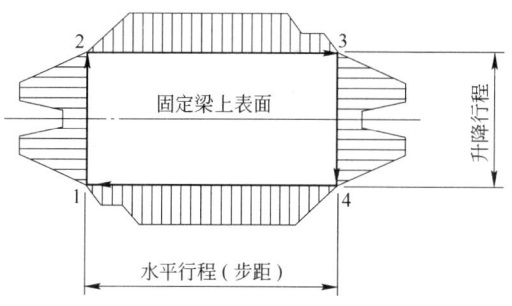

图5-19　步进梁运行轨迹及速度曲线示意图

5.2.8　加热炉管道系统

加热炉管道系统包括燃料管道系统、助燃空气管道系统、烟道和排烟管道系统、水冷管道系统和压缩空气管道系统。

5.2.8.1　燃料管道系统

燃料管道系统要满足工艺控制和安全的要求，同时要考虑操作和检修的便利。按照燃料形态不同可分为燃气管道系统和燃油管道系统。

　　A　燃气管道系统

（1）燃气总管：对于加热炉，燃气总管一般设置有开闭用的双阀，其中一个为切断用蝶阀，另一个为盲板阀。同时，燃气总管上还设置有快速切断阀满足安全切断要求，设置有调节阀满足压力调节的需求，设置流量检测装置、压力开关等。

按照欧盟标准，燃气总管的设备配置略有不同。

根据安全的需要，燃气总管的双切断阀应放置在厂房外；同时，燃气总管不应布设在地下或地下管廊中。

当总管的压力过高或过低时，总管上的传感器发出报警信号，或直接切断燃料供应。

（2）控制段总管：对于流量比例控制燃烧系统，在各控制段总管中一般设置流量调节阀和流量检测装置。

对于脉冲控制系统，为了更精确地控制空燃比，也设置流量控制段。

（3）烧嘴前管道：烧嘴前设置有手动调节阀、膨胀器或软管。如果采用脉冲控制系统，烧嘴前还设置有脉冲阀。

（4）氮气吹扫和放散管道：为了安全，燃气管道系统中还配备有氮气吹扫和放散管道。

B　燃油管道系统

根据燃油特性不同，燃油管道系统除燃油管道本身外，还配置有雾化介质管道、蒸汽伴热管道和稀油扫线管道等。

（1）燃油总管：燃油总管上配置有手动开闭阀、加热器、过滤器、加压油泵、自动切断阀、流量检测设备、总管回油控制阀、压力检测元件等。

当系统要求紧急停炉时，系统应有直接切断燃料供应的装置。

（2）控制段总管：对于燃油系统，一般采用流量比例控制燃烧系统，一般设置变量泵、过滤器和流量检测装置。

（3）烧嘴前管道：烧嘴前设置有手动调节阀、软管。如果采用烧嘴前回油，则烧嘴前集管的末端接回油用管道。

5.2.8.2　助燃空气管道系统

助燃空气管道系统要满足安全和温度控制的要求，同时要考虑操作和检修的便利。

（1）助燃风机：助燃风机是加热炉系统中的重要设备。风机风量、风压要满足工艺要求，同时噪声要满足环保要求，可靠性要满足长期运行的要求。

风机轴承一般设置温度监测。

为了降低风机噪声，风机入口一般设置消声器。此外，风机入口还配备有入口调节百叶阀、隔振软管。

根据情况需要，风机出口可配备插板阀。此外，风机出口还配备有出口隔振软管。

风机运行在低流量时，应有放置喘振措施。

（2）供风总管：冷风总管压力要维持稳定，需要有必要的调节设备。

当空气总管的压力过低时，总管上的传感器发出报警信号，或直接切断燃料供应。

如果空气预热，预热器后的管道还需要进行绝热包扎。

（3）控制段总管：对于流量比例控制燃烧系统，各段管道中一般设置有调节阀和流量检测装置。

对于脉冲系统，可不配置流量控制段。

（4）烧嘴前管道：烧嘴前设置有手动调节阀、膨胀器。如果采用脉冲控制系统，烧嘴前设置有脉冲阀。

为了安全需要，在烧嘴前集管上设置防爆装置。

如果是热风管道，管道上要有保温绝热措施。

5.2.8.3　烟道或排烟管道系统

根据排烟所需抽力大小的不同，排烟系统可分为自然排烟系统、引射排烟系统和强制排烟系统。

A　自然排烟系统

自然排烟系统的动力来自于烟囱，烟囱的高度除满足提供系统克服阻力的动力外，还需满足环保对烟囱高度的要求。

烟道上一般设置有余热回收用预热器、烟道闸板等。如果设置有预热器，还要设置掺冷风系统，用于保护预热器。烟道闸板用于调节炉膛压力。

如果烟道设置在地下，在基础上应设置排水设施，烟道基础上的积水最终集中起来，用水泵排出。

为了检修和砌筑方便，烟道上应设置必要的人孔门。

B 机械排烟系统

机械排烟系统包括引射排烟系统和强制排烟系统。

排烟系统的动力来自于排烟机，一般用于阻力大于1kPa的烟道系统。

排烟机的选型应考虑到工作温度、烟气量和抽力大小，为了保证排烟机的安全，排烟机前应设置掺冷风装置。

与排烟机出口相连的烟囱的高度应满足安全规范，应高于附近10m内最高建筑物约4m。

强制排烟系统的炉压调节可通过排烟机前的调节阀来完成，也可以通过变频电机来实现炉压的调节。

引射排烟系统和自然排烟系统相似，只是在烟囱上安装有一套引射器。

5.2.8.4 水冷管道系统

水冷管道系统分为净环水系统和浊环水系统。

A 净环水系统

净环水系统用于炉子水冷件的冷却，水冷件包括：炉内水梁、炉内悬臂辊、炉门、炉门横梁、摄像机、液压站等。

净环水的水质应满足要求。水冷系统的水量应满足各水冷件冷却安全的需要，水量分配要平衡。

水冷总管配置流量检测装置，并配备压力和温度等检测装置，总管压力、温度和流量等参数一旦异常，应及时报警。

如果采用闭路循环系统，即冷却水回水采用带压方式直接回到工厂水处理中心，各冷却回路应设置必要的流量开关和温度开关等设施，一旦异常，应及时报警。如果采用无压回水方式，回水总管能满足自然排水的要求。

为了保证设备的安全，还需配置相应的事故水系统，用于事故状态的供水。

B 浊环水系统

浊环水系统用于水封槽等设备的用水要求。

5.2.8.5 压缩空气管道系统

压缩空气管道总管配备有必要的压力检测装置，一旦低压，应发出报警，炉子系统应有相应的保护措施。

5.2.9 汽化冷却管道系统

汽化冷却管道系统由软水除氧给水系统、汽包、循环水泵、水梁冷却回路、排污系统及加热炉余热回收系统等组成。

5.2.9.1 软水除氧给水系统

如图5-20所示，由厂区供应的工业水经过软化器进行软化处理，合格的软化水进入软水箱，通过软水泵加压，经调节阀送入大气式热力除氧器，除氧后符合《工业锅炉水质》标准的除氧软化水通过给水

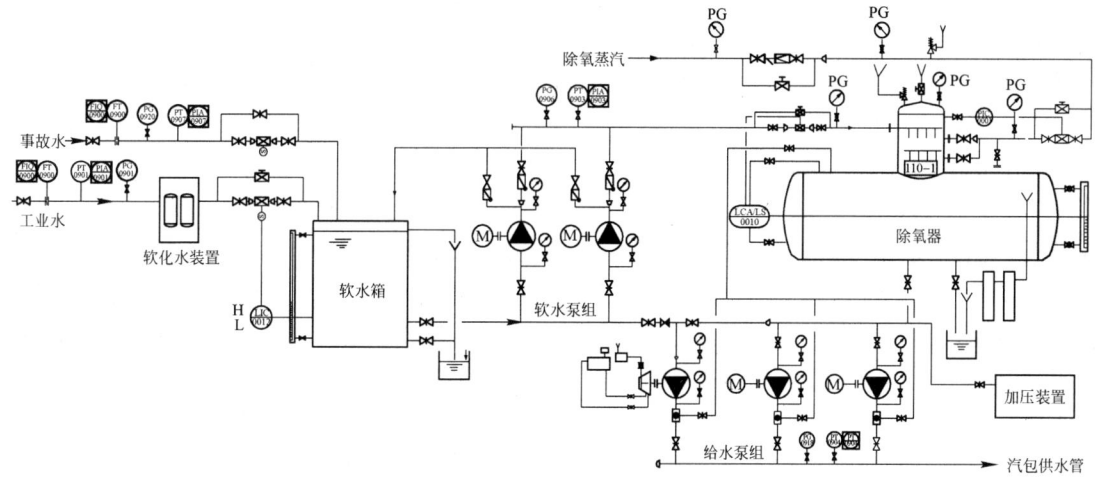

图5-20 汽化冷却的软水除氧给水系统

泵经给水调节阀送入汽包。

除氧用蒸汽经减压阀和调节阀进入除氧器，在除氧器中软水和蒸汽充分混合，达到除氧器额定压力下的饱和浓度。从水中分离出的空气由除氧器顶部排入大气，除氧后的水进入除氧水箱。除氧水箱的水位和除氧器的压力均采用自动调节控制。

由除氧水箱下来的除氧软水经给水泵加压送入汽包。设置若干台电动给水泵和一台事故柴油机给水泵。在电动给水泵发生事故或停电时，柴油机给水泵向汽包供水，确保整个系统的安全。

系统采用加药装置向汽包内加入磷酸三钠（$Na_3PO_4 \cdot 12H_2O$）溶液，使炉内水中经常维持一定量的磷酸根（PO_4^{3-}），炉水中的钙离子与磷酸根发生反应生成碱式磷酸钙。碱式磷酸钙是一种松软的水渣，易随汽包排污排除，且不会黏附在水梁内转变成水垢。

5.2.9.2　汽包

如图 5-21 所示，各冷却回路的冷却水在水梁中吸热后，部分水汽化，汽水混合物通过上升管进入汽包。在汽包内汽水分离，分离出来的水存在汽包中通过下降管道循环使用，分离出来的蒸汽送入车间管网或通过放散管排入大气。

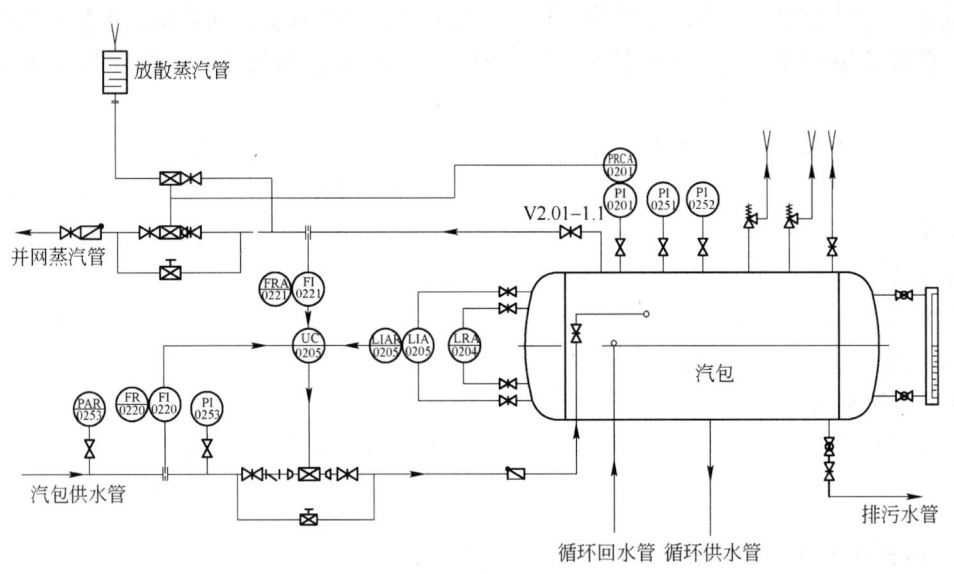

图 5-21　加热炉汽化冷却系统

汽包的排出蒸汽管道上设置有流量计、汽包压力调节阀。汽包进水管道上设置有流量计及给水调节阀。汽包压力及水位均为自动控制。

汽包压力采用双调节阀控制，一个调节阀并网，另一个调节阀放散，使汽包内压力保持稳定。

汽包水位采用蒸汽流量、给水流量和汽包水位三个信号组成的三冲量调节；汽包设有就地水位计，同时设有远传水位信号指示。当汽包水位过低时，为确保安全运行，发出连锁停炉信号。

5.2.9.3　循环水泵

循环水泵为循环冷却水提供动力，一般设置两台电机循环水泵，一台柴油机循环水泵。柴油机循环水泵作为停电、事故备用泵。

5.2.9.4　水梁冷却回路

水梁冷却回路的设置是根据水梁段数和各段水梁的长度来确定的。

在每一单冷却回路的进水管上均设置了流量测量及调节装置，调节每一回路循环流量。运行中，当某一回路的循环水流量低于设定值时，发出报警，通过调整流量调节装置，使该回路的流量恢复正常。

在活动梁的供水管道上，设置有旋转接头组用于连接固定联箱和活动联箱。

5.2.9.5　排污系统

循环水在循环冷却过程中不断产生蒸汽并入蒸汽管网之中，这样必然使水中的盐分不断增加，造成水质变差。为保证循环水的水质，必须连续排污。排污水量的控制，根据水质化验的结果进行调整。

5.2.9.6 加热炉余热回收系统
当加热炉排烟烟气温度较高时，可以设置加热炉余热回收系统。

如图 5-22 所示，加热炉余热回收系统是在加热炉排烟烟道内设置蒸发器、省煤器及空气预热器。这三个余热回收设备的选用，可根据工程的不同要求来具体确定。

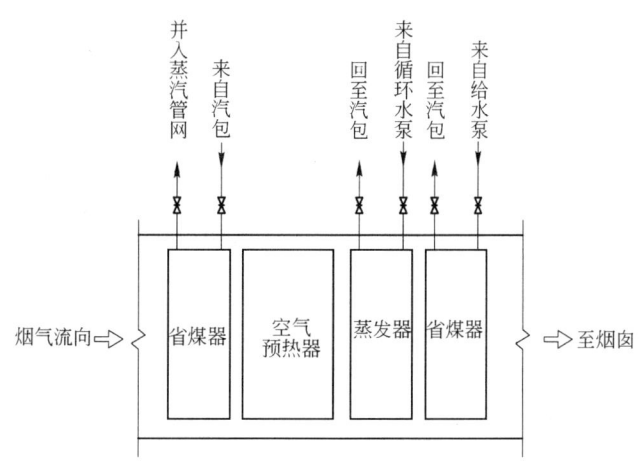

图 5-22　加热炉余热回收系统

加热炉余热回收系统的特点是：给水系统、汽包及循环供水设备可以共用，以节省投资。

5.2.10　加热炉平面布置
总平面图是工业炉在车间的总装配图，应很好地安排炉子及其附属设备在生产工艺布置中的位置，并协调好与燃料、水、电、风、汽等公用设施的关系。具体布置中应注意下列问题：

（1）炉子区域总体规划布局合理，整齐大方，检修操作便利。

（2）考虑炉子所在车间的天车梁顶面标高，天车梁、天车滑线以及天车本身对炉子设备布置的影响；设备应该在天车能够检修的范围内，考虑能吊装和运输这些设备的空间，同时炉子设备可能对天车操作工视野的影响。

（3）考虑炉子的排烟方式对车间厂房结构、钢结构支撑和基础的影响。

（4）车间的物流和总工艺是否一致，车间辊道标高和固定梁顶面标高是否满足轧钢工艺要求。

（5）考虑车间应留有运输和通行的空间，设置必要的平台，便于检修和通行。

（6）考虑上下游非工业炉设备对炉子设备和操作周期的影响；同时考虑炉外设备和炉内设备之间的相互配合问题。

（7）炉子操作室、MCC 室和操作站的位置应有足够的操作视野。

（8）基础上应设置炉底设备的检修用孔洞、清渣用孔洞、检修炉子运输耐材和设备用孔洞。

（9）炉区建筑物应有通风设施。

（10）公辅设施接点的位置不应影响通行，便于操作。

（11）规划电缆隧道和电缆沟的走向，并和车间的相关电气设施连接。对用电大户到电气室距离进行优化，确定合理布局。

（12）考虑现场电控箱等设备位置是否合理，电控箱宜放置在环境温度低的区域。

5.2.11　加热炉操作

5.2.11.1　开炉安全事项
（1）开炉前，煤气总管阀门打开前应用 N_2 吹扫煤气管道。

（2）当煤气送至烧嘴前，应对煤气进行检验，并做爆发试验。

（3）点火前，应用空气对炉膛进行吹扫。

（4）低温启炉时，应人工点火或用点火烧嘴点火，当炉温低于700℃时，不得开启主常规烧嘴或蓄热烧嘴。

5.2.11.2　烧嘴火焰的调整

为了满足炉子温度均匀性要求，需要在加热过程中调整火焰长度，以满足温度均匀性的要求。

在流量比例控制模式下，烧嘴的火焰长度随段负荷变化而变化，炉膛内的热点也随之变化。

在脉冲模式下，烧嘴负荷不变，火焰长度也不变化，炉膛内的热点也不变化。

为了满足侧加热火焰长度的可调功能，可使用调焰烧嘴，主要是通过改变一、二次风的比例来调整烧嘴热点的位置。

在脉冲控制模式下，可以根据粗轧机最后一道次的高温计信号，自动调节一、二次风比例。

5.2.11.3　炉温控制模式及其设定

温度控制模式有三种：流量比例控制、脉冲燃烧控制和蓄热燃烧控制，其控制内容见表5-10。

表5-10　温度控制模式及控制的内容

项　　目	流量比例控制	脉冲燃烧控制	蓄热燃烧控制
控制目标	段温度	段温度	段温度
检测项目	炉膛温度、段煤气流量、段空气流量	炉膛温度、煤气总管压力、空气总管压力	炉膛温度、段煤气流量、段空气流量、排烟温度、段烟气流量
调节参数	段煤气流量、段空气流量	各烧嘴煤气脉冲阀开启时间、各烧嘴空气脉冲阀开启时间	段煤气流量、段空气流量、段烟气流量
负荷调节比	1∶3	1∶10	1∶3
增加调节比措施	间拔烧嘴	脉冲烧嘴	间拔烧嘴
安全防范	防回火	低温点火稳定性	防回火
维护成本	小	稍高	大
与炉压的关系	无	引起炉压波动	排烟量、排烟温度与炉压有关

炉温设定应以满足加热工艺为目的，应根据具体情况选择合适的温度设定值。

5.2.11.4　空燃比调整

流量比例系统的空燃比依靠测量空煤气流量来控制，空燃比的精度取决于流量测量的精度。

脉冲控制系统的空燃比也是靠手动孔板来标定，在控制中靠调整空、煤气总管压力来调整空燃比。

5.2.11.5　炉压调节

炉压一般控制在5~20Pa。

炉压太高将引起炉墙温度升高、蹿火，造成单耗上升、操作环境恶化、设备损坏。

炉压太低将引起吸冷风，造成炉温下降、氧化烧损增加、单耗上升。

排烟点的位置要保持炉子两端的平衡或有利于预热物料。同时注意炉门的密封，防止炉压变化而引起的冒火和吸冷风。

脉冲燃烧系统要通过控制脉冲阀的开启速度、脉冲烧嘴的开启顺序来控制炉压的波动。

5.2.11.6　各段调节比率

在管道系统中，对于某段的流量或压力调节，只能在一定范围内起作用。对于管道系统中各段的调节比率需考虑下列因素：孔板、调节阀、烧嘴、风机等，如表5-11所示。

表5-11　在管道系统中各段调节比率

项　　目	常规燃烧系统	脉冲燃烧系统
孔板	孔板测量范围25%~110%	无
调节阀	流量调节范围20%~100%	压力调节范围20%~100%
风机	流量调节范围30%~100%，低于30%放散，最终可达10%~100%	流量调节范围30%~100%，低于30%放散，最终可达10%~100%
常规烧嘴	10%~100%，低流量回火	5%~100%
蓄热烧嘴	大流量超温，低流量回火10%~80%	无
系统调节比率	以上各项的最小值	以上各项的最小值

5.3　加热炉参数检测与控制

加热炉区的控制系统分为以下三部分：

（1）炉区 L0 部分。炉区 L0 部分包括：炉区的现场检测仪表、变送器、极限开关、各种编码器、光电器件、变频器等现场检测设备和执行设备及辅助器件。

（2）炉区 L1 系统。炉区 L1 系统包括：由仪表/电气基础自动化的 PLC、HMI、工业网络和现场总线组成的基础自动化系统，它通过与炉区 L2 的接口，接受 L2 的指令，完成加热炉的自动化燃烧控制、液压站控制、装/出钢机控制、热送辊道的控制、上料台架的控制以及其他辅助控制。

（3）炉区 L2 系统。炉区 L2 系统也就是炉区过程优化控制系统，由炉区物料跟踪管理和加热炉燃烧优化系统两部分组成。另外炉区 L2 也会与相关的钢坯库 L2 系统及轧线 L2 系统进行通讯，完成相关生产数据的传递。

5.3.1　加热炉热工检测项目

根据燃烧工艺的不同，加热炉的燃烧控制主要分为以下四种情况：

（1）常规的双交叉限幅燃烧控制；

（2）脉冲燃烧控制；

（3）带空燃比例控制的脉冲燃烧控制；

（4）蓄热燃烧控制，其中包括单蓄热和双蓄热两种。

不同的燃烧控制模式下，热工检测项目和热工检测元件各有些不同，下面以常规燃烧控制为主，对不同的燃烧模式下所需求的不同检测项目和检测元件做附加说明。

5.3.1.1　温度的检测和记录

（1）炉膛温度：根据热工工艺的控制要求，对加热炉进行分段、分区控制，在每一个控制分区设置一支或多支热电偶进行温度检测。所测量的值经过 PLC 控制系统的处理作为该分区的控制参数值，电偶温度同时实时反映出炉膛温度。

（2）烟气温度：加热炉燃烧后产生烟气的温度，使用热电偶进行测量。根据燃烧模式的不同，排烟方式分为烟囱的自然排烟和引风机强制排烟。烟气温度是加热炉控制参数中非常重要的参数，烟气温度高会对换热器或者引风机造成损坏，因此，在燃烧控制过程中如出现温度过高情况，应采取掺冷降温处理或降低炉膛温度等措施。

（3）空、燃气温度：管道中助燃空气和燃气的温度，使用热电偶进行测量。在加热炉燃烧控制过程中，需要检测各个控制段的空、燃气流量，助燃空气和燃气流量需要经过温度补偿换算成标态流量后才能按照空燃比的要求进行配比。

（4）蓄热烧嘴蓄热温度：在蓄热燃烧模式下，检测蓄热烧嘴后空气/空烟温度或者煤气/煤烟温度，使用热电偶进行测量。该温度能反映蓄热烧嘴的蓄热体和流经烧嘴的烟气状态，如温度过高需要强制换向。

（5）风机等设备的温度：风机轴承、电机轴承、电机定子等的温度，使用热电阻进行测量。风机的安全运行对燃烧系统尤其重要，如温度出现异常，需要切换到备用风机或者降温停炉。

（6）辅助介质温度：净环冷却水总管进出水温度、各个支管回水温度等，使用热电阻、温度开关等进行测量，超温报警。

（7）坯料温度：在装料辊道或出料端测量坯料温度，使用红外测温仪测量坯料表面温度。该温度作为燃烧系统优化控制的重要反馈参数参与控制。

5.3.1.2　压力的检测和记录

（1）燃气压力：包括燃气接点压力、调压后压力、预热后压力、支管末端压力，使用压力变送器或压力开关测量。燃气压力为加热炉安全燃烧的基本参数之一，出现异常控制系统将执行紧急停炉策略。

（2）助燃空气压力：包括助燃冷风压力、热风压力、支管末端压力，使用压力变送器或压力开关进行测量。助燃空气压力为加热炉安全燃烧的基本参数之一，出现异常控制系统将执行紧急停炉策略。

（3）仪表气源压力：仪表阀门等设备的能源动力，使用压力变送器或压力开关进行测量。仪表气源压力为加热炉安全燃烧的基本参数之一，出现异常控制系统将执行紧急停炉策略。

（4）净环冷却水压力：加热炉炉内水梁、炉门等设备的冷却水压力，使用压力变送器或压力开关进行测量。净环冷却水压力为加热炉安全燃烧的基本参数之一，出现异常控制系统将执行紧急停炉策略。

（5）氮气压力：作为吹扫管道使用的氮气，其压力使用压力变送器或压力开关进行测量。在停炉后，点炉前保持管道内无残留燃气，压力低异常报警。

（6）炉膛压力：炉膛内的压力，使用微差压变送器进行测量。通过调整烟道闸板或者引风机的抽力，来达到稳定炉膛压力的目的。保持炉膛内气氛的平稳，有利于燃烧系统的稳定，热交换的稳定。

（7）引风机前压力：在使用强制排烟的燃烧系统中检测引风机前的烟气压力，以此来控制引风机的运转。

5.3.1.3　流量的检测和记录

（1）燃气流量：包括燃气总管流量、各控制分区支管燃气流量，使用差压变送器 + 流量孔板进行测量。燃气总管流量一般作为计量使用，各控制分区支管燃气流量作为调整空燃配比的重要参数参与加热炉的燃烧控制。

（2）助燃空气流量：各控制分区支管空气流量，使用差压变送器 + 流量孔板进行测量。各控制分区支管空气流量作为调整空燃配比的重要参数参与加热炉的燃烧控制。

（3）冷却水流量：冷却水总管和各支管的流量，使用差压变送器 + 流量孔板、电磁流量计或者流量开关等设备进行测量。冷却水流量为加热炉安全运行的重要参数，出现异常报警或者停炉。

5.3.1.4　其他检测项目

（1）废气氧含量分析：燃烧产生的烟气的残氧含量，使用残氧分析仪表进行测量与分析。烟气的残氧含量是燃烧系统调整空燃配比的重要参数。

（2）CO 泄漏检测：炉区燃气区域的 CO 含量，使用 CO 泄漏检测仪测量。出现异常即声光报警。

（3）水封槽液位检测：对于步进梁式加热炉，水封槽的液位状态使用水位电极进行测量。出现低水位报警并加水。

5.3.2　加热炉热工控制回路

5.3.2.1　燃气总管压力自动调节及总管燃气快速切断

A　稳压调节方式

（1）手动方式：由操作人员调节燃气阀的开度来调整燃气阀后的压力。此方法一般在调试过程中或者紧急状态下使用。

（2）自动方式：由燃气压力自动控制系统自动调节燃气阀后的压力，采用定值调节方法，压力设定值由操作人员在 HMI 上输入，以 PE601 的检测值为参变量，调节 PV001 的开度，同时将总管燃气流量信号作为前馈信号参与调节，以稳定燃气总管的压力。当燃气压力出现异常时，燃烧控制系统会对燃气管道上的压力进行分级报警，所有的报警信号将在 HMI 上显示。如果加热炉燃气管路上有热交换器对冷燃气进行加热，当出现冷/热燃气压力差超限时，燃烧控制系统报警，防止出现热交换器堵塞或泄漏等事故。

B　快速切断

快速切断用于在接点燃气压力过低、助燃空气压力过低、仪表气源压力过低、冷却水压力过低、冷却水流量过低或风机故障等情况下，迅速切断燃气，确保系统的安全生产。当出现停炉的故障需要紧急切断燃烧时，电磁阀 DZ001 失电，切断外部气路，由装在汽缸内的复位弹簧将 UV001 快速关闭。

5.3.2.2　助燃空气总管压力自动调节及热风放散防喘振

A　助燃空气调节方式

（1）手动方式：由操作人员调节进风门的开度来调节冷风的压力。此方法一般在调试过程中或者紧急状态下使用。

（2）自动方式：由冷风压力自动控制系统自动调节冷风的压力，采用定值调节方法，压力设定值由操作人员在 HMI 上输入，以冷风压力变送器测量到的压力检测值为参变量，调节风机入口阀的开度，同时将各段的流量信号累加作为前馈信号参与调节，以稳定助燃风总管的压力。当冷气压力出现异常时，PLC 会对风管道上的压力进行分级报警，所有的报警信号将在 HMI 上显示。如果加热炉空气管路上有热交换器对冷空气进行加热，当出现冷/热空气压力差超限时，燃烧控制系统报警，防止出现热交换器堵塞或泄漏等事故。

B　热风温度调节及风机防喘振

热风温度控制和风机的防喘振控制共用一套装置。

（1）手动方式：由操作人员根据热风温度值或风机的负荷情况来调节放散阀门的开度。此方法一般在调试过程中或者紧急状态下使用。

（2）自动方式：由热风温度自动控制系统自动调节热风的温度，采用定值调节方法，温度设定值由操作人员在键盘上输入，以热风温度电偶测量到的温度检测值和风机的各段风量之和两个参数为参变量，调节热风放散阀的开度。在温度高的情况下部分放散热风，以调节热风温度不超过设定值；同时当加热炉总的供风量低于某一值、风机接近喘振区时，自动调节热风放散阀的开度，适当地放散热风，使风机的工作点偏移，以避开喘振区。当热风温度出现异常时，PLC 会对风管道上的温度进行分级报警，所有的报警信号将在 HMI 上显示。

5.3.2.3　炉膛压力调节

为了防止火焰外延，并避免冷风从炉墙的缝隙吸入，在确定了"零压点"之后必须严格控制加热炉的炉膛压力为一个定值。依据现场操作经验，在炉顶和炉侧各设置一个取压孔，采用管路并联（并设手动阀门）。工作时测点可任意选择。

采用烟道闸板阀＋烟囱自然排烟模式下调节方式时：

（1）手动方式：由操作人员调节烟道闸板的开度来调节炉膛的压力。此方法一般在调试过程中或者紧急状态下使用。

（2）自动方式：传统的 PID 自动调节通常是由一套普通的单回路调节系统来完成的。实践经验证明，炉门的开启、脉冲烧嘴的开关、突然变化的加热炉燃烧负荷等都会造成炉压调节回路的不平衡从而产生较大的波动。因此，为了解决这一问题，引入模糊控制算法。如图 5-23 所示，模糊控制器采用炉膛压力的测量值与设定值的误差以及误差的变化作为输入，并当误差低于某值时，在控制输出里加入比例积分进行补偿以消除模糊控制器的稳态误差。

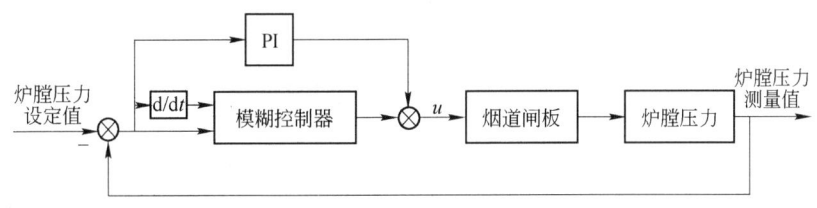

图 5-23　炉膛压力调节

采用引风机强制排烟模式下调节方式时：

（1）手动方式：由操作人员手动调整引风机入口阀开度来调节炉膛的压力。此方法一般在调试过程中或者紧急状态下使用。

（2）自动方式：通过加热炉炉膛的进气量与排出的燃烧后烟气量的平衡算法来设定引风机前的压力，从而达到稳定炉膛压力的目的。

5.3.2.4　烟气温度调节

烟气温度调节的目的是防止空气预热器前废气的温度过高而对预热器造成损害，保证预热器的安全，延长预热器的使用寿命，同时作为保持预热空气/燃气温度稳定的辅助手段。在预热器前的烟道设置了稀释空气系统，当烟气温度太高时，通过加大送到预热器前烟道中冷空气量，降低烟气温度，从而保证废气温度不超过规定值，以保护预热器并延长其使用寿命。

调节方式包括：

（1）手动方式：由操作人员调节掺冷风阀门来控制掺冷风量。此方法一般在调试过程中或者紧急状态下使用。

（2）自动方式：由烟气温度自动控制系统自动调节掺冷风量，采用定值调节方法，温度设定值由操作人员在 HMI 上输入，预热器前烟气温度检测值为参变量，调节掺冷风阀的开度，以稳定燃气总管的压力。当烟气温度出现异常时，PLC 会对烟道温度进行分级报警，所有的报警信号将在 HMI 上显示。

5.3.2.5　供热区的温度控制

A　温度显示及控制过程值选择

每一个温度控制区一般设置 1～4 支热电偶用于显示和控制，燃烧控制软件具备手动和自动方式选择过程值功能。

（1）手动方式：操作人员在 HMI 上根据需要选择电偶，同时采用电偶的测量值、高值、低值和平均值作为该区的过程值参数。

（2）自动方式：控制软件能根据电偶状态和电偶位置自动计算出该区过程值参数。控制软件同时对电偶进行断偶报警、超温报警、炉区温度左右温差超限报警，提醒操作人员检查故障点。

B　温度设定方式

（1）手动方式：操作员可以根据实际情况来调整各段的目标温度，在 HMI 上输入设定值。

（2）程序设定方式：操作人员将对应于不同钢种、规格及轧制节奏的理想炉温设定值的经验数据，以数据库的形式保存在 L1 本身 HMI 的数据库内，并通过 HMI 的"参数设定画面"按组显示。

（3）上位机设定方式：温度设定值由燃烧优化计算机（L2）调整。当切换到本方式时，加热炉优化系统计算出的最佳炉温设定值，通过 L2 发送到本系统（L1），实施炉温的自动跟踪控制。

C　常规的双交叉限幅燃烧控制

采用在工业炉窑控制中典型的温度为主环、空燃气流量调节为副环的双交叉限幅炉温控制模式（图5-24），以保证热负荷变化时合理的空燃比。同时，在典型的交叉限幅控制的基础上，加入适当的补偿信号，以提高系统的响应速度（即具有"动态限幅带"的双交叉限幅控制）。这种方法可以有效地将系统的响应速度提高 3～5 倍，使之适应加热炉热负荷周期快速变化的需要（进出钢炉门的开闭、突然性的保温待轧、快速升温、轧制节奏的突变等）。理想的情况下，可以在 3～5min 左右的时间内，排除系统出现的扰动。

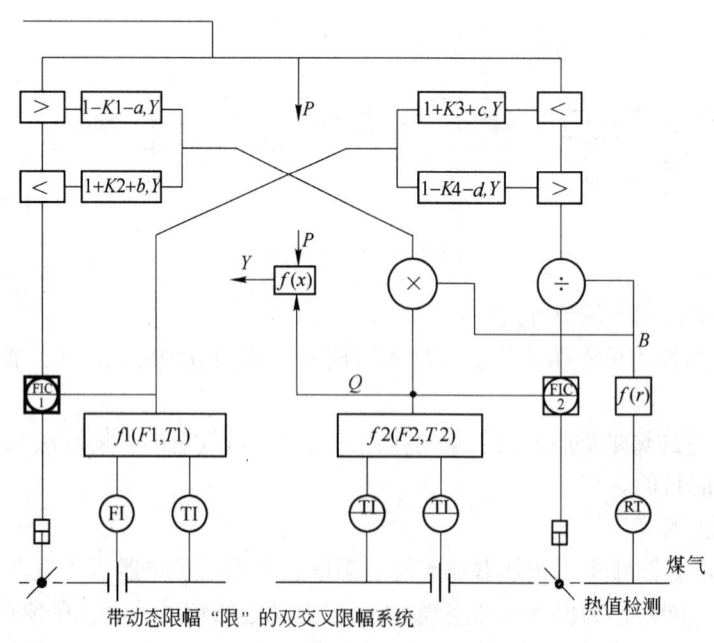

图 5-24　燃烧控制系统

在低负荷状态下，由于调节阀进入非线性段，为了避免系统产生振荡，采用开度控制，从而保证系统在低负荷状态下，既能稳定地工作，又能维持较好的空燃比。

D　数字化脉冲燃烧控制

a　脉冲燃烧的特点

脉冲燃烧是将一段时间间隔内的累计燃料，按预调好的空燃比以极高的速度通过烧嘴，按照时序分配的结果喷入炉内燃烧。这样燃烧的好处是：在额定的燃气压力、热值下，在脉冲燃烧状态，喷出热气流的热焓、速度以及热气流的长度都是一个定值，如果对多个烧嘴进行适当的组合，合理地布置，就会很容易地获得满意的炉内温度场分布，保证极高的坯料加热质量。

在低负荷燃烧状态下，若按照常规的供热方式，烧嘴必然处于小流量的工作状态。但是，在脉冲燃烧供热方式下，每一个烧嘴在打开期间，喷出的燃料和空气量与"大流量"状态下是相同的，仅仅是打开的时间变短了。所以不存在火焰长度受到常规控制下"小流量"影响的问题。这样，可以得到以下几个直接的好处：

（1）火焰长度不变，导致被加热坯料的温度均匀性不变。

（2）不需要在常规控制中的"小流量"下，为保证充分燃烧而有意加大空燃比的问题，这样可减少坯料在保温状态下的氧化烧损。

（3）很容易对加热炉的炉温进行量化控制。

b　炉膛温度控制信号的离散化

图 5-25 为最基本的温度控制信号变换的方框图。从图中可以看出，当炉膛温度控制单元要求供热量 M_v 在 0～100% 范围内变化时，经过系统的离散化，输出脉冲的开时间 t 也随之线性地在 0～T 之间变化。然后，经过脉冲时序分配器，将控制脉冲发到相应的空燃气的阀门控制执行机构。最终完成阀门的开闭，从而达到控制炉温的目的。本过程全部由燃烧控制系统软件完成。

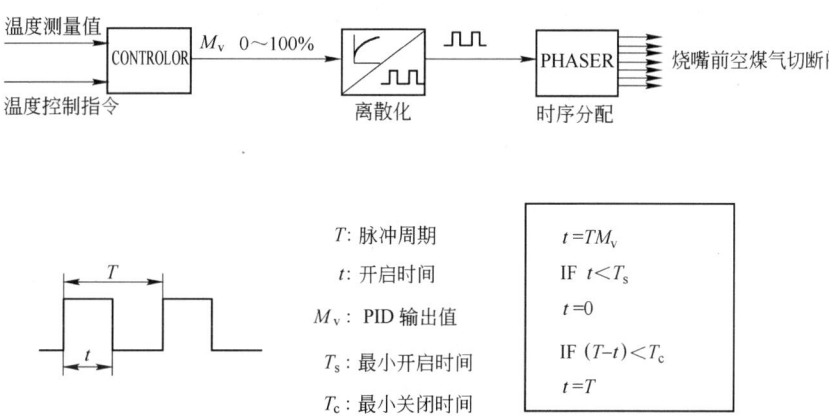

图 5-25　最基本的温度控制信号变换的方框图

E　带空燃比控制的脉冲燃烧控制

单纯的脉冲燃烧控制要求燃气的热值稳定，受制于客观因素的影响，综合以上两种燃烧控制方式的特点，推出采用带空燃比控制的脉冲燃烧控制方案。该方案有以下优点：

（1）各段的空燃比可以灵活调节，克服了单纯脉冲燃烧的薄弱环节。

（2）火焰长度可保持在最好状态。

（3）在小负荷情况下也可以保持最佳的空燃比，减少了小负荷状态下的氧化烧损。

（4）很容易对加热炉的炉温进行量化控制。

F　蓄热式燃烧控制

在炉子的两侧对称布置多组蓄热式烧嘴，相对的一组烧嘴进行周期性的换向，以完成蓄热—燃烧的切换过程。每组烧嘴的切换时间存在一个相位差，以尽可能地减少切换对炉膛的冲击。

正常工作时换向周期为 40～80s 左右；采用双重信号控制，一是以时间为控制参数，二是以烟气温度为控制参数。

控制内容包括：

（1）所有换向阀的动作命令信号。

（2）所有换向阀的到位检测信号。

（3）所有排烟支管的温度检测信号。

控制方式有：

（1）自动方式：按照预先给定的换向逻辑自动进行换向（一级）。

（2）手动方式：在 HMI 上由操作员将换向系统的某一换向单元人为跳出自动换向逻辑（此时其他换向单元继续换向），强制某一换向阀的开闭。

（3）上述两种控制方式的组合，可以令操作人员很容易地判断换向阀故障原因：控制系统问题、接线问题、电磁阀问题、执行器问题或阀体自身问题。

换向控制系统主要功能有：

（1）完成两种换向方式：定时自动换向和定温（排烟温度）自动换向。

（2）定时时间和定温温度及报警温度可任意设定。

（3）各独立换向单元之间的轮序换向，减小换向瞬间的炉膛压力波动。

（4）独立换向单元强制跳出换向序列逻辑。

（5）独立换向单元强制加入换向序列逻辑。

（6）自动调节排烟温度，将每段烧嘴排烟温度的平均值作为排烟温度目标值。

安全报警自锁功能有：

（1）排烟温度超温报警，换向系统强制自动换向。

（2）排烟温度超温报警，燃烧控制系统发出声光报警，该换向单元的所有阀门处于关断位置，该烧嘴自动停止工作，上位机画面自动指出故障点。

（3）换向阀故障，燃烧控制系统发出声光报警，该换向单元的所有阀门处于关断位置，该烧嘴自动停止工作，上位机画面自动指出故障点。

（4）燃烧系统出现燃气压力、空气压力过低等重故障，所有烧嘴自动关闭。

5.3.2.6　空燃比调节

一个性能优良的燃烧系统，一定要保证燃料充分燃烧，同时也不能有过量的空气加入，合理的空燃比才能保证节能高效。

空燃比（β）的确定方法如下：

（1）一般情况下，根据企业燃气的热值大小，在系统设计时通过理论计算，获取在正常情况下保证系统燃烧的初始空燃比。

（2）燃气站定期发送来燃气的热值数据，通过燃烧控制系统的计算，得出生产过程中真正的合理空燃比，实施对相应燃烧控制区的空燃流量调节，从而保证系统的合理空燃比。

（3）由人工在 HMI 上根据燃气的热值手动调节空燃比。

5.3.2.7　燃烧系统报警和安全连锁

A　主要报警清单及处理

主要报警清单及处理列于表 5-12。

表 5-12　主要报警清单及处理

序　号	报警内容	故障归类	故障级别	故障处理
1	各区温度高	系统故障	轻故障	信号、蜂鸣
2	断电偶故障	设备故障	轻故障	信号、蜂鸣
3	燃气压力低	系统故障	轻故障	信号、蜂鸣
4	燃气压力过低	系统故障	重故障	警铃、切断
5	助燃空气压力低	系统故障	轻故障	信号、蜂鸣
6	助燃风机故障	系统故障	重故障	警铃、切断
7	气源压力低	系统故障	轻故障	信号、蜂鸣

序　号	报警内容	故障归类	故障级别	故障处理
8	冷却水压力低	系统故障	轻故障	信号、蜂鸣
9	冷却水断流	系统故障	重故障	警铃、切断
10	电源故障	设备故障	重故障	投入 UPS
11	电气系统故障	设备故障	重故障	警铃

B　自动停炉

当发生自动停炉时，系统将按照时间的顺序，完成如下动作：支管燃气切断→总管燃气切断→热风放散打开→经一段延时后手动就地关停助燃风机。

C　紧急手动停炉

手动停炉系统为独立于 PLC 控制的硬件连锁系统。在特殊情况下，如控制系统出现故障时，由操作人员通过操作台的急停按钮，完成停炉操作。

在手动停炉时，具有以下连锁关系：

（1）总管燃气切断；

（2）支管燃气切断；

（3）支管氮气吹扫；

（4）总管和支管间燃气排放；

（5）助燃风机停止连锁。

5.3.3　加热炉物料跟踪控制

根据炉型的不同，加热炉炉型主要分为三种：步进梁式加热炉、推钢式加热炉、室式炉。

根据装出料方式不同，加热炉炉型主要分为四种：侧进侧出、端进端出、侧进端出、端进侧出。

5.3.3.1　主要设备的功能

依据炉型与装出料方式的不同，控制设备亦有差别，下面介绍几种常见的主要设备的功能。

A　装料炉门

根据加热炉物料运行的需要，每座加热炉设装料炉门 1～2 扇，采用电机或液压或气动传动，垂直升降。在没有装钢时保持炉门关闭，防止炉内烟气外逸或吸入冷风，同时节省燃料。

B　装钢机

根据加热炉物料运行的需要，每座采用端装料模式的加热炉设装钢机 1～2 台；装钢机进退传动采用电机变频或液压方式，升降传动采用电机或液压方式。通过装钢机把在炉前定位好的坯料运送至加热炉内进行加热。

a　坯料的推正

装钢辊道有钢且定位完毕，装钢辊道停止，装钢机处于原始位置。装钢机在下位前进，进行钢坯的推正动作。前进的同时，同装钢机的水平位移呈线性关系的位移检测装置对装钢机的水平位移进行检测。当钢坯的前沿被装料辊道与装料炉墙之间的激光检测器检测到时，就认为坯料已经推正，并准备装钢。

b　装钢机水平方向的动态装钢（炉长方向）

开启装料炉门的同时，装钢机上升托起钢坯。装钢机前进，将钢坯送到距离上一块坯料的后沿固定间隔处，放下并返回到原始位置。同时系统开始对本块钢坯的物料跟踪。

根据需要，有的加热炉内有多种不同宽度的钢坯，步进梁的步距也可能根据坯料宽度的不同而调整；在这种情况下，对于每块当前的被装坯料而言，其前块坯料的后沿位置都是一个变数，所以，装钢机的每一次装钢位移量是不同的，也就是说，它是一个全动态过程。

C　推钢机

根据加热炉物料运行的需要，每座推钢式加热炉设推钢机 1～2 台；推钢机进退传动采用电机变频或液压方式。通过推钢机把在炉前定位好的坯料运送至加热炉内进行加热。

对于侧进模式的加热炉，同样设置有推钢机；推钢机进退传动采用电机变频或液压方式。通过推钢机把在炉内悬臂辊道上定位好的坯料推正，保证下一个物料传送的正常运行。

D　炉内装料悬臂辊道

根据加热炉物料运行的需要，每座侧进模式的加热炉都设置 1～2 组炉内装料悬臂辊道；炉内装料悬臂辊道传动采用电机变频方式。通过炉外装料辊道和炉内装料悬臂辊道同步运行，把坯料按照布料图定位在炉内装料悬臂辊道上。

E　步进梁

根据加热炉物料运行的需要，每座步进梁式加热炉都设置有在炉内运输坯料的步进梁。步进梁把坯料从装料端一步一步地运送到出料端，在运送的过程中完成对坯料的加热。

a　步进梁动态位置检测

加热炉步进梁一般采用全液压驱动，个别也有采用电机传动方式。为了保证步进梁准确安全可靠地运转和实时监控步进梁工作状态，在步进梁机构相应的驱动机构上，设置两台位移传感器，其中一台用于活动梁垂直方向的位置检测，一台用于活动梁水平方向的位置检测。

b　步进梁工作状态（运行控制）

（1）手动状态：有点动、单动、正循环、逆循环四种方式。在主控台及步进梁就地操作箱，设置相应的选择开关和操作按钮。以下以单动、点动、正循环为例加以说明：

1）单动方式：通过按动一次相应的"升、进、降、退、正循环、半升"按钮，来控制相应的动作至极限位置。同时在运动的过程中，步进梁自动具备缓启/缓停、轻托/轻放等功能。

2）点动方式：只有在按下相应的"升、进、降、退"按钮时，步进梁在低速的情况下，执行相应的动作，并在相应按钮被松开时，动作立即停止。在本方式下，步进梁不具有缓启/缓停、轻托/轻放功能。

3）正循环方式：按动一次"正循环"按钮，步进梁将顺序完成"升、进、降、退"四个动作，同时在"升、进、降、退"四个动作中具备缓启/缓停、轻托/轻放等功能。

（2）自动状态：步进梁的自动方式是配合加热炉的全自动情况进行的。例如：在出钢优先的区域自动情况下，当加热炉收到轧线的要钢指令时，炉区物料控制系统则指挥加热炉设备顺序完成如下动作：装钢机锁定在原始位置→步进梁作一次正循环→开出料炉门→出钢机下位前进→托起被加热好的钢坯→出钢机后退至辊道中心线→关出料炉门→出钢机下降→出钢机后退至原始位置。

根据实际情况，自动方式的动作顺序也不尽相同，具体视每座加热炉的工艺、设备的要求而定。

F　出料炉门

根据加热炉物料运行的需要，每座加热炉设出料炉门 1～2 扇，采用电机或液压或气动传动，垂直升降。在没有出钢时保持炉门关闭，防止炉内烟气外逸或吸入冷风，同时节省燃料。

G　出钢机

根据加热炉物料运行的需要，每座采用端出料模式或异形钢坯情况下侧出模式的加热炉设出钢机 1～2 台；出钢机进退传动采用电机变频或液压方式，升降传动采用电机或液压方式。通过出钢机把在炉内加热好的坯料运送至炉外出料辊道或炉内出料悬臂辊道上。

a　坯料到位检测

步进梁式加热炉：步进梁前进时，当靠近炉头的一块钢坯前沿被激光检测器捕捉到时开始检测并记录坯料前进的位移 λ_1，同时步进梁走完这一步后，步进梁暂停循环，等待出钢。

推钢式加热炉：推钢机推动炉内整列钢坯前进，当靠近炉头的一块钢坯前沿被激光检测器捕捉到时推钢机停止前进，等待出钢。这种模式下，位移 $\lambda_1 = 0$。

b　出钢机水平方向的动态出钢

坯料等待出钢时：出钢机爪的前沿在原始位置（0 位）；原始位置（0 位）到激光检测器 LT 的距离为 λ_0；坯料的前沿距离激光检测器 LT 的距离为 λ_1；坯料的宽度（来自资料跟踪）为 W；出钢辊中心线到原始位置（0 位）的距离为 λ。因此，出料机在下位前进，爪的前沿应该插入的深度为：

普通坯料　　　　　　　　　　　　$\lambda = \lambda_0 - \lambda_1 + 3/4W$

异形坯料　　　　　　　　　　　　$\lambda = \lambda_0 - \lambda_1 + W$

然后托出坯料，并放在出料辊道中心线上。

和装钢一样，对于每块坯料而言，其后沿位置都是一个随机数，坯宽也是不尽相同，所以出钢机每次伸入量是不同的，而且停在辊道上的位置也不相同（只是要求中心线对齐），故也是一个全动态过程。

H　炉内出料悬臂辊道

根据加热炉物料运行的需要，每座侧出模式的加热炉都设置 1 组炉内出料悬臂辊道；炉内出料悬臂辊道传动采用电机变频方式。通过炉外出料辊道和炉内出料悬臂辊道同步运行，把加热好的坯料传送到轧机进行轧制。

5.3.3.2　坯料物料信息跟踪

从二级系统或者坯料库传送到加热炉物料跟踪系统的坯料参数信息一般包含了坯料的钢种、钢坯号、长度、宽度、厚度等数据。

加热炉物料跟踪系统从坯料的上料开始跟踪，经过测长、测宽、称重并把这些数据计入跟踪数据库，同时与原始数据进行比对，防止上料出错。

图 5-26 是侧进侧出步进梁式加热炉的物料跟踪系统图。

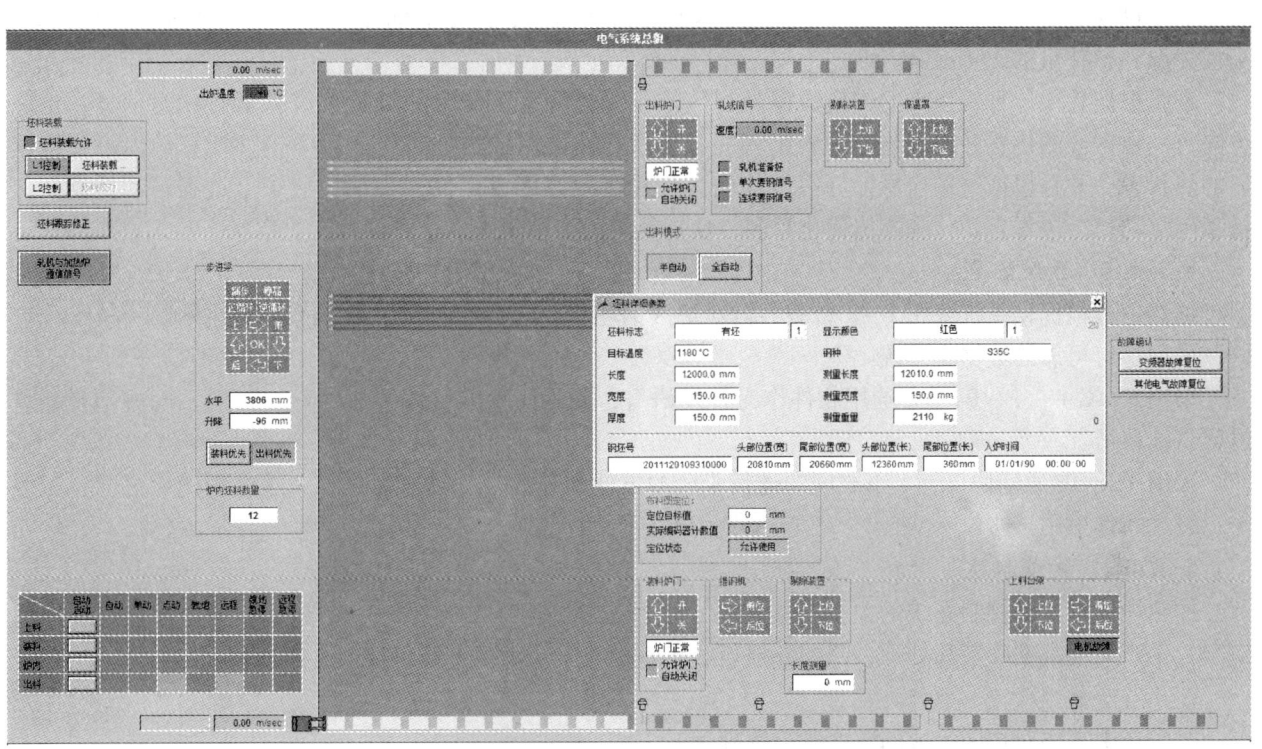

图 5-26　侧进侧出步进梁式加热炉的物料跟踪系统图

（1）上料：当坯料吊装到上料辊道，或者由上料台架装置上料到上料辊道后，加热炉物料跟踪系统接收到二级系统或坯料库系统的坯料参数信息，控制系统自动生成与之对应的坯料信息数据块；该坯料信息数据块与坯料绑定并随物料运输直至出料完成，在出料时把坯料的信息数据发送给轧机控制系统。

（2）手动核对：操作人员手工核对上料辊道上的坯料与坯料信息数据块中的是否一致，在一致的情况下手动下装参数到下一工序；如不一致，则返回上一工序重新申请坯料参数信息或者重新进行上料等操作。

（3）自动核对：采用坯号识别仪等检测工具核对上料辊道上的坯料与坯料信息数据块中的是否一致，在一致的情况下自动下装参数到下一工序；如不一致，则返回上一工序重新申请坯料参数信息或者重新进行上料等操作。

（4）测长、测宽、称重：在上料辊道上的坯料经过核对后即进入坯料的测长、测宽、称重工序，这些工序依据实际的情况而变化，有的加热炉物料系统只进行其中的一项或两项检测。这些检测的目的是进一步核对坯料参数信息，防止出现错误。如出现长度、宽度、重量错误，控制系统发出错误报警，并提示更正参数信息或者剔除坯料并吊销该坯料参数信息。

（5）装料：坯料经过测长、测宽、称重后没有出现报警的坯料即进入坯料的装料工序。装钢机或者推钢机或者炉内悬臂辊道把坯料运送至炉内并定位好后，即发出装料完成信号并把该信号及装入时间信息写入坯料信息数据块。

（6）炉内运输：坯料装料完成即进入下一个炉内运输工序。坯料在炉内移动，并在移动的过程中进行加热，坯料信息数据块收集坯料在各个不同炉长和炉宽位置的温度参数，作为坯料在炉内加热的重要参数保存在数据块中，并发送给燃烧优化系统进行优化计算。

（7）出料：当坯料经过炉内运输运送到出料位置后，即进入坯料的出料工序。出钢机或者炉内悬臂辊道把坯料运送至轧机辊道后，即发出出料完成信号并把该信号以及出料时间信息写入坯料信息数据块，同时把该坯料信息发送给轧机工序，至此坯料在加热炉的整个物料跟踪结束。

5.3.4　加热炉过程优化控制

加热炉过程优化控制系统包括过程控制和优化燃烧控制两部分内容。过程控制主要用来跟踪和管理进入加热炉区域的钢坯，衔接整个炉区各加热炉的控制以及炉区与其他系统（如轧线计算机）的联系，实现生产过程的全自动化。而优化燃烧系统以钢坯跟踪为基础，用来对加热炉炉温设定值进行优化计算，实现炉温和燃耗量的优化控制。

系统根据轧线计算机传来的钢坯数据和加热炉一级控制系统传来的加热炉设备运行状态信号，跟踪炉内每一根钢坯的位置并保留当前炉内钢坯的分布图。从而用加热炉热交换数学模型计算炉内每一根钢坯的热状态，并且根据这些信息计算出最佳的燃烧控制段温度设定值。实现加热炉全过程自动控制，包括基础自动化、过程自动化和燃烧优化控制，使加热炉的自动化水平达到国际先进水平。

5.3.4.1　系统配置

加热炉过程优化系统采用 1~2 台服务器对炉区钢坯和炉区设备进行管理和优化燃烧控制。

采用稳定可靠的数据库系统。

采用 C，C ＋＋，VB，VC 通用软件作为开发语言，使得开发的软件开放性好，对于不同的平台都可以容易地移植。

采用 TCP/IP 通信协议，上下之间的通信十分的方便和开放，基础自动化和二级过程优化之间、三级与二级之间都采用该协议。

5.3.4.2　功能描述

加热炉过程优化控制系统的主要功能包括：生产数据管理、物料跟踪、加热炉设定、优化燃烧控制模型、生产实绩数据收集和处理、归档和报表、班管理、安全策略、通讯接口、操作画面。

A　生产数据管理

对生产中需要对炉区生成的数据进行管理。

（1）轧制计划的接收：从三级或轧线计算机接收轧制计划，作为数据核对和加热炉生产安排的基础。并可以在钢坯入炉前，根据三级或轧线的要求修改轧制计划。

（2）轧制计划的录入：在三级未投入或发生故障的情况下，可通过加热炉过程优化的 HMI 终端输入和修改、插入、删除轧制计划与钢坯原始数据，确保生产过程的正常。

（3）钢坯核对：在钢坯核对处，用显示在 HMI 客户机画面上的轧制计划数据和钢坯数据，与加热炉区入口辊道上钢坯测量的钢坯长度、钢坯上的钢坯号进行核对，判断钢坯是否正确。

（4）核对操作：包括正常核对、强制核对、吊销处理。

（5）装炉管理：系统根据轧制计划、实际钢坯的信息和加热炉目前的生产状况，确定装炉顺序和下一根钢坯入炉的炉号和行号等。

（6）出炉管理：系统根据轧制计划和炉内钢坯加热状况确定出钢顺序，并在 HMI 上显示炉内前几根钢坯的出钢顺序和钢坯信息。操作人员可以根据实际情况修改各加热炉的出钢次序，也可以确认后进行强制出钢操作。

（7）生产数据收集：获取加热炉炉区设备运行状态数据、钢坯生产数据和热工测量数据等，如冷热检信号、辊道运行信号、步进梁运行状况、钢坯入炉温度、热电偶测量炉温、空燃气流量等。

（8）其他生产数据管理：如钢坯数据吊销和修改、各系统间数据的传送、生产数据的保存等。

B　物料跟踪

（1）加热炉入口侧钢坯位置跟踪：加热炉入口侧钢坯位置跟踪的范围从钢坯上料完毕或进入热送辊道开始，到钢坯装入加热炉结束。系统根据其他计算机系统传上来的或操作员输入的钢坯数据以及加热炉机械设备的动作情况（CMD 状态和辊道运行状态），跟踪钢坯在辊道上的位置并建立钢坯与数据的正确对应关系。

（2）加热炉炉内钢坯位置跟踪：从钢坯入炉开始至钢坯出炉结束。炉内每一根钢坯都有一个跟踪记录，这些记录在计算机内以钢坯的入炉顺序依次排列，随着钢坯的向前移动而移动、随着相应钢坯的入炉而出现且随着相应钢坯的出炉而删除。步进梁前进或后退一个周期，出炉端激光检测器的接通和出炉热金属检测器的接通都是炉内跟踪更新的依据。炉内跟踪允许正向和反向跟踪。

（3）加热炉出口侧钢坯位置跟踪：加热炉出口侧钢坯位置跟踪的范围从钢坯出加热炉开始，到轧机入口为止。出炉辊道上的 HMD 接通（或断开）信号，以及辊道的旋转方向是跟踪的依据，它也允许正向和反向跟踪。

（4）跟踪修正：在物料跟踪过程中一般不作人工修正，但有时出现异常状况时可能引起跟踪数据错误，这时系统自动或根据操作人员的要求进行跟踪修正。

（5）钢坯吊销：当钢坯在辊道上进行钢坯核对时，如果钢坯与轧制计划不一致，则由操作人员判断此钢坯是否允许继续装入加热炉。如果不能装入加热炉，进行"钢坯吊销"操作。

（6）钢坯数据强制入炉：当钢坯已经被装入到加热炉里，而数据还停留在加热炉炉前辊道时，需要进行"数据强制装入"操作。

（7）装钢返回：当已经入炉的钢坯需要从加热炉装入侧返回到炉前辊道上时，需要进行"装钢返回"操作。

（8）钢坯数据强制抽出：当钢坯已经从加热炉抽出到出炉辊道上，而数据还停留在加热炉内时，需要进行"数据强制抽出"操作。

（9）出炉返回：当已经在出炉辊道上的钢坯需要从加热炉出炉侧返回到加热炉里时，需要进行"出炉返回"操作。

（10）已出炉的钢坯返回钢坯库：当已经在出炉辊道上的钢坯需要经过出炉辊道返回钢坯库时，需要进行"返回钢坯库"操作。

C　加热炉设定

（1）装钢机设定：系统设定钢坯装炉炉号、行号，当一级系统对炉前钢坯对中完毕后，过程计算机设定装钢机动作。

（2）出钢机设定：出钢机设定分三种方式：定时方式、节奏方式、强制出钢方式。

定时方式：输入了出钢间隔时间，系统将自动定时，进行出钢机设定，出钢机动作；

节奏方式：根据轧线按照轧制节奏出钢；

强制出钢方式：由操作工控制，用于需要强制出钢时。

（3）各段炉温设定：为实现炉内钢坯加热最佳化，对加热炉燃烧系统设定炉内温度。该功能是将加热炉燃烧控制计算的设定值发送给加热炉燃烧系统。

D　优化燃烧控制模型

加热炉优化燃烧控制模型的主要目的是：保证各钢种、各种规格的钢坯在出炉时能达到目标的出炉温度；适应轧线的轧制节奏控制的要求；节省燃料。

加热炉优化燃烧控制模型主要包括以下功能：

（1）建立钢坯数据信息。这个功能块在钢坯装入加热炉时执行，用于建立钢坯信息，包括钢坯的基本数据、确定用于温度计算的热工模型的温度结点和钢坯的初始温度分布（热装）等。

（2）钢坯温度计算的热工模型。这个热工模型用于周期性地（如每 5s）计算炉内每一根钢坯的温度分布、温度变化和特殊热焓。

钢坯温度计算是通过一个二元有限差分模型进行在线计算的。炉内辐射、对流和传导产生的热交换用这个模型来说明。计算是根据系统中存储的钢坯尺寸、钢种数据和钢坯位置来进行的。

（3）炉温设定值管理。炉温设定值管理软件进行周期性的（如每1min）计算，以确定加热炉每个燃烧控制段的合适的温度设定值。

计算炉温设定值的目的是：

1）决定燃烧控制段的温度设定值，使控制段的每一根钢坯到达其控制段末端时能被加热到理想温度。系统根据预计的钢坯抽出间隙计算钢坯预计的在炉时间，据此预计的在炉时间、炉温、当前的钢坯温度等计算预计的钢坯到达各段出口的温度，并将此温度与加热炉出口目标温度比较计算出必要的加热炉各段炉温设定值。

2）获取加热炉当前的热工条件和由热工模型计算得到的钢坯温度分布。

3）预测加热炉出钢节奏。这个功能在完成一次出钢动作时开始执行，它根据轧机生产率和当前加热炉实际出钢节奏来预测以后的加热炉出钢节奏。

4）预测钢坯还需的在炉时间。这个时间根据加热炉的出钢节奏和计划的延迟时间来决定。

5）预测钢坯的出钢温度。采用与钢坯温度计算同样的热工模型进行预测计算。

6）确定各燃烧控制段对每一根钢坯加热最佳的炉温设定值。

7）确定各燃烧控制段的炉温设定值。一个燃烧控制段的温度设定值要综合考虑这个段的炉温能影响到的所有钢坯，要使这些钢坯出炉时都能尽量达到理想的加热状况。因此，根据燃烧控制段温度对每一根钢坯影响力的不同，对这些计算出来的炉温设定值进行加权计算，得出累计均方差最小的最佳温度设定值。由于该设定温度是计算机根据实际的钢坯精密计算而得出的，所以其较传统的人工根据经验设定温度要精确和合理得多。

8）出钢允许判断。要求待出炉钢坯温度以及表面与中心的温度差符合出钢条件，对于特殊钢种的钢坯，可加入特殊的出钢条件进行判断，符合要求时，发出允许出钢信号。

（4）加热炉步进速度设定（节奏控制）。这个功能块通过确定轧机最大生产率和加热炉最大生产率来协调加热炉和轧机的生产率。一般情况下都应用轧机最大生产率来确定加热炉设定值，除非该生产率将导致热质量干扰。

在下面两种情况下这个功能将发挥作用：当确定最大轧制速率将导致加热不足或加热质量问题时；或者当由于加热炉加热能力的限制而达不到要求的产量时。在上述任一种情况下，必须延迟该钢坯的"在炉时间"，这样就不能按预定的抽出时间或抽出顺序进行出钢。此功能块将计算出允许加热炉传送钢坯的速率并可能修改出钢顺序（比如有两列钢坯的加热炉，其中一列达到出钢要求，就可以先出钢）。

（5）延时策略。当轧机不要钢时，实行延时策略。延时策略用来按一定的规律降低加热炉的温度，使得延时结束时能迅速恢复正常生产，它还可以将燃料消耗降到最低并防止过烧和加热质量降低。

生产中的非计划性的延时能被模型自动检测。计划性延时的时间可以由操作者通过人机界面（HMI）输入或通过与另一台计算机的通讯输入。延时可以由操作者在任何时候延长或取消。

（6）轧制温度反馈控制。由于钢坯出炉时受氧化铁皮的影响，不能准确知道钢坯的温度。而粗轧出口钢坯表面的温度可以准确地测得。实测的钢坯温度用来修正目标出钢温度以达到所需的轧制温度。这个反馈温度要考虑钢坯从加热炉出口到轧机这个过程中的温度变化情况，也就是说需要在计算的出钢温度和测量的轧制温度之间建立一个数学关系。

初始值的建立将根据收集的数据和分析进行确定。因此，反馈修正将在热交换模型、设定值和步速设定算法规则之后启动和协调。

（7）停炉策略。停炉策略可以通过人-机界面进行设置。在停炉期间，各燃烧控制段的设定值被保持在加热炉空转温度值。当预见到可能的产量时，设定值将攀升到正常的生产水平值。

当加热炉回升到生产温度时，停炉策略将补偿所需加热钢坯的时间。

（8）离线模拟计算模型。这个功能用来分析和建立钢坯在加热炉内理想的加热曲线。离线计算使用与在线计算同样的热工模型计算程序。它允许操作者输入不同的产品数据和加热炉的热工条件来离线模拟计算钢坯在这种情况下的加热状况，可通过模拟得出的加热曲线来判断这些虚拟的热工条件是否符合加热这种钢坯的要求，经过这样反复的模拟能最终得到钢坯理想的加热曲线。模拟结果也能保存在计算机里面，用作设定值的计算和钢坯加热分析。离线模拟在二级系统的发展、测试和调整过程的各个阶段是非常有用的工具。它也使得二级系统具有很大的可调整性，在将来有可能用于新的钢种和尺寸。

E　生产实绩数据收集和处理

（1）功能范围：生产实绩数据收集和处理从炉区一级自动化系统和其他系统采集数据。这些数据将被保存，并可能触发系统的一些相应功能块。一些数据将传送至相应的其他计算机控制系统。

（2）主要内容：包括加热钢坯数据、钢坯进入炉区后实际测量值、钢坯入炉温度检测值、炉区电气控制系统的实际动作（如装入辊道对中完成、装（推）钢完成、出钢完成、步进梁（步进炉）动作完成等，根据不同的动作启动加热炉过程优化跟踪程序）、热工测量值（生产过程中主要加热炉热工仪表的实际测量值，如炉膛温度、煤气压力、煤气流量、热风压力等）。

F　归档和报表

数据归档和报表功能不仅能在加热炉操作室的打印机上打印生产所需的各种报表，还可记下操作工（包括 HMI）的操作，便于以后进行出错原因分析和生产优化分析使用。主要数据归档及报表有：燃烧控制周期记录；钢坯历史记录；炉图记录；跟踪修正记录；事件记录（包括一级 HMI 和操作台操作记录）；报警记录；班报、日报（含能介消耗）；钢坯出炉报告。

G　班管理

管理作业班组的分班和交接班，对每个作业班的装入、抽出钢坯实绩进行生产统计处理。具体内容包括：班装炉钢坯块数、班装炉钢坯重量、班出炉钢坯块数、班出炉钢坯重量、返回钢坯库钢坯的数量、班煤气消耗量、班生产时间、按加热炉统计停炉次数和停炉时间。

H　安全策略

由于系统提供了很多操作画面供操作人员监控钢坯加热状况，因此对于一些不能随意修改的数据必须设置密码保护。比如，并不是每一个操作人员都能对钢坯最佳加热曲线进行模拟和修改。因此，在系统里设置几级操作权限，操作人员不能作超出其操作权限的操作。

I　过程优化计算机系统的通讯接口

加热炉过程优化计算机系统与以下系统有接口关系：加热炉 L1 系统、轧线 L2 系统、生产管理 L3 计算机、连铸 L2 系统、钢坯库计算机等其他相关系统。

（1）与加热炉 L1 系统的接口：

加热炉过程优化计算机→加热炉 L1 系统的主要信息有：炉温设定值、钢坯核对设定、强制出钢设定、装钢机设定、出钢机设定、步进梁设定。

加热炉 L1 系统→加热炉过程优化计算机的主要信息有：煤气流量、煤气压力、空气流量，炉膛温度、废气温度，热电偶异常信息；钢坯装入温度实绩、钢坯测长实绩、钢坯称重实绩、PLC 动作实绩等。

（2）与轧线 L2 系统的接口：

加热炉过程优化计算机→轧线 L2 计算机的主要信息有：原始数据（PDI）、出钢顺序表、出钢节奏、装炉钢坯信息、出炉钢坯信息、停止出炉信息、钢坯吊销信息、出炉坯返回钢坯库信息、钢坯核对信息等。

轧线 L2 计算机→加热炉过程优化计算机的主要信息有：轧制节奏数据、粗轧机末架出口温度实绩、出炉返回信息、轧制计划数据变更信息、轧废信息等。

（3）与生产管理 L3 计算机的接口：

加热炉过程优化计算机→生产控制 L3 计算机的主要信息有：轧制计划数据请求、吊销实绩等。

生产控制 L3 计算机→加热炉过程优化计算机的主要信息有：轧制计划数据、轧制计划吊销等。

（4）与钢坯库计算机的接口：

加热炉过程优化计算机→钢坯库计算机的主要信息有：钢坯核对信息、钢坯返回钢坯库等。

钢坯库计算机→加热炉过程优化计算机的主要信息有：钢坯 PDI 数据等。

J　加热炉过程优化计算机操作画面

系统设有操作终端作为人-机界面，供操作人员进行操作和监控，主要功能有：跟踪信息显示、轧制计划显示和录入、加热状态显示、加热状态的预测趋势显示、温度偏差显示、优化燃烧控制管理、操作模式/设定参数显示、出炉钢坯显示、历史趋势显示、热态仿真显示、报警显示等。

5.4　加热炉的节能与环保

5.4.1　加热炉的节能措施

长材加热炉的加热措施如下：

（1）选择合适的炉底应力和炉长，以延长加热炉预热段长度或降低炉子操作温度，降低排烟温度，节约能源。

（2）配置不供热的热回收段，以充分利用高温段烟气预热入炉的冷料，降低排烟温度。

（3）在加热炉烟道上设置高效的带插入件的金属管状空气预热器或煤气预热器或蒸汽过热器，回收出炉烟气带走的热量，节约燃料，降低坯料的单位热耗。

（4）采用高温合金的耐热垫块，以减少水管黑印。此措施还可缩短板坯在炉时间，减少燃料消耗。

（5）采用蓄热燃烧方式，提高加热效率，降低排烟温度，节约能源。

（6）严格控制空燃比，减小空气过剩系数，降低烟气带走热损失，节约能源。同时，降低了氧化烧损，提高金属收得率，节省能源。

（7）合理控制炉压，减少冷风吸入量，节约能源。

（8）采用脉冲燃烧控制方式，提高炉温均匀性和加热效率，降低空燃比，节约能源。

（9）减少炉内水冷件的数量，减少水冷带走的热损失。

（10）采取合理的支撑梁及其立柱的配置，降低冷却管的表面积。同时对支撑梁及其立柱采用纳米纤维材料、耐火纤维毡与低水泥耐高温浇注料双层绝热结构进行包扎，减少冷却管的吸热损失和冷却水的用量。

（11）采取浇注料整体捣制的炉顶和带复合层炉墙结构，延长炉体使用寿命；同时在满足工艺使用温度和其他条件的情况下，尽量使用轻质炉衬，降低炉子在升温和降温时的蓄热损失。

（12）合理配置开启灵活、关闭严密的装、出料炉门及检修炉门，减少炉气外逸和冷风吸入的热损失。

（13）先进合理的烧嘴选型与配置，提高加热坯料温度均匀性。

（14）采用二级计算机优化控制模型，优化加热曲线，优化轧制节奏，优化燃烧控制，降低燃料消耗。

5.4.2　加热炉的环保要求

环保要求加热炉降低 NO_x 排放。降低 NO_x 排放的措施如下：

（1）选择低 NO_x 型烧嘴，降低 NO_x 生成量；

（2）合理降低炉温设定值，降低 NO_x 生成量；

（3）降低燃料 S、N 含量，降低硫化物和 NO_x 生成量；

（4）合理选择烟囱高度，满足大气物排放对环保的要求。

降低加热炉运行噪声。降低加热炉运行噪声的措施如下：

（1）合理选择风机，合理配置管道和阀门形式，降低管道噪声；

（2）设置风机房降低炉区工作环境噪声；

（3）选择噪声低的烧嘴，降低炉区燃烧噪声；

（4）合理设计流体管道的流速和弯曲半径，减少流动噪声。

参 考 文 献

[1] 北京钢铁设计研究总院. 钢铁厂工业炉设计参考资料[M]. 北京：冶金工业出版社，1977.
[2] 王秉铨. 工业炉设计手册[M]. 北京：机械工业出版社，2010.
[3] 钟顺思，王昌生. 轴承钢[M]. 北京：冶金工业出版社，2000.
[3] 陶文铨. 数值传热学[M]. 西安：西安交通大学出版社，2001.
[4] 曹强，薛秀章，等. 钢铁厂工业炉设计规范[M]. 北京：中国计划出版社，2009.
[5] Trinks W, Mawhinney M H, Reed R J. Industrial Furnaces [M]. Garvey, 2003.

编写人员：中冶京诚凤凰炉公司　胡文超

第2篇　长材轧制工艺

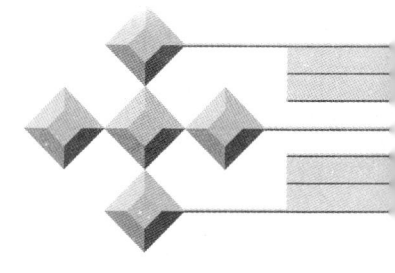

6　钢轨与钢板桩生产技术

6.1　概述

6.1.1　钢轨发展简史

火车起源于西方，欧洲古代道路史记载希腊与埃及时代就有轨道模型，凿石为辙，置车其上，用中马之，表明最早的轨道是石轨。

16世纪以前以四轮怪异车为主的旅客和货物的长途运送已相当普及，为了使四轮马车沿着这种车辙行驶，英国人制造了很多轮距为143.55cm的车，后来相沿成习。当英国出现火车的时候，火车的轮距、轨距也就采用了这个宽度，这就是大多数国家铁路的标准轮距都采用143.55cm的由来。

随着炼铁技术的出现，人类进入铁器时代，人们开始采用铸铁轨、生铁轨取代了木质轨。铸铁轨耐磨性能好，寿命长。人们将铸铁轨道命名为铁道，这就是铁道名字的起源。

1698年托马斯·塞维利（Toms Savery）、1705年托马斯·纽科门（Toms Newcomen）各自独立发明了早期的蒸汽机。1764年英国的詹姆斯·瓦特在纽科门的基础上对蒸汽机做了重大的改进，并在1769年取得了英国的专利。瓦特使冷凝器与汽缸分离，发明了曲轴和齿轮传动以及离心调节器等，使蒸汽机实现了现代化，大大提高了蒸汽机的效率。自18世纪晚期起，蒸汽机不仅在采矿业中得到广泛应用，在冶炼、纺织、机器制造业中都获得了迅速推广。

1800年英国的特里维西克设计了可安装在较大车体上的高压蒸汽机，1803年他把它用来推动在一条环行轨道上开动的机车，这就是火车机车的雏形。英国人乔治·斯蒂文森发明了采用热交换原理，在炉腔内装置大量热交换管道，使管道内流动的水产生大量水蒸气，再由水蒸气推动活塞做功，带动摇臂并推动机车的主动轮，使之推动火车在铁路上运行，并于1829年创造了"火箭号"蒸汽机车，从此，开创了铁路的新时代。这种蒸汽机车的出现，大大提高了铁路运输能力，但生铸铁轨道容易脆断的问题也暴露了出来。

1784年发明了把生铁炒炼成熟铁的方法，生铁经反复炒炼可减少碳、磷、硫等低熔点杂质，提高了韧性，可以进行锻造或轧制防止轨道折断。1824年又出现了经改进的炒炼熟铁的方法，扩大了熟铁的来源。1830年在英格兰的彼得灵顿铁厂投产了世界第一台钢轨轧机，当时生产15~18英尺（4.572~5.486m）长的熟铁鱼腹钢轨。11年后，类似于今天设计的T形钢轨在英格兰轧制成功，用于铺设在新泽西（New Jersey）肯登（Camden）和阿姆卑（Amboy）间的铁路。1849年在法国巴黎轧制了第一根工字钢。

1784年到大约1830年，这些熟铁轨的形状大致为T字形。T字形轨头的凸缘能限制车轮脱轨下道，人们为节省金属把T形轨镶嵌在木质或石质底座上。1831年波奥·奥埃伯设计了每米重量为18kg的工字形轨，其断面形状已接近现代钢轨。以后有人设计出U字形断面铁轨，但在使用中U形轨被淘汰。

在工业革命的推动下，冶金技术迅速发展。1855年英国人亨利·贝塞麦（Henry Bessemer）发明了酸性转炉炼钢法，廉价钢开始供应社会，酸性转炉炼钢法的出现，使钢轨的生产技术达到一个新的阶段，酸性转炉钢轨的寿命比熟铁轨提高了10倍。

　　1858 年钢轨的形状基本固定下来,断面成工字形。当时钢轨每米重量为 38kg。

　　1879 年英国冶金学家西德尼·托马斯(Sidney Thomas)发明的碱性底吹空气转炉炼钢法,可以在炼钢过程中去除硫、磷等有害杂质,碱性转炉生产的钢轨比酸性转炉生产的钢轨质量好,这时轧钢机开始出现。

　　1865 年美国首先用轧制法生产了每米重量 26.6kg 的钢轨。用轧制法生产的钢轨,无论是钢轨组织的致密程度、生产效率和断面尺寸的精度都比铸造方法生产的钢轨好,钢轨工字形断面形状与现代钢轨基本相同。钢轨虽然代替了铁轨,但因为起初命名叫铁道,铁道的名字一直沿用至今。

　　钢轨轨形演变过程如图 6-1 所示。

图 6-1　从最早使用至今的钢轨轨形演变过程

　　20 世纪 50 年代以后,炉外精炼、真空脱氢、大方坯连铸、喷吹技术和粉末冶金的出现,使钢轨生产技术达到更高水平。万能轧机的出现、改进与推广,提高了钢轨断面尺寸精度和表面平直度。自动化技术、电子计算机的应用使钢轨的生产技术向更高水平发展。

　　随着列车载重量的逐渐增大,机车牵引力不断强化,列车运行速度逐步加快,钢轨的断面尺寸和单重也相应加大。由起初 1865 年的 26.6kg/m,到 1900 年的 45.2kg/m,发展到最近的 50kg/m、60kg/m、75kg/m。在大运量的重载线路上,一般都采用 60 ~ 75kg/m 钢轨,在一般的客运线上采用 50 ~ 60kg/m 钢轨。这些都使得钢轨生产朝现代化方向发展,一是钢轨断面和单重重型化;二是钢轨的定尺长轨化;三是钢轨的性能高强度化。

　　最早铺设钢轨的时候,是一根接一根地钉在一起,夏天和冬天由于气温的变化引起钢轨热胀冷缩,把钢轨挤得东扭西歪。人们接受了这个教训,在钢轨之间留有适当的缝隙,让钢轨有伸缩余地,钢轨越长需要轨缝就越大。为了火车行驶安全,轨缝不允许太大。

　　但是由于轨缝的存在,又带来了不少害处,使列车经常产生剧烈振动,发出噪声影响旅客休息,同时也降低了车轮和钢轨的使用寿命,长期以来人们寻找最大限度地消除轨缝的方法,于是出现了无缝线路,为此就提出了生产定尺更长钢轨的要求。

无缝线路的萌芽在20世纪初期，1935年德国开始将普通钢轨连续焊接起来的无缝线路正式在铁路上使用，20世纪60年代进入大发展时期，到70年代初，世界上无缝线路超过20万公里，占世界铁路总长16%左右。无缝线路的铺设一般是先焊成125m一根，其长度是标准定尺钢轨的倍数，运到工地后再焊成1~2km长，为此就要求钢轨制造厂生产更长定尺的钢轨。钢轨的标准定尺长度由25.0m发展到50.0m，最近发展为100.0m。

从20世纪50年代以来，铁路运输事业进入高速发展时期，列车运行速度加快，从每小时50km提高到100km、150km、200km、250km、350km以上。矿山重载线路、运煤重载线路的出现，线路上列车行驶越来越频繁，钢轨负荷大幅度增加，以前使用的普通碳素轨虽然经过多次改进，强度由600MPa提高到700MPa、800MPa，但仍然无法满足使用条件越来越苛刻的要求。钢轨不能满足使用要求的问题是：不耐磨、不耐压、轨端淬火层剥落掉块，钢轨出现压溃，使用寿命短，给线路养护造成很大困难。在这种情况下，迫使钢轨钢朝着高强度方向发展。现钢轨生产厂开始研制、推广、大量生产合金钢轨、全长淬火钢轨，把钢轨抗拉强度提高到900MPa、1000MPa、1080MPa、1230MPa；硬度也从HB240提高到HB260、HB280、HB300、HB320、HB340、HB370。

到20世纪末人们普遍认为，组织为细致的珠光体即索氏体的钢轨其使用性能与金相组织是最可靠的。但是，研究结果还表明，组织为珠光体的钢轨性能已接近理论的极限值，大幅提高其性能的潜力很小。21世纪铁路技术要进一步发展，要求开发新的钢轨钢。已开始研究贝氏体钢轨钢，以期得到更好的耐磨性、耐腐蚀性、抗疲劳性和抗断裂韧性。

6.1.2 我国钢轨发展简史

1949年以前我国铁路用钢轨主要靠进口。1891年修建的汉阳钢铁厂，是我国最早生产钢轨的厂家，一列3机架的φ800mm的三辊式轧机用蒸汽机为动力，能生产42kg/m以下的钢轨，定尺长度为9.144m，成品不缓冷处理。1914年国产钢轨曾占国内所需1/3左右，后因生产成本过高，竞争不过进口钢轨，被逼停产。抗日战争爆发后，汉阳钢铁厂的轧钢设备迁移到重庆，在抗战期间试轧过钢轨，但在动乱的战争环境下没有批量生产过。中华人民共和国成立后，1951年试制并生产38kg/m钢轨铺在成渝铁路线上。

1953年末修建了鞍钢大型厂，初始生产43kg/m钢轨，1956年开始生产50kg/m钢轨，基本满足了当时国内铁路建设的需要。随着铁路建设规模的扩大，1965年、1970年和1975年先后修建了武钢大型厂、包钢轨梁厂和攀钢轨梁厂。

上述钢轨厂均为横列式轧机，用钢锭做原料经初轧机开坯，轧制坯加热后在横列式轧机上用孔型法轧制钢轨，热轧轨装缓冷坑进行脱氢处理，钢轨冷却后用辊式矫直机矫直，锯钻加工和轨头淬火，经超声波探伤合格后交货。

由于我国铁路运输业的发展，货运强度不断提高，不仅要求钢轨具有较高强度、韧性、耐磨、耐疲劳等性能，且要具有良好的可焊性。因此，研究生产高强度钢轨、合金轨、全长淬火轨当时是我国钢轨生产的一个重要趋向。于是包钢1976年试制了60kg/m钢轨，1984年通过国家鉴定后批量生产，攀钢也批量生产了60kg/m钢轨；此后攀钢和包钢又试制了75kg/m钢轨并批量生产。鞍钢1985年试生产60kg/m钢轨，1989年批量生产，2004年试生产75kg/m钢轨。

随着我国铁路建设向高速化、重载化、无缝化的发展，要求钢轨厂生产高强度、高精度长尺轨。2000年以后，鞍钢、攀钢、包钢和武钢四条钢轨生产线进行现代化改造，生产100m长尺轨。

钢轨典型生产工艺为：高炉铁水→铁水预处理→转炉顶底复吹→LF钢包精炼→VD/RH真空处理→大方坯连铸→步进式加热炉加热→高压水除鳞→双机架粗轧机轧制→万能轧机精轧→热打印→预弯后长尺冷却→平-立联合矫直机矫直→轨端四面液压矫直机矫直→硬质合金锯钻加工→无损探伤→人工矫直倒棱→堆垛入库（精整工序可改为平-立联合矫直机矫直→无损探伤→硬质合金锯钻加工→轨端四面液压矫直机矫直→堆垛入库）。

2010年邯郸钢厂开始筹建100m高速轨生产线，并引进采用水淬工艺的钢轨余热淬火线。

1967~1970年重钢、攀钢和包钢开始进行钢轨全长淬火试验研究，但试验成果未推广使用到工业性生产线上。目前我国主要是包钢、攀钢和原铁道部系统生产全长淬火钢轨。而攀钢已研究成功并投入生产国内第一条用压缩空气作淬火介质的钢轨余热淬火线，包钢正在筹划建设钢轨余热淬火线。

为满足铁路重载、高速发展对钢轨的要求越来越高，而碳素轨强度已发挥到极限，要求开发合金轨，依靠增加廉价的合金元素，使钢的基体组织固溶强化，使珠光体的片层间距变小，并获得弥散和细晶强化、强韧性较好的组织，使钢轨抗拉强度达到 1080MPa 以上，同时疲劳性能良好。为此，需要研究开发合金钢轨。

鞍钢采用 Si、Mn、V、Xt 等合金元素，研究成功强韧性较好的特级耐磨合金钢轨，铺设在重载小半径弯道铁路上。目前我国各钢轨制造厂正在研究开发贝氏体钢轨。

6.1.3　高速铁路用钢轨的断面、钢种及强度

6.1.3.1　世界高速铁路钢轨

世界上开行 200km/h 以上高速铁路国家除中国外还有 5 个，即日本的新干线、法国的 TGV、德国的 ICE、意大利的 ETR 和西班牙的 AVE，全部采用 60kg/m 钢轨。

日本从东京到大阪东海道的新干线，是全世界第一条载客营运高速铁路专线系统，1964 年 10 月奥运会期间投入运营，列车时速可达 270km 或 300km，测试时曾创下每小时 443km 的最高纪录，以"子弹列车"闻名（图 6-2）。线路初期采用 JIS50kg/m 钢轨，经过一段时间运行后发现 50kg/m 钢轨刚性不好，增加了路基维护量，决定改用 JIS60kg/m。后来法国、德国、意大利、西班牙、澳大利亚等国家学习日本经验，都采用 UIC60kg/m 钢轨。通过近 40 年高速铁路的运行考验，已证明 60kg/m、强度级别 880MPa 钢轨完全能满足高速铁路运营的需要。

图 6-2　日本新干线

法国高速列车 TGV 铁路系统选用 900A 材质的 UIC60kg/m 钢轨，长度 36.576m(120 英尺)，1981 年，TGV 在巴黎与里昂之间开通（图 6-3），如今已形成以巴黎为中心、辐射法国各城市及周边国家的铁路网络。TGV 普通列车的商业运行速度可以达到 320km/h，特殊列车测试速度高达 574.8km/h。

图 6-3　法国 TGV 高速列车

德国的城际特快列车 ICE 系统采用 900A 材质的 UIC60kg/m 钢轨，最高运行速度 300km/h（图 6-4）。

图 6-4　德国城际快车

服务单位除覆盖德国境内主要大城市外，还连接邻近国家的多个城市。

中国客运专线选用U71Mn百米60kg/m钢轨，路基采用高架桥梁设计（图6-5）。2010年9月28日沪杭高铁试运行创时速416.6km，2010年12月3日京沪高铁枣庄至蚌埠间的先导段联调联试和综合试验中，由中国南车集团研制的"和谐号"380A新一代高速动车组最高时速达到486.1km（图6-6）。为保证安全现中国高铁时速降至300km运营。

图6-5 中国客运专线高架桥

图6-6 中国高速列车

由于高速铁路的设计大多数为客运专用线，虽然速度快，但轴重轻，再加上考虑到高速铁路要采用无缝线路，对钢轨有焊接性能要求，因此世界各国高速铁路用钢轨全部采用普通碳素钢轨。

国外高速铁路用钢轨一般采用强度等级不大于880MPa级钢轨，如日本新干线采用强度等级为800MPa的热轧普碳钢轨，欧洲高速铁路采用强度等级为880MPa的热轧普碳钢轨UIC900A（EN260）。而强度等级适中（780~880MPa）的热轧钢轨不仅韧塑性较好、焊接性能优良、安全储备较大，同时还兼顾轮轨关系。

6.1.3.2 钢轨断面特性及其发展趋势

铁路车速和轴重的提高，对钢轨的刚度和耐磨性要求提高。为提高刚度和耐磨性，在钢轨的断面尺寸和断面形状上有较大的改进。为使钢轨获得足够的刚度，可以适当增加钢轨高度，以保证钢轨有大的水平惯性矩；同时为使钢轨有足够的稳定性，在设计轨底宽度时应尽可能选择宽一些。为使刚度与稳定性匹配最佳，通常在设计钢轨断面时将轨高与底宽之比，即 H/B 控制在6.15~6.248。同时在设计钢轨断面时还要考虑以下几点：

（1）钢轨轨头踏面采用复曲线，三个半径。在轨头侧面直线斜度一般为1:20~1:40；在轨头下鄂处直线斜度一般为（1:3）~（1:4）。UIC60kg/m钢轨，轨头圆弧 $R300—R80—R13$；美国56.9kg/m钢轨，轨头圆弧 $R254—R36.75—R9.52$；前苏联65kg/m钢轨，轨头圆弧 $R500—R80—R15$；中国60kg/m和75kg/m钢轨，轨头圆弧 $R300—R80—R13$ 和 $R500—R80—R15$。

（2）在轨头与轨腰过渡区采用复曲线，在腰部采用大半径设计，以减少应力集中所造成的裂纹，增加鱼尾板与钢轨间的摩擦阻力。

（3）在轨腰与轨底过渡区采用复曲线设计，逐步过渡与轨底斜度平滑相连。

（4）轨底全部采用平底，使其断面有很好的稳定性。轨底端面均采用直角，连接处用小半径圆角，一般采用 $R2~R4$。轨底内侧多采用两组斜线设计，斜线斜度有的采用双斜度，也有的采用单斜度，如UIC60kg/m钢轨（图6-7）和中国75kg/m钢轨（图6-8）。

随着铁路的发展铁路用钢轨断面有向重型化方向发展的趋势。大断面钢轨具有刚度大、稳定性好、耐磨损等特点。在大轴重、大运量的重载线路上使用60~75kg/m钢轨，在车速超过160km/h的准高速及高速线路上采用60~65kg/m钢轨。通过改进轨头断面设计提高钢轨的刚度和耐磨性，即轨顶踏面圆弧尽量符合车轮踏面的尺寸，轨头接近磨耗后的踏面圆弧尺寸。

6.1.3.3 高速铁路对钢轨质量的要求

为保证高速列车运行稳定性、舒适性、安全性以及高的运营效率，对高速铁路钢轨有更为严格的要求，为此法国铁路部门对高速铁路钢轨提出下列要求：

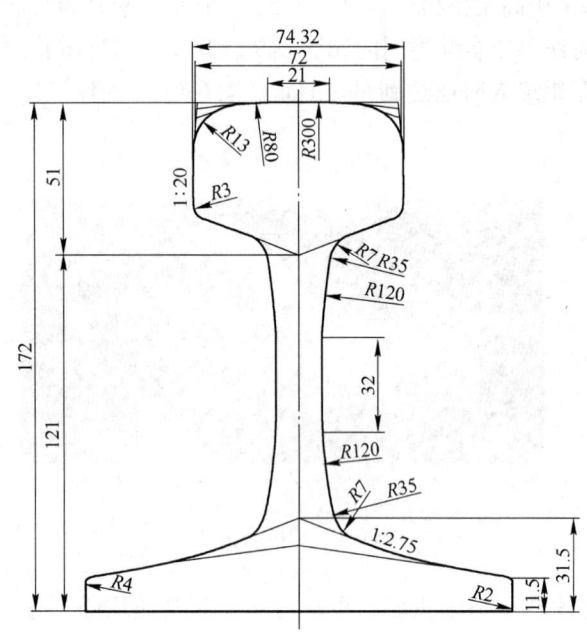

图 6-7　UIC60kg/m 钢轨断面图　　　　　　图 6-8　中国 75kg/m 钢轨断面图

（1）钢轨生产厂家必须通过 ISO 9001 质量管理体系标准的认证，质量管理体系必须完备。

（2）应采用大断面连铸坯生产钢轨。

（3）应采用无铝脱氧工艺（以控制钢轨钢中的氧化铝夹杂物），并要求钢中的 $w(Al_s) < 0.005\%$。

（4）应采用真空脱气，要求钢液中 $w(O) \leqslant 20 \times 10^{-4}\%$，$w(H) \leqslant 1.5 \times 10^{-4}\%$，$w(P) \leqslant 0.025\%$，$w(S) \leqslant 0.020\%$。

（5）对钢轨的残留元素应进行严格控制。

（6）钢轨的力学性能：抗拉强度不小于 800MPa，钢轨走行面硬度不小于 HB260。

（7）应有严格的几何尺寸公差和平直度。

（8）严格控制钢轨中的残余应力。

（9）对钢轨进行严格的超声波探伤检查。

（10）对钢轨表面进行涡流探伤。

（11）对钢轨进行全长平直度在线检查。

我国高速重载铁路运输线对钢轨技术要求如下：

（1）钢轨钢种：200km/h 高速铁路钢轨的钢种为 U71Mn、UIC900A、PD3$_3$、BNbRE，300km/h 高速铁路钢轨采用欧洲标准 EN260 钢种。

（2）高速铁路钢轨内部质量要求见表 6-1。

表 6-1　高速铁路重轨标准对重轨内部质量要求

标　准	$w(T[O])/\%$	$w(P)/\%$	$w(S)/\%$	$w(Al_s)/\%$	$w(H)/\%$	$w(C)$、$w(Si)/\%$	$w(Mn)/\%$	夹杂/级			
								A 类	B 类	C 类	D 类
国内 200km/h	≤0.002	≤0.030	≤0.030	≤0.004	≤0.00015	±0.02	±0.05	6.5	6.5	6.5	6.5
国内 300km/h	≤0.002	≤0.030	≤0.030	≤0.004	≤0.00015	±0.02	±0.05	6.0	6.0	6.0	6.0
EN	≤0.002	≤0.020	0.008 ~ 0.025	≤0.004	≤0.00015	±0.02	±0.05	K3 < 10 占 95% 以上　10 < K3 < 20 占 5% 以下			

（3）力学性能指标见表 6-2。

表 6-2　钢轨的力学性能指标

钢　号	抗拉强度/MPa	伸长率/%	轨头踏面中心线硬度（HB）
U71Mn，UIS900A	≥880	≥10	260~300
U75V，BNbRE	≥980	≥9	280~320
EN260	≥880	≥10	260~300

注：同一根钢轨上，其硬度变化范围不大于 30HB。

（4）显微组织：钢轨断面的显微组织应为珠光体（允许有少量铁素体）组织，不得有马氏体、贝氏体及沿晶界分布的渗碳体。

（5）脱碳层：连续封闭的铁素体网深度不得超过 0.5mm。

（6）低倍组织：不得有白点、缩孔残余、内裂、异金属夹杂物、翻皮、分层和肉眼可见的夹杂及任何有害缺陷。

（7）钢轨断面和轧制公差：参考 UIC 标准、TGV60kg/m 轨标准。

（8）超声波探伤：人工平底孔 ϕ2mm。

（9）轨底残余应力：不大于 250MPa。

（10）断裂韧性：K_{IC} 最小值 26MPa·m$^{1/2}$，平均值 29MPa·m$^{1/2}$。

（11）疲劳裂纹扩展速率：$\Delta K = 10$MPa·m$^{1/2}$，$da/dN \leq 17$m/GC；$\Delta K = 13.5$MPa·m$^{1/2}$，$da/dN \leq 55$m/GC。

（12）疲劳：总应变幅度为 0.00135 时，每个试样的疲劳寿命应大于 500 万次。

各国高速铁路钢轨断面尺寸公差及外观平直度要求见表 6-3 和表 6-4。

表 6-3　对钢轨断面尺寸公差的要求　　　　　　　　　（mm）

部　位	法国 TGV	日本 JIS1101	欧洲 UIC860	欧洲 EN	中国 300km/h、60kg/m 轨
头　宽	±0.5	+0.8 -0.5	±0.5	±0.5	±0.5
底　宽	±1.0	±0.8	±1.0	±1.0	±1.0
轨　高	±0.5	+1.0 -0.5	±0.6	±0.5	±0.6
底　凹	<0.3	<0.4		<0.3	<0.3

表 6-4　对钢轨外观平直度的要求　　　　　　　　　（mm/m）

部　位	法国 TGV	日本 JIS1101	欧洲 UIS860	欧洲 EN	中国 300km/h、60kg/m 轨
轨端上翘	<0.4/2	<0.7/1.5	<0.7/1.5	<0.4/2，<0.3/1	<0.5mm
轨端下扎	<0.2/2	0	0	<0.2mm	<0.2mm
轨端水平	<0.5/2	—	0.7/1.5	<0.6/2，<0.4/1	<0.5mm
本体垂直弯	<0.3/3，<0.2/1	<0.5/1		<0.3/2，<0.2/1	<0.5/3，<0.4/1
本体水平弯	<0.45/1.5			<0.45/1.5	<0.7/1.5
全长垂直弯	<5mm	<10/10		<5mm	
全长水平弯	R>1000m	<10/10		R>1500m	

世界主要生产国钢轨标准规定的钢轨尺寸允许偏差、化学成分、钢轨断面尺寸特性见表 6-5~表 6-7。

表6-5 世界主要生产国钢轨标准规定的钢轨尺寸允许偏差 (mm)

项目	中国				日本							美国	法国		英国	欧洲	
	TB/T 2344—2003 标准				JISE 1101—1993 普通钢轨				JISE1120—1994 热处理钢轨			AREMA2002	NF-75	NF-74	BS-60	EN13674-1：2002(E)	
	43	50,60,75	200km高速轨 60	300km高速轨 60	30	37,50	40N 50N	60	50	40N 50N	60	in(mm)	50	60		X	Y
	kg/m				kg/m							in(mm)					
钢轨高度(H)	±0.8	±0.6	±0.6	±0.6			+1.0/-0.5			+1.0/-0.5	+0.8/-0.5	+0.04(1.0)/-0.015(0.4)	±0.5	±0.7	±0.79	<165 ±0.5；≥165 ±0.6	+0.5-1.0；+0.6-1.1
轨头宽度(W_H)	±0.5	±0.5	±0.5	±0.5		+1.0/-0.5		+0.8/-0.5		+1.0/-0.5	+0.8/-0.5	+0.015(0.4)/-0.015(0.4)	±0.5	±0.6	±0.4	±0.5	+0.6/-0.5
轨底宽度(W_F)	+1.0/-1.0	+1.0/-1.5	±1.0	±1.0		±1.0		±0.8		±1.0	±0.8	+0.03(0.8)/-0.03(0.8)	±1.0	+1.1/-1.3	±0.4	±1.0	+1.5/-1.0
轨腰厚度(W_T)	+1.0/-0.5	+1.0/-0.5	+1.0/-0.5	+1.0/-0.5			+1.0/-0.5					+0.04(1.0)/-0.02(0.5)	+1.0/-0.5	+1.0/-0.5	±0.4	+1.0/-0.5	+1.0/-0.5
轨底边缘厚度(T_F)	—	+0.75/-0.5	+0.75/-0.5	+0.75/-0.5								+0.015(0.4)/-0.015(0.4)				+0.75/-0.5	+0.75/-0.5
断面不对称(A_s)	±1.5	±1.2	±1.2	±1.2			1.0			0.5		+0.03(0.8)/-0.03(0.8)	±0.5	±0.6		±1.2	±1.2
接头夹板安装面斜度	+1.0/-0.5	+1.0/-0.5	+1.0/-0.5	+1.0/-0.5												±0.35	±0.35
接头夹板安装面高度(H_H)	+0.6/-0.5	±0.6	±0.6	±0.6								+0.03(0.8)/-0.000	±0.5	±0.5		<165 ±0.5；≥165 ±0.6	±0.5；±0.6

注：后三项（轨底边缘厚度、断面不对称、接头夹板安装面斜度、接头夹板安装面高度）属"钢轨断面"项目。

续表 6-5

项目	中国 TB/T 2344—2003 标准				日本 JISE 1101—1993 普通钢轨				日本 JISE1120—1994 热处理钢轨			美国	法国 NF-75	法国 NF-74	英国	欧洲 EN13674-1:2002（E）	
	43	50,60,75	200km高速轨 60	300km高速轨 60	30	37、50	40N、50N	60	40N、50N	50	60	AREMA2002	50	60	BS-60	X	Y
	kg/m				kg/m				kg/m			in（mm）					
轨底凹入或凸出	≤0.4		≤0.3	≤0.3												≤0.3	≤0.3
端面斜度（垂直水平方向）	≤1.0	≤0.8	≤0.6	≤0.6											0.4	≤0.6	≤0.6
端部弯曲（距轨端1m）向上	≤0.8	≤0.5				1.2	1.0	0.5	1.0	1.0	0.7	39英尺 3/4（19）				≤0.6	≤0.6
端部弯曲 向下	≤0.2	≤0.2				0.8	0.3	0.0	0.3	0.3	0.0						
左右	≤0.5	≤0.5										9英尺 0.023（0.58）				≤0.7/1.5m	≤0.6/2m ≤0.4/1m
轨身（除两轨端1m外）垂直方向	—	≤0.5/3m ≤0.4/1m														≤0.4/3m ≤0.4/1m	≤0.3/3m ≤0.2/1m
水平方向	—	≤0.7/1.5m														≤0.6/1.5m	≤0.45/1.5m
全长扭转	≤全长 1/10000mm	±0.8	±0.7	±0.7		1.0	1.0	1.0	1.0	1.0	1.0						
螺栓孔 直径	±0.8	±0.8	±0.7	±0.7		±0.5	±0.5	±0.5	±0.5	±0.5	±0.5		±0.5	±0.5	±0.79	≤30、±0.5 >30、±0.7	≤30、±0.5 >30、±0.7
螺栓孔 位置	±10.0	±10.0	±1.0	±1.0		±0.8	±0.8	±0.8	±0.8	±0.8	±0.8		±0.5	±0.5	±0.79		
钢轨长度（环境温度26℃）钻孔轨 ≤25m	由供需双方协商					±10	+10/-5	+10/-3	+10/-5	+10/-5	+10/-3	80英尺 ±7/8				±10mm	±10mm
钻孔轨 >25m												39英尺 ±7/16					
焊接轨							50m+25.0 0.0	50m+25 -0.5	50m+25 0.0	50m+25 0.0	50m+25 -0.5	80英尺 ±3 39英尺 ±2			±4.76		

表 6-6　世界主要生产国钢轨钢化学成分

国家或地区	标准	牌号	化学成分（质量分数）/%								残留元素含量上限/%									力学性能	
			C	Si	Mn	P	S	V	Nb	其他	Cr	Mo	Ni	Cu	Sn	Sb	Ti	Cu+10Sn	Cr+Mo+Ni+Cu	抗拉强度/MPa	伸长率/%
中国	普通轨 TB/T 2344—2003	U71Mn	0.65~0.76	0.15~0.35	1.1~1.4	≤0.03	≤0.03	≤0.03	≤0.010	—	0.15	0.02	0.10	0.15	0.04	0.02	0.025	0.35	0.35	≥880	≥9
		U75V	0.71~0.8	0.5~0.8	0.7~1.05	≤0.03	≤0.03	0.04~0.12	≤0.010	—	0.15	0.02	0.10	0.15	0.04	0.02	0.025	0.35	0.35	≥980	≥9
		U76NbRE	0.72~0.8	0.6~0.9	1.0~1.3	≤0.03	≤0.03	≤0.03	0.02~0.05	RE0.02~0.05	0.15	0.02	0.10	0.15	0.04	0.02	0.025	0.35	0.35	≥980	≥9
	热处理轨 TB/T 2635—2004	U71Mn(C)	0.7~0.76	0.15~0.35	1.2~1.4	≤0.03	≤0.03	—	—	—										H340 ≥1180	≥10
		U75V	0.71~0.8	0.50~0.8	0.7~1.05	≤0.03	≤0.03	0.04~0.12	—	—										H370	≥10
		U76NbRE	0.72~0.8	0.6~0.9	1.0~1.30	≤0.03	≤0.03	—	0.02~0.05	RE0.02~0.05										≥1230	≥10
	200km/h 60kg/m轨（暂行）	U71Mn	0.65~0.77	0.15~0.35	1.1~1.5	≤0.03	≤0.03	—	—	—	0.15	0.02	0.10	0.15	0.04	0.02	0.025	0.35	0.35	≥880	≥10
		UIC900A	0.65~0.77	0.10~0.5	0.8~1.30	≤0.03	≤0.03	—	—	—	0.15	0.02	0.10	0.15	0.04	0.02	0.025	0.35	0.35	≥880	≥10
		PD3	0.70~0.78	0.65~0.90	0.75~1.05	≤0.03	≤0.03	0.04~0.08	—	—	0.15	0.02	0.10	0.15	0.04	0.02	0.025	0.35	0.35	≥880	≥9
		BNbRE	0.7~0.78	0.6~0.9	0.9~1.20	≤0.03	≤0.03	—	0.02~0.05	RE0.02~0.05	0.15	0.02	0.10	0.15	0.04	0.02	0.025	0.35	0.35	≥880	≥9
	300km/h 60kg/m轨（暂行）	EN260	0.65~0.75	0.10~0.5	0.8~1.3	≤0.025	0.008~0.025			Al≤0.004	0.15	0.02	0.10	0.15	0.04	0.02	0.025	0.35	0.35	≥880	≥10
欧洲标准	EN13674:2002(E)	200 液态	0.4~0.6	0.15~0.58	0.70~1.2	≤0.025	0.008~0.025				0.15	Al 0.004	V 0.030	N 0.009	O 20×10^{-4}	H_2 3×10^{-4}				680	≥14
		200 固态	0.38~0.62	0.13~0.60	0.65~1.25	≤0.035	0.008~0.035				0.15	Al 0.004	V 0.030	N 0.010	O 20×10^{-4}	H_2 3×10^{-4}					
		220 液态	0.50~0.60	0.20~0.60	1.00~1.25	0.025	0.008~0.025				0.15	Al 0.004	V 0.030	N 0.008	O 20×10^{-4}	H_2 3×10^{-4}				770	≥12
		220 固态	0.48~0.62	0.18~0.62	0.95~1.30	0.030	0.008~0.030				0.15	Al 0.004	V 0.030	N 0.008	O 20×10^{-4}	H_2 3×10^{-4}					
		260 液态	0.62~0.80	0.15~0.58	0.70~1.20	0.025	0.008~0.025				0.15	Al 0.004	V 0.030	N 0.009	O 20×10^{-4}	H_2 1.5×10^{-4}					
		260 固态	0.60~0.82	0.13~0.60	0.65~1.25	0.030	0.008~0.030				0.15	Al 0.004	V 0.030	N 0.010	O 20×10^{-4}	H_2 1.5×10^{-4}					

续表6-6

国家或地区	标准	牌号		C	Si	Mn	P	S	V	Nb	其他	Cr	Mo	Ni	Cu	Sn	Sb	Ti	Cu+Cr+Mo+10Sn	Ni+Cu	抗拉强度/MPa	伸长率/%
欧洲标准	EN13674:2002(E)	260Mn	液态	0.55~0.75	0.15~0.60	1.3~1.70	0.025	0.008~0.025				0.15	Al 0.004	V 0.030	N 0.009	O	H_2					
			固态	0.53~0.77	0.13~0.620	1.25~1.75	0.030	0.008~0.030				0.15	Al 0.004	V 0.030	N 0.010	20×10⁻⁴	1.5×10⁻⁴				880	≥10
		320Cr	液态	0.60~0.80	0.5~6.10	0.8~1.20	0.02	0.008~0.025				0.8~6.2	Al 0.004	V 0.18	N 0.009	O	H_2					
			固态	0.58~0.82	0.48~6.12	0.75~1.25	0.025	0.008~0.030				0.75~1.25	Al 0.004	V 0.2	N 0.010	20×10⁻⁴	1.5×10⁻⁴				1080	≥9
		350HT	液态	0.72~0.80	0.15~0.58	0.70~1.20	0.020	0.008~0.025				0.15	Al 0.004	V 0.030	N 0.009	O	H_2					
			固态	0.70~0.82	0.13~0.60	0.65~1.25	0.025	0.008~0.030				0.15	Al 0.004	V 0.030	N 0.010	20×10⁻⁴	1.5×10⁻⁴				1175	≥9
		350LHT	液态	0.72~0.80	0.15~0.58	0.7~1.20	0.020	0.008~0.025				0.15	Al 0.004	V 0.030	N 0.010	O	H_2					
			固态	0.70~0.82	0.13~0.60	0.65~1.25	0.025	0.008~0.030				0.15	Al 0.004	V 0.030	N 0.010	20×10⁻⁴	1.5×10⁻⁴				1175	≥9
美国	AREMA2002			0.74~0.84	0.10~0.60	0.8~1.10	0.035	0.037					0.25~0.50	0.10	0.25	V 0.03~0.05					760/1170	39/10
日本	普通轨 JISE 1101—1993	30kg		0.5~0.7	0.10~0.35	0.6~0.95	0.045	0.05														
		37kg		0.55~0.70	0.1~0.35	0.6~0.95	0.045	0.05													690	≥9
		50kg		0.6~0.75	0.10~0.35	0.6~0.95	0.045	0.05													740	≥8
		40kg.50kg、60kg		0.63~0.75	0.15~0.30	0.7~1.10	0.030	0.025													800	≥10
	热处理轨 JISE 1120—1994	HH340		0.72~0.82	0.10~0.55	0.7~1.10	0.03	0.02				0.20	V 0.03								1080	>8
		HH370		0.72~0.82	0.10~0.65	0.8~1.20	0.03	0.02				0.25	V 0.03								1130	>8
国际铁路	UIC 860—79	70		0.4~0.6	0.05~0.35	0.8~1.25	0.055	0.05													680~830	>14
		90A		0.6~0.8	0.10~0.50	0.8~1.30	0.05	0.05													880	>10
		90B		0.55~0.75	0.10~0.50	1.30~1.70	0.05	0.05													880	>10

表6-7　世界主要生产国钢轨断面尺寸的特性

项目		断面尺寸/mm H	W_H	W_F	b	F	Z	e	D	横断面积/cm²	单重/kg·m⁻¹	对水平轴线的惯性力矩/cm⁴	对垂直轴线的惯性力矩/cm⁴	断面系数/cm³ 头部	底部	侧边
中国 TB/T 2344—2003	43kg/m	140	70	114	42	27	66.5	14.5	31	57	44.653	1489	260	208.3	217.3	45
	50kg/m	152	70	132	42	27	68.5	15.5	31	65.8	56.514	2037	377	256.3	287.2	47.1
	60kg/m	176	73	150	48.5	30.5	79	16.5	31	77.45	60.643	3217	524	339.4	396	69.9
	75kg/m	1952	75	150	55.3	36.3	80.4	20	31	95.037	74.414	4489	665	432	509	89
日本 JISE 1101—1993	30kg/m	107.45	60.33		30.95	19.45	48.24	16.3								
	37kg/m	126.24	66.71		36.12	26.43	53.78	13.49								
	40kg/m	140	64	122	41	25.5	67	14								
	50kg/m	144.46	67.87	127	46.04	27.78	63.1	14.29								
	50kg/m	153	65	127	49	30	63	15								
	60kg/m	174	65	145	49	30.1	73.8	16.5								
英国 BS 11:1985	90A	146.88	66.67	127	46.04	26.19	76.44	13.89								
	90R	146.88	66.67	135.53	43.66	20.64	59.93	13.89								
	95A	147.64	69.85	130.17	46.83	26.19	73.82	14.68								
	95N	147.64	69.85	139.1	45.25	26.19	76.2	13.89								
	100A	156.4	69.85	133.35	48.82	27.38	76.2	15.08								
	100R	156.4	69.85	146.05	46.83	26.43	63.50	14.29								
	110A	158.75	69.85	139.7	49.21	30.16	76.2	15.87								
	113A	158.75	69.85	139.7	49.21	30.16										
欧洲标准 EN 13674:2002CEI	46E1	145	65	125	45	25	66.5	14		58.82	46.17	1646.1	298.2	217	236.6	47.7
	46E2	145	62	134	47	27	86.5	15		58.90	46.27	1646.7	329.3	213	246.1	49.1
	46E3	142	73.72	120	46.5	25	66.25	14		59.44	46.66	1605.3	307.5	224.2	228.2	56.3
	46E4	145	65	135	45	25	67.5	14		59.78	46.9	1688	338.6	226.6	245.2	50.2
	49E1	149	67	125	56.5	27.5	66.5	14		66.92	49.39	1816	319.1	240.3	247.5	51
	49E2	148	67	125	50.5	27.5	66.5	14		66.55	49.10	1796.3	318.4	239.4	246.2	50.9
	49E3	146	67	125	48.5	27.5	66.5	14		60.83	47.8	1705	310.8	227.2	240.4	49.7
	49E4	110	70	140	49.4	30.2	45.4	22		63.04	49.5	875.1	417.4	145.9	175	59.6
	50E1	153	65	134	49	28	66	15.5		64.16	50.37	1987.8	365	246.7	274.4	54.5

续表 6-7

项目		断面尺寸/mm								实际断面面积/cm²	单重/(kg·m⁻¹)	对水平轴线的惯性力矩/cm⁴	对垂直轴线的惯性力矩/cm⁴	断面系数/cm³		
		H	W_H	W_F	b	F	Z	e	D					头部	底部	侧边
欧洲标准 EN 13674:2002CEI	50E2	151	72	140	44	28	67.5	15		63.65	49.97	1988.8	408.4	248.5	280.3	58.3
	50E3	155	70	133	48	27	67	14		63.71	50.02	2057.8	356.3	259.5	276.8	56.8
	50E4	155	70	133	48	27	67	14		64.28	50.46	1934	315.2	256.3	256.6	50.4
	50E5	148	67	135	50.5	27.5	66.5	14		63.62	49.0	1844	366.4	243.1	256.6	53.70
	50E6	153	65	140	49	28	66	15.5		64.84	50.90	2017.8	396.8	248.3	286.3	56.70
	52E1	150	65	150	55	32	63.50	15		66.43	56.15	1970.9	434.2	247.1	280.6	57.9
	54E1	159	70	140	49.4	30.2	69.90	16		69.77	54.77	2337.9	419.2	278.7	316.2	59.90
	54E2	161	67.01	125	56.4	30.2	69.90	16		68.56	53.82	2307	346.55	276.4	297.6	54.6
	54E3	154	67	125	55	29	64	16		69.52	54.57	2074	354.8	266.8	276.3	56.8
	55E1	155	53	134	53	31	66.50	19		76.37	56.03	2150.4	418.4	255.2	304	66.4
	56E1	158.75	69.85	140	49.21	30.16	69.85	20		76.69	56.30	2326.3	426.6	275.5	316.5	60.2
	60E1	172	72	150	51	36.50	76.25	16.5		76.70	60.21	3038.3	516.3	333.6	375.5	68.3
前苏联 ГOCT 24182—80	50kg/m	152	72	132	42	27	68.5	16		63.92	50.18	1936.9	314.2	256.2	257	50.3
	65kg/m	180	75	150	45	30	78.5	18								
	75kg/m	192	75	150	55.3	36.3	84.5	20								
国际铁路联盟 UIC 860:1977	50kg/m	152	76.2	125	49.4	28		15								
	60kg/m	172	74.3	150	51	36.5		16.5		76.86	60.34	3055	516.9	335.5	377.4	68.4
	71kg/m	186	16.5	160	52	29.5		18								
法国 NFA45-314—75	50kg/m	153	65	140	49	28	66	15.5			50.81	2016				
	60kg/m	172	72	150	51	36.5	76.25	16.5			60.34	3055				
美国 AREMA 2007	115RE	168.3	69.1	139.7	42.9	28.6	82.6	15.9		169.35	114.7	2730.48		294.97	360.52	
	119RE	173	67.5	139.7	47.6	28.6	82.6	15.9		107.34	118.6657	3180.01		317.91	439.17	
	132RE	181	76.2	152.4	44.5	30.2	82.6	15.9		109.35	136.1	3671.16		434.26	452.28	
	133RE	179.4	76.2	152.4	49.2	30.2	95.3	17.5		84.31	133.2498	3587.91		430.98	440.81	
	136RE	185.7	74.6	152.4	49.2	30.2	98.4	17.5		86.13	136.2	3950.03		391.65	463.75	
	140RE	185.7	76.2	152.4	27	30.2	101.6	14.3		88.18	139.3617	3991.66		398.21	468.67	
	141RE	188.9	77.8	152.4	29.4	30.2	98.4	17.5		89.01	140.70	4180.63		413.61	474.73	

6.2　热轧钢轨生产线

6.2.1　现代钢轨生产的工艺流程

铁路对钢轨使用性能的要求随着铁路的发展而不断提高。在传统的铁路线上，磨损是钢轨中的主要破坏形式，因此传统铁路主要强调钢轨的耐腐性。近年来随着铁路行车速度的不断提高，钢轨的损坏形式由过去的磨损转变为各种形式的疲劳损坏。尤其是铁路高速化以后，行车的安全性和舒适性尤为重要。因此，良好的抗疲劳性能和焊接性能是高速铁路用钢轨的基本特征，并要求钢轨具有高纯度和严格的成分控制精度。

现代铁路运输高速、重载和高密度运输方式的发展，对钢轨质量提出更高要求：

（1）重型化，60kg/m、65kg/m 和 75kg/m 钢轨将成为我国铁路的主要轨型，以保证列车行驶的安全性和稳定性。

（2）钢质纯净化，要求钢轨严格控制成分精度，减少夹杂物含量和改变夹杂物形态，改善内部组织性能。

（3）强韧化，通过对钢轨进行热处理和合金化等手段来提高钢轨的强度及韧性，提高重轨使用寿命。

（4）良好的可焊性，以适应无缝线路焊接要求。

（5）高尺寸精度和平直度，以适应高速列车的安全性和舒适性要求。

为了满足铁路高速化的发展，对钢轨综合性能要求越来越高，钢轨生产工艺在不断进步，目前有两种主要模式，一种是以铁水为原料的长流程工艺，另一种是以废钢为原料的短流程工艺。

长流程工艺是以矿石为原料生产烧结矿和球团矿，经高炉生产铁水，铁水经预处理（脱磷、硫、硅）后送顶底复吹转炉冶炼，再经炉外精炼和真空脱气处理，有效控制成分和有害气体及夹杂，经连铸机浇铸成一定尺寸的连铸坯，钢坯在步进炉内加热到轧制温度后，送开坯机轧制成异形坯，然后在万能粗轧机和精轧机上轧成成品钢轨，经在线打印、切除舌头，进冷床先预弯后冷却，冷至低于 60℃进行平、立辊矫直，矫后钢轨送无损探伤线进行探伤，合格钢轨经铣头钻眼、人工检查后堆垛入库。

长流程工艺如图 6-9 所示。

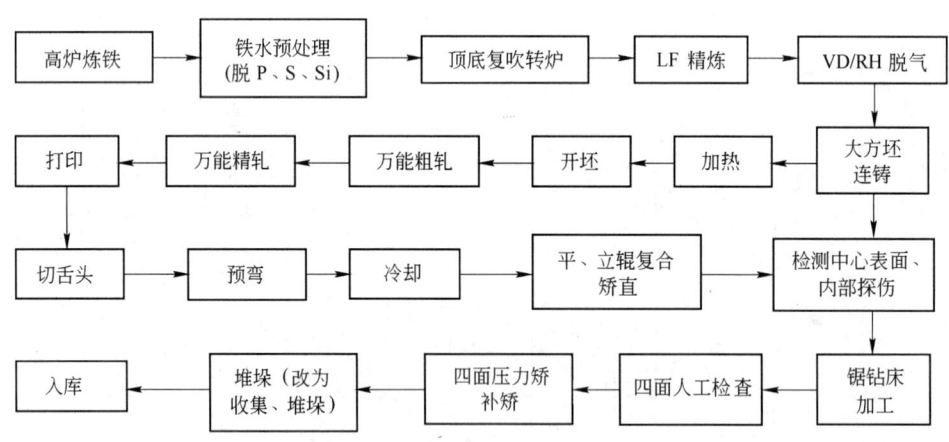

图 6-9　长流程钢轨生产工艺

短流程钢轨生产工艺是以废钢为原料，经电炉粗炼、LF 炉精炼、VD/RH 炉脱气送连铸机浇铸成所需尺寸的钢坯，然后进行轧制、精整加工等。短流程钢轨生产工艺如图 6-10 所示。

两种钢轨生产工艺除冶炼用原料不同外，其精炼、脱气、连铸、万能法轧制等工艺，均体现出钢轨生产"三精"的基本要求，即精炼、精轧、精整。它所生产的钢轨不仅具有精确的断面尺寸，而且具有良好的内在质量。

我国已具有 60 多年钢轨研究和生产的经验。钢轨生产实际上包括三个层面上的工作，即钢轨的钢种研究、钢轨钢的冶炼和连铸、钢轨的轧制和精整。只有在这三个层面上开展工作，才能生产出高质量的钢轨。

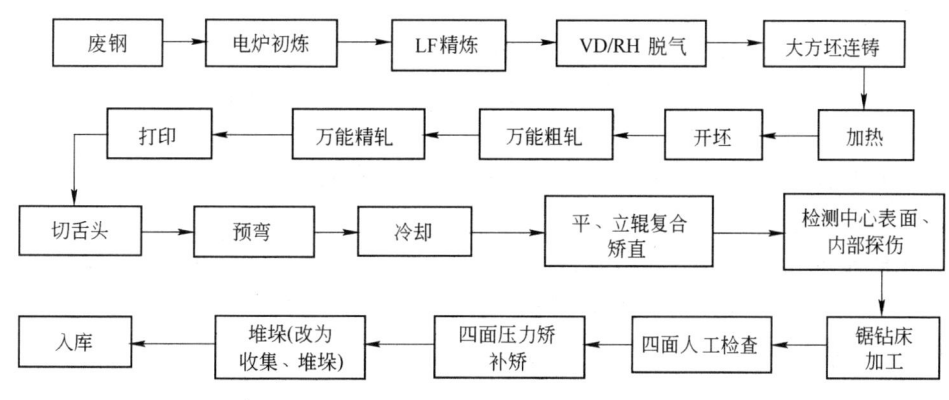

图 6-10 短流程钢轨生产工艺

6.2.2 钢轨钢的冶炼和连铸

6.2.2.1 铁水脱硫预处理

硫在钢中是有害元素,硫和硫夹杂物要影响钢轨力学性能。硫化铁、硫化锰夹杂在热轧温度下很容易变形,引起钢的各向异性,且对连铸坯和钢轨表面质量极为有害。德国蒂森公司研究发现,钢中硫含量高于0.02%时连铸坯表面质量缺陷为硫含量低于0.019%时的两倍,因此必须把硫含量控制在0.02%以下。对于要求有较高横向延伸性、横向冲击功及低温切口韧性的钢种硫含量应低于0.01%。铁水脱硫预处理是生产优质钢轨的必需工序。目前铁水脱硫预处理主要有KR搅拌法和喷吹法两种。

脱硫剂以钙基和镁基为主,主要有电石(CaC_2)、石灰(CaO)、金属镁以及以它们为基础的复合脱硫剂。

磷在钢中也是有害元素,磷使钢产生冷脆性。但转炉冶炼有较好的脱磷效果,约80%的磷可在吹炼过程中除去。所以在钢轨的生产工艺中,铁水预处理只脱硫,不需要脱磷。

6.2.2.2 吹氧转炉炼钢

我国钢轨钢的冶炼现在常用顶底复吹转炉,炉顶吹氧,炉底吹氩搅拌。

为了得到优质钢水,吹氧转炉炼钢要严格控制配料、造渣、吹炼、后期处理、出钢五个生产环节。装炉料应根据铁水硅含量决定入炉废钢比;造渣控制应根据铁水硅含量配石灰量,以保证碱度符合要求,并根据上一炉化渣情况、拉碳成分、温度等予以修正;吹炼前期是硅、锰氧化期,也是脱磷最佳时间,当硅、锰氧化期结束后,第一批造渣完成进入冶炼中期,继续化好渣、化透渣、快速脱碳、不喷溅,熔池均匀升温进入吹炼末期,对吹炼中期炉渣进行调整,后期处理是根据出钢口大小及钢包状况调整出钢温度($t_{出} = 1640 \sim 1660\,℃$),以保证罐内温度达到目标值;出钢过程进行全程吹氩处理,控制好挡渣,采用无铝脱氧,用硅钙钡作终脱氧剂。

6.2.2.3 炉外精炼

钢轨钢炉外精炼一般配置LF精炼炉和VD/RH脱气炉。

LF精炼炉是利用渣洗原理,在钢包中加入固体合成渣料,并通过电弧加热、吹氧搅拌促进合成渣对钢液进行脱硫脱氧和成分调节。

VD/RH脱气炉利用真空对钢液进行脱气、脱碳、脱氧、脱磷,可将钢中氧、氢含量降至$(2 \sim 3) \times 10^{-4}\%$。若辅以吹氩、脱磷反应或延长真空脱氧时间,可将氢含量降到$1 \times 10^{-4}\%$。

6.2.2.4 大方坯连铸

A 用连铸坯生产钢轨的优点

(1)大幅提高金属收得率。根据国内生产经验用钢锭生产钢轨金属收得率仅为82%,连铸坯轧制钢轨金属收得率为93%,金属收得率提高了11%。此外还可缩短流程,降低能耗,提高生产率。

(2)表面质量显著提高。据统计,用连铸坯轧制的钢轨,其表面缺陷比用钢锭轧制钢轨减少55%。

(3)内部质量明显改善。连铸坯内部组织比较均匀、细密,较模铸锭偏析轻,夹杂总量减少45%。

(4)钢轨物理性能得到改善。经美国铁路协会检验证明,用连铸坯轧制钢轨的抗拉强度、屈服强度、伸长率及断面收缩率均高于用钢锭轧制的钢轨,只是硬度略低。

　　B　钢轨钢连铸过程中心偏析控制

　　(1) 合理选择连铸坯断面。俄罗斯中央黑色金属科学研究所推荐生产钢轨的连铸坯宽厚比为 1.15 ~ 1.45，优选不小于 1.28。宽厚比增大，温度梯度减小，从而有利于等轴晶生长；并且连铸坯轧制钢轨压缩比要大于 10，保证中心偏析集中在轨腰，不进入轨底和轨头，同时较大压缩比有利于显微疏松压合。

　　(2) 采用电磁搅拌技术，能抑制柱状晶生长，提高铸造坯等轴晶率，使偏析元素均匀分布在等轴晶之间，避免溶质元素的集聚，从而改善中心偏析。

　　(3) 控制连铸钢水过热度。$\Delta T > 25℃$ 时柱状晶发达，中心偏析严重；$\Delta T < 25℃$ 时中心等轴晶区扩大，中心偏析明显减轻；$\Delta T < 10℃$ 时中心偏析不显著，因此控制连铸钢水过热度是减轻铸坯中心偏析的关键措施。一般钢轨钢连铸钢水过热度控制在 10 ~ 15℃。

　　(4) 凝固末端轻压下是指铸坯液相穴末端对铸造坯实施轻微压下，基本补偿或抵消铸坯凝固收缩量，阻止凝固收缩引起的富含偏析元素的残余钢液向铸坯中心流动，从而改善铸坯中心偏析。最近的研究表明：采用末端轻压下技术对改善高碳钢和合金钢大断面铸坯的成分偏析、中心缩孔和中心裂纹效果最为明显。

　　(5) 钢轨钢碳含量较高，裂纹敏感性强，且高温下抗拉强度较低，钢坯刚出结晶器易鼓肚，容易在固液界面产生裂纹，当拉速较高铸坯在结晶器中停留时间短时，钢液凝固速度降低，使铸坯鼓肚的危险增加，因此应严格控制大方坯连铸速度低于 6.0m/min。

　　(6) 钢轨钢冷却到 1000℃ 以下时导热性差，连铸采用强冷却会增大铸坯内、外温差，产生热应力，增加铸坯内裂危险性。一般大方坯的冷却水量控制在 0.2 ~ 0.5L/kg 范围内。

　　C　钢轨钢连铸过程纯净度控制

　　钢轨钢高质量保证措施是要进行夹杂物和氧含量、氢含量控制。

　　a　夹杂物和氧含量控制

　　要求钢中总氧量控制在 0.002% 以下，夹杂物形态为球形的复合夹杂物，夹杂物尺寸应小于 13μm。要避免出现 Al_2O_3 脆性夹杂物，主要措施有：

　　(1) 选择正确的脱氧制度。钢轨钢中的 Al_2O_3 脆性夹杂主要是由铝脱氧造成的，要求采用非铝脱氧剂，一般用 Fe-Mn、Fe-Si 和 Si-Ca-V 复合脱氧剂。

　　(2) 采用全程保护浇铸，追求保护浇铸实现零吸氧。

　　(3) 采用中间包冶金技术。

　　b　氢含量控制

　　为避免钢轨中产生白点，冶炼时通过冶金和耐火材料充分烘烤及对钢液进行真空处理脱氢，并将连铸坯缓冷，以控制钢中氢含量低于 0.00015%。

　　D　连铸坯的主要缺陷及其防止措施

　　a　鼓肚

　　鼓肚是指铸坯凝固过程中表面凝壳由于受到钢水静压力的作用而鼓胀成凸面的现象。对于方坯结晶器下方侧面鼓肚会造成角部附近产生皮下晶间裂纹，鼓肚严重时，往往伴随着纵向裂纹、偏析等缺陷产生，同时还会使拉坯阻力增大，损坏辊子及其他设备，被迫停浇。

　　导致鼓肚的原因有：结晶器倒锥度过小或结晶器下口过分磨损，使铸坯表面过早脱离结晶器，导致散热不良；结晶器保护渣流动性不好，使结晶器与铸坯间隙中渣层过厚，冷却强度过低；二冷区夹辊间距过大或刚度不够，不能稳定夹持铸坯；拉速过快，二冷控制不当，冷却不均匀。

　　b　夹杂物

　　连铸坯中的夹杂物来源非常复杂，一旦钢水进入结晶器后就很难分离。从形态上看，夹杂物种类大致可分为氧化铝团、硅酸盐系夹杂以及含钙的铝酸盐系夹杂物。从尺寸大小分，有超微观夹杂物（尺寸小于 1μm）、微观夹杂物（尺寸 1 ~ 50μm）和大型夹杂物（尺寸大于 50μm）。从数量上讲，大型夹杂物虽然不到 1%，但它会使连铸坯内部结构不连续、低倍组织变差，对最终使用性能非常有害。

　　一般夹杂物在铸坯中的聚集位置、数量以及粒度分布受钢流带入结晶器内的夹杂物数量、注流在液相穴内的侵入深度、运动状态以及铸机机型等因素支配，弧型连铸机铸坯内弧侧厚度上方是大型夹杂物的聚集带。

大型夹杂物是沿铸坯长度方向上分布的,对于单炉浇铸,一般铸流头、尾夹杂物含量高,其余部分低而均匀。对于多炉连浇,在换钢包或中间包以及开浇和结束时,中间罐液面不稳定,夹杂物不易上浮,导致夹杂物含量偏高。

造成铸坯内夹杂物的主要原因有:脱氧产物卷入、转炉和中间包的渣子混入、钢包和中间包耐火材料剥落、空气氧化产物、结晶器保护渣卷入。减少夹杂物的途径有:

(1) 控制脱氧产物。钢中氧是气孔和夹杂物的主要产生因素,因此要尽量减少脱氧产物的生成量和促进脱氧产物从钢中上浮分离,为此采用真空脱氧、吹氢搅拌和加钙等处理方法。

(2) 防止二次氧化。要注意浇铸过程中空气氧化对钢水造成的污染,运用各种措施保护钢流和液面免受空气二次氧化,例如长水口、浸入式水口、中间包覆盖剂、结晶器保护渣等。

(3) 避免渣子卷入。钢包和中间包渣子往往随钢水一起卷到结晶器内,形成夹杂物,为了避免这种情况,中间包结构设计要合理,并采用中间包挡渣墙等措施。

(4) 选用性能好的耐火材料。连铸中间包包衬及涂料、水口、塞棒与钢水接触时会产生机械冲刷或化学侵蚀,被冲刷和侵蚀下来的耐火材料颗粒悬浮于钢中,不易被清除,因此应选用性能好的耐火材料。

(5) 夹杂物在结晶器中的上浮分离。采用合适的浸入式水口出口形状和倾角,合理控制水口浸入深度,并辅以使用吸收夹杂力强的保护渣、保持结晶器液面稳定等措施。

c 内裂

内部裂纹是指从铸坯皮下一直到接近铸坯中心的裂纹,它们都是在凝固过程中产生的,故也称为凝固裂纹。它们都发生在固液两相区范围内,其生成的过程都是经过拉伸应力作用到凝固界面上,造成沿晶界开裂,然后熔化钢水填充到这些开裂的缝隙中。

按照裂纹产生的部位不同,内部裂纹可具有多种形式,如皮下裂纹、压力裂纹、中间裂纹、星状裂纹、角部裂纹、菱形裂纹、中心裂纹等。

d 中心疏松

将连铸坯沿其中心线纵向剖开,就会发现中心附近有许多小孔隙,我们称这些小孔隙为中心疏松。由于它是沿铸坯轴线产生的,所以明显地影响了铸坯质量。

中心疏松产生的主要原因是铸坯中的钢液对流运动时,凝固前沿不稳定,有时局部区域柱状晶生长比邻近的快,当两面生长的柱状晶搭桥时,易形成中心疏松。中心疏松与浇铸速度、浇铸温度、铸坯断面有关,因此使用电磁搅拌、降低铸温、降低铸速等可提高钢的致密度。

6.2.3 钢轨轧制法与典型布置

6.2.3.1 钢轨轧制方法的历史沿革

A 孔型轧制法

钢轨最早在周期式轧机上轧制,晚些时候在可逆式轧机上轧制。美国曾在三辊式轧机上轧制过钢轨多年,它通常是一列3机架轧机,由一台蒸汽机传动。我国大冶铁厂在1896年建设的轨梁轧机就是这种形式的轧机。

早期钢轨是用钢锭生产,最早是钢锭→钢轨,一火成材,钢锭经初轧机开坯轧制成矩形坯,再由辊道运至钢轨轧机轧成钢轨。由于轧制时间过长,轧件温度不能保证,且因开坯机与成品轧机能力不匹配,后来将钢锭开坯与钢轨成品轧制分开,钢锭先在开坯机上轧制成矩形坯,再运往大型厂经再加热后轧制成钢轨。钢轨形状复杂,矩形坯与钢轨在形状上没有相似之处,为保证正确成型必须采用异形孔将坯料切出高而深的腿部,将矩形坯轧成近似钢轨的帽形。为尽量减少不均匀变形,通常采用2~4个帽形孔,并配置在二辊可逆式开坯机上。粗轧轨形孔也多配置在二辊可逆式轧机上,轧件在粗轧的轨形孔中变形,并逐渐接近成品钢轨尺寸。随后轧件在二辊式轧机(或三辊式轧机)上采用闭口式轨形孔进行中轧和精轧,最后轧出成品。普通平辊孔型轧制法生产钢轨的孔型系统如图6-11所示。

孔型轧制法最典型的布置是一列3机架的横列式轧机或两列4机架轧机,后者包括1架二辊可逆式开坯机+3架一列的三辊轧机。孔型法轧制钢轨,存在轨头踏面尺寸精度难以保证、钢轨断面形状不对称、轨高和轨底尺寸超差等一系列不足,因此钢铁界从20世纪开始,一直在探索钢轨新的轧制方法。

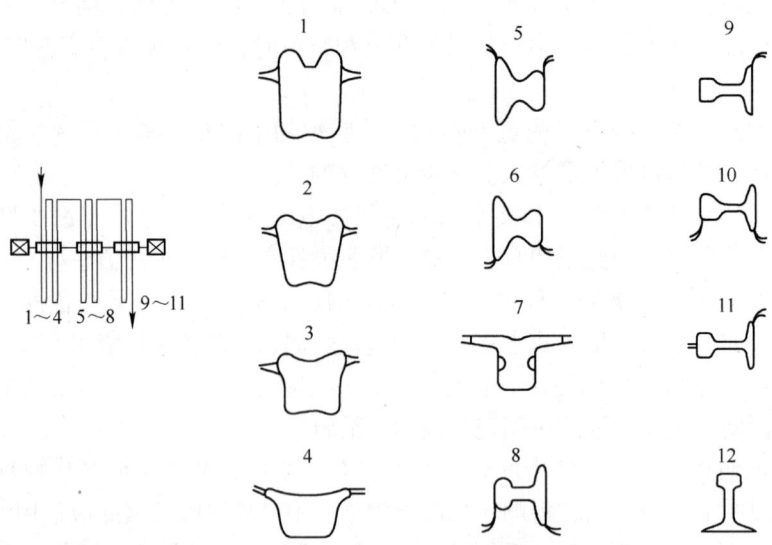

图 6-11　普通平辊孔型轧制法生产钢轨的孔型系统

1900 年美国人 J. S. Seaman 取得了精轧孔型的万能法轧制钢轨专利。从此很多国家开始了钢轨万能轧制法的开发与研究。

B　Gary 钢轨精轧方法

1901 ~ 1930 年间，美国 U-Steel 公司的 Gary 厂采用了如图 6-12 所示的方法，即采用立辊预精轧孔和精轧孔来轧制钢轨轨头与轨底，它是一种称之为"轧头轮和底轮"的立辊钢轨轧制法，钢轨头部的尺寸精度及加工硬化效果得到改善，同时提高了轨底加工硬化效果。

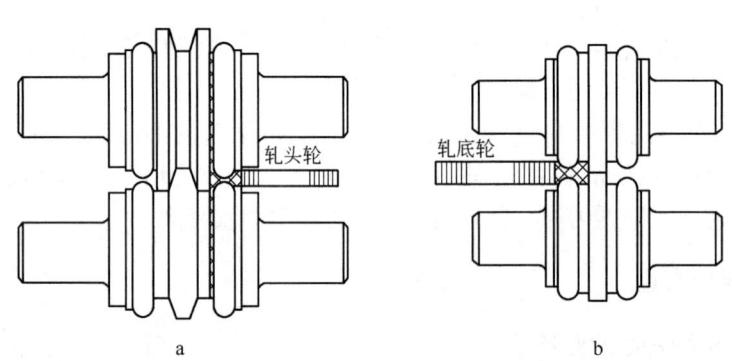

图 6-12　Gary 厂的"轧头轮和底轮"方式的精轧法
a—预精轧孔型；b—精轧孔型

C　H. Hahn 的钢轨万能轧制法

1928 年，H. Habn 对钢轨万能轧制法进行了试验，如图 6-13 所示。在万能轧机前后配置具有压边机功能的从动轮，对在万能轧机上得不到直接压下的钢轨头部和轨底进行轧制，使轨头和轨底得到较充分的加工。

D　法国 Wendel-Sidelor 的钢轨万能轧制法

工业上真正采用的钢轨万能轧制法是 1967 年法国 Wendel-Sidelor 公司哈亚士厂（Hayange）由 R. Stambach 开发并获得专利的万能轧制法。这种钢轨万能轧制法是先由可逆二辊开坯机将轧件轧成轨形异形坯，然后在万能轧机和轧边机上精轧成合格

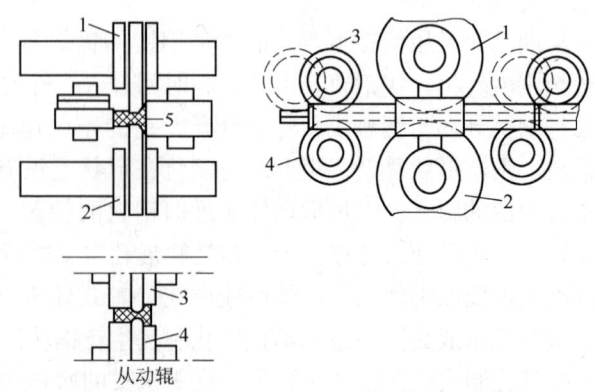

图 6-13　H. Hahn 提出的钢轨万能轧制法
1—上轧辊；2—下轧辊；3—上从动辊；4—下从动辊；5—钢轨

的钢轨，轨头和轨底得到强化变形轧制，钢轨几何尺寸精度高，物理性能好，这是目前国内外广泛使用的钢轨轧制法。

E 钢轨万能轧制技术进步和变革

自法国 Wendel-Sidelor 发明钢轨万能轧制法以来，各国为提高钢轨轧制尺寸精度和物理性能，对钢轨万能轧制法进行了大量的深入研究。

a 万能轧机采用左右异径立辊

新日铁公司为避免由于轨形坯断面形状不对称而使轧制过程轨头和轨底变形不均匀，轨形产生弯曲，在轧制轨头和轨底时采用不等径立辊，即用小直径立辊轧轨头，用大直径立辊轧轨底，可使轨头轨底变形均匀，钢轨断面形状和尺寸精度得到提高。

b 两架万能轧机连轧钢轨技术

前苏联发明了用两个万能孔型连轧钢轨技术。20 世纪 90 年代中，德国 SMS 公司在韩国 Hyundai Steel Korea 试验成功用 2 + 3 布置方案生产重轨的新工艺，实现了万能精轧前孔和万能成品孔连轧技术，即万能水平辊加工腰部同时加工轨头的一个侧面，在成品前孔中加工轨头上侧面，在成品孔中加工下侧面；同时立辊加工轨底和轨头，而其中立辊在加工轨头表面的同时加工轨头侧面，成品前孔加工轨头下表面，成品孔加工轨头上表面，这样轨头的两侧轮流在成品前孔和成品孔中与轨腰一起变形，消除轨头对轨腰的不对称性，从而提高了钢轨尺寸精度。SMS 开发的 2 + 3 布置的新方案很快成为了钢轨生产的标准工艺。

F 万能法轧制重轨的特点及优点

万能法轧制重轨的特点是：

（1）万能轧机采用左右不同直径的立辊，压下量较大的轨头立辊直径较小，而压下量较小的轨底立辊直径较大，以保证轧件咬入时左右立辊同时接触轧件，保持左右辊轧制力近似相等，可防止轧件弯曲和左右窜动。

（2）为满足万能轧机辊缝快速且准确调整，万能轧机四个辊子压下系统应采用液压 AGC。

（3）轧边机必须能快速横移以更换孔型。由于万能轧机水平辊和立辊辊缝可随轧制道次调整，而轧边机只轧轨腰和轨头侧面，不轧腰，其作用是控制底宽、头宽，因此二辊式轧边机轧辊刻有几个孔槽，轧边机可随轧制道次变化快速横移。

（4）万能法钢轨轧制线高度应能调整，以满足万能轧制过程对称轧制。依靠调整万能轧机前辊道的高度及入口导卫板使每道次轧件水平轴线与水平轧制线对中。

万能法轧制重轨的优点是：

（1）采用万能立辊对轨底和轨头进行轧制变形，从而细化晶粒，提高了力学性能和轨底抗疲劳裂纹性能。

（2）在水平和垂直两个方向上对钢轨进行轧制，残余应力小。

（3）钢轨断面尺寸精度高，尤其是轨头踏面圆弧及轨高尺寸精度高。

（4）采用万能平、立组合轧辊，辊型简单，轧辊消耗大幅度降低，辊耗比孔型法低 0.7 ~ 6.0kg/t。

（5）万能轧机孔型调整简单，能实现 AGC 控制，辊缝调整精度高，轧机作业率也高。

（6）轧件在水平和垂直两个方向均匀延伸，不会产生弯曲变形，因此导卫不会对钢轨表面造成划伤。

（7）万能法轧制钢轨每道次延伸系数可达 1.25 ~ 1.4，而孔型法每道次延伸系数为 1.2 ~ 1.23。

（8）万能法轧制钢轨是开口孔型，轧制中脱落的氧化铁皮不易掉入孔型中，故轧件表面质量好。

6.2.3.2 钢轨生产线的典型布置

A 传统孔型轧制生产线（横列式轧制生产线）

传统的横列式布置如图 6-14 所示，我国的包钢轨梁、武钢轨梁、攀钢轨梁都是这种形式的布置，以包钢轨梁厂为例。

从图 6-14 可以看出：其主轧机由 1 架 φ950mm 二辊可逆式轧机和 3 架一列布置的轧机组成，两架 φ800mm 的三辊中轧机由一台电机驱动，一架 φ850mm 二辊精轧机由一台单独的直流电机传动。两架 φ800mm 中轧机的机前后设有摆动台，通过摆动台使轧件在上下轧制线转换，进行穿梭轧制。其精整线与

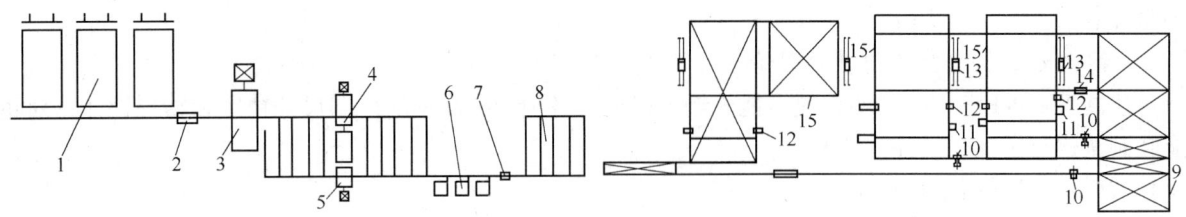

图 6-14　传统二列横列式布置

1—推钢加热炉；2—高压水除鳞机；3—φ950mm 二辊开坯机；4—φ800mm 三辊轧机；
5—φ850mm 二辊轧机；6—热锯机；7—打印机；8—冷床；9—精整上料；10—矫直；
11—锯钻机床；12—淬火机；13—翻钢机；14—探伤；15—检查台

热轧生产线离线布置，生产中以中间垛存作为缓冲，冷热工序柔性连接，冷热工序可以独立进行生产组织。

（1）产品：包括 50kg/m、60kg/m、75kg/m 钢轨；28～63 号工字钢；28～40 号槽钢；φ120～350mm 圆方钢；310 乙字钢。产品定尺长度：钢轨 25m，型钢 6～12m。

（2）生产规模：90 万吨/年。

（3）原料：

1）矩形连铸坯：断面尺寸：280mm × 325mm、280mm × 380mm、380mm × 400mm、240mm × 270mm、330mm × 330mm，坯料长度：约 6000mm。

2）异形坯：断面尺寸：365mm × 316mm × 110mm、365mm × 346mm × 140mm、475mm × 335mm × 115mm，坯料长度：4500～5900mm。

（4）孔型系统及轧制工艺：

1）孔型钢轨轧制法孔型系统见图 6-15。

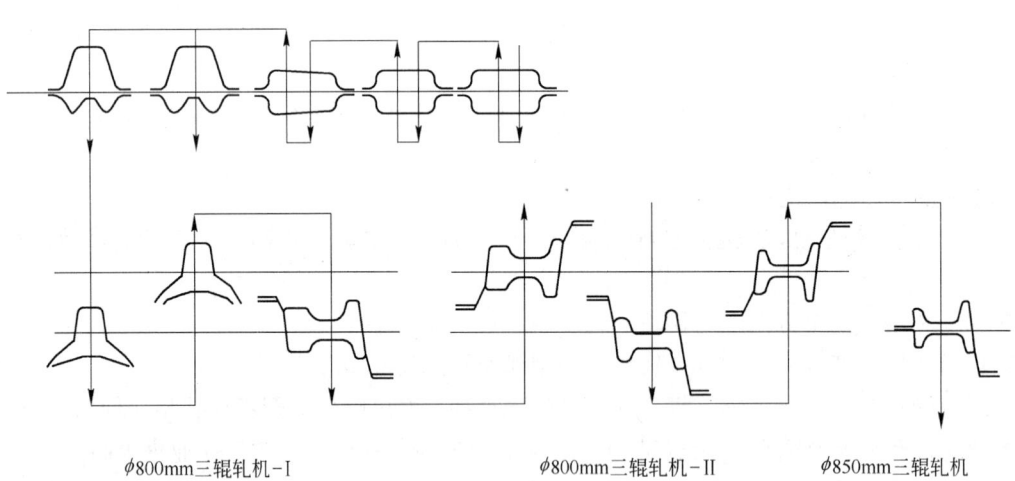

φ800mm 三辊轧机-Ⅰ　　　　　　φ800mm 三辊轧机-Ⅱ　　　　　φ850mm 三辊轧机

图 6-15　60kg/m 钢轨孔型图

2）60kg/m 钢轨轧制工艺：

轧制钢轨规格：轧件长度约 78m，轧件重量 4850kg，坯料尺寸 280mm × 380mm × 6000mm，开轧温度 1200～1250℃，终轧温度大于 950℃。

轧制工艺：Ⅰ箱形孔 2 道，Ⅱ箱形孔 2 道，梯形孔 1 道，2 个帽形孔各走 1 道，开坯机轧 7 道次，φ800mm-Ⅰ中轧走 3 道，φ800mm-Ⅱ中轧走 3 道，φ850mm 精轧走 1 道，总轧制道次 14 道；轧制周期约 110s，机时产量约 150t/h。

（5）孔型法与万能法轧制钢轨尺寸精度比较：孔型法与万能法轧制钢轨尺寸精度比较见表 6-8。

表 6-8 钢轨断面尺寸公差比较

钢 轨 部 位	钢轨断面尺寸公差/mm		
	孔型法	中国 300km/h 高速轨	万能法（实物质量）
轨 高	+0.8 -0.5	±0.6	±0.4（±0.21）
底 宽	+1.0 -1.0	±1.0	±0.7（±0.3）
轨头宽度	+0.8 -0.5	±0.5	±0.3（±0.21）
腰 厚	+0.75 -0.5	+1.0 -0.5	+0.5（±0.21） -0.3

因孔型法轧制钢轨的精度差，不能满足高速铁路钢轨要求，原铁道部规定孔型法轧制的钢轨只能在小于 150km/h 的普通线路上使用。

（6）孔型法轧制钢轨存在的缺点是：

1）轨头踏面尺寸精度难以保证。孔型法轧重轨，轨头踏面处于成品孔开口处，重轨的轨头踏面是按自由展宽或有限制展宽面成型的，故轨头踏面断面尺寸精度难以保证。

2）钢轨断面形状不对称。孔型法从第一个轨形孔至最后一个成品孔，轧件处于上下左右完全不对称条件下进行轧制，常出现钢轨断面形状的不对称。

3）轨高和轨底尺寸超差。孔型法轧制重轨的轨高尺寸取决于轨头的局部自然展宽，而自然展宽量取决于温度、压下量、轧辊表面状态；轨底尺寸不仅取决于成品孔腰部压下量，还取决于成品前孔轨底开口边和闭口边厚度，种种因素的变化就会造成尺寸超差。

4）由于轨头和轨底轧制加工变形量小，轨底和轨头质量相对差一些。

5）孔型法轧制重轨的轨头踏面处于自由展宽状态，导致沿重轨长方向的轨高尺寸有差异，这些差异使重轨踏面平直度差。

6）由于孔型法轧制重轨均采用横列式轧机，轧制速度低，且轧制道次多，因此轧制温降大，故最大轧件长仅 78m。

由于孔型轧制法存在上述无法克服的缺点，20 世纪 90 年代以后在我国被迅速淘汰。横列式的钢轨生产线有的关闭，有的已经拆除。

B　2+2+2+1 布置的钢轨生产线

2+2+2+1 钢轨生产线的平面布置如图 6-16 所示。该布置方式是早期钢轨万能轧制法较流行的一种布置方式，日本、德国、法国和美国都有多条类似生产线采用这种形式的布置，日本八幡厂和我国攀钢轨梁都选用该布置形式。

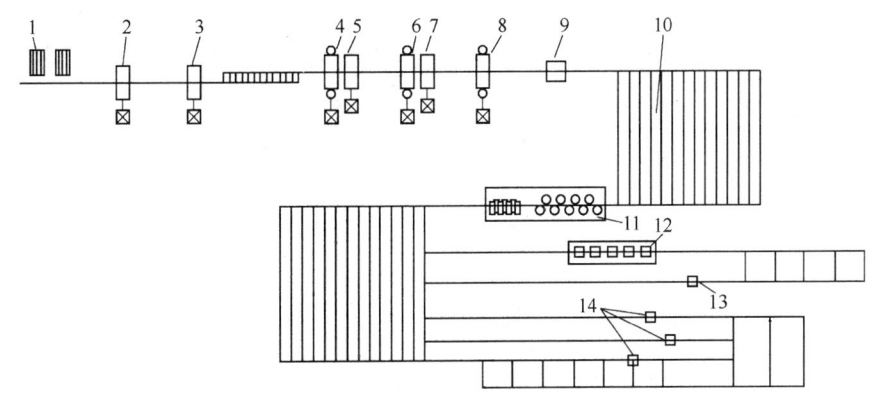

图 6-16　攀钢轨梁厂生产工艺平面布置示意图

1—步进加热炉；2—1 号开坯机；3—2 号开坯机；4—万能粗轧机；5—粗轧边机；6—万能精轧机；7—精轧边机；8—万能成品轧机；9—打印机；10—步进冷床；11—平立复合矫直机；12—无损检测；13—液压矫直机；14—锯钻机床

　　主轧线由 2 架开坯机 + 1 组万能粗轧边机 + 1 组万能中轧边机 + 1 架万能精轧机组成。如图 6-17 所示，连铸矩形坯经 BD1 和 BD2 开坯机轧成轨形坯，送到万能粗轧机和轧边机往复轧 3 道，再送万能中轧机和轧边机轧 1 道，最终精轧走 1 道轧成成品轨。该布置方式各万能机组不形成连轧关系，避免了由于机架间张力作用造成产品尺寸波动。该布置方式轧制线长，轧件终轧温度低。与 SMS 新开发的 2 + 3 布置相比，存在如下缺点：

　　（1）增加 1 架万能轧机和 1 架轧边机，设备重量增加约 184.7t，电机传动功率增加 3500kW。

　　（2）主厂房长度增加约 257m。

　　（3）由于从加热至精轧机的距离增加，轧件温度降低增大。

　　（4）初始投资增加，生产运行成本增加（加热温度提高，能耗增加，多 2 架轧机，轧辊和导卫的备件量和消耗量增加）。

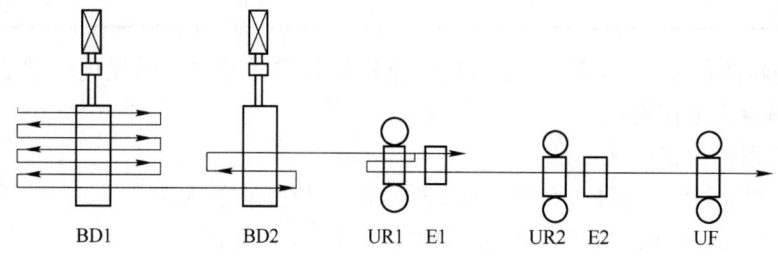

图 6-17　2 + 2 + 2 + 1 钢轨生产线的轧制过程

　　现在新建厂已很少有人再采用这种布置方式。

　　C　2 + 3 布置的钢轨生产线

　　2 + 3 钢轨生产线设备的平面布置如图 6-18 所示，轧线主要设备由两架二辊可逆式开坯机和 3 机架可逆式万能连轧机组（UR-E-UF）组成。这种布置由德国 SMS 公司研制成功，3 机架紧凑型可逆式万能连轧机组（CCS），将万能轧机减至最少架数。

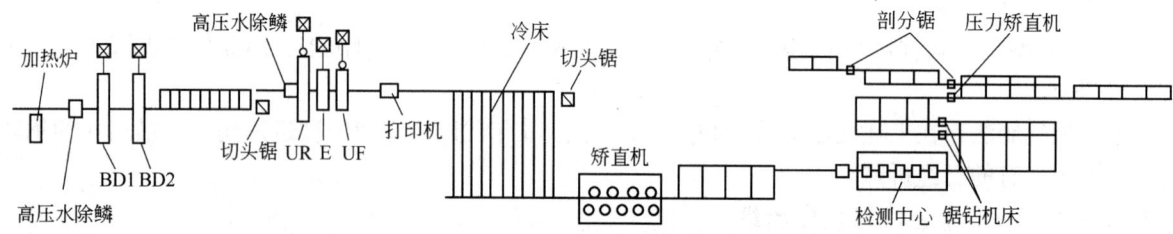

图 6-18　2 + 3 钢轨生产线的平面布置示意图

　　连铸坯经过两架开坯机轧成轨形坯，送至万能连轧机组往复 3 次轧制，经受 4 道万能、2 道轧边轧成钢轨，见图 6-19。万能机组采用计算机控制，辊缝用液压 AGC 控制，连轧采用 TCS 张力控制，提高了轧件尺寸精度；轧边机采用移动定位设计，一架轧边机刻有两个轧槽，起两架轧边机作用，轧机布置紧凑，轧制线短，轧件终轧温度高。我国的鞍钢、包钢（一线、二线）、武钢、邯郸钢厂的新钢轨生产线均采用这种布置形式，国外亦有 4 条 2 + 3 的钢轨生产线（EVRAZ Holding，NKMK，Russia；United Steel Co.

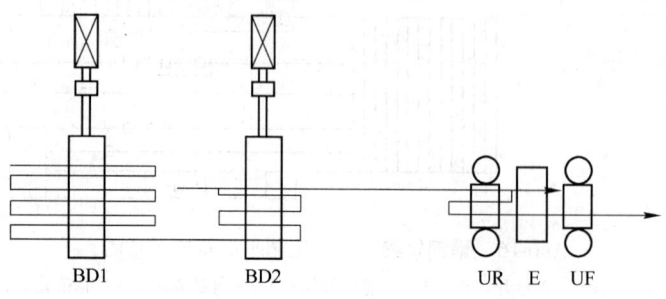

图 6-19　2 + 3 钢轨万能轧制法示意图

（SULB），Jindal India；Kardemir Iron & Steel，Turkey；Hyundai Steel Korea）。

D　1+3 布置的钢轨生产线

1+3 布置的钢轨生产线平面布置如图 6-20 所示，其主轧机只有 1 架可逆式开坯机而不是 2 架，其后便是 3 机架串列式可逆万能连轧机组（CCS）。其轧制过程如图 6-21 所示，连铸坯在 1 架二辊可逆式轧机上轧制成钢轨的粗型后，在 3 机架可逆式轧机上往复轧制 5 次（2+3 布置只往复轧制 3 次），经受 5 道次的万能和 3 次轧边，轧制成轨。

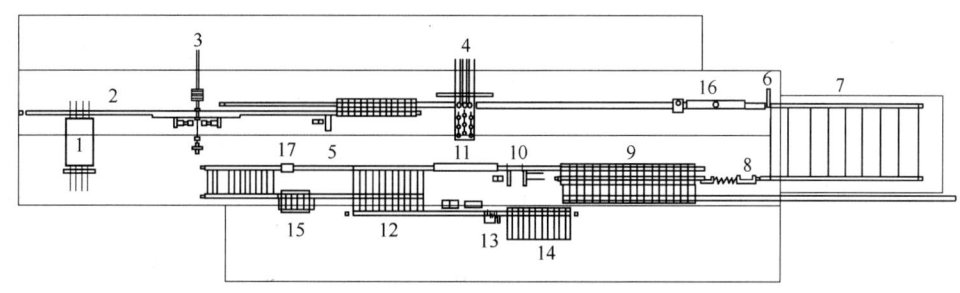

图 6-20　1+3 钢轨生产线的平面布置

1—加热炉；2—除鳞装置；3—二辊可逆式粗轧机（φ1100mm×2600mm，带推床和快速换辊装置）；4—串列式可逆万能
连轧机组（CCS）；5—切头锯；6—分段和取样锯；7—带水冷的步进式/链式冷床；8—2 台水平矫直机，
1 台立式矫直机；9—成排移钢机；10—串列式冷锯；11—长度测量仪；12—堆垛装置；13—贴标签机；
14—下料台架；15—废次品剔出台架；16—型钢和钢轨的在线热处理装置；17—压力矫直机

这种 1+3 布置与 2+3 布置相比最大的特点是省掉了 1 架二辊可逆式初轧机及其相应的电气传动和控制设备，同时可缩短 100m 左右的厂房，初始投资和生产费用都会相应降下来。这种布置对于以生产 H 型钢为主、少量生产钢轨的生产厂更为合适。当然带来的问题是在 1 架可逆式轧机上要布置更多的孔型，且在 3 架可逆式连轧机上要多 2 次可逆轧制，轧机的产量会受到影响，且最终重轨的精度亦不易保证。目前世界上采用 1+3 布置的生产厂只有 2 家，1+3 布置的前景如何还有待进一步观察。

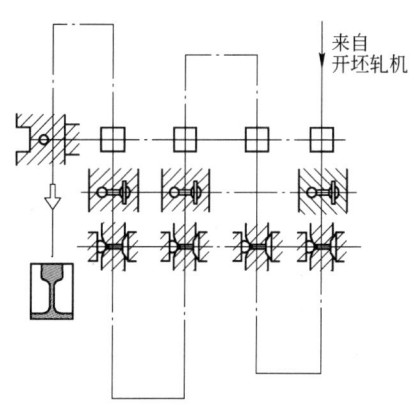

图 6-21　1+3 布置的 3 机架
可逆轧制过程

6.2.4　钢轨的轧制与精整

以上介绍了当今钢轨生产的各种布置形式，以 2+3 的布置最为流行，在我国建得最多。下面将以图 6-18 平面图中所示的 2+3 布置为重点，对钢轨生产的轧制和精整进行介绍。

6.2.4.1　产品及生产规模

包钢轨梁厂 1 号、2 号万能钢轨生产线均采用 2+3 机型，其产品大纲及生产规模如下：

（1）包钢轨梁厂 1 号万能钢轨生产线产品大纲：

窄翼缘 H 型钢	240mm×120mm×6.2mm～450mm×190mm×9.4mm	20 万吨/年
中翼缘 H 型钢	120mm×106mm×12mm～300mm×200mm×11mm	4 万吨/年
宽翼缘 H 型钢	200mm×204mm×12mm～250mm×254mm×15mm	6 万吨/年
普通工字钢	220mm×110mm×7.5mm～450mm×154mm×15.5mm	6 万吨/年
槽　钢	24a～40c	5 万吨/年
等边角钢	140mm×140mm×14～16mm～200mm×200mm×14～24mm	0.25 万吨/年
不等边角钢	160mm×100mm×14～16mm～200mm×125mm×12～18mm	0.25 万吨/年
球扁钢	24a～27b	0.25 万吨/年
双球扁钢	63.5kg	0.25 万吨/年
310 乙字钢	310 乙字钢	3.25 万吨/年
热轧 L 型钢	L200mm×90mm×9mm×1～L300mm×90mm×16.5mm×23mm	0.25 万吨/年

钢　轨	43kg/m、50kg/m、60kg/m、75kg/m	44.5 万吨/年
	UIC50、UIC71	0.5 万吨/年
	BS90A、100A	0.5 万吨/年
	60N、50N	0.5 万吨/年
道岔轨	AT50、AT60	6.5 万吨/年
接触轨	Du48、Du52	0.5 万吨/年
电车轨	BI Typ and RI60（66.3kg）	0.5 万吨/年
方　钢	90mm×90mm～150mm×150mm	3 万吨/年
垫　板	67.4kg、84.6kg、106kg	0.5 万吨/年
	总　计	90 万吨/年

（2）包钢轨梁厂 2 号万能钢轨生产线产品大纲：

宽翼缘 H 型钢	HW200mm×200mm～400mm×400mm	60 万吨/年
中翼缘 H 型钢	HM350mm×250mm～600mm×300mm	60 万吨/年
窄翼缘 H 型钢	HN400mm×204mm～1000mm×300mm	60 万吨/年
钢　轨	50～75kg/m	40 万吨/年
	AT50～AT60	40 万吨/年
	QU80～QU120	40 万吨/年
钢板桩	400、500（600）	20 万吨/年
	总　计	120 万吨/年

6.2.4.2　钢轨连铸坯的选择和规格

钢轨坯料选择主要考虑足够的压缩比，以保证成品钢轨的内在质量，没有过度集中的微观缺陷，提高钢轨的疲劳寿命，保证铁路运输的安全。国内外标准规定成品钢轨与钢坯面积之比不小于 1∶8 或 1∶9，生产中一般采用 1∶11 以下的压缩比，如果铸坯质量较好，内部缺陷少，可以采用较小的压缩比生产出优质的钢轨。

中国钢轨生产使用的坯料断面尺寸普遍为 325mm×280mm、380mm×280mm、319mm×410mm，生产 38～75kg/m 的系列钢轨。

前苏联使用 270mm×280mm、320mm×320mm 断面尺寸坯料生产 P50、P65 钢轨。

德国蒂森钢铁公司使用 250mm×320mm、260mm×300mm、265mm×380mm、260mm×330mm 断面尺寸坯料轧制各种断面钢轨。

法国阿央日使用 325mm×225mm 坯料轧制 37～75kg/m 的钢轨。

国内外研究表明，钢轨用坯宽度和高度比例在 1.5 以下较好，能保证内部质量稳定。

（1）包钢轨梁厂 1 号万能钢轨生产线用原料：

矩形坯断面尺寸：280mm×325mm、280mm×380mm、319mm×410mm、240mm×240mm；

原料长度：4.40～8.0m；

最大坯重：8161kg。

（2）包钢轨梁厂 2 号万能钢轨生产线用原料：

异形坯断面尺寸：BB1：555mm×440mm×105mm，969kg/m；

BB2：730mm×370mm×90mm，891kg/m；

BB3：1024mm×390mm×120mm，1461kg/m；

BB4：350mm×290mm×100mm，543kg/m；

矩形坯断面尺寸：BL$_1$：280mm×380mm，825kg/m；

原料长度：4.35～13.6m；

最大坯重：19472kg。

（3）2+2+2+1 机型攀钢万能钢轨生产线用原料：

矩形坯断面尺寸：280mm×325mm、280mm×380mm、500mm×200mm。

6.2.4.3　钢轨加热

A　钢坯加热

钢轨生产要求钢坯加热氧化少、脱碳低、钢坯温差小。

a　钢坯加热氧化问题

钢坯高温加热要产生氧化，氧化铁皮不仅会影响轧制钢轨表面质量，还会降低钢的成材率。钢轨坯的加热要求采用先进的加热设备，选择合适的加热制度来减少表面氧化。

（1）加热温度对氧化烧损的影响：研究表明，在温度达到1200℃以上后，氧化烧损加剧。1000℃时的烧损量为800℃时氧化烧损量的6倍，1100℃时约为10倍，1200℃时约为15倍，1320℃时约为31倍。

因此，最大限度地降低炉温，减少钢坯在高温段的停留时间，是减少氧化烧损的有效措施。氧化烧损率与加热温度的关系见图6-22。

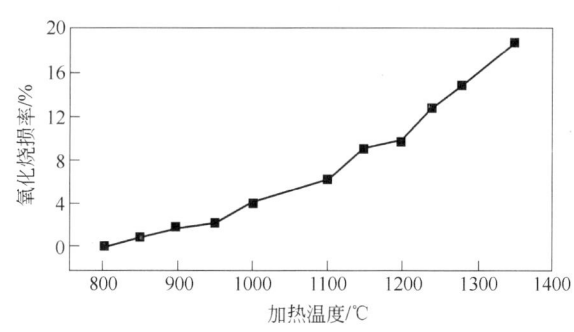

图6-22　氧化烧损率与加热温度关系曲线

（2）加热气氛对氧化烧损的影响：钢坯在炉内加热时，炉气中O_2、CO_2、H_2O、CO、H_2、CH_4和H_2S等气体，与钢的化学反应有不同的特点。其中O_2在加热时很小的浓度就能使钢氧化，CO_2和H_2O对高温加热的钢起氧化作用，而CO起还原作用，且化学反应是可逆的，在一定温度下化学反应的方向决定于CO_2和CO的浓度。若增大CO浓度，就能避免或减少钢氧化，它们之间还存在着如下的反应关系：

$$CO + H_2O \Longrightarrow CO_2 + H_2$$

H_2S燃烧生成SO_2，炉气中的SO_2能大大提高钢的氧化速度，因为它与铁生成FeS而使氧化铁皮熔点降低（最低熔点为1190℃），加剧氧化铁皮的熔化，使氧化更深入。

生产中一般采用空气过剩系数表示炉内的加热气氛。空气过剩系数越高，氧化烧损越重，当空气过剩系数超过1.15后氧化加剧。因此，在加热炉高温段，应严格控制炉内气氛，尽量将空气过剩系数控制在1.15以下，合适的空气过剩系数应选择在1.0～1.15之间。

b　脱碳层深度与轧制变形率的关系

大量的理论研究和实践经验表明，钢坯加热过程中形成的脱碳层在轧制过程中是会发生变化的，轧件脱碳层深度的变化程度与其变形率成正比。脱碳层深度与加热时间的关系如图6-23所示。钢轨的断面是异形断面，轨头、轨尾和腰部的变形率各不相同，钢轨轨头部分脱碳层深度的变化用如下模型表示：

$$\frac{d}{D} = \eta \frac{h}{H\lambda}$$

式中　d——钢轨轨头部分的脱碳层深度；

　　　D——钢坯的脱碳层深度；

　　　h——钢轨的高度；

　　　H——钢坯的高度；

　　　λ——由坯料到轧件的延伸系数；

　　　η——比例常数，根据实测数据进行回归处理，得
　　　　$\eta = 5.661$。

因此钢轨轨头脱碳层深度的预报模型为：

$$d = 5.661 \frac{h}{H\lambda} D$$

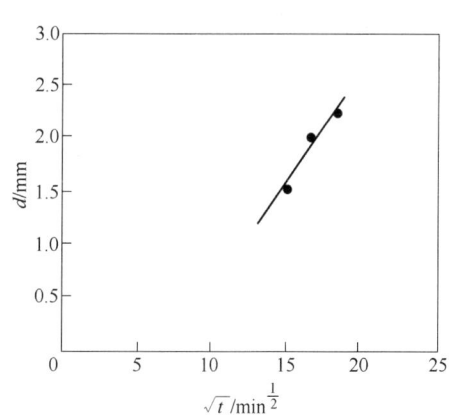

图6-23　脱碳层深度与加热时间的关系

在实际生产中 h、H 和 D 是已知量,则在轧制中轨头脱碳层深度 d 与延伸系数 λ 成反比,钢轨轧制变形越大,其轨头脱碳层深度就越小,因此要求钢轨断面尽可能大,这样有利于减小轨头脱碳层深度。

B　步进式加热炉

(1) 典型钢轨厂用步进式加热炉工艺参数（包钢轨梁厂 1 号万能钢轨生产线步进式炉参数）:

步进式炉尺寸:炉长 45.97m、炉宽 8.7m、炉底面积 399.94m²;

矩形坯断面尺寸:240mm×240mm、280mm×325mm、280mm×380mm、319mm×410mm;

异形坯断面尺寸:356mm×365mm×150mm、335mm×475mm×115mm;

坯料长度:4.5~8.0m;

炉子最大产量:冷坯 200t/h;

钢坯出炉温度:1150~1250℃;

步进梁平移行程:500mm;

步进梁升降行程:200mm(上、下各100mm);

步进周期:50s。

(2) 工艺流程:由炼钢厂来的连铸坯装入上料辊道经测长、称重、测温、校对,确定炉前的空料位后,钢坯由 PLC 按布料图准确定位。装料炉门打开,同时装料机前进,将钢坯托到固定梁预设定位置上,装钢机快速退回。

(3) 步进式炉设计特点:

1) 上部供热采用炉顶全平焰烧嘴。平燃烧嘴的温度场均匀,辐射强度大,加热速度快,易于维持炉子正压。

2) 下部供热采用大调节比、燃烧完全、环保节能的调焰烧嘴侧向供热,利用火焰长度可调特点保证炉宽方向温度均匀。当炉子低产或连铸坯热装时,可关闭炉子尾部部分烧嘴。

3) 均热区与加热区采用炉顶压下和下部隔墙分割。其作用是:增加炉气阻力,形成涡流区,以稳定供热段的加热温度;同时可防止相邻炉段炉气间的高温辐射,炉温控制更准确。

4) 炉体砌筑采用复合炉衬,强化绝热,减少炉损失,不但节能,而且延长炉子寿命。

5) 炉子水梁和立柱采用双绝热包扎,节能效果好。

6) 采用步进梁交错布置,可防止传统直线步进梁与钢坯接触点始终不变而形成较大"黑印",交错步进梁可使"黑印"温差降至 15~20℃。

7) 采用双层钴合金镶嵌式耐热垫块,有利于减少"黑印"温差。

8) 采用空气、煤气双预热,有利于节能。

9) 采用双层框架斜坡双滚轮式步进机,全液压驱动,并设有可靠的防跑偏装置,以及行程检测和控制装置,易于安装调试,运行可靠,跑偏量小。

10) 采用先进、适用、可靠的三电一体化加热炉自动化控制系统集中控制管理加热炉各系统。

(4) 国内某万能钢轨生产线步进式炉加热工艺制度:

1) 钢坯加热温度:PD3 钢轨钢坯加热温度为 1220℃±20℃;U71Mn 钢轨钢坯加热温度为 1200℃±20℃。

2) 钢坯加热温差水平 $\Delta t \leqslant 30 \sim 50℃$。

3) 炉温制度:正常生产加热炉炉温制度见表 6-9,加热炉待轧阶段炉温制度见表 6-10。

表 6-9　正常生产时的加热炉炉温制度

钢　种	钢坯温度/℃		加热时间/min		各段炉温/℃			
	出　炉	轧制三道	总　计	均　热	均　上	均　下	加　上	加　下
PD3	1220±20	≥1120	210~270	35~45	1240~1290	1240~1290	1290~1340	1290~1340
U71Mn	1220±20	≥1080	210~270	35~45	1220~1270	1220~1270	1270~1320	1270~1320

表 6-10　钢坯待轧阶段的炉温制度

待轧时间/min	各段炉温/℃		待轧时间/min	各段炉温/℃	
	均热段	加热段		均热段	加热段
20 ~ 30	1200 ~ 1250	1250 ~ 1300	90 ~ 120	1050 ~ 1100	1100 ~ 1150
30 ~ 60	1150 ~ 1200	1200 ~ 1250	120 ~ 180	1000 ~ 1050	1000 ~ 1100
60 ~ 90	1100 ~ 1150	1150 ~ 1200	>180	<1000	<1000

（5）炉内气氛控制：合理的供热制度是保证钢坯加热质量的关键，该步进式炉炉内气氛为：均热段空气消耗系数为 0.9 ~ 1.0，加热段空气消耗系数为 1.15 ~ 1.25，全炉空气消耗系数为 1.05 ~ 1.10。

6.2.4.4　钢轨轧制

现在我国新建的 6 条钢轨生产线都是采用 2 架开坯机，各厂的开坯机性能如表 6-11 所示。多数厂是 2 架开坯机的辊身长度有所差别，BD1 的辊身长度较长，BD2 的辊身长度较短，后来建设者采用 2 架辊身长度一样。包钢轨梁 1 号线开坯机的辊身长度分别为 2600mm（BD1）和 2300mm（BD2），BD1 和 BD2 开坯机在两个 BD 机架上最多可以轧制 14 个道次（钢轨轧 9 道次）。

表 6-11　各厂开坯机性能

公司名称	BD1		BD2	
	轧辊直径×长度/mm×mm	电机功率/kW	轧辊直径×长度/mm×mm	电机功率/kW
包钢轨梁 1 号线	$\phi 1100 \times 2600$	5000	$\phi 850 \times 2300$	4000
包钢轨梁 2 号线	$\phi 1100 \times 2600$	6000	$\phi 1100 \times 2600$	8100
鞍钢轨梁	（利旧）$\phi 1100 \times 2800$	3600	（利旧）$\phi 1050 \times 2200$	4560
攀钢轨梁	$\phi 1100 \times 2300$	5000	$\phi 1100 \times 2300$	5000
武钢轨梁	$\phi 1050 \times 2300$	5000	$\phi 850 \times 2300$	4000
邯郸轨梁	$\phi 1120 \times 2300$	5000	$\phi 1120 \times 2300$	5000

万能可逆轧机的布置形式为 UR/E/UF，各厂万能轧机的性能如表 6-12 所示。在采用 UR 进行可逆轧制的情况下，万能机架用于最后 4 个主要孔型的轧制。UF 机架只用于最后孔型的轧制。可逆轧制时，轧边机移出，轧边需要两个不同的轧边道次。

表 6-12　三机架可逆式万能精轧机组性能

公司名称	UR（万能时）			轧边机		UF（万能时）		
	水平辊尺寸 $\phi \times L$/mm×mm	立辊尺寸 $\phi \times L$/mm×mm	电机功率/kW	轧辊尺寸 $\phi \times L$/mm×mm	电机功率/kW	水平辊尺寸 $\phi \times L$/mm×mm	立辊尺寸 $\phi \times L$/mm×mm	电机功率/kW
包钢轨梁 1 号线	1120 × 600	740 × 285	3500	800 × 1200	1500	1120 × 600	740 × 285	2500
包钢轨梁 2 号线	1400 × 1000	980 × 450/340	5500	1000 × 1300	2500	1400 × 1000	980 × 450/340	5500
攀钢轨梁	V1:1120 × 600 V2:1120 × 600	V1:800 × 285 V2:800 × 285	VR:15000 VR2:3500	Z1:900 × 1200 Z2:900 × 1200	Z1:1500 Z2:1500	1120 × 600	800 × 285	2500
鞍钢轨梁	1120 × 600	740 × 285	3500	800 × 1200	1500	1120 × 600	740 × 285	1250
武钢轨梁	1120 × 600	800 × 285	4000	900 × 1200	1500	1120 × 600	800 × 285	4000
邯郸轨梁	V1:1120 × 600 V2:1120 × 600	V1:800 × 340(285) V2:800 × 340(285)	V1:4000 V2:4000	1000 × 1200	1500	1120 × 600	800 × 340(285)	3000

坯料采用 280mm × 325mm 和 280mm × 380mm 方坯。万能轧机高速钢轨生产线年生产能力为 90 万吨，可生产 43 ~ 75kg/m 系列钢轨，AT50、AT60 道岔轨，以及 QU70 ~ QU120 吊车轨、H150 ~ H450H 型钢、L 型钢、310 乙字钢、角钢、工字钢和槽钢等型钢产品。

2 + 3 机型钢轨万能孔型系统见图 6-24。2 + 2 + 2 + 1 机型钢轨万能孔型系统见图 6-25。

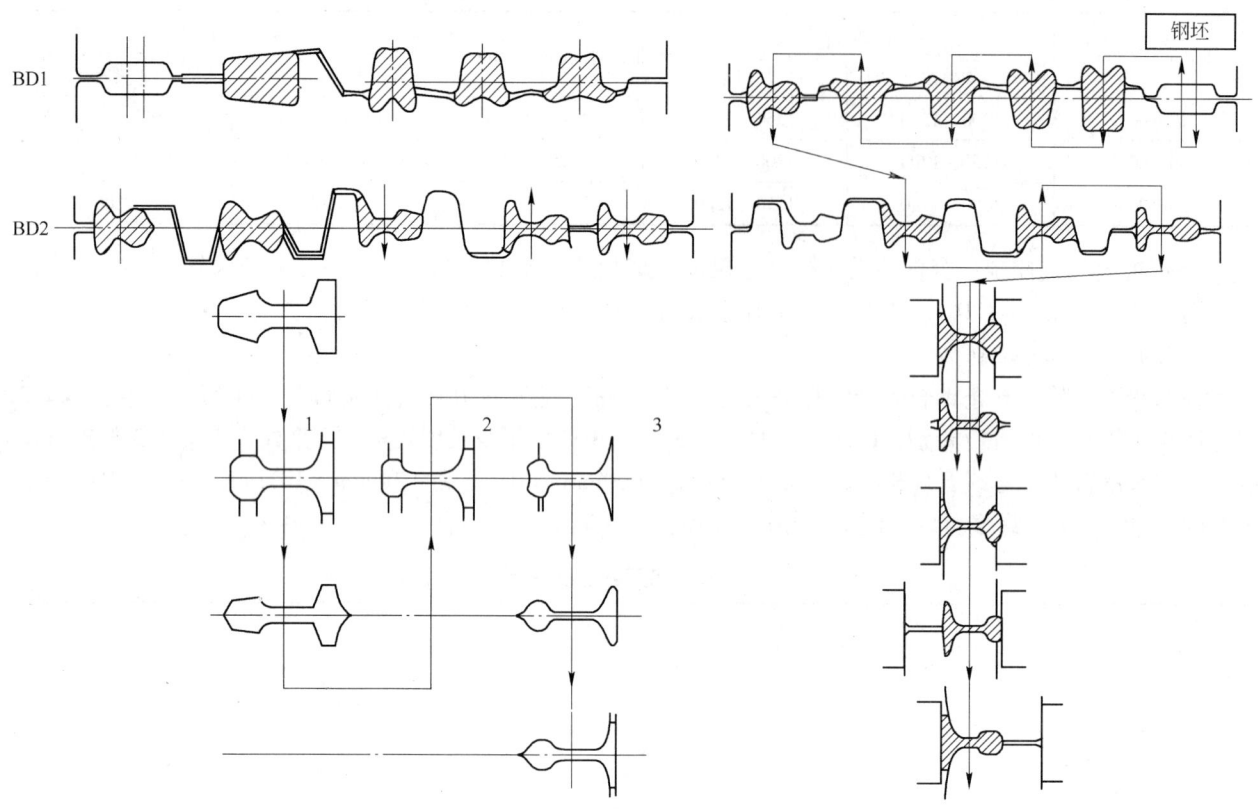

图 6-24　2 + 3 机型钢轨万能孔型系统　　　　　　图 6-25　2 + 2 + 2 + 1 机型钢轨万能孔型系统

主要轧制工艺参数见表 6-13。

表 6-13　主要轧制工艺参数

机　　型		2 + 3 机型	2 + 2 + 2 + 1 机型
轧制钢轨规格/kg · m^{-1}		60	60
钢坯断面尺寸/mm × mm		280 × 380	280 × 380
钢坯长度/m		7.83	7.83
开轧温度/℃		1200 ~ 1250	1200 ~ 1250
终轧温度/℃		> 900	约 850
轧件长度/m		105	105
轧制道次	BD1	7	7
	BD2	3	3
	万能轧机	4	5
	轧边机	2	3
轧制周期/s		113	
机时产量/t · h^{-1}		190	

6.2.4.5　万能轧制法的孔型设计

万能孔型设计基于图 6-26 所示的孔型系统,不同系统有区别,但基本原理是相同的。首先要根据成品腰厚依次确定各道次的腰厚,然后按照延伸平衡的原则确定各道次头、底的延伸系数,匹配孔型尺寸,制定轧制表。

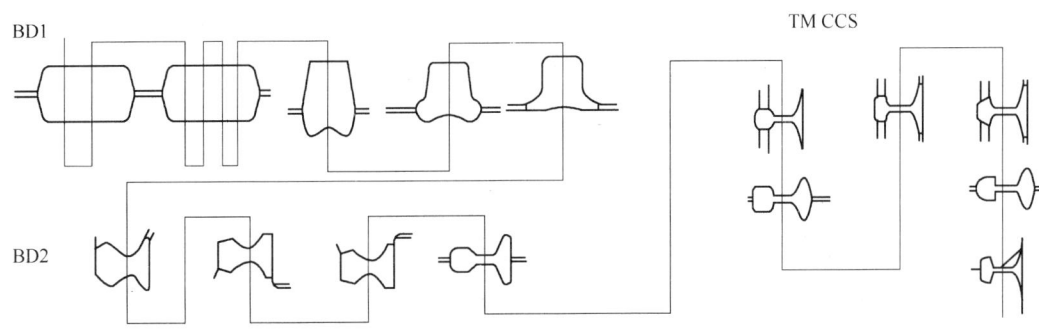

图 6-26 万能孔型系统

A 成品孔孔型

成品孔孔型使用三辊孔型组成的半万能孔型，如图 6-27 所示。由于钢轨断面轨头尺寸大，腰、底面积相对较薄的特点，考虑到底部温度较低，底部采用较小的线胀系数，头腰采用相同的大一些的线胀系数。由于上下表面的温降不同，上下腹的尺寸应有一定区别，以确保成品上下腹部尺寸相同。主要尺寸用如下关系式计算：

$$T_{uf} = (6.01 \sim 6.02)T$$
$$d_{uf} = (6.011 \sim 6.019)d$$
$$H_{uf} = (6.01 \sim 6.02)H$$
$$W_{uf} = (6.011 \sim 6.018)W$$
$$b_{uf} = (6.011 \sim 6.018)b$$
$$F_{uf} = (6.01 \sim 6.02)F$$

式中，T、d、H、W、b、F 分别为成品断面头顶宽、腰厚、轨高、底宽、腿端厚度、腹高；T_{uf}、d_{uf}、H_{uf}、W_{uf}、b_{uf}、F_{uf} 分别为成品孔孔型头顶宽、腰厚、轨高、底宽、腿端厚度、腹高。

孔型圆角、斜度采用成品圆角尺寸、斜度。

轨头中间的开口设计要考虑到轧件咬入过程的切边现象，防止产生"咬铁丝"缺陷。

B 粗轧孔孔型

粗轧孔是轨形坯料向钢轨成品断面过渡的中间孔型，如图 6-28 所示，主要作用是压缩断面，减小断面尺寸。首先按照最大腰部压下率确定腰部厚度，之后确定轨头、轨底压下量，轨头压下量与轨底压下量之比控制在 6.8 ~ 6.0 之间，以延伸平衡最后确定。

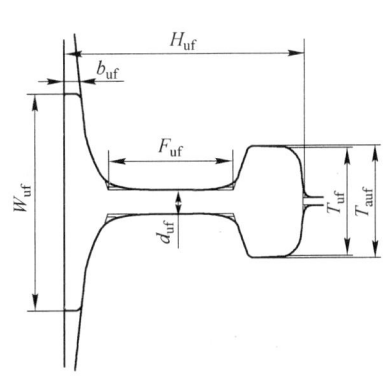

图 6-27 成品孔孔型结构

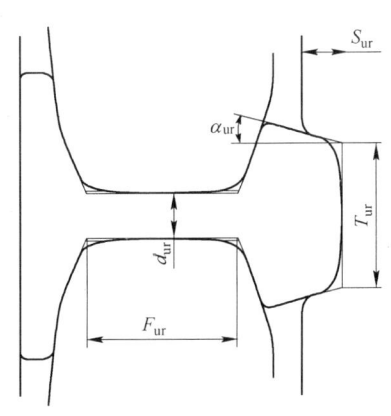

图 6-28 粗轧万能孔结构

底头延伸比不要超过 6.1，在 0.97 ~ 6.06 之间较为合适。

孔型腰部宽度与精轧边孔腰部宽度关系为：

$$F_{ur} = F_{ef} - \Delta f$$

式中 F_{ur}——粗轧孔孔型腰部宽度；

F_{ef}，Δf——分别为精轧边孔腰高、腰宽差，Δf 可取 2 ~ 5mm。

头部主要尺寸用如下关系式计算：

$$T_{ur} = T_{ef} + (3 \sim 8) \, mm$$

$$S_{ur} = 20 \sim 25 \, mm$$

$$\alpha_{ur} = 10° \sim 20°$$

式中　T_{ur}，S_{ur}，α_{ur}——分别为粗轧孔轨头踏面头宽、槽深、侧边斜度；

　　　　T_{ef}——精轧边孔轨头踏面头宽。

孔型腰部圆角半径比成品孔圆角半径尺寸增大 5~20mm。

孔型头部圆弧半径采用成品圆角半径尺寸或增大 10%。

C　精轧边孔孔型

成前轧边孔是粗轧孔和成品孔的过渡孔，如图 6-29 所示，直接影响成品的尺寸精度和断面形状，其设计至关重要。采用小压下量、小延伸设计。

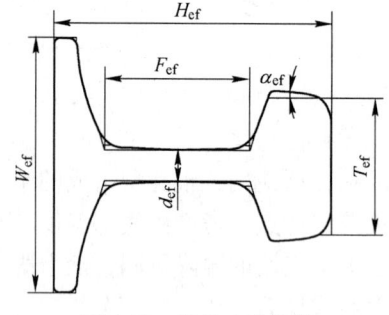

图 6-29　精轧边孔结构

主要尺寸用如下关系式计算：

$$T_{ef} = T_{uf} + (3 \sim 8) \, mm$$

$$d_{ef} = d_{uf} + (0.5 \sim 6.5) \, mm$$

$$H_{ef} = H_{uf} - (2 \sim 3) \, mm$$

$$W_{ef} = W_{uf} - (2 \sim 3) \, mm$$

$$\alpha_{ef} = \alpha_{uf} + (3° \sim 12°)$$

$$F_{ef} = F_{uf} - (3 \sim 6) \, mm$$

式中，T_{ef}、d_{ef}、H_{ef}、W_{ef}、α_{ef}、F_{ef}分别为精轧边孔断面头宽、腰厚、轨高、底宽、侧边斜度、腰高。

为了保证头下颚圆角充填，设计一定大小的假肩。

D　粗轧边孔孔型

粗轧边孔如图 6-30 所示，用于控制上下翼缘长度，加工翼端形状。主要尺寸用如下关系式计算：

$$F_{er} = F_{ur}$$

$$T_{er} = T_{ur} + (3 \sim 8) \, mm$$

$$d_{er} = d_{ef} + \Delta d_2 + (0.5 \sim 6.5) \, mm$$

$$H_{er} = H_{ef} + \Delta b_2 + \Delta t_2 - (1 \sim 2) \, mm$$

$$W_{er} = W_{ef} - (3 \sim 5) \, mm$$

$$\alpha_{er} = 10° \sim 20°$$

式中，F_{er}、T_{er}、d_{er}、H_{er}、W_{er}、α_{er}分别为粗轧边孔腹高、踏面头宽、腰厚、轨高、底宽、侧边斜度；Δd_2、Δb_2、Δt_2分别为 2 道万能粗轧道次腰厚、轨头、轨底压下量。

E　供料孔孔型

供料孔结构尺寸是万能孔型能否正常轧制钢轨的关键，如图 6-31 所示，因为该孔预分了钢轨各部分

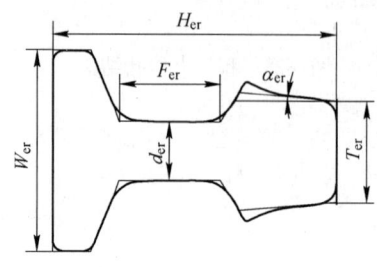

图 6-30　粗轧边孔结构

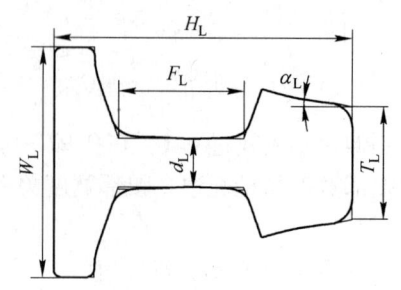

图 6-31　供料孔结构

的初始面积，如果预分不合适，后续轧制过程中延伸不匹配，会影响轧制状态的稳定性。其主要尺寸按下式确定：

$$F_L = F_{er} - (5 \sim 8)\,mm$$
$$T_L = T_{er} + (5 \sim 7)\,mm$$
$$d_L = d_{er} + \Delta d_1$$
$$H_L = H_{er} + \Delta b_1 + \Delta t_1$$
$$W_L = W_{er} + (3 \sim 5)\,mm$$
$$\alpha_L = 10° \sim 20°$$

式中，F_L、T_L、d_L、H_L、W_L、α_L 分别为供料孔腹高、踏面头宽、腰厚、轨高、底宽、侧边斜度。Δd_1、Δb_1、Δt_1 分别为 1 道万能粗轧道次腰厚、轨头、轨底压下量。

6.2.4.6　在线热打印

（1）在线打印机功能：在钢轨腰部在热状态下打印标记。

（2）在线打印机布置位置选择：目前国内在线热打印机布置基本有两种形式，一种如攀钢万能钢轨生产线其热打印机紧靠万能精轧机布置，热打印机和万能精轧机形成连轧关系，由于热打印机和万能轧机存在速度差，致使打印机易损坏，为保打印机能正常安全使用，要备用一台打印机；另一种布置方式是以包钢、鞍钢、武钢为代表的万能钢轨生产线热打印机远离万能精轧机布置，使打印机和万能精轧机不形成连轧关系，打印机使用可靠安全，不必另备打印机。

（3）热打印机主要技术参数（包钢 Ju22 型钢轨自动打印机）：字符打印位置为轨腰；能自动打印字符数 2～14 个；能自动快速更换字符 13 个，换 1 个字符时间 0.8s，换 13 个字符时间 70s；字符高 16mm，字符宽 11mm，字符间距 32mm；字符条长度 600mm；字符打印深度 0.5～6.5mm，宽度 6.0～6.5mm，倾角 10°；热打印温度 780～1080℃；打印速度 0.5～5.5m/s；打印机头沿辊道中心可移动距离100～1300mm。

6.2.4.7　钢轨冷却

白点曾经是钢轨的主要缺陷之一。在高温液态下熔于钢中的氢，在结晶和以后的冷却过程中逐渐析出，控制不当会在钢轨中形成白点。为消除钢轨中白点，老的钢轨生产工艺是在热轧后入保温坑进行缓冷。缓冷延长了生产节奏，保温坑需要占用大量的车间面积。经过多年的研究与摸索，国内目前在冶炼过程中全程控氢，钢轨中氢含量非常低，一般控制低于 $2.0 \times 10^{-4}\%$，各厂实际生产控制更为严格，多为低于 $1.5 \times 10^{-4}\%$；加之对连铸坯采取堆冷的措施后，微量的氢已在结晶和连铸坯堆冷两个阶段充分析出，所以现在钢轨不需要缓冷，采用离线堆冷或在步进梁冷床上在线冷却。新建的冷床设备入口还增加了钢轨的预弯机构，以抵消由于钢轨断面温度不均造成的弯曲，减小钢轨矫前弯曲度，降低钢轨矫后残余应力。预弯后钢轨弯曲效果如图 6-32b 所示。未实施预弯的钢轨比预弯的钢轨矫后残余应力大一倍左右，轨底残余应力的主要危害之一是加速轨底横向裂纹（原生或后生）的扩展，导致钢轨断裂。

图 6-32　钢轨在冷床上冷却

a—未实施预弯；b—预弯冷却

A　钢轨在步进冷床上冷却工艺流程

终轧钢轨头朝冷床由轧机后辊道输送至冷床入口辊道上停止、切除舌头，带有钢轨预弯装置上料小车将轧件升起并平行送入冷床，首先进行预弯，钢轨在步进冷床上由步进梁动作将钢轨一面冷却一面向冷床出口侧输送，冷床末端装有强制冷却风机将钢轨冷至 80℃ 以下，由冷床出口处的下料小车将冷却后钢轨升起平移送至冷床输出辊道上。

B　步进冷床主要技术参数（包钢万能钢轨生产线步进冷床）

（1）冷床输入辊道：单独传动辊道尺寸及数量：$\phi360\text{mm} \times 1300\text{mm}$，66 个；辊道间距：1600mm；辊道速度：0.8 ~ 6m/s。

（2）带预弯装置的入口横移小车：转运钢轨长度：约 105m；升降导轨数量及小车：传动轮和回转轮 39 个；小车间距：约 3200/1600mm；最大输送轧件重量：20000kg；提升传动：液压；弯曲行程：0 ~ 5000mm。

（3）步进式冷床：冷床长度：102m；冷床宽度：36m（辊道中心线距离）；水平步距：0 ~ 800mm；垂直行程：230mm；固定格栅：286/132/88；步进梁个数：132/88；最大负荷：2750N/m^2；设 105 个轴流风机强制空气冷却；水平和垂直用液压驱动。

（4）出口小车：长度：102m；最大运输距离：5500mm；小车数：36；升降行程：200mm；速度：400mm/s。

（5）冷床输出辊道：长度：102m；辊子尺寸及数量：$\phi3600\text{mm} \times 1800\text{mm}$，63 个；辊距：1600mm；辊道速度：0.5 ~ 5.5m/s。

6.2.4.8　钢轨矫直

高速铁路对钢轨平直度要求见表 6-14。

表 6-14　高速轨平直度要求　　　　　　　　　　　　　　　　（mm/m）

部位要求	中国 300km/h 高速轨	法国 TGV	日本 JISH01	欧洲 UIC860	欧洲 EIV
轨端上翘	<0.5/2	<0.4/2	<0.7/1.5	<0.7/1.5	<0.4/2、<0.3/1
轨端下扎	<0.2/2	<0.2/2	0	0	<0.2/2
轨端水平	<0.5/2	<0.5/2	<0.5/1	<0.7/1.5	<0.6/2、<0.4/1
本体垂直弯	<0.7/1.5	<0.3/3、0.2/1			<0.3/2、<0.2/1
本体水平弯		<0.45/1.5			<0.45/1.5
全长垂直弯		<5mm	<10/10		<5mm
全长水平弯		$R>1000\text{m}$	<10/10		$R>1500\text{m}$

A　钢轨矫直原理

钢轨必须对轨身和轨端进行矫直才能保证达到平直度要求。一般轨身用辊式矫直机矫直，轨端用四面矫直机矫直。轨身在辊式矫直机中要经过多次反复弹塑性弯曲变形才能完成一次矫直过程。

现代重轨辊式矫直机一般为复合辊式矫直机，由平矫机和立矫机构成。平矫机的矫直辊为水平辊，矫直力作用于轨头轨底，用于矫正重轨垂直面内的弯曲（上下弯）；立矫机的矫直辊为立辊，矫直力作用于轨腰，用于矫正重轨水平面内的弯曲（侧弯）。平矫与立矫的区别如图 6-33 和图 6-34 所示。

钢轨在矫直过程中应用 3 点弯曲受力模型分析，每相邻 3 个辊子之间形成一个 3 点弯曲塑性变形区，水平矫直机经过 7 次反向弯曲塑性变形（7 个塑性变形区）上下弯获得矫直，垂直矫直机经过 5 次反向弯曲塑性变形（5 个塑性变形区）左右弯获得矫直。钢轨在辊式矫直机上通过交错排列矫直辊施加压力，当钢轨受到的实际应力大于其屈服强度时将产生塑性变形。矫直机前几个矫直辊如第 1、2 次弯曲中采用较大的大压下量，形成很大的反弯曲率，可以迅速缩小原始曲率的不均匀性，将原始曲率大小、方向不同的弯曲变成曲率方向相同、大小大致相同的残余曲率，使钢轨的曲率趋于一致。后面几个矫直辊弯曲变

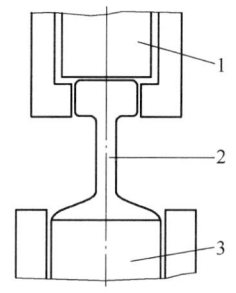

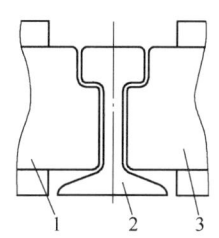

图 6-33　平矫示意图
1—上排辊辊圈；2—钢轨；3—下排辊辊圈

图 6-34　立矫示意图
1—左排辊辊圈；2—钢轨；3—右排辊辊圈

形中逐渐减小压下量，其主要作用是减小趋于均匀的残余曲率，直至矫直。

钢轨的矫直过程是一个复杂的弹塑性变形过程。这一过程可看做两个阶段，即反向弯曲阶段和弹性恢复阶段。在反向弯曲阶段，钢轨受到外力和外力矩的作用，产生弹塑性变形；在弹性恢复阶段，钢轨在自身的弹性变形能作用下，力图恢复到原来的平衡状态。钢轨矫直就是要经过多次这样反向弯曲和弹性恢复的过程，克服其内部反弹力矩，最后通过屈服而使钢轨达到平直。在钢轨矫直过程中，钢轨断面各部分受力不同，产生不同程度的变形，以其中性轴为界，在靠近中性轴附近多产生弹性变形，在远离中性轴处则产生塑性变形，如图6-35所示。具体塑性变形深透程度是受矫直压力决定的。钢轨矫直过程的变形条件为：

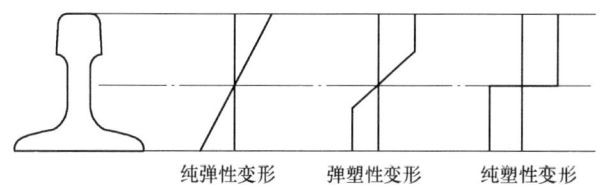

纯弹性变形　　弹塑性变形　　纯塑性变形

图 6-35　钢轨矫直过程的变形状态

$$\frac{1}{\rho_{反}} = \frac{1}{\rho_{弹}} + \frac{1}{\rho_{残}}$$

式中　$\rho_{反}$——反弯曲率半径；

$\rho_{弹}$——弹性恢复曲率半径；

$\rho_{残}$——残余曲率半径。

只有在 $\frac{1}{\rho_{残}} = 0$ 时，才能实现 $\frac{1}{\rho_{反}} = \frac{1}{\rho_{弹}}$，此时钢轨才能被矫直。钢轨矫直应满足下式：

$$R_{el} \leqslant \delta_{矫} \leqslant R_m$$

即矫直应力最小要等于被矫直钢轨的屈服强度，否则不可能产生塑性变形；但矫直应力也不能过大，必须小于被矫钢轨的抗拉强度，否则钢轨可能被矫断。

B　矫直力计算

作用在矫直辊上压力应根据弯曲工件所需弯曲力矩来计算。此时，将工件看成是受很多集中作用载荷的连续梁，这些集中载荷就是各个辊对工件的压力。它们在数值上等于工件对辊子的压力，即矫直力，如图6-36 和图6-37 所示。

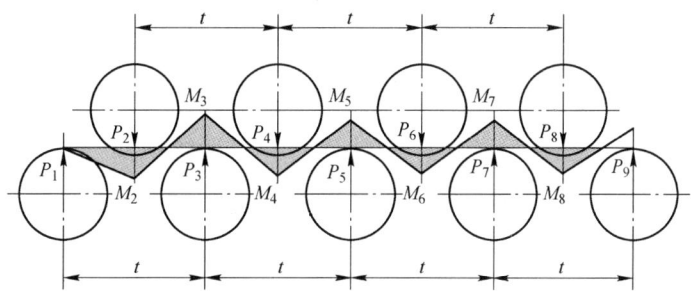

图 6-36　矫直辊上的压力

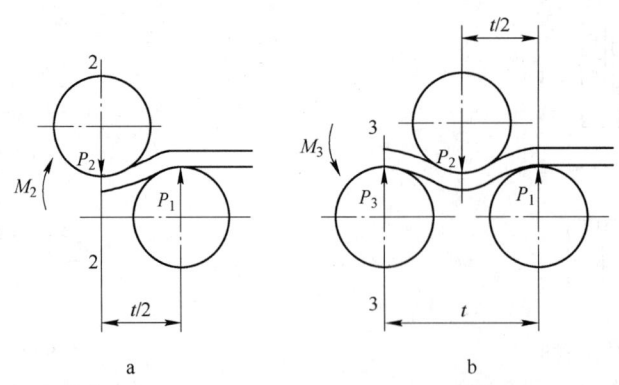

图 6-37　矫直力分析
a—断面 2 处；b—断面 3 处

现分别以 P_1、P_2、…、P_9 表示矫直时第 1～9 矫直辊对工件的压力（即矫直力）。工件在第 2～8 矫直辊上受到弯曲，产生变形。分别以 M_2、M_3、…、M_8 表示工件在第 2～8 矫直辊上受到的弯曲力矩。

由断面 2 处受力分析可知，工件内部的弯矩 M_2 与矫直力 P_1 对断面 2 的力矩是平衡的，即：

$$M_2 = P_1 t/2$$

式中　t——矫直辊辊距，mm。

$$P_1 = 2M_2/t$$

由断面 3 处受力分析可知，工件内部的弯矩 M_3 与矫直力 P_1 及 P_2 对断面 3 的力矩是平衡的，即：

$$M_3 = P_2 t/2 - P_1 t$$

$$P_2 = 2(M_3 + 2M_2)/t$$

用同样的分析方法可得到如下结论：

$$P_3 = 2(M_4 + 2M_3 + M_2)/t$$
$$P_4 = 2(M_5 + 2M_4 + M_3)/t$$
$$P_5 = 2(M_6 + 2M_5 + M_4)/t$$
$$P_6 = 2(M_7 + 2M_6 + M_5)/t$$
$$P_7 = 2(M_8 + 2M_7 + M_6)/t$$
$$P_8 = 2(2M_8 + M_7)/t$$
$$P_9 = 2M_8/t$$

作用在上、下排矫直辊上压力总和为：

$$\Sigma p = \sum_1^9 P_i = 8(M_2 + M_3 + M_4 + M_5 + M_6 + M_7 + M_8)/t = \frac{8}{t}\sum_1^9 M_i$$

为简化计算，在误差不大的情况下可做如下假设：

（1）第 2、3、4 辊下工件的弯曲力矩为塑性弯曲力矩 M_s。

（2）第 6、7、8 辊下工件的弯曲力矩为屈服力矩 M_w。

（3）第 5 辊下工件的弯曲力矩为屈服力矩 M_w 和塑性弯曲力矩 M_s 的平均值，即：

$$M_5 = \frac{M_s + M_w}{2}$$

将这三个假设条件代入上面算式可得：

$$P_1 = \frac{2}{t}M_s$$

$$P_2 = \frac{6}{t}M_s$$

$$P_3 = \frac{8}{t}M_s$$

$$P_4 = \frac{1}{t}(7M_s + M_w)$$

$$P_5 = \frac{4}{t}(M_s + M_w)$$

$$P_6 = \frac{1}{t}(M_s + 7M_w)$$

$$P_7 = \frac{8}{t}M_w$$

$$P_8 = \frac{6}{t}M_w$$

$$P_9 = \frac{2}{t}M_w$$

矫直力总和为：

$$\Sigma P = \sum_1^9 P_i = \frac{28}{t}(M_s + M_w) = \frac{28}{t}(1 + e)\delta_s W$$

其中：

$$M_s = \delta_s S = e\delta_s W, \quad M_w = \delta_s W$$

式中　M_s——工件的塑性弯曲力矩，N·m；

　　　M_w——工件的弹性弯曲力矩，N·m；

　　　W——工件的弹性断面系数，mm^3；

　　　S——工件的塑性断面系数，mm^3；

　　　e——工件的塑性断面系数与弹性断面系数比值，钢轨 $e = 6.5 \sim 6.7$。

C　矫直力矩的计算

作用在矫直辊上的矫直力矩 M_j 是根据功能相等的原则确定的，矫直力矩通用表达式为：

$$M_j = \frac{D}{2}\left(M_2\frac{1}{r_0} + 2\sum_2^{n-1} M_i\frac{1}{r_i} + \frac{1}{2}\sum_2^{n-1} M_i\frac{1}{\rho_i}\right)$$

式中　M_j——矫直力矩，N·m；

　　　M_i——第 i 辊对工件的弯曲力矩，N·m；

　　$1/r_0$——工件的原始曲率，1/mm；

　　$1/r_i$——工件的残余曲率，1/mm；

　　$1/\rho_i$——工件的弹复曲率，1/mm；

　　　D——矫直辊直径，mm。

在第 i 辊处，总的弯曲曲率 $1/R_i$ 为：

$$\frac{1}{R_i} = \frac{1}{r_i} + \frac{1}{\rho_i}$$

现以 9 辊矫直机为例计算矫直力矩。

如前所述，工件在第 2、3 辊上采用大变形，达到弹塑性弯曲，这时最大弯曲力矩 M_2、M_3 等于塑性弯曲力矩：

$$M_2 = M_3 = \delta_s S = \delta_s W$$

其弯曲曲率（表示大变形时弯曲的程度）计算时取：

$$\frac{1}{R_2} = \frac{1}{R_3} = \frac{1}{r_2} + \frac{1}{\rho_2} = \frac{1}{r_3} + \frac{1}{\rho_3} = e\frac{1}{\rho_s}$$

其中：

$$\frac{1}{\rho_2} = \frac{1}{\rho_3} = \frac{1}{\rho_s}$$

则：

$$\frac{1}{r_2} = \frac{1}{r_3} = \frac{e-1}{\rho_3}$$

式中　$\dfrac{1}{\rho_s}$——弹塑性弯曲时弹复曲率的最大极限值，1/mm，并有：

$$\frac{1}{\rho_s} = \frac{\delta_s S}{EI} = \frac{\delta_s e W}{EI}$$

　　　I——被矫工件的惯性矩，mm^4。

工件在第 5 ~ 8 辊上采用小变形，处于弹性弯曲状态，这时弯曲力矩 M_5、M_6、M_7、M_8 等于弹性弯曲力矩，即

$$M_5 = M_6 = M_7 = M_8 = M_W = \delta_s W$$

其弯曲曲率计算时取：

$$\frac{1}{R_5} = \frac{1}{R_6} = \frac{1}{R_7} = \frac{1}{R_8} = \frac{1}{\rho_5} = \frac{1}{\rho_6} = \frac{1}{\rho_7} = \frac{1}{\rho_8} = \frac{1}{\rho_w}$$

式中　$\dfrac{1}{\rho_w}$——弹性弯曲时弹复曲率的最大值，1/mm，并有：

$$\frac{1}{\rho_w} = \frac{\delta_s W}{EI}$$

工件在第 4 辊上刚进入弹塑性弯曲状态，其弯曲力矩 M_4 等于塑性弯曲力矩：

$$M_4 = M_s = \delta_s S = e\delta_s W$$

其弯曲曲率计算时取：

$$\frac{1}{R_4} = \frac{1}{\rho_4} = \frac{1}{\rho_s}$$

将上式中各参数的数值代入即可求得被矫直的矫直力矩公式：

$$M_j = \frac{D}{2}\left(M_2 \frac{1}{r_0} + 2\sum_2^{n-1} M_i \frac{1}{r_i} + \frac{1}{2}\sum_2^{n-1} M_i \frac{1}{\rho_i}\right) = \frac{D}{2}M_s\left[\frac{1}{r_0} + \frac{1}{\rho_s}\left(4e - 2.5 + \frac{2}{e^2}\right)\right]$$

D　复合矫直后的残余应力

残余应力会降低钢轨的使用性能尤其是疲劳强度。残余应力的大小主要取决于矫直工艺和矫前钢轨原始状态（特别是矫前弯曲度）。如果钢轨原始状态基本相同，矫直工艺对残余应力的影响非常显著，平矫工艺使钢轨残余应力明显增大，而复合矫直工艺可以改善矫直后钢轨的残余应力。

对复合矫直后的钢轨残余应力采用切割法进行测定，其结果如图 6-38 所示。为便于比较，图 6-38 同时示出了平矫工艺的钢轨残余应力。

从图 6-38 可以看出，复合矫直钢轨残余应力较平矫工艺低，但复合矫直并未改变钢轨残余应力的分布，且基本上未改变钢轨各部位残余应力的性质，轨头踏面、轨底中央仍为残余拉应力。

E　典型钢轨矫直区设备主要参数（包钢轨梁 1 号生产线复合矫直机）

（1）钢轨液压翻钢机：

水平导辊：直径 φ200mm，1 个。

立式夹辊：夹辊直径 φ260mm，2 个；开口度（最大）：750mm；夹辊速度：0.10 ~ 1.0mm/s；打开速度（最大）：75mm/s；夹紧力：0 ~ 150kN。

提升框架行程：最大 800mm；提升精度：±0.5mm；提升速度：0 ~ 100mm/s；框架走行：450mm。

最大翻转重量：11000kg；旋转角：122°；旋转时间：8.5s（122°位置）。

（2）平-立辊矫直机：

可矫直钢轨：43 ~ 75kg/m。

矫直精度：垂直波浪度：在每 3m 长度范围，95% ≤ ±0.2mm，5% ≤ ±0.3mm；

水平波浪度：每 6.5m 长度范围，95% ±0.3mm，5% ≤ ±0.4mm。

水平矫直机主要参数：矫直辊节距：1600mm；矫直辊数：8 + 1；矫直辊直径：φ1200mm；矫直速度：0.1 ~ 1.5/1.25m/s；单辊矫直力：3600kN；换辊时间：40min。

立辊矫直机主要参数：矫直辊节距：1300/1200/1100mm；矫直辊数：7 + 1；矫直辊直径：φ750mm；

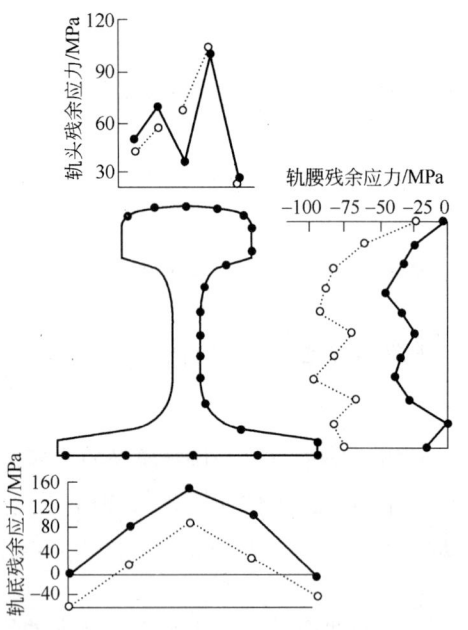

图 6-38　两种矫直工艺的钢轨残余应力比较
●—平矫工艺；○—复合矫直工艺

矫直速度：0.1~0.8~1.5/1.25m/s；单辊矫直力：1700kN；换辊时间：35min。

F 四面液压矫直机

经辊式矫直机矫直后钢轨两端1000mm和中部存在局部硬弯（盲区），只能通过四面液压矫直机矫直。通常选用带双向平直度测量装置的四面液压矫直机。包钢万能钢轨生产线四面液压矫直机主要参数为：最大矫直力：2×3500kN；行程：200mm；矫直工作速度：水平60~150mm/s，垂直40~100mm/s。

6.2.4.9 钢轨检测中心

包钢轨梁厂万能钢轨生产线钢轨检测中心是从加拿大NDT公司引进的。

钢轨检测中心的主要工作包括：去磁、表面清洁、断面尺寸测量、平直度检测、表面涡流检测、内部超声波探伤、喷淋等。

工艺流程是：钢轨去磁→干除鳞→钢轨断面尺寸激光测量→钢轨激光平直度检测→表面涡流检测→喷水→内部超声波探伤→干燥风吹→喷标记。

A 钢轨去磁系统

系统有两个分立线圈，一个是直流线圈，一个是交/直流去磁线圈。直流线圈开口度为300mm，交/直流线圈开口度为300mm；最大去磁能力为100Gs（100×10^{-4}T）；冷却由安全阻隔的空气自动冷却；并配有空气喷嘴吹掉氧化铁皮。

B 钢轨自动清洁站

为了获得恒定和精确的检测结果，钢轨测量和检测之前，要去除钢轨表面松散氧化铁皮和废物，仅用于激光、涡流、超声探伤钢轨表面需要清洁。

气动柔性压力控制旋转刷清除铁皮，钢轨运行速度为7m/s，每4个月换一次刷子。

为使污物更易落下，清洁站下为一带机电振动器的废物收集锥。污物落到传送带上后送站外钢制桶内。

C 钢轨断面尺寸激光测量

钢轨断面尺寸激光测量是利用激光反射原理进行测量，测量值与标准值比较确定是否合格，用曲线图对钢轨进行详细报告以显示测量尺寸位置和数值。报告内容包括：钢轨标志、日期、时间、炉号、班别以及其他用户需要的信息。

测量内容：轨高、底宽、头宽、腰厚、轨头和轨底的不对称性；检测速度：2m/s；测量精度：0.01mm；激光分辨率：0.005mm；重复精度：在同等条件下99%；未检区域：首端和尾端小于10mm；要求进入尺寸检测仪的钢轨左、右弯曲率偏差：±50mm；信噪比：对于干净和干燥表面要求大于5:1；喷标精度公差：±20mm；传送带噪声等级：不大于85dB；数据处理速度：不小于750MHz；测量窗口：300mm×300mm。

计算机系统使用数学分析和同步计算的方法处理数据，并与由应用码指定的公差值进行比较。

D 钢轨的平直度测量

平直度是衡量高速铁路（车速不小于200km/h）钢轨实物质量的核心指标之一，它直接影响列车运行速度、安全性及旅客乘坐时的舒适性。因此，世界各国对高速铁路钢轨的平直度要求特别严格。对于钢轨平直度的测量方面，国外著名钢轨生产厂德国蒂森（Thysen）、法国萨西诺（Sogerail）、波兰卡特维兹（Kasowice）等均采用激光平直度仪进行测量；而国内各钢轨生产厂多年来一直采用人工靠尺法测量，其测量长度（测量长度不大于1.5m）和测量精度已经无法满足高速铁路对钢轨3m平直度的测量要求。

为了满足高速铁路建设对高平直度钢轨的需求，我国也在积极引进这些先进的测试技术和设备。如攀钢于2001年率先从法国引进了一套GEISMAR激光平直度仪用于高速铁路钢轨生产，为大批量生产高速铁路钢轨提供了良好的条件。

a 激光平直度仪测量原理

激光平直度仪采用的是激光测距原理，如图6-39所示。测量开始时，钢轨静止不动，激光发生器发出激光束射向钢轨头部表面，当激光束遇到钢轨表面时产生反射，反射光经透镜聚焦后照射到探测器上，然后根据反射光在探测器上的位置计算出激光头与钢轨表面之间的距离。当激光头沿导向机构从左向右运动时，便可以测量出钢轨若干个不同位置激光头与钢轨表面之间的距离，然后对测量数据进行处理，从而获得与钢轨表面形状相一致的曲线并显示在操作屏幕上，供操作人员使用，如图 6-40 所示。

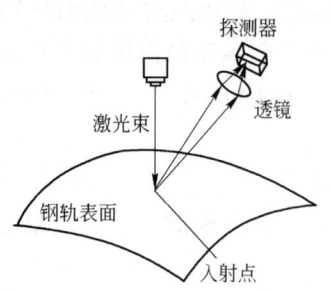

图 6-39　激光测距原理示意图

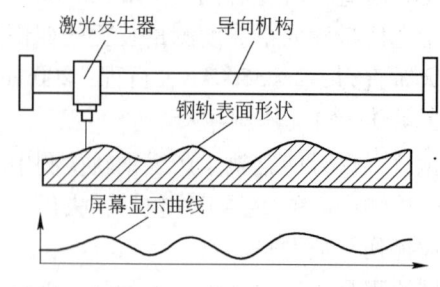

图 6-40　激光平直度仪实际测量过程

b　激光平直度仪在钢轨生产中的应用

（1）测量钢轨端部平直度：激光平直度仪用于钢轨端部平直度的测量，完全实现了钢轨测量位置的自动定位，不需人工干预。当完成钢轨自动定位后，操作人员便可以启动测量程序对钢轨端部平直度进行测量。测量完毕后，钢轨实际平直度状况以曲线形式显示在操作屏幕上。操作人员根据测量曲线人工判断钢轨平直度是否满足高速铁路钢轨标准。若平直度超出标准要求，便可以立即利用与激光平直度仪配套的双向液压矫直机对不合格的部位进行补充矫直，从而达到提高钢轨平直度的目的。

（2）检查钢轨中央平直度：高速铁路钢轨的中央平直度需要按照不大于 0.4mm/3m 的标准来检查和验收，而一般的测量方法根本无法满足对测量精度的要求。因此，完全依靠此激光平直度仪对钢轨中央平直度进行检查和验收。

（3）指导调整矫直工艺参数：提高钢轨平直度的关键工艺环节是钢轨的矫直过程，而矫直工艺参数设定是否合理直接影响到矫直后钢轨的平直度。在以往的钢轨生产中，操作人员完全依靠肉眼观察矫直后的钢轨平直度状况，然后根据观察结果调整矫直工艺参数，因此，矫直后钢轨平直度容易受到操作人员人为因素的影响，波动较大。而引进该激光平直度仪后，矫直后的钢轨平直度立即可以显示出来，操作人员便可以根据测量结果合理调整矫直工艺参数，从而提高了矫直后的钢轨平直度。

c　包钢轨梁厂万能钢轨生产线钢轨平直度检测装置

此装置可进行全长钢轨轨头侧平直度测量和轨头顶点波浪度测量及分析。这些数值根据钢轨技术规范的允许公差通过计算机程序进行分析和比较后给出打印值。该检测装置技术参数为：测量精度：在最大 2m/s 速度下为 0.01mm；测量能力：全长钢轨测量；激光器固有分辨率：0.005mm；重复打准率：在同等条件下 99%；未测区域：首尾小于 10mm；要求进入平直度检测仪的钢轨左右弯曲度偏差：±50mm；信噪比：对于干净和干燥表面要求不小于 5∶1；喷标精度公差：±20mm；波长计算：计算机可调，可达 6m 波。计算机系统采用数学分析和同步计算原理处理数据，并与应用码指定的公差值进行比较。喷标判定为不合格钢轨，并用曲线图显示测量尺寸位置和数值。

E　涡流探伤系统

a　涡流探伤的原理

涡流探伤是基于电磁感应原理开发的。当用带有正弦波电流激励线圈的探头接近钢材表面时，线圈周围的交变磁场在金属表面产生感应电涡流。电涡流产生与线圈磁场同频且反向的反磁通。当探头在金属表面移动遇到缺陷时，引起线圈阻抗的变化，检测该变化量就能检测到钢材表面是否有缺陷及缺陷的种类、大小和尺寸。

b　涡流探伤的应用

从 1970 年开始人们已采用涡流技术检测钢轨表面缺陷，第一台在线涡流探伤装置出现在 20 世纪 80 年代初期，现在世界上已有 60% 的钢轨生产厂采用涡流探伤技术检验钢轨表面缺陷。与人工肉眼检查相比，涡流探伤更可靠，探伤速度可达 1~1.5m/s，检测精度可达 ±0.1mm，其所能检测缺陷的最小深度为 0.3mm，检测的准确率可达 99%。

现在采用的涡流探伤装置主要有两种，一种是带有固定探头的涡流探伤仪，另一种是带有扫描装置的涡流探伤仪。带有固定探头的涡流探伤仪主要用于检测钢轨头部表面缺陷,其装置如图 6-41 所示,其探头按不同方向排列,覆盖整个轨头表面,可以检测钢轨轨头纵向及横向上的表面缺陷,可检测出深度在 0.3mm 以上、长度在 20mm 以上的缺陷。1983 年又有一种可检测钢轨全断面的具有固定探头的涡流探伤仪投入使用。它总共采用 28 个固定探头,组成 14 个频道系统,其中轨头采用 6 个探头,轨腰采用 6 个探头,轨底采用 16 个探头,这样可覆盖整个钢轨断面。采用频率为 25kHz,探头与钢轨之间的间距为 4mm,探伤速度为 1.5m/s,整个检测过程和数据处理全部采用微机进行自动控制。

近年又开发了一种带有固定探头和旋转探头的新型涡流探伤仪,其装置如图 6-42 所示。该涡流探伤仪是借助安装在其上的固定探头和旋转探头,对钢轨表面缺陷进行检测,其旋转探头的旋转速度为 2000r/min,它可发现在钢轨表面深度为 0.4~1mm 的缺陷,检测速度为 1m/s;该装置的计算机系统可以自动识别缺陷信号,并分类这些信号;它的喷枪装置对有缺陷的钢轨进行标记和打印报告。

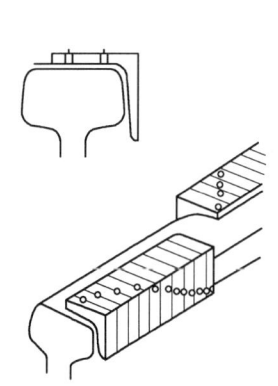

图 6-41 带固定探头的涡流检测装置

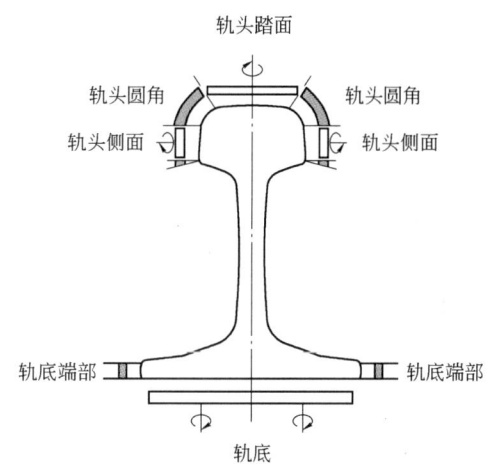

图 6-42 带固定探头与旋转探头的涡流探伤仪
▨—固定探头;□—旋转探头

c 包钢轨梁厂万能钢轨生产线的涡流探伤装置

该装置用于钢轨表面质量的自动检测和评估。配有 14 个检测通道(共 18 个通道,其中 4 个备用),探头布置如图 6-43 所示。

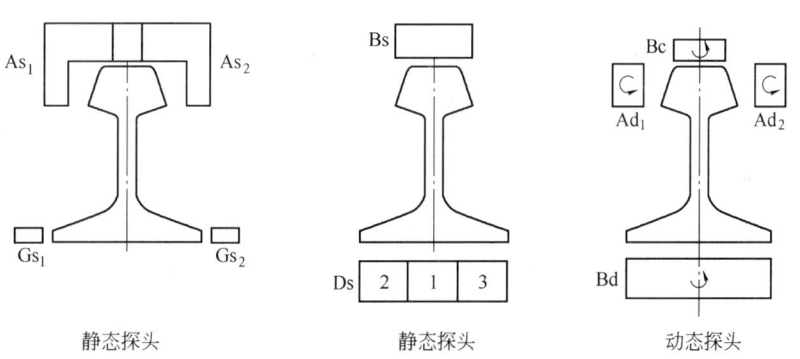

静态探头　　　　　　　静态探头　　　　　　　动态探头

图 6-43 涡流探伤探头布置示意图

钢轨断面不同部位涡流探伤仪应检验的表面缺陷见表 6-15。

表 6-15 钢轨断面不同部位应检验的表面缺陷

断 面	位 置	缺陷方向	缺陷尺寸(深×宽×长)/mm×mm×mm
Bs/Bd	轨头—顶部	横 向	0.3 ×0.3 ×20
		纵 向	0.3 ×0.3 ×20
As₁/As₂	轨头—侧面	横 向	0.4 ×0.3 ×20

断　面	位　置	缺陷方向	缺陷尺寸(深×宽×长)/mm×mm×mm
Ad_1/Ad_2		纵　向	$0.4 \times 0.2 \times 20$
Gs_1/Gs_2	轨底侧	横　向	$0.25 \times 0.3 \times$ 腿末厚度全部高度到 20
$Ds_1/Ds_2/Ds_3$	轨底部	横　向	$0.3 \times 0.3 \times 20$
		纵　向	$0.3 \times 0.3 \times 20$
		斜　向	$0.3 \times 0.3 \times 20$

涡流探伤仪的检测灵敏度与钢轨表面条件如表面质量和表面粗糙度成正比。为保证检测出指定缺陷，表面粗糙度必须不大于 0.1mm 的峰值或容值。

钢轨生产中产生的任何微观结构破坏，如毛刺的存在均可对检测效果产生不利影响。

对于 Gs_1/Gs_2 探头要求的检测灵敏度仅在没有任何缺陷的钢轨上才可以得到，所以要求矫直后钢轨外形的表面平均粗糙度要好于 0.08mm。

无法检测长度：在 2m/s 速度时不大于 400mm（首端 300mm + 尾端 100mm）；

信噪比：不小于 5∶1。

检测报告要完成详细的曲线图。检查报告有两种类型：

类型 Ⅰ：检测结果的真实显示，其中包括显示钢轨表面粗糙度的真实状况；

类型 Ⅱ：仅显示钢轨的缺陷情况，即显示哪些钢轨不合格，并起动喷标系统喷标。

F　超声波探伤装置

a　钢轨超声波探伤原理

超声波探伤原理是采用脉冲回声技术，由超声波检测仪的发射电路受激发产生高频窄脉冲，脉冲频率通常为 4~7MHz。高脉冲作用于换能器（超声波探头），激励探头内的压电晶片振动，发射超声波。超声波在工件中传播，遇到缺陷或底面发生反射，当反射波返回探头时，又被压电晶片转变为电信号，该电信号经探伤仪接收、电路放大和检波，通过一定方式将缺陷波和底波表示出来，从而可以根据缺陷波的位置确定工件缺陷的埋藏深度，根据缺陷波幅度估计缺陷当量的大小，即得到被测工件内部有无缺陷及缺陷的位置和大小等信息。探头与钢轨之间的耦合剂分别采用水或油。

利用超声波对重轨进行检测时，在探伤仪上安装有不同角度的探头，分别检查不同部位的损伤。如 50°探头用来发现轨头内的损伤或横裂；30°探头可探轨腰损伤；垂直探头发射纵波，可探轨头、轨腰、轨底的水平裂纹、纵裂纹。

超声波探头：超声波的产生和接收过程是一种能量转换过程，探头的作用就是将电能转换为声能，并将声能转换为电能。超声波检测中，根据被测材料的材质、形状不同，检测目的、条件的不同而使用不同类型的探头。

目前国内外使用的超声波探伤装置探头耦合方式主要有接触耦合式、滚轮耦合式、喷水耦合式三种。国内各钢厂对钢轨进行探伤，普遍采用接触耦合式超声波探伤装置。接触耦合方式存在固有缺点，就是接触部件要磨损，另外存在探测盲区，但是也有其他耦合方式不具备的优点。在所有耦合方式中，只有接触式耦合使探头离钢轨最近，可以减少能量损耗，提高信噪比，有利于提高探测精度，特别是可以探测接近钢轨表面的缺陷。滚轮耦合式超声波探伤装置，是将探头和耦合剂装在胶轮里，让胶轮在被测件表面上滚动进行耦合。因橡胶轮很容易被划伤，滚轮耦合式超声波探伤装置大多用于钢管探伤，对形状比较复杂的钢轨探伤，很少采用这种探伤装置，这种探伤装置也存在检测盲区。喷水耦合式超声波探伤装置是探头不与钢轨接触，利用探头与钢轨表面之间喷射的水柱实现耦合。对于这种探伤装置，要保证喷射的水内没有空气，喷头与钢轨之间的距离波动不大，才能够得到稳定可靠的检测质量。这种方式的主要优点是没有检测盲区；缺点是探头离钢轨较远，超声波能量损耗大，需要用很高信噪比的探头才能满足检测要求。

试块：按一定用途设计制作的具有简单形状的人工反射体的试件，用于测试和校验检测仪及探头的性能，确定和校验检测灵敏度，评价缺陷大小以及调节检测范围等。为确保检测精度和可靠性，每次检测前都要用标准人工试样校对仪器灵敏度。

b　超声波探伤的应用

超声波探伤是近 30 年来发展起来的一种高效无损探伤法。它既可检测钢轨局部内部质量情况，也可检测钢轨全断面和全长内部质量情况。它能发现和定位存在于钢轨内部的各种冶金缺陷，如白点、夹杂、气孔等。

在工业发达国家中，德国 Kraut Kramer 公司的钢轨超声波探伤技术比较先进，具有代表性。该公司的钢轨探伤方法采用脉冲反射法，探头采用接触式和水浸法的喷水方式。其钢轨探伤装置共采用了 20 个探头进行检测，检测过程实现数字化、自动化、智能化。

美国 DAPCO 公司采用水浸法的滚轮式超声波探伤，采用滚轮换能器（包括一个用加压耦合流体填满的塑料滚圈、滚动轴、压电晶片）。超声波检测时，滚圈在钢轨上滚动并保持钢轨与换能器之间的连续耦合。该装置稳定可靠，对环境条件无特殊要求；缺点是检测钢轨盲区较大，钢轨表面质量影响检测精度。

英国 UNICORN 公司研制的超声波探伤系统，采用多通道运行优化设计，系统支持多于 128 个通道，所有通道都能以最大重复频率 30kHz 运行而不相互干扰。该系统主要部分——超声波电路板上的处理器是一个有 208 个插针的 FPGA（现场可编程门阵列电路）芯片，包含 10 万个门电路，所有的脉冲发生放大器增益、门位、门限等都由芯片直接控制。通过 VHDL 语言编程，能够在线再编程，实现在互联网上修改。线路板上的主放大器能够满足高分辨率 TVG（时间变化增益）的响应要求。在 FPGA 的控制下，放大器根据指定的特征曲线，在时间间隔小于 50ns 的范围内，能够在 80dB 的全范围内进行调节，这就允许在一个宽的不同的应用范围内进行精度控制，包括用于消除重轨厚度不同产生回波衰减差异的距离波幅补偿。

现在使用的在线超声波探伤装置，检测速度可达 0.7~1.5m/s，其准确率至少可达 95% 以上。现在世界上钢轨生产企业已全部采用超声波探伤技术检测钢轨内部质量，所使用探伤仪均为多探头型，主要有 6 个探头、12 个探头和 24 个探头几种。这几种探伤仪的主要区别是探伤盲区大小不同，探头越多其盲区越小，采用激波探头也能减少盲区。这种探伤装置如图 6-44 和图 6-45 所示。

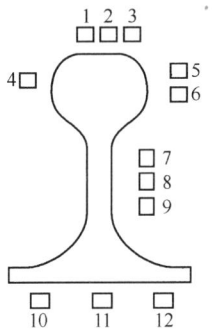
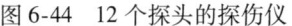

图 6-44　12 个探头的探伤仪

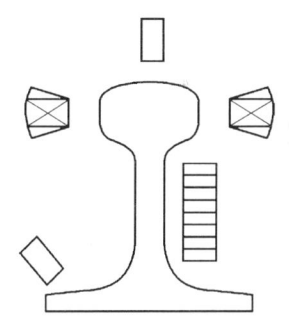

图 6-45　24 个探头的探伤仪

c　包钢轨梁厂万能钢轨生产线超声波探伤装置

系统通过超声探头将声波传入钢轨，超声探头装在一个可更换的套筒式模子中，它被插在一个金属保护块上，一个探头保护块可以放一个以上的探头套筒。接触钢轨的探头面是一个可更换的保护靴，保护靴有很高的耐磨性，为了在任何情况下都不损伤钢轨表面，保护靴没有任何尖锐表面。检测期间气缸用来提供柔性接触，保证保护块和保护靴与钢轨表面保持接触，并通过液压缸实现探头保护块向钢轨快速移动。

每个探头有三种调整模式：第一种是对被检测的不同高度钢轨进行粗调，这种粗调是通过降低探伤仪上部框架来实现的。第二种是对探头保护块位置的调整，是对每一个单独模块的精调，如对轨头侧面、轨腰及轨底探头块的调整，在这里探头可做横向移动。第三种调整是把探头块中心线对准钢轨中心轴线。

检测期间使用数据采集软件连续获取和处理检测结果，检测数据被存储到计算机存储器中，并打印报告。

该探伤装置技术参数如下：

探头频率：50MHz。

轨头检测区域：可通过调整探头尺寸和两个探头入射波的角度进行改变。

调整角度：±14°入射角。

信噪比：最小不小于 5∶1（钢轨必须是 UIC900A 或 UIC900B）。

无法检测区段：速度小于 1m/s 时小于 100mm；速度小于 1.5m/s 时小于 150mm；速度不小于 1.5m/s 时小于 200mm。

近表面分辨率：对钢轨表面粗糙度好于或等于 6.3μm（250RMS）的钢轨，表面盲区为 2mm。

符合的标准：符合 GB、DIN、EN 和其他国际标准。

检测报告：对每一检测区域根据标准要求完成详细的曲线图报告。

检测面积：头 70%，腰 60%，底 50%，探头数 16 个。

设备地有 20 个检测通道，4 个备用。

UT 超声检测方法：L：纵波，T：横波。

打印标识见表 6-16。

表 6-16　打印标识

标记号	颜色	用　途
1	白	尺寸检测超差
2	黄	平直度、波流度、扭转超差
3	绿	表面缺陷——不合格——可修复
4	蓝	内部缺陷——不合格——不可修复（挑出）
5	红	根据每个用户的特殊要求——优级品轨
6		备　用

6.2.4.10　钢轨锯钻加工

锯钻加工是钢轨生产的最后一道工序，要完成钢轨定尺长度加工、轨端锯钻孔加工、轨端淬火和轨端倒棱等工序。

关于锯钻加工线布置方式，目前国内万能钢轨生产线的锯钻加工线布置有两种方式，一种是包钢轨梁厂万能钢轨生产线锯钻加工线 100m 轨和 25m 轨分别在两条线上加工；另一种是攀钢、武钢、鞍钢 100m 轨和 25m 轨组合布置，在一条加工线上既可加工 100m 轨，又可加工 25m 轨，这两种锯钻加工线均能满足重轨加工精度要求。

（1）锯钻加工工艺流程：

包钢 25m 轨锯钻工艺流程：105m 轨剖分成 25m→25m 轨加工线上锯钻加工→轨头淬火→倒棱→人工检查→堆垛入库。

包钢 100m 轨锯钻加工流程：测长→锯钻加工→人工检查→轨头淬火→倒棱→堆垛入库。

攀钢、武钢锯钻工艺流程：测长→锯钻加工 100m 或 25m→轨头淬火→倒棱→工人检查→堆垛入库。

（2）锯钻加工线主要设备：测长选用激光测长仪。

锯钻加工采用硬质合金锯机，专用 100m 轨加工线可选单锯单钻机床；100m 轨和 25m 轨组合加工线选用单锯双钻机床。轨头淬火机床采用工频加热、压缩空气淬火。倒棱采用专用工具人工倒棱。

关于无损探伤和锯钻加工线布置位置问题，一般趋向于采用先无损探伤后加工，可避免重复加工。

关于锯钻加工和四面液压矫之间布置位置问题，目前有两种布置方式，一种为先四面液压矫后加工，另一种是锯钻加工后补矫，多数厂家趋向于选用先锯钻后补矫方案。

6.2.5　钢轨的主要缺陷及其预防措施

6.2.5.1　过热

钢坯在高温下长时间加热时晶粒长大，当晶粒长大到一定程度时，晶界间结合力减弱，钢的力学性能显著降低，这种现象称为过热。产生原因为加热温度偏高，在高温下加热时间过长。生产过程中必须严格按钢种的加热温度、加热时间烧钢，尤其是在高温下的加热时间要严格控制，当发生故障长时间待轧时，必须严格执行待轧制度，将炉温降低。

6.2.5.2 过烧

钢坯在高温长时间加热时，内部组织会变得粗大，同时晶粒边界上的低熔点非金属化合物氧化而使组织遭到破坏，在压力加工时破裂或断成数块，这种现象称为过烧。产生原因为加热温度过高，在高温下停留时间过长，炉内氧化性气氛过强。生产过程中必须严格按钢种的加热温度、加热时间烧钢，尤其是在高温下的加热时间要严格控制，并且适当减少炉内的过剩空气量；当发生故障长时间待轧时，必须严格执行待轧制度，将炉温降低；调整烧嘴使火焰均匀，火焰不要与钢坯直接接触，应保持一定距离，以防止局部过烧。

6.2.5.3 脱碳

钢在加热时，表面层碳含量减少的现象称为脱碳。产生原因为加热温度过高，在高温下停留时间过长，炉内氧化性气氛过强。生产过程中要严格执行热工制度及待轧制度，缩短钢在高温下停留时间，对于易脱碳钢应使炉内保持还原性气氛。

6.2.5.4 头大、头小

头大、头小的产生原因为 UF 水平辊的辊缝调整不合适或温度原因导致轧制力变化，轧机弹跳变化。

预防措施：

(1) 头小放 UF 水平辊辊缝，头大压 UF 水平辊辊缝。

(2) 温度高放大 UF 辊缝，温度低减小 UF 辊缝。

6.2.5.5 底大、底小

底大产生原因为 UF 底部立辊轧制力偏大或轧边机辊缝偏大；成品腿偏厚或偏薄。

预防措施：兼顾成品腿的薄厚情况进行调整。

(1) 如果腿厚，这时应该将 UR 的底部立辊辊缝（DS 侧）减小，同时也可以配合减小轧边机（E）的辊缝。

(2) 如果腿薄，这时主要调整 UF 底部立辊辊缝（DS 侧）放大，直到 UF 底部立辊轧制力正常为好。如果调整 UF 还不够，则相应配合调整轧边机辊缝。

(3) 如果腿薄厚、轧制力都正常，则减小轧边机辊缝。

底小产生原因为 UF 底部立辊压下量不够，表现形式为底厚；UR 底辊压下量太大或太小，也会导致底小；轧边机辊缝太小，也会在一定程度上造成底小。

预防措施：

(1) 腿厚，若腿尖加工不好，应该增大 UR 底部立辊（DS 侧）的辊缝。主要把 UR1、UR3 辊缝值增大。

(2) 腿厚，若腿尖加工良好，UF 底部立辊轧制力小，应直接减小 UF 底部立辊辊缝。

(3) 腿薄，若腿尖加工良好，应该放 UR 底部立辊（DS 侧）辊缝。如果放 UR 底辊还不够，可以配合放轧边机辊缝。

(4) UF 底部轧制力小，成品腿薄厚正常时，腿尖加工良好，这时放 UR3 底部立辊。

(5) UF 底部轧制力正常，腿厚正常时，腿尖加工良好，放轧边机就可以，也可以少放 UR 底部立辊或少压 UF 底部立辊。

6.2.5.6 轨高、轨低

轨高产生原因为成品腿厚或头部有耳子。

预防措施：

(1) 主要是减小 UR 头辊或底辊辊缝，也可以减小 UF 辊缝来降低轨高。

(2) 底厚造成轨高，这时调整要考虑底大小，如果底小直接减小 UF（DS 侧）立辊辊缝；如果底大就应该调整 UR、UF（DS 侧）的立辊辊缝，这时看 UF 底部立辊的轧制力，如 UF 底部立辊轧制力大，UR 底部立辊应多压，同时轧边机辊缝也可压。

（3）底薄厚符合标准，头部有耳子，主要由于 UR（OS 侧）辊缝大造成，减小 UR 头部立辊辊缝。

轨低产生原因为 UR 头辊或底辊辊缝太小或 UF 底辊辊缝太小造成，主要表现为成品腿薄或头部踏面加工不好。

预防措施：

（1）底薄造成轨低，这时调整要考虑底大小，如果底大直接放 UF（DS 侧）立辊辊缝；如果底小就同时放 UR 和 UF 底部立辊辊缝；如果 UF 底部立辊轧制力小，UR 底部立辊应多放，同时轧边机辊缝也可放。

（2）底薄厚符合标准，头部踏面加工不好，主要由于 UR（OS 侧）辊缝小造成，放 UR 头部立辊辊缝。

6.2.5.7　腰厚、腰薄

腰厚产生原因：正常情况下，头大与腰厚共存，腰厚的原因是 UF 辊缝太大；特殊情况时可以采用调整 UR 辊缝的办法，降低腰厚。

预防措施：

（1）轨头偏大，减小 UF 水平辊辊缝。

（2）特殊情况下，轨头偏小，UR 水平辊辊缝多压，同时放 UF 水平辊辊缝；如轨头大小正好，热压商标清晰，减小 UR 水平辊辊缝。

腰薄产生原因为 UR 或 UF 水平辊辊缝太小。

预防措施：

（1）轨头大小正好，增加 UR 水平辊辊缝值。

（2）头大腰薄，减小 UF 水平辊辊缝，增加 UR 水平辊辊缝值。

（3）头小腰薄，放 UF 水平辊辊缝。

6.2.5.8　不对称

不对称产生原因为上下腿薄厚不同或轧边机轴向不正。

预防措施：

（1）不对称时首先看上下腿是否一样厚，如不一样厚，先通过调整 UR、UF 下辊轴向，把上下腿调得一样厚。

（2）如上翘下腿厚，应将 UR 轴向朝传动侧窜动。

（3）如上翘下腿薄，应将 UF 轴向朝操作侧窜动。

（4）如轧件下扎，调整的方法与上翘相反。

（5）如果上下腿薄厚一致还有不对称，这时应窜动轧边机轴向。

（6）下腿短，轧边机下辊轴向朝 DS 侧窜动。

（7）下腿长，轧边机下辊轴向朝 OS 侧窜动。

6.2.5.9　轧痕

周期性轧痕产生原因为轧辊孔型有掉肉或黏铁皮。

预防措施：

（1）在装辊和更换轧辊时必须认真检查轧辊表面质量。

（2）不要轧低温钢，轧低温钢容易损坏轧辊孔型。

（3）除鳞必须正常运行（BD1 除鳞压力不能低于 170MPa，CCS 除鳞压力不能低于 100MPa）。

上下轨头侧面轧痕产生原因为 BD1 轧辊帽型孔老化，轧辊轧出量太大或冷却水没有浇好。

预防措施：修磨 BD1 上辊帽形孔处，或者更换 BD1 轧辊。

6.2.5.10　轧疤

轨头踏面月牙形轧疤即轨头踏面有时靠上有时靠下产生周期性月牙状轧疤或轨头踏面中间有轧疤。产生原因为 BD2 轧辊孔型车修不合标准或 BD2 轧辊老化，轨头侧斜壁黏钢。

预防措施：

（1）可以调整 BD2 入口导板的位置，使头部硬一些，可以在一定程度上解决。

（2）修磨 BD2 轧辊闭口孔型的头侧面。

（3）如果 BD2 轧辊到量或修磨后不起作用，则更换 BD2 轧辊。

上下侧面轧疤如钢轨前端 3~4m 处轨头踏面或上下侧面压入 200mm 长铁条，如图 6-46 所示。产生原因为 UF 卫板不正；UF 轴向不合适。

预防措施：

（1）UF 上卫板或下卫板靠 OS 侧，调整上卫板或下卫板中心线与轧辊孔型中心线重合。

（2）适当将 UF 轴向朝操作侧窜动。

轨头上斜面拉铁丝或轧疤产生原因为 BD2 卫板刮钢，导致拉铁丝，进下一道时又将铁丝轧入，产生轧疤。

预防措施：

（1）BD2 卫板多压，使轧件与卫板产生面接触，同时使轧件有底向头扭转的趋势。

（2）调整卫板梁，修磨卫板。

6.2.5.11 刮伤

产生原因：

（1）由于钢的撞击，导卫装置黏铁皮。

（2）导卫装置安装位置不合适，特别是 CCS 的 EF 和 UF 孔型卫板不合适时很容易产生刮伤，如图 6-47 所示。

图 6-46 上下侧面轧疤

图 6-47 刮伤缺陷

（3）出钢左右方向弯大时也会产生刮伤。

预防措施：

（1）定期检查导卫装置，发现焊瘤和积聚物及时修磨。

（2）正确安装出入口导卫装置，防止轧件与导卫产生点线接触。

（3）调整 UF 底部立辊的轧制力，减轻左右弯，也可以在一定程度上避免刮伤。

6.2.5.12 麻面

产生原因：

（1）由于孔型表面粗糙，在钢轨表面产生不规则的凹凸缺陷。

（2）在钢坯加热过程中，因头部在坯料右侧，而右侧温度偏高，氧化严重。

预防措施：

（1）如果孔型的轧制量过多，轧辊轧到一定数量时必须更换轧辊；轧辊冷却水要正确浇在孔型中；要检查冷却水管是否有堵塞现象。

（2）适当调整烧钢方法，降低钢坯右侧温度。

6.2.5.13　错牙

轨头上下踏面错牙的产生原因为 UF 轴向不正，下辊偏传动侧或操作侧，UF 底辊辊缝不合适。

预防措施：

（1）轨头上踏面有错牙，UF 轴向朝 DS 侧窜动，放 UF 底部立辊。立辊调整量与轴向窜动量相同。

（2）轨头下踏面有错牙，UF 轴向朝 OS 侧窜动，同时根据下腿薄厚调整 UF 底部立辊辊缝。

下腿厚、下头错牙的产生原因是 UF 立辊箱磨损变形，55mm 和 20mm 的垫磨损不同，导致 UF 立辊倾斜，产生下腿厚；同时在为防止下腿厚而调整 UF 轴向时，UF 水平辊对下轨头部分加工，导致下头错牙。

预防措施：

（1）适当调整 UF 轴向，保证下腿在正偏差，同时下头的错牙不超过 0.3mm 时，可以进行轧制。

（2）如果下腿已经超出正偏差，而且下头还有错牙，矫后也不能保证消除，则只能更换 UF 辊，可以整套换，也可以单独换底部立辊。

6.2.5.14　扭转

钢材绕其纵轴成螺旋状称为扭转，如图 6-48 所示。

产生原因：

（1）水平辊个别辊轴向窜动太大。

（2）导卫辊或矫直辊磨损严重。

（3）矫直温度太高。

（4）来料钢轨有扭转，尤其端头扭转，矫后很难消除。

预防措施：

（1）调整水平矫直机，轴向调整到矫直机中心线上。

（2）及时更换磨损严重的矫直圈和导卫辊。

（3）观察矫直机各辊，判断是哪一个造成扭转，做出相应调整。

图 6-48　扭转缺陷

6.2.5.15　弯曲

钢材沿垂直或水平方向呈现不平直现象称为弯曲。一般为镰刀形或波浪形。

产生原因：

（1）轧制不对称断面的产品，容易产生弯曲。

（2）矫直辊给定矫直压力不准确。

（3）矫直辊孔型磨损严重。

（4）矫直温度过高。

（5）矫直辊轴向窜动太大。

（6）来料轨高尺寸波动太大，矫后容易产生弯曲。

（7）来料钢轨有死弯，矫后容易产生弯曲。

预防措施：

（1）保证轧制产品断面对称。

（2）重新调整零位，对其矫直机各辊压力的压下量给予匹配。

（3）勤观察矫直辊磨损情况，反馈信息，及时更换矫直圈。

（4）保证矫直钢轨温度小于 60℃。

（5）调整水平矫直机，将其轴向调整到矫直机中心线上。

（6）发现矫前钢轨高尺寸波动及弯头太大或有死弯情况，应及时向热轧区反馈信息，及时处理并采取相应措施。

6.2.5.16　矫裂

钢轨在冷状态矫直过程中，产生的直线形或折线形的裂纹称为矫裂。其裂纹口棱角尖锐，呈银亮光泽，裂缝内无氧化铁皮，严重时钢轨劈裂或碎断。

产生原因：

（1）辊式矫直机操作不当。

（2）矫直前钢轨严重弯扭，通过矫直机时矫裂。

（3）钢轨内部有缺陷或局部冷却淬火，钢中磷含量较高，矫直时易产生矫裂。

（4）来料钢轨上有轧疤。

预防措施：

（1）如发现矫直机对其钢轨扭矩较大或矫直声音较大时，应低速慢矫。

（2）发现矫直前钢轨严重弯扭时，建议气焊割钢。

（3）勤观察来料钢轨是否存在问题，做出判断，及时停车或慢矫。

（4）在矫断钢轨后及时停车检查其原因，如为内伤所致，矫后面钢轨时应注意。

6.2.5.17　矫痕

钢轨在冷矫过程中造成的表面刮痕称为矫痕。一般呈块状、长条状、鱼鳞状的凹陷，常具有银亮的金属光泽，周期性分布。

产生原因：

（1）矫直机矫直辊局部损伤，磨损严重。

（2）辊面黏结金属块，辊面局部凸起，产生周期性或单个分布的矫痕。

（3）矫直前钢轨弯曲严重，矫直时喂钢不正，也易产生矫痕。

（4）矫直辊轴向窜动太大。

（5）矫直机前导辊磨损严重及调整不当。

（6）翻钢机托辊磨损严重，翻钢时易产生矫痕。

预防措施：

（1）使用砂轮机修磨矫直圈和导辊以及翻钢机托辊。

（2）勤观察矫直辊运行情况及检查矫后钢轨表面情况，如果发现问题及时修磨矫直辊。

（3）停车慢矫。

（4）观察矫直机夹钢时各辊矫直情况，矫直机轴向适当调整。

（5）勤观察翻钢机托辊磨损情况及矫直机前导辊磨损情况，及时通知检修部人员更换或修磨以消除矫痕。

6.3　钢轨的钢种

6.3.1　钢轨钢的分类

钢轨钢按化学成分可分为碳素钢轨钢（钢中锰含量小于1.30%，无其他合金元素加入，又称普通钢轨钢）、微合金钢轨钢（钢中加入微量合金元素如 V、Nb、Ti 等）、低合金钢轨钢（如钢中加入 0.80% ~ 1.20% Cr 的 EN320Cr）。

钢轨钢按交货状态可分为热轧钢轨钢和热处理钢轨钢。不论钢轨强度多少，凡是以热轧状态交货的均称之为热轧钢轨。热处理钢轨依其工艺条件又可分为离线热处理钢轨（钢轨轧制冷却后再重新加热）及在线热处理钢轨（利用轧制余热对其进行热处理，不再二次加热）。热处理钢轨按化学成分的不同，又可分为碳素热处理钢轨、微合金热处理钢轨和低合金热处理钢轨。

按钢轨的最低抗拉强度（从轨头部位取样）可分为 780MPa（如欧洲 EN220）、880MPa（如 EN260、EN260Mn，UIC900A，中国 U71Mn 等）、980MPa（如美国 AREA 普通钢轨，中国 U75V、U76NbRE 热轧轨）、1080MPa（如 EN320Cr 合金钢轨，日本 HH340 在线热处理钢轨）、1180MPa（如日本 HH370 在线热处理钢轨、EN350HT、EN350LHT）和 1200 ~ 1300MPa（微合金或低合金热处理钢轨，如中国 U75V 淬火钢轨等）几个等级。一般强度为 1080MPa 及以上的钢轨称为耐磨轨或高强轨。

不同钢轨钢的用途、组织和成分系列见表6-17。

表 6-17　钢轨钢的用途、组织和成分系列

按使用性能归类	按金相组织归类	成分系列
普通钢轨钢	铁素体加珠光体钢轨钢	碳素
	合金铁素体加珠光体钢轨钢	Mn 系、Si-Mn 系、Si-Mn-V 系
	碳素珠光体钢轨钢	碳素
耐磨钢轨钢	合金珠光体钢轨钢	Mn 系、Si-Mn 系
高级耐磨钢轨钢	热处理索氏体钢轨钢	Mn 系、Si-Mn 系
	合金索氏体钢轨钢	Cr 系、Cr-V 系、Cr-Si 系、Cr-Ni 系、Cr-Ni-V 系、Cr-Si-Nb 系
	合金变态珠光体钢轨钢	Cr-Mo 系、Cr-Mo-V 系
	贝氏体钢轨钢	Mn-Mo 系、Cr-Mo 系、Mn-Mo-B 系、Mn-Cr-Mo-B 系、Mn-Cr-Mo-V-B 系、Cr-Mo-Nb 系
	马氏体钢轨钢	高 Mn 系

6.3.1.1　普碳及微合金钢轨钢

美、俄、日、欧以及国内普通钢轨的化学成分及力学性能如表 6-18 和表 6-19 所示。由表 6-18 和表 6-19 可见，日本普通钢轨的碳含量最低，相应的抗拉强度也低。而美国 2009 年修改标准后，将普通轨的抗拉强度等级提高至 980MPa 级，并要求轨顶踏面的硬度大于 310HB。这与美国铁路轴重大，要求钢轨具有高的抗拉强度以及耐磨性能有关。另外，日本及欧洲一些国家仍生产和使用抗拉强度为 680~780MPa 的碳素钢轨，因钢中碳含量低，韧塑性好，所以可用在耐磨性能无很高要求的运营线路上。

表 6-18　国内外碳素及微合金钢轨化学成分（质量分数）　　　　　　（%）

国别	钢种	C	Si	Mn	S	P	Cr	V
美国	AREA	0.74~0.84	0.10~0.60	0.75~1.25	≤0.020	≤0.020	≤0.25	≤0.010
俄罗斯	M76	0.71~0.82	0.18~0.40	0.75~1.05	≤0.025	≤0.020	—	—
欧洲	R260	0.62~0.80	0.15~0.58	0.70~1.20	≤0.025	≤0.025	≤0.15	≤0.030
	R260Mn	0.55~0.75	0.15~0.60	1.30~1.70	≤0.025	≤0.025	≤0.15	≤0.030
日本	JIS60	0.63~0.75	0.15~0.30	0.70~1.10	≤0.025	≤0.030	—	—
中国	U71Mn	0.65~0.76	0.15~0.35	1.10~1.40	≤0.030	≤0.030	≤0.15	≤0.030
	U75V	0.71~0.80	0.50~0.80	0.70~1.05	≤0.030	≤0.030	≤0.15	0.04~0.12

表 6-19　国内外碳素及微合金钢轨力学性能

国别	钢种	$R_{p0.2}$/MPa	R_m/MPa	A/%	HBW
美国	AREA	510	980	10	310
俄罗斯	M76	—	900	4	
欧洲	R260	—	880	10	260~300
	R260Mn	—	880	10	260~300
日本	JIS60	—	800	8	
中国	U71Mn	—	880	9	260~300
	U75V	—	980	9	260~300

其中，日本采用直径 14mm、标距 50mm 的试样；美国采用 12.7mm(1/2in)、标距 50.8mm(2in)的试样；欧洲和中国采用直径 10mm、标距 50mm 的试样；俄罗斯采用直径 15mm、标距 150mm 的试样。

6.3.1.2 合金钢轨钢

在钢中加入合金元素 Si、Mn、Cr、Mo、V 等以固溶强化基体，并可使 CCT 曲线向右移动，这意味着在相同冷速下可获得片间距更加细小的珠光体组织，提高强度，这就是所谓的合金化强化。欧洲对合金轨的研究比较活跃，尤其对铬轨、铬-钼轨的研究比较成熟，这些钢种不仅具有高强度，而且还保持有较好的塑性，在很多国家特别是西欧得到广泛应用。由于抗拉强度等级为 1180MPa 的珠光体型合金钢轨断裂韧性低（小于 25MPa·$m^{1/2}$），综合性能并不好，故现在该等级的合金轨已基本上不再生产。目前，1080MPa 等级的合金轨仍在许多国家使用，欧洲 1080MPa 等级合金轨的化学成分及其力学性能如表 6-20 所示。

表 6-20 合金轨的化学成分及其力学性能

| 国别 | 钢种 | 化学成分(质量分数)/% | | | | | | | 力学性能 | |
		C	Si	Mn	S	P	Cr	V	R_m/MPa	A/%
德国	Cr 轨	0.65~0.80	0.30~0.90	0.80~1.30	<0.020	<0.030	0.70~1.20	—	1080	9
	Cr-V 轨	0.55~0.75	≤0.70	0.80~1.30	<0.020	<0.030	0.80~1.30	<0.30	1080	9
英国	Cr-Mn 轨	0.68~0.78	≤0.35	1.10~1.40	<0.020	<0.030	1.10~1.30	—	1080	11
EN 标准	320Cr	0.60~0.80	0.50~6.10	0.80~1.20	<0.025	<0.020	0.80~1.20	<0.18	1080	9

6.3.1.3 热处理钢轨钢

钢轨钢的种类很多，但真正适合进行热处理的钢种主要是两大类：一类是高碳钢；另一类是微合金钢或低合金钢。目前世界上使用的钢轨大多为具有珠光体结构的钢轨钢，其性能取决于其组织的几何参数：珠光体团尺寸、渗碳片厚度和珠光体片间距。这三者又与其碳含量的多少密切相关。从技术经济角度看，碳是相对便宜的，因此世界上大多数国家都选择碳素钢作为热处理用钢。各国对热处理用碳素钢的碳含量要求比热轧态的要高，即以高碳钢为佳。为获得比碳素钢更好的韧性和更深的淬透性，不少国家在碳素钢基础上开发了微合金钢用于热处理，即在碳素钢中添加适量 V、Nb、Cr、Mo 等元素，利用这些元素的固溶强化、弥散强化和细化晶粒，来提高钢的强度和硬度。

世界各国热处理钢轨钢的碳含量基本控制在 0.70%~0.82% 范围内。另外，由于钢轨钢中的锰容易发生微观偏析，导致钢轨热处理后出现马氏体组织，因此热处理钢轨钢要求将锰含量限制在 1.20% 以内。随着喷风冷却淬火技术的采用，还在钢轨钢中加入少量的推迟珠光体转变的合金元素如铬，以节省压缩空气，减少热处理成本。另外，由于热处理钢轨的强度高，耐磨性能好，为了提高其疲劳性能，要求钢轨钢材质纯净，对钢轨钢中的有害元素如 P、S 含量控制更严。表 6-21 为日本、欧洲、俄罗斯、美国及中国钢轨标准中规定的热处理钢轨的化学成分及性能指标。

表 6-21 国内外常见热处理钢轨化学成分及力学性能

| 国别 | 钢种 | 化学成分(质量分数)/% | | | | | | | 力学性能 | | |
		C	Si	Mn	S	P	Cr	V	R_m/MPa	A/%	HB
EN 标准	R350HT	0.72~0.80	0.15~0.58	0.70~1.20	0.025	0.020	≤0.15	0.030	1175	9	350~390
	R350LHT	0.72~0.80	0.15~0.58	0.70~1.20	0.025	0.020	≤0.30	0.030	1175	9	350~390
	R370CrHT	0.70~0.82	0.40~6.00	0.70~1.10	0.020	0.020	0.40~0.60	0.030	1280	9	370~410
	R400HT	0.90~6.05	0.20~0.60	1.00~1.30	0.025	0.020	≤0.30	0.030	1280	9	400~440
美国	碳素热处理	0.74~0.86	0.10~0.60	0.75~1.25	0.020	0.020	≤0.30	0.010	1180	10	≥370
	低合金热处理	0.72~0.82	0.10~0.60	0.70~1.10	0.020	0.020	0.25~0.4	0.010	1180	10	≥370
日本	HH340	0.72~0.82	0.10~0.55	0.70~1.10	0.030	0.030	≤0.20	0.010	1080	8	HS47~53
	HH370	0.72~0.82	0.10~0.60	0.70~1.10	0.030	0.030	≤0.25	0.010	1135	8	HS49~56
俄罗斯	K76Ф	0.71~0.82	0.25~0.45	0.75~1.05	0.030	0.030		0.03~0.15	1180	8	341~401
	K78XCФ	0.74~0.82	0.40~0.80	0.75~1.05	0.030	0.030	0.40~0.60	0.05~0.15	1290	12	363~401
德国	HiLife320	0.72~0.82	0.10~0.60	0.80~1.10	0.020	0.030	—	—	1040~1130	9	320

国别	钢 种	化学成分(质量分数)/%							力学性能		
		C	Si	Mn	S	P	Cr	V	R_m/MPa	A/%	HB
英国	HiLife370	0.72 ~ 0.82	0.10 ~ 0.60	0.80 ~ 1.10	0.020	0.030	—	—	1220 ~ 1310	9	370
法国	碳素	0.72 ~ 0.82	0.10 ~ 0.50	1.00 ~ 1.25	0.020	0.025	—	—	1175	11	351 ~ 388
	微合金	0.72 ~ 0.82	0.10 ~ 0.50	1.00 ~ 1.25	0.020	0.025	—	—	1200	11	360 ~ 388
	低合金	0.72 ~ 0.82	0.40 ~ 0.80	0.80 ~ 1.10	0.020	0.025	—	—	1300	12	370 ~ 410
中国	U71MnC	0.70 ~ 0.76	0.15 ~ 0.35	1.20 ~ 1.40	≤0.030	≤0.030	—	—	>1180	>10	332 ~ 391
	U75V	0.71 ~ 0.80	0.50 ~ 0.80	0.70 ~ 1.05	≤0.030	≤0.030	—	0.04 ~ 0.12	>1180	>10	341 ~ 401

我国一直未采用热处理专用钢种，只是对热轧钢轨的化学成分进行适当调整用于热处理钢轨，与国外的专用热处理钢种相比有差距。因此，根据钢轨热处理工艺的特点和需要，采用专用热处理钢种，如采用中上限的碳含量，限制锰含量，添加少量的推迟珠光体转变的元素如铬等，将更有益于充分发挥钢轨热处理的优势。

6.3.2　我国钢轨钢的情况

目前，我国铁路线路上使用的钢轨钢种主要有 880MPa 级的 U71Mn、980MPa 级的 U75V 和 1180 ~ 1280MPa 级的重载铁路用 U77MnCr、PG4 等高强耐磨钢轨。现行的铁路热轧钢轨化学成分及力学性能见表 6-22，热处理钢轨化学成分及力学性能见表 6-23。

表 6-22　国内热轧钢轨化学成分及力学性能

钢 种	化学成分(质量分数)/%							力学性能		
	C	Si	Mn	S	P	Cr	V	R_m/MPa	A/%	HBW
U71Mn	0.65 ~ 0.76	0.15 ~ 0.35	1.10 ~ 1.40	≤0.030	≤0.030	≤0.15	≤0.030	880	9	260 ~ 300
U75V	0.71 ~ 0.80	0.50 ~ 0.80	0.70 ~ 1.05	≤0.030	≤0.030	≤0.15	0.04 ~ 0.12	980	9	260 ~ 300
U76NbRE	0.72 ~ 0.80	0.60 ~ 0.90	1.00 ~ 1.30	≤0.030	≤0.030	≤0.15	≤0.030	980	9	280 ~ 320
U71MnG	0.65 ~ 0.75	0.15 ~ 0.58	0.70 ~ 1.20	≤0.025	≤0.025	≤0.15	≤0.030	880	10	260 ~ 300
U75VG	0.71 ~ 0.80	0.50 ~ 0.70	0.75 ~ 1.05	≤0.025	≤0.025	≤0.15	0.04 ~ 0.08	980	10	280 ~ 320
PG4	0.72 ~ 0.82	0.50 ~ 0.70	0.75 ~ 1.05	≤0.025	≤0.025	≤0.70	≤0.12	1080	10	320 ~ 360
U77MnCr	0.72 ~ 0.82	0.10 ~ 0.50	0.80 ~ 1.10	≤0.025	≤0.025	0.25 ~ 0.40	—	980	8	300
U76CrRE	0.71 ~ 0.81	0.50 ~ 0.80	0.80 ~ 1.10	≤0.025	≤0.025	0.25 ~ 0.40	—	1080	8	300
AB1	0.20 ~ 0.40	1.50 ~ 2.00	1.50 ~ 2.00	≤0.025	≤0.025	≤6.00	≤0.50Mo	1240	12	360 ~ 400

表 6-23　国内常见热处理钢轨化学成分及性能指标

钢种	化学成分(质量分数)/%							力学性能		
	C	Si	Mn	S	P	Cr	V	R_m/MPa	A/%	HBW
U71MnC	0.70 ~ 0.76	0.15 ~ 0.35	1.20 ~ 1.40	≤0.030	≤0.030	—	—	>1180	>10	332 ~ 391
U75V	0.71 ~ 0.80	0.50 ~ 0.80	0.70 ~ 1.05	≤0.030	≤0.030	—	0.04 ~ 0.12	>1230	>10	341 ~ 401
U76NbRE	0.72 ~ 0.80	0.60 ~ 0.90	1.00 ~ 1.30	≤0.030	≤0.030	—	Nb: 0.02 ~ 0.05	>1230	>10	341 ~ 401
PG4	0.72 ~ 0.82	0.50 ~ 0.80	0.70 ~ 1.05	≤0.025	≤0.025	≤0.70	≤0.12	1300	>10	370 ~ 415
U77MnCr	0.72 ~ 0.82	0.10 ~ 0.50	0.80 ~ 1.10	≤0.025	≤0.025	0.25 ~ 0.40	—	1280	>10	370 ~ 415

(1) U71Mn 钢轨：由鞍山钢铁集团公司研制完成，为我国至今使用时间最长的碳素钢轨。钢中碳含量较低，采用锰元素提高钢轨强度，有较好的韧性、塑性和焊接性。钢中的锰元素容易引起微观偏析，重新加热后在锰偏析部位出现高碳马氏体组织，曾多次对 U71Mn 钢轨中的锰含量进行调整。

为适应不同的运输条件，在优化 U71Mn 钢轨化学成分的基础上，形成了高速铁路用 U71MnG、钢轨热处理用 U71MnC 和高原铁路用低碳 U71Mn 钢轨。

（2）U71MnG 钢轨（G 代表高速铁路）：U71MnG 钢轨（2011 年前称为 U71Mnk）专用于高速铁路，其化学成分与欧洲高速铁路使用的 UIC900A（欧洲标准为 EN260 或 R260）相近。为优化性能，U71MnG 钢轨减少了钢中碳含量，调整锰含量，降低有害元素 S、P 含量等。

（3）U71MnC 钢轨（C 代表淬火轨）：为满足钢轨热处理需要，TB/T 2635—2004《热处理钢轨技术条件》对热处理钢轨的化学成分进行了调整，采用 C、Mn 的上限成分。

（4）低碳 U71Mn 钢轨：为满足青藏铁路地理、气候环境等对钢轨的特殊要求，对 U71Mn 钢轨低温性能进行了试验研究。碳含量为中、下限的 U71Mn 钢轨的冲击韧性、断裂韧性明显高于碳含量为上限的 U71Mn 钢轨，其冷脆敏感性低，在 -60℃ 的温度下仍能保持较高的塑性，断后伸长率平均值达到 11%。为此青藏铁路采用低碳 U71Mn 钢轨，并以附加技术条件的形式予以实施。

（5）U75V 钢轨：由攀钢集团有限公司（简称攀钢）20 世纪 90 年代研制开发，2003 年之前称为 PD3（攀钢第三代钢轨），2003 年纳入铁道行业标准后改为 U75V。与 U71Mn 钢轨相比，U75V 钢轨碳、硅含量相对较高，锰含量较低，并专门添加了细化组织的合金元素钒，热轧后强度达到 980MPa 级。目前，U75V 已逐渐成为我国铁路的主型钢轨钢种。针对现场反映 U75V 钢轨耐磨、难焊、易断问题，1998 年调整了 U75V 钢轨的化学成分，降低了钢中的碳、硅、钒含量，韧性、塑性明显提高，焊接性能改善，耐磨性有所下降。经在繁忙干线及重载铁路的多年使用，调整化学成分后的 U75V 钢轨性能良好。在客运专线上使用因硬度偏高与车轮磨合困难，在打磨不及时或按钢轨原始廓形打磨情况下，容易出现滚动接触疲劳伤损。

（6）U75VG 钢轨：为优化性能，在 U75V 钢轨的基础上，减小碳含量的波动范围及钢中有害元素 P、S 等含量，对断后伸长率等指标提出了更高要求。

（7）U77MnCr 钢轨：由中国铁道科学研究院和鞍山钢铁集团公司近年合作研发，为高强耐磨钢轨。采用铬合金化，钢中含铬 0.25% ~ 0.40%，热轧钢轨强度不小于 980MPa，断后伸长率不小于 10%。热处理后轨头顶面硬度不小于 370HB，抗拉强度不小于 1280MPa，断后伸长率不小于 12%，焊接性能良好。经大秦等重载铁路使用，综合性能较好。

（8）PG4 钢轨：由中国铁道科学研究院和攀钢集团有限公司近年合作研发，为高强耐磨钢轨。采用铬、钒合金化，钢中含铬 0.30% ~ 0.50%，含钒 0.08% ~ 0.12%，热轧钢轨强度为 1080MPa，断后伸长率不小于 8%，热处理后轨头顶面硬度不小于 370HB，抗拉强度不小于 1300MPa。经大秦等重载铁路使用，耐磨性能优良。

（9）U76CrRE：由包头钢铁（集团）有限责任公司研制，为高强耐磨钢轨。采用铬合金化并进行稀土处理，钢中含铬 0.25% ~ 0.35%，稀土加入量约 0.020%，热轧钢轨强度为 1080MPa，断后伸长率不小于 9%。

（10）贝氏体钢轨：20 世纪 80 年代发现合金元素硅在贝氏体钢中的特殊作用，国内外广泛开展了含硅贝氏体钢的组织性能、强韧化机理以及在工业中的应用研究。研究表明，合金元素硅可强烈阻碍贝氏体转变时碳化物的析出，使贝氏体钢中残留奥氏体组织，从而提高贝氏体钢的强韧性。这种贝氏体钢称为无碳化物贝氏体或准贝氏体钢。2003 年，中国铁道科学研究院与鞍山钢铁集团公司合作，在我国率先试制成功无碳化物贝氏体钢轨，抗拉强度达到 1300MPa，伸长率约 15%，室温冲击功约 100J，全断面硬度达到 38 ~ 43HRC。试制的贝氏体钢轨先后在沈山、成渝及石太线试铺，其抗接触疲劳性能、耐磨性能明显优于珠光体钢轨。

6.3.3 钢轨钢的发展趋势

6.3.3.1 钢轨钢最新研究动向

A 过共析珠光体钢轨钢

在开发高强钢轨时，目标之一是获得细珠光体组织，作为提高耐磨性能的最佳组织。钢轨的硬度一般都会随着珠光体片间距的减小而增加，通常，通过添加 Cr、Mo 等合金元素和热处理可达到上述目的。随着货车轴重量的增加，要求钢轨的耐磨性能进一步提高。对于共析钢来说，通过上述两种方法提高硬度已经十分困难，因为轨头表面会形成不希望出现的脆性贝氏体和马氏体组织。

　　鉴于上述情况,日本新日铁公司的研究人员提出了这样一种新思路,即通过增加珠光体片中渗碳体相的密度来提高耐磨性能,并研究了过共析钢在钢轨上的应用。研究人员对共析成分和过共析成分的钢进行常规及耐磨、抗疲劳性能等试验。结果表明:(1)通过增加珠光体片层中 Fe_3C 相的厚度和滚动接触后铁素体从轨头表面剥离出去留下的 Fe_3C 相在珠光体片中的堆积,可以提高过共析钢的耐磨性能。(2)在轨头内部较深位置处有较高的硬度和均匀的珠光体组织这些特性,将使过共析钢具有更高的耐磨性和抗疲劳破坏性能。(3)随着碳含量增加,塑性降低,但这可以通过细化奥氏体晶粒来弥补。减小奥氏体晶粒尺寸,可使过共析钢的伸长率达到现有共析钢的水平。也就是说,可以通过连续精轧反复使奥氏体再结晶来获得细晶奥氏体组织,弥补碳含量增加带来的塑性降低。过共析热处理钢轨的化学成分及力学性能如表 6-24 所示。

表 6-24　过共析热处理钢轨的化学成分及力学性能

化学成分(质量分数)/%						力 学 性 能			
C	Si	Mn	P	S	Cr	$R_{p0.2}$/MPa	R_m/MPa	A/%	Z/%
0.89	0.61	0.48	0.014	0.009	0.25	865	1353	10.3	24.8

注:取样位置为轨头踏面以下,试样尺寸为 $D=9mm$, $L=4D$。

　　过共析钢轨的断裂试验表明,过共析钢和共析钢的断裂强度相当。研究人员同时对过共析钢的焊接性能进行了试验,结果表明,过共析钢轨具有与热处理共析钢轨相当的焊接性能。焊缝处要进行焊后热处理,或添加合金元素使热影响区硬度与母材硬度基本相同。在实验室试验条件下,过共析钢轨的耐磨性比传统热处理共析钢轨提高 20%。新开发的过共析钢轨正在北美重载铁路线上进行试验。

　　为满足重载铁路发展的需要,借鉴国外经验,铁科院与攀钢合作对过共析钢轨进行了多年的研究。通过对化学成分配方的优化、实验室试验,2010～2011 年,在国内首次轧制生产出碳含量达到 0.95% 的过共析钢轨。与日本、美国等研制的过共析钢轨对比,其硬度、强度、塑性基本相当;经在线热处理后,轨面硬度大于 390HB,抗拉强度达到 1300MPa,伸长率大于 8%;出现的游离渗碳体数量明显少于美国使用的过共析钢轨(游离渗碳体是一种比较脆的组织,在过共析钢轨中越少越好)。

　　B　马氏体钢轨钢

　　由于珠光体型钢轨已经接近研发极限,许多制造商正在试验其他高强度钢轨。近来英钢联研究开发了轨头硬度达 445HB 的低碳马氏体钢轨钢,并申请了专利,尽管该钢种耐磨性能与珠光体型热处理钢轨相似,但韧性却高很多。

　　C　贝氏体钢轨钢

　　贝氏体为中温转变组织,发生转变的温度介于珠光体和马氏体之间。通过合金化,在轧制后很宽的冷速条件下可获得主要为贝氏体组织的钢,为贝氏体钢。目前世界上新的高强钢轨的研发重点主要集中在贝氏体钢轨上,因此贝氏体钢的研究和应用有着很大的发展。目前主要从三个角度去研究贝氏体钢轨:从进一步提高钢轨耐磨性能的角度出发,德国研制的贝氏体钢轨在挪威北部运矿线路 300m 半径的曲线上使用,结果表明其耐磨寿命为传统热轧钢轨的 8 倍,比热处理钢轨提高 25% 左右;法国、日本从提高快速铁路抗接触疲劳性能的角度研制的贝氏体钢轨已经上道试铺,结果表明效果良好;从提高道岔寿命的角度出发,英国研制的贝氏体辙叉已上道使用 1000 多组,情况良好,美国正在试验之中。德、美、英研制的空冷贝氏体钢轨化学成分和力学性能如表 6-25 所示。

表 6-25　贝氏体钢轨化学成分和力学性能

国　别	化学成分(质量分数)/%							力学性能	
	C	Si	Mn	Cr	Mo	V	B	R_m/MPa	A/%
德　国	0.40	1.50	0.70	1.10	0.80	0.10	—	1300	9
美　国	0.26	1.84	2.00	1.94	0.44	—	0.003	1531	4
英　国	0.10	—	6.0	2.0	0.5	Ni3.0	0.003	1000	6
中　国	0.20～0.40	1.50～2.00	1.50～2.00	1.0	0.5	—	—	1240	12

贝氏体钢轨强度高、韧塑性好，显示出强度和韧塑性的极好配合，尤其韧性更好，是珠光体钢轨的2～5倍。另外，高强韧性的中低碳贝氏体钢轨由于碳含量低，所以焊接性能好，同时还易于与珠光体钢轨焊接。

6.3.3.2 国内钢轨钢的研究方向

A 开发热处理钢轨钢新钢种

我国铁路目前主要使用全长热处理的U71Mn、U75V、U77MnCr、PG4钢轨，皆为冶金系统钢厂生产供铁路轧态使用。中国应该借鉴国外热处理钢轨钢的经验，各钢厂结合各自矿源的特点，研究开发适应热处理的普碳钢轨钢、微合金钢轨钢和合金钢轨钢，以生产强度级别达到1180MPa、1280MPa、1380MPa甚至更高级别的全长热处理钢轨，供铁路干线、曲线和重载线路合理分级选用。

B 重载铁路用超高强度钢轨钢

根据需要，我国铁路部门在20年前就提出了开发超高强度钢轨的要求，希望这种钢轨屈服强度达到900～1000MPa，抗拉强度达到1200～1400MPa，既有良好的耐磨性能又有很好的抗接触疲劳性能（抗剥离掉块），同时易于焊接，价格又不能太贵。根据这些要求，参考国外近10年来对超高强度钢轨的研究成果，普遍认为贝氏体钢轨最有前途满足这些要求并成为21世纪的新一代钢轨。可以预见，贝氏体钢轨的研究成功不仅能进一步提高其重载铁路上使用的耐磨性能，还能提高在提速、高速线路上抵抗接触疲劳损伤的能力，以减少钢轨打磨费用，同时贝氏体钢轨可用于制作道岔中的尖轨和辙叉以大幅度延长道岔的使用寿命。

6.4 钢轨的热处理

高速、重载铁路在世界各国的兴起和发展，使列车的行驶速度和轴重都大幅提高。轴重的增加必然引起轮轨间的接触应力和轨头内部剪应力的增加，促使钢轨表面接触疲劳损伤和内部损伤的增加，特别是曲线及大坡道地段钢轨的磨耗、剥离掉块、压溃、核伤、擦伤等逐年增多。美国重载线路表明，轴重从23.9t提高到29.9t，使钢轨的损伤率增加了6.5倍。重载加速了钢轨的侧磨、垂直磨耗和波浪磨耗。无论是高速还是重载都要求强韧性更高的钢轨材质，以提高钢轨的使用性能。

根据世界各国的经验，提高钢轨性能，增强其强韧性有两个途径：（1）合金化，如英国钢铁公司的加入适量铬（1%）的钢轨，澳大利亚铁路含铬-铌-钒、铬-钼、铬-钒钢轨，日本钢管公司20世纪80年代生产的硅-铬钢轨，美国铁路客运公司铬-钒钢轨等。通过在标准碳素轨中加入合金元素强化钢轨，提高其强度，增加抗磨耗性能，延长钢轨使用寿命。尽管钢轨合金化可以大幅度地提高钢轨的强度，但韧性难以提高，焊接性能降低，且成本高，现在世界各国合金钢轨的应用越来越少。（2）钢轨全长热处理，是各国公认的提高钢轨耐磨耗、抗压溃、抗剥离、抗疲劳、耐冲击性能，延长使用寿命，提高线路质量的最有效、最经济的方法。前苏联规定65kg/m及以上的钢轨，要求有80%全长热处理；美国要求有10%的钢轨进行全长热处理；我国铁路要求弯道不大于1000m和重载运输线路的60kg/m及以上的钢轨尽可能实现全长热处理。

钢轨全长淬火工艺是提高钢轨强度、韧性的主要途径之一。国内外铺设使用实践表明，在弯道上使用全长淬火轨可比普通轨延长寿命至少一倍以上。

我国铁路曲线弯道约占总线路的1/3，而在曲线上钢轨的主要损伤表现为轨头的侧磨、波磨和剥离掉块，其中侧磨最为严重。国内外的铺设使用经验表明，热处理钢轨具有优良的耐磨性能，1180MPa级及以上的热处理钢轨在小半径曲线上使用，可提高使用寿命2～5倍。

钢轨淬火的目的是通过加热和冷却使钢轨获得细片状珠光体组织，以提高钢轨强韧性，延长钢轨使用寿命。金属的组织是决定其性能的依据，对钢轨轨头经喷风冷却淬火的淬硬层进行金相观测，钢轨淬硬层内金相组织为细片状珠光体和少量铁素体，未出现异常组织，如图6-49所示。

淬火后组织晶粒度如图6-50所示，热轧后组织晶

图6-49 全长淬火轨轨头组织（500×）

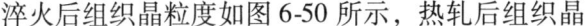

粒度如图6-51所示，相比较淬火后晶粒度明显提高。

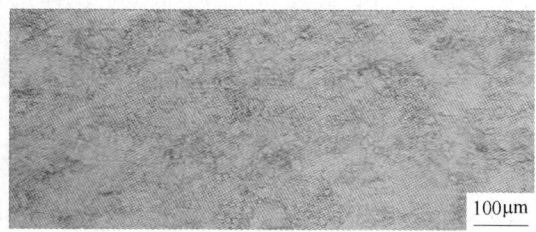

图6-50　全长淬火轨轨头晶粒度8.5~9级（100×）　　　　图6-51　轧态轨轨头晶粒度6.5~7级（100×）

6.4.1　钢轨热处理简史

钢轨热处理技术最早起始于19世纪中叶，但真正具有工业规模的钢轨热处理技术是从20世纪初才开始的。大约在1903年英国首先对轧后的钢轨进行热处理。当时是采用水作为淬火介质，由于轧后钢轨断面的冷却温度不均，造成热处理后钢轨硬度波动很大，而且钢轨弯曲严重，需要对钢轨进行补充矫直后才能使用。在1922年人们又实验采用蒸汽作为淬火介质，改善了钢轨原来用水淬火容易产生裂纹等缺陷的状况。苏联从1934年开始这方面的研究，相继开发研究了钢轨常化——轨头全长热处理钢轨、双频加热轨头全长热处理钢轨、油中整体钢轨热处理等工艺，并批量生产。日本全长热处理钢轨的研究和生产尽管只有30多年的历史，但钢轨热处理的新材料、新技术和新工艺发展最快，从最早的双频感应加热轨头、用水作为冷却介质的QT工艺，到后来的双频感应加热轨头、用风作为冷却介质的SQ工艺，到最后发展的采用钢轨轧制余热、用压缩空气进行热处理的新工艺。美国对全长热处理钢轨的研究和应用主要有钢轨常化—轨头全长热处理钢轨、电感应加热轨头、压缩空气冷却全长热处理钢轨、煤气加热整体钢轨然后在油中整体钢轨热处理。铁路线上的铺设实践证明，钢轨热处理可有效地提高钢轨的使用寿命。20世纪80年代，国外许多国家建成了工业性生产线，同时在线全长热处理新技术研究成功并得到应用。

我国钢轨热处理是从1966年开始的，首先在重钢大型厂建设了第一条钢轨全长热处理生产线，它是采用工频对钢轨预热，中频对轨头加热，喷雾冷却和自然回火，经热处理后抗拉强度、屈服强度、伸长率等性能指标得到大幅度提高。包钢1970年建成一条工业实验性钢轨热处理生产线，采用煤气整体加热、喷雾淬火自热回火工艺，钢轨经热处理、轨头淬火，轨腰轨底得到强化，其淬火组织为索氏体。1976年攀钢建成双频感应加热钢轨全长热处理生产线，采用工频对钢轨全断面预热、中频对轨头加热、喷压缩空气、淬火速度6.2m/min的工艺进行热处理。1986年铁道科学研究院与呼和浩特铁路局建成一条500m焊接长轨的全长热处理生产线，也是采用感应加热、喷吹压缩空气、自然回火工艺。为了满足铁路对在线热处理钢轨的迫切需求，在20世纪90年代中期，攀钢在国内率先建成具有完全知识产权的一条在线热处理生产线。

6.4.2　钢轨热处理的基本原理

根据铁-碳平衡图可知，对碳含量在0.6%~0.8%的碳素钢而言，从高温轧制状态，靠自然缓慢冷却，尽管也能得到珠光体组织，但这样的珠光体是粗大的，强度和韧性的匹配也不是理想的。人们从电镜观察得知：具有细微结构的珠光体比粗大珠光体具有更高的强度、韧性和耐接触疲劳特性，因此细化珠光体微观结构是获得高强韧性钢轨钢的有效途径。尤其是对具有片层状的珠光体钢轨钢，通过热处理可以显著改善其组织的微观结构，即减小珠光体片间距，减小渗碳片厚度，减小珠光体团尺寸。这三者的综合效应提高了珠光体钢轨钢的强度和韧性。珠光体钢的微观几何参数又与加热温度、冷却速度有直接的关系，也就是说控制好热处理工艺参数，可以获得具有良好力学性能的钢轨。钢轨钢从高温下经缓慢冷却全过程组织的变化为：首先变成奥氏体，随着继续冷却，奥氏体变成奥氏体和铁素体，在温度降到723℃以下时，奥氏体则转变为铁素体和渗碳体，也叫珠光体，这是指钢在加热后经非常缓慢冷却时其组织的变化。如果冷却速度加快，其组织来不及转变，则将高温状态下的组织保留下来。当奥氏体从高温快速冷却并降到某一温度时，就全部转变成马氏体；若冷却速度缓慢些，就要产生贝氏体或珠光体。

6.4.3 钢轨热处理工艺

钢轨热处理工艺按其原理可分为三大类：淬火 + 回火工艺（也称 QT 工艺）、欠速淬火工艺（也称 SQ 工艺）和控制轧制加在线热处理工艺。

6.4.3.1 淬火 + 回火工艺（QT 工艺）

QT 工艺是把钢轨加热到奥氏体化温度，然后喷吹冷却介质，让钢轨表面层急速冷却到马氏体相变温度以下，然后进行回火。其组织为回火马氏体（也叫索氏体），这是一种传统的金属热处理工艺，它可以提高钢轨硬度和强度，改善钢轨抗疲劳和耐磨耗性能。但这种工艺存在如下缺陷：淬火后钢轨弯曲度大，需要对其进行补充矫直，在淬火的轨头断面上有时出现因贝氏体而引起的硬度塌落。这种淬火 + 回火工艺按加热方法又可分为以下两种：

（1）感应加热轨头淬火工艺。美国钢铁公司的格里厂、乌克兰的亚速厂等均采用此种工艺。通过电感应加热，使钢轨加热到 A_{c3} 以上 50℃，然后空冷到 750℃，喷吹冷却水或水雾，使钢轨冷却到 500℃ 左右，进行自然回火。这种工艺生产稳定，生产方式灵活；缺点是设备一次性投资大，能耗高。

感应淬火机组主要设备有：高频发电机组、一次喷雾冷却器、二次喷水冷却器、钢轨连接（拆开）液压装置、钢轨预弯及输出输入辊道等。

钢轨加热前由液压装置通过连接插头把单支钢轨连接成线并保持一定弯度。轨头通过感应加热至 980～1020℃，并使轨头 20～25mm 深处温度超过 750℃，随后空冷 30～40s，使轨头温度降至 880～900℃，再喷雾（水-空气混合物）冷却 70～75s，使表面温度降至 350～400℃，然后自回火 6.5min，使轨头表面温度回升至 430～480℃，再二次水冷，以减少钢轨弯曲度。

（2）整体加热整体淬火工艺。前苏联的下塔吉尔厂、库兹涅茨克厂，美国伯利恒的斯蒂尔顿厂都采用这种工艺。采用煤气对钢轨整体加热，然后在油中或温水中进行整体淬火，淬火后的钢轨要在 450～500℃ 进行回火。这种工艺特点是产量高，淬火硬度均匀，可提高全断面钢轨的强韧性。

整体淬火工艺主要设备有：淬火辊底式加热炉、淬火油槽或水槽、油水循环系统、钢轨输送系统、辊底式回火炉。

整体淬火工艺流程：轧态成品钢轨在辊底式加热炉中均匀加热至 810～850℃，用拖运机单根侧出料，单根成批放入油槽内淬火，淬火后移送至回火炉，回火温度 450～480℃。回火后钢轨在冷床上自然冷却或通风强冷，随后进行矫直和探伤。

6.4.3.2 欠速淬火工艺（SQ 工艺）

欠速淬火工艺是把钢轨加热到奥氏体化温度后，用淬火介质缓慢冷却进行淬火，直接淬成淬火索氏体（不进行回火），即细微珠光体，其力学性能、抗疲劳性能、耐磨耗性均比由 QT 工艺得到的回火马氏体要好。这种欠速淬火工艺按加热方法可分为以下三种：

（1）感应加热欠速淬火工艺。先用工频电流对钢轨全断面进行预热，再用中频电流将轨头加热到奥氏体化温度，然后喷吹压缩空气淬火，淬火速度 6.2m/min。该工艺直接得到淬火索氏体，即细片状珠光体。

（2）煤气加热欠速淬火工艺。采用煤气先将钢轨预热到 450℃，然后快速加热到奥氏体化温度，喷吹压缩空气将钢轨直接淬火成淬火索氏体，即细微珠光体。日本钢管的福山厂曾采用这种工艺。20 世纪 70 年代后期该厂将原有的淬火回火设备改为二步火焰加热、轨头预热、快速炉加热、压缩空气淬火新工艺，日本称这种工艺为欠速淬火（SQ）或新轨头淬火（NHH）。

这种淬火工艺所采用的主要设备有：轨头煤气火焰预热直通式炉、轨头煤气火焰快速加热炉和压缩空气冷却装置。预热炉采用加压焦炉煤作燃料，快速加热炉采用加压焦炉煤气添加纯氧作燃料。用 3 个烧嘴加热轨头，1 个在上面，2 个在侧面。加热炉墙温度高达 1600℃，供热强度 $4.18×10^6$kJ/（m^2·h）。淬火工艺制度为：钢轨轨头在预热炉内被加热至 400～600℃，在快速炉中被加热至 1600～1200℃，而后用压缩空气冷至 600℃ 以下，随后空冷。其主要特点是，淬火层深达 33mm，硬度变化均匀，综合性能好，组织为微细珠光体，片层间距达 0.1μm。

（3）利用轧制余热进行热处理的欠速淬火工艺。采用这种工艺的有日本的新日铁八幡厂、卢森堡的尔贝特-罗丹厂以及中国的攀钢。它是充分利用钢轨在轧制后有 800～900℃ 的高温，在专门的冷床上直接对钢轨进行喷雾或压缩空气淬火。

6.4.3.3　控制轧制加在线热处理工艺

这种工艺目前仍处于实验阶段，但从前苏联库钢厂、日本新日铁八幡厂的实验结果看，其效果显著，前景可观。其主要工艺是：把钢坯加热到 960 ~ 1100℃，降温到 850 ~ 960℃左右进行轧制，其终轧和预终轧均在万能轧机的孔型中进行，这种万能孔型给轨头很大变形量，约 14% ~ 16%。在轧后用水雾进行快速冷却到 550 ~ 600℃，然后在空气中最终冷却。其轨头的金相组织是比普通热处理还要细微的珠光体，其力学性能为：屈服强度 900 ~ 980MPa，抗拉强度 1280 ~ 1330MPa，伸长率 10% ~ 11%，断面收缩率 33% ~ 46%。但这种形变热处理要求有高刚度的轧机、高水平的微机和先进的检测设备，目前尚未被大量采用，但其技术经济指标是相当先进的，代表着钢轨热处理技术的发展方向。

6.4.3.4　钢轨热处理工艺参数的选择原则

热处理钢轨的质量，受冷却速度影响很大。许多实验研究表明：冷却的温度梯度是影响钢轨质量的主要因素。温度梯度意味着钢轨内部热扩散量的大小，温度梯度越大，冷却速度就越大。充分利用这种热扩散特点进行冷却，可以让钢轨从表面到内部都能得到所需的冷却速度。无论是采用喷雾冷却，还是采用喷压缩空气，都可以保证钢轨所需的冷却速度。

冷却速度与组织的关系如下：

（1）对碳素钢轨钢在从 900℃以上温度冷却时，在 550 ~ 800℃范围内，只要把冷却速度控制在 3 ~ 10℃/s 内，都可以得到细珠光体；若冷却速度大于 15℃/s，则得到马氏体；在冷却速度低于 3℃/s 时，则得到粒大珠光体组织。

（2）对于低合金钢轨钢的冷却速度一般应控制在不大于 5℃/s，否则会出现贝氏体组织。对 Si-Mn-Cr 系列钢轨钢应采用 2 ~ 3℃/s 的冷却速度；对含 Nb、V、Ti 钢轨钢，宜采用 3 ~ 4℃/s 的冷却速度，可防止生成马氏体；对含 Mo 钢轨钢应采用 1 ~ 2℃/s 的冷却速度；对含 Cu、Ni 钢轨钢，宜采用 1 ~ 3℃/s 的冷却速度。

（3）无论是 SQ 法还是 QT 法，热处理后钢轨的淬火层都是由三层结构组成的，即淬火层 I、过渡层 II 和基体 III。各层的组织和厚度随热处理方法的不同而异。如 SQ 法，其第一层为细珠光体组织，其厚度随奥氏体化温度和冷却速度变化而变化；其第二层是在不完全奥氏体区域加热，由于快速加热产生部分粗大珠光体；其第三层是在 A_{c3} 点以下加热，不发生相变，仍保留轧制中产生的原珠光体。

6.4.4　国内外钢轨热处理厂家及工艺介绍

6.4.4.1　国内钢轨热处理厂家及工艺介绍

我国钢轨生产厂家中鞍钢、包钢、攀钢尽管前期都进行过钢轨热处理的试验，但只有攀钢和包钢建立了钢轨全长热处理生产线。为降低能耗和成本，攀钢研发出钢轨在线全长热处理钢轨新技术，热处理钢轨已在铁路线上铺设使用。

A　攀钢钢轨热处理工艺介绍

为了满足铁路对在线热处理钢轨的迫切需求，在 20 世纪 90 年代中期，攀钢在国内率先建成具有完全知识产权的一条在线热处理生产线，解决了高温钢轨精确导向、热矫直、翻钢及上料等一系列技术难题，在控制组织和稳定性能的工艺研究基础上，采用在线连续、高效风冷和自学习功能的程序控制技术，实现了轧制与热处理的连续生产，且生产线操作、维护简便，生产过程实现了程序全自动控制，所生产的热处理钢轨质量稳定可靠，综合性能达到或优于国外同类产品。

攀钢 2006 年对原在线热处理生产线进行了改造，改造后热处理生产线能按 110s 的生产节奏，对 43 ~ 75kg/m 各种规格、多种材质的 100m 钢轨进行连续在线热处理。攀钢是目前世界上唯一能够连续对 100m 长钢轨进行在线热处理的企业，具备年生产 80 万吨以上 100m 长定尺热处理钢轨的能力。从投产至今，累计实际生产在线热处理钢轨超过 100 万吨，并大量出口。

经使用，攀钢在线热处理钢轨寿命是普通钢轨 2 倍以上，在重载铁路和快速线路上都已经表现出了优良的使用效果，较好地满足了铁路发展的需要，有着广阔的市场前景。

B　包钢钢轨热处理工艺介绍

包钢为了进一步提高钢轨的竞争力，拓宽市场，于 2002 年 8 月建成钢轨离线全长淬火生产线，年设计能力为 2 万吨。

生产工艺流程：钢轨→中频线圈预热→中频线圈加热→喷风冷却→喷雾冷却→时效。

这条生产线采用三台 320kW、1kHz 可控硅中频电源，预热输出功率为 230～250kW，加热输出功率为 270kW。当钢轨的移动速度为 6.2m/min 时，轨头踏面中心表面温度为 920～940℃，轨头圆角表面温度为 980～1020℃。这样既可以消除轧态钢轨的部分残余应力，又可以保证轨头的加热深度，而且在上述温度范围内，轨头的内部组织可处于最佳的奥氏体组织状态。

6.4.4.2 国外钢轨热处理厂家及工艺介绍

A 欧洲

进入 20 世纪 80 年代后，西欧各国相继开发了热处理钢轨，并对钢轨的在线热处理技术进行了大量的研究。1986 年以来，法国、卢森堡、英国等国家相继建起了离线、在线热处理钢轨生产线，生产碳素及微合金热处理轨。例如，卢森堡的罗丹日 (Rodange)-阿托斯厂 1985 年 9 月建成钢轨余热淬火线，最大生产能力可达 100t/h（现该厂已停止钢轨的生产）；英钢联沃金顿工厂 1987 年 9 月建成一条钢轨余热淬火线，生产 Hi2Life320、Hi2Life370 两种热处理钢轨；德国克虏伯冶金公司波鸿厂采用浸入热水的方法生产余热淬火轨；法国采用离线热处理的方法生产全断面加热的热处理钢轨。

B 前苏联

前苏联是使用热处理钢轨最多的国家，热处理轨已占其钢轨产量的 55%，所有重型钢轨（P65、P75）全部以热处理状态交货。

早在 20 世纪 50 年代，前苏联就开始了钢轨热处理技术的研究工作，到了 80 年代钢轨热处理技术走向成熟。80 年代初期，前苏联的第聂伯罗夫斯克捷尔仁斯基冶金工厂发明了钢轨在炉内加热后进行表面淬火的工艺。前苏联是世界上第一个采用这种工艺的国家。后来，下塔吉尔和库兹涅茨克钢铁公司的炉内加热油中淬火的热处理工艺试验成功，并投入了生产。这种工艺是将钢轨在炉内重新加热到 820～850℃，然后在空气中冷却至轨头表面温度达到 790～820℃，再浸入油槽中快冷，淬火后在炉内 450℃回火 2h。与此同时，亚速厂也研制了钢轨高频电流加热表面淬火工艺，并投入了生产。

C 日本

新日铁公司（NSC）和日本钢管公司（NKK）是日本生产钢轨的两大公司。20 世纪 70 年代，新日铁公司八幡厂开发了电感应加热、轨头喷吹压缩空气欠速淬火的离线淬火轨（称之为 NHH）；1979 年又在碳素轨的基础上加入 Cr、Nb 合金元素，开发了焊缝无软化区的 NSⅡ低合金离线淬火轨；1987 年 6 月又建成了在线余热钢轨淬火生产线，采用压缩空气作淬火介质，称 DHH 轨。DHH 轨的化学成分是在碳素热处理轨 NHH 的基础上提高了 Si、Mn 含量，并添加了少量的 Cr。这种成分的钢种适合用压缩空气淬火。该厂生产的余热淬火轨有 DHH340、DHH370 和 DHH370S 三种基本类型。DHH370 和 DHH370S 焊缝区硬度大致与母材相同，可抑制焊接接头局部磨损。

日本钢管公司福山厂 1978 年开发了预、加热两段式火焰加热离线欠速淬火工艺，用压缩空气作为淬火介质生产 NHH 碳素欠速淬火轨。但是 NHH 轨焊后焊缝区硬度低，若不进行焊后再淬火恢复焊缝部位的硬度，则易造成焊接接头低陷而诱发波浪磨耗。因此，福山厂于 1983 年开发了一种低合金轨 NKK2AHH，化学成分是在碳素轨的基础上加入少量的 Cr、V 合金元素，使欠速淬火冷却速度为 1～2℃/s，与焊缝自然冷速相当，有效提高了焊缝区硬度，使其与母材硬度相同。

20 世纪 90 年代，日本钢管公司又采用在线热处理法生产含 Cr、V 的低合金余热淬火轨，称为 THH 轨。为了适应不同使用要求，THH 轨有三种基本类型，即 THH340、THH370S 和 THH370A。

随着在线热处理钢轨生产和技术的进一步完善，日本于 1994 年重新制定了热处理钢轨标准，将新日铁的 DHH340、DHH370，钢管公司的 THH340、THH370 统一为 HH340、HH370 两种牌号。

6.4.5 钢轨热处理工艺发展趋势

6.4.5.1 在线热处理技术的推广

随着冶炼和轧钢技术的进步，利用钢轨轧制的余热进行钢轨的全长热处理新工艺已在世界各主要钢轨生产厂家悄然兴起。这种工艺具有节约能源（与离线热处理相比吨钢节电约 450kW·h）、生产工序简化、生产成本低、生产周期短等优点，此外与离线热处理钢轨相比，在线热处理钢轨的硬化层深、平直度好，不仅能够满足重载铁路使用要求，还能够满足高速铁路使用要求。

目前，日本热处理钢轨已全部采用在线热处理生产技术，欧洲主要钢轨生产厂家也都应用在线热处理技术生产高强钢轨。

6.4.5.2　开发热处理钢轨新工艺和超强度钢轨

铁路高速、重载的迅速发展，需要超高强度钢轨，即抗拉强度不小于 1300MPa 和抗拉强度不小于 1400MPa 的钢轨。前苏联研制的稀土高碳热处理钢轨，碳含量为 0.86% ~ 0.88%，抗拉强度达到 1400MPa 以上；含硼-钒贝氏体组织钢轨硬度可以达到 450HB，抗拉强度达到 1619MPa。美国研究的含硅-铬-钼贝氏体组织钢轨硬度可以达到 390 ~ 460HB，抗拉强度达到 1300 ~ 1500MPa。英国也开始研究含锰、钼和硼元素的钢轨，其中还加入铌和铬。澳大利亚开发的低碳贝氏体/马氏体，轧制态的 0.07% 低碳钢轨钢，其屈服强度相当于轨头热处理的标准轨。另外两个特点是，韧塑性比较好，可以用水冷热处理来提高其强度。

我国进行全长热处理的 U71Mn、U75V、U77MnCr、PG4 钢轨钢，钢轨热处理后 U71Mn 的抗拉强度为不小于 1180MPa，U75V、U76NbRE 的抗拉强度为不小于 1230MPa，U77MnCr、PG4 的抗拉强度为不小于 1280MPa，满足不了特殊地段线路的需要。根据我国铁路目前状况和资源情况，借鉴国外铁路高速、重载的先进经验，发展微合金化加热处理钢轨是首选。

6.4.5.3　深层热处理道岔钢轨

虽然贝氏体钢轨具有强度高、耐磨、韧塑性好（冲击韧性是珠光体钢轨钢的 3 ~ 5 倍）的优势，但是贝氏体钢轨为合金钢轨，其成本远高于微合金热处理钢轨，性价比并不十分理想。

针对目前我国铁路道岔尖轨采用热轧非对称断面钢轨，先铣削加工后进行全长热处理存在的全长硬化层质量均匀性差、变形大的问题，铁科院与攀钢合作，研发了道岔用非对称断面深层在线热处理钢轨。钢轨轨面硬度大于 360HB，硬化层深度大于 30mm，道岔厂可直接用于制作道岔用尖轨，可大幅提高其使用性能。

6.4.6　钢轨热处理实践

热处理钢轨按工艺条件可分为离线热处理钢轨（钢轨轧制冷却后再重新加热）及在线热处理钢轨（利用轧制余热对其进行热处理，不再二次加热）。研究表明，通过钢轨热处理的方法，可以细化钢轨珠光体组织，提高强度，改善韧塑性能。日本新日铁和国内攀钢均采用在线余热淬火，包钢离线热处理钢轨淬火生产线可对 25m 钢轨进行淬火。

钢轨冷却方式的选择直接关系到淬火轨的质量，目前淬火冷却过程主要有两种冷却方式，即喷雾冷却和喷风冷却。喷雾冷却优点是冷却速度调整范围较大（1 ~ 10℃/s），对下限碳含量钢轨采用较高冷却速度冷却，以使钢轨全长淬火后达到规定的硬度，对上限碳含量钢轨采用较低冷却速度，以避免马氏体的出现；节电、噪声小，成本低。其缺点是喷嘴容易堵塞，造成雾化效果不好；对钢轨表面是否有油以及锈蚀程度较为敏感，易出现脆性马氏体组织（图 6-52），造成使用中剥离掉块，降低钢轨使用寿命，影响行车安全；采用工艺下限，可防止出现马氏体组织，但钢轨淬火后硬度较低，耐磨性差，不能很好地发挥钢轨淬火的优越性。

目前国际上普遍采用的风冷淬火技术可以克服上述缺点。喷风冷却是通过高效喷嘴，用单一压缩空气对钢轨进行喷射冷却。由于喷风出口压力达到 0.2 ~ 0.3MPa，不容易堵塞。当喷嘴结构、喷嘴与钢轨间的距离、喷风压力确定后，其冷却速度基本恒定，一般为 2 ~ 4℃/s，人为因素少，可保证淬火质量。喷风冷却是通过高压风将加热钢轨的热量带走，因此对钢轨表面状态是否有锈、是否有油不敏感，且冷却后硬度

图 6-52　淬火钢轨异常组织（400 ×）

均匀性好，质量稳定。缺点是耗电大，成本高。近年来国际上广泛采用这一冷却方式。

6.4.6.1 离线淬火生产线

国内较好的离线淬火生产线以60kg/m钢轨为主要原料。淬火生产工艺流程（图6-53）为：钢轨→输入辊道→主送轨机→中频线圈预热→中频线圈加热→喷风冷却室→喷雾冷却室→辅送轨机→输出辊道→时效。

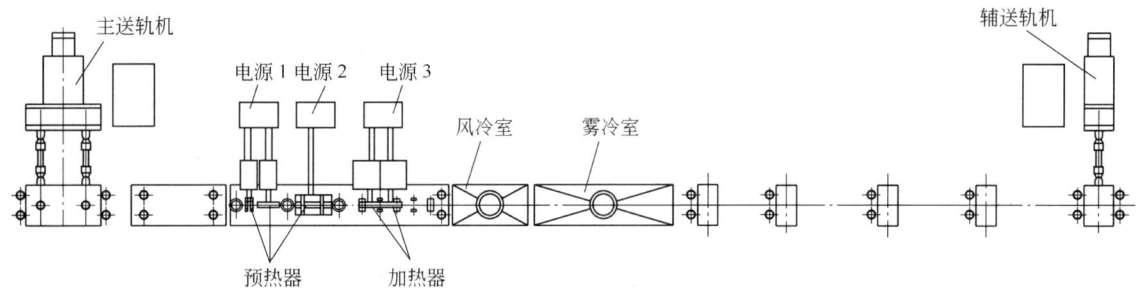

图6-53 钢轨离线淬火生产工艺流程

生产线采用三台320kW、1kHz可控硅中频电源对钢轨进行整体预热和轨头加热，可消除轧态钢轨的部分残余应力，保证轨头加热深度。微合金钢轨U75V轨头踏面中心表面温度为960~1020℃，处于最佳的奥氏体温度范围内，轨头踏面加热深度超过15mm，轨头的硬度分布均匀，淬火钢轨的平直度好。淬火工艺参数如表6-26所示。

表6-26 U75V钢轨淬火工艺参数

送轨速度 /m·min⁻¹	预热功率 /kW	加热功率 /kW	加热温度/℃		喷风压力 /MPa	喷雾风压力 /MPa	喷雾水量 /L·h⁻¹
			踏面中心	上圆角			
1.199	480	270	980~1020	990~1040	0.27	0.15~0.17	840

该工艺综合了喷风和喷雾冷却技术的优缺点，采用先风后雾的冷却工艺。在组织转变阶段采用风冷，随后采用雾冷，压缩空气用量为60m³/min，风压范围在0.27~0.3MPa。其优点是节约能源（与全风比），避免内部出现马氏体，可通过调节喷雾冷却速度控制钢轨的变形；压缩空气的压力和流量易控制，冷却速度和冷却强度波动范围小，对钢轨表面不敏感，人为因素少，保证了钢轨通长淬火均匀，性能稳定。

6.4.6.2 100m长尺钢轨的在线热处理

100m钢轨的全长热处理主要难点在于钢轨通长温度波动大，如何合理控制冷却速度是工艺设计的重点。轧制后钢轨温度在900℃时进入淬火机组，轨头朝上进行热处理，完毕之后退出，回到冷床进行冷却、矫直。攀钢1998年建成在线百米钢轨余热淬火线，其生产工艺流程如图6-54所示。

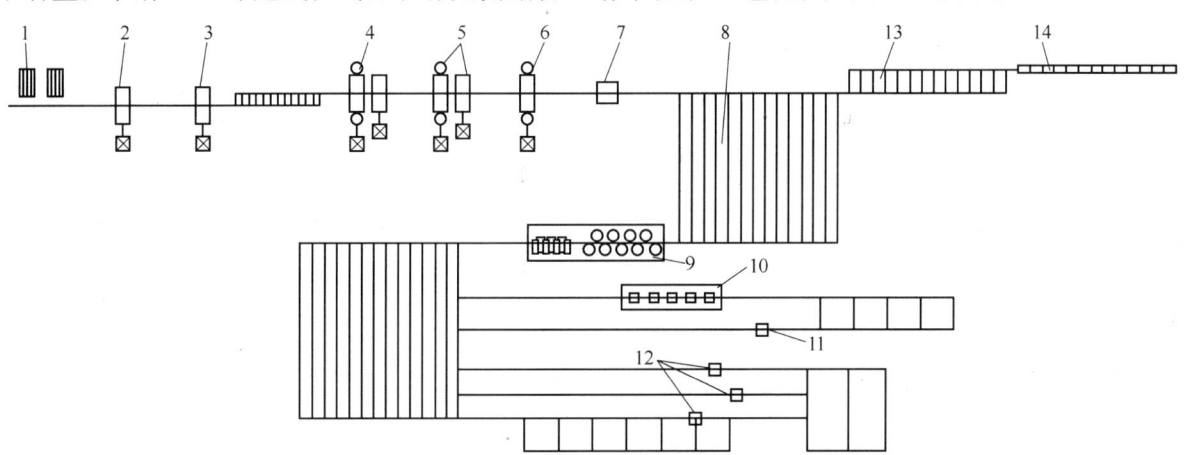

图6-54 全长在线热处理工艺流程

1—步进式加热炉；2—BD1开坯机；3—BD2开坯机；4—万能粗轧机；5—万能中轧机；6—万能精轧机；7—打印机；8—冷床；
9—复合矫直机；10—无损检测；11—液压矫直机；12—淬火机；13—过渡翻钢台架；14—淬火机组

6.4.6.3　钢轨热处理性能的评价

（1）成分：不同钢种的钢轨化学成分不同，对钢轨取样检验结果不同，如表6-27所示。

表6-27　三种钢轨成分检验结果（质量分数）　　　　　　　　　　　　　（%）

钢　种	炉　号	C	Si	Mn	P	S	V	RE	Nb
U75V	09501048	0.77	0.59	0.84	0.018	0.005	0.06	—	—
技术要求 GB/T 222		0.71~0.80	0.50~0.80	0.70~1.05	≤0.030	≤0.030	0.04~0.12		
U76NbRE	08501382	0.77	0.61	0.93	0.014	0.004	0.062	0.126	
技术要求 GB/T 222		0.72~0.80	0.60~0.90	1.00~1.30	≤0.030	≤0.030	—	0.02~0.05	0.02~0.05
U71Mn	0772581	0.75	0.27	1.32	0.023	0.013			
技术要求 GB/T 222		0.7~0.76	0.15~0.35	1.20~1.40	≤0.030	≤0.030	—	—	—

（2）淬火层形状和深度：从热处理钢轨实物上切取横断面试样，抛光后用硝酸酒精进行浸蚀，所显示的 U75V 淬火钢轨淬火层形状、深度如图6-55所示。其形状为对称帽形，加热层深踏面以下 $a = 17mm$，两侧 b、$c = 15mm$（铁标规定：$a \geqslant 15mm$，两侧 b、$c \geqslant 10mm$）。

（3）踏面硬度：取长度200mm钢轨样，将轨头中部踏面磨去 0.5 ~ 0.7mm 表层后，在钢轨轨头中心线处沿纵向任取10点进行布氏硬度试验，经检验踏面硬度值满足技术要求，而且同一根轨上淬火层纵向踏面硬度分布均匀。轨头中心线处踏面硬度如表6-28所示。

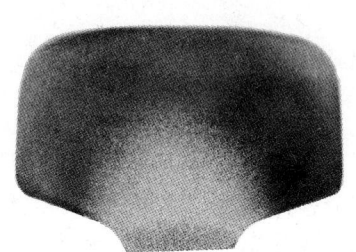

图6-55　钢轨淬火层形状及深度

表6-28　轨头中心线处踏面硬度（HB）

钢　种	碳含量/%	测 试 点									
		1	2	3	4	5	6	7	8	9	10
U75V	0.77	369	369	369	374	374	375	374	373	373	367
BNbRE	0.77	397	395	398	397	397	403	399	401	399	397
U71Mn	0.75	354	352	354	356	361	363	361	356	356	350

（4）钢轨硬度：钢轨本体硬度测试如图6-56所示，离轨头表面3mm开始，A1 ~ A4、B1 ~ B5、C1 ~ C5点与点之间相距均为3mm，测得各点的硬度结果见表6-29。

淬火试样采集试验数据说明：沿钢轨长度方向，轨头圆角处的硬度沿钢轨对称轴面对称分布。踏面中心及两圆角处离表面3mm的第一点的硬度值都超过了HRC36，踏面中心第四点及两圆角处第五点的硬度值都超过了HRC36.5。

（5）钢轨拉伸性能：经过淬火的钢轨在轨头切取直径为 $\phi6mm$、$GL = 5D$ 的拉伸试样，检验结果见表6-30。

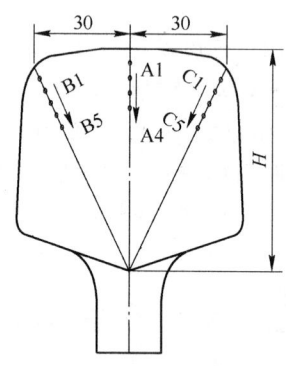

图6-56　硬度测试图

表6-29　钢轨的硬度（HB）

钢　种	碳含量/%	A1	B1	C1	A4	B5	C5
U75V	0.77	37.2	37.6	38.9	34.6	35	36.4
BNbRE	0.77	37.1	37.6	38.7	35.1	38.3	39.5
U71Mn	0.75	36.8	37.3	36.9	34.9	39	39.1

表6-30　拉伸性能

钢　种	碳含量/%	R_m/MPa	A/%
U75V	0.77	1240	16.5
技 术 要 求		≥1230	≥10

续表 6-30

钢 种	碳含量/%	R_m/MPa	A/%
BNbRE	0.77	1300	14.5
技 术 要 求		≥1230	≥10
U71Mn	0.75	1180	14
技 术 要 求		≥1180	≥10

通过对淬火工艺设备和工艺参数的改进和优化，钢轨经先风后雾淬火工艺处理后变形较小，钢轨端头上翘控制在150mm以内，多数处于80mm左右，优于其他离线淬火工艺淬火钢轨的变形。

6.5 钢轨生产技术发展现状

6.5.1 世界各国钢轨研究现状

目前，世界各国开发的钢轨钢主要分为三大类，即碳素钢、合金钢和热处理钢。这三类钢轨钢各有特点，其中碳素钢生产成本低，其金相组织是较粗大的珠光体，强度和韧性不是最理想的；合金钢是在碳素钢的基础上加入 Mn、Cr、Mo、V 等元素来提高钢轨强度，并改善韧性，可以获得细珠光体组织，比碳素钢综合力学性能要好，但其焊接性能不如碳素钢，而且生产成本也高；热处理钢主要是通过热处理获得细微珠光体组织，到目前为止世界各国普遍认为这是综合力学性能最好的钢轨钢，但其热处理设备投资较大，随着我国全长淬火重型钢轨市场的迅猛发展，与之相关的核心生产技术应用与研发必将成为业内企业关注的焦点。

美国和前苏联多采用高碳低锰类碳素钢，通过碳、锰两元素来提高强度，改善韧性。中国和欧洲钢轨都含有铌元素，铌元素对细化晶粒有一定的作用，可以不同程度地提高钢轨的强韧性，改善钢轨的焊接性能。欧洲的热处理轨350HT、350LHT 钢中铌含量高达0.04%，一般在低中碳铌钢中，锰铌复合是提高钢轨强度的良好组合，但是锰在高碳钢中对改善韧性作用却很小，欧洲标准采用低中碳钢充分发挥了铌元素可改善钢轨韧性的优点。

美国铁路合金轨多为 Cr-Mo 轨，钢轨强度在980MPa 以上。前苏联国家合金轨多为 Cr-V 轨，通过50年成熟的钢轨热处理工艺来提高钢轨强度，是目前世界上几个主流钢轨标准中抗拉强度最高的（实际最高达到1340MPa）。欧洲的合金轨则以碳素轨为基础，通过添加适量合金元素 V、Ti、Cr、Mo 等，来提高钢轨的强韧性。中国合金轨为 Re-Nb 轨和 V-Ti 轨。

6.5.2 珠光体钢轨钢的成分、组织和性能

珠光体钢轨钢组织与性能之间的关系、合金元素的作用机理一直是人们不断研究的课题。世界各国都采取了不同的方法，通过加入稀土来改善钢轨钢性能，由于稀土元素与氧的亲和力强，钢液经稀土处理后，能改变钢中夹杂物形态，提高钢的疲劳寿命，同时也能细化低倍组织和细化晶粒。有关稀土加入方法的美国专利规定：钢液在罐内用铝、硅和锰铁进行完全脱氧后，经过净化并保持一定温度（最佳钢液温度为1540~1590℃），把稀土包在铁皮内，固定在一根棒上，往钢水罐内注入效果最佳。由于稀土夹杂物密度较大，应适当搅拌并延长镇静时间，以利于夹杂物上浮，这样可以使稀土处理钢达到最佳效果。中国是世界最大稀土资源国，且资源分布广泛，近年来，通过试验各种不同的稀土加入法，基本克服了稀土加入工艺的技术难题。日本为提高珠光体钢轨钢的性能，主要从钢种成分设计方面考虑，在研究高速铁路运行特点的基础上，提出了900MPa级三种钢轨钢的成分。各国标准规定的钢轨化学成分和性能比较见表6-31和表6-32。

表6-31 各国标准规定的钢轨化学成分比较 （%）

标准种类及钢号		C	Si	Mn	P	S	Cr	Al	V	Nb	RE	Ni	Mo	Ti
美国	碳素钢	0.74~0.86	0.10~0.60	0.75~1.25	≤0.020	≤0.020	≤0.30	≤0.010	≤0.01	—	—	≤0.25	≤0.06	—

标准种类及钢号		C	Si	Mn	P	S	Cr	Al	V	Nb	RE	Ni	Mo	Ti
美国	低合金标准钢	0.72 ~ 0.82	0.10 ~ 0.50	0.80 ~ 1.10	≤0.020	≤0.020	0.25 ~ 0.40	≤0.005	≤0.01	—	—	≤0.15	≤0.05	—
	低合金中高钢	0.72 ~ 0.82	0.10 ~ 1.00	0.70 ~ 1.25	≤0.020	≤0.020	0.40 ~ 0.70	≤0.005	≤0.01	—	—	≤0.15	≤0.05	—
欧洲	200	0.40 ~ 0.60	0.15 ~ 0.58	0.70 ~ 1.20	≤0.035	0.008 ~ 0.035	≤0.15	≤0.004	≤0.03	≤0.01	—	≤0.10	≤0.02	≤0.025
	220	0.50 ~ 0.60	0.20 ~ 0.60	1.00 ~ 1.25	≤0.025	0.008 ~ 0.025	≤0.15	≤0.004	≤0.03	≤0.01	—	≤0.10	≤0.02	≤0.025
	260	0.62 ~ 0.80	0.15 ~ 0.58	0.70 ~ 1.20	≤0.025	0.008 ~ 0.025	≤0.15	≤0.004	≤0.03	≤0.01	—	≤0.10	≤0.02	≤0.025
	260Mn	0.55 ~ 0.75	0.15 ~ 0.60	1.30 ~ 1.70	≤0.025	0.008 ~ 0.025	≤0.15	≤0.004	≤0.03	≤0.01	—	≤0.10	≤0.02	≤0.025
	320Cr	0.60 ~ 0.80	0.50 ~ 1.10	0.80 ~ 1.20	≤0.020	0.008 ~ 0.025	0.80 ~ 1.20	≤0.004	≤0.18	≤0.01	—	≤0.10	≤0.02	≤0.025
	350HT	0.72 ~ 0.80	0.15 ~ 0.58	0.70 ~ 1.20	≤0.020	0.008 ~ 0.025	≤0.15	≤0.004	≤0.03	≤0.04	—	≤0.10	≤0.02	≤0.025
	350LHT	0.72 ~ 0.80	0.15 ~ 0.58	0.70 ~ 1.20	≤0.020	0.008 ~ 0.025	≤0.30	≤0.004	≤0.03	≤0.04	—	≤0.10	≤0.02	≤0.025
中国	U74	0.68 ~ 0.79	0.13 ~ 0.28	0.70 ~ 1.00	≤0.030	≤0.030	≤0.15	—	≤0.03	≤0.01	—	≤0.10	≤0.02	≤0.025
	U71Mn	0.65 ~ 0.76	0.15 ~ 0.35	1.10 ~ 1.40	≤0.030	≤0.030	≤0.15	—	≤0.03	≤0.01	—	≤0.10	≤0.02	≤0.025
	U70MnSi	0.66 ~ 0.74	0.85 ~ 1.15	0.85 ~ 1.15	≤0.030	≤0.030	≤0.15	—	≤0.03	≤0.01	—	≤0.10	≤0.02	≤0.025
	U71MnSiCu	0.64 ~ 0.76	0.70 ~ 1.10	0.80 ~ 1.20	≤0.030	≤0.030	≤0.15	—	≤0.03	≤0.01	—	≤0.10	≤0.02	≤0.025
	U75V	0.71 ~ 0.80	0.50 ~ 0.80	0.70 ~ 1.05	≤0.030	≤0.030	≤0.15	—	0.04 ~ 0.12	≤0.01	—	≤0.10	≤0.02	≤0.025
	U76NbRE	0.72 ~ 0.80	0.60 ~ 0.90	1.00 ~ 1.30	≤0.030	≤0.030	≤0.15	—	≤0.03	0.02 ~ 0.05	0.02 ~ 0.05	≤0.10	≤0.02	≤0.025
	U70Mn	0.61 ~ 0.79	0.10 ~ 0.50	0.85 ~ 1.25	≤0.030	≤0.030	≤0.15	—	≤0.03	≤0.01	—	≤0.10	≤0.02	≤0.025
前苏联	K78ХСФ	0.74 ~ 0.82	0.40 ~ 0.80	0.75 ~ 1.05	≤0.025	≤0.035	0.40 ~ 0.60	≤0.005	0.05 ~ 0.15	—	—	—	—	—
	Э78ХСФ	0.74 ~ 0.82	0.40 ~ 0.80	0.75 ~ 1.05	≤0.025	≤0.035	0.40 ~ 0.60	≤0.005	0.05 ~ 0.15	—	—	—	—	—
	M76Ф	0.71 ~ 0.82	0.25 ~ 0.45	0.75 ~ 1.05	≤0.035	≤0.040	—	≤0.020	0.03 ~ 0.15	—	—	—	—	—
	K76Ф	0.71 ~ 0.82	0.25 ~ 0.45	0.75 ~ 1.05	≤0.030	≤0.035	—	≤0.020	0.03 ~ 0.15	—	—	—	—	—
	Э76Ф	0.71 ~ 0.82	0.25 ~ 0.45	0.75 ~ 1.05	≤0.025	≤0.030	—	≤0.020	0.03 ~ 0.15	—	—	—	—	—

标准种类及钢号		C	Si	Mn	P	S	Cr	Al	V	Nb	RE	Ni	Mo	Ti
前苏联	M76T	0.71 ~ 0.82	0.25 ~ 0.45	0.75 ~ 1.05	≤0.035	≤0.040	—	≤0.020	—	—	—	—	—	0.007 ~ 0.025
	K76T	0.71 ~ 0.82	0.25 ~ 0.45	0.75 ~ 1.05	≤0.030	≤0.035	—	≤0.020	—	—	—	—	—	0.007 ~ 0.025
	Э76T	0.71 ~ 0.82	0.25 ~ 0.45	0.75 ~ 1.05	≤0.025	≤0.030	—	≤0.020	—	—	—	—	—	0.007 ~ 0.025
	M76	0.71 ~ 0.82	0.25 ~ 0.45	0.75 ~ 1.05	≤0.035	≤0.040	—	≤0.025	—	—	—	—	—	—
	K76	0.71 ~ 0.82	0.25 ~ 0.45	0.75 ~ 1.05	≤0.030	≤0.035	—	≤0.025	—	—	—	—	—	—
	Э76	0.71 ~ 0.82	0.25 ~ 0.45	0.75 ~ 1.05	≤0.025	≤0.030	—	≤0.025	—	—	—	—	—	—

表6-32 各国标准规定的钢轨力学性能比较

项 目		AREAM—2007			EN—2003			GB 2585—2007			ГОСТ—2000		
		钢号	R_m/MPa	A/%	钢号	R_m/MPa	A/%	钢号	R_m/MPa	A/%	钢号	R_m/MPa	A/%
碳素轨		碳素热轧轨	≥980	≥10	200	≥680	≥14	U74	≥780	≥10	B	≥1290	≥12
		高强度钢轨	≥1180	≥10	220	≥770	≥12	U71Mn	≥880	≥9	T1	≥1180	≥8.0
低合金轨		标准强度钢轨	≥980	≥10	260	≥880	≥10	U70MnSi	≥880	≥9	T2	≥1100	≥6.0
		中等强度钢轨	≥1010	≥8	260Mn	≥880	≥10	U71MnSiCu	≥880	≥9	H	≥900	≥5.0
		高强度钢轨	≥1180	≥10	320Cr	≥1080	≥9	U75V	≥980	≥9	—	—	—
		—	—	—	350HT	≥1175	≥9	U76NbRE	≥980	≥9	—	—	—
		—	—	—	350LHT	≥1175	≥9	U70Mn	≥880	≥9	—	—	—

按钢轨力学性能的大小，通常钢轨分为3类：第1类普通轨，抗拉强度不小于800MPa；第2类高强轨，抗拉强度不小于900MPa；第3类耐磨轨，抗拉强度不小于1100MPa[2]。从表6-32钢轨力学性能比较来看，美国和前苏联钢轨的抗拉强度都比较高，属于高强轨和耐磨轨。欧洲钢轨有普通轨、高强轨、耐磨轨，类别最全。中国GB 2585—2007钢轨标准中仅有普通轨和高强轨。

6.5.3 新型的合金钢轨和贝氏体钢轨

在美国、澳大利亚、巴西等重载运输发达的国家，铁路大量使用含铬低合金钢轨，钢轨的使用寿命可达15亿~20亿吨。因此研制含铬低合金钢轨，对提高重载繁忙铁路钢轨的使用寿命具有重要的意义。

在国内鞍山钢铁集团公司和中国铁道科学研究院合作，2006年按照美国铁路保养协会标准钢轨技术条件（AREMA—2004）的要求研制试生产了含铬低合金钢轨U77MnCr，并在郑州局进行了试铺，跟踪观测结果是：U77MnCr钢轨具有良好的抗接触疲劳能力和焊接性能。包钢选择Cr、V作为强化元素，并加入一定量的RE开发轧态强度为1080MPa的U76CrRE高强钢轨，其中Cr、V合金元素分布在碳化物和固溶体中，可以提高钢轨的韧塑性和改善其耐磨性，RE可以净化钢质，改变夹杂物形态。2007年开始规模化工业生产，并出口到巴西、墨西哥等国家。

贝氏体钢轨的发展是铁路基础领域的一项重要进步，不仅可以提高钢轨的耐磨性，而且延长了钢轨的使用寿命。热轧贝氏体钢轨R_m=1250 ~ 1400MPa，A≥8%，a_{KU}≥30J/cm²（轨腰冲击），HRC 38 ~ 45；现行热轧U75V钢轨R_m≥980MPa，A≥9%，a_{KU}=5 ~ 9J/cm²（轨腰冲击），HRC 23 ~ 27。贝氏体钢轨从根本上解决了轨腰冲击韧性偏低（约8J/cm²或更低）的问题，改变了普通钢轨使用寿命短、换轨频繁的状况。另外，贝氏体钢轨的显微组织由珠光体转变为下贝氏体，韧塑性得到了极大的提高，显著提高钢轨的加工硬化能力，阻碍轨底裂纹的扩展，削弱轨底残余应力的危害，保障了铁路行车安全。

世界各国在贝氏体钢轨的开发生产中都有不同的成就。1979~1980 年德国蒂森公司研制出最低抗拉强度为 1400MPa 的贝氏体钢轨，其寿命是 900A 钢轨的 8 倍。英国开发研制的贝氏体钢轨作为一种道岔用钢，其强度、韧性、焊接性能俱佳。日本开发的贝氏体钢轨提高了钢轨抗剥离性和耐腐蚀性，但需要等温盐浴淬火处理。

目前国内三大钢轨生产厂及部分大学院校和科研单位都先后进行了贝氏体钢轨的开发研究。鞍钢与铁科院金化所、西北工业大学合作，在国内首先试制出第一批贝氏体钢轨。攀钢于 2004 年生产了一炉贝氏体钢轨。包钢于 2004 年与清华大学合作开发高强度高韧性贝氏体道岔轨，同年进行了试生产，采用贝氏体钢生产的铁路道岔轨经京沈线试铺后效果良好（见图 6-57 和图 6-58），该产品较铸钢道岔可提高使用寿命一倍以上。2005 年 10 月 21 日包钢生产的贝氏体钢制作的道岔通过了铁道部组织的专家评审，生产试制的全贝氏体组合道岔在石太线、京包线试铺，减少了铁路换轨时间，增加了铁路运量。

图 6-57　贝氏体道岔和 U75V 轨连接，
贝氏体轨磨损量非常小

图 6-58　在京沈线铺设的包钢生产的贝氏体道岔轨
（窄亮带的为贝氏体轨，运行已经一年）

6.6　钢板桩生产技术

钢板桩是大型型钢中的一个品种，它与钢轨、H 型钢、槽钢、角钢、履带钢等都是大型型钢家族中的成员。钢板桩的需求量并不大，性能也不是太特殊，但它在我国是空白，还有一定的市场前景，业内专家认为有必要对这种在我国还是比较陌生的产品进行必要的介绍。钢板桩的生产工艺与 H 型和钢轨很相似，可以在 1+3 的大型 H 型钢轧机上生产，也可在 2+3 的重轨轧机上生产。

6.6.1　钢板桩国内外发展史

6.6.1.1　国外钢板桩发展史

钢板桩的前身是由木材或铸铁等材料制作的板桩。随着轧钢生产技术的发展，人们意识到轧制钢板桩成本低，质量稳定，性能好，可反复使用，在此理念指导下，20 世纪初世界上首次生产出第一根热轧钢板桩，直至 20 世纪 60 年代，西方工业发达国家开始广泛使用钢板桩。

安赛乐米塔尔生产钢板桩已有近百年历史，1911 年生产出第一块 Z 型钢板桩，1913 年生产出第一块 U 型钢板桩，1978 年生产出第一块宽度为 600mm 的 U 型钢板桩，1990 年生产出宽度为 670mm 的 Z 型钢板桩，2000 年生产出宽度达 750mm 的 U 型钢板桩。

在亚洲日本首先生产钢板桩，1955 年开发出 F 型钢板桩，1958~1964 年开发了 Z 型钢板桩，1963 年富士钢铁公司釜石钢铁厂、广畑大型轧钢车间开始生产 U 型钢板桩，1966 年开始生产 Z 型钢板桩，1997 年生产 600mm 宽钢板桩，2005 年开发宽度 900mm 钢板桩。

目前全球年消费钢板桩约 300 万吨，其中欧洲消费 50 万~60 万吨，北美消费 50 万吨，日本消费 50 万~60 万吨，韩国消费 20 万~50 万吨，东南亚消费 20 万吨，中国香港和中国台湾消费 5 万吨，中国大陆消费约 3 万吨。

国外钢板桩消费结构大致是：60% 用于一次性使用的永久性结构，40% 在临时结构中反复使用。钢板桩的重复使用业务由专业打桩租赁公司经营，如德国蒂森克虏伯有 13 家连销租赁公司，日本钢板桩租赁公司年打桩量有 100 万吨，中国台湾、新加坡、韩国的钢板桩租赁公司也十分发达。

6.6.1.2　我国钢板桩发展史

20世纪50年代，我国首次在武汉长江铁路桥围堰施工中应用钢板桩，因当时国内不能生产，由铁道部大桥局从前苏联引进U型钢板桩。1999年采用日本产钢板桩，在荆江大堤观音寺闸地段和洪湖长江干堤燕窝堤段，构筑2208m钢板桩防洪墙。近年来，上海外高桥造船基地、番禺码头、长兴造船基地、唐山曹妃甸煤码头等重大工程均使用钢板桩围堰施工。

2000~2001年马钢利用现有设备，先后生产HP400系列钢板桩5000余吨，应用于嫩江大桥围堰、靖江新世纪造船厂30万吨船坞及孟加拉防洪工程等。目前，国内仅有马钢独家生产热轧HP系列钢板桩，2012年武钢也试成功U型钢板桩产品。上海瑞马公司也少量生产经营冷弯钢板桩业务。唐钢大型和包钢大型H型钢项目均安排生产钢板桩产品。

随着我国国民经济的快速发展，我国水域改造及临江靠海地区的基础建设为钢板桩应用提供了广阔空间。南水北调中线工程将修建总长1427km总干渠，沿途将穿越5个省（市），这些地区路网发达，等级公路较多，沿线修建跨渠公路桥761座，届时将大量使用钢板桩。我国多个省市正在规划或建设跨江或跨海大桥，如珠三角大桥、厦门与大小金门的跨海大桥等。海上进行基础结构施工，使用钢板桩围堰是最佳选择。随着我国经济建设的持续发展，预计未来十年内，我国将具备年消耗30万~40万吨钢板桩的市场前景。

6.6.2　钢板桩的品种、规格及标准

6.6.2.1　钢板桩品种

钢板桩产品按生产工艺划分为冷弯薄壁钢板桩和热轧钢板桩两种。

冷弯薄壁钢板桩是用厚度为8~14mm钢板经冷弯成型机组加工而成的。优点是生产成本低，价格便宜，定尺控制灵活。缺点是桩体各部位厚度相同，截面尺寸无法优化，导致用钢量增加；锁口部位形状难以控制，连接处卡扣不严，无法止水；受设备能力制约，只能生产强度等级低、厚度单薄的钢板桩；冷弯加工过程产生应力，桩体使用中易产生撕裂，应用具有较大局限性，没有得到广泛使用。

热轧钢板桩具有尺寸规范宽、性能优越、截面合理、质量高等优点，目前国内外广泛应用热轧钢板桩。

热轧钢板桩有U型、Z型、H型、直线型和管型等几种。通常所说的钢板桩即指热轧钢板桩。

Z型、直线型钢板桩欧、美使用较多，这种钢板桩轧制和施工工艺较复杂，价格高。U型钢板桩结构对称，生产工艺难度相对较小，施工方便，可在工厂预安装，便于拉杆及配件安装。U型钢板桩构成的墙体外侧最厚，整体耐腐蚀性能良好。因此，亚洲广泛使用U型钢板桩。

6.6.2.2　钢板桩标准

A　中国 GB/T 20933—2007 热轧U型钢板桩标准

U型钢板桩代号为SP-U。U型钢板桩截面图示及标注符号如图6-59所示。U型钢板桩的型号（截面尺寸）、截面面积、理论重量及截面特性参数见表6-33。交货定尺长度为12m。

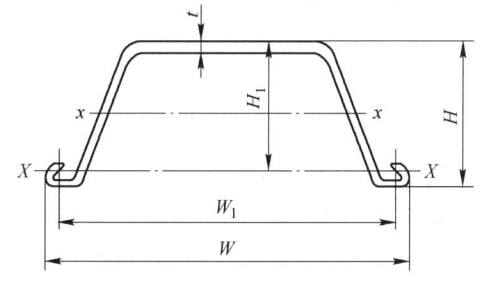

图6-59　中国U型钢板桩截面图
W—总宽度；W_1—有效宽度；H—总高度；
H_1—有效高度；t—腹板厚度

表6-33　中国U型钢板桩的型号（截面尺寸）、截面面积、理论重量及截面特性

型号（宽度×高度）/mm×mm	有效宽度 W_1/mm	有效高度 H_1/mm	腹板厚度 t/mm	单根材				每米板面			
				截面面积 /cm²	理论重量 /kg·m⁻¹	惯性矩 I_x/cm⁴	截面模量 W_x/cm³	截面面积 /cm²	理论重量 /kg·m⁻¹	惯性矩 I_x/cm⁴	截面模量 W_x/cm³
400×85	400	85	8.0	45.21	35.5	598	88	113.0	88.7	4500	529
400×100	400	100	10.5	66.18	48.0	1240	152	153.0	120.1	8740	874
400×125	400	125	13.0	76.42	60.0	2220	223	196.0	149.9	16800	1340
400×150	400	150	13.1	74.40	58.4	2790	250	185.0	146.0	22800	1520

型号 （宽度×高度） /mm×mm	有效宽度 W_1/mm	有效高度 H_1/mm	腹板厚度 t/mm	单 根 材				每 米 板 面			
				截面面积 /cm²	理论重量 /kg·m⁻¹	惯性矩 I_x/cm⁴	截面模量 W_x/cm³	截面面积 /cm²	理论重量 /kg·m⁻¹	惯性矩 I_x/cm⁴	截面模量 W_x/cm³
*400×160	400	160	16.0	96.9	76.1	4110	334	242.0	190.0	34400	2150
400×170	400	170	15.5	96.99	76.1	4670	362	242.5	190.4	38600	2270
500×200	500	200	24.3	133.8	105.0	7960	520	267.6	210.1	63000	3150
500×225	500	225	27.6	153.0	120.1	11400	680	306.0	240.2	86000	3820
600×130	600	130	10.3	78.70	66.8	2110	203	136.2	103.0	13000	1000
600×180	600	180	13.4	103.9	86.6	5220	376	173.2	136.0	32400	1800
600×210	600	210	18.0	135.3	106.2	8630	539	225.5	177.0	56700	2700
750×205	750	204	10.0	99.2	77.9	6590	456	132	103.8	28710	1410
	750	205.5	16.5	109.9	86.3	7110	481	147	115.0	32850	1600
	750	206	12.0	113.4	89.0	7270	488	151	118.7	34270	1665
750×220	750	220.5	10.5	112.7	88.5	8760	554	150	118.0	39300	1780
	750	222	12.0	123.4	96.9	9380	579	165	129.2	44440	2000
	750	222.5	12.5	127.0	99.7	9580	588	169	132.9	46180	2075
750×225	750	223.5	13.0	130.1	102.1	9830	579	173	136.1	50700	2270
	750	225	14.5	140.6	110.4	10390	601	188	147.2	56240	2500
	750	225.5	15.0	144.2	113.2	10580	608	192	150.9	58140	2580

注：根据市场需要，也可供应带 * 号型号的产品。

U 型钢板桩牌号及化学成分见表 6-34。

表 6-34　中国 U 型钢板桩牌号及化学成分（熔炼分析）

牌 号	化学成分（质量分数）/%								$w(C)_m$/%
	C	Mn	Si	P	S	V	Nb	Ti	
Q295bz	≤0.16	≤1.5	≤0.55	≤0.04	≤0.04	≤0.15	≤0.06	≤0.20	≤0.4
Q390bz	≤0.20	≤1.6	≤0.55	≤0.04	≤0.04	≤0.20	≤0.06	≤0.20	≤0.44
Q420bz	≤0.20	≤1.7	≤0.55	≤0.04	≤0.04	≤0.20	≤0.06	≤0.20	≤0.46

碳当量计算公式为：$w(C)_m = w(C) + w(Mn)/6 + w(Cr + Mo + V)/5 + w(Ni + Cu)/15$
牌号中 Q 为屈服强度，其后数字为屈服强度最小值，bz 分别表示"板"、"桩"。
U 型钢板桩力学性能见表 6-35。

表 6-35　中国 U 型钢板桩力学性能

牌 号	屈服强度 R_{eL}/MPa	抗拉强度 R_m/MPa	断后伸长率 A/%
Q295bz	295	390~570	≥23
Q390bz	390	490~650	≥20
Q420bz	420	520~680	≥19

B　日本 JISA 5528—2006 热轧钢板桩标准

钢板桩断面形状见图 6-60，尺寸见表 6-36。交货定尺长度为 $(6 + 0.5)m × n$。钢板桩化学成分见表 6-37，钢板桩力学性能见表 6-38。

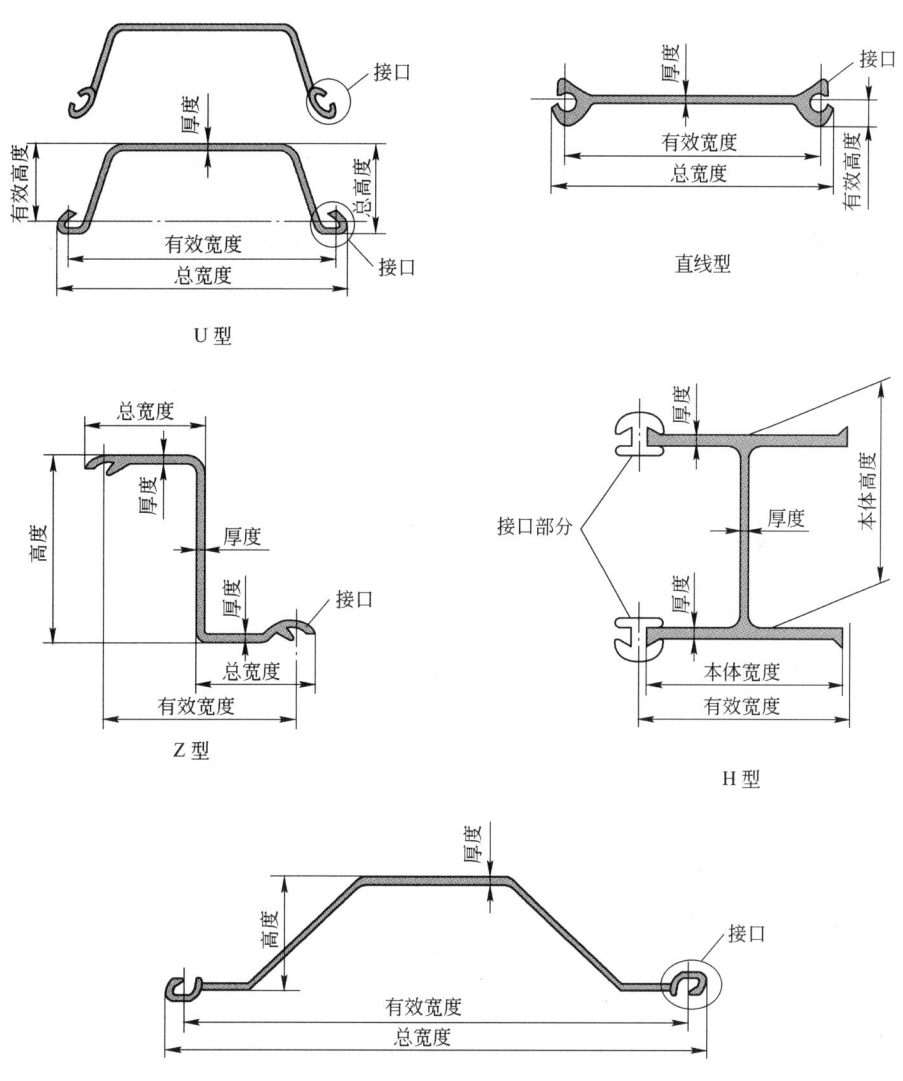

图 6-60　日本钢板桩断面形状

表 6-36　日本 U 型钢板桩尺寸

牌　号	B/mm	h/mm	T/mm	W/kg·m^{-1}
SP-Ⅱ	400	100	10.5	48
SP-Ⅲ	400	125	13	60
SP-Ⅳ	400	170	15.5	76.1
SP-Ⅴ	500	200	24.3	105
SP-Ⅵ	500	225	27.8	120
SP-Ⅶ	600	130	10.3	66.8
SP-Ⅷ	600	180	13.4	86.6
SP-Ⅸ	600	210	18.0	106

表 6-37　日本钢板桩化学成分（质量分数）　　　　　　　　（%）

牌　号	P	S
Sy295	<0.04	<0.04
Sy390	<0.04	<0.04

注：在日本标准中只对 P、S 含量提出要求，对其他元素没有规定。

表 6-38　日本钢板桩力学性能

牌　号	屈服强度/MPa	抗拉强度/MPa	断面伸长率/%
Sy295	>295	>490	>17
Sy390	>390	>540	>15

C　欧洲 EN 10248—1995 热轧非合金钢钢板桩标准

钢板桩化学成分见表 6-39，钢板桩力学性能见表 6-40，钢板桩断面形状见图 6-61。

表 6-39　欧洲钢板桩化学成分（质量分数）　　　　　　（%）

牌　号	C		Mn		Si		P		S		N	
	钢水	产品	钢水	产品	钢水	产品	钢水	产品	钢水	产品	钢水	产品
S240GP	0.20	0.25	—	—	—	—	0.045	0.055	0.045	0.055	0.009	0.011
S270GP	0.24	0.27	—	—	—	—	0.045	0.055	0.045	0.055	0.009	0.011
S320GP	0.24	0.27	1.6	1.7	0.55	0.6	0.045	0.055	0.045	0.055	0.009	0.011
S355GP	0.24	0.27	1.6	1.7	0.55	0.6	0.045	0.055	0.045	0.055	0.009	0.011
S390GP	0.24	0.27	1.6	1.7	0.55	0.6	0.040	0.050	0.040	0.050	0.009	0.011
S430GP	0.24	0.27	1.6	1.7	0.55	0.6	0.040	0.050	0.040	0.050	0.009	0.011

表 6-40　欧洲钢板桩力学性能

牌　号	屈服强度/MPa	抗拉强度/MPa	断面伸长率/%
S240GP	240	340	26
S270GP	270	410	24
S320GP	320	440	23
S355GP	355	480	22
S390GP	390	490	20
S430GP	430	510	19

6.6.3　钢板桩特征及用途

6.6.3.1　钢板桩特征

钢板桩围堰基本结构由钢板桩、两边接头组成，在地里或水中构成墙壁。由于结构特殊，具有如下特征：一是高强度、轻型、隔水性好、耐久性强，使用寿命达 20 ~ 50 年；二是可重复利用，一般可重复使用 3 ~ 5 次；三是环保效果显著，在施工中可大大减少取土量和混凝土使用量，有效保护土地资源；四是具有较强的救急抢险功能，尤其是在防洪、塌方、塌陷、流沙的抗险救急中，见效特别快；五是施工简单，工期短，建设费用较低。

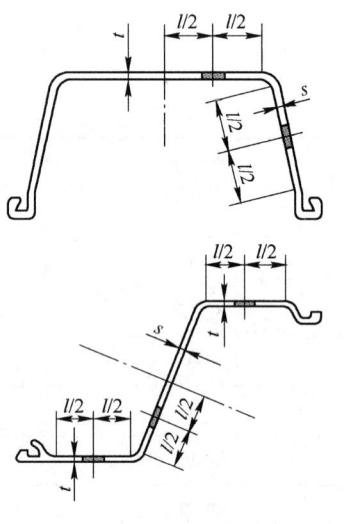

6.6.3.2　钢板桩的用途

钢板桩可用于永久性结构建筑上，如码头、卸货场、堤防护岸、护墙、挡土墙、防波堤、导流堤、船坞、闸门等。

钢板桩可用于临时结构上，如封山、临时护岸、断流、建桥围堰，以及大型管道铺设临时沟渠开挖的挡土、挡水、挡沙墙等。

钢板桩可用于抗洪抢险，如防洪、防塌方、防塌陷、防流沙等。

6.6.4　热轧钢板桩的轧制方法与典型工艺及孔型系统

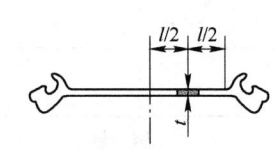

图 6-61　欧洲钢板桩断面形状

6.6.4.1　热轧钢板桩用坯料

早期轧制钢板桩一般用矩形坯及扁坯作原料，窄幅钢板桩可用矩形坯，宽幅钢板桩可用扁坯。随着异形连铸坯出现后也可用异形坯轧制钢板桩。

各企业可根据本身供坯条件选择不同类型的连铸坯断面。

6.6.4.2 热轧钢板桩的轧制方法

钢板桩传统轧制法一般选用 3～4 架水平二辊可往复式轧机进行轧制,典型机型为 BD1 + BD2 + F1 + F2。日本广泛采用该方法轧制钢板桩。

随着万能轧机的广泛应用,钢板桩也开始在万能轧线上轧制,机型可选用 BD1 + BD2 + UR-E-UF、BD + UR-E-U + UF 或 BD + UR-E-U。通过实际轧制的实践,BD1 + BD2 + UR-E-UF 机型是可靠实用的机型,在欧洲广泛采用该方法轧制钢板桩。

近几年随着钢板桩产品在我国的开始生产,也出现了不同机型。唐钢在四架二辊轧机上轧制 400～500U 型钢板桩,包钢大型在 BD1 + BD2 + UR-E-UF 机型上轧制 400～600U 型钢板桩,马钢在 BD + UR-E-U + UF 机型上试轧了 400U 型钢板桩,津西也拟在 BD + UR-E-UF 机型上试轧 400U 型钢板桩。

6.6.4.3 各种钢板桩轧制孔型及断面形状

各种钢板桩的轧制孔型及断面形状如图 6-62 所示。

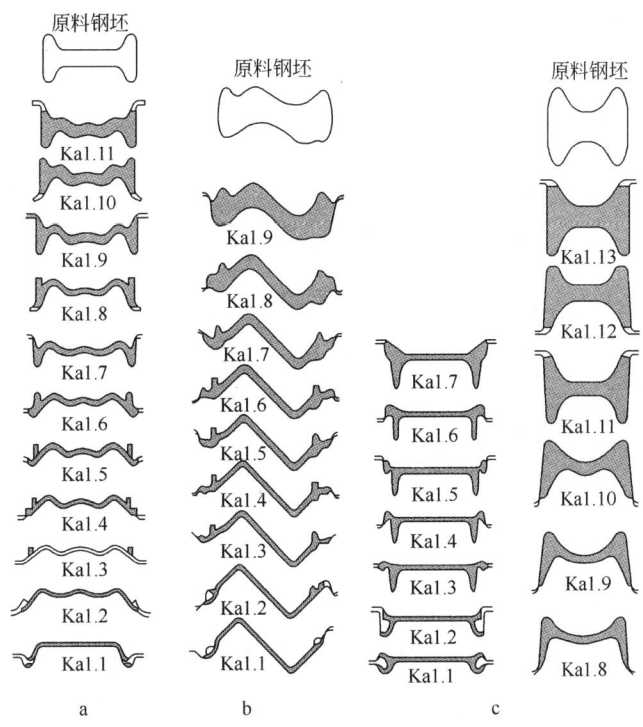

图 6-62　各种钢板桩的轧制孔型及断面形状
a—U 型钢板桩;b—Z 型钢板桩;c—直线型钢板桩

6.6.4.4 BD1 + BD2 + F1 + F2 机型轧制钢板桩工艺及孔型系统

唐钢大型采用 BD1 + BD2 + F1 + F2 机型轧制钢板桩,其工艺布置如图 6-63 所示。

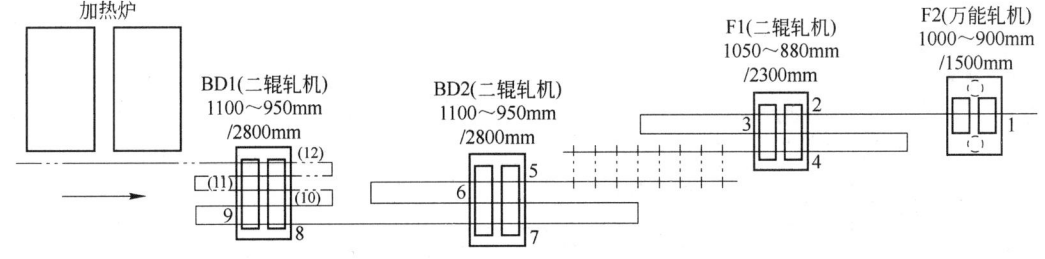

图 6-63　唐钢大型采用 BD1 + BD2 + F1 + F2 机型轧制钢板桩工艺布置简图

唐钢大型可生产的钢板桩产品为 400～500U 型钢板桩;坯料选择为:矩形坯或异形坯,尺寸为

360mm × 250mm、435mm × 320mm × 90mm。轧机由三架二辊可逆式轧机和一架万能/二辊组合式轧机组成，轧制钢板桩时万能轧机采用二辊模式。全部由国内设计完成。主轧机性能参数见表 6-41。

表 6-41　唐钢大型主轧机性能参数

机 架		主电机功率 /kW	轧辊直径 /mm	辊身长度 /mm	最大辊环 直径/mm	轴向调整 行程/mm	电机转速/r·min⁻¹		最大轧制力 /kN
							名 义	最 大	
BD1		6000	1100 ~ 950	2800	1360	±5	50	100	10000
BD2		5000	1100 ~ 950	2800	1360	±5	60	120	10000
F1		4000	1050 ~ 880	2300	1310	±5	65	190	6000
F2	万能 立辊	2500	900 ~ 800	300		±5	100	220	4000
	水平		1290 ~ 1150	600					
	水平二辊		900 ~ 800	1200					

唐钢大型 BD1 + BD2 + F1 + F2 机型轧制钢板桩孔型系统如图 6-64 所示。钢板桩产品轧后冷却及精整和大型材冷却、精整工艺类似。

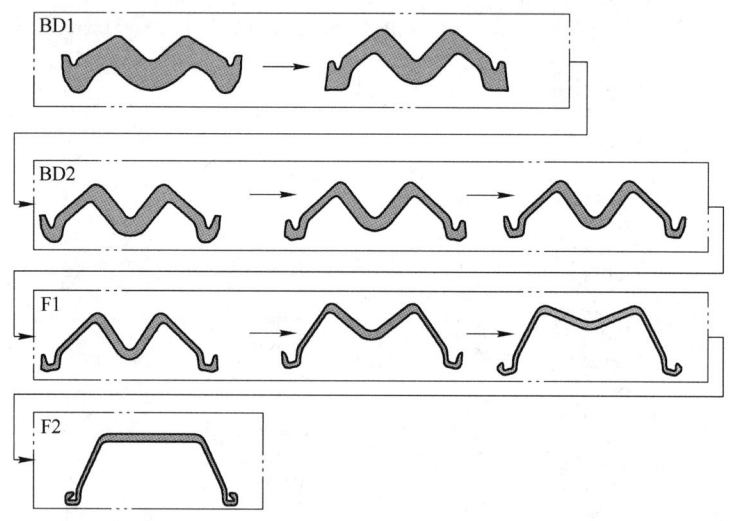

图 6-64　唐钢大型 BD1 + BD2 + F1 + F2 机型轧制钢板桩孔型系统图

6.6.4.5　BD1 + BD2 + UR-E-UF 机型轧制钢板桩工艺及孔型系统

在万能轧机上轧制钢板桩是近年来由西马克梅尔开发的钢板桩轧制方法，在欧洲、美国广泛使用，我国新建的包钢大型线、邯郸重轨生产线、武钢重轨生产线均使用该技术生产 400 ~ 600U 型钢板桩，韩国 Hyundai 已使用该技术成功地轧制了 400 ~ 750U 型钢板桩。

包钢新建大型线除生产 100m 重轨产品、400 ~ 1000mm H 型钢产品外，还可生产 400 ~ 600U 型钢板桩产品，生产能力 120 万吨，坯料为异形连铸坯和矩形坯，生产钢板桩坯料断面尺寸如下：异形坯：555mm × 440mm × 105mm，矩形坯：280mm × 380mm。其工艺布置如图 6-65 所示，孔型系统如图 6-66 所示。

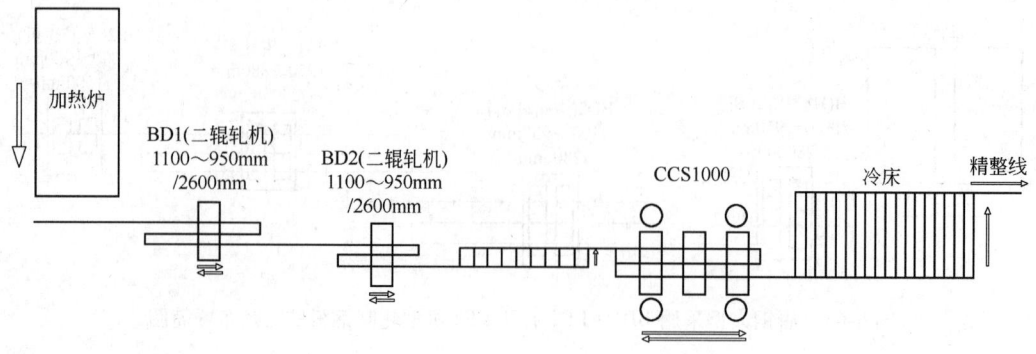

图 6-65　包钢大型线 BD1 + BD2 + UR-E-UF 机型轧制钢板桩工艺布置简图

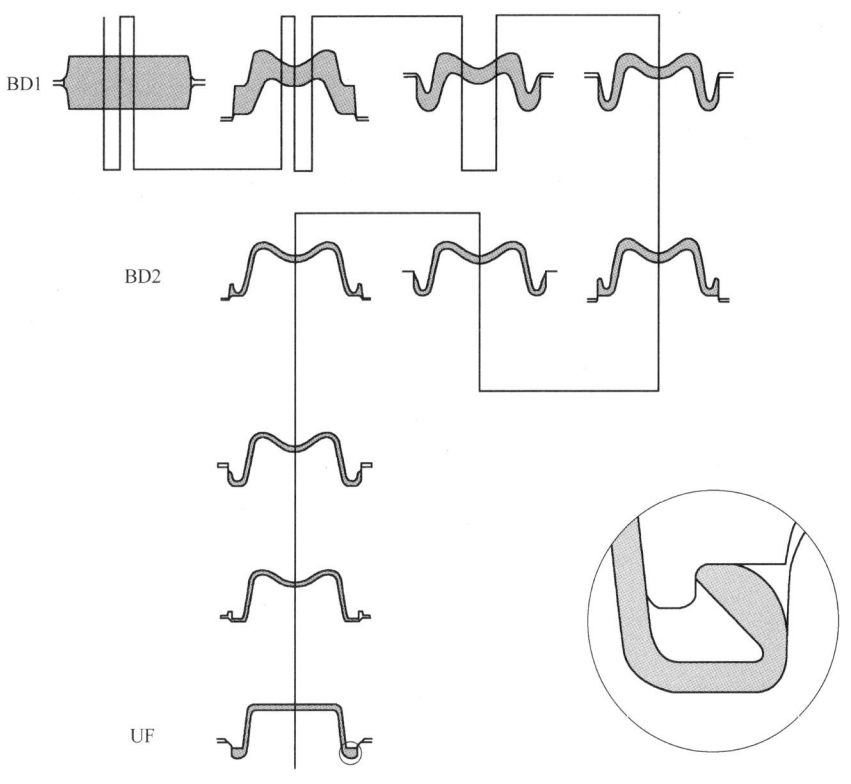

图 6-66　BD1 + BD2 + UR-E-UF 机型轧制 U 型钢板桩孔型系统图

轧机组成为两架二辊可逆式 + 三机架万能可逆穿梭式精轧机组，生产钢板桩产品时，万能精轧机组采用二辊模式生产。主轧机性能参数见表 6-42。

表 6-42　包钢大型线主轧机性能参数

机 架		轧辊直径/mm		辊环直径 /mm	辊身长度/mm		主电机功率 /kW	电机转速/r·min⁻¹		轧制力/kN	
		水平	立辊		水平	立辊		基数	最高	水平	立辊
BD1	水平二辊	1150		1350	2600		6000	70	110	12000	
BD2	水平二辊	1150		1350	2600		8100	110	165	12000	
UR	万能模式	1400	980	1400	1000	340/450	5500	60	150	10000	6000
	二辊模式	1150			2000						
E	水平二辊	1000		1350	1300		2500	100	200	4000	
					2000						
UF	万能模式	1400	980	1400	1000	340/450	5500	60	150	10000	6000
	二辊模式	1150			2000						

6.6.4.6　国外 Z 型钢板桩的孔型系统

国外 Z 型钢板桩的孔型系统如图 6-67 所示。

6.6.4.7　轧制钢板桩导卫

轧制钢板桩导卫如图 6-68 所示。

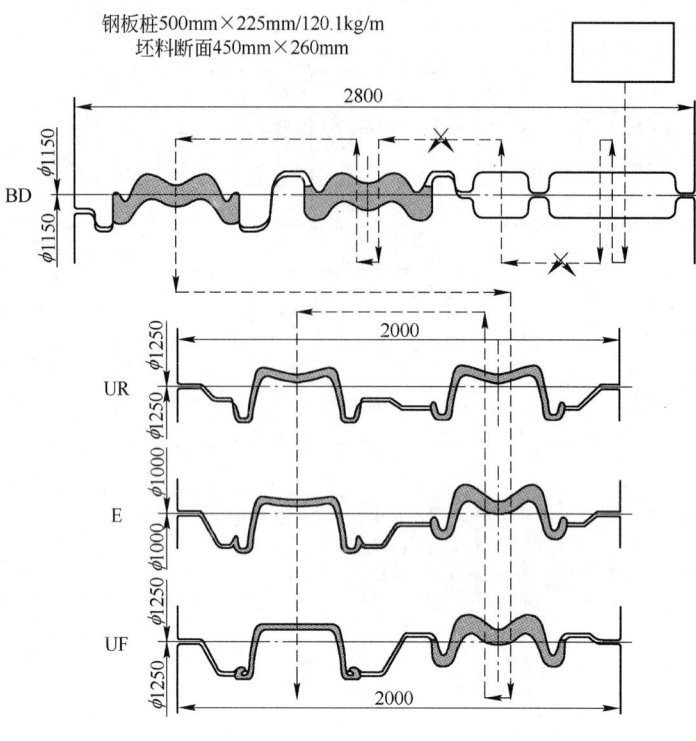

图 6-67　国外 Z 型钢板桩的孔型系统图

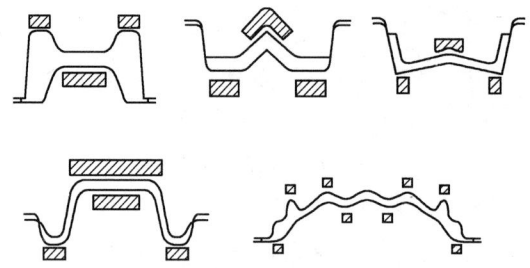

图 6-68　轧制钢板桩导卫图

参 考 文 献

[1] 董志洪. 高技术铁路与钢轨[M]. 北京：冶金工业出版社，2003.
[2] 刘宝昇，赵宪明. 钢轨生产与使用[M]. 北京：冶金工业出版社，2009.
[3] 赵登超. 现代轨梁生产技术[M]. 北京：冶金工业出版社，2008.
[4] SMS-Meer. Sections mills by SMS Meer[R].
[5] 董红卫，徐绍炜，等. 重轨生产技术[R]. 中冶东方.
[6] 郭新文. 中型 H 型钢生产工艺及电气控制技术[M]. 北京：冶金工业出版社，2010.
[7] 中岛浩卫. 型钢轧制技术[M]. 李效民译. 北京：冶金工业出版社，2004.

编写人员：包头钢铁公司轨梁厂　董红卫、王永明、徐绍炜、吴民渊
　　　　　攀枝花钢铁公司　冯伟、陈崇木

7　H 型钢生产

7.1　概述

7.1.1　H 型钢的断面特性

7.1.1.1　H 型钢的断面

H 型钢，又被称为万能钢梁、宽缘工字钢、宽边工字钢、平行边工字钢、平行腿工字钢，其断面形状类似于大写英文字母 H，因此称之为"H 型钢"。国外通常将 H 型钢写成 H-beam，而将普通工字钢写成 I-beam。

H 型钢的横断面形状如图 7-1 所示，分为腰部和腿部两部分。腰部又称为腹板，腿部又称为翼缘、凸缘或边部。H 型钢的腿部内侧与外侧平行或接近于平行，腿的端部呈直角，因此又被称之为平行边工字钢。与腰部高度相同的普通工字钢相比，H 型钢的腰部厚度小，腿部宽度大，所以又称之为宽边工字钢（或宽缘工字钢）。

7.1.1.2　H 型钢的特点

H 型钢是一种新型经济建筑和结构用钢材，它截面形状经济合理，力学性能好，轧制时截面上各点延伸较均匀、内应力小，与普通工字钢比较，具有截面模数大、重量轻、节省金属的优点；常用于要求承载能力大、截面稳定性好的大型建筑（如厂房、高层建筑等），以及桥梁、船舶、起重运输机械、设备基础、支架、基础桩等。

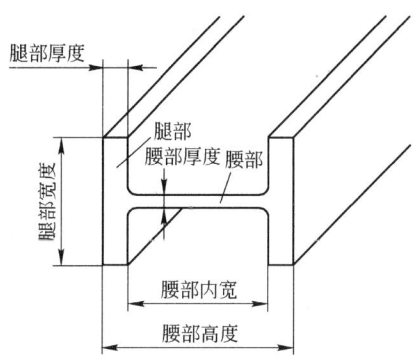

图 7-1　H 型钢断面形状及各部位名称

H 型钢有以下主要特点：

（1）翼缘宽，侧向刚度大。热轧宽翼缘 H 型钢，其截面的高宽比可达到 1：1，其绕弱轴（侧向）的刚度显著增加，可以更合理地用作受压构件。即使窄翼缘 H 型钢，其常用规格的翼缘宽度亦较同高度的工字钢翼缘宽度大 1.1~1.4 倍，因而在相同截面面积（A）的条件下其弱轴方向刚度（I_y）要大近 1 倍或 1 倍以上。

（2）抗弯能力强。由于截面面积分配更加合理，在相同截面面积（或重量）条件下，H 型钢的截面绕强轴的抗弯能力亦优于工字钢。

（3）翼缘两表面相互平行，构造方便、造型美观且可缩短建设工期。热轧 H 型钢的翼缘较宽且腿内侧无斜度或斜度很小（0°~1.5°），腿端平直，因此用 H 型钢制造钢结构便于加工、组合及焊接，使钢结构的连接部位处理简单，省工易行，如翼缘连接螺栓不再需附加斜垫圈，螺栓的排列及直径选用范围更加扩大以及可在平行的内翼缘面上设置拼材等，见图 7-2。据有关资料介绍，一般可节约加工费用 4%~13% 左右，并且造型美观。

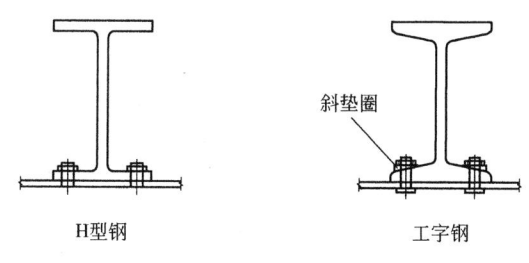

H 型钢　　　　　　工字钢

图 7-2　H 型钢与工字钢连接比较

（4）产品规格多，用户使用方便。热轧 H 型钢是用万能轧机生产的。所谓万能轧机，即一对驱动的水平辊和一对从动的立辊组成，构成 H 型的孔型，因此只需调整辊缝就可以生产规格尺寸不同的 H 型钢，轧辊的共用性强，从而为 H 型钢产品的多样化提供了方便。目前世界各国的 H 型钢标准中，规格数量多达几百个，为用户经济合理地选择 H 型钢创造了有利条件。表 7-1 为世界主要国家 H 型钢标准的规格数量及范围。

表 7-1　世界主要国家 H 型钢标准的规格数量及范围

国　家	标准代号	系列名称	规格数量	规格范围/mm			
				截面高度	翼缘宽度	腹板板厚	翼缘板厚
中　国	GB11263	HM	14	148 ~ 594	100 ~ 302	6 ~ 14	9 ~ 23
		HN	48	100 ~ 1008	50 ~ 303	4.5 ~ 21	7 ~ 40
		HW	29	100 ~ 502	100 ~ 470	6 ~ 45	8 ~ 70
		HT	27	95 ~ 390	48 ~ 198	3.2 ~ 6.5	4.5 ~ 9.5
日　本	JISG 3192	H 型钢	62	100 ~ 912	50 ~ 432	4.5 ~ 45	7 ~ 70
	JISA 526	H 型钢桩	19	200 ~ 502	204 ~ 470	10 ~ 21	11 ~ 35
法　国	NFA 45—201	HE-A	24	96 ~ 990	100 ~ 300	5 ~ 16.5	8 ~ 31
		HE-B	24	100 ~ 1000	100 ~ 300	6 ~ 19	10 ~ 36
		HE-C	1	320	305	16	29
		HE-M	24	120 ~ 1008	106 ~ 310	12 ~ 21	20 ~ 40
	NFA 45—205	IPE	18	80 ~ 600	46 ~ 220	3.8 ~ 12	5.2 ~ 19
德　国	DIN1025 部分 2	IPB	24	100 ~ 1000	100 ~ 300	6 ~ 19	10 ~ 36
	DIN1025 部分 3	IPBL	24	96 ~ 990	100 ~ 300	5 ~ 16.5	8 ~ 31
	DIN1025 部分 4	IPBV	25	120 ~ 1008	106 ~ 310	12 ~ 21	20 ~ 40
	DIN1025 部分 5	IPE	18	80 ~ 600	46 ~ 220	3.8 ~ 12	5.2 ~ 19
英　国	BS4：第一部分	万能梁	71	127.0 ~ 926.6	76.2 ~ 920.5	4.2 ~ 21.6	6.8 ~ 36.6
		万能柱	31	157.4 ~ 474.7	157.4 ~ 427.1	6.1 ~ 47.6	6.8 ~ 77.0
		万能支承桩	17	200.2 ~ 361.5	205.4 ~ 378.1	9.5 ~ 30.5	9.5 ~ 30.5
美　国	ASTM A6/A6M	W	288	106 ~ 1108	100 ~ 461	4.3 ~ 64.0	5.2 ~ 125
		M	12	102 ~ 356	46 ~ 151	7.9 ~ 8.0	4.3 ~ 10.6
		HP	15	204 ~ 361	207 ~ 378	10.5 ~ 20.4	10.7 ~ 20.4

（5）可加工再生型材。H 型钢可较方便的经加工制成各种组合构件，主要有：

1）T 型钢（图 7-3）。T 型钢可由热轧 H 型钢直接切割而成，主要承担轴向力，用于桁架结构的弦杆、腹杆以及组成大型屋面檩条、柱间缀条、箱型结构的构件等方面。与以前焊接 T 型钢和使用双角钢做法相比，可节约钢材（双角钢用钢量增加 7% ~ 20%），减少构件加工难度，而且不需进行校正变形等工序，防腐、防锈、维护也简单。T 型钢较双角钢做法可节省投资 10% ~ 25%。

2）增高梁（图 7-4）。将 H 型钢剖分成 T 型钢后，在腹板上加焊一块钢板可组合成增高梁，使热轧 H 型钢的截面高度变化灵活，以满足市场差异化、多样性的需求。可用作荷载较大的吊车梁等。

3）梯形变截面梁（图 7-5）。将 H 型钢沿腹板斜向切割，分割成高度变化的 T 型钢后，再按要求焊成高度变化的变截面梁。梯形变截面梁可分为单坡和双坡两种，单坡梯形梁可用于悬臂或钢架结构的梁和柱，双坡梯形梁一般用于屋盖梁。

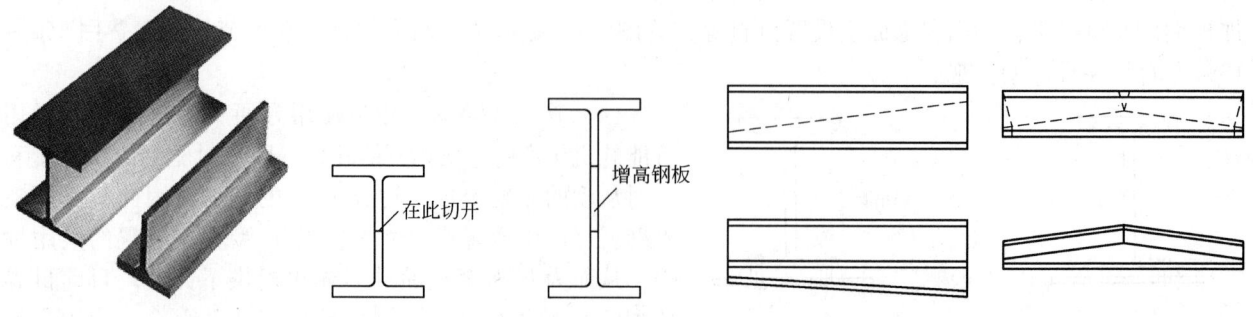

图 7-3　H 型钢与 T 型钢　　　图 7-4　用 H 型钢制作的增高梁示意图　　　图 7-5　用 H 型钢制作的单坡梯形梁和
　　双坡梯形梁示意图

4）蜂窝梁（图7-6）。在 H 型钢腹板上按一定的折线（一般是六角孔型）进行切割后，错位或掉头焊接成新的高度的梁，端头切除或补焊，这样，增加了截面惯性矩、截面模数，梁的刚性和抗弯强度也大幅增加。可以应用于大跨度屋面檩条、楼面梁、屋面梁、轻钢厂房等，腹中的孔洞还可以布置各种管道。

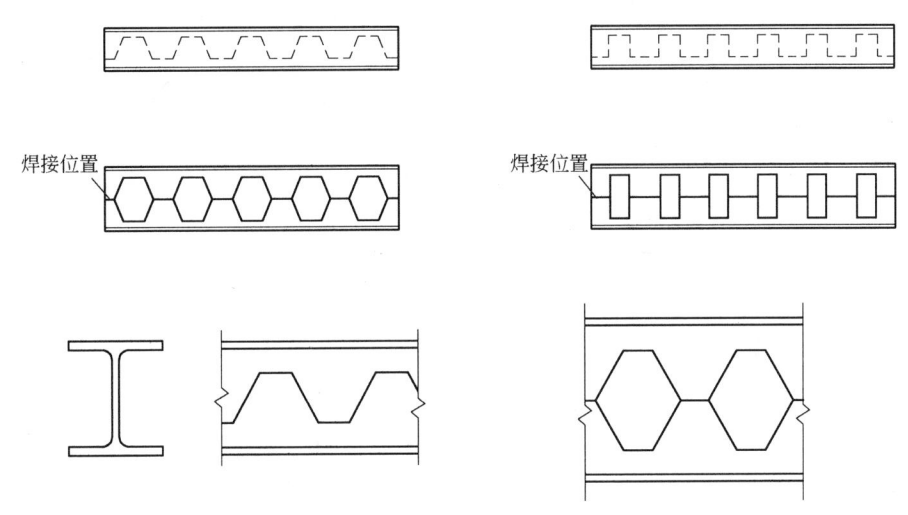

图 7-6　蜂窝梁加工示意图

（6）保护环境。采用 H 型钢可以有效保护环境，具体表现在三个方面：一是和混凝土相比，可采用干式施工，产生的噪声小，粉尘少；二是由于自重减轻，基础施工取土量少，对土地资源破坏小，此外大量减少混凝土用量，减少开山挖石量，有利于生态环境的保护；三是建筑结构使用寿命到期时，结构拆除后产生的固体垃圾量小，废钢资源回收价值高。

综合以上的种种优点，用 H 型钢代替普通型钢组合件，可大大减轻金属结构的重量，在建筑上使用，可减轻重量30% ~40%；在桥梁上使用，可减轻重量15% ~20%；用于其他结构，可减轻重量10% ~20%。据有关资料介绍[1]，用普通钢板、型钢铆焊组合钢梁构件比用 H 型钢增加钢材约10% ~12%（考虑焊接应力需多用钢材10% ~20%），多消耗焊条1% ~2%，铆接又比焊接多费钢材12%。由以上数据分析可知，用 H 型钢代替钢板和普通型钢铆接结构可减轻金属构件重量20% ~40%。节约钢材即节约能源，节能且环保，是 H 型钢最大的优点，也是其得以快速发展的原因。

7.1.2　H 型钢在国民经济各个领域的应用

自20世纪80年代以后，我国的钢结构产业得到了飞速的发展，现在热轧 H 型钢广泛地应用在包括民用住宅、高层建筑、航空港、体育场馆、会展中心、铁路、桥梁等民用建筑和公共设施以及轻钢结构厂房、中型和重型工业厂房、铁路车辆、电站、石化工程、海洋石油平台等工业建筑与产品上。

H 型钢按其用途可分为三大类：钢结构、设备结构支架及机械制造中的结构框架、地下工程的钢桩及支护结构等。H 型钢在国民经济各个领域的应用如表7-2所示。

表7-2　国民经济各行业使用 H 型钢规格情况

序　号	使 用 行 业	宽翼缘 H 型钢/mm×mm	窄翼缘 H 型钢/mm×mm
1	民用住宅	H150×150 ~ H400×400	H350×150 ~ H800×400
2	高层建筑	H300×300 ~ H2000×2000	H420×200 ~ H1100×300
3	轻钢结构建筑	H100×100 ~ H400×400	H300×150 ~ H700×300
4	重工业厂房	H300×300 ~ H400×400	H800×300 ~ H1200×300
5	高速公路护栏	H150×150	H350×100
6	铁路桥梁	H400×400 ~ H600×600	H600×460 ~ H400×260
7	民航站楼		H247×202 ~ H1078×500

序　号	使用行业	宽翼缘 H 型钢/mm × mm	窄翼缘 H 型钢/mm × mm
8	民航机库	H305 × 305 ~ H356 × 410	H533 × 210 ~ H700 × 400
9	体育场馆	H78 × 18 ~ H570 × 455	
10	铁路车辆	H600 × 600	
11	电站厂房	H300 × 300 ~ H458 × 417	H500 × 300 ~ H900 × 300
12	60 万千瓦锅炉	H500 × 500	H500 × 300 ~ H900 × 300
13	石化工程	H100 × 100 ~ H300 × 300	H300 × 100 ~ H900 × 650
14	海洋石油平台	H150 × 150 ~ H300 × 300	H200 × 110 ~ H912 × 302
15	地　铁	H300 × 150	

注：以上规格含焊接 H 型钢。

7.1.3　H 型钢的发展历史和当前概况

热轧 H 型钢在工业发达国家广泛使用已有百余年的历史。我国 H 型钢起步很晚，1998 年 9 月马钢引进的大型 H 型钢生产线投产，H 型钢开始在我国进入一个快速发展的新时代。在以马钢为首企业的推动下，经过 10 余年的市场开拓和发展，我国热轧 H 型钢从 1998 年的年消费 3 万吨增加到 2011 年的近 1000 万吨，成长之快在各类钢材中名列前茅。

7.1.3.1　世界 H 型钢的发展历史和当前概况

A　热轧 H 型钢形成的过程

国外轧制 H 型钢的发展大体可分为四个阶段[2]：

（1）19 世纪中叶到 20 世纪初，为探索各种万能轧法、改进万能轧机结构形式的萌芽阶段。

（2）20 世纪初到 50 年代初期，为轧制方法基本定型、产量低速发展阶段。

（3）20 世纪 50 年代中期到 70 年代，为大量扩建 H 型钢轧机，从产量到质量、从工艺到设备得到迅速发展的阶段。

（4）20 世纪 70 年代以后，为实现 H 型钢全连轧、开发 H 型钢新品种的持续发展阶段。

1847 年，法国人兹尔发明了工字钢。当时的工字钢是用 4 个角钢和 1 块钢板焊接而成的，由于其力学性能优于角钢，得到迅速发展。两年后，兹尔采用二辊轧制方法轧出了 4 个规格的工字钢，高度在 100 ~ 178mm，长度大于 6m，大幅度提高了钢梁的生产效率。很快又生产出了高度为 80 ~ 600mm 的工字钢，宽高比为 1/2 ~ 1/3，斜度 8% ~ 17%。由于工字钢腿部窄小，不适合做承受纵向弯曲的柱型或桩型建筑构件，而要用二辊或三辊轧机生产宽腿无斜度的工字钢，比生产窄腿有斜度的工字钢要困难得多。于是在 1850 ~ 1860 年间，美国发明了万能轧机，为轧制平行腿的钢梁创造了条件。1880 年具有多机座的万能轧机相继在德国和美国问世。万能轧机的发明，为轧制宽腿无斜度的工字钢创造了条件。

1887 年亨利·格林等人在研究报告中指出：从理论上讲 H 型钢是能够在万能机架上轧制的，但仅采用一架万能轧机是不能同时解决 H 型钢腿部宽展和腿尖加工问题的，必须有一架轧边机与万能轧机连轧才能解决问题，即在实际生产中应该再增加一台二辊轧边机来控制翼缘的宽展，即轧制 H 型钢翼缘的边部。这一研究极大地推动了 H 型钢生产的发展。

1902 年卢森堡的迪弗丹日厂按格林法建设的 H 型钢厂成为世界上第一个成功地进行工业化应用万能轧制工艺的厂家。他们把万能轧机和轧边机结合起来使用，在开坯机后面是两台万能轧机，精轧机前紧挨着轧边机，并留有生产大型 H 型钢的余地。

迪弗丹日厂生产工艺的特点是：由于在万能轧机中，最终断面的腹板和翼缘是通过调整而不是通过孔型来确定的，所以不用换辊就可以改变厚度。因此，可提供各种尺寸、重量的 H 型钢。同时其腹板和翼缘的厚度范围也较宽，工艺也十分灵活，生产非标准的 H 型钢也很容易，可生产特殊尺寸或固定尺寸的技术规格。

约在迪弗丹日建设格林法轧机的同时，卢森堡的阿尔贝德厂也按格林法建成了一套，并于 1902 年投产，或认为这是第一套工业性成功的设备。这套轧机曾继续生产到 1962 年才重做更新换代的改建。

自 1908 年开始在美国和德国按格林法建设了大量生产平行腿和宽腿工字钢的轧钢厂,如 1908 年美国的伯利恒、1914 年德国的培因厂等。此后发展很慢,直到 20 世纪 50 年代中期全世界总共才建起了 10 余套。

1955 年后,随着建筑业的发展,设计上要求轧钢厂提供腰很薄的平行腿工字钢。1958 年在欧洲煤钢联营的国家范围内,发展了适应上述要求的新工字钢系列——IPE 工字钢系列。由于 IPE 系列的工字钢是平行腿工字钢,其断面如英文字母 H,故人们也称 IPE 系列的工字钢为 H 型钢。1957 年 9 月第一批 IPE 系列的 H 型钢在德国的培因厂问世。但直到 1970 年,标准钢梁 IPN 即工字钢生产仍占有相当高的比例。

20 世纪 60 年代以后,随着世界钢铁工业的发展,H 型钢轧机才得到迅速发展,大多数国家的钢铁界都在积极筹建新型 H 型钢轧机。为节约投资,各国充分利用原有的大型轧机和轨梁轧机进行技术改造,这种做法在日本得到普遍采用。从 1961 年到 1972 年的大约十年间,日本先后改造了三个大型轧钢厂和一个轨梁厂,主要是引进万能轧机。用了大约 4 年的时间进行技术改造和改进新技术,到 1965 年日本已能大量生产 H 型钢。

随着石油危机的爆发,到 1980 年所有钢梁的总产量大幅度下降,而工字钢的下降尤其明显。危机后,H 型钢产量迅速恢复,这时工字钢在发达国家才被淘汰。

B 国外 H 型钢的建设与分布

自 1970 年以后,由于电子计算机技术在工业上的成功应用,轧制工艺和轧机结构得到了进一步的完善。世界各国纷纷建造各种新式万能轧机,万能轧机建设进入第三阶段,出现了全连续万能轧机。使用万能轧机除轧制 H 型钢外,还进一步扩大了生产品种,以轧制钢轨、槽钢、角钢、扁钢及钢桩,由此带来了型钢生产技术的重大发展。

进入 20 世纪 80 年代,世界几个主要的 H 型钢生产国,如美国、日本、英国、德国均保持 4%~6% 的比例生产 H 型钢,其中美国与日本 H 型钢年产量分别达到 500 万吨以上,英国 160 万吨,德国 135 万吨。到 80 年代末,世界 H 钢产量达 2000 万吨,占世界钢材总产量的 3%~6%。

到 20 世纪末,世界上已有 88 套 H 型钢轧机,包括重型 13 套、大型 38 套、中型 37 套;其中日本拥有 H 型钢轧机 18 套,居世界第一,美国 15 套、德国 8 套、英国 6 套、法国 4 套。

到 2007 年世界上大约有 24 个国家或地区可以生产 H 型钢,全世界有 110 套 H 型钢轧机,年产量在 2000 万吨左右,在建生产能力约 400 万吨/年,总生产能力在 2500 万吨以上。以日本、美国和德国的产量为最多,约占型钢总产量的 50%。1987 年和 2007 年世界各国或地区 H 型钢轧机分布情况见表 7-3。

表 7-3 世界各国或地区 H 型钢轧机分布(1987 年/2007 年)[3]

国家和地区	套 数	国家和地区	套 数
日 本	18/20	南 非	2/2
美 国	17/15	巴 西	1/1
英 国	5/12	加拿大	1/1
德 国	6/10	澳大利亚	1/1
法 国	5/9	瑞 典	1/3
前苏联	3/2	中国台湾	0/2
比利时	2/5	伊 朗	1/1
波 兰	2/1	刚 果	1/1
西班牙	2/2	韩 国	1/4
卢森堡	2/4	合 计	73/110

注:中国 H 型钢生产线情况见表 7-4。

C 国外 H 型钢主要生产国的产量情况

日本热轧 H 型钢产能可达 800 万~1000 万吨;韩国达 450 万吨;美国达 600 万吨;欧洲达 800 万吨。但由于欧美及日本、韩国都分别在 20 世纪 70 年代前 80 年代初完成了工业化、城市化的过程,所以其实际产量较之产能已大为减少。据统计,目前美国热轧 H 型钢的年消费量在 500 万吨左右;日本热轧 H 型钢与钢板桩共计在 450 万吨左右;欧洲在 500 万吨左右;韩国在 300 万吨左右(其中包括 50 万吨的出口)。

日本 H 型钢发展速度很快, 20 世纪末为世界上万能轧机最多、技术水平最高和产量最大的国家。日本自 1960 年开始建 H 型钢轧机, H 型钢产量逐年增加, 到 1973 年年产量达 558.6 万吨 (热轧材产量为 9113 万吨), H 型钢占热轧材的 6.13% ; 1977 年产量只有 276 万吨, 占热轧材的 3.54% ; 1982 年达到占热轧材的 5.94% ; 1992 年 H 型钢年产量达 600.8 万吨。1972 年至 1992 年累计生产 H 型钢 9047.8 万吨 (其中出口 2000 万吨)。2006 年热轧 H 型钢的产量达 444.8 万吨, 占钢材产量的 5.4% 。

韩国 2006 年热轧 H 型钢产量达 330 万吨, 占钢材产量的 5.8% 。

在美国、欧洲各国以及其他工业发达国家, H 型钢的消耗量约占钢铁产品总耗量的 4% ~8% 甚至更高。

7.1.3.2 我国 H 型钢的发展历史和当前概况

A　我国热轧 H 型钢发展历史

我国 H 型钢发展历程可分为三个阶段: 第一阶段为理论研究阶段, 时间为 20 世纪 80 年代前; 第二阶段为探索前进阶段, 时间为 20 世纪 80 年代至 90 年代; 第三阶段为高速发展阶段, 时间从 21 世纪初至今。

我国生产 H 型钢的准备工作是从建设攀钢轨梁厂开始的, 当时为准备生产 H 型钢, 在攀钢轨梁厂预留了一个万能轧机跨间, 但由于种种原因, 直至 2003 年才建成重轨-H 型钢轧机, 但建成后只生产重轨, 并未生产 H 型钢。

包钢轨梁厂在无万能轧机的情况下, 在原有二辊成品机架轨梁轧机上加装立辊框架, 在国内首先进行了 H 型钢轧制, 于 1980 年在轨梁轧机上生产了 210t IPE270mm ×135mm H 型钢。

马钢二轧厂 650 车间改造, 在后部增加了万能粗轧机组 (1 架万能轧机和 1 架轧边机) 和万能精轧机组 (1 架万能轧机), 用于生产小规格 H 型钢。万能轧机为连接板式, 由一重设计制造。项目于 90 年代末投产, 由于市场原因未能批量生产 H 型钢。

1994 年, 鞍山市轧钢厂增设万能粗轧机组 (1 架万能轧机和 1 架轧边机) 和万能精轧机组 (1 架万能轧机) 试轧了小规格 H 型钢, 万能轧机由沈重设计制造。但由于中型工字钢的需求量大, 所以用万能粗轧机组和万能精轧机组各轧一道次生产工字钢, 也未能生产 H 型钢。

1998 年, 国内两条重要的 H 型钢生产线相继投产。马钢大 H 型钢轧机, 关键设备是从德国德马克公司引进的, 设计产品最大规格为 H600mm ×300mm, 产品范围可覆盖 H 型钢用量的 80% , 于 1998 年 9 月投产。莱钢中型 H 型钢生产线, 关键设备从日本新日铁公司引进, 设计产品最大规格为 H350mm × 175mm, 于 1998 年 11 月投产。这两条专业化的 H 型钢生产线, 装备水平已达到当时世界先进水平。马钢、莱钢 H 型钢投产后, 结束了国内不能生产大规格 H 型钢的历史。

在马钢和莱钢的示范下, 国内开始新建 H 型钢生产线热潮。2004 年, 日照引进意大利达涅利公司的中小型 H 型钢生产线投产, 并于当年生产了 29 万吨 H 型钢, 2007 年的产量更是达到了 140 万吨; 2005 年上半年, 马钢引进意大利达涅利公司的中小型 H 型钢生产线投产; 2005 年 9 月, 莱钢引进德国西马克公司的大型 H 型钢生产线投产; 2006 年 5 月, 津西引进德国西马克公司的大型 H 型钢生产线投产; 2006 年 10 月, 山西长治引进德国西马克公司的中型 H 型钢生产线投产; 2008 年 7 月, 津西引进意大利达涅利公司的两条中小型 H 型钢生产线投产; 2011 年 6 月, 山西安泰引进德国西马克公司的大型 H 型钢生产线投产, 等等。

B　我国国内主要 H 型钢生产厂家及生产线

我国国内各主要 H 型钢生产厂家及生产线情况简单介绍如下:

马钢: 1998 年马钢从德国曼内斯曼-德马克-萨克 (MDS) 公司、西门子 (SIEMENS) 公司和美国依太姆 (ITAM) 公司引进生产技术和设备, 建成我国第一条大规格热轧 H 型钢生产线; 2005 年上半年中小规格 H 型钢生产线投产。截至 2006 年底, 已经具备了年产 180 万吨的生产能力。

莱钢: 1998 年莱钢引进日本新日铁热轧 H 型钢主体设备及技术, 日本东芝公司提供全套电气及自动控制设备, 建成万能轧机一套, 以生产中小规格为主; 2005 年下半年莱钢大规格热轧 H 型钢生产线投产; 加上莱钢万力, 目前莱钢三条生产线已经达到 250 万吨的产能。

日照: 2004 年日照钢铁公司第一条生产线投产, 以生产 100 ~350mm 规格, 设计产能 70 万吨, 通过技术改造提升产能, 目前已经具备实际年产 120 万吨的能力。

津西：2006 年上半年津西钢铁第一条中大规格 H 型钢生产线正式投产，设计产能 100 万吨；2008 年
7 月中小型生产线投产，以生产小规格为主，年生产能力 160 万吨，总生产能力达到 260 万吨。

长治钢铁：2007 年 8 月 28 日长钢热轧 H 型钢生产线试车成功，设计产能 60 万吨，以中型规格为主。

河北兴华钢铁：2007 年 9 月 19 日河北兴华钢铁热轧 H 型钢生产线试车成功，该项目设计年产 100 万
吨，以生产中小规格为主。

山西安泰：2011 年 6 月山西安泰大 H 型钢生产线试车成功，设计产能 120 万吨，产品覆盖大中小型
H 型钢。

此外，还有鞍钢、攀钢、包钢、武钢的万能机组也都具备生产热轧 H 型钢的能力，这几家 H 型钢的
设计产能在 50 万吨，其中鞍钢只生产过 400mm×200mm，攀钢试轧了 250mm×250mm，武钢、包钢还没
有生产。

综上所述，以目前已投产的生产线来看，我国热轧 H 型钢总生产能力已达到 1000 万吨。从目前国际
市场来看，美国、韩国热轧 H 型钢年产量在 500 万吨左右，日本、欧洲约在 800 万吨，而中国则一跃成
为热轧 H 型钢生产大国。我国已建和在建 H 型钢生产线情况见表 7-4。

表 7-4 我国已建和在建 H 型钢生产线

序 号	企业名称	产能/万吨	生产规格/mm	投产日期	备 注
1	马钢大型	100	200~800	1998 年 9 月	引进 MDS
2	马钢中型	70	100~400	2005 年 4 月	引进达涅利
3	莱钢中型	100	150~350	1998 年 11 月	引进新日铁
4	莱钢小型	15	50~120	2002 年搬迁	全国产设备
5	莱钢大型	100	250~1000	2005 年 9 月	引进 SMS
6	日照中型	110	100~350	2004 年	引进达涅利
7	津西大型	100	250~1000	2006 年 5 月	引进 SMS
8	津西中型	160	100~400	2008 年 7 月	引进达涅利
9	长治中型	60	100~500	2006 年 10 月	引进 SMS
10	鞍钢重轨		100~400	2003 年改造完	主要生产重轨引进 SMS
11	攀钢重轨		100~400	2004 年改造完	主要生产重轨引进 SMS
12	包钢重轨		100~400	2005 年改造完	主要生产重轨引进 SMS
13	武钢重轨		100~400	2005 年改造完	主要生产重轨引进 SMS
14	安泰大型	100	250~1000	2011 年 6 月	引进 SMS
15	兴 华	100	100~350	2007 年 8 月	全国产设备
16	盛 达	60	100~500	2006 年 5 月	全国产设备
17	鞍山宝得	120	100~500	2011 年 6 月	全国产设备
18	唐山天柱	112	100~500	2017 年 5 月	全国产设备
19	邯钢重轨		100~400	预计 2012 年底	主要生产重轨引进 SMS

7.1.4 H 型钢的新发展

目前 H 型钢生产技术以日本新日铁、川崎和卢森堡的阿尔贝德公司为代表，前者开发出了外部尺寸
一定的 H 型钢和薄腹 H 型钢，后者开发出了 H 型钢 TM-SC 轧制技术和 QST 控冷技术，代表了目前 H 型
钢生产技术的最高水平。

7.1.4.1 外部尺寸一定的 H 型钢

以往轧制的 H 型钢，由于受轧机设备的制约，腹板高度、翼缘宽度等外部尺寸是随着翼缘厚度和腹
板厚度的不同而变化的，即所谓的内部尺寸一定。但是，由于 H 型钢大量应用于建筑结构中，外部尺寸
一定的 H 型钢具有良好的施工性，所以希望 H 型钢的外部尺寸能够一定。将同一规格的腹板高度调整到
规定值，有两种轧制方案：扩展腹板内尺寸的扩宽方式，或缩小腹板内尺寸的减宽方式。扩宽方式主要

有腹板分段轧制方法、轧辊机械扩宽法等，减宽方式主要有减宽轧制方法。

7.1.4.2　轻型薄壁 H 型钢

H 型钢作为钢梁、柱等结构材料使用，由于其腹板对纵弯刚性的贡献很小，为了达到经济设计目的，故力求减薄腹板厚度，减少 H 型钢单重。

生产薄腹 H 型钢的关键技术是 H 型钢的翼缘水冷技术。随着腹板厚度减薄，腹板的弯曲刚性也在下降，同时腹板冷却速度更快，腹板与翼缘的温差加大，作用于腹板与翼缘的热应力增加，容易造成腹板弯曲，只有对翼缘进行辅助冷却，减少腹板与翼缘的热应力，才能防止腹板弯曲。

7.1.4.3　TM-SC 轧制技术

TM-SC 轧制技术由卢森堡的阿尔贝德公司开发，其主要目的是改善钢材的性能，使 H 型钢具有高强度、高低温冲击韧性和良好的焊接性能。采用轧后正火或控制轧制（TM）技术可达到这些要求。与正火工艺相比，TM 技术有以下优点：碳当量低，焊接性能好；省去离线热处理，缩短了生产时间，降低了生产成本；对钢梁长度没有限制。

普通的 TM 热轧工艺有以下缺点：原料厚度受限制、截面上性能不均以及由于各轧制道次间必须进行空冷而降低生产率等。

为克服普通的 TM 热轧工艺的不足，卢森堡的阿尔贝德公司与其他公司合作开发了 TM-SC（控轧-局部冷却）工艺，即在 H 型钢腰部与腿部结合部位采用局部选择冷却，提高 H 型钢截面上温度的均匀性，基本克服了普通控轧 H 型钢的缺点，使产品截面上性能均匀，并且提高了轧机的生产效率。

7.1.4.4　QST 工艺——淬火加自回火工艺

由卢森堡的阿尔贝德公司与其他公司合作开发的 QST 工艺，是在终轧后对钢梁进行快速水冷，使其表面生成马氏体，并在钢梁中心冷却前停止冷却，利用钢梁心部余热进行回火。该工艺具有以下优点：产品屈服强度高，比普通钢材高 100～150MPa；金相组织好，韧性好；可减少钢的合金含量，改善其焊接性能；可通过改变 QST 工艺条件，获得不同的力学性能；生产成本低。

7.1.4.5　H 型钢自由尺寸轧制新技术

为了生产外部尺寸固定的 H 型钢，日本各个厂家分别开发了各自的 H 型钢自由尺寸轧制新技术。其中以新日铁开发的斜辊轧机扩腰轧制技术和可调宽度水平辊轧制技术最为典型。

7.1.4.6　可调宽度水平辊控宽轧制技术

要生产外部尺寸固定的 H 型钢，首先要解决水平辊辊面的宽度变化问题。为此，日本的各大钢铁公司，如新日铁、NKK、住友、川崎等都纷纷开发了具备各自特点的可调宽度水平辊。

使用可调宽度水平辊还有一明显的优点，就是可以提高轧辊的利用率。由于这种轧辊重车时可以利用调整宽度，来避免宽度规格进级时改规格切削掉的大量辊面，因而重车辊面利用率由普通辊的 20% 提高到 100%。同时也节省了轧辊重车时间，减少了轧辊的储备和消耗。

7.1.5　H 型钢的钢种

H 型钢被广泛应用于民用住宅、高层建筑、机场、铁路、体育场馆、会展中心、公路及铁路桥梁，以及钢结构厂房、铁路车辆、车大梁、电站、石化、海洋石油平台等。

国内生产 H 型钢的主要钢种有碳素结构钢、低合金高强度结构钢、耐候结构钢、桥梁用结构钢等。除上述钢种外，我国部分生产厂家按照国外标准，自行研制并开发了海洋石油平台用钢、铁道车辆专用钢、汽车大梁专用钢、590MPa 级超低碳贝氏体钢、抗震 H 型钢、建筑用耐火钢等一系列特殊钢种。

7.1.5.1　碳素结构钢

按现行国家标准《碳素结构钢》（GB/T 700—2006）规定，碳素结构钢分 4 个牌号，即 Q195、Q215、Q235、Q275（取消了 88 版的 Q255）。每个牌号内又有不同的质量等级，最多可达 4 种，用字母 A、B、C、D 表示。最后在质量等级后表明对钢材的脱氧方法，如 F、Z、TZ。例如：Q235A·F，为 $\sigma_s =$ 235MPa、质量等级为 A 级、沸腾钢。

7.1.5.2　低合金高强度结构钢

低合金高强度结构钢是指在炼钢过程中增添一些合金元素，其总量不超过 5% 的钢材，在提高钢材强度的同时也提高其韧性，从而减少钢结构的用钢量。一般可比碳素结构钢节约 20% 左右的用钢量。

按现行国家标准《低合金高强度结构钢》（GB/T 1591—2008）规定，碳素结构钢分 8 个牌号，即 Q345、Q390、Q420、Q460、Q500、Q550、Q620 和 Q690，其中 Q 为代表屈服强度的字母，其后的数字代表其屈服强度数值。每个牌号内的质量等级，最多可达 5 种，用字母 A、B、C、D 和 E 表示。当需方要求钢板具有厚度方向性能时，则在上述规定的牌号后加上代表厚度方向（Z 向）性能级别的符号，例如：Q345DZ15。

7.1.5.3 耐候结构钢

耐候结构钢是指在冶炼过程中，通过添加少量的合金元素，如 Cu、P、Cr、Ni 等，使其在金属基体表面上形成保护层，以提高耐大气腐蚀性能的钢。

按现行国家标准《耐候结构钢》（GB 4171—2008）规定，耐候结构钢可分为两大类，高耐候钢和焊接耐候钢。

高耐候钢共 4 个牌号，其中热轧 2 个，分别为 Q295GNH 和 Q355GNH；冷轧 2 个，分别为 Q265GNH 和 Q310GNH。高耐候钢主要用于车辆、集装箱、建筑、塔架或其他结构件等结构用，与焊接耐候钢相比，具有更好的耐大气腐蚀性能。其牌号表示方法由代表"屈服点"的"屈"的首位拼音字母 Q、屈服强度的下限数值、"高耐候"的首位拼音字母 GNH 以及质量等级代号组成。质量等级有 A、B、C、D、E 5 种。

焊接耐候钢共 7 个牌号，全部为热轧，牌号为 A235NH、Q295NH、Q355NH、Q415NH、Q460NH、Q500NH、Q550NH 等。焊接耐候钢主要用于车辆、桥梁、集装箱、建筑或其他结构件等结构用，与高耐候钢相比，具有良好的焊接性能。其牌号表示方法由代表"屈服点"的"屈"的首位拼音字母 Q、屈服强度的下限数值、"耐候"的首位拼音字母 NH 以及质量等级代号组成。质量等级有 A、B、C、D、E 5 种。

耐候钢的质量等级有 A、B、C、D、E 5 种，只与钢材冲击韧性的试验温度与冲击功数值有关。

7.1.5.4 桥梁用结构钢

桥梁用结构钢是专用于架造铁路或公路桥梁的钢材。要求有较高的强度、韧性以及承受机车车辆的载荷和冲击，且要有良好的抗疲劳性、一定的低温韧性和耐大气腐蚀性。

按现行国家标准《桥梁用结构钢》（GB/T 714—2008）规定，其牌号由代表屈服强度的汉语拼音字母、屈服强度数值、桥字的汉语拼音字母、质量等级符号等几个部分组成。例如：Q420qD。当要求钢板具有耐候性能或厚度方向性能时，则在上述规定的牌号后分别加上代表耐候的汉语拼音字母"NH"或厚度方向（Z 向）性能级别的符号，例如：Q420qDNH 或 Q420qDZ15。

桥梁用结构钢共有 9 个牌号，为 Q235q、Q345q、Q370q、Q420q、Q460q、Q500q、Q550q、Q620q、Q690q 等。其中 Q235q ~ Q460q 每个牌号有 C、D、E 三个质量等级，Q500q ~ Q690q 每个牌号只有 D、E 两个质量等级。

7.1.5.5 海洋石油平台用钢

从 20 世纪 60 年代开始，美国、日本和欧洲就开始了海洋石油平台用钢的研究，并开发了自己的钢种。美国 ABS（船检局）、API（美国石油学会）对平台用钢设计和制造都有相应的规范，采用的钢种有 ASTM 的 A36/A36M、A57Z/A57ZM、A992 和 EH32、EH36。英国和卢森堡则按 BS4360 和 ASTM 标准组织生产。德国主要为 STE355。日本为 SM400B、SM490B、SM490YB 和 SS400 系列。表 7-5 和表 7-6 分别为国外海洋平台用钢化学成分和力学性能要求[4]。

表 7-5 国外海洋平台用钢化学成分（质量分数）要求　　　　　　　　　（%）

钢　种	C	Si	Mn	S	P	Nb	V	C_{eq}
SM400B	≤0.20	≤0.35	0.6 ~ 1.4	≤0.035	≤0.035			≤0.38①
SM490B	≤0.18	≤0.55	≤1.60	≤0.035	≤0.035			≤0.38①
SM490C	≤0.18	≤0.55	≤1.60	≤0.035	≤0.035			≤0.38①
SM490YB	≤0.20	≤0.55	≤1.60	≤0.035	≤0.035			≤0.38①
SM520C	≤0.20	≤0.55	≤1.60	≤0.035	≤0.035			≤0.40①
BS4360-50D	≤0.18	≤0.50	≤1.50	≤0.040	≤0.040	0.003 ~ 0.1	0.003 ~ 0.1	≤0.43②

钢　种	C	Si	Mn	S	P	Nb	V	C_{eq}
A36/A36M	≤0.26	0.15 ~ 0.4	0.8 ~ 1.2	≤0.050	≤0.040			
A572/A572M[③]	≤0.21	0.15 ~ 0.4	≤1.35	≤0.050	≤0.040	0.005 ~ 0.05	0.01 ~ 0.15	
A992	≤0.23	≤0.40	0.5 ~ 1.5	≤0.045	≤0.035	≤0.05	≤0.11	≤0.47
EH36	≤0.18	≤0.50	0.9 ~ 1.60	≤0.035	≤0.035	0.02 ~ 0.05	0.03 ~ 0.10	≤0.38[①]
StE355	≤0.20	0.1 ~ 0.5	0.9 ~ 1.65	≤0.030	≤0.035	≤0.05	≤0.10	Ni≤0.3

① $w(C_{eq}) = w(C) + w(Mn)/6 + w(Si)/24 + w(Ni)/40 + w(Cr)/5 + w(Mo)/4 + w(V)/14$；

② $w(C_{eq}) = w(C) + w(Mn)/6 + w(Cr + Mo + V)/5 + w(Ni + Ci)/15$；

③ A572/A572M 共 4 个级别钢种，R_{eL} 最小为 290MPa、345MPa、415MPa、450MPa。

表 7-6　国外海洋平台用钢力学性能要求

钢　种	R_{eL}/MPa	R_m/MPa	A/%	温度/℃	A_{KV}/J	
					纵　向	横　向
SM400B	≥245	400 ~ 510	≥23	0	≥27	
SM490B	≥325	490 ~ 610	≥23	0	≥27	
SM490C	≥325	490 ~ 610	≥23	0	≥47	
SM490YB	≥365	490 ~ 610	≥21	0	≥27	
SM520C	≥365	520 ~ 640	≥21	0	≥47	
A36/A36M	≥250	400 ~ 550	≥21	①		
A572/A572M	240 ~ 450	415 ~ 550	15 ~ 20	①		
A992	345 ~ 450	≥450	18 ~ 21	①		
EH36	≥355	490 ~ 620	≥21	-40	≥34	≥24
BS4360-50D	≥355	490 ~ 640	≥21	-40	≥27	
StE355	≥345	490 ~ 630	≥22	0	≥31	

①根据用户要求。

A　强度

海洋石油平台在海洋中要长期受到风浪等交变应力的作用，以及冰块等漂浮物的冲撞，因此要具有较高的强度。当前各国的平台结构用钢在强度上大体分为软钢、中强度钢和高强度钢。如美国 ABS 将平台钢分为三级：235 ~ 305MPa、315 ~ 400MPa、410 ~ 685MPa；美国 API 将平台钢分为三级：≤275MPa、275 ~ 355MPa、≥355MPa；英国 BS4360 将平台钢分为四级：400 ~ 480MPa、430 ~ 510MPa、500 ~ 620MPa、550 ~ 700MPa。除考虑强度因素外，还要考虑到平台构件的稳定性和可靠性，因此，一些国家标准中还规定了屈强比，一般软钢的 $R_{eL}/R_m ≤ 0.7$，中高强度钢的 $R_{eL}/R_m ≤ 0.85$。

B　韧性

为了能使平台结构经受住冰块等漂浮物的撞击作用，防止或延缓焊接缺陷和冷裂纹的扩展，要求海洋平台结构用钢有高的韧性，特别是低温冲击韧性。

C　焊接性能

平台的焊接工作量很大，而且对大刚性、大厚度的平台构件，虽然焊前采取预热措施，其焊接裂纹和缺陷仍是难免的，所以补焊的工作量也很大，因此，要求钢材有好的可焊性。要改善可焊性，主要是降低碳当量，因此各国标准对钢材的碳当量都作出了规定，一般中高强度钢 $w(C_{eq}) < 0.4\% ~ 0.5\%$。

7.2　大、中型 H 型钢生产线

在 GB/T 11263—2010《热轧 H 型钢和剖分 T 型钢》标准中规定：

宽翼缘 H 型钢 HW：高度×宽度为 100mm×100mm ~ 500mm×500mm 共 10 个规格，加上不同腿宽的变异规格共 29 个品种；

中翼缘 H 型钢 HM：150mm×100mm ~ 600mm×300mm 共 10 个规格，15 个品种；

窄翼缘 H 型钢 HN：100mm×50mm ~ 1000mm×300mm 共 22 个规格，63 个品种。

大规格 H 型钢需要更大规格的轧机生产，大轧机设备重量大，产量高，投资大。现在一般生产腹高

400～1000mm、翼缘宽度在 200mm 以上的大型 H 型钢采用 1＋3 布置的大型机组生产；生产上述规格以下的中型 H 型钢采用半连续式 1＋（7～10）的中型机组生产；腹高 250～200mm 以下的小 H 型钢，因为小规格产品单重轻，小时产量低，轧件断面小，冷却快，最好采用全连续式布置的小型机组生产。

7.2.1 大型 H 型钢生产线

7.2.1.1 马钢大型 H 型钢生产线

1998 年建成的马钢大型 H 型钢生产线是我国 H 型钢生产的分水岭，该生产线投产以前，我国 H 型钢生产为空白；建成投产后，我国 H 型钢生产和建设走上快速发展时期。马钢大型 H 型钢生产线的平面布置如图 7-7 所示。

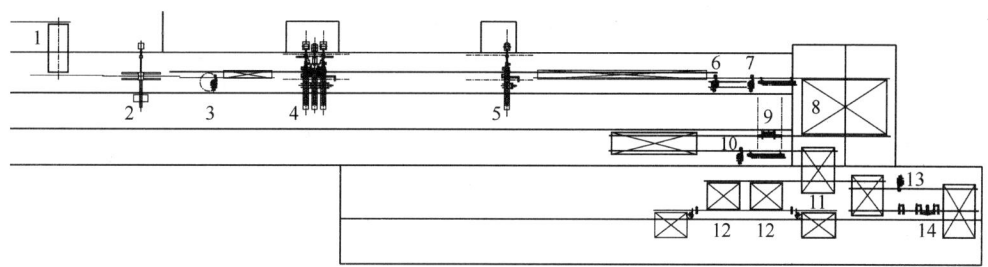

图 7-7 马钢大型 H 型钢车间平面布置示意图

1—步进梁式加热炉；2—开坯轧机；3—切头热锯；4—万能粗轧机组（UR1-E-UR2）；5—万能精轧机组（UF）；
6—移动式热锯机；7—固定式热锯机；8—步进梁式冷床；9—变节矩辊式矫直机；10—定尺冷锯；
11—检查台架；12—堆垛台架（24m×2）；13—改尺冷锯；14—压力矫直机

（1）坯料：为该公司炼钢厂生产的连铸坯，共有三种类型，即异形坯（Ⅰ型）750mm × 450mm × 120mm、异形坯（Ⅱ型）500mm ×300mm ×120mm、矩形坯 380mm ×250mm。其中Ⅰ型、Ⅱ型异形坯用于生产各种规格的 H 型钢和工字钢，矩形坯用于生产其他类型的型钢。异形坯形状如图 7-8 所示。坯料长度从 4.4m 至 11m 不等，根据生产产品的规格，以最佳的定尺长度计算出所需要的坯料长度。设计还预留了将来用连铸板坯生产 H 型钢的可能性。

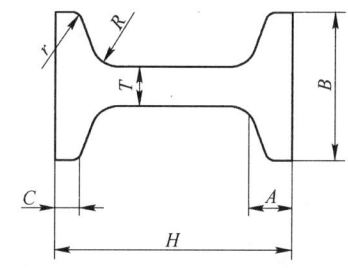

图 7-8 马钢大型 H 型钢的异形坯

（2）生产的钢种：主要有碳素结构钢、桥梁用结构钢、船体用结构钢、矿用钢、低合金钢和耐候钢等。

（3）产品（相当于新标准）：HW：200mm × 200mm ～ 400mm × 400mm；HM：300mm × 200mm ～ 600mm ×300mm；HN：300mm ×150mm ～ 700mm ×300mm；工字钢：250 ～560mm；角钢：160 ～ 200mm；槽钢：200 ～400mm；球扁钢：200 ～270mm；L 钢：250 ～400mm。

（4）产量：一期设计产量 60 万吨，其中 H 型钢 42 万吨，其他型钢 18 万吨；二期生产能力可达 100 万吨。

从图 7-7 的平面布置图可以看出，马钢 H 型钢生产线的主轧机是采用 1＋3 ＋1 布置，即由 1 架可逆式轧机、3 机架的万能粗轧机组（UR1-ED-UR2）和 1 架精轧机组成。轧件在轧机中的变形过程如图 7-9 所示。

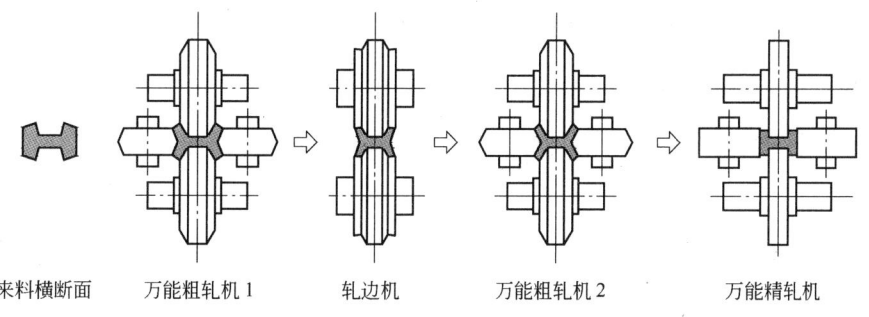

来料横断面　　万能粗轧机 1　　轧边机　　万能粗轧机 2　　万能精轧机

图 7-9 马钢大型 H 型钢轧件在轧机中的变形过程示意图

7.2.1.2　莱芜、津西大型 H 型钢生产线

莱芜大型 H 型钢生产线 2005 年 9 月投产，津西大型 H 型钢生产线 2006 年 5 月投产，主要设备均为 SMS 供货，两条生产线投产时间仅相隔半年，其设计参数和内容几乎完全一样，只是在施工图设计时总图布置稍有区别。莱芜、津西大型 H 型钢车间平面布置如图 7-10 所示。

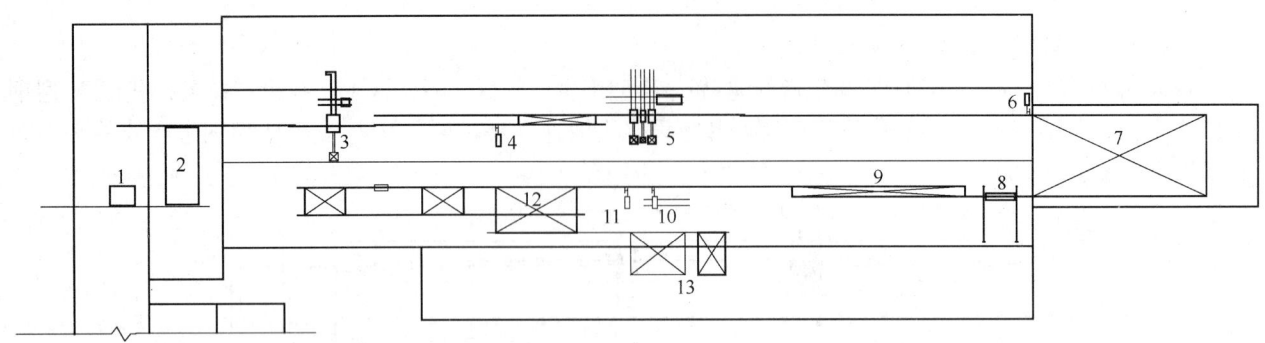

图 7-10　莱芜、津西大型 H 型钢车间平面布置示意图

1—上料台架；2—步进梁式加热炉；3—开坯轧机；4—切头锯；5—万能串列机组；6—热锯；7—组合式冷床；
8—辊式矫直机；9—成排收集台架；10—移动锯；11—固定锯；12—堆垛台架；13—成品收集台架

（1）产品规格：窄翼缘 H 型钢 HN：400mm × 200mm ~ 900mm × 300mm；中翼缘 H 型钢 HM：350mm × 250mm ~ 600mm × 300mm；宽翼缘 H 型钢 HW：250mm × 250mm ~ 400mm × 400mm；H 型钢桩：250mm × 250mm ~ 400mm × 400mm；工字钢：36b ~ 63c。

（2）设计产量：100 万吨/年。

（3）生产钢种：碳素结构钢（Q235）、桥梁用结构钢（Q420q）、低合金结构钢（Q345）、矿用钢（34SiMnK）、耐候钢（Q355NH）。

（4）成品交货状态：H 型钢定尺长度为 6 ~ 24m，以 12m 定尺为主；产品堆垛后用钢线捆扎，每捆最大外形尺寸为 1000mm × 1000mm，每捆重量为 5 ~ 10t。

（5）原料：原料为连铸机提供的异形坯。异形坯有三种类型，其尺寸见表 7-7。断面形状与马钢大型 H 型钢的一样，参见图 7-8。

表 7-7　异形坯尺寸表

类　型	H/mm	B/mm	T/mm	A/mm	C/mm	R/mm	r/mm	单重/kg · m^{-1}	面积/mm^2
BB1	555	440	90	122	68	70	20	917	118290
BB2	730	370	90	110	60	70	20	891	114935
BB3	1000	380	100	130	80	70	20	1243	160436

莱芜、津西大型 H 型钢轧件在轧机中的变形过程如图 7-11 所示。

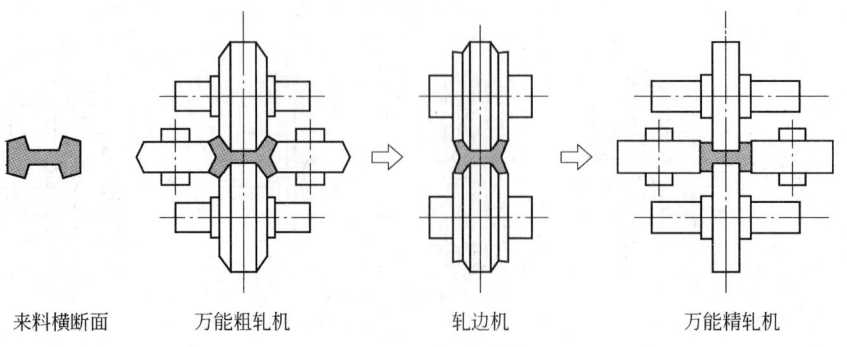

来料横断面　　　万能粗轧机　　　轧边机　　　万能精轧机

图 7-11　莱芜、津西大型 H 型钢轧件在轧机中的变形过程示意图

　　马钢与莱芜、津西的生产线有较大的不同。首先，马钢轧机采用的是1+3+1的布置方式，即1架开坯轧机+3机架可逆轧制的万能粗轧机组+1架万能精轧机，在万能粗轧机组采用的是X-X法轧制，即在万能粗轧机组两架万能轧机上均配置X孔型，只在万能精轧机上配置H孔轧制成H型钢成品。而莱芜、津西采用的是1+3布置，即1架开坯轧机+3机架万能可逆轧机组，没有设置单独的万能精轧机，采用X-H法轧制，即两架万能轧机分别配置X孔和H孔，在往返的每一次两架轧机均同时进行轧制。

　　其次，马钢精整系统采用的是长尺工艺与短尺工艺相结合的方式，既可用热锯将成品直接切成定尺，进行短尺冷却、短尺矫直的短尺工艺；也可由热锯将轧件切成长倍尺，进行长尺冷却、长尺矫直，用冷锯切成定尺的长尺工艺。而莱芜、津西均采用长尺工艺，定尺锯切只能由冷锯实现。

　　第三，马钢与莱芜、津西的轧机规格相当，但马钢为1+3+1布置，轧机较莱芜、津西多一架，因此，采用二辊模式生产型钢时，马钢的条件更优。但是由于增加了一架万能粗轧机，轧机区长度约增加100m。

　　马钢与莱芜、津西生产线的比较见表7-8。

表7-8　马钢与莱钢、津西生产线对比

项　目	马　钢	莱钢、津西
坯　料	采用两种异形坯和一种矩形坯，并预留板坯的可能	全部规格只采用三种异形坯生产
成　品	主要产品以H型钢、工字钢为主，并兼顾槽钢、角钢、L型钢、球扁钢、钢板桩等 宽翼缘H型钢HW200~400mm； 中翼缘H型钢HM300~600mm； 窄翼缘H型钢HN300~700mm； 工字钢25~56号； 角钢160~200mm； 槽钢200~400mm； 球扁钢200~270mm； L型钢250~400mm	主要产品以H型钢、工字钢为主 窄翼缘H型钢HN400~900mm； 中翼缘H型钢HM350~600mm； 宽翼缘H型钢HW250~400mm； H型钢桩：250~400mm； 工字钢：36b~63c
轧机数量	1+3+1，共5架	1+3，共4架
轧制方式	万能串列轧机采用X-X轧制方式	万能串列机组采用X-H轧制方式
精整工艺	长尺方案和短尺方案相结合的方案，既可以采用长尺冷却—长尺矫直—冷锯切定尺方案，又可以采用热锯切定尺—定尺冷却—定尺矫直方案	长尺冷却—长尺矫直—冷锯切定尺方案

7.2.2　中小型H型钢生产线

　　腹高不大于400~450mm、翼缘宽度不大于200~250mm的中小型H型钢，一般在半连续式或连续式布置的机组上生产。因为中小规格H型钢单重小，小时产量低，为保证生产线有较高的产量能与上游的转炉炼钢相配合，需要采用连续式或半连续式布置。莱芜、日照、津西、鞍山宝德等中小型H型钢都是采用半连续式布置，只有马钢、兴澄的小型H型钢是采用全连续式布置（兴澄后来没有生产H型钢）。唯一例外的是长治钢厂的中型H型钢，其产品规格为腹高100~500mm，翼缘宽度100~250mm，采用与大型H型钢相同的生产方法，即1+3的布置，3机架万能轧机可逆连轧的轧制方法。下面将举例介绍中小型H型钢两种最典型的生产方法。

7.2.2.1　津西中小型H型钢生产线

　　津西同时建设了两套中小型H型钢生产线，两条线的工艺布置和设备性能完全相同，现以其中一条为例介绍其工艺和设备性能。

　　（1）产品规格：窄翼缘H型钢：100mm×50mm~400mm×200mm；中翼缘H型钢：150mm×100mm~300mm×200mm；宽翼缘H型钢：100mm×100mm~200mm×200mm；工字钢：10~40号；槽钢：10~36号；角钢：8~20号。

（2）设计产量：每条 80 万吨（两条合计 160 万吨）。

（3）生产钢种：碳素结构钢、桥梁用结构钢、矿用钢、低合钢结构钢、耐候钢。

（4）坯料：连铸坯尺寸：150mm × 150mm（165mm × 225mm）、230mm × 230mm、230mm × 350mm、320mm ×410mm；坯料长度：4 ~8m。

（5）车间平面布置如图 7-12 所示。

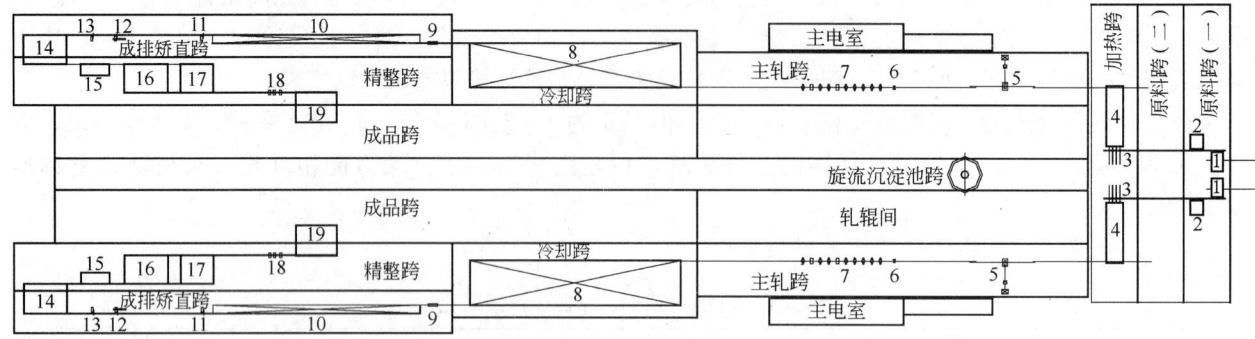

图 7-12　津西中小型 H 型钢车间平面布置示意图

1—热送提升台架；2—冷坯上料台架；3—托钢装置；4—步进梁式加热炉；5—开坯轧机；6—飞剪；7—精轧机组（10 架）；8—步进
齿条式冷床；9—10 辊辊式矫直机；10—成排收集台架；11—倍尺固定锯；12—移动锯；13—定尺固定锯；14—检查台架；
15—短尺收集台架；16—堆垛台架（12m×2）；17—堆垛台架（18m×1）；18—打捆机；19—成品收集台架

（6）轧机组成、形式及布置：津西中小 H 型钢生产线由 11 架轧机组成，1 架二辊可逆式开坯机和 10 机架连轧精轧机，10 架精轧机布置形式为 U/H-U/H-U/H-U/H-U/H-H-U/H-U/H-H-U/H，即由 8 架万能轧机和 2 架水平轧机组成，10 架呈连轧布置。

7.2.2.2　马钢中小型 H 型钢生产线

（1）产品规格：窄翼缘 H 型钢：100mm × 50mm ~ 400mm × 200mm；中翼缘 H 型钢：150mm × 100mm ~300mm × 200mm；宽翼缘 H 型钢：100mm × 100mm ~ 200mm × 200mm；工字钢：20a ~ 40c；槽钢：25a ~ 40c。

（2）设计产量：年设计能力 50 万吨，其中 H 型钢为 42 万吨，其他型钢为 8 万吨。

（3）生产钢种：碳素结构钢、低合金结构钢、低合金钢、桥梁和船体用结构钢、耐候钢。

（4）坯料：方坯：150mm × 150mm，长度为 10. 15 ~ 17. 10m（用于生产槽钢和工字钢）。异形坯：BB1：430mm × 300mm × 90mm，长度为 7. 15 ~ 17. 10m；BB2：320mm × 220mm × 85mm，长度为 7. 15 ~ 17. 10m（用来生产 H 型钢）。

（5）车间平面布置如图 7-13 所示。

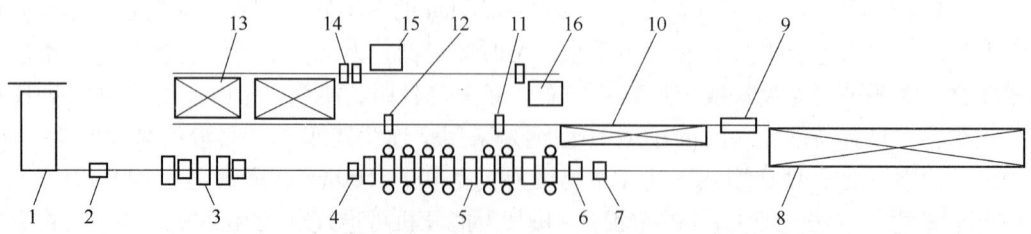

图 7-13　马钢中小型 H 型钢车间平面布置示意图

1—步进梁式加热炉；2—高压水除鳞机；3—5 机架粗轧机组；4—火焰切割机；5—10 机架中精轧机组；
6—在线测量装置；7—飞剪；8—步进式冷床；9—10 辊悬臂式矫直机；10—移钢台架；11—1 号冷锯；
12—2 号冷锯；13—检查堆垛台架；14—打捆机；15—发货台架 1；16—发货台架 2

（6）轧机的布置：马钢中小型 H 型钢生产线为全连续式，由 15 架轧机组成，5 架粗轧机呈 1H-2V-3H-4H-5V 平立交替布置，精轧机组 10 架由 7 架万能轧机和 3 架水平轧机组成，呈 6H-7H/U-8H/U-9H/U-

10H/U-11H-12H/U-13H/U-14H-15H/U 布置，粗轧入口速度不大于0.15m/s，出口速度不大于7.0m/s。中、精轧入口速度不大于1.0m/s，出口速度不大于5.0m/s。

(7) 轧机形式：全部为无牌坊短应力线轧机。

马钢连续式中小型H型钢生产线与日照、津西半连续式中小型H型钢生产线比较见表7-9。

表7-9 马钢连续式与日照、津西半连续式中小型H型钢生产线比较

项 目	马钢连续式	日照、津西半连续式
坯 料	槽钢、角钢等型钢和小规格的H型钢可采用方坯生产，但中大规格的H型钢必须采用异形坯生产，坯料尺寸规格如下： 方坯：150mm×150mm； 异形坯： BB1：430mm×300mm×90mm，BB2：320mm×220mm×85mm	方坯、矩形坯、异形坯均可，多用方坯和矩形坯，坯料尺寸规格如下： 150mm×150mm（165mm×225mm）；230mm×230mm； 230mm×350mm； 320mm×410mm
成 品	可以生产轻型薄壁H型钢，主要产品规格如下： HN100mm×50mm~400mm×200mm； HM150mm×100mm~300mm×200mm； HW100mm×100mm~200mm×200mm； 工字钢：20a~40c； 槽钢：25a~40c	生产普通H型钢，不能生产轻型薄壁H型钢，主要产品规格如下： HN100mm×50mm~400mm×200mm； HM150mm×100mm~300mm×200mm； HW100mm×100mm~200mm×200mm； 工字钢：10~40号； 槽钢：10~36号； 角钢：8~20号
轧机数量	较多，粗轧5架，精轧10架	较少，开坯1架，精轧10架
轧机形式	粗轧：短应力线二辊轧机； 精轧：短应力线万能轧机和短应力线二辊轧边机	开坯轧机：短应力线二辊可逆开坯轧机或闭口牌坊式二辊可逆开坯轧机； 精轧：短应力线万能轧机和短应力线二辊轧边机
生产线长度	相当，粗轧机组与精轧机组之间采用脱头布置，中间长度较长	相当，开坯轧机与精轧机组之间采用脱头布置，中间长度较长
精整工艺	采用长尺冷却—长尺矫直—冷锯切定尺的长尺精整工艺，采用步进齿条式冷床	采用长尺冷却—长尺矫直—冷锯切定尺的长尺精整工艺，采用步进齿条式冷床

7.3 H型钢的生产工艺

7.3.1 原料的种类和尺寸

7.3.1.1 原料的种类

H型钢的原料有钢锭、初轧坯和连铸坯三类。

A 用钢锭作原料

早期建设的大型H型钢轧机是将初轧机和H型钢轧机布置在一条生产线上，用钢锭直接轧制H型钢，采用的钢锭重量为4~20t，一火加热轧成H型钢。这种布置在欧美20世纪50年代建设的轧机上常见，日本过去也有类似布置。用钢锭一火加热直接轧成H型钢，可减少金属损失，节约燃料，降低成本。缺点是产品质量低，初轧机和H型钢轧机的能力不平衡，初轧能力难以发挥。20世纪60年代后期，由于技术的进步和用户对产品质量要求提高，一般均不再用钢锭作原料。

B 用初轧坯作原料

初轧坯有异形和矩形两种断面。一般来说，生产400mm×200mm以上的H型钢时用异形初轧坯，中等规格一般采用矩形坯，生产小于400mm×200mm的H型钢用矩形坯，小规格采用方坯[5]。

初轧坯作原料时，由于只需变更初轧坯的轧制程序就可以获得任意断面的尺寸，因此钢坯的形状和尺寸变换性大，可以适应各种规格的H型钢轧制。此外钢坯进行中间检查，可以根据钢坯表面质量进行

充分清理，因此原料的表面质量好。而且钢坯几何尺寸精度高，轧材压缩比大，成品质量好。其缺点是金属消耗大，燃料消耗大，成本高。现在亦很少用初轧坯作原料。

C　用连铸坯作原料

连铸坯作为高效、节能、环保的原料，代替钢锭或初轧坯，作为生产 H 型钢的原料，具有质量好、节省能源等优点，我国新建的 H 型钢生产线全部采用连铸坯作为原料。

生产 H 型钢用的连铸坯有矩形坯、异形坯和板坯三种。矩形连铸坯主要用作中小型 H 型钢轧机的坯料。连铸异形坯用来生产中大型 H 型钢。连铸板坯一般用于轧制大型或超大型 H 型钢。

对于超大型 H 型钢需要连铸板坯作原料，主要是通过楔孔立轧对板坯进行横向轧边使其两端形成凸缘，轧成所谓的"狗骨形"，再采用分腰轧制法或采用腰部扩展轧制法轧出成品。目前，板坯采用的厚度约为 250mm。马钢大型 H 型钢生产线就预留了用连铸板坯生产大规格 H 型钢的可能。

由于成功地开发了板坯立轧生产 H 型钢的工艺，在一些板坯连铸能力富裕的公司中，使用板坯生产 H 型钢，也取得了很好的效果，尤其表现在生产大规格的 H 型钢产品上。

采用板坯法也有一些缺点：

(1) 在开坯机上把板坯立轧操作不好时，腹板易偏斜，对设备、操作要求较多。

(2) 在开坯机上轧制道次较多，一般要 21~23 道，有的需 35~41 道次，大大约束了设备能力的发挥，有些厂为了提高产量而设置了 2 架开坯机[6]。

20 世纪 60 年代末，出现了用连铸异形坯轧制 H 型钢技术，后来又开发了连铸板坯轧制大规格 H 型钢技术，这两种技术的出现，使全部采用连铸坯轧制 H 型钢成为可能。全部采用连铸坯或连铸异形坯轧制 H 型钢是现代 H 型钢轧制工艺的重大创新。

开发了单一规格异形坯轧制多种规格 H 型钢（最多可达 30 多种）的工艺，从而大大简化了连铸生产的品种数量。现在主要有四种轧制法[3]：腰部延伸轧制法、缘部展宽轧制法、腰部收缩轧制法、缘部收缩轧制法。

20 世纪 90 年代初，又推出了近终形异形坯的轧制工艺，坯料腰部厚度已减小到 50mm 左右，能最大限度地减少轧制道次，配在短流程工艺线上使用会获得极高的生产率。

传统的"狗骨状"连铸坯和近终形连铸坯如图 7-14 所示。

采用异形坯生产 H 型钢的优点是：

(1) 轧制道次少，轧机生产率高，轧制变形均匀，切头少，成材率高，可大幅度节约成本。同时，由于坯料的偏析少，形状尺寸规整，易于调整操作，因而产品精度高，对称度好，内在质量好。

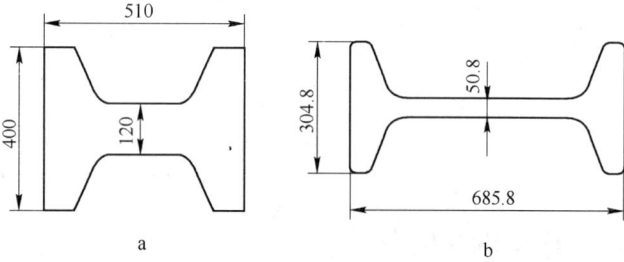

图 7-14　传统的"狗骨状"连铸坯（a）与近终形连铸坯（b）

(2) 异形坯的凝固规律和冷却制度已被掌握，同时攻克了连铸机核心部件结晶器的设计和制造技术；铸坯的质量好，生产效率高。

7.3.1.2　原料的尺寸

A　国外原料尺寸

国外主要 H 型钢生产线原料尺寸如表 7-10 所示[6]。

表 7-10　国外主要 H 型钢生产厂家采用的坯料尺寸　　　　　　　　　　　（mm）

序　号	生产厂	坯 料 断 面	H 型钢产品规格
1	德国派纳厂	方坯：165×165、230×230 矩形坯：230×340	IPB100~240 IPE100~450
2	德国派纳厂	矩形坯：230×340、270×400 板坯：250×（800~2200）	IPB260~1000 IPE450~600

序 号	生产厂	坯 料 断 面		H 型钢产品规格
3	日本福山二大型	185×185～300×450		H150×100～300×200 H100×50～350×175 H100×100～200×200
4	川崎水岛大型	异形坯：500×250×70～1300×500×150 矩形坯：180×200～250×300		H100×50～1010×450
5	川崎水岛中型	矩形坯：200×220～350×450		H100×100～200×200 H150×100～300×200 H150×75～400×200
6	新日铁君津	方坯：180×180～300×300 异形坯：532×399×108/101		H100×50～500×200
7	巴西大型钢梁厂	矩形坯	350×260	HE160～200，IPE220～280
			350×380	HE220～140，IPE300～300
			540×470	HE260～340，IPE300～400
			720×500	IPE550
			630×440	IPM4500～550
			720×600	IPE600，H450
8	西班牙 CEISA 中型厂	方坯：160×160 矩形坯：180×260 异形坯：405×285×80、270×185×80		IPE140～450 IPN140～450 HEA100～HEB260
9	美国 SDI 中型厂	方坯：260×160 异形坯：430×260×80、555×420×90、730×370×90、980×370×90		平行翼缘钢梁：6×4～36×12，包括 14×14.5 标准钢梁（stand beams）：S6～S24 宽缘钢梁(wide-flanged beams)：HP8～HP14
10	韩国波红厂	矩形坯：250×250/300/400、320×270/430、160×580 板坯：250×1050 异形坯：480×420×120		INP 钢梁：200×100～300×150 HE 钢梁：100×100～800(900)×300 宽缘钢梁：400×400

B　国内原料尺寸

我国 H 型钢生产线是从 20 世纪 90 年代末开始建设的，坯料均采用连铸坯。

我国的大型 H 型钢生产线，在轧制 H400mm×200mm 以上的大规格 H 型钢时全部采用异形坯，如马钢大型 H 型钢就有两种规格异形坯，莱芜大型 H 型钢有三种规格异形坯。生产 H400mm 以下的 H 型钢时有采用连铸方坯和矩形坯作为原料的，如莱芜中小型 H 型钢、日照中小型 H 型钢、津西中小型 H 型钢等；也有采用异形坯作为原料的，如马钢中小型 H 型钢。各厂采用的坯料见表 7-11。

表 7-11　我国主要 H 型钢生产厂家采用的坯料尺寸　　　　　　　　(mm)

序 号	生产厂	坯 料 断 面	产 品 规 格
1	马钢大型 H 型钢	矩形坯：380×250 异形坯：750×450×120、500×300×120 板坯（预留）	H200～800
2	马钢中小型 H 型钢	方坯：150×150 异形坯：430×300×90、320×220×85	H100×50～400×200

序　号	生 产 厂	坯 料 断 面		产 品 规 格
3	莱芜大型 H 型钢	异形坯	555 × 440 × 90	H350 × 250 ~ 600 × 300
			730 × 370 × 90	H200 × 200 ~ 400 × 400
			1000 × 380 × 100	HN400 × 200 ~ 1000 × 300
4	莱芜中小型 H 型钢	230 × 230、230 × 350、275 × 380		H100 × 50 ~ 350 × 175
5	津西大型 H 型钢	异形坯	555 × 440 × 90	H350 × 250 ~ 600 × 300
			730 × 370 × 90	H200 × 200 ~ 400 × 400
			1000 × 380 × 100	HN400 × 200 ~ 1000 × 300
6	津西中小型 H 型钢	方坯：230 × 230 矩形坯：350 × 230，410 × 320		HN 100 ~ 400 HM 150 ~ 200 HW 100 ~ 200
7	日照中小型 H 型钢	方坯：160 × 160、250 × 250 矩形坯：340 × 230		HN 100 ~ 350 HM 150 ~ 200 HW 100 ~ 200
8	长冶中型 H 型钢	方坯：150 × 150 矩形坯：430 × 300 × 85 异形坯：292 × 205 × 85		HN100 ~ 450 HM150 ~ 200 HW100 ~ 200

7.3.2　H 型钢的加热

目前我国有多条大型、中型和小型 H 型钢生产线，均采用上下加热的步进梁式加热炉。国内几座有代表性的 H 型钢加热炉主要技术性能见表 7-12。

表 7-12　国内几座有代表性的 H 型钢加热炉主要技术性能

项　目		大型 H 型钢轧机			
		马　钢	莱　钢	津　西	山西安泰
规模/万吨·年$^{-1}$		90→110	100→140	100	120
投产日期		1998 年 9 月	2005 年	2006 年 5 月	2011 年 6 月
炉　型		步进梁式炉	步进梁式炉	步进梁式炉	步进梁式炉
产量/t·h^{-1}		200	260	260	260
装料方式		托入机	托入机	托入机	托入机
出料方式		托出机	托出机	托出机	托出机
出炉温度/℃		1250	1250	1250	1250
坯型尺寸	异形坯 /mm × mm × mm	500 × 300 × 120 750 × 450 × 120	555 × 440 × 90 730 × 370 × 90 1000 × 380 × 100	555 × 440 × 90 750 × 370 × 90 1024 × 350 × 90	446 × 260 × 85 555 × 440 × 90 750 × 370 × 90 1024 × 390 × 90
	矩形坯/mm × mm	250 × 380			
	长度/m	4.0 ~ 11.0	9.43 ~ 13.6	8.77 ~ 13.6	10.63 ~ 17.00
排料方式		单、双排	单排	单排	单排
热装温度/℃			700	700	700
热装率/%			60	60	60
燃　料		高焦混合煤气	高焦转混合煤气	高炉煤气	混合煤气
低热值/kJ·m^{-3}		8373.6	7536.24 ± 10%	3261.52	7536.24
炉子有效长/m		30	34	33	36

项 目			大型 H 型钢轧机			
			马 钢	莱 钢	津 西	山西安泰
内宽/m			17.3	14.4	14.40	17.80
装出料辊中心距/m			35.75	40	38.21	41.21
炉膛高度(上/下)/m			1.98~7.70/7.5	1.35/1.94		1.5~1.98/7.4
燃烧方式			常规燃烧	脉冲燃烧	双蓄热燃烧	常规燃烧
烧嘴布置方式	均热段	上部	炉顶平焰烧嘴	侧部可调焰烧嘴	侧部蓄热式烧嘴	炉顶平焰烧嘴
		下部	端部反向烧嘴	侧部可调焰烧嘴	侧部蓄热式烧嘴	端部反向烧嘴
	加热段	上部	炉顶平焰烧嘴	侧部可调焰烧嘴	侧部蓄热式烧嘴	侧部可调焰烧嘴
		下部	火焰可调烧嘴	侧部可调焰烧嘴	侧部蓄热式烧嘴	侧部可调焰烧嘴
	预热段	上部	火焰可调烧嘴	侧部可调焰烧嘴	侧部蓄热式烧嘴	侧部可调焰烧嘴
		下部	火焰可调烧嘴	侧部可调焰烧嘴	侧部蓄热式烧嘴	侧部可调焰烧嘴
空气预热温度/℃			600	600	1000	550
煤气预热温度/℃					1000	
水梁冷却方式			水冷	水冷	水冷	水冷
单位热耗/kJ·kg⁻¹	冷装		1297.91	1256.04		1339.78
	热装					235
烟囱尺寸/m×m			φ3.6×80			φ3.5×90

项 目			中型 H 型钢轧机			
			莱 钢	长 冶	日 照	马 钢
规模/万吨·年⁻¹			50→110	60	50→100	50→65
投产日期			1998年11月	已投产	已投产	已投产
炉 型			步进梁式炉	步进梁式炉	步进梁式炉	步进梁式炉
产量/t·h⁻¹			110	180	180	140
装料方式				托入机		托入机
出料方式				托出机		炉内悬臂辊道+托出机
出炉温度/℃				1230~1260(±10)		1230~1260
坯型尺寸	异形坯/mm×mm×mm			430×300×85		
				292×205×85		
	矩形坯/mm×mm				280×340	
			230×350	180×260	230×340	320×200
			275×380		250×250	430×300
	方形坯/mm×mm		230×230	150×150	160×160	150×150
	长度/m		5.32~8.00	5.85~12		11~12
排料方式				单排		单排
热装温度/℃				700		700
热装率/%				80	90	60~80
燃 料			高、焦混合煤气	高焦转混合煤气		高焦转混合煤气
低热值/kJ·m⁻³				6698.88±837.36		8373.6±837.36
炉子有效长/m			26.3	27		24.6
内宽/m			8.7	17.80		17.8
装出料辊中心距/m						
炉膛高度(上/下)/m				1.5/7.3		
燃烧方式			常规燃烧	常规燃烧		

续表 7-12

项　目			中型 H 型钢轧机			
			莱　钢	长　冶	日　照	马　钢
烧嘴布置方式	均热段	上部	炉顶平焰烧嘴			
		下部	侧部可调焰烧嘴			
	加热段	上部	炉顶平焰烧嘴			
		下部	侧部可调焰烧嘴			
	预热段	上部	炉顶平焰烧嘴			
		下部	侧部可调焰烧嘴			
空气预热温度/℃			500			550
煤气预热温度/℃						
水梁冷却方式			水冷			
单位热耗/kJ·kg^{-1}	冷装		1339.78			1297.91
	热装		983.9			983.9
烟囱尺寸/m×m			φ3.5×80			

注：表中箭头所指是目前已经达到的最大年产量。

7.3.2.1　加热炉炉型

大型和中型 H 型钢轧机加热炉一般均采用步进梁式炉，炉型和结构与轨梁和板坯轧机加热炉类似。

采用先进的步进式加热炉，可单排或双排布料；步进梁移动行程可调，可适应不同规格原料的装料要求；新的水梁设计可消除加热黑印；加热炉实现全自动控制，即炉料的跟踪和整个移动过程的准确定位控制；钢温在线模拟及按最佳加热曲线进行各段炉温自动设定，加热炉燃烧、炉压、空燃比、换热器等系统的自动控制等，这些技术的应用可使钢坯加热均匀，加热温度控制准确，同时可减少钢坯的烧损和空气污染并节省燃料。

小型 H 型钢加热炉既可以采用钢坯加热质量好、操作灵活的步进梁式炉，也可以采用造价较低的推钢式加热炉。炉型和结构与常规棒线材加热炉类似。

7.3.2.2　炉子主要结构特点

（1）装出料方式：大型 H 型钢轧机加热炉，由于采用异形连铸坯，坯料规格及单重较大，而且一般都是热装，所以都采用端进料和端出料方式。装料用托入机托入，出料为托出机托出。

中型和小型 H 型钢轧机加热炉，由于坯料是规格及单重较小的方坯或矩形连铸坯，可采用炉内悬臂辊道侧进、侧出。中型 H 型钢步进梁式加热炉也可采用托进、托出的装出料方式。

（2）炉子结构和烧嘴选型、布置要充分满足钢坯均匀加热的要求。出炉钢坯除了要满足轧机的开轧温度之外，对加热坯料温度的均匀性也有较高的要求，以便得到轧制精度高的产品。尤其是异形钢坯，翼缘部分容易过热或过烧，因此对炉宽方向炉温均匀性，以及上部加热和下部加热的一致性，要求较高。

H 型钢轧机加热炉由于炉子都较宽，炉长相对较短，因此在均热段、加热段和预热段之间设置隔墙对炉温控制有利。

当炉子宽度较宽（大于 12m）时，均热段上部可采用平焰烧嘴，下部可采用纵向烧嘴，以满足炉宽方向温度均匀性的要求。另外，当采用直焰烧嘴时，适当增加炉膛高度，对炉温均匀性是有利的。

在均热段下部采用反向直焰烧嘴，虽然对炉宽温度均匀性操作控制较好，又能防止出料口吸冷风，但"狗洞"处步进梁跨度大，操作条件恶劣，并且降低了炉膛有效利用率。

侧部安装的可调焰烧嘴，特别是安装在均热段时，必须有足够长度的火焰，以满足炉温均匀性的要求。

端部安装的直焰烧嘴，可用亚高速烧嘴、恒火焰长度烧嘴或可调焰烧嘴。

不管选用哪种烧嘴，在选用烧嘴参数时都要使烧嘴的火焰能适应安装部位的炉膛结构。

（3）对炉内气氛控制要求较严格。异形坯单位重量的表面积大，因此在高温段必须严格控制炉内气氛，以减少加热钢坯的氧化烧损。设计时在燃料及燃烧方式选用以及热工控制仪表的选用上都要有所考虑。

7.3.2.3 钢坯加热制度与操作

H型钢厂加热炉的钢坯加热制度主要包括炉温制度、炉内气氛控制和炉压调节三方面。

炉温制度是根据轧钢工艺对不同钢种的开轧温度和出炉钢坯温差,决定各段或各供热点的炉温设定值,并根据热装温度、炉子产量和煤气发热值等具体条件的变化进行修订。热装坯加热时,预热段可停烧。

过去加热炉设计和操作一般都以冷坯加热为基准,随着热送热装的普及,以及热装率和热装温度的不断提高,在加热炉设计上要更多地考虑热装的需要,在供热分配上要作适当调整。同时,要根据热坯的供坯情况,制定出优化的热装操作制度,以便在保证加热质量的前提下,提高产量并达到最大的节能效果。

同一座炉子热装时,炉子产量的提高值和单耗可参阅表7-13。其中炉子产量的提高值是炉子加热可能提高的产量,并未考虑炉子设备协同动作时可能达到的具体条件,以及同轧机的平衡情况。炉子的单耗和热效率则与炉子产量有关。

表 7-13 热装时炉子产量的提高值和单耗

钢坯入炉表面温度/℃	20	100	200	300	400	500	600	700	800
预计的炉子最高相对产量/%	100	102	106	112	119	130	144	165	195
炉子相应产量时的单耗/kJ·kg^{-1}	1339.78	1302.09	1214.17	1126.25	1034.14	921.1	795.49	648.95	502.42
相应的炉子热效率/%	61.23	58.40	58.09	57.91	57.72	57.26	56.24	54.25	50.83
炉子产量恒定时的单耗/kJ·kg^{-1}	1339.78	1302.09	1226.73	1151.37	1067.63	975.52	866.67	745.25	623.83
相应的炉子热效率/%	61.23	58.40	57.51	56.81	55.87	54.27	51.56	47.33	41.16

从表7-13中可以看出,随着热装温度的提高,必须相应提高炉子产量,才能达到最大的节能效果。在理顺从连铸到加热炉前热连接过程中的信息传递渠道和数据源的基础上,制定异形坯红送管理办法,对工序衔接、运输装卸方案、生产计划编排、组织控制、检验方式、计量办法、质量证明书开具和传递、安全措施等相关内容制定具体的实施细则,使热装工艺达到最佳化。

保证各供热段,特别是均热段上部和下部炉膛温度的均匀性,是获得均匀加热坯料的首要条件。

在炉子操作上,由于煤气热值、压力的频繁波动,以及较高的含尘、含水量,部分烧嘴支管堵塞,致使计量、调节设施可靠性下降,炉温、热负荷、燃烧空煤气配比处于不稳定状态,都是造成炉温和炉压波动的重要原因。除了有针对性地协调解决外部条件之外,在炉子操作上要勤观察并调节各供热段烧嘴的燃烧情况,保证炉温均匀和空燃比合理。在炉尾(或炉膛)设置自动烟气分析仪检测炉膛及炉尾烟气成分,对了解空煤气比例的合理性很有好处。

异形坯单位重量的表面积大,因此降低加热钢坯的氧化烧损尤为重要。在均热段宜采用还原性气氛操作,而在其余各段适当增加空燃比,使炉尾烟气中氧含量控制在3%以内。

蓄热式加热炉由于空燃比控制、炉压控制,以及空煤气喷口结构和喷出速度等多方面原因,炉内气氛控制难度较大,炉尾烟气中往往有较高的氧含量,又有不完全燃烧产物,致使高温段炉底积渣多,一般需要3~4个月清一次炉渣。

7.3.3 H型钢的轧制

轧制H型钢的连铸坯有矩形坯(包括方坯)、异形坯和板坯三种。H型钢的轧制方法有三类:第一类是普通二辊式或三辊式型钢轧机的轧制法;第二类是利用一架万能轧机进行轧制;第三类是用多机架万能轧机进行轧制。现在第一类和第二类生产H型钢的方法已基本不用,主要是用第三类方法。其方式主要有以下几种。

7.3.3.1 格林法

格林法的主要特点是采用开口式万能孔型,腰和腿部的加工是在开口式万能孔型中同时进行的。为有效地控制腿高和腿部加工的质量,格林认为立压必须作用在腿端,故把腿高的压缩放在与万能机架一起连轧的二辊式机架中进行。目前世界各国的轧边机多采用格林法。

采用格林法轧制 H 型钢其工艺大致如下：用初轧机或二辊式开坯机把钢锭或钢坯轧成异形坯，然后把异形坯送往万能粗轧机和轧边机进行往复连轧，并在万能精轧机和轧边机上往复连轧成成品。格林法在进行立压时只是用水平辊与轧件腿端接触（腰部与水平辊不接触），这可使轧件腿端始终保持平直。这种方法其立辊多为圆柱形，而水平辊两侧略有斜度，在粗轧机架中，水平辊侧面有约 9% 的斜度；在精轧机架中，水平辊侧面有 2% ~ 5% 的斜度，不过精轧机架水平辊侧面斜度应尽量小，才能轧出平行的腿部。

1908 年在美国伯利恒公司建的轧钢厂就是采用上述工艺流程，它由一架异形坯初轧机和两架紧接其后间距为 90m 的万能轧机所组成，每一套万能轧机包括一架万能机架和一架轧边机架。现代化的 H 型钢厂也广泛采用格林法设计。格林法轧制方式示意图见图 7-15。

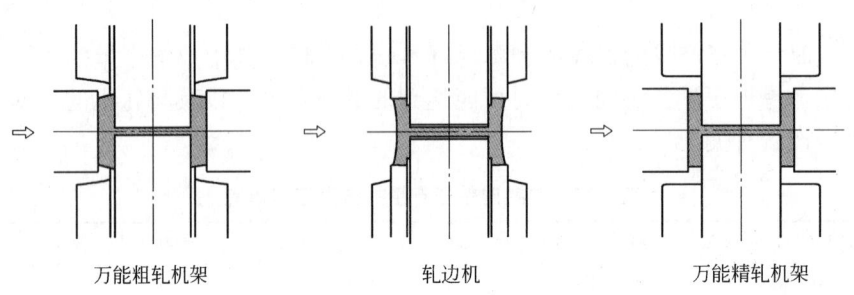

万能粗轧机架　　　　　　　轧边机　　　　　　　万能精轧机架

图 7-15　格林法轧制方式示意图

7.3.3.2　萨克法

萨克和格雷研究指出，只有万能轧机和轧边机组合才能轧出 H 型钢，而轧边机的孔型是设计的关键。萨克采用封闭式万能孔型，双锥形立辊，翼缘倾斜配置，这有利于腰与翼缘的加工，由于采用封闭式孔型，翼缘端部容易挤出。

萨克法采用闭口式万能孔型，在此孔型中腿是倾斜配置的，为能最后轧出平直腿部，必须在最后一道中安置圆柱立辊的万能机架。萨克法的立压与格林法不同，它是把压力作用在腿宽方向上，而这容易引起轧件的移动，尤其是在闭口孔型中常常会因来料尺寸的波动，造成腿端凸出部分容易往外挤出形成耳子，影响成品质量。

在萨克法中的粗轧万能孔型，其水平辊侧面可采用较大斜度，这样可减少水平辊的磨耗，同时由于立辊是采用带锥度的，故可对腰腿同时进行延伸系数很大的压缩。这样可减少轧制道次和万能机架数量，有利于节约设备投资。

萨克法的主要工艺流程是：采用一架二辊开坯机，将钢锭或钢坯轧成具有工字形断面的异形坯，然后将异形坯送到由四辊万能机架和二辊立压机架所组成的可逆式连轧机组中进行粗轧，最后在一架万能机架上轧出成品。粗轧机组水平辊侧面斜度为 8%，中间机架水平辊侧面斜度为 4%，在精轧万能机架中才将轧件腿部轧成平直，成品 H 型钢和工字钢腿部斜度为 1.5% 左右。萨克法轧制方式示意图见图 7-16。

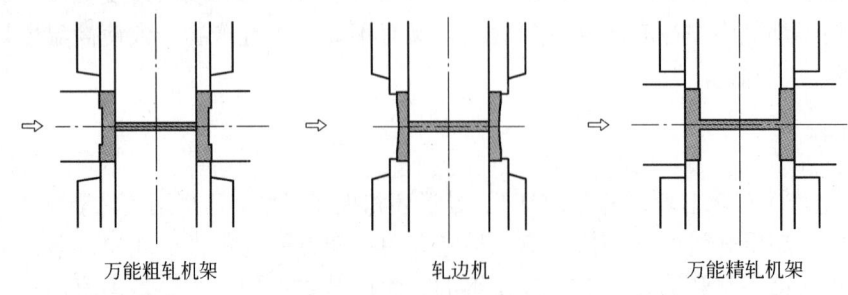

万能粗轧机架　　　　　　　轧边机　　　　　　　万能精轧机架

图 7-16　萨克法轧制方式示意图

7.3.3.3　杰·普泼法

杰·普泼法综合了格林法和萨克法的优点，即吸收了萨克法斜配万能孔型一次可获得较大延伸和格林法采用立压孔型便于控制腿宽的加工这两大优点。杰·普泼法的主要特点是粗轧采用萨克法斜配万能孔型，精轧采用格林法开口式万能孔型，在精轧万能轧机上首先用圆柱立辊和水平辊把腿部压平直，然后立辊离开，仅用水平辊压腿端，最后在第二架精轧万能轧机上用水平辊和立辊对轧件进行全面加工。其工艺流程是：采用一架二辊可逆开坯机与两架串列布置的万能机架进行轧制，这架万能机架的水平辊带有7%的斜度，立辊锥度也为7%。在精轧万能轧机中，因H型钢或工字钢等品种的不同，孔型斜度也不一样，一般为1.5%~9%。在轧件通过第二个万能机架第一道次时，首先用柱形立辊把轧件腿部轧平直，然后在返回道次中立辊离开，仅用水平辊直压腿端。在最后一架万能轧机上用水平辊和立辊对轧件进行全面加工成型。

轧制方法如下：由粗轧机轧出的异形坯，切去"舌头"，先进第一个万能轧机轧成"＞＜"形，这时第二架万能轧机水平辊移开，用圆柱形立辊把翼缘轧平直；返回轧制时，第二个万能轧机的立辊移开，仅用水平辊压翼缘端部，特别在前几道次中翼缘的纵向稳定性好，这时单道次第二个万能机架水平辊和立辊可移开，返回道次用水平辊压翼缘端部，或者在单道次中用第二个万能机架立辊把翼缘压平直，返回道次用水平辊压翼缘端，在最后精轧道次用第二架万能轧机进行小压下轧制。这种方法只能轧制近似平行翼缘的H型钢。

7.3.3.4　卡式轧制法

卡式轧制法是在普泼法的基础上发展而成的。其工艺布置特点为：用一架开坯机或大辊径初轧机轧出异形坯，其后布置两架由万能轧机与轧边机组成的可逆H型钢轧制机组，前面的为万能粗轧机组，后面的为万能中轧机组，最后设置一架不带轧边机的精轧万能轧机。在粗轧、中轧的四辊万能机架及其二辊轧边机架中，其水平辊侧面皆有斜度，万能粗轧机组的斜度为8%，万能中轧机组的为4%。腿部弯曲的轧件由最后一架万能精轧机轧直。

7.3.3.5　三机架串列轧制法

三机架串列轧制是指轧件在由万能轧机、轧边机、万能轧机三机架组成的连轧机组上进行往复轧制。在此连轧机组中，两架万能轧机分别布置于机组两头，中间是二辊轧边机。马钢万能型钢厂在万能粗轧机上采用了此方法。这种轧制方法既能像连续式轧机那样，使轧件连续地通过一系列孔型进行连轧，又能在同一轧机单元上完成所需的逆轧道次，满足成型要求。由于每轧一次有两个万能道次，因此往复轧制次数少，小时产量可以提高。

此种串列布置方式与一般单机架可逆粗轧机相比，设备增加不多，厂房面积也基本不变；但与连续式轧机相比，设备、控制系统大大简化，减少了投资。这种紧凑的串列式布置形式，将万能轧机机列长度缩短一半，设备操作和维护费用大大降低。

其工艺特点是：采用X-X轧制法，坯料经过开坯机轧制后，通过两架万能轧机和一架轧边机组成的中轧机组，中轧机组是串列式可逆轧制，随后进入万能精轧机轧制一道次完成轧制。

万能轧机、轧边机、万能轧机三机架机组中两架万能轧机均采用"＞＜"斜腿孔型，最后一架万能精轧机采用"H"直腿孔型。由于这种串列式轧制机架距离很近，轧制温度损失较少，可以更好地利用成型温度下的热量，为增大原料单重、轧制长度、减少终轧厚度和进行控制轧制等提供了有利条件。此法便于生产腿薄、尺寸公差要求较高的H型钢。三机架串列轧制方式示意图见图7-17。

万能粗轧机架　　　轧边机　　万能粗轧机架　　　　　　　　　　　　　万能精轧机架

图7-17　三机架串列轧制方式示意图

7.3.3.6　连续轧制法

H型钢的连续轧制比板材连轧困难得多，而且建设投资较大，自动化要求很高，目前仅限于产量高、批量大的中小型H型钢的生产。国内只有马钢小型H型钢生产线采用了脱头连轧，暂无真正意义上的全连轧, 其他均为半连轧, 目前还未能用全连轧生产大型 H 型钢。由于该方法具有生产效率高、产品质量好、易于增大坯重、提高成材率和降低成本等一系列优点, 迄今为止已有了相当的发展。连续式轧制的工艺特点为: 精轧数架轧机实行全连轧, 终轧速度可达 10m/s, 成品轧件长达 120m 以上, 轧机有效作业率达 95% 以上, 可应用控制轧制技术, 生产低温用 H 型钢和高强度 H 型钢, 年产量高达 150 万吨。三种连续轧制方式如图 7-18 ~ 图 7-20 所示。

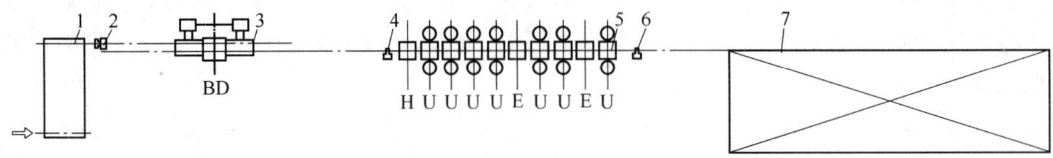

图 7-18　半连续轧制方式示意图

1—加热炉; 2—高压水除鳞; 3—开坯机; 4—1 号飞剪; 5—中精轧机组; 6—2 号飞剪; 7—冷床

BD—开坯机; H—水平二辊轧机; U—万能轧机; E—轧边机

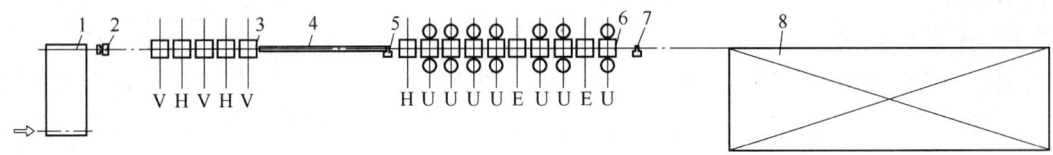

图 7-19　脱头连续轧制方式示意图

1—加热炉; 2—高压水除鳞; 3—粗轧机组; 4—脱头辊道; 5—1 号飞剪; 6—中精轧机组; 7—2 号飞剪; 8—冷床

H—水平二辊轧机; V—立式二辊轧机; U—万能轧机; E—轧边机

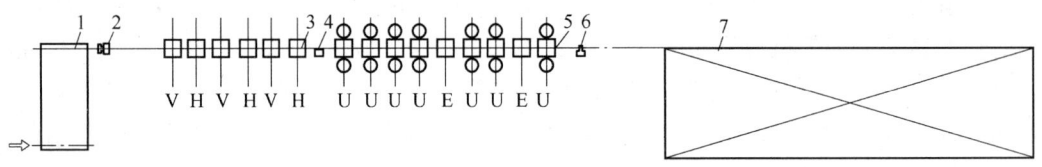

图 7-20　全连续轧制方式示意图

1—加热炉; 2—高压水除鳞; 3—粗轧机组; 4—1 号飞剪; 5—中精轧机组; 6—2 号飞剪; 7—冷床

H—水平二辊轧机; V—立式二辊轧机; U—万能轧机; E—轧边机

7.3.3.7　X-H 轧制法

X-H 轧制法是 SMS-MEER 公司取得专利的轧制法, 最初是由 SMS-MEER 公司在德国一家钢厂进行试验, 现在已成功地应用在了美国 SDI、莱钢大 H、津西大 H、山西安泰大 H、长治中型型钢等多条生产线上。

在此方法中, 万能轧机第一架轧机采用 X 孔型, 第二架轧机是根据最终产品而配置的 H 孔型。万能轧机的四个轧辊所组成的孔型一般只有两种形式: X 孔型和 H 孔型。

X 孔型立辊带有一定的锥度, 并且以水平轧制线为中心上下对称。这种孔型的优点是有利于轧件的延伸, 可以使轧件很快减薄, 并且在相同压下量的情况下, 轧制能耗比 H 孔型低, 因此在万能粗中轧机组中多采用这种孔型。H 孔型的立辊是圆柱形, 精轧机必须采用这种孔型。

轧机在 X-H 孔型中进行连轧, 由于第二架万能轧机采用 H 孔型, 所以可以直接轧出成品, 从而省去了精轧机组, 生产线长度大大缩短。采用 X-H 轧制法比原始的单列往复串列布置机组产量提高 55%, 轧辊成本降低 33%, 并且可进一步将 X-H 轧制法生产线改造成目前国际上生产 H 型钢最先进的以近终形连铸坯为原料、采用 X-H 轧制方法的短流程连铸连轧生产线。

国内几家热轧大型 H 型钢生产线的年实际产能都达到或超过 100 万吨, 均采用德国 SMS-MEER 制造的 CCS (Compact Cartridge Stands) 轧机, 其属于紧凑型卡盘式的轧机设计方式, 通过采用三架轧机串列可逆布置，组成了生产型钢的核心单元。这种串列可逆机组的典型布置形式由两架万能轧机组成，中间是一架轧边机，第一架采用 X 轧法，第三架采用 H 轧法，形成 X-H 轧制法。该套轧机由四架轧机轧制 H 型钢，即一架开坯轧机（BD）、一架万能粗轧机（UR）、一架轧边机（E）和万能精轧机（UF），主要的压下量靠 UR 和 UF 完成。UR-E-UF 与 7.3.3.5 节中所述的 3 + 1 布置方式的三机架串列轧制法相比，该技术有很多优点，如减少了一架万能精轧机，使得项目的投资减少，对轧机维护的工作量也相应减少，BD 轧机套数减少，生产率高，产品尺寸精度高，产品规格数量多及新型轧机的投资低等。X-H 轧制法是目前世界上生产 H 型钢比较流行的轧制方法，已经被多数新建或新改造的 H 型钢厂所广泛采用。

串列机组的 UF 轧机既是往复轧制参与轧机，又是最终的成品轧机。SMS-MEER 的 X-H 轧制法平面布置如图 7-21 所示。

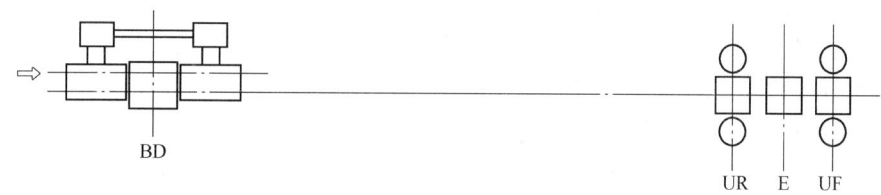

图 7-21　SMS-MEER X-H 轧制方式示意图

7.3.4　H 型钢的精整

7.3.4.1　精整工艺布置[3,7,8]

现代 H 型钢和大、中型型钢轧制精整线普遍采用长尺冷却—长尺矫直—冷锯成排切定尺工艺；国内马钢大型 H 型钢生产线采用混合式精整工艺，即在万能精轧机后设置两台热锯，既可切定尺，又可切倍尺；既可长尺冷却—长尺矫直，也可定尺冷却—定尺矫直，工艺十分灵活。其精整工艺布置示意图见图 7-22。国内其他新建 H 型钢生产线（包括日照小 H，马钢小 H，莱钢大 H、小 H、津西大 H、小 H 等）均采用长尺冷却—长尺矫直—冷锯成排切定尺工艺。

用长尺冷却—长尺矫直—冷锯成排切定尺有效提高了锯切质量和精度，而且冷锯成排锯切使锯切能力大大提高，产品长尺矫直质量好，头尾平直，产量高，大大提高了产品的成材率。

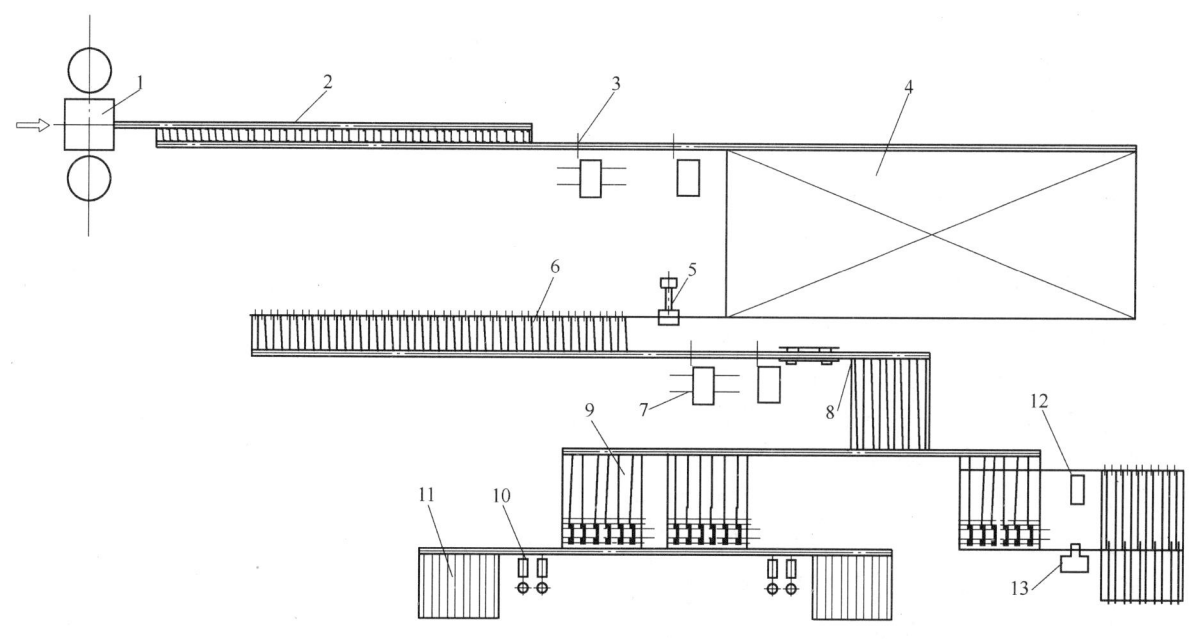

图 7-22　马钢 H 型钢车间精整工艺布置示意图

1—万能轧机；2—横移台架；3—热锯；4—冷床；5—矫直机；6—成排台架；7—冷锯；8—检查台架；
9—堆垛机；10—打捆机；11—成品台架；12—改尺锯；13—压力矫直机

以下对精整区主要设备的工艺布置特点逐一介绍。

7.3.4.2　热锯

H 型钢和大中型型钢轧制线冷床前普遍采用滑座式液压进锯结构，进给力大，锯切质量好，但需可靠的液压系统保证设备的正常运行。

一般来说，至少要设置两台锯才能满足 60 万吨/年的生产能力。热锯布置有两种形式：

（1）一台固定锯、一台移动锯同时锯切。锯切线短，可以减少厂房面积和设备，节省投资。其缺点是移动锯比固定锯结构复杂，而且移动锯需有移动辊道与之配套。

（2）两台固定锯串列布置，其中一台锯倍尺，一台锯定尺。其生产效率要比前者高，若要增加产量，则需增加移动锯，且锯切线更长，目前国外这样的布置方式可以满足 100 万吨/年的产能需求。这种布置的缺点是，两台固定锯距离较大，要增加设备和厂房，国内目前没有这种布置方式。

国内型钢生产线除了马钢大型 H 型钢生产线外，其他均不采用热锯锯切成定尺分段布置形式，一般只是在冷床前设置一台热锯对轧件进行取样，不作定尺分段用。

7.3.4.3　冷床

大中型 H 型钢及型钢轧制线冷床形式常见的为大型的步进梁式、链式及步进梁 + 链式的组合式冷床；中小型 H 型钢及型钢轧制线冷床形式常见的有步进梁式、链式和步进齿条式等。若生产不对称型钢时需在冷床输入侧增加预弯装置。

对于步进齿条式冷床而言，轧件在冷床上的排步根据单根轧件的宽度来决定其布置在 1 ~ 3 个齿中。

按冷床冷却方式来说有两种形式：

（1）大型 H 型钢和大型工字钢：上冷床最好翻转 90°呈 I 型在冷床上移动冷却；下冷床时，必须再翻转 90°恢复 H 型，上辊道进矫直机。

（2）中小规格 H 型钢和其他普通型钢不翻转，而且在步进齿条式冷床上无法实现立冷。

在生产 H 型钢、钢桩和其他普通型钢时，若冷床能力不足，需采用强制冷却，主要冷却方式有喷雾冷却和风机冷却两种。不管采用何种方式，轧件下冷床温度必须满足矫直机对温度的要求，一般小于 80℃。

7.3.4.4　矫直机

轧件在轧制、冷却、运输过程中，往往受多种因素影响而产生弯曲。为了消除这种缺陷，轧件需要矫直，使钢材平直度达到国家规定的质量要求。所谓矫直，是使钢材的弯曲部位在外力作用下产生一定的反弯曲，使该部位产生一定的塑性变形，当外力去除后，钢材经过弹性回复，然后趋于平直。根据机构特点，矫直机可分为压力矫直机、辊式矫直机、拉伸矫直机等。型钢生产中常用的是辊式矫直机和压力矫直机。

H 型钢厂一般根据需要设置固定节距或变节距的辊式矫直机，国外通常使用节距可变的辊式矫直机以适用多种规格 H 型钢矫直。日本的几家 H 型钢厂一般只设置一台变节距矫直机，除了矫直 H 型钢外，还矫直钢板桩、L 型钢等其他型钢。

变节距矫直机的节距是可以调节的，但受设备结构限制，最大与最小节距之比不超过 2∶1，因此对于产品范围广、产量高的工厂，一台变节距矫直机已不能满足生产要求，为此需采取以下对策：

（1）两台矫直机同时生产。波兰卡托维兹厂的型钢连轧机，生产 H200mm 以下的 H 型钢和中小规格的工字钢、槽钢，年生产能力 100 万吨。在冷床出口侧并列地布置了相同规格的两台矫直机同时生产。两台同时生产的矫直机并列布置方式见图 7-23。

（2）设置两台矫直机，其中一台在线生产，一

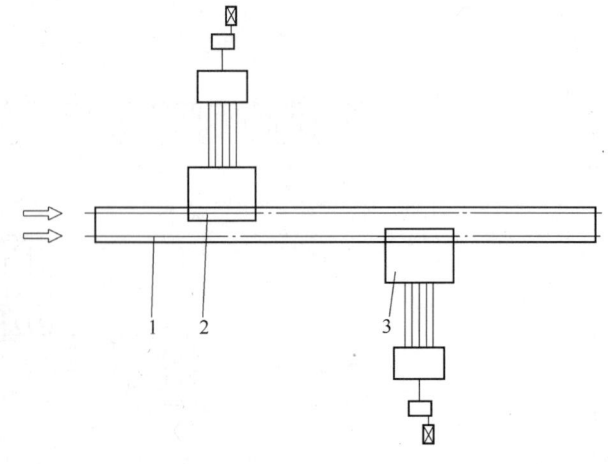

图 7-23　矫直机并列布置方式示意图
1—辊道；2—1 号矫直机；3—2 号矫直机

台离线。在线和离线矫直机布置位置切换通过滑轨控制来实现。比利时 Cockrill 厂在冷床后并列地布置了两台矫直机，一台为 800mm 固定节距矫直机，一台为 650～1200mm 范围内可调节的变节距矫直机。只有一台在线的两台并列布置的矫直机布置方式见图7-24。

（3）一台辊数可变、节距可变矫直机。德国 Peine 厂生产 100～400mm 钢梁和 100～240mm 钢柱，以及 80～240mm 槽钢等。为了适应多品种、多规格产品的矫直，设置一台 700～1700mm 的变节距矫直机，其矫直辊数也是可变的。生产中、小规格产品时，矫直辊为 11 个，其中上传动辊 5 个，下被动辊 6 个，辊距调节范围为 700～1400mm。生产偏大规格时，将第 4 个上传动辊和第 5 个下被动辊取下，用 9 个辊矫直，辊距调节范围 1400～1700mm。用一台矫直机适应多种产品的生产，年生产能力可达 60 万～80 万吨。

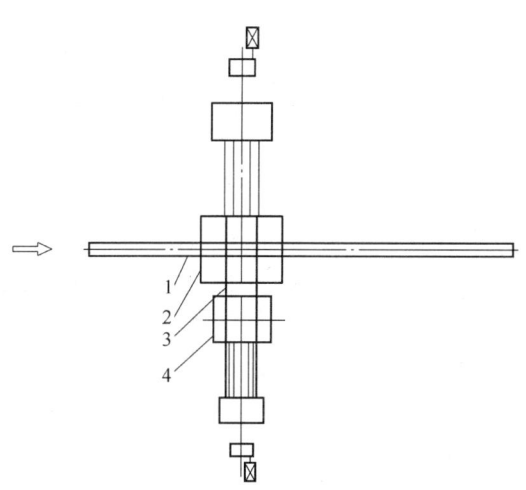

图 7-24　一台在线一台离线矫直机布置方式示意图
1—辊道；2—1 号矫直机；3—滑轨；4—2 号矫直机

对于中小型 H 型钢生产来说，国内近年来新建的几条生产线均达到或超过 100 万吨产量，且只配备一台固定节距或变节距矫直机就能满足生产。对于大型 H 型钢生产来说，国内几条均达到或超过 100 万吨产量，且只配有一台固定节距双支撑辊式矫直机就能满足生产。平面布置上最好考虑型钢允许回矫的空间。

压力矫直机用于补充矫直辊式矫直机无法矫的不合格产品。

压力矫一般为卧式结构，也有立式，压头为液压驱动。在压力矫前、后共设有三台翻钢装置，每次将型材翻转 90°。

7.3.4.5　成排台架

为了提高冷锯的锯切能力，轧件在定尺锯切之前需成排放置。成排台架布置在矫直机之后，冷锯之前。其长度与轧件上冷床的倍尺长度相匹配，成排宽度与锯区辊道辊身长度以及冷锯锯片行程相匹配。

7.3.4.6　冷锯

冷锯可以单根锯切，也可以成排锯切。成排锯切时，锯切能力与成排根数有关，成排根数与辊道宽度及锯片行程有关。锯切能力同时与锯切速度有关。

（1）小规格和不对称断面的型材，快速进锯，一般取 250～300mm/s。

（2）钢种较硬或规格较大时，中速进锯，一般取 200～250mm/s。

一般来说，至少要设置两台冷锯才能满足 60 万吨/年的生产能力，若提高产量，需增加冷锯台数或增加锯片行程与轧件成排宽度。常见冷锯布置形式有两种：

（1）一台固定锯、几台移动锯同时锯切。锯切线短，可以减少厂房面积和设备，节省投资。其缺点是移动锯比固定锯结构复杂，而且移动锯需要移动辊道与之配合，否则很多倍尺、定尺不能锯切。

（2）两台固定锯串列布置，若提高产量，则在第二台固定锯前增加一台或数台移动锯，其中第一台固定锯锯倍尺，第二台固定锯及其前移动锯一起锯定尺。对于同样数量的冷锯来说，此种布置方式生产效率要比前者高，但是锯切线比前者长。这种布置的缺点是，两台固定锯距离较大，要增加设备和厂房。

冷锯两种布置方式示意图见图 7-25a、b。

7.3.4.7　检查台架

在 H 型钢和大、中型型钢生产线上，检查台架一般布置在定尺冷锯之后，在此对钢材进行人工分钢目视检查，必要时进行翻钢，若有缺陷需进行离线修磨。

当车间长度不足、宽度有余时，可以设置检查台架使定尺轧件向反方向运行。

7.3.4.8　堆垛机

在精整线上一般至少设置两台堆垛机，用于 H 型钢和普通型钢产品的堆垛。钢材垛的外形尺寸最大约 1m×1m，垛捆最长 24m，垛捆最大重量 10t。由此决定各个产品规格堆垛时总的层数和每层的根数。H

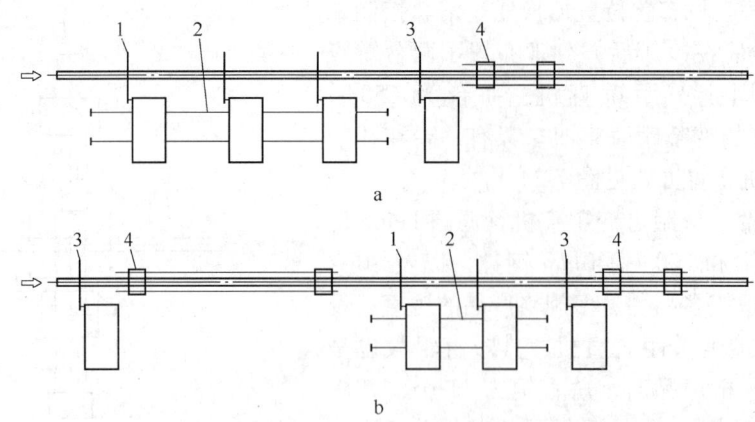

图 7-25　冷锯布置方式
1—移动锯；2—移动锯轨道；3—固定锯；4—定尺机

型钢和工字钢堆垛有两种类型：卧式和立式堆垛。该堆垛机需具有卧、立堆垛功能。

　　每台堆垛机包括液压升降的 1 号和 2 号链式移送机、翻钢机、升降挡板和堆垛吊车。在每组链式移送机区域均有一组翻钢机，根据不同产品的堆垛形式对钢材进行 90°或 180°翻转。在每台移送机搭接区均设置升降挡板。

7.3.4.9　打捆与称重

　　堆垛好的钢材由输出辊道运至打捆机，一般 60 万吨的产能需设置两台打捆机，布置在堆垛台的下游。

　　在每台打捆机输入辊道上有一台成垛机。成垛机有两块侧压板，分别由液压缸驱动，在打捆之前将成垛钢材侧向压紧整垛。

　　打捆机为钢带式自动打捆机，打捆机每次捆扎一道钢带，每垛总的捆扎道次取决于垛捆长度和垛重。打好的垛捆用成品秤称重。称重装置包括 1 台报表打印机和 1 台标牌打印机，打印后由人工粘贴在垛捆上。

7.3.4.10　成品台架

　　打捆、称重后钢材各自运至成品移送台，成品库磁盘吊将成品移送台上的钢材吊运至成品库堆放等待发货。

　　成品台架宽度 25m，由两组 12m 成品台架组合而成，两组台架可单动，可联动，定尺不大于 12m 的钢材双排堆垛，大于 12m 的钢材单排堆垛。移送机为液压升降的链式运输机。

7.4　型钢孔型设计

　　型钢孔型设计是型钢生产工艺的基础。复杂断面的型钢种类繁多，形状有上百种，品种规格多达几百种，其中用量比较大的依次是：H 型钢、钢轨、工字钢、槽钢、角钢；有一定使用量并在国内有专业厂在生产的有：履带钢、球扁钢、矿用 U 型钢等（H 型钢出现后工字钢几乎被 H 型钢所取代）。

　　型钢孔型设计的方法与轧机的结构与布置密切相关。横列式大型和中型轧机轧制钢轨、工字钢、槽钢、角钢的孔型设计方法在许多孔型设计的教科书中已有论述。因此在本书中不再重复。但万能可逆连轧法生产钢轨、H 型钢、角钢及其他型钢是一种新的工艺，本书将给予较为详细的叙述。

　　履带钢、球扁钢、矿用 U 型钢等在包钢或鞍钢新轨梁轧机的设计书中有这些品种，但在实际生产中并未生产，现实的情况是攀钢、鞍钢、唐钢仍在老式的三辊轧机上生产。而这些有一定消费量的特殊品种，在以往的教科书中很少介绍，为此，特请这些专业生产厂的孔型设计专家撰文给予介绍。

7.4.1　H 型钢的轧制规程和孔型设计

　　以马钢大型 H 型钢厂 1 +3 +1 的轧机布置为例做以下介绍。

7.4.1.1　H 型钢孔型设计特点

　　我国近十年来已建设了多条 H 型钢生产线，积累了一些生产经验，包括轧制程序设计和孔型设计方面的经验。目前，生产 H 型钢采用连铸坯为原料，连铸坯种类有矩形坯、异形坯和板坯三种。

　　H型钢采用万能轧制法生产,如图7-26所示。使用矩形连铸坯作为原料时,先在开坯机上用切深孔型轧制出万能轧机所需断面,然后用万能轧机进行可逆轧制或连续轧制;使用板坯作为原料时,先在开坯机上用板坯切分法轧制出H型钢坯料,然后采用万能轧机轧制。

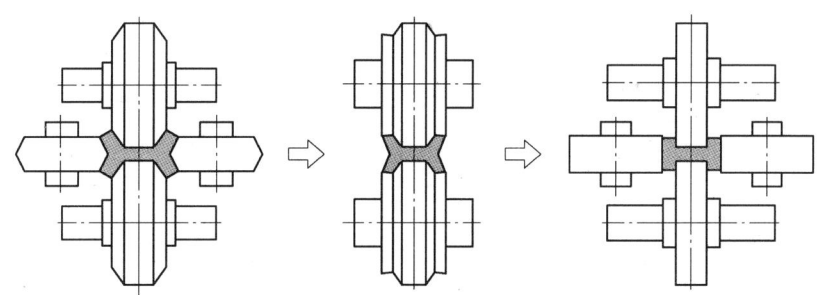

图7-26　万能轧制工艺图

　　H型钢孔型设计是生产的基础,在进行H型钢孔型设计过程中应尽量遵循如下原则:

　　(1) 使用合格坯料,尺寸误差较大和不对称坯料应剔除;

　　(2) 咬入条件好,轧制稳定;

　　(3) 设计合理的压下规程,防止轧机超负荷运行而磨损,影响使用寿命;

　　(4) 发挥轧机最大生产能力,同时降低生产成本和能耗;

　　(5) 保证整条轧制线生产效率最高;

　　(6) 确保获得优质产品。

7.4.1.2　坯料的选择

　　H型钢坯料有矩形坯、初轧异形坯、连铸异形坯、板坯,采用不同坯料和轧制方法时,坯料尺寸与成品尺寸有一定的关系。

　　根据日本钢管公司等有关公司的研究表明,高度大于400mm的大型H型钢,其成品与钢坯尺寸有如下关系[9]:

　　(1) 用矩形坯直接轧制时,其钢坯宽度与成品宽度之比为1.2~1.4,钢坯高度与成品高度之比为1.6~1.8。

　　(2) 采用初轧异形坯轧制时,钢坯高度与成品高度之比为1.6~2.0。

　　(3) 采用连铸异形坯轧制时,钢坯高度与成品高度之比为1.1~1.5。

　　(4) 采用板坯轧制H型钢时,钢坯高度与成品高度之比为0.5~1.0,宽度比为1.4~2.0。

7.4.1.3　轧制道次的确定

　　进行H型钢孔型设计,首先要根据成品尺寸选择坯料规格,其次确定总延伸系数和平均延伸系数,由此来确定总的轧制道次,然后分配万能轧制部分和粗轧部分的轧制道次数。由成品的规格尺寸来推算万能精轧部分各道次的腹板和翼缘的压下量以及开坯机最终道次断面的各项参数,根据开坯机最终道次断面尺寸设计开坯机各道次采用的孔型,确定开坯机的孔型设计。最后针对选择的孔型,进行必要的校核。

　　总轧制道次数与平均延伸系数的选取、坯料截面面积、成品截面面积有关。平均延伸系数的确定跟孔型的形状、轧机的生产能力等因素密切相关,对于生产H型钢这种工艺,一般平均延伸系数基本在1.1~1.3之间,随着规格尺寸的增大,平均延伸系数逐渐减小[10]。对于万能精轧部分的平均延伸系数,取值范围为一般也在1.1~1.3之间。

　　计算轧制道次数的公式如式7-1所示:

$$n = \frac{\lg(A_0/A_n)}{\lg\mu} \tag{7-1}$$

式中　A_0——原料断面面积,mm;

　　　A_n——成品断面面积,mm;

　　　μ——平均延伸系数。

7.4.1.4　开坯机最终道次断面尺寸设计

开坯机最终道次断面尺寸的设计是否合理是确保成品质量的关键。首先可保证进万能轧机的咬入条件好，其次在万能轧制过程中腹板和翼缘压下量合理[11]。成品尺寸和开坯机最终断面尺寸如图 7-27 和图7-28所示。

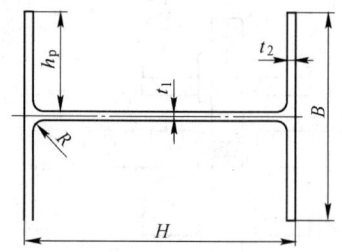

图 7-27　成品尺寸

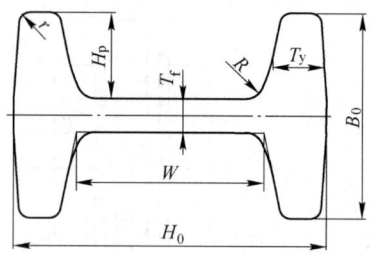

图 7-28　开坯机最终断面尺寸

根据万能轧机平均延伸系数与分配好的万能总轧制道次 n，可求出万能轧制部分总的延伸系数：

$$\lambda_{总} = \lambda_{平}^n \tag{7-2}$$

由此根据成品规格尺寸可以求出开坯机最终道次断面尺寸的腹板、翼缘厚度：

$$T_f = \lambda_{总} t_1 \tag{7-3}$$

$$T_y = \lambda_{总} t_2 (1.1 \sim 1.5) \tag{7-4}$$

根据生产经验，平均延伸系数可根据 H 型钢腹板高度 h 取为 1.15 ~ 1.33（大规格取下限，小规格取上限）。

开坯机最终道次断面的内高 W_0，根据成品的内高确定，可按下式计算：

$$W_0 = W - (2 \sim 5) \text{mm}$$

腹板到翼缘端部高度 H_p 与成品有关，一般为 $H_p = h_p + (4 \sim 12) \text{mm}$。这样可以求出 B_0。

内侧壁斜度取 10% ~ 15%，从而可以求得开坯机最终道次断面尺寸总高度 H_0。

有学者通过实际经验研究，认为开坯机最终道次断面进入万能轧机时，咬入点在外圆角 R 弧度上最合适。咬入点选择要适当深些。

7.4.1.5　开坯机配辊设计

目前 H 型钢生产工艺普遍采用二辊开坯机进行可逆轧制，轧制出万能轧机所需要的断面，根据工艺要求，一般要经过 5 ~ 7 道次开坯轧制。开坯机配辊一般设计成一个箱形和两个切深孔型，如图 7-29 所示。切深孔型有开口孔型和闭口孔型之分，轧制大型 H 型钢时一般以开口孔型为主，轧制小规格时可尽量配置多的相同尺寸的切深孔型，可以减少换辊频率。

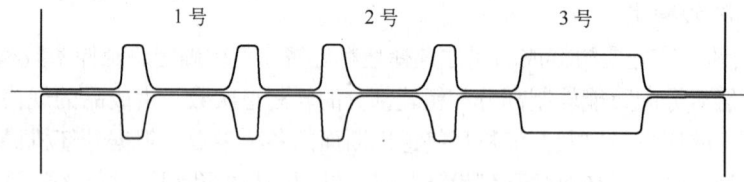

图 7-29　开坯机配辊图

轧制 H 型钢时，若坯料 H/B 的比值远大于成品 H/B 的比值，必须在开坯机的前两道次轧制时选用箱形孔对轧件进行翻钢立轧，控制轧件的高度；同样在坯料经过开口孔型和闭口孔型轧制后，若轧件高度增加较大，也有必要选用箱形孔对轧件进行翻钢立轧，以满足万能轧机前轧件尺寸要求。

以某厂生产的 HW250mm × 250mm 为例，采用的坯料尺寸是 555mm × 440mm × 90mm，开坯机轧制工艺为首先用 3 号箱形孔轧制 2 个道次，其次用 1 号切深孔型轧制 3 个道次，然后用 3 号箱形孔轧制 2 个道次，最后用 2 号孔型轧制 2 个道次。

A　箱形孔型设计

箱形孔主要是控制轧件高度，确保轧件顺利进入切深孔型。箱形孔型的构成如图 7-30 所示。

箱形孔的主要尺寸是槽口宽度 B_k、槽底宽度 b_k、切槽深度 h_p、孔型高度 h、内圆角半径 R、外圆角半径 r。

根据生产需要和设计工作者的经验，为了使轧件轧制稳定，可以将槽底的直线设计成弧线，半径为 R_1，将侧壁外圆角和侧壁过渡处设计成用 r_1 的弧形连接。

孔型的槽口宽度 B_k 要大于翻钢轧件的最大宽度，公式如下：

$$B_k = B + \Delta \tag{7-5}$$

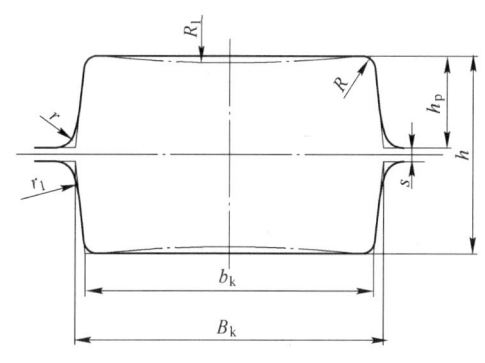

图7-30 箱形孔型的构成

式中　B——轧件宽度；

　　　Δ——宽展余量，取值范围在 25~35mm，坯料宽度小的取下限，坯料宽度大的取上限。

孔型的槽底宽度 b_k 根据孔型的槽口宽度 B_k 来确定，公式如下：

$$b_k = B_k - (18 \sim 36) \text{mm} \tag{7-6}$$

孔型的切槽深度 h_p 根据开坯轧机辊径大小和咬入条件取值，取值范围大约为 60~100mm。

孔型的侧壁斜度 y 可根据切槽深度、槽口宽度和槽底宽度进行计算，公式如下：

$$y = \frac{B_k - b_k}{2h_p} \times 100\% \tag{7-7}$$

根据现场经验，侧壁斜度在 10% 左右。

对于内外角圆半径 R 和 r，通常取值为 $R=20\text{mm}$，$r=20\sim35\text{mm}$。

孔型的弧线半径 R_1 一般取值范围在 1000~2000mm，凸度的高度一般在 5~10mm 之间。

侧壁过渡弧线半径 r_1 一般为 150~200mm。

B　开口孔型设计

一般情况下，开坯机配置两个开口孔型来轧制异形坯，其中一个孔型的尺寸与开坯机最终道次断面尺寸一致，为开坯机成型孔型，另一个孔型为切深孔型。

成型孔腹板厚度设计：开坯机成型孔腹板厚度的设计，应兼顾万能区域腹板翼缘延伸关系、开坯机孔型数目、开坯机及万能区域生产节奏等多方面因素的影响。

成型孔平均翼缘厚度设计：根据成型孔轧件腹板厚度及万能区域腹板翼缘延伸关系，一般翼缘侧压量设计为 0~10mm。

成型孔槽深度设计：在设计开坯机成型孔开槽深度时，应考虑万能区域腹板翼缘延伸关系、成品深度等因素。成品深度与开坯机成型孔切槽深度之差为 -5~+20mm。

7.4.1.6　万能轧机辊型设计

H型钢生产根据工艺布置不同，有 X-X 和 X-H 两种轧制方法，两种轧制方法的万能轧机轧辊辊型设计是一样的。

以生产大中型 H 型钢为例，万能轧机一般为串列连续布置，采用可逆轧制，且轧制时水平辊和立辊同时压下，辊型设计不合理会导致轧件无法咬入，或出现质量缺陷，如尺寸偏差、腹板或翼缘波浪、翼缘不对称和圆角折叠等，甚至造成堆钢。所以万能轧机辊型设计要考虑各架轧机轧辊宽度大小，而且还要考虑各架轧机轧辊宽度之间的匹配。

A　万能精轧机辊型设计

生产 H 型钢时，一般采用负偏差轧制，但是若按成品负偏差尺寸设计轧辊，则轧辊极易磨损报废，换辊频繁，轧辊消耗量大，生产成本较高。所以万能精轧机辊型设计需考虑轧件腹板宽度的最大公差。

万能精轧机水平辊和立辊装配示意图如图 7-31 所示。在设计万能精轧机辊宽时，应考虑成品外形尺寸、公差尺寸、热胀冷

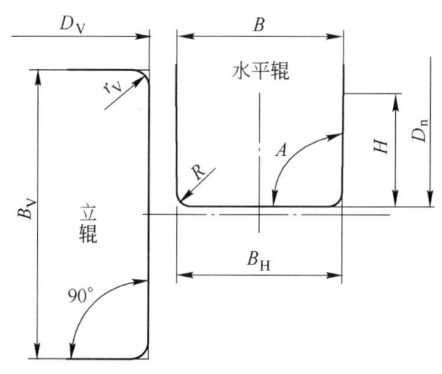

图7-31 精轧机辊型图

缩系数等因素的影响。H 型钢高度和厚度尺寸允许偏差如表 7-14 所示。

表 7-14　H 型钢高度和厚度尺寸允许偏差　　　　　　　　（mm）

项　目	尺　寸	允许偏差	项　目	尺　寸	允许偏差
高度 H	<400	±2.0	厚度 t_1	5~16	±0.7
	400~600	±3.0		16~25	±1.0
	>600	±4.0		25~40	±1.5
厚度 t_1	<5	±0.5		>40	±2.0

对于 UF 轧机轧辊的孔型需要设计的参数如图 7-31 所示。

$$B_{\mathrm{H}} = (h + \Delta_1/2 + \Delta_2)f \tag{7-8}$$

$$H = 1.01b + X \tag{7-9}$$

$$B = B_{\mathrm{H}} + 2H\tan(A - 90°) \tag{7-10}$$

式中　f——热胀冷缩系数，一般为 1.001~1.013；

h——成品的腹板内宽，mm；

Δ_1，Δ_2——分别为腹板高度的正公差和翼缘厚度的负公差，mm；

H——水平辊斜侧面的高度，mm；

X——余量，一般为 10~25mm；

b——成品腹板到翼缘端部的距离，mm；

A——对于 UF 轧机一般取 90°~90.5°。

图 7-31 中其余尺寸符号意义：R 为最终断面半径；D_{V} 为立辊直径；B_{V} 为立辊辊身长度；r_{V} 为立辊边部圆角半径，一般取 5~10mm；D_{n} 为水平辊名义直径。

B　万能粗轧机辊型设计

万能粗轧机水平辊和立辊的配置与万能精轧机差不多，只是侧壁角度差别较大。其他参数的设计与万能精轧机基本相同。

从实际生产情况来看，万能粗轧机磨损较大，所以一般情况下万能粗轧机的轧辊侧壁斜度为 5°，这样可提高轧辊的重车率，降低轧辊消耗，改善轧件咬入状态，更好地与万能精轧机斜度相匹配。

万能粗轧机水平辊和立辊装配示意图如图 7-32 所示。

UR 轧机的轧辊需要设计的参数如图 7-32 所示。

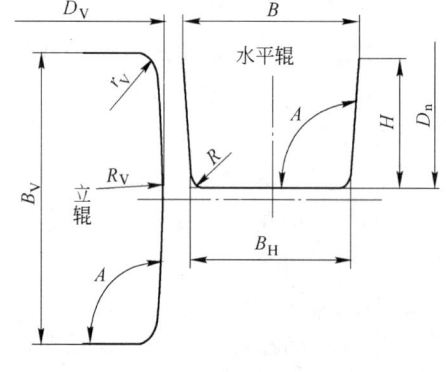

图 7-32　万能粗轧机辊型图

$$\Delta B_{\mathrm{H}} = R[1 - \cos\alpha + (1 - \sin\alpha)\tan\alpha] \tag{7-11}$$

$$B_{\mathrm{H}} = B_{\mathrm{H_{UF}}} - 2\Delta B_{\mathrm{H}} \tag{7-12}$$

$$H = X + 1.01b \tag{7-13}$$

$$B = 2H\tan(A - 90°) + B_{\mathrm{H}} \tag{7-14}$$

$$\alpha = A - 90° \tag{7-15}$$

式中　A——对于 UR 轧机一般取 95°；

X——含量，一般为 15~20mm；

$B_{\mathrm{H_{UF}}}$——UF 轧机的轧辊槽底的宽度，mm。

UR 轧机水平辊的圆角半径 R 的值与 UF 轧机水平辊的圆角半径相同。当翼缘的宽度大于 150mm 时，半径 $R_{\mathrm{V}} = 500$mm；当翼缘的宽度不大于 150mm 时，半径 $R_{\mathrm{V}} = 350$mm。

C　轧边机辊型设计

轧边机的作用主要是控制 H 型钢翼缘端部的形状和翼缘宽度，但有一定的限度，因为轧边机对腹板并没有压下量，为此，轧边机的孔型与万能轧机的孔型有所不同，轧边机辊型图如图 7-33 所示。

为了咬入顺利和轧制稳定，轧边机侧壁和端部都设计成斜度。翼缘端部的斜度一般为 5°；而侧壁斜度则根据翼缘高度取值不同，一般为 7°~7.5°，宽度小取上限，宽度大则取下限。

轧边机压下时不与轧件腹板相接触，通常水平部分与腹部有 2~3mm 的间隙，为了避免接触，也有设计工作者将轧边机水平部分车成带凹坑的辊型，如图 7-33 中虚线所示，凹坑深度为 2~5mm。

轧边机的主电机功率较小，一旦轧边辊压到轧件的腹板，在绝大多数情况下，主电机电流都将超出额定电流，因此，在设计轧边机的深度 H 时应考虑上述情况。Δ 的取值一般为 2~5mm，Δ 取值不能太大，否则轧件在孔型中晃动，易造成成品的腹板偏心，翼缘宽度小的取下限，翼缘宽度大的取上限。

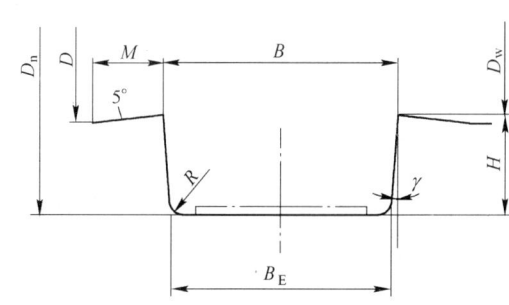

M 根据翼缘端部厚度确定，是轧边机第一次压下后翼缘端部的宽展富余量，根据 H 型钢小、中、大规格不同，M 取值范围不同，一般为 80~120mm，翼缘厚度小取下限，翼缘厚度大则取上限。

轧边机轧辊的尺寸设计参数如图 7-33 所示。

图 7-33　轧边机辊型图

$$B = 2(H_{\mathrm{UR}} - X_{\mathrm{UR}})\tan(A_{\mathrm{UR}} - 90°) + B_{\mathrm{UR}} \tag{7-16}$$

$$H = 1.01b - \Delta \tag{7-17}$$

$$D_{\mathrm{w}} = D - 2H \tag{7-18}$$

$$D_{\mathrm{n}} = D_{\mathrm{w}} + 2M\tan(\alpha_{\mathrm{UR}}) \tag{7-19}$$

$$B_{\mathrm{E}} = B - 2H\tan\gamma \tag{7-20}$$

$$\gamma = \alpha_{\max} - (H - B_{\mathrm{Tmin}})\frac{\alpha_{\max} - \alpha_{\min}}{B_{\mathrm{Tmax}} - B_{\mathrm{Tmin}}} \tag{7-21}$$

式中　H_{UR}，X_{UR}——UR 轧机的 H 值和 X 值，mm；

A_{UR}——UR 轧机中的 A 值，一般取 95°；

M——万能轧制第 1 道次后，翼缘的最大厚度加上必须的富余量，mm；

D_{w}，D_{n}——轧边机轧辊的工作直径和轧边机轧辊的名义直径，mm；

$\alpha_{\max}$，$\alpha_{\min}$——轧边机侧壁与竖直方向上夹角的最大值和最小值；

B_{Tmax}，B_{Tmin}——腹板到翼缘端部距离的最大值和最小值，mm。

为了便于更好地操作轧边机，M 的取值范围一般在 80~120mm 之间，小规格取下限，大规格取上限；轧边机侧壁与竖直方向上的夹角 α 的取值范围为 7°~7.5°，对于成品截面翼缘宽度最大的 H 型钢 α=7°，对于成品截面翼缘宽度最小的 H 型钢 α=7.5°。

7.4.1.7　轧辊宽度配置

H 型钢轧制根据规格不同，工艺布置也不同，生产大中型 H 型钢可以有 1-3-1 布置和 1-3 布置，分别采用 X-X 和 X-H 轧制方法；生产中小规格 H 型钢采用连轧布置，轧制方法为 X-H 轧制方法。结合万能轧机的特点，各架轧机轧辊宽度必须合理配置。

对现在比较成熟的 1-3 布置工艺而言，万能轧机区由一架万能粗轧机、一架轧边机、一架万能精轧机组成。三架轧机由于辊型不同，轧制条件不同，轧制过程中磨损程度不一样，当轧辊宽度相差较大时，会有产品质量缺陷，甚至出现轧制事故。

根据生产经验，对万能轧机来说，两机架轧辊宽度的差值不能太大，一般情况下，保证差值在 3mm 以内，尤其对翼缘宽度在 200mm 以下、翼缘厚度较薄的规格。时间证明，轧件经小辊宽轧机轧制后进入大辊宽轧机时，翼缘不容易咬入水平辊的辊缝中而出现轧卡事故；经大辊宽轧机轧制后进入小辊宽轧机时，轧件腹板高度在立辊的作用下强迫宽展，轧件的圆角部位容易产生折叠，同时由于水平轧辊两侧圆角磨损较快，轧辊圆角会磨成尖角，轧件圆角出线状沟槽。

轧边机的宽度配置也要合理，由于轧边机压下时不与腹板接触，只与翼缘端部接触，接触面太小，若轧边机的轧辊宽度太小，对轧件的夹持力就不够，轧件容易在孔型中晃动，不稳定，易造成翼缘波纹。

为了更好地控制成品尺寸，生产出合格的产品，操作者摸索出了不少生产经验，如减小最后精轧机道次的压下量，避免轧件变形过大；对 1-3-1 布置的轧机，万能粗轧机最后一道次轧制时，轧边机下游的万能轧机空过，不参与轧制，减小翼缘端部的凸度。这些措施都有利于提高产品质量。

7.4.1.8　压下规程

根据万能轧制的几何关系可知，尽管水平辊直径相对于立辊直径偏大，但是水平辊的接触弧长度却比立辊的接触弧长度小。轧制时，轧件先接触立辊，然后再接触水平辊，也就是说，当腹板变形开始的时候，翼缘已经咬入了。

水平辊的接触弧长度为：

$$l_H = \sqrt{r_H \Delta s} \tag{7-22}$$

立辊的接触弧长度为：

$$l_V = \sqrt{2r_V \Delta t} \tag{7-23}$$

式中　l_H，l_V——水平辊和立辊的接触弧长度；

　　　r_H，r_V——水平辊和立辊的半径；

　　　Δs，Δt——腹板和翼缘的压下量。

假设腹板和翼缘的压下相等，接触弧长度也相等，则可以得出：

$$\frac{r_H}{r_V} = 2 \tag{7-24}$$

但根据实际情况，如果水平辊直径是立辊直径的 2 倍，则设备结构不合理，立辊强度不够，生产时腹板的压下量和轧件的伸长率不匹配，所以一般情况下水平辊直径是立辊直径的 1.4 ~ 1.5 倍。

另外，H 型钢万能轧制过程中，其变形过程不像板带那样采用单一的压下量，轧件翼缘和腹板的压下量不同。考虑到轧件延伸的整体性，结合上述分析，可知轧件轧制时内部金属从翼缘流向腹板。换句话说，压下量大的部位受到压下量小的部位牵制，若腹板压下量过大，则易出现腹板波纹质量缺陷，若翼缘压下量过大，则会出现轧卡事故。从现场生产情况来看，翼缘相对压下率约为腹板相对压下率的 1.02 ~ 1.04 倍较合适。

轧件在万能轧机中轧制时，轧件的边高会有变化，A. E. 多尔科夫认为轧件边部的增长量为自然增长量和强迫增长量之和，即：

$$\Delta B = \Delta B_t + \Delta B_{et} \tag{7-25}$$

式中　ΔB——轧件边部增长量；

　　　ΔB_t——自然增长量；

　　　ΔB_{et}——强迫增长量。

$$\Delta B_t = 2.54 \Delta t (\varepsilon_t - \varepsilon_s) / \varepsilon_t \tag{7-26}$$

$$\varepsilon_t = \frac{t_0 - t_1}{t_0}, \quad \varepsilon_s = \frac{s_0 - s_1}{s_0} \tag{7-27}$$

式中　Δt——轧前翼缘厚度 t_0 和轧后翼缘厚度 t_1 之差，mm；

　　　s_0，s_1——轧前腰部厚度和轧后腰部厚度，mm。

从 E 道次到 U 道次时，轧件边部除了有自然增长量之外，还有由于轧件边部的 E 道次中边端附近有局部增厚，因此在 U 道次中轧制时轧件边端处局部侧压下量大，这时轧件边部将有强迫增长量。

$$\Delta B_{et} = k \Delta B_e t_0 / (\lambda t) \tag{7-28}$$

式中　k——系数，取 0.5 ~ 0.7；

　　　λ——轧件在 U 型孔型中的延伸系数；

ΔB_e——轧件在 E 孔型中的总边高压下量。

关于压下规程的设定，结果并不是唯一的，设计是否合理与温度、轧制力等条件有关，也与设计工作者的经验有关。根据现场经验，通常最后一道次压下系数可取 1.05~1.1，其余道次可取 1.1~1.5。开坯机最终道次断面进入万能轧机时考虑咬入条件，压下系数可取小些。

表 7-15 是根据此方法设计的压下规程。

表 7-15 H 型钢的压下规程

序号	机架号	腹板		翼缘		面积/mm²	收缩率/%	长度/m	工作辊直径/mm	轧制速度/m·s⁻¹	转速/r·min⁻¹	轧制时间/s	间隙时间/s
		厚度/mm	收缩率/%	厚度/mm	收缩率/%								
1	UR	47.5	7.6	87.1	8.8	55063	10.9	26.0	1322	3.32	47.93		35.7
	E	47.5				55063		26.0	762	3.32	83.21		
2	UF	35.3	16.9	66.5	19.0	45677	17.0	31.4	1318	4.00	57.94	8.5	5.5
3	UF	28.6	19.0	57.5	21.1	36811	19.4	38.9	1315	3.29	47.74		
	E	33.6				36811		38.9	762	3.29	87.41		
4	UR	27.6	21.0	40.4	23.0	27494	25.3	57.1	1316	4.40	63.84	17.5	5.5
5	UR	18.1	19.9	31.5	27.0	21829	20.6	65.7	1314	3.88	56.47		
	E	23.1				21829		65.7	762	3.88	97.40		
6	UF	15	17.1	25.5	19.0	16956	27.3	84.6	1318	5.00	77.45	17.8	5.5
7	UF	17.6	16.0	20.9	18.0	14079	17.0	101.8	1317	4.54	65.90		
	E	17.6				14079		101.8	762	4.54	113.94		
8	UR	10.9	13.5	17.7	15.3	11631	17.4	123.3	1319	5.50	79.64	23.5	5.5
9	UR	9.7	11.0	15.4	13.0	10209	17.2	140.4	1318	5.44	78.76		
	E	14.7				10209		140.4	762	5.44	136.32		
10	UF	9	7.2	14	9.1	9249	9.4	155.0	1320	6.00	86.84	27.1	

7.4.1.9 板坯轧制法

A 板坯立轧法

板坯立轧法是连铸坯先在二辊开坯机上立轧，利用板坯表面变形形成异形坯的四个角部——边部，再利用开口工字形孔型对钢坯进行切深，最后在开口工字形控制孔型轧出 UR 机组所需的异形坯。其轧制方式如图 7-34 所示，板坯立轧 5 道次后，在开口工字形孔型中轧制 14 道次，在 UR 机组轧制 11 道次，最后在 UF 轧 1 道次。如某厂用 270mm×1050mm 板坯，开坯机架用 3 个孔型轧 17 道次，UR 机组与 UF 共轧 12 道次，轧出了 H600×200mm。

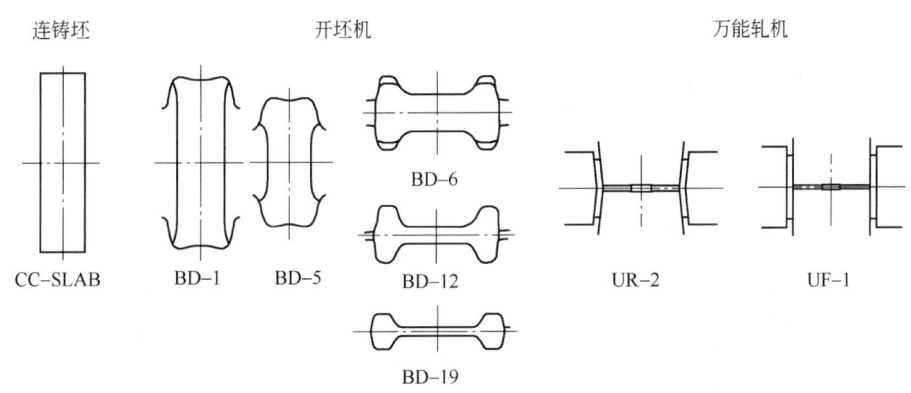

图 7-34 板坯立轧法

B 板坯宽面成边立轧法

板坯宽面成边立轧法的特点是用板坯一直立轧，即在一个方向轧，一直轧到开口工字形控制孔，如

图 7-35 所示，显然这种方法适用于轧制宽边窄腰的 H 型钢，如 H250mm × 250mm、H300mm × 300mm、H350mm × 250mm。用这种轧法，板坯尺寸与成品尺寸之间的关系为：$B_0/B = 7.5 \sim 1.6$；$H_0/H = 0.85 \sim 1.2$。

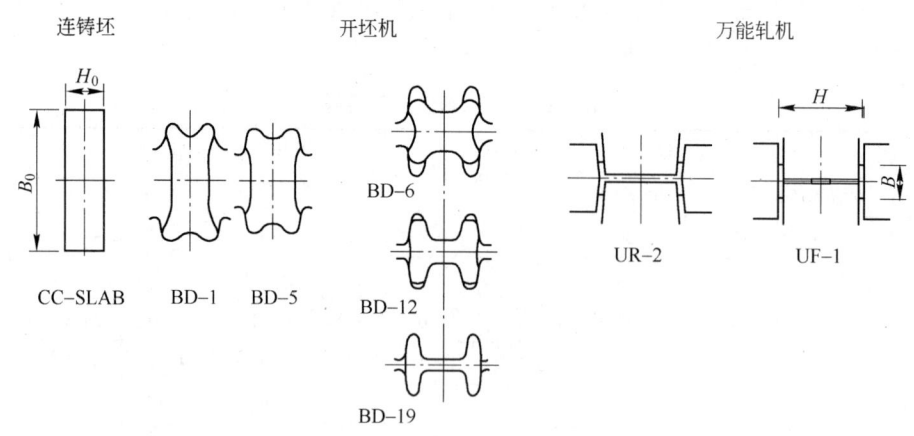

图 7-35 板坯宽面成边立轧法

C 万能开坯轧制法

万能开坯轧制法的特点是连铸坯先在二辊开坯机架立轧，然后在万能孔型中继续开坯轧制，轧到一定的断面和尺寸后经再加热，然后再在二辊开坯机上开坯轧制成 UR 机组所需的钢坯，最后经 UR 和 UF 轧出成品，如图 7-36 所示，这样可用较薄的连铸坯轧出 H 型钢，其板坯厚度 B_0 与 H 型钢边部总高 B 的关系为：$B_0 \approx 0.75B$。

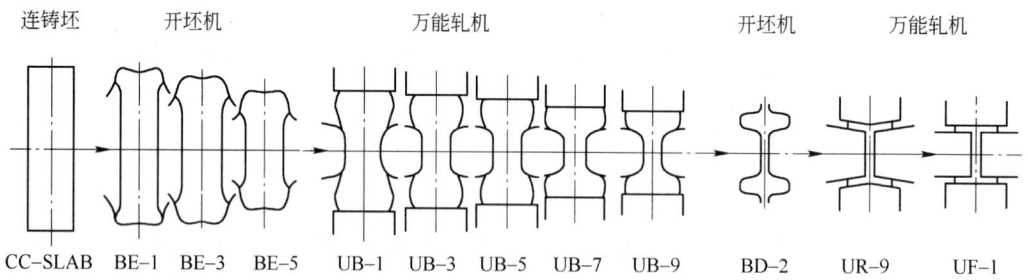

图 7-36 万能开坯轧制法

D 双立轧法

双立轧法是立轧法的进一步发展，其特点是充分利用轧高件的表面变形，即用连铸板坯先立轧，如图 7-37 所示。第一次连续立轧几道次，轧件翻钢 90°后进开口工字形孔型平轧规整四个边，再翻钢 90°进行第二次立轧道次，最后翻钢 90°进开口工字形孔型轧制几道次，再送至 UR 机组。实践证明，第二次立轧时，轧件边部的宽展更大。

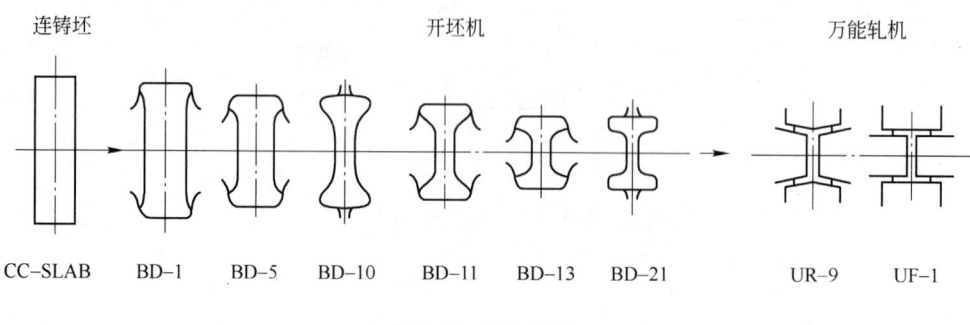

图 7-37 双立轧法

E　切分立轧法

采用切分立轧法不仅可用较薄的板坯轧出大型 H 型钢,而且可使切头大为减少,其轧制方法如图 7-38 所示。当用切分立轧时,必须使板坯的宽展中心严格对正第一个孔型的切深楔子,第二孔对板坯继续切深,第三孔将已切出的边部分开,第四孔立轧使轧件成工字形断面,然后在开口工字形孔型轧出 UR 机组所需的异形坯。

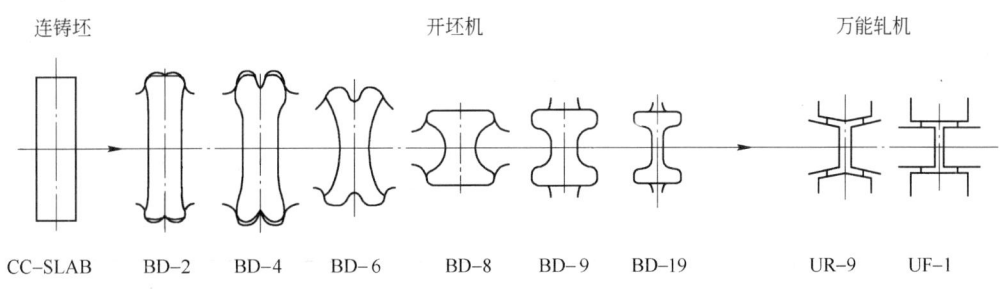

图 7-38　切分立轧法

F　腰部分区轧法

腰部分区轧法采用连铸坯先切分立轧,再进行腰分区轧制,用双切深楔在轧件边根处的腰部两侧切深,得出腰部中间有上下凸起的断面,再在后一孔型仅轧除腰部以外的中间凸起部分,这样可得出边部较高腰部较宽的异形坯。若再进行腰部分区轧制,则可得出边部更高、腰部更宽的异形坯。

7.4.2　履带板孔型设计

7.4.2.1　履带板的断面特点

履带板主要用于制造推土机、挖掘机、拖拉机履带以及坦克履带等。从形状上可以分为单齿履带、多齿履带,单齿履带一般用于推土机,多齿履带以三齿履带为主一般用于挖掘机。我国履带钢生产现在执行 YB/T 5034—2005《履带用热轧型钢》标准。在该标准中只有单齿和三齿履带钢,单齿履带钢有两个规格 LT-203、LT-216,三齿履带钢也有两个规格 LW-171、LW-203。单齿履带的不对称度较大,齿较高,变形较复杂,多齿履带的对称度和变形相对简单得多,在此只是对单齿履带的孔型设计进行详细分析,不再对多齿履带孔型设计进行过多的叙述。

在工业和农业生产中使用的单齿履带板如图 7-39 所示,此种形状的履带板是由型钢轧机轧制生产的。制造履带时将轧制的履带钢材切成一定长度的尺寸,将它们相互叠连起来,每块履带板的宽度约为500mm。此种履带钢材在农业和工业挖掘机上大量使用。

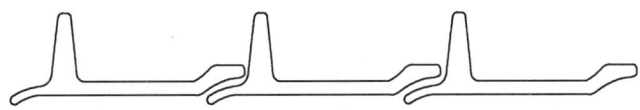

图 7-39　履带板的横断面形状

在型钢产品中,履带板是属于不对称断面异形钢材的一种,属于难轧产品。由于断面不对称,在轧制时存在着极不均匀的金属变形。履带板断面形状除了不对称性的特点外,还有一个凸起很高的齿,增加了设计与轧制的困难程度。

7.4.2.2　孔型系统的选择

轧制履带板的孔型系统基本上有如图 7-40 所列的几种形式。图 7-40a~c 所示孔型系统的共同点是在孔型系统中都有一个立轧孔。使用立轧孔的目的,除了使履带宽度尺寸便于调整而得到控制外,主要是要以局部的剧烈压下变形,促使强迫展宽以获得履带齿的足够长度,否则将不能满足后面连续几次在齿部采用闭口轧槽内拉缩的要求。立轧孔内爪子部位的压下比履带宽度的压下至少要大 2 倍以上。在这种不均匀的变形情况下进行轧制时,轧件会出现严重的扭转,或是侧向旁弯,无法进入下一道次轧制,造成中间废品或低温无法继续轧制。这是这三种孔型系统最根本的缺点。

立轧孔前面的孔型无论用什么方法设计，主要是为齿高的形成创造条件。第一种孔型系统（图 7-40a）中的荒轧孔类似角钢轧制方法，轧制比较稳定，选用宽高比较大的扁坯作为原料。后两种系统（图 7-40b、c）可用方坯或宽高比较小的矩形坯作为原料。第二种孔型系统（图 7-40b）荒轧孔是连续几道平轧，因此在轧件两侧容易出现耳子。

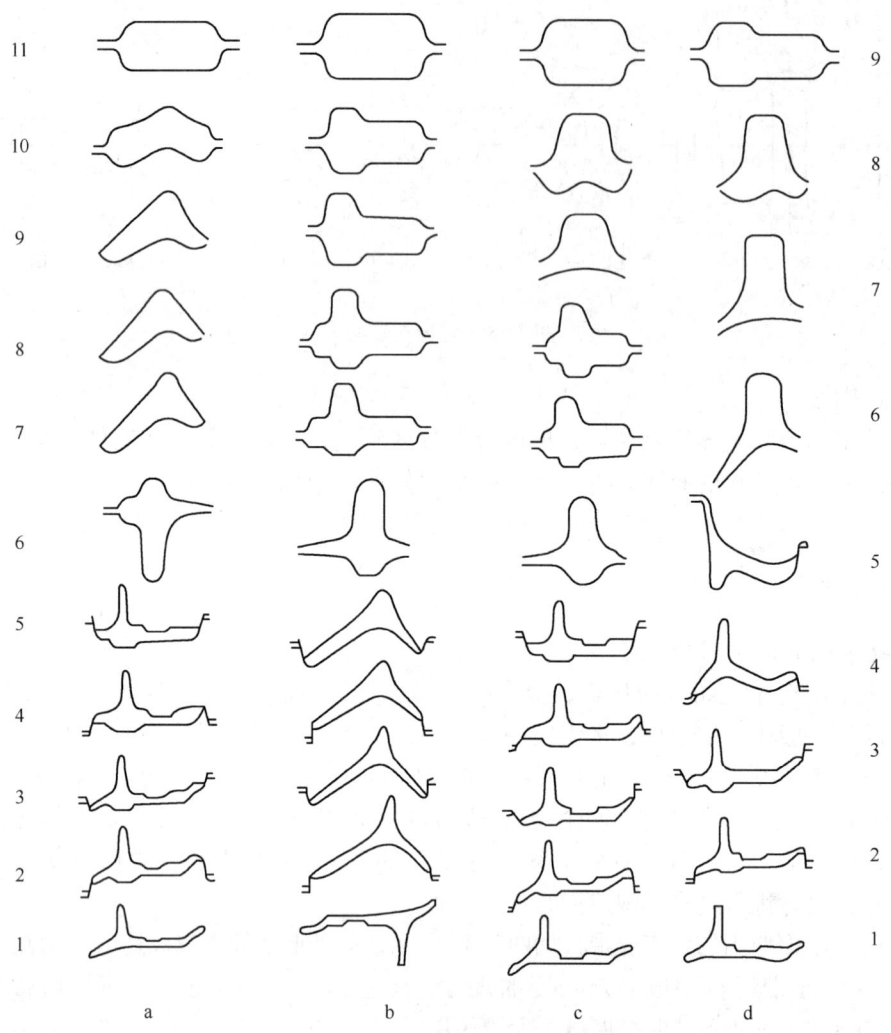

图 7-40　履带板孔型系统

立轧孔型后面的成型孔型（按轧制顺序），在图 7-40a、b 所示两种孔型系统中是完全相同的。这种配置比较合理之处是凸起的齿向上，易于使齿部对准孔型。图 7-40b 所示孔型系统中成型孔型如同轧制不等边角钢一样，轧制时其稳定性良好。但由于成品孔的齿是向下配置的，轧件的齿不易对准孔型，而引起齿部楔卡。

在 950 轧机和横列式三架轧机上，选用第三种孔型系统（图 7-40c）轧制过 228 节距履带板。采用这套孔型虽然能轧制出合格的产品，但轧制过程中稳定性较差，轧制中困难多。如第 9 孔进入 8 孔时不能对正孔型，咬入发生很大困难。轧件轧出第 6 孔之后有着显著的扭转，虽然在第 6 孔出口导板上安装了反向力支持板和将立轧孔在轧辊上的配置给予一定的倾斜角度，但未能收到预期的效果。这套孔型系统的第 5 孔也是一个关键孔型。由于左右两侧长边与短边的变形仍然有着很大的不均匀，同样出现了扭转和侧向弯曲。第 6 孔和第 5 孔轧制不稳定，轧出的轧件有严重扭转和侧向弯曲，促使采用这套孔型无法继续轧制，造成大量中间轧废、生产效率低、履带板的齿端加工不良等。

实践证明，比较合理的还是第四种孔型系统（图 7-40d）。此孔型系统的最大优点是取消了中间立轧孔。按轧制顺序的前五道次的孔型与轧制钢轨的帽形孔及轨形切深孔基本类似。与前三种孔型系统相比，不足之处就是第5孔有较大的轴向窜动力，但给予工作斜面后即可防止轧辊的轴向窜动。第4孔像"人字"形。其他各孔与第三种孔型系统（图7-40c）相同。这套孔型系统在操作方面有着突出的优点，就是第6孔（按逆轧制顺序）轧出的轧件，由于两侧边相差很悬殊的腿长，往往不用翻钢机进行翻钢操作，轧件本身由于自重的影响就会自行翻转，减少了送入第5孔型时的一次翻钢操作。同样第5孔型轧出来的轧件送入第4孔前也不需要翻钢，因为齿会自然向上与第4孔的闭口齿相互吻合。从这一孔型系统轧制的稳定性来看，与前面三种孔型系统相对比，无疑比有立轧孔的孔型系统具有明显的优越性。经过生产实践的验证，该孔型系统是成功的。轧制的稳定性良好，没有前述之扭转与侧向弯曲的缺陷，轧制的成品质量有着显著提高，轧制速度大大加快，提高了产量。

综上所述，无论采用何种孔型系统，其变形孔型的个数不宜过多，一般有4～5个即可。如若过多，则为了适应闭口齿的拉缩量，需要使开始进入成型孔轧件的齿很长，这样就给荒轧孔型设计带来了一系列的困难。

PJF大型厂轧制履带钢的孔型系统如图7-41所示。该厂的轧机是：1架 ϕ950mm×2300mm 的二辊可逆式轧机＋一列3机架的横列式轧机（2架 ϕ800mm 三辊式＋1架 ϕ850mm 二辊式）。

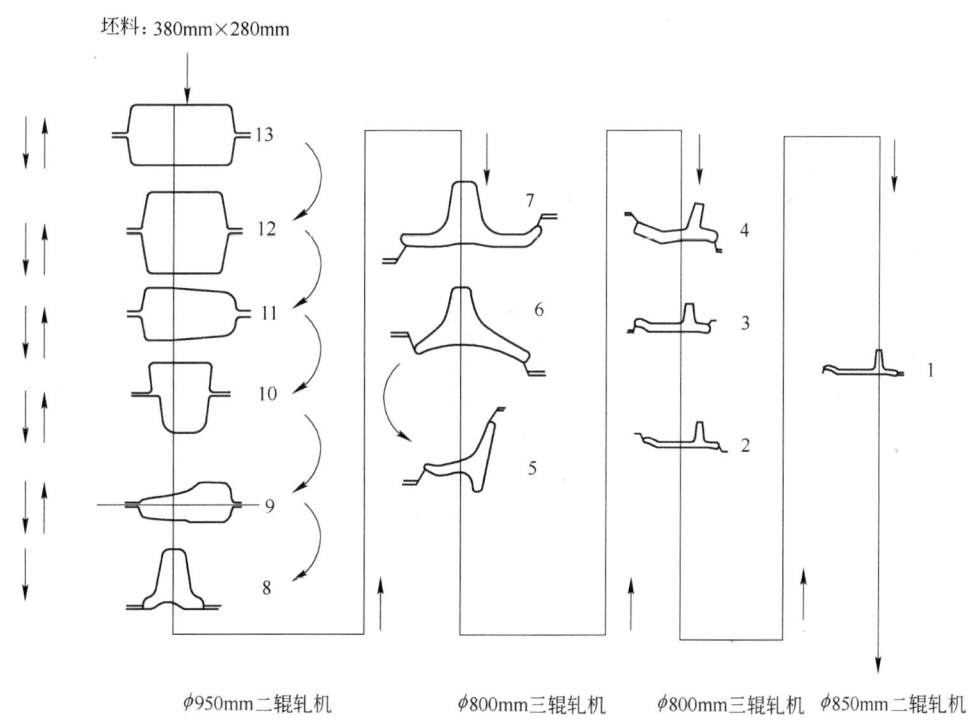

图7-41 PJF大型厂轧制履带钢的孔型系统图

比较图7-40d与图7-41的孔型系统不难发现，这两个孔型系统1～9孔基本上是一样的，只是AS大型厂与PJF大型厂的轧机布置方向不同，因此，这两个孔型系统的方向相反。此外，AS大型厂只有一列3机架 ϕ800mm 轧机，其孔型只有9个；PJF大型厂在3机架横列式前还有1架 ϕ950mm 的二辊可逆式轧机，因此，可以布置更多孔型，所以在PJF大型厂布置了13个孔型，并在这13个孔中轧制18个道次。

如图7-41所示，布置在二辊可逆式轧机上的13、12、11、10、9孔轧制2个道次，在8孔后，每孔轧制1道次。最后7个道次分配在一列3机架的横列式轧机中，7道次在3个机架中的分配是：3—3—1（参见图7-41）。

7.4.2.3 孔型设计

A 成品孔设计

根据标准尺寸及其允许偏差设计成品孔各部分尺寸，成品尺寸代号示于图7-42。

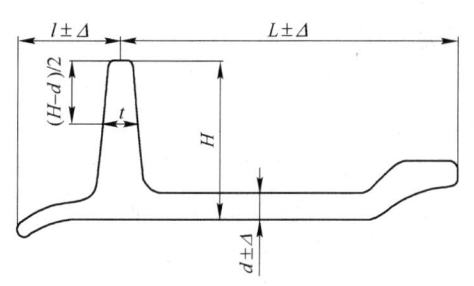

图7-42 成品尺寸代号

边厚：　　　　　　$d_{成品} = d$　或　$d_{成品} = d - \Delta$

齿高：　　　　　　$h_{成品} = (h - d) \times (1.012 \sim 1.014)$

长边：　　　　　　$L_{成品} = L \times (1.012 \sim 1.014)$

短边：　　　　　　$l_{成品} = l \times (1.012 \sim 1.014)$

齿厚：　　　　　　$t_{成品} = t \times (1.012 \sim 1.014)$

圆弧半径：除齿端圆弧半径可取标准尺寸或乘以线膨胀系数外，其他各处之圆弧均按标准尺寸确定。

成品孔的边部可作成自由展宽的大开口形式，一是因为边端部是由圆弧构成的，二是因为成品宽度允许公差范围较大，可不用闭口式孔型控制。

B　变形孔设计

（1）齿高度的确定：在闭口齿内的拉缩量为 4 ~ 10mm，按设计顺序依次取大值。按图 7-43 所示，齿高度为：

$$h_1 = h_2 - (4 \sim 10)\,mm$$

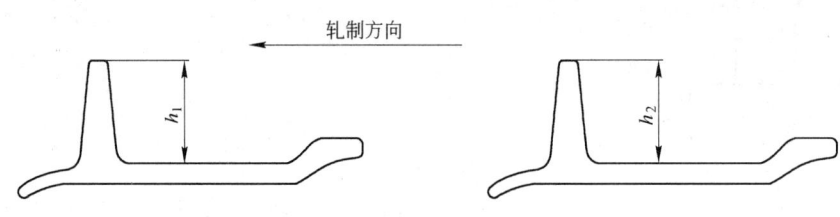

图 7-43　齿高度的确定

（2）齿的侧压：侧压不要取得很大，否则出现楔卡致使齿充填不满。齿端半径 R 的确定方法是：成品前孔齿端之 R 应与成品孔齿端之 R 保持相等。其他各孔则依次增加，但最大差值不得超过 0.3mm，即 $R_2 - R_1 = 0 \sim 0.3$mm。齿根部厚度依设计顺序逐渐增加。若按五个成型孔，齿根部侧压量范围如表 7-16 所示。为了减少齿的拉缩，齿根部侧压应给得越小越好；但没有侧压，齿的两侧面会产生充填不良的缺陷。

表 7-16　齿根部侧压量

孔　型	1（成品孔）	2	3	4	5
齿根部侧压量/mm	0.3 ~ 0.6	0.6 ~ 1.2	1 ~ 2	3 ~ 5	4 ~ 6

（3）边厚压下量的确定：边厚压下量可根据轧制扁钢的压下量来确定。由于生产履带的材质强度相对较高，压下量不宜取得过大。履带板边厚压下系数如表 7-17 所示。

表 7-17　履带板边厚压下系数

孔　型	1（成品孔）	2	3	4	5
边厚压下系数	1.05 ~ 1.08	1.15 ~ 1.20	1.25 ~ 1.30	1.25 ~ 1.35	1.35 ~ 1.50

（4）边长宽展系数：边长宽展系数一般为 $\beta = 0.22 \sim 0.55$。

C　荒轧孔设计

设计方法与钢轨设计方法相同，但第一个帽形孔的切深楔子不像钢轨那样高，同时切深楔子不在底部中央而是偏靠短边方面。这样做的目的是使另外一侧保留下较多的金属，以满足齿部分的轧制需要。后面的两个帽形孔的齿部分，按轧制顺序要依次加大其与水平方向所成的角度。斜度加大的程度，是以第 8 孔（最后一个帽形孔）轧件在辊道上倾倒后，齿倾斜的程度与轧辊上第 7 孔齿斜度方向基本一致为原则。两者斜度的差别越小越好，可使轧件进入第 7 孔时不致有偏斜的现象。第 8 孔与第 7 孔齿斜度配合的要求见图 7-44。

第 7 孔在轧辊上配置时，齿的斜度采用较大的数值，这有两方面好处，一方面是有利于齿的压下，对增加齿长有好处；另一方面是开口齿斜度大了以后，闭口的短边进入第 6 孔时可以减轻垂直压下的程度。第 7 孔轧件进入第 6 孔的变形情况如图 7-45 所示。第 7 孔的长边作成一个折角的目的，是使第 7 孔轧件在辊道上稳立时，齿能够处于一个近似垂直的方向，以利于进入第 6 孔的闭口齿部。此外还有利于长边上下卫板安装的稳定，不容易滑动。

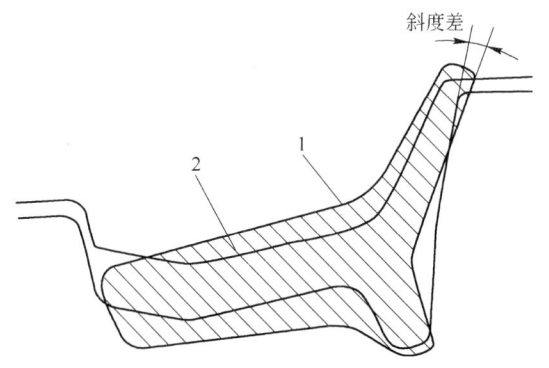

图7-44 第7孔和第8孔齿斜度的配合

1—第8孔轧件；2—第7孔孔型

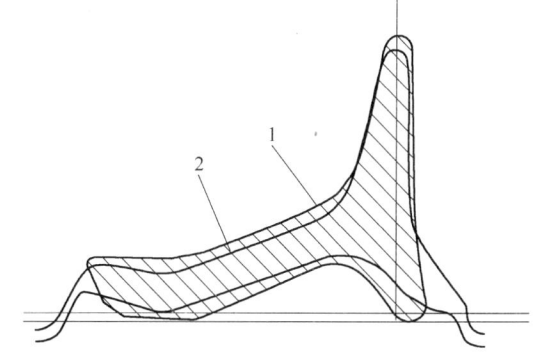

图7-45 第7孔轧件进入第6孔的变形情况

1—第7孔轧件；2—第6孔孔型

此种产品可在650mm以上的轧机上进行轧制。

7.4.2.4 228节距履带板孔型设计

在横列950轧机、两架三辊式800轧机、一架850轧机上，选用图7-41所示孔型系统轧制228节距履带板。孔型设计步骤叙述如下。

228节距履带板断面尺寸及公差见图7-46。钢坯断面尺寸选用380mm×280mm钢坯，轧制道次为9次。在轧辊上的配置是：950轧机11道次、800Ⅰ架轧3道次，800Ⅱ架轧3道次，850轧1道次。孔型图及轧辊配置图见图7-47~图7-50。

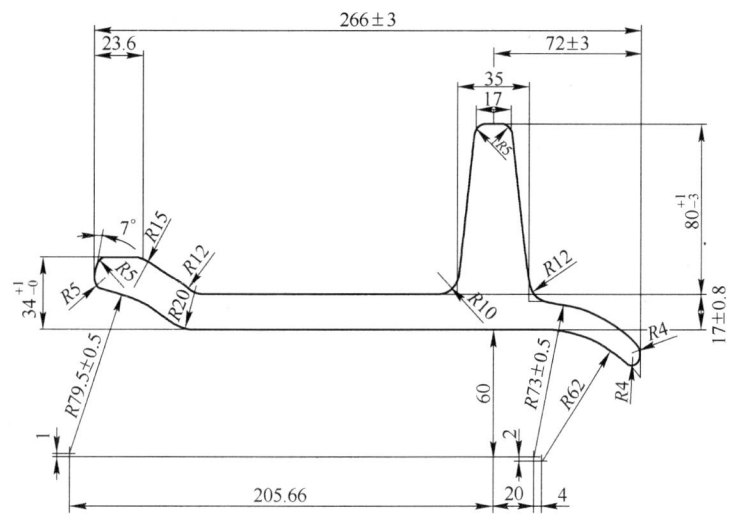

图7-46 228节距履带板断面尺寸及公差

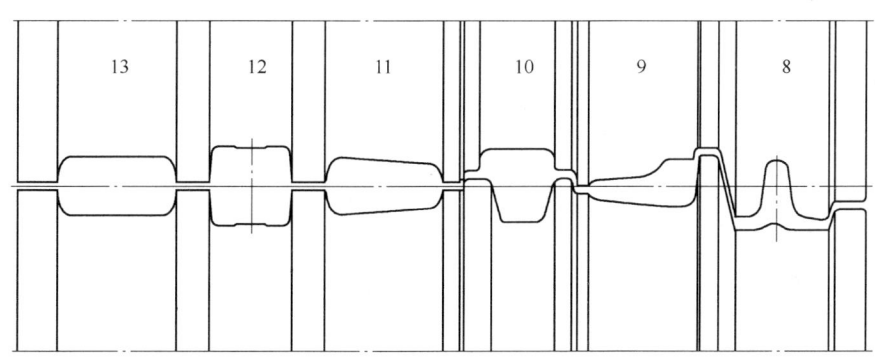

图7-47 950轧机配辊图

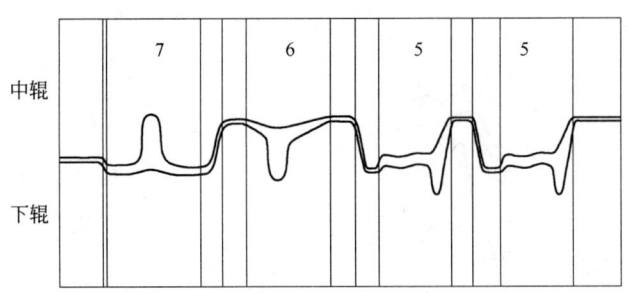

图 7-48　800 轧机 I 架配辊图

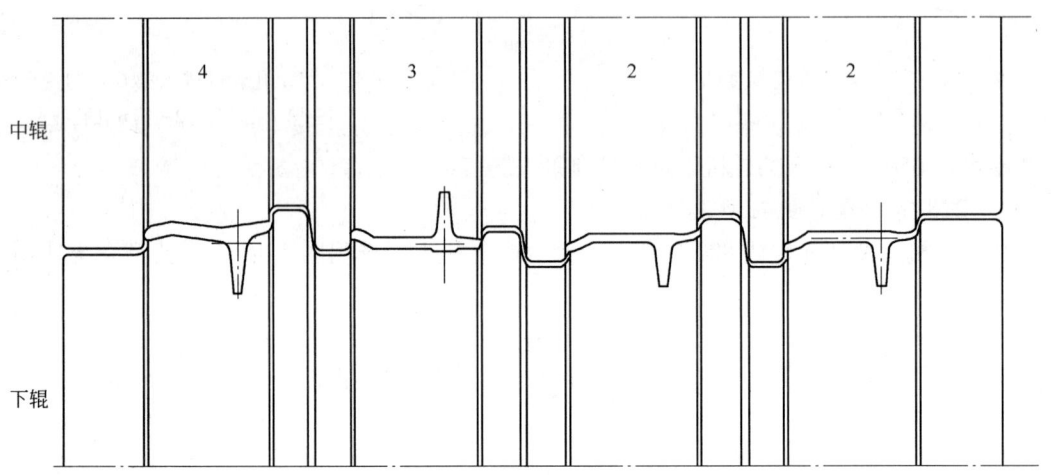

图 7-49　800 轧机 II 架配辊图

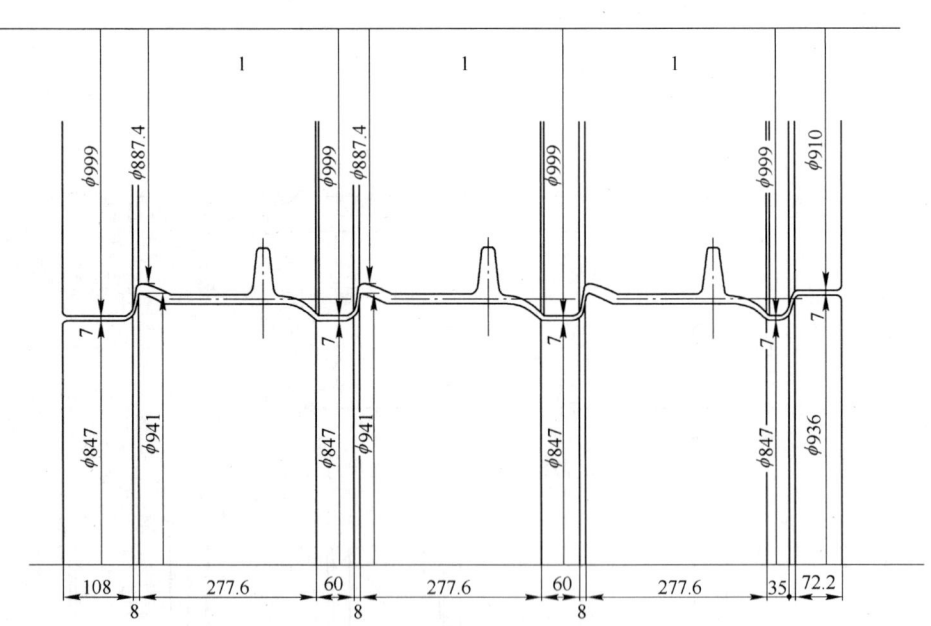

图 7-50　850 机架配辊图

实际生产证明，这是比较成功的设计。轧制中不再出现扭转与弯曲的现象，轧制极为稳定。

孔型在轧辊上配置时，值得注意的问题有下列两点：

（1）需要翻钢的道次，孔型在轧辊上的配置一定要和翻钢设备的翻钢方向一致。在无翻钢设备的条件下，也要便于人工操作。

（2）为了使轧件在辊道上运行稳定，齿一定要向上。短边最好配置在靠主马达的一侧，因为轧件的长边端部是向上弯曲的，在辊道上或地板盖上横向移钢时，不使端部卡在地板盖的间隙里。有时为了适应翻钢方向，也可把长边配置在靠主马达的一侧。

为了轧制稳定和获得较高的钢材成品率，很大程度上取决于导卫板的设计与安装的好坏。对各个孔型的导卫板无论是在制作上还是在安装上都应加以特别注意。为了进钢准确并能得到控制，一定要在成型孔及成型孔的入口导板上安装盖板和托板。图7-51是入口导板装置示意图。

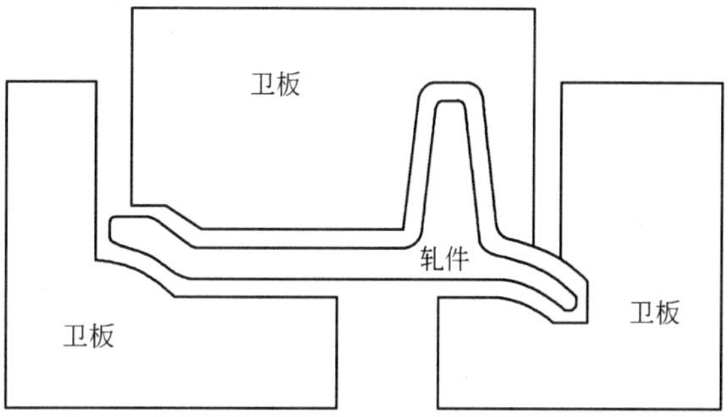

图 7-51 入口导板装置示意图

7.4.3 球扁钢孔型设计

7.4.3.1 产品分类及断面划分

球扁钢主要用于军用和民用船舶制造和海洋工程。球扁钢按断面形状分为单球扁钢和双球扁钢（或称对称球扁钢）。我国的球扁钢生产执行 GB/T 9945—2001《热轧球扁钢》标准，在该标准中列出了从 80mm×4mm～430mm×20mm 共 53 个规格的单球扁钢。无论单球扁钢还是对称球扁钢，如图7-52 和图7-53所示，第Ⅰ部分凸起的一块均为球形，称之为头部，第Ⅱ部分均为一块扁钢，称之为腰部。

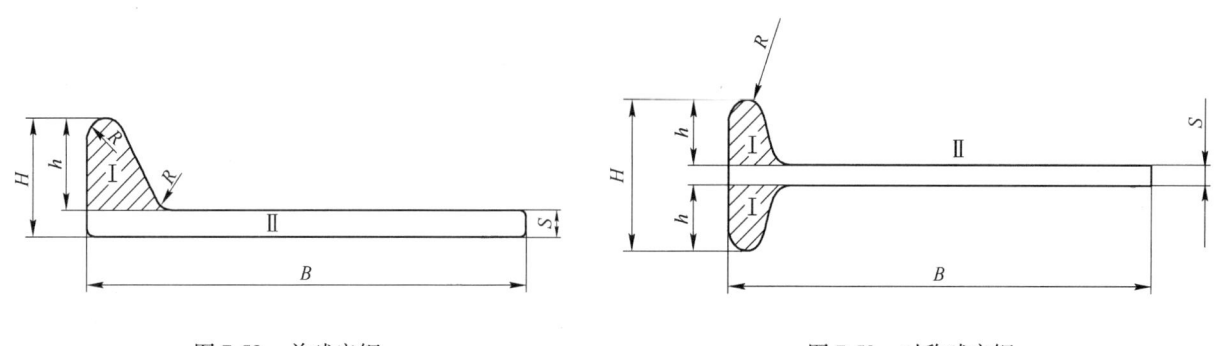

图 7-52 单球扁钢   图 7-53 对称球扁钢

对这种产品断面的划分只是为了计算方便。金属在变形过程中，由于轧件是一个整体，两区域相连之处金属的流动尚不能精确估计，因此，在设计时必须注意在靠近成品孔型时，尽量使两个部分的变形相等，因为最后几个道次轧件温度较低，金属的塑性较差，如变形系数不一致就会发生镰刀弯或波浪弯等不正常现象。因此，必须注意提前不均匀变形，在前面道次金属的温度高、塑性好，这时虽有剧烈的不均匀变形，但是影响并不大。

7.4.3.2 孔型系统的选择

无论单球扁钢还是对称球扁钢，14 号以上大都采用弯腰孔型系统（图7-54），14 号以下采用平直腰孔型系统（图7-55）。

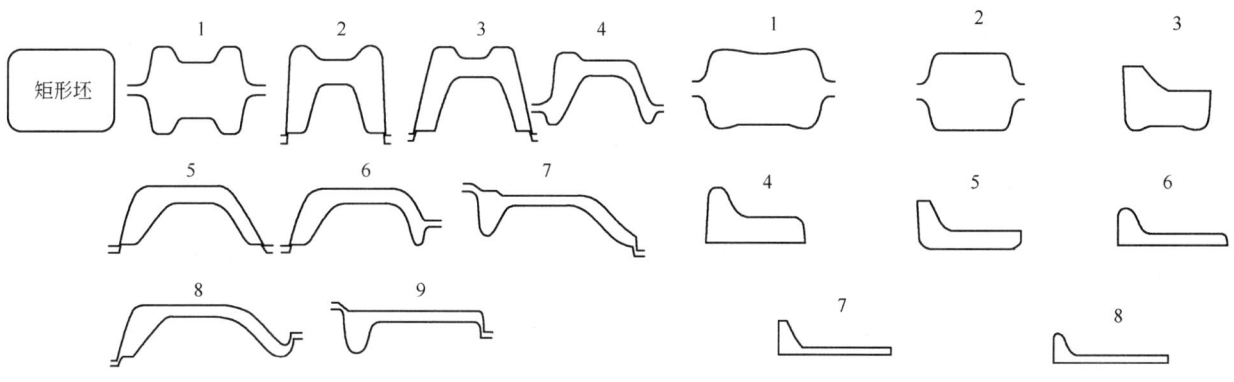

图 7-54 球扁钢槽式轧法的孔型系统   图 7-55 平直腰孔型系统

7.4.3.3　球扁钢孔型设计

下面以单球扁钢为例，介绍球扁钢孔型设计。

A　成品孔孔型设计

如图 7-56 所示，根据产品标准断面规格及公差设计成品孔尺寸。

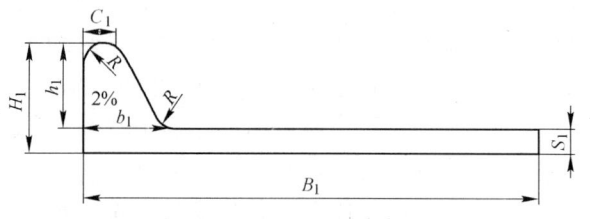

图 7-56　单球扁钢成品孔孔型

宽度 B_1 按标准尺寸乘以热胀冷缩系数（或加正公差乘热胀冷缩系数）再加上 3~6mm 计算。加上 3~6mm 的目的是当轧件出成品孔尺寸正差时，避免金属充填到锁口处产生耳子。厚度 S_1 按负公差（或标准尺寸）计算，这是为了节约金属，同时腰的厚度还可以用调整辊缝的方法来控制。头部尺寸 H_1 没有公差，但因易被拉缩，故 H_1 以正公差设计。各尺寸计算公式如下：

$$B_1 = [B + (0 \sim 1)\Delta_{正}] \times 1.013$$

式中　B——标准尺寸；

　　　$\Delta_{正}$——宽度正公差。

$$S_1 = S - \Delta_{负}$$

式中　$\Delta_{负}$——腰厚负公差。

$$H_1 = (H + \Delta_{正}) \times 1.015$$

R 取标准尺寸。头部左侧的斜度 y 一般为 2%~3%，这是为了重车轧辊时孔型容易恢复。头部、腰部两部分的延伸系数应该相等，即 $\mu_{腰} = \mu_{头}$。但是，因为头部的温度往往比腰部高，容易被拉伸，所以头部延伸应该较腰部的延伸略大 5% 左右，即 $\mu_{头} = (1 \sim 1.05)\mu_{腰}$。成品孔腰部压下系数 η 一般为 1.15~1.25。成品孔腰部延伸系数 μ 一般为 1.1~1.2。根据这些数据即可求得成品前孔的面积和其他尺寸。

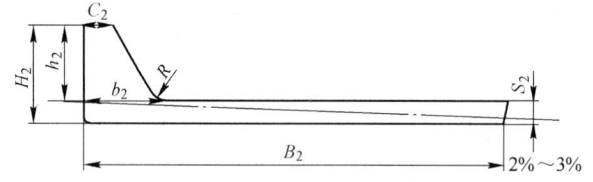

图 7-57　成品前孔孔型

B　成品前孔孔型设计

成品前孔孔型如图 7-57 所示。各尺寸按下列公式计算：

$$S_2 = S_1 n_1$$

$$\Delta S_1 = S_2 - S_1$$

$$\Delta b_1 = (0.3 \sim 0.5)\Delta S_1$$

式中　0.3~0.5——展宽系数，根据经验决定。

成品前孔腰宽为：

$$B_2 = (B - \Delta b_1 - \Delta_{负}) \times 1.013$$

式中　$\Delta_{负}$——腰宽负公差。

$$C_2 = C_1 - (0.5 \sim 1)\text{mm}$$

$$b_2 = b_1 + (0.5 \sim 2)\text{mm}$$

腰部面积为：

$$Q_{腰2} = B_2 S_2$$

腰部延伸系数为：

$$\mu_{\text{腰}1} = B_2 S_2 / (B_1 S_1)$$

成品前孔头部的面积为：

$$Q_{\text{头}2} = Q_{\text{头}1} [(1.0 \sim 1.05) \mu_{\text{腰}1}]$$

由此即可求出 h_2 和 H_2 为：

$$h_2 = Q_{\text{头}2} / [0.5(C_2 + b_2)], \quad H_2 = h_2 + S_2$$

此孔值得注意的地方是头部左侧，为了降低轧辊车削量且使轧件易脱槽，故此孔型在轧辊上采用斜配，斜度为 2% ~ 3%（向外），同样成品孔在相应位置也有斜度 2%（向内），因此二者之和为 4% ~ 5%，也就是说成品前孔进成品孔头部要弯曲 4% ~ 5%。

C 其他各孔的计算

其他各孔参数设计主要遵循以下原则：

(1) 延伸关系：采用腰部延伸大于头部，这一差值按孔型均匀分配，并接近成品孔逐渐减小，即：

$$\mu_{\text{腰}} \geqslant \mu_{\text{头}}$$

(2) 腰部宽展及展宽系数：展宽系数 $\beta = 0.4 \sim 0.65$，这是根据生产过的几种产品的实际情况确定的，因为腰部延伸大，不均匀变形造成强迫展宽。

(3) 腰部压下系数：根据电机能力及设备不同而异，一般 $\eta_{\text{腰}} = 1.2 \sim 1.6$。

(4) 头部拉缩量及增长量：根据开口头部与闭口头部的成型特点来考虑头部的拉缩量及增长量。

1) 闭口进开口：头高增长量设为零。头尖及头根的变形关系是：使头根部绝对侧压量大于头尖部侧压量，同时使根部压下系数小于尖部。

2) 开口进闭口：头部高度方向拉缩量（或压下量）等于 2 ~ 5mm，头尖部不给侧压而留有 0.5 ~ 2mm 空隙，根部侧压为 2 ~ 5mm，这样头尖部给负的侧压是为了头尖部易于插入闭口内，同时使尖部加工良好。

(5) 圆角的确定：确定圆弧大小的原则是根据压下量的大小使下一孔开口处不出耳子。

(6) 锁口的尺寸：锁口的高度取决于该处圆弧的大小，再加上轧辊的调整量。如为开口部分就得考虑轧件最大可能充填的位置。

7.4.3.4 产品缺陷

生产中如果孔型参数大小的选择不合理，易产生以下缺陷：

(1) 腹板宽度超正差。解决办法：降低钢坯来料宽度或者适当缩小控制孔中心线长度。

(2) 腰部波浪。解决办法：合理分配成品孔、成品前孔、成品再前孔球部和腰部延伸，孔型设计中尽可能在前面的孔型中提前完成不均匀变形，减小成品孔及成品前孔的延伸。

(3) 腹板端部折叠。解决办法：优化切深孔孔型端部圆弧大小及适当修改孔型形状，改善金属流动，防止切深孔端部出耳子，避免到下一孔轧制出折叠。

(4) 头薄。解决办法：增加头根部及尖部厚度，保证金属量；另外，采取措施防止轧辊轴向窜动，如缩小轧辊斜面间距。

(5) 腰部厚度不均。解决办法：调整轧辊两侧压下，使腰部宽度方向上辊缝大小保持一致。

7.4.3.5 孔型设计实例

以 10 号单球扁钢为例，采用 90mm × 90mm 方坯，轧制 8 道次，根据以上孔型参数设计原则，设计出的孔型尺寸如图 7-58 所示。

7.4.3.6 球扁钢的槽式轧法

A 概述

20 世纪 50 年代我国从前苏联引进球扁钢平直轧法的轧制工艺，生产各种规格的球扁钢。当时鞍钢中型厂生产 10 ~ 16 号球扁钢，鞍钢大型厂生产 20 ~ 27 号球扁钢均采用此种工艺，钢坯为扁坯。大批量实践生产证明，用平直轧法生产球扁钢存在以下缺点。

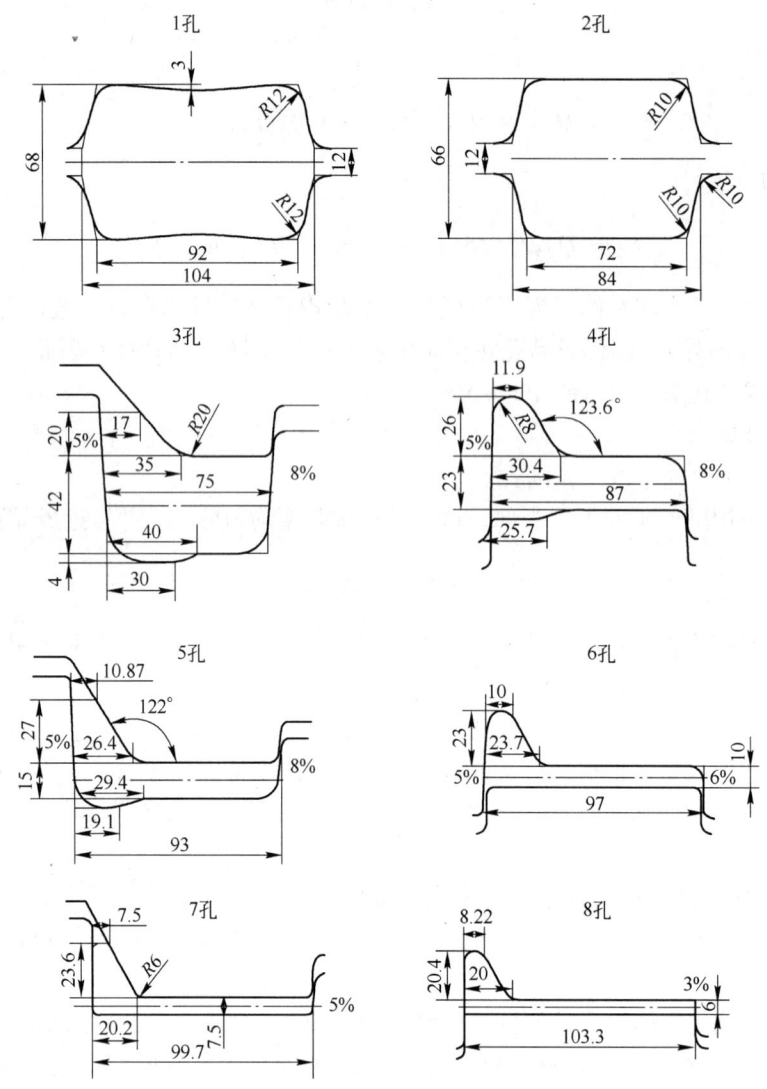

图 7-58　10 号单球扁钢孔型尺寸

（1）不均匀变形大，轧件扭弯现象严重，致使废品率高，成材率低。从图 7-59 看出，在各轧制道次中，右侧延伸大于左侧，轧件出孔后往左侧弯曲。左侧出口导卫受力大，不仅使导板磨损严重，需经常更换，而且造成轧件出孔扭弯而报废。球扁钢规格越大，这种现象越严重。

（2）腹板端部加工不良。腹板端部圆角过大或出现折叠，该现象为轧件出孔时不稳定和孔型系统中腹板端部开闭口交替次数多造成（图 7-60）。这种缺陷对军工产品来说，是绝对不允许的，为此在生产球扁钢时出现大量废品。

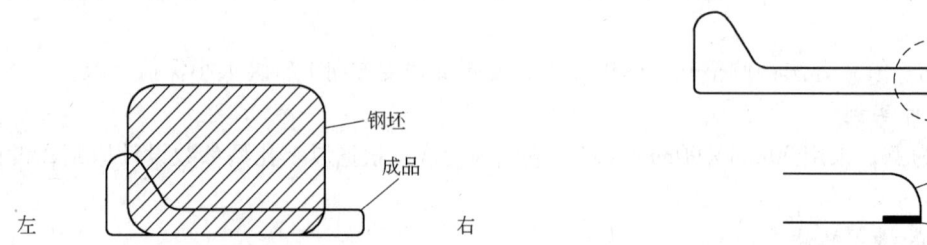

图 7-59　球扁钢平直轧法成品—坯料的对应关系　　　　图 7-60　平直轧法产生的球扁钢缺陷

针对上述问题，60 年代鞍钢科技人员对这种设计方法进行改进，研制成功球扁钢的槽式轧法，替代平直轧法。槽式轧法的特点是将球扁钢腹板进行弯曲（图 7-61），其形状类似槽钢，采用槽钢的轧制方法来生产球扁钢,这样轧制稳定性较好,而且减少了频繁的开闭口交替,解决了端部出耳子和折叠现象。

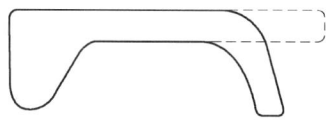

图 7-61 球扁钢腹板弯曲示意图

球扁钢槽式轧法首先在鞍钢大型厂生产 20 号球扁钢成功应用,产量和质量大幅度提高。不久,鞍钢大型厂所生产的单球扁钢(20 号、22 号、24 号、27 号)和 30 号双球扁钢五种规格,全部改用槽式轧法,鞍钢中型厂也有两种球扁钢改用槽式轧法。目前,槽式轧法已在全国推广,尤其是大、中规格(≥14~16 号)的球扁钢全部采用槽式轧法。

B 孔型系统

以鞍钢大型厂为例,轧机为 3 架横列式,其中第一和第二架为三辊式,第三架为二辊式,轧制道次为 9 道次,分配为 4—3—2,其孔型系统参见图 7-54。

C 钢坯

钢坯为矩形坯或方坯。20 号球扁钢钢坯尺寸为 130mm × 178mm;22 号球扁钢钢坯尺寸为 150mm × 190mm;24 号球扁钢钢坯尺寸为 175mm × 175mm;27 号球扁钢钢坯尺寸为 196mm × 196mm;30 号双球扁钢钢坯尺寸为 175mm × 250mm。

D 孔型设计原则

(1)设计方法按普通槽钢方法进行,其中第 4 和第 6 孔为控制孔,进入控制孔的第 3 和第 5 孔轧件腿部厚度(孔型右侧)应防止控制孔出耳子。

(2)设计顺序按逆轧制方法进行,先确定成品孔中心线长度,其他各孔可根据压下量和展宽系数(0.4~0.6 之间)确定中心线长度。

(3)孔型右侧腹板的弯曲度按逆轧制顺序逐渐缩小,以防止腹板端部产生撂皮(折叠)。

(4)按轧制顺序前 3~4 个孔为切深孔。在设计切深孔时,其切深楔子应偏向右侧,使右侧腿部厚度小于左侧,以保证轧制稳定性。

(5)孔型左侧和右侧(也称球部和腿部)延伸尽量保持相等或使其差值小些,以保证轧件平直轧出。

(6)球部和腿部的高度可以有一定差值,但在条件允许的情况下,应尽量保持相等。

(7)腹板厚度(腰部和腿部)在成品前孔和成品再前孔应相等,以防止成品产生腰部厚度不等缺陷。

(8)由逆轧制顺序推导出钢坯宽度,再根据本厂实际情况确定钢坯的高度和宽度,槽钢设计方法的灵活性很大。

E 用槽式轧法生产双球扁钢实例

按断面形状划分球扁钢为单球和双球两种,如图 7-62 所示。

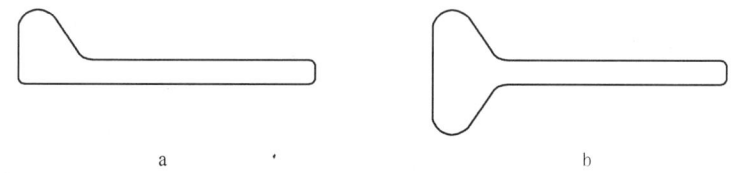

图 7-62 单球扁钢和双球扁钢

a—单球扁钢;b—双球扁钢

双球扁钢形状类似 T 字形,用平直法的轧制工艺不能生产,因双球扁钢的球部高度为单球扁钢的两倍,双球部分与扁平部分的变形不均匀太大,根本无法进行轧制。双球扁钢主要用于特殊船舶的制造上,以军工产品为主。鞍钢大型厂用槽式轧法在三架 800 横列式轧机上成功轧制 30 号双球扁钢,获得冶金部和军工单位的嘉奖。轧制 30 号双球扁钢采用钢坯尺寸为 175mm × 250mm,轧制道次为 9 道。在批量生产中,轧制稳定,各道次无扭弯现象,轧件出孔平直。

根据上述设计原则设计出的孔型图如图 7-63 所示。

7.4.4 矿用 U 型钢孔型设计

U 型钢作为煤矿巷道支护用的必备钢材,在煤矿行业有着无可替代的地位。随着一些老煤矿和新建煤

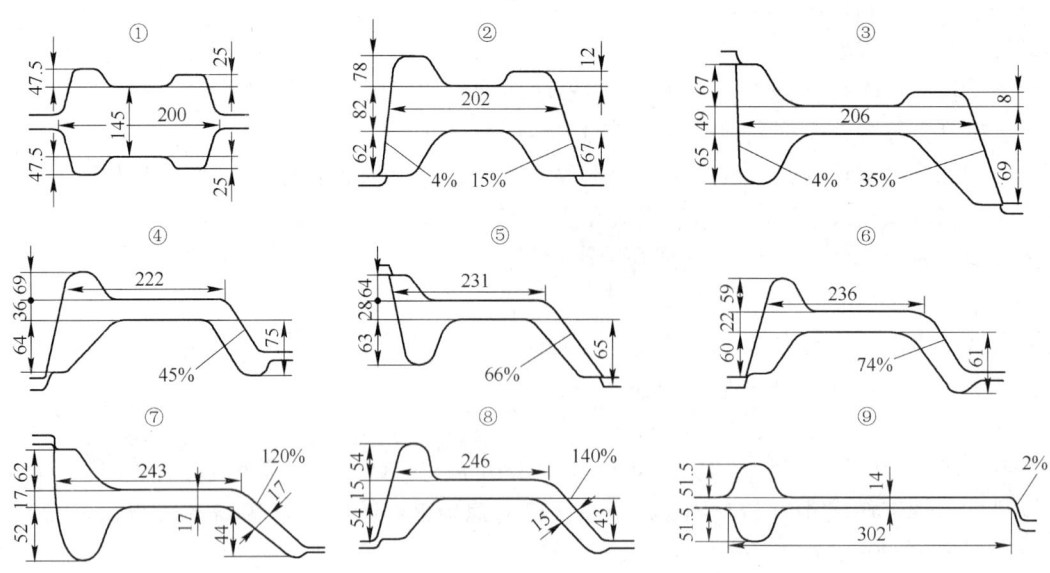

图 7-63　双球扁钢的轧制孔型

矿地下开采深度的增加,矿压越来越大,有些煤矿巷道原有的支护能力不能适应地质条件和矿压增加要求,矿用支撑钢需求量显著增加,并且向多规格、不同断面、高强度性能方向发展。

GB/T 4697—2008 中有 18UY、25UY、25U、29U、36U、40U 六个断面的矿用支撑钢,其中 18UY、25UY 为腰定位,25U、29U、36U、40U 为耳定位。

7.4.4.1　产品的分类和断面的划分

现在生产的 U 型钢可分为两种类型,即前苏联系列的腰定位和德国 TH 系列的耳定位。无论是腰定位还是耳定位,从断面特点看均可划分为腰、立腿和小腿三部分,如图 7-64 所示。

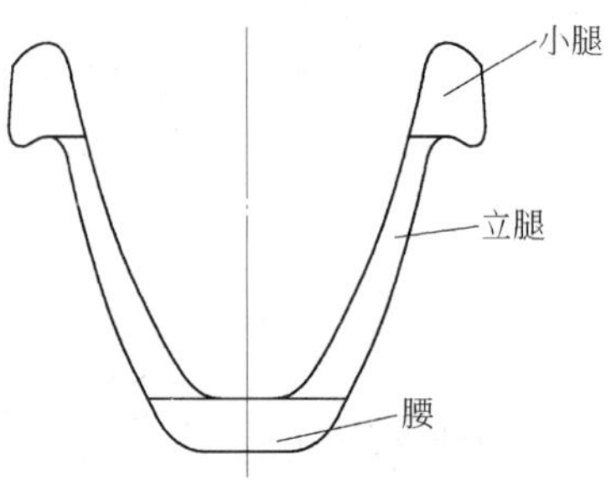

7.4.4.2　U 型钢的断面特点

(1) 断面复杂,立腿与小腿连接处厚度最薄,属于薄壁复杂型钢。腿部窄而长,切深楔子又窄又高。

(2) 25U、29U、36U、40U 型钢的立腿由两个半径组成,18UY、25UY 由圆弧和直线混合组成。

(3) 25U、29U、36U、40U 型钢小腿均有 1.3 ~ 3.5mm 的凸台,起到自锁作用。

图 7-64　U 型钢断面划分

7.4.4.3　坯料选择

U 型钢的特点是腿部窄而长,切深楔子又窄又高,因此不必担心腰对腿的拉缩。由于变形过程中小腿部有压下,还可以促进腿的增长,因此,钢坯的高度只要保持腿高度的 1.5 倍的关系就能满足要求。为了保持轧制过程稳定,各变形孔的腰部均有一定量的负展宽。所以,钢坯的厚度应大于产品的腰宽。钢坯的高度 H_0 和宽度 B_0 与成品高度 H 和宽度 B 的关系如下:

$$H_0 = 1.5H$$

$$B_0 = B + \Sigma \Delta B$$

7.4.4.4　孔型系统的确定

由于 U 型钢腰窄外开口宽,本身有小腿,25U、29U、36U、40U 小腿有凸台,小腿有利于提高轧件在孔型中的稳定性,因此从断面形状看,轧制 U 型钢的关键除保证两腿长度外,主要是保证小腿的形成和小腿凸台的高度尺寸。从轧制的稳定性考虑,U 型钢的开口向下;U 型钢采用小腿部开闭口孔型系统,见图 7-65。一般对于断面厚度较薄宽度较大的产品,异形孔数目最好不少于 5 ~ 7 孔。

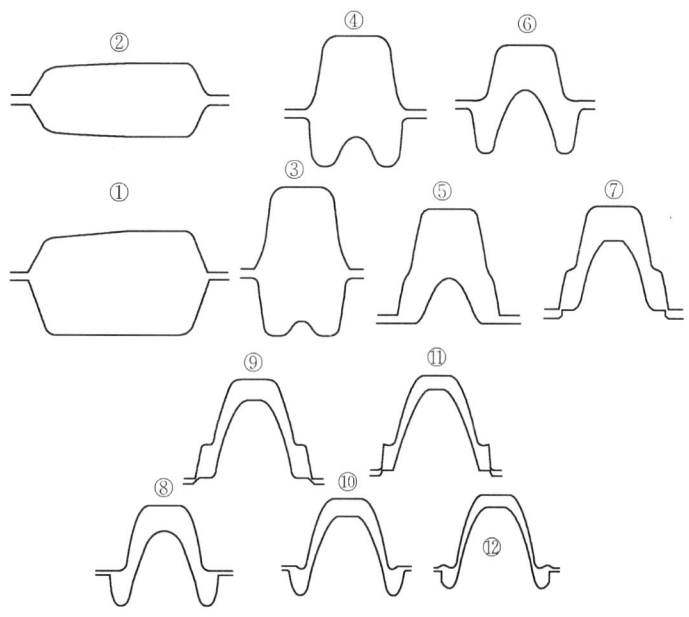

图 7-65　U 型钢采用的孔型系统

7.4.4.5　变形系数的分配

一般轧制中型型钢的平均延伸系数在 1.1 ~ 1.3 之间。平均延伸系数过小轧制道次多，机时产量低；如果平均延伸系数过大，则增加轧制负荷，加快轧辊磨损，降低轧辊使用寿命。由于 U 型钢立腿很高，选择过大的变形系数容易掰辊环和增加侧壁的磨损。

U 型钢的整个变形过程是通过切分金属形成腿部并压缩腰部和碾压腿部来形成立腿和小腿，因此按 U 型钢断面划分的腰、立腿、小腿要分别设计计算。为了保持轧制的稳定，腰、立腿、小腿三者的变形关系可按下式分配：

$$\mu_{腰} \geqslant \mu_{小腿} > \mu_{立腿}$$

7.4.4.6　孔型设计

依据标准尺寸及其允许偏差设计成品孔各部分尺寸，成品的标准尺寸及其允许偏差见 GB/T 4697—2008。U 型钢成品孔型如图 7-66 所示。

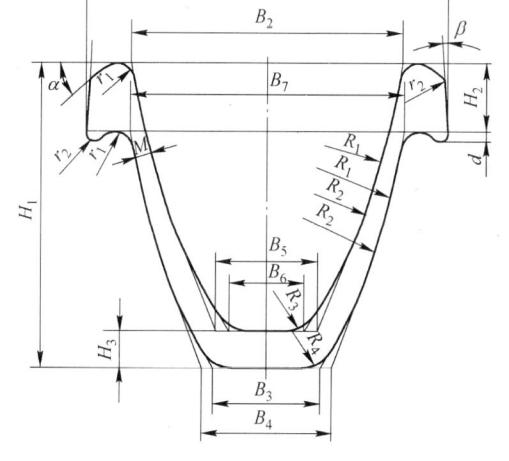

图 7-66　U 型钢成品孔型

孔高：
$$H_1 = (1.012 ~ 1.014)H_1$$
$$H_2 = H_2$$
$$H_3 = H_3 \quad 或 \quad H_3 = H_3 - \Delta$$

孔宽：
$$B_1 = (1.012 ~ 1.014)(B_1 - \Delta)$$
$$B_2 = (1.012 ~ 1.014)B_2$$
$$B_3 = (1.012 ~ 1.014)B_3$$
$$B_4 = (1.012 ~ 1.014)B_4$$
$$B_5 = (1.012 ~ 1.014)B_5$$
$$B_6 = (1.012 ~ 1.014)B_6$$
$$B_7 = (1.012 ~ 1.014)B_7$$

式中　Δ——部分负偏差。

圆弧半径全部取标准尺寸，其他各处之圆弧均按标准尺寸确定。

7.4.4.7　其他变形孔的设计

(1) 腰部压下量一般在成品孔中为 1.5 ~ 7.0mm，在成品前孔中可取 2 ~ 3mm，其他各孔可按等差级数或近似等差级数逐渐增加。其他各孔的高度压下量可取 2~5mm，小腿的压下量可适当增大。

（2）腰部的展宽量一般为 4~6mm。

（3）小腿的宽度也要用负展宽，一般为 1~3mm，逆轧制道次逐渐增大。

（4）圆弧的选取：逆轧制道次逐渐增大。

（5）确定锁口尺寸。

7.4.4.8　粗轧孔的设计

由于轧制 U 型钢常采用矩形坯，因此在轧制过程中不可能使所有孔型的各个部分都保持均匀的或近似均匀的变形。而为了得出合格的 U 型钢必须使一定数量的孔型保持相对均匀的变形，在粗轧道次必须采用不均匀变形，轧制成足够高度的 U 型钢雏形。采用高温大压下，使钢材的不均匀变形在粗轧道次完成。

7.4.4.9　孔型设计实例

以 25 号 U 型钢为例，采用 165mm×225mm 连铸坯，轧制 12 道次，根据以上孔型设计原则，设计出的孔型如图 7-67 和图 7-68 所示。

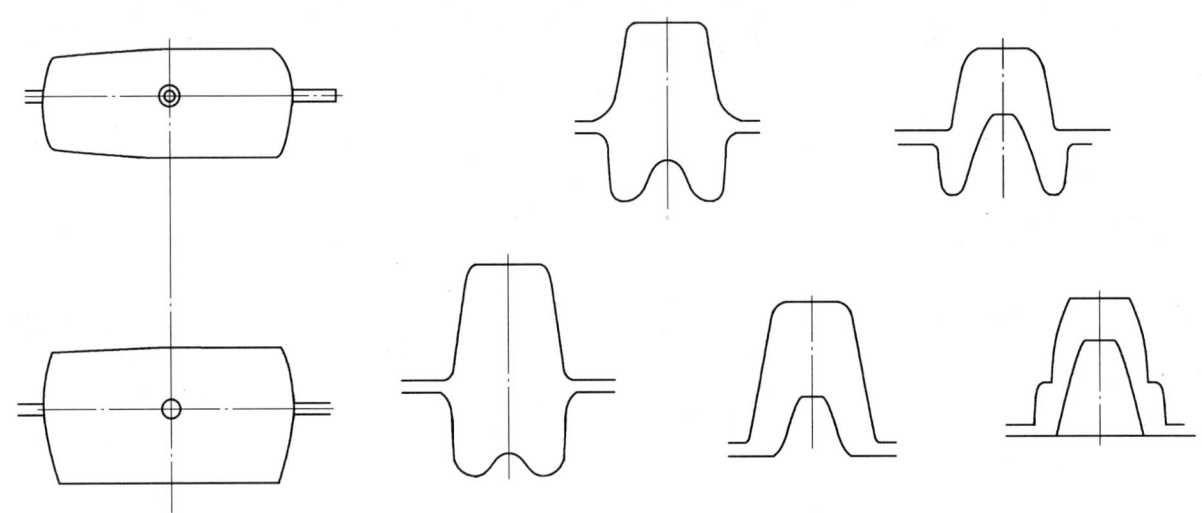

图 7-67　25 号 U 型钢孔型配置（1 号机架）

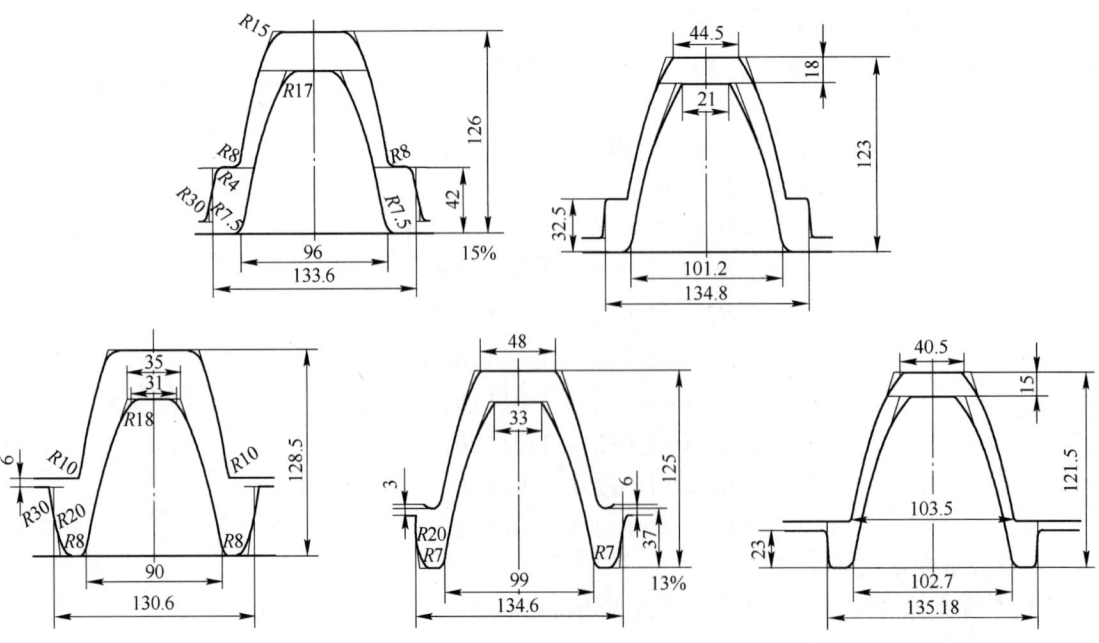

图 7-68　25 号 U 型钢精轧孔型配置（2 号机架、3 号机架）

参 考 文 献

[1] 查富和. 对我国发展 H 型钢建设万能钢梁轧机的粗浅意见[R]. 1983.
[2] 刘向华. 万能孔型中带张力轧制 H 型钢的研究[R]. 1985.
[3] 苏世怀. 高效节约型建筑用钢——热轧 H 型钢[M]. 北京：冶金工业出版社，2009.
[4] 顾建国. 海洋石油平台用 H 型钢的开发研究[J]. 钢铁，2001，36(2).
[5] 杜立权，黄永昌. 热轧 H 型钢生产技术及发展趋势[J]. 冶金译丛，1999(4).
[6] 金持平. 从国外的 H 型钢轧机发展谈我国的建设[R]. 1979.
[7] 查五生，徐勇. 马钢 H 型钢生产工艺及设备主要特点[J]. 轧钢，1998(5).
[8] 曹燕，李苹. 马钢新建中小型 H 型钢生产线工艺及设备特点[J]. 轧钢，2006(1).
[9] 董志洪. 世界 H 型钢与钢轨生产技术[M]. 北京：冶金工业出版社，1999.
[10] 白光润. 型钢孔型设计[M]. 北京：冶金工业出版社，1993.
[11] 吴琼. H 型钢孔型设计技术[J]. 轧钢，1999(10).
[12] 上海市冶金工业局. 孔型设计[M]. 上海：上海科学技术出版社，1975.
[13] 赵松筠，唐文林. 型钢孔型设计[M]. 北京：冶金工业出版社，1993.

编写人员：中冶华天　卢勇、徐勇、朱宗铭、沐贤春、徐峰
　　　　　攀枝花钢铁公司　陶功明
　　　　　鞍山钢铁公司　丁　宁
　　　　　唐山钢铁公司　张海芹

8　开坯与大规格棒材生产

8.1　开坯与大规格棒材生产的发展概况

8.1.1　发展史概况

世界上第一台初轧机于 1882 年在威尔士建成投产，在此后初轧开坯机一直在发展，于 20 世纪 60 ~ 70 年代发展到了顶峰。最早的初轧机将钢锭轧制成中间坯——板坯、大方坯、小方坯或管坯，供成品轧机二次轧制成成品。在漫长的发展过程中，中间曾出现过直接将钢锭一次加热后轧制成材，不但轧制成大规格的产品如钢轨、钢梁、大型型钢、圆钢、扁钢、中板，甚至轧成钢筋和线材。当时的开坯机有二辊可逆式轧机，也有三辊式轧机。我国在 50 ~ 70 年代就曾流行过用 $\phi650mm$ 或 $\phi550mm$ 三辊式轧机将 254mm(10″) 钢锭（$\phi550mm$ 轧机轧制 203.2mm 钢锭）直接轧制成圆钢或其他型钢。国外更多的是二辊可逆式开坯机，其后有多架轧机，最多者多达 20 机架，钢锭经初轧机开坯后，一次轧制成成品。但钢锭直接轧制成成品的工艺并没有流行起来，原因是炼钢技术和轧钢技术在发展过程中互动，在比较与制约中共同前进。用钢锭直接轧制成材，一是质量上特别是表面质量存在问题；二是用多架轧机轧制成材，在经济上并不合算。以我国在发展阶段中的经历为例，在 50 年代，我国冶金界前辈孙德和先生在上海试验成功并生产 101.6mm(4″) 小钢锭，我国开始在 400mm/250mm 轧机上，用 101.6mm 小钢锭生产钢筋和小圆钢。后来发现 101.6mm 小钢锭质量存在问题，容易出现的缺陷是中空缩孔，我国很快将钢锭放大为 203.2mm 锭，后来又扩大至 254mm、266.7mm，才比较好地将钢锭的质量稳定下来。而且大头尺寸为 254mm、266.7mm 的钢锭重约 650kg，与小电炉或 15 ~ 30t 的小转炉比较容易配合。254mm 锭要用 $\phi650mm$ 三辊轧机，所以在我国中小厂将 254mm 锭和 $\phi650mm$ 三辊轧机一直保留到 80 年代中期，至今仍有少数民营企业保留 254mm 锭和 $\phi650mm$ 三辊轧机。

从世界轧钢技术发展的过程来看，炼钢生产能力扩大，需要采用大容量的平炉（当时炼钢生产采用碱性平炉），200t、300t 的大平炉，就需要采用大断面的钢锭，因为，小钢锭一炉钢水需要浇铸的时间太长，使钢水温度下降，生产无法正常进行。大钢锭就需要大直径的初轧机，因此，$\phi1000mm$、$\phi1150mm$ 初轧机得到了发展。在 20 世纪 40 ~ 70 年代，$\phi1150mm$ 二辊可逆式初轧机是钢铁企业轧钢系统的排头兵，炼钢生产的钢锭经初轧轧制成坯，供应下游的成品轧机，再轧制成各种热轧产品，如轨梁、大型、中小型、线材、中厚板、热轧薄板等。当时 100 万 ~ 150 万吨以上的大型钢铁企业，都设有二辊可逆式初轧机。根据下游成品轧机类型不同，初轧机还可细分为：方坯初轧机、方-板坯初轧机和板坯初轧机三大类，产品为大方坯（180 ~ 300mm）、小方坯（90 ~ 150mm）、板坯和管坯。

连铸技术的产生和发展，从根本上改变了钢铁生产的面貌，20 世纪 70 年代以后，连铸技术日趋成熟，直接以连铸坯为原料逐渐成为钢铁生产的主流工艺，世界上掀起一阵关闭初轧机的浪潮，我国鞍钢、包钢、武钢、本钢、首钢先后将初轧机关闭，只有宝钢、攀钢和几个生产合金钢为主的钢厂仍保留了初轧开坯机。

连铸技术的迅速发展，不仅可以浇铸普通钢，而且可以浇铸合金钢，2000 年以后用连铸生产优质碳素结构钢、合金结构钢、弹簧钢、齿轮钢、轴承钢、冷镦钢、奥氏体不锈钢的技术已经成熟，但用连铸生产马氏体不锈钢、合金工具钢、马氏体阀门钢、高速钢等高合金钢仍有困难，这些难变形的高合金钢钢种仍需要用模铸的方法生产。因此，一些生产高合金钢的钢厂仍需要保留一定数量的模铸，模铸钢锭需要初轧开坯机。

可以用连铸的方法生产合金钢，不需要模铸，不需要初轧开坯，生产流程缩短，生产成本降低，对钢铁生产制造商是天大的福音。但合金钢要求有足够的压缩比，齿轮钢要求 8 ~ 10，轴承钢要求 15（热轧交货）、25（退火状态交货）、40（用于制造球状滚动体）。为保证足够的压缩比，需要加大连铸坯的断面。某些有特殊性能要求的轴承钢、齿轮钢、冷镦钢,要求有大的压缩比,虽可用连铸坯一次加热轧制而成,但仍要求用大连铸坯开坯后二次加热轧成。

炼钢物理化学反应的固有特性,要求炼钢炉的容积要足够大,(转炉或电炉不小于80t),大容量炼钢炉效率高,可采用一系列新技术,钢水质量好,但合金钢连铸需要采用较低的连铸速度(目前不大于2m/min),为使连铸机的生产率能与转炉或电炉相配合,需要加大连铸坯断面。另一个因素是连铸技术本身,较大的铸坯断面,有利于夹杂物的上浮,对保证铸坯质量更有利。这些因素促使采用更大规格的连铸坯。目前普遍采用的矩形坯为380mm×490mm,圆坯为ϕ500mm。

少量的钢锭、大规格的连铸坯都需要二辊可逆式开坯机。在世界上一片关闭初轧机浪潮之后,2000年以来,二辊可逆式开坯机在我国却再度复兴,成为一道亮丽的风景线。

大规格圆钢过去是在ϕ800mm×3的轨梁轧机或在ϕ650mm×3的大型轧机上生产,这两种老式的横列式轧机在生产轨梁或其他型钢的同时,也生产圆钢,ϕ800mm×3的轨梁轧机生产圆钢规格为ϕ80~200mm。这种规格范围的产品在世界其他国家需求量不多,因此,在国外很少有专门为生产大圆钢的专业化轧机,如意大利AAB厂也生产类似规格的产品,其轧机只是串列式布置的2架可逆式轧机。

世界机械制造业向我国转移,我国迅速成为汽车和机械业制造大国。小汽车的传动齿轮要求使用ϕ55~65mm的齿轮钢,15~25t的载重卡车传动齿轮需要ϕ85~100mm的齿轮钢圆钢,工程机械和其他机械需要ϕ70~150mm的结构钢制造各种传动轴。其他国家少有人问津的大圆钢,在我国自2000年以来成为热门产品。在市场的推动下,ϕ80(70)~220(300)mm大圆钢的专业生产线在我国应运而生,在旧有的ϕ850mm初轧机后增加6~8架连轧机,或新建ϕ1000mm初轧机+(6~8)架连轧机。这种轧机还可生产150~200mm方坯料,为其他线材或小型轧机供坯。国外这类轧机总共只有可数的几套,而我国近来已建成的有15套,在建的还有多套。

综上所述,二辊可逆式开坯机依旧,但内容与作用与以前的已有很大不同:

(1)以前的初轧机以钢锭为唯一的原料,今日初轧开坯机仍有以钢锭为原料者,但数量已很少,只有少数高合金钢仍用钢锭,大多数则以连铸大方坯或圆坯为原料。

(2)以前的初轧机产品为板坯、大方坯、小方坯和管坯;今天生产板坯的初轧机几乎没有了(在我国只有宝钢1300mm初轧机还生产少量的厚板的板坯,多数轧机有需要用钢锭生产的特厚钢板,由厚板轧机二次开坯生产),专用于开坯的初轧机也几乎没有了(我国只有邢台钢厂建有2台ϕ850mm轧机专门用于开坯),初轧开坯机的产品中比例最大的是大规格的圆钢(ϕ90~250mm),少量为小方坯(130mm×130mm~200mm×200mm)。

(3)以前普通碳素钢、优质钢、合金钢都需要经过初轧机开坯,今日普通碳素钢和许多合金钢已直接使用连铸坯,而无需初轧机开坯。只有少量质量要求特别高的产品才需要初轧开坯。

(4)在钢轨、大中型H型钢生产线上也在使用二辊可逆式轧机,其结构与开坯机无异,作用是为特定的产品开坯,与后面的成品轧机构成一体。这种用途的开坯机在本节中就不进行叙述了。

8.1.2 产品与市场情况

目前国内特殊钢大棒材产品多用于汽车、机械、军工等行业,主要钢种有:优质碳素结构钢、合金结构钢、轴承钢、弹簧钢、不锈钢以及碳素工具钢、合金工具钢、高速钢等。

近年来,国内优型棒材生产量与消费量增长较快,2009年国内棒材生产量5565.4万吨,其中特钢企业生产优质大型棒材1934.3万吨。据统计,碳素钢优型棒材(优碳、碳工、碳弹)占优型棒材总产量的55%,合金钢优型棒材占45%。产量较多的合金钢优型棒材钢种为合金结构钢、轴承钢、合金弹簧钢、不锈钢,分别占合金钢优型棒材总产量的61%、20%、10%及3%左右。

近期,国内传统特钢生产企业相继改造和新建了开坯—大棒生产线,同时,有一些地方及民营企业经过技术改造具备开坯—大棒材生产能力;不少原来生产普通钢的企业看好优质钢和特殊钢的市场,将生产普通钢的转炉配备了炉外精炼等设施,开始生产中低档碳素结构钢及合金结构钢等大型棒材产品。

大中规格棒材以机械用高附加值棒材市场为目标,重点发展有潜力的轴承钢、齿轮钢、弹簧钢、石油钻具用钢、火车钩尾框用钢、汽轮机叶片用钢等高附加值产品。下面对这些产品做一简要介绍。

8.1.2.1　轴承钢

近年来，我国轴承行业一直保持快速、稳步、健康地发展。2010 年全国轴承企业轴承产量达 150 亿套左右，我国已能生产轴承基本品种约 8000 种，变型品种约 5 万种，成为世界最大的轴承生产国之一。

2010 年国内特钢企业轴承钢优质棒材产量为 294.0 万吨，其中高碳铬轴承钢约占 95%。现在，国内市场轴承消费量持续增长，同时，我国轴承出口前景看好，预计我国轴承制造和消费仍将保持较快发展。

轴承钢材主要用于冷加工后制造轴承外圈、内圈和滚动体，包括滚珠、滚柱和滚针。轴承制造业中使用棒材的规格为 $\phi9 \sim 150mm$，以 $\phi30 \sim 90mm$ 的用量最大，约占总量的 75%。其中机电轴承 $\phi20 \sim 150mm$（大于 $\phi150mm$ 用锻材或板材），汽车制造轴承 $\phi15 \sim 42mm$，铁路轴承 $\phi80 \sim 120mm$，其他轴承小于 $\phi50mm$（家电、仪表、航空等）。在这些钢材中以制造滚珠的轴承钢要求最高。高碳高铬轴承钢约占轴承钢总量的 85%，其中用量最大的钢号为 Gr15。

轴承滚动体是轴承中的重要零件，要求有高而均匀的硬度和耐磨性，在工作状态下具有很高的抗塑性变形能力、尺寸稳定性、耐磨性和接触疲劳性能以及高的弹性极限。因此，对轴承钢的化学成分的均匀性、非金属夹杂物的含量和分布、碳化物的分布等要求都十分严格。提高轴承钢寿命之路：一是提高钢的纯净度，减少钢中的氧含量和其他杂质的含量，目前国内氧含量可控制在 $(8 \sim 10) \times 10^{-4}\%$，$w(Ti) \leqslant 30 \times 10^{-4}\%$；二是控制碳化物不均匀性；三是控制钢材的表面质量。

8.1.2.2　齿轮钢

齿轮钢的用途是：

(1) 车辆齿轮传动，为汽车、摩托车、工程机械、农机配套的齿轮、变速箱、驱动桥。

(2) 工业通用变速箱，为各成套设备配套的齿轮、减速箱、增速箱、变速箱。

(3) 工业专用齿轮传动，从直径 2mm 到直径 15m 的工业齿轮、高速、重载齿轮传动装置等。

产品的规格范围为：载重汽车齿轮用钢为 $\phi40 \sim 180mm$，小汽车齿轮钢棒材为 $\phi20 \sim 120mm$，用量最多的是 $\phi55 \sim 65mm$。2010 年国内特钢企业生产齿轮钢 268.0 万吨。

降低噪声、提高齿轮运行可靠性，需要减少齿轮热处理变形，保证齿轮合理的硬化层深度，保持齿的心部塑韧性强度，保障足够的疲劳寿命。这些齿轮的性能与齿轮钢的质量，如氧含量、淬透性带、晶粒度有密切的联系。目前我国主要生产齿轮钢的企业有：东特集团抚顺钢厂、大冶钢厂、兴澄特钢、宝钢集团上钢五厂等，生产能力可基本满足国内一般档次的需要，部分高档轿车用齿轮钢仍需进口。

8.1.2.3　弹簧钢

弹簧钢主要用于家用汽车、载重汽车、铁路车辆、农用车、拖拉机的减振以及仪器仪表弹簧，其中最主要的用户是汽车业和铁路车辆。小汽车用挂簧为 $\phi11 \sim 20mm$，机车用弹簧为 $\phi16 \sim 30mm$，主要钢号为 65Mn、60Si2Mn、50CrVA 等。近年国内合金弹簧钢消费情况表明，汽车和铁路两大行业使用合金弹簧钢材占其总消费量的 90% 以上，其他行业不足 10%。据调研，2010 年全国特钢企业合金弹簧钢生产量为 167.6 万吨左右，产量与国内消费量基本平衡，少量进口主要品种为轿车用弹簧圆钢、铁路用弹簧圆钢、油泵阀门弹簧钢丝等。

弹簧钢冶炼控制氧含量及夹杂物形态，$[O] \leqslant 30 \times 10^{-4}\%$。轧钢车间生产弹簧钢时主要是需要控制加热炉的加热时间，防止发生脱碳现象和轧制过程中的表面划伤，影响产品的质量。

8.1.2.4　石油钻具用钢

随着近年来石油行业景气度的上升，石油钻具用钢材需求量也呈现上升态势，2008 年达到需求的顶峰，2009 年受金融危机影响有所下降，2010 年又呈现上升趋势。

石油钻具用钢市场需求主要以钻铤用钢 4145H 和钻杆用钢 4137H 为主，4145H 与 4137H 用量的大致比例为 1∶(8 ~ 10)。根据市场调研了解，2009 年国内 4145H 用量在 10 万吨水平，4137H 的用量在 80 万 ~ 100 万吨水平。

8.1.2.5　火车钩尾框用钢

随着国家加大铁路基础建设政策的引导，国内铁路建设用钢材量大幅度上升。其中，火车钩尾框用钢 25MnCrNiMoA 的市场需求呈现大幅度上升的趋势。

8.1.2.6 汽轮机叶片用钢

近年来，随着国内汽轮机行业的飞速发展，汽轮机叶片用钢的市场需求不断上升。随着国家加快发展风电、核电产业政策的导向，国内汽轮机厂也相继加大了风电、核电的投入，风电、核电用钢在汽轮机用钢中的比例也呈现上升态势，这一点可以从东汽、哈汽汽轮机叶片钢的需求体现出来。

8.2 大棒生产线的轧制工艺介绍

8.2.1 大棒生产线的产品定位

大棒材的产品尺寸范围变化较宽，目前为止还没有严格的定义，划分标准也不尽相同。一是按产品规格范围划分，二是按生产方式划分。

按产品规格范围划分：习惯上把 $\phi70mm$ 以上的规格定义为大棒材，$\phi30 \sim 90mm$ 圆钢定义为中棒。大棒和中棒之间有一定的规格组距交叉。目前国内热轧生产的最大规格棒材为 $\phi360$ 圆钢。

按生产方式划分：利用半连轧方式生产，后部采用定尺热锯切方式组织生产的作业线称为大棒材生产线。大棒线由于采用了定尺热锯切方式，轧件在上冷床时已经锯切成短定尺，能够很容易实现缓冷。利用全连轧方式生产，后部采用定尺冷切割方式组织生产的作业线称为中棒材作业线。采用长定尺上冷床，定尺冷锯切方式的作业线，轧件不容易实现缓冷，因此不适合在大棒材生产线上使用。

当然，这种划分方式也不是一成不变的。国内也有企业（如石家庄钢厂）是按照全连轧冷锯切方式组织生产的大棒材生产线，但仅此一例，之后国内无一家效仿。

具体划分时还是要对上述因素进行综合考虑。

8.2.2 大棒生产线的坯料选择

目前，国内大棒车间所用坯料分为三种类型，即连铸矩形坯、连铸圆坯和钢锭。

对于优质碳素结构钢和合金结构钢、齿轮钢、弹簧钢、轴承钢等一些合金含量中、低的钢种，基本采用连铸坯作为其坯料。由于连铸坯的成材率高，产品质量好，在能够保证批量生产的前提下，生产厂家都希望通过连铸坯轧制成材，以获得最大的经济效益。

但是对于生产马氏体不锈钢、热作模具钢、冷作模具钢、高速工具钢等高合金钢，产品单次订货量少，采用连铸进行生产，连铸机连续浇铸炉数非常少，产品的综合成材率很低。另外，高合金钢连铸也有一定的技术困难，因此各厂家在生产高合金钢时仍采用模铸方式。

此外，用户对热轧产品均有一定的压缩比要求，受连铸坯最大断面限制，如采用连铸坯为原料，大规格棒材压缩比无法达到要求，因此仍需要以钢锭作为原料。因此，虽然连铸技术已经发展的越来越成熟，但仍无法完全取代钢锭。

目前国内各厂家所用连铸坯的断面尺寸如表8-1所示。从中可以看出，大部分厂家的坯料采用的是矩形坯，少部分采用圆坯。矩形坯由于其断面为矩形，自身始终处于稳定状态，不容易发生倾翻和滑动，便于车间内运输和轧制操作，因此受到各家的青睐。钢坯的厚度受炼钢连铸机弯曲半径的限制，钢坯的厚度越大，连铸机需要的弯曲半径越大，而相应的投资就要增加。矩形坯与正方形相比，在相同厚度的情况下，可以增加宽度而使断面积加大，达到增加轧材压缩比的目的，而连铸机的弯曲半径不需要增加，以充分利用连铸机潜力。钢坯在初轧开坯机上的轧制道次为奇数，进二辊轧机前将钢坯立起，在宽度方向上多轧制一个道次，即可将此差值消除。所以，一般矩形坯宽度比高度大 $80 \sim 100mm$，因为现在 $\phi1000mm$ 二辊可逆轧机的最大压下量控制在 $80 \sim 100mm$，$\phi850mm$ 轧机控制在 $60 \sim 80mm$。矩形坯也可以以宽高比的比值 B/H 来进行选择，以我们多年的实践经验，推荐大棒轧机矩形连铸坯断面的 $B/H = 1.2 \sim 1.3$。如果宽高比的比值过大，在高度和宽度方向上会产生变形渗透不均匀，在初轧开坯后导致轧件鱼尾部分的长度增大，加大切尾量，降低金属收得率。如 NJ 厂的 $\phi850mm$ 轧机，最大轧制坯料断面为 $320mm \times 480mm$，$B/H = 1.5$，在初轧机轧制 $7 \sim 9$ 道次后，轧件出现严重的鱼尾，其切尾量比 $380mm \times 490mm$ 的坯料高 1% 以上。坯料不同的宽高比，轧制过程中变形的渗透性示意图如图8-1所示。

表 8-1　国内大圆钢生产线所用连铸坯断面尺寸

序号	厂名	产品规格/mm	连铸坯断面尺寸/mm×mm	序号	厂名	产品规格/mm	连铸坯断面尺寸/mm×mm
1	BG 初轧	φ90～230	320×425	5	DY 钢厂	φ70～250	460×350
2	DL 钢厂	φ80～310	490×380	6	XT 钢厂	φ50～150	430×300
3	HY 钢厂	φ100～250	φ500	7	WX 钢厂	φ45～150	360×290
4	XC 钢厂	φ70～250	510×390	8	SJZ 钢厂	φ50～150	360×300

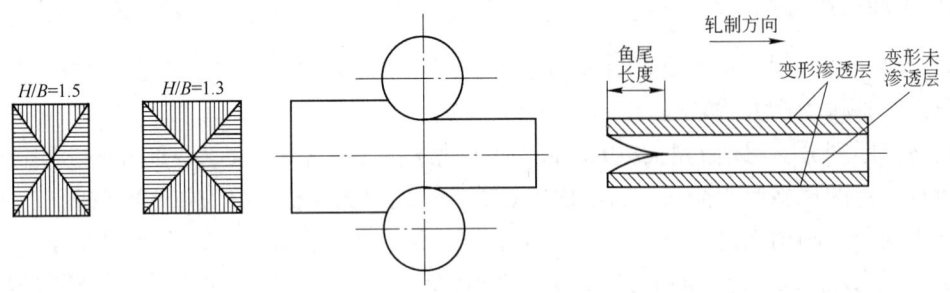

图 8-1　坯料不同的宽高比在轧制过程中变形的渗透性示意图

　　圆坯是目前正在兴起的一种坯料断面形式，由于其在凝固冷却过程中温度场比较均匀，断面各点的组织状态均处于对称分布状态，可以得到均匀致密的等轴晶粒，因此得到了一些厂家的应用。圆连铸坯得到应用的另一个原因是，大棒与钢管共用一种连铸坯，或以圆连铸坯为原料稍加锻造加工用于制造气缸或液压缸的缸体。但需要注意的是由于圆坯自身的凝固特点，如何把材料中的夹杂物含量控制到最低，如何把夹杂物均匀分布在材料断面的不同区域，而不是集中于中心区，是目前连铸技术需要解决的问题。电磁搅拌和轻压下技术能帮助大型方坯和矩形坯连铸较好地解决成分偏析和中心宏观缺陷问题。圆坯不能应用轻压下技术，因此圆坯质量不如方坯和矩形坯。但在生产齿轮钢时，圆连铸坯等轴晶细而均匀，使齿轮圆周上强度均匀，中心偏析在制齿轮时掏空成安装孔，用机械方法将缺陷去除，因此生产齿轮钢时推荐选用圆连铸坯。

　　首先保证产品内在质量和外在质量，其次要满足车间小时产量要求，在满足这两个最基本要求情况下，尽量减小坯料的断面，进而减少加工时的能量消耗，这是选择大棒材生产坯料的基本原则。目前国内热轧棒材车间使用的最大的连铸矩形坯断面为 510mm×390mm，当然对于轧钢产品需要而言，还需要比此断面更大的矩形坯，但受各种因素的限制，目前国内还没有使用更大尺寸的连铸坯。

　　保证钢材性能最重要是炼钢的成分控制、有害气体和杂质含量。从轧制角度来说，保证产品的内在质量主要是控制产品的压缩比。不同钢种最低压缩比的要求不同，如轴承钢要达到 15 倍压缩比（作为套圈使用时），齿轮钢要达到 10 倍压缩比等。选择坯料时首先要考虑满足所选择钢种的压缩要求。同时，合适的变形制度和温度制度也是保证产品内部组织性能的重要环节。

　　外在质量包括成品的外形尺寸和表面质量。外形尺寸需要由两个方面来进行保证，第一为坯料到成品需要具有足够的变形量，轧件在压下过程中获得的宽展量能够满足材料的外形尺寸要求；第二为轧制设备具有高的尺寸精度。表面质量主要由与轧件直接接触的轧辊的表面粗糙度来决定；同时，合适的轧后缓冷、热处理及精整工艺也是保证材料表面质量的重要手段。

　　坯料长度直接影响坯料的单重，进而影响车间小时产量和金属收得率。车间小时产量代表该生产线的生产能力，满足该指标则意味着具备该指标所决定的年生产能力。可以通过加长坯料长度和增大坯料断面两个方面来获得大的坯料重量。但坯料过长会导致加热设备的宽度过宽，加热设备的投资成本和维修成本会增加；而坯料断面过大，则会导致坯料的加工道次过多。另外，坯料单重增加会造成中间轧件和成品轧件长度增加，车间设备是否满足要求需要进一步的校核。因此，坯料最终尺寸的选择需要根据上述各方面的因素综合考虑。

8.2.3　炼钢与轧钢之间生产能力匹配问题

　　炼钢车间的供料种类主要包括红送连铸坯、冷送连铸坯、红送钢锭和冷送钢锭。炼钢车间最大程度地提高红送比例，轧钢车间最大程度地提高热装比例，是所有生产线所追求的目标。高热装比可以大大地节省加热炉的能源消耗，同时又可以避免连铸坯下线所带来的缓冷、修磨等一系列工序。但由于种种原因，国内各生产线最终达到的加热炉热装比并不高，特别是特钢生产线，热装比仅达到30%左右。

　　造成热装比低的原因有很多。首先是工作时间的不匹配。炼钢车间的年工作时间在7000h以上，而轧钢车间的年工作小时仅在6000h左右。在总产量保持一致的情况下，炼钢车间的小时产量要低于轧钢车间。轧钢车间为了满足年产量的要求，只好在集中快速地消化掉炼钢运输过来的部分热坯的前提下，再额外消化掉一定量的冷坯，然后再集中消化热坯，这样往复循环下去，才能在比炼钢车间短的生产时间内完成全厂总的年产量要求。最终的结果是，炼钢车间必须有足够的热坯下线变成冷坯。

　　受到设备能力的限制，轧制不同规格产品时轧线的小时产量不同。例如，轧制大规格产品时，初轧机仅用较少的道次就可以完成轧制，因此轧机的小时产量很高，此时加热炉的小时出钢量是整条线生产节奏的瓶颈，也就是说轧线的小时产量等于加热炉的小时产量；而轧制小规格产品时，初轧机需要较多道次才能完成轧制，此时轧机的小时产量就有可能小于加热炉的小时出钢量，初轧机的小时产量变成了整条生产线的瓶颈，此时如果炼钢车间的小时出钢量仍然按照加热炉的小时出钢量进行出钢，轧机将无法接受，因此连铸热坯需要下线，以冷坯的方式进入轧钢车间加热炉。

　　再者，轧钢车间更换产品规格时、发生质量问题时或者出现各种故障时，炼钢车间不可能随之停产，这样也会造成部分热坯下线。

　　另外，考虑产品的最终质量，部分钢种必须要下线修磨后才能进入下步工序，这也是造成红坯下线的原因之一。

　　解决炼钢和轧钢之间生产能力不匹配的思路可以向炼钢学习，炼钢过去只有转炉或电炉完成脱碳、脱磷、脱硫、脱氧、脱氢、合金化、调整钢水温度的多项任务，任务过重难以完成。后来炼钢专业人士将炼钢过程的各项任务分解，分为铁水预处理、转炉（或电炉）冶炼、炉外精炼等阶段，各完成一部分炼钢的化学反应，使钢水质量和生产效率都大大提高。轧钢生产不像炼钢是物理化学过程，而是物理变化过程，但轧钢的过程也是分阶段进行的，就大棒的生产工艺而言，可分为四大部分：加热、粗轧、精轧和精整处理。上面分析了在生产大规格时，是加热的能力跟不上，限制了产量；在生产小规格时，是轧机的能力跟不上，使连铸的热坯要下线。

　　解决方法之一：采用两座加热炉。在轧钢车间采用单座加热炉的情况下，连铸坯热送时，轧钢车间小时流量需要与连铸机的小时流量相匹配，加热炉的小时产量受到连铸机小时产量的限制，不能够提高。连铸机不工作时，加热炉加热冷坯。如果在连铸坯热送期间，为了提高加热炉的小时产量，在两根热送坯的中间穿插送进冷坯，此时由于冷热坯混装入炉，加热炉的加热质量不容易得到保证。

　　在轧钢车间采用两座或多座加热炉的情况下，连铸坯热送初期，人为地让部分连铸坯下线，下线坯存储一定量后，送进第二座加热炉加热，此部分坯料虽然下线但仍然有一定的温度，而且各个坯料之间温度相差不大，加热制度很容易得到保证。此时线上的连铸坯直接热送进第一座加热炉。第一座加热炉的小时产量与连铸机的小时产量匹配，第二座加热炉加热已经下线的坯料。这样既可以保证加热炉的热装比（当然也包括温装），又能够保证轧钢车间的小时生产能力。

　　根据上述分析可以看出，车间采用两座加热炉生产组织会变得更加灵活，热装比会更高一些。

　　解决方法之二：增加2架精轧机，使二辊轧机轧制的中间坯规格基本保持不变，不同规格的产品主要由精轧机组不同的偶道次轧出。这样可以保持二辊轧机的轧制道次基本不变，从而保证大小规格稳定的小时产量。

　　解决方法之三：提高初轧开坯—大棒车间的轧机作业率，使之与炼钢的作业时间相匹配。将轧机全年的轧钢时间提高至7200~7600h以上，是有可能的。20世纪80年代中，我国小型和线材的年有效作业时间不到6000h，可是后来，随着我国机械和电控制造水平、工人文化水平、管理人员水平的提高，小型、线材轧机的有效作业时间不断刷新，现在我国的高速线材和全连续式小型轧机，有效作业时间达到7800h以上者非常普遍。小型、线材轧机的机械和电气都要比大棒复杂，小型、线材轧机都可以达到，大棒轧机更容易达到。问题不在于技术，而在于市场，小型材和线材的市场需求量比大棒要大得多，所以我国的小型、线材轧机都在开足马力生产，以高效率、高产量去取得更大的经济效益。大棒则不然，其市场容量有限,各厂不能将轧机的能力发挥至最大。热送热装、节能可取得经济效益,但增加年作业时间,同样要付出能耗和人工费用的增加,两者哪一个收效更大,管理者需要综合考虑。

上述方案仅是解决炼钢车间与轧钢车间能力不匹配问题的几种解决办法,各厂可根据各自的情况选择。其他更多、更好的解决方案还要依靠有实践经验的管理者和技术人员进一步研究开发。

8.2.4 大棒圆钢生产线的工艺流程

大棒材生产线典型生产工序如图 8-2 所示。

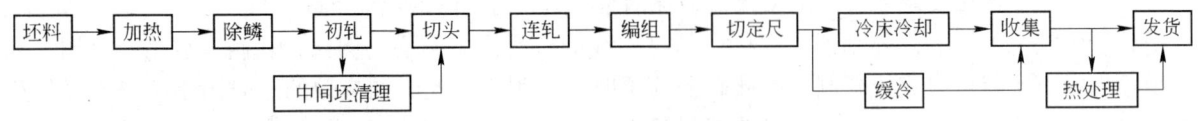

图 8-2 大棒材生产线典型生产工序图

图 8-2 中初轧工序采用的轧机为二辊可逆式轧机。轧制道次可根据坯料断面和中间坯断面之间的关系确定,道次数可根据需要灵活调整,不受其他因素限制。

初轧机和连轧机之间设切头热剪。轧件进连轧之前切头,这样可以减少连轧机出现事故的可能性。

初轧机和切头热剪之间可设中间坯清理设备,也可不设。国内多个厂家在此设火焰清理机,采用火焰加热的方法对初轧坯的表面进行热清理。这种方法适合大多数的优特钢产品,可以减少成品表面裂纹、折叠等表面缺陷。但其代价是增加了产品的金属消耗,在中间坯表面剥去 1.0~1.5mm 深的一层,大约要消耗 3%~4% 的金属。而且,有些钢种,如不锈钢不能采用火焰清理的方法。目前,我国仅宝钢初轧厂、兴澄大棒、大连钢厂大棒,在初轧开坯机后装有热火焰清理机。

大棒连轧机组多由 6~10 架轧机组成。连轧后由飞剪分段,之后进入编组台架进行编组。编组的目的是缓冲连轧机与热锯之间的生产节奏,提高热锯切的效率,单根锯切热锯效率低,无法满足车间年产量要求。

切成定尺后,缓冷材直接上缓冷收集台架进行收集,非缓冷材直接上冷床冷却,下线后打捆收集。需要热处理的钢种则先进热处理炉,处理后再精整收集。

8.2.5 大棒生产线的平面布置

大棒材车间基本分为 3 种布置形式:1 架粗轧 + 多机架连轧布置形式、全连轧布置形式、双机架布置形式。

1 架粗轧 + 多机架连轧的半连续布置形式如图 8-3 所示。生产不同规格圆钢产品时,粗轧机通过开出不同断面的中间方坯的方式,保证连轧机组轧出不同规格的圆钢。该布置形式可以采用多种规格坯料轧制不同规格圆钢,进而根据生产需要控制成品圆钢的总长度。粗轧机在该布置形式中是影响生产能力的关键设备。该生产线适合生产规格范围变化大的大规格大棒材产品。这种布置形式在世界和我国都用得最多,我国目前已建和在建的 17~18 条大圆钢生产线中,有 15 条是采用这种布

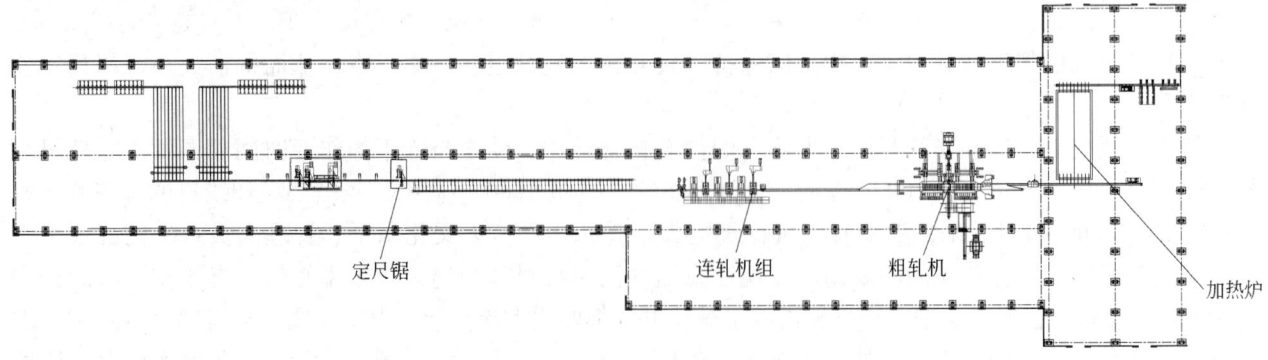

图 8-3 1 架粗轧 + 多机架连轧布置形式

置形式。

　　全连续布置形式如图 8-4 所示。该布置形式中粗轧机组采用多机架连轧方式，后部连轧机组也同样采用多机架连轧方式。这种布置形式坯料规格单一，但由于粗轧采用连轧生产方式，整条线的产量非常高。该生产线适合生产规格范围变化小的稍小规格的大棒材产品。目前，我国只有石家庄钢厂一家采用这种布置，石家庄大棒建成 10 多年来无一家效仿。其原因是大规格棒材市场没有太大的需求量，过高的产量和灵活性差，正是它的短板。

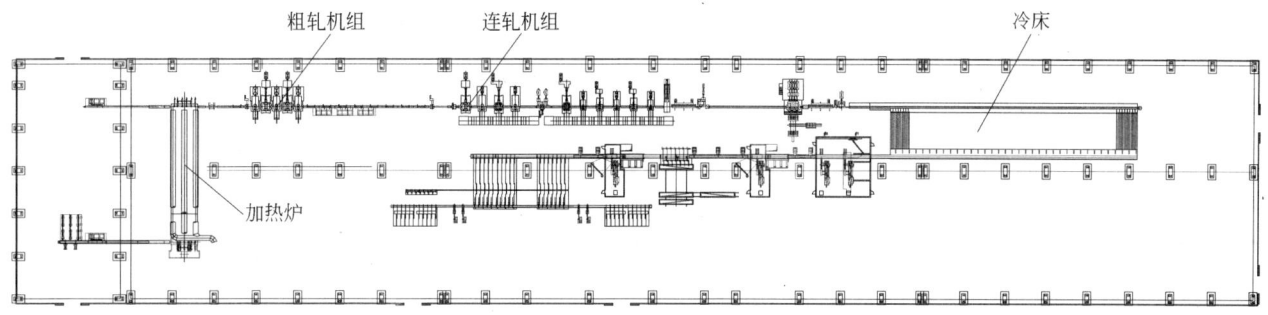

图 8-4　全连续布置形式

　　双机架布置形式如图 8-5 所示。该布置形式采用 2 架可逆粗轧机，第 1 架负责开中间坯，第 2 架负责出成品。由于采用可逆粗轧机直接出成品，因此与连轧出成品相比较这种方式轧出的成品质量要差一些，但这种方式设备投资少，而且与前两种方式相比整条生产线占用的厂房面积少。在一个机架上出成品，产量低，产品的尺寸精度差，世界上在 20 世纪 60～70 年代曾建设过这种轧机。我国在 60 年代中期建设的长城钢厂、苏州钢厂引进英国的二手设备就是这种布置形式，意大利的 ABS 厂也是类似这种轧机（采用双机架顺列布置），现在新建的大棒生产线没有人再用这种生产方式。至于像宝钢初轧厂双机架初轧机后面加连轧机的布置形式（参见图 8-6），80 年代以后世界上再也没有人采用。原因是连铸技术的成熟，没有必要再建设如此高产量的初轧开坯机。

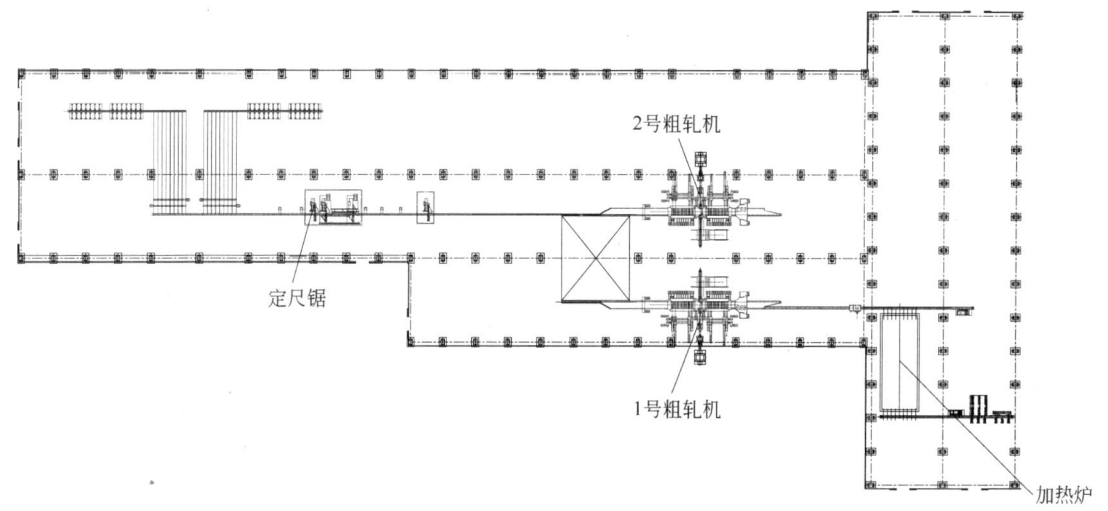

图 8-5　双机架布置形式

8.2.6　大棒生产线的轧制工艺

8.2.6.1　可逆式开坯机的孔型

　　粗轧开坯机轧制的中间坯断面由连轧孔型系统来确定，中间坯断面个数基本都在 2 个以上。表 8-2 为 210mm×210mm 方坯的粗轧开坯轧制规程。坯料为 425mm×320mm 连铸坯，轧制中间坯为 210mm×210mm 方坯。

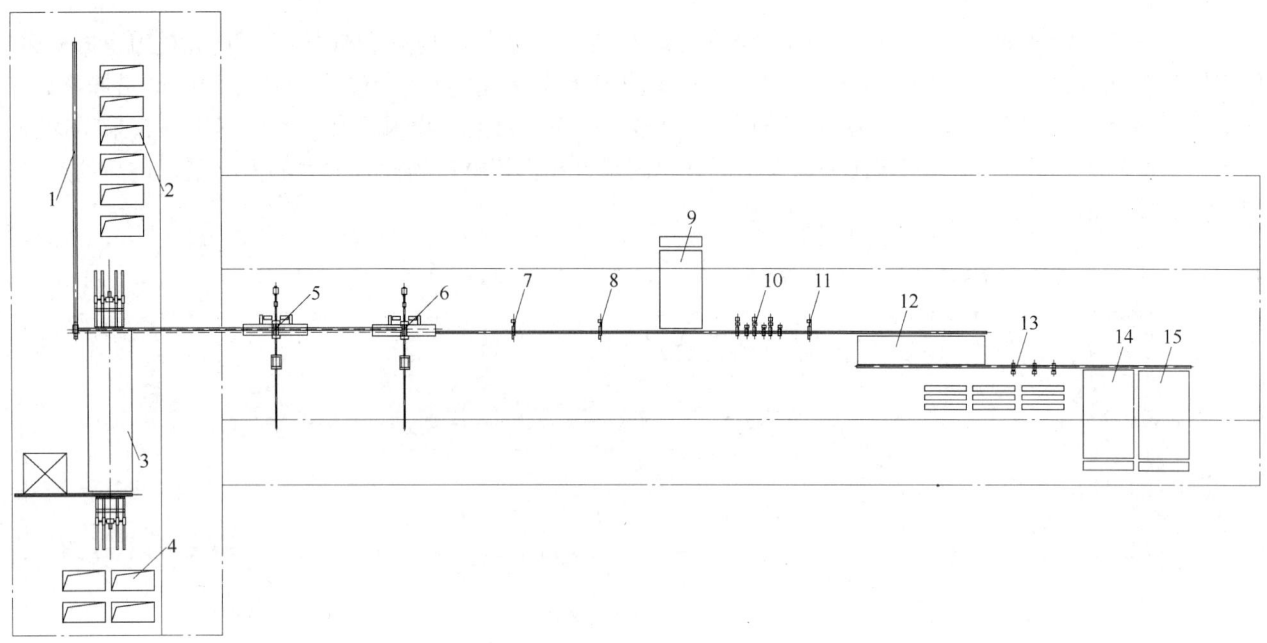

图 8-6 双机架串列布置的初轧开坯—大圆钢棒材轧机

1—钢锭运输线；2—均热炉；3—步进式加热炉；4—连铸坯均热坑；5—1 号初轧机（ϕ1300mm×3100mm）；6—2 号初轧机

（ϕ1300mm×3100mm）；7—热火焰清理机；8—2000t 大剪；9—板坯下料台架；10—6 机架连轧机（2×ϕ800mm×

1300mm+4×ϕ700mm×1200mm）；11—分段飞剪；12—移钢台架；13—热锯机；14—方坯冷床；15—圆钢冷床

表 8-2 210mm×210mm 方坯粗轧轧制规程

道 次	孔 型	是否翻钢	高度/mm	宽度/mm	轧件长度/m	轧制力/kN	轧制力矩/kN·m
0			425	320			
1	1	是	360	337	10	4000	702
2	1	否	310	350	11	3900	605
3	1	是	280	332	13	4600	819
4	1	否	225	350	16	4700	761
5	2	是	275	246	18	3900	702
6	2	否	215	267	22	4200	702
7	3	是	230	226	24	2600	332
8	3	否	204	232	26	2500	283
9	4	是	210	210	28	2150	215

此规程选用的粗轧开坯配辊方案如图 8-7 所示。此配辊方案可以轧制 210mm×210mm 和 230mm×230mm 两个中间坯断面。

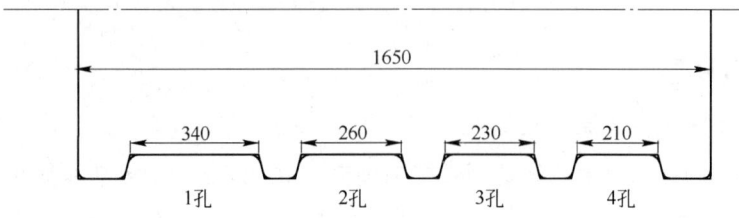

图 8-7 210mm×210mm 方坯粗轧孔型配辊图

本套开坯孔型系统共设 4 个孔型。前 4 道次进第 1 孔,完成坯料的初步轧制工作,第 2 孔和第 3 孔为过渡孔型各轧制 2 个道次,第 4 孔为成品孔型,轧件在此孔型中仅用 1 道次轧制出 210mm×210mm 方坯。如果需要轧制 230mm×230mm 方坯,则把表 8-2 的轧制规程中最后 2 道次去掉,仅用前 7 道次进行轧制,由第 3 个孔型直接轧制出 230mm×230mm 方坯。

这样配置所用的孔型较少,仅用 4 个孔型,轧辊的辊身长度需求量少。第 1 孔型充分考虑了前 4 个道次轧件的断面尺寸,最后 2 个孔型也充分考虑了中间坯断面的需求数及中间坯的尺寸。

8.2.6.2 变形状态计算分析

采用显示动力有限元方法对轧件在孔型中的变形状态进行计算。计算所用轧辊直径为 $\phi 900mm$,选用的钢种为 42CrMo,计算所用规程见表 8-2。各道次轧制力和轧制力矩的计算结果见表 8-2。由结果可知,各道次负荷分配比较均匀。各道次的塑性等效应变 ε 计算结果如图 8-8~图 8-11 所示。

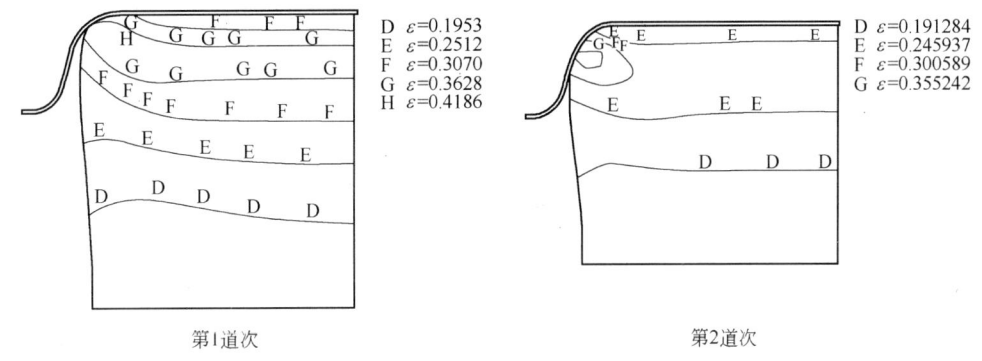

第1道次

$D\ \varepsilon=0.1953$
$E\ \varepsilon=0.2512$
$F\ \varepsilon=0.3070$
$G\ \varepsilon=0.3628$
$H\ \varepsilon=0.4186$

第2道次

$D\ \varepsilon=0.191284$
$E\ \varepsilon=0.245937$
$F\ \varepsilon=0.300589$
$G\ \varepsilon=0.355242$

图 8-8 第 1、2 道次轧制变形状态

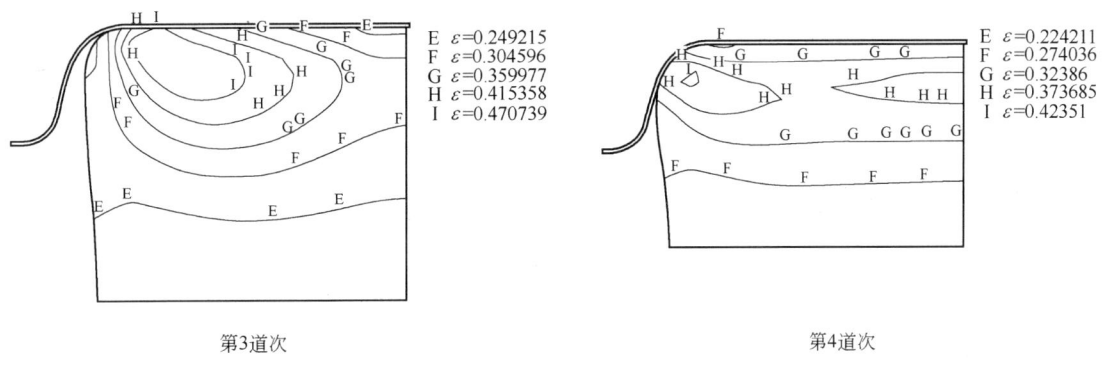

第3道次

$E\ \varepsilon=0.249215$
$F\ \varepsilon=0.304596$
$G\ \varepsilon=0.359977$
$H\ \varepsilon=0.415358$
$I\ \varepsilon=0.470739$

第4道次

$E\ \varepsilon=0.224211$
$F\ \varepsilon=0.274036$
$G\ \varepsilon=0.32386$
$H\ \varepsilon=0.373685$
$I\ \varepsilon=0.42351$

图 8-9 第 3、4 道次轧制变形状态

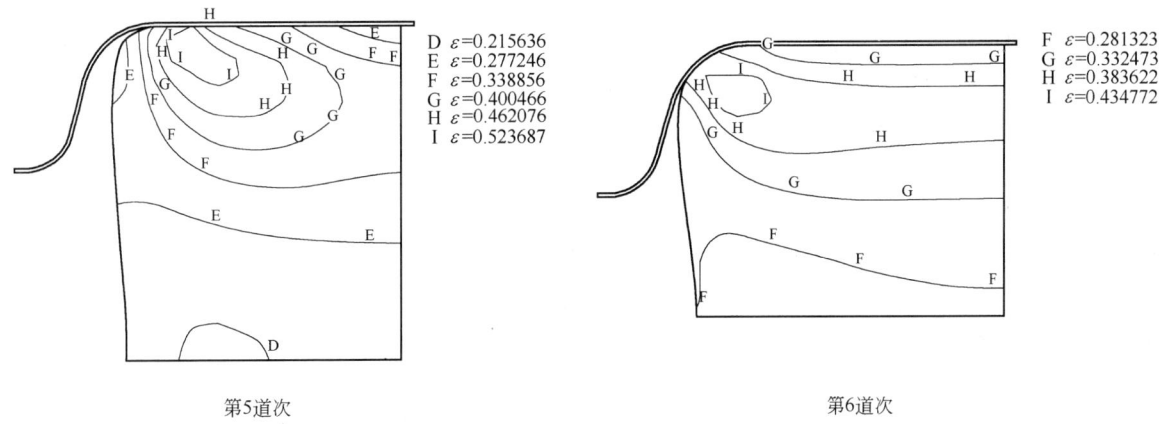

第5道次

$D\ \varepsilon=0.215636$
$E\ \varepsilon=0.277246$
$F\ \varepsilon=0.338856$
$G\ \varepsilon=0.400466$
$H\ \varepsilon=0.462076$
$I\ \varepsilon=0.523687$

第6道次

$F\ \varepsilon=0.281323$
$G\ \varepsilon=0.332473$
$H\ \varepsilon=0.383622$
$I\ \varepsilon=0.434772$

图 8-10 第 5、6 道次轧制变形状态

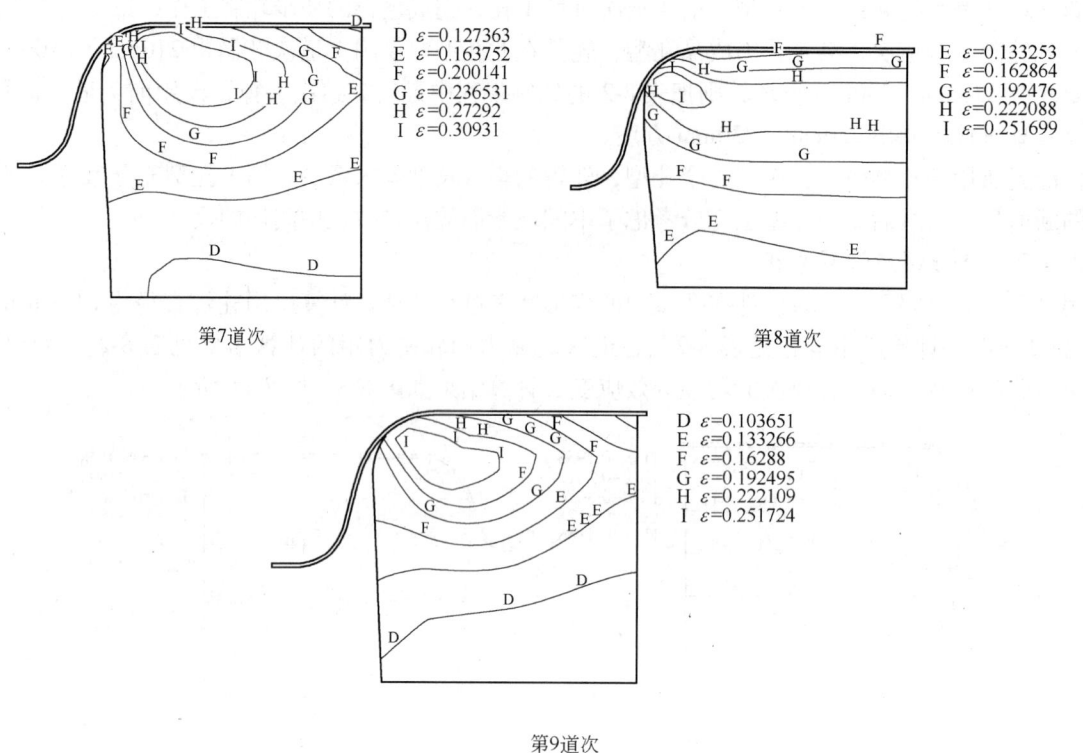

第7道次　　　第8道次

D ε=0.127363
E ε=0.163752
F ε=0.200141
G ε=0.236531
H ε=0.27292
I ε=0.30931

E ε=0.133253
F ε=0.162864
G ε=0.192476
H ε=0.222088
I ε=0.251699

第9道次

D ε=0.103651
E ε=0.133266
F ε=0.16288
G ε=0.192495
H ε=0.222109
I ε=0.251724

图 8-11　第 7、8、9 道次轧制变形状态

　　第 1、2 道次金属立进轧辊，轧件出现明显的双鼓形。轧件心部的等效应变值约为 0.2，说明变形已经渗透到轧件的心部，渗透性较好。第 2 道次变形后轧件与轧辊侧壁接触较好，变形稳定性可以得到保证，不会发生侧翻、扭转等现象。

　　第 2 道次轧制完成后，轧件翻钢后再进行第 3、4 道次轧制。第 3 道次金属的最大变形出现在轧件的角部，这是由于本道次对上道次的双鼓进行压下时，角部出现了大的压下量。第 4 道次变形后轧件与孔型侧壁接触，由此说明本道次采用第 1 孔型是合适的。

　　第 4 道次轧后翻钢再进行第 5、6 道次轧制。此时轧件进入第 2 孔。同样由于上道次出现双鼓形，第 5 道次轧件角部的应变量出现最大值。第 6 道次变形后轧件与孔型侧壁接触。

　　第 6 道次后翻钢，把轧件横移至第 3 孔型进行第 7、8 道次轧制，第 8 道次轧后翻钢，再横移进第 4 孔型进行最后道次的轧制。由于这 3 道次总的变形量不大，因此在轧件内部产生的应变量较低。

　　根据上述分析可知，轧件在本套粗轧开坯孔型系统中轧制时轧件的变形比较均匀，变形渗透性好，且孔型对轧件侧壁的扶持性好，轧件不易出现倒料、扭转等情况。另外，本套粗轧开坯系统所用的孔型数量少，进而使得粗轧辊辊身长度需求量少，辊身剩余空间可用来布置备用孔型。

8.2.6.3　二辊可逆式轧机的速度制度

　　由于二辊可逆式轧机的工作状态是可逆轧制，其一个道次的轧制过程是：主电机起动加速→慢速咬入（电机转速约 8~10r/min）→带钢加速→恒速轧制→减速抛钢→制动。第 2 道次电机反方向旋转，依次仍是：主电机起动→慢速咬入（电机转速约 8~10r/min）→带钢加速→恒速轧制→减速抛钢→制动。主电机的工作状态如图 8-12 所示。

　　某厂二辊可逆式轧机的典型速度制度如表 8-3 所示。

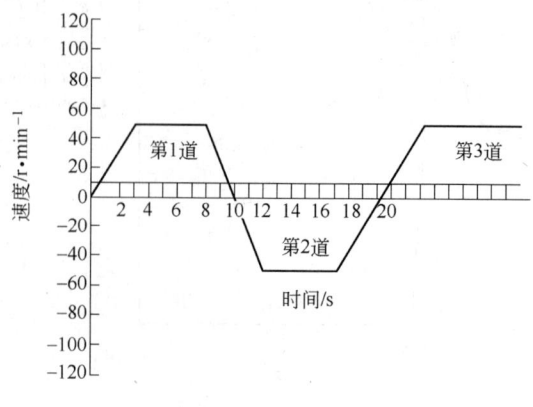

图 8-12　初轧开坯机的速度制度

表 8-3 二辊可逆式轧机的典型速度制度表

道次	工作直径 /mm	轧件长度 /m	无负荷加速时间 /s	咬入速度 /r·min⁻¹	有负荷加速时间 /s	辊子最大恒定转速 /r·min⁻¹	恒速轧制时间 /s	有负荷减速时间 /s	抛钢速度 /r·min⁻¹	无负荷减速时间 /s	轧制时间 /s	翻钢时间 /s	轧辊平均速度 /r·min⁻¹
1	950	6.2	0.2	8.00	1.01	48.2	1.41	1.01	8.00	0.2	8.4	4	36.4
2	950	6.9	0.2	8.00	1.01	48.2	1.7	1.01	8.00	0.2	8.7	6	37.4
3	950	7.2	0.2	8.00	1.01	48.2	1.82	1.01	8.00	0.2	8.8	4	37.6
4	950	8.1	0.2	8.00	1.01	48.2	2.2	1.01	8.00	0.2	4.2	6	38.6
5	950	9.9	0.2	8.00	1.31	60.3	1.81	1.31	8.00	0.2	4.4	6	44.8
6	953	11.9	0.2	8.00	1.28	59.3	2.56	1.28	8.00	0.2	5.1	4	46.5
7	958	15.4	0.2	8.00	1.3	60.0	8.63	1.3	8.00	0.2	6.2	6	49.2
8	978	18.3	0.2	8.00	1.3	59.9	4.51	1.3	8.00	0.2	7.1	4	50.4
9	984	22.4	0.2	8.00	1.6	72.0	4.25	1.6	8.00	0.2	7.4	6	58.2

从图 8-12 和表 8-3 可以看出：与连轧机采用恒速工作制度不同，初轧开坯机是采用梯型工作制度，其基本的原则是满足工艺操作要求的条件下，最大限度地发挥电机的潜力，获得最高的生产率。具体操作制度的要点是：慢速咬入，快速轧制，慢速抛出。慢速咬入是工艺操作的需要，高速度咬入轧件容易打滑，并对轧辊产生很大的冲击，对机械和电气设备造成损坏；快速轧制是为了充分利用电机的功率提高生产率；在一个道次的末尾电机要减速，使轧件在较低的速度下抛出。如以过高的速度抛出轧件，在惯性的作用下轧件会向前走出一段很长的距离，当反向轧制时轧件也要反向运动一段长的距离，增加非轧制的间隙时间。

初轧开坯机的轧制道次可以灵活调节，现在轧制连铸大方坯或圆坯一般轧制 7~9 个道次，用钢锭开坯最多轧制 23 道。不论轧制钢锭还是连铸坯，初轧机都是承担主要的形变任务，因此要求在较短的时间内完成，故其速度制度表现为如下原则：

（1）轧机的前几道次，由于轧件的温度较高，塑性好，故将变形量的 40%~50% 分配到此阶段，因此轧机的负荷较大，为便于咬入，其相应的轧制速度也较低。

（2）轧制的中、后期，由于轧件的温度有所下降，同时轧件的长度也随道次的增多而增加，为保证轧件生产的稳定，其相应的速度较高。某钢厂二辊可逆式轧机的各道次恒速轧制时的轧辊转速参见表 8-3。

8.2.6.4 大棒连轧机的孔型系统

目前，国内各条生产线上所配置的大棒连轧机大多采用椭圆-圆孔型系统，轧机形式多为平立或立平布置的短应力线轧机。这种孔型系统的优点是轧件变形均匀，断面温降均匀。根据产品断面尺寸要求，轧制大规格产品多采用 4~6 架连轧机，轧制小规格产品多配置 8~10 架连轧机。

典型的孔型系统如图 8-13 所示。此系统以 210mm 方和 230mm 方作为轧制中间坯，采用 10 机架连轧

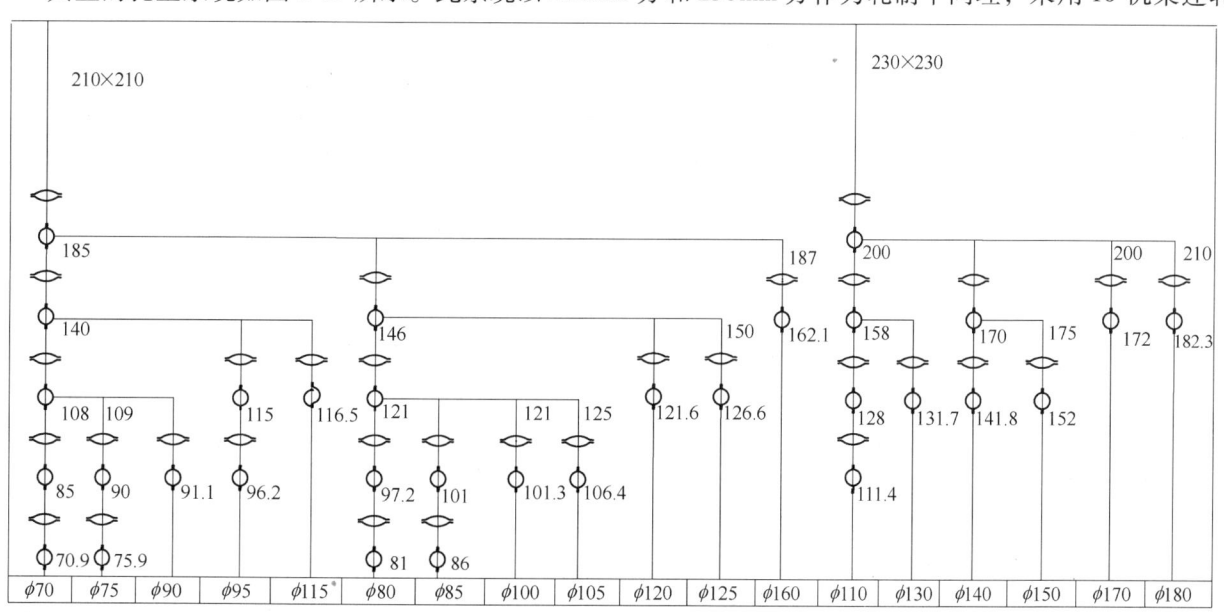

图 8-13 大棒材连轧孔型系统

方式生产 $\phi70 \sim 180$mm 圆钢。大规格轧制 4 道次，其他机架空过，小规格轧制 10 道次。第 6 架轧机和第 10 架轧机后分别设置 2 台飞剪，用于轧件切头尾或者分段操作。

轧制大规格圆钢时，轧制力很大，不宜采用大的延伸变形。大棒材孔型系统中最大平均延伸系数控制在 1.25 ~ 1.29 左右比较合适。具体数值根据产品的规格范围、道次、钢种的不同进行相应的调整。

目前连轧机组多采用短应力线轧机，布置形式多采用平立或立平布置。这两种布置各有优缺点，国内厂家均有采用。

根据现场的生产经验，生产 $\phi120$mm 以上圆钢，椭圆孔多采用双半径孔型，生产 $\phi120$mm 以下圆钢，椭圆孔多采用单半径孔型。生产大规格棒材，随着轧件断面的减小，轧辊直径与轧件尺寸的比值逐步变大。当然如果轧制小断面圆钢，轧机机型也可有一定程度的减小。不同生产规格采用不同的孔型系统。

大规格圆钢所用的连轧机机型多为 $\phi850$mm 或 $\phi750$mm 轧机。这种轧机的轧辊直径比较大，但相对轧件断面来说，轧辊直径仍然不大。如轧制 $\phi80$mm 圆钢，我们选择 $\phi450$mm 轧机即能满足要求，而轧制 $\phi250$mm 圆钢，我们选择 $\phi850$mm 轧机。按照名义辊径计算，轧制 $\phi80$mm 圆钢时轧辊直径与轧件直径之比为 5.625，而轧制 $\phi250$mm 圆钢时轧辊直径与轧件直径之比为 3.2。根据这些数据，轧制大规格圆钢时，轧辊直径相对轧件尺寸来说比较小，导致轧件在变形区内产生的宽展量小。孔型设计时要充分考虑这一因素。

8.2.6.5　大规格圆钢的缓冷

大规格棒材的尺寸断面大，轧后的冷却速度缓慢，断面温度不均匀现象严重，大部分需要缓慢冷却才能够保证产品最终的性能均匀性，否则会因为材料的温度应力和组织应力在材料内部产生大的应力，造成材料内部加工硬化，致使材料硬度提高，严重时甚至产生裂纹缺陷。采用轧后缓冷工艺可以减少轧件断面温度差，把因温差而产生的温度应力降到很低；同时又在很大程度上减缓了因相变产生的组织应力，减轻了材料内部加工硬化程度，使材料硬度降低，避免了裂纹的产生。此外，有些钢种，如一些高淬透性钢，在 500 ~ 600℃ 之间会发生贝氏体转变。为了避免这种情况，材料需要在 600℃ 以上进缓冷坑。

经热轧后直径大于 $\phi30$mm 的珠光体合金钢、珠光体-马氏体合金钢、马氏体合金钢及碳素结构钢等，容易产生白点缺陷[1]。白点的成因目前尚无公认的理论，比较有说服力的主要有以下几种：（1）分子氢假说：高温时钢中溶解有大量的氢，随着温度的降低，氢在钢中的溶解度减小，当冷却速度较快时，氢来不及扩散至大气中，聚集在钢的显微空隙中并结合成分子状态，形成巨大的局部压力，使钢中产生内部破裂，产生白点。（2）原子氢加组织应力假说：这种假说认为钢中原子状态的氢使钢变脆，因组织转变而产生的组织应力是钢破裂的动力。我们认为这两种假说都与钢中的氢有关。实践证明，当每 100g 钢中的氢含量低于 2.5mL 时，便不再产生白点缺陷。因此，必须设法降低钢中的氢含量，其中使氢从钢中溢出是很重要的环节。断面小的轧件氢原子很容易扩散到轧件外部，因此白点敏感性低。而大规格断面圆钢，利用高温下原子运动速度快的特性，针对容易产生白点的钢种在高温下长时间停留，使轧件内部的氢有足够的时间逃逸到外部空间，从降低白点的敏感性，进而避免材料表面产生裂纹。

上述分析就是大规格圆钢通常均需要采用缓冷工艺的原因。而且规格越大，对缓冷的要求越迫切。国内比较流行的做法是，$\phi50$mm 以上规格均有可能采用缓冷工艺。

8.3　大棒生产的主要工艺设备

8.3.1　加热设备

坯料加热设备包括步进梁式加热炉和均热坑两种。

步进梁式加热炉用于加热大连铸坯。坯料在炉内可采用单排布料形式或双排布料形式。轧件在炉内以步进方式由入料端向出料端行走。步进梁式加热炉加热效率高，能源利用率高。

均热坑用于加热钢锭和部分连铸坯。钢锭立放在均热坑内，出炉和入炉均采用钳式吊车，加热时用揭盖机盖上炉盖。均热坑揭盖机包括单体式和公共式两种，单体式揭盖机仅负责 1 座均热坑，机械设备重，但在均热炉主跨占地面积少；公共式揭盖机同时负责多座均热坑，设备总体重量轻，应用比较方便，但要占用均热炉主跨一定面积放炉盖。由于均热坑要整体开盖，因此均热坑的热量散失大，加热效率低，能源利用率低。连铸坯也可以在均热坑内加热，但坯料长度受限制，一般不超过3m。

以生产优质钢为主的企业，只以连铸坯为原料，多只选择步进梁式加热炉；以生产特殊钢为主的企业，多同时选择连铸坯和钢锭为原料，需要同时具备这两种炉型。个别的纯特殊钢企业只选择均热坑不选择加热炉，目前这种企业已很少。

从能源利用角度来区分，加热炉可分为单蓄热式、双蓄热式和预热式几种。双蓄热式加热炉的能源利用率较高，其燃料适合采用发热值比较低且价格便宜的高炉煤气。目前很多生产厂都采用此项技术。但需要注意的是，由于高炉煤气的燃点低，采用双蓄热方法设计的加热炉炉膛温度比较高，即使在轧件的入炉区炉膛温度也很高。对一些在低温区域导热系数比较低的钢种，如果刚一入炉温度便迅速升高，则容易造成材料内部或表面产生裂纹。因此如果加热炉采用双蓄热技术，则要充分考虑这些钢种的加热特性，保证材料的加热质量。

8.3.2 中间坯清理设备

热轧生产某些合金钢产品时，炼钢连铸过来的连铸坯或初轧机生产的轧制坯表面有可能会产生裂纹，需要对其表面进行清理。

目前中间坯清理设备主要分为离线冷清理和在线热清理两种。

离线冷清理是指把中间坯轧件离线降温，然后利用坯料修磨机对轧件表面进行全面的修磨处理，另外也可以根据需要进行探伤＋点修磨方式进行局部的修磨处理。该修磨方式由于在生产线上布置了探伤设备，因此清理的比较彻底。离线修磨清理方式已经在多家特钢企业应用，效果较好，但因为清理时轧件温度已经降低到室温，继续轧制时需要重新加热，因此工序能源消耗大，生产节奏较长。

在线热清理是指利用火焰清理机或者在线热修磨机对轧件表面进行全面修磨处理。火焰清理机是一种比较成熟的热扒皮设备，目前已经有宝钢、兴澄、大连等多家大棒材企业采用。

火焰清理设备的工作原理是利用火焰的燃烧把轧件表面金属连同表面缺陷部分一起燃烧掉。能够采用火焰清理机进行清理的钢种应满足下面的条件：

（1）金属的燃点必须低于熔点。如果金属的熔点低于其燃点，则在预热时金属将首先熔化，温度不再升高，以致在氧气作用下不发生燃烧过程。纯铁、低碳钢以及合金元素较少的低合金钢，可以满足这个条件，可以有很好的清理效果。而随碳含量的增加，钢的熔点下降，燃点提高，如碳含量较高的高碳钢，其熔点与燃点基本相等，使用火焰进行表面清理就比较困难。

（2）金属氧化物的熔点低于金属的熔点且流动性好。只有这样，液态易流动的氧化物渣才能被吹掉，使清理过程继续。否则，高熔点的氧化物将以固态覆盖于切口，阻碍后面材料的氧化，使切割过程难以进行。如高铬钢、镍铬不锈钢等材料的氧化物熔点均高于材料本身的熔点，因而在不采用特殊工艺的前提下无法用火焰清理机清理其表面。

（3）金属燃烧时是放热反应。只有燃烧时放出足够的热量，才能对下层金属起预热作用，放出的热量越多，预热作用越大，越有利于清理过程的顺利进行。

（4）金属的导热性要低。如果被清理金属的导热性很高，则预热火焰和金属燃烧所提供的热量会快速地向金属内部流失，使得表面温度急剧下降达不到燃点，清理过程无法进行。

综上所述，火焰清理主要用于清理低碳钢和低合金钢。清理淬火倾向大的高碳钢和强度级别高的低合金钢时，应加大火焰，放慢清理速度。如果清理不锈钢，则必须采用特殊的清理工艺。

国内现有大棒线上的火焰清理设备均布置在粗轧开坯机后部，在此处清理后的轧件可以完全消除上部工序产生的裂纹和划伤等缺陷，清理效果明显；但采用这种布置方式的缺点是金属消耗量较大，因为轧件经初轧机轧制后表面积有很大的增加。另一种布置方式是把火焰清理机布置到初轧机前，也就是加热炉的出口，由于此时轧件长度短，清理后所产生的金属消耗少，同时设备占用的场地小；但采用这种布置方式，无法清理因初轧机开坯所造成的产品划伤。

8.3.3　二辊可逆式初轧开坯机

二辊可逆式初轧开坯机（图 8-14）的主要功能是把坯料轧制成不同断面的中间坯，为下游连轧机提供坯料。

二辊可逆式初轧开坯机的主要组成包括：辊系部分、压下及平衡部分、机架、机架辊道、接轴、人字齿轮（速比为 1∶1）、主电机等，并在机前机后配备工作辊道、延伸辊道、推床和翻钢机等。

二辊可逆式初轧开坯机的辊系由上下两个辊身长度较长的轧辊构成，每个轧辊上配置多个孔型。每道次轧制时，轧机的辊缝根据轧制规程而调整。现有机型可以覆盖 ϕ850 ~ 1150mm 整个范围。ϕ850mm 轧机的辊身长度大致可以在 1800 ~ 2100mm 之间，而 ϕ1150mm 轧机的辊身长度可以达到 2800mm 左右。具体数值由不同生产线所配开坯机孔型的个数和设备本身的强度决定。

二辊可逆式初轧开坯机有两种传动方式，一种为单电机 + 人字齿轮传动，另一种为双电机传动。

所谓单电机传动是指整个轧机系统仅配备 1 台主电机，主电机把扭矩传送至人字齿轮，再由人字齿轮把扭矩传递至轧辊（见图 8-15）。单电机传动的优点是电机个数少，安装检修方便，上下轧辊转动时完全按照机械同步方式运行，轧辊辊径相同时上下轧辊不存在速度差。缺点是电机必须通过人字齿轮才能把扭矩分到两根轧辊上。国内现有的大棒车间大多采用这种传动方式。

图 8-14　二辊可逆式初轧开坯机

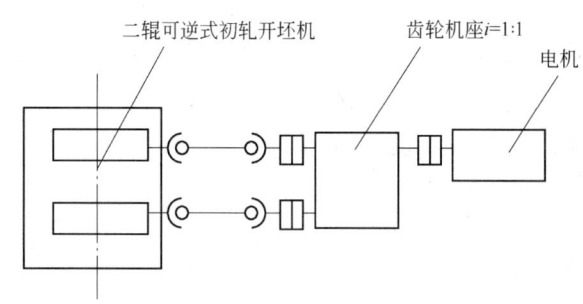

图 8-15　单电机传动示意图

双电机传动指整个轧机系统配备两台主电机，每台电机各带动一根轧辊（见图 8-16）。这种传动方式的优点是电机容量小，不需要人字齿轮，电机直接把扭矩传递至轧辊。老式的初轧机用于钢锭开坯，曾采用"双电枢"传动（见图 8-17），即上下两个轧辊各由两台电机串联在一起传动。本钢 1150mm 初轧机甚至采用"三电枢"电机的传动方式。当时轧制钢锭长度短，二辊初轧机要快速频繁地正反转，为减少电机的转动惯量 GD^2，将电机制成细长；而且当时采用的是直流电机，制造功率 2500kW 以上的电机有困难，所以将两个甚至三个电机串联在一起传动一个轧辊。两个或三个电机串联传动，除了安装检修问题外，还有电机的速度同步控制问题，电机速度稍有不同步，就会出现负荷不均，电机事故频发。后来电机制造技术提高，解决了大功率直流电机的制造问题，发展成上下辊各由一个电机传动。现在大功率厚板和炉卷轧机[2 × (8000 ~ 10000)kW]仍然采用两个电机传动，因为大功率轧机由双电机传动变为单

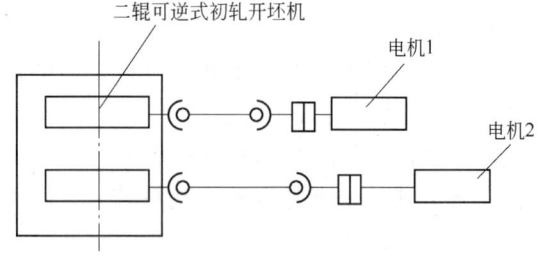

图 8-16　双电机传动示意图

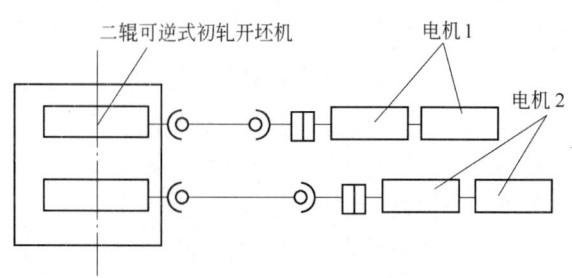

图 8-17　二辊可逆式初轧开坯机双电枢传动示意图

电机传动，电机的功率就要制成18000～20000kW，这样大的电机制造和运输都是问题；此外，这样大的传动功率，通过齿轮座传动，其效率损失就不能忽略不计。而现在大棒材车间初轧开坯机的功能与20世纪60～70年代已完全不同，其产量比当年初轧机的产量300万～400万吨大大降低，因此，其主传动功率不再需求那么大，所用电机容量一般在5000kW左右，而且现在由直流改为交流（交-交变频）传动，交流机制造方便，一个这样容量级别的电机，通过1：1的齿轮箱传动完全能够满足工艺操作要求，综合考虑机械、电气制造与运营费用也较为合理。国内现有的大棒车间、大中型H型钢、轨梁轧机的BD机都采用单电机通过1：1的齿轮箱传动。

除了上述两种主流的传动方式外，还有一种传动方式是把主电机先连接至减速机，搭配一定的速比后再连接至人字齿轮和轧辊。这种传动方式采用了一定的减速比，因此电机的基速可以适当提高，电机的价格也随之降低，但电控系统的费用要增加，减速机费用也要增加，而且增加一级减速比，传动效率要降低3%～4%。由于初轧机为可逆轧机，需要频繁的正反转，配置减速机后，系统的转动惯量提高。在轧辊获得同等加速度的前提下，采用该种传动方式传动系统需要提供的动力矩高，如果想降低动力矩则需要减缓轧辊提速时的加速度，因此该传动方式适合产量比较低、对轧制节奏没有过快要求的车间。该传动方式在国内使用的比较少，据介绍在西班牙的一台中型H型钢厂的开坯机上用过。

初轧翻钢机有两种方式。一种方式为钩式翻钢机，另一种为钳式翻钢机。

钩式翻钢机的翻钢钩紧靠推床的侧推板，其工作过程是首先通过翻钢钩提升轧件，把轧件提升至一定高度后再利用轧件自身重力把轧件翻转过来。采用这种翻钢方式，可翻钢轧件长度受到翻钢钩位置的限制，如果想要增加可翻钢轧件长度，必须增加推床的长度。国内现有生产线最长的推床长度达到了约15m，这样长的推床长度虽然满足了长轧件的翻钢要求，但却使得初轧机的操作变得更加困难。

钳式翻钢机的结构类似于两个夹送辊，这两个夹送辊具有翻转的功能，轧件被这两个辊夹到中间后翻转90°。该机构可以在不增加其他设备的情况下翻转长度很长的轧件，比较适合于初轧机直接轧制成品圆钢的道次。

比较合理的配置是把钳式翻钢机与推床和钩式翻钢机共用。翻转短轧件时用钩式翻钢机，翻转长轧件时用钳式翻钢机。

8.3.4　剪机

轧件在初轧机轧制一定道次后，头部和尾部因端部延伸不受约束而产生不规则的形状。这种不规则的头尾形状在连轧机内容易产生卡钢等事故，因此在进入连轧机之前需要用剪机把其切掉。

随着被剪切件断面尺寸的不同，剪机的剪切力大小也不相同。目前国内在用的中间坯剪切机的剪切力从5000kN至15000kN均有。最大的剪切断面可以达到350mm×350mm方坯或相应断面的扁坯。更大规格的中间坯，则应考虑采用火焰切割等方式，而不要一味地去追求设备的最大能力，这样可能会更加经济。

目前大棒车间使用的剪机形式主要包括液压式和机械式两种。

液压剪多采用对角剪切形式。这种液压剪机的机械设备重量轻，外形小巧，不占用车间空间面积。但需要为其配置较大的液压系统。此种剪机多采用下切式，对辊道强度没有大的要求。剪切后轧件断面整齐，无毛刺，非常适合大棒车间生产。

机械剪则大多采用剪刃上切或下切且带有框架牌坊的形式。这种剪机的机械设备重量笨重，外形庞大，占用较大的车间面积。但这种剪机可以剪切扁坯。比较适合于既生产圆钢又生产扁坯的大棒车间。

8.3.5　二辊连轧机

大棒材生产所采用的半连轧方式是由初轧＋连轧的方式组成的。初轧机上的孔型主要承担延伸轧件作用，而连轧机上的孔型则侧重于承担延伸轧件和产品成型的双重作用。

目前，国内大棒生产线上所用的连轧机机型多为二辊短应力线轧机。该机型设计上取消了轧机牌坊，直接用拉杆把轴承座连接到一起，轧机内部的应力线短，因此轧机的刚度高，弹跳小，能够充分保证产品的尺寸精度，而且操作、换辊、换孔型都很方便。

国内现有的大棒线连轧机组所配置的短应力线轧机多采用 6、8 或 10 架连轧的形式。采用 6 架或 8 架连轧机组的生产线多在连轧机组后设 1 台飞剪，而采用 10 架连轧机组的生产线则需要在 6 架后和 10 架后各设 1 台飞剪。

短应力线轧机传动部分主要包括轧机接手、联合减速机、电机等。连轧机组所用电机均为高速电机，减速机把电机的速度降低至轧机的轧制速度。

连轧机组所用短应力线轧机机型包括：$\phi850mm$、$\phi750mm$、$\phi650mm$、$\phi550mm$、$\phi450mm$ 等。$\phi850mm$ 和 $\phi750mm$ 轧机多用于大规格圆钢的生产，而 $\phi650mm$、$\phi550mm$ 和 $\phi450mm$ 多用于稍小规格圆钢的生产。设计阶段应根据产品规格选择合适机型，尽量避免出现大轧机轧制小规格产品的情况。采用大辊径轧制小规格圆钢时，轧件的宽展较使用小辊径的情况下要大很多，如果因为某种原因（比如咬入时没有完全对正孔型）轧件两侧的宽展不均匀，则很容易造成轧件在孔型中发生转动，不利于轧件的稳定轧制。再者，使用大辊径时大多是为了轧制大规格圆钢，出大规格圆钢的同时又要在同一轧机上出小规格圆钢，这时轧机的速比和电机功率很难处理。如采用大速比，则生产小规格产品时速度很低，不合适；如采用小速比，则生产大规格产品时轧制力矩又非常大，必须把电机功率提的很高，造成很大浪费。

连轧机组布置可分为平立布置和立平布置两种。生产 $\phi40mm$ 以下的圆钢产品可以采用活套，实现无张力轧制。机架间现在都采用立式上活套，结构简单，控制方便。为能使用立式上活套，轧机的布置形式需要平/立交替布置。生产 $\phi40\sim50mm$ 以上大圆钢由于断面大而不使用活套，没有活套的限制，轧机的布置形式可以更加灵活，平/立或立/平布置均可。有人认为立/平布置，偶数道为平辊轧机，调整更为方便，轧制的产品尺寸精度也会更高；但机组入口的第一架为立辊，入口需要设一翻钢装置，将开坯的方轧件翻转 90°送入立辊轧机。

8.3.6　编组设备

热轧后轧件需要通过定尺锯锯切成定尺。生产小规格轧件时，轧件总长度一般比较长，此时定尺锯的生产能力无法满足轧线所要求的小时产量的要求，因此需要把轧件在编组台架上先进行编组，然后成组锯切，以提高定尺锯的锯切能力。

8.3.7　切定尺设备

大棒材断面尺寸大，大部分生产企业均选择在上冷床前轧件温度较高时把轧件切割成定尺，避免冷状态切割，节省切割时设备消耗的能量。目前大棒材采用的切割设备主要为金属锯或砂轮锯。砂轮锯切口质量高，但砂轮的消耗也很大，生产成本相对较高，对于产品附加值高的产品，当然值得。便对一般产品，成本过高不堪负担，用户很不喜欢用。有些企业直接选择金属砂轮两用锯，切割硬度低的钢种时采用金属锯，切割硬度高的钢种时采用砂轮锯，这样既可以满足切割要求，又能够节约成本。

8.3.8　冷床

经热锯切成定尺后的轧件由辊道输送至冷床进行冷却。大棒材冷床形式大多采用步进式。轧件从上冷床辊道步进至冷床横移链上，再由横移链把数根轧件同时拖到下冷床辊道上，并由辊道把这些冷却后的轧件输送至收集装置处。

8.3.9　热处理设备

大棒材断面尺寸比较大，大部分产品下冷床后为了防止内外表面温差过大出现裂纹或者避免轧件出现白点，轧件需要缓冷或红送热处理。

成品轧件缓冷设备主要包括缓冷坑、缓冷箱。由于缓冷箱装箱比较困难，现在使用的企业比较少，大部分使用缓冷坑。下冷床后的轧件由吊车直接吊运到缓冷坑内，待装满一个整坑后再盖上盖子，等达到所需温度后出坑。

下冷床后的轧件也可以直接进行热处理，这样就不需要再进行缓冷。目前大棒材使用的热处理炉主要是车底式热处理炉或者是辊底式热处理炉。车底式热处理炉布置在热下料台架附近，采用台车装料，待装满后把轧件送进热处理炉进行处理。该设备操作简单，造价低，占用场地小，但炉内温度分别均匀性差，材料处理效果没有辊底炉好。但它可以实现热装退火，节能效果很好，生产成本低，仍是各厂的首选。辊底式热处理炉采用辊道送料，连续处理轧件。该设备操作相对复杂，造价高，占用场地大，但该设备可以采用气体保护，轧件在炉内氧化小，温度分布均匀，材料处理效果好。上述两种退火炉在各企业使用非常普遍，生产时可以根据用户对产品交货时的质量要求决定采用何种设备进行热处理。

8.4 中型棒材生产线

8.4.1 中型棒材与开坯—大型生产线的主要区别

一般把 $\phi30 \sim 90mm$ 的棒材称为中型棒材，把 $\phi80 \sim 300mm$ 的棒材称为大型棒材。不同单位可能有不同的划分界限，但基本范围不会有太大的变化。

中型棒材的成品断面尺寸变化范围小，多采用全连轧工艺进行生产。全连轧生产线主要机组组成包括粗轧机组、中轧机组、精轧机组和减定径机组。大型棒材的成品断面尺寸变化范围大，多采用半连轧工艺进行生产。半连轧生产线主要机组组成包括可逆粗轧机、连轧机组（含中轧机组和精轧机组两部分）。

中型棒材多采用一种坯料生产，即使采用多种坯料，也把这些坯料共用到一套孔型系统中。如果不这样，而是采用多套孔型系统，则轧辊更换频繁，轧线的生产能力会降低。

大棒材的尺寸变化范围大，如同中棒一样仅采用一种坯料，则轧制最小规格产品时，轧件的加工裕量大，不必要的加工能量消耗大。因此大型棒材大都采用多种坯料，采用初轧开坯的方式，把多种坯料整合成不同断面的中间坯，然后再通过连轧机把中间坯加工成最终的成品圆钢。

由于大型棒材成品断面尺寸大，成品定尺多采用多台热锯同时锯切的热锯切方案。目前，国内厂家最多同时采用 4 台热锯进行成品定尺锯切。中型棒材的成品断面尺寸小，成品定尺锯切多采用冷锯切方式。热锯切多采用金属锯片，冷锯切多采用砂轮锯片。

中型棒材对缓冷的要求没有大型棒材强烈。大部分中型棒材不需要缓冷，少部分需要缓冷的钢种，则采用冷床前加热床的方式快过轧件。采用热床方式时，分段飞剪把轧件剪切成小倍尺，然后再由定尺设备把轧件切成定尺，之后直接进缓冷坑，采用这种生产方式轧机的小时产量会有一定程度的降低。大型棒材断面尺寸大，正常空冷时轧件内外表面温差大，因此大部分需要轧后缓冷。大型棒材生产线上需设置缓冷下料台架供缓冷材快速下料，当然也有的厂家采用在冷床中部下料的缓冷下料方案。图 8-18 为 HY 厂中型棒材车间的平面布置示意图。

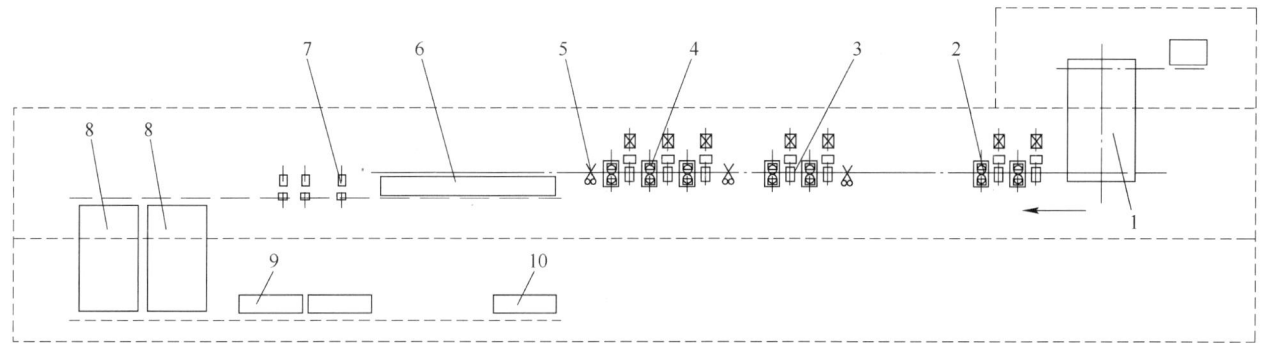

图 8-18 HY 厂中型棒材车间平面布置示意图

1—步进式加热炉；2—粗轧机组（4 架 $\phi650mm$）；3—中轧机组（2 架 $\phi650mm$，2 架 $\phi550mm$）；4—精轧机组（6 架 $\phi550mm$）；5—分段飞剪；6—移钢台架；7—切定尺热锯；8—冷床；9—热收集台架；10—成品收集台架

图 8-18 所示的中型棒材车间，以 200mm × 200mm × 90000mm、单重 2750kg 的连铸坯生产 $\phi50 \sim 100mm$ 的圆钢和管坯；以 160mm × 200mm × 90000mm、单重 2200kg 的矩形坯生产 10 ~ 20mm × 100 ~ 200mm 的扁钢。生产的钢种为：优质碳素结构钢（45、50）、弹簧钢（50CrVA、60Si2Mn）、低合金高强度钢（Q345B）、合金结构钢（40Cr、20CrMo）、齿轮钢（20CrMnTi）、轴承钢（GCr15）等。设计年产

量: 60 万吨。

8.4.2　中型棒材生产线特点

8.4.2.1　产品定位

中型棒材的产品规格大致范围在 $\phi30 \sim 90mm$ 之间。不同厂家定义的范围不尽相同,一些厂家把规格下限定在 $\phi20mm$,而把规格上限定在 $\phi120 \sim 130mm$。最终成品规格范围的划分由企业内各炼钢—轧钢车间的分工布局以及产品的市场需求决定。

8.4.2.2　坯料关系

中型棒材车间所用坯料的断面尺寸比较灵活,国内现有各生产厂的坯料尺寸变化范围很大,主要断面尺寸有: 160mm × 160mm、220mm × 220mm、240mm × 240mm、280mm × 280mm 等。坯料尺寸大小是由材料的压缩比、成品的最大最小规格、设备的生产能力等因素综合决定的。

8.4.2.3　连轧方式的选择

中型棒材多采用全连续轧制工艺。该轧制工艺主要包括粗轧、中轧、精轧及减定径工序。各机组由 4 ~ 8 架轧机组成,机组之间设飞剪。

粗轧机组和中轧机组之间可以采用脱头轧制方式,也可以采用连轧方式,具体选用何种形式需要综合考虑成品断面尺寸、坯料尺寸、生产的钢种、咬入速度等因素。根据生产经验,生产合金钢产品时第 1 架轧机的咬入速度需要大于 0.2m/s,否则轧件会对轧辊造成伤害。

例如,某企业根据市场定位把生产线产品规格定位在 $\phi40 \sim 120mm$。最大规格按 6 倍压缩比考虑,坯料采用 $\phi300mm$ 圆坯。生产 $\phi50mm$ 以下小规格产品时,能够达到 50 倍压缩比,可以满足滚动体轴承钢的要求。通过计算咬入角和设备强度,第 1 架轧机采用 $\phi850mm$ 轧机机型。$\phi300mm$ 圆坯以 0.2m/s 的速度咬入,小时流量将近 400t/h,而车间所需要的小时流量仅为 200t/h 左右,全线设备如果按此小时流量配备,会造成很大的浪费。因此,我们把粗轧机组和中轧机组脱开。粗轧机组采用大的小时流量来保证咬入要求,中轧机组和精轧机组采用小的小时流量,满足车间的年产量要求。

粗轧机组、中轧机组和精轧机组后均需要设飞剪,用于轧件切头、切尾和分段。轧件经轧辊压下后,头部和中间部位的断面尺寸不同。由于头部没有端部的限制作用,头部的宽展量要大于轧件中间部位。经多道次轧制后,头部尺寸已明显不同于轧件中间部位,为了保证轧件的断面尺寸,同时也为了使得轧制过程能够顺利进行,进下一机组之前需要把头部切掉。根据生产经验,6 道次切头比较合适,最多可以 8 道次切头,但 8 道次切头不适合于易切削钢。

8.4.2.4　连轧机机型的选择

目前,同大棒生产线一样,国内的中棒连轧机组大多采用的是高刚度短应力线轧机。这种机型刚度高、重量轻、轧辊更换时间短,对棒材生产线非常适合。中棒生产线所用机型主要包括 $\phi750mm$、$\phi650mm$、$\phi550mm$、$\phi450mm$、$\phi350mm$ 等。个别使用大断面坯料的生产线也会用到 $\phi850mm$ 轧机,但机型增大后,其安装检修用的吊车等配套设施也应随之增加。因此,控制好中棒车间产品规格的上限,保证该生产线发挥最大效益,是在车间设计阶段需要着重研究的问题。

一般而言,中棒连轧机的机型选择也同大棒线一样需要遵循大轧机轧制大断面轧件的原则,不应允许出现大轧机轧小断面产品的现象。具体采用何种机型轧制某一断面尺寸是由轧制力能参数计算结果以及不同厂家设备的强度最终决定的,当然在计算的基础上还需要考虑一定的余量。

8.4.2.5　中型棒材连轧机的孔型

典型的中棒孔型系统如图 8-19 所示。此孔型系统采用 240mm × 240mm 连铸坯,经粗轧 6 道次、中轧 6 道次、精轧 4 道次、减定径 4 道次轧制成 $\phi30 \sim 90mm$ 的圆钢。机型配置为 $\phi750mm × 4 + \phi550mm × 6 + \phi450mm × 6 + \phi370mm × 4$。

轧件在粗轧机组和中轧机组之间脱头。按照秒流量相等的原则,为了保证最低 0.2m/s 的咬入速度,轧机的小时产量需要达到 311t/h。如果不脱头,轧线所有设备如均按此流量进行配置,将非常不经济也没用任何必要。

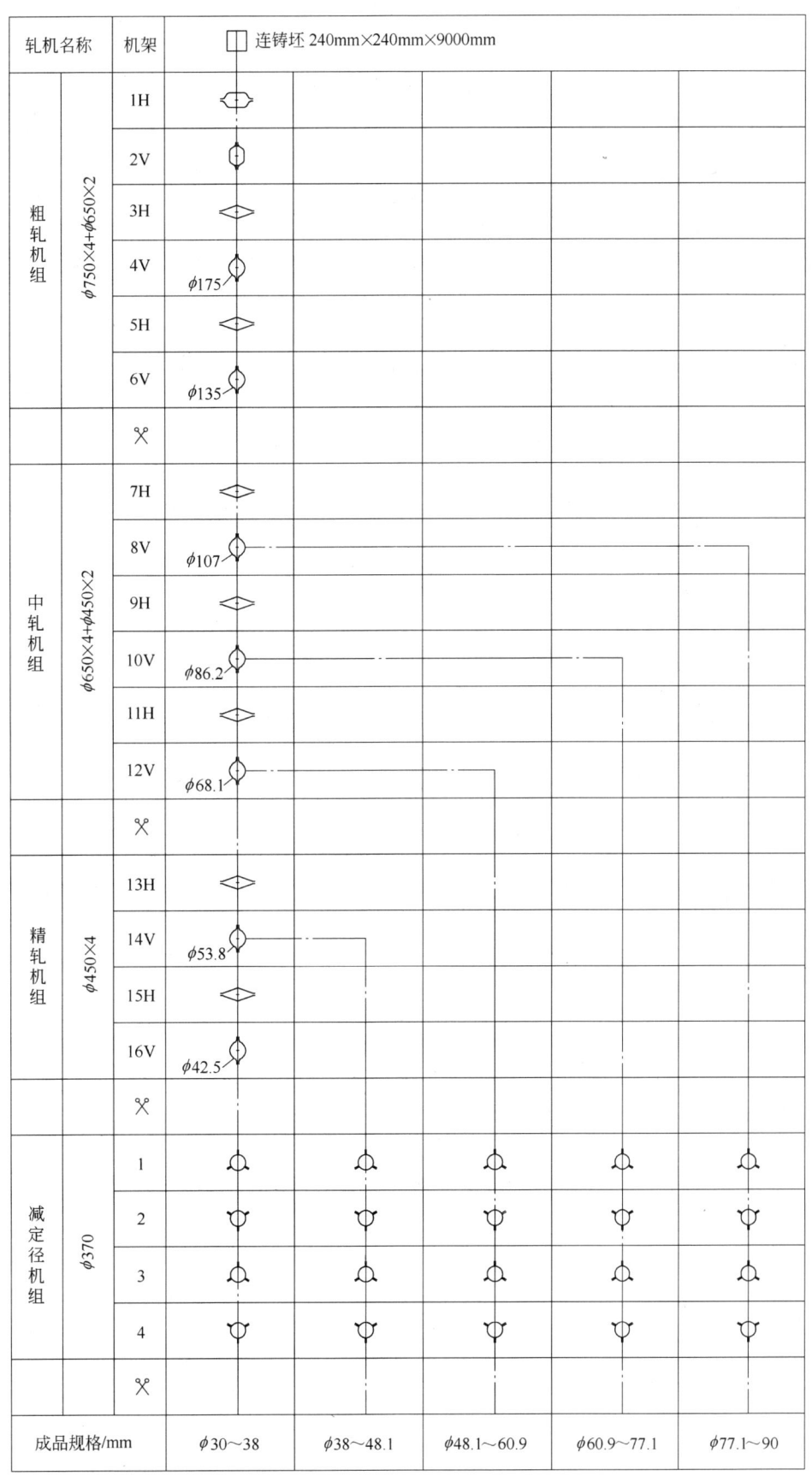

图 8-19 中棒生产线孔型系统

为了保证顺利咬入，粗轧机组第 1、2 道次采用箱形孔，其他道次均采用椭圆-圆孔型系统。椭圆-圆孔型系统最大的优点就是变形比较均匀。由于使用了减定径技术，整条线的孔型系统采用单一孔型，粗、中、精轧仅用 1 套孔型,通过减定径轧机轧出所要求的全部规格。

8.4.2.6　中型棒材连轧线冷却系统

中棒车间所生产的钢种多为合金钢,某些钢种为了提高性能,需要控制终轧温度和轧后的冷却速度,因此在轧线上配置预水冷和轧后水冷系统。对于低碳亚共析钢来说,预水冷的目的主要是控制终轧温度,而轧后水冷的目的主要是为了控制轧后晶粒的长大,最终得到细化的晶粒组织。而对于高碳的过共析钢,轧后水冷的目的主要是为了使得材料断面温度迅速越过共析渗碳体析出区域,防止网状碳化物的产生。

与小棒相比中棒的断面较大,如采用急冷技术,材料的表面将获得很大的温降,但心部仍然有较高的温度,待最终冷却后,表面和心部将获得完全不同的组织,因此中棒的水冷系统多采用温和的分段冷却技术,而不采用轧后急冷,使得材料的心部和表面均获得需要的组织。

目前,国内采用轧后水冷技术冷却的圆钢最大断面为 $\phi60\text{mm}$。实践证明,如对更大的断面进行轧后水冷,则很难保证轧后组织性能的均匀。如何实现更大规格圆钢的水冷,仍需要长材工作者继续研究和探索。

8.4.2.7　中型棒材连轧线收集系统

中棒连轧线的收集系统包括轧后的倍尺切割系统、冷床系统、定尺切割系统以及成品收集系统。

终轧机组后设飞剪进行倍尺切割。如果轧线采用减定径设备则此台飞剪所切割的成品断面尺寸范围和速度范围会非常大,将包含产品大部分的规格尺寸。

冷床系统包括上冷床装置、冷床本体、对齐辊道以及下冷床装置。

目前中棒上冷床仍采用制动板制动技术,具体步骤包括:轧件加速、两根轧件拉开、制动板升起、轧件上冷床等。由于采用制动板制动技术,各根轧件之间很难对齐,因此在冷床的中部需要设对齐辊道,待轧件对齐后下冷床进行成组切割。此时冷床既承担着冷却轧件的作用,同时也承担着对轧件进行编组的功能。

中棒生产线所用的定尺切割设备大多是砂轮锯。由于此时材料温度已经达到或接近室温,中棒生产线所生产的钢种又多为合金钢,如采用金属锯则很难锯切。砂轮锯的优点是切割断面整齐,无明显的毛刺和飞边;缺点是锯片消耗量大,生产成本高。目前设计出 $\phi50\text{mm}$ 以上采用热锯切定尺、$\phi50\text{mm}$ 以下采用冷剪的切割方案,效果如何还需要实践检验。

参 考 文 献

[1] Unite State Steel. The making、shapping and treating of steel[R]. 1985.
[2] 彭兆丰,王莉. 初轧-开坯机的复兴[C]//2008 年轧钢会议论文集.
[3] 中冶京诚. 江阴兴澄特钢年产 80 万吨大棒材初步设计[R]. 2005.
[4] 重庆钢铁设计院. 宝钢初轧厂初步设计[R]. 1985.
[5] 彭兆丰. 可逆式开坯机传动方式研究[C]//中冶京诚瑞信长材内部研究报告. 2010.

编写人员:中冶京诚瑞信长材工程技术有限公司　徐旭东
淮阴钢厂　宋永琛

9 小型棒材生产

小型轧机的产品一般包括：$\phi 8（12）\sim 60mm$ 圆钢、$\phi 10 \sim 50mm$ 螺纹钢（$\phi 10 \sim 20m$ 采用切分轧制）、$20mm \times 20mm \sim 100mm \times 100mm$ 角钢、$50mm \times 37mm \sim 100mm \times 48mm$ 槽钢、$5mm \times 50mm \sim 20mm \times 120mm$ 扁钢，以及相当断面的其他型钢产品。为适应小汽车齿轮（小汽车齿轮制造大部分需要 $\phi 55 \sim 65mm$ 的圆钢）和各类机械轴类的需要，我国合金钢小型轧机将产品规格扩大至 $\phi 75 \sim 80mm$。按以往教科书的划分，$\phi 60mm$ 以上的圆钢应划入中型轧机的产品范围，但现实生产线的建设不以过去的书本规定为准则，而以市场现实的需求和轧机合理的产品规格而定，因此中国和世界的现实是，小型轧机的产品范围比过去扩大了，普通钢小型轧机的产品范围仍在 $12 \sim 60mm$，及相当断面的型钢；合金钢小型轧机的产品范围扩大至 $12 \sim 80mm$。生产小型最后成品轧机的轧辊直径约为 $\phi 330 \sim 380mm$，生产型钢的小型轧机成品轧机采用较大的辊径，有的达 $\phi 420mm$（最近增大至 $\phi 360 \sim 430mm$）。

人类使用轧制加工技术是从小型轧制开始的，从最早小型轧机年产只有几十公斤，到今天一套小型轧机年产超过 100 万吨，人类走过了漫长的发展路程。

9.1 小型棒材生产发展简史

9.1.1 小型轧机在世界的发展

英国的依·尼雪（E. Hesse）在 1530 年或 1532 年第一个发明了用两个辊轧制铁或钢的轧机。1728 年英国的约翰·彼尼（John Payne）在两个刻成不同形状孔型的轧辊中加工轧制棒材。1759 年英国的托马斯·伯勒克里（Thomas Blockley）取得了用孔型轧制圆钢的专利，标志在人类历史上正式开始生产型钢。

大约在 1825 年，英国南斯达福得施耶（South Staffordshire）的两个轧钢操作工想出了轧制棒材成品前为椭圆形断面，然后借助导卫进入最后一道孔型，并轧制成圆的轧制工艺，奠定了至今仍在生产圆钢中有效使用的椭圆-圆孔型。1853 年亚·罗登（R. Roden）发明了通过齿轮箱传动的三辊轧机，1857 年约翰·弗里茨（John Fritz）将三辊轧机用于轧制棒材和线材。大约在 1858 ~ 1859 年，一个比利时的轧钢工实现了不等轧件完全离开轧辊，而在轧件的中部或尾部仍在轧制过程中，将它的头部就送入下一道次进行轧制的操作方法。这样棒材或线材可同时在多个孔型，如 3 个或 4 个孔型中同时进行轧制，直至轧到 $\phi 6.35mm$（1/4 in）的成品。如此在单机架的中、下辊和中、上辊上往复轧制的轧机称为比利时（Belgian）轧机或活套轧机。

1869 年瓦施本（Washburn）和米尔（Mean）设备公司在格鲁夫街（Grove Street）厂安装了一台完全新型的线材轧机，这种轧机由许多水平辊和数量相同的立辊依次排列组成，奇数架为水平辊，偶数架为立辊，与今天的棒材连轧机的排列方式无异。这种排列方式取消了轧件在机架之间 90° 扭转，而齿轮传动系统使每一架轧机的轧辊速度比前一架快，这样就避免了道次之间形成活套。平/立交替的无扭转连轧机代表了线材和棒材生产技术的一大进步，但无扭转连续式轧制技术的发展并不顺利，立辊轧机的安装调整和传动系统仍是困难问题。

1878 年美国的摩根（Morgan）发明了不用立辊全部用平辊而在机架间安装扭转导板使轧件在机架间扭转 90°的有扭连轧机。晚些时候他们发现在一个机架上可以同时轧制两根或更多根的轧件，一根挨一根地平行通过轧机，这就是延续使用至今的有扭转多条轧制（参见图 9-1）。

1882 年开始利用连续粗轧机的原理组成小型轧机，如图 9-2 所示，采用了 8 架串列式的粗轧机以及两列各为 4 架的精轧机。当时所有轧机由一台蒸汽机传动，机列的速度靠齿轮分配，这样的传动齿轮非常复杂。

图 9-3 所示是在 1938 年建造的比利时（Belgian）轧机，三辊的粗轧机可以独立操作，以便更适合于前面道次的速度进行轧制。精轧机组可采用更快的轧制速度，这样可比早期的比利时（Belgian）轧机有更高的产量。

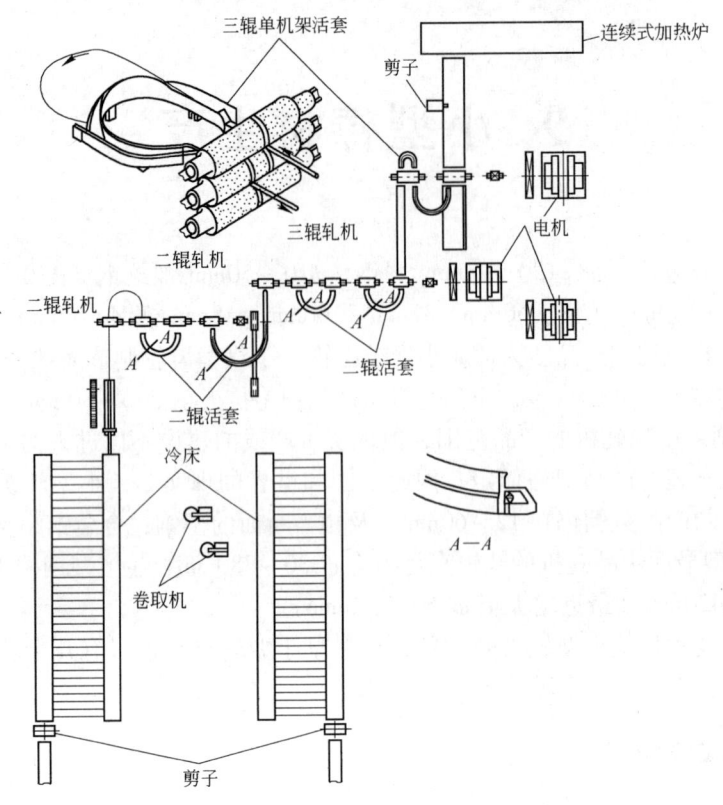

三辊单机架活套
连续式加热炉
剪子
三辊轧机
二辊轧机
电机
二辊轧机
二辊活套
二辊活套
A—A
冷床
卷取机
剪子

图 9-1　带围盘（repeater）的横列式有扭转轧机

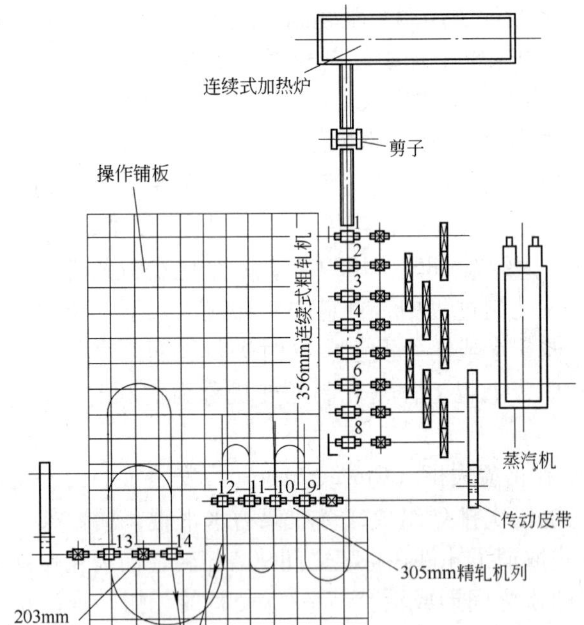

连续式加热炉
剪子
操作铺板
356mm连续式粗轧机
蒸汽机
传动皮带
305mm精轧机列
12—11—10—9
13—14
操作铺板
203mm精轧机列
冷床
剪子

图 9-2　带串列式粗轧机的小型轧机（1882 年）

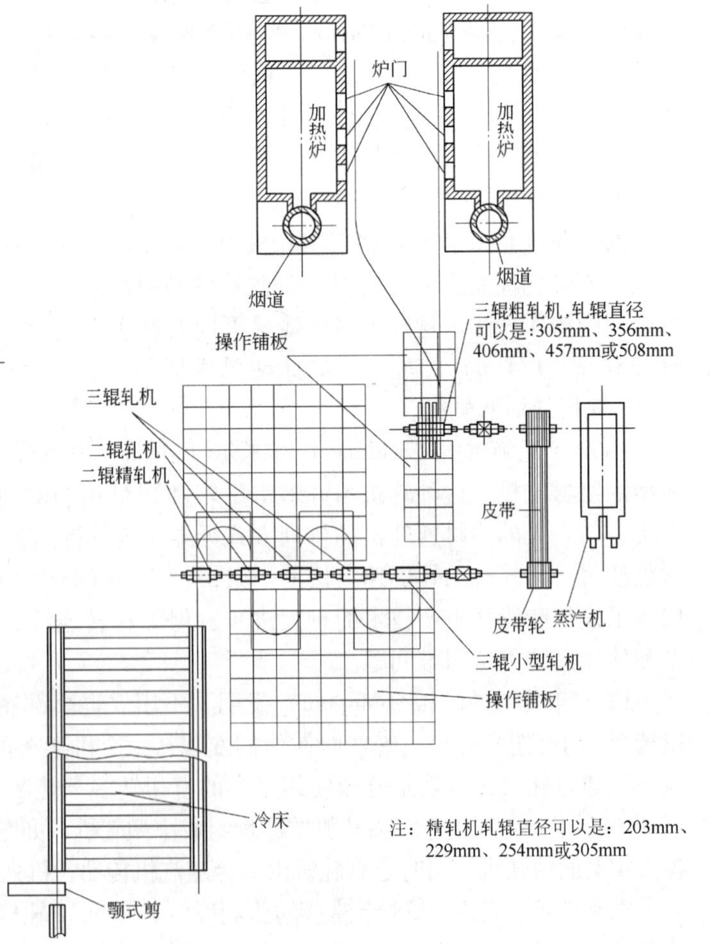

炉门
加热炉
加热炉
烟道
烟道
三辊粗轧机,轧辊直径可以是:305mm、356mm、406mm、457mm或508mm
操作铺板
三辊轧机
二辊轧机
二辊精轧机
皮带
皮带轮
蒸汽机
三辊小型轧机
操作铺板
冷床
颚式剪

注:精轧机轧辊直径可以是:203mm、229mm、254mm或305mm

图 9-3　1938 年建造的两列式小型轧机

20世纪40年代末50年代初，由于机械制造技术和电控技术的进步，无扭转的连轧技术得到发展。图9-4是1949～1950年投产的伯利恒公司勒克加文那厂（Betlehem's Lackawanna Plant）的棒材轧机平面布置示意图。这是一种全连续式布置，每一架轧机由一个可调速的电机单独传动，生产大盘卷和棒材的复合轧机。每个机架单独传动的小型轧机的出现，标志着小型轧机制造技术划时代的进步。

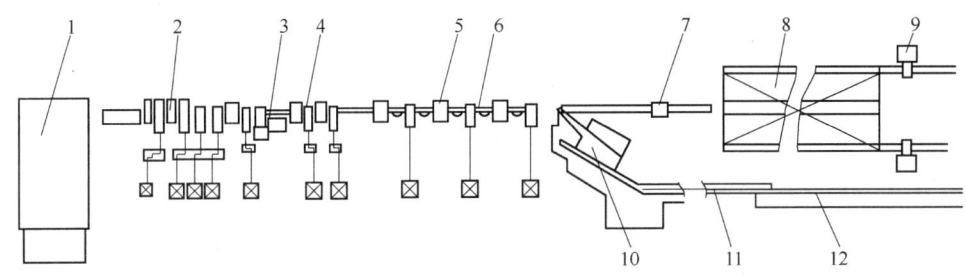

图9-4　伯利恒钢铁公司勒克加文那厂的棒材轧机

1—推钢式加热炉；2—8机架粗轧机组（1～6架350mm，7、8架300mm）；3—切头飞剪；

4—4机架中轧机组（300mm）；5—6机架精轧机组（250mm）；6—活套；

7—回转/圆盘式飞剪；8—冷床；9—冷剪；10—加勒特卷取机；

11—链式运输机；12—钩式运输机

从20世纪50年代起，平/立交替无扭转轧制的全连续式小型和线材轧机逐渐增多，1958年4月投产的美国共和国公司的棒材轧机代表了当时的水平，其平面布置如图9-5所示。该轧机用75mm×75mm、100mm×100mm、长9000mm的坯料生产ϕ10～32mm的圆钢和成卷的大盘卷，（5～13）mm×（25～100）mm的扁钢，以及相应尺寸的方钢、六角钢和角钢，最高轧制速度为15m/s。

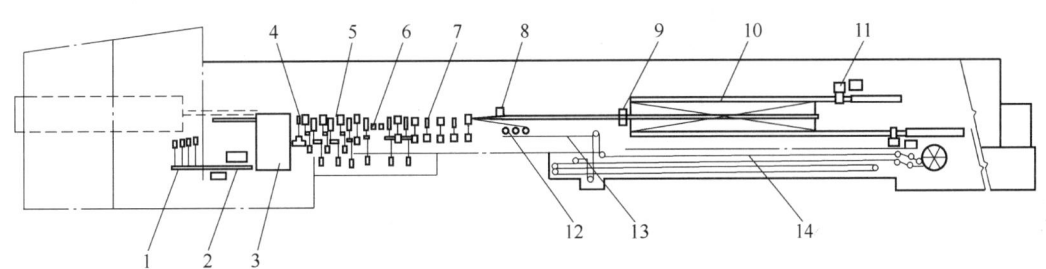

图9-5　美国共和国公司棒材轧机平面布置示意图

1—步进式台架；2—入炉辊道；3—推钢式加热炉；4—上切式剪；5—8机架275mm（11in）粗轧机；

6—切头飞剪；7—8机架精轧机；8—分段飞剪；9—冷床分配器；10—冷床；

11—冷剪；12—加勒特卷取机；13—链式运输机；14—钩式运输机

在20世纪70年代还建设了一些中间或精轧机带套轧的横列式轧机，但无扭转全连续式布置已成为小型轧机的主流，1976年投产的日本住友金属公司350mm（14in）的棒材轧机如图9-6所示。该轧机以180mm×180mm×12800mm的坯料，生产ϕ28～102mm的圆钢、ϕ25～102mm的钢筋，45～85mm的方钢、（8～30）mm×（60～160）mm的扁钢。轧机的最高速度为12m/s。该轧机以一个高效的布置形式构成合理的工艺流程，直条棒材在16机架水平/垂直交替布置的轧机上实现无扭轧轧制。从70年代以来全连续式无扭转轧制成为小型轧机的发展潮流。

9.1.2　小型轧机在中国的发展

小型轧机在世界上发展了200多年后，中国人在20世纪30年代后期开始接触小型轧机。抗日战争期间，1938年将汉冶萍煤铁厂搬往重庆大渡口后，1942年在潘继庆的主持下将轧机重新安装。此时国民政府兵工署下属重庆大渡口钢铁厂有两个轧钢厂，即大型轧钢厂和轧板厂，共有两套轧机，一套是2400mm的二辊式中板轧机，另一套是ϕ800mm×3的钢轨轧机，中间由一台6400马力（4772.5kW）的蒸汽机驱动。

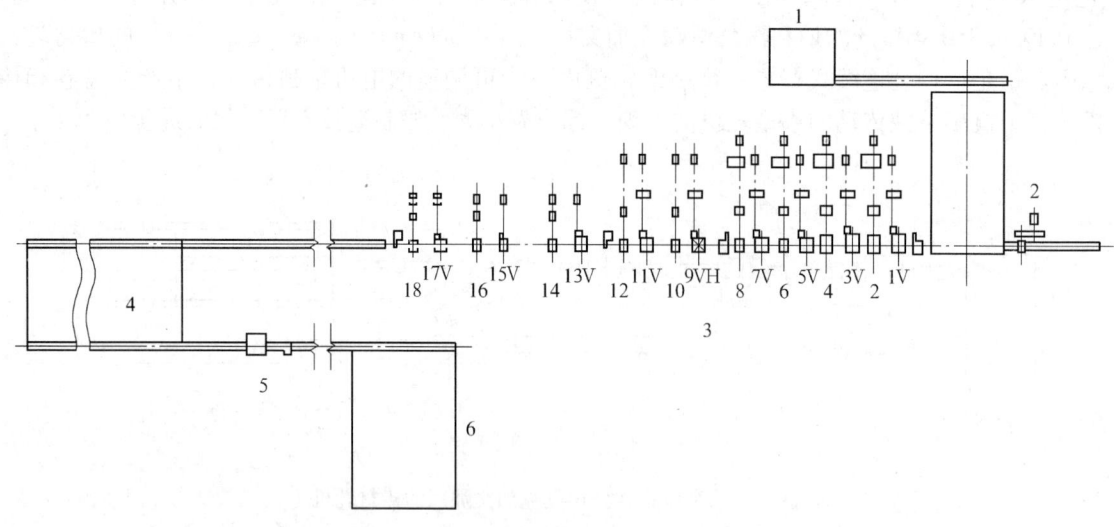

图 9-6 日本住友金属公司 350mm 棒材轧机平面布置示意图
1—上料台架；2—加热炉；3—轧机；4—冷床；5—冷剪；6—收集处理设备

24 兵工厂也有两套轧机，一套是 φ320mm×5 的小型轧机，另一套是 φ500mm×2 的中型轧机，中间亦由一台蒸汽机共同传动两套轧机。后来在条钢厂又增加了一套 φ300mm×5 的小型轧机。据李志华、高敖铭老先生的回忆，重庆大渡口钢铁厂轧板厂的轧机布置如图 9-7 所示。

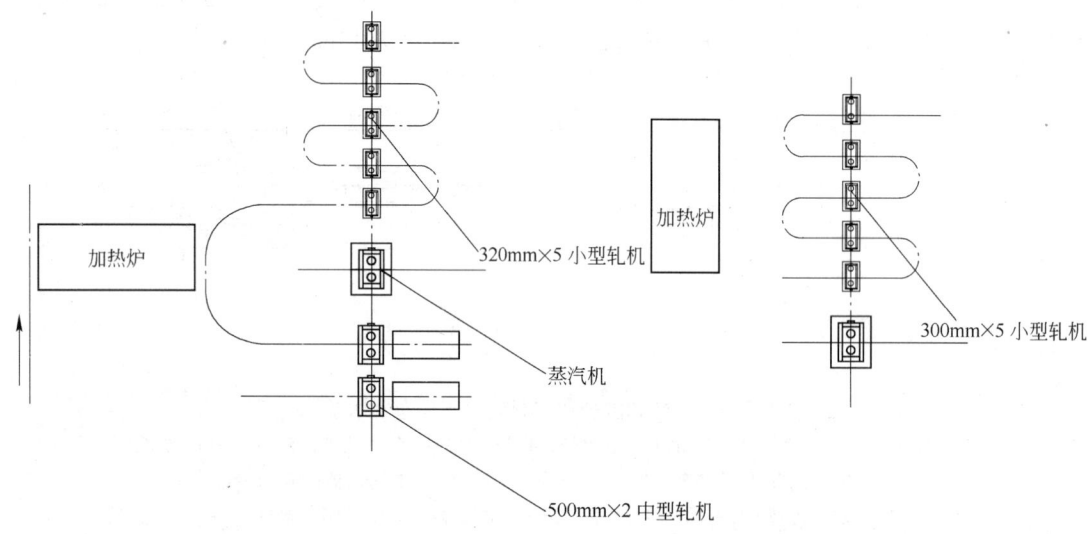

图 9-7 重庆大渡口钢铁厂轧板厂轧机平面布置示意图

20 世纪 30～40 年代，日本人在鞍山、本溪也建了小型轧机，这是日本人在中国的土地上建的轧机，不是我们中国政府或企业所建，也不是由我们中国人进行管理，不能算是中国人的小型轧机。只有重庆大渡口钢铁厂及 24 兵工厂的轧机，是我们中国人自己建设，自己管理，才是我们中国人的轧机。1937～1949 年处于战乱中的国家无力去建设新的钢铁业和小型轧机。

1950 年以后，上海的民营企业新沪钢厂也搞了类似重庆大渡口钢铁厂 300mm×5 的小型轧机。1954 年以后，前苏联帮助中国在北满、抚顺、大冶建设了几套横列式小型轧机，如图 9-8 所示。这几套横列式小型轧机从 20 世纪 50 年代至 80 年代成了我国唯一可以参照的样板，在 60～70 年代曾被大量复制。

虽然在 1960 年首钢从前苏联引进了一套 19 机架的平/立交替布置的全连续小型轧机，当时算赶上了时代的发展潮流，但我们没有珍视这次向世界先进水平学习的机会。在当时苏联也没有完全掌握小型全连轧技术，而我们中国的机械制造、电控、操作和维护水平都远不能适应现代化小型轧机的要求，以致这套水银整流器的单独直流传动连轧机事故频繁，产量和产品质量都上不去。此后直到 80 年代中的 30 多

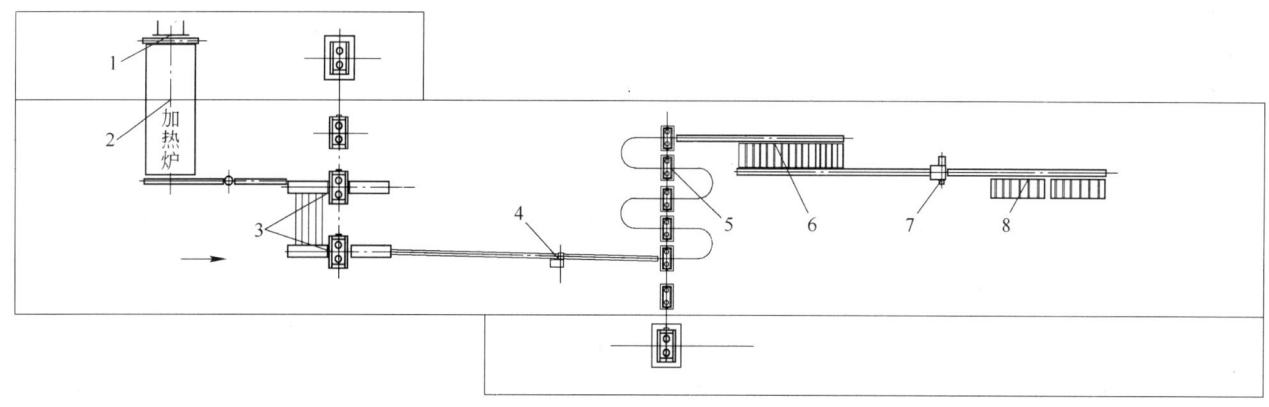

图 9-8　$\phi400mm \times 2/\phi300mm \times 5$ 小型车间平面布置示意图

1—推钢机；2—加热炉；3—$\phi400mm \times 2$ 三辊开口式轧机；4—100t 热剪；
5—$\phi300mm \times 5$ 三辊开口式轧机；6—冷床；7—冷剪；8—收集台架

年时间里，思想禁锢导致技术僵化，我国始终没有跳出横列式小型轧机的怪圈。

20 世纪 80 年代以后，我国钢铁界开始以新的视觉审视世界。1989 年，上钢五厂从德国 Damag 公司引进西班牙一套半连续式小型轧机，1992 年抚顺钢厂从意大利 Pomini 公司引进 24 机架的全连续式短应力小型轧机（见图 9-9），使国人耳目一新。1993～1994 年，在原冶金部组织下，轧钢界开展了连铸化-连轧化-自动化为主题的多次大型学术讨论，通过讨论钢铁界认识到，技术必须从意识形态的禁锢中走出来，技术只有先进与落后、适用与不适用之分，小型棒材和线材都必须拼弃"中国式道路"的枷锁，从横列式穿梭轧制的死胡同中走出来，走世界上高速、无扭、无张力的共同发展之路。从此，我国小型棒材轧机才走上快速发展之路。

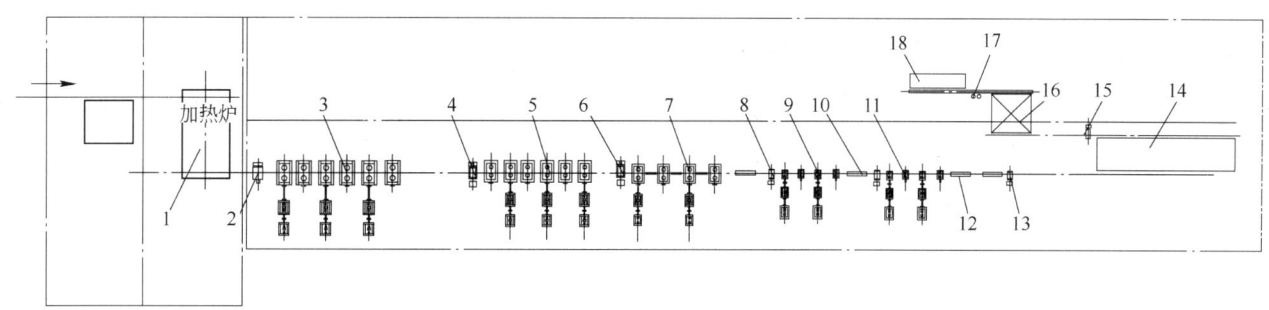

图 9-9　抚顺钢厂合金钢小型车间平面布置示意图

1—步进式加热炉；2—高压水除鳞装置；3—粗轧机组（$\phi650mm \times 6$）；4—1 号切头飞剪；
5—中轧机组（$\phi520mm \times 6$）；6—2 号切头飞剪；7—精轧机组 1（$\phi420mm \times 4$）；
8—3 号切头飞剪；9—精轧机组 2（$\phi380mm \times 4$）；10—预水冷；11—精轧机组 3
（$\phi350mm \times 4$）；12—轧后水冷装置；13—分段飞剪；14—步进式冷床；
15—800t 冷剪；16—移钢台架；17—打捆机；18—卸料台架

20 世纪 90 年代以后 20 多年间，中国钢铁和小型轧机所走过的是先学习、后提高，最后发展创新之路。90 年代初从国外引进的小型轧机如抚顺合金钢小型轧机、唐钢小型轧机、广州钢厂小型轧机等，其设计产量只有 30 万～40 万吨之间，但在投产后我国熟练掌握了切分轧制技术并有所提高，将产量提高至80 万～100 万吨。以市场为导向，设计单位和设备制造厂，以这些引进的先进小型轧机为样板，先开发设计辅助设备，后继续开发主轧机和飞剪、传动主电机和电控设备及控制软件，逐步实现了生产带肋钢筋小型轧机国产化（打捆机、计数器除外）。2003 年以后，我国的设计研究单位以年产 80 万～100 万吨的带肋钢筋轧机为基点，进一步与上游的先进高炉炼铁、转炉炼钢、高速连铸相组合，终于创造出适合中国国情的高效率、低成本的带肋钢筋（和线材）的生产系统，促进了我国钢铁业的高速发展。先进的轧制技术只有与上游先进的炼钢、连铸技术相结合，才能取得良好的经济效益。炼钢—连铸—小型或线材轧制，三者必须紧密相连、彼此互动，这是经过多次挫折后我国钢铁界得出的经验与教训。

9.2　热轧小型棒材生产线

在 20 世纪 50 ~ 80 年代的 30 年间，横列式小型轧机曾经是我国钢铁生产的主力军。这种轧机的主要生产情况为：

（1）产品：ϕ12 ~ 25mm 的圆钢和螺纹钢。

（2）坯料：50 年代以 100mm × 100mm（4in）钢锭为原料，60 年代后大多数改为 55mm × 55mm ~ 70mm × 70mm、长为 1500 ~ 3000mm 的轧制坯为原料。这种小方坯，一般是用 650kg 的 10in 钢锭，经 650mm 三辊轧机开坯所得。

（3）设计产量：10 万 ~ 12 万吨之间。

（4）轧线主要设备：推钢式加热炉 1 座，一列 2 架 ϕ400mm 三辊式轧机，一列 5 架 ϕ250mm 三辊式轧机，以及轧后的简易冷床、冷剪及简易收集台架等。

这种轧机的实际产量当时在 2 万 ~ 10 万吨之间不等，某些只轧 ϕ16mm 单一品种的轧机产量可达 12 万吨甚至更高。唐钢横列式小型轧机 1981 年产量为 21.2 万吨，1980 年曾达到 28.3 万吨。如此简单的设备，达到了这样的产量已属不低。但横列式轧机坯料规格小、单重小、收得率低、产品规格少、产品尺寸精度差的固有缺点仍无法克服。特别是坯料规格小、长度短、单重小，导致无法直接使用连铸坯，需要二火轧成，能耗高，生产成本高；轧机的产量低，无法与现代转炉和连铸机相匹配，这些固有无法克服的缺点使横列式轧机失去了生存的大环境。转炉和连铸技术的发展，促使流行了 100 多年的横列式小型和线材轧机退出历史舞台，代之以半连续式、全连续式的小型和线材轧机。

在国外曾发展过半连续式的小型或线材轧机，我国的发展却越过了半连续式的阶段，直接进入了全连续式。

9.2.1　现代小型棒材生产的基本工艺流程

为提高小型轧机的生产效率和产品质量，在其发展过程中逐渐进行更精细的专业化分工，现在小型棒材轧机可以细分为四种类型：

（1）以生产钢筋为主的高产小型棒材轧机；

（2）以生产合金钢和优质钢为主的优质小型棒材轧机；

（3）以生产小型型钢（工、槽、角）为主的多品种小型棒材轧机；

（4）高速小型棒材轧机。

以生产钢筋为主和以生产合金钢为主的小型轧机工艺流程框图分别如图 9-10 和图 9-11 所示。

9.2.1.1　坯料准备

目前，小型材轧机使用的坯料有连铸坯、初轧坯和锻坯。以生产钢筋为主的生产线，100% 采用连铸坯，其坯料的断面尺寸是 150mm × 150mm ~ 170mm × 170mm，长度为 10 ~ 12m，在我国多数生产钢筋的小型轧机都在实行热送热装。以生产优质钢为主的生产线，坯料采用连铸坯或初轧坯，连铸坯断面是 180mm × 180mm ~ 240mm × 240mm，长度为 6 ~ 9m，因生产钢种较为复杂，其热送热装率比钢筋轧机要低一些。对于要求比较严格的工具钢、模具钢则需采用轧坯或锻坯，断面是 120mm × 120mm ~ 150mm × 150mm。这些高合金钢的钢种基本上不能热送热装。

坯料准备包括原料验收、检查清理、存放、上料等。坯料准备因产品钢种而异，以生产钢筋为主的生产线，生产的钢种为碳素结构钢和低合金钢，用得最多的钢号是 20MnSi，这种钢号基本上可以做到无缺陷连铸，因此连铸坯一般直接热送热装，有时在移钢台架移送过程中由人工目检。对于合金结构钢、齿轮钢、轴承钢、弹簧钢等中合金含量的钢种，一般也可实现热送热装，但由于炼钢与轧钢之间的调度问题，其热装的比例要比较低。轴承钢、弹簧钢热装表面产生的裂纹反而降低，因此要尽可能地实现热装。但对高等级的轴承钢、弹簧钢不实行热装，与高速钢、合金工具钢、阀门钢等钢种一样其坯料需要

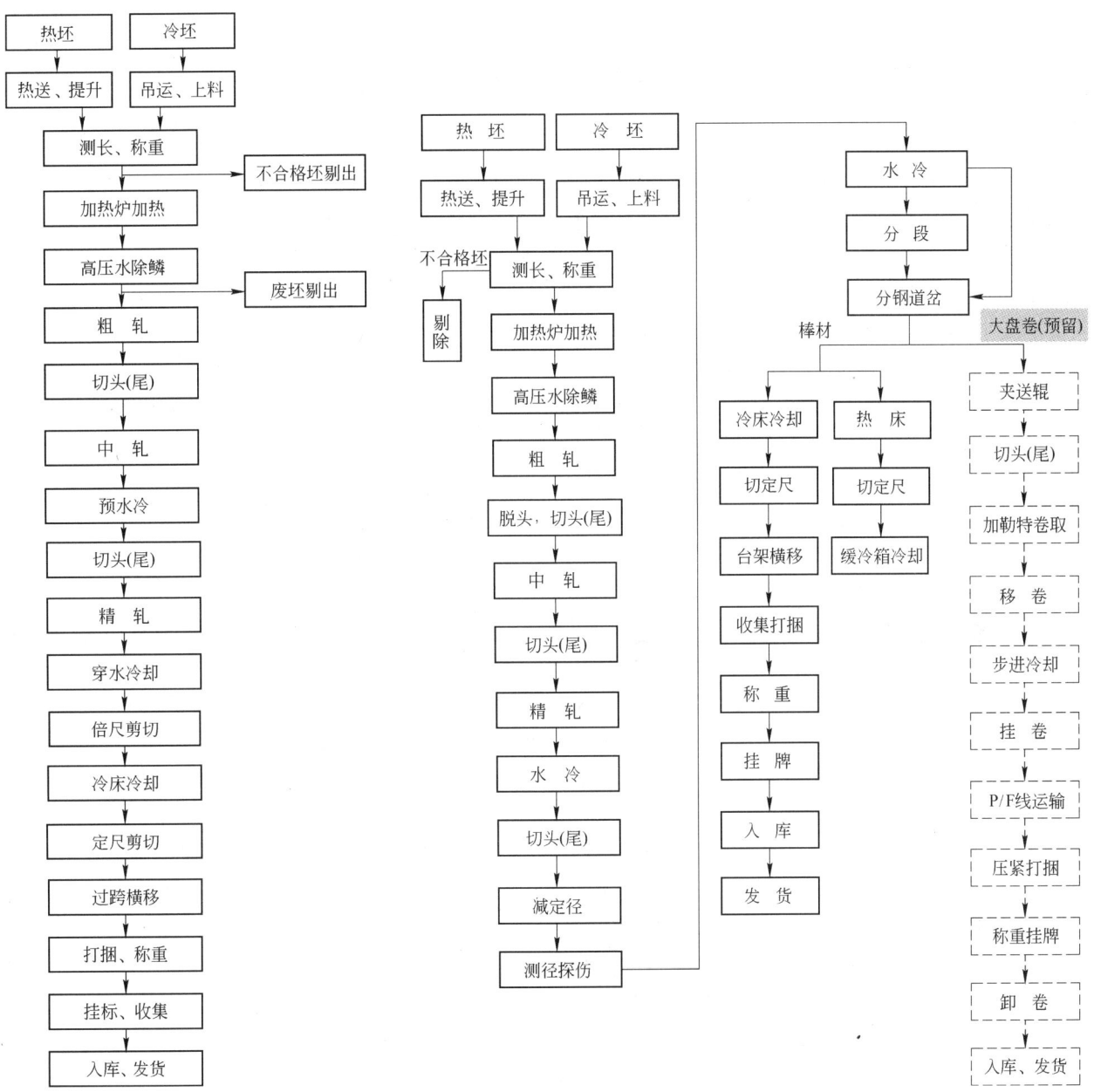

图 9-10 以生产螺纹钢筋为主的
小型棒材生产工艺流程图

图 9-11 以生产优质钢为主的小型棒材生产工艺流程图

抛丸后经磁粉或涡流探伤检查,如果有缺陷则需要进行修磨后堆存。坯料一般采用"十"字或"一"字料架堆放,为防止混炉或者混号事故发生,坯料应分钢种、炉批进行存放。

坯料上料分热坯和冷坯两种,对于热坯,保证无缺陷时,采用热送辊道直接运输入炉;对于冷坯,需采用吊车吊至上料台架,再依次逐根入炉。

9.2.1.2 加热

为保证坯料在炉内准确定位,坯料在入炉加热前必须进行测长,计算机控制系统按照坯料长度布料,防止跑偏挂炉墙、步进机构重心偏沉及坯料在炉内静梁、动梁上悬臂长度不合适而卡钢等事故发生。称重是统计轧机生产经济技术指标的需要,根据坯料重量计算产品的成材率、合格率和小时产量等。

目前小型材生产线普遍采用步进梁式加热炉,使用高炉、焦炉混合煤气或高炉煤气做燃料,实现电气传动、热工仪表等基础自动化控制,有的还有加热数学模型二级最佳化控制,可满足不同钢种、规格的加热质量要求。

从综合能耗的角度来看,采用较低的加热温度,可减少氧化烧损、提高成材率、降低能耗。但采用低温开轧对于孔型的磨损、轧辊的使用寿命、机械故障、轧制事故发生率都会有所提高。因此，综合各方面因素，对于小型材的轧制，目前普遍采用常温开轧、低温精轧工艺。对于碳素钢和低合金钢，出炉温度一般为 980～1080℃，而对于合金钢，出炉温度一般为 1000～1150℃。

9.2.1.3 高压水除鳞

由于在小型材生产中，加热过程产生的氧化铁皮附着在轧件表面，轧件要经过多道次两个方向反复轧制压缩是无法消除氧化铁皮的，对于附着力强的合金钢更是如此。随着用户对产品表面质量要求的不断提高，目前对于生产普碳钢和合金钢，在轧机前普遍均会设置高压水除鳞装置，要求更严格的，在中轧和预精轧前都会设置除鳞装置（不但小型轧机，其他长材轧机，如钢轨、大中型 H 型钢、大棒圆钢、线材轧机等均在出炉后设有高压水除鳞）。

9.2.1.4 轧制

A 粗轧的生产工艺

粗轧的主要功能是完成初步压缩与延伸，向中轧输送合适的断面尺寸与形状。粗轧一般安排 6～8 个道次，普遍采用"箱形-椭圆-圆"孔型系统，平均道次延伸系数为 1.3～1.45（平均道次面缩率为 23%～31%），一般采用微张力轧制，轧件尺寸偏差控制在 ±1.0mm。

考虑坯料断面不小于 180mm×180mm 时的咬入问题，通常在 1 号轧机前设有夹送辊。其作用是换槽换辊后辅助喂钢，使钢坯顺利咬入 1 号轧机，咬入后打开。

粗轧机组后设有启停式飞剪，完成切头（尾）和事故碎断。由于轧件头尾变形条件不同，尤其是端部随道次增加温降越来越大，造成轧件宽展大，形状不规则，继续轧制可能造成不能进入轧机导卫、轧槽或顶撞导卫而出现事故。一般切头（尾）长度在 50～200mm。

对于以生产优质钢和合金钢为主的生产线，由于采用坯料一般都比较大，受成品轧出速度的制约，咬入速度小于 0.2m/s，不利于合金钢轧制，不仅会损坏轧辊表面而影响轧辊寿命，还会导致轧制头尾温差大，而影响轧材质量和尺寸公差。因此，轧线采用单线跟踪式布置，粗轧和中轧之间形成脱头。

B 中轧及预精轧的生产工艺

中轧的主要功能是继续缩减来料断面，为精轧提供成品所需的断面形状与尺寸，尺寸精度和表面质量要求较高。中轧一般采用 6～8 个道次，普遍采用"椭圆-圆"孔型系统，平均道次延伸系数分别为 1.25～1.38，轧件尺寸偏差控制在 ±0.5mm。中轧前几架轧件断面相对较大，一般采用微张力轧制，中轧后几架及预精轧机轧件断面相对较小（不大于 40mm），一般机架间设有立活套并采用无张力轧制。

中轧和预精轧后均设有飞剪，功能同粗轧机组后飞剪。

C 精轧的生产工艺

精轧机组的作用是继续缩减断面，提供合格的成品，尺寸精度和表面质量要求非常高。精轧机组一般安排 4～6 个道次，普遍采用"椭圆-圆"孔型系统轧制多规格产品，设计按最小规格选定机架数，其余规格空过机架得到，平均延伸系数为 1.24～1.28，轧件尺寸精度满足国标 1 组精度。精轧机轧件断面较小，速度较快，一般机架间设有立活套以实现无张力轧制。采用无张力轧制的规格（即活套起套的坯料规格），对于碳素钢一般为不大于 $\phi45mm$，合金钢为不大于 $\phi40mm$。

对于以生产钢筋为主的生产线，小规格生产采用多线切分轧制，精轧机组采用 2～3 架平立可转换轧机；对于以生产优质钢和合金钢为主的生产线，一般在精轧机组后设置 4～5 架减定径轧机，以保证尺寸精度，尺寸精度可满足 1/5DIN～1/6DIN，而且还实现了粗轧-预精轧单一孔型系统，提高了轧机利用率。

9.2.1.5 水冷

热轧过程中，主要有变形制度、温度制度和速度制度，而其中温度制度与变形制度和速度制度又互相影响。温度是影响产品尺寸精度、轧机负荷合理分配的重要因素，而且轧件温度对金属微观组织的变化以及产品的最终性能有着极其重要的影响，因此，根据不同的轧制工艺情况，确定合理的冷却工艺至关重要。轧件的水冷是通过水箱的喷水冷却和冷却后的回复来实现的。确定冷却工艺主要包括确定水冷器的形式、水量、水压、水冷段的数量、回复距离和水冷控制方式。

针对以生产螺纹钢筋为主的生产线，一般设置 1～2 段预水冷和 1 段轧后穿水装置，预水冷采用套管或文氏管形式，轧后穿水冷采用文氏管形式；根据生产钢筋品种要求的不同，可选择开环或者闭环的控制方式，以满足生产普通钢筋和细晶粒钢筋对冷却工艺的要求。针对以生产优质钢和合金钢为主的生产线，一般设置2~3段预水冷和2段水冷，预水冷和水冷均采用套管形式；采用闭环控制方式，严格控制精轧入口温度和轧后冷却速率，实现热机轧制，以获得良好的组织性能。

9.2.1.6　倍尺剪切

由于直条棒材的生产轧后是通过冷床完成冷却的，因此需要在完成轧制和水冷后采用飞剪将轧件按定尺交货长度的倍数进行分段，然后方可上冷床继续完成相变冷却过程。随着电气控制水平的提高，目前在倍尺剪切中普遍采用了优化剪切功能。通过采用优化剪切功能，可保证上冷床的倍尺均为定尺材的整数倍，且每支坯料只出一支短尺，提高了成材率、产品的定尺率和剪切效率。

9.2.1.7　冷床冷却

20世纪90年代以后，我国小型轧机普遍采用步进式冷床，轧件经倍尺飞剪剪切后进入带裙板的冷床输入辊道，制动裙板使轧件从轧机的出口速度降速至零，并将它们拨入冷床。在冷床上依次完成矫直、冷却、对齐、分组过程，轧件冷却至350℃以下，随后由移动小车将各组棒材移送至冷床输出辊道，以供定尺剪切。采用步进式冷床不仅轧件冷却均匀，而且在冷却过程中可以起到矫直作用，经步进式冷床矫直棒材平直度可达0.2%，热轧产品即可直接交货，不需要附加的线外矫直。这样简化了工艺，大大节约了中间周转的面积。

如果产品大纲里考虑了合金工具钢、马氏体不锈钢等钢种，需要单独考虑设置一座热床，倍尺剪切后的轧件通过移动小车快速横移至冷床输出辊道，完成定尺剪切后立即收集并移至缓冷坑或者退火炉进行缓冷。

9.2.1.8　切定尺

直条棒材是按照定尺材交货的，因此需要将冷却后的轧件剪切成定尺，并依次完成随后的横移过跨、落料收集、打捆、卸料等工序。目前，以生产螺纹钢筋为主的生产线主要考虑剪切生产能力，剪切定尺材普遍采用冷飞剪；而以生产优质钢和合金钢为主的生产线则综合考虑小规格生产能力和大规格剪切断面质量，剪切定尺材普遍采用冷剪+砂轮锯组合的方式。

砂轮锯锯切质量非常好，但砂轮消耗快，生产成本过高（江阴提供的数据为30元/t，杭州钢厂提供的数据为80元/t），棒材生产厂十分不愿意采用。但也有乐意采用者，如高档轴承钢的生产厂大冶钢厂就愿意用，切口断面好的轴承钢棒材可以以更好的价格出售。现在切定尺的冷剪在剪切大于ϕ25mm的圆钢时，采用带孔型的剪刃，可有效改善剪切断面质量，但少量的压扁还是不可避免。现在仍无剪、锯之外更好更经济的切断办法，设计中推荐不大于ϕ50~60mm的产品在冷床冷却后用剪切定尺；不小于ϕ50~60mm的产品在冷床前用热锯切定尺。

9.2.1.9　打捆包装、入库和发货

钢材包装是轧钢生产的后部工序，是必不可少的重要工序。完整的钢材包装应具有钢材输入、捆包成型、捆扎、捆包输出及称重和挂牌等多种功能。为完成以上全部功能的关键设备是打捆机。目前，对于包装要求不高的螺纹钢筋或者还需要后续继续热处理精整的轧材，采用手动人工打捆即可；对于包装要求较高的直接以轧材交货的需要采用自动打捆机。

入库和发货是轧钢生产的最后一道工序。采用吊车将包装好的捆包分钢种、交货要求吊运至相应的位置存放，等待准备发货。

9.2.2　以生产钢筋为主的高产量小型棒材生产线

9.2.2.1　概述

在城镇化进程中的我国对带肋钢筋的需求量非常大，2010年我国生产带肋钢筋13096万吨，2011年钢筋产量达到15406万吨，2012年竟达17537.7万吨。以生产钢筋为主的小型棒材轧机在我国数量最多，估计超过250~300套。

带肋钢筋即螺纹钢筋，是最普通的建筑钢材，其技术含量并不很高，在一些人的眼中是一种不屑一顾的低端产品；然而它对中国的老百姓，对中国现代化建设的重要性，超过任何一种钢材品种，因为只有它才算得上是真正的民生钢铁产品，它为解决我国百姓的住（房）、行（道路）奠定了基础。不解决最

普通但用量最大钢材的生产与供应问题，钢铁工业就没有资金和精力去解决其他更为复杂的问题，中国钢铁工业的现代化，中国经济的起飞就无从谈起。因此，从 20 世纪 50 年开始，中国钢铁业的三代人一直在苦苦追求，希望找到适合中国国情生产带肋钢筋的工艺流程和技术。1958 年的"大炼钢铁"，1975 年的"建设 10 个鞍钢"，1985 年的"小洋群"三次探索都失败了。只有在 90 年代以后，引进世界先进技术，遵循先学习、后创造的技术发展规律，在老老实实向国外学习后，经过我们多年的融会贯通，终于摸索和创造出了适合中国国情的钢筋和线材生产工艺，大大地促进了我国钢铁工业的高速发展。下面以实例来解析我们采用的生产工艺流程。

9.2.2.2　典型的以生产钢筋为主的小型轧机

2005 年水城钢铁公司新建一棒一线，均为全连续生产线，其中棒材生产线设计年产量为 100 万吨，该生产线于 2006 年 5 月份建成投产。该生产线除了精整区的打捆机为引进外，其余所有机械、电气设备均为国内设计供货。该生产线是一条典型的以螺纹钢筋为主的小型棒材生产线。类似的生产线是我国生产钢筋的主力轧机。

A　生产工艺简介

设计规模：年产 100 万吨棒材。

坯料：连铸坯，150mm×150mm×(9~12)m，最大单重 2052kg。

产品规格：带肋钢筋 ϕ16~40mm，年产量 80 万吨；圆钢 ϕ18~40mm，年产量 20 万吨；其中，带肋钢筋 ϕ12mm 用四切分，ϕ14mm 用三切分，ϕ16mm、ϕ18mm 采用二切分生产。

定尺长度：6~12m。

交货状态：成捆交货，捆重 1~5t。

钢种：碳素结构钢、低合金钢、优质碳素结构钢、合金结构钢、冷镦钢。

轧制速度：最大 18m/s。

主要工艺流程：合格连铸坯（热坯提升、冷坯上料）→测长称重→步进梁式加热炉→高压水除鳞（预留）→粗轧→切头尾→中轧→预水冷→切头尾→精轧→穿水冷→倍尺分段→冷床冷却→剪切定尺→横移检查、计数→打捆→称重挂牌→入库。

车间布置示意图见图 9-12。

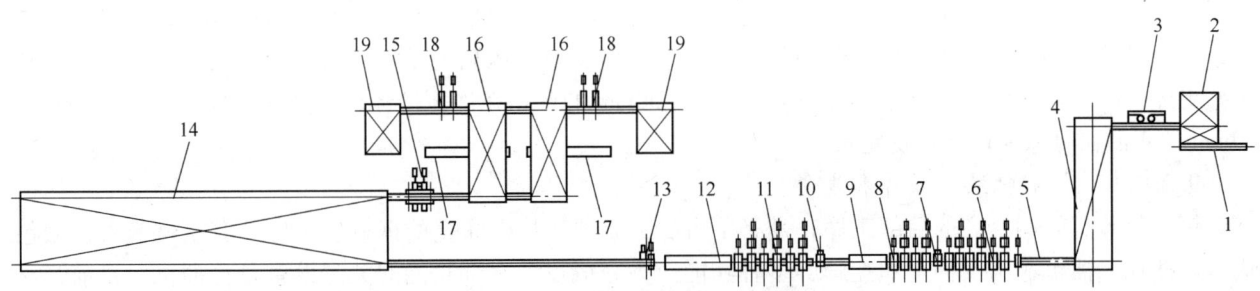

图 9-12　水钢二棒生产线车间布置示意图

1—热送及横移装置；2—上料台架；3—入炉辊道及剔除装置；4—步进式加热炉；5—出炉辊道；
6—粗轧机组（6 架）；7—1 号飞剪；8—中轧机组（4 架）；9—预水冷装置；10—2 号飞剪；
11—精轧机组（6 架）；12—穿水冷装置；13—分段飞剪；14—步进式冷床；
15—冷飞剪；16—移钢台架（2 套）；17—短尺收集台架（2 套）；
18—打捆机（4 套）；19—卸料台架（2 套）

B　关键设备组成及技术性能

a　加热炉

本车间设步进式加热炉一座，平均小时加热能力 150t/h（冷坯），主要工艺技术参数如下：

(1) 燃料：转炉煤气或焦炉煤气，热值：(1600±100)×4.18kJ/m³ 或 (4000±100)×4.18kJ/m³；

(2) 燃烧方式：高效管式预热器对空气和转炉煤气进行预热；

（3）炉型：步进梁式加热炉，侧进料、侧出料；

（4）炉底支撑梁冷却方式：常规水冷；

（5）布料方式：单排布料；

（6）出炉温度：980~1150℃；

（7）出炉坯料断面温差：不大于30℃，沿坯料长度方向温差：不大于40℃。

b 轧机组成

轧机为全连续式棒材轧机，最高终轧速度为18m/s。主轧机共16架，平/立交替布置，分3组，粗轧机组设有6架轧机，中轧机组设有4架轧机，精轧机组设有6架轧机。

结合棒材生产的特点和本车间孔型系统，综合考虑操作维护方便和降低成本，本车间轧机粗轧和中轧机组采用闭口式轧机，精轧机组采用短应力线轧机。

1~10号轧机间采用微张力轧制，11~16号轧机间设置立式活套，实行无张力轧制，其中14号和16号轧机采用平/立可转换轧机，满足生产圆钢和小规格钢筋的切分轧制要求。

轧机的主要技术性能见表9-1。

表9-1 轧机主要技术性能

机组名称	机架代号	轧机名称	轧辊辊身尺寸/mm		主电机	
			直径范围	长度	类型 DC/AC	功率/kW
粗轧机组	1H	φ550mm 闭口轧机	φ610~520	800	DC	550
	2V	φ550mm 闭口轧机	φ610~520	800	DC	550
	3H	φ550mm 闭口轧机	φ610~520	800	DC	800
	4V	φ550mm 闭口轧机	φ610~520	800	DC	700
	5H	φ450mm 闭口轧机	φ495~420	700	DC	800
	6V	φ450mm 闭口轧机	φ495~420	700	DC	700
中轧机组	7H	φ450mm 闭口轧机	φ495~420	700	DC	900
	8V	φ450mm 闭口轧机	φ495~420	700	DC	800
	9H	φ450mm 闭口轧机	φ495~420	700	DC	900
	10V	φ450mm 闭口轧机	φ495~420	700	DC	800
精轧机组	11H	φ350mm 短应力线轧机	φ380~320	650	DC	900
	12V	φ350mm 短应力线轧机	φ380~320	650	DC	1200
	13H	φ350mm 短应力线轧机	φ380~320	650	DC	800
	14C	φ350mm 短应力线轧机	φ380~320	650	DC	800
	15H	φ350mm 短应力线轧机	φ380~320	650	DC	900
	16C	φ350mm 短应力线轧机	φ380~320	650	DC	1200

注：表中H、V、C分别代表水平轧机、立式轧机、平/立可转换轧机。

c 轧线其他设备

（1）飞剪：轧线共设4台飞剪。1号、2号飞剪采用启停工作制，主要用于正常连轧过程中的切头尾和事故碎段。3号飞剪采用连续工作制，回转/曲柄组合式结构，主要用于倍尺分段和优化剪切。4号飞剪为冷飞剪，采用连续工作制，用于冷床冷却后倍尺材的定尺剪切。最大剪切力为4500kN。

（2）水冷线：水冷线由预水冷和穿水冷组成，预水冷装置总长约12m，穿水冷装置总长约24m，水冷管均为套管形式，冷却水压均为1.6MPa。

C 以生产钢筋为主的小型轧机主要装配水平和工艺特点

我国以生产钢筋为主的小型轧机给世人最为突出的印象是效率高、产量大。20世纪80~90年代，由国外引进的小型连轧机的年产量一般只有30万~40万吨。从国外引进后，经国内移植、消化、再开发，现在我国大多数这种类型轧机单机年产量都在80万~100万吨，甚至高达110万~120万吨。以连铸坯为原料、连铸坯热送热装、全连续式无扭转轧制、全线或精轧机采用短应线轧机、采用切分轧制工艺等，这些技术和装备的采用是我国钢筋小型轧机实现高产、低成本的主要原因。

（1）我国是一个发展中国家，废钢的积累量不多，电力供应紧张，我国钢筋生产的主流工艺没有效仿采用发达国家流行的电炉→连铸→小型（或线材）的短流程工艺。我国钢筋生产采用的是：高炉炼铁→铁水脱硫→60～80t 转炉顶底复合吹炼钢→钢包吹氩搅拌→5 流方坯连铸（断面 150mm×150mm～165mm×165mm）→连铸坯热送热装→加热→轧制→精整的长流程工艺。长流程工艺不是我们中国的发明创造，国外在板材生产系统中或长材中钢轨和 H 型钢生产用得很多，但在棒材或线材生产中用得很少。但我们根据中国国情对它进行了修改并应用于棒材和线材生产系统，而且用得很好。

转炉顶底复合吹炼钢，反应速度快，喷溅少，冶炼时间短。我国转炉冶炼普通钢平均 1 炉的冶炼时间为 30～36min，生产效率高。转炉采用溅渣护炉等一系列长寿技术，转炉炉龄平均在 10000 炉以上，最高可达 20000 炉。1 座转炉操作，年底有一次与其他机械设备一样的正常检修即可。不再需要 2 吹 1（2 座转炉，1 个在工作，另 1 个修理备用）或 3 吹 2 的操作制度，炼钢的建设成本和生产成本都大大降低。采用铁水脱硫、钢水包吹氩精炼，不仅缩短了冶炼周期，而且钢水的纯净度提高，质量改善。

高速连铸技术使生产效率与生产成本都大大降低，目前我国小方坯连铸机生产 150mm×150mm～165mm×165mm 方坯，可稳定在 2.3～2.5m/min 的速度。连铸使钢→坯的收得率提高至 98%（铸锭收得率仅 85% 左右），连铸坯无缺陷，可以实现直接热送热装。连铸坯热送热装，不仅节能，不需要中间存贮，减少中间存贮所占用的空间、人员和机械设备，节省建设投资；而且可使从矿石投料→轧制成品的生产周期，从 45～60 天（钢锭）或 15 天（连铸坯中间存贮，冷装）缩短至 6～7h（连铸坯热送热装）。中间环节减少，使资金流动速度大大加快，取得了技术与资本双重的叠加效益。我国以生产钢筋为主的小型轧机与上述炼钢和连铸技术及装备相配套，这就为其高产量、低成本打下了良好的基础。

（2）采用全连续式无扭轧制工艺。我国小型棒材轧机一般由 16～18 机架轧机组成，平/立交替布置，实现全线无扭转轧制。全线采用直流或交流电机单独传动，无级调速，级联控制。无扭轧制避免了全平辊轧制椭圆→圆孔型的扭转，生产过程中事故大大减少，而且轧制速度高，最大轧制速度可达 18m/s，为提高轧机的生产率创造了非常有利的条件。

（3）短应力线轧机的普遍运用。在小型生产中主轧机有：老式的三辊式轧机、闭口式轧机、预应力轧机、悬臂式轧机、L 型轧机、行星轧机以及三辊 Y 型轧机、短应力线轧机等多种机型。20 世纪 80～90年代以前，闭口式轧机在小型生产中用得最多；近年来，在小型棒材生产中，特别是我国，运用最多的便是短应力线轧机。

20 世纪 50 年代瑞典的 Morgarshammar 公司开发成功短应力线轧机，70 年代意大利 Pomini 将其结构进一步优化成"红圈轧机"（red-ring mill）。这种轧机因其刚度大、产品精度高（可达 1/2～1/3 DIN1013 或更高）、设备重量轻；轧辊对称调整，轧线固定，操作方便；整体机架更换，换孔型、换轧辊时间短；孔型导卫可在轧辊间预调整，在线调整少，可有效提高轧机的作业时间等一系列优点，深受世界小型生产厂的青睐，各轧机设计制造商都纷纷加入到短应力线轧机的设计制造行列中来，并在使用中不断改进，使之成为目前世界小型棒材生产中使用最多的一种主导机型。20 世纪 90 年代抚顺钢厂合金钢小型车间建设之初，当时的抚钢与北京钢铁设计总院举棋不定，不知选择什么样的机型为好，在闭口式轧机、预应力轧机、短应力线轧件、三辊 KOCKS 轧机之间徘徊。通过对欧洲主要合金钢厂的考察，和我们自己对轧机设计理念的理解与认识，认为具有上述优点的短应力线轧机最适合小批量、多品种的合金钢生产。在我们的极力推荐与协助下，抚钢引进了全套的短应力线轧机。此后，唐钢、广州钢厂等亦从国外引进钢筋生产线和短应力线轧机。经过我国多家钢厂的实践后，短应力线轧机的优点显著，加之我们的大力介绍与推荐，很快在我国合金钢和普通钢的小型棒材轧机中推广。

无牌坊的短应力线机架具有上述的许多优点，但为满足正常生产，需一定数量的备用机架，使初始投资略有增加。但其操作方便与换辊时间短的优点所带来经济效益，远高于初始投资的少量增加。在经过多家生产实践对比后，我国的小型棒材普遍采用短应力线轧机。全线或（换辊最多的）精轧机组采用短应力线轧机，使轧机的有效作业时间大为提高，是我国小型轧机高产的主要原因之一。

（4）切分轧制技术的应用与推广。1983 年我国从加拿大购买了切分孔型设计和导卫装置技术，开始在首钢应用。1992~1993 年我国从 Danieli 引进连续小型轧机设备的同时，引进了带肋钢筋的切分轧制技术。唐钢在 Danieli 技术的基础上进行了许多改进和创新，在掌握了 φ12mm、φ14mm、φ16mm 两切分之后又将切分扩大至 φ18mm、φ20mm，随后又试验成功 φ10mm、φ12mm、φ14mm 的三切分，创造了小型轧机年产 80 万吨的纪录。随后，我国生产带肋钢筋的生产厂纷纷效仿，全面推广切分轧制技术，并实现了φ10mm 五切分、φ12mm 四切分，φ14mm、φ16mm 三切分，φ18~22mm 两切分。切分轧制使大小规格的小时产量趋于均衡，最大限度地利用加热炉的能力，为推动我国小型轧机单机产量的迅速提高起到至关重要的作用。目前，我国这类轧机的机时产量可达 160 吨，甚至达 180 吨。

　　以上几点是我国小型轧机实现高产、低成本的主要原因。以下各点对促进我国小型轧机技术完善与提高也起到重要作用，它们是：

　　(1) 在线温度控制系统不断完善。轧制过程中的温度控制和轧制后的冷却是提高和改善产品性能的重要方法。我国早期引进生产钢筋的小型轧机，只在最后一组精轧之后配置有强力的水冷装置，利用轧后的余热对钢筋进行表面淬火，然后在冷床冷却时利用心部的热量对表层的马氏体进行自然回火。这种工艺可有效地提高钢筋的强度，但也存在随规格和轧制速度的变化温度不易控制、在自然时效后强度降低、焊接时接头强度降低等问题。后来我国又开发了温控轧制与轧后水冷相结合生产 400MPa 钢筋的新工艺，虽然还不够完善，但它的有效性已被证实。我国长材界认为，温控轧制与轧后水冷是改善轧件性能最有效的方法之一，是高强度钢筋的首选工艺。因此，我国新建的以生产钢筋为主的小型轧机都在中轧—精轧机组之间，以及精轧机组之后配置有较强的水冷装置。

　　(2) 倍尺剪切和长尺冷却。目前中国大多数小型棒材生产线，一般均使用长尺连铸坯经连续轧制，然后经倍尺剪剪切成整倍尺后，输送到冷床上进行长尺冷却。倍尺剪和冷床之间采用特殊设计的倾斜辊道和裙板钢制动装置。

　　棒材按“标准捆”交货，就必须保证支数正确。全倍尺上冷床有利于提高“标准捆”的正确率，并方便精整操作和管理。尽量采用长尺冷却，一方面可充分利用冷床面积，提高冷床的利用效率，加大冷却能力；另一方面，减少了后续定尺剪切过程中的切头尾次数，提高了成材率。

　　(3) 步进式冷床和在线剪切。采用齿条式冷床可使轧件冷却均匀，圆钢、螺纹钢等简单断面产品经齿条式冷床冷却后有很好的平直度（不大于 2‰），不需要矫直即可交货。对生产槽钢、角钢和其他异形钢材的小型轧机，在冷却后仍需对这些异形产品进行矫直。20 世纪 90 年代以前，我国的小型轧机采用简陋的拉钢式冷床，冷却后弯曲严重，需要设专门的矫直区对冷却后的圆钢进行矫直，占据很大的车间堆存面积和劳动力。采用齿条步进式冷床后，这种情况不复存在。在冷床后设置冷飞剪或冷停剪对轧件进行成排的定尺剪切。冷停剪的剪切力为 10000kN 或 12000kN。近年来采用冷飞剪的厂家逐渐增多，因为冷飞剪可以适应更高的产量，冷飞剪的剪切力为 4500kN，轧件速度为 1.0~1.5m/s，剪切精度为 0~+30mm，剪刃宽度为 800mm。采用这种工艺和设备，机械化自动化程度高，可大大减少精整面积和操作人员。

　　(4) 轧线自动化水平的完善和提高。随着电气和计算机水平的不断提高，轧线自动化水平也在不断完善和提高。现代小型棒材生产线的基础自动化系统，采用数字测速装置、活套检测器、测压元件、高温计等自动检测各轧制参数，并采用直接数字控制计算机（DDC）控制生产。自动化系统主要包括监控系统 HMI（人机接口）、轧线设定系统、轧线速度级联系统、速度设定自适应系统。本系统可以实现：机架间速度关系的手动调整、微张力自动控制、活套自动控制、冲击速度补偿、轧件头尾跟踪及故障检测、飞剪的周期控制、飞剪的切头尾长度控制、倍尺剪切及优化剪切、冷床上料控制、水冷闭环控制、液压润滑系统控制。

　　除了以上有形的工艺技术和装备外，我国机械和电气制造水平整体提高，使机械零配件和电气元件不仅采购容易，而且质量稳定，也为轧机的高作业率和高产创造了很好的基础条件。在 20 世纪 80 年代，我国小型轧机只有首钢一家，其年工作小时不足 6000h，现在我国小型轧机的年工作小时普遍在 7800h 以上，高者达 8000h 以上。

　　除了上述的技术和装备促进小型轧机高产外，操作人员文化素质的提高，对轧机的高产亦起到重要作用。现在一般连轧机操作工普遍具有高中以上的文化水平，并经过职业培训后方能上岗，高的文化素质使他们能很快掌握现代化的机械和电气控制技术，保证轧线按设定的技术要求可靠平稳地运转。

9.2.2.3　以生产钢筋为主的新型小型轧机——山东莱钢永锋棒材生产线

除上面介绍轧线由 18 机架（或 16 机架）平/立交替组成的生产钢筋的小型轧机外，最近中冶京诚为山东莱钢永锋设计了一种 19 机架生产钢筋的小型棒材轧机。该生产线于 2011 年 10 月份建成投产，除了精整区域的打捆机采用引进外，其余所有机械、电气设备均为国内设计提供。

山东莱钢永锋棒材生产线在产品规格、原料规格方面与上述流行的钢筋小型棒材轧机没有什么区别，设计规模：年产 80 万吨热轧钢筋；坯料：连铸坯，150mm×150mm×（9~12）m，最大单重 2065kg；产品规格：带肋钢筋 φ12~18mm；其中，φ10~14mm 采用四切分法生产，φ16~18mm 采用二切分法生产，考虑预留小规格五切分生产。其车间的平面布置如图 9-13 所示。

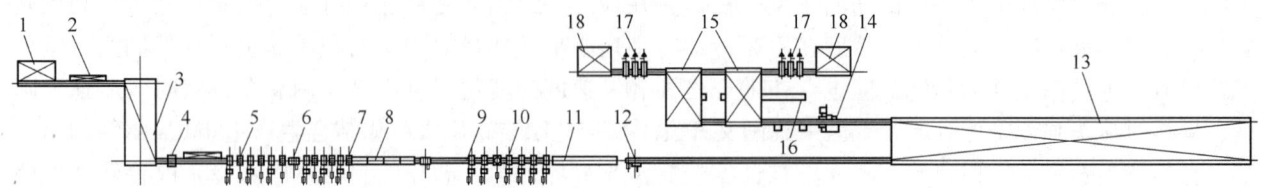

图 9-13　山东莱钢永锋棒材生产线车间工艺示意图

1—上料台架；2—入炉辊道及剔除装置；3—步进式加热炉；4—高压水除鳞装置；5—粗轧机组（6 架）；
6—1 号飞剪；7—中轧机组（6 架）；8—预水冷装置（4 段）；9—2 号飞剪；10—精轧机组（7 架）；
11—穿水冷装置；12—分段飞剪；13—步进式冷床；14—冷剪及定尺机；15—移钢台架（2 套）；
16—短尺收集台架；17—打捆机（6 套）；18—卸料台架（2 套）

该车间与现在流行的 18 机架平/立交替、6-6-6 分组布置的棒材小型轧机唯一区别是：轧线有 19 个机架，采用"6+6+7"布置，其精轧机组不是"H-C-H-C-H-C"的布置形式（H 为水平机架，C 为平/立可转换机架），而是"H-H-V-H-H-H-H"布置形式。

18 机架、6-6-6 布置的小型棒材轧对生产圆钢、钢筋及小型的工、槽、角都有很好的适应性，所以在国内外都得到了广泛的应用。但对专门生产钢筋的用户而言，这种布置存在一些缺点，一是采用四切分轧制时，从 12 号机架轧出的断面不能是圆，只能是扁；二是需要平/立可转换机架。众多的研究和实践表明，控轧控冷是提高材料强韧性最有效的途径，也是生产高强度钢钢筋有效和最经济的方法。要实现控制轧制，就需要控制精轧温度，也就是在中轧机组与精轧机组间设置水冷，并有足够的长度使外表与心部的温度均匀。要进行水冷，轧件断面必须为圆，这样才能冷却均匀。方或菱，冷却不均，角部局部冷却过快，容易出现裂纹。传统的 6-6-6 布置的 18 机架小型棒材轧机，在生产 φ10mm、φ12mm 钢筋四切分时 12 号机架轧出的是扁，无法进行温控轧制。而采用 6-6-7 布置，精轧机组采用"H-H-V-H-H-H-H"的布置形式，生产钢筋时，从 12 号机架轧出的都是圆断面，就都可以进行水冷。因此，无论单根、双切或者多线切分轧制时，预水冷的断面均是等轴圆形断面，因此，采用新的轧机布置方案，多线切分轧制时，也可以生产细晶粒钢筋。该生产线轧机主要技术性能见表 9-2。

表 9-2　山东莱钢永锋棒材生产线轧机主要技术性能

机组名称	机架代号	轧机名称	轧辊辊身尺寸/mm		主电机	
			辊径范围	长度	类型 DC/AC	功率/kW
粗轧机组	1H	短应力线 550mm	600~520	760	AC	650
	2V	短应力线 550mm	600~520	760	AC	650
	3H	短应力线 550mm	600~520	760	AC	900
	4V	短应力线 550mm	600~520	760	AC	900
	5H	短应力线 550mm	600~520	760	AC	900
	6V	短应力线 550mm	600~520	760	AC	900

机组名称	机架代号	轧机名称	轧辊辊身尺寸/mm		主电机	
			辊径范围	长度	类型DC/AC	功率/kW
中轧机组	7H	短应力线450mm	480~420	680	AC	900
	8V	短应力线450mm	480~420	680	AC	900
	9H	短应力线450mm	480~420	680	AC	900
	10V	短应力线450mm	480~420	680	AC	900
	11H	短应力线450mm	480~420	680	AC	900
	12V	短应力线450mm	480~420	680	AC	900
精轧机组	13H	短应力线350mm	380~330	650	AC	1200
	14H	短应力线350mm	380~330	650	AC	1200
	15V	短应力线350mm	380~330	650	AC	1200
	16H	短应力线350mm	380~330	650	AC	1200
	17H	短应力线350mm	380~330	650	AC	1200
	18H	短应力线350mm	380~330	650	AC	1400
	19H	短应力线350mm	380~330	650	AC	1400

这种布置对于专门生产钢筋的轧机是合适的，但对于除生产钢筋外仍需要生产圆钢的厂家，其局限性较大，效果如何还需要等待市场的考验。不过从市场反馈回来的信息看是积极的，现在已有三家用户（永锋、九江、河北敬业）要采用6-6-7的布置形式。当然将17H与19H换成平/立可转换机架也可以适应轧制圆钢，不过比普通的18架多了1架轧机。可用水冷法生产细晶粒钢筋，降低成本所得，与投资增加1架轧机所失相比，合理与否一目了然。

9.2.3　以生产优质钢为主的小型生产线

9.2.3.1　概述

20世纪50年代建厂的北满、抚顺、本溪、大连、大冶，60~70年代建厂的江油长城、莱芜合金钢和优质钢厂只考虑为军工服务，采用落后的生产工艺，3t、5t、10t的小电炉炼钢→钢锭模铸→750mm或850mm初轧开坯→650mm轧机轧制→450mm/350mm横列式小型轧制。生产不计成本，实行严格的保密制度。直到80年代后期，我国钢铁界的认识还停留在：合金钢批量少，品种多，不能用连续式、半连续式的方式生产，只能用横列式轧机生产的认识上。80年代以来的改革开放，特别是市场经济的全面推行，促使我国钢铁业中最封闭的合金钢和优质钢厂转型，从只考虑为军工服务，转到为社会经济发展服务，以汽车生产和机械制造为主要服务对象的轨道上来。

1992~1997年抚顺钢厂改造，采用合金钢小型棒材轧机、50t超高功率电炉、大方坯连铸三大工程，标志着我国合金钢厂转型的开始。其特点是：（1）产品以汽车用钢、齿轮钢、轴承钢、弹簧钢、合金结构钢为主导产品。（2）生产要规模化，即轧线要有足够高的产量，以高效率降低生产成本。（3）从小型棒材生产的全过程，即炼钢、连铸、轧制、精整热处理的各个环节系统全面考虑，使其产能、技术装备水平、生产工艺与所要生产的产品协调一致。再不像从前那样，为生产某种特定的军工产品，增加一套设备，下次再为某产品再增加一套。

1995年建设的江阴兴澄中棒车间，原计划生产小型H型钢和其他型钢，后来转而生产ϕ30~ϕ130mm中型棒材取得了很好的效益，开始了江阴钢厂从普通钢厂向优特钢厂的转型。2003年江阴兴澄开始建设第二炼钢系统，从传统的电炉生产合金钢，转向以高炉铁水—转炉冶炼的长流程生产合金钢，并建设小型轧机和大棒开坯轧机，标志着我国合金钢生产从短流程工艺转向长流程工艺。

2009年，大冶钢厂在世界经济不景气、出口受阻、国内消费乏力的不利形势下，以300万吨左右的钢材，获得9亿利润的好成绩，标志着历时近20年的我国合金钢厂转型获得了成功。从抚顺钢厂1992年开始建设短流程合金钢系统，2003年江阴兴澄开始建设长流程合金钢生产系统，至2009年大冶钢厂获得转型的全面成功，清晰地展示出我国合金钢生产所走过的道路。在这 20 多年中，合金钢行业两代人所作的努力不应该被忘记，如抚顺钢厂第一次在我国采用短流程工艺生产合金钢，第一次用连铸坯、全连续式工艺生产合金钢。如大冶钢厂试验电炉兑铁水，并建 $350m^3$ 高炉为电炉供铁水，终于使超高功率电炉兑铁水生产合金钢的工艺获得了成功，为降低合金钢生产成本走出一条新路。

如上所述，我国合金钢企业转型走向健康发展之路，业内人士所作的努力不应该被忘记，同时也不应该忘记的是铁路部门和汽车工业对我国合金钢生产健康发展的有力支持。我国长材品种中，质量提高得最快、水平最好的，一是钢轨，二是合金钢长材。合金钢长材品种包括大棒材、中小棒材和线材，钢种包括合金结构钢、齿轮钢、轴承钢、弹簧钢。目前我国 4 大钢厂生产的百米长尺钢轨，无论内在质量和尺寸精度，都可与欧洲、日本钢轨媲美，而做到这点钢厂的努力很重要，但铁路部门作为产品的最终用户，强制推行先进的标准，不达标不准进入，对钢厂水平的提高起到至关重要的作用。汽车工业作为合金钢产业下游的主要用户，坚持高标准，不准任何造假和伪劣的合金钢长材产品流入汽车市场，对促进我国合金钢产业的健康发展同样起到至关重要的引导作用。对照一下我国钢筋和不锈钢生产与销售市场的乱象，什么人什么厂都敢生产都敢销售，而这种乱象在钢轨和合金钢生产系统中没有出现，应是国家和民族的万幸。建筑业的分散与片面追求低成本，为劣质钢筋的泛滥提供了温床，大量劣质钢筋流入市场已为社会造成巨大的危害。

作为历史，应该提及上海大众汽车与德国大众合作的一段佳话。上海大众与德国大众合作生产"桑塔纳"小汽车，开始是德国的组件在中国组装，后来国产化程度逐渐提高。据有关当事人回忆，在合同中有一条，"桑塔纳"小汽车部件国产化要取得德国大众总部技术部门的认可后方能实施。从现在看来，这是保证"桑塔纳"汽车产品质量一条很重要的条款，是很正确的。可是在当时的历史条件下，有人认为这是德国人卡我们的脖子，是一个卖国合同，闹起一个不小的风波。时任经贸委主任的朱镕基，顶着巨大的政治压力，坚决支持这一确保质量的合同条款。德国技术人员刻板认真、一丝不苟的科学精神，保证了"桑塔纳"汽车国产化部件产品质量基本与德国相当。有"桑塔纳"汽车产品质量在先，其他汽车厂的质量也不敢怠慢，带动了整个汽车制造行业质量的提高。汽车行业坚持高质量，从侧面援助了我国合金钢行业的健康发展。

9.2.3.2 中合金钢小型棒材生产线

这类合金钢小型棒材生产线的特点是，只生产市场用量大（主要用于汽车和机械制造业）、合金含量在 3% ~ 10% 左右的中合金钢，不生产合金含量特别高的特殊合金钢。这类的合金钢小型棒材生产线最多，有抚顺、大冶、北满、本溪、兴澄、淮阴、石家庄、首钢、湘潭、河南济源、莱芜、山东石横等厂，其共同也是最大的特点是，只用合金钢连铸坯，不用模铸-初轧开坯。下面以河南济源钢厂为例介绍这类合金钢的小型棒材轧机。

济源钢厂新建了一条以生产高强度机械用钢为主的现代化小型生产线。该生产线于 2009 年 2 月底建成投产，除了 KOCKS 轧机、大盘卷作业线、砂轮锯等关键设备采用 DANIELI 引进和棒卷打捆机采用森德斯引进外，其余所有机械、电气设备均为国内设计提供。这条典型的以生产机械用钢为主的小型生产线，采用"棒＋卷复合"的形式，以适应市场对机械用钢需求的灵活性。

A   生产工艺简介

设计规模：年产 60 万吨棒材和大盘卷。

坯料：连铸坯，有三种规格：240mm × 240mm × (4 ~ 6)m，最大单重 2643kg；200mm × 200mm × (4 ~ 6)m，最大单重 1836kg；150mm × 150mm × (9 ~ 12)m，最大单重 2065kg。

产品规格：直条圆钢，$\phi20 ~ 90mm$，35 万吨/年；大盘卷，$\phi14 ~ 42mm$，25 万吨/年。

交货状态：直条圆钢，定尺长度 4 ~ 12m，捆重 1 ~ 5t；大盘卷，卷径 850/1250mm，卷高：约 1800mm，卷重：约 2.6t。

钢种：优质碳素结构钢、合金结构钢、冷镦钢、弹簧钢、轴承钢、易切钢和不锈钢。

轧制速度：最大 18m/s。

主要生产工艺流程：合格连铸坯（冷坯上料）→测长称重→步进梁式加热炉→高压水除鳞→粗轧→脱头、切头尾→一中轧→切头尾→二中轧→预水冷→切头尾→精轧→预水冷→切头尾→减定径→测径探伤→水冷→倍尺分段。

直条棒材：分钢道岔→冷床冷却→剪切定尺→横移检查、计数→打捆→称重挂牌→入库。

大盘卷：分钢道岔→水冷→切头尾→卷取→步进冷却→翻卷挂卷→P/F 线冷却→打捆→称重挂牌→卸卷→入库。

车间工艺布置示意图见图 9-14。

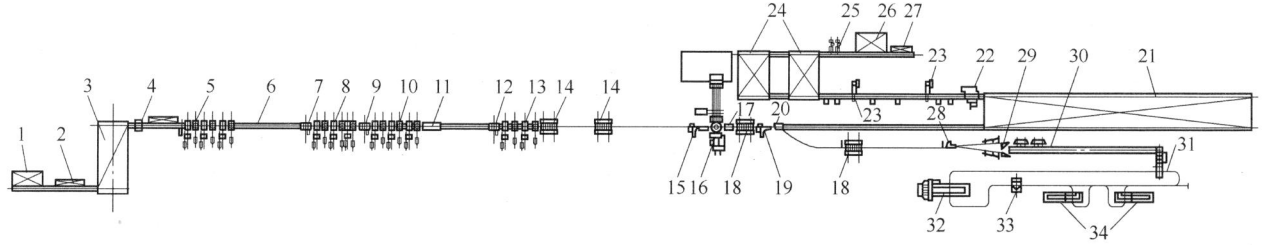

图 9-14　河南济源钢厂棒卷生产线车间工艺布置示意图

1—上料台架；2—入炉辊道及剔除装置；3—步进式加热炉；4—高压水除鳞装置；5—粗轧机组（6 架，入口设夹送辊）；
6—脱头辊道；7—1 号飞剪；8—一中轧机组（6 架）；9—2 号飞剪；10—二中轧机组；11—预水冷装置（1 段）；
12—3 号飞剪；13—精轧机组（4 架）；14—预水冷装置（2 段）；15—4 号飞剪；16—KOCKS 减定径机组（4 架）；
17—测径探伤；18—水冷装置（2 段）；19—5 号飞剪（倍尺分段）；20—分钢道岔；21—步进式冷床；
22—冷剪及定尺机；23—砂轮锯及定尺机（2 套）；24—移钢台架（2 套）；25—棒材打捆机（2 套）；
26—捆材卸料台架（1 套）；27—短尺收集台架；28—6 号飞剪（高速飞剪）；29—卷取机（2 套）；
30—盘卷步进冷却线；31—P/F 运输线；32—盘卷打捆机；
33—盘卷称重台架；34—盘卷卸卷站（2 套）

B　关键设备组成及技术性能

a　加热炉

本车间设步进式加热炉 1 座，炉型：步进梁式，侧进料、侧出料；平均小时加热能力 130t/h（冷坯），主要工艺技术参数如下：

（1）燃料：高炉煤气，热值：780×4.18kJ/m³；

（2）燃烧方式：空煤气双蓄热式；

（3）炉底支撑梁冷却方式：汽化冷却；

（4）布料方式：150mm 方坯料采用单排布料，200mm 方坯料和 240mm 方坯料采用双排布料；

（5）出炉温度：1000 ~ 1200℃；

（6）出炉坯料断面温差不大于 20℃，坯料长度方向温差不大于 15℃；

（7）加热工艺中要考虑轴承钢的高温扩散加热。

b　轧机组成

本套轧机为全连续式棒材轧机，最高终轧速度为 18m/s。主轧机共 26 架，由 22 架短应力线轧机和 4 架 KOCKS 减定径机组成。1 ~ 22 号架短应力线轧机均为平/立交替布置，立式轧机为上传动，分成 4 组，“6 + 6 + 6 + 4”布置；KOCKS 减定径机为三辊式，实现全线无扭微张力和无张力轧制。

轧机的主要技术性能见表 9-3。

c　轧线其他设备

（1）飞剪：轧线共设 6 台飞剪。1 ~ 4 号飞剪采用启停工作制，主要用于正常连轧过程中的切头尾和事故碎段。5 号飞剪采用连续工作制，回转/曲柄组合式，主要用于倍尺分段和优化剪切。6 号飞剪为高速飞剪，回转式结构，采用启停工作制，用于生产大盘卷时轧件切头和事故碎断。当需要切头（尾）或碎断时用一个伺服电机将轧件导入到剪刀处。

（2）水冷线：为进行低温控制轧制，控制进入精轧、减定径机组的轧件温度，在精轧入口、减定径机组入口共设有 3 套预水冷装置。在减定径机组出口、卷取机前各设有 1 套水冷装置，对轧件进行轧后控制冷却。每段长约 7m，水冷管均为套管形式，每个水箱最大水量为 180m³/h，水压为 0.6MPa。生产非水冷材时，水冷线可移出轧线，使旁通辊道对准轧线，将轧件运往下游。水箱内装有若干冷却管、反向除

表 9-3　河南济源钢厂棒卷轧机主要技术性能

机组名称	机架代号	轧 机 名 称	轧辊辊身尺寸/mm		主 电 机	
			辊径范围	长 度	类型 DC/AC	功率/kW
粗轧机组	1H	短应力线 750mm	800 ~ 680	760	DC	650
	2V	短应力线 750mm	800 ~ 680	760	DC	650
	3H	短应力线 750mm	800 ~ 680	760	DC	850
	4V	短应力线 750mm	800 ~ 680	760	DC	850
	5H	短应力线 750mm	800 ~ 680	760	DC	950
	6V	短应力线 750mm	800 ~ 680	760	DC	850
一中轧机组	7H	短应力线 550mm	600 ~ 520	760	DC	650
	8V	短应力线 550mm	600 ~ 520	760	DC	650
	9H	短应力线 550mm	600 ~ 520	760	DC	650
	10V	短应力线 550mm	600 ~ 520	760	DC	650
	11H	短应力线 550mm	600 ~ 520	760	DC	850
	12V	短应力线 550mm	600 ~ 520	760	DC	850
二中轧机组	13H	短应力线 450mm	480 ~ 420	680	DC	850
	14V	短应力线 450mm	480 ~ 420	680	DC	850
	15H	短应力线 450mm	480 ~ 420	680	DC	950
	16V	短应力线 450mm	480 ~ 420	680	DC	850
	17H	短应力线 450mm	480 ~ 420	680	DC	950
	18V	短应力线 450mm	480 ~ 420	680	DC	950
精轧机组	19H	短应力线 350mm	380 ~ 330	650	DC	1150
	20V	短应力线 350mm	380 ~ 330	650	DC	1150
	21H	短应力线 350mm	380 ~ 330	650	DC	1150
	22V	短应力线 350mm	380 ~ 330	650	DC	950
减定径	23 号	三辊减定径 370mm	380 ~ 370	130	AC	1250
	24 号	三辊减定径 370mm	380 ~ 370	130	AC	1250
	25 号	三辊减定径 370mm	380 ~ 370	130	AC	1250
	26 号	三辊减定径 370mm	380 ~ 370	130	AC	600

注: 表中 H、V 分别代表水平轧机、立式轧机。

水管和反向空气吹干器。

（3）定尺剪切线: 采用剪—锯组合模式。850t 冷剪用于剪切断面要求不高的中小规格棒材。ϕ18mm 以上采用孔型剪刃, 以保证剪切断面质量。另设两台砂轮锯, 锯片尺寸为 ϕ1500mm, 主要用于锯切较大规格产品或用户要求断面质量较高的情况。

（4）大盘卷作业线: 生产大盘卷采用侧进线的加勒特卷取机。两台卷取机轮流工作。其后的步进梁运输机上装有风冷系统并配备有可移动的保温罩, 根据生产钢种要求的冷却速度, 盘卷在输送过程中可以进行缓冷、风冷或空冷等冷却制度, 使钢材得到理想的内部组织和力学性能。

C　生产线的主要工艺特点

（1）产品规格: 本车间选择的产品规格范围是: 直条圆钢 ϕ20 ~ 90mm; 大盘卷 ϕ14 ~ 42mm。其产品的规格范围比普通钢小型轧机要大, 因为合金钢用于汽车与机械制造, 因此, 其产品的覆盖面要足够大。

产品规格的定位是从该厂轧钢和炼钢系统的实际情况出发而定的。济源的合金钢轧钢系统有三套轧机, 即开坯-大棒材轧机、中小规格棒材轧机（即本机）和线材轧机。这三套轧机的产品进行适当的分工, 不大于 ϕ25mm 的产品由线材轧机生产, 不小于 ϕ90mm 的产品由开坯-大棒材轧机生产, 本机生产 ϕ20 ~ 90mm 的直条及 ϕ14 ~ 42mm 的盘卷, 这样的分工全厂的产品规格齐全, 每一套轧机产能都能得到较充分的发挥，是比较合理的。

（2）生产钢种：优质碳素结构钢、合金结构钢、冷镦钢、弹簧钢、轴承钢、易切钢和不锈钢。合金钢的种类很多，按我国的技术标准，合金钢包括八大钢类，即合金结构钢、弹簧钢、易切削钢、滚动轴承钢、合金工具钢、高速工具钢、耐热钢和不锈耐酸钢。不包括在八大类合金钢中的特殊用途合金有：精密合金、高温合金、钛合金。本生产线只选择了7种主要钢种，有所为，有所不为，才能形成自己的特色（在其他一些合金钢生产线不选择不锈钢），其理由：一是这几种钢种是在汽车和机械制造业中需求量比较大的钢种，量大面广，才能形成大规模生产，取得规模效益；二是这几种钢种在生产工艺上都可以采用转炉（顶底复合吹）—LF炉外精炼+VD（或VOD、RH）—连铸的方法生产，不需要特殊的电炉冶炼或钢锭模铸，使炼钢系统和开坯系统大为简化，节约基建投资，也大大降低了生产成本。

（3）坯料：本生产线选择了三种规格的坯料：240mm×240mm×（4～6）m，最大单重2643kg；200mm×200mm×（4～6）m，最大单重1836kg；150mm×150mm×（9～12）m，最大单重2065kg。

坯料规格比普通钢是明显加大了。三种不同规格的连铸坯为原料，以适应不同规格和钢种对产品压缩比的不同要求。从轧钢压缩比要求的角度希望提供比三种更多规格的连铸坯；从连铸的角度希望连铸坯的规格只有一种最好，这样连铸的生产组织最为方便。轧钢与连铸只能协商采取折中方案来解决。根据现有的生产经验，连铸机生产三种规格的产品是可以接受的，所以只选三种规格，在保证连铸机顺行的前提下，使轧钢不同压缩比的要求能得到满足，且轧制道次合理，能以最经济的轧制道次轧制所有的产品。

以连铸坯为原料，一次再加热轧制成材，是目前最经济的生产方式，是新合金钢轧制工艺能有极强竞争力的关键，也是本生产线的主导工艺。但有些品质要求极高的齿轮钢、轴承钢、冷镦钢，要求要有很高的压缩比，由于本生产线上游有初轧开坯机，遇有这种需求的产品，本生产线还可以用390mm×490mm的大连铸坯开坯成150mm×150mm或200mm×200mm，供本轧机使用。

（4）平面布置：粗轧机组与中轧机组之间为串列式的脱头布置，是合金钢小型棒材和线材轧机与同类普通钢轧机的主要区别之一。脱头轧制可使粗轧机组单独调速，而不受精轧机出口速度的限制。粗轧以较高速度轧制，可适应不同钢种对轧制速度、温度的要求；粗轧机组第一架的入口咬入速度达到0.2m/s以上，更能适合大断面坯料的合金钢轧制工艺要求。但青钢在线材生产中对这种脱头布置方式提出了质疑，认为它多一次咬入增加了事故的机会，要求我们在青钢线材的设计方案中取消脱头轧制。

D　装备上的其他特点

（1）连铸装备和生产技术的提高，使连铸坯的表面质量和内部质量（包括成分偏析、缩孔、晶间裂纹、内裂纹等）都大大提高，对大多数产品，连铸坯已可不经检查修磨，直接装炉加热，随后轧制。但对于许多不锈钢产品、高级的轴承钢、弹簧钢，连铸坯或轧制坯的检查和修磨仍是不可缺少的工序。本厂在钢坯修磨跨设置有钢坯修磨机组，同时预留钢坯连续探伤修磨机组，为供应高质量的原料提供了条件。

（2）为适应中档合金钢生产要求，在轧线主要设备的选型上也作了许多特殊的处理：

1）加热炉采用步进梁蓄热式，侧进侧出料方式，加热质量好，操作灵活，加热效率高。

2）采用高压水除鳞装置，去除坯料表面的氧化铁皮，以保证产品表面质量。

3）粗中轧、预精轧1～22架短应力线轧机均采用平/立交替布置，实现全线无扭轧制，可大大减少轧件因扭转而在角部产生的裂纹，减少表面和内部缺陷，提高成材率，同时减少了因扭转产生的事故，提高轧机利用率。既可为减定径机组提供尺寸精度高的中间轧件，也可直接生产尺寸精度较高的成品。

无扭转轧制工艺与全线采用短应力线轧机，对普通钢小型棒材轧机来说是获得高产的前提条件，而对合金钢生产来说就是保证产品质量必不可少的保证。普遍采用高速、无扭转轧制工艺，是我国长材生产走上与世界接轨的关键一步。有扭转轧制，不仅生产事故多，特别是轧制速度不小于7～8m/s时生产事故急剧增多，有扭转轧制会使轧件角部产生裂纹的机会大大增加，因此不适合于生产合金钢。

4）粗轧机组后辊道设置保温罩，减少轧件的温降和头尾温差，提高产品全长尺寸和性能的均匀性。

（3）减定径轧机采用三辊式减定径机组，可轧制产品范围φ14～90mm。产品的尺寸精度高，孔型共用性好，可实现自由尺寸轧制，简化孔型系统，减少轧辊和导卫的备件数量，提高作业率。

（4）轧制生产线采用棒材和大盘卷两条作业线联合配置方式，扩大了产品品种，增加了生产的灵活性。可提供高质量的盘卷产品和大规格圆钢，填补了企业产品空白，提高了企业的竞争力。

9.2.3.3　高合金钢小型棒材生产线

高合金钢小型棒材生产线，为小型轧制中的极品。"阳春白雪，曲高和寡"，因此，这类轧机在我国和世界都建得比较少。这种生产线的特点，除生产量大面广的合金钢（合金结构钢、轴承钢、弹簧钢、齿轮钢）外，还生产市场用量较少、性能更为特殊的合金钢，如合金工具钢（塑料模具钢、热作模具钢、冷作模具钢）、高速钢、不锈钢（奥氏体、铁素体、马氏体、双相）、阀门钢、高温合金等。

高合金钢国防军工和民用都需要，它技术要求很高，生产难度很大，单位产量的利润也很好，但它的需求量小，靠每年几万吨的产量，不足以维持一条现代化的棒材生产线的正常运行；而非现代化的生产线又不能生产上述钢种的高品质产品。这种纠结困扰我国的合金钢厂多年，通过众多的设计实践，最后与用户一起找到"以量带质"的解决方案，即生产高难度钢种，同时也要生产量大面广的一般合金钢，用这些产量大的钢种，将人工成本、设备折旧成本分摊，再用一部分时间生产高难度的产品。我们将这种设计理念分别用于抚顺、兴澄、大冶，均获得成功。下面以新的成功实例进行具体介绍。

原东北特钢（大连钢厂）棒线材生产线建于 20 世纪 90 年代中期，工艺设备引进德国西马克（SMS）公司，电气设备引进德国西门子（SIEMENS）公司。产品规格为 $\phi5.5 \sim 20mm$ 线材和 $\phi13 \sim 40mm$ 直条棒材，设计产量为 20 万吨/年。为配合东北特钢大连基地环保搬迁，搬迁改造后原直条生产系统保留，在原基础上增加减定径机组，以及一些必要的改造，产品规格调整为 $\phi13 \sim 60mm$ 直条棒材，生产规模增加到 30 万吨/年，并预留大盘卷生产线。

该生产线于 2010 年建成投产，新增设备部分包括 KOCKS 轧机、DANIELI 水冷线、BRUAN 锯采用引进，炉前及步进式加热炉由国内设计提供，其余设备及电气均采用利旧。

该生产线属于典型的以合金钢和不锈钢为主的小型生产线，轧线布置形式采用"棒 + 卷"复合的形式，其中大盘卷采用预留的形式，以适应市场的灵活性要求。

A　生产工艺简介

设计规模：年产 30 万吨棒材，预留大盘卷。

坯料：连铸坯及轧坯，有两种规格：$150mm \times 150mm \times (5 \sim 9)m$，最大单重 1550kg；$100mm \times 100mm \times (5 \sim 9)m$，最大单重 700kg。

产品规格：直条圆钢，$\phi13 \sim 60mm$，30 万吨/年。

交货状态：直条圆钢，定尺长度 4 ~ 12m，捆重 1 ~ 5t。

钢种：优质碳素结构钢、碳素工具钢、合金工具钢、弹簧钢、高速工具钢、合金结构钢、轴承钢、不锈钢。

轧制速度：最大 18m/s。

主要工艺流程：合格连铸坯（热坯热送提升、冷坯上料）→测长称重→步进梁式加热炉→高压水除鳞→粗轧→脱头、切头尾→中轧→切头尾→精轧→预水冷→切头尾→减定径→测径探伤→水冷→倍尺分段。

直条棒材：分钢道岔→冷床冷却→剪切定尺→横移检查、计数→打捆→称重挂牌→入库。

缓冷棒材：分钢道岔→热床横移→剪切定尺→缓冷收集→横移过跨→缓冷→入库。

大盘卷：分钢道岔→水冷→切头尾→卷取→步进冷却→翻卷挂卷→P/F 线冷却→打捆→称重挂牌→卸卷→入库。

车间布置示意图见图 9-15。

B　关键设备组成及技术性能

a　加热炉

本车间设步进式加热炉 1 座，平均小时加热能力 70t/h（冷坯）。

b　轧机组成

本套轧机为全连续式棒材轧机，最高终轧速度为 18m/s。主轧机共 22 架，由 18 架短应力线轧机和 4

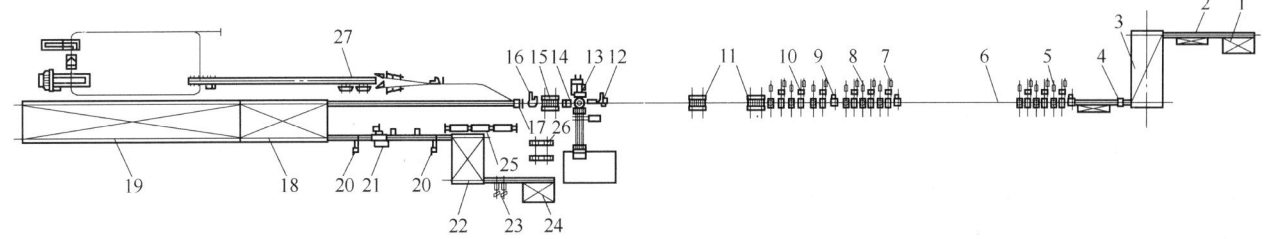

图 9-15 东北特钢小棒生产线车间布置示意图

1—上料台架；2—入炉辊道及剔除装置；3—步进式加热炉；4—高压水除鳞装置；5—粗轧机组（6 架，入口设夹送辊）；
6—脱头辊道；7—1 号飞剪；8—中轧机组（6 架）；9—2 号飞剪；10—精轧机组；11—预水冷装置（2 段）；
12—3 号飞剪；13—KOCKS 减定径机组（4 架）；14—测径探伤；15—水冷装置（1 段）；16—4 号飞剪（倍尺分段）；
17—分钢道岔；18—热床；19—步进式冷床；20—砂轮锯及定尺机（2 套）；21—冷剪；
22—移钢台架（2 套）；23—棒材打捆机（2 套）；24—捆材卸料台架（1 套）；
25—缓冷收集；26—缓冷过跨小车；27—预留大盘卷生产线

架 KOCKS 减定径机组成。1~18 架闭口式轧机均为平/立交替布置，立式轧机为下传动，分成 3 组，"6 + 6 + 6" 布置，KOCKS 减定径轧机为三辊式，实现全线无扭微张力和无张力轧制。

轧机的主要技术性能见表 9-4。

表 9-4 东北特钢小棒轧机主要技术性能

机组名称	机架代号	轧机名称	轧辊辊身尺寸/mm		主电机	
			辊径范围	长度	类型 DC/AC	功率/kW
粗轧机组	1H	闭口式 580mm	580~500	700	DC	500
	2V	闭口式 520mm	520~440	600	DC	500
	3H	闭口式 580mm	580~500	700	DC	500
	4V	闭口式 520mm	520~440	600	DC	500
	5H	闭口式 580mm	580~500	700	DC	600
	6V	闭口式 520mm	520~440	600	DC	600
中轧机组	7H	闭口式 475mm	475~405	600	DC	500
	8V	闭口式 475mm	475~405	600	DC	500
	9H	闭口式 475mm	475~405	600	DC	550
	10V	闭口式 330mm	330~280	600	DC	550
	11H	闭口式 330mm	330~280	600	DC	550
	12V	闭口式 330mm	330~280	600	DC	500
精轧机组	13H	闭口式 330mm	330~280	600	DC	600
	14V	闭口式 330mm	330~280	600	DC	500
	15H	闭口式 330mm	330~280	600	DC	550
	16V	闭口式 330mm	330~280	600	DC	500
	17H	闭口式 330mm	330~280	600	DC	600
	18V	闭口式 330mm	330~280	600	DC	550
减定径	19 号	三辊减定径 370mm	380~370	70/40	AC	750
	20 号	三辊减定径 370mm	380~370	70/40	AC	950
	21 号	三辊减定径 370mm	380~370	70/40	AC	750
	22 号	三辊减定径 370mm	380~370	70/40	AC	400

注：表中 H、V 分别代表水平轧机、立式轧机。

　　c　轧线其他设备

（1）飞剪：轧线共设 4 台飞剪。1 ~ 3 号飞剪采用启停工作制，主要用于正常连轧过程中的切头尾和事故碎段。4 号飞剪采用连续工作制，回转/曲柄组合式，主要用于倍尺分段和优化剪切。

（2）水冷线：为进行低温控制轧制，控制进入减定径机组的轧件温度，在减定径机组入口设有 2 套预水冷装置。在减定径机组出口设有 1 套水冷装置，对轧件进行轧后控制冷却。每段长约 7m，水冷管均为套管形式，每个水箱最大水量为 $180m^3/h$，水压为 0.6MPa。生产非水冷材时，水冷线可移出轧线，使旁通辊道对准轧线，将轧件运往下游。水箱内装有若干冷却管、反向除水管和反向空气吹干器。

（3）定尺剪切线：采用剪—锯组合模式。360t 冷剪用于剪切断面要求不高的中小规格棒材。$\phi18mm$ 以上采用孔型剪刃，以保证剪切断面质量。另设两台砂轮锯，锯片尺寸为 $\phi1000mm$，主要用于锯切较大规格产品或用户要求断面质量较高的情况。

　　C　主要装配水平和工艺特点

（1）以连铸坯为主要原料，保证高效率低成本，同时也使用大方坯和钢锭开坯的轧制坯或锻坯，以生产高品质的高合金钢，这是目前高合金钢小型轧机最大的特点。因其生产高合金钢，坯料最大规格就用到 150mm × 150mm，没有用更大规格的坯料，因为大连钢厂除本合金钢小型轧机外，还有另外两套热轧成品轧机，即初轧开坯-大棒圆钢轧机、合金钢线材轧机。三套轧机间可进行合理的调配和协调。

（2）大连产品的规格范围是 $\phi13 ~ 60mm$，其产品的上限下限都比济源（$\phi20 ~ 90mm$）的要小。一是高合金钢工具钢、高速钢、马氏体不锈钢用于工具和刀具制造，需要较小规格的产品；二是 150mm × 150mm 的坯料，生产最大规格的产品 $\phi60mm$，其压缩比只有 7.96，所以产品规格的上限不宜再大；三是大连有三套成品轧机，大于 $\phi60mm$ 的产品可以在开坯-大棒生产线生产，小于 $\phi13mm$ 的产品可在线材生产线生产。

（3）轧线采用连续、高速、无扭轧制，最大轧制速度可保证在 18m/s。全线无扭轧制合金钢和高合金钢，可大大减少轧件因扭转而在角部产生的裂纹，减少表面和内部缺陷，提高成材率，同时减少了因扭转产生的事故，提高轧机利用率。在为减定径机组提供尺寸精度高的中间轧件的同时，也可直接生产尺寸精度较高的成品。其轧线虽采用平/立交替布置，但用的是 18 机架的闭口式轧机，而没有采用现在流行的短应力线轧机，因为原来的轧机是闭口式轧机要用上，这是老厂改造的无奈选择。

（4）粗轧与中轧机组之间采用脱头轧制（跟踪式）方式，粗轧机组可单独调节速度，实现较高速度轧制，以适应不同钢种对轧制温度的要求；同时可使粗轧机组的入口咬入速度达到 0.2m/s 以上，以满足合金钢轧制工艺的要求。粗轧机组后辊道设置保温罩，减少轧件的温降和头尾温差，提高产品全长尺寸和性能的均匀性。

（5）减定径轧机采用三辊式减定径机组，可轧制产品范围 $\phi13 ~ 60mm$。产品的尺寸精度高，孔型共用性好，可实现自由尺寸轧制，简化孔型系统，减少轧辊和导卫的备件数量，提高作业率。

（6）采用控温轧制技术。在本设计中重点控制轧件在生产过程各阶段的温度。在加热炉中均匀加热，按钢种严格控制开轧温度。在精轧机组后设有 2 段水冷箱，以控制轧件进入减定径机组的温度；在减定径机组后设有 1 段水冷箱，以控制轧后冷却速度。如此实现全轧线控温控轧控冷，提高产品的内在组织和性能。

（7）因高合金钢在表面和内在质量上有更高的要求，因此，设有在线探伤、测径装置，及时监测轧制过程中轧件尺寸和表面质量的变化，适时进行调整，以提高产品质量和成材率。

（8）对比济源合金钢小型棒材与大连的平面图就会发现，其精整系统有很大的不同，大连为适应生产高合金工具钢和高速钢、马氏体不锈钢的需要，设有冷床和热床，并设有缓冷坑，需要在 650℃ 以上进缓冷坑的产品，快速通过热床，切定尺后进入缓冷坑缓冷。

　　这些不同的特点对设计和生产组织都是很麻烦的事。

（9）采用 1 台冷剪和 2 台固定式砂轮锯进行棒材成品定尺剪切，可满足各钢种、规格及产量的要求。

9.2.4　多品种的小型轧机

9.2.4.1　概况

　　连续化、自动化是轧钢生产，包括简单断面和复杂断面长材生产发展的不二之路，近百年来长材连续轧制从易到难，逐步推进，成绩斐然。国外，大约在 20 世纪 70 ~ 80 年代，基本上实现了简单断面长材生产的连续化；至 2000 年左右，我国也基本上现实了简单断面长材生产无扭化、高速化、连续化。但复杂断面长材的情况就比较复杂了，70 年代已有万能轧机轧制 H 型钢和钢轨，在这种万能轧机上也可以生产工、槽、角等其他型钢，但在世界上只是零星地建设了一些这样的轧机。70 年代中，SMS 推出过生产工、槽、角的连续式中型轧机，但市场响应并不是特别热烈，只在波兰和美国各建设了一套。据我们的分析跟进者不多的原因是：这种生产线的轧机数量多，初始投资大，生产轧辊备用件很多，生产成本高，用户难以接受。中型型钢轧机尚且如此，大型连续式万能轧机的基建投资和备件比中型更甚。因此，SMS 大型万能轧机的开发者，一开始就注意到了这个问题，一直是朝简化工艺和设备方向努力，使基建投资和生产成本降至最低。SMS 开发的 3 机架万能可逆式连轧机，用于轧制钢轨和 H 型钢，比较好地解决了大型和中型型钢的问题。从理论上说，3 机架万能可逆式连轧机或 5~7 机架的万能连轧机，不仅可以生产 H 型钢、钢轨，而且可以生产所有断面对称的型钢，包括：H 型钢、钢轨、吊车轨、电梯导轨、U 型钢板桩、等边角钢、槽钢、工字钢、矿用 U 型钢、矿用工字钢、三爪履带钢等。至于不对称断面的型钢如矿用周期钢、汽车轮辋钢、履带钢、球扁钢、L 钢、十字钢等，目前仍用老式横列式轧机轧制，还没有人用连轧法生产过。

以笔者之见，大、中规格的复杂断面型钢宜用可逆式连轧或半连续的方法生产，不宜用连续式的方法生产。小型规格的型钢，由于断面小，每米长度的重量轻，用 3 机架可逆式连轧产量太低，且轧件热容量小，轧件温降过快，用 3 机架可逆连轧并不合适，宜用连续式或半连续式的方式生产。这就是下面我们要介绍的多品种小型轧机。

多品种小型轧机顾名思义是能生产多种小型型钢的连轧机。多品种的小型横列式轧机已存在 100 多年，现在在世界和我国一些小型民营企业中还存在，但总的趋势是逐渐在退出轧钢生产的历史舞台，在此不进行讨论。以我国现在的情况而论，大型铁路用重轨在专业轨梁厂生产；大中型 H 型钢也在专业的 H 型钢厂生产，同时生产中型的工、槽、角及其他型钢。国外的多品种小型轧机一般要求生产工字钢、槽钢、角钢等用量较大的型钢，同时要兼顾生产圆钢和钢筋，因为工字钢、槽钢、角钢的市场需求没有那么大，同时生产圆钢和钢筋方可保持轧机有足够的开工率。

在我国棒材线材空前火爆，但多品种小型轧机却没有发展起来。其原因：一是小规格型钢的市场需求量有限。1998 年马钢引进第一条大型 H 型生产线以后，H 型钢生产在我国发展迅速，很快形成了大、中、小配套的 H 型钢供应体系。H 型钢的断面更为合理，使用更为方便，过去使用槽钢、角钢、工字钢的地方约有 70%~75% 已为 H 型钢所取代。如角钢，现在除了电力输送的铁塔或工业厂房的檩条仍用角钢外，其他地方已很少使用。量少就不会引来大中型国有企业的注意，并定向投资，促进它的发展。二是形状复杂，生产的难度大，高效率的连轧机很难适应生产批量小、形状复杂的产品。三是小型型钢的用户分散，而且大多是弱势群体，没有能力牵头制定新标准，对生产厂提出更高的要求。这些较低标准的钢号、尺寸精度不高的产品很适合于老横列式轧机低成本生产。四是细致的专业分工，我国不但有专门生产 H 钢、生产重轨的企业，还有专门生产轻轨、球扁钢、L 钢、小角钢的专业化企业。专业化带来的高效率和低成本，挤压了多品种小型轧机的有限生存空间。我国先后在萍乡和淮阴钢厂引进了两套多品种的小型轧机，但后来都只生产圆钢和钢筋，没有生产型钢。现将萍乡多品种小型轧机介绍如下。

9.2.4.2 萍乡多品种小型轧机

A 产品品种和规格

光面圆钢：$\phi(14)16~50mm$；

钢筋：$\phi10~40mm$；

扁钢：$25mm \times 6mm ~ 120mm \times 12mm$；

方钢：$16mm \times 16mm ~ 40mm \times 40mm$；

槽钢：$30mm \times 15mm ~ 126mm \times 53mm$；

等边角钢：$25mm \times 25mm \times 3mm ~ 90mm \times 90mm \times 6mm$；

T 字钢：$25~80mm$；

工字钢：$80mm \times 42mm$，$100mm \times 50mm$，$126mm \times 74mm$。

生产的钢种：碳素结构钢（Q235）、优质碳素结构钢（45）、低合金钢（20MnSi、25MnSi、40Si2MnV）、冷镦钢（ML25~ML45）、弹簧钢（65Mn、60Si2Mn）、合金结构钢（40Cr）。

B　坯料

采用由本厂炼钢车间90t超高功率电炉冶炼的钢水经连铸生产的连铸坯，连铸坯的规格为：150mm ×150mm ×9000mm，重1560kg，170mm × 170mm × 9000mm，重2000kg。其中170mm 方坯，生产光面圆钢最小直径为 ϕ16mm。

C　设计产量

生产棒材：70 万吨/年；生产棒材与型材：64 万吨/年。

D　车间的生产工艺

车间轧线设备布置如图9-16 所示。

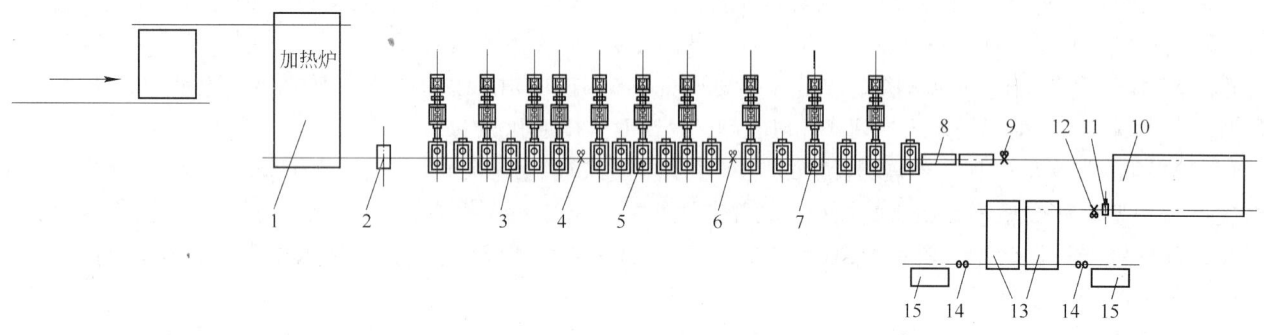

图 9-16　多品种小型轧机平面布置示意图

1—步进式加热炉；2—高压水除鳞装置；3—粗轧机组；4—1 号切头飞剪；5—中轧机组；6—2 号切头飞剪；7—精轧机组；
8—轧后水冷装置；9—倍尺飞剪；10—步进式冷床；11—在线矫直机；12—在线定尺冷飞剪；
13—移钢台架；14—打捆机；15—成品收集台架

车间生产的工艺过程如图9-17 所示。从平面图和生产工艺流程框图可以看出，多品种小型轧机与普通以生产钢筋为主的小型轧机在工艺布置和生产工艺上基本相同，主要区别是：

（1）一般钢筋轧机只在精轧机组有 3 架平/立可转换轧机，用于生产钢筋时切分轧制；而多品种小型轧机，则有 4架平/立可转换轧机，除了精轧机组的 3 架立辊（14 号、16号、18 号）为平/立可转换外，中轧机组的最后一架（12号）亦为平/立可转换。这是为连续轧制角钢或槽钢的需要，一般最少需要 7 ~ 8 个平轧异形孔。

（2）生产钢筋的小型轧机最后 6 架或 8 架一般采用名义辊径为 ϕ350mm（ϕ380/330mm ×650mm）的轧机，而生产小型钢需要规格较大的轧机，在萍乡11 ~ 16 号机架都采用 RR 455-HS（ϕ425/375mm ×650mm）。因为圆和钢筋越轧断面越小，其需要的轧制力和力矩也越来越小，故可在后面的道次采用较小辊径的轧机。而型钢腿的高度是固定的，各个道次在轧辊上的刻槽深度一样，可能后面的道次比前面道次还要深，对轧辊的强度影响比较大。

（3）冷床后长尺在线矫直，在线冷飞剪切定尺。长尺在线矫直，减少了矫直机咬入的冲击，减少事故产生，减少头尾的矫直盲区，提高效率。在线矫直，不需要离线矫直的堆存面积和中间倒运的人力和机械。

多品种小型轧机轧制角钢、槽钢、扁钢、工字钢、T 字钢的孔型系统如图9-18 ~图9-22 所示。

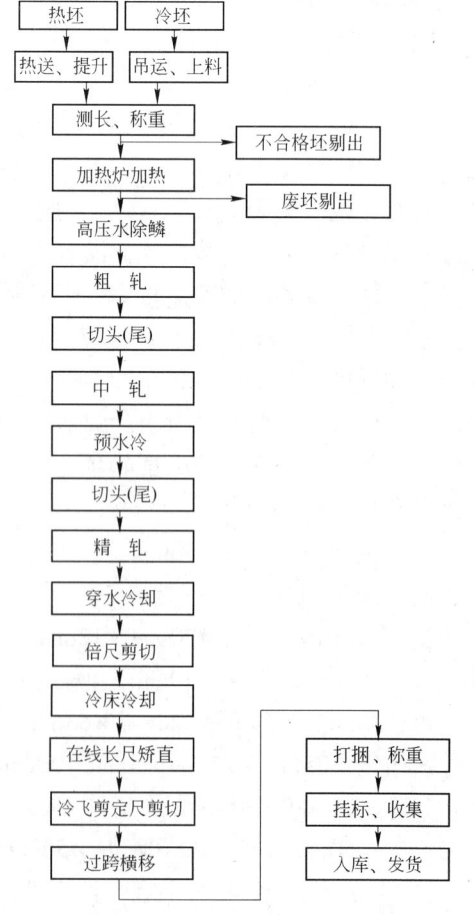

图 9-17　多品种小型轧机的生产工艺流程

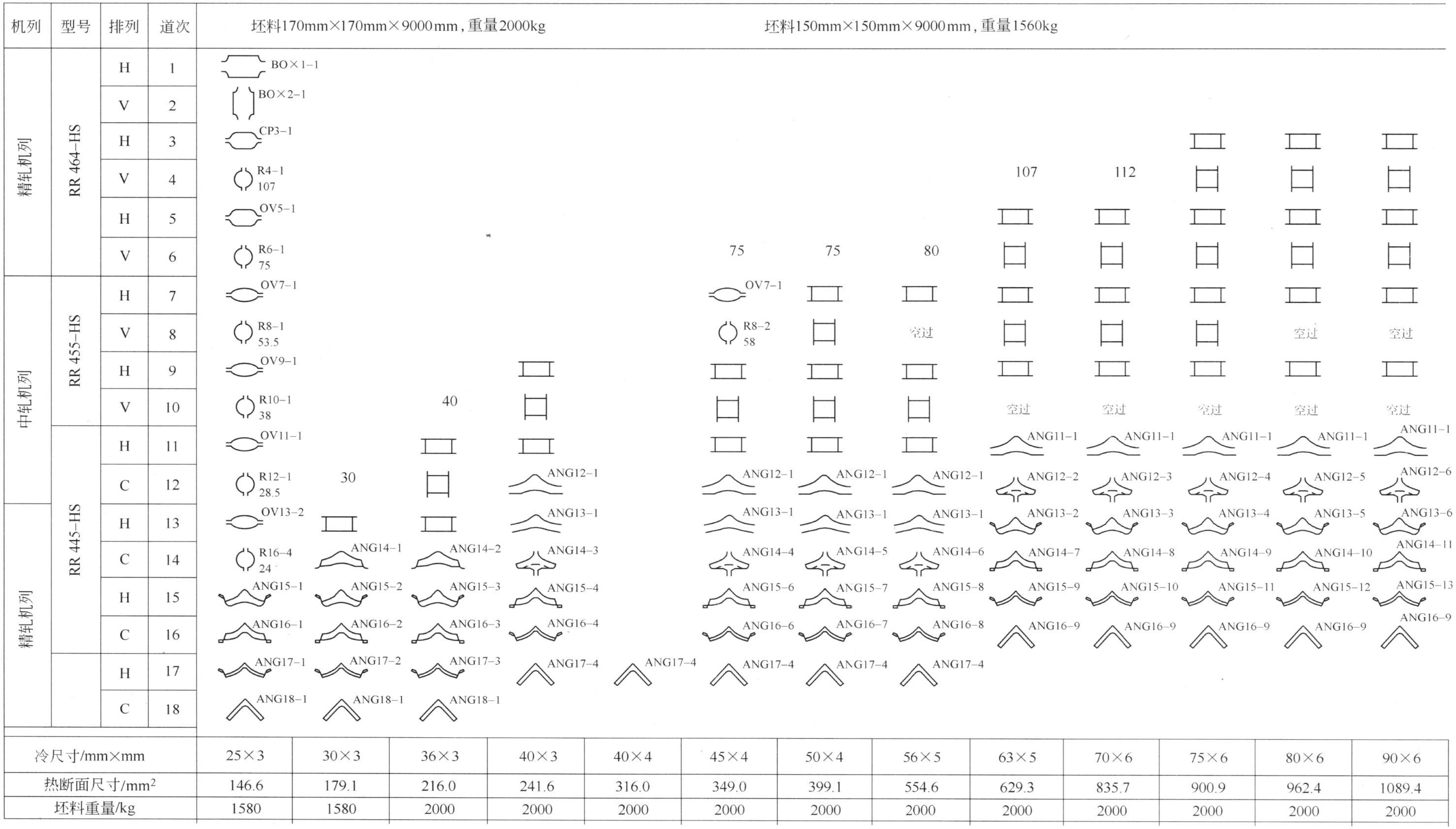

坯料170mm×170mm×9000mm，重量2000kg　　坯料150mm×150mm×9000mm，重量1560kg

机列	型号	排列	道次	型孔代号	25×3	30×3	36×3	40×3	40×4	45×4	50×4	56×5	63×5	70×6	75×6	80×6	90×6
粗轧机列	RR 464-HS	H	1	BO×1-1													
		V	2	BO×2-1													
		H	3	CP3-1													
		V	4	R4-1（107）									107	112			
		H	5	OV5-1													
		V	6	R6-1（75）						75	75	80					
中轧机列	RR 455-HS	H	7	OV7-1								75					
		V	8	R8-1（53.5）/ R8-2（58）						58							
		H	9	OV9-1													
		V	10	R10-1（38）			40										
		H	11	OV11-1 / ANG11-1		30							ANG11-1	ANG11-1	ANG11-1	ANG11-1	ANG11-1
精轧机列	RR 445-HS	C	12	R12-1（28.5）/ ANG12-1		ANG12-1		ANG12-1	ANG12-1	ANG12-1	ANG12-1	ANG12-1	ANG12-2	ANG12-3	ANG12-4	ANG12-5	ANG12-6
		H	13	OV13-2 / ANG13-1		ANG13-1		ANG13-1	ANG13-1	ANG13-1	ANG13-1	ANG13-1	ANG13-2	ANG13-3	ANG13-4	ANG13-5	ANG13-6
		C	14	R16-4（24）/ ANG14-1		ANG14-1	ANG14-2	ANG14-3	ANG14-4	ANG14-5	ANG14-6	ANG14-6	ANG14-7	ANG14-8	ANG14-9	ANG14-10	ANG14-11
		H	15	ANG15-1	ANG15-1	ANG15-2	ANG15-3	ANG15-4	ANG15-5	ANG15-6	ANG15-7	ANG15-8	ANG15-9	ANG15-10	ANG15-11	ANG15-12	ANG15-13
		C	16	ANG16-1	ANG16-1	ANG16-2	ANG16-3	ANG16-4	ANG16-5	ANG16-6	ANG16-7	ANG16-8	ANG16-9	ANG16-9	ANG16-9	ANG16-9	ANG16-9
		H	17	ANG17-2	ANG17-2	ANG17-3	ANG17-3	ANG17-4	ANG17-4	ANG17-4	ANG17-4	ANG17-4	ANG17-4	ANG17-4			
		C	18	ANG18-1	ANG18-1	ANG18-1	ANG18-1										
冷尺寸/mm×mm					25×3	30×3	36×3	40×3	40×4	45×4	50×4	56×5	63×5	70×6	75×6	80×6	90×6
热断面尺寸/mm²					146.6	179.1	216.0	241.6	316.0	349.0	399.1	554.6	629.3	835.7	900.9	962.4	1089.4
坯料重量/kg					1580	1580	2000	2000	2000	2000	2000	2000	2000	2000	2000	2000	2000

图9-18 多品种小型轧机的角钢型孔型系统

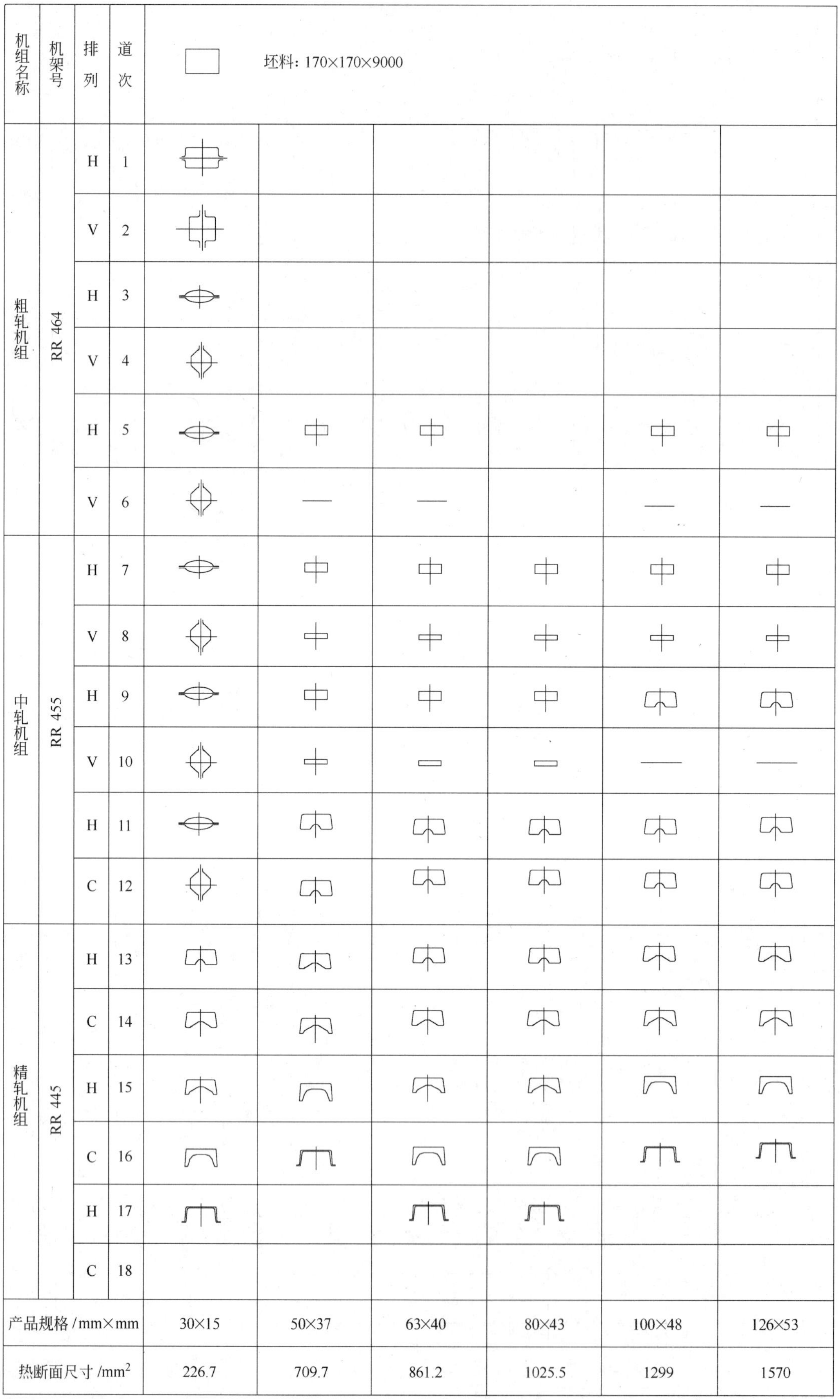

坯料：170×170×9000

机组名称	机架号	排列	道次						
粗轧机组	RR 464	H	1						
		V	2						
		H	3						
		V	4						
		H	5						
		V	6						
中轧机组	RR 455	H	7						
		V	8						
		H	9						
		V	10						
		H	11						
		C	12						
精轧机组	RR 445	H	13						
		C	14						
		H	15						
		C	16						
		H	17						
		C	18						
产品规格 /mm×mm				30×15	50×37	63×40	80×43	100×48	126×53
热断面尺寸 /mm²				226.7	709.7	861.2	1025.5	1299	1570

图 9-19　多品种小型轧机的槽钢孔型系统

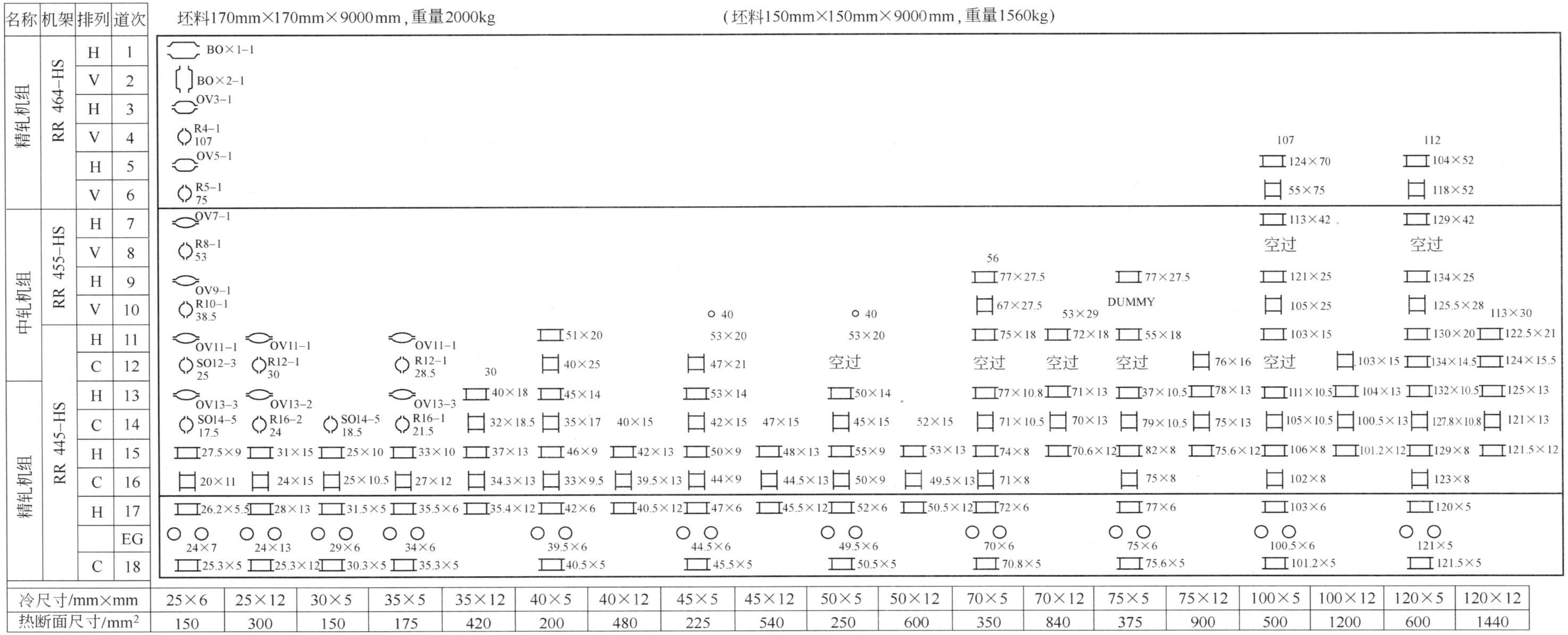
名称 机架 排列 道次
坯料170mm×170mm×9000mm，重量2000kg
（坯料150mm×150mm×9000mm，重量1560kg）
精轧机组 RR 464-HS
中轧机组 RR 455-HS
精轧机组 RR 445-HS
H 1 BO×1-1
V 2 BO×2-1
H 3 OV3-1
V 4 R4-1 107
H 5 OV5-1 107 124×70 112 104×52
V 6 R5-1 75 55×75 118×52
H 7 OV7-1 113×42 129×42
V 8 R8-1 53 空过 空过
H 9 OV9-1 56 77×27.5 77×27.5 121×25 134×25
V 10 R10-1 38.5 40 40 67×27.5 53×29 DUMMY 105×25 125.5×28 113×30
H 11 OV11-1 OV11-1 OV11-1 51×20 53×20 53×20 75×18 72×18 55×18 103×15 130×20 122.5×21
C 12 SO12-3 25 R12-1 30 R12-1 28.5 30 40×25 47×21 空过 空过 空过 空过 76×16 空过 103×15 134×14.5 124×15.5
H 13 OV13-3 OV13-2 OV13-3 40×18 45×14 53×14 50×14 77×10.8 71×13 37×10.5 78×13 111×10.5 104×13 132×10.5 125×13
C 14 SO14-5 17.5 R16-2 24 SO14-5 18.5 R16-1 21.5 32×18.5 35×17 40×15 42×15 47×15 45×15 52×15 71×10.5 70×13 79×10.5 75×13 105×10.5 100.5×13 127.8×10.8 121×13
H 15 27.5×9 31×15 25×10 33×10 37×13 46×9 42×13 50×9 48×13 55×9 53×13 74×8 70.6×12 82×8 75.6×12 106×8 101.2×12 129×8 121.5×12
C 16 20×11 24×15 25×10.5 27×12 34.3×13 33×9.5 39.5×13 44×9 44.5×13 50×9 49.5×13 71×8 75×8 102×8 123×8
H 17 26.2×5.5 28×13 31.5×5 35.5×6 35.4×12 42×6 40.5×12 47×6 45.5×12 52×6 50.5×12 72×6 77×6 103×6 120×5
EG 24×7 24×13 29×6 34×6 39.5×6 44.5×6 49.5×6 70×6 75×6 100.5×6 121×5
C 18 25.3×5 25.3×12 30.3×5 35.3×5 40.5×5 45.5×5 50.5×5 70.8×5 75.6×5 101.2×5 121.5×5
冷尺寸/mm×mm 25×6 25×12 30×5 35×5 35×12 40×5 40×12 45×5 45×12 50×5 50×12 70×5 70×12 75×5 75×12 100×5 100×12 120×5 120×12
热断面尺寸/mm² 150 300 150 175 420 200 480 225 540 250 600 350 840 375 900 500 1200 600 1440

图 9-20　多品种小型轧机的扁钢生产孔型系统

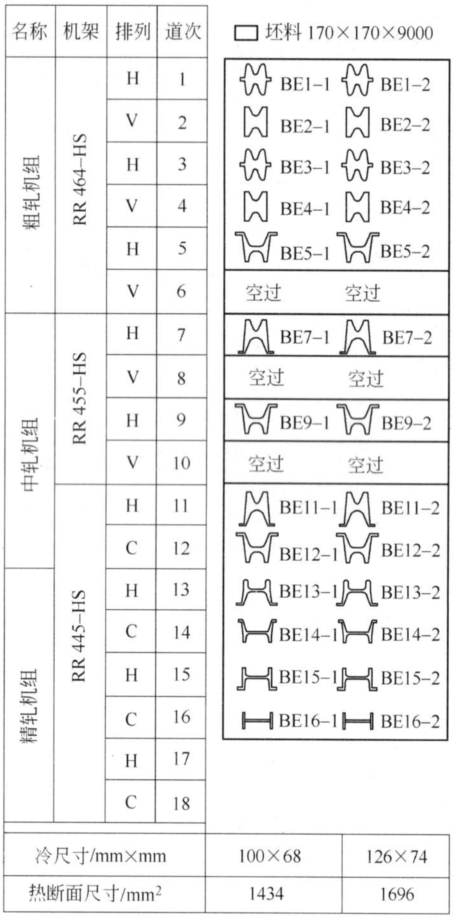

图 9-21　工字钢孔型系统

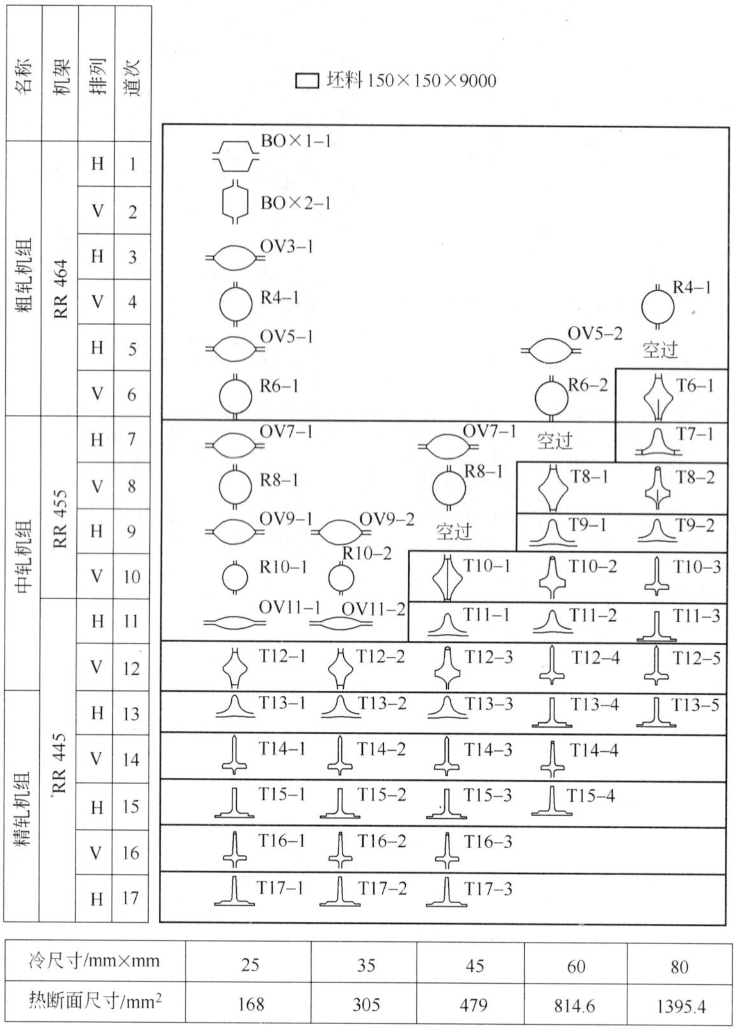

名称	机架	排列	道次	坯料 170×170×9000	
粗轧机组	RR 464-HS	H	1	BE1-1	BE1-2
		V	2	BE2-1	BE2-2
		H	3	BE3-1	BE3-2
		V	4	BE4-1	BE4-2
		H	5	BE5-1	BE5-2
		V	6	空过	空过
中轧机组	RR 455-HS	H	7	BE7-1	BE7-2
		V	8	空过	空过
		H	9	BE9-1	BE9-2
		V	10	空过	空过
		H	11	BE11-1	BE11-2
		C	12	BE12-1	BE12-2
精轧机组	RR 445-HS	H	13	BE13-1	BE13-2
		C	14	BE14-1	BE14-2
		H	15	BE15-1	BE15-2
		C	16	BE16-1	BE16-2
		H	17		
		C	18		
冷尺寸/mm×mm				100×68	126×74
热断面尺寸/mm²				1434	1696

图 9-22　T 字钢孔型系统

名称	机架	排列	道次	坯料 150×150×9000				
粗轧机组	RR 464	H	1	BO×1-1				
		V	2	BO×2-1				
		H	3	OV3-1				
		V	4	R4-1		R4-1 空过		
		H	5	OV5-1		OV5-2		
		V	6	R6-1		R6-2	T6-1	
中轧机组	RR 455	H	7	OV7-1	OV7-1	空过	T7-1	
		V	8	R8-1	R8-1	T8-1	T8-2	
		H	9	OV9-1	OV9-2 空过	T9-1	T9-2	
		V	10	R10-1	R10-2	T10-1	T10-2	T10-3
		H	11	OV11-1	OV11-2	T11-1	T11-2	T11-3
精轧机组	RR 445	V	12	T12-1	T12-2	T12-3	T12-4	T12-5
		H	13	T13-1	T13-2	T13-3	T13-4	T13-5
		V	14	T14-1	T14-2	T14-3	T14-4	
		H	15	T15-1	T15-2	T15-3	T15-4	
		V	16	T16-1	T16-2	T16-3		
		H	17	T17-1	T17-2	T17-3		
冷尺寸/mm×mm				25	35	45	60	80
热断面尺寸/mm²				168	305	479	814.6	1395.4

车间主轧机的性能如表 9-5 所示。

表 9-5　某多品种小型棒材轧机性能

序　号	机　组	轧机型号	形　式	轧辊尺寸/mm×mm
1	粗轧机组	RR 464-HS	水　平	$\phi600/530 \times 760$
2		RR 464-HS	立　式	$\phi600/530 \times 760$
3		RR 464-HS	水　平	$\phi600/530 \times 760$
4		RR 464-HS	立　式	$\phi600/530 \times 760$
5		RR 464-HS	水　平	$\phi600/530 \times 760$
6		RR 464-HS	立　式	$\phi600/530 \times 760$
7	中轧机组	RR 455-HS	水　平	$\phi520/460 \times 750$
8		RR 455-HS	立　式	$\phi520/460 \times 750$
9		RR 455-HS	水　平	$\phi520/460 \times 750$
10		RR 455-HS	立　式	$\phi520/460 \times 750$
11		RR 455-HS	水　平	$\phi425/375 \times 650$
12		RR 455-HS	平/立可换	$\phi425/375 \times 650$
13	精轧机组	RR 455-HS	水　平	$\phi425/375 \times 650$
14		RR 455-HS	平/立可换	$\phi425/375 \times 650$
15		RR 455-HS	水　平	$\phi425/375 \times 650$
16		RR 455-HS	平/立可换	$\phi425/375 \times 650$
17		RR 455-HS	水　平	$\phi365/320 \times 650$
18		RR 455-HS	平/立可换	$\phi365/320 \times 650$

9.2.5 单线高速小型轧机生产线

9.2.5.1 单线高速小型轧机的工艺特点

棒材生产技术发展到今天已经非常成熟，无论是穿水冷却工艺还是切分轧制技术，包括4线切分轧制技术在很多生产厂家都有十分成功的应用。但小规格直条棒材的生产一直处于空白状态，随着技术的发展，钢材强度显著提高，小规格棒材的适用范围将越来越广泛。传统小规格棒材是利用高线盘圆通过开卷、矫直、分段而生产的，但这种方式增加了使用成本且降低了成材率。近年来多家公司设计了高速棒材生产线，其特点是利用高速线材精轧机的高速轧制以及其后的高速上钢系统（包括高速飞剪、尾部制动器及其后的转鼓式上冷床机构）来生产小规格直条棒材，其最大终轧速度可以达到40m/s，可以生产最小规格 $\phi6mm$ 的直条棒材。

生产工艺特点是：

（1）产品规格小。高速棒材可以生产最小规格 $\phi6mm$ 的圆钢和螺纹钢，满足小规格直条棒材不断增长的需要，避免了使用盘卷的麻烦，减少能源浪费以及成材率的降低。

（2）产量均衡，产品质量高。对生产小规格的产品采用双切分轧制，然后分别通过两套镜像布置的高线精轧机组来提高产量，使轧机小时产量均衡并且提高了产品精度。常规生产中采用切分轧制时主要产品为螺纹钢，圆钢采用该方法生产表面质量比较差，而切分后的轧件经过高线精轧机组的轧制，表面质量有明显的提高。

（3）成品速度高。成品最大轧制速度为38m/s，这不但提高了小规格产品的产量，而且在不拉开机架间距离的前提下解决了由于出口速度低造成的入口机架烫辊问题。常规生产中当坯料断面一定时一般采用脱头轧制解决烫辊问题，这样不但增加主厂房的长度增加投资，而且由于机架间距离增大使轧制中的轧件冷却时间延长，从而使能耗加大、氧化铁皮增多、成材率降低。

（4）利用高线精轧机组生产成品，提高成品的精度。对于规格为 $\phi20mm$ 及以下产品均可由无扭精轧机组进行微张无扭轧制，产品精度高于普通的棒材精轧机组。

（5）利用高速的连续运转飞剪进行倍尺剪切，飞剪最大速度可以达到40m/s，满足高速轧件的倍尺剪切需求。

（6）采用高速上钢系统使成品轧件顺利进入冷床，无论是单线轧制采用的双通道高速上钢系统还是切分轧制时采用的四通道高速上钢系统都可确保每根轧件的上冷床通道是独立的，在同一通道中的前后两根轧件是间隔的，杜绝轧件上冷床时的追尾事故，同时解决了常规上冷床方式中切分轧制时轧件容易缠绕在一起的缺陷，减少轧线的事故率且提高产品质量。

（7）利用尾部制动器实现轧件的快速制动。在冷床入口处设置尾部制动器，从轧件头部进入冷床区开始夹持轧件前进，到达制动位置后开始准确、快速地制动轧件，不需要另设轧件上冷床制动段，可有效缩短厂房至少20m，节约厂房及设备基础投资约200万元。

（8）实现控制轧制和控制冷却。在新上生产线时可以在精轧机前后设置水冷装置实现控轧控冷，在改造项目中利用高线精轧机前后的水冷装置同样可以实现控轧控冷，在不添加合金的情况下提高棒材的强度等级。

高速棒材技术的适用范围主要是为增加产品的多样性及生产的灵活性，在原高线生产线旁新增棒材系统，新建以小规格棒材为主的生产线等。在场地受限的情况，高速棒材的场地长度相对于相似配置的普通棒材可以缩短20m以上。就已经投产的几条生产线来看，其产量均已超过设计产量，质量完全满足标准要求，成材率平均在96%以上。

利用高线精轧机及高速上钢系统来生产棒材的新工艺、新技术的发展可以满足市场对小规格直条棒材的需求，避免使用高线盘圆所引起的麻烦及浪费，提高小规格产品的产量，减少切分轧制所引起的表面质量不高以及故障偏多、成材率偏低的缺陷，采用此种方式生产可以提高市场竞争力，不失为棒材技术发展的一种新选择。

9.2.5.2 单线高速小型轧线设备的技术性能

高速棒材的工艺布置形式与普通棒材没有本质区别，在常规棒材轧机之后增加了高线精轧机组及高速上钢系统。轧线轧机主要由粗轧机组、中轧机组、精轧机组以及高线精轧机组组成。精轧机基本与线材轧机相同，只是机架数量不是 10 架，而只用 6 架。其特别之处是：高速分段飞剪、夹尾器和回转式上冷床机构。典型单线高速小型棒材轧机布置示意见图 9-23，高速上钢系统设备布置见图 9-24。

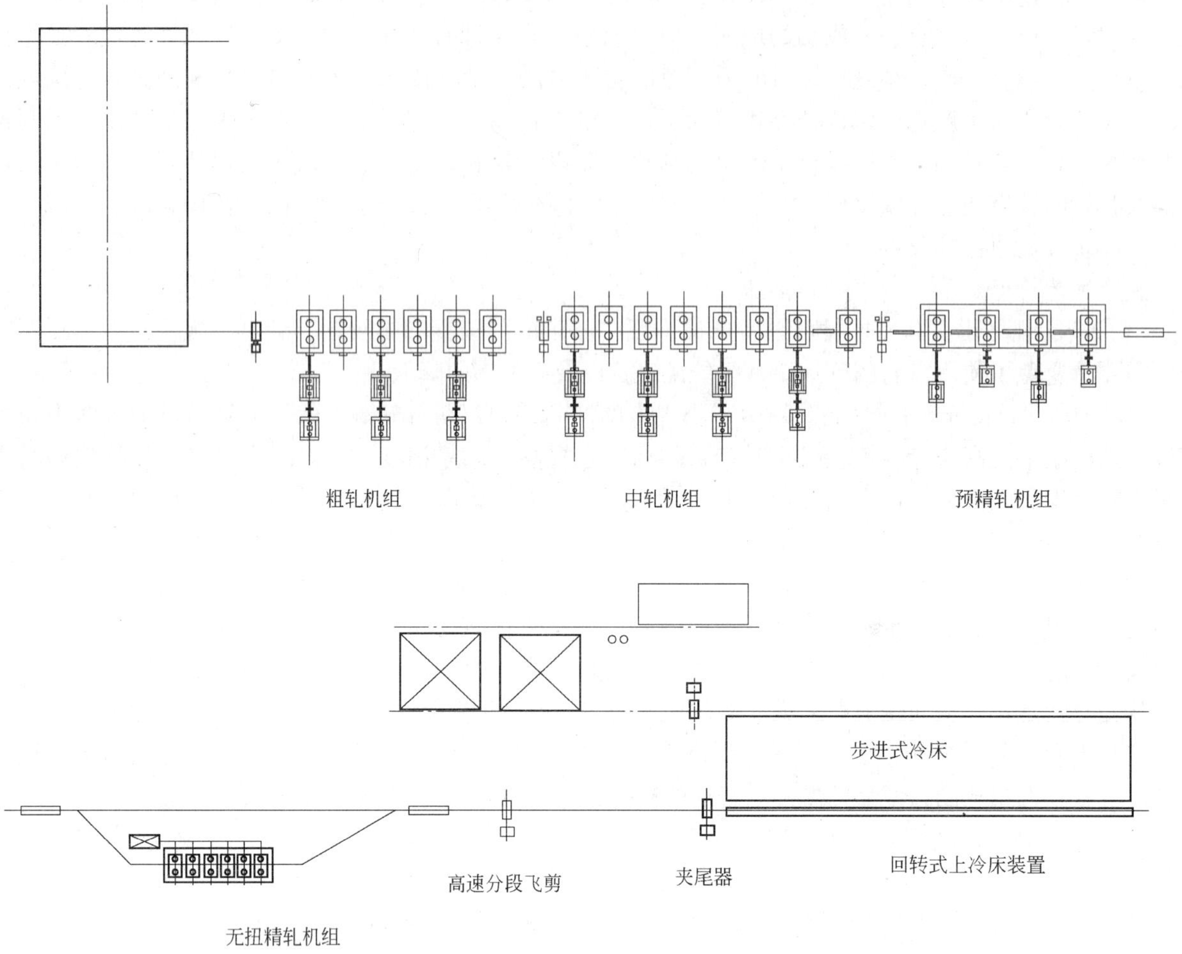

图 9-23　单线高速小型棒材轧机布置示意图

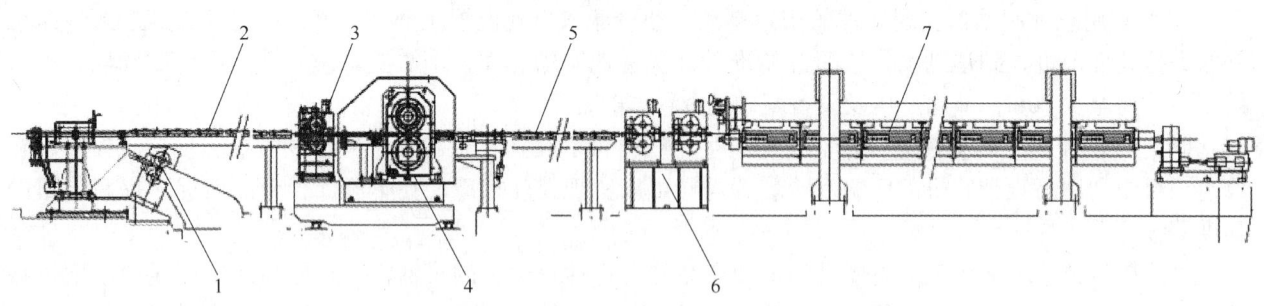

图 9-24　高速上钢系统设备布置图

1—碎断剪；2—单通道导槽；3—夹送辊；4—高速飞剪；5—双通道导槽；6—夹尾装置；7—转鼓

如图 9-23 所示，单线高速小型棒材轧机的加热炉、粗轧机、中轧机和预精轧机组与普通的单线线材轧机无异，现将不同之处的设备介绍如下。

A　6 机架 BLOCK 机组

精轧机组布置于精轧前侧活套之后，水冷装置之前。其作用是通过机组 6 机架连续微张力轧制，将上游轧机输送来的轧件轧制成成品棒材。如图 9-25 所示，精轧机组由 6 架 φ230mm 轧机组成，6 个机架采用顶交 45° 形式布置，集中传动，电机放置在出口侧。

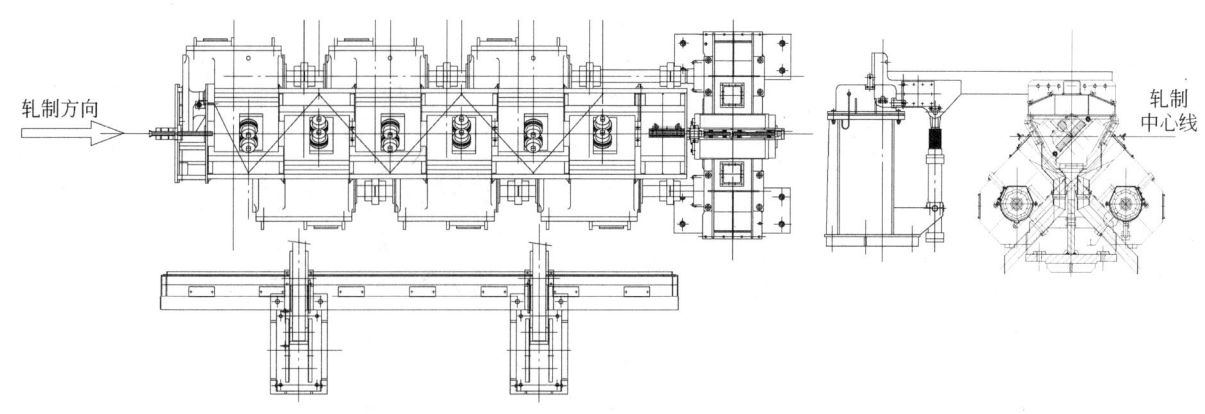

图 9-25　6 机架 BLOCKS 精轧机组断面图

B　高速飞剪

在精轧机和水冷段之后设有高速飞剪，将高速轧出经水冷的轧件切成倍尺长度，以便输入冷床进行冷却。

如图 9-26 所示，高速飞剪在上下转鼓各有一对（两个）刀片，由电机直接驱动，一直以与轧制速度相匹配的速度高速回转。其工作位置有不剪切、剪切两个位置，剪前由伺服电机控制导槽摆动到不同位置和返回时间，实现切头、切尾、分段、事故碎断四个功能。

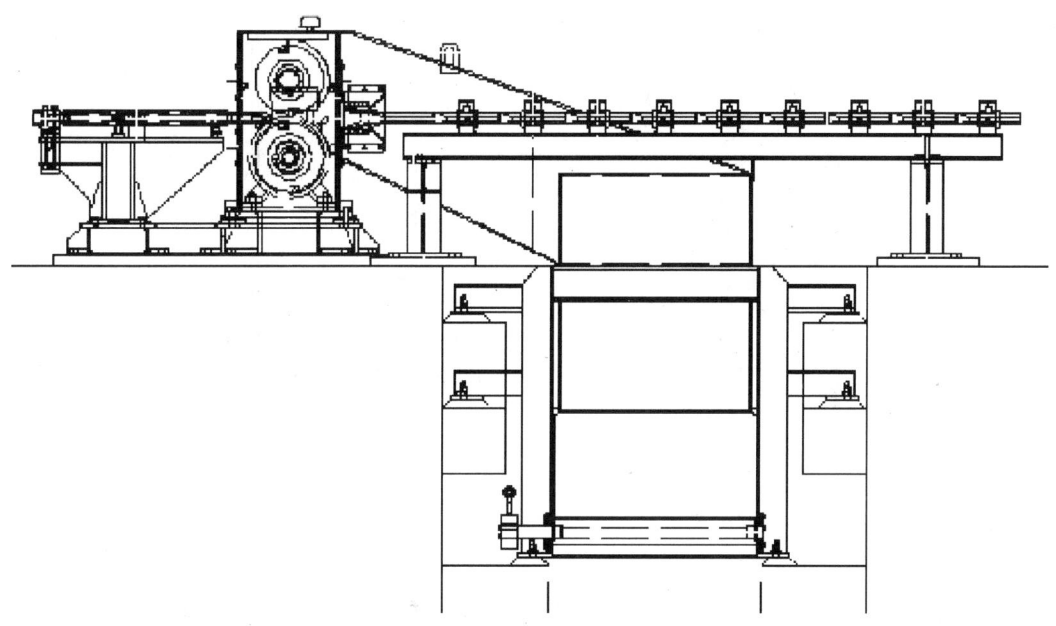

图 9-26　高速飞剪断面图

C　夹尾器和回转式上冷床机构

由精轧机轧出小直径的棒材，其速度高达 40m/s，直径小，速度高，要靠轧件与辊道、裙板的摩擦力制动是很困难的，需要有一个强制的外力夹住轧件的尾部将其速度降至 0，以便上冷床。以前用过磁力辊道制动轧件，效果不好，现在用的是机械夹尾器（见图 9-27）。其工作原理与线材吐丝机前的夹送辊相似，两个平行对称开/合的夹送辊由气缸控制，自动对称张开，且为渐开式，由电控气动装置实现控制。

回转式上冷床机构主要由内部带水冷的支撑导向槽的中心横梁、旋转导向槽驱动单元、中间横梁支撑柱、电机和电控设备组成，如图 9-28 所示。

如图 9-29 所示，工作周期由下列主要步骤组成：

（1）棒 A1 进入第一个导槽；

（2）转鼓旋转，棒 A1 落入冷床的头齿；

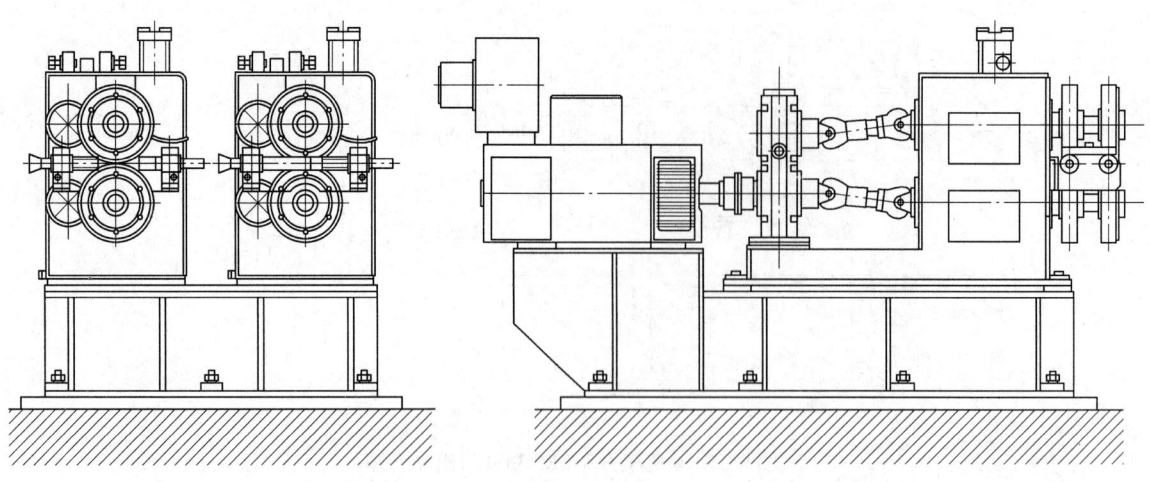

图 9-27　冷床前棒材夹尾器断面图

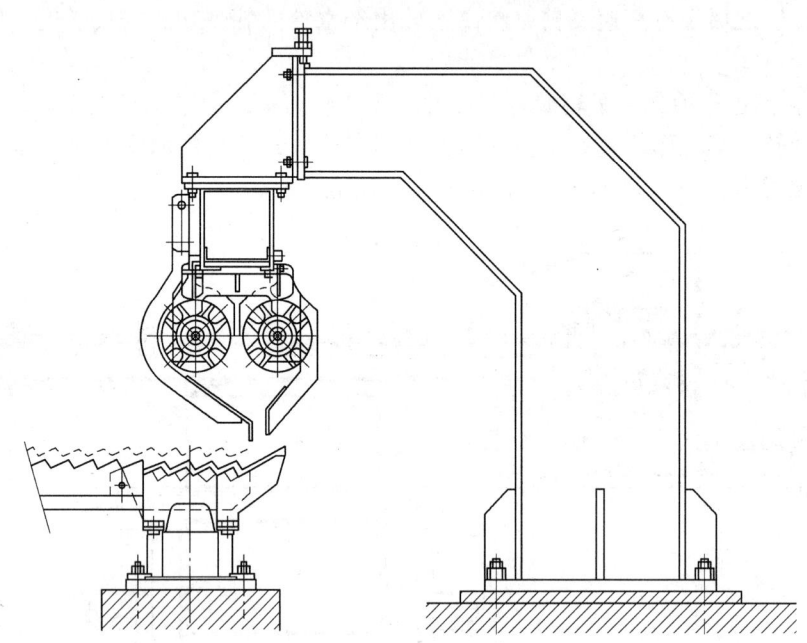

图 9-28　回转式上冷床机构断面图

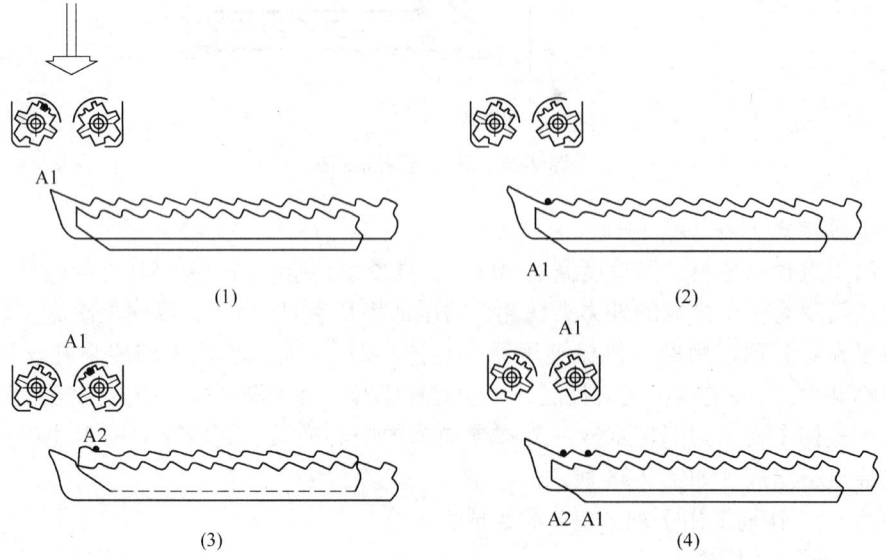

图 9-29　回转式上冷床机构的工作步骤

（3）棒 A1 在冷床上移动 1 个齿，棒 A2 进入第二个导槽；

（4）棒 A2 落入冷床。

随冷床步进移动，此过程周而复始，将棒 A1 棒 A2 相间落入冷床，下一个棒料继续进入第一个导槽内。

9.3　普通钢小型棒材轧机主要工艺技术

9.3.1　切分轧制技术

如上所述，在我国以生产钢筋为主的小型棒材轧机中，普遍推广切分轧制技术（$\phi 10mm$ 五切分，$\phi 12mm$、$\phi 14mm$ 四切分，$\phi 16mm$ 三切分，$\phi 18 \sim 22mm$ 二切分），为推动我国小型轧机单机产量的迅速提高，起到至关重要的作用。

切分技术分为辊切法和轮切法。辊切法是利用轧件在切分孔型中的轧制，用孔型将轧件切开，其特点是轧件的变形与切分同时进行，不需要任何的附加切分设备。轮切法是利用特殊孔型的轧辊，将轧件轧制成准备切开的形状，再由安装在轧机出口处的切分导卫的切分轮将轧件撕成两根（或者多根），然后分别轧制成成品。在我国切分轮的方法用得比较多。

从图 9-30 所示的切分孔型可以看出，轧件是通过最后 5 个道次的平孔轧制实现切分的。带肋钢筋的三切分孔型系统如图 9-31 所示，带肋钢筋的四切分孔型系统如图 9-32 所示。

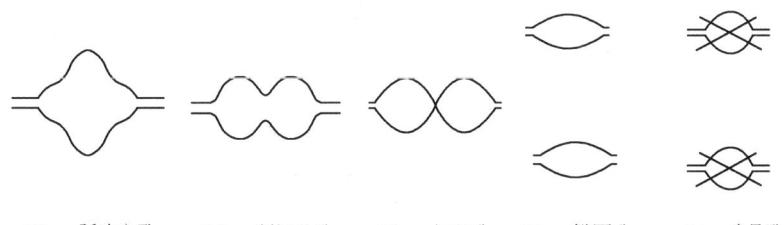

K5—弧边方孔　　K4—预切分孔　　K3—切分孔　　K2—椭圆孔　　K1—成品孔

图 9-30　带肋钢筋的二切分孔型系统

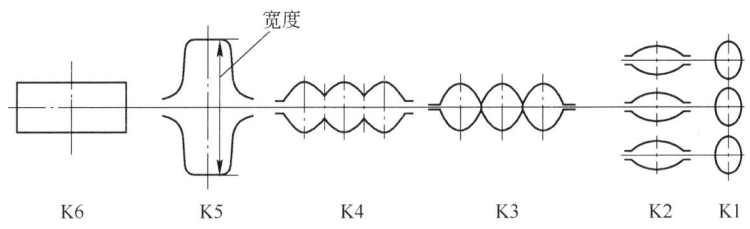

K6　　　　K5　　　　K4　　　　K3　　　　K2　K1

图 9-31　带肋钢筋的三切分孔型系统

（K5 上下厚实质为矩形料宽度，左右为矩形料厚度）

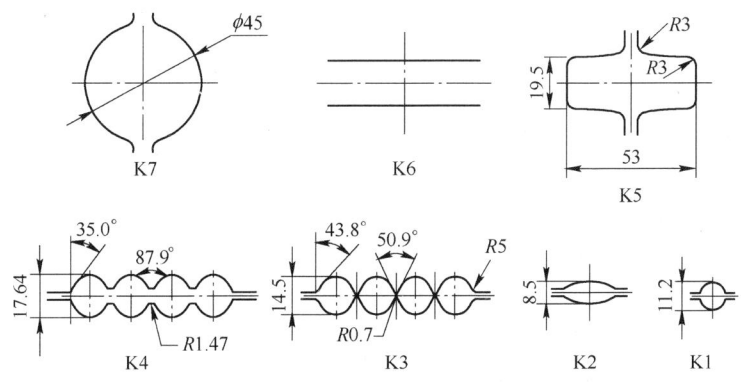

图 9-32　带肋钢筋的四切分孔型系统

二切分是切分技术的基础，三切分是二切分技术的扩展和延伸。三切分是一次将轧件的两边切开，分成三根独立的椭圆轧件。四切分的过程是：第一次三切分，将轧件的两边切开；第二次二切分，将中间两块相连的轧件再切开，就成为 4 根独立的椭圆形轧件。五切分则是两次三切分的组合，第一次三切分是将两边的两个轧件切开，第二次三切分是将中间 3 块相连的轧件切开。三切分、四切分和五切分的切分次序如图 9-33 所示。

带肋钢筋四切分的入口导卫和出口导卫如图 9-34 和图 9-35 所示。五切分切分轮结构如图 9-36 所示。

钢筋切分孔型设计方法在下面章节中，将以专门的篇幅进行介绍。

9.3.2　400MPa 钢筋的生产技术

我国标准 GB 1499.2—2007《热轧带肋钢筋》中规定钢筋强度级别有三级，HRB335、HRB400、HRB500。先进国家建筑业以 400MPa 的钢筋为主导钢筋，使用量占 80% 以上。我国仍以 335MPa 的钢筋为主导，2010 年 400MPa 钢筋的使用量仅占钢筋总量的

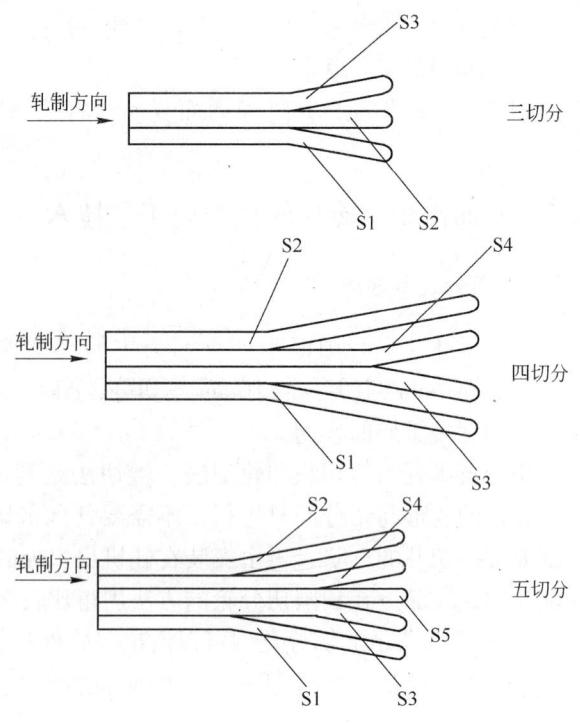

图 9-33　带肋钢筋三切分、四切分和五切分轧制的切分次序图

40% 左右，提高钢筋的级别对年消费 1.3 亿吨钢筋的大国来说，其节能减排效果显著，意义巨大。

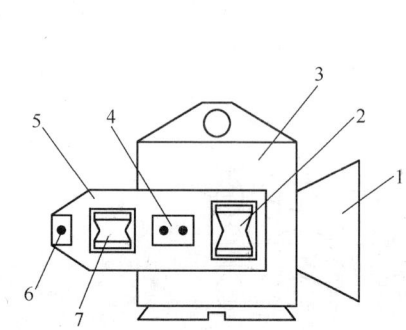

图 9-34　带肋钢筋四切分的入口导卫示意图
1—导板；2—第一列导辊；3—导卫体；4—耐磨滑块 1；
5—支臂；6—耐磨滑块 2；7—第二列导辊

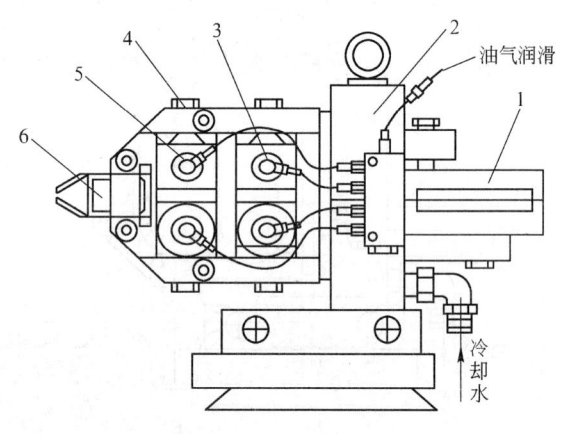

图 9-35　带肋钢筋四切分的出口导卫示意图
1—分料盒；2—导卫体；3—第二列切分轮；
4—调节螺栓；5—第一列切分轮；6—插件

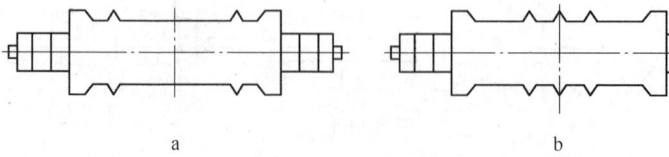

图 9-36　带肋钢筋五切分切分轮结构示意图
a—第一列切分轮；b—第二列切分轮

现在我国 400MPa（Ⅲ级）热轧带肋钢筋的生产方法主要有：微合金化、余热处理、低温超细晶粒轧制等。各种方法使用情况见表 9-6。

表 9-6　400MPa 热轧钢筋不同生产工艺情况

工 艺 方 法	牌 号	使 用 情 况
微合金化	20MnSiV	大多数企业生产
	20MnSiNb	近几年产量提升很快，约占 12%
	20MnTi	尚没有企业生产
余热处理	20MnSi	许多企业可以生产，并出口国外，但国内市场尚不认可
低温超细晶粒碳素钢轧制	20MnSi	已有企业在批量生产，但总体产量不高

9.3.2.1　微合金化

微合金化即在现有 20MnSi 的基础上加入少量的微合金元素 V、Nb 和 Ti。我国微合金化以 V 和 V-N 为主，添加 Nb 的企业也在增多，实际使用添加 Ti 的企业还没有。V 的加入量大约在 0.04% ~ 0.08%，V-C、V-N 在高温下溶于奥氏体，在奥氏体向铁素体的转变过程中从晶界析出，形成新的晶粒核心，细化晶粒，使之形成细小均匀的珠光体组织，提高钢筋的强度和韧性。微合金化生产 400MPa 钢筋非常有效，已经在国内 44 家大中型企业广泛应用。微合金化的最大缺点是：需要使用稀缺的微合金元素 V、Nb 或 Ti，且使 400MPa 带肋钢筋（又称螺纹钢筋）每吨的生产成本增加 300 元左右，甚至更高，使生产企业无利可图。微合金化有效，但大家都在千方百计避免使用它。

9.3.2.2　轧后余热淬火

棒材轧后热淬火-热心回火工艺是比利时 CRM 发明的一项新技术，最早在欧洲用于高强度钢筋的生产。我国研究院所和高校也对这项技术进行了多年研究，早在 1984 年就在原冶金工业部科技司主持下，通过了"采用穿水冷却的方法生产Ⅲ级螺纹钢筋"的技术鉴定。其原理是：轧件离开终轧机架后以 850℃ 左右的高温进入水冷箱，通过强力的快速冷却使钢筋表面层形成具有一定厚度的淬火马氏体，而心部仍为奥氏体。当钢筋离开冷却水箱后，心部的余热向表层扩散，使表层的马氏体自回火。当钢筋在冷床上缓慢自然冷却时，心部的奥氏体发生相变形成铁素体和珠光体或铁素体＋珠光体，表面层为回火马氏体。经余热淬火处理的钢筋其屈服强度可提高 150 ~ 230MPa。从理论上分析，采用这种工艺还有很大的灵活性，用同一成分的钢通过改变冷却强度，可获得不同级别的钢筋（3 ~ 4 级）。轧后余热淬火的组织转变如图 9-37 所示。

但这种工艺在后来 10 多年的推广过程中却不尽如人意。轧后穿水冷却的余热淬火处理，主要靠淬火-回火层的组织和厚薄来调节钢筋的强度和塑性。因此，规格的大小、轧件温度的高低、轧制速度都会影响到回火层的组织和厚薄，很难保证性能稳定、一致。而且焊接对这种工艺生产产品的性能影响比较大，闪光对焊后，焊缝热影响区的强度和塑性降低；同时由于冷却强度大，钢筋的内应力比较大，存在时效问题。在钢筋放置一定时间后，残余应力释放，强度下降 10 ~ 20MPa，规格越大，透热深度有限，提高强度越困难。我国是一个地震灾害频发的国家，比欧美对钢筋的屈强比有更高的要求，这些问题都影响到下游用户建筑单位对轧后余热淬火工艺的认可，最后无疾而终。在热轧钢筋标准 GB 1499.2—1997 中明确规定：按热轧状态交货的钢筋，其金相组织主要是铁素体加珠光体，不得有影响使用性能的其他组织存在。轧后余热淬火表面为回火马氏体，是铁素体加珠光体之外的其他组织，标准不允许存在，等于对轧后余热淬火工艺的否定。

9.3.2.3　低温轧制

为了降低成本，科研机构研究采用低温轧制方法用普碳钢 Q235 生产 400MPa 带肋钢筋的生产工艺，并进行了实验室和工业试制。其工艺要点是：

（1）在成分上适当调整，增加 C、Mn 含量，提高强屈比；

（2）低温开轧，开轧温度约 950℃；

（3）全线控温轧制，控制中轧温度、精轧温度；

（4）控制相变，控制轧后冷却速度。

低温轧制生产 400MPa 带肋钢筋的设备配制与温度控制如图 9-38 所示。

从理论上说，低温轧制产生具有 6 ~ 9μm 的细晶粒或超细晶粒的铁素体＋珠光体，是生产 400MPa 钢筋非常理想的工艺，但实际并非如此。首先，为获得细晶粒或超细晶粒组织代价不小，从济钢小型厂得

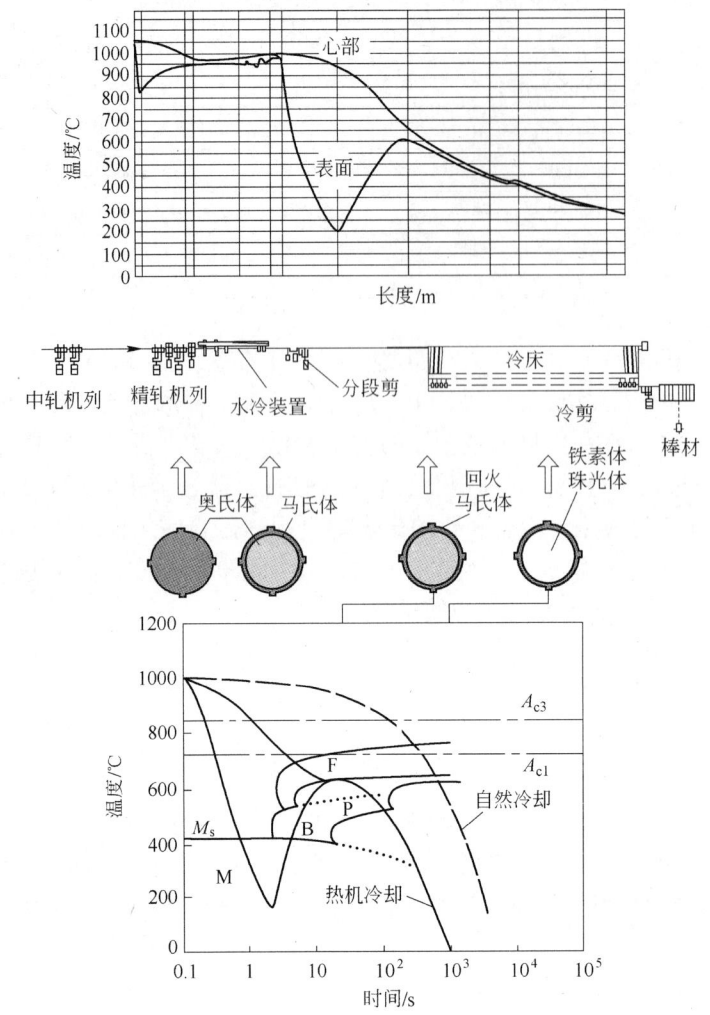

图 9-37　轧后余热淬火的组织转变

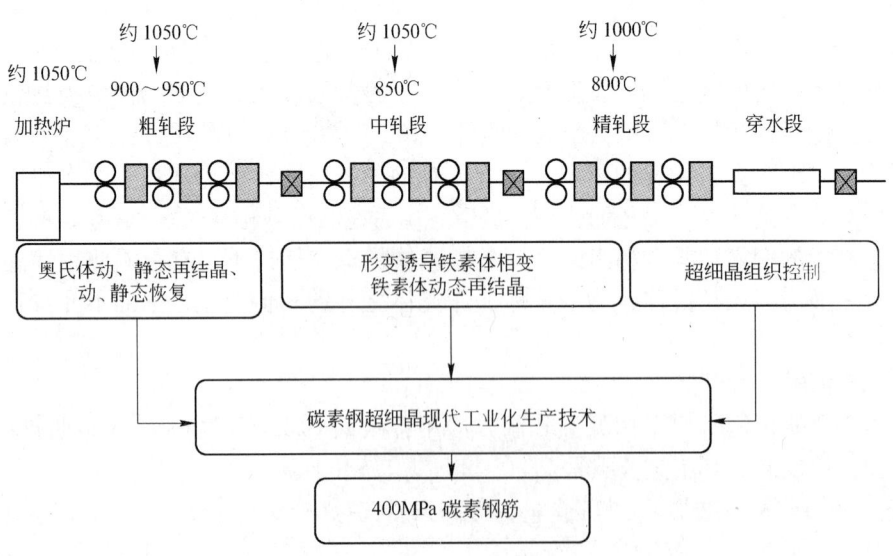

图 9-38　低温轧制的设备配制与温度控制示意图

到的报告，950℃低温开轧，粗轧机、中轧机和精轧机组的轧制力、轧制力矩大幅上升，导致电机负荷加大，甚至引起轧机传动装置的损坏。这种生产工艺不但对已投产的生产线主轧机和电机无法适应，就是新建生产线要适应如此低的温度开轧，粗轧和中轧机组的设备重量和电机容量至少要增加 20% ～ 30%，实现起来非常困难，在工程上难以推广。

这些超细晶粒材料都存在热稳定性或亚稳定性的问题。超细晶粒钢对热循环特别敏感，在钢筋对焊后其焊缝处的晶粒尺寸、拉伸强度和塑性都会发生变化，晶粒越细变化越大。这种材料的另一弱点是，在屈服时表现出不稳定的塑性，在屈服后只有很小的加工硬化效应，屈服强度非常接近抗拉强度，这是建筑钢筋非常不希望出现的特性，因而限制了其在钢筋生产中的应用。因此，超细晶粒生产技术还不是成熟工艺，真正成为生产力还有待进一步研究。

9.3.2.4　400MPa带肋钢筋生产的新工艺

首钢对非微合金化生产HRB400钢筋进行了系统的研究，利用形变位错强化和晶界强化，开辟了一条新的"低成本、高性能"的生产工艺，其工艺的要点是：

（1）适当调整钢中的锰含量。当锰当量 $w(Mn)_{eq} = 1.55\% \sim 1.77\%$ 时，焊接强度能够满足 HRB400 钢筋的要求。

（2）面缺陷强化：晶界强化。通过细化晶粒，增加晶界总面积而获得。面缺陷强化对屈服强度的贡献要大于对抗拉强度的贡献。获得面缺陷强化的途径不是超低温、大压下的超细晶路线，而是采用如下途径：

途径一：适当降低再结晶区变形温度。工艺上采用 900 ~ 1000℃ 较低温开轧，降低精轧入口温度至840 ~ 880℃，全程细化组织，促进表面、心部组织均匀化。

途径二：轧后及时、分级、有限冷却，抑制奥氏体晶粒长大，同时获得较大的过冷度，降低相变温度、细化晶粒。但不是晶粒越细越好。晶粒越细，强度越高，强屈比越低。当晶粒度达到9.5级时，强度有一定富裕量，但强屈比已经低于1.25的抗震要求。因此，单纯采用面缺陷强化满足不了强屈比不小于1.25的抗震要求。需要线缺陷强化来匹配提高材料的抗拉强度。HRB335 试样平均晶粒度为8级，平均晶粒尺寸为21μm，HRB400S 试样平均晶粒度为9.5级，平均晶粒尺寸为13μm，HRB400S 的面缺陷强化效果约为27MPa。

（3）线缺陷强化，即形变位错强化。在形变过程中位错不断增殖，对位错的滑移形成缠结，提高位错间的交互作用，达到强化目的。线缺陷强化对材料抗拉强度的贡献要大于对屈服强度的贡献。线缺陷强化措施：位错在高温状态下消失非常迅速，通过热模拟试验，920℃变形后停留5s过程，位错消失了约50%。为了保留形变过程产生的高密度位错，轧后必须立即穿水。

上述工艺生产的非微合金化 HRB400 钢筋与 Nb 微合金化 HRB400Nb 的各项使用性能等同，包括抗震性能、闪光焊性能、电渣压力焊性能、强屈比、时效性能、低温拉伸性能、低温冲击性能。

9.3.2.5　400MPa带肋钢筋生产的新思路

一些研究者提出了400MPa带肋钢筋生产的新思路。北京科技大学的学者提出：钢中S、O、N对钢的组织性能具有重要影响，过去的钢筋标准中对O、N没要求，对S要求也很低。现在我国实际生产过程对洁净度的控制已达较高水平。建议修改标准，按薄板坯连铸连轧的过程控制，在钢筋标准中列入：[N] $< 70 \times 10^{-4}\%$、[O] $< 30 \times 10^{-4}\%$、[S] $\leqslant 100 \times 10^{-4}\%$ 的要求。

东北大学的学者提出：精轧后以超快冷的方式（冷却速度400℃/s）将变形的奥氏体"冻结"，以此达到细化晶粒的目的。这种比轧后穿水冷却冷却速度更快的"超快冷"工艺，在热轧板中得到应用，移植到长材来，作为学术探讨，百花齐放，有利于科学的繁荣；作为生产工艺在实际生产中存在的问题如何克服，产品能否为下游用户接受，还需要做许多工作。

9.3.3　无孔型轧制技术

早在 1967 ~ 1990 年，国内外都进行过棒材无孔型（或称无槽）轧制试验研究，但都没有在实际生产中获得应用。1987 年引进的唐钢高线，前面 5 架粗轧为紧凑式的大压下轧机，当时就是采用无孔型轧制工艺。唐钢线材投产后，无孔型轧制对进出口导卫安装要求高，生产厂不是很满意。1989 年在通化钢厂线材的设计中，我们将无孔型改成半孔型（轧槽切入深度较浅的箱形孔），通钢对此还不是很满意，在1991 年的上钢三厂设计中，我们全面退回到孔型轧制。

我国新疆八一钢厂坚持对无孔型进行试验和研究，历时近 10 年，于 2005 年 11 月成功开发出棒材的全连续无孔型轧制技术，仅使用 K1 成品孔型轧制带肋钢筋。截至 2008 年 1 月，八钢高速线材厂成功实现了 1～21 号轧机的无槽轧制技术。在八一钢厂成功示范的带动下，全国生产钢筋的小型和线材轧机上纷纷采用这项技术，以降低轧辊消耗，节约生产成本。八一钢厂的 25mm 带肋钢筋无孔型轧制时轧件的断面变化和断面形状如图 9-39 和图 9-40 所示。

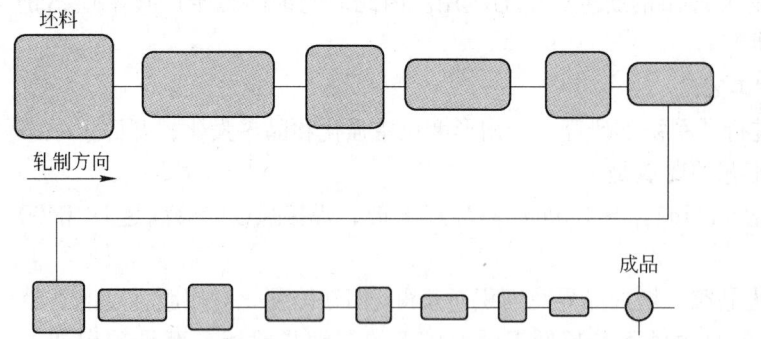

图 9-39　25mm 带肋钢筋无孔型轧制时轧件的断面变化

图 9-40　25mm 带肋钢筋无孔型轧制时
各道轧件的断面形状

　　其他各厂使用无孔型不像八一钢厂那样架数那么多，总的来说线材轧机无孔型可多用几架，小型棒材轧机可用无孔型轧制的架数要少些。无孔型轧制时侧壁没有孔型夹持，轧件处于自由宽展状态，轧件的尺寸精度虽然可以接受，但比孔型轧制要差。钢筋的切分轧制是在最后 4 个机架完成的，为保证切分面积均匀，在这 4 个切分道次前要有 2～4 个孔型来调整轧件的尺寸，因此对生产钢筋的小型轧机来说无孔型最多只用 12 架，现在用 8 架、10 架者居多。无孔型使用方法是将新轧辊用在辊径相同的最后一架，重车后逐渐前移，最后用在最前的一架。采用无孔型轧制的好处是：

　　（1）无孔型轧制可大幅度降低轧辊消耗。由于轧辊不刻槽，轧辊辊身和硬度层可充分利用，轧辊耐磨性提高、磨损量减小，辊耗由吨钢 0.4kg 降为 0.12kg。由于轧辊没有孔型，因此不同规格的坯料通过调整辊缝即可改变压下量，实现了不同规格坯料的共用，大幅度减少了轧辊的备用量。采用无孔型轧制，轧辊可利用的辊径范围增大，从而减少了轧辊的订货重量。

　　（2）无孔型轧制过程中氧化铁皮极易脱落，可使开轧温度降低 30℃，燃耗减少。

　　（3）实现无孔型轧制后，可自由调整轧机负荷，增大轧件变形量，减少了轧机的使用数量。

　　（4）大幅度提高轧机作业率。由于轧槽耐磨性提高，换槽、换辊次数显著减少，不同规格坯料可以共用，大换辊次数也可减少到最低限度。同时无孔型轧制可以避免带孔型轧辊轧制时由于轧槽和导卫不对中而引起的故障。综合可提高轧机作业率约 5%，是增产增利的最有效措施。

　　（5）由于变形阻力的降低，在同等压下量的情况下，轧制能耗减少。

　　（6）由于无孔型轧制时轧制横向分布均匀，而且非稳定变形区较窄，因此轧件头尾部缺陷减少，可提高成材率约 0.4%。

　　（7）由于轧辊通用，轧机可做到同机组备用，大幅减少备用轧机的数量，且备用轧机同机组通用，在遇到烧轴承、断辊等突发事故时，损失可降至最低。

　　（8）轧辊加工简单，车削量小，可减少轧辊加工、机床和刀具的配备，降低维修费用和轧制成本。

　　在棒材和线材生产中采用无孔型轧制技术，为提高效率和降低生产成本增加了新的手段。无孔型轧制中，为防止轧件的扭转和跑偏，全靠进出口导卫夹持，因此对进出口导卫安装要求比较高。近年来我国的棒线材轧机的导卫改由专业导卫厂制造，质量比生产厂自己制造大为提高，较好地解决了安装精度的问题。但导卫的消耗比孔型轧制也要高一些。

9.4　合金钢和优质钢小型棒材轧机主要工艺技术

9.4.1　产品

　　优质钢小型轧机的产品规格范围 $\phi14(12)$～80mm，产品覆盖的范围比钢筋轧机产品 $\phi12$～50mm 要大，这主要是由优质钢产品用途决定的，如机器的轴类需要大于$\phi50mm$以上的圆，小汽车的传动齿轮要求$\phi55\sim65mm$的产品。轴承钢的使用范围为$\phi9\sim150mm$，其中$\phi30\sim90mm$用量最大（约占轴承钢用量的75%），所以要求优质钢小型轧机的产品范围要宽一些。但又不能太宽，其上限受定尺冷剪剪切力和头部压扁、冷床共用性等因素的限制；此外，对我国这样一个市场容量很大的大国，高效率才能有竞争力，产品范围过宽的轧机，在效率上要大打折扣，导致市场竞争力降低。但各厂要求也不尽相同，在激烈的市场竞争中有的厂要求进行更精细的分工，因为小规格的优质钢棒材需求量比较大，所以将传统$\phi14(12)\sim80mm$合金钢小型棒材生产车间，分成合金钢小棒（$\phi14\sim30mm$）与中棒（$\phi30\sim80mm$）两个车间。

9.4.2 坯料

现在特殊钢和合金钢小型棒材轧机使用的坯料有三种：

（1）中断面或小断面的连铸坯；

（2）用大断面连铸坯开坯的轧制坯；

（3）由钢锭开坯的轧制坯或锻造坯。

连铸技术的快速发展使可连铸的钢种越来越广，可直接使用的合金钢连铸坯越来越多。为提高效率降低成本，现在使用最多的是中小断面连铸坯，少量使用大断面连铸坯开坯的轧制坯，极少量使用由钢锭开坯的轧制坯或锻造坯。现在在优质钢和中合金钢小型轧机上可直接使用中小断面连铸坯的钢种有：优质碳结钢（45、50）、合金结构钢（40Cr、35CrMo）、齿轮钢（20CrMnH）、冷镦钢（ML35、ML42CrMo）、弹簧钢（60Si2Mn50CrVA）、轴承钢（GGCr15）和不锈钢（1Cr18Ni9、1Cr13）等。

连铸坯规格的大小要根据产品规格的上限和该钢种要求的压缩比来决定，几种要求比较严格钢的压缩比要求是：齿轮钢：$8\sim10$；轴承钢：热轧状态交货为$13\sim15$，退火状态交货为25，用于制造钢球滚动体不小于40；冷镦钢：国内外所作的研究还不多，以我们有限的实践看，其压缩比至少应不低于制造钢球滚动体轴承钢的40。以此来选择连铸坯断面的大小。

现在国内的特殊钢和合金钢小型轧机连铸坯的规格在$180mm\times180mm\sim240mm\times240mm$之间。但在同一个厂有开坯-大棒生产线、小型生产线、线材生产线等多套轧机进行分工后，情况有所变化，合金钢小型轧机使用的坯料趋向于减小，在$160mm\times160mm\sim180mm\times180mm$之间，因为小断面坯可以降低生产成本，而性能要求更高的产品可用大连铸坯开坯后生产。

9.4.3 合金钢的连轧技术和轧线轧机的组成

轧线轧机的组成架数主要考虑：成品规格、原料规格和所轧制钢种。不同钢种产品采用的变形延伸系数为：普通碳素钢和低合金钢$1.29\sim1.30$，中合金钢$1.27\sim1.28$，高合金钢$1.24\sim1.26$。

如果轧制特种高合金钢其平均延伸系数还要更小，但特种高合金钢需求量很少，没有必要在很多轧机上考虑其生产工艺。在考虑了上述主要因素后，我国新建的优质钢小型轧机的轧线多由$22\sim24$架轧机组成，呈6-6-6-4布置，也可呈6-8-4-4布置，最后4架为三辊式减径定径机。

如果选用$180mm\times180mm$或$200mm\times200mm$的连铸坯为原料，从轧件的咬入条件和轧辊的强度考虑，粗轧机组的轧辊辊径多选择$\phi650mm$。现在有一个趋势是将轧辊直径适当加大，如$200mm\times200mm\sim220mm\times220mm$的坯料亦选用$\phi750mm$的粗轧机，因为较大辊径的轧机对变形的渗透性有好处，可以更好地改善轧件变形的均匀性。

粗轧机组与中轧机组间采用脱头轧制，是优质钢和合金钢小型轧机布置的一大特点。因为坯料规格比较大，而最末架的轧制速度受冷床的限制不能太高（最大轧制速度18m/s），所以为保持第一架的入口速度小于0.1m/s，就需要粗轧机组与中轧机组间的距离拉开，彼此不形成连轧。以我们多年设计合金钢小型棒材轧机的经验，以$200mm\times200mm$以上坯料为原料的轧机，其1号轧机的咬入速度最好不小于0.2m/s。在轧制合金工具钢、马氏体不锈钢这类高合金钢时，其第一架的咬入速度最好也在0.2m/s以上，变形速度较快，表面的温降较小，可避免产生表面裂纹。在国内，笔者第一次在抚顺钢厂的合金钢小型轧机设计中采用"脱头轧制"，其后为多家合金钢厂的小型和线材轧机设计效仿，现在成为这类轧机的一种标准布置。

9.4.4　轧制合金钢的轧机形式

如前所述,现有闭口式轧机、短应线轧机、预应力轧机、悬臂式辊环轧机、45°L 型轧机、三辊 KOCKS 轧机等多种机型,其中短应线轧机在小型棒线生产中应用最多,是小型生产的主导机型。而在生产合金钢的小型轧机中,更是如此。短应力线轧机刚度高,产品尺寸精度高;机架整体更换,换辊换孔型方便,非常适合合金钢小批量、多品种的需求。我国除了在 1992 年建设的大连合金钢小型棒材轧机采用过闭口式轧机外,以后建设的合金钢和优质钢小型轧机几乎都是采用高刚度的短应线轧机。

9.4.5　减径定径技术

减径定径机开发的动力源于提高产品的尺寸精度。机械制造业水平的快速提高,汽车和标准件行业要求钢铁厂提供尺寸精度更高的产品,以提高材料的利用率和减少机械切削加工量,降低生产成本。提高轧件尺寸精度的途径,一是提高轧机的刚度,二产减小压下量。棒材减径定径机最初就是为了提高产品的尺寸精度而开发的。

现在棒材生产中使用的减径定径机有:二辊式、三辊式以及四辊式,以三辊式的减径定径机用得最多。二辊式减径定径机的轧制原理与普通二辊轧制相同,只是在增加轧机的刚度、减小压下量两个方面有所改进。而三辊式减径定径机是从基本变形原理上的改进,以三相受力状态的变形,使变形更加均匀,适合轧制任何钢种;轧辊各点的速度差更小,轧辊的磨损小;轧件的尺寸更精确,其效果最佳。二辊与三辊轧制变形过程如图 9-41 和图 9-42 所示。

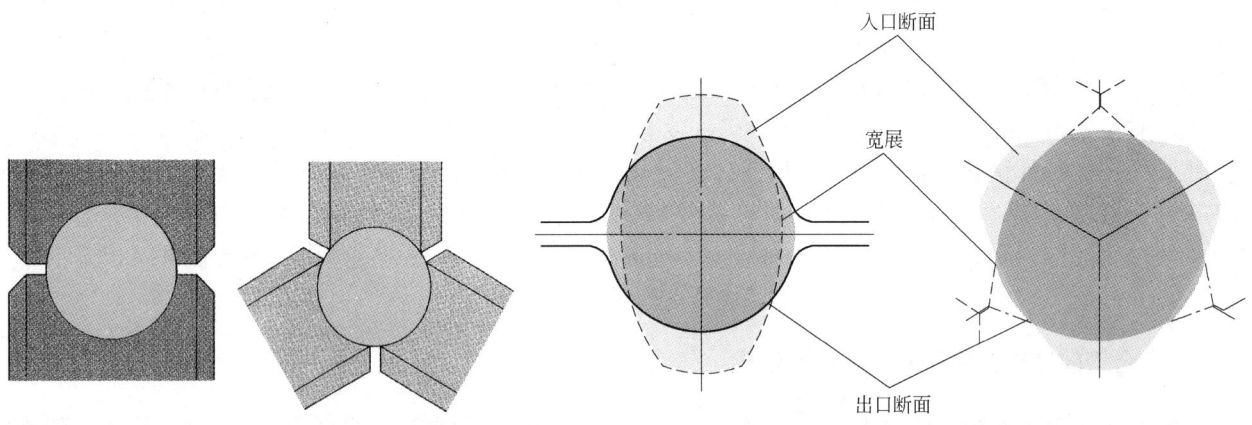

　　　　图 9-41　三辊孔型与三辊孔型　　　　　　　　图 9-42　二辊与三辊变形产生的宽展比较

采用三辊技术的主要优点是:

(1) 提高产品的尺寸精度,使之接近用户要求的最终尺寸,因而使下游的汽车和机械制造业取消或减少切削加工,降低生产成本。

(2) 全线采用单一孔型系统,因而可大大减少全线孔型和导卫的调整和更换时间,提高轧机的有效作业率,增加轧机产量;减少整条生产线轧辊和导卫备件数量,降低运行成本。

(3) 可实现"自由尺寸"轧制,为用户提供所需要尺寸的产品,增加生产灵活性。所谓"自由尺寸"轧制是指:

1) 轧件来自相同的入口断面,仅通过辊缝调整,即可轧出众多尺寸间隔细微的成品棒材(小于国家标准规定的间隔)。

2) 其"自由"涵盖一个特定的直径范围。

3) 所要求的紧密公差不变。

KOCKS 采用一个孔型系统通过调整辊缝可以轧制变化范围为直径的 9%、最大为 3mm 内的各个规格的产品,且具有同样良好的公差。

(4) 实现真正意义上的低温轧制,提高产品的冶金力学性能。

现在棒材生产中使用的三辊减径定径机主要有 KOCKS 的三辊减径定径机 RSB 和 SMS MEER 的高精度定径机 PSM。1957 年 KOCKS 公司开发成功轧制棒材的三辊 KOCKS 轧机，但早期的轧机结构比较复杂，三个轧辊需要专用机床加工，造价相对较高，推广艰难。后来公司对轧机的传动、轧辊的调整都作了许多改进，并取消了轧辊的专用机床加工，20 世纪 90 年代定位于合金钢和优质钢小型轧机的减径定径机，为市场所接受，在我国就引进了 8~9 套 KOCKS 轧机，成为 KOCKS 轧机的主要市场。SMS MEER 公司以设计制造钢管轧机而著称，2003 年由该公司设计制造的 5 机架三辊连轧管机组在天津钢管厂投产成功，将热轧无缝管的技术推向一个新的阶段。其后 SMS MEER 将三辊连轧管技术移植于棒材轧制，2006 年推出了三辊棒线材减径定径机，在美国和德国本土各推出一套之后推向中国市场。现在我国 SMS MEER 的减径定径机有两套订单正在制造。

9.4.5.1 KOCKS 三辊减径定径机

KOCKS 已开发出两种类型的机型，早期的机架是只有一个驱动轴的精密定径机（PSB），近期出售的大多数减径定径机是经过进一步改进采用三个输入驱动轴的机架（RSB）。

如图 9-43 所示，KOCKS 轧机三个辊环在垂直于地平的平面上呈现出 120°布置，电机通过 C 型传动框架将动力传到三根辊轴上，三个辊环可以单独也可以集中一起调整。KOCKS 轧机一般为 3~5 架为一组使用，用 4 架者居多。KOCKS 轧机技术性能如表 9-7 所示。

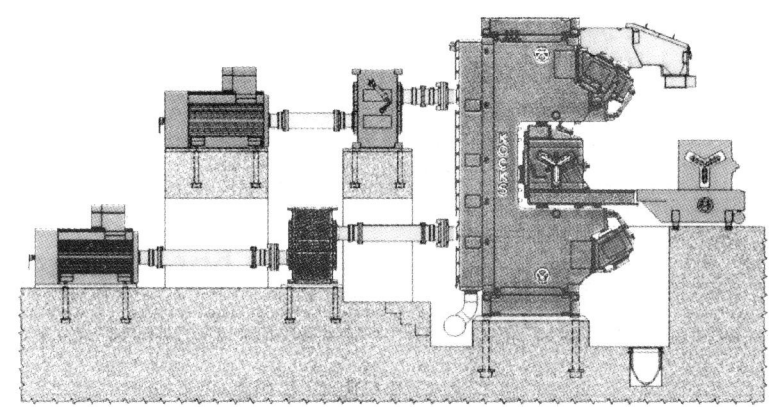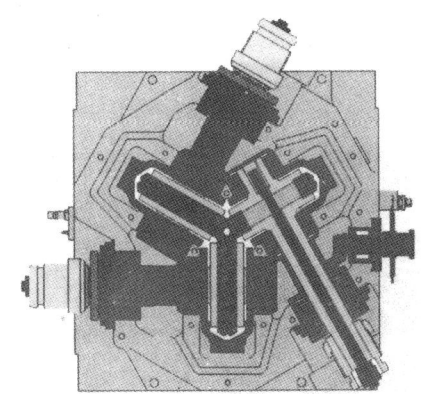

图 9-43 三辊 KOCKS 轧机的 C 型传动框架和三辊机芯

表 9-7 三辊 KOCKS 轧机（RSB）技术性能

项 目		普 通 设 计			重 型 设 计				
轧机类型		215	300	370	215	300	370	435	500
轧辊直径 /mm	最小	210	305	370	210	305	370	435	518
	最大	220	315	380	220	315	380	450	538
轧辊宽度 /mm	最小	—	22	40	—	(30)	40	50	65
	最大	25	50	70/75	25	58	90	100	125
机架间距/mm		520	620	720	520	620	720	880	1100
轧制速度/m·s⁻¹		25	25	25	25	25	25	20	15
辊缝调整 /mm	径向	10	10	10	10	10	10	15	20
	轴向	±0.5	±0.5	±0.5	±0.5	±0.5	±0.5	±0.5	±0.5
机架重量① /kg		550	1660	2810	620	1850	3120	4500	5740
入口尺寸(最大)/mm		25	53	85	31.8	71	110	138	170
成品规格 /mm	最小	5	12	13	5	12	13	18	250
	最大	23	48	80	30	60	100	130	150
轧辊装配		轴向夹紧型			液压/收缩装配型				

①机架重量含轧辊和导卫重量。

使用 KOCKS 轧机后,产品的尺寸精度如表 9-8 所示。带 KOCKS 三辊减径定径机(RSB)的孔型系统如图 9-44 所示,KOCKS 轧机"自由尺寸"轧制的调整范围如图 9-45 所示。

表 9-8　KOCKS 轧机产品尺寸精度　　　　　　　　　　　　　　　　　　　　　　　　(mm)

直　径	用减定机精密轧制	不用减定机轧制	直　径	用减定机精密轧制	不用减定机轧制
$\phi14\sim20$	±0.10	±0.25	$\phi36\sim50$	±0.133	±0.40
$\phi21\sim25$	±0.10	±0.30	$\phi51\sim60$	±0.167	±0.60
$\phi26\sim30$	±0.12	±0.30	$\phi61\sim80$	±0.167	±0.60
$\phi31\sim35$	±0.12	±0.40	$\phi81\sim90$	±0.217	±0.90

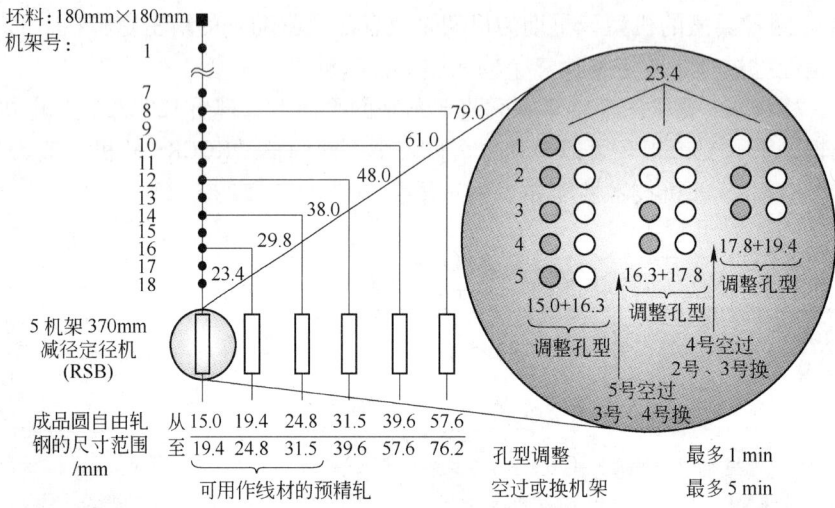

图 9-44　带 KOCKS 三辊减径定径机的孔型系统

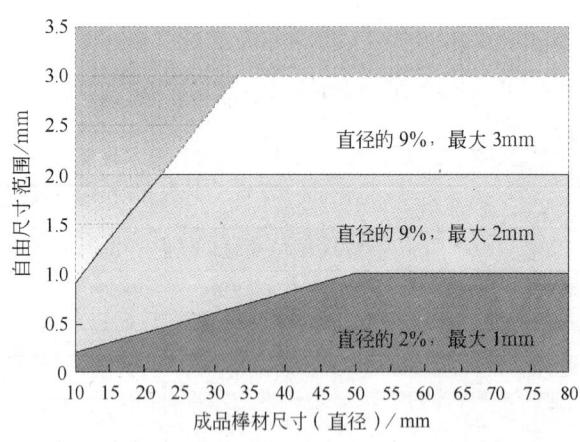

图 9-45　KOCKS 轧机"自由尺寸"轧制的调整范围

9.4.5.2　KOCKS 三辊减径定径机的主要特点

(1)轧制力作用在机架内。轧制力保持在钢架内部,它们通过偏心套传递,100% 留在机架牌坊内部。C 模块和机架支撑不与任何轴向或径向轧制力接触。KOCKS 轧机受力如图 9-46 所示。

(2)每一架轧机的轧辊传动由一个单独的预减速机和 C 模块传动,如图 9-47 所示。

(3)轧辊的调整方式是用同一个调节器调整三根带齿型连接偏心套的辊轴,同步调整三个辊子,如图 9-48 所示。

(4)导卫的安装方式是导卫安装在机架内(图 9-49),远程控制轧辊导卫调整,可实现远程在线调整。

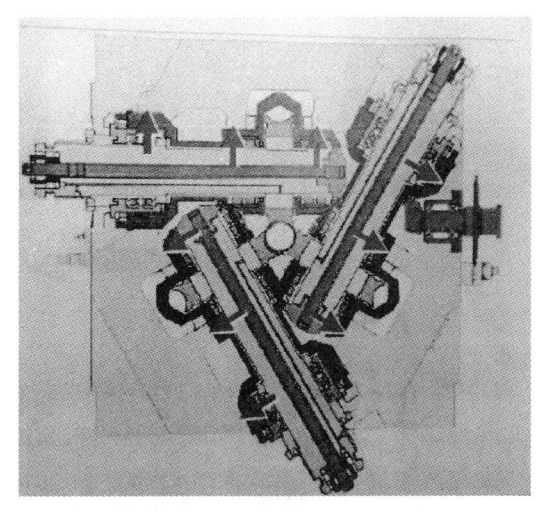

图 9-46　KOCKS 轧机受力示意图

图 9-47　KOCKS 轧机的传动

图 9-48　KOCKS 轧机的轧辊调整

图 9-49　KOCKS 轧机的轧辊导卫

9.4.5.3　SMS MEER 公司的三辊减径定径机

SMS MEER 公司的三辊减径定径机（见图 9-50）第一条生产线于 2006 年投产，现有两条样板（DEW，德国；TIMKEN，美国），已安装的生产能力为 0.6 万吨/天（美国），中国有两个订单。

SMS 高精度定径机 PSM 380/4，设计用来减小从中轧机过来轧件的外径，得到具有一定精度的各种规格的成品。主要部件包括：PSM 轧机机座、变速齿轮箱、液压调整系统、三辊机架、三辊导卫。

图 9-50　SMS MEER 的三辊棒材减径定径机

A　PSM 380/4 轧机机座

棒材轧机机座为焊接结构，包括一个用于接纳机架的机座梁。机座顶部通过横向支撑与机座梁安装和连接，并在其上部有由螺栓紧固包含机架夹紧缸在内的支撑固定装置。

技术数据如下：机架型号：三辊机架；机架数量：4 个；机架间距：800mm；最大来料直径：101mm（满足最大成品 90mm 规格，最终来料规格以孔型设计为准）；成品直径：20 ~ 90mm；出口速度：1 ~ 18m/s。

B　齿轮箱

PSM 装备 4 套独立的传动机构，分别为各个机架所设。交流电机通过安全联轴器和主齿轮箱连接。齿轮箱由变速齿轮部分和分配齿轮部分构成，每个配备 3 个输出轴，如图 9-51 所示。

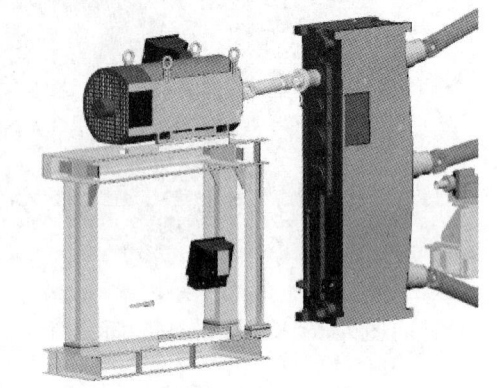

C　液压调整系统

功能：允许在轧制过程中对各个辊环进行单独调整。

位置：在各个机架位置处。

技术数据：工作行程：21mm；打开行程：30mm；总行程：75mm；每一机架位置处完整装配的液压小仓的数量：3 个；每一机架位置位移传感器的数量：3 个；每一机架位置伺服阀块数量：3 个。

图 9-51　SMS MEER 三辊减径定径机的齿轮箱

D　380mm 三辊机架

机架包括三个轧辊，为长方形的单片箱体设计。所有的辊轴有带花键的联同轴器套节，可与伞齿轮轴联轴器套轴自动连接。轧机轴承和机架内迷宫环的油气润滑由集中油/气润滑单元提供。

380mm 机架的技术数据如下：机架型号：带径向和轴向轴承的三辊机架；每个机架的轧辊数量：3 个；最大辊径：390mm；最小辊径：370mm（重车后）；辊环材质：球墨铸铁、工具钢或碳化钨；辊环宽度：100mm，对于不大于 35mm 的产品可用辊环宽度为 40mm；辊环调节：轴向 1mm，径向 20mm；每台机架上的辊环位置传感器数量：3 个。

E　三辊轧机的导卫梁

导卫梁为紧凑型设计，安装在 2 ~ 4 机架前。导卫将轧件保证在正确位置。力恒定阻尼的使用保证了导卫的自动对中，有了此特点，在自由尺寸范围内无需作任何额外的调整。

9.4.5.4　SMS 三辊轧机的主要特点

（1）轧制力的作用：轧制力通过调整液压缸传递到机组的支架上，机组的支架承受液压缸传递来的轧制力。

SMS MEER 三辊轧机受力如图 9-52 所示。

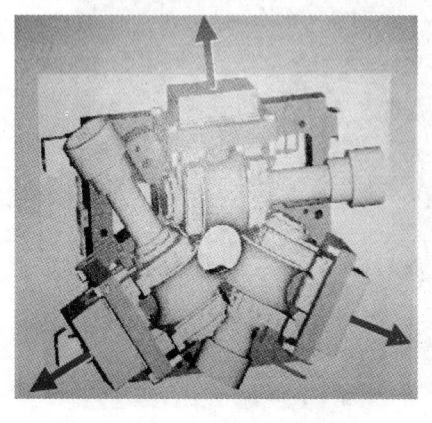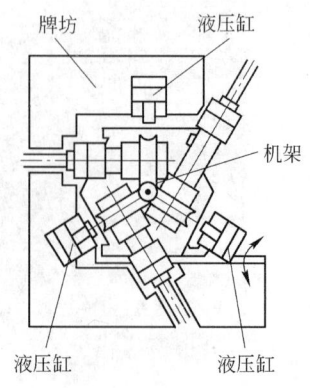

图 9-52　SMS MEER 三辊轧机受力示意图

（2）传动方式：每一架轧机的轧辊由联合的预减速机/分配齿轮、万向接手、伞齿轮组传动，如图 9-53 所示。

（3）轧辊的调整方式：三个辊子用三个单独的液压缸调节，如图 9-54 所示。

（4）导卫的安装方式不同：气弹簧锁紧轧辊导卫，不需要在线调整，如图 9-55 所示。

通过以上比较可以看出，KOCKS 的三辊轧机其精度主要是通过机械结构来保证的，而 SMS 更多的是通过液压的软件控制来实现的。

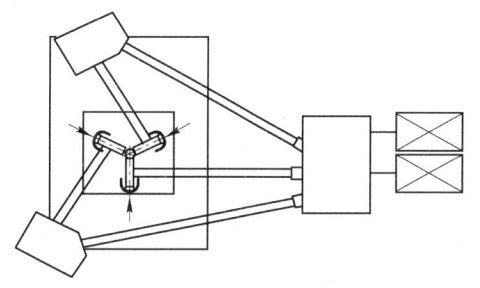

图 9-53　SMS 三辊轧机传动示意图

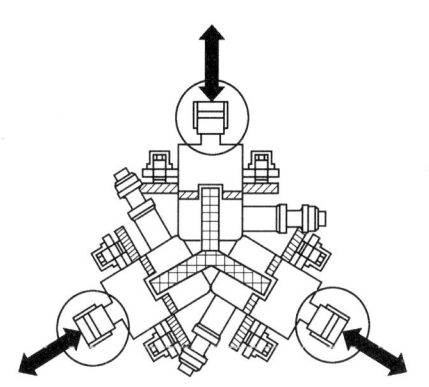 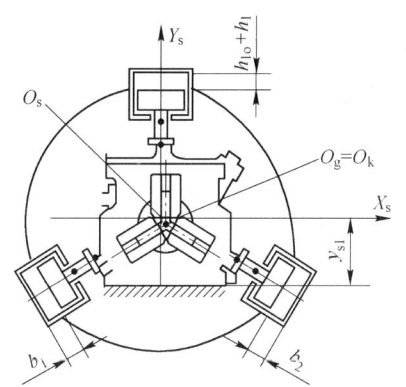 

图 9-54　SMS 三辊轧机轧辊调整方式示意图　　　　图 9-55　SMS 三辊轧机轧辊导卫

9.4.5.5　其他公司的棒材减径定径机

美国摩根公司的减径机采用的是 TEKISUN 技术，其减径机有两个机型，即 RSM 减径机和二辊式棒材减径机。RSM 减径机用于线材轧制（在线材部分介绍）。二辊式棒材减径机的技术数据如下：

产品范围：25～90mm；

尺寸公差如下：

产品/mm	公差/mm	椭圆度/%
25.0～35.0	±0.15	60
36.0～50.0	±0.20	60
51.0～60.0	±0.25	60

技术性能见表 9-9。

表 9-9　摩根公司的二辊式棒材减径机技术性能

轧机区域	机架号	轧辊尺寸/mm		电机	
		直径	辊身长度	转速/r·min⁻¹	功率/kW
棒材减定径	17H	386/338	130	750/1425	1500
	18V	386/338	130	750/1425	1500
	19H	386/338	130	700/1330	300

波米尼公司的定径机是从定径导卫发展起来的，这种定径机采用了一种具有液压预应力的悬臂式高精度二辊轧机。这种轧机的辊缝可以百分之一毫米为单位精确调整，辊缝还可以设定为零；并且由于存在预应力，可以消除间隙；同时可以精确地进行孔型的轴向调整，以满足高精度轧制的要求。

9.4.6　在线温度控制

在线温度控制对长材轧制而言应包括三个内容：加热和开轧温度；在轧制过程中的温度和变形量控制；轧制后的冷却制度。对坯料进行加热上文已有介绍，在此不再重复。特殊钢的在线温度控制比普钢种类要多，工艺要复杂。它有四种类型的在线温度控制。

第一类：优质中碳和低碳钢、低合金钢、合金结构钢等（属于亚共析钢）要求低温控轧，在未再结晶的温度完成最终变形，以细化晶粒提高材料的强韧性。这种方法与 20 世纪七八十年代发展起来的在钢中加入 V、Nb、Ti 等稀有元素进行微合金化细化晶粒一样有效，但低温轧制节约资源，更符合环境保护的要求。为此，在精轧机组前设置冷却水箱，将轧件冷却至所需的温度—奥氏体→铁素体转变温度 A_{c3} 附近，并配有足够长的均温段，使轧件内外温度均匀，随后施以 40% ~ 50% 的精轧压下量，而且在精轧机后装设水箱，在轧后进行快速冷却，以使在未再结晶温度下完成的位错固定下来。由于热传导需要一定的时间，断面加大需要降温和均温的时间都要加长，因此以目前的技术水平，可进行低温轧制的成品断面约为 $\phi40$mm。最近的新设计将可实现低温轧制的成品断面扩大至 $\phi60$mm。

不同钢种的终轧温度如表 9-10 所示。

表 9-10　不同钢种的终轧温度

序　号	钢　　　种	热机轧制时的终轧温度/℃	常化轧制时的终轧温度/℃
1	低碳钢	800 ~ 850	880 ~ 920
2	中碳钢	800 ~ 850	860 ~ 900
3	高碳钢	750 ~ 800	850 ~ 900
4	齿轮钢	750 ~ 850	850 ~ 900
5	淬火回火低合金钢	750 ~ 800	850 ~ 900
6	弹簧钢	750 ~ 800	850 ~ 900
7	冷　钢	780 ~ 800	850 ~ 900
8	轴承钢		850 ~ 900
9	微合金钢	750 ~ 800	850 ~ 900

多年的研究和实践表明：只有在最后 2 道或 4 道采用低温轧制，才能产生均匀细化晶粒的效果。在更多道次中采用大变形量的低温轧制，会导致晶粒尺寸的不均匀。

第二类：轴承钢和弹簧钢（共析钢和过共析钢）要求在低温下完成精轧，而在轧后则要求保温缓冷（为防止网状碳化物的析出，轴承钢为轧后先快冷，后缓冷；弹簧钢是为使剪切时的硬度不大于 HB280，轧后缓冷）。为此在精轧机前设冷却水箱，控制进入精轧机的轧件温度，同第一类方式一样要有足够长的均温段。完成精轧后，在冷床的入口或出口侧设置保温罩，对轧件进行缓冷。我们在抚钢、齐钢、大冶、鄂钢、大连等多家设计中都采用了在冷床的入口侧带保温罩的设计。

第三类：如马氏体不锈钢、合金工具钢、高速钢等，其热加工的温度范围很窄，要求在不低于 900 ~ 920℃的温度完成加工。在轧制过程中除要有较高的咬入速度外，在低速轧制阶段还要求保温或在线加热；在轧制速度较高后，轧制变热使轧件温度迅速升高；在轧制后要求保温，对轧件进行缓慢冷却。为满足这类钢的要求，在加热炉与粗轧机、粗轧机与中轧机之间设保温辊道，有的轧机还在中轧机前设在线感应加热装置或隧道式炉；在精轧机组前设置水箱，控制轧件的温升；在精轧机后设高温快速收集装置，将轧件装入保温箱进行缓冷。马氏体不锈钢、合金工具钢、高速钢等高合金钢，轧后 100% 需要进行缓冷；一般含 Ni、Cr 的合金结构钢及直径不大于 60mm 的优质钢棒材轧后均要进行缓冷。

设在粗轧与中轧之间的加热器有用隧道式炉（奥地利百乐钢厂、上钢五厂的高合金小型），也有用电感应加热器者（抚钢、上五棒材复合车间）。如上钢五厂不锈钢棒线复合轧机，在中轧机组入口侧设置有中频感应加热装置，装置功率为 3300kW。当轧制对温度比较敏感的钢种，如马氏体不锈钢、不锈阀门钢等时，感应加热装置对其再加热，以减少轧件的头尾温差，温度控制精度在 0 ~ 10℃范围内。隧道式炉以煤气加热轧件，使之头尾、角部均温，并能适当提高轧件温度，使用可靠。但隧道式炉占据固定的位置，不需要中间补温的钢种也必须通过隧道式炉；而隧道式炉的热惯性大，升温、停炉都需要较长时间，灵活性差。现在两种中间补热的方式都有在用者，用户要根据自己的情况进行选择。

第四类：如奥氏体不锈钢要求在线淬火，即在高温下完成终轧，轧后在1030~1050℃的高温下淬火，快速冷却至500℃，完成固熔热处理。为此，需精确控制轧件的轧制温度，在精轧机后安装大水量的冷却水箱，对轧件进行快冷。大盘卷和线材不锈钢产品已有在线固熔淬火装置，德国哈根厂、上钢五厂采用在线环形炉再加热然后淬火。新建的大连钢厂线材车间采用在线固熔炉（加热介质：煤气）。直条奥氏不锈钢产品的在线淬火装置，现在我们还没有见到过。

对直条小型棒材产品而言，实际可供选择的在线控制方式只有三种，不同的轧机根据所生产的钢种，可选择上述三种在线温度控制方式中的一种、二种或三种。在线的温度控制技术使合金钢长条产品在变形的过程中，同时完成组织转变，达到所要求的组织和性能，减少和取消离线的热处理，降低生产成本。目前已在抚顺、大连、大冶、上钢五厂、河南济源等先进的合金钢轧机上运用了在线温度控制技术。

9.4.7　大盘卷生产

直径 $\phi16~42(50)$ mm、以成卷供货的盘条称之为大盘卷，以区别于 $\phi5.5(9.5)~20(25)$ mm 的线材。线材与大盘卷在规格大小上有所区别，由此带来的差异是，生产工艺不同，产品的用途也有所不同。大盘卷的主要产品是：冷镦钢、合金结构钢和大规格的钢筋，主要用于制造螺钉、螺帽等标准件，石油开采用抽油杆，铁路和高速公路隧道土建用钢筋等。大盘卷的用量不是很多，一般都作为一种选择的品种与合金钢小规格直条棒材在一起组成直条-大盘卷复合的车间，在我国也有与高速线材组成线材-大盘卷复合车间者，更有甚者将大盘卷从线材分出，成为一个独立的大盘卷生产线（邢台钢铁公司）。笔者认为，大盘卷与线材组成复合车间不是很合适，其理由有二：（1）线材轧机的产品范围为 $\phi5.5(9.5)~20(25)$ mm，大盘卷的产品范围为 $\phi16~42(50)$ mm，中间有很大一段两者产品相互重叠，大盘卷的优点得不到充分发挥；（2）线材轧机合理的坯料断面应是 $150mm\times150mm~165mm\times165mm$，而对大盘卷来说这样的坯料断面太小了，如生产冷镦钢，至少压缩比应保证不小于40，以此计算，$165mm\times165mm$ 的坯料只能生产 $\phi30mm$ 以下的冷镦钢；$150mm\times150mm$ 的坯料只能生产 $\phi26mm$ 以下的冷镦钢，而宝钢和邢台线材轧机生产冷镦钢的经验表明，$150mm\times150mm$ 的坯料只能生产 $\phi22mm$ 或 $\phi20mm$ 以下的产品。当然大盘卷与线材在一个车间，可共用 P/F 线，可节约一部分投资。但综合考虑笔者还是推荐大盘卷生产线与直条小棒材复合在一个车间比较合适。

大盘卷生产线平面布置如图 9-56 所示。大盘卷的生产工艺流程如下：轧件完成精轧、水冷后由分钢

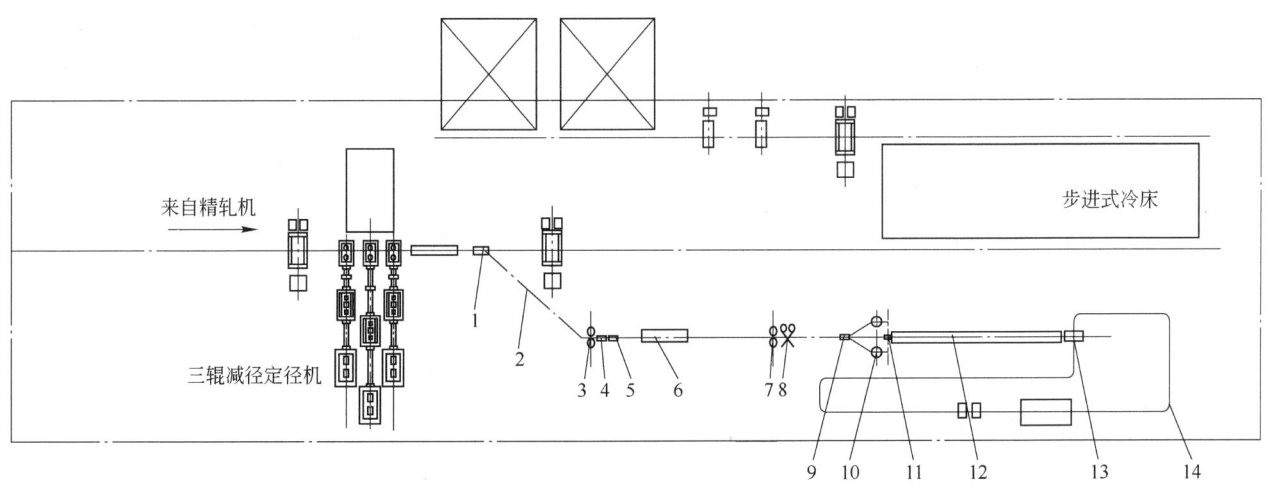

图 9-56　大盘卷生产线平面布置示意图

1—转辙器1；2—导槽；3—夹送辊1；4—测径仪；5—表面探伤仪；6—水冷装置；7—夹送辊2；
8—高速飞剪；9—转辙器2；10—加勒特卷取机；11—卸卷机械手；
12—步进式运输机；13—翻卷装置；14—P/F 运输机

道岔导入到大盘卷生产线中，轧件沿滚动导槽前进，并通过夹送辊输送，在经飞剪切头尾后，再由卷取机前夹送辊送入加勒特卷取机中卷取成盘卷。一般大盘卷卷取机为两台，交替工作，在一台工作时，另一台移卷、复位，准备下一次操作，保持生产的连续运行。加勒特卷取机（见图 9-57）在卷取的过程中，随着线卷高度不断增加，卷取机逐渐下降，基本上保持线卷入口的高度不变，一卷线卷卷取完毕后，卷取机前的分钢道岔将另一根坯料轧制的轧件导入另一个卷取机。完成卷取的卷取机下面托盘将线卷托起，机械手从卷取机中取出盘卷并旋转 180° 放在升降机构上，升降机构把盘卷送至步进梁式盘卷冷却运输线上进行冷却。根据不同钢种的冷却工艺和冷却制度，可以选择风机强制冷却、自然冷却和缓冷模式，以得到理想的内部组织和力学性能。盘卷输送到步进梁输送机尾部后，卸卷小车取出垂直放置的盘卷，从垂直状态翻转成卧式状态并挂放到钩式（P/F）运输机上。盘卷在输送过程中进行空冷、检查、取样、压紧、打捆、称重、挂标牌、卸卷，最后用吊车吊运到仓库存放。

图 9-57　大盘卷生产线的加勒特卷取机

　　小型棒材轧机（以生产合金钢为主）的孔型系统如图 9-58 所示，高合金钢小型棒材轧机的孔型系统如图 9-59 所示。

9.5　热轧钢筋和切分轧制钢筋的孔型设计

　　表面带肋的钢筋称为带肋钢筋，又称螺纹钢筋，简称螺纹钢。轧制螺纹钢的孔型，与圆钢的孔型系统十分相似，二者的区别仅在于成品孔和成品前孔。轧制螺纹钢的孔型系统一般是：方-椭-螺或圆-椭-螺。
　　GB 1499.2—2007 规定，热轧螺纹钢筋的横截面通常为圆形，且表面通常带有两条纵肋和沿长度方向均匀分布的横肋，横肋的纵截面呈月牙形，且与纵肋不相交，如图 9-60 所示。

9.5.1　成品孔（K1 孔）的构成

　　（1）成品孔内径 d：由于螺纹钢圆形槽底的磨损大于其他各处，并考虑负偏差轧制，因此成品孔内径 d 按负偏差设计，即：

$$d = [d_0 - (0 \sim 1.0)\Delta_-] \times (1.01 \sim 1.015)$$

式中　Δ_-——内径允许最大负偏差，mm；
　　　　d_0——成品内径的公称直径，mm。
　　如果考虑负偏差和热膨胀近似相等，则：

$$d = d_0$$

　　（2）成品孔内径开口宽度 B：为了保证螺纹钢的椭圆度要求，成品孔内径的开口宽度按下式确定：

$$B = d_0 \times (1.005 \sim 1.015)$$

　　（3）成品孔内径的扩张角和扩张半径：当成品孔内径 d 和开口宽度 B 已知时，可利用圆钢成品孔的

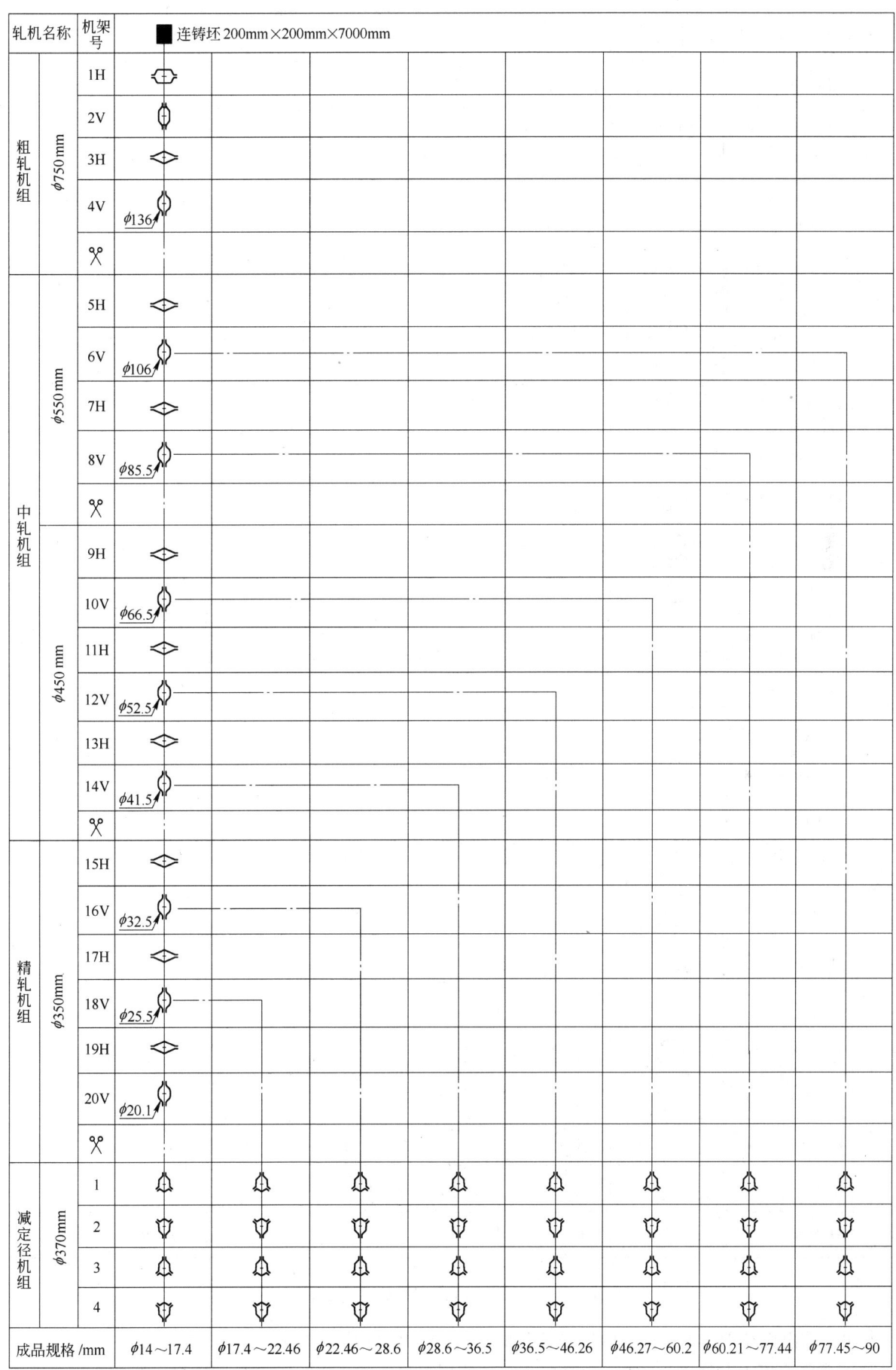

轧机名称		机架号	■ 连铸坯 200mm×200mm×7000mm							
粗轧机组	$\phi750$mm	1H								
		2V								
		3H								
		4V	$\phi136$							
		✂								
中轧机组	$\phi550$mm	5H								
		6V	$\phi106$							
		7H								
		8V	$\phi85.5$							
		✂								
	$\phi450$mm	9H								
		10V	$\phi66.5$							
		11H								
		12V	$\phi52.5$							
		13H								
		14V	$\phi41.5$							
		✂								
精轧机组	$\phi350$mm	15H								
		16V	$\phi32.5$							
		17H								
		18V	$\phi25.5$							
		19H								
		20V	$\phi20.1$							
		✂								
减定径机组	$\phi370$mm	1								
		2								
		3								
		4								
成品规格/mm			$\phi14\sim17.4$	$\phi17.4\sim22.46$	$\phi22.46\sim28.6$	$\phi28.6\sim36.5$	$\phi36.5\sim46.26$	$\phi46.27\sim60.2$	$\phi60.21\sim77.44$	$\phi77.45\sim90$

图 9-58 小型棒材轧机 (以生产合金钢为主) 的孔型系统

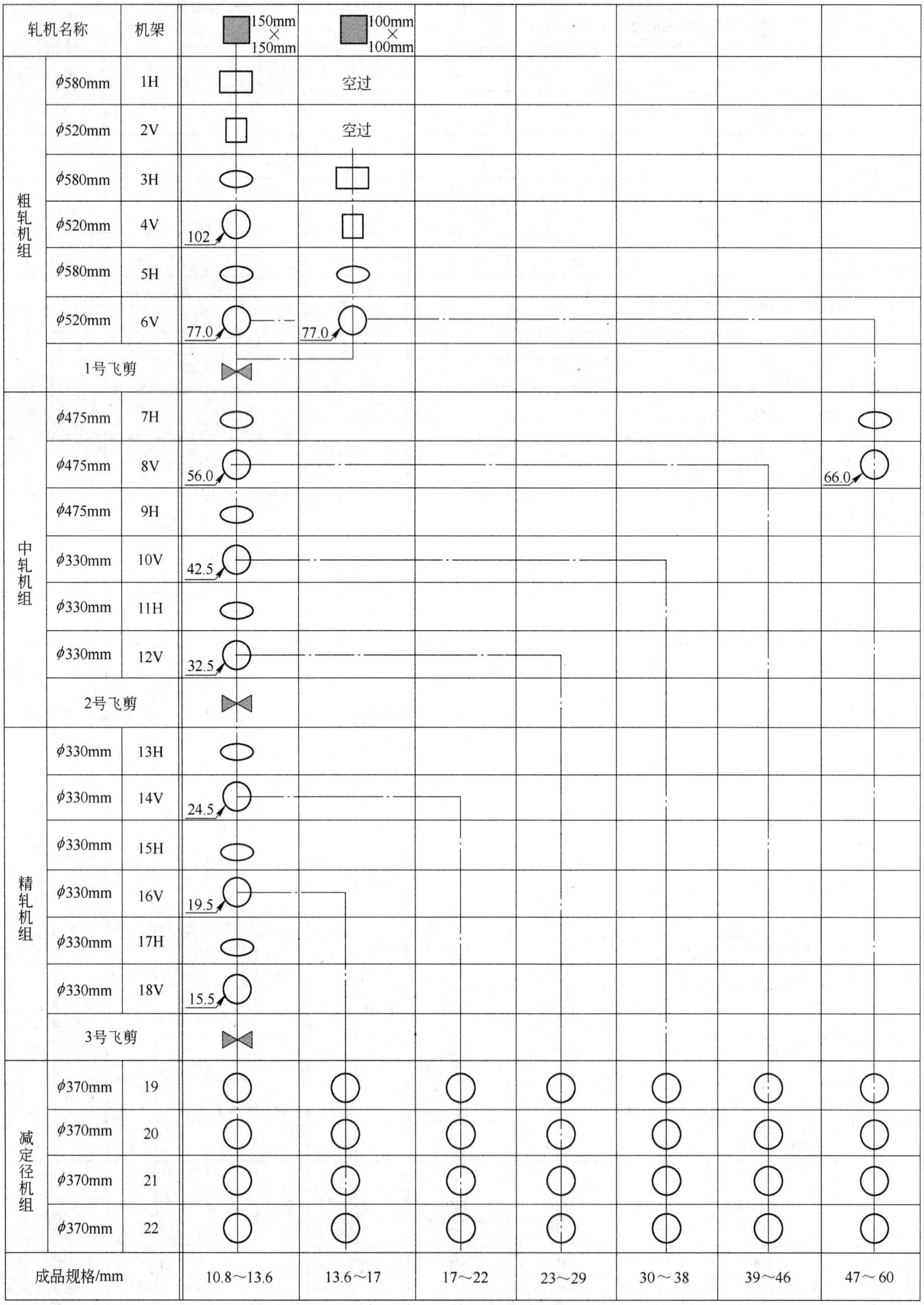

轧机名称	机架	150mm×150mm	100mm×100mm					
粗轧机组 φ580mm	1H	□	空过					
φ520mm	2V	□	空过					
φ580mm	3H	⬭	□					
φ520mm	4V	102 ◯	□					
φ580mm	5H	⬭	⬭					
φ520mm	6V	77.0 ◯	77.0 ◯					
1号飞剪		▷◁						
中轧机组 φ475mm	7H	⬭						⬭
φ475mm	8V	56.0 ◯						66.0 ◯
φ475mm	9H	⬭						
φ330mm	10V	42.5 ◯						
φ330mm	11H	⬭						
φ330mm	12V	32.5 ◯						
2号飞剪		▷◁						
精轧机组 φ330mm	13H	⬭						
φ330mm	14V	24.5 ◯						
φ330mm	15H	⬭						
φ330mm	16V	19.5 ◯						
φ330mm	17H	⬭						
φ330mm	18V	15.5 ◯						
3号飞剪		▷◁						
减定径机组 φ370mm	19	◯	◯	◯	◯	◯	◯	◯
φ370mm	20	◯	◯	◯	◯	◯	◯	◯
φ370mm	21	◯	◯	◯	◯	◯	◯	◯
φ370mm	22	◯	◯	◯	◯	◯	◯	◯
成品规格/mm		10.8~13.6	13.6~17	17~22	23~29	30~38	39~46	47~60

图 9-59　高合金钢小型棒材轧机的孔型系统

设计方法，求出螺纹钢成品孔内径的扩张角和扩张半径。开口处圆角半径一般取为 1mm。

（4）横筋高度 h 和宽度 b：为了提高成品孔的使用寿命，防止由于圆形槽底磨损较快而造成横筋高度小于最大负偏差的情况发生，横筋的设计高度通常按部分正偏差设计 $h = h_0 + (0 \sim 0.7)\Delta$，$h_0$ 为公称尺

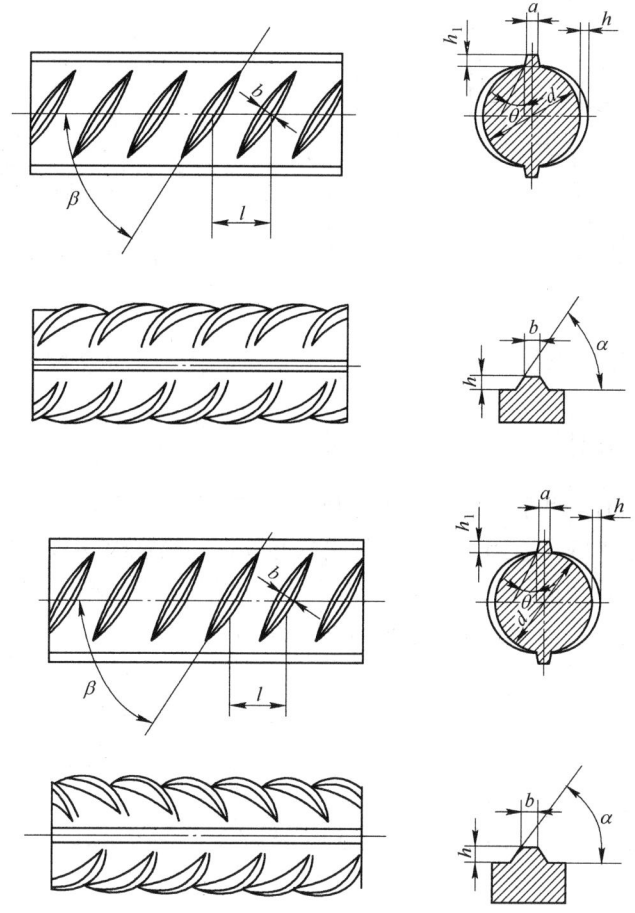

图 9-60　月牙形横肋钢筋表面及截面形状

寸。钢筋顶部宽度 b 不能按负偏差设计，否则金属很难充满横筋。所以横筋宽度的设计尺寸应取公称尺寸，或比公称尺寸大 $0.1 \sim 0.2$ mm。

（5）纵筋宽度 a：纵筋宽度 a 是指纵筋的厚度，也就是辊缝值的大小。一般纵筋宽度按公称尺寸选取。

（6）横筋半径 r_1：横筋在钢筋截面上的投影半径，即是轧槽加工时的铣槽半径。由图 9-61 可知，横筋的弓形弦长 B_1 为：

$$B_1 = 2\sqrt{R^2 - (c/2)^2}, \quad r = d/2$$

式中　r ——成品孔的内径，mm；

　　　c ——横筋末端最大间隙。

横筋的弓形高度 H_1 为：

$$H_1 = r + h - c/2$$

由图 9-62 可知：

$$H_1 = r_1 - \overline{OA}$$

$$\overline{OA} = \sqrt{\overline{OM}^2 - \overline{AM}^2} = \sqrt{r_1^2 - (B_1/2)^2}$$

则：

$$H_1 = r_1 - \sqrt{r_1^2 - B_1^2/4}$$

将上式整理后可得：

$$r_1 = \frac{4H_1^2 + B_1^2}{8H_1}$$

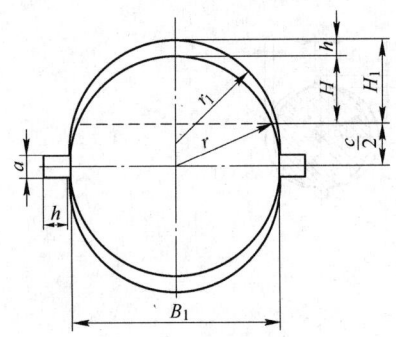

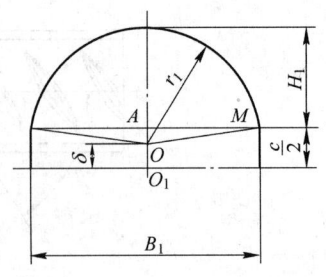

图 9-61　横筋的弓形弦长　　　　　　　　　　　图 9-62　横筋的弓形高度

9.5.2　成品前孔（K2 孔）设计

螺纹钢成品前孔基本上有三种形式：单半径椭圆、平椭圆和六角孔。

生产实践表明，单半径椭圆孔适用于轧制小规格的螺纹钢，当螺纹钢直径超过 14mm 时，成品孔不易充满。六角孔和平椭圆孔形状相似，可以把它看成是平椭圆孔的一种变形，以直线代替圆弧。平椭圆孔的内圆弧半径一般有两种取法（图 9-63），即 $R = h$ 或 $R = h/2$。

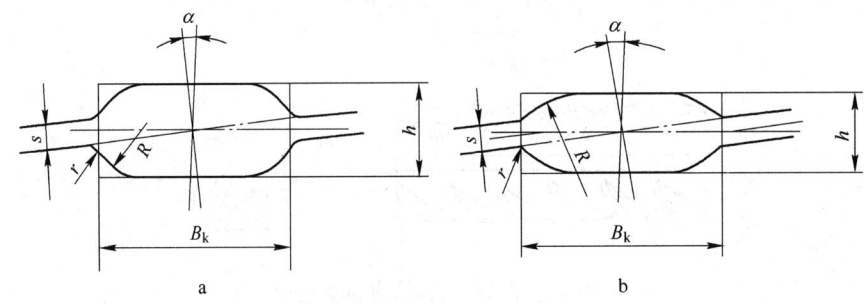

图 9-63　两种不同内圆弧半径的平椭圆孔
a—平椭圆孔；b—槽底大圆弧平椭圆孔

有些生产厂将平椭圆孔作成槽底大圆弧平椭圆孔；也有些工厂为了便于平椭轧件翻钢，将平椭圆以 6°~8°的斜配角配置在轧辊上。

由于螺纹钢成品孔为简单周期断面，金属在其中变形复杂，目前还没有精确计算成品孔中金属变形的公式，所以成品前孔的设计目前仍利用经验数据。表 9-11 给出平椭圆孔主要参数的经验数据。

表 9-11　螺纹钢成品前孔参数

规格 d_0/mm	B_k/d_0	h/d_0	规格 d_0/mm	B_k/d_0	h/d_0
φ12	1.80 ~ 1.90	0.70 ~ 0.74	φ20	1.65 ~ 1.68	0.73 ~ 0.76
φ14	1.76 ~ 1.84	0.71 ~ 0.75	φ22	1.63 ~ 1.68	0.74 ~ 0.78
φ16	1.70 ~ 1.78	0.70 ~ 0.75	φ25	1.60 ~ 1.65	0.78 ~ 0.82
φ18	1.68 ~ 1.70	0.70 ~ 0.75	φ28	1.60 ~ 1.65	0.78 ~ 0.82

选取上述参数时，要考虑终轧温度、终轧速度、轧辊直径和 K3 孔来料大小的影响。当上述因素对轧件宽度有利时，B_k/d_0 取偏大值，h/d_0 取偏小值。

辊缝值可取偏大值，以利于成品孔尺寸的调整。当 $d_0 = 8 ~ 14mm$ 时，$s = 2 ~ 3mm$；当 $d_0 = 16 ~ 40mm$ 时，$s = 3 ~ 6mm$。槽口圆角 $r = 2 ~ 4mm$。

9.5.3　其他孔型设计

螺纹钢的孔型系统，一般与圆钢相似。因此，除了上述的成品孔和成品前孔外，K3 孔可与相同规格的圆钢或者大一号的圆钢孔型共用，K4 之前的其他孔型亦然。螺纹钢轧制的其他孔型，其确定方法同圆钢孔型一样。

9.5.4 切分轧制

9.5.4.1 切分轧制的优缺点

切分轧制与传统的轧制工艺相比，能减少轧制道次，因而具有提高轧制效率、减少能耗、提高成材率和减少生产成本的优点。具体表现为：

（1）提高轧机生产率。与传统的单线轧制相比，切分轧制可以缩短总的纯轧制时间和部分间隙时间，加快轧制节奏，提高小时产量，从而提高轧机作业率。如轧制小规格（ϕ8mm、ϕ10mm）钢筋时，若轧制速度相同，切分轧制的轧机小时产量比单根轧制的提高 88% ~91%。

（2）在不改变生产工艺的条件下，可减少轧制道次。新建的棒材轧机，采用切分轧制工艺可减少轧机机架，缩短厂房长度，节省投资。

（3）与传统单根轧件相比，切分轧制获得同样断面的总延伸系数小，轧件短，温降小，从而变形功减少，能耗降低。在条件相同时，采用切分轧制可降低钢坯的加热温度 40℃左右，燃料消耗减少 20%，电耗降低 15% 左右，轧辊消耗降低 15%，总的生产费用可降低 10% ~15%。

9.5.4.2 切分轧制的分类

热切分轧制的切分方法可概括为两大类，即纵切法和辊切法。

A 纵切法

在轧制过程中把一根轧件利用孔型切分成两根以上的并联轧件，再利用切分设备将并联轧件切分成单根轧件。根据所用设备不同，又可分为：圆盘剪切分法、切分轮切分法、导卫板切分法、火焰切分法等。

圆盘剪切分法是利用相邻两机架间增设的圆盘剪切机将切分孔型变形后左右对称的并联轧件切开。采用圆盘剪切分法有切口比较齐整、轧件轧制后不易出现折叠等优点，但要求导卫装置严格，切分后的轧件易出现扭转和侧弯现象。因此该法适用于刚度小、辊跳大的旧式轧机上。

切分轮切分法是目前应用比较广泛的方法，该法利用特殊孔型轧辊将轧件加工成两个形状相同的并联轧件，通过安装在轧机出口侧导卫装置中的一对不传动切分轮将轧件纵向切开。采用切分轮切分法在一定程度上减少了切分孔型的磨损，且切分轮更换维护方便。

B 辊切法

在轧制过程中把一根轧件利用切分孔型直接切分成两根或者两根以上的单根轧件，也称为轧辊对切法。该法是在不添加其他辅助设备的情况下，利用在切分孔型中的轧制，轧件在孔型中压缩变形和延伸的同时实现切分。此法操作简单，但要求轧辊的强度、韧性好和轧辊孔型设计合理准确。该法广泛用于钢坯和型钢的生产中。

9.5.4.3 切分轧制的孔型系统及工艺

根据国内外许多工厂的实践经验，应用切分轧制技术要从以下三个方面把关：

（1）孔型设计要合理，保证轧出形状相同的并联轧件。

（2）切分设备工作可靠，能保证轧出正确的切分轧件。

（3）保证切分后并联轧件形状的一致性和产品的质量。

A 切分位置的选择

切分位置是影响产品产量、质量和操作的重要因素。为了减少多线扭转，切分位置的确定要求是：

（1）不改变或尽可能少地改变原有工艺流程和设备。

（2）根据轧机布置情况，尽可能靠近成品机架，一般放在成品前一道次，即轧件切分后留两道必要的成型孔型。

（3）切分轧件进切分孔型要尽量避免翻钢和扭转，要尽量保证预切分孔型、切分孔型的轧机都水平布置，从而保证切分轧制的稳定，并且操作方便。

B 切分方式的选择

为适于所选定的切分位置，切分方式采用切
分轮法。在切分轮法中，最后进行的对轧件薄而
窄的连接带的撕开工作是由切分轮完成的，轧件
在切分轮中受力如图 9-64 所示。切分轮剖分轧
件的条件为：

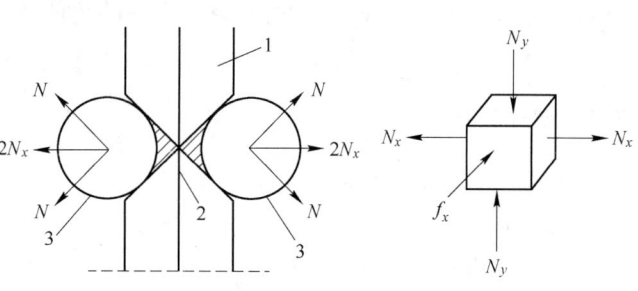

$$\Sigma F_\sigma \geqslant S R_m$$

式中　ΣF_σ——切分轮对金属连接带部位作用力
　　　　　的水平分力之和；

　　　S——连接带的面积；

　　　R_m——抗拉强度。

图 9-64　切分轮切分轧件力学分析图
1—切分轮；2—连接带；3—并联轧件

从轧件在切分轮间的受力可以看出，切分轮的两个外缘只对轧件中间连接体的上下方向有压下，压
下的主要作用是产生足够撕开轧件的水平分力 N_x。中间连接体受三个方向作用力的共同作用，在 x 轴上
受拉，在 y、z 轴上受压，极易满足剖分公式，实现切分的目的。另外，轧制稳定后，轧制剩余摩擦力的
产生，会使 f_z 方向的力增大，轧制更稳定，切分效果更好。

C　孔型系统的选择和设计特点

在两线切分轧制小规格的带肋钢筋时，选用的孔型系统为椭圆孔、梅花方孔、预切分孔、切分孔、
椭圆孔、成品孔，如图 9-65 所示。在两线及以上切分轧制时，选用的孔型系统为平辊孔、立箱孔、预切
分孔、切分孔、椭圆孔、成品孔，如图 9-66 所示。

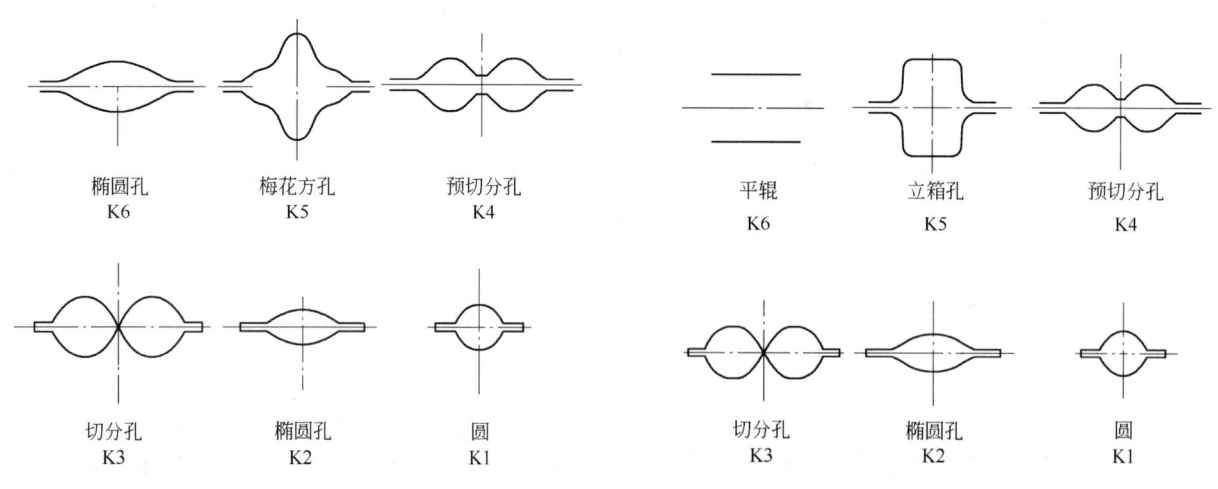

椭圆孔　　　　　梅花方孔　　　　预切分孔
K6　　　　　　　K5　　　　　　　K4

切分孔　　　　　椭圆孔　　　　　圆
K3　　　　　　　K2　　　　　　　K1

图 9-65　小规格两线切分孔型系统

平辊　　　　　　立箱孔　　　　　预切分孔
K6　　　　　　　K5　　　　　　　K4

切分孔　　　　　椭圆孔　　　　　圆
K3　　　　　　　K2　　　　　　　K1

图 9-66　小规格两线及以上切分孔型系统

a　梅花方孔

梅花方孔的设计关系到预切分孔轧件的稳定性，也影响切分后两圆形轧件尺寸的均匀性。采用梅花
方孔，主要是便于轧件在预切分孔型轧制过程中自行找正，提高轧制的稳定性，达到取得良好切分的条
件。梅花方孔的示意图如图 9-67 所示。

计算梅花方孔孔型面积的经验公式为：

$$F = q a^2$$

式中　F——孔型面积；

　　　a——正常方轧件的边长；

　　　q——梅花方形边长与弧度之间关系的经验系数，$q = 0.8 \sim 0.95$。

梅花方孔的主要参数为：断面的 4 个角相同，半径 $r_1 = (0.2 \sim 0.25)a$，孔型高度 $H_k = (1.4 \sim$
$1.41)a$，辊缝 $s = 0.1a$，槽口宽度 $B_k = (1.41 \sim 1.42)a - s$，外圆角半径 $r_k = 0.1a$，$r_2 = 0.35a$。

梅花方孔前孔常采用椭圆孔，以便得到形状规则的梅花方轧件。在进入预切分孔型前，梅花方轧件
需要扭转 45°。

b　立箱孔

立箱孔的示意图如图 9-68 所示。该孔型的主要作用是规整 K6 平辊孔后的轧件尺寸,为预切分孔型提供断面面积和尺寸合适的轧件。立箱孔可采用的孔型参数为:孔型高度 $H_k = 0.8H_0$,H_0 为来料高度;孔型的侧壁斜度 $\tan\varphi = 10\% \sim 15\%$;槽底宽度 $b_k = (1.01 \sim 1.06)b_0$,$b_0$ 为来料宽度;孔型槽口宽度 $B_k = b_k + (H_k - s)\tan\varphi$;内外圆角半径通常取 $r = r_k = (0.1 \sim 0.15)H_k$;辊缝 $s \geqslant 4$mm。

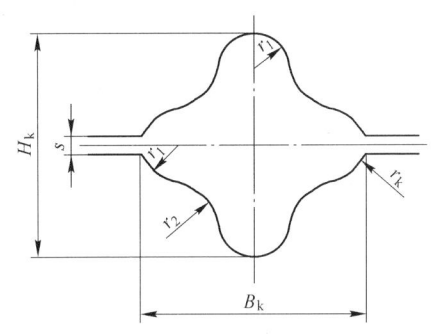

图 9-67　梅花方孔示意图

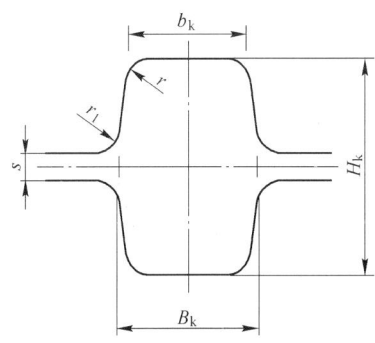

图 9-68　立箱孔示意图

c　预切分孔

预切分孔呈狗骨形状,通常又称为哑铃孔,如图 9-69 所示。预切分孔主要是为了减少切分孔型的不均匀性,使切分楔完成对立箱轧件的压下定位,并精确分配对称轧件的断面面积,尽可能减少切分孔型的负担,从而提高切分的稳定性和均匀性。

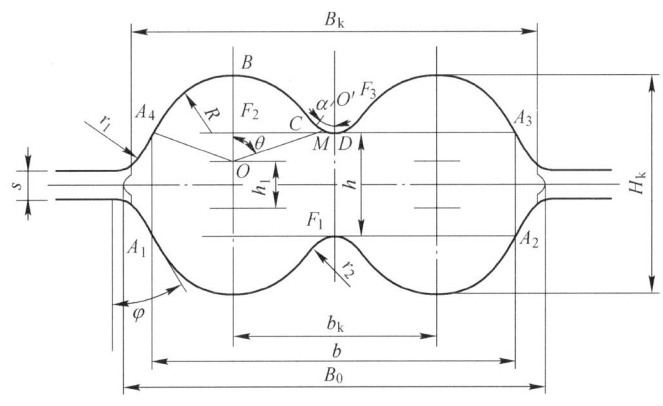

图 9-69　预切分孔示意图

预切分孔的设计要点是:孔型侧壁斜夹角 $\varphi = 30°$;为了减少切分楔的磨损,切分楔的顶部有 $r > 3$mm 的圆角过渡;延伸系数 $\mu = 1.10 \sim 1.25$;孔型高度 $H_k = (0.9 \sim 0.95)H_0$,H_0 为来料高度;轧件在孔型中的充满度 $\delta_1 \geqslant 95\%$;连接带 $h = (0.45 \sim 0.48)H_k$;外圆角半径 $r_1 = (0.13 \sim 0.15)H_k$;大圆弧半径 $R = 0.4H_k$;辊缝 $s = (0.13 \sim 0.15)H_k$;槽口宽度 $B_k = B_0 - s\cot\varphi$,B_0 为孔型宽度(考虑辊缝处)。

由于轧件面积的计算是否正确将直接影响到连轧秒流量值的变化,所以在这里精确计算了预切分轧件的面积,由于预切分轧件的两侧壁的圆弧近似为直线,为了计算简便,取其为直线。

预切分轧件面积由三部分组成:

$$F = F_1 + 4F_2 + 4F_3$$

式中　F_1——四边形 $A_1A_2A_3A_4$ 的面积,$F_1 = bh$;

　　　F_2——弧边扇形 A_4BC 面积,$F_2 = \dfrac{\pi R^2}{360} 2\theta - \dfrac{h - h_1}{2} R\sin\theta$;

　　　F_3——弧边扇形 DMC 面积,$F_3 = \dfrac{1}{2} r_2^2 \tan\alpha - \dfrac{\pi r_2^2}{360} \alpha$。

将 F_1、F_2、F_3 代入上式中，整理可得：

$$F = bh + \frac{\pi R^2 \theta}{45} - 2(h - h_1)R\sin\theta + 2r_2^2\tan\alpha - \frac{\pi r_2^2 \alpha}{90}$$

其中：

$$\alpha = \arccos\left(\frac{h - h_1}{2R}\right) \quad 或 \quad \alpha = \arctan\left(\frac{b_k - 2R\sin\theta}{2r_2}\right)$$

$$h_1 = H_k - 2R, \ b_k = B_k - 2\left[(h_1/2 + R\sin\theta)\tan\varphi + R\cos\varphi\right]$$

d　切分孔

切分孔和预切分孔形状极为相似，切分孔基本由一个双圆孔型和切分楔连接而成，如图 9-70 所示。切分孔的作用是切分楔继续对预切分轧件的中部进行压下，轧出与孔型形状相同的轧件，使连接带的厚度符合将两个并联轧件撕开的需要。

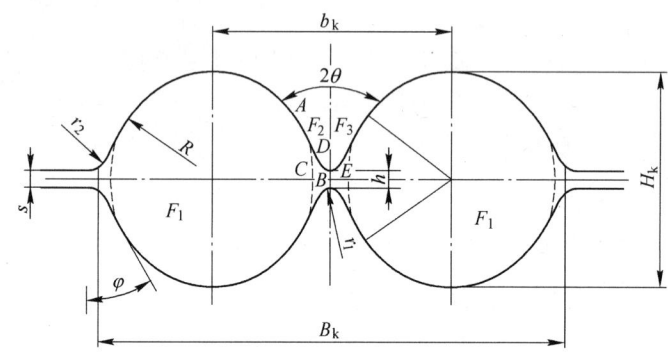

图 9-70　切分孔型的示意图

切分孔型的设计要点是：侧壁斜度的夹角 $\varphi = 30°$；切分楔顶角有 $r_1 = 0.8\text{mm}$ 的圆角过渡；轧件连接带的厚度控制在 $h = 1.55\text{mm}$ 以内；延伸系数 $\mu = 1.08 \sim 1.15$；孔型高度 $H_k = 0.85H_0$，H_0 为来料高度；两个并联圆的半径 $R = H_k/2$；辊缝 $s = 0.075H_k$；外圆角半径 $r_2 = 0.1H_k$；两圆心距 $b_k = 2R/\cos\theta$；槽口宽度 $B_k = b_k + 2R/\cos\varphi - s\tan\varphi$。

切分轧件的面积由三部分组成：

$$F = 2F_1 + 4F_2 + 4F_3$$

式中　F_1——圆形的面积，$F_1 = \pi R^2$；

　　　F_2——弧边扇形 ACB 面积，$F_2 = \frac{1}{2}R^2\tan\theta - \frac{\pi R^2}{360}\theta$；

　　　F_3——弧边扇形 DBE 面积，$F_3 = \frac{1}{2}r_1^2\cot\theta - \frac{\pi r_1^2}{360}\theta$。

将 F_1、F_2、F_3 代入上式中，整理可得：

$$F = 2R^2\left(\pi + \tan\theta - \frac{\pi\theta}{180}\right) + 2r_1^2\left(\cot\theta - \frac{\pi\theta}{180}\right)$$

e　椭圆孔和成品孔

切分轧制的椭圆孔和成品孔孔型设计与带肋钢筋单线设计方法相同。

D　切分楔和切分轮角度的选择

切分楔在整个切分轧制过程中至关重要，它的设计要尽可能深地压入轧件的中部，完成切分定位，迅速减少轧件中部连接带的面积，并要有足够大的水平分力完成对并联轧件的破坏，最终使切分轮顺利完成切分。

在满足切分连接厚度和切分轮最佳剖切范围内，根据切分原理和小型棒材厂的实践经验，切分楔顶角选择在 $60° \sim 65°$ 比较合适。根据切分轮切分轧件的受力分析以及生产实践而知，在孔型切分楔顶角选择 $60°$ 情况下，切分轮顶角一般选择 $90°$。

9.5.4.4　多线切分孔型及系统示例

图 9-71 为国内甲厂原料采用 130mm×130mm 和 150mm×150mm 方坯、预切分前孔采用梅花方孔生产带肋钢筋的切分孔型系统图；图 9-72 为国内乙厂原料采用 170mm×170mm 方坯、预切分前孔采用立箱孔生产带肋钢筋的切分孔型系统图；图 9-73 为国内丙厂采用 150mm×150mm 方坯二切分生产 φ16mm 带肋钢筋孔型图。

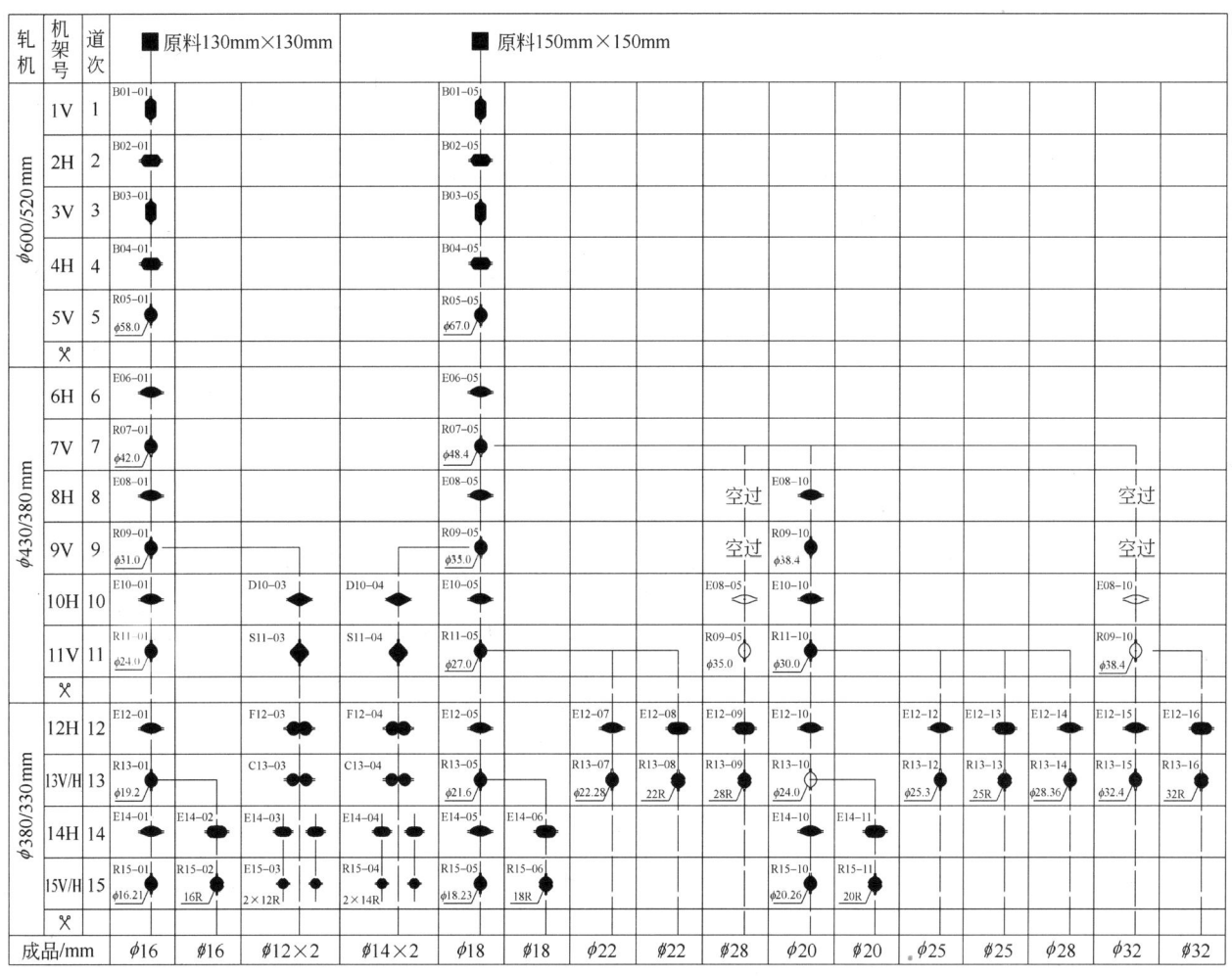

图 9-71　甲厂带肋钢筋切分孔型系统图

9.6　小型棒材的无头轧制技术

9.6.1　无头轧制技术现状

20 世纪 60 年代以前，传统生产钢材方法是先将钢水模铸成大型钢锭，经加热、轧制成坯，钢坯经冷却、清理后再加热，轧成用户所需断面的成品钢材。近 40 多年来经历了三次飞跃式发展：一是将模铸改为连铸，取消开坯机；二是由一般连铸改为近终形连铸，减少加热、轧制次数；三是采用无头轧制技术，即钢材生产不再是单块的、间隙性的，而是连续进行轧制，然后根据用户需求剪切成所需长度或卷重。无头轧制的好处是：

（1）钢材全长以恒定速度进行轧制，生产率有较大提高。

（2）因对钢材全长施加恒定张力，钢材断面形状波动减少，钢材质量改善。

（3）由于成品长度不受限制，根据交货状态要求剪切，成品率显著提高。

（4）和单块轧制不同，钢品入咬次数减少，减小对轧辊冲击，有利于提高轧辊寿命。

棒线材无头轧制技术有三种类型：一是铸轧型无头轧制技术，将方坯连铸机和热连轧机结合在一条

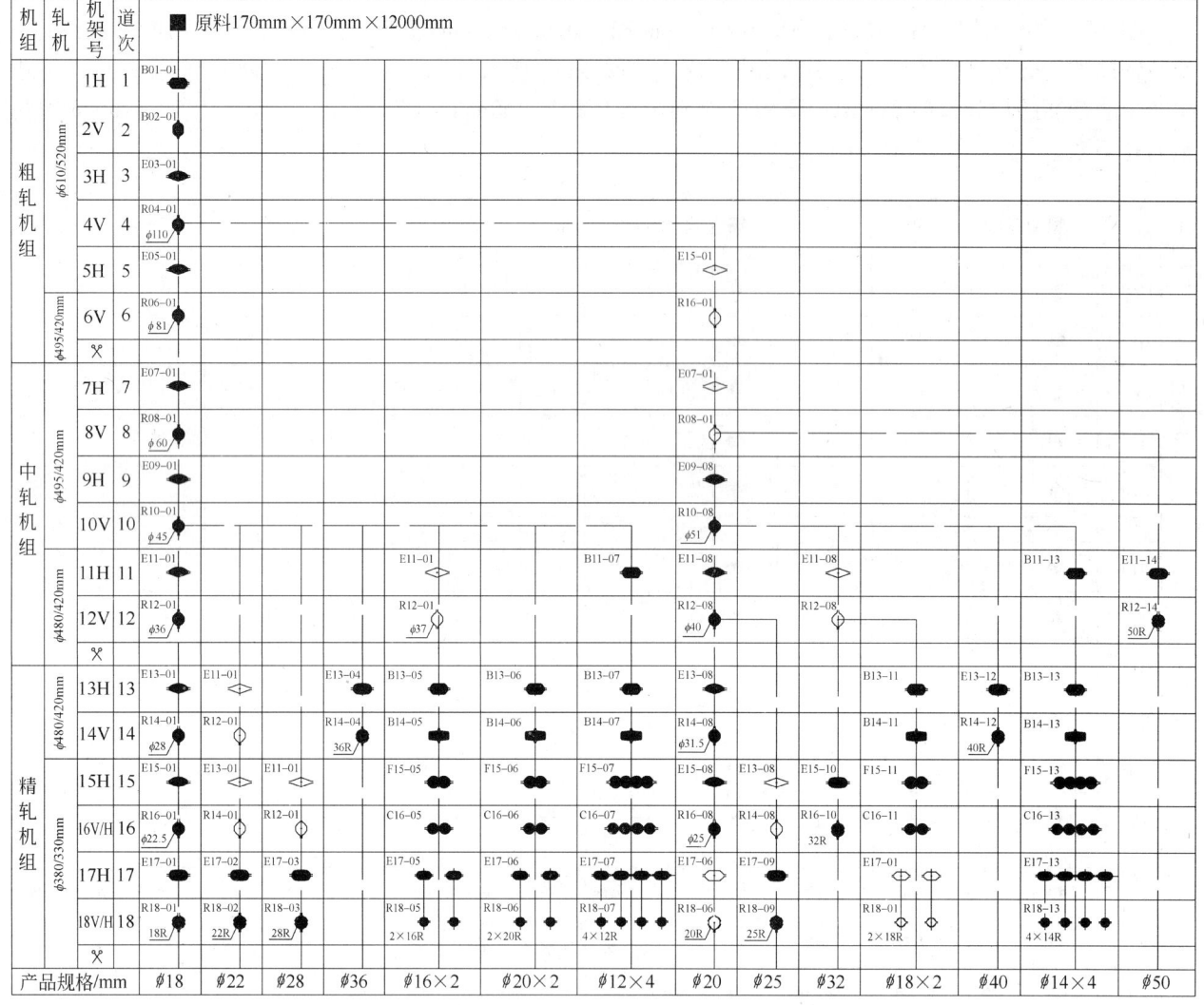

图 9-72　乙厂带肋钢筋切分孔型系统图

生产线上连铸连轧棒线材的新工艺称为 Luna 无头铸轧技术；二是连铸坯焊接型无头轧制技术，将在步进炉加热好的钢坯进行焊接，成为无头坯送往轧机进行轧制；三是中间坯焊接型无头轧制技术，将经粗轧机架轧制后的中间坯（由 45mm 左右）进行焊接，在中轧、精轧机中实现无头轧制。

9.6.1.1　铸轧型无头轧制技术

意大利达涅利公司开发成功该项技术并用于意大利乌迪内 ABS 公司的年产 50 万吨特殊钢棒线材工业性生产厂中，已于 2000 年 8 月正式投产。

连铸机和热连轧机配置在一条生产线上，铸机产品为 160mm×200mm 大方坯，共两流。连铸机后设有两个淬火箱，其后为 125m 长辊底式加热炉，加热炉前设有 65m 长双流隧道式炉作为工序间缓冲，热缓冲能力约为 45t。

生产线能以单流或双流生产，在单流生产时，连铸坯可以是 14m 以上的任意长度，在连铸和连轧两工序间不进行任何切割，实际上实现了半无头轧制。当双流生产时，连铸坯要切割成 45m 长交替送到隧道式炉中，然后送入辊底式加热炉加热和均热。

轧机由 18 架粗、中轧和预精轧机架及 3 架三辊 RSB 减定径机架组成，在精轧机前后装备有控温轧制所需的必要设施，包括在线热处理的淬火及回火（退火）设施。

从技术上来讲，Luna 无头铸轧技术给长材轧制工艺带来了一场革命性变化，它实现了从连铸、连轧、在线热处理、表面精整到在线检查的全连续化；全部工序都实现了计算机控制，从订单下达到成品入库全部生产过程不超过 4h。ABS 公司吨钢材成本较常规技术减少约 40 美元。

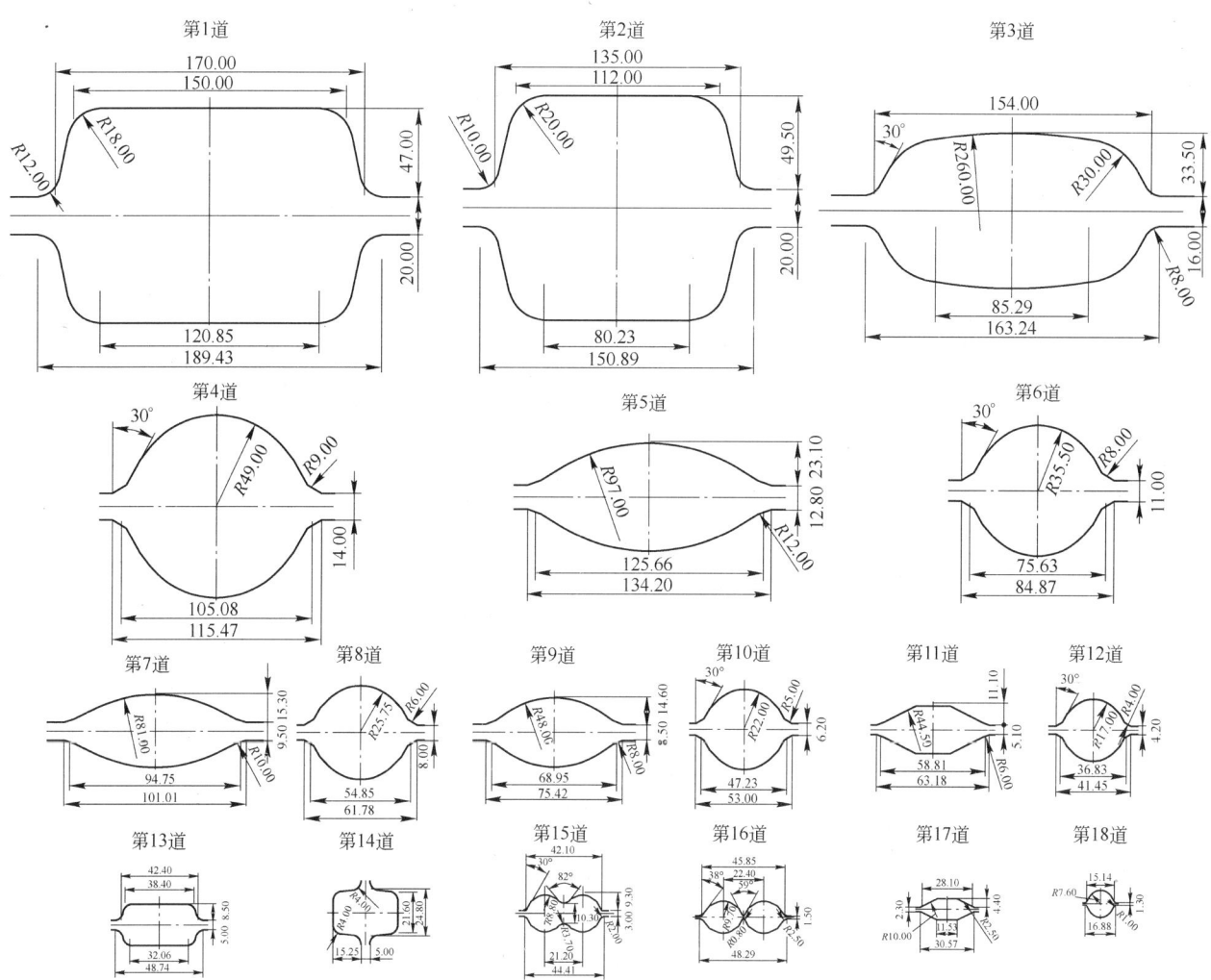

图 9-73　国内丙厂采用 150mm × 150mm 方坯二切分生产 φ16mm 带肋钢筋孔型图

工厂产品规格为 φ20 ~ 100mm 圆钢、φ15 ~ 50mm 圆钢盘卷和相应规格的方钢。钢种有碳素钢、表面硬化钢、低合金钢、调质钢、轴承钢、弹簧钢和不锈钢。

2003 年 1 月，ABS 公司对其 Luna 生产线上在线退火装置进行改造，将炉室长度增加一倍，可处理长 50m 轧材。原退火炉只能处理长 24m 轧材，严重制约整条生产线能力的发挥。

9.6.1.2　连铸坯焊接型无头轧制技术

该技术是连铸方坯经步进式加热炉加热后将前一块钢坯尾部和后一块钢坯头部进行对焊（用闪光焊接），形成无头坯送热连轧机进行轧制，名为 EWR（Endlees Welding Rolling）。自从 1998 年 3 月在日本东京高松厂问世以来有了快速的发展，闪光焊机设在加热炉出料端后，焊接过程由计算机控制，并纳入轧钢自动化系统，因而有良好的焊接过程稳定性和可重复性，各种断面形状和钢种的钢坯均能对焊，最大规格可达 200mm × 200mm。我国唐山钢铁公司棒材厂建设的 EWR 装置对焊 165mm 方坯所需周期约 37 ~ 40s，其中焊接时间约 10s。由于焊接技术的提高，焊口位置不但不存在内部缺陷，强度指标也不亚于轧件母体。

无头轧制和常规轧制相比，生产效率可提高 12% ~ 16%，生产成本降低 2.5% ~ 3.0%，棒材定尺率接近 100%，金属收得率提高约 1%，从轧件品质分析，因为仅有一个头部，所以能明显减少轧制纵向尺寸和性能不均现象。

除新建轧机外，在现有现代化连续棒材轧机上可以新增无头轧制装置，如唐钢棒材厂即属于改造项目，总投资 210 万美元。

9.6.1.3　中间坯焊接型无头轧制技术

该项技术系将经粗轧机架轧成的中间坯头尾焊接后送中轧、精轧机轧制，类似传统热轧带钢机装设的无头轧制装置。新工艺由日本大和钢公司在其所属东部事业所开发成功。作业时间共 30 ~ 70s，其中焊接时间 5.5s，中间坯断面 ϕ45mm，长 36m。

该技术开发成功，使东部事业所轧制能力提高约 20%，冷坯发生率减少，热坯使用率由 75% 增到 91%，燃料消耗减少，成材率有较大提高。

9.6.2　无头轧制技术展望

（1）在棒线材无头轧制技术中，以连铸坯焊接型无头轧制应用最多，在泰国、马来西亚、墨西哥、西班牙等国若干长材生产厂都得到采用，我国第一家采用该技术的是唐山钢铁公司棒材厂，新疆八一钢铁公司和湖南涟源钢铁公司也采用了该项技术。但在实际生产中出现一些问题和要求，一是提供无缺陷连铸坯是应用此项技术的前提条件；二是钢坯对焊成功率主要取决于对接钢坯端面几何形状的一致性。目前一些钢厂对焊率不高主要是由于火焰切割的坯料端面不整齐和铸坯断面脱矩造成的，因此该项技术使用率不高，绝大部分仍采用常规轧制。但无头轧制优越性十分明显，连铸坯焊接型无头轧制新增设备不多，投资额不大，结构和操作不很复杂，具有进一步推广使用的前景。

（2）中间坯焊接型棒材无头轧制技术的优点和问题与前述铸坯焊接型大体相同，它的长处还存在于：1）中间坯断面小，设备费用少，消耗材料少；2）中间坯焊接时产生毛刺少，易于去除。但其所需设备较多，操作较复杂，目前除日本大和钢铁公司东部事务所外，其他企业应用较少，尚需进一步实践。

（3）铸轧型棒线材无头轧制技术实质上是类似薄板坯连铸连轧的方坯连铸连轧，在技术上比较成熟，如用于生产普通碳素钢棒材、钢筋和线材，没有特殊钢生产的在线热处理作业，生产将更易掌握。

（4）无头轧制和半无头轧制技术具有显著优越性和巨大的经济效益，但总的说来，在生产实践中应用的时间还不长，采用的厂家还不多，属于一种正在发展中、有广阔发展前景的新工艺技术，值得关注、重视并以积极态度去开发和探索。

参 考 文 献

[1] United States Steel. The Making, Shaping and Treating[M]. New York：Tenth Edition，1975.
[2] 李曼云，彭兆丰，沈茂盛，等．小型型钢连轧生产工艺与设备[M]．北京：冶金工业出版社，2006.
[3] 北京钢铁设计研究总院．抚顺钢厂合金钢小型车间初步设计[R]．1993.
[4] 中冶京诚公司．河南济源钢铁厂高强度机械用钢生产线初步设计[R]．2007.
[5] 中冶京诚工程技术有限公司轧钢工程技术所．东北特钢集团大连基地环保搬迁项目：棒线材厂小棒生产线初步设计方案[R]．2009.
[6] 萍乡小型车间合同附件[R]．2002.
[7] 北京京诚瑞信长材工程技术有限公司．福建三安钢铁有限公司高速棒材工程施工图方案设计[R]．2011.
[8] 姜振峰．4 线切分技术分析[J]．钢铁研究，2005，143(2)．
[9] 周玉丽．非微合金化 HRB400 钢筋生产技术研究[C]//2009 年全国建筑用钢筋生产设计与应用技术交流研讨会论文集．
[10] 翁宇庆．细晶粒钢筋原理[C]//2009 年钢筋年会论文集．
[11] 姜振峰，李子文．八钢无槽轧制技术研究和实践[C]//2008 年全国轧钢年会论文集．
[12] 彭兆丰，王京瑶．小型轧钢生产技术的最新发展[C]//2003 年全国轧钢会议文集．
[13] 王子亮．螺纹钢生产工艺与技术[M]．北京：冶金工业出版社，2008.

编写人员：中冶京诚瑞信长材工程技术有限公司　李新林、彭骋、刘嘎

10 线材生产

10.1 概况

10.1.1 线材产品的主要品种和用途

线材一般是指直径为5.0~25mm的热轧圆钢或相当该断面的异形钢,因以盘卷状态交货,统称为线材或盘条。线材在我国需求量很大,产量也很高。常见线材多为圆断面,异形断面线材有椭圆形、方形及螺纹形等,但产量很少。

根据使用的特性要求,可分别采用不同的钢类对线材进行分类。

(1) 碳素结构钢轧制的线材(盘条):线材使用的碳素结构钢典型牌号有 Q195、Q215、Q235、Q275 和 Q195F、Q215F、Q235F。轧制成的盘条作为钢筋广泛应用于建筑业,还可作为拉丝的原料,经冷拔工艺拉成钢丝。拉制的碳素结构钢钢丝是用量最大、用途最广泛的一个品种。

过去,将采用复二重轧机和横列式线材轧机轧制的线材称为普通线材,简称普线;现在横列式轧机在我国几近淘汰,绝大部分普线也是用无扭高速线材轧机轧制,同时采用控制冷却工艺生产,简称高线。同是普通钢线材,高速线材与普通线材相比具有尺寸精度高、表面质量好、力学性能好、盘重大的优点。因此,碳素结构钢轧制的线材(盘条)除了可应用于建筑业和作为拉丝原料外,还可应用于焊条行业以及制造螺栓、螺母和铆钉。碳素结构钢轧制的线材(盘条)执行的标准是GB/T 701—2008。

(2) 优质碳素结构钢轧制的线材(盘条):优质碳素结构钢轧制的线材(盘条)主要供拉丝用。其中使用低碳钢如 08F、15F、08、10、15、20、25 等牌号轧制的线材用于拉制重要用途低碳钢丝、异形钢丝;使用中高碳钢如 30、40、50、60、65、70、75、80、85 等牌号轧制的线材用于制造碳素结构钢丝、伞骨用钢丝、辐条用钢丝、针布钢丝、轮胎圈用钢丝、钢丝绳用钢丝、弹簧钢丝、镀锌钢丝、钢芯铝绞线等;使用锰钢如 15Mn、25Mn、35Mn、45Mn、60Mn、65Mn、70Mn 等牌号轧制的线材用于拉制碳素结构钢丝、弹簧钢丝、异形钢丝、针布钢丝等。优质碳素结构钢轧制的线材(盘条)执行的标准是 GB/T 4354—2008。

(3) 焊接用钢轧制的线材(盘条):这类线材也称为焊线。常用的钢牌号非合金类的有 H08A、H08E、H08C、H08MnA、H15A、H15Mn,低合金类的有 H08CrMoA、H10CrMoA、H18CrMoA、H30CrMnSiA 等。焊接用钢轧制的盘条主要用于制造手工电弧焊条和埋弧焊、电渣焊、气焊和气体保护焊所用焊丝。现行执行标准是 GB/T 3429—2002。

(4) 焊接用不锈钢轧制的线材(盘条):使用的钢典型牌号有 H0Cr21Ni10、H0Cr19Ni12Mo2、H1Cr13、H1Cr5Mo 等,主要用途与焊接用钢轧制的线材(盘条)相同。现行执行标准是 GB/T 4241—2006。

(5) 不锈钢轧制的线材(盘条):使用的钢以奥氏体不锈钢为主,典型牌号有 1Cr18Ni9、00Cr17Ni14Mo2、1Cr17、1Cr13、3Cr13 等,主要用于制作不锈钢丝、不锈弹簧钢丝、不锈顶锻钢丝、不锈钢丝绳等。现行执行标准是 GB/T 4356—2002。

(6) 琴钢丝用线材(盘条):琴钢丝用线材(盘条)使用的钢主要是碳含量较高的优质碳素结构钢和碳素工具钢,典型牌号有 60、60Mn、65、65Mn、70、70Mn、75、80、T8MnA、T9A 等,主要用于制作琴钢丝、弹簧钢丝、油回火阀门钢丝等。现行执行标准是 GB/T 5100—93。

(7) 预应力钢丝及钢绞线用线材(盘条):该类线材也称为硬线。所使用的钢类为专用钢,钢的特点是碳含量高(0.70%~0.85%),硫、磷的含量低(不大于0.025%),抗拉强度高(960~1200MPa)。主要牌号有 72、72MnA、75A、75MnA、77A、77MnA、80A、80MnA、82A、82MnA。主要用于制作预应力钢丝和钢绞线等。

在品种、质量上，我国对国际标准 ISO、欧洲标准 EN、日本标准 JIS 中所列的线材牌号、规格等都能生产，而且能达到标准要求。国产线材除个别品种（如钢帘线、气门簧、悬架簧、超低碳不锈钢丝用线材等）外，基本都能达到用户的要求，自给率达 93% 以上。

10.1.2　线材轧制技术发展历史

早期的轧钢技术是从轧制棒材开始的，英国的依·尼雪（E. Hesse）在 1530 年或 1532 年第一个发明了用两个辊轧制铁或钢的轧机。1728 年英国的约翰·彼尼（John Payne）在两个刻成不同形状孔型的轧辊中加工轧制棒材。1759 年英国的托马斯·伯勒克里（Thomas Blockley）取得了用孔型轧制圆的专利，标志着在人类历史上正式开始生产型钢。

在 1800 年以后，主要两种不同原理的轧机，活套轧制和连续轧制技术各自得到发展。最初的比利时轧机或活套轧机（Belgian or Looping mill）发展为加勒特轧机（Garret mill），当活套轧机在发展和完善之时，出现了连续轧机。活套轧机和连续轧机都在发展和改进，并显示出各自的特点。现代的高速无扭线材轧机主要以连续式轧机为基础，综合了两种轧机设计的基因，包括（在预精轧机组）采用活套减少机架间的张力，以及活套轧机部件的改进。

单机架的三辊轧机用于线材轧制大约出现在 1857 年武洛斯特制铁厂，第一次多机架轧制在比利时轧机或活套轧机上实现（参见图 10-1）。轧机一架挨着一架布置，所有的轧辊在同一速度下由一根平行于轧辊的长轴传动。轧件在入口机架形成一个 180° 的活套呈"S"形返回经过轧机。当一根轧件在轧制一个道次之后，每一个活套连续地加大。这是一种轧制过程的物理现象，因为当通过随后的机架时轧件的断面越来越小，长度增加而轧制的运行

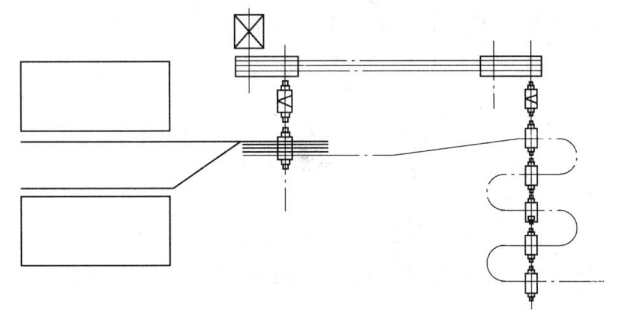

图 10-1　早期单机架三辊轧机的活套式线材轧机

速度却相同。轧件存贮在每一架轧机前，于是活套的长度不断增加。当轧件长度超过一定限制后尾部的终轧温度就会过低。当时比利时轧机轧件的极限长度是 90m(300ft)，单重为 23kg(50lb)。

1862 年格林·彼德森（George Bedson）在英格兰曼彻斯特取得了一套完全新型轧机的专利，1869 年 Washburn and Moen Manufacturing Compa 制造公司在格鲁夫街厂建设了一套彼德森（Bedson）轧机。轧线呈串列式布置，因此，轧件连续地直线通过轧机。轧机的每对轧辊为水平/垂直布置，相邻机架的传动轴呈 90°。这种布置避免了活套轧机在两道次间需要扭转 90°，因此轧机布置紧凑。彼德森（Bedson）轧机可以用一根长轴和一个齿轮系统进行传动，因此每一个轧机的轧辊可比前一架转动更快。这种传动系统可以调节各架的速度，因此轧辊的圆周速度接近于轧件的线速度。由于每架速度逐渐加快，适应轧件的逐渐延伸，在道次之间避免出现活套。这种轧机适合于在希望速度下轧制所需的长度，但当时线材不能卷取成卷，当轧机快速轧出后线材散露在轧机之后。Washburn and Moen 总经理 C. H. Morgan 发明了动力驱动的卷取机将线材卷取成卷，克服了这一制约。

彼德森（Bedson）轧机主要缺点是立辊不容易调整，立辊的传动轴和齿轮箱均在车间地坪下，轧辊的冷却水和铁皮流入齿轮和轴承，引起它们快速磨损；并且不易将立辊的传动系统吊到地面上来，安装和检修不便，大量的麻烦由此产生。多年之后，从彼德森（Bedson）轧机操作积累经验，Morgan 和他的协会开发了扭转导卫，用扭转导卫可取消立辊，采用全平辊就可以实现连续轧制。这种扭转导卫是一个紧凑出口导卫，在导卫内孔型被刻划成螺旋状，这种导卫安装在每个扭转道次的机架后，轧件在进入下一道次前被强力扭转 90°。此外，这种 Morgan 型的生产线还克服了彼德森（Bedson）轧机的其他不足，它可以在一对轧辊中同时轧制两条或多条线材。这种轧机增加了轧机的产量，当然也增加了这种轧机调整的难度。

1875 年第一台 Morgan 有扭连续式轧机建成（Morgan 家族史记载为 1879 年），连续式线材轧机的设计采用 45mm×45mm～100mm×100mm 断面、长 9000mm 的坯料，生产 φ10.5mm 的产品。这种直线式的连

续轧机分粗轧、中轧和精轧机组（见图10-2），是一套双线轧制的18机架的连轧机，由一台蒸汽机集中传动，轧制速度高达20m/s，每一线配置两台卷取机。并借助紧凑的轧线布置，促进轧制过程轧件温度的均匀。

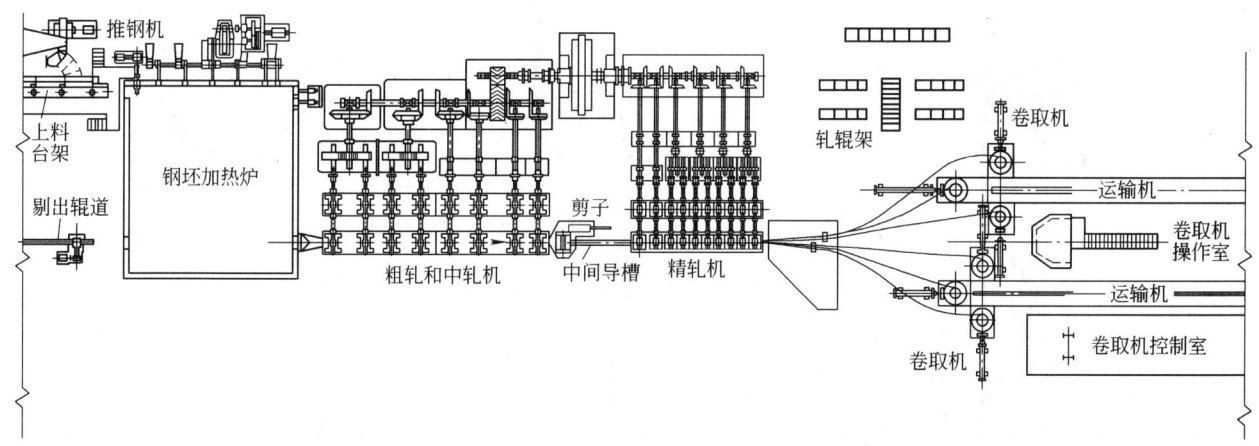

图 10-2　平辊有扭连续式线材轧机（1875 年）

这种集体传动的水平机座有扭连轧机，可实现线材多线连轧，将线材的生产水平向前大大推进一步。这种有扭转连轧一直延续到20世纪40年代。由于这类轧机在轧制过程中轧件有扭转，故轧制速度不能高，一般设计速度是20～30m/s，实际上也就达到20m/s，年产量约为20万～30万吨。

最早比利时轧机或活套轧机（Belgian or Looping mill）是一列多机架，后来发展为三列多机架加勒特轧机（Garret mill）。1875年第一台Morgan轧机建造后，比利时活套轧机的轧制速度、轧件长度、产量等缺点显露。当时一列多机架的比利时轧机，所用坯料断面为50mm×50mm，最大坯重23kg，这种坯料用100mm×100mm的钢坯在三辊开坯机上开坯后才能所得。在对比了连续式线材轧机的优点之后，克里夫兰轧机公司（Cleveland Rolling Mill Compqny）的主管威廉·加勒特（William Garrett）考虑对活套轧机进行改进，使之直接用100mm×100mm断面坯料，直接轧制更长的线材。因此，他将三辊轧机和线材轧机结合在一起，将线材轧机分成三组或三个机列。这种机架依次排列、速度逐渐增加的布置，在粗轧时断面大，速度较低，精轧机列在最高的速度下工作。这不仅可在较短的时间内轧制出给定的轧件长度，并且活套长度减小并且可控。加勒特在1882年建设了第一套这种轧机（见图10-3），其产量为旧式活套轧机的2倍以上。

横列式轧机或活套轧机，经加勒特改进后可用90mm×90mm～100mm×100mm的坯料，产量接近连续式轧机，但活套轧机最大的优点是传动电机和齿轮系统简单，投资省；活套消除了机架之间轧件的张力并可灵活调整机列之间的速度。而连续轧机齿轮系统复杂，各架之间的速度配合要求精确，建设和生产操作的难度都高于活套轧机。因此，直至20世纪30～40年代，连续式线材轧机并没有得到很大的发展，而横列式轧机（或称活套轧机、加勒特轧机）在线材生产中占主导地位。电机制造技术的提高，由蒸汽机传动改为每一列由1台速度不可调的交流电机传动。但其有扭转和活套轧机的基本原理没有改变。40年代末的横列式活套线材轧机的典型布置如图10-4所示。这种机列组成，机架数目在13～15架左右，各机架间由人工或围盘喂钢进行活套轧制。这种轧机生产率很低，温降严重，产品尺寸精度不高，成品线速度6～8m/s，盘重60kg以下，一般年产5万吨左右。但这类轧机投资少，易于掌握，生产工艺灵活。

20世纪50年代中期开始，直流电机制造和控制技术开始成熟，出现了采用直流电机单独传动，平、立辊交替布置的线材连轧机。其平面布置如图10-5所示。从图中可以看出，粗轧机组7机架平辊轧机，由1台直流电机集体传动；中轧机组4架平辊，每两架由1台直流电机传动；二中轧机2架，各由1台直流电机传动；精轧机组6架，平/立交替布置，各由1台直流电机传动。粗轧、一中轧为四线轧制，二中轧为双线轧制，精轧为单线轧制。这种轧机的设计速度可提高到30～35m/s，盘重可达800kg。

这种轧机由于机架间距大，咬入瞬间各架电机有动态速降，影响了其速度的进一步提高；更主要的

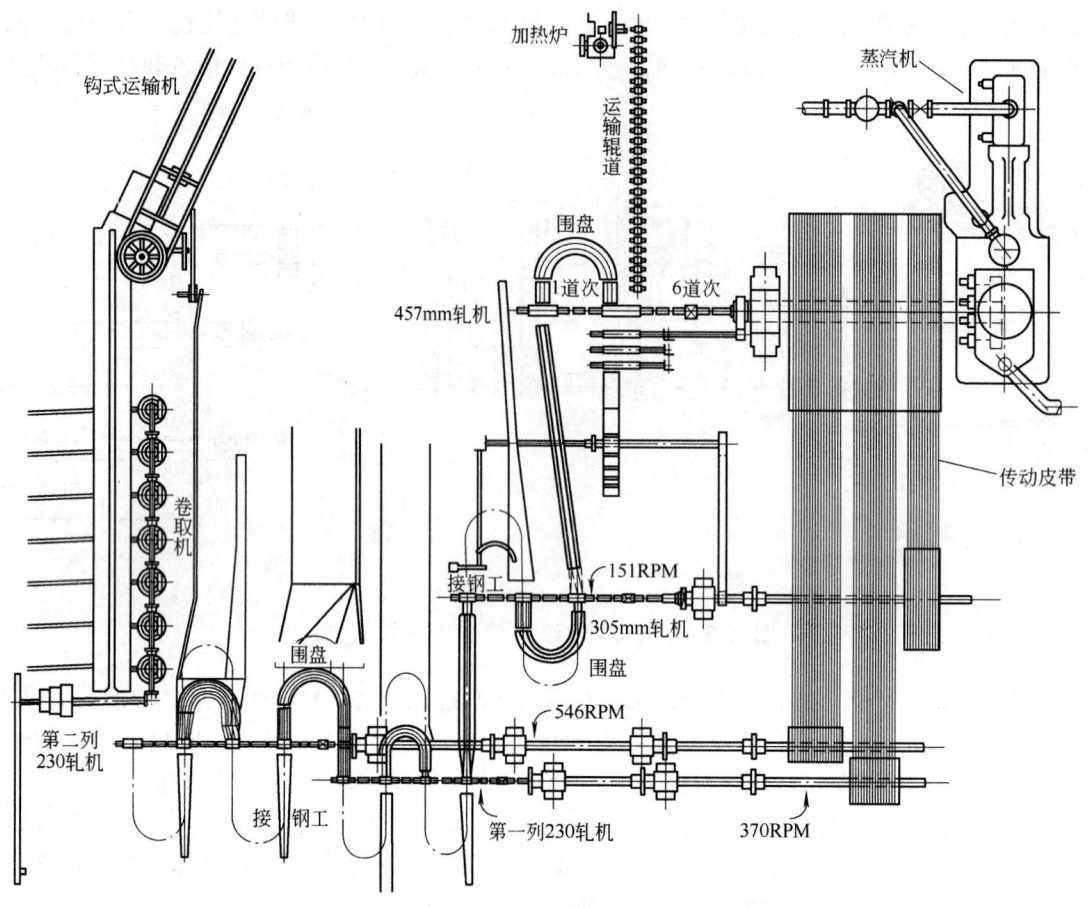

图 10-3　三列横列式线材轧机（加勒特线材轧机）（1882 年）

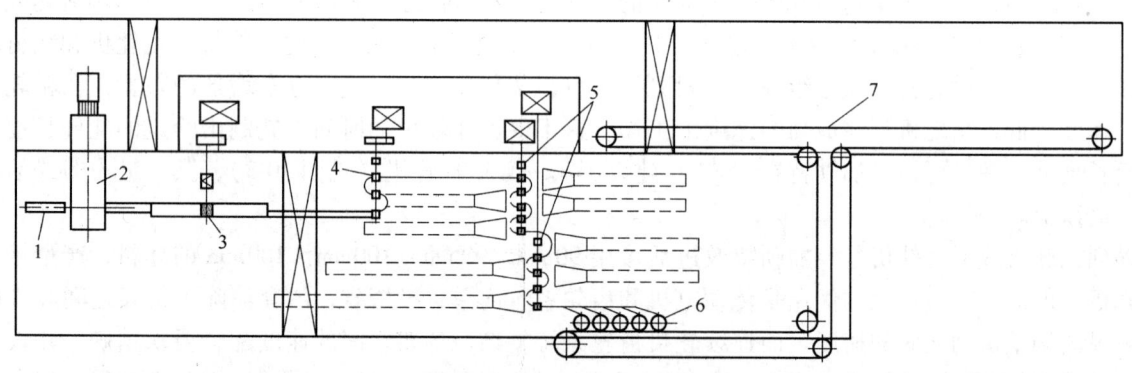

图 10-4　多列横列式线材轧机（20 世纪 40 年代末）

1—剔出辊道；2—推钢式加热炉；3—三辊式粗轧机；4—三辊式中轧机；5—三辊横列式精轧机；6—卷取机；7—钩式运输机

是在轧制过程中，轧辊的磨损和轧件温度的变化，影响到轧件的断面尺寸，导致各架秒流量变化，各架的直流传动电机要经常加速或减速，引发电机事故频繁。在我国湘潭钢厂的实践中，30 年间其实际轧制速度没有超过 29m/s，盘重 500kg，4 线的年产量没有超过 43 万吨。采用直流电机单独传动的平、立辊交替布置的线材轧机，机电设备的投入，比横列式套轧高得多，但产出提高并不多，因此没有发展起来。

　　平、立交替，直流单独传动的线材轧机的发展受挫，人们再次回到活套轧机（横列式轧机）上来。从 20 世纪 50 年代中至 70 年代末，我国对横列式轧机进行了大量研究和革新，包括引进平辊连轧中的扭转导板，将单列套轧改为复二重套轧。曾在 20 世纪 70 年代在我国非常流行的复二重线材轧机如图 10-6 所示。两架"复二重"轧机间用扭转导板替代"反围盘"或人工操作，对减轻操作工人的劳动、减少事故起到一定的作用，从而也能使套轧的速度略有提高。并在套轧中植入连轧的概念，组成连轧-套轧的复合式横列式轧机。图 10-7 为 20 世纪 70 年代，我国上钢二厂的 5 线线材轧机的平面图。它的粗轧机组是

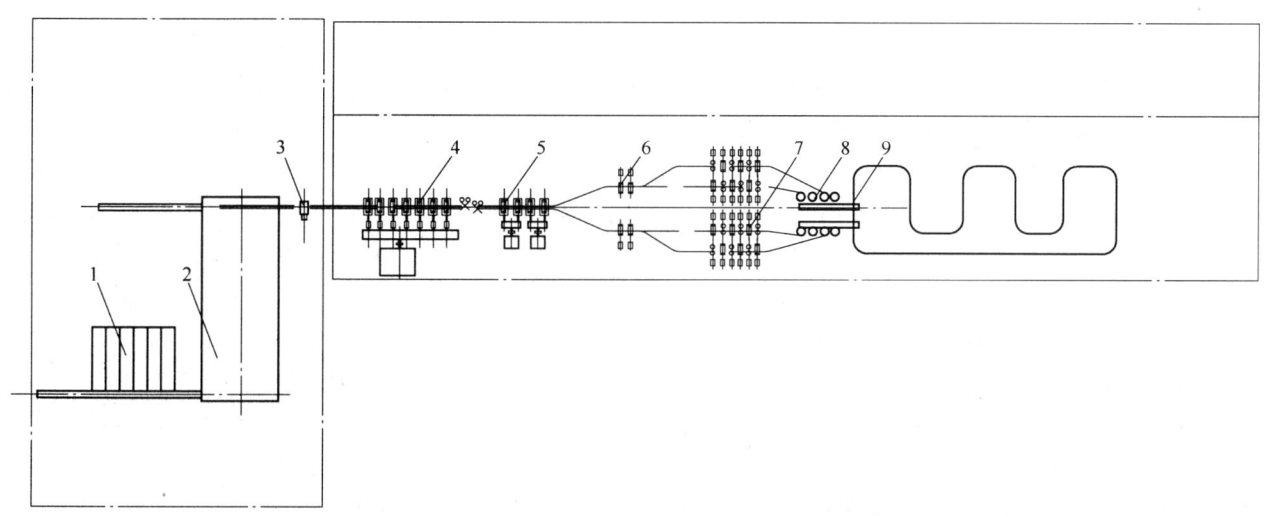

图 10-5 直流单独传动的线材轧机（1960 年，湘潭钢厂，东德台尔曼厂制造）

1—上料台架；2—推钢式加热炉；3—转辙器；4—粗轧机组；5——中轧机组；

6—二中轧机组；7—精轧机组；8—卷取机；9—钩式运输机

（不可调速）交流成组传动的平辊连轧，中轧与精轧是复二重轧机。

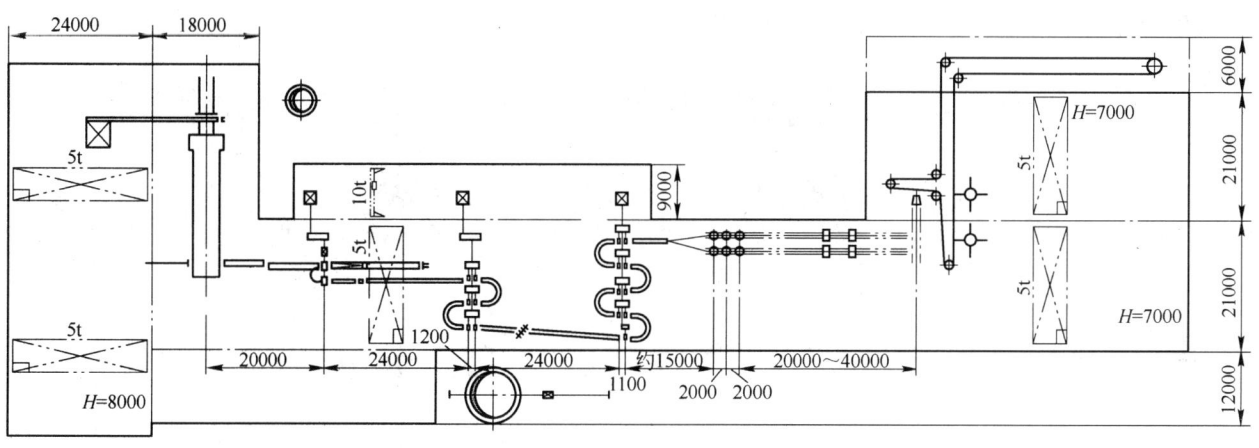

图 10-6 复二重横列式（活套）线材轧机

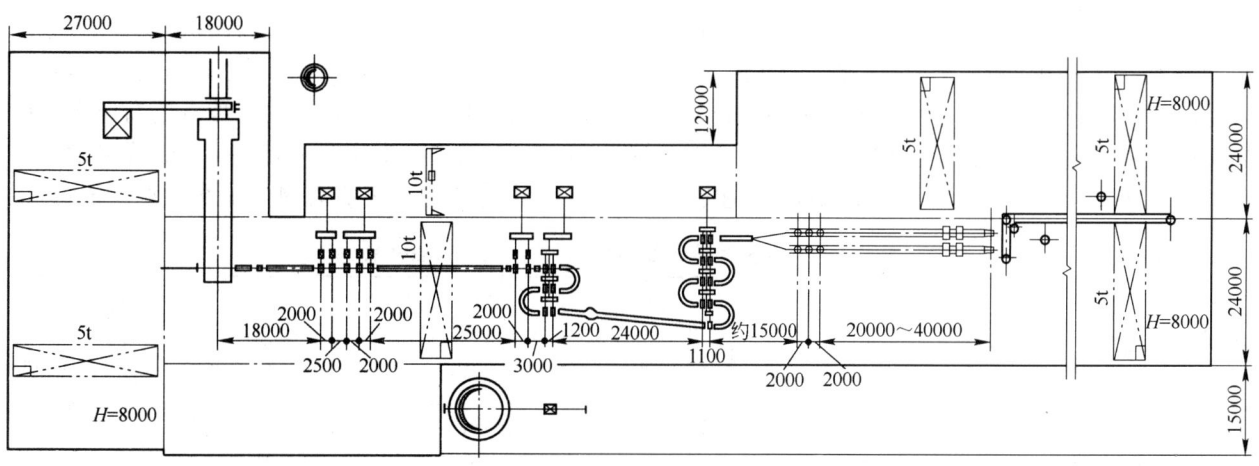

图 10-7 粗轧机组为平辊有扭连轧的复二重线材轧机（1971 年）

复二重式轧机曾是我国线材生产广泛采用的一种机型。它的特点是：取消了横列式的反围盘，活套长度较小，因而温降也小；成品速度可达 12.5 ~ 16m/s；多线轧制（2 ~ 5 线），提高了产量；增加了盘重，可达 80 ~ 150kg；年产量可达 15 万 ~ 25 万吨。轧制时工艺稳定，便于调整。但扭转、活套轧制从原理上带来的固有缺点是：有扭转的轧制速度不能太高，几十年的实践证明，有扭转的极限速度为 18m/s，实际可用速度为 15 ~ 16m/s，但在速度不小于 8 ~ 10m/s 时有扭轧制的事故就会急剧增多。由此引发一系列的问题：轧制速度低，生产效率低，（1992 年我国全国横列式小型和线材轧机的平均产量不足 2 万吨），单机产量低；速度低，坯料断面不能大，坯料单重小，盘重小，切头切尾占的比例大，金属收得率低，更为严重的是小于 120mm×120mm 小断面坯料，连铸机无法正常供应；速度低，轧制时间长，且在轧制过程中在活套内的轧件暴露在空气中，轧件温降大，头尾温差大，头尾尺寸公差不均匀，头尾性能不均；多条轧制，轧辊受力时大时小，弹跳值在不断变化，带来轧件尺寸无规则变化。这些不可克服的缺点，使已有 100 多年历史的活套轧机（横列式轧机）终于在 20 世纪 70 年代走到了历史的尽头。随着高速无扭轧机的出现和快速发展，活套轧机或经过我国改良的复二重式活套轧机快速退出了线材生产的舞台。

1966 年 10 月，Morgan 公司开发的世界上第一台高速无扭轧机和控制冷却线，在加拿大成功投产，Morgan 家族再次开创线材生产的新时代。这种新型轧机的主要特点是：（1）10 机架集体传动；（2）轧辊轴与水平面呈 45°交叉布置，相邻两对辊轴互成 90°；（3）采用单线无扭转轧制；（4）采用悬臂式的碳化钨小辊环。

Morgan 新型的高速无扭转轧机与轧后的水冷与风冷相配合（简称斯太尔摩控制冷却线），轧制速度高（50m/s），轧机的效率高，单线产量达 13 万 ~ 15 万吨/年；坯料单重大，盘重可达 700 ~ 1000kg；可生产更小规格的产品，最小规格为 ϕ10.5mm；产品的尺寸精度高，表面光滑，头尾尺寸与性能均匀。这些优点使其深受用户欢迎。Morgan 新型的高速无扭精轧机，创造了轧机设计和制造的新概念。

Morgan 型高速无扭精轧机传动系统如图 10-8 所示。

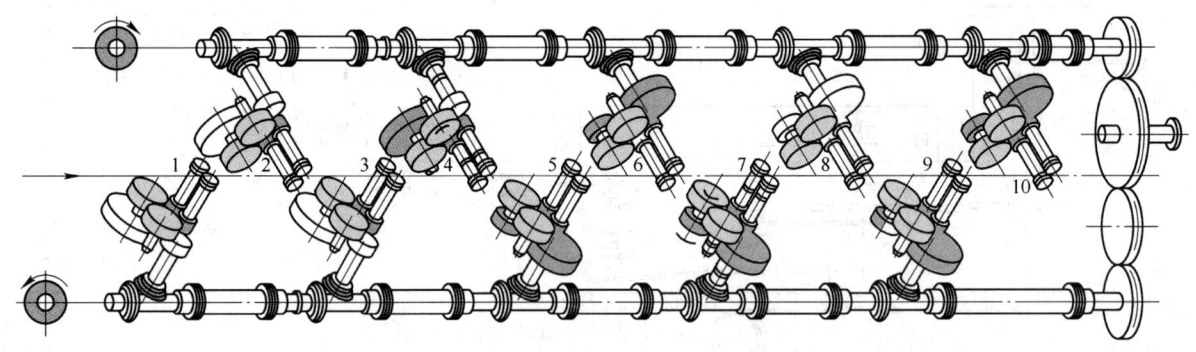

图 10-8　Morgan 型高速无扭精轧机传动系统示意图

Morgan 型高速无扭精轧机的开发成功，在世界引起极大震动，并吸引众多的设计制造商投入到新型线材轧机的开发和研制中来。在随后的发展过程中，曾出现过多种线材轧机的机型，按机架间轧辊交汇位置不同，分为侧交和顶交两种；按其传动结构不同，又分为外齿传动和内齿传动（克劳伯机型）两种；此外还有三辊式、45°侧交、15°/75°和平-立交替式等多种机型。现将曾经出现过的几种主要高速无扭精轧机组的技术性能参数列于表 10-1。在这众多的机型中以 Morgan 型最为突出，一路引领世界线材发展的新潮流。Morgardshammar 公司并入 Danieli，在后来的发展中成绩不俗，今天成为 Morgan 的主要竞争对手。

表 10-1　几种主要高速无扭精轧机组的技术性能参数

序号	参数名称	机　型							
		KOCKS 三辊 Y 型轧机	施罗曼	克劳伯	摩根	德马克	阿希洛	达涅利	摩哥斯哈玛
1	轧辊支撑方式	双支点	双支点	悬臂	悬臂	悬臂	悬臂	悬臂	悬臂
2	机组的机架数目	10 ~ 13	8 ~ 11	8 ~ 10	8 ~ 10	8 ~ 10	8 ~ 10	8 ~ 10	8 ~ 10
3	传动方式	集中或分组	分两组集中传动	集中传动	集中传动	集中传动	集中传动	集中传动	集中传动
4	主传动电机功率 /kW	1000 ~ 1200	2×800 1×700	2× 1000	2× (1650 ~ 1950)	2×(1400 ~ 1750) 3×1600	2× (1500 ~ 1750)	2×(1650 ~ 1800) 3×1350	2× (1350 ~ 1500)

续表 10-1

序号	参数名称	机 型							
		KOCKS 三辊 Y 型轧机	施罗曼	克虏伯	摩 根	德马克	阿希洛	达涅利	摩哥斯哈玛
5	轧辊直径/mm	290	250	210/160	210/150	210	210	210/160	210/160
6	最大轧制速度 /m·s⁻¹	61	50	50	120	120	100	100	100
7	轧件的最小尺寸偏差/mm	±0.1	±0.1	±0.1	±0.1	±0.1	±0.1	±0.1	±0.1
8	机架间距/mm	410	450	600~700	750/632	800	920	600	690
9	轧辊材质	普通材质	普通材质	碳化钨	碳化钨	碳化钨	碳化钨	碳化钨	碳化钨
10	孔型系统	倒三角-正三角(▽-△)	椭圆-圆	椭圆-圆	椭圆-圆	椭圆-圆	椭圆-圆	椭圆-圆	椭圆-圆
11	更换孔型方法	整机组更换	机架移动	辊环翻转180°	辊环翻转180°及加垫片	辊环翻转180°	辊环翻转180°	辊环翻转180°	辊环翻转180°
12	轧机调整	轴向固定,径向有可调和不可调两种	轴向、径向均可调整	轴向、径向均可调整	轴向、径向均可调整	轴向、径向均可调整	轴向、径向均可调整	轴向、径向均可调整	轴向、径向均可调整
13	换孔型或换机架时间/min	10~15	换孔2换机架15	5~7	5~7	5~7	5~7	5~7	5~7
14	机组重量/t	60	100	60	72.5	99	80	66.5	约80

Demag 公司曾开发了一种有别于 Morgan 型的高速轧机,其特点是:(1)各机架之间的不同转速是由伞齿轮后的一对圆柱齿轮来配置速比,而各架伞齿轮全是一样的,速比不变,这样的好处是减少伞齿轮的规格,降低了后部伞齿轮的圆周速度,制造比较容易;(2)轧辊辊缝调整是用一套斜楔、摇臂机构,而 Morgan 是用一套偏心套和丝杠机构;(3)机架的布置形式为 15°/75° 布置;(4)1980 年以后改为 φ210mm×10 机架,轧机的强度比较高。当时曾认为可能成为 Morgan 的主要竞争对手,我国曾引进 2 套 Demag 机型的轧机。但实践表明 Demag 的 15°/75° 布置的高速性能不如 Morgan,在剧烈的市场竞争中败下阵来。

阿希洛早期购买了 Morgan 的专利制造 Morgan 精轧机,1976 年阿希洛开发了自己的线材精轧机。它是最早采用顶交 45° 布置的机型,它的机架结构特点是两轧辊轴装在一对用液压缸拉紧的摇臂上,绝大部分的轧制力由液压缸承受,只有小部分轧制力由焊接的机架壳体承受。它与 Morgan 的相似之处是同用伞齿轮配速,伞齿轮箱与轧辊箱用齿型联轴器拼接,此联轴器转速很高,影响了轧机在高速下的性能,使这种机型终被淘汰。Pomini 公司也制造过高速线材轧机,但数量很少,几乎没有给世界留下什么印象。

Danieli-Morgardshammar 公司共有两种机型的高速线材轧机,结构差别较大。一种是 BGV 型,采用平-立交替布置,这种机型与 Morgan 型相似,轧辊轴通过一对悬臂伞齿轮传动,机架结构强度和刚度都比较大,但高速性能比 Morgan 型要差,在竞争中一比高下后终于退出市场。另一种机型是 P-918,机架是顶交型,各机架之间的不同转速也是由不同伞齿轮来配速比,各架辊箱可以互换,只是辊环的固定方式、辊缝调节与 Morgan 有所区别。这种轧机高速性能比较好,在竞争中站住了脚,成为今天世界上与 Morgan 竞争的机型。

Morgan 型的侧交 45° 布置的线材精轧机长盛不衰,成为高速无扭线材轧机的正宗,在世界广为采用。在将近半个世纪的发展过程中,Morgan 轧机又进行了许多改进,使轧机的速度不断提高。20 世纪 90 年代中开始使用的第 V 代 Morgan 轧机,从侧交 45° 改为顶交 45°;采用超重型机架,轧辊辊箱由原来铸造的钟罩式辊箱（第Ⅴ代以前）改为锻造面板插入式结构，改进轧辊轴颈的密封，使它更适合在高速下安全运转，轧制速度稳定在 105m/s。90 年代中期以后，Morgan 与 Danieli 各自开发了 4 机架的减径定径机，将 10 机架精轧机调整为 8 架，并在性能和规格上作了相当的调整，形成保证速度达 112m/s（Morgan 为 115m/s）的精轧—减径定径的新机型（简称 8 + 4），将线材轧制技术与装备提高到一个新的水平。

另外，早在十几年前 Morgan 就曾提出，将精轧机改为 2 架-2 架插入式的设计方案，就像现在 2 机架预精轧机这样的结构与传动。但响应者寥寥，没有人愿意第一个安装这种机型，至今这种设想还只能停留在设计方案上，因为改为 2 架-2 架一组的插入式，好处有但并不是很多，而机械传动和电气传动控制系统的投资要大幅增加。预精轧机改成 2 架-2 架插入式，现在也只卖 1 组 2 架，并未见有用户订 3 组 6 架者。

10.2　高速线材生产的工艺流程

10.2.1　线材生产的主要工艺参数

产品的规格范围、坯料断面和盘重、精轧机的最高或保证速度、单机产量等主要工艺参数是量度线材轧机水平最重要的标态。

10.2.1.1　产品

按我国国家标准（GB/T 14981—2009）要求盘条的规格范围为 $\phi 5.0 \sim 50$mm。实际上线材轧机的产品范围只有 $\phi 5.5 \sim 25(26)$mm，一般 $\phi 16 \sim 42(50)$mm 的产品在大盘卷生产线生产。$\phi 4.5$mm、$\phi 5.0$mm 的产品在国外引进线材轧机的产品大纲中规定可以生产，实际上只是在试车时试轧过，因为生产此种规格产品产量低，事故多，即使引进的轧机投产后也未正式生产过。国产线材轧机的产品范围要小一些，为 $\phi 5.5 \sim 20$mm，从国外引进带 4 机架减径定径机的线材轧机（8 + 4）其产品范围可达 $\phi 5.0 \sim 25(26)$mm。

产品品种有光面线材和带肋的螺纹钢筋。近 20 年来我国建筑用钢筋的需求量剧增，而不大于 $\phi 10$mm 的带肋钢筋在小型轧机上生产比较困难，因此我国的线材轧机生产 $\phi 6$mm、$\phi 8$mm、$\phi 10$mm 的带肋钢筋产量非常大，并有不少专业化生产钢筋的线材轧机。

高速线材轧机生产的钢种范围比较宽，有碳素结构钢、优质碳素结构钢、低合金钢、合金结构钢、焊条钢、冷镦钢、弹簧钢、轴承钢、碳素工具钢、不锈钢等。不同钢种的生产工艺和轧制力能参数差异较大，而且其供坯的炼钢-连铸系统差别更大。经过多年的摸索后，我国非常注意将生产普通钢（包括低合金钢）和生产合金钢的线材轧机严格分开，甚至在生产合金钢的线材轧机中又区分出生产高合金钢和一般合金钢的线材轧机。

卷重一直是线材轧机发展水平的标志性指标，随着高速无扭轧机速度的逐渐提高，高速线材的卷重由早期的 500kg、1000kg、1500kg、2000kg 提高至 20 世纪 90 年代中的 2500kg。大卷重对线材轧机而言，可减少咬钢次数，减少对轧机的冲击，减少切头切尾数量；对下游的金属制品而言，可减少焊接拼卷的次数，提高生产率。现在，我国线材轧机的卷重大部分在 2000 ~ 2500kg。随着无头焊接技术的出现，一度要求增加卷重的呼声很高，2003 年在邢台将卷重加大至 3500kg，2008 年在青岛将卷重加大至 3000kg，但都没有成功，因为下游的产业都是按 2500kg 卷重配套，更大的卷重没有这种需求。至少现阶段，我国线材轧机的设计和生产卷重只能稳定在 2000 ~ 2500kg，过分追求大卷重会造成一厢情愿的尴尬，给生产厂带来设备功能过剩的浪费和能耗增加。

10.2.1.2　坯料

线材轧机使用的原料有连铸小方坯、大方坯开坯的轧制坯、钢锭开坯的轧制坯以及锻坯，但用量的 95% 以上为连铸小方坯，只有约 5% 以下为大连铸开坯的轧制坯，用钢锭开坯的轧制坯和锻坯数量更少，估计在 1% 以下。轧钢生产直接以连铸坯为原料是钢铁生产的一次革命，也是线材产品具有竞争力的关键。

连铸坯断面的大小取决于连铸技术，同时也取决于线材（及小型）轧制技术，是连铸和小型线材轧制技术的结合点。从冶金学的角度和连铸机的生产率考虑，应尽量采用较大断面的连铸坯；但对于连续式的线材和小型轧机来说，最大断面也受精轧机最大速度和产品规格的限制。坯料断面与轧制速度与产

品规格有如下关系:

$$F_0 = \frac{F_n v_b}{v_0}$$ (10-1)

式中　F_0——坯料断面面积,mm^2;

　　　F_n——最小规格产品的断面面积,mm^2;

　　　v_b——轧制最小规格产品时的保证速度,m/s;

　　　v_0——第一架轧机咬入速度,m/s。

根据轧钢生产多年实践积累的经验认为,第一机架的咬入速度要在 0.1m/s 左右,最低不要低于 0.08m/s。如果低于该极限值,将使轧辊孔槽产生热裂,急剧降低轧辊的使用寿命,同时导致轧件表面出现裂纹。对于轧制合金钢的线材轧机,其第一架的咬入速度要更高一些,要保持在 0.2m/s 左右,因为合金钢加工的温度范围窄,在粗轧阶段轧制速度低,温降快,通过提高轧制速度增加变形热,减少温度降。为此,需要采用非完全连续式的"脱头轧制"布置方式。从式 10-1 可计算出在不同轧制速度下可采用的坯料断面。

对于普通钢连续式线材轧机,精轧机的最大出口速度相对应的连铸坯最大断面如表 10-2 所示。

表 10-2　钢坯断面与精轧出口速度的关系

最大精轧速度/$m \cdot s^{-1}$	50	65	75	80	90	100	112
最大坯料断面/$mm \times mm$	110×110	125×125	130×130	135×135	145×145	150×150	160×160
轧制 $\phi 5.5mm$ 产品时的咬钢速度/$m \cdot s^{-1}$	0.098	0.0988	0.0988	0.104	0.102	0.106	0.09978

现在我国线材轧机使用的连铸坯断面为:150mm × 150mm ~ 165mm × 165mm,使用这样断面的连铸坯可以使连铸机顺行,并保证基本生产无缺陷的连铸坯,连铸与线材轧机的效能都能得到较充分的发挥。在 20 世纪 90 年代以前,我国线材和小型轧机为横列式轧机,轧制速度低,使用 60mm × 60mm ~ 90mm × 90mm 的轧制坯料。当出现小方坯连铸后,轧钢界只从轧钢的需要出发,没有考虑连铸的可能性,亦要求供应 60mm × 60mm ~ 90mm × 90mm 的连铸方坯,极大地制约了连铸技术的发展。实践证明,不大于 120mm × 120mm 的连铸坯,插入式水口断面太小,连铸机无法正常生产。当线材轧机的速度提高至 75m/s 以上时,可用坯料断面增大至 130mm × 130mm,此时连铸机才开始顺行。我国的小型和线材轧机只有与高效的转炉-连铸组成了有机合理的生产系统,才能真正实现高效率、低成本;在解决了我国用量最大的小型、线材轧机的关键生产技术问题之后,中国的钢铁工业才真正走上高速发展之路。从现有的实践看,现阶段线材轧机的连铸坯断面以 150mm × 150mm ~ 165mm × 165mm 为宜,更大的规格对连铸有好处,但对线材而言增加了生产的成本。采用更大规格的坯料,需要平衡得失,择优而从。

坯料的断面确定之后,坯料的长度与线材卷重成正比,大坯重既可满足大卷重的要求,又因单根坯的轧制时间长,头部和尾部的数量减少,可减少对轧机的冲击和事故。如上所述,受下游金属制品产业需求的制约,现在线材的卷重在 2000 ~ 2500kg 之间,坯料的长度多为 12000 ~ 12500mm,少数轧机采用 10000mm。

10.2.1.3　轧机的生产能力和轧制速度

经过半个世纪的发展,线材高速无扭轧机的轧制速度从最初的 45m/s 提高到今天的 112m/s（国产高速轧机为 105m/s）,伴随着高速线材轧机速度的不断提高,轧机的生产率（产量）不断增加,质量不断改善。随着轧机产量的提高,一条线或最多两线已可满足企业对产量的要求,因此,线材轧机的布置也由最初的四线、三线减少到今天的单线或双线。

线材轧机的机时产量与轧机的结构和孔型设计相关。轧机的传动功率越大,刚度越大,可承受的轧制力越大,以最高轧制速度进行轧制的规格越大,其机时产量就越高。国产 105m/s 的高速轧机,$\phi 5.5$ ~ 9.0mm 产品可以都从精轧机的第 10 机架轧出,其中 $\phi 5.5$ ~ 7.0mm 产品可以 105m/s 的速度进行轧制。国产线材轧机的机时产量计算如表 10-3 所示。

表 10-3　线材轧机机时产量计算表 （坯料 150mm×150mm×12000mm，单重 2063kg）

公称直径/mm	理论重量/kg·m⁻¹	成品长度/m	轧制速度/m·s⁻¹	轧制时间/s	轧机满槽产量/t·h⁻¹	轧机计算产量/t·h⁻¹
5.5	0.187	11059	105	1010.3	68	62
6	0.222	9293	105	88.5	81	73
6.5	0.260	7918	105	710.4	96	86
7	0.302	6828	105	610.0	111	100
7.5	0.347	5948	101	58.9	122	110
8	0.395	5227	91.8	56.9	126	114
8.5	0.445	4630	81.3	57.0	126	114
9	0.499	4130	72.6	56.9	127	114
9.5	0.556	3707	610.1	56.9	126	114
10	0.617	3345	58.8	56.9	127	114

注：轧机满槽产量又称为轧机最大理论产量，指不考虑轧钢的间隙时间和其他停机时间（但考虑了切头切尾和轧废，收得率为97%），轧机一直不停轧钢时的产量。

　　轧机的满槽产量和计算产量比较客观地反映了该轧机的性能和实际能力，在进行设计时一般以此产量为依据进行上游连铸机和转炉的配套设计。轧机的年生产能力除与轧机的速度有关外，还与轧制的钢种、生产产品的规格大小有关，年生产小规格多，则产量低，年生产大规格多，则产量高。合金钢要采用较低的轧制速度，特别是轧制不锈钢、合金工具钢、阀门钢等只能在 70~85m/s 的速度下轧制，因此，合金钢线材轧机产量很低。在线材轧机发展过程中轧机的生产能力及现在可达到的能力如表 10-4 所示。

表 10-4　在各种速度下的线材轧机生产能力

轧机最大速度/m·s⁻¹	50	65	75	80	95	105	112
单线生产能力/万吨·年⁻¹	15	20	25	30	50	60	70
双线生产能力/万吨·年⁻¹	—	—	—	—	90	110	—

10.2.2　现代线材生产基本工艺流程

　　现代高速线材生产线的工艺流程如图 10-9 和图 10-10 所示。

10.2.2.1　坯料准备与加热

　　目前，小型和线材轧机使用的坯料有连铸坯、初轧坯和锻坯。其中，连铸坯减少了钢锭在加热与开坯后的切头切尾，金属收得率高，能源消耗少，具有初轧坯不可比拟的优势，已成为现代小型、线材生产的普遍用坯。由于受终轧速度及高线精整设备的限制，盘卷单重一般为 2.0~2.5t，不超过 3t。普遍采用的坯料断面尺寸是 150mm×150mm~170mm×170mm，长度为 8~12m。

　　A　坯料准备

　　坯料准备包括原料验收、检查清理、存放、上料等。从炼钢厂或车间送来的连铸坯或轧坯，接收时按照钢号、炉号、数量、重量、化学成分等对实物进行验收，合格坯料建金属流动卡，按指定位置存放。钢坯主要检查表面质量，当采用常规冷装炉加热轧制工艺时，为了保证坯料全长的质量，对一般钢材可采用目视检查、手工清理的方法；对质量要求严格的钢材，则采用超声波探伤、磁粉或磁力线探伤等进行检查和清理，必要时进行全面的表面修磨。当采用连铸坯热装炉或直接轧制工艺时，必须保证无缺陷高温铸坯的生产。对于有缺陷的铸坯，可进行在线热检测和热清理，或通过检测将其剔除，形成落地冷坯，进行人工清理后，再进入常规工艺轧制生产。棒材产品轧后还可以探伤和检查，表面缺陷还可以清理。但是线材产品以盘卷交货，轧后难以探伤、检查和清理，因此对线材坯料的要求应严于棒材。

　　钢坯堆放形式大致分为两种："一"字形堆垛摆放和"十"字形堆垛摆放。"一"字形堆垛是将坯料彼此平行逐层摆放，此类堆放需要做料架，每层可摆放 6~8 根，根据厂房高度、吊车的起升高度、地面载荷和料架的高度，决定堆垛层高。该堆垛方式要求吊车上料方向与钢坯堆放方向一致，即不需要旋转。"十"字形堆垛是将坯料垂直交叉逐层摆放。此类堆放省却了料架，因不受料架的限制，在起升高度和地

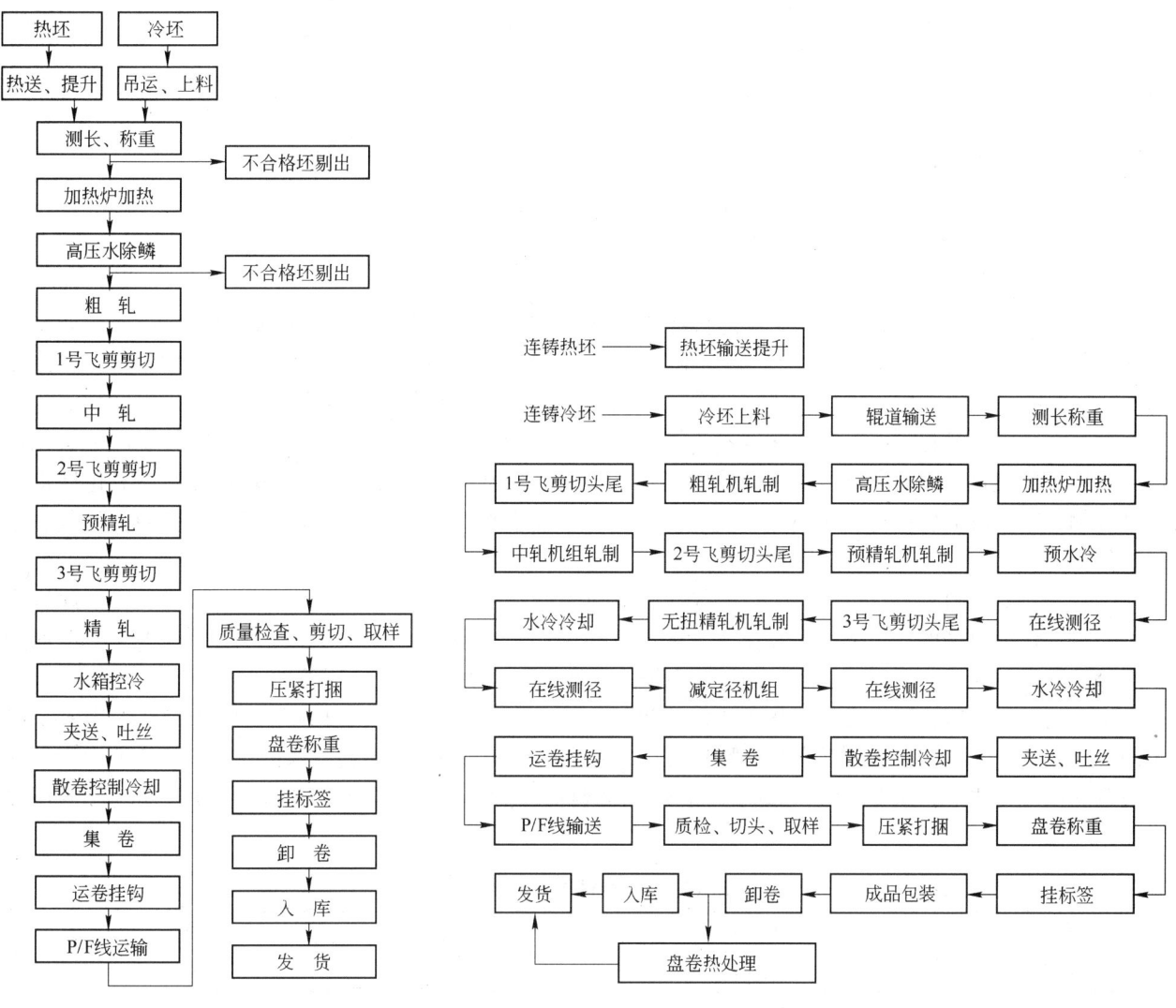

图 10-9　普钢线材生产工艺流程　　　　　　　图 10-10　优质钢线材生产工艺流程

面载荷允许的条件下，单位面积可堆放更多的钢坯。但要求吊车挂梁是可旋转的。为避免钢坯混号，钢坯要按钢种、炉号分别存放。

　　B　合格连铸坯的热装热送

　　热送热装工艺，可以缩短铸坯在加热炉内的加热时间，减少铸坯的烧损，提高成材率，优化工艺流程，节约生产费用，缩短生产周期。目前，连铸坯的热送热装在线材生产线广泛应用。合格连铸坯通过保温热送辊道直接送入步进式加热炉，节能高效。

　　C　钢坯加热

　　高速线材轧机钢坯加热的特点是，温度制度严格，要求温度均匀，温度波动范围小，温度值准确。加热的通常要求，如氧化脱碳少、钢坯不发生扭曲、不产生过热过烧等与一般加热炉无异。

　　高速线材轧机坯重大，坯料长，钢坯的加热温度是否均匀特别重要。加热温度必须满足轧钢工艺的要求，一般钢坯的加热温度都在 $1050 \sim 1250℃$。具体确定加热温度还要看钢种、钢坯断面规格、控冷开始温度和轧钢工艺及设备等诸因素综合考虑，合理选择加热温度。从低碳钢、高碳钢及低合金钢的轧钢加热实践看，$1050 \sim 1180℃$ 的加热温度是比较适宜的。

　　现代化的线材生产一般采用步进梁式加热炉加热，使用高炉、焦炉混合煤气做燃料，实现电气传动、热工仪表等基础自动化控制。由于坯料较长，炉子较宽，为保证尾部温度，采用侧进侧出的方式。

　　目前高速线材轧机均采用较低的开轧温度和相应的出炉温度。除特殊钢种外，碳素钢和合金钢依钢种不同开轧温度一般在 $980 \sim 1050℃$。之所以采用较低的开轧温度和出炉温度是基于高速线材轧机的粗轧和中轧机组的轧件温降小，而且轧件在精轧机组还升温。降低加热温度可明显减少金属氧化损失和降低能耗。但过低的加热与开轧温度，会使金属的塑性降低，不仅增加轧制的电能消耗，而且还引起轧线机械设备损坏，所以极少有将开轧温度降低到 930 ~ 950℃的厂家。

D　钢坯称重测长

钢坯称量包括称重和测长。

称重是轧机生产技术经济统计的需要；测长是为侧装步进式加热炉防跑偏对中系统提供控制信号，称重和测长又是物料跟踪系统所必须的输入参数。

10.2.2.2　轧制

A　高压水除鳞

钢坯在进入加热炉前和在加热炉中进行加热生成的一次氧化铁皮（也称为初次氧化铁皮），主要是与空气中氧含量，钢材的品种，空气、钢材和加热炉的温度、加热的时间等有关。这种氧化铁皮较厚（2mm 左右），量多，附着力大，也最难消除。被加热后的钢坯在轧制过程中与氧气接触产生二次氧化铁皮，这层氧化铁皮是在除掉一次氧化铁皮后产生的，故层薄也容易除掉。由于每道轧制后要产生氧化铁皮，所以二次氧化铁皮的产生也与轧制道次有关。氧化铁皮必须清除掉，否则在轧制过程中氧化铁皮就会进入钢材中，影响轧材的表面质量，此外，既坚硬而又不平的铁皮也会严重磨损轧辊表面，降低轧辊的工作寿命。

随着用户对材料表面质量要求的不断提高。目前普遍在出炉后开轧前设置高压水除鳞装置以改进产品的质量，增进市场的竞争能力。高压水除鳞，就是利用水的急冷，铁皮与钢坯体产生温差，使表面的铁皮龟裂的机械脱鳞和靠高压水产生的打击力铲除钢坯表面的铁皮。

钢材的品种不同，所生成的氧化铁皮的厚度、附着力和量也不同。因此，所需除鳞的打击力大小也不同。一般情况下，普碳钢、低合金钢除鳞的打击力取 0.5 ~ 0.7MPa。系统除鳞的压力高低主要由钢坯的材质及除鳞速度决定，速度越大，除鳞压力越高，钢材质越好，除鳞压力也越高。各种材质的除鳞压力如表 10-5 所示。

表 10-5　各种材质的除鳞压力

钢坯材质	优质碳素结构钢	低合金钢	合金结构钢
除鳞压力/MPa	16.0 ~ 18.0	18.0 ~ 20.0	20.0 ~ 22.0

B　粗轧的生产工艺

粗轧的主要功能是使坯料得到初步压缩和延伸，得到温度合适、断面形状正确、尺寸合格、表面良好、端头规矩适合工艺要求的轧件。大多数高线轧机粗轧安排 5 ~ 8 个轧制道次，现在用 6 个道次的最多。普遍采用箱形-椭圆-圆孔型系统，即头两道为箱孔，其余 4 道为椭圆-圆孔，一般粗轧平均道次延伸系数为 1.30 ~ 1.36，（平均道次面缩率为 23% ~ 26.5%）。粗轧阶段一般采用微张力轧制，轧件尺寸偏差控制在 ±1.0mm。

C　中轧及预精轧的生产工艺

中轧及预精轧的作用是继续缩减轧件断面，为精轧机组提供所需要的形状正确、尺寸精确的合格入口断面。中轧及预精轧通常为 8 ~ 12 个道次，平均道次延伸系数一般在 1.28 ~ 1.34 之间。中轧普遍采用微张力轧制，预精轧采用无扭无张力轧制，相应的在预精轧机组前后设置水平侧活套，预精轧道次间设置立活套。

对于无扭轧制，目前多采用平-立交替布置的悬臂式辊环轧机。其设备重量轻、占地小、悬臂辊环更换快，尤其适应精轧机多规格来料的要求。现在新设计的 Morgan 型预精轧机辊箱结构，采用 V 形布置，传动轴在下面，辊箱为插入式面板结构，两个辊箱共用一个电机传动。此结构形式降低了轧机重心，减少振动，面板更换方便。

中轧及预精轧普遍采用"椭圆-圆"孔型系统。轧件断面尺寸偏差能达到不大于 ±0.2mm。

D　精轧的生产工艺

现代高速线材精轧机组的生产工艺都是以固定道次间轧辊转速比，以单线微张力无扭转高速连续轧制的方式，通过椭-圆孔型系统中的 2 ~ 3 个轧槽，将预精轧供给的 3 ~ 4 个规格的轧件，轧成十几个至二十几个规格的成品。在高速无扭线材精轧机组中，保持成品及来料的金属秒流量差不大于1%，以此来保证成品尺寸偏差不大于±0.1mm。

高速无扭线材精轧机组均采用较小直径的轧辊，其轧制力及力矩较小，变形效率较高，一般平均道次延伸系数为1.25左右。

为适应微张力轧制，机架中心距尽可能小，以减轻微张力对轧件断面尺寸的影响。由于机架中心距小，在连续轧制过程中，轧件变形热造成的轧件温升远大于轧件与轧辊、导卫和冷却水的热传导以及对周围空间热辐射所造成的轧件温降，其综合效应是在精轧过程中轧件温度随轧制道次的增加和轧速的提高而升高。为适应高速线材精轧机轧件温度变化的特点，避免因轧件温度升高而发生事故，在精轧前及精轧道次间进行轧件穿水冷却，以实施对轧件变形温度的控制。

E 轧后切头、尾

由于在轧制过程中线材头尾部分的钢温比中间要低一些，且在微张力轧制过程中，轧件头、尾失张段使得头尾处轧件宽展量偏大，容易造成尺寸超差。同时线材的头尾部分不水冷，导致盘卷头尾未冷却部分的力学性能较差。因此，为了保证轧件顺利进入连轧机组，在各连轧机组前后都设有剪切设备，用于完成切头（尾）或事故碎断。

为保证轧件顺利进入中轧机组，在粗轧机组后设置有飞剪，用于切头（尾）和事故碎断。由于粗轧断面尺寸大，且速度相对较低，一般采用曲柄式飞剪，启停工作制。一般切头（尾）长度在50~200mm。

同样在中轧机组后预精轧机组前也设置有飞剪，用于切头（尾）和事故碎断，当预精轧发生故障时，及时碎断轧件，以减少轧件在预精轧机组内的堆积。根据轧件速度范围和剪切断面，可以选择曲柄式或回转式飞剪。

精轧的轧件断面小，速度快，因此切头和碎断均采用回转式飞剪。飞剪在正常轧制时仅用作切头并将轧件导入精轧机，而在精轧机及其后部工序出现故障时将轧件切断，并把后续轧件导入碎断剪进行碎断。通常碎断长度为250~350mm。

为了减少机架间堆钢量，在粗轧机组前、预精轧机组前、精轧机组前布置有卡断剪，用于事故卡断。

10.2.2.3 在线温度控制和轧后控冷与收集

A 水冷与风冷

早期的线材轧机只有在精轧机组后的水冷装置和风冷运输机组成的控制冷却作业线。现在的线材精轧机发展了多种在线温度控制和轧后控冷：

（1）10机架精轧机的标准型线材轧机有：精轧机前的水冷温度控制，10机架间的水冷控制，精轧机后的水冷段温度控制，辊道式风冷运输上的温度控制。

（2）带减径定径机的8+4型的线材轧机有：8架精轧机前的水冷温度控制，8机架间的水冷控制，8架精轧与4架减径定径机间的水冷温度控制，4架减径定径机后的水冷段温度控制，辊道式风冷运输上的温度控制。

通过这些完善的在线和轧后的温度控制系统，控制线材的性能达到产品所要求的冶金和力学性能。部分内容在后面的章节中将有专门的叙述。

B 集卷、挂卷

散卷冷却运输机上平铺的散卷通过集卷系统收集成竖立的整卷，并翻转90°挂到C形钩上。该工序的主要设备有集卷筒、移卷小车以及挂卷用的翻卷机。初始状态下，移卷小车位于集卷筒内，由芯棒顶住集卷定位用的鼻锥而处于受卷状态。当运输机送来的线圈呈水平进入集卷筒后，通过位于集卷筒中心位置的鼻锥定位落在升降托板上。在收集开始时托板升至芯棒上部位置，随着线卷收集数量的增多托板缓慢下降。当一根线材收集完成后，位于鼻锥下方、沿筒体四周布置的8个分离爪由气缸推动伸出，托住鼻锥，靠分离爪暂时存放下一根线材。随之，托板托住整卷盘卷与芯棒一起下降。下降到位后，集卷筒下方的导向门打开，线卷连同托板、芯棒一起移送到翻卷机内。翻卷机的夹持器落下将线卷夹紧并上升，使线卷离开托板。随后芯棒下降，从盘卷中抽出。移卷小车（连同芯棒、托板）退出翻卷机。此时翻卷机将夹紧的垂直线卷翻转90°，使之呈水平，由C形钩穿入挂卷。与此同时，移卷小车返回到集卷筒内复位。芯棒和托板由液压缸作用上升，直到芯棒顶住鼻锥后分离爪才打开，分离爪上积存的线圈又落到托板上，重新进行集卷循环过程。

10.2.2.4　盘卷运输和卸卷

A　盘卷运输

线材的盘卷运输是线材精整工序中的重要环节。在运输线上盘卷将完成修整、成品检查、取样、打捆、称重、挂牌和卸卷等工序。盘卷运输方式分为辊道运输、链式运输、板式运输和钩式运输；按照盘卷的放置形式可分为立式运输和卧式运输。

立式运输又分为无芯棒式运输、座椅式运输和芯棒式运输。竖立的盘卷直接通过轨道或板、链式运输机运送的方式为无芯棒式运输。座椅式运输是将盘卷立放在"椅子"形的装置上，并通过运输带或辊道运输。盘卷立放在吊装的带芯棒托架上称为芯棒式运输。这三种运输方式中，前两种的盘卷高度有一定限制，堆积过高会倒塌，所以只适应小型线材轧机的几百千克以内的小盘重。芯棒式运输因有芯棒扶正，盘卷可相应堆高一些，一般可承受 1t 左右的散卷，它适用于中等盘重的高速线材轧机。

卧式运输（即钩式运输）是将集卷后的盘卷挂在运输线的 C 形钩上进行运输的一种方式。钩式运输有三种形式，即钢缆或链条拖动 C 形钩的集体传动运输线、分段传动的 P/F 线（驱动—游动运输线）和单独传动的单轨运输线。钩式运输线上的 C 形钩与它前进方向一致的称为顺钩布置。C 形钩与前进方向垂直的称为横钩布置。

P/F 线作为现代高速轧机线材生产中的主要盘卷运输方式，适应了高速度、高产量、高质量、高自动化程度的现场生产，已成为高速轧机线材生产中普遍采用的盘卷运输方式。

B　修整、检查与取样

线材成品的修整主要是它的头尾修剪。由于在轧制过程中线材头尾部分的钢温比中间要低一些，且在有张力轧制的机组，轧件头、尾还未形成张力轧制，使得头尾处轧件宽展量偏大，容易造成尺寸超差。同时线材的头尾部分不水冷，导致盘卷头尾未冷却部分的力学性能较差。此外，线材头尾部分的失张，往往使得吐丝形状不好。因此，在盘卷打捆之前，要进行修整，将线材头尾的缺陷（尺寸超差、性能超差、线圈不规整等）剪除，对于高速线材轧机生产的线材产品，头尾修剪量一般为大规格线材头尾各剪去 1~2 圈，小规格线材头尾各剪 3~5 圈。目前，大多数线材厂的头尾修剪靠人工操作，人工修剪的主要工具是液压剪和断线钳。

取样需在线材修整完毕后进行，一般按批次随机抽取。取样部位是在整个盘卷除去头尾两端若干米以后的任一部位，有时则需根据用户要求在指定部位取样。

C　盘卷压紧、打捆

运输线上的盘卷在修整取样后仍处于散卷状态，为了便于存放和运输，需将盘卷压紧、打捆。线材打捆机一般有立式和卧式两种形式。立式打捆机大多用于立式运输线，松散的盘卷可直接进入打捆机内进行打捆。有些卧式运输线也采用立式打捆机，但在盘卷进出打捆机的地方，要借助于盘卷翻转装置将盘卷由水平状态变为垂直状态进入打捆机打捆，打完捆后再转为水平状态返回到运输线。目前，高速轧机线材生产普遍采用卧式打捆机。

捆扎材料通常是 φ5.5~6.5mm 线材或冷轧包装带钢，每个盘卷应均匀捆扎 4 道。对于用线材作捆扎材料的，捆扎搭接部位不应有能造成钩挂的突起搭扣，以免运输过程刮伤别的盘卷和本盘卷搭扣刮断散包。

D　盘卷称重、卸卷

称量装置布置在压紧打捆作业线后段的 P/F 钩式运输机的运输线上，在盘卷下方。其作用是称量成品盘卷重量。将盘卷从钩式运输机的 C 形钩上托起进行称重，然后再将盘卷放回 C 形钩上，由钩式运输机将盘卷运走。

称重装置由一个液压缸操纵的升降托盘和一组称重传感器组成。并可通过通讯口接入专用工控机，具备统计报表打印、数据输入输出、数据的上传等功能，将称量数据送计量数据采集子站。称重系统一般与标牌打印设备连接在一起，当称重完成后，重量、钢种、批号、规格等参数一起被打印到标牌中，标牌由人工绑挂在盘卷上，作为出厂标记和供生产统计用。

卸卷台位于称重作业线后 P/F 钩式运输机的运输线上，在盘卷下方。其作用是将盘卷从 C 形钩上卸下，放到储存架上，由吊车将盘卷吊走。

每个卸卷台由可移动的钢结构储存架和卸卷小车组成。卸卷小车由托板和行走机构组成,小车托板由液压缸控制,小车行走由液压马达传动。根据下料节奏和吊车的吊运周期,可选择单工位或双工位卸卷站。一般单工位可放置4卷,双工位的每个工位可放置3~4卷。当其中1个工位上放满3~4卷后,储存架由一个液压缸控制横移,用另1个工位接受盘卷,吊车将放满的3~4卷吊走。

10.2.3 现代线材生产技术的特点

线材生产以改善产品质量、提高效率、降低生产成本为目标。积极采用先进、成熟的工艺和设备,推广和使用行之有效的节能(热能、电能、水及其他能源)降耗技术,保护环境,减少温室气体的排放,是实现上述目标的途径。

现代线材轧机是集工艺、设备和电气最新技术为一体的综合系统,先进的设备和电气控制技术是为实现某一先进的工艺而开发、而服务的;而先进的生产工艺是靠先进的设备和电气控制技术来实现的。工艺、设备、电气三位一体,共同促进现代线材轧机技术迅速发展。现代线材生产线主要有以下几个特点。

10.2.3.1 以连铸为原料一火轧成

连铸技术的进步,除少数高合金钢、马氏体不锈钢、莱氏体合金工具钢和高速钢不能连铸外,几乎所有的钢种都能用连铸方法生产。

以连铸坯为原料一火成材,在热连轧、厚板、线棒材等不同形状和使用条件的产品生产中几乎同时取得了成功,近年来在合金钢领域应用也取得了成功。直接使用连铸坯,取消初轧开坯,可提高金属收得率8%~10%,节约能耗35%~40%,还可提高表面质量,减少操作面积和操作人员等。直接使用连铸坯是现代线材生产得以生存和发展的基础,没有连铸坯也就没有现代化高效率、低成本的线材生产。

10.2.3.2 靠近连铸的紧凑式布置和热送热装

钢铁生产工艺流程正在朝着连续化、紧凑化、自动化的方向发展。实现钢铁生产连续化的关键之一是实现钢水铸造凝固和变形过程的连续化,亦即实现连铸—连轧过程的连续化。连铸与轧制的连续衔接匹配问题包括产量的匹配、铸坯规格的匹配、生产节奏的匹配、温度与热能的衔接与控制以及钢坯表面质量与组织性能的传递和调控等多方面的技术,其中产量、规格和节奏匹配是基本条件,质量控制是基础,而温度与热能的衔接调控则是技术关键。

实行连铸坯的热送热装工艺,可以缩短铸坯在加热炉内的加热时间,减少铸坯的烧损,提高成材率,优化工艺流程,减少中间坯堆存的厂房面积,坯料存贮所需的机械和操作人员,节约生产费用,缩短生产周期,提高资金的周转率,可获得多重叠加的经济效益。

目前,连铸坯的热送热装在棒线材、H型钢等型钢生产线广泛应用。对弹簧钢、轴承钢等中等碳含量的连铸坯热装的效果比冷装还要好,不但节约能源,而且表面裂纹比冷装大大减少。究其原因是,连铸坯热装避免了在冷却过程中热应力和相变应力的叠加引起的表面裂纹。因此,弹簧钢、轴承钢应最大限度地热装。

一般新设计的生产线在总图布置上连铸与初轧-开坯车间毗邻建立,用保温热送辊道将热连铸坯直接送入步进式加热炉,简单方便。

10.2.3.3 精轧机的速度不断提高

轧制速度是高速线材轧机发展水平的标志,半个多世纪以来,线材生产以高速无扭轧机(包括夹送辊和吐丝机)和辊道式风冷控制冷却线为核心,一路高歌猛进,快速发展。线材轧机速度的变化如表10-6所示。

表 10-6 线材轧机轧制速度的变化

阶 段	最大轧制速度/m·s⁻¹			成品最大卷重/t	创建年代
	设计速度	保证速度	电机最大转速时的轧制速度		
I	50	43	60	0.8~1.0	1966
II	65	50	72	1.0~1.2	1970

阶　　段	最大轧制速度/m·s⁻¹			成品最大卷重/t	创建年代
	设计速度	保证速度	电机最大转速时的轧制速度		
Ⅲ	75	61	90	1.5 ~ 2.0	1973
Ⅳ	90	75	112	1.8 ~ 2.5	1980
Ⅴ	100	80	120	1.8 ~ 3.1	1985
Ⅵ	120	105	140	1.8 ~ 3.1	1990

从表 10-6 可以看出，从 20 世纪 60 年代中至 90 年代中这 30 年间，高速线材轧机的速度从 50m/s 快速提高至 105m/s，平均每 10 年速度提高 15 ~ 20m/s。这期间高速无扭轧机在结构设计和制造技术方面的改进，是以提高轧制速度为主要目的而进行的。至 90 年代中，以 Morgan 第 Ⅴ 代为代表，此时为了适应高速度的要求，无扭精轧机组轧机在结构上做了许多改进，包括：由侧交 45° 改为顶交 45°；203.2mm（8in）辊环由 3 个改为 5 个，成为 203.2mm×5 + 152.4mm×5 的超重型结构，加大了轧制力和传动功率；每一架的辊箱改为面板插入式结构等。这种先进的轧机结构与部件的精密加工、精细的装备相结合，其轧机的最高设计速度达到 120m/s，保证速度稳定在 105m/s（最小辊径时）。

90 年代中，开发了线材的减径定径技术，将线材精轧机从 10 架拆成 8 架精轧机 + 4 架减径定径机，并开发了适合这种轧机结构的单一孔型系统和在线温度控制系统，将线材的精轧速度提高至：设计速度 140m/s，可轧制钢的最大速度 120m/s，保证速度 112m/s。

从 90 年代末至今的 10 年多的时间里，随着连铸技术的发展，为直接使用较大断面的连铸钢坯，轧制速度仍在进一步增长，但速度提高和卷重增加的速度明显放慢。发展的重点从提高速度转向了提高轧机作业率。

10.2.3.4　坯料断面尺寸和单重不断提高

随着线材终轧速度的不断提高和连铸技术的进步，线材轧机使用的连铸坯断面走过了从 110mm × 110mm、120mm × 120mm 到 135mm × 135mm 的道路。在轧制速度提高至 95m/s 以上时，开始使用 150mm×150mm 的坯料，现在我国线材轧机普遍使用 150mm × 150mm ~ 165mm × 165mm 的连铸坯。连铸坯断面的逐渐加大，提高了连铸机的效率和质量，也提高了线材轧机的产量与质量，使钢铁厂取得双重效益叠加的效果。

加大盘重一直是线材轧机发展的目标之一。实际上坯料断面决定后，选取合适的坯料长度，盘重也就确定了。20 世纪 60 年代中期高速线材轧机的产品盘重通常在 500 ~ 700kg，随着轧制速度的提高和坯料断面加大，盘重增加至 1000kg、1500kg，如今大多数高速线材轧机的产品盘重为 2000 ~ 2500kg。以现在的连铸与线材轧制技术，盘重可以增加至 3000kg，甚至更重，钢厂也有继续增加线卷盘重的冲动，但增加盘重受下游产品设备配置的限制，市场没有这种需求，线材设备开发商和线材生产厂只好止步。

10.2.3.5　在线温度控制系统不断完善

高速无扭线材轧机从诞生之日起，就与控制冷却紧密联系在一起，1966 年 10 月在加拿大钢公司试车成功的世界第一条高速无扭线材轧机就称之为 Morgan-Stemor 生产线。即使当时的精轧速度只有 45m/s，以今天的眼光看来算不上什么高速度，但这样的轧制速度就颠覆了以往横列式低速度套轧、越轧温度越低的规律，在最后几架轧件温度过低的现象没有了，轧件出口温度反而高达 900 ~ 950℃，以至需要在轧后进行水冷和散卷风冷来对轧件的温度加以控制。当时的控制冷却比较简单，只有轧后的水冷 + 辊道运输机上的散卷风冷。自此以后，无扭精轧机的速度一路飙升，轧制变形热引起的温升越来越高，线材生产在线温度控制和轧后的温度控制也越来越先进，越来越复杂。

20 世纪 80 年代以后，国际上对控制轧制进行了深入的研究，发现在较低温度下配合适当的变形量，对改善材料的屈服强度、抗拉强度、韧性和焊接性能都大有好处。大量的研究从中厚板、热连轧生产 X-80 管线钢、造船板开始，进而将低温轧制概念引进棒材和线材生产中。高速线材生产线的在线温度控制，由解决轧制过程温升过快引发事故问题，转向以控制材料的品质和性能为主的方向。今天在线温度控制对长材轧制而言应包括三个内容：加热和开轧温度、在轧制过程中的温度和变形量控制以及轧制后的冷却制度。在线温度和轧后冷却的闭环温度控制为提升材料的性能开拓了新的途径。本书在后面将对这三种类型的在线温度控制加以详细的介绍。

10.2.3.6　轧线自动化水平的完善和提高

目前，计算机控制大致分为四级：中央管理级、车间管理级、过程控制级和设备控制级。中央管理级的主要功能是处理合同、编制生产计划及协调整个公司各厂之间的生产计划等；车间管理级一般是用于一个工厂（一个车间），其功能主要是进行详细的生产计划编制、原材料申请、原料及成品的管理、物料跟踪及事故报警等；过程控制级的功能一般是对各设备控制级的微型计算机进行集中控制；设备控制级的功能是对轧制速度的自动控制、切头飞剪启动与停止的自动控制、废品自动检测及处理的自动控制、活套的起套和收套的自动控制、精轧机升降速度及稳定轧制的程序控制、水冷装置开闭阀门的程序控制、加热炉燃料燃烧控制及步进机械与装出料设备间的程序控制等。

现代化高速线材轧机，采用数字测速装置、活套检测器、测压元件、高温计等，自动检测各轧制参数，并采用直接数字控制计算机（DDC）控制生产。基于智能控制策略，通过减少废品、提高质量和大幅度提高轧机的生产率，而极大地提高产量，保证轧制的顺利进行。

高速线材生产的自动化控制系统包括以下功能：

（1）速度级联控制。轧线速度级联调节是修正某一相邻机架的速度关系，而不影响轧线其他机架已有的速度关系。速度级联调节各机架伸长率的关系，完成逆行速度设定。当有套量偏差或微张力控制时产生速度修正信号，以级联方式对相应的相邻机架速度进行修正，以保证精轧机出口速度的稳定，提高飞剪的剪切精度。级联调节方向为逆向调节，即从精轧末机架轧机向上游级联。

当轧件在两机架间断开时，级联调节取消；轧件在两机架间连续轧制时，级联轧制重新建立。

（2）轧线速度设定自适应。储存在轧制程序表中的初始设定参数，如辊径、速比、计算速度等不可避免地会有误差，这样就不能完全适应各轧机之间的速度级联关系，而在轧制过程中，这些误差会通过微张力控制、活套控制以速度修正信号的形式作用于相应的机架上来形成真实的速度配合关系。速度设定自适应功能就是根据速度修正信号来对相应机架的伸长率进行修正，并根据修正后的伸长率来修正速度的设定值，从而使下一个轧件轧制时，各机架间处于最佳的配合状态。

同时，为了把操作人员的经验融入到自动化系统中，操作人员可以对机架的速度进行手动调节。在主操作台上设有各机架速度微调按钮，用于对各机架间的速度协调关系进行人工调节。调节好的机架间的速度协调关系，经人工确认，系统可自动存储此时各机架的速度，作为该轧制程序下的速度级联速度设定。

（3）速度冲击补偿。当轧机咬钢或运行中产生冲击负荷时，速度会瞬间降低，机架间正常的速度关系受到破坏，会形成轧件堆积。速度冲击补偿的目的是帮助轧件顺利咬入轧机，减小和消除速度波动，实现方法是在轧件进入轧机之前提高此机架的速度。速度提高的百分数及撤掉此值的过程时间可从上位机上调整而且可存储到轧制表中；另外，在机架间有活套控制时，动态速降有利于活套形成，其速度补偿量可适当减小。

（4）微张力控制。微张力控制的目的是使中轧机组各机架之间的轧件按微小的张力进行轧制。微张力控制是保证高速线材轧机顺利轧制和提高产品质量的必要手段。高速线材采用"电流-速度"间接微张力控制法，它的基本思想是：张力的变化是由线材的秒流量差引起的，而调整轧机的速度就能改变秒流量，以达到控制张力的目的。其控制方法同轧机速度的级联调节方向有关，如果级联速度为逆调，则需控制各机架的前张力；如果级联速度为顺调，则需控制各机架的后张力，即当钢坯咬入下一机架后，根据本机架同下游机架之间的堆拉关系来调整下机架的速度设定，使本机架与下机架之间的张力维持在设定值。

（5）活套控制。活套是用来检测和调节相邻机架间速度关系从而实现无张力轧制的设备。一般用于轧件截面较小的场合，活套控制分为套高（或套量）控制和起套辊控制。活套调节器是通过检测到的活套高度偏差产生速度修正信号，去调节机架速度以维持活套高度保持在给定值不变，以实现机架速度秒流量平衡，通过活套调节使轧件在轧制过程中形成自由的弧形，保持轧制过程为无张力状态。

（6）轧件跟踪控制。通过设置在机架前、后的热金属检测器或活套检测器及机架电机咬钢时的冲击电流信号，作为轧件的跟踪信号，实时监控轧件头、尾的位置。全线下列控制功能需要了解轧件头、尾的位置：微张力控制、活套控制活套的起套控制、飞剪控制、夹送辊、吐丝机及轧件运输顺序控制、轧件冷却阀的控制等。同时通过对轧件的位置跟踪还可以判断轧制过程中出现的堆钢等故障，当判断出堆钢故障后可自动或手动启动故障点前的飞剪、碎断剪、卡断剪对轧件进行碎断处理。

（7）飞剪的剪切控制。对于飞剪控制，设有两个检测回路。一个是安装在飞剪电机轴上的编码器；另一个是轧件头、尾从 HMD 到飞剪距离的检测回路，主要由安装在上游机架的码盘、HMD 及 PLC 的高速计数器组成。

飞剪控制系统可以进行整个飞剪剪切过程的加速度的控制，根据安装在飞剪前的热金属检测器 HMD，跟踪系统为飞剪的启动提供正确的信号，控制飞剪剪刃以正确时刻启动和正确的剪切角进行剪切。

（8）吐丝机前夹送辊控制。吐丝机前夹送辊控制功能主要包括开/闭控制、张力调节和轧件尾部控制。

1）夹送辊开/闭控制：包括尾部夹送、头尾夹送、全长夹送。

2）夹送辊张力调节：夹送辊的速度设定稍高于精轧机或减定径机组出口速度，以便当夹送辊闭合时，在轧件上获得一个恒定的张力，以防止轧件在水箱中的颤动，张力值由操作站设定。当轧件尾部到达精轧机之前夹送辊闭合夹住轧件后 0.25s，轧件上自动产生张力；当轧件尾部进入精轧机，启动张力保持模式，锁住张力调节器对夹送辊的速度修正，防止夹送辊加速至超前速度，即防止夹送辊与轧件之间出现相对运动而影响产品表面质量；在夹送辊被要求打开后 0.5s，张力调节器和保持模式关闭。

3）夹送辊尾部控制：夹送辊尾部控制包括尾部减速和尾部加速两种情况。

（9）吐丝机控制。吐丝机控制功能主要有头部定位控制和速度摇摆控制。

1）头部定位控制：吐丝机头部定位的目的是控制成品轧件头部离开吐丝机的角度，即实现轧件头部位置与吐丝机位置的匹配，以防止轧件头部卡在斯太尔摩运输辊道之间。头部定位有两种方式，一是通过调整吐丝机的速度，使吐丝机位置与轧件头部位置相匹配；二是通过调整精轧机前 3 号飞剪的切头长度，使轧件头部位置与吐丝机位置相匹配。轧件头部位置由精确的头部跟踪功能确定，吐丝机的吐丝管出口位置由安装在电机上的码盘确定。

2）吐丝机速度摇摆控制：用于大直径轧件，其实现方式是在吐丝机原有速度设定值上叠加锯尺波形的速度附加设定值，从而使得线卷直径发生变化以利于集卷。速度附加值的范围为吐丝机原有速度的 −5% ~ +10%。轧件头部到斯太尔摩运输线后，启动吐丝机摇摆速度；轧件尾部到达斯太尔摩运输线之前，取消吐丝机摇摆速度。当轧制大直径产品时，吐丝机与夹送辊一起尾部加速，为轧件尾部离开吐丝机提供足够的能量。

10.3　现代线材生产的引领技术

上面介绍了线材生产的主要工艺参数，如产品的规格、坯料的断面与单重、轧制速度与单机产量，这些参数标志或决定了一套线材轧机的技术水平，而这些参数无一不与精轧机相关。是无扭精轧机的设备结构和制造技术与 10 机架无扭轧制的孔型设计方法相结合，创造了新一代的线材生产技术；是无扭精轧机的结构不断改进使之精轧速度提高到 105m/s，并将 10 机架孔型设计方法改进，可由第 10 机架轧出 $\phi9.0 ~ 10.5$mm 的产品，将线材轧机的单机产量从 20 万 ~ 30 万吨/年提高至 50 万 ~ 60 万吨/年；是新一代的线材减径定径机（简称 8 +4）技术与单一孔型系统的设计方法相结合，开创了新一代高尺寸精度和在线温度的控制技术。

轧机是轧钢生产的主要设备，所有轧制技术的进步都是通过轧机结构的改进，同时改进轧钢工艺而获得的，但笔者认为在轧钢所有门类中，没有一个像现代线材生产那样，精轧机的结构和制造技术与精轧区轧制工艺对整体水平提高的影响是如此的明显。现代线材生产技术是轧制工艺、设备设计和制造工艺、电气传动和控制技术结合的产物。线材生产是一个综合的生产系统，坯料准备、加热、粗轧、中轧、预精轧、精轧、水冷-风冷、集卷、运输、打捆、卸卷等工序缺一不可，而高速无扭精轧机的轧制工艺和设备是线材生产最核心的技术，无扭精轧机的工艺与装备决定上下游的工艺与装备，是推动和引领线材生产技术进步的火车头。线材轧制技术经过 60 余年的发展，到今天以精轧机的技术和水平来区分主要有两个平台，即：

（1）10 架 105m/s 速度的轧机与技术平台。

（2）8 架 +4 架，速度为 112m/s（最大轧钢速度 120m/s）的平台。

可以说，所有的线材轧机基本上是以这两个基本平台为构架而组成的生产线。

10.3.1　10 机架 105m/s 速度精轧机的技术与装备

10 机架 105m/s 速度精轧机精轧区典型配置如图 10-11 所示，其核心技术与装备包括：10 架精轧机，精轧机的孔型设计，夹送辊、吐丝机、预精轧机、水冷和风冷线。精轧机的孔型设计与其他圆钢的设计方法相同，又不完全相同，其独特的设计和计算方法将在专门章节中给予详细介绍，水冷和风冷线也将在有关在线温度控制和轧后温度控制的章节中详细介绍。

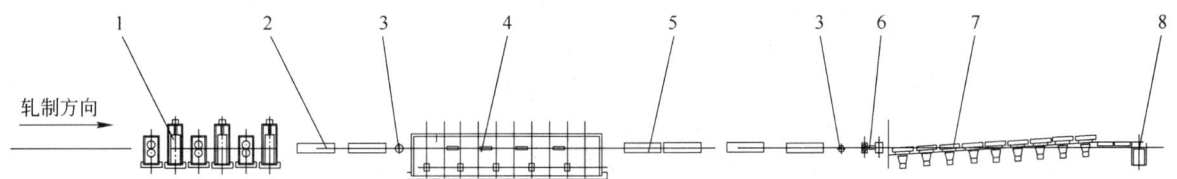

图 10-11　10 机架精轧机精轧区典型配置

1—预精轧机组；2—精轧前的水冷装置 BW-1；3—测径仪；4—10 机架无扭精轧机；
5—精轧后水冷装置 BW-2；6—夹送辊、吐丝机；7—辊道式风冷运输机；8—集卷站

10.3.1.1　精轧机

轧制速度是高速线材轧机发展水平的标志，也是轧机生产商设计、制造、安装、调整技术的整体体现。半个多世纪以来，线材生产以高速无扭轧机（包括夹送辊和吐丝机）为核心得到快速发展（参见表 10-6）。从表 10-6 可以看出，从 20 世纪 60 年代中至 90 年代中这 30 年间，高速线材轧机的速度从 50m/s 快速提高至 105m/s，平均每 10 年速度提高 15 ~ 20m/s。至 90 年代中，以 Morgan 第 V 代为代表的高速无扭精轧机主要的结构改进有：

（1）由侧交 45°改为顶交 45°，使传动轴和整个轧机的中心高度降低，增加机架的稳定性，减少振动，允许轧机在更高的速度下运转。

（2）203.2mm(8in)辊环由 3 个改为 5 个，成为 203.2mm × 5 + 152.4mm × 5 的超重型结构，轧机的传动功率加大至 5500 ~ 6000kW，可以允许实现热机轧制和轧制合金钢。

（3）为了适应高速度调整和控制调整的要求，高速线材轧机在精轧机组增设了辊缝传感器和数字显示器。

（4）每一架的辊箱改为面板插入式结构，更换机架时，松开连接螺栓将旧辊箱拉出，插入新辊箱即可，更换非常方便。

（5）机架的润滑和冷却介质管线在机架内固定配置，各用快速接头与集中的介质冷却塔相连，外表整齐美观，更换快捷方便。

顶交 45°线材精轧机机架如图 10-12 和图 10-13 所示。这种结构成为 10 机架线材轧机比较标准的结构，世界主要的线材轧机设计制造商 Morgan、Danieli 以及我国中冶京诚公司的机架都是类似的结构，但各自也有所区别。10 机架标准型精轧机是目前用得最多，也是生产普通钢线材最经济的方法。

国产 10 机架 105m/s 线材精轧机的设备性能如下：采用顶交布置，10 机架集中传动；轧机形式为悬臂辊环式轧机；机架数量为 10 架（ϕ230mm × 5，ϕ170mm × 5）；辊环尺寸：ϕ230mm 轧机为 ϕ228.3mm/ϕ205mm × 72mm，ϕ170mm 轧机为 ϕ170.66mm/ϕ153mm × 57.35/70mm；轧制力：ϕ230mm 轧机为 285kN，ϕ170mm 轧机为 160kN；设计速度为 130m/s；保证速度为 105m/s（最小辊径时第 10 架的出口速度）；进入轧机前的轧件最小温度为 850℃（钢钟为 1080、SWRH82AB）。

与此精轧机的设计与制造技术相配套的"精轧机的孔型设计"，将在下面章节中给予详细介绍。

10.3.1.2　夹送辊和吐丝机

夹送辊、吐丝机也是高速轧机的核心设备，其工作的主要特点是：（1）生产过程中要和精轧机同步

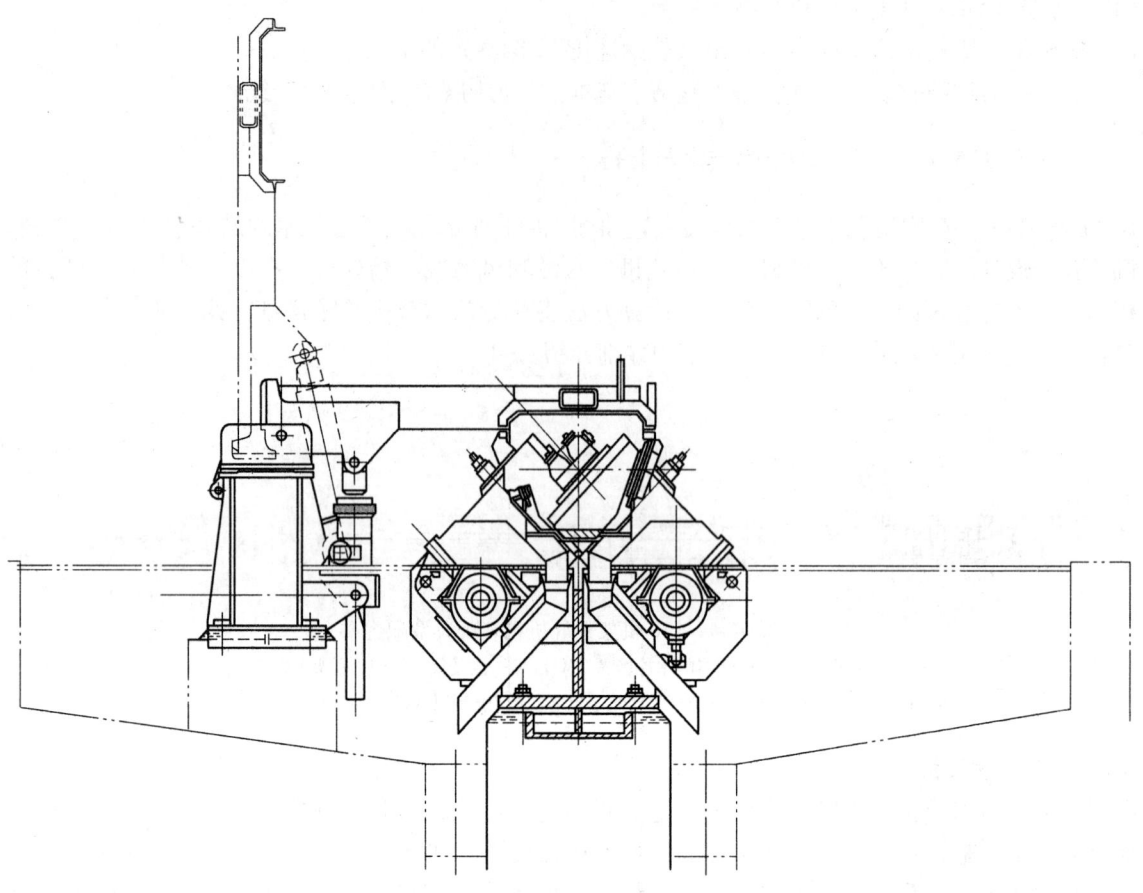

图 10-12　顶交 45°线材精轧机机架断面图

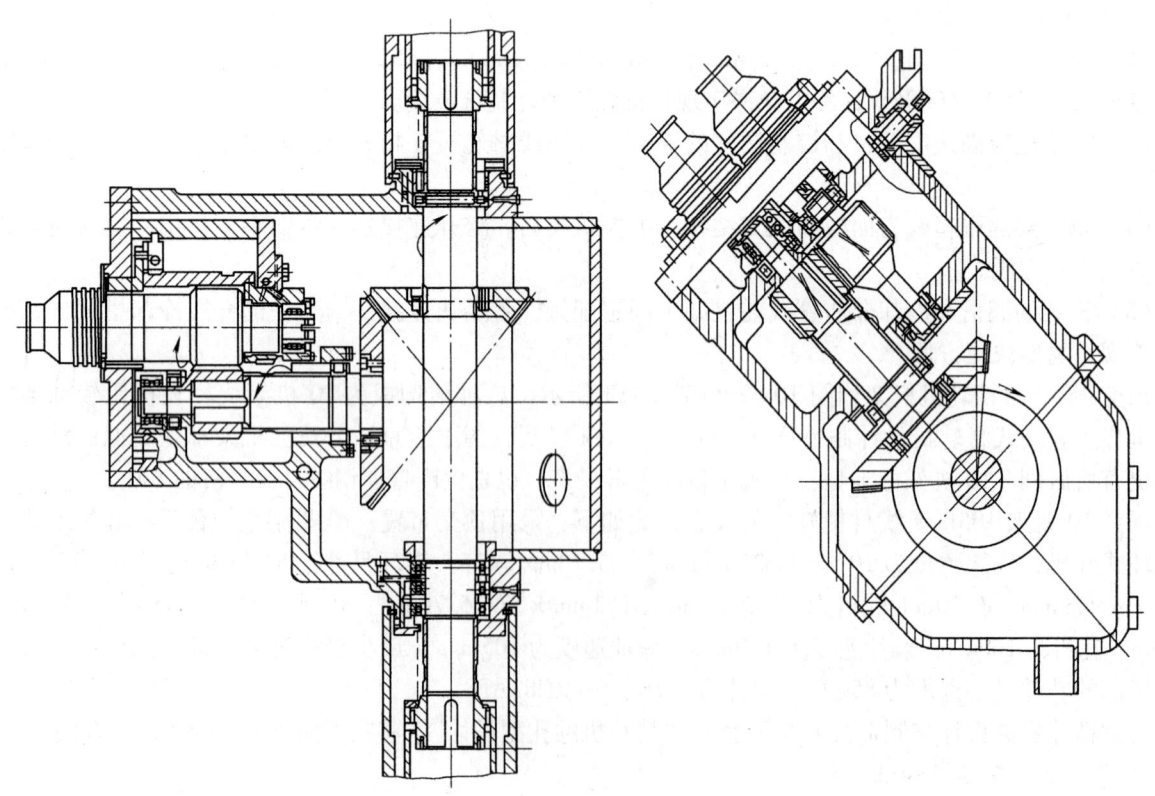

图 10-13　顶交 45°线材精轧机机架剖面图

运行，要求在精轧机组的最大操作速度下正常夹送和吐丝。（2）达到最佳吐丝线圈直径并保持均匀。（3）夹送辊及吐丝机在高速运转条件下振动及噪声均要符合要求。因此，一般的线材生产线都是高速无扭轧机、夹送辊、吐丝机由同一家供应商供货。

夹送辊（图10-14）位于高线精轧机水冷段之后，吐丝机之前，它帮助从精轧机轧出并经过急速快冷的线材头部正确顺利地进入吐丝机成圈；并防止高速运行的线材尾部出轧机时，因脱离约束而加速造成堆钢阻塞事故。

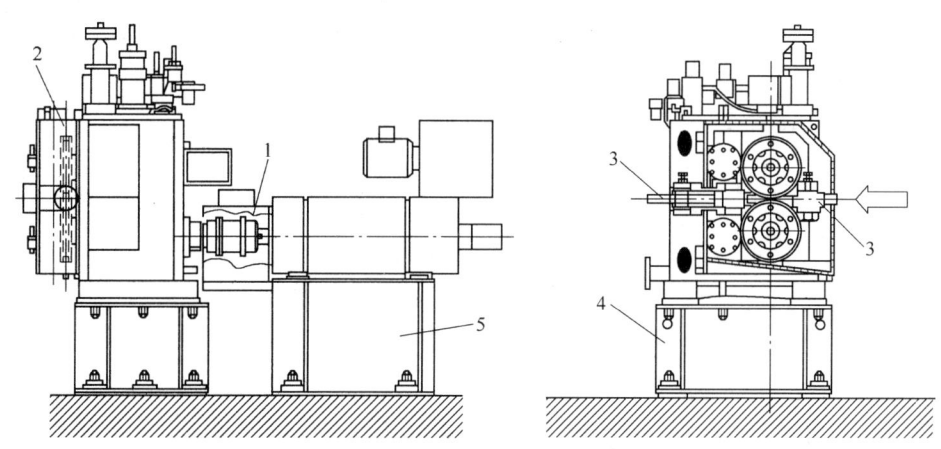

图 10-14　夹送辊
1—齿轮箱和电机传动接手；2—夹送辊；3—进、出口导卫；4—夹送辊底座；5—电机底座

在精轧机速度不断提高的同时，夹送辊的设计也在不断改进，当前夹送辊主流设计为整体式平行传动，水平悬臂夹送，气动控制夹送动作。夹送辊可利用精轧机废旧碳化钨辊环，并设有夹持极限位置调整装置，使两辊不相碰。为了匹配减定径机的速度要求，目前世界上最先进的夹送辊的最高设计速度可达到140m/s，保证工作速度120m/s。在轧制不同规格线材时，吐丝机前夹送辊所起的作用有所不同：

（1）生产小规格线材时，轧制速度较高，此时，从精轧机到吐丝机间的线材，会因冷却水箱中高压水流的湍流作用，或精轧机轧制中心线直度等原因而引发抖动。这种抖动使吐丝机的吐圈不好，影响后续工序，并有可能诱发整个机组或精轧机组的卡钢事故，夹送辊可消除这种抖动。夹送辊用两个高速旋转的辊环以适当的夹紧力夹住轧材，并且辊环的线速度以一定的比例高于精轧机组最后一个工作机架的线速度（一般高于精轧速度3%~5%），使得在夹送辊和精轧机之间的轧材以一定的拉伸量处于拉紧状态来消除抖动。

（2）在大规格线材的生产中，一般轧制速度较低，此时大规格线材末尾脱离精轧机组后，依靠自身惯性难以保证原有速度穿过水冷段和导槽，如果靠吐丝机的拉力拉动会使尾部的吐圈突然变小。因此夹送辊会在此时对大规格线材的尾部进行夹送，使轧材以恒定速度进入吐丝机，保证吐圈直径均匀稳定。

夹送辊与吐丝机的电机均在轧线的一侧布置，并且均由齿轮实现增速传动。

夹送辊由传动齿轮、输入轴、中间轴、轧辊轴和轴承座箱体组成，夹送辊依靠圆柱齿轮进行平行传动，完成单级或者多级的增速。夹送辊齿轮箱内由一个中间齿轮带动上、下辊轴上的齿轮，使上、下轧辊向同一个方向同步夹送线材，轧辊夹送动作由气缸压下完成。传动齿轮有直齿或斜齿圆柱齿轮等形式，高速工作的夹送辊辊轴转速可达10000r/min以上。

早期的吐丝机为立式的布圈器，线材进入布圈器后向下成圈，散落在风冷辊道上。成圈器工作速度较低，只能适用于轧制速度30m/s以下的线材轧制需要。由于轧制速度不断提高，老式布圈器已经无法满足较高轧制速度的要求，于是卧式吐丝机应运而生。卧式吐丝机（见图10-15）工作主轴上装有空间螺旋曲线形状的吐丝管，吐丝管随吐丝机主轴高速旋转。线材进入吐丝机内部并进入吐丝管，在前行的过程中，在空间螺旋曲线内壁摩擦阻力作用下降速，并弯曲成圈，通过旋转的吐丝管沿着圆周切线方向吐出形成线圈，并由倾斜的吐丝盘将形成圆圈的线材推向前方，散落到风冷运输机的受料辊道上。

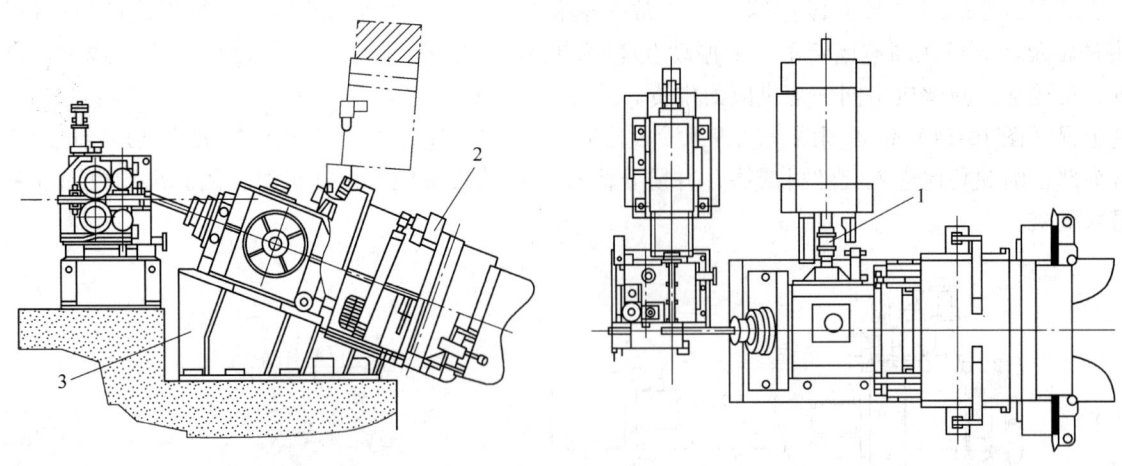

图 10-15　吐丝机
1—电机接手与保护罩；2—吐丝头；3—底座

卧式吐丝机的倾角最早为 5°或 10°，世界上出现过包括摩根、达涅利、德马克、西马克、阿希洛、波米尼等机型的卧式吐丝机。设计速度也从最早的 40m/s 跃升至目前的 140m/s。随着轧制速度的升高，吐丝机倾角也在不断加大，由最初的 5°、10°逐渐发展为当前的 15°、20°。卧式吐丝机向下的倾斜角度是为了保证吐丝机与风冷辊道的对接过渡。

吐丝机由传动齿轮、空心轴、吐丝锥、吐丝管、吐丝盘和轴承座箱体组成，依靠螺旋锥齿轮进行垂直传动，一般为单级增速或等速齿轮。电机通过齿轮传动空心轴旋转，旋转的速度取决于轧制速度。输入轴轴向与轧制线垂直，输出轴轴向与轧制线方向相同。吐丝机的输入轴为齿轮传动，输出轴齿轮位于两轴承之间，但吐丝机空心轴前端连接有重量较大的吐丝锥，悬臂支撑于吐丝机箱体外。吐丝机的这种结构形式及其较高的工作转速，对吐丝机设备零件的制造和装配精度以及动平衡调整精度提出了较高要求。目前吐丝机轴系转子和整机的动平衡要求精度等级为 ISO 标准 G2.5 级，配重方式选择为吐丝头上两个平面增加配重块。

目前国产主流吐丝机机型是经过引进、消化、吸收再创新的全国产化吐丝机机型，该机型具有刚度高、悬臂重量轻、运转振动小等特点。国产夹送辊及吐丝机性能如下：

夹送辊：规格为 ϕ186mm/ϕ176mm ×72mm；最大夹紧力为 3000N；最大线速度为 130m/s。

吐丝机：机型为卧式吐丝机；吐圈直径为 ϕ1050mm；吐丝速度为 105m/s。

10.3.1.3　预精轧机组

10 年前线材预精轧机组是 4 ~ 6 架水平/垂直交替布置的悬臂式轧机，立式轧机采用下传动方式，辊环尺寸 ϕ285mm/255mm ×70mm，为每一架由一台 DC500kW 的直流电机传动。Morgan 设计的预精轧机为 6 架，国内 CERIS 的设计总架数亦为 6 架，其中前 2 架为 350mm 的短应线轧机，后 4 架为水平/垂直交替布置的悬臂式轧机。285mm 悬臂式预精轧机组如图 10-16 所示。

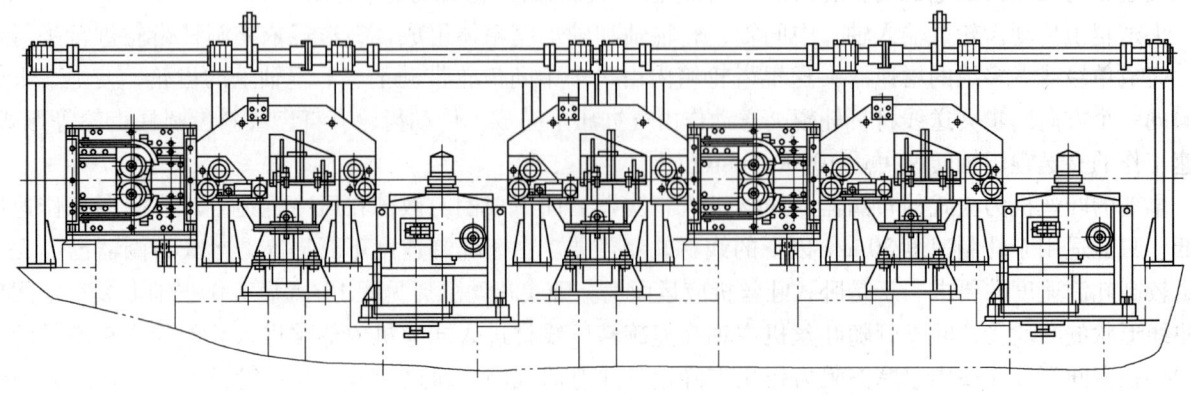

图 10-16　285mm 悬臂式预精轧机组

10.3.1.4　水冷线、风冷线

10 机架标准型线材轧机水冷线、风冷线与 8 +4 类型均有较大的区别。因水冷线与风冷线的配置，与轧机的在线温度和轧后的温度控制工艺联系更为紧密，为叙述方便，不同平台的水冷与风冷线在下文与控轧控冷工艺一起介绍。

10.3.2　带减径定径机的轧线技术与装备

10.3.2.1　概况

如上所述从 20 世纪 60 年代中高速轧机开发成功，至 90 年代将近 30 年中，轧机的速度一直在快速提升，但在 90 年代初达到 105m/s 以后，轧机速度提升明显放慢，并且高线精轧机的研发方向也有了很大的调整。以笔者的观察，研发方向进行调整的原因是：轧机速度达 105m/s，此时第 10 架的辊轴最高转速已达 13465r/min。如此高的转速下继续大幅度提高速度，轴承制造和齿轮的加工精度都碰到很大困难。

提高轧机速度是为了获得更高的生产率，但生产率由轧机的小时产量和轧机有效作业时间两个因素构成。提高轧机的速度即提高单位小时的过钢量，可以提高轧机的产量；提高轧机的作业率，让它有更多的轧钢时间，同样可以提高产量。高线轧机的研发人员在轧机速度继续大幅度提高在技术上碰到困难而且预计这种困难在短期内难以克服的情况下及时转向，将开发的方向从一味提高速度转到提高轧机作业率和产品质量的方向上来。

1993 年 Morgan 最早开发的是 2 架的减径机，当时是为了解决老厂改造，将原有的 75m/s 线材轧机加大坯料尺寸，并将速度提高到 105m/s。Danieli 公司最初是为解决精轧机温升过快，而将 10 架分成 6 架 +4 架，中间加水冷。在进行开发过程中他们都逐渐认识到 8 +4 将是最优的组合，因为控制轧制的理论研究证明，低温轧制在最后 4 个道次完成变形可以达到最佳的效果。而为使最小规格产品降到 φ10.0mm，以增加对用户的吸引力，必需在 10 架基础上再增加 2 个道次。而从机械设计和加工的角度考虑，将原来的 10 机架精轧机变成 8 架 +4 架，前面 8 架的设计和制造变得容易，将解决问题的精力集中在最后 4 架，在加工制造精度上更能保证。最初两家公司都将速度目标定在 140m/s，估计在实施时碰到困难，退回到最高设计速度 140m/s，可轧钢速度 120m/s，保证速度为 112m/s 的水平（Morgan 的保证速度为 115m/s）。

工艺与设备的结合共同推动高速轧制技术的进步。如无工艺的有机配合，8 +4 减径定径机的速度从 105m/s 提高到 112m/s，速度仅提高 6.6%，最多增加 6.6% 的产量，其意义不大。在开发 8 +4 设备的同时，开发 8 +4 轧机用的新的单一孔型系统，以及 8 +4 前后的水冷控制系统。8 +4 精轧 +减径定径机与单一孔型系统结合，在速度提高 6.6% 的同时，实现单一孔型系统轧制，换孔型、换辊环和导卫的时间减少，轧机有效作业时间增加，轧机的生产率增加，同时减少辊环、轧辊和导卫的消耗。这样 8 +4 的意义大增，再加上轧机前后水冷设备的配合，对提高线材的品质大有好处。就这样，更新一代的 8 +4 线材精轧机诞生了。Morgan 公司与 Danieli 公司各自独立开发了减径定径机。采用减定径技术的优点是：

(1) 简化孔型系统。从 φ10.0 ~ 25mm 的产品均由最后 4 架减径定径机轧出，减径定径机前的 8 架精轧、6 架预精轧、6 架中轧、6 架粗轧均为单一孔型，从而大大简化了各组轧机的孔型系统，减少了换孔型和换辊时间，有效提高轧机的作业率，同时减少轧辊和导卫的备品数量和消耗量。轧机速度提高与作业率提高，可明显提高生产线的年产量或降低轧机的负荷率。

(2) 提高产品精度。由于采用了定径机，可实现精密轧制，使线材产品的尺寸公差控制在 ±0.1mm 以内，椭圆度为尺寸总偏差的 60%，这对于下游的金属制品深加工和标准件生产用户极为有利。

(3) 实现真正意义上的低温高速轧制。8 +4 布置，最后的变形精轧在 4 机架上完成，并在 8 机架与 4 机架间有精确的水冷控制，Morgan 和 Danieli 的减定径机设计均可进行 750 ~ 800℃ 的低温轧制，以满足 γ + α 两相区的控轧要求，可有效细化晶粒尺寸，改善线材产品性能。相应的许用轧制力与以前设计的精轧机成品机架相比有较大的提高（Morgan 减径机、定径机分别为 330kN、130kN，Danieli 为 350kN、80kN）。

(4) 自由规格轧制。采用减定径技术可以进行一定规格范围的自由尺寸轧制（在不换辊的情况下通过辊缝调整可生产 φ5.25mm、φ5.75mm 等特殊规格的产品），从而可扩大产品规格范围，满足用户对线材尺寸的特殊要求。Morgan、Danieli 设计的产品级差为 0.5mm，如用户需要，产品规格也可通过调整辊

缝实现 0.3mm 进级。

（5）提高金属收得率。采用减定径机组轧制后，产品的尺寸精度得到提高，全长尺寸精度均一性更好，可减少头尾超差部分的切损量，有效提高了金属收得率。

采用 8 + 4 减径定径机的线材轧机精轧区的典型布置如图 10-17 所示。

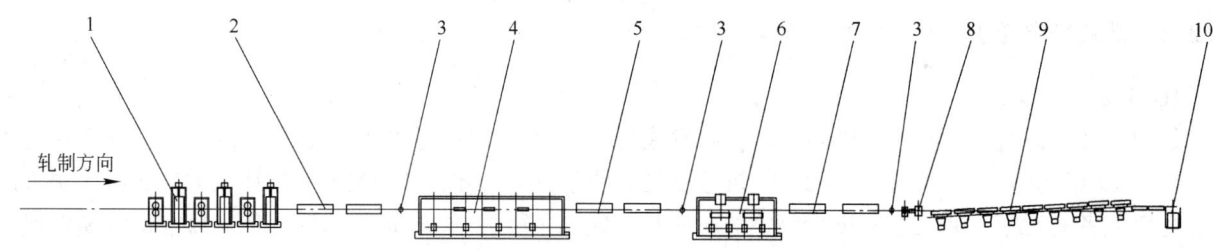

图 10-17　8 + 4 型线材轧机精轧区配置

1—预精轧机组；2—精轧前的水冷装置 BW-1；3—测径仪；4—8 机架无扭精轧机；5—精轧后水冷装置 BW-2；
6—4 机架减径定径机；7—减径定径机后水冷 BW-3；8—夹送辊、吐丝机；9—辊道式风冷运输机；10—集卷站

10.3.2.2　减径定径机组

现在使用的线材减径定径机主要有 Morgan 集中传动型、Danieli 双模块传动型和 SMS 单独传动型。

Morgan 公司的 RSM 始于 1995 年，由 4 架 V 形布置的悬臂式轧机组成，前两架为减径机，后两架为定径机。前 2 架辊环直径为 230mm，后 2 架为 150mm，4 个机架由一台 4000 ~ 4500kW 的交流（交-直-交）电机通过 1 套组合齿轮箱驱动。组合齿轮箱设有 9 个离合器，可组合出满足不同工艺要求的 256 种速比；再通过设定合理的辊缝，可保证减定径机组内为微张力轧制，从而得到高尺寸精度的产品。其设计速度为 140m/s，可轧钢速度为 120m/s，保证轧制速度为 112m/s。230mm 辊箱的结构与 8 机架精轧机辊箱完全相同，可以互换。4 架减径定径机采用椭-圆-圆-圆的孔型系统，前 2 架平均减面率为 15% ~ 20%，后 2 架的减面率很小只有 5% ~ 12%，目的是保证高的尺寸精度。在 2 架定径机间安装有很小的三角形静态导卫，既可减少堆钢危险，又可避免因使用滚动导卫造成导辊轴承损坏而导致停机。为保证轧制精度，定径机设有辊轴轴向调整机构和液压平衡装置，可在线调整轧制线。Morgan 型减径定径机机组如图 10-18 所示。

Danieli 的减定径机分为两个模块，每个模块 2 道次，各由一台电机传动。双模块分为重型模块和轻型模块，前一个模块为 200mm 辊径的重型模块，适宜重载，可实现大压下，辊箱与精轧机的辊箱完全一致且可以互换；后一个模块为 150mm 辊径的轻型模块，它适宜高速高精度轧制。TMB 机组由两个电机分别驱动两个变速箱，再由变速箱驱动两个模块轧机；变速箱为单输入轴双输出轴，在输入轴和其中一根输出轴上装有 3 个离合器，通过离合器操作可得到 64 种速比，满足不同产品所需的轧制速度。两个模块间采用电气联锁，实现两个双模块的轧制速度匹配，速比可在操作室遥控选择。最初 TMB 采用椭-圆-椭-圆孔型系统，最近亦改为椭-圆-圆-圆孔型系统。通过布置在机组前方的横移小车实现轧制模块的自动快速更换。TMB 系统如图 10-19 所示。

Danieli 双模块型减定径机将复杂的机械速比转交给两个模块间的电气速度控制去解决，在两个

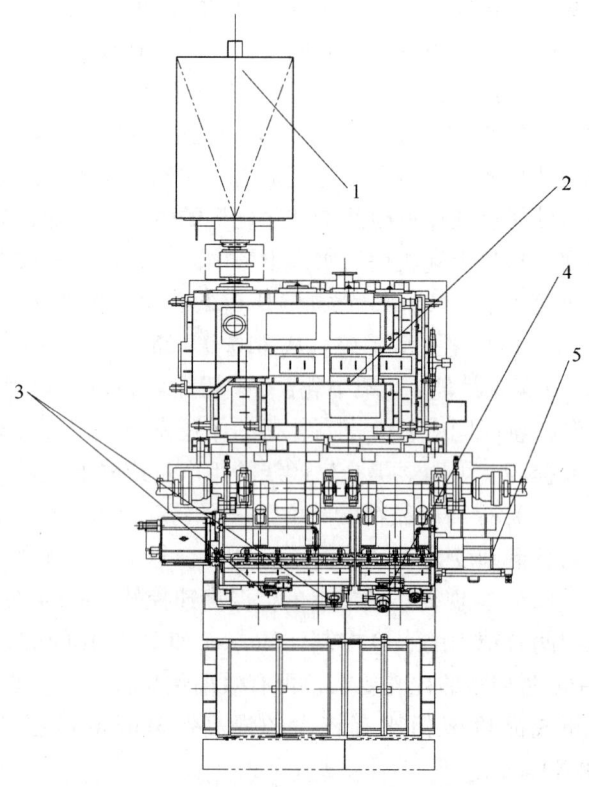

图 10-18　Morgan 型减径定径机设备平面图

1—4000kW 交流电机；2—传动齿轮箱；3—230mm 辊箱；
4—150mm 辊箱；5—废料箱

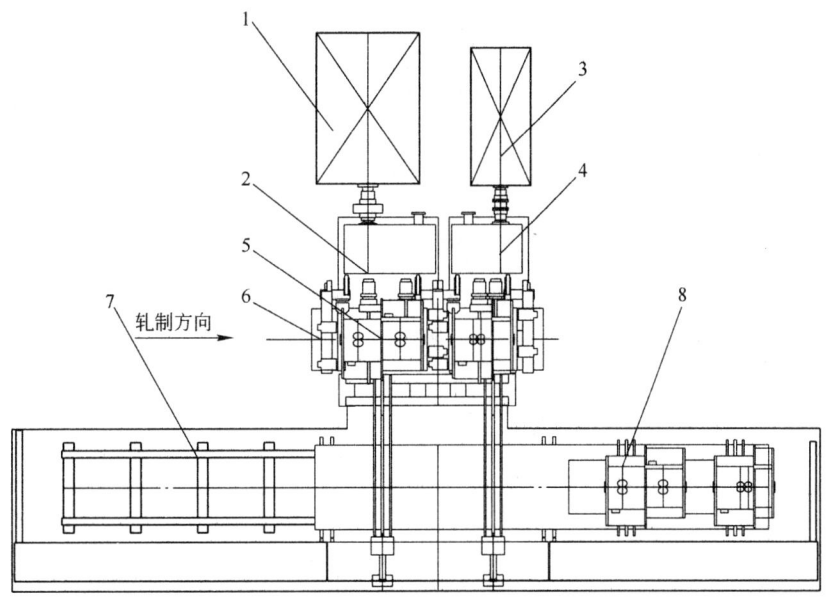

图 10-19　Danieli 双模块轧机平面图

1—4000kW 交流电机；2—增速齿轮箱 1；3—1000kW 电机；4—增速齿轮箱 2；

5—双模块轧机；6—卡断剪；7—快速更换小车；8—备用更换机架

电机间采用"速度锁定"技术，使增速箱的设计大为简化。Morgan 公司的 RMS 与 Danieli 双模块性能如表 10-7 所示。

表 10-7　Morgan 与 Danieli 减径定径机技术性能对比

项　　目	Danieli-MTB		Morgan-RSM	
	重　型	轻　型	重　型	轻　型
辊箱规格/mm	200H	150L	230	150
机架数量/架	2	2	2	2
机架中心距/mm	800	150	820	150
最大辊环直径/mm	212	158	228.34	156.00
最小辊环直径/mm	191	144	2010.00	142.00
辊环宽度/mm	83	44/60	72/57/59	44/70/57
轧制力/kN	350	140	330	130
传动电机功率/kW	4200	1200	4500	

德国的 SMS 推出了单独传动的柔性减定径机（FRS）。一套 FRS 设备配备 4 个带变速箱的机架，每个变速箱满足相应机架设置的速度范围，取消因改变机架之间压下比而使用的减速机，并采用电子减速机使得 FRS 的电机相互调节控制，实现机架间的控制与匹配。这种形式的柔性减定径机目前在海外已有应用。

10.3.2.3　精轧机组

设有 4 机架减径定径机后，线材轧机的中心转到了减径定径机，但精轧机组的重要性并没有降低。精轧机仍维持原来的 V 形顶交超重型机架结构和模块化设计，但作了相应的调整，主要有：

（1）机架数量由 10 架减为 8 架。

（2）机架的规格由原来的 5 个 8in（203.2mm）大辊箱、5 个 6in（152.4mm）小辊箱，改为全部是 8in（203.2mm）的大辊箱，并相应加大了辊箱尺寸，以承受更大的轧制力，适应低温轧制的要求。

（3）出口的最小规格由 $\phi 5.5mm$ 改为 $\phi 7.0mm$。

（4）传动电机原来放置在轧件的出口侧，与出口水冷线产生干扰，现在将主传动电机放置在轧件的入口方向，在轧制大规格时甩机架，可将后面的传动脱开。

Morgan 与 Danieli 的 8 机架 V 形精轧机技术数据如表 10-8 所示。

表 10-8　Morgan 与 Danieli 8 机架 V 形精轧机技术数据

项　目	Morgan	Danieli
入口轧件最大尺寸/mm	$\phi22.5$	$\phi21.0$
轧件入口的最低温度/℃	800 ~ 850	870
设备和电机选择允许工艺的入口温度/℃	钢种：C1080，900 ~ 950；弹簧钢和冷镦钢；800 ~ 850	钢种：C1080，900 ~ 950；弹簧钢和冷镦钢；870 ~ 950
辊箱数量/个	8	8
辊箱尺寸/mm	230	200
机架中心距/mm	820	750
最大辊环直径/mm	228.34	212
最小辊环直径/mm	201.0	191
辊环宽度/mm	71.8/71.60 ~ 44.48/44.42	72/60
轧槽数量/个	1、2 或 4（取决于产品规格）	1、2 或 4（取决于产品规格）
传动电机功率/kW	6800，AC	6300(6800)，AC
轧制力/kN	330	250

通过以上对比可以看出：Morgan 精轧机的机架中心距、辊箱尺寸、最大辊环尺寸、最小辊环尺寸、轧制力均比 Danieli 稍大。

10.3.2.4　吐丝机

减定径机组在高速线材轧制领域得到越来越多的应用，为与更高的精轧速度相适应，线材轧制设备供应商都研发了更新一代的吐丝机设备，其中最有代表性的是摩根和达涅利的新型吐丝机。

摩根的新型吐丝机为卧式结构，锥齿轮增速传动，其下倾角为 20°。输入轴为悬臂形式，输出轴支撑形式亦比较特殊：固定端由双列角接触轴承定位，浮动端两盘采用型号不同的圆柱滚子轴承支撑的结构形式，希望两个轴承分担负载径向载荷，其中 $\phi500mm/\phi600mm$ 轴承安装于吐丝机箱体轴承座上，$\phi400mm/\phi500mm$ 轴承安装于带减振系统的浮动轴承座上，其轴承间隙可调。这种设计的吐丝机可保证在 120m/s 的速度下运行，吐丝的直径为 $\phi5.0 ~ 26mm$。

达涅利的新型吐丝机为卧式结构，倾角初设 20°，且可由液压缸调整倾斜角度，最大倾角可达 30°。输入轴轴承形式为两端支撑，锥齿轮等速传动，输出轴固定端为双列角接触轴承定位，浮动端由一个内径为 $\phi400mm$ 的大型油膜轴承支撑径向力。在吐丝机空心轴浮动端用油膜轴承替换圆柱滚子轴承，油膜轴承的支撑形式运转平稳，高速运行性能良好，其供油油路可由减定径机稀油润滑站提供。

上述两种新型吐丝机的共同特点是吐丝头结构进行了较大改进，吐丝管出口后增加了一圈弧形导槽，有效地提高了导向成圈作用，使吐丝机吐出线圈更加规则整齐，便于集卷收集。

10.3.2.5　预精轧机

10 年前线材预精轧机组是 4 ~ 6 架水平/垂直交替布置的悬臂式轧机，立式轧机采用下传动方式，辊环尺寸 $\phi285mm/255mm \times 70mm$，每一架由一台 DC 500kW 的直流电机传动。现在新设计的预精轧机辊箱结构与精轧机和减径定径机完全相同，采用 V 形布置（见图 10-20），传动轴在下面，辊箱为插入式面板结构，两个辊箱共用一个电机传动。

预精轧机与精轧机和减径定径机辊箱的区别是规格不同，精轧机和减径辊箱的规格是 230mm，预精轧机辊箱的规格是 250mm。采用顶交式结构后轧机的重心降低，减少振动；面板式的结构更换方便；这种结构的预精轧机可以用 2 架、4 架或 6 架，现在我国天津钢厂和山东永锋钢厂采用的是 2 架，其余仍用老式的平/立交替的悬臂式轧机。2 机架预精轧机组技术性能如表 10-9 所列。

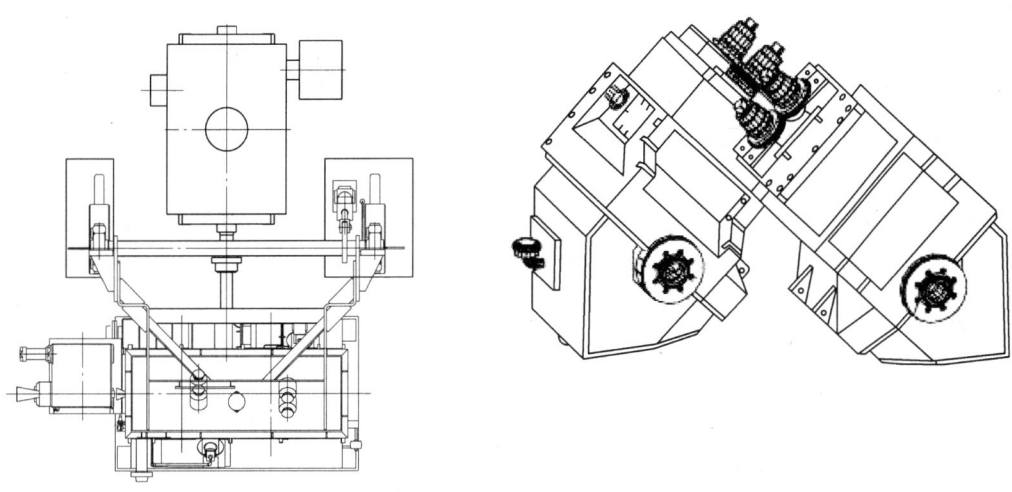

图 10-20 V 形双机架预精轧机平面与立面图

表 10-9 2 机架预精轧机组技术性能

项 目	Danieli 型	Morgan 型
形 式	DHD200S	M250
机架数量/架	2	2
机架中心距/mm	750	
辊箱规格/mm	200S	250
最大辊环直径/mm	212	247. 37
最小辊环直径/mm	191	228. 02
辊环宽度/mm	72/60	90. 10/89. 90(17H)
	72/60	1010. 10/104. 90(18V)
轧槽数量/个	1、2 或 4	1、2 或 3(17H)
		2(18V)
最大工作中心距/mm	216	
最小工作中心距/mm	192	
轧制力/kN	250	400
额定力矩/N·m	5000	
辊环材质	碳化钨	碳化钨
传动电机功率/kW	2400	1500(AC)

从表 10-9 可以看出：Morgan 型比 Danieli 型的辊环尺寸要大，承受的轧制力要高。Morgan 与 Danieli 都想推 3 对 6 机架的新型的 V 形预精轧机，但现在只有中国还在建新的线材轧机，世界轧机的市场在中国，中国的用户嫌 3 对 6 机架 V 形预精轧机的价格太高，多家只买了 1 对 2 架，其余 4 架仍用与 105m/s 相配套的平/立布置的预精轧机。

10.4 现代线材生产的工艺布置形式

随着现代线材生产的快速发展，为提高产品质量和获得更高的主产效率，自然形成了精细的专业分工。现在线材轧机的主要形式有：10 机架精轧机的标准型；精轧机为 8 + 4 的减径定径机型和 10 机架精轧机的双线型。横列式的线材轧机在我国几近淘汰，在此不作介绍。

10.4.1 标准型 10 机架精轧机的线材生产线

10 机架无扭精轧机线材生产线，是我国目前建设最多、产量最大的主力机型。这类生产线除了精整区域的打捆机采用引进外，其余所有机械、电气设备均为国内设计提供，其装备和生产实际均已达到国际先进水平。根据生产钢种和规格的不同，这类轧机的年产量在 50 万～70 万吨之间。

下面以首钢伊犁钢铁有限公司的 55 万吨高线车间为例，简要介绍此类型生产线的特点。

10.4.1.1　主要工艺参数

高线车间建设规模为年产 55 万吨合格高速线材。

（1）钢种：优质碳素结构钢、低合金钢、冷镦钢、焊条钢等。

（2）产品规格：$\phi 5.5 \sim 20$mm 光面盘卷，$\phi 6 \sim 16$mm 带肋钢筋；盘卷尺寸：外径 $\phi 1250$mm，内径 $\phi 850$mm；高度：约 1750mm（压紧后）；盘卷重量：2020kg。

（3）设计产量：年产 55 万吨合格高速线材。

（4）保证速度：105m/s（生产 $\phi 5.5 \sim 7.0$mm，最小辊径时）。

按产品规格和钢种分类的产品大纲见表 10-10。

表 10-10　产品大纲

产品品种	代表钢号	分规格产品年产量/万吨				合计	比例/%
		$\phi 5.5 \sim 6.0$mm	$\phi 6.5 \sim 8.0$mm	$\phi 8.5 \sim 12.0$mm	$\phi 12.5 \sim 20.0$mm		
钢筋	HPB 300、400、500		10.00	6.00	4.00	20.00	33.3
优碳结构钢	45～80	1.00	3.50	10.00	4.00	18.50	24.55
钢绞线	SWRH82B		3.00	2.00	2.00	7.00	12.72
胎圈钢丝	SWRH67A、72A、82A	0.50	1.00			1.50	2.73
冷镦钢	SWRCH18A/22A ML20MnTiB		2.00	3.00	3.00	8.00	14.55
焊条钢	ER70/80s-G H08A	1.00	1.00	2.00	1.00	5.00	9.09
合　计		2.50	20.50	23.00	14.00	60.00	
比例/%		4.55	37.27	32.73	210.45		100.00

（5）产品质量及标准：产品的尺寸精度符合标准中规定的 C 级精度，详见表 10-11。

表 10-11　产品尺寸偏差

序　号	直径/mm	直径偏差/mm	不圆度/mm
1	$\phi 5.5 \sim 10.0$	±0.15	≤0.24
2	$\phi 10.5 \sim 15.0$	±0.20	≤0.32
3	$\phi 15.5 \sim 25.0$	±0.25	≤0.40

（6）坯料：连铸坯规格为：150mm×150mm×12000mm，单重 2065kg，短尺料不小于 10000mm，总数不超过 10%。

（7）设计的金属收得率：96%。

10.4.1.2　生产工艺流程

主要工艺流程为：冷坯上料→测长称重→步进梁式加热炉→高压水除鳞→粗轧→切头尾→中轧→切头尾→预精轧→预水冷→切头尾→精轧→水箱控冷→在线测径→夹送、吐丝→散卷控制冷却→集卷→运卷挂钩→P/F 运输机运输→质检、剪切、取样→压紧打捆→盘卷称重→挂标签→卸卷→入库。

车间布置示意图见图 10-21。

10.4.1.3　关键设备组成及技术性能

A　加热炉

本车间设步进梁式加热炉 1 座，最大小时加热能力 120t/h（冷坯），主要工艺技术要求如下：

（1）燃料：采用高炉煤气，热值：700×4.18kJ/m³。

（2）燃烧方式：蓄热式燃烧技术。

（3）炉型：步进梁式加热炉，侧进料、侧出料。

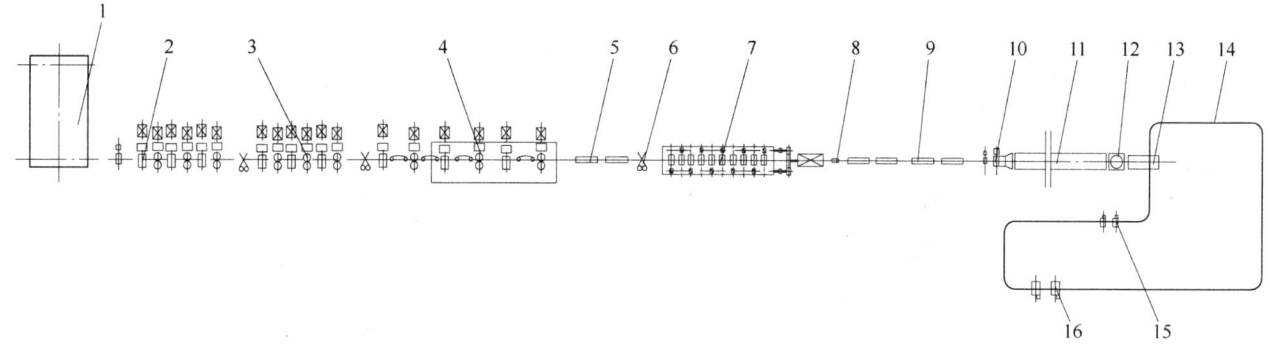

图 10-21　高线车间平面布置示意图

1—步进式加热炉；2—粗轧机组；3—中轧机组；4—预精轧机组；5—预水冷装置；6—3 号切头剪；
7—10 机架无扭精轧机；8—测径仪；9—水冷装置；10—夹送辊、吐丝机；11—风冷运输机；
12—集卷器；13—运卷小车；14—钩式运输机；15—打捆机；16—卸卷台

（4）炉底支撑梁冷却方式：汽化冷却。

（5）布料方式：单排布料。

（6）出炉坯料断面温差：不大于 20℃。

（7）成品脱碳层：不大于 1%（成品钢材公称直径）。

（8）金属烧损率：不大于 0.7%。

B　轧机组成

轧线共配置 28 架轧机，粗轧机组 6 架，中轧机组 6 架，预精轧机组 6 架，精轧机组 10 架。

a　粗、中轧机组

粗轧机组常用的有普通二辊闭口式轧机、预应力轧机、短应力线轧机等，每种形式各有特点，在国内都有成功的应用。本车间粗、中轧机组采用无牌坊短应力线轧机，其主要特点是：

（1）轧机应力线短，刚性好。

（2）采用四列短圆柱轴承，承载能力高；轴承座采用浮动机构，承载均匀，寿命长。

（3）设有止推轴承承受轴向力，并设有螺纹间隙消除机构，可进行轴向精密调整。

（4）轴承座采用弹性胶体平衡，消除间隙。

（5）水平和立式轧机可以互换，减少备件。

（6）轧辊辊缝为对称调节，轧制线固定，操作方便。

（7）立式轧机采用上传动，避免冷却水和氧化铁皮进入传动系统。

（8）更换机架、调整孔型方便；水平轧机采用液压缸，立式机架使用升降机构，安全可靠。

（9）机架采用整体更换，减少换辊时间；拆辊采用专用工具在轧辊间进行，操作简单方便。

（10）孔型和导卫可在轧辊间进行预调整，在线调整少，可大大提高轧机的有效作业率。

b　预精轧机组

预精轧机组前两架采用无牌坊短应力线式，后四架选择辊环悬臂式。辊环悬臂式轧机特点为：

（1）机组布置紧凑，设备结构简单，重量轻，换辊周期短，维护工作量小。

（2）立式轧机传动通过一对螺旋伞齿轮由下传动变为侧传动，水平拉出，与水平轧机相似。这样使得基础标高距轧制线距离小，基础工作量少，安装、检修、维护方便。

（3）轧辊箱为锻造面板插入式结构，辊箱装卸方便，减轻设备重量，提高安装精度，减少面板上的配管，便于处理事故。

（4）采用新式的轧辊辊颈密封，在密封处加一偏心板，使密封圈中心始终与轧辊轴中心相重合，减少密封圈的磨损，延长密封圈的寿命。

（5）辊缝调整采用偏心套式调整机构，通过丝杠及螺母转动偏心套而对称地移动轧辊轴，达到调整辊缝的目的，而保持轧制中心线不变。

　　c　精轧机组

精轧机组选择顶交 45°精轧机组，其特点为：

（1）机组由 5 架 ϕ230mm 轧机和 5 架 ϕ170mm 轧机组成，其中 ϕ170mm 轧机后 3 架设有油膜轴承测温，机旁显示。

（2）最后两架 ϕ170mm 轧机为超高速机架，使机组速度提高，保证速度可达到 105m/s。

（3）机组采用顶交 45°布置，降低了长轴高度和整个机组的重心高度，既增加了机组的稳定性，又降低了设备重量，操作维护也更加方便。

（4）相邻机架互成 90°布置，实现无扭轧制。

（5）轧辊箱采用插入式结构，悬臂辊环，箱体内装有偏心套机构用来调整辊缝。偏心套内装有油膜轴承与轧辊轴，在悬臂的轧辊轴端用锥套固定辊环。

（6）锥齿轮箱由箱体、传动轴、螺旋锥齿轮副、同步齿轮副组成，全部齿轮均为硬齿面磨削齿轮，齿面修形，螺旋锥齿轮精度为 5 级，圆柱斜齿轮精度为 4 级，以保证高速平稳运转。

（7）轧辊箱与锥齿轮箱为螺栓直接连接，装配时轧辊箱箱体部分伸进锥齿轮箱内，使其轧辊轴齿轮分别与锥齿轮箱内两个同步齿轮啮合。轧辊箱与锥齿轮箱靠两个定位销定位，相同规格的轧辊箱可以互换。

（8）辊缝的调节是旋转一根带左、右丝扣和螺母的丝杆，使两组偏心套相对旋转，两轧辊轴的间距随偏心套的偏心相对轧线对称移动而改变辊缝，并保持原有轧线及导卫的位置不变。

（9）辊环采用碳化钨硬质合金，通过锥套连接在悬臂的轧辊轴上，用专用的液压换辊工具更换辊环，换辊快捷方便。

（10）关键零部件如双唇密封圈、阻尼垫片和所有滚动轴承及油膜轴承均采用进口件。

　　d　轧机主要技术性能

轧机主要技术性能见表 10-12。

表 10-12　轧机主要技术性能

机组名称	轧机代号	轧机规格	轧机形式	轧辊尺寸/mm		主电机功率/kW（AC）
				辊身直径	辊身长度	
粗轧机组	1H	ZJD-6850	短应力线	580 ~ 520	800	550
	2V	ZJD-6850		580 ~ 520	800	550
	3H	ZJD-6850		580 ~ 520	800	700
	4V	ZJD-6850		580 ~ 520	800	700
	5H	ZJD-5741		500 ~ 410	700	700
	6V	ZJD-5741		500 ~ 410	700	700
中轧机组	7H	ZJD-5741	短应力线	500 ~ 410	700	700
	8V	ZJD-5741		500 ~ 410	700	700
	9H	ZJD-5741		500 ~ 410	700	700
	10V	ZJD-5741		500 ~ 410	700	700
	11H	ZJD-4532		390 ~ 320	650	700
	12V	ZJD-4532		390 ~ 320	650	700
预精轧机组	13H	ZJD-4532	短应力线	390 ~ 320	650	700
	14V	ZJD-4532		390 ~ 320	650	700
	15H	285H	悬臂式	285 ~ 255	95	700
	16V	285V		285 ~ 255	70	700
	17H	285H		285 ~ 255	95	700
	18V	285V		285 ~ 255	70	700
精轧机组	19 ~ 28	重型高速无扭机组	顶交 45°	228/205 ×5	72	6300
				170/155 ×5	57.35/70	

注：表中 H、V 分别代表水平轧机、立式轧机。

C 轧线其他设备

(1) 剪子：1 号飞剪为曲柄式飞剪，启停工作制，位于粗轧机组出口，用于轧件的切头尾和事故碎断。2 号飞剪为回转式飞剪，启停工作制，位于中轧机组后，用于轧件的头、尾剪切和事故碎断。3 号飞剪为回转式飞剪，启停工作制，位于预水冷装置后，用于轧件的头尾剪切。剪前设有摆动导槽，剪后设有转辙器，有切头、切尾两种剪刃，由剪前摆动导槽选择切头、尾位置。

碎断剪为回转式飞剪，连续工作制，上下刀盘各有均匀布置的 3 把剪刃，安装在 3 号飞剪后，用于事故碎断。

(2) 水冷线：水冷线由预水冷和穿水冷组成。预水冷装置位于预精轧机出口处，3 号飞剪区之前。其作用是控制轧件进入精轧机组的温度。结构为焊接式水箱，内带环形喷嘴。水箱长度约 6m，冷却水压力约为 0.6MPa。

水冷装置布置在精轧机组之后。该水冷装置由四段水冷箱组成，各段之间由导槽相连，每段水箱长约 6m，冷却水压力为 0.4 ~ 0.6MPa。

(3) 夹送辊与吐丝机：夹送辊为水平悬臂辊结构，双辊驱动，气缸控制上下辊同时夹紧。夹送辊由一台直流调速电机经两级圆柱齿轮增速驱动。最大夹紧力为 3000N；最大线速度为 105m/s。

吐丝机为卧式布置，向下倾斜 15°，由一根装于旋转芯轴上的吐丝管及传动装置组成。直流调速电机驱动。吐圈直径为 ϕ1050mm；最大吐丝速度为 100m/s。

(4) 散卷风冷运输线：散卷风冷运输机为辊道延迟型，全长约 104m，分成头部输送辊道、中部输送辊道和尾部输送辊道。辊道下面共设 11 台大风量风机。

10.4.1.4 其他设备的装配水平和工艺特点

在线温度控制系统灵活多样，可准确控制轧件温度。多点的温度控制，用于降低轧件在线材精轧机组的温升，可以实现热机械轧制和细晶轧制，对提高产品的内部组织和性能具有重要作用。根据各钢种冷却工艺，散卷风冷运输线备有冷却风机和保温罩，可以实现不同冷却速度要求的钢种的生产。

主传动电机为交流变频调速控制。10 机架线材精轧机组采用 5500kW 交流同步电机通过 LCI 变频传动装置控制。1 ~ 3 号飞剪系统采用直流方案；其他辅传动需要调速的设备约有 60 台电机为交流变频控制。所有主传动、需调速的交流辅传动的电源装置均采用以高速微处理器为基础的全数字式 IGBT 变频调速装置；以此构成的全数字控制系统具有调节器参数自调谐、故障自诊断、状态检查、信号记录等功能，调节系统对速度及电流进行闭环控制。

10.4.2 以生产优质钢为主的线材生产线 (8 +4)

10.4.2.1 概述

Morgan 和 Danieli 为了解决不同的问题走到了一起，各自开发了减径定径机。经过 10 多年的推广，为了提高产品质量和尺寸精度，增强产品的市场占有率，带有减径定径机的 8 +4 线材生产线日益流行起来。从 1998 年开始至今，我国建有 Morgan 减径定径机 RMS 的厂家有：宝钢、杭州钢厂、安阳、酒钢、上钢五厂、山东石横、酒钢榆中、武钢、南昌动力、天钢、大连钢厂、沙钢、山西安泰、天津荣程、首钢宝业、南京钢厂、青岛钢厂、河北邯郸、天津轧三、河南济源等 20 家；安装有 Danieli 双模块的厂家有：山东永丰、鞍钢、攀钢成都、攀钢长钢、韶关、青岛、新疆八一、日照钢铁等 9 家。8 +4 与 10 机架的产品精度对比如表 10-13 所示。

表 10-13 10 机架和 8 +4 的产品精度

规格/mm	直径公差/mm		不圆度/mm	
	10 机架精轧机	8 +4 精轧机	10 机架精轧机	8 +4 精轧机
5.0		±0.12		直径公差的 60%
5.5 ~ 10	±0.12	±0.10	≤0.20	直径公差的 60%
10 ~ 20	±0.15	±0.10	≤0.24	直径公差的 60%

10.4.2.2 典型 8 +4 生产工艺简介

下面以河南济源 60 万吨高速线材生产线为例，简要介绍 Morgan 型 (8 +4) 生产线的特点。

A　生产工艺简介

设计规模：年产 60 万吨线材。

坯料：连铸坯，150mm × 150mm × 12000mm，单重 2065kg；165mm × 165mm × 12000mm，单重 2500kg。

产品规格：光面线材 φ5.0 ~ 25mm，盘螺 φ6 ~ 16mm；盘卷外径 φ1250mm；盘卷内径 φ850mm；盘卷重量 2000 ~ 2500kg；盘卷高度 1700 ~ 2000mm（压紧）。

钢种：优质碳素结构钢、合金结构钢、冷镦钢、焊条钢、弹簧钢、轴承钢、低合金钢和碳素结构钢等。

轧制速度：最快轧制速度 120m/s，保证速度 112m/s。

主要工艺流程：冷坯上料→测长称重→步进梁式加热炉→高压水除鳞→粗轧→切头尾→中轧→切头尾→预精轧→预水冷→在线测径→切头尾→精轧→水箱控冷→在线测径→减定径→在线测径→水箱控冷→夹送、吐丝→散卷控制冷却→集卷→运卷挂钩→P/F 运输机运输→质检、剪切、取样→压紧打捆→盘卷称重→挂标签→卸卷→盘卷热处理(预留)→入库。

车间布置示意图见图 10-22。

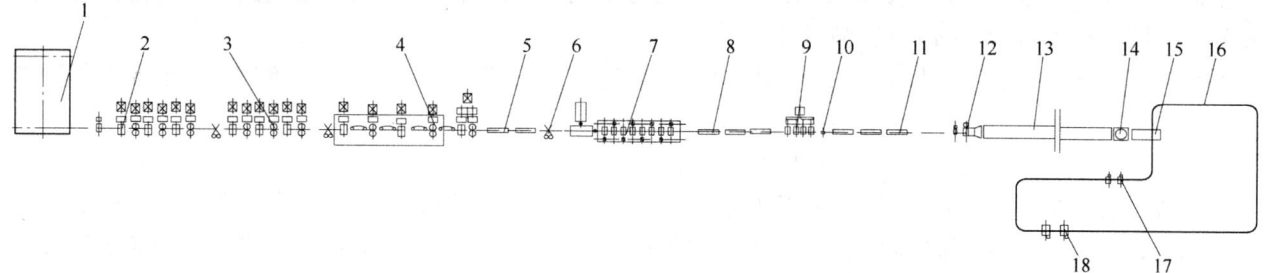

图 10-22　带减径定径机（8 + 4）线材生产线平面布置示意图

1—步进式加热炉；2—粗轧机组；3—中轧机组；4—预精轧机组；5—预水冷装置；6—3 号切头剪；7—8 机架无扭精轧机；8—水冷装置1；9—4 机架减径定径机；10—测径仪；11—水冷装置2；12—夹送辊、吐丝机；13—风冷运输机；14—集卷器；15—运卷小车；16—钩式运输机；17—打捆机；18—卸卷台

B　关键设备组成及技术性能

a　加热炉（略）

b　轧机组成

（1）粗、中轧机组：粗、中轧机组选用短应力线式轧机，采用 6 + 6 平立交替布置，粗轧及中轧采用微张力轧制。

（2）预精轧机组：预精轧机组采用 2 架短应力线 + 2 架 285mm 平立悬臂式 + 2 架 230mm 顶交悬臂式轧机布置。

285mm 机组布置紧凑，设备结构简单、重量轻、换辊周期短、维护工作量小；预精轧后 2 架为摩根 230mm Vee 轧机，该轧机配有超重型机架，保证了高速轧制的稳定性。

（3）精轧机组：精轧机组分为 8 架精轧机和 4 架减径定径机两组，采用超重型无扭精轧机。由于采用 V 形结构，机组的重心低，倾动力矩小，机组的稳定性好，振动小，噪声低，设备重量轻。

辊箱为锻造面板、插入式辊箱结构，使辊箱拆卸更加方便；所需的流体如油、水、气等通过面板的钻孔进入各自的部位，减少辊箱周围外露的配管，外形美观，便于事故处理。

轧机的主要技术性能见表 10-14。

表 10-14　轧机主要技术性能

机 列	机架序号	轧 机 名 称	轧辊尺寸/mm × mm	电机功率/kW	备 注
粗轧机组	1H	φ550mm 水平短应力线轧机	φ(650 ~ 550) × 800	550	AC 变频
	2V	φ550mm 立式短应力线轧机	φ(650 ~ 550) × 800	550	AC 变频

机 列	机架序号	轧 机 名 称	轧辊尺寸/mm×mm	电机功率/kW	备 注
粗轧机组	3H	φ550mm 水平短应力线轧机	φ(650~550)×800	750	AC变频
	4V	φ550mm 立式短应力线轧机	φ(650~550)×800	750	AC变频
	5H	φ550mm 水平短应力线轧机	φ(650~550)×800	750	AC变频
	6V	φ450mm 立式短应力线轧机	φ(500~410)×700	750	AC变频
中轧机组	7H	φ450mm 水平短应力线轧机	φ(500~410)×700	750	AC变频
	8V	φ450mm 立式短应力线轧机	φ(500~410)×700	750	AC变频
	9H	φ450mm 水平短应力线轧机	φ(500~410)×700	750	AC变频
	10V	φ450mm 立式短应力线轧机	φ(500~410)×700	750	AC变频
	11H	φ350mm 水平短应力线轧机	φ(390~320)×650	750	AC变频
	12V	φ350mm 立式短应力线轧机	φ(390~320)×650	750	AC变频
预精轧机组	13H	φ350mm 水平短应力线轧机	φ(390~320)×650	750	AC变频
	14V	φ350mm 立式短应力线轧机	φ(390~320)×650	750	AC变频
	15H	φ285mm 悬臂式水平轧机	285/255×70	750	AC变频
	16V	φ285mm 悬臂式立式轧机	285/255×95	750	
	17H	230mm V形顶交轧机	228/205×72	1844	AC变频
	18V	230mm V形顶交轧机	228/205×72		
精 轧	19~26	V形超重级无扭精轧机	228/205×72/44	7000	AC变频
减定径机	27~28	V形顶交无扭减定径机	228/207.9×72/59	4500	AC变频
	29~30		156/142×44/57/70		

c 轧线其他设备

（1）剪子（略）。

（2）水冷线：水冷线由精轧前水冷和精轧后水冷组成。精轧前水冷装置位于预精轧机出口处，3 号飞剪区之前。其作用是控制轧件进入精轧机组的温度。结构为焊接式水箱，内带环形喷嘴。水箱长度约6m；冷却水压力为0.6MPa。

精轧后水冷装置分为两个温控区。1 号温控区位于精轧机后，2 号温控区位于减定径机后。1 号温控区用于控制轧件进入减定径机的温度，采用了标准的冷却和清扫喷嘴覆盖了送入减定径机的所有规格的轧件。2 号温控区用于圆钢和螺纹钢的轧后标准冷却，采用标准的冷却和清扫喷嘴覆盖了所有规格的圆钢和螺纹钢。各段水箱之间由均温导槽相连，水箱为焊接结构，喷嘴为环形喷嘴。1 号温控区冷却水压力为0.6MPa；2 号温控区冷却水压力为0.85MPa。

水箱的调节根据增强温度控制系统（ETCS）进行。

（3）夹送辊与吐丝机：为了在低温吐丝时保证大直径规格产品的圈形，吐丝机与水平方向成20°角，夹送辊为0°角。夹送辊使用与无扭精轧机相类似的辊箱设计，可以使用与无扭精轧机出口侧辊箱相同的辊环安装和拆卸工具。夹送辊配有伺服电机和传动，用于控制在高速下的夹持力和大规格尾部升速、小规格降速的重复响应时间，从而保证尾部圈形的一致性。报废的203.2mm（8in）辊环可在夹送辊上使用，以降低辊环成本和增加辊槽寿命。夹持力范围约为1~4.5kN。

吐丝机最高设计速度可达150m/s。配有摩根专利的模块化尾部控制吐丝盘，用来在运行速度高于90m/s时限制尾部圈形尺寸大小，因而消除了在输送辊道上对线圈进行修剪的必要性和减少了在集卷区域的堆钢。对于大规格产品，使用吐丝机速度摆动功能来增加线圈在斯太尔摩输送辊道上的冷却效果；并在集卷筒中没有使用布圈器的情况下，协助收集成一个较为密集的盘卷。该吐丝管管径为1075mm。

（4）散卷风冷运输线：散卷冷却运输机为辊道延迟型，全长约114m，包括入口倾斜段、主体辊道段和出口段。入口段和主体段侧壁使用毛毯型保温层，每段的辊子由变频电机通过减速机带动链条来驱动，从而实现各段速度的独立控制，以达到最佳的冷却速度。主体辊道段配有隔热保温罩，根据需要用于延迟冷却。辊道下面共设 16 台大风量风机，每台均由独立的电机驱动。电机的转速是固定的，风量由齿轮电机驱动的可调风门叶片控制。

C　主要装配水平和工艺特点

（1）采用连铸坯热送热装技术，热装率可达到约 60%，节约能源，加快生产节奏，提高经济效益。

（2）钢坯加热选用步进梁式加热炉，侧进侧出料方式，采用蓄热式燃烧控制技术，加热质量好，炉内气氛控制好，减少钢坯氧化，操作灵活，加热效率高，为生产优质产品提供了保证。

（3）粗中轧机组采用短应力线轧机，平立交替布置，实现无扭轧制。短应力线轧机轧辊对称调整刚性大，轧辊轴寿命长，可整机架更换，换辊时间短。

（4）预精轧机组采用平立交替布置单独传动的悬臂式碳化钨辊环轧机，轧机布置紧凑，可为精轧机组提供精度较高的轧件。其中预精轧后 2 架引进摩根最新设计的 230mm Vee 轧机，该轧机配有超重型机架，保证了高速轧制的稳定性。

（5）精轧机组分为 8 架精轧机和 4 架减径定径机两组，采用超重型无扭精轧机。该轧机为 45° V 形顶交布置，可适应轧制合金钢和轴承钢的需要。在 8 架精轧和 4 架减径定径机之间设有水冷装置，精确控制精轧完成的温度。采用精轧—减径定径技术，所有成品线材均由最后 4 架减径定径轧机轧出，可实现低温轧制，改善产品的力学性能，可提高产品的尺寸精度，实现自由尺寸轧制。

（6）简化孔型系统，大大减少轧辊和导卫数量，提高作业率。

（7）在线温度控制系统灵活多样，可准确控制轧件温度。多点的温度控制，用于降低轧件在线材精轧机组的温升，可以实现热机械轧制和细晶轧制，对提高产品的内部组织和性能具有重要作用。根据各钢种冷却工艺，大风量延迟型辊道式散卷风冷运输线备有冷却风机和保温罩，可以实现不同冷却速度要求的钢种的生产。

（8）采用在线测径技术，对成品表面和尺寸进行连续监测，及时反馈产品的尺寸公差，对轧辊更换及产品质量有积极指导作用。

（9）新型夹送辊、吐丝机的应用以提供最佳设置，用来在最高速度轧制最大规格产品时吐出形状一致的线圈。

（10）完善的盘卷收集处理系统，如 P/F 线盘卷运输机、自动打捆机、成品手动包装机构等。

（11）预留了盘卷热处理炉的位置，为日后开发更高品质的新产品提供了可能。

（12）全线轧机主传动采用 AC 交流变频调速技术。轧线控制系统采用 ABB 可编程数字控制系统 800XA。先进的 RMC 轧机控制系统基于智能控制策略，通过减少废品、提高质量和大幅度提高轧机的生产率，极大地提高产量，同时也为轧线设备可靠运行和生产管理提供了系统保证。

10.4.3　以生产建筑用材为主的双线线材生产线

在 20 世纪 90 年代以前，世界上有很多双线、三线、四线的线材轧机，以后随着轧机单产的提高逐渐被单线轧机所取代，唯有我国在 2000 年以后还建设了多套的双线线材轧机。这种被称为倒 Y 形的双线线材轧机，年产达 100 万 ~ 110 万吨，它与 80 ~ 100t 的转炉、5 ~ 6 流小方坯料连铸合理搭配，使钢铁生产的总体效益得到最大发挥。

我们对这种轧机进行了一些改进，使之达到如此高的产量。传统的双线线材轧机是：从加热炉分钢，粗轧、中轧都是双线有扭轧制。带来的问题是在粗轧时，坯料断面大，扭转容易产生事故；又是连铸的铸态组织，扭转容易产生角部裂纹，导致废品。我们将粗轧机组改为平-立单线无扭轧制，在进入中轧后为双线有扭轧制，轧件经过 6 个道次轧制后，断面已经较小，铸态组织已得到适当的加工，此时再扭转，产生角部裂纹的机会大大降低。另一项较大的改进是，传统的双线线材轧机是以中轧机组的最后一架为级联调速的基准机架，即在级联速度发生变化时，以中轧机最后一架的速度为基准，向上向下进行调节。实际运行中，精轧机、夹送辊、吐丝机的电机事故很多，严重影响轧机的作业率。我们经过多次实践，找到是因为在轧制过程中精轧机主电机频繁调速，在加速减速过程中产生很大的动力矩，导致电机损坏。后来我们将轧线中功率最大、转速最高的精轧机主电机设定为基准机架，即所谓"双基准"的级联控制方式，很好地解决了这个问题。

下面以广东阳春新钢铁120万吨双高线生产线为例,简要介绍此类型生产线的特点。

10.4.3.1 生产工艺简介

设计规模:年产120万吨线材。

坯料:连铸坯,150mm×150mm×12000mm,单重2060kg。

产品规格:光面线材 ϕ5.5~16mm,盘螺 ϕ6~14mm;盘卷外径 ϕ1250mm;盘卷内径 ϕ850mm;盘卷重量约2045kg;盘卷高度约1550mm(压紧)。

钢种:优质碳素结构钢、碳素结构钢、中低合金钢。

轧制速度:最高95m/s。

主要工艺流程:冷热坯上料→测长称重→步进梁式加热炉→粗轧单线轧制→切头尾→分钢、输送→中轧双线轧制→切头尾→预精轧→预水冷→切头尾→精轧→水箱控冷→夹送、吐丝→散卷控制冷却→集卷→运卷挂钩→P/F运输机运输→质检、剪切、取样→压紧打捆→盘卷称重→挂标签→卸卷→入库。

车间布置示意图见图10-23。

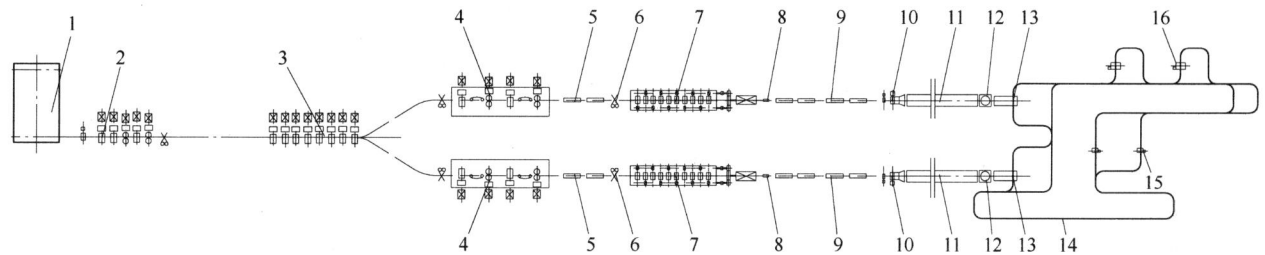

图10-23 以生产建筑材为主的双线线材生产线平面布置示意图

1—步进式加热炉;2—粗轧机组;3—中轧机组;4—预精轧机组;5—预水冷装置;6—3号切头剪;7~10机架无扭精轧机;
8—测径仪;9—水冷装置;10—夹送辊、吐丝机;11—风冷运输机;12—集卷器;13—运卷小车;
14—钩式运输机;15—打捆机;16—卸卷台

10.4.3.2 关键设备组成及技术性能

A 加热炉(略)

B 轧机组成

高线轧机粗轧机组按单线布置,其余机组按双线布置,共由41架轧机组成,最高终轧速度为95m/s。其中,粗轧机组共5架(ϕ550mm×5),为平平立平立布置。中轧机组共8架(ϕ550mm×2 + ϕ450mm×4 + ϕ350mm×2),为全水平辊轧机。预精轧机组8架(双线,每线4架)为二辊悬臂式(ϕ285mm×4×2),平/立交替布置。精轧机组20架(双线,每线10架),为二辊悬臂式(集体传动,ϕ228mm×5 + ϕ170mm×5),45°顶交布置。

轧机的主要技术性能见表10-15。

表10-15 轧机主要技术性能

机组名称	轧机代号	轧机规格	轧机形式	轧辊尺寸/mm		主电机功率/kW
				辊身直径	辊身长度	
粗轧机组	1H	ϕ550mm H	闭 口	ϕ610~520	800	500(DC)
	2H	ϕ550mm H	闭 口	ϕ610~520	800	500(DC)
	3V	ϕ550mm V	闭 口	ϕ610~520	800	800(DC)
	4H	ϕ550mm H	闭 口	ϕ610~520	800	800(DC)
	5V	ϕ550mm V	闭 口	ϕ610~520	800	800(DC)
中轧机组	6H	ϕ550mm H	闭 口	ϕ610~520	800	1000(DC)
	7H	ϕ550mm H	闭 口	ϕ610~520	800	900(DC)
	8H	ϕ450mm H	闭 口	ϕ495~420	800	1000(DC)
	9H	ϕ450mm H	闭 口	ϕ495~420	800	900(DC)
	10H	ϕ450mm H	闭 口	ϕ495~420	800	1000(DC)

机组名称	轧机代号	轧机规格	轧机形式	轧辊尺寸/mm		主电机功率/kW
				辊身直径	辊身长度	
中轧机组	11H	ϕ450mm H	闭　口	ϕ495~420	800	900(DC)
	12H	ϕ350mm H	闭　口	ϕ380~320	800	1000(DC)
	13H	ϕ350mm H	闭　口	ϕ380~320	800	900(DC)
预精轧机组	14H(A)	ϕ285mm H	悬　臂	ϕ285~255	70	500(DC)
	14H(B)	ϕ285mm H	悬　臂	ϕ285~255	70	500(DC)
	15V(A)	ϕ285mm V	悬　臂	ϕ285~255	95	500(DC)
	15V(B)	ϕ285mm V	悬　臂	ϕ285~255	95	500(DC)
	16H(A)	ϕ285mm H	悬　臂	ϕ285~255	70	500(DC)
	16H(B)	ϕ285mm H	悬　臂	ϕ285~255	70	500(DC)
	17V(A)	ϕ285mm V	悬　臂	ϕ285~255	95	500(DC)
	17V(B)	ϕ285mm V	悬　臂	ϕ285~255	95	500(DC)
精轧机组	18~27(A)	重型高速无扭机组	顶交45°	ϕ228.3/205×72×5+ϕ170.6/153×70×5		5500(AC)
	18~27(B)	重型高速无扭机组	顶交45°	ϕ228.3/205×72×5+ϕ170.6/153×70×5		5500(AC)

C　轧线其他设备

双线线材生产线轧线其他设备与标准 10 机架精轧机基本相同，在此不再重复。

10.4.3.3　主要装配水平和工艺特点

（1）采用连铸坯热送热装技术，热装率可达到约 60%，节约能源，加快生产节奏，提高经济效益。

（2）钢坯加热选用步进梁式加热炉，侧进侧出料方式，加热质量好，炉内气氛控制好，减少钢坯氧化，操作灵活，加热效率高，为生产优质产品提供了保证。

（3）粗轧机组为平、平、立、平、立的单线布置单线轧制，中轧机组为全水平的单线布置双线轧制，预精轧、精轧机组采用双线布置双线轧制。

（4）轧线粗轧、中轧机组采用闭口框架式轧机，轧机刚性好，操作方便。

（5）预精轧机组采用平立交替布置单独传动的悬臂式碳化钨辊环轧机，轧机布置紧凑，可为精轧机组提供精度较高的轧件。

（6）精轧机组为顶交 45°型的无扭轧机，10 机架集体传动、悬臂式碳化钨辊环轧机，轧件在精轧机组之间实行单线无扭转的微张力轧制，将轧件轧成高尺寸精度、高表面质量的线材产品。

（7）在线温度控制系统灵活多样，可准确控制轧件温度。多点的温度控制，降低轧件在线材精轧机组的温升，可以实现热机械轧制和细晶轧制，对提高产品的内部组织和性能具有重要作用；根据各钢种冷却工艺，散卷风冷运输线备有冷却风机和保温罩，可以实现不同冷却速度要求的钢种的生产。

（8）轧线预留了高压水除鳞装置和散卷冷却线的部分风机，保留了今后开发生产新产品的可能性。

10.5　高线生产的孔型设计

10.5.1　概述

近 30 年来，我国已建设了 100 多条高速线材生产线，积累了一些设计和生产经验，包括轧制程序设计和孔型设计方面的经验。孔型设计是线材生产的基础，在进行线材的孔型设计过程中应尽量遵循如下原则：

（1）保证正确成型，生产线材的尺寸精度高，表面质量好。

（2）全线各架的延伸分配均匀合理，使各架电机能力得到充分发挥，防止轧机负荷过大或过小，特别要防止超负荷运行而磨损，影响使用寿命。

（3）发挥轧机最大生产能力，获得单机最高产量，同时降低生产成本和能耗。

（4）孔型的共用性要好，以最少的基本孔型生产需要的全部规格产品，减少换孔槽和换辊时间，减少备辊和导卫的数量，降低轧辊和导卫的消耗。

线材的孔型设计与其他长材产品的孔型设计一样,遵循同样的规律,其设计的程序是:确定产品规格,选择坯料尺寸断面,确定轧制道次,选定孔型系统,将延伸系数分配到各组轧机(粗轧、中轧、预精轧、精轧机组),再将各组的延伸分配到每对孔型中,从精轧成品倒推计算出每一个圆孔型的面积和直径,然后再精确计算调整各对圆—椭孔的尺寸,绘制出孔型图。

不过线材的标准化工作做得比较好,上述的许多选择,商家在轧机的研发中已经做过,并已经标准化。

(1)产品规格的选择:现在高速线材产品只有两种选择,一种是 $\phi 5.0 \sim 25\,\text{mm}$,另一种是 $\phi 5.5 \sim 20\,\text{mm}$;选定产品,精轧机和形式就确定了。

(2)坯料的选择:从理论上说应按下式进行校核:

$$F_0 = \frac{F_n v_b}{v_0} \tag{10-2}$$

式中　F_0——坯料断面面积,mm^2;

　　　F_n——最小规格产品的断面面积,mm^2;

　　　v_b——轧制最小规格产品时的保证速度,m/s;

　　　v_0——第一架轧机的咬入速度,m/s。

确保第一架的咬入速度能在 0.1m/s 左右。这种校核开发商已经做过,95m/s 以上的轧制速度,以 150mm×150mm ~ 165mm×165mm 的坯料,生产 $\phi 5.5\,\text{mm}$ 产品,可以满足上述要求。开发商将高速线材轧机的坯料断面选定为 150mm×150mm ~ 165mm×165mm(少数厂选 170mm×170mm),并将这种选择固化在轧线的机械设计中,其轧机规格都是这样选的,如要改变,轧机的规格就要改变,其投资就要相应增加。

(3)孔型系统的选择:早期在线材轧机的粗轧和中轧机的延伸孔型中采用过箱—方、六角—方、椭圆—方孔型系统,现在的高速线材轧机除了前两道采用箱—方孔型外,从粗轧至精轧全部采用椭圆—圆孔型系统。这主要是由于椭圆—圆孔型系统与其他孔型系统相比,具有变形均匀、工艺易于保持稳定、轧件在孔型中宽展变化较小、变形量适中、对钢种的适应性好、在预精轧和精轧机组椭圆—圆孔型对不同规格圆的产品共用性好等优点。前两道采用箱—方孔主要是为了调整来料的尺寸。线材粗轧 1 ~ 6 道次孔型如图 10-24 所示。

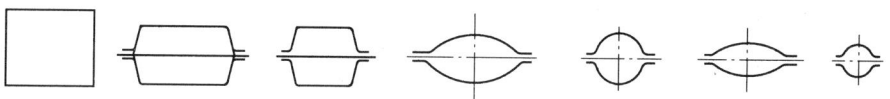

图 10-24　线材粗轧 1 ~ 6 道次孔型示意图

(4)轧制道次的确定:根据确定的最小成品、选择的坯料断面,首先确定总延伸系数和平均延伸系数,由此来确定总的轧制道次,然后分配粗轧、中轧、预精轧和精轧部分的轧制道次数。

总轧制道次数跟平均延伸系数的选取、坯料截面面积、成品截面面积有关:

$$n = \frac{\lg F_0 - \lg F_n}{\lg \mu_{cp}} \tag{10-3}$$

式中　n——需要的轧制道次,对连续式线材轧机即为总机架数量;

　　　F_0——坯料断面面积,mm^2;

　　　F_n——最小规格产品的断面面积,mm^2;

　　　μ_{cp}——轧线的平均延伸系数,平均延伸系数的确定跟孔型的形状、轧机的生产能力等因素密切相关,对高线轧机普通钢和低合金钢取 1.25 ~ 1.29 之间,对生产合金钢的轧机取 1.23 ~ 1.26,高合金钢取 1.22 ~ 1.24。

全连续式高速线材轧机在发展的过程中,曾经有过全线 23 架、25 架的生产线,自 20 世纪 90 年代以后 10 机架标准型全线为 28 架,8 +4 型全线为 30 架这是比较定型的设计。即速度为 105m/s 级的 10 机架线材轧机,全线采用 28 个道次;速度为 112m/s 级的 8 +4 机架线材轧机,全线采用 30 个道次;如个别用户坚持要用更大规格的坯料,适当增加粗轧机数量也是可以的,但 10 机架或 8 机架精轧机的进线尺寸是不变的。28 道次是：粗轧 6 道，中轧 6 道，预精轧 6 道，精轧 10 道；30 道次是：粗轧 6 道，中轧 6 道，预精轧 6 道，精轧 8 道，减径定径机 4 道。

（5）延伸系数的分配：其基本的原则是：延伸系数由粗轧→中轧→预精轧→精轧，依次递减。在粗轧阶段，为了充分利用金属在高温阶段变形抗力小、塑性好，同时此阶段对轧件尺寸要求不是很严格的特点，通常给予较大的延伸系数，平均延伸系数为 1.33 ~ 1.35；在中轧阶段既要继续利用轧件温度高、变形抗力小、塑性较好的特点，又要保证轧件尺寸稳定，通常给以中等延伸系数，平均延伸系数为 1.24 ~ 1.35；在预精轧阶段，为了给精轧机提供比较精确的进线尺寸，一般采用较小的延伸系数，平均延伸系数为 1.236 ~ 1.336。高速无扭轧机为集体传动，其总延伸系数基本为定值，平均延伸系数，普通钢为 1.2517，合金钢为 1.235。同样是标准化，开发商已将各组延伸分配好，150mm × 150mm 生产 φ5.5mm，总延伸系数 947.04，28 架，平均延伸系数 1.2773。轧机的供应提供轧制用全套生产孔型，不过粗轧、中轧、预精轧机为单独传动，在生产过程中用户还可以作比较大的修改。精轧机为集体传动，开发商根据他的设备设计特点提供的孔型，用户可修改之处极为有限。国产 105m/s10 机架高速线材轧机粗、中、预精轧机的孔型如图 10-25 所示。各机组间的典型延伸系数分配见表 10-16。

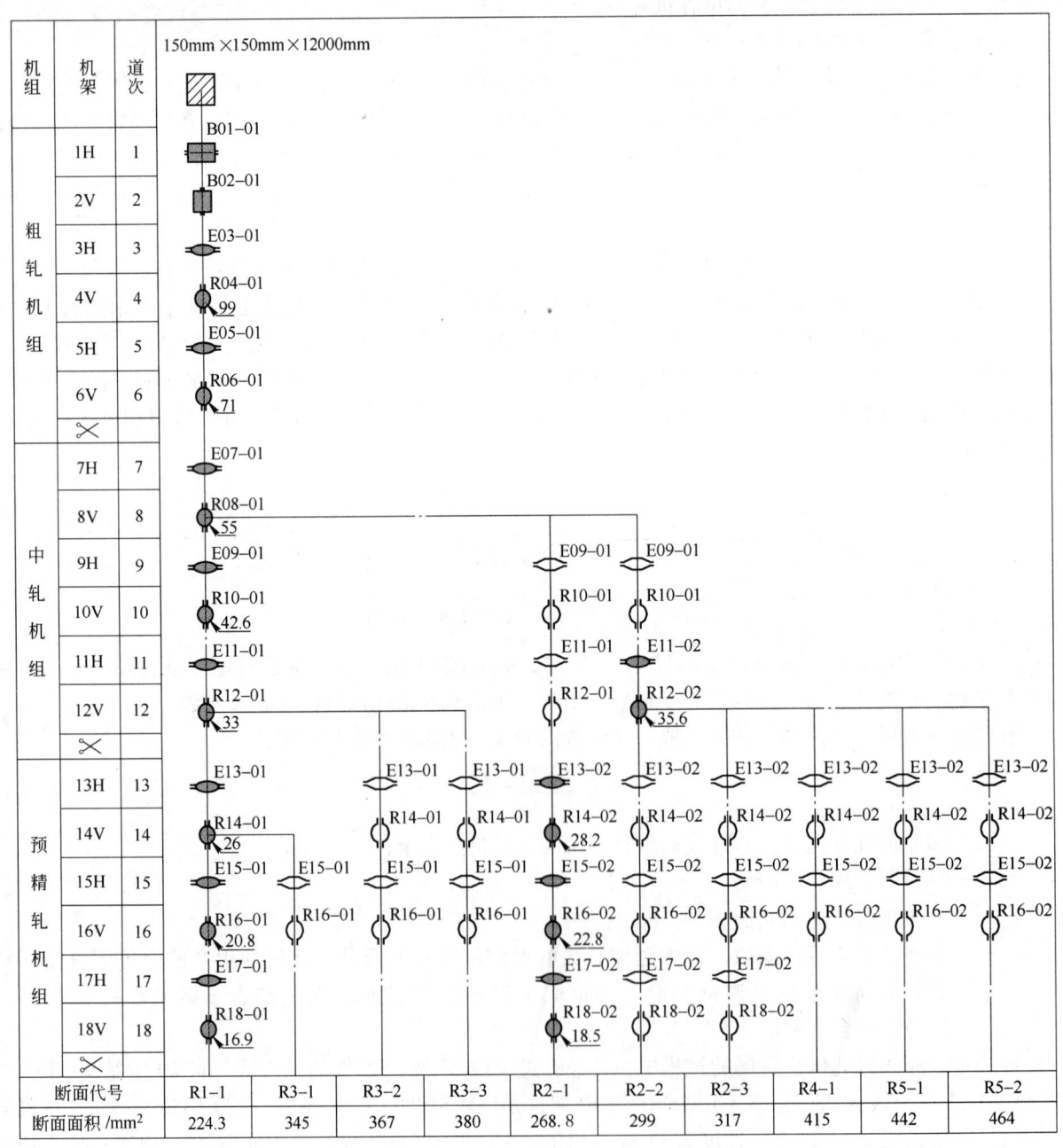

图 10-25　粗、中、预精轧机的孔型图

表 10-16 各机组间的典型延伸系数分配

坯料断面尺寸 /mm×mm	成品尺寸 φ/mm	全 线			粗轧机组			
		总延伸系数	总道次	平均延伸系数	道次	出口断面尺寸 φ/mm	总延伸系数	平均延伸系数
150×150	5.5	947.04	28	1.2773	6	71	5.683	1.3359
	6	795.77	28	1.2694	6	71	5.683	1.3359
	6.5	678.05	28	1.2622	6	71	5.683	1.3359
160×160	5.5	1078.06	28	1.2832	6	75.6	5.706	1.3368
	6	905.87	28	1.2753	6	75.6	5.706	1.3368
	6.5	771.87	28	1.2680	6	75.6	5.706	1.3368
170×170	5.5	1216.41	28	1.2888	6	80	5.749	1.3385
	6	1022.13	28	1.2808	6	80	5.749	1.3385
	6.5	870.92	28	1.2735	6	80	5.749	1.3385
160×160	5	1303.79	30	1.2701	6		5.643	1.3343
	5.5	1077.52	30	1.2621	6		5.643	1.3343

坯料断面尺寸 /mm×mm	成品尺寸 φ/mm	中轧机组				预精轧机组			
		道次	出口断面尺寸/mm	总延伸系数	平均延伸系数	出口尺寸 φ/mm	道次	总延伸系数	平均延伸系数
150×150	5.5	6	33	4.629	1.291	16.9	6	3.813	1.250
	6	6	33	4.629	1.291	18.5	6	3.182	1.213
	6.5	6	33	3.722	1.245	20.1	6	2.695	1.180
160×160	5.5	6	33	5.248	1.318	16.9	6	3.813	1.250
	6	6	33	5.248	1.318	18.5	6	3.182	1.213
	6.5	6	33	5.248	1.318	20.1	6	2.695	1.180
170×170	5.5	6	35.8	4.994	1.307	16.9	6	3.172	1.212
	6	6	35.8	4.994	1.307	18.5	6	4.487	1.284
	6.5	6	35.8	4.994	1.307	20.1	6	3.745	1.246
160×160	5	6		5.502	1.329	16.4	6	3.903	1.255
	5.5	6		5.502	1.329	17.1	6	3.590	1.237

粗轧、中轧和预精轧的孔型设计与小型轧机的圆钢孔型设计无异，许多孔型设计的教科书或专著中都有详细的介绍，本书不作重复。只有精轧机孔型设计相对比较特殊，特此作较为详细的介绍。

10.5.2 10 机架标准线材轧机的孔型设计

10.5.2.1 精轧机组孔型系统的优点

现代高速线材轧机的精轧机组多采用椭圆—圆孔型系统。这一孔型系统的优点是：

（1）适合于相邻机架轧辊轴线与地平线呈 45°/45°、75°/15°、90°/0°相互垂直的布置；

（2）变形平稳，内应力小，可得到尺寸精确、表面光滑的轧件或成品；

（3）椭圆—圆孔型系统，可借助调整辊缝值得到不同断面尺寸的轧件，增加了孔型样板、孔型加工的刀具和磨具、轧辊辊片和导卫装置的共用性，减少了备件，简化了管理；

（4）这一孔型系统的每一个圆孔型都可以设计成既是延伸孔型又是有关产品的成品孔型，适合于用一组孔型系统轧辊，借助甩去机架轧制多种规格产品。

10.5.2.2 精轧机组孔型延伸系数的分配

精轧机组一般由 8~10 个机架组成，多数为 10 个机架。精轧机组的平均延伸系数为 1.215~1.255。从预精轧机组来的轧件一般为 φ16~30mm。当轧制合金钢或采用 8 机架的精轧机组时，来料直径相应减小 2~4mm。

精轧机组各架延伸系数的分配，除第一架外，大体上是均匀的。轧件由中轧机组或预精轧机组进入精轧机组，因设有活套装置这是在无张力状态下轧制，轧制速度较低，咬入条件好，延伸系数的大小不受传动条件的限制。为满足多种规格产品的供料要求，在精轧机组第一道次椭圆孔型内的延伸系数波动范围比较大，一般为 1.15~1.31。

其他道次的延伸系数，在椭圆孔型和圆孔型中也有所不同。

在椭圆孔型中的延伸系数为 1.23 ~ 1.29，一般都略高于精轧机组的平均延伸系数。在同一机组不同道次的椭圆孔型中延伸系数的波动值为 0.015 ~ 0.03。在同一架次轧制不同产品时延伸系数的波动值为 0.002 ~ 0.009。

在圆孔型中的延伸系数为 1.21 ~ 1.24，一般都略低于精轧机组的平均延伸系数。在同一机组不同道次的圆孔型中延伸系数的波动值为 0.012 ~ 0.019。在同一架次轧制不同产品时延伸系数的波动值为 0.006 ~ 0.01。

几个具有代表性的精轧机组的延伸系数列于表 10-17。

表 10-17　几个具有代表性的精轧机组的延伸系数

精轧机组	进料尺寸 /mm	成品规格 /mm	总道次	总延伸系数 $\mu_{总}$	平均延伸系数 $\mu_{均}$	道次延伸系数									
						1	2	3	4	5	6	7	8	9	10
A	φ16	φ5.5	10	8.45	1.238	1.304	1.218	1.240	1.223	1.233	1.231	1.233	1.232	1.235	1.231
	φ17.5	φ6	10	8.50	1.239	1.308	1.217	1.239	1.228	1.235	1.229	1.234	1.230	1.235	1.233
	φ18.5	φ6.5	10	8.10	1.233	1.244	1.219	1.245	1.220	1.242	1.223	1.241	1.226	1.239	1.227
B	φ17	φ5.5	10	9.30	1.250	1.250	1.227	1.259	1.226	1.274	1.243	1.273	1.243	1.260	1.238
	φ18.5	φ6	10	9.31	1.250	1.249	1.227	1.258	1.227	1.273	1.243	1.274	1.241	1.270	1.238
	φ19.7	φ6.5	10	8.97	1.245	1.203	1.227	1.258	1.227	1.274	1.242	1.274	1.246	1.271	1.238
C	φ17	φ5.5	10	9.30	1.250	1.226	1.234	1.271	1.232	1.280	1.234	1.275	1.240	1.272	1.238
	φ18.6	φ6	10	9.37	1.251	1.232	1.233	1.270	1.232	1.283	1.235	1.276	1.239	1.269	1.241
	φ20	φ6.5	10	8.76	1.242	1.149	1.237	1.269	1.229	1.287	1.235	1.275	1.238	1.273	1.238
D	φ17	φ5.5	10	9.28	1.250	1.251	1.215	1.272	1.225	1.280	1.232	1.285	1.234	1.274	1.230
	φ18	φ6	10	9.02	1.246	1.214	1.206	1.267	1.227	1.286	1.235	1.290	1.235	1.279	1.225
	φ19	φ6.5	10	9.11	1.247	1.196	1.213	1.267	1.274	1.289	1.202	1.290	1.238	1.279	1.229

10.5.2.3　精轧机组孔型

A　孔型的共用

用极少量的基本孔槽样板的孔型，经调整辊缝值后可以得到多种不同尺寸的孔型。这样便可以大量减少轧辊辊片、磨具、导卫装置的备件，从而简化了管理。如图 10-26 所示由中轧机组提供 φ16.9 ~

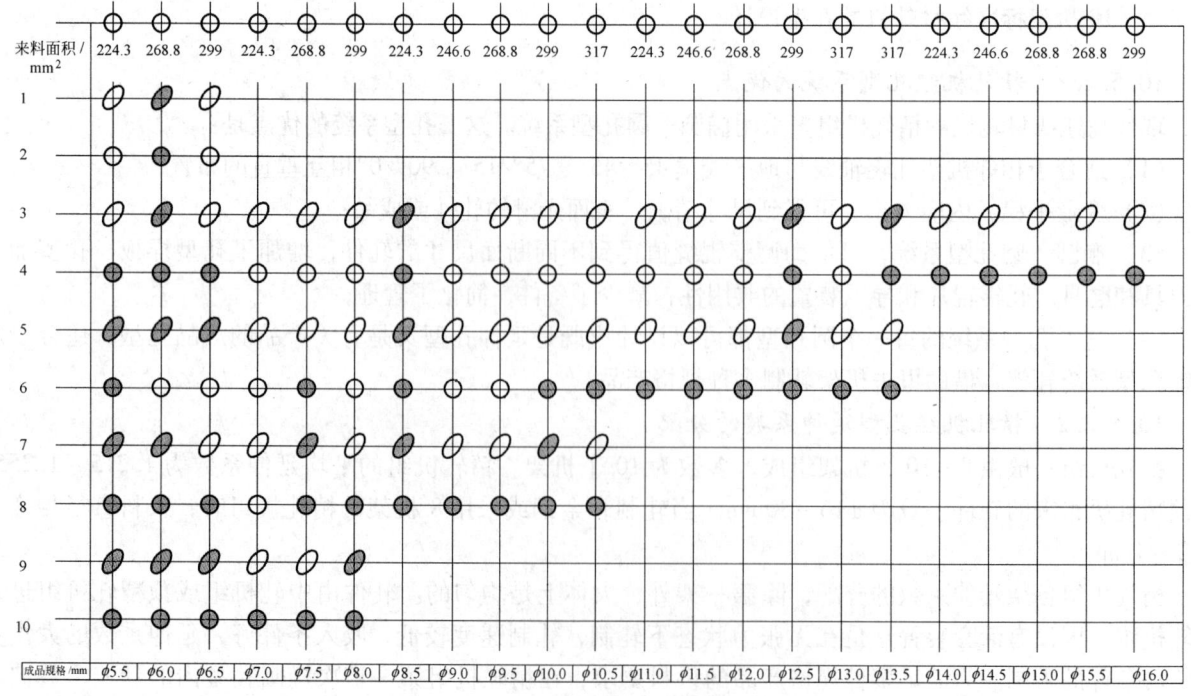

图 10-26　精轧机组基本孔槽的孔型示意图

20.1mm 的 5 种规格圆形轧件，经精轧机组轧成 $\phi5.5 \sim 16$mm 等 22 种规格的线材，只用了 19 个基本孔槽的椭圆孔型，22 个基本孔槽成品圆孔型和 16 个基本孔槽的圆孔型，共计用了 57 个基本孔槽的孔型。其余孔型通过调整辊缝得到。

用几组孔型系统，采用甩去后部机架的方法，生产多种规格线材，可以减少换辊数量、缩短换辊时间。几个有代表性的精轧机组系列产品的成品机架分配列于表 10-18。

表 10-18　几个有代表性的精轧机组系列产品的成品机架分配　　　　　（mm）

精轧机组	来料尺寸	系列产品的成品机架分配			
		第 10 机架	第 8 机架	第 6 机架	第 4 机架
A	$\phi17$	$\phi5.5$	$\phi7.0$	$\phi9.0$	$\phi11.0$、$\phi11.5$
	$\phi18$	$\phi6.0$	$\phi7.5$	$\phi9.5$	$\phi12.0$
	$\phi19$	$\phi6.5$	$\phi8.0$	$\phi10.0$	$\phi12.5$
	$\phi20$		$\phi8.5$	$\phi10.5$	$\phi13.0$
B	$\phi17$	$\phi5.5$	$\phi7.0$	$\phi9.0$	$\phi11.0$、$\phi11.5$
	$\phi18.6$	$\phi6.0$	$\phi7.5$	$\phi9.5$	$\phi12.0$
	$\phi20$	$\phi6.5$	$\phi8.0$	$\phi10.0$	$\phi12.5$、$\phi13.0$
	$\phi21$	$\phi7.0$	$\phi8.5$	$\phi11.0$	
	$\phi20.2$			$\phi10.5$	
C	$\phi16$	$\phi5.5$	$\phi7.0$	$\phi8.5$	$\phi10.5$
	$\phi17.5$	$\phi6.0$	$\phi7.5$	$\phi9.0$	$\phi11.0$
	$\phi18.5$	$\phi6.5$	$\phi8.0$	$\phi10.0$	$\phi12.0$、$\phi12.5$
	$\phi17.5$			$\phi9.5$	$\phi11.5$
	$\phi18.5$				$\phi13.0$
D	$\phi17$	$\phi5.5$			
	$\phi17.5$		$\phi7.0$	$\phi9.0$	$\phi11.5$
	$\phi18.5$	$\phi6.0$	$\phi7.5$	$\phi9.5$	$\phi12.0$
	$\phi19.7$	$\phi6.5$	$\phi8.0$	$\phi10.0$	$\phi12.5$
	$\phi21$		$\phi8.5$	$\phi11.0$	
	$\phi20.5$			$\phi10.5$	$\phi13.0$

B　轧件在孔型中的宽展

精轧机组轧件断面面积的精确计算，较粗、中轧机组的计算更为重要，所以必须准确地确定轧件在孔型中的宽展量。一般根据经验给定绝对宽展系数计算宽展量，再按相对宽展系数计算公式验算计算结果，两者相近即为可行。

根据经验，圆形轧件在椭圆孔型中的绝对宽展系数为 0.5 ~ 0.9；椭圆轧件在圆孔型中的绝对宽展系数为 0.26 ~ 0.4。

C　轧辊工作直径的计算

将前滑因素考虑在内的轧辊工作直径的计算公式为：

$$D_k = (D - \psi_k h_k) K_\alpha \tag{10-4}$$

式中　D_k——轧辊工作直径，mm；

　　　D——轧辊辊环直径，mm；

　　　h_k——轧槽深度，mm；

　ψ_k，K_α——系数，在圆孔型中 $\psi_k = 1.8 \sim 2.2$，$K_\alpha = 1.03 \sim 1.05$；在椭圆孔型中 $\psi_k = 1.31 \sim 1.42$，$K_\alpha = 1.01 \sim 1.02$。

上述 ψ_k、K_α 系数在小孔型中取上限，也可以用公式计算。在椭圆孔型中轧辊工作直径可以用下式计算：

$$D_k = (D - 1.33Z) \times 1.01 \tag{10-5}$$

式中　　Z——轧槽最大深度，$Z = \dfrac{h - s}{2}$；

　　　　h——孔型高度；

　　　　s——辊缝；

　　　　D——轧辊辊环直径。

在圆孔型中的轧辊工作直径可以用下式计算：

$$D_k = (D - 1.35Z) \times [1 + (0.0075 \sim 0.01)] \tag{10-6}$$

式中　　Z——轧槽最大深度，$Z = \dfrac{d - s}{2}$；

　　　　d——圆孔直径；

　　　　s——辊缝；

　　　　D——轧辊辊环直径。

D　拉钢系数的分配

在精轧机组的各机架间必须采用微张力轧制。根据经验各架间拉钢系数为 1.001～1.003。10 个机架的机组其总拉钢系数最大不超过 1.01。

E　10 架精轧机组的轧制温度制度

与普通线材轧机不同，高速线材轧机精轧机组的机架间距小，连续轧制，轧制温度高，轧件的变形热量大于轧制过程中散去的热量，轧件的终轧温度高于进入精轧机组前的温度，一般进入精轧机组前轧机的温度为 900℃左右，经 10 道次轧制后由于终轧速度不同，轧件温度升高 100～150℃。

10.5.2.4　精轧机组孔型设计程序和设计方法

高速线材轧机的孔型设计程序和方法包括的内容是：从成品孔型开始按逆轧制顺序设计；按逆轧制顺序分配拉钢系数；设计各圆孔型尺寸；设计椭圆轧件和孔型尺寸。

成品孔型按常规方法设计。圆孔型槽口扩张部位的构成有两种不同形式，即切线扩张和圆弧扩张，一般多采用切线扩张。确定成品孔型和轧件尺寸，设计成品孔的连轧常数。

按逆轧制顺序分配各架轧机之间的拉钢系数，计算连轧常数。设计孔型和轧件尺寸时，先确定精轧机组各架之间的拉钢系数，其值为 1.001～1.003，然后计算各架的连轧常数，设计各架的轧件和孔型尺寸。

集体传动的精轧机组，各圆孔型的轧件断面面积和半径不是按照延伸系数分配法计算的，而是按设计的连轧常数值求得的。连轧常数计算公式为：

$$C = FD_k n$$

式中　　F——轧件断面面积；

　　　　D_k——轧辊工作直径；

　　　　n——轧辊转速。

经推导，圆形轧件的半径可用下式求得：

$$\pi^2 r^3 - 2\pi(D + s)r^2 + 2C/n = 0 \tag{10-7}$$

式中　　r——圆形轧件的半径；

　　　　D——轧辊辊环直径；

　　　　s——辊缝值；

　　　　C——连轧常数；

　　　　n——轧辊转速。

椭圆轧件及其孔型的设计主要考虑宽展的问题。宽展的计算公式如下：

$$\beta = K_\phi \mu^{\frac{W}{1 - W}} \tag{10-8}$$

式中　　β——相对宽展系数；

μ ——延伸系数；

W ——轧件尺寸及轧辊直径的影响系数，$W = \dfrac{1}{10^{1.26\left(\frac{B}{H}\right)\left(\frac{H}{D_k}\right)^{0.556}}}$；

B ——进入轧件宽度，mm；

H ——进入轧件高度，mm；

D_k ——轧辊工作直径，mm；

K_ϕ ——修正系数，圆形轧件 $K_\phi = 0.75 \sim 1.0$，在精轧机组中为 $0.77 \sim 0.9$；椭圆形轧件 $K_\phi = 0.95 \sim$ 1.3，在精轧机组中为 $0.95 \sim 1.0$。

椭圆轧件尺寸设计，由图 10-27 可得：

$$(d_0 - h)\beta_1 = b - d_0 \qquad (10\text{-}9)$$

$$(b - d)\beta_2 = d - h \qquad (10\text{-}10)$$

式中 β_1 ——圆形轧件在椭圆孔型中的绝对宽展系数；

β_2 ——椭圆轧件在圆孔型中的绝对宽展系数。

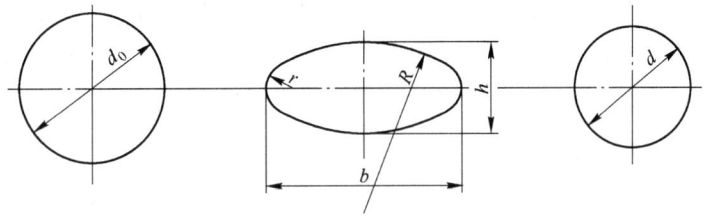

图 10-27   圆-椭圆-圆轧件示意图

按照式 10-8 ~ 式 10-10 解联立方程式，求得 h、b。

对于集体传动的轧机，由于轧辊转速已为定值，在求出 h、b 后，为迅速求出满足连轧常数要求的轧件断面面积 F 和椭圆半径 R，可按下列公式计算：

$$F^2 - b(D + s)F + \frac{bC}{n} = 0 \qquad (10\text{-}11)$$

式中 F ——椭圆轧件断面面积；

D ——轧辊辊环直径；

C ——连轧常数；

s ——辊缝；

n ——轧辊转速；

b ——椭圆轧件宽度。

在求得 F 值后，按图 10-28 所示椭圆构成，根据已知的 h、b、F 求得构成椭圆孔型的半径 R。

实验与生产实践证明，圆形轧件在椭圆孔型中变形后椭圆侧边为弧形。有两种构成，一种为单弧构成，如图 10-28 所示；一种为双弧构成。经实际计算这两种方法面积相差 1% 左右。

椭圆轧件断面面积由三部分组成：

$$F = F_1 + F_2 + F_3 \qquad (10\text{-}12)$$

式中 F_1 ——四边形 $ABCD$ 面积，$F_1 = B_s H_s$；

F_2 —— 大弓形面积，$F_2 = R(l_1 - B_s) + \dfrac{1}{2}B_s(h - H_s)$；

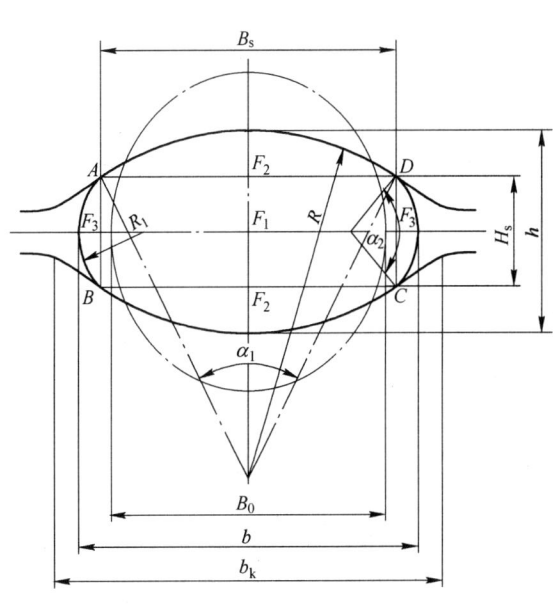

图 10-28   圆形轧件进入椭圆孔型时推导椭圆轧件断面面积公式的图示

F_3 ——小弓形面积，$F_3 = R_1(l_2 - H_s) + \dfrac{1}{2}H_s(b - B_s)$。

其中：
$$l_1 = 0.01745R\alpha_1, \quad l_2 = 0.01745R\alpha_2$$

将 F_1、F_2、F_3 代入式 10-12 得：

$$
\begin{aligned}
F &= H_s B_s + R(l_1 - B_s) + \frac{1}{2}B_s(h - H_s) + R_1(l_2 - H_s) + \frac{1}{2}(b - B_s) \\
&= H_s B_s + 0.01745R^2\alpha_1 - RB_s + \frac{B_s h}{2} - \frac{H_s B_s}{2} + 0.01745R_1^2\alpha_2 - R_1 H_s + \frac{H_s b}{2} - \frac{H_s B_s}{2} \\
&= 0.01745(R^2\alpha_1 + R_1^2\alpha_2) - (RB_s + R_1 H_s) + 0.5(B_s h + H_s b)
\end{aligned}
\tag{10-13}
$$

其中：
$$B_s = \sqrt{(h - H_s)(4R + H_s - b)}$$
$$H_s = \sqrt{(b - H_s)(4R_1 + B_s - b)}$$
$$R_1 = (0.8 \sim 1)d_0$$

式中　d_0 ——进入椭圆孔的圆形轧件的直径。

R 的计算先设定 R' 值，按图 10-28 的构成及公式 10-13 计算出的面积等于 F 时，R' 即为所求之 R。R 值计算用计算机辅助进行，甚为迅速。其框图如图 10-29 所示。计算机辅助孔型设计程序框图如图 10-30 所示。

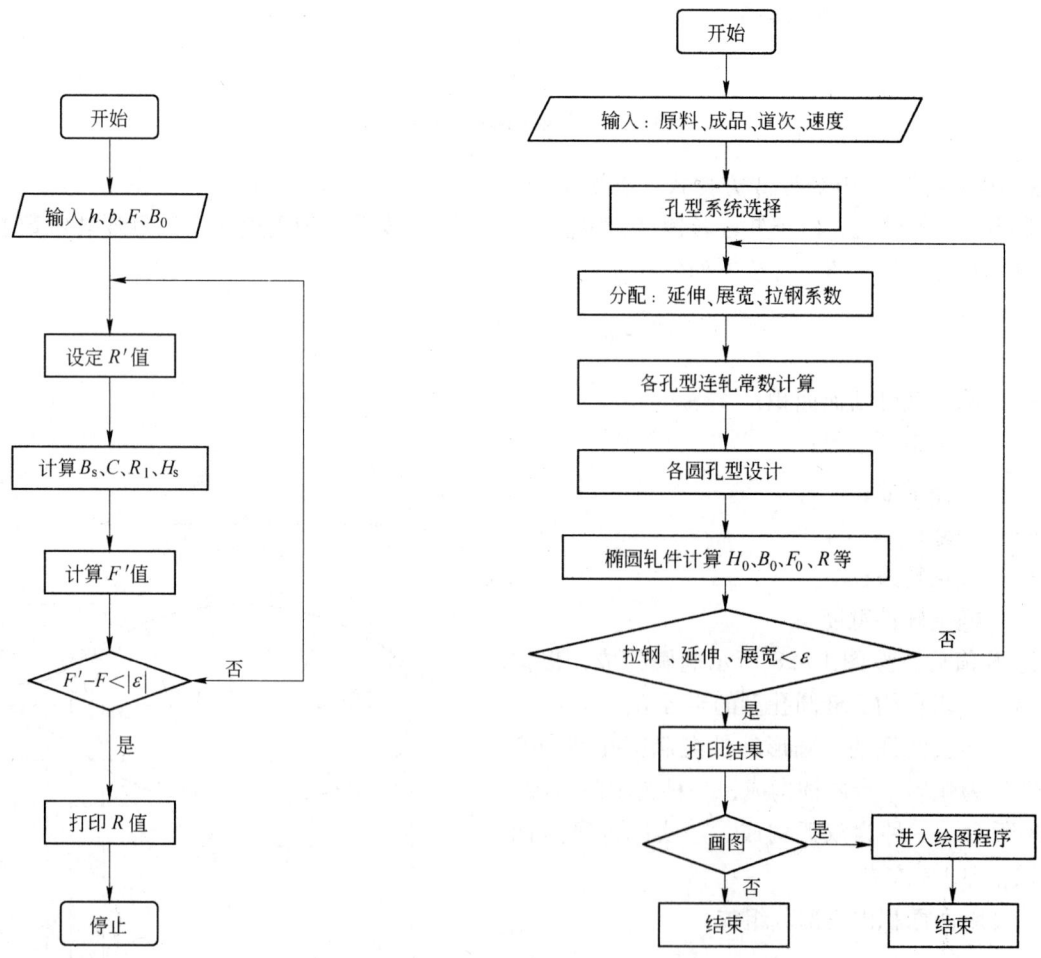

图 10-29　计算椭圆孔型半径 R 的框图　　　　　图 10-30　计算机辅助孔型设计程序框图

10.5.2.5　精轧机组的孔型参数

表 10-19 为来料尺寸为 $\phi13.5$ mm 圆形轧件进精轧机组轧制 $\phi5.5$ mm 线材、精轧机组轧制 8 道次、采用椭圆-圆孔型系统的孔型参数表。

表 10-19 来料尺寸为 φ13.5mm 圆形轧件轧制 φ5.5mm 线材孔型参数表

道次	机 组	孔型形状	孔高/mm	孔宽/mm	辊缝/mm	轧件断面面积/mm²	延伸系数	圆直径 d/mm
1		椭	8.8	18.29	2.0	1110.5	1.239	
2		圆	11	10.7	0.8	94.02	1.228	11
3		椭	6.7	110.71	1.62	73.41	1.281	
4	精轧机组	圆	8.73	8.66	1.75	59.37	1.236	8.73
5		椭	10.3	12.53	1.38	46.34	1.281	
6		圆	6.85	7.14	1.35	37.36	1.240	6.85
7		椭	4.3	9.7	1.26	29.3	1.275	
8		圆	5.5	5.62	1.5	23.785	1.232	5.5

表 10-20 为来料尺寸为 φ12.7mm 圆形轧件进精轧机组轧制 φ5.5mm 线材、精轧机组轧制 10 道次、采用椭圆-圆孔型系统的孔型参数表。

表 10-20 来料尺寸为 φ12.7mm 圆形轧件轧制 φ5.5mm 线材孔型参数表

道次	机 组	孔型形状	孔高/mm	孔宽/mm	辊缝/mm	轧件断面面积/mm²	延伸系数	圆直径 d/mm
1		椭	8.7	16.52	2.1	106.4	1.194	
2		圆	10.76	10.92	1.92	92.7	1.148	10.5
3		椭	7.19	14.66	1.59	76.1	1.218	
4		圆	9.15	9.19	1.69	610.6	1.160	9.0
5	精轧机组	椭	10.99	13.22	0.99	54.4	1.206	
6		圆	7.81	7.84	1.54	46.9	1.160	7.5
7		椭	10.06	9.86	1.66	38.9	1.206	
8		圆	6.55	6.88	1.35	33.5	1.161	6.5
9		椭	4.3	8.66	1.3	27.8	1.205	
10		圆	5.5	5.72	1.2	24.0	1.158	5.5

表 10-21 为来料尺寸为 φ16.0mm 圆形轧件进精轧机组轧制 φ5.5mm 线材、精轧机组轧制 10 道次、采用椭圆-圆孔型系统的孔型参数表。

表 10-21 来料尺寸为 φ16.0mm 圆形轧件轧制 φ5.5mm 线材孔型参数表

道次	机 组	孔型形状	孔高/mm	孔宽/mm	辊缝/mm	轧件断面面积/mm²	延伸系数	圆直径 d/mm
1		椭	9.75	22.98	1.75	154.2	1.304	
2		圆	12.7	12.8	1.7	126.6	1.218	12.7
3		椭	8.05	17.66	2.05	102.1	1.240	
4		圆	10.3	10.77	1.3	83.5	1.223	10.3
5	精轧机组	椭	6.4	110.64	0.9	67.7	1.233	
6		圆	8.4	8.74	1.4	510.0	1.231	8.4
7		椭	10.1	12.99	0.6	44.6	1.233	
8		圆	6.8	7.29	1.05	36.2	1.232	6.8
9		椭	4.1	9.64	1.1	29.3	1.235	
10		圆	5.5	5.75	1.25	23.96	1.223	5.5

表 10-22 为来料尺寸为 φ16.9mm 圆形轧件进精轧机组轧制 φ5.5mm 线材、精轧机组轧制 10 道次、采用椭圆-圆孔型系统的孔型参数表。

表10-22 来料尺寸为 ϕ16.9mm 圆形轧件轧制 ϕ5.5mm 线材孔型参数表

道次	机组	孔型形状	孔高/mm	孔宽/mm	辊缝/mm	轧件断面面积/mm²	延伸系数	圆直径 d/mm
1	精轧机组	椭	10.31	23.47	0.91	168.44	1.332	
2		圆	13.40	13.73	1.00	139.66	1.206	13.4
3		椭	8.20	19.86	1.00	109.04	1.281	
4		圆	10.90	11.14	1.26	90.52	1.205	10.9
5		椭	6.63	16.33	1.13	72.31	1.252	
6		圆	8.85	9.13	1.15	58.77	1.230	8.85
7		椭	10.29	12.39	0.99	410.64	1.288	
8		圆	6.96	7.19	0.96	37.20	1.227	6.96
9		椭	4.25	9.73	0.95	29.18	1.275	
10		圆	5.50	5.73	0.80	23.76	1.228	5.5

表10-23 为来料尺寸为 ϕ17.0mm 圆形轧件进精轧机组轧制 ϕ5.5mm 线材、精轧机组轧制 10 道次、采用椭圆-圆孔型系统的孔型参数表。

表10-23 来料尺寸为 ϕ17.0mm 圆形轧件轧制 ϕ5.5mm 线材孔型参数表

道次	机组	孔型形状	孔高/mm	孔宽/mm	辊缝/mm	轧件断面面积/mm²	延伸系数	圆直径 d/mm
1	精轧机组	椭	11.10	23.65	1.90	1810.5	1.224	
2		圆	13.74	13.83	1.51	149.0	1.245	13.74
3		椭	8.85	18.89	1.85	120.4	1.238	
4		圆	11.03	11.45	1.13	910.6	1.259	10.03
5		椭	6.62	16.85	1.22	76.0	1.258	
6		圆	8.66	8.97	1.36	59.8	1.271	8.66
7		椭	10.26	13.56	1.06	48.2	1.241	
8		圆	6.95	7.27	1.11	37.9	1.272	6.95
9		椭	4.19	10.24	0.99	30.2	1.255	
10		圆	5.57	5.76	1.21	24.4	1.238	5.57

10.5.3 线材单一孔型系统的设计及减定径孔型的构成

10.5.3.1 简述

线材生产走过了复二重、10 机架高速无扭转轧机的阶段，现在走上减径定径机（8+4）的新阶段。与 8+4 相适应的生产工艺与孔型设计是：精轧机（含 8 架精轧之前的粗、中、预精轧）的单一孔型系统以及减定径的椭圆-圆-圆-圆孔型系统。

所谓单一孔型系统是指用一套孔型系统与减定径（或双模块）成品孔型相匹配，通过精轧机道次的增减替换来实现所有轧制规格共用的孔型系统。

10.5.3.2 单一孔型系统的构成及特点

高速无扭线材轧机的孔型因轧机不同而不同。为了实现品种钢轧制规格范围大，道次多，单根、高速、无扭、恒微张力轧制的工艺特点，精轧机常采用椭圆-圆孔型系统。同时，为保证轧制精度和光洁表面的要求，成品采用减定径（或双模块）机组，用椭圆-圆-圆-圆孔型系统。轧机组成可分为粗轧、中轧、预精轧机组、精轧机组和减定径（或双模块）机组；规格为 ϕ5~25mm 盘圆；轧制规格范围大，道次多，从 24~32 个道次不等。以往的普通孔型系统设计，轧制的道次随规格大小只能由多向少递减，相应轧制速度也随集体传动速比的增大而减小，由最大 100m/s 减小到 20m/s，变化的幅度较大。同时，进入精轧机的轧件尺寸由于精轧机集体传动速比的固定不变，其尺寸也要随规格相应改变，所以精轧机孔型随规格必须按系列执行，规格更换必须按系列换辊，否则无法正常轧制生产，费时、费力，影响作业率。10

机架的孔型系列如图10-31所示。

从图中可以看出，规格 $\phi5.5mm$、$\phi7mm$、$\phi8.5mm$、$\phi9mm$ 为一个系列；规格 $\phi6mm$、$\phi7.5mm$、$\phi12mm$ 为一个系列；规格 $\phi6.5mm$、$\phi8mm$、$\phi14mm$、$\phi16mm$ 为一个系列；不同系列更换规格必须全部更换辊环。而采用带有减定径（或双模块）精轧机组的单一孔型系统，减定径（或双模块）精轧机组成品孔型为单独一套，轧制速度可按最高秒流量随规格固定，设为最大。其他孔型在预精轧和精轧机组中孔型共用，可随机组道次集体传动速比随意进行更换或参数调整，换辊方便，成品速度高，产量高，质量好。8 + 4 线材精轧机组的孔型系列如图10-32所示。

10.5.3.3 单一孔型系统轧制参数设计

A 设计原则

连轧机工作特点是必须遵循秒流量相等的原则，即单位时间内经过任一截面的金属体积必须相等。秒流量相等的方程式为：

$$B_1 H_1 v_1 = B_2 H_2 v_2 = \cdots = B_n H_n v_n \tag{10-14}$$

$$F = BH \tag{10-15}$$

式中 B，H，v——分别为轧件的宽度、高度、水平速度；

F——轧件截面面积。

则式10-14变为：

$$F_1 v_1 = F_2 v_2 = \cdots = F_n v_n \tag{10-16}$$

又因为： $v_1 = \pi D_1 N_1/60$， $v_2 = \pi D_2 N_2/60$， $v_n = \pi D_n N_n/60$ $\tag{10-17}$

轧辊辊环工作直径为：

$$D_k = D_0 - F_n/b + s \tag{10-18}$$

式中 D_0——轧辊原始辊径；

F_n——轧件面积；

b——轧件宽度；

s——辊缝。

将式10-17代入式10-16得连轧常数公式为（忽略前滑）：

$$C = F_1 D_1 N_1 = F_2 D_1 N_2 = \cdots = F_n D_n N_n \tag{10-19}$$

B 45°无扭集传高速线材轧机轧制参数分配设计公式

由于精轧机中各道次的集传速比已固定，即各道次集传速比 i_1、i_2、i_3、$\cdots$、i_n 已知，所以精轧机各道次辊环速度公式相应变为：

$$v_1 = \pi D_1 N_1/(60i_1)， v_2 = \pi D_2 N_2/(60i_2)， v_n = \pi D_n N_n/(60i_n) \tag{10-20}$$

集传一个增速箱转速 $N_1 = N_2$，所以得：

$$v_1/v_2 = i_2/i_1 \tag{10-21}$$

又有 $$\mu_1 = F_2/F_1 \tag{10-22}$$

式中 μ_1——本道次延伸系数。

代入得：

$$i_1/i_2 = (D_1/D_2)\mu_1$$

整理得： $$\mu_1 = (i_2/i_1)(D_1/D_2) \tag{10-23}$$

即集传精轧机中每个道次的延伸系数与相邻两机架辊箱速比 i 成正比与两孔型工作直径 D 成反比。45°无扭集传精轧机椭圆-圆孔型的各道次延伸系数 $\mu = 1.2 \sim 1.35$。减定径（或双模块）椭圆-圆-圆孔型延伸系数 $\mu = 1.01 \sim 1.15$。

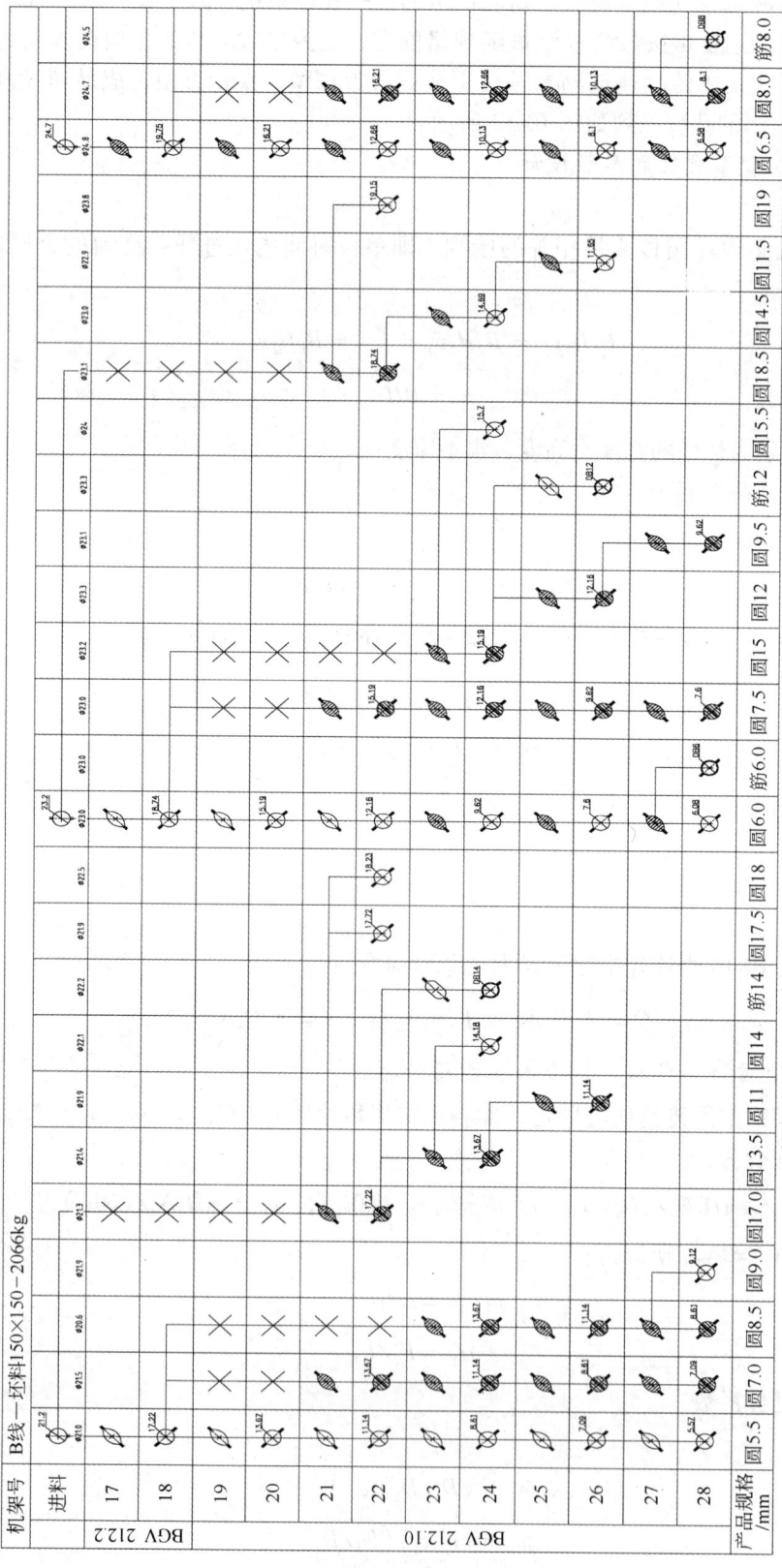

图 10-31　10 机架精轧机的孔型系列

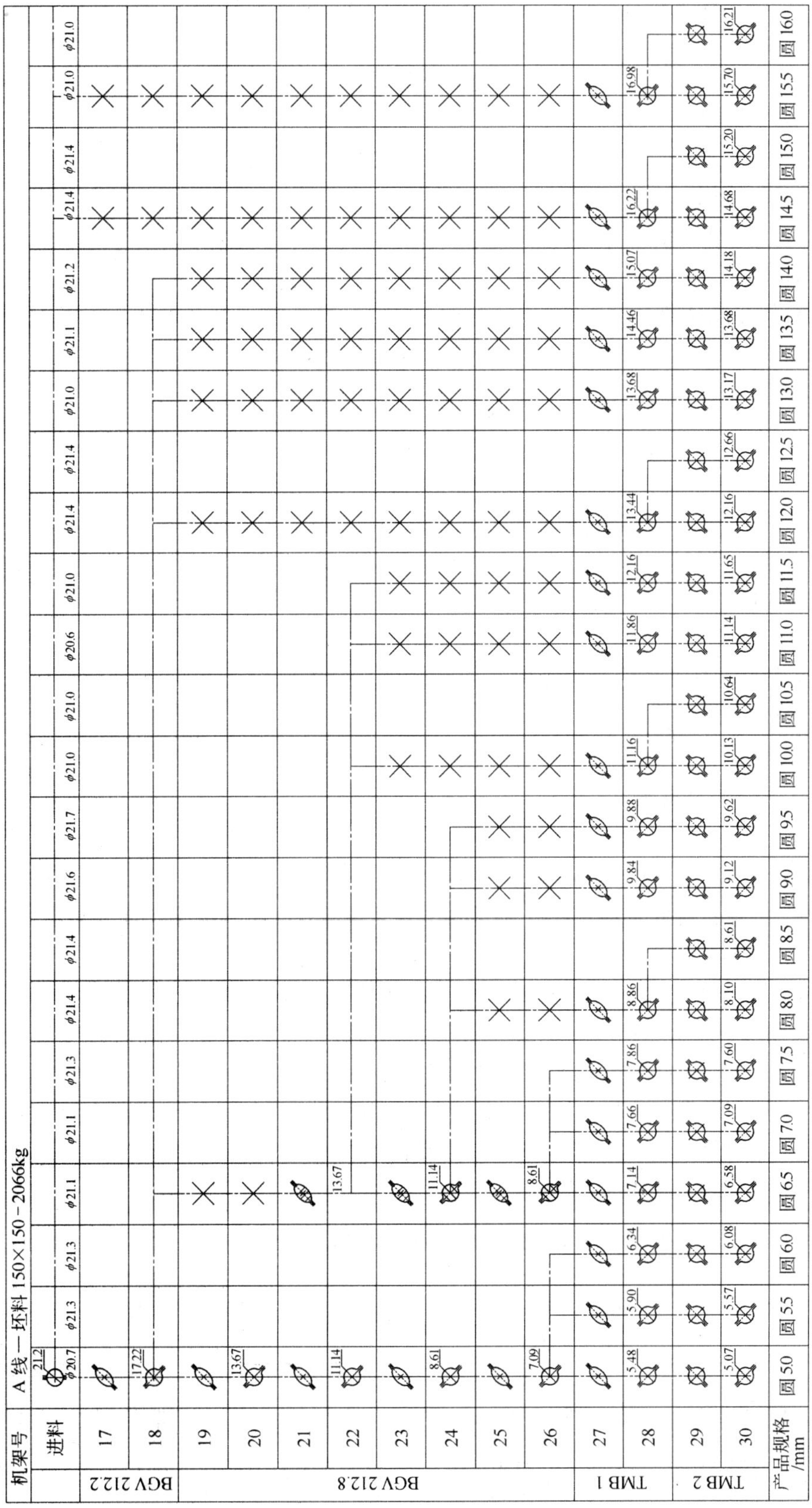

A线——坯料 150×150-2066kg

机架号 进料																							
17	φ20.7																						
18	17.22																						
19	13.67																						
20																							
21	11.14																						
22		13.67																					
23	8.61	11.14																					
24																							
25		8.61																					
26	7.09																						
27			7.86	8.61		9.84	9.88	11.16		11.86	12.16		13.44		13.68	14.46	15.07	16.22		16.98	

| 产品规格/mm | 圆 50 | 圆 55 | 圆 60 | 圆 65 | 圆 70 | 圆 75 | 圆 80 | 圆 85 | 圆 90 | 圆 95 | 圆 100 | 圆 105 | 圆 110 | 圆 115 | 圆 120 | 圆 125 | 圆 130 | 圆 135 | 圆 140 | 圆 145 | 圆 150 | 圆 155 | 圆 160 |

图 10-32 8+4 线材精轧机机组的孔型系列

C　变形系数

a　宽展系数

45°无扭集传精轧机采用椭圆-圆孔型系统。宽展系数圆孔型为 $\beta = 0.3 \sim 0.4$，椭圆孔型为 $\beta = 0.6 \sim 0.7$。应用中可采用 Z. 乌萨托夫斯基公式计算：

$$\beta = \eta^{-\omega} \tag{10-24}$$
$$\omega = 10^{-1.269\delta\xi^{0.556}}$$

式中　β——相对宽展系数，$\beta = b/B$；

　　　η——压下系数，$\eta = h/H$；

　　　δ——轧件断面形状系数，$\delta = B/H$；

　　　ξ——辊径系数，$\xi = H/R$；

　b，B——轧件轧后和轧前宽度；

　h，H——轧件轧后和轧前高度。

b　轧件横断面面积

圆孔面积为：
$$F = \pi D^2/4 \tag{10-25}$$

椭圆孔面积为：

$$F = b(h - 2R) + R^2\alpha + b/2(4R^2 - b^2) \tag{10-26}$$
$$\alpha = 2\arcsin[b/(2R)]$$
$$R = [(h - s)^2 + B_k^2]/[4(h - s)]$$

式中　b——椭圆轧件宽度；

　　　h——椭圆轧件高度；

　　　R——椭圆弧半径；

　　　α——弦长为 b 的椭圆弧所对应的中心角；

　　　B_k——椭圆孔型宽度；

　　　s——辊缝值。

10.5.3.4　轧制程序表的编制

A　程序表组成

轧制程序表是保证连轧生产顺行必须编制的参数依据，包括轧制速度、集传电机转速、辊环转速、辊环工作直径、辊缝、各道次延伸系数、轧件断面尺寸（断面面积、轧件宽度、轧件高度）。

B　编制轧制程序表和校验

按成品最终轧制速度和道次速比确定辊环和电机转速，再依据已知的各辊箱速比和成品断面按式 10-23 确定各道次孔型的延伸系数，相应可知每道次轧件断面面积。再按式 10-25 和式 10-26 推算轧件断面尺寸。由式 10-18 确定辊环工作直径和辊缝。编制完毕后延伸系数、工作直径、辊缝和速比再用式 10-23、式 10-18、式 10-24 ~ 式 10-26 进行校核。若差别较大则通过调整工作直径、改变轧件面积的方法修正计算。如改变原始辊径或辊缝值可调整工作辊径，对孔型轧件局部尺寸增减可改变轧件断面面积。某厂生产 $\phi 6.5\text{mm}$ 盘圆的轧制程序表如表 10-24 所示。

表 10-24　某厂生产 $\phi 6.5\text{mm}$ 盘圆的轧制程序表

轧制规格：$\phi 6.5\text{mm}$　　　　　　　轧制速度：115m/s　　　　　　　连轧常数：3916.51mm² · m/s

进精轧机尺寸：26mm　　　　　　单重：2066kg　　　　　　　　轧制时间：69s

加热炉小时产量：150t/h　　　　　钢坯间隙时间：5s　　　　　　小时产量：100.6t/h

道次	孔型形状	断面尺寸 高/mm	宽/mm	断面面积/mm²	平均高/mm	轧前 平均高/mm	压下量/mm	咬入角/(°)	延伸系数	轧辊直径 D_0/mm	D_k/mm	轧辊转速/r·min⁻¹	电机转速/r·min⁻¹	轧制速度/m·s⁻¹
16	圆	26.0	26.00	530.66										
17	椭	15.49	26.00	403.20	15.51	20.41	4.90	12.8	1.316	212	197.98	885.91	528	9.18
18	圆	20.40	15.49	248.06	16.01	26.03	10.02	18.3	1.625	212	197.33	1468.83	695	15.17
8 机架精轧														
19	椭	13.35	25.57	279.10	10.92	12.16	1.24	6.4	0.889	212	202.73	1270.63	770	13.48
20	圆	16.81	13.35	221.90	16.62	20.91	4.28	12.0	1.258	212	196.59	1607.52	770	16.54
21	椭	10.59	16.81	175.00	10.41	13.20	2.79	9.5	1.268	212	202.98	1987.48	770	21.11

道次	孔型形状	断面尺寸				轧前	压下量/mm	咬入角/(°)	延伸系数	轧辊直径		轧辊转速/r·min⁻¹	电机转速/r·min⁻¹	轧制速度/m·s⁻¹
		高/mm	宽/mm	断面面积/mm²	平均高/mm	平均高/mm				D_0/mm	D_k/mm			
22	圆	13.28	10.59	138.50	13.08	16.53	3.45	10.7	1.264	212	199.92	2549.67	770	26.68
23	椭	8.37	13.28	110.70	8.34	10.43	2.09	8.2	1.251	212	205.03	3142.86	770	33.72
24	圆	10.56	8.37	87.60	10.47	13.23	2.76	9.5	1.264	212	202.19	4010.42	770	42.44
25	椭	6.25	13.89	69.30	4.99	8.30	3.31	10.3	1.264	212	207.86	5000.00	770	54.39
26	圆	8.45	8.45	56.10	6.64	11.09	4.45	11.9	1.235	212	206.41	6209.68	770	67.1
					TMB1：CH A2B1C1			TMB2：CH A1B1C1						
27	椭	5.25	8.45	47.20	5.59	6.64	1.05	5.8	1.500	212	207.66		1179	
28	圆	6.60	5.25	27.20	5.18	8.99	3.81	11.0		212	207.93	9249.54	1179	100.7
29	圆	6.80	6.6	36.00	5.45	4.12			1.152	158	154.05		1708	
30	圆	6.77	6.6	35.60	5.39	5.29				158	154.01	14268.61	1709	115

10.5.3.5 减定径（或双模块）椭圆-圆-圆-圆孔型的构成

减定径（或双模块）采用椭圆-圆-圆-圆孔型。四个道次为一个整体集传机组（双模块是椭圆-圆两道次为集传模块，圆-圆两道次为另一集传模块）。每个道次对应增速机有不同挡位，每个挡位有不同速比，采用离合挂挡（或液压自动挂挡）。所以每道次的延伸系数也随规格挡位的不同而不相同。圆孔型延伸系数 $\mu = 1.01 \sim 1.15$，椭孔型延伸系数 $\mu = 1.01 \sim 1.15$。设计计算轧制参数遵循上述编制轧制程序表和校验的方法。

A 椭圆孔型的构成

减径定径机的椭圆孔型与普通椭圆孔型构成相同，如图10-33所示。

B_k 为孔型宽度。在精轧孔型中椭圆孔型的充满度为 $90\% \sim 94\%$，$H = (0.7 \sim 0.9)H_0$，椭圆弧 $R = [(h - s)^2 + B_k^2]/4(h - s)$。

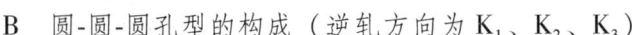

图10-33 4架减径定径机的椭圆孔型
R—椭圆弧半径；B_k—椭圆孔型宽度；
s—辊缝值；H—椭圆孔型高度

B 圆-圆-圆孔型的构成（逆轧方向为 K_1、K_2、K_3）

为保证成品表面光洁、椭圆度（±0.1mm）和表面细晶粒组织，三个道次孔型每道次必须有一定压下量和相应延伸系数。三个孔型压下量主要是控制在辊缝处对角的更替轧制。因此，圆孔槽底宽度应比普通圆孔稍大（即所谓的橄榄圆形状）。开口角随规格不同三个孔型也不相同，一般 $\alpha = 94° \sim 130°$。K_3 孔如图10-34所示，K_2 孔如图10-35所示。

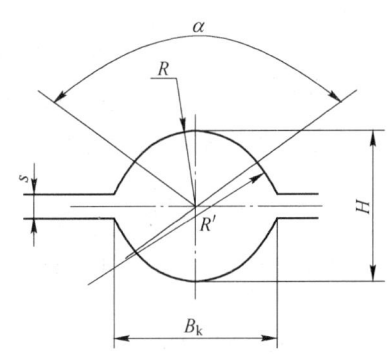

图10-34 减径定径机的 K_3 孔

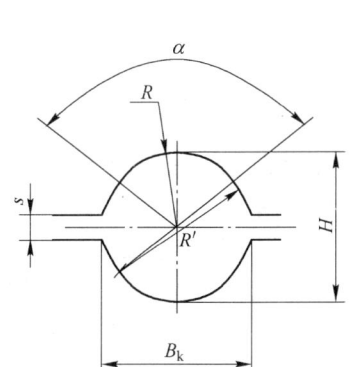

图10-35 减径定径机的 K_2 孔

C K_1、K_2、K_3 三橄榄圆孔构成尺寸

α 为开口角。$\alpha_1 = 105° \sim 118°$；$\alpha_2 = \alpha_1 - (5° \sim 10°)$；$\alpha_3 = \alpha_1 - (2° \sim 3°)$。

s 为辊缝值。对于 K_1、K_3 孔：$s = 1 \sim 1.4$mm；对于 K_2 孔：$s = 1.5 \sim 3$mm。

H 为圆轧件高度孔型构成高度。$H_1 = H_0(1.007 \sim 1.02)$；$H_2 = H_1 - (0.1 \sim 0.3)$mm；$H_3 = H_1 - (0.2 \sim 0.5)$mm。

R' 为圆扩张角半径。对于 K_1，K_3 两孔 R' 在开口角切线圆边线上且必须 $R' = H$；对于 K_2 孔 R' 在开口角切线圆边外延长线上，用作图法或下式计算：

$$R' = \left[B_{k2} + s_2 + 4R_2 - 4R(\cos\alpha/2 + B_k\sin\alpha/2) \right]/(3R - 4\cos\alpha/2 + B_k\sin\alpha/2)$$

式中，B_k 为孔型宽度。对于 K_1、K_3 孔用作图法计算，效验公式为 $B_k = (1.052 \sim 1.085)H$；对于 K_2 孔计算公式为 $B_{k2} = B_{k1} + (0.2 \sim 0.8)$。

$\phi6.5mm$ 盘圆的减定径椭圆-圆-圆-圆孔型如图 10-36 所示。

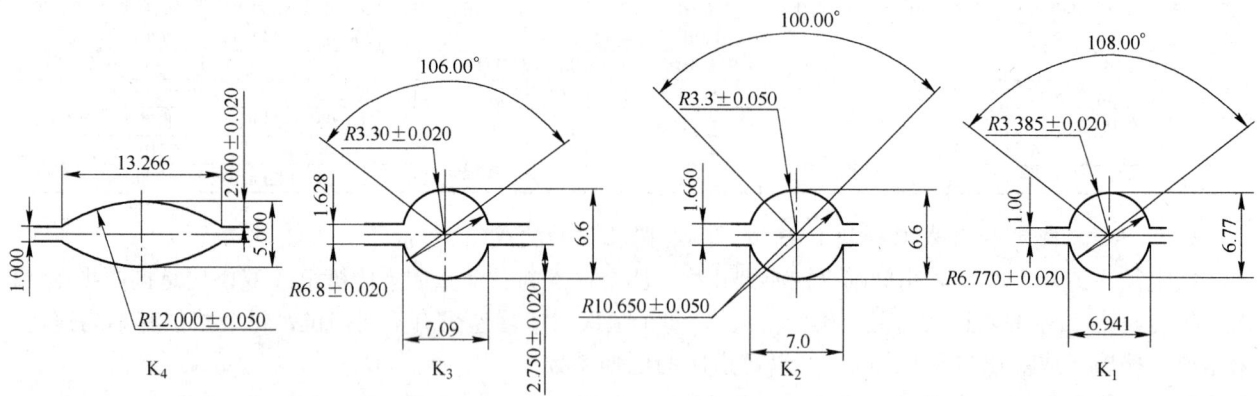

图 10-36　$\phi6.5mm$ 盘圆的减定径椭圆-圆-圆-圆孔型图

10.6　线材生产的控制轧制和轧后控制冷却

10.6.1　线材的控轧控冷

无扭精轧机的速度不断提升，轧制变形热引起的温升越来越高，当精轧速度提高至 75m/s 以后发现，过高的轧制温度常引发精轧机和水冷线的堵钢事故。特别是超过 100m/s 以后，变形热使轧件的温升急剧增加，如图 10-37 所示，对轧制过程不加控制时，精轧机的出口温度甚至高达 1030～1084℃。进入和离开终轧机的温度过高，除事故增多外，还导致线材晶粒粗大，显微组织和力学性能不均，表面氧化铁皮增多。轧件温度不加控制，已影响到轧钢过程的正常进行，早期精轧后水冷 + 风冷的控制技术，已不能适应更高轧制速度后的要求。

为解决精轧机的堵钢问题，最早在预精轧机后增加了预水冷装置，以控制进入精轧机的温度。后来速度更高后，又在 105m/s 的精轧机间增加水冷导卫，以加强轧机的冷却，但效果并不明显。在 8 +4 开发成功后，在 8 架精轧与 4 架减径定径机间加水冷。起初开发商只想加 8 架与 4 架的水冷后，取消 4 架减径定径机后的水冷，但在用户的坚持下没有取消，而发展成今天 8 +4 机型的 3 段水冷模式。

20 世纪 80 年代以后，国际上对控制轧制进行了深入的研究，并将低温轧制概念从厚板和热连轧推广到棒材和线材生产中。高线生产的在线温度控制，由解决轧制过程温升过快引发事故问题，转向以控制材料的品质和性能的方向。温控轧制与线材生产本来就有的轧后温度控制技术相结合，形成了更为完整的线材在线温度控制系统。

现代线材轧机将生产全过程分为五个阶段进行温度控制，即钢坯的加热、精轧前水冷、精轧机内的水冷（8 +4 还有 8 与 4 间的水冷）、精轧机组后的水冷控制、散卷运输机上的冷却控制。图 10-38 示出了

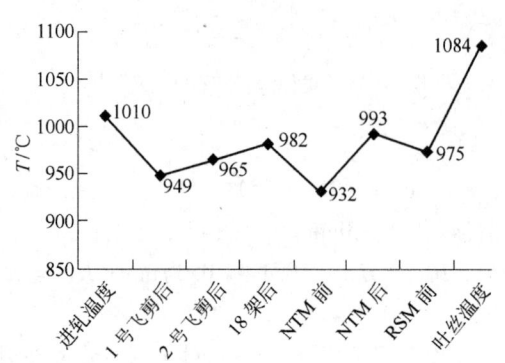

图 10-37　自由轧制过程的温度曲线

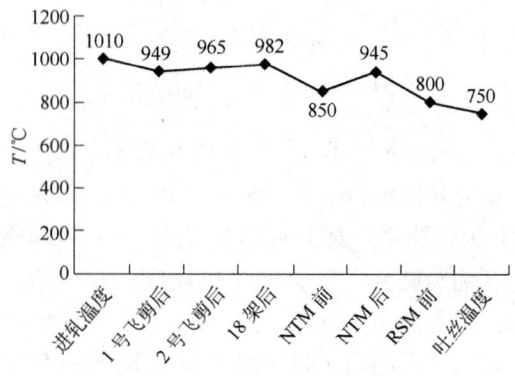

图 10-38　控制轧制过程的温度曲线

控制轧制过程的温度曲线。通过设置在轧线上水冷装置，对轧制过程中的温度加以控制，可精确地满足各种钢种对性能的需要。如以轧件的组织转变和功能的角度分，这五段控制可分为三个大的阶段即加热、轧制过程和轧后的温度控制。如果从装置上来区分，又可分为加热炉、水冷和风冷三大部分。

加热是使钢奥氏体化，在加热和保温过程中促使碳和合金元素充分溶入奥氏体中，并使钢具有足够的塑性，便于后续加工。坯料加热温度控制在加热炉篇、本章的线材生产工艺过程中均有所介绍，在此不再重复，只将线材生产的在线温度控制和轧后的温度控制叙述如下。

10.6.2 在线和轧后的温控装置

10 机架 105m/s 标准型线材轧机的在线和轧后温度控制包括：精轧前的预水冷 BW-1；精轧机后的水冷 BW-2；辊道式风冷运输机（参见图10-16）。精轧机架间的水冷曾用过，但效果并不明显，现在有的轧机用，有的不用。如用户不特别坚持，一般不加精轧机架间的水冷套。

8+4 型轧机在线和轧后温度控制包括：精轧前的预水冷 BW-1；8架精轧机后的水冷 BW-2；4架减径定径机后的水冷 BW-3；辊道式风冷运输机。

10.6.2.1 水冷线

10 机架标准型的线材轧机在精轧前和后均配有水冷箱，精轧前水冷箱为 1~2 个，现在配 2 个水箱的比较多。精轧后的水冷箱为 3~5 个，用得最多的是 4 个。

A 精轧前的水冷

10 机架无扭精轧机可在 850~930℃ 完成精轧，而在精轧过程中的温升一般为100℃左右，平均每架温升约10℃，合金钢的温升可达130~150℃。为控制精轧入口温度为850~930℃，要求轧件经过精轧前的冷却水箱冷却温度可下降100~150℃，为此，精轧前的预水冷配置2个水冷箱，水箱长度约6m，在1号水箱与2号水箱间约有5~6m恢复段，再进入2号水箱冷却，然后经过一个温度恢复段，使轧件的心表温度均匀，温度差控制在±30℃左右，以免出现晶粒不均。根据 D. Lews 的理论，线材心部与表面温差的恢复时间比接近1:4，即经过恢复段的时间约为经过水冷段时间的4倍，这就意味着恢复段的长度最少应为水冷段长度的4倍以上。105m/s级的轧机预水冷段的总长度约为30~40m。

B 精轧后的水冷

10 机架标准型精轧机后的水箱一般为3~5个，现在大多用4个水箱。3号水箱（从预水冷序号排列，在精轧前为1号、2号水箱）紧靠精轧机的出口，因为实践证明轧后冷却开始温度越接近精轧温度效果越好。3号、4号水箱紧靠布置，为的是在精轧机的出口处加强冷却，使线材快速降温，随后在4~5号水箱间设置6m左右、在5~6号水箱间设9m左右的均温段，而6号水箱很靠近吐丝机，通常只有6m左右，这段距离主要是设备布置需要的间距，主要不是考虑均温问题，因为吐丝过程和吐丝后在第一段辊道没有设置风机，这段时间实际上就是表面和心部的均温过程。典型的 10 机架线材轧机水冷线的参数如表10-25所示。

表10-25 典型的 10 机架线材轧机水冷线的参数

厂 名	轧机速度/m·s⁻¹	精轧前预水冷段				精轧后水冷段			
		总长度/m	水箱数量/个	水压/MPa	水量/m³·h⁻¹	长度/m	水箱数量/个	水压/MPa	水量/m³·h⁻¹
伊 利	105	32	2	0.4~0.6	240	49	4	0.4~0.6	450
阳 春	95	32	2	0.4~0.6	200	40	4	0.4~0.6	485
天 钢	105	38	1	0.4~0.6	168	47	4	0.4~0.6	576
邢二线	105	36	2	1.2	300	48	4	0.4	500

C 8+4 轧机的水箱配置

带减定径机（8+4）的线材生产线（参见图10-22），预精机组后冷却段设有两个水箱（Z1WB1、Z1WB2），每个水箱长度6m，Z1WB1、Z1WB2 水箱之间有7.5m长的返温段，Z1WB2 水箱后有长约25m的均温段，以确保进精轧机前心部与表面的温度均匀，其最大温降达200℃。与 10 机架标准型相比，8+4 轧机的预水冷段的冷却水量和冷却能力明显加大，预水冷段的总长度加长到50~59m。某些8+4型轧机水冷线及风冷参数见表10-26。

表10-26　某些线材厂水冷线及风冷参数（8+4减径定径型）

厂名	轧机速度 /m·s⁻¹	精轧前预水冷段				8架精轧后水冷段				RMB后水冷			
		总长度 /m	水箱数量 /个	水压 /MPa	水量 /m³·h⁻¹	长度 /m	水箱数量 /个	水压 /MPa	水量 /m³·h⁻¹	长度 /m	水箱数量 /个	水压 /MPa	水量 /m³·h⁻¹
轧三	112	58.9	2	0.4~0.6	170+220	59	3	0.4~0.6	160+210+210	29	2	0.4~0.6	210+210
永锋	112	54	2	0.7	120+120	53	3	0.7	120+120+120	24.5	2	0.7	210+210
天钢	112	49	2	0.2	192+144	47	2	0.2	322	26	2	0.2	72
济源	112	58	2	0.3~0.6	212+212	59	3	0.6	192+128+128	29	3	0.85	228+228+152
韶关	112	50	2	0.6	140+140	50	2	0.6	300	10	1	0.6	140

8机架精轧机后也配有两个水箱（Z2WB1、Z2WB2），两个水箱紧靠在一起，全长12m，最大温降根据不同轧制规格与速度控制为100~300℃，水箱后有长约30m的均温导槽，确保钢材进减径定径机前内外温度均匀。

预水冷与8+4之间的水冷，是8+4型轧机的主水冷段，水箱的数量、冷却水量、水冷线的总长度都比较大，目的是精确控制精轧温度，并可控制在800~830℃的较低温度。

比较表10-25与表10-26可以看出，8+4型的水冷线比10机架的水冷线有比较大的变化：

（1）精轧前的水箱仍保持2个，但冷却水量加大，冷却能力提高；总长度加长，以延长均温时间。

（2）8精轧与4减径间增加了水箱，其冷却水量与冷却能力都与精轧前相当，且总长度也基本相同。

（3）减径定径机后的水量与冷却能力比10机架标准型有所减小，且均温段的长度比10机架也要短一些，将大部分均温移至风冷运输机的前一段辊道上。

为适应老线材轧机的改造和增加水冷的灵活性，SMS公司开发了一种柔性大活套和水冷线（见图10-39），安装在预精轧和精轧机之间。现在老厂改造和新建厂都有应用者，但用得不多。我国马钢和青岛

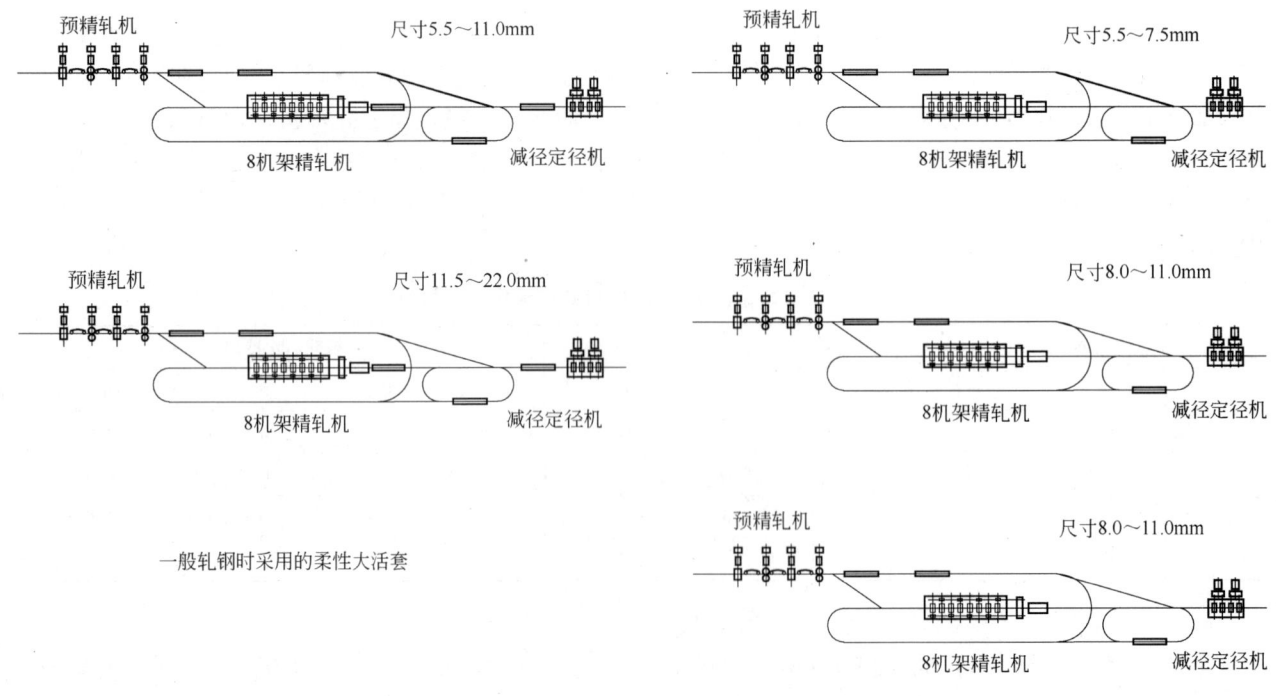

图10-39　线材精轧机前的柔性大活套和水冷线

线材采用了这种形式的活套。

D 水箱结构

水冷线的水箱结构如图 10-40 所示，每一段水箱由若干个冷却喷嘴（一般为 4~6 个）、2 个或 3 个反向吹扫喷嘴和 1 个空气干燥喷嘴构成。0.4~0.6MPa 的冷却水与线材运动方向相同，并呈一定的角度射入，直径变化的导流管使水流形成湍流，使冷却水与线材之间的热交换继续高效地进行。反向喷扫喷嘴和空气干燥喷嘴的作用是吹去线材表面带水，防止局部产生过冷导致性能不均。

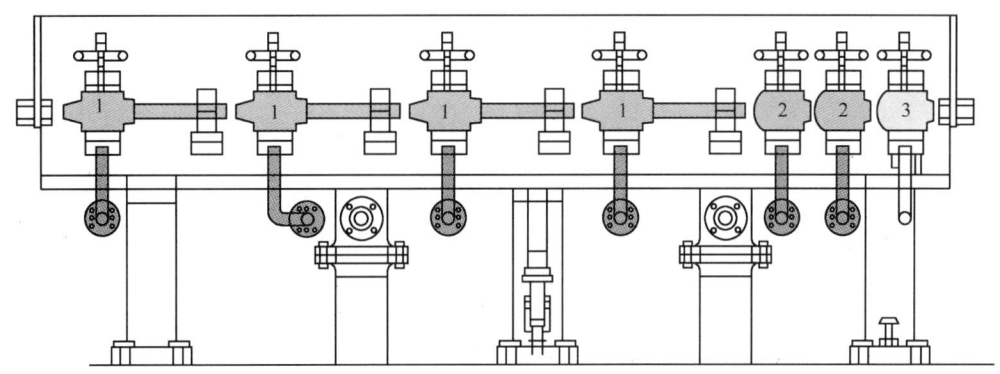

图 10-40 冷却水箱结构示意图
1—冷却喷嘴；2—反向吹扫喷嘴；3—空气干燥喷嘴

E 精轧机架间的冷却套管

为加强机架间的冷却，在椭圆进圆的机架后装设了约 250mm 的冷却套管（见图 10-41）。冷却套管冷却水量为 50m³/h，水压为 0.4~0.6MPa；辊环冷却水量为每对 65m³/h，水压为 0.4~0.6MPa。

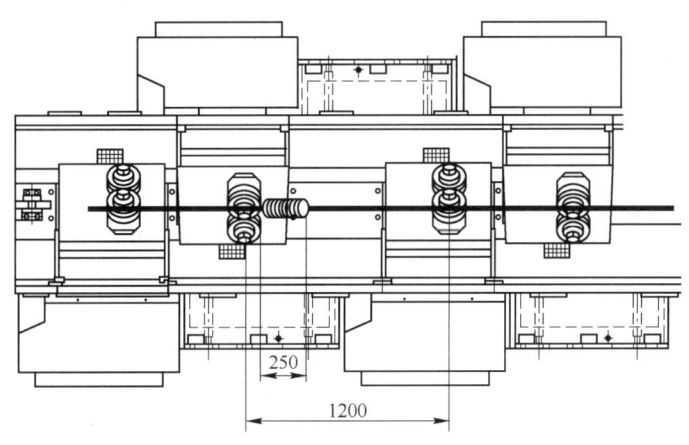

图 10-41 精轧机架间的冷却套管

实践证明冷却效果并不明显，现在有的轧机装，有的轧机不装，如用户不特别坚持一般不装机架间冷却套管。

10.6.2.2 风冷运输机

在高线技术发展过程中，出现过多种类型的控制冷却工艺和设备，一类是由轧后的水冷线加散卷风冷线组成的工艺和设备，它有 Morgan 的斯太尔摩控制冷却工艺、阿施罗冷却工艺、施罗曼冷却工艺、达涅利冷却工艺；另一类是水冷冷却后不用散卷风冷，而用其他介质或其他布圈方式冷却，诸如 ED 法和 EDC 法沸水冷却、流态床冷却、DP 法竖井冷却及间隙多段穿水冷却等。在众多方法中，水冷加大风量风机风冷的斯太尔摩法最为实用可靠，应用最多，长盛不衰，流传下来，其他方法则被逐渐淘汰出局。

斯太尔摩风冷线是一种灵活的操作系统，它可实现不同冷却速度的控制，使线材获得所要求的金相组织和力学性能。为了适应不同钢种的处理，斯太尔摩法有三种形式：标准型、缓冷型和延迟型，这三种形式的水冷段都相同。延迟型风冷运输机如图 10-42 所示,打开上部的保温罩,开动下部的冷却风机,可实现快速强制冷却;打开上部的保温罩,不开或少开冷却风机,可实现自然冷却;罩上保温罩,辊道慢速前进,可获得极缓慢的冷却速度。因其灵活的操作方式,获得了最广泛的应用。斯太尔摩法延迟型的控制冷却线,其轧后水冷段的总长度约为轧制速度的 0.4 倍,风冷线总长度约与轧制速度相等。105 m/s 高速轧机的轧后水冷线总长约 50m,风冷线的总长度约 100~115m。一些生产厂的水冷和风冷线的参数如表 10-25 和表 10-26 所示。图 10-43 为辊道式风冷运输机的纵向剖视图。

a　　　　　　　　　　　　　　　　　　　　　　　　b

图 10-42　延迟型风冷运输机
a—标准型使用状态(保温罩打开);b—延迟型使用状态(保温罩盖上)

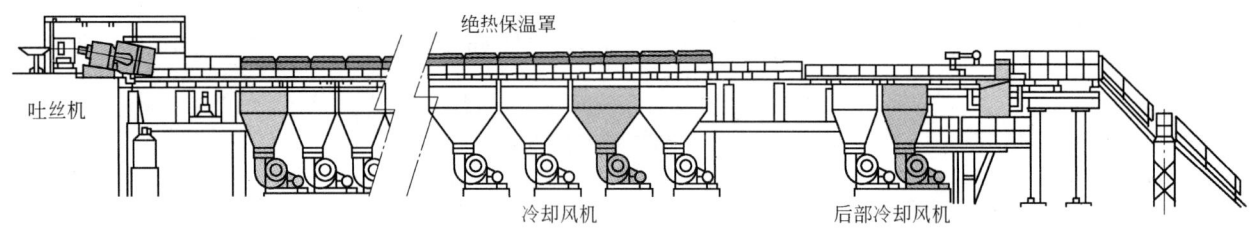

图 10-43　辊道式风冷运输机的纵向剖视图

　　摩根型(斯太尔摩)延迟型散卷冷却运输机在国内外广泛应用。当高线轧制速度大于 100m/s 时,全长一般在 104~114m 之间,最终实际长度根据轧线工艺要求设定。运输机全长为 104m 时,通常配备 14 台大风量离心风机,设置于前 7 段标准运输辊道下方。运输机全长为 114m 时,通常配备 16 台大风量离心风机,设置于前 8 段标准运输辊道下方。由于散卷两侧堆积厚密,中间疏薄,为了加强两侧风量,在各个风机的出风口设置了风量分配装置(佳灵装置),采用丝杆螺母传动,手动调节。

　　运输机由头部辊道、标准运输辊道、尾部辊道组成。头部辊道长约 3.8m,为 φ125mm 的密排辊,用于接受吐丝机落下的散卷,下部没有风冷。标准运输辊道分为 10~11 个传动组,采用交流变频电机驱动,可以精确控制各段辊道的速度。每组辊道长约 9.25m,由两段辊道组成,辊子直径为 φ120mm,辊子间距约为头部辊道的 2 倍,辊子之间布置有风机出风口。

　　各段辊道上方均设有保温罩,保温罩由电动推杆控制其开闭。为了使各线圈之间的接触点发生变化,在尾部辊道及之前的 3 段标准运输辊道衔接处设置了 3 个高度约为 200mm 的落差台阶,且各段辊道的运行速度不同,并在运输机上设有振动辊,用来改变运输机上线圈重叠的位置,以消除"热死点"问题。该台阶也有利于单独调节尾部辊道速度,使之符合集卷需要。部分风冷线的技术性能列于表 10-27 和表 10-28。

表 10-27　标准 10 机架线材轧机的轧后风冷线技术性能

厂　名	轧机速度 /m·s⁻¹	风 冷 运 输 机				
		长度/m	辊道速度/m·s⁻¹	风机数量/台	风量/m³·h⁻¹	冷却能力/℃·s⁻¹
伊　利	105	104	0.1~1.3	11	6×186000 5×154000	0.3~20

厂 名	轧机速度 /m·s⁻¹	风 冷 运 输 机				
		长度/m	辊道速度/m·s⁻¹	风机数量/台	风量/m³·h⁻¹	冷却能力/℃·s⁻¹
阳 春	95	103	0.1~1.3	7	147000	0.3~17
天 钢	105	82	0.1~1.5	10	153000	0.6~17
邢二线	105	100	0.07~1.3	10	150000	0.3~17

表 10-28 8 + 4 线材轧机的轧后风冷线技术性能

厂 名	轧机速度 /m·s⁻¹	风 冷 运 输 机					投产时间
		总长度/m	辊道速度/m·s⁻¹	风机数量/台	风量/m³·h⁻¹	冷却能力/℃·s⁻¹	
天津 轧三（1）	112	114	0.1~2.0	16	前6台200000, 后10台154000	0.3~24	2010 年
天津 轧三（2）	115	114	0.08~2.0	23	前11台154000, 后12台125000	0.3~24	2010 年
永 锋	112	104	0.08~2.0	23	105000	0.3~24	2009 年
天 钢	112	113	0.1~2.0	16	154000	0.3~23	2010 年
济 源	112	112	0.08~2.0	16	154000	0.3~23	2011 年
韶 关	112	104	0.08~2.0	14	155000	0.08~17	2009 年
杭 州	112	112	0.1~2.0	11	156000	0.1~20	1998 年
青钢4线材	115	114	0.08~2.0	26	前11台260000, 后8台157000	0.3~24	2008 年

从表 10-27 与表 10-28 中可以看出 10 机架标准型风冷线与 8 + 4 型风冷线的差别。最近几年所建的高线风冷线比前几年风机风量增大了许多，主要目的是为生产高碳线材提高冷却速度，增加索氏体化率。图 10-44 为斯太尔摩标准冷却温度曲线，从图中可以看出，规格越小，在相同冷却时间内温降越大；而要达到同样的温降需求，规格越大所需要的冷却时间也越长。

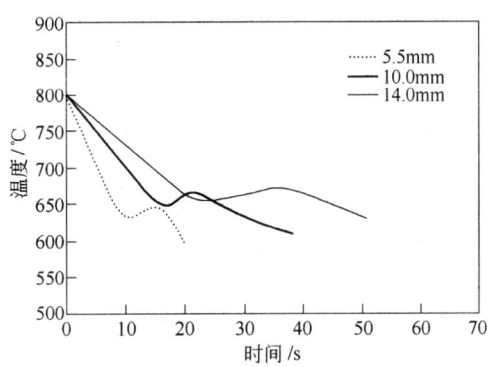

图 10-44 斯太尔摩标准冷却温度曲线
（1077 普碳钢，区域 4、5 加盖保温罩）

精轧后的控制冷却一般分为三个阶段，即相变前阶段、相变阶段、相变后阶段。第一阶段的控制在精轧后的水冷段完成（控制吐丝温度），第二和第三阶段在风冷运输机上完成。

相变区冷却速度决定着奥氏体的分解转变温度和时间，也决定着线材的最终组织形态，所以整个控冷工艺的核心问题就是如何控制相变区冷却速度。冷却速度的控制取决于运输机的速度、风机状态和风量大小以及保温罩盖的开闭。

运输机速度是改变线圈在运输机上布放密度的一种工艺控制参数。通过改变运输机速度来改变线圈布放密度,从而控制线材的冷却速度,这是散卷冷却运输机的主要功能。一般来说,在轧制速度、吐丝温度以及冷却条件相同的情况下,运输机的速度越快,线圈布放得越稀,散热速度越快,因而冷却速度越快。但这种关系并非对全部速度范围都成立,当运输机的速度快到一定值时,冷却速度达到最大,即使再增大运输机速度,冷却速度也不再增加。这是因为运输机速度加快,增加了线圈间距,使线圈之间的相互热影响不断减小,直至消失,此时运输机速度再增加也不能提高冷却效果。相反,运输机速度加快缩短了盘卷的风冷时间,反而会降低冷却效果。根据冷却速度要求和冷却性质,标准型冷却的运输速度随线材规格的增大而减慢,而延迟型冷却的运输速度则随规格的增加而加快。

散卷运输机下方一般有多台可分挡控制风量的冷却风机,根据冷却的需要能进行多种状态的组合操作:

(1) 所有风机均开启,并以满风量工作,最大冷却速度可达 23℃/s。主要适用于要求强制风冷的高碳钢种(碳含量不小于 0.60%)。

(2) 各风机以 75%、50%、25%、0% 任意一种风量操作,这种操作适用于中等冷速要求的钢种。

(3) 前几台开启、后几台关闭,或前几台关闭、后几台开启,或其中任意几台风机组合开启、其余关闭。这三种操作分别适用于要求先快冷后慢冷、先慢冷后快冷或非均匀冷速的钢种。

(4) 所有风机关闭。这种操作的冷却速度可依据运输机速度(或线圈间距)和罩盖的开闭情况在 0.3 ~ 6℃/s 范围内得到控制。它适用于要求冷却速度较慢的低碳、低合金及合金钢种。

保温罩盖只有开、闭两种状态。延迟型缓冷时,罩盖关闭;进行强制风冷或散卷空冷时,罩盖打开;也可根据钢种特性和冷速要求,任意关闭其中某一段或某几段罩盖,其余打开。

总体上说,根据各种冷却工艺的设备特性正确地选择各个工艺参数,应能得到所要求的冷却速度。但严格来说,准确地选择和控制相变的冷却速度却是件很困难的事,因为冷却速率随时都在变化,它随线材自身温度下降而呈指数关系下降。因此,工艺上只能控制过冷奥氏体转变前后各段时间的平均冷却速度。

10.6.3　轧制过程温度控制

轧制过程的温度控制是控制轧件进入精轧机的温度和机架间的温度,根据不同钢种的要求,使轧件在再结晶或未再结晶区完成终轧,控制奥氏体晶粒的大小和均匀性。

控制轧制包括常规轧制(Normalising Rolling)和热机轧制(Thermo Mechanical Rolling),是在轧出成品前最后几个道次,在非稳定奥氏体的温度区域完成(对亚共析钢约为 900 ~ 750℃),并施以足够压下量的轧制工艺(在棒线材生产中一般 2 道次的低温变形面缩率控制在 24% ~ 32%,4 道次的低温轧制面缩率控制在 46% ~ 57%)。这种在奥氏体不完全再结晶或未再结晶区进行的轧制变形,积累了高位错的结构,将为相变提供更多的形核核心;而且,加工状态的界面上晶核的产生更具活动性,因此可以得到均匀细密的铁素体和珠光体组织,从而有效地提高产品的强度和韧性,特别是低温韧性。

低碳和中碳钢线材的控轧控冷目前有两种变形制度:二段变形制度和三段变形制度。

二段变形制度:粗轧在奥氏体再结晶区进行,通过反复的变形及再结晶细化奥氏体晶粒;中轧和精轧在 950℃ 以下轧制,是在 γ 相的未再结晶区变形,其累计变形量为 60% ~ 70%;在 A_{r3} 附近终轧,可以得到具有大量变形带的奥氏体未再结晶晶粒,相变后能得到细小的铁素体晶粒。

三段变形制度:粗轧在 γ 相再结晶区轧制,中轧在 950℃ 以下的 γ 相的未再结晶区进行,变形量为 70%,精轧在 A_{r3} 与 A_{r1} 之间的双相区实现。这样能得到细小的铁素体晶粒和具有变形带未再结晶的奥氏体晶粒,相变后得到细小的铁素体晶粒并有亚结构及位错。为了实现各段的温控变形,必须严格控制各段温度,在加热时温度不要过高,避免奥氏体晶粒长大,并避免在部分再结晶区中轧制形成混晶组织,破坏钢材的韧性。

TMCP 技术则是以控制轧制和控制冷却技术相结合为特点,也就是低温轧制和在线热处理的综合处理手段。在控制变形组织的基础上,又控制随后的冷却速度,从而获得理想的相变组织,使轧材具有所需要的强度和韧性，而这种性能是单独采用控制变形或单独进行热处理所无法达到的。TMCP 技术的要点是：将连铸坯低温加热至 1000℃ 左右，在具有较小晶粒的奥氏体稳定区开始轧制，在适当的 A_{r3} 温度附近的奥氏体亚稳定区或 $\gamma + \alpha$ 两相区完成最终变形（如图 10-45 中的热机轧制区），随后控制冷却，使加工后未再结晶的组织进行恒温转变，通过晶粒内形变带上形成的大量晶核，实现细晶铁素体转变。在同样变形量下，恒温转变的温度越低，铁素体的形核率越高，组织晶粒越细，从而得到高强度和高韧性。这样，在材料的化学成分上就可相应地降低碳含量、低碳当量化，从而改善轧材的焊接性能和降低脆性转化温度。TMCP 技术在通过控制轧制变形温度和变形量控制晶粒组织的大小的同时，又增加轧后冷却速度的控制，为实现轧材的组织控制又增加了一个有效的控制手段。

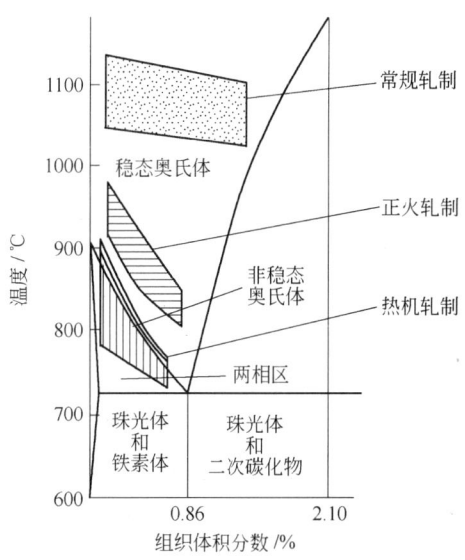

图 10-45　低温精轧工艺的温度范围

线材生产的控轧控冷就是应用所谓的 "TMCP 技术"，但内容比上面提到的 TMCP 技术更加广泛全面。上文只介绍了中碳与低碳钢的 "TMCP 技术"，高碳钢、合金钢线材的在线过程控制技术与低碳、中碳钢有很大的不同。在本书的下文将给予介绍。

10.6.4　轧制后的温度控制

精轧后的控制冷却一般分为三个阶段：第一阶段是奥氏体急速冷却阶段，它是通过精轧后穿水冷却来实现的。主要目的是为相变作组织准备及减少氧化铁皮的生成。从终轧出口开始到变形奥氏体向铁素体或渗碳体开始转变的温度（吐丝温度）范围内，控制其开始快冷温度、冷却速度和控冷（快冷）终止温度。其目的是控制变形奥氏体的组织状态，阻止晶粒长大或碳化物过早析出形成网状碳化物，降低相变温度，为相变做组织上的准备。第二阶段控制冷却的目的是控制相变时的冷却速度和相变停止的温度，即控制相变过程，以保障钢材得到所要求的金相组织与力学性能。第三阶段控制冷却的目的是将使快冷时来不及析出的过饱和碳化物继续弥散析出。如相变完成后仍采用快速冷却工艺，就可以阻止碳化物的析出，一定程度上保持碳原子的固溶状态，以达到固溶强化的目的。但是这种固溶强化往往会降低深加工后线材制品的疲劳强度，因此需要根据线材制品的不同用途调整冷却工艺，或通过调整化学成分的方法来达到提高疲劳强度的目的，如适当增加硅含量。第二和第三阶段在风冷运输机上完成。

相变区冷却速度决定着奥氏体的分解转变温度和时间，也决定着线材的最终组织形态，所以整个控冷工艺的核心问题就是如何控制相变区冷却速度。冷却速度的控制取决于运输机的速度、风机状态和风量大小以及保温罩盖的开闭。

不同钢种的转变温度、转变时间和组织特性各不相同。即使是同一钢种，只要最终用途不同，所要求的组织和性能也不尽相同。因此，控制冷却的工艺取决于钢种、成分和最终用途。

10.6.4.1　中、低碳钢线材的控制冷却

（1）一般碳含量不大于 0.25% 的低碳钢线材主要用于铁丝、制钉及焊条、焊丝等用途，其后工序是拉拔加工，因此，要求有较低的强度及较好的延伸性能。低碳钢线材硬化的原因有两个，即铁素体晶粒细小及铁素体中碳的过饱和。铁素体的形成是形核长大的过程，形核主要在奥氏体的晶界上。因此，高温奥氏体晶粒大小直接影响铁素体晶粒大小，同时，其他残余元素及第二相质点也影响铁素体晶粒的形成。为了得到比较粗大的铁素体晶粒，就需要有较高的吐丝温度，先得到较大的奥氏体晶粒，然后缓慢冷却，使铁素体在粗大的奥氏体中成核长大。同时要求钢中杂质含量要少。

铁素体中过饱和的碳可以有两种形式存在：一种是固溶在铁素体中起固溶强化作用；另一种是从铁素体中析出起沉淀强化作用，两者都对钢起强化作用。但对于低碳钢来说，沉淀强化对硬化的影响较小，因此必须使溶于铁素体中的过饱和碳沉淀出来。这个过程可以通过在风冷线上的缓慢冷

却得以实现。

所以，对这类钢的处理工艺是高温吐丝、缓慢冷却。这样处理的线材组织为粗大的铁素体晶粒，接近单一的铁素体组织，它具有强度低、塑性高、伸长率大的特点，便于拉拔加工。以 ER70S-G 焊接用钢线材为例，采用高温吐丝、延迟冷却工艺，严格控制斯太尔摩风冷线的速度，使奥氏体组织在保温罩内发生充分相变，避免马氏体组织的产生，是生产 ER70S-G 盘条较为理想的措施。

生产中具体要求如下：

1）设计合理的化学成分，控制恰当的锰硅比及较低的氧、氮含量，是生产合格的 ER70S-G 盘条用钢的先决条件。

2）对盘条在相变区进行极其缓慢的冷却，是保证盘条获得优异的拉拔性能的关键。

3）盘条轧制时出保温罩温度控制在 630℃ 以下，避免了盘条中出现马氏体组织，能有效地提高盘条的拉拔性能。

由于低碳钢的相变温度高，在缓冷的条件下，相转变结束后线材仍处于较高的温度，所以在相变完成后要加快冷却速度，以减少氧化铁皮的生成和防止 FeO 的分解转变。

（2）碳含量为 0.25% ~ 0.40% 的中碳冷镦钢线材，主要用于制造螺栓、螺母、螺钉、铆钉等紧固件和一些冷镦成型的及汽车的标准件。这种中碳钢要求有一定强度，塑性高，具有较高的冷加工性能和较低的加工硬化率。传统工艺是对线材进行退火，均匀和细化晶粒，同时消除内应力，使之获得低的硬度和良好的塑性，改善其加工性能。线材生产新工艺是通过控轧控冷，即在奥氏体未再结晶区完成精轧，获得细小而均匀的奥氏体组织，通过相变后的铁素体晶粒细化来提高强度和韧性；以较高的温度吐丝，在辊道式运输机上缓慢冷却，模拟退火冷却过程，使铁素体中的过饱和碳充分地沉淀析出，以降低硬度、提高塑性。

为了获得 1~4℃/s 缓慢的冷却速度，风冷线停止鼓风，盖上保温罩，并使运输机以低速 0.2m/s 的速度甚至更低的速度运行，此时，堆积在运输机上的线卷非常密集，以保证缓冷。

（3）对于碳含量为 0.35% ~ 0.55% 的中碳钢线材，为保证得到细片状珠光体及最少量的游离铁素体，要求在 A_{r3} 和 A_{r1} 温度之间的时间尽可能的短，以抑制先共析铁素体析出。因此，此阶段要采用大风量和高的运输速度，随后以适当的冷速，使线材最终组织由心部至表面都成为均匀的珠光体组织，从而得到均匀一致的产品。因此，在冷却过程中保证线材心部和表面温度的一致性十分重要。

10.6.4.2　高碳钢的控制冷却

碳含量为 0.65% ~ 0.85% 的高碳钢，作为某些深加工制品（如钢帘线、钢绳、预应力钢丝、钢绞线等）的原材料，对其化学成分、尺寸精度、力学性能、金相组织、表面质量、非金属夹杂等均有苛刻的要求。它属于亚共析和过共析钢，希望尽量减少铁素体的析出而得到单一珠光体组织或是得到细片状铁素体与渗碳体的混合物——索氏体组织，以提高产品的强度和拉拔性能（对于 80 号钢，一般要求索氏体含量大于 80%）。旧工艺只是靠精轧后的快速冷却来实现此目的，通过多年实践后的新工艺是，一方面应提高过冷奥氏体的稳定性，也就是使 CCT 曲线向右下方移动；另一方面，提高轧后的冷却速度，增加过冷度，降低过冷奥氏体向珠光体转变温度，以轧制过程控制和轧后控制相结合，获得了更好的效果。

生产实践发现，轧后奥氏体组织的均匀化程度是影响过冷奥氏体稳定性的最主要因素。在较高温度下进行轧制，轧后可以快速实现回复、再结晶，有效释放组织中由于轧制所产生的畸变能，即降低位错、缺陷密度，增加奥氏体稳定性，使 CCT 曲线向右下方移动，在同样冷速条件下，降低相变温度，细化珠光体片层间距，提高索氏体含量。在较高温度下轧制，特别是在奥氏体再结晶区轧制，并采用大压下可以有效细化奥氏体晶粒尺寸。因此，在粗轧区以不小于 1020℃ 的奥氏体再结晶区温度进行轧制，并施以大压下量；预精轧机组前的轧制温度大于 1000℃，处于再结晶区域，可获得细小均匀的奥氏体组织。

在线材的精轧区由于终轧速度较高（一般高于 105m/s），轧制升温较大。8 + 4 精轧机组轧件通过 8 道次精轧机组升温达到 120℃，通过 4 道次双模块机组温升达到 80℃，如果不对轧制温度进行控制，会使吐丝温度急剧升高，相变后组织的韧性大幅下降，也会使线材的表面产生大量气泡。通过设定穿水冷却工艺对轧件进行快速降温，使精轧区域的轧制温度控制在900~960℃，处于奥氏体部分再结晶区域；吐丝温度控制在880~920℃，最好应控制在910℃。

　　碳是稳定奥氏体化元素。高碳钢由于碳含量较高，冷却后所生成的组织以珠光体为主，甚至全部为珠光体或珠光体和渗碳体的整合组织。其控制冷却亦分为三个阶段，即相变前阶段、相变阶段、相变后阶段。第一阶段控制冷却的目的是控制变形奥氏体的组织状态，阻止碳化物析出，降低相变温度，为相变做组织上的准备。在此阶段需要高强度的快冷。如果在较低冷速下，高碳钢往往会在奥氏体晶界析出网状碳化物，极大地消耗了组织中的碳，降低了组织平均碳浓度，使过冷奥氏体中固溶碳含量减少，过冷奥氏体稳定性变差，提高了相变温度，结果使珠光体片层间距增大，综合力学性能下降。第二阶段控制冷却的目的是控制钢材相变时的冷却速度和相变停止的温度，即控制相变过程，以保障钢材得到所要求的金相组织与力学性能。第三阶段控制冷却的目的是将快冷时来不及析出的过饱和碳化物继续弥散析出。如相变完成后仍采用快速冷却工艺，就可以阻止碳化物的析出，一定程度上保持碳原子的固溶状态，以达到固溶强化的目的。但是这种固溶强化往往会降低深加工后线材制品的疲劳强度，因此需要根据线材制品的不同用途调整冷却工艺，或通过调整化学成分的方法来达到提高疲劳强度的目的，如适当增加硅含量。如图10-46所示，随着冷却速度的提高（冷速从10℃/s提高到20℃/s），80号钢的索氏体化率从70%提高到95%。因此，在控制冷却的第一阶段，冷速必须达到15℃/s以上才能保证索氏体化率大于85%。

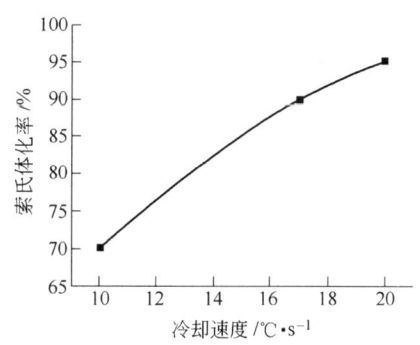

图10-46　冷却速度对80号钢索氏体化率的影响

　　高碳钢线材在风冷辊道上经风机快速冷却发生相变时，伴随有"反红"现象，其实质是相变热释放现象。冷却过程中，钢中的微观组织由面心立方结构的奥氏体向体心立方结构的铁素体转变，体积发生膨胀（高碳钢奥氏体比容为0.1476，转变后珠光体比容为0.1311[4]），同时释放相变热，这种现象是系统由高能态自发向稳定低能态转变的一种宏观表现形式。图10-47中左图所圈定的区域即为相变热释放区域，从图中可见，由于相变热释放效应，80号钢相变发生在620~660℃的温度区间内，温度差值约为40℃。这种情况下，有一部分索氏体组织的转变温度处于区间上限，导致珠光体片层间距增大。因此针对这一现象，应在相变区域的初始段适当增大风机转速，使温度变化趋势达到右图中虚线所示的效果，使相变温度稳定在一个狭窄范围内，在一定程度上细化片层间距，提高索氏体含量。

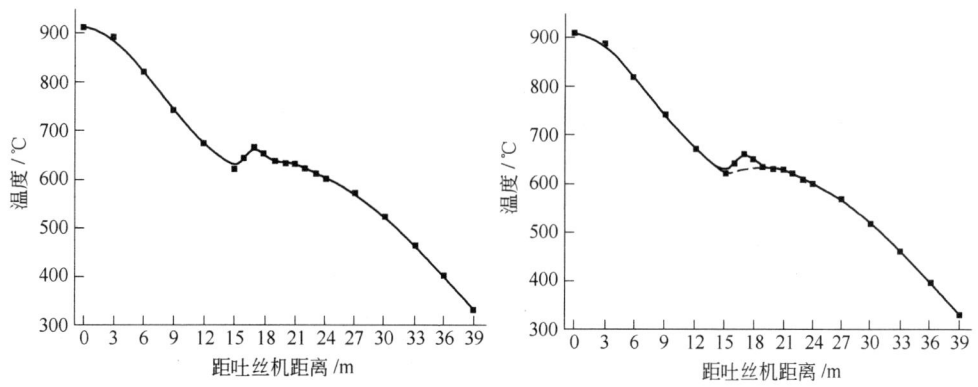

图10-47　吐丝后80号钢的温度变化与距离的关系

总之对 80 号钢的控制冷却应采用吐丝后快冷的方式,且应保证冷速大于 15℃/s,才能获得足够的索氏体含量。

10.6.5　高合金钢线材在线温度控制

奥氏体不锈钢、马氏体不锈钢、合金工具钢、高速钢等难变形、加工温度范围很窄的高合金钢线材,过去都是在老式的横列式轧机上生产。近年来,奥氏体不锈钢、铁素体不锈钢的市场需求量增多,在我国建设了 4 套专业化生产不锈钢的线材轧机,其中 DL 厂的线材轧机除生产不锈钢外,还生产合金工具钢、高速钢以及轴承钢、合金结构钢、弹簧钢等用量较大的钢种。市场需求量较少的特殊钢种,国防与军工需求,不能没有;但只靠它钢厂难以生存,必须主要生产汽车和机械制造业大量使用的合金钢,用一定轧制时间把这些特殊的品种带进去,这是我国合金钢厂多年经验教训的总结。DL 厂线材生产的在线温度控制系统充分体现了这一特点,如图 10-48 所示。

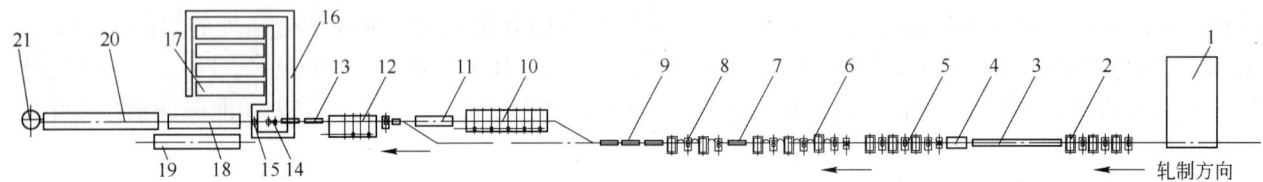

图 10-48　生产高合金钢的高线生产线在线温度控制装置平面布置示意图
1—步进式加热炉;2—粗轧机组;3—带保温罩的脱头辊道;4—感应加热装置;5——中轧机组;6—二中轧机组;
7—预精轧机前水冷 BW-1(水箱 1 个);8—预精轧机组;9—预精轧机后水冷 BW-2(水箱 3 个);10—10 机架
无扭精轧机(利旧);11—精轧机后水冷 BW-3;12—4 机架减径定径机;13—减径定径机后水冷 BW-4;
14—夹送辊、吐丝机;15—热集卷装置;16—卷芯架运输装置;17—在线缓冷炉;18—UTAB 在线
固溶淬火炉;19—常规辊道式运输机;20—在线固溶运输装置;21—集卷机

从图 10-48 可以看出:高合金钢线材生产线的在线温度控制系统比 10 机架标准型、8+4 的减径定径型都要复杂得多。其温度控制系统不仅有上述两种类型的水冷(同是水冷亦不相同),还有在粗轧-中轧之间的保温辊道、一中轧机前的感应加热炉、吐丝机后的在线固溶淬火炉(见图 10-49)、高温集卷装置、其后的卷芯架运输辊道,以及紧接辊道的在线缓冷炉(4 个)、在其附近的罩式退火炉(16 台,其中 2 台为预留)。在线温控设备的技术性能如下:

(1)感应加热炉:形式为中频感应加热;频率为 1200Hz;功率为 2500kV·A(2 个线圈,每个 12500kV·A);控制精度为 ±5℃。

(2)水冷设备:为进行低温控制轧制,沿着轧件运行方向 4 处共设有 8 段水冷装置,水箱内装有若干冷却管、反向除水管和反向空气吹干器。

图 10-49　线材在线固溶淬火炉

1）在 18V 轧机后设置 1 段水箱 BW-1，以控制进入预精轧的轧件温度。水箱长度 4.7m，水压 0.2MPa，水量 162m³/h；其后有 14.6m 的均温段。

2）在预精轧机组后设有 3 段水箱 BW-2，以控制轧件进入精轧机组（轧制小规格时）或进入减定径机组（轧制大规格时）的轧件温度。每段水箱长度 4.7m，水压 0.2MPa，水量 162m³/h（BW-2 的总用水量为 162m³/h × 3 = 486m³/h）；1～2 间 10.8m，2～3 间 10.9m，3～后 37.4m。

3）在精轧机组后设有 2 段水箱 BW-3，以控制轧制大规格时进入减定径机组的轧件温度。2 段长度分别为 6.11m + 0.94m、10.64m，水压 0.2MPa，水量分别为 229m³/h、183m³/h（BW-3 的总用水量为 229m³/h + 183m³/h = 412m³/h）；1～2 间 10.7m，2～后 22.1m。

4）在减定径机组后设有 2 段移动水箱 BW-4，根据成品规格大小选择相应的通道，以控制轧件的吐丝温度。2 段长度均为 10.64m，水压 0.2MPa，水量为 142m³/h（BW-4 的总用水量为 142m³/h × 2 = 284m³/h）；1～2 间 10.8m，2～后靠近吐丝机。

（3）UTAB 在线固溶淬火炉：

1）产品：线材直径为 4.5～20mm，线材盘卷外径为 1075mm，线材卷重为 2200kg，处理钢种为不锈钢 300 系列。

2）炉子能力：70t/h（对应最大直径 11mm），处理最大直径 20mm，处理能力为 45t/h，炉子辊道速度为 60～180mm/s。

3）炉子尺寸：炉子总长度约 35m，炉子内宽 1.45m，炉子内高 1.8m。

4）炉内辊道：炉内辊数量 208 个，辊子直径 150mm，辊子中心距 170mm，1150℃时辊子最大负荷 200kg/m，1100℃时辊子最大负荷 400kg/m。

5）炉子温度：线材入口温度 850～1000℃，炉子最高温度 1150℃，炉子运行的最低温度 900℃。

（4）在线缓冷炉：在线缓冷炉 4 个，每个炉长 55m。

在粗轧机后的保温辊道、感应加热器、吐丝机后的高温集卷器、卷芯架运输辊道、在线缓冷炉以及 16 个罩式退火炉，都是为了生产合金工具钢、高速钢而设置的。这些钢种的轧制温度范围很窄（如工具钢 Cr4W2MoV 要求在 1050℃开轧，终轧温度不小于 850～900℃；高速钢 W18Cr4V 要求在 1150～1200℃开轧，终轧温度不小于 900～920℃），而这些钢种开轧的速度不能太低（1 号轧机速度最好在 0.2m/s），最后的终轧速度不能太高，φ10.0mm 的高速钢的末架轧制速度控制在 40m/s。这些钢种在轧制过程中需要再加热以保证其所需要的轧制温度，在轧后快速高温收集，进缓冷炉缓冷，并在规定的时间内入罩式炉退火。

吐丝机后的在线固溶炉是专为生产 300 系列的不锈钢而设。300 系列的奥氏体不锈钢为单一奥氏体组织，要求固溶淬火将碳化物固溶到奥氏体的晶粒中，以提高其耐腐蚀性能。为实现 300 系列的奥氏体不锈钢的在线淬火，保证其稳定的淬火温度是关键。仅靠在线的水冷段控制温度不可能保证线材头尾温度均匀和一根坯料与另一根坯料间温度一致。利用线材轧制后的高温再加热，是使温度均一和节能的合理选择。但这种设备与工艺在世界上用得并不多，效果如何还需要观察。在线固溶淬火炉与普通散卷运输辊道并排平行布置，当生产不需要在线淬火的钢种时，在线固溶淬火炉可以平行移动退出生产线，普通散卷运输辊道平行移入生产线。

参 考 文 献

[1] American Association of Iron and Steel. The making sheaping and treading of steel [R]. New York, 1985.

[2] Willian L Roberts. Hot Rolling of steel [R]. New York and Basel, 1983.

[3] 陈汉骥. 高速线材轧机的最新发展[C]//高速线材轧机装备技术. 北京：冶金工业出版社，1997.

[4] 彭兆丰，邓华容. 长材轧制技术现状(4)——线材轧制技术与装备[J]. 轧钢，2011，(6).

[5] 乔德庸，李曼云，等. 高速轧机线材生产[M]. 北京：冶金工业出版社，2006.

[6] 重庆钢铁设计院. 线材轧钢车间工艺设计参考资料[M]. 北京：冶金工业出版社，1979.

[7] 车安，任玉辉，韩立涛. 高碳钢线材生产控轧控冷工艺浅析[C]//2011 年线材学术委员会论文集.

[8] 刘雅政. 有效控制产品质量的轧制技术[J]. 轧钢，2003，20(3).

[9] 周红德. 高速线材生产中的控轧控冷技术[C]//第二届钢材质量控制技术学术研讨会文集.

[10] 中冶京诚. 首钢伊犁钢铁有限公司棒材、高速线材工程初步设计[R]. 2011.

[11] 中冶京诚. 大连特殊钢线材车间初步设计[R]. 2009.

[12] 上海市冶金工业局. 孔型设计(上、下册)[M]. 上海：上海科学技术出版社，1975.

[13] 赵松筠，唐文林. 型钢孔型设计[M]. 北京：冶金工业出版社，1993.

[14] 达涅利为山东永丰线材提供的技术附件. 达涅利高线技术操作工艺[R]. 2010.

[15] 黄棠春. 棒材中轧飞剪自动控制系统研究[J]. 应用技术，2011(1).

编写人员：中冶京诚瑞信长材工程技术有限公司　王莉、李新林、刘嘎

永锋钢铁有限公司　王会东、刘洪涛

11　合金钢棒材和线材的精整热处理

11.1　概述

随着科学技术的高速发展，特别是航空航天、电力、微电子、汽车、核能、导弹技术的快速发展，对钢材表面质量、内在质量和尺寸精度都提出了更高要求。热轧状态交货的钢材已不能满足新兴产业对钢材性能的苛刻要求，为此要求热轧长材进行离线的精整和热处理。

长材的精整热处理是通过不同的工艺处理，达到不同的目的：

（1）热处理：通过离线的加热、保温与冷却，消除钢材在轧制过程中产生的热应力；通过加热和冷却过程中的不同相变方式改变钢材内部的组织结构，从而改善和提高钢材的力学性能和特殊的物理性能（如耐腐蚀性能、电磁性能、耐磨性能等）。

（2）通过矫直、倒棱、抛丸等精整工艺，去除长材表面附着的氧化铁皮，修整剪切后在端部产生的压扁和毛刺，提高钢材的平直度，改善钢材的外观质量。

（3）通过表面和内部探伤发现并修复产品的表面缺陷，去除内部缺陷，以保证产品的使用安全。

（4）通过磨削加工完全去除长材产品表面的氧化铁皮、脱碳层和表面缺陷，改善产品的表面粗糙度，确保下游工序不再进行机械切削加工，直接进行成型加工。

（5）通过拉拔或研磨精整生产银亮钢材，满足特殊产品（如阀门钢）对尺寸精度和表面粗糙度的特殊要求。

精整材的生产工艺多样化，随着用户对终端产品技术性能要求的不同，工艺过程和设备的使用不尽相同。根据精整方法与设备我们将其归纳成三大类：热处理材、黑皮材和银亮材。

（1）热处理材：钢铁生产是一个庞大的生产系统，从钢铁材料的角度看，决定材料最终性能的是冶炼、加工和热处理。对钢铁材料而言，热处理是将钢材的成分、冶炼和加工工艺最终以优异的冶金和力学性能体现出来。长材的热处理工艺主要包括：退火、正火、淬火、回火、固溶处理等。长材产品在钢厂进行的热处理，为的是满足钢铁产品用户对合金钢和优质钢组织和性能的特殊要求。如轴承钢棒材或线材的球化退火处理，马氏体不锈钢、合金工具钢和高速钢的软化退火处理，奥氏体不锈钢的固溶淬火处理等。

轧后的缓冷，材料一般不发生相变过程，只是为了消除白点（在450℃左右将残留在钢中的氢缓慢充分析出）和减少热应力，以相变与否来划分，并不算热处理范围之内，但从轧钢生产工艺上来划分，缓冷与热处理紧密地联系在一起。多数的大规格结构钢（规格不小于 $\phi60 \sim 70\text{mm}$）缓冷后不需要再进行退火处理，但如合金工具钢、高速钢等在轧制后要立即缓冷，在缓冷后还要再入炉进行退火处理。即使钢材在缓冷后无需再进行热处理，在缓冷过程中难免产生弯曲，所以一般经缓冷或热处理的钢材，还要再经过下面介绍的"黑皮材精整工艺"处理。

（2）黑皮材：一是这类钢材经缓冷或退火后，钢材产生了弯曲，钢材的平直度不能满足交货要求；二是用户对热轧材外观有较高要求，经步进式冷床冷却后平直度仍不能满足要求；或定尺剪切时产生的微量端部压扁和少量的毛刺，不为用户所接受，要求倒棱去除；三是用于重要用途的产品，为保证使用安全，要求钢材进行表面或内部探伤，并去除这些表面和内部的缺陷。这类产品要进行如图 11-1 所示的精整。

经过图 11-1 所示的精整工艺处理后，直条棒材可达到如下质量要求：

1）抛丸机处理后除锈等级达到 GB 8923 要求，即 Sa2.5；表面粗糙度达到 GB 6060 要求，即 $R_a = 5 \sim 25\mu\text{m}$；棒材表面氧化铁皮去除率不小于98%。

2）矫直机矫直后最大弯曲量不大于1mm/m。

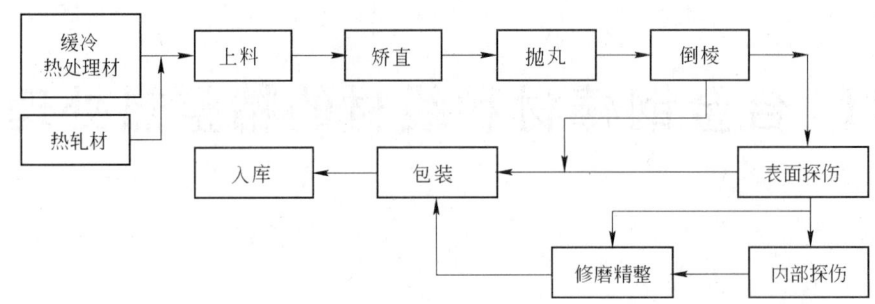

图 11-1　黑皮材精整工艺

3）倒棱后棒材端部深度为 1～4mm ±0.3mm；倒棱角度为 30°、45°或 60°。

4）经涡流探伤后可发现轧材表面纵向缺陷检测精度为宽×深×长 =0.1mm ×0.1mm ×10mm。

5）棒材长度的测量精度为 ±5mm。

6）自动计数功能要求打捆前 100% 正确。

7）出口处的捆扎长度为 3～9m 或 3～12m；直径为 400mm；捆重为 2000～5000kg。

8）称重精度不大于 0.2%。

经过矫直和在线探伤处理后，除棒材端部外，没有尺寸上的改变和新的表面缺陷产生；钢材表面去除了高达 98% 的氧化铁皮，但仍带有少量氧化的黑皮材的表面状态没有改变，所以我们称之为黑皮材精整工艺。黑皮材精整是在合金钢和优质钢长材中最常用，也是应用最多的精整工艺。

（3）银亮材：按我国 GB/T 3207—2008《银亮钢》标准的解析，"银亮钢"（bright steel）的定义是：表面无轧制缺陷和脱碳层，并具有光亮表面的圆钢。银亮材可细分为剥皮材、磨光材和抛光材。

1）剥皮材（flake steel）：通过车削剥皮去除轧制缺陷和脱碳层后，再经矫直的圆钢。

2）磨光材（polish steel）：拉拔或剥皮后，经磨光处理的圆钢。

3）抛光材（buff steel）：经拉拔、车削剥皮或磨光后，再进行抛光处理的圆钢。

从以上的定义和表 11-1 所示的表面粗糙度可以看出：磨光材是银亮材中最下一级，其表面粗糙度要求最低；剥皮材比磨光材高一个级别，其表面粗糙度要求要高一些；抛光材是最高一级，经拉拔、车削剥皮或磨光后，再进行抛光处理所得，其表面粗糙度要求最高。银亮材表面粗糙度如表 11-1 所示。

表 11-1　银亮材表面粗糙度

类　别	表面粗糙度 R_a/μm	相当于表面光洁度
剥皮材，SF	≤3.0	▽5 ～ ▽6
磨光材，SP	≤5.0	▽3
抛光材，SB	≤0.6	▽8 ～ ▽9

剥皮材的精整工艺流程如图 11-2 所示。

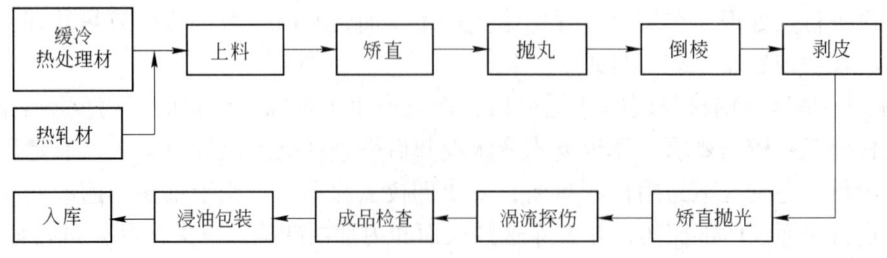

图 11-2　剥皮材的精整工艺流程

磨光材精整工艺基本与剥皮材相同，图 11-2 中由剥皮改为磨光即是。抛光材则在磨光材或剥皮材基础上再进行抛光处理，如此循环重复加工。在此只介绍银亮材的概念与基本工艺流程，在后面有关章节中将有专门的篇幅详细介绍各种银亮材的生产工艺。

NJ 钢厂中型轧钢厂半连轧特钢棒材生产线轧制坯料断面尺寸为 320mm × 480mm；产品规格为 $\phi 50 \sim$ 180mm（圆棒）和 150mm × 150mm（方坯）；生产钢种为优质碳素结构钢（如弹簧钢、轴承钢）合金结构钢、（如合金工模具钢、易切削钢、石油钻铤用钢）、超临界压力无缝管用钢；设计生产规模为 80 万吨/年（棒材 60 万吨/年、方坯 20 万吨/年）。在设计精整热处理生产线时，与厂家商定的设计方案见表 11-2。

表 11-2 NJ 钢厂中型轧钢厂精整热处理车间产品方案

热轧材产量/t	黑皮精整量/t	占总热轧产量的比例/%
600000	600000	100
其中：探伤量	200000	33.3
热处理量	75000	12.5
磨光量	250000	41.7
剥皮量	50000	8.3

某特殊钢公司精整热处理车间产品方案如表 11-3 所示。

表 11-3 某特殊钢公司精整热处理车间产品方案

钢　种	总加工量/t		热处理量/t	大棒材修磨量/t	银亮精整磨光量/t	大棒扒皮车削量/t
	$\phi 50 \sim 250mm$	$\phi 13 \sim 50mm$			$\phi 13 \sim 50mm$	$\geqslant \phi 50mm$
油井管坯钢	280000		0	280000		
合结钢	280000		50000	279750		50000
弹簧钢	45000		30000	44820		
易切削钢	10000		0	10000		
轴承钢	100000	15000	90000	99370	15000	10000
齿轮钢	85000		0	85000		
合　计	815000		170000	798940	15000	60000

某特殊钢公司小棒材精整热处理车间产品方案如表 11-4 所示。

表 11-4 某特殊钢公司小棒材精整热处理车间产品方案

钢　种	代表钢号	各种规格年产量/t							
		$\phi 13 \sim 15mm$	$\phi 16 \sim 18mm$	$\phi 19 \sim 22mm$	$\phi 23 \sim 28mm$	$\phi 29 \sim 35mm$	$\phi 36 \sim 42mm$	$\phi 45 \sim 60mm$	合计
优碳钢	20，35，45	250	250	1300	2400	900	400	500	6000
碳素工具钢	T10	800	1000	1850	2850	1600	450	350	8900
合金工具钢	D2，O1，H13，S2	1050	1050	2000	3600	1650	900	550	10800
弹簧钢	60Si2CrVAT，60Si2Mn	3950	3250	9500	25700	9000	5000	6200	62600
高速工具钢	W6Mo5Cr4V2	500	500	650	600	250	150		2650
合金结构钢	40Cr，35CrMo，45S20	4000	3400	8700	19200	13300	7200	22200	78000
轴承钢	GCr15	6200	5600	14700	18700	12650	6750	21350	85950
马氏体不锈钢	2Cr13	1950	1800	4900	6250	3900	1650	4340	24790
铁素体不锈钢	430	700	600	1600	2170	1150	200	150	6570
奥氏体不锈钢	316，304HC	1300	1300	3250	4500	2300	550	540	13740
合　计		20700	18750	48450	85970	46700	23250	56180	300000
百分比/%		6.90	6.25	16.15	28.66	15.56	7.75	18.73	100

11.2 长材产品的热处理

11.2.1 长材产品的热处理方法

众所周知，热处理是通过加热、保温和冷却的方法，来改变钢的内部组织结构，从而改善其性能的一种处理工艺。热处理的目的各不相同，钢的热处理工艺分为：退火、正火、淬火、回火、固溶处理、时效处理以及冷处理、化学热处理（渗碳、渗氮、碳氮共渗等）及变形热处理等。在钢铁厂的长材热处理中主要为：退火、正火、淬火、回火、固溶处理，其他的热处理方法用得比较少。

11.2.1.1　退火

把钢加热到临界点 A_{c1} 以上或以下的一定温度，保温一定时间，然后缓慢冷却，以获得接近平衡状态的组织，这种热处理操作称为退火。退火是钢铁厂，也是长材产品最常用的一种热处理方式。退火可以达到如下目的：（1）消除钢锭的成分偏析，使成分均匀化；（2）消除铸件、锻件存在的魏氏组织或带状组织，细化和均匀组织；（3）降低硬度，改善组织，便于切削加工；（4）改善高碳钢中碳化物的形态和分布，为淬火作好组织准备。

根据加热温度的不同，退火方法可分为两类：加热至 A_{c1} 或 A_{c3} 以上的完全退火、不完全退火、球化退火、等温退火、扩散退火等；加热至 A_{c1} 以下的软化退火、再结晶退火、去氢退火等。各种退火方法的加热温度范围如图 11-3 所示。

A　完全退火

把亚共析钢加热到临界点（A_{c3}）以上 20～30℃，保温一定时间奥氏体化后随炉缓慢冷却，从而获得接近平衡的组织，这种热处理操作称为完全退火。如钢中含有强碳化物形成元素，其加热温度要适当提高，这样可使它们形成的碳化物能较快地溶入奥氏体中。所谓"完全"是指退火时钢的内部组织全部进行了再结晶。

热轧钢材或锻材的完全退火工艺曲线如图 11-4 所示，图中 Q 为装炉量，加热保温后以每小时不大于50℃的冷却速度冷却至650℃，此时，珠光体转变已经完成，可以出炉空冷。

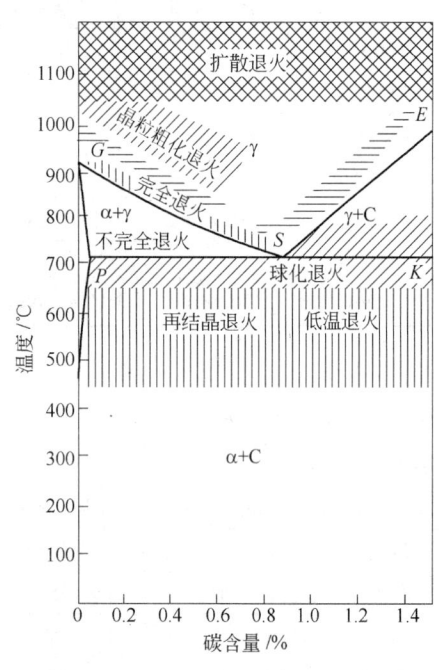

图 11-3　各种退火的加热温度范围

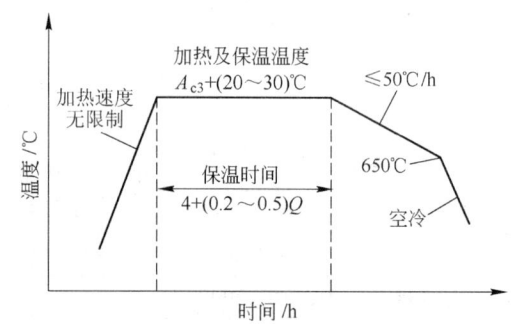

图 11-4　钢材完全退火工艺曲线

完全退火只适用于亚共析钢，不适用于过共析钢。过共析钢若加热至 A_{ccm} 以上单相奥氏体区，缓冷后析出网状渗碳体，使钢的强度、塑性和韧性大大降低。

B　不完全退火

把亚共析钢加热到 A_{c1}～A_{c3} 之间、过共析钢加热到 A_{c1}～A_{ccm} 之间的两相区，保温一定时间，然后缓慢冷却的一种热处理操作称为不完全退火。所谓"不完全退火"是指加热至两相区，只有部分组织进行了再结晶。加热保温时，对亚共析钢其组织为奥氏体+铁素体，对过共析钢其组织为奥氏体+二次渗碳体。在冷却转变时，奥氏体转变为珠光体，而铁素体和二次渗碳体被保留下来。

如亚共析钢的锻轧终止温度适当，并未引起晶粒粗化，铁素体和珠光体分布又无异常现象，采用不完全退火，可以进行部分重结晶，起到细化晶粒、改善组织、降低硬度和消除内应力的作用。亚共析钢的不完全退火温度一般为 740～780℃，其优点是加热温度低、操作条件好、节省燃料和时间，因此，在钢厂比完全退火应用更广。

对于过共析钢，当退火前的组织状态已经比较好，如片状珠光体已能满足要求，退火是为了细化和均匀组织，降低硬度和消除内应力，而不需要粒状珠光体时，可以用不完全退火代替完全退火。可在 $A_{c1} \sim A_{ccm}$ 之间以较高温度奥氏体化，冷却后得到片状珠光体。

C 等温退火

将钢加热至临界温度以上，即对亚共析钢为 A_{c3} 以上、共析钢为 A_{c1} 以上，保温一定时间使其奥氏体化

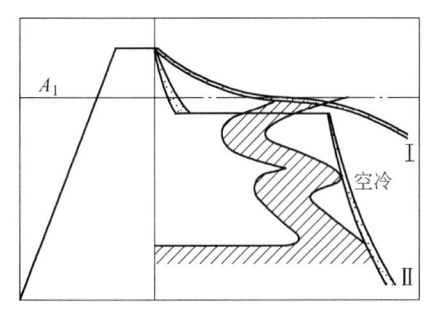

图 11-5 等温退火（Ⅱ）和
普通退火（Ⅰ）示意图

和奥氏体均匀化后，迅速将钢件移入另一个温度稍低于 A_1 的炉中等温停留；在连续式退火炉中可以加热至临界温度以上后迅速冷却至稍低于 A_1 的温度停留，使奥氏体完全分解为珠光体的操作称为等温退火。当转变完成后，出炉空冷至室温。

退火的等温转变温度，应根据所要求的组织和性能，根据该钢的 C 曲线来确定，如图 11-5 所示，等温退火的温度距 A_1 越近，所获得的珠光体组织越粗，钢的硬度越低。除达到所需要的组织和硬度外，应考虑尽量缩短完成转变的时间。当完成等温转变后，即可出炉空冷。

等温退火与完全退火、不完全退火目的相同。由图 11-5 可见，等温退火易于控制，更适合于过冷奥氏体稳定性高的合金钢，可以节省钢材在炉内的时间，提高退火炉的周转率。

D 球化退火

把钢加热至稍超过 A_{c1} 温度，保温一定时间后缓慢冷却，或将钢加热至奥氏体化温度 A_{ccm} 后，冷却至略低于 A_1 的温度，较长时间保温，然后缓慢冷却，形成较稳定的、均匀的球化组织，这种操作称为球化退火。

球化退火是使钢材获得粒状珠光体的热处理工艺，主要用于过共析钢，如碳素工具钢、低合金工具钢和滚珠轴承钢等。目的是消除钢中片状珠光体，代之以粒状珠光体。

经球化的组织有如下优点：由片状变成粒状珠光体，降低硬度，改善切削加工性能；粒状珠光体加热时奥氏体晶粒不易长大，允许有较宽的淬火温度范围，淬火时变形开裂倾向性小，并保留一定量均匀分布的粒状碳化物。

加热温度是决定球化退火成功与否的关键因素。球化退火的加工温度范围一般取 A_{c1} 以上 $20 \sim 30℃$，不能超过 A_{c1} 太多。在含有强碳化物形成元素的合金工具钢或轴承钢中碳化物稳定，溶入奥氏体速度比较缓慢，因此，比碳素工具钢容易球化，但对球化后的组织要求更高。具有明显网状碳化物的钢材，必须先进行正火消除网状碳化物，再进行球化退火。

除选用合适的加热温度外，冷却速度快慢也影响球化效果。冷却太快，碳化物颗粒太细，并有形成片状碳化物的可能，致使硬度偏高。冷却速度过慢，碳化物颗粒过于粗大。图 11-6 为 GCr15 轴承钢的球化退火工艺曲线，加热温度略高于 A_{c1}，采用极缓慢的速度冷却（$\leqslant 10℃/h$），从而保证充分球化，冷却至 $650℃$ 后出炉空冷。有时采用 $700 \sim 720℃$ 等温 $3 \sim 6h$，使碳化物形核和长大有充分的时间。

E 扩散退火

扩散退火主要用于合金钢锭、连铸坯或铸件，它们在浇铸后的凝固过程中总会产生合金元素的枝晶偏析，即化学成分的不均匀。扩散退火是通过高温长时间加热，使合金元素扩散均匀，以消除或减少枝晶偏析（碳化物液析）。

常用的扩散退火温度是 $1100 \sim 1200℃$，保温时间为 $10 \sim 15h$，钢中合金元素含量越高，所采用的加热温度也越高。经高温长时间扩散退火后，奥氏体晶粒过度长大，如不进行热加工，必须进行一次完全退火或正火以细化晶粒。

实际上钢厂很少对钢锭或连铸坯进行单独扩散退火，多是在锻造或轧制前加热时，适当延长保温时间，如对

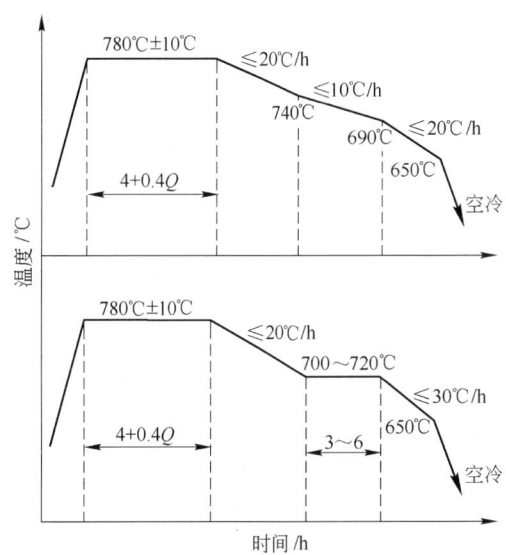

图 11-6 GCr15 轴承钢的球化退火工艺曲线

GCr15 轴承钢锭，在初轧厂均热炉中加热时，将加热温度
提高至扩散退火温度是 1210℃，保温 3.5h 以上，出炉轧
制。既达到扩散退火的目的，又简化了工序。GCr15 轴承
钢大连铸方坯的扩散退火加热曲线如图 11-7 所示。

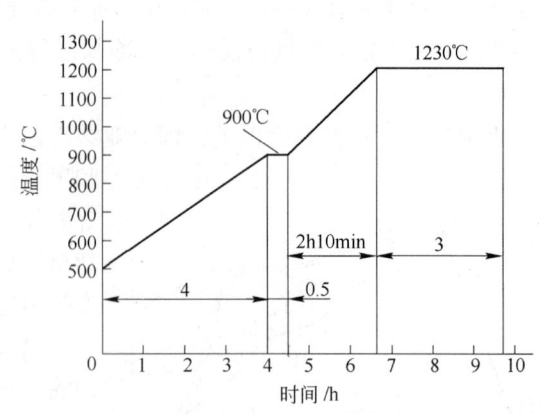

图 11-7　GCr15 轴承钢大连铸方坯的扩散退火加热曲线

　　F　低温退火

低温退火是把钢加热至 A_1 以下的温度退火，它包括
软化退火和再结晶退火。常用的软化退火温度为 650 ～
720℃，保温出炉后空冷。钢锭软化退火后，消除了内应
力，避免钢锭开裂，并降低硬度，便于钢锭表面清理。
合金结构钢锻材或轧材，经软化退火后虽不能细化晶粒
和均匀组织，但能消除内应力和降低硬度，对于过冷奥
氏体稳定性高的合金钢，降低硬度的效果尤为显著。目
前，在合金钢厂广泛采用软化退火代替完全退火和不完全退火，可缩短时间，减少钢材表面的氧化和
脱碳。

　　再结晶退火是将加工硬化的钢材加热至 $T_{再} \sim A_3$ 之间进行退火，通常为 650～700℃。其目的是通过再
结晶退火使变形晶粒回复成等轴晶粒，从而消除加工硬化。再结晶退火可作为进一步冷变形的中间退火，
或冷变形钢材的最终退火。

　　G　去氢退火

合金钢在锻造或轧制后的冷却过程中容易产生白点，一般碳钢不易产生白点，但大断面工件锻后冷
却不当也会出现白点。钢件在热锻或热轧后的冷却过程中，氢在钢中的溶解度不断减小，氢原子来不及
扩散逸出，将聚集在显微空隙和晶界处，结合成氢分子，造成很大的压力，加上钢中的其他内应力，超
过该处的断裂强度，就产生细小裂纹。该裂纹表现在纵向断口上呈现银白色斑点，所以称为白点。在横
向磨面上表现为发状裂纹。

　　为了消除白点，首先在炼钢原料、炼钢过程（特别是炉外精炼）和连铸系统要减少氢的来源。其次
通过连铸坯的处理和成品的热处理也可防止白点的产生。对于尺寸较小的锻件和轧件，只要锻轧后放入
缓冷坑，缓冷至低于 200℃ 的温度，出坑即可。对于尺寸较大的锻轧件，其去氢工艺如图 11-8 所示。

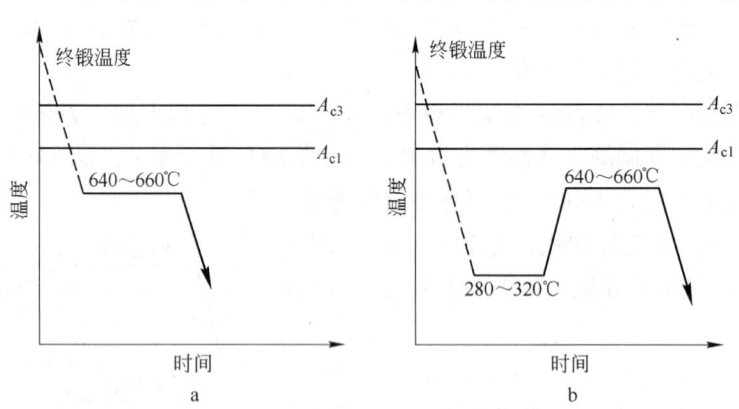

图 11-8　防止白点的热处理工艺曲线
a—碳钢及合金钢；b—中合金钢

11.2.1.2　正火

把钢加热到 A_{c3}（对亚共析钢）或 A_{ccm}（对过共析钢）以上 30～50℃ 或更高的温度，保温足够的时
间，使钢中的组织全部奥氏体化，然后在静止空气中冷却的热处理工艺称为正火。正火也称为常化。

　　根据钢的过冷奥氏体的稳定性和断面大小的差别，正火后可获得不同的组织，如粗细不同的珠光
体、贝氏体、马氏体或它们的混合组织，因此，正火是介于退火与淬火之间热处理工艺。正火的目的
是：（1）对于大锻件和大尺寸的轧件、铸件用正火来细化晶粒、均匀组织，如消除魏氏组织或带状组
织，为下一步的淬火作好组织准备，它相当于退火的效果。（2）低碳钢退火后硬度太低，切削加工易

沾刀，光洁度较差，改用正火可提高硬度，改善切削性能。（3）可作为某些中碳钢或中合金钢的最终热处理，以代替调质处理，具有一定的综合力学性能。（4）用于过共析钢，可消除网状碳化物，便于球化退火。

正火工艺的特点是：正火的加热温度为 A_{c3} 或 A_{ccm} 以上 30 ~ 50℃，对于钢中含有强碳化形成元素如钒、钛、铌等合金钢，常用更高的加热温度。如 20CrMnTi 的正火温度是 A_{c3} 以上 120 ~ 150℃。其原则是在不引起晶粒粗化的条件下，尽可能采用高的加热温度，以加速合金碳化物的溶解和奥氏体均匀化。正火仅用于碳钢及低合金钢。

钢厂的正火处理是将钢材从室式炉中取出，散落在台架上；或从连续式退火炉中送出，排放在炉外空冷辊道上，任其在空气中自然冷却。常根据钢种和钢材断面大小，用吹风、喷雾或改变间距等方法来调节出炉后钢材的实际冷却速度，以获得所需要的组织和硬度。对于过冷奥氏体稳定性高的钢，为了降低硬度和消除内应力，正火后需要进行一次高温回火处理。

11.2.1.3 淬火

把钢加热到 A_{c3} 或 A_{c1} 以上的一定温度，保温一定时间后，以大于临界冷却速度快速冷却，使过冷奥氏体转变为马氏体组织，这种热处理操作称之为淬火。

淬火的主要目的是：把奥氏体化的钢材或工件淬成马氏体，以便随后以适当的温度回火，获得所需要的力学性能。但由于受过冷奥氏体稳定性、断面尺寸及淬火冷却速度的影响，一般淬火后的钢材或工件不一定能获得全部马氏体，其内部还可能有贝氏体、珠光体型的组织存在。

A 淬火的加热温度和介质

亚共析钢的淬火加热温度为 A_{c3} 以上 30 ~ 50℃，如图 11-9 和图 11-10 所示，可得到细而均匀的奥氏体晶粒，淬火后得到细小的马氏体。亚共析钢的这种淬火又称为完全淬火。如在 A_{c1} ~ A_{c3} 之间两相区加热，淬火后在高硬度的马氏体中将混杂有低硬度的铁素体，造成硬度不足，降低力学性能。如在 A_{c3} 以上过高温度加热，奥氏体晶粒粗化，淬火后马氏体晶粒粗大，脆性增加，淬火过程中工件容易变形开裂。

过共析钢淬火的加热温度为 A_{c1} 以上 30 ~ 50℃，如图 11-9 和图 11-10 所示，如原始组织为粒状珠光体，淬火后获得马氏体、颗粒状渗碳体及少量残留奥氏体，具有高的硬度，高的耐磨性，还有点韧性。过共析钢的这种淬火处理又称为不完全淬火。如果加热温度在 A_{ccm} 以上，共析渗碳体全部溶入奥氏体，使奥氏体碳含量增加，马氏体 M_s 和 M_f 降低，淬火后不仅有大量的残留奥氏体，而且获得粗片状马氏体，使钢的硬度和耐磨性降低，脆性增加，并增加淬火开裂倾向，可见过共析钢不能在 A_{ccm} 以上加热淬火。

若钢中含有强碳化物形成元素，如钒、钛、铌等，其奥氏体晶粒粗化的温度高，淬火温度可高一些，以加速合金碳化物的溶解，增加过冷奥氏体的稳定性，以提高钢的淬透性。

在机械厂淬火介质有多种，如水、各种水溶液、油、空气、融熔碱等；在钢厂的钢材淬火介质只有水、水雾、风或自然空冷。

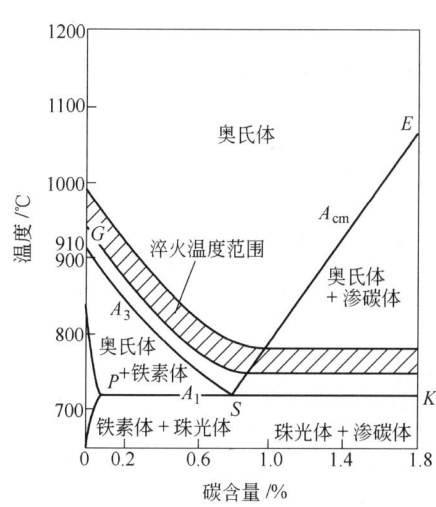

图 11-9　各种钢的淬火加热温度

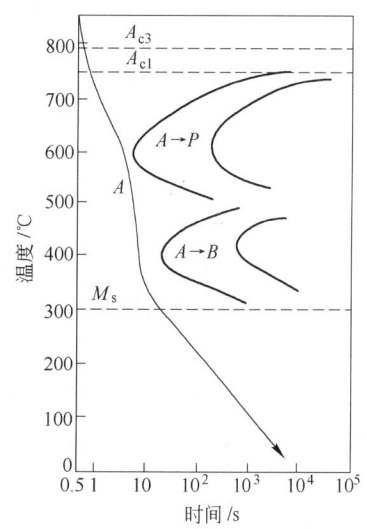

图 11-10　钢淬火的冷却速度

B　常用的淬火方法

为了获得所要求的淬火组织和性能，又能减小淬火应力，防止开裂，可以选用不同的冷却方式。常用的淬火方法有以下几种：

(1) 单液淬火。将加热至奥氏体化的钢材或工件投入一种淬火介质中，冷却直至室温，称为单液淬火。通常碳钢的淬透性差，淬裂的倾向性小，多用水或盐水淬；合金钢淬透性大，淬裂的倾向性也大，常用油淬。单液淬火简单易行，容易实现机械化和自动化，是用得最多的一种淬火方式。

(2) 双液淬火。为了利用水在高温区快冷的优点，又避免水在低温区快冷的缺点，可以用先水淬后油冷的双液淬火法。进行双液淬火要准确控制水中的停留时间，使钢材或工件的表面温度恰好接近 M_s，立即从水中取出，转移到油中冷却。在水中停留时间不当，将会引起奥氏体分解或马氏体形成，失去双液淬火的作用。

(3) 分级淬火。将奥氏体化的钢材或工件淬入温度略高于或略低于 M_s 的盐浴或碱浴中，等温停留一段时间，使钢材或工件温度均匀，然后取出空冷，这种冷却淬火方式称之为分级淬火。

(4) 等温淬火。将奥氏体化的钢材或工件淬入温度略高于 M_s 的盐浴或碱浴中，停留一定的时间，使过冷奥氏体等温转变为贝茵体组织，而后在空气中冷却，这种处理工艺一般称为等温淬火。在钢厂生产不锈钢用碱浴淬火，钢丝拉拔用铅浴淬火，都属于等温淬火。

11.2.1.4　回火

回火是将淬火后的钢加热到 A_{c1} 以下的温度，使之转变成稳定的回火组织的工艺过程。此过程不仅保证组织转变，而且消除内应力，故应有足够的保温时间，一般为 $1 \sim 2h$。

回火温度是决定回火组织和性能最主要的因素。在选择回火温度时，应避开低温回火脆性温度区（300℃左右）。进行高温回火时，对具有高温回火脆性的合金钢，尽量采用 600℃ 以上的高温回火，保温后采用水冷或油冷，避免出现高温回火脆性。生产中采用三种回火方式，回火曲线如图 11-11 所示。

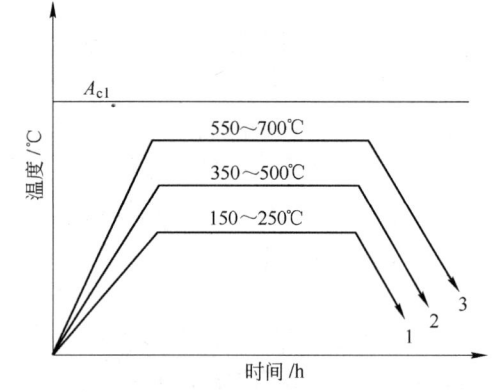

图 11-11　回火曲线示意图
1—低温回火；2—中温回火；3—高温回火

(1) 低温回火：在 $150 \sim 250℃$ 之间进行，保持较长的时间，以便在不过多丧失其淬火硬度的情况下，尽可能地消除由淬火产生的内应力。低温回火后的组织是回火马氏体。当要求钢件有较高的硬度和较好的耐磨性时，在钢件淬火后常进行低温回火处理。

(2) 中温回火：在 $350 \sim 500℃$ 的范围内进行，保持较长的时间，中温回火后的组织是回火屈氏体。当要求钢件有足够的硬度及高的弹性极限并保持一定的韧性时，在淬火后常用中温回火处理，各种弹簧、刀杆、轴套等多用这种方法处理。

(3) 高温回火：一般在 $550 \sim 650℃$ 之间进行，回火后的组织是回火索氏体。当要求钢件有较高的强度和硬度又有较好的韧性时，在淬火后常进行这种高温回火处理。如轴、连杆等都要进行这种处理。有些马氏体类高强度不锈钢和高强度合金结构钢，为了软化钢锭和钢坯，也常采用高温回火处理。

11.2.1.5　调质处理

利用淬火和高温（或中温）回火这样双重处理以得到所需要的强度和韧性的处理工艺称为调质处理。适于进行调质处理的钢称为调质钢，一般指中碳钢和中碳合金结构钢，如 40 号、35CrNiMo 等。

11.2.1.6　固溶处理

把钢和合金加热到适当温度并经过充分的保温，使钢和合金中某些组成物（如碳化物）溶解到基体里去形成均匀的固溶体，然后迅速冷却，使溶入的组成物保存在固溶体中，这种热处理操作叫做固溶处理。这种处理可以改善钢和合金的塑性和韧性，并为进一步进行沉淀硬化处理准备条件。如奥氏体不锈钢热加工后为了软化以便进行冷轧或冷拔，或奥氏体沉淀硬化型耐热钢和合金进行沉淀硬化处理前，都需要进行固溶处理。

除上述 6 种主要热处理方法外，钢厂采用的热处理还有：时效处理、冷处理、老化处理、化学处理等，这些处理方法多用于铸件或制成品，成品钢材的处理采用得比较少，在此不作详细介绍。

11.2.2　各类钢长材的热处理特点

各类钢长材的热处理特点如下：

（1）优质碳素结构钢长材：此类钢棒材或线材一般以热轧状态交货，现场生产中一般 45 号钢以下不需要处理，60 号钢以上需要进行软化退火、回火，少量特殊用途的钢材表面粗糙度和冷加工性能要求严格，需要作正火处理。这类棒材的热处理量在该钢种棒材生产量的 10% 以下。

（2）合金结构钢长材：按 GB/T 3077—1999《合金结构钢》的规定，合金钢棒材和线材通常以热轧状态交货，如果需方有要求（并在合同中注明），也可以热处理（退火、正火或高温回火）状态交货。在合金结构钢中铬镍、铬镍钼、铬镍钨等马氏体高合金结构钢，轧后冷却时奥氏体在第一阶段区域有较高的稳定性，造成一定程度的淬火，其淬火硬度达 500HB 或更高，所以必须进行高温回火处理，得到索氏体以降低其硬度。另外有热裂、冷裂倾向的钢，为避免存贮和运输过程中断裂而进行退火处理。其余要根据用户的要求而决定是否进行热处理。这类棒材的热处理量平均为 15% 左右。

（3）齿轮钢长材：齿轮钢用于制造汽车传动齿轮及各种机械齿轮，属于合金结构钢。我国将这类直径不小于 30mm、用于制造齿轮的钢种在 GB/T 5216—2004《保证淬透性结构钢》中单独列出。按标准规定，这类钢材通常为热轧状态交货，如果需要（并在合同注明），也可以热处理（正火、退火或高温回火）状态交货。根据供需双方协议，压力加工用圆钢，表面可经车削、剥皮或其他精整状态交货。齿轮钢为中碳或低碳钢，家庭轿车用传动齿轮钢为低碳钢。现在通用的加工工艺是：热轧棒材锯切成段，加热后热挤压成型，经表面渗碳热处理后,，再经过研磨后使用。因在齿轮制造过程中要进行表面渗碳处理，热轧后的热处理显得没有必要，因此，极少有此类齿轮钢要求以热处理状态交货。只有少量中碳齿轮钢，用机械滚齿的方法成型，为降低加工硬度需要以退火状态交货。这类钢的处理量平均为 10% 左右即可。

（4）碳素工具及合金工具钢长材：按 GB/T 1299—2000《合金工具钢》和 GB/T 1298—2008《碳素工具钢》的规定，此类棒材和线材要求以退火状态或高温回火状态交货，根据用户要求亦可以不退火仅以热轧状态交货。根据需方要求，7Mn15Cr2Al3V2WMo、3Cr2Mo 及 3Cr2MnNiMo 钢可以按预硬状态交货。

工具钢中除少数几种为共析钢或亚共析钢外，主要是过共析钢，为了改善它们的切削加工性能和为制成工具后的最终热处理准备条件，必须进行球化退火以获得球化组织，并使碳化物颗粒分布均匀。对于亚共析钢和共析钢，虽然没有网状碳化物析出问题，但也应避免粗珠光体和过大的碳化物颗粒。因此在球化退火前应根据情况，对钢材进行必要的完全退火或正火处理。

合金工具钢特别是高合金钢，如量具刃具钢、热作模具钢、冷作模具钢和某些中合金钢，如塑料模具钢，在一般球化退火后硬度仍相当高，难以切削加工。因此，必须再对其进行适当的软化退火（或高温回火）。碳素工具钢钢材作为热加工工具的原材料时，可以不进行热处理。碳素工具钢钢材的热处理量，中型材约 50%，小型材和线材约 60% ~85%，合金工具钢则需要按 100% 进行热处理考虑。

（5）轴承钢的线材和棒材。按 GB/T 18254—2002《高碳铬轴承钢》标准的规定，轴承钢的线材和棒材有多种的供货状态供用户选择，选用何种供货状态，可在合同中注明。具体供货状态主要有热轧不退火圆钢（WHR）、热轧软化退火圆钢（WHSTAR）、热轧球化退火圆钢（WHTGR）、热轧球化退火剥皮圆钢（WHTGSFR）、热轧软化退火剥皮圆钢（WHSTASFR）、冷拉（轧）圆钢（WCR）、冷拉（轧）磨光圆钢（WCSPR）。

根据用户的需要，凡供轴承套或座圈等热加工用材，可以热轧状态交货；凡供冷镦、冷拉、车削加工等冷加工用材，则要求粒状组织，要球化退火后交货。大规格的铬滚动轴承钢，在热轧后缓冷的过程中，常易在晶界产生网状碳化物，并形成粗大的珠光体组织。这种组织将严重影响冷镦、切削加工及以后的热处理。如碳化物网细薄而不连续，在以后的球化退火时有可能消除，但如较严重时则应先进行正火处理。现代的生产工艺是：在棒材或线材精轧前水冷，以较低的温度进行精轧，并在轧后快冷，防止网状碳化物的析出和形成。但对大规格的轴承钢棒材，冷却效果不能深入心部，网状碳化物的析出仍不能避免。球化退火的目的是使钢材的显微组织转变为球化体，即碳化物呈球状颗粒，均匀地分布在铁素体基体中。经球化退火的轴承钢其硬度均在 200HB 左右，这样的组织和硬度便于钢材的冷镦和切削加工，同时为制成轴承后进行最后的成品热处理创造条件。这类钢材的热处理量约为生产总量的 30%～40%，甚至更高。

（6）弹簧钢长材：弹簧钢的棒材一般以热轧状态交货，线材以轧后缓冷的状态交货，但根据用户的需要亦可以退火状态交货。在 GB/T 1222—2007《弹簧钢》标准中规定，根据供需双方协议，并在合同中注明，弹簧钢材可以剥皮、磨光或其他状态交货。在热轧状态的弹簧钢材中，以圆钢最多，其直径为 $\phi 6 \sim 13mm$（小汽车挂簧）、$\phi 22 \sim 30mm$（铁路客运车厢减震弹簧）；其次为扁钢，厚度在 5～30mm（用于制造载重卡车和铁路车辆的减震弹簧），供热成型弹簧用。因钢材在制造弹簧时，需加热至高温（约900℃），钢材在加热前的状态就无关紧要了。以退火状态供货的多为合金弹簧钢，其直径一般为 $\phi 0.5 \sim 14mm$，供冷成型弹簧用。因冷成型困难，常需进行消除应力退火，使之软化，然后再冷成型为弹簧。总之，弹簧钢的棒材和线材需要热处理量极少。

（7）高速工具钢长材：按 GB/T 9943—2008《高速工具钢》标准规定，高速工具钢按化学成分，可分为钨系高速工具钢和钨钼系高速工具钢两大类；按其性能可分为低合金高速工具钢（HSS-L）、普通高速工具钢（HSS）和高性能高速工具钢（HSS-E）。高速工具钢的共同特点：一是都是碳含量很高的过共析钢；二是钨或钼含量很高。这类钢共同的热加工特点是导热性差，对冷却速度很敏感，冷却速度稍快即裂。这类钢的热轧棒材和线材，轧后在 650℃ 以上立即进坑缓冷，并在 24～36h 内进行退火处理。因此，高速工具钢应在退火状态下交货，基本上全部需要进行热处理。

（8）不锈耐酸钢的线材和棒材。按 GB/T 1220—2007《不锈钢棒》标准的规定，不锈钢按组织特征分为：奥氏体型、奥氏体-铁素体型、铁素体型、马氏体型和沉淀硬化型 5 种。不锈钢有多种交货状态：

1）切削加工用奥氏体型、奥氏体-铁素体型钢棒应进行固溶处理，经供需双方协商，也可不进行处理。热压力加工用钢棒不进行固溶处理。

2）铁素体型钢棒应进行退火处理，经供需双方协商，也可不进行处理。

3）马氏体型不锈钢应进行退火处理。

4）沉淀硬化型钢棒应根据钢的组织选择固溶处理或退火处理。退火制度由供需双方协商确定，无协议时，退火温度一般为 650～680℃，经供需双方协商，沉淀硬化型钢棒（除 05Cr17Ni4Cu4Nb 外）也可不进行处理。

生产中的铁素体型不锈钢可以退火处理，也可不处理。马氏体不锈钢一般铬含量在 12%～17% 之间，且有较高的碳含量。为使这类钢具有较高的强度、硬度，又有一定的韧性，一般采用淬火-回火的热处理工艺；当需要使钢软化时采用退火处理。在钢铁厂马氏体不锈钢棒材或线材全部进行退火处理。对于一般（未稳定化）奥氏体不锈钢棒材和线材，主要采用固溶处理（水淬或风冷），以获得单相均匀的奥氏体组织，达到最高的抗腐蚀性和最好的延展性。对于含有极强的碳化物形成元素钛或铌及钽的奥氏体不锈钢，这些元素和钢中的碳化合成各自的碳化物而将碳固定住，使晶界上不再有铬的碳化物析出，而影响晶间的抗腐蚀性。所以对这类钢的热处理不是恢复和保证抗腐蚀性，而是使之尽可能的软化和改善其延展性。对于稳定化和超低碳不锈钢，应根据情况采用消除应力退火或再结晶退火。

不锈钢的热处理量，按所生产的不锈钢中奥氏体、铁素体、马氏体所占的比例来决定，一般中型材为 50%～60%，小型材为 60%～90%，线材为 60%～80%。

（9）耐热不起皮钢长材：按 GB/T 1221—2007《耐热钢棒》的规定，耐热钢按组织特征分为奥氏体型、铁素体型、马氏体型和沉淀硬化型 4 种类型；按使用方法不同分为压力加工用钢 UP（又分为热压力加工用钢 UHP、冷顶锻用钢 UHF 和冷拔坯料 UC）、切削加工用钢 UC 两类。耐热钢棒可以热处理状态或不热处理状态交货。

1）切削加工用奥氏体型钢棒应进行固溶处理或退火处理，经供需双方协议，也可不处理。热压力加工用钢棒不进行固溶或退火处理。奥氏体型钢棒的固溶处理，加热温度在 1000℃ 以上，保温一定时间后水淬或空冷。

2）铁素体型钢棒应进行退火处理，经供需双方协议，也可不进行处理。

3）马氏体钢棒应进行退火处理。

4）沉淀硬化型钢棒应根据钢的组织选择固溶处理或退火处理，退火制度由供需双方协商确定，无协议时，退火温度一般为650～680℃，经供需双方协商，沉淀硬化型钢棒（除05Cr17Ni4Cu4Nb外）可不进行处理。

5）经冷拉、磨光、切削或者由这些方法组合而成的冷加工钢棒，根据供需双方要求可经热处理、酸洗后交货。

耐热钢的热处理量比例与不锈耐酸钢的相同。

（10）阀门钢长材：按GB/T 12773—2008《内燃钢气阀用钢及合金棒材》的规定，阀门钢按组织特征分为奥氏体型和马氏体型两类。成品热处理状态有：热轧或冷拉状态（不热处理）、退火处理、固溶处理、调质处理。

阀门钢用途重要，钢种特殊，其处理量按90%考虑。

11.2.3 直条棒材产品热处理设备

直条棒材的热处理设备主要有：车底式炉、连续辊底式热处理炉、步进式热处理炉。其中车底炉、连续辊底式热处理炉用得比较多，步进式热处理炉用得较少。

11.2.3.1 车底式炉

车底式炉既用于直条棒材，也可用于成卷的线材、管材及钢坯等的加热、退火、回火、正火。但它适合于小批量、多品种的生产，自动化程度低，而且不能做到气氛保护，加热也不是非常均匀，不适合处理对脱碳和二次氧化要求高的钢种。

车底式炉由固定的炉罩、移动的车底以及热工系统等三大部分组成，结构相对简单，操作方便，热工调整也相对简单。车底式炉长度一般为4～15.5m，在炉罩外用吊车将需要退火的棒材成捆装入车底，装满后车底进入炉罩，侧炉门关闭，即可点火加热并按所需要的热工制度进行处理。车底式炉只能在侧向和顶部布置烧嘴，炉内的气流不能进行循环，且侧向炉门和车底的密封都不可能十分严密，因此导致加热不均匀；炉气不能与所有的钢材直接接触，热效率低，炉子的生产率相对较低。但由于它具有结构简单、投资少、使用可靠等优点，因此，至今仍被广泛采用。尤其是其占地面积小，可布置在车间的热卸料台架旁，热收集后立即热装退火或进行其他热处理操作，可大大节约能源，近年为许多大棒材和中棒材车间所采用。车底式炉装炉量的选择，最好与前工序的炼钢转炉或电炉的炉容一致，使一个钢种一个炉号的钢材装入一座车底式炉，以免混炉混号。图11-12为某特钢公司使用的车底式退火炉。表11-5为部分厂使用车底式炉的技术性能参数。

图 11-12 某特钢公司使用的车底式退火炉

表 11-5 车底式炉的技术性能参数

序 号	项 目	A 厂	B 厂	C 厂	D 厂
1	台车尺寸长×宽/m×m	11.1×4.8	4×10	4.8×13	4.8×16
2	台车面积/m²	311.8	40	62.2	64
3	最大装料量/t	250	320	450	455
4	炉温/℃	1300	1280	1250	1300
5	炉子生产率/t·h⁻¹	11.8	10	—	13
6	单位面积产量/kg·(m²·h)⁻¹	200	250	—	200
7	燃料种类	发生炉煤气	发生炉煤气	发生炉煤气	发生炉煤气
8	燃料发热量/kJ·kg⁻¹	1450×4.18	1600×4.18	1450×4.18	1450×4.18
9	最大燃料耗量/kg·h⁻¹	5300	6000	9000	9000

序　号	项　目	A 厂	B 厂	C 厂	D 厂
10	单位燃耗/kJ·kg^{-1}	985×4.18	960×4.18	—	1000×4.18
11	炉底热强度/kJ·(m^2·h)$^{-1}$	$1.99 \times 4.18 \times 10^5$	$2.4 \times 4.18 \times 10^5$	$2.08 \times 4.18 \times 10^5$	$2.03 \times 4.18 \times 10^5$
12	空气消耗量(标态)/m^3·h^{-1}	7400	11200	12700	12690
13	向车间的散热量/kJ·s^{-1}	4660×4.18	4800×4.18	7460×4.18	7680×4.18

11.2.3.2　辊底式连续退火炉

辊底式连续退火炉（见图 11-13）是长材生产中用得最多的一种热处理炉，它除用于棒材外，也用于线材的热处理，以及钢管及中厚钢板的热处理，如常化、淬火、回火、退火和光亮退火等。辊底式热处理炉具有热处理质量好、产量高、温度调节灵活、易于实现机械化和自动化操作、生产成本低等优点，适合于批量生产，因而在钢铁厂得到广泛的应用。辊底式连续热处理炉的加热系统有燃气加热和电加热两种，现在两种热源都有在用者，以燃气为多。此外，还分明火加热和辐射管加热两大类，明火加热为燃烧的火焰直接与处理的钢材接触；辐射管加热为可燃性气体在辐射管内燃烧，通过辐射管的热辐射再传递给钢材。明火加热的供热系统相对简单，但火焰直接与钢材接触，氧化较严重，甚至造成钢材表面脱碳。所以在明火加热时，应尽可能控制炉内的气氛为微氧化性气氛或接近还原气氛，以获得较好的钢材表面质量。

图 11-13　辊底式连续退火炉

辐射管加热，燃料在辐射管长度方向上燃烧，温度均匀且节约燃料，它可以自由调节炉内气氛，减少钢材表面氧化铁皮的生成，对提高钢材的表面质量和减少炉底的清理起到积极的作用。但也带来投资成本高的问题，并受辐射管材质的限制，一般都用在低于 1000℃ 的热处理温度。

辐射管辊底式连续热处理炉包括：入口密封段及出口密封段、炉体钢结构、炉内辊道、烧嘴、辐射管、煤气管道与助燃空气管道、排烟系统、炉子砌体等。

用辐射管作为加热元件间接加热钢材。炉内以氮保护，并在入口与出口严密密封。炉底辊采用单辊传动，变频调速。炉底辊的材质为耐热钢［一般采用 Cr25Ni35（Nb）］，中空不需要水冷，以减少热损失。炉内钢材位置全程跟踪。为保证钢材的热处理质量，在有效的炉区长度内尽可能采用连续的操作制度。对少数大规格的棒材采用摆动式的操作制度。处理采用分段控温，对各段温度进行单独控制；通过各控制段的合理组合和炉温制度的灵活调节，以适应合金钢热处理多样化温度制度的要求。采用完善的热工自动化、电气控制系统、物料跟踪系统，实现全线管理等过程控制。

在 20 世纪 70 年代，我国开始使用辊底式连续热处理炉，当时备品备件、管理等方面都跟不上，停停用用，很少有正常者。90 年代，随着上工序轧机配置水平的提高，上钢五厂、抚顺钢厂等合金钢企业再次建设辊底式连续热处理炉。当时这种先进的炉型用得比较少，对它认识不深，多为一炉多用，退火、正火、淬火、回火皆在一个炉子进行。后来，连续式热处理应用逐渐增多，主要合金钢生产厂，其精整热处理车间都设有多条辊底式连续退火炉。为使投资、利用更为合理，对多条退火炉进行适当分工，退火、淬火、回火各在一个炉中进行。但也仍有多条炉子的功能不分工者。一般处理温度差别很大的连续炉，如退火、正火炉与奥氏体不锈钢固溶淬火炉最好分开，不锈钢固溶淬火炉的工作温度高达 800 ~ 1200℃，在这种条件下工作的耐热钢炉底辊价格昂贵，一座 100m 长（工作段长度）的退火炉都用这种材料的炉底辊，造价惊人。

为退火专用的连续炉，其长度比较长，其炉子总长约为 100 ~ 130m，加热室的长度 50 ~ 60m，其炉子工作温度在 960℃ 左右；为淬火或回火处理的连续炉，其长度较短，加热室长 18m，总长度 50 ~ 60m 左右，淬火炉的工作温度不高于 960℃，回火炉的温度更要低些，只有 200 ~ 750℃（炉子工作温度 800℃）。将不同用途的热处理炉分开，适当专业化，可减少投资和提高效率。

11.2.3.3　退火专用的辊底式连续退火炉

国内某特钢公司采用的退火专用辊底式连续退火炉用于大棒材的软化退火和球化退火，退火工作温度600～900℃。炉子热处理钢种有轴承钢、马氏体不锈钢、碳素工具钢、合金工具钢等热轧棒材。该退火炉采用电（通过辐射管）加热和氮保护的方式进行，炉子的技术性能参数见表11-6。

表11-6　退火专用辊底式连续退火炉技术性能参数

	总加热功率	1488kW		辐射管套管材料	1Cr25Ni20Si2、1Cr18Ni9Ti
	总安装容量	1594kW		电热元件材料	0Cr25Al5
	产　量	不小于2.37t/h		传动炉底辊材料	1Cr25Ni20Si2、1Cr18Ni9Ti
设备尺寸	进料台长度	6600mm	综合技术参数	炉底辊直径	152mm
	前真空室长度	7880mm		进、出料台、真空室炉底辊材料	无缝钢管
	前预热室长度	10950mm		炉底辊传输速度调速范围	1.2～11.1m/h
	加热炉体长度	47800mm		同区炉温均匀性（850℃时）	≤±5℃
	余热利用段	3435mm		同区炉温均匀性（600℃时）	≤±11.5℃
	后水冷室长度	8000mm		控温精度	±1℃
	后真空室长度	7880mm		炉壁温升	<45℃
	出料台长度	8000mm		出炉温度	<120℃
	炉膛宽度	2000mm		每吨球化退火工件能耗	210kW·h/t
	有效布料宽度	1700mm		氮气消耗量	45m³/h
	设备总长度	100809mm	真空系统	极限真空度	13.3Pa（麦氏计测量）
综合技术参数	额定温度	950℃		常用真空	50Pa
	退火温度	400～920℃		从常压到13.3Pa耗时	≤10min
	控温区数	13个区		配用功率	34kW
	工件最大装载高度	限高200mm		重量	2150kg

退火专用辊底式连续退火炉用于不同规格的轴承钢棒材退火时的小时产量见表11-7。

表11-7　退火专用辊底式连续退火炉用于不同规格的棒材退火时的小时产量

钢　种	直径/mm	辊速/m·h⁻¹	产量/t·h⁻¹	层　数	支　数	重量/t
GCr15	13	2.58	2.59	8	1012	11.315
	40	2.58	2.499	3	103	11.093
	60	2.52	2.52	2	48	11.314
	80	2.39	2.428	2	27	11.399
	120	2.28	2.47	1	13	11.84
	150	2.17	2.3	1	8	11.672

11.2.3.4　辊底式棒材连续固溶处理炉

A　工艺要求和产品参数

用途：用于奥氏体不锈钢热轧棒材的固溶，以及其他钢种的调质（淬火，不考虑回火）；处理钢种：不锈钢1Cr18Ni9（302）、Y1Cr18Ni9（303）、0Cr18Ni9（301）、Cr17Ni12Mo2（316）等；处理棒材规格：ϕ(13～60)mm×(4000～9000)mm；年处理量：15000t。

B　炉子参数

处理能力：2200kg/h；处理温度：≤1200℃；淬火后温度：≤120℃；温度偏差：±7℃（1200℃保温后淬火件表面和内部温度差）。

C　参考工艺曲线

奥氏体不锈钢固溶淬火加热工艺曲线如图11-14所示。

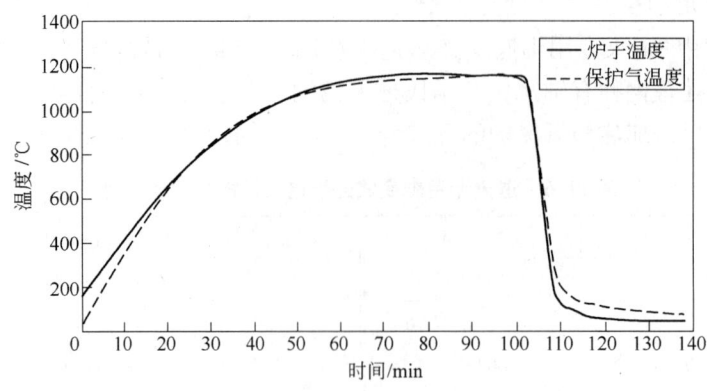

图 11-14　奥氏体不锈钢固溶淬火加热工艺曲线

D　技术规格

（1）设备尺寸：有效宽度：1780mm；有效高度：300mm；工作面标高：1100mm；上料辊台：11000mm；入口密封箱：2500mm；热处理炉长：约18000mm；出口密封箱：2500mm；淬火机：6000mm；出口辊台：1000mm；设备宽（包括管道）：约4000mm；总高：约3500mm；总长：约51000mm。

（2）设备技术参数：加热方式：发生炉煤气敞焰加热；控制区数量：5；温控系统：连续温控；温度测量记录范围：0～1300℃；工作温度范围：800～1200℃；最高炉温：1200℃；温度均匀性（保温结束时）：1200℃时，±7℃；出料温度：≤120℃。

（3）冷却水：水质：工业净环水；入口温度：最大30℃（夏季）；炉前压力：0.15MPa；水量：120m³/h。

E　炉子设备的描述

RoDR 2200H 型淬火炉适用于钢棒的连续热处理，工作温度为 800～1200℃，钢棒直接放置在炉底辊上进行淬火前加热处理，辊道式运输，连续生产。

成捆的棒料用吊车运到储料台架上，人工开捆，人工将棒料铺平，人工计数后拨到备料台，电动对齐。上料准备完毕，转入自动操作。棒料通过上料横向输送设备，将对齐后的棒料输送到上料辊道，棒料以需要的工艺速度和固定料间距送入炉内。

棒料在炉内和淬火机内以完全相同的速度前进，棒材在炉内连续完成加热、保温、淬火、吹干等热处理工艺。当棒材末端离开淬火机后，快速输送到下料辊台，通过下料横向输送机将棒材输送到集料筐。热处理工艺完成。

11.2.3.5　辊底式连续调质热处理炉

调质处理包括淬火和回火处理。这两种处理有三种组合：一是在同一个炉子内完成，先淬火，再进行回火处理；二是淬火在一个炉子内进行，回火在另一个炉子进行，两种处理布置在同一条线上；三是一个淬火炉，另一个回火炉，两个炉子分开布置。目前这三种情况都有，当然淬火与回火各在一个炉子里进行更为合理。下面介绍一个淬火与回火炉分开布置的调质热处理炉。DL 钢厂调质热处理炉性能如下。

A　工艺要求和产品参数

用途：用于碳素结构钢和合金结构钢热轧棒材在保护气氛下的调质热处理。产品大纲如表 11-8 所示。棒材尺寸：$\phi(13～60)\,mm \times (4000～12000)\,mm$。

表 11-8　产品大纲

钢　种	代表钢号	年产量/t	百分比/%
碳素结构钢	45，40Mn，45Mn	2000	
合金结构钢	35Mn2A，40Mn2A，20CrMoA，35CrMoA，42CrMoA，20Ni2MoA，40CrMnMoA，40Cr，40MnVB，40B，40VrMn，30CrMnSi，37SiMn2MoV，40CrNi，40CrNiMo，18Cr2Ni4WA	6000	75
合　计		8000	100

B　产品规范

（1）淬火炉产品规范：淬火能力：1200kg/h；淬火温度：不大于960℃；淬火后温度：不大于120℃；温控偏差：±5℃（960℃保温后淬火件表面与内部温差）。

（2）回火产品规范：回火能力：1200kg/h；回火温度：200～750℃；回火后温度：120℃；温控偏差：±11.5℃（750℃保温后回火件表面与内部温差）。

C　参考工艺曲线

淬火参考工艺曲线如图11-15所示，回火参考工艺曲线如图11-16所示。

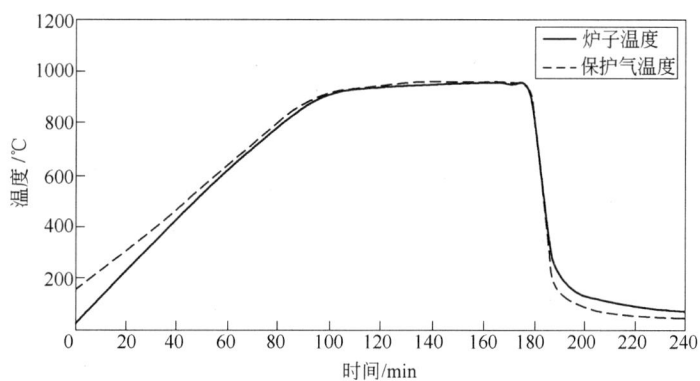

图11-15　调质热处理炉淬火加热工艺曲线

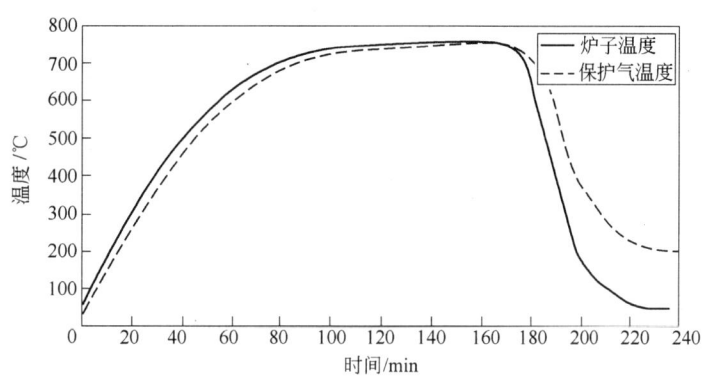

图11-16　调质热处理炉回火加热工艺曲线

D　淬火炉的规格和功能

淬火炉由上料台架、入口密封箱、淬火热处理炉、出口密封箱、淬火机、出口辊台、下料台架等部分组成。规格和功能如下：

（1）设备种类：连续式辊底炉。

（2）设备尺寸：有效宽度：1780mm；有效高度：300mm；工作面标高：1100mm；上料辊台：13000mm；入口密封箱：2500mm；热处理炉长：约18000mm；出口密封箱：2500mm；淬火机：6000mm；出口辊台：13000mm；设备宽（包括管道）：约4000mm；总高：约3500mm；总长：约56000mm。

E　淬火炉设备技术参数

加热方式：电辐射管加热；控制区段数量：5；温控系统：连续控制；温度测量纪录范围：0～1000℃；温度控制范围：0～999℃；工作温度范围：200～960℃；温度均匀性（保温结束）：960°时，±5℃；出料温度：不大于120℃。

F　公共介质

（1）保护气体：氮气；纯度：99.99%；露点：-40℃。

（2）冷却水：水质：工业净环水；入口温度：最大30℃（夏季）；炉前压力：0.15MPa；水量：约120m³/h。

G　炉子操作描述

RoDR 1200H 型炉子适用于钢棒连续热处理，工作温度 200～960℃。

钢棒直接放置在辊底炉的辊道上进行淬火前加热处理，辊道式运输，连续生产。

成捆的棒材用吊车运送到储料台，人工开捆，人工将料铺平，人工计数后拨到备料台，电动对齐，上料完毕转入自动操作。棒料通过上料横向输送设备输送到上料辊台，棒料以工艺速度和固定间距入炉。棒材在炉内和淬火机内以完全相同的速度前进，棒料连续完成加热、保温、淬火、吹干等热处理工艺。当棒料末端离开淬火机后，快速输送到下料辊台，通过下料横向输送机将棒料送回到回火炉上料辊台或在紧急情况下输送到集料筐。淬火热处理工艺完成。

辊底式连续淬火炉结构与上面介绍过的连续式退火炉大致相同，只有淬火设备与退火炉不同。

H　淬火设备

LOI 开发并改进的连续淬火设备，可在钢材离开炉子时进行连续均匀的淬火处理，其中分为水冷和介质（polymer）冷却两个部分。淬火时不需要夹具，因为夹具会在钢材表面留下印记。

LOI 淬火设备的特点之一：淬火工艺可以选择，淬火工艺一：介质（淬火溶液）和空气淬火工艺；淬火工艺二：水和空气淬火工艺。两种淬火工艺可以在线完成互相切换。高压气水混合物或高压介质混合物喷射到钢材表面，以保证钢材合理的温降。为避免工件变形，钢棒的上面和正面的冷却速度相同。淬火设备的特点之二：棒材出淬火机之前，进行干燥处理，防止水和淬火介质遗留在钢棒表面。

淬火后进入另一个回火热处理炉进行回火处理。回火热处理炉结构与性能都与上面介绍的淬火炉相似，不同之处只是工作温度比淬火炉低，淬火温度不大于 960℃，回火温度 200～750℃，因此回火炉的最高工作温度只有 800℃；此外，淬火炉有一段 6000mm 长的淬火段，回火炉没有淬火段，其余性能结构基本相同，为节省篇幅在此不作重复介绍。

11.2.4　线材卷的热处理设备

用于合金钢线材卷的热处理设备有罩式炉、室式炉、辊底式连续炉、辊底式周期退火炉、环形炉等多种炉型。线材卷退火用的室式炉结构与直条棒材无异，在此不重复介绍，下面对其他炉型作简单介绍。

11.2.4.1　罩式炉

现代化罩式退火炉由炉内保护内罩、加热罩（带有燃烧系统）、冷却罩和强制保护气氛对流的工作炉台组成。罩式退火炉具有炉子产量高、燃耗低、加热均匀、质量好等优点，适合小批量、多品种的生产，生产组织相对较为灵活。由于是周期性间断生产，炉温的调整相对较慢，自动化程度相对较低。在国内盘卷热处理生产中，多数采用罩式热处理炉。通常用于线材的软化退火和球化退火及回火等。

表 11-9 为某特殊钢公司高线车间成品的热处理产品大纲，表 11-10 为某公司引进 EBNER 公司罩式热处理炉的技术性能参数，图 11-17 为 EBNER 公司用于线材退火的罩式炉。

表 11-9　某公司高线车间成品热处理产品大纲

产品名称	钢　种	热处理方式	年生产能力/t	比例/%
线　材	GCr15，100Cr6	球化退火	50000	62.5
线　材	55Cr3，50CrV	软化退火	7000	11.75
线　材	4Cr9Si2，4Cr10Si2Mo	球化退火	10000	12.5
线　材	2Cr13～4Cr13	球化退火	13000	111.25
合　计			80000	100

表 11-10　某公司引进 EBNER 公司罩式热处理炉的技术性能参数

序号	项　目	技术性能参数	序号	项　目	技术性能参数
1	热处理方式	球化退火	3	线材直径/mm	15
2	热处理材料	GCr15(高速线材)	4	线卷尺寸（内径、外径、高度）/mm	850、1250、2200

序号	项 目	技术性能参数	序号	项 目	技术性能参数
5	线卷重量/kg	2200	15	冷却到炉料最热点温度120℃需要的时间/h	10.5
6	炉料量/t	30.8	16	总的加热时间/h	111.7
7	热处理气氛	100% N_2	17	总的冷却时间/h	10.5
8	工作温度/℃	790	18	设定装料时间/h	3.1
9	加热到工作温度需要时间/h	10.2	19	炉台工作总时间/h	30.3
10	保温结束时炉料温差/℃	5	20	燃气消耗/$m^3 \cdot t^{-1}$	234
11	控制冷却时间/h	0.5	21	电耗/$kW \cdot h \cdot t^{-1}$	69
12	控制冷却结束时的温度/℃	745	22	冷却水（净环水）/$m^3 \cdot t^{-1}$	2.6
13	慢冷时间/h	6	23	氮气/$m^3 \cdot t^{-1}$	30
14	慢冷结束时的温度/℃	680			

图 11-17 EBNER 公司用于线材退火的罩式炉

罩式退火炉在冷轧厂用得很多，在合金钢线材热处理中用得也不少，上钢五厂、大连等厂都在采用，主要用于线材的软化退火、球化退火及回火，其使用温度高达 760～850℃。为使线材线圈内外温度均匀，采用氮保护高温风机强制循环。罩式炉炉体结构并不复杂，但在高温下连续工作的风机容易损坏，目前高温风机仍为国外进口。

11.2.4.2 线材用辊底式连续热处理炉

辊底式连续热处理炉不仅用于处理直条棒材、钢管及钢板，也用于处理成卷的线材。辊底式热处理炉适合批量生产，可连续化生产，炉温的调整相对较灵活，自动化程度相对较高；在国内盘卷热处理生产中，目前很少采用，但在国外使用很多，随着国内要求热处理线材的增加，以及对这种炉型了解的增多，这种炉型的使用在国内会越来越多。处理线材卷的辊底式炉的剖面如图 11-18 和图 11-19 所示。

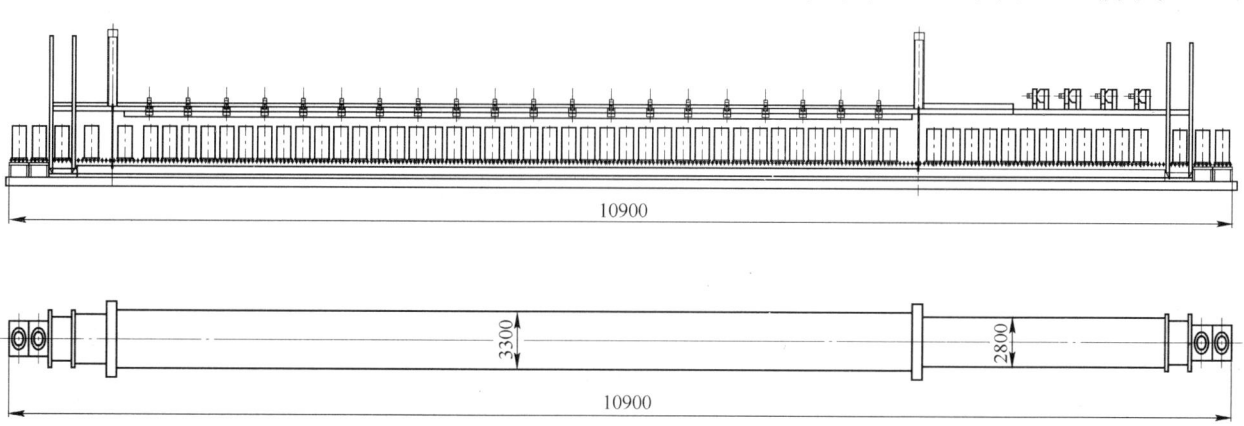

图 11-18 处理线材卷的辊底式连续热处理炉纵断面示意图

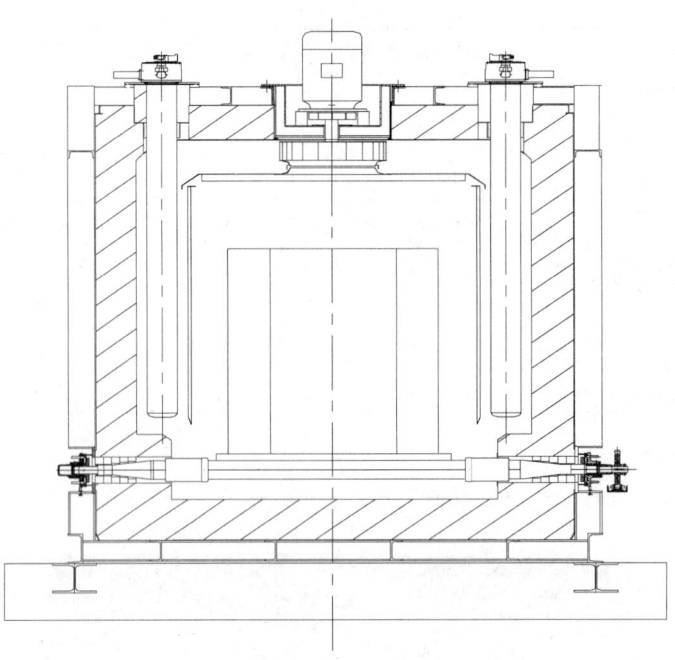

图 11-19　处理线材卷的辊底式连续热处理炉横断面示意图

对比图 11-18 与图 11-19 可以看出，处理直条棒材与处理成卷线材的辊底式炉的基本区别是：直条棒材是直接成排放置在炉底辊上，线材处理是成卷线材先垂直放在一个托架上，托架放在辊道上；处理直条棒材的辐射管布置在炉辊的上下，处理线卷的辐射管布置在线卷的两侧。

BG-HW 厂的以生产不锈钢为主的直条棒材-大盘卷-线材复合车间，共有两条辊底式连续退火炉，两条周期式线材退火炉，一座环形退火炉，对产品进行多样热处理。现将其处理线卷的辊底式连续热处理炉介绍如下。

轴承钢、结构钢和不锈钢线卷的热处理制度差别较大，因此考虑采用不同的热处理设备，轴承钢、结构钢采用辊底式连续热处理炉（RHF，Roller Hearth Furnace for Heat Treating of Wire Coils），不锈钢采用辊底式周期式热处理炉（MCF）。

A　产品大纲

新增连续式炉（RHF 炉）的产品大纲见表 11-11。

表 11-11　RHF 炉产品大纲

钢　种	代表钢号	规格/mm	月处理量/t	处理方式
合结钢（冷镦钢）	SCM435	5.5 ~40	1500	球化退火
弹簧钢	60Si3CrVAT	5.5 ~40	250	退火
轴承钢	GCr15	5.5 ~40	500	球化退火
合工钢	9SiCr	5.5 ~40	150	球化退火
优碳钢	20 ~40	5.5 ~40	100	退火
不锈钢	1Cr13、430	5.5 ~40	500	退火
总　计			3000	

产品执行标准和产品要达到的水平：GB/T 16923—1997《钢件的正火与退火》，同时处理后的盘卷要达到如下技术要求：

（1）盘卷通过热处理炉退火后不氧化，脱碳在热轧基础上不能增加。

（2）热处理后主要马氏体不锈钢的性能指标如表 11-12 所示。

表 11-12　主要马氏体不锈钢的性能指标

钢　号	晶粒度	退火硬度	退火组织
2Cr13（420）	细于或等于 11.0 级	≤200HB	100% 球状珠光体
4Cr9Si3（SUH1）	细于或等于 11.0 级	≤245HB	100% 球状珠光体

（3）轴承钢球化处理后，球化率大于 98%，显微组织符合 ASTM 892—88 标准 CS1-3、CN1 要求，退火硬度不大于 202HB，硬度同卷差不大于 5HB，硬度同炉差不大于 8HB。

（4）SCM435 的退火强度不大于 520MPa，淬火后心部硬度不大于 50HRC（≤φ15mm），三点的硬度差不大于 3HRC。

B　处理线材的辊底式连续热处理炉（RHF）基础技术数据

（1）处理的参考钢种：GCr15；处理能力：36000t/a；平均工作时间：7200h/a；处理的线卷钢种：GCr15，包括弹簧钢、合金结构钢、不锈钢；线卷外径：1250mm；线卷高度：1800mm；卷重：最大 2000kg，平均 1800kg，不锈钢卷 1600kg；线卷直径：5～40mm；线卷表面状态：带氧化铁皮的热轧状态，绝对干燥。

（2）RHF 炉典型钢种的热处理曲线：RHF 炉典型钢种线材卷热处理曲线如图 11-20、图 11-21 所示。

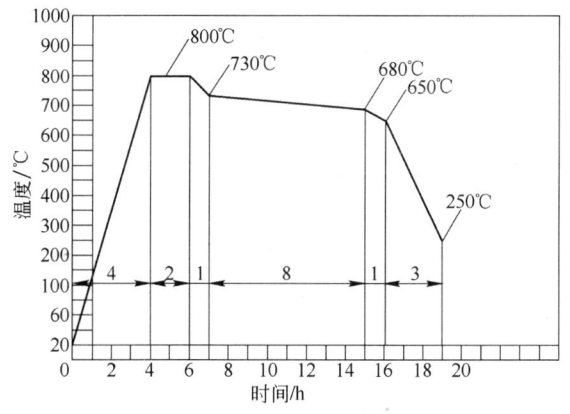

图 11-20　轴承钢 GCr15 线材卷热处理曲线

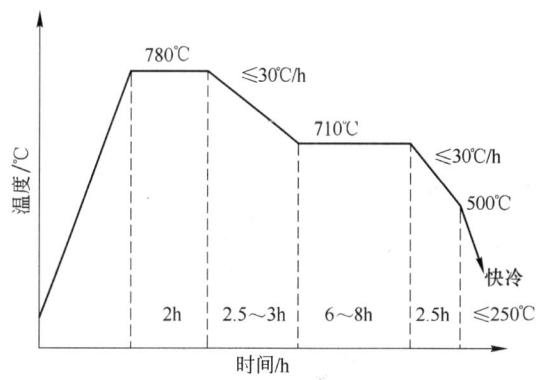

图 11-21　冷镦钢（SCM435）线材卷热处理曲线

（3）作业线尺寸：翻卷台和储料台：约 7000mm；进口密封室：约 2700mm；进口中间过渡室：约 5300mm；热处理炉：约 66375mm；出口中间过渡室：约 6700mm；冷却段：约 12000mm；出口倾翻台和储料台：约 7000mm；总长度：约 110000mm；总宽度：约 10000mm。

（4）退火炉的详细数据：

1）能力（基于上述的参考退火周期）：卷重 1800kg、退火周期 16h 时 5000kg/h；卷重 2000kg、退火周期 16h 时最大 5560kg/h。

2）加热：加热最高温度：870℃；辐射管直径：φ175mm；控制段数量：18；每一控制段长度：3375mm 或 3750mm；辐射管数量：90 片（加热段），16 片（冷却段）。

3）炉膛尺寸：宽度：1700mm；高度：2300mm；横移速度：1～10m/h 可调（参考速度 4.17m/h）；辊子直径：375mm；运输辊道直径：161mm；托架在炉子温度为 800℃时的荷载：最大 1700kg/m（传动系统可适应这种荷载）。

4）循环风机：数量：18 台；风量：12000m³/h（800℃时）；温度均匀性：均热段 ±5℃；炉内露点：小于 −45℃。

（5）介质：

1）燃料：结点流量（标态）：约 600m³/h；发热值（标态）：32.6MJ/m³；入口压力：约 10～12kPa。

2）保护氮气：TOP 前压力：0.4～0.6MPa；保护气体露点：−70℃；N_2 的纯度：99.99%；结点负荷（溢流和真空密封）：70m³/h（参考 GCr15）；在退火炉连续操作过程中纯 N_2 消耗总量：60～300m³/h（取决于线材表面的湿度）。

3）冷却水：结点流量：40m³/h；压力：0.3MPa；进口温度：最高35℃；出口温度：50℃。

11.2.4.3　线卷辊底周期式热处理炉

线卷辊底周期式热处理炉与连续式炉相类似，它由上料台架、备料辊道、上料段、热处理段（加热、保温、缓冷）、快速冷却段、卸料辊道、下料台架等部分组成。炉子总长（包括段间隔总计）约65300mm，它的纵向和横向剖面图如图11-22和图11-23所示。

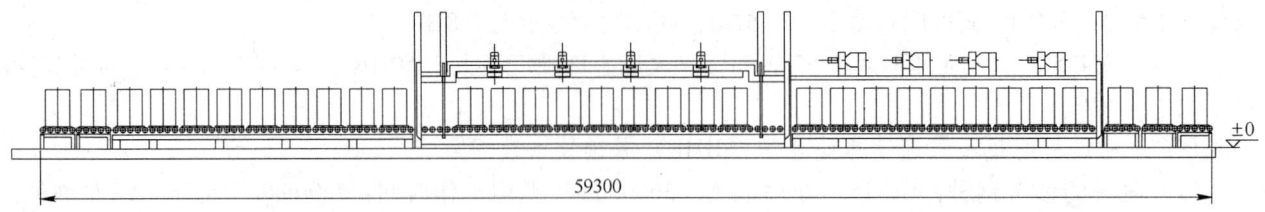
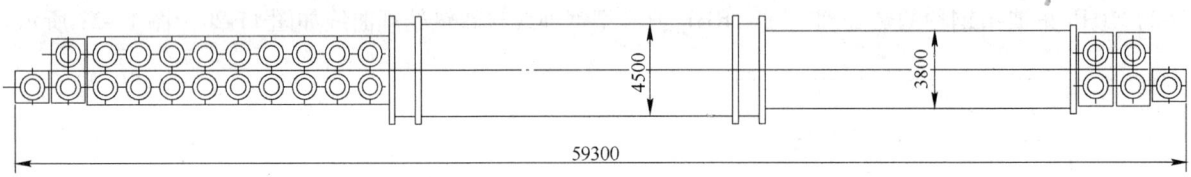

图 11-22　线卷辊底周期式热处理炉纵向剖面图

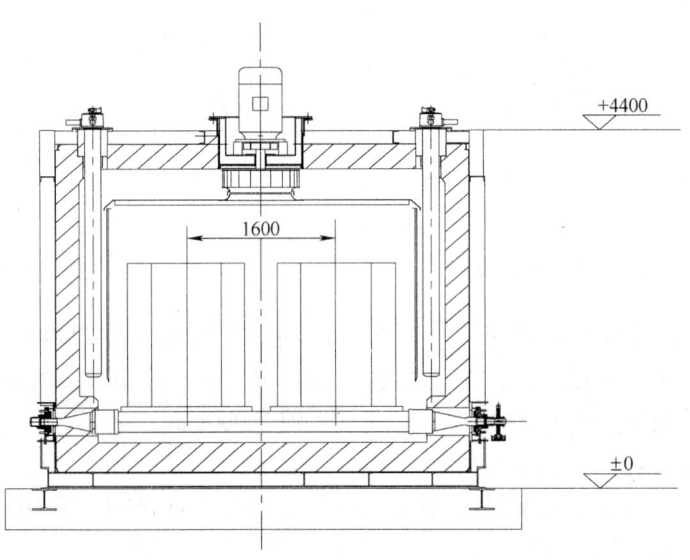

图 11-23　线卷辊底周期式热处理炉横向剖面图

BG-HW 新增保护气氛辊底周期式热处理炉（MCF 炉）的技术数据如下：

特钢分公司计划增加马氏体钢、铬系不锈钢大盘卷软化退火，预计热处理量1000t/月，需新增保护气氛辊底式周期工作的热处理炉1座，作业时间600h/月。辊底周期式热处理炉（MCF 炉）产品大纲如表11-13所示。

表 11-13　辊底周期式热处理炉（MCF 炉）产品大纲

钢　种	代表钢号	规格/mm	月处理量/t	处理方式
不锈钢	2~4Cr13	5.5~14	600	退　火
不锈钢	1Cr13	5.5~12	200	退　火
马氏体不锈钢	430	5.5~16	200	退　火
总　计			1000	

（1）设计条件：用途：成品无氧化、无脱碳退火；热处理钢种：马氏体钢、铬系钢；盘卷规格：内径850mm，外径1250mm，高度约1800mm（紧卷状态）；卷重：1800kg，平均1600kg；退火炉温：700～960℃；燃料：天然气，低发热值（标态）7800×4.18kJ/m³。

（2）MCF炉典型钢种的热处理曲线：MCF炉典型钢种的热处理曲线如图11-24和图11-25所示。

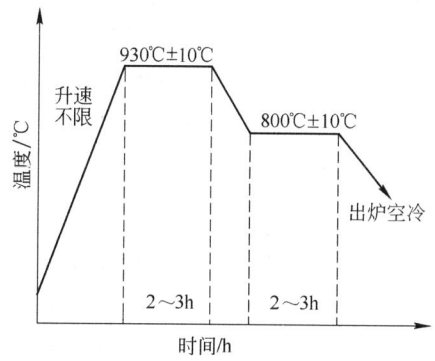

图11-24　马氏体气阀钢线卷在周期式退火炉中的退火曲线

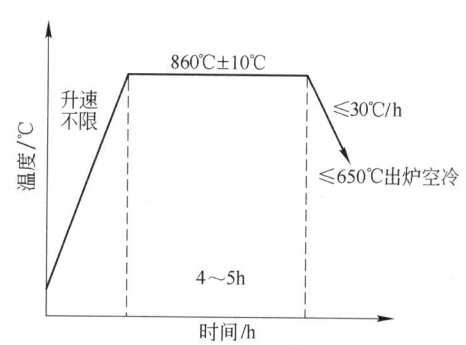

图11-25　1Cr13，2～4Cr13线卷在周期式退火炉中的退火曲线

（3）MCF炉能力、炉型和尺寸：新增热处理能力为1000t/月，按作业时间600h计，MCF炉设计产量为1.7t/h，负荷率97%。该MCF炉主要用于马氏体钢、铬系不锈钢的软化退火热处理，也可满足部分轴承钢、结构钢的热处理。由于要求热处理过程中极少氧化，严控脱碳，必须采用保护气氛并控制炉气碳势。

MCF炉为间断式工作的辊底炉，有如下配置和措施：

1）采用气密性焊接结构的炉壳，双层密封的炉辊轴承，确保炉子结构的气密性。

2）通入氮气作为保护气体，并可在保护气氛喷入甲醇控制炉气的碳势，防止盘卷氧化脱碳。

4）热处理段采用辐射管供热，采用炉气炉内强制循环系统，均匀炉温。

5）冷却段采用喷流冷却装置，快速冷却盘卷，均匀冷却温度。

6）采用轻型纤维模块炉衬，减少炉子的温度惯性，满足炉温调整灵活的热处理要求。

7）采用数字化脉冲燃烧、多段温度控制，炉长方向温度均匀，且辐射管工作状态佳，寿命长。

按盘卷输送方向MCF炉组成和各段长度如下：上料台架2000mm；备料辊道2000mm；上料段17000mm；热处理段（加热、保温、缓冷）18000mm；快速冷却段17200mm；卸料辊道2000mm；下料台架2000mm；炉子总长（包括段间隔总计）65300mm。

11.2.4.4　在线环形固溶热处理炉

在线环形固溶热处理炉如图11-26所示。

（1）在线环形固溶热处理炉设计条件：处理钢种及用途：奥氏体不锈钢、阀门钢的固溶处理；盘卷规格：外径1250mm，内径850mm；盘卷高度：最大卷高热卷状态约1700mm，冷卷状态1800mm；最大卷重：2000kg；装料温度：约700℃；加热温度：1050～1150℃；固溶处理方式：水淬；年处理量：约76000t；燃料及其低发热值（标态）：发生炉煤气，5600～5650kJ/m³。

（2）机组概述：环形炉机组包括环形炉本体（炉子中心直径15.5m，炉膛内宽2.2m）、线卷倾翻装置、装出料机（夹角约20°）、淬火装置。炉子特点为：

1）炉底机械传动采用电动方式。

2）炉子本体长度分成进料区、炉区及出料区三

图11-26　在线环形固溶热处理炉

个部分。进料区和出料区各为 10m，炉区为 340m。

3）炉区分预热段、加热一段、加热二段、加热三段、均热一段、均热二段。

4）每个炉段的烧嘴，上、下交叉布置，脉冲燃烧控制。

（3）在线环形固溶热处理炉技术性能：用途：奥氏体不锈钢和阀门钢盘卷固溶热处理；处理盘卷规格：5~40mm，盘卷外径 1250mm，内径 850mm，最大卷高 1700mm，最大卷重约 2.0t；炉型：环形炉；加热温度：1050~1150℃；年处理量：53000t；炉子产量：约 60t/h；固溶处理方式：水淬；炉中心直径：D_0 = 15.5m；炉子内宽：B = 2.2m；装、出料机夹角：20°；加热方式：明火加热，脉冲燃烧；燃料及低发热值（标态）：发生炉煤气，5600kJ/m³；燃料消耗量：约 7260m³/h；助燃空气用量：约 10900m³/h；加热和均热时间：加热 120min，均热 30min，合计 150min。

11.2.4.5　其他形式的热处理炉

（1）步进式炉：多用于长材、钢管、板材的加热及钢管的热处理，合金钢厂对脱碳有要求的钢种可用这种炉型，在长材产品的热处理中还很少使用这种炉型。

（2）碱浴炉：加热均匀，氧化少，多用于棒材、钢管、板材、工具和异形材的退火和酸洗前的预处理。在长材生产中仅用于不锈钢线材盘卷酸洗前的预处理，用于炸裂不锈钢盘卷表面坚实的氧化铁皮。线卷在放入碱浴炉之前要先行预热，特别是在北方地区冬天气候寒冷，在线卷表面结有霜露，放入温度高达 350~400℃的碱浴炉中容易发生爆炸危险。

（3）缓冷坑：用于缓冷棒材、型材、钢坯和板坯等。坑中底部有的带有砂子，也有的不带砂子。一般在正式装坑缓冷前要用其他不需要缓冷钢材"烫坑"，加热的砂子将吸潮的缓冷坑烘干。

（4）加热缓冷坑：用于合金钢棒材、板材车间的连铸坯或成品材的缓冷。缓冷质量好，但投资大，是现代合金钢车间的高端缓冷坑。宝钢初轧车间改造、苏钢大棒引进英国的二手设备均设有带加热的缓冷坑。但出于投资考虑，其他厂很少设带加热的缓冷坑。

对各类钢材需要进行的热处理已在上文作过粗略的介绍，但具体的钢类与钢号的热处理制度千差万别，很难一一列举，举一漏十不可避免。好在已出版的各种热处理手册中可以查到各类钢号的热处理制度，本书在此从略。

11.3　合金钢长材的黑皮精整

11.3.1　概况

钢材的黑皮精整是优质钢和合金钢棒材在热轧之后所进行的最主要处理工序之一。所谓黑皮精整就是钢材进行抛丸、倒棱、矫直、内部和外部探伤处理。其特点是：经上述处理后，除了端部形状外，不发生任何径向尺寸精度的改变，并在表面仍带有不同程度的氧化铁皮。

钢材的离线精整几乎与热轧生产工艺同时产生，离线热处理是为了改善钢材的冶金组织，满足用户对钢材性能的要求。在室式炉退火或在缓冷坑缓冷后，钢材产生严重的弯曲，为此需要矫直。在 20 世纪 90 年代以前，我国优质钢和合金钢生产工艺落后，冷床采用拉钢式冷床，钢材在冷床上冷却不均匀，产生严重的弯曲，在冷却后要进行补充矫直。当时在我国，所谓"精整"几乎就是进行离线再矫直的同义词。

90 年代以后，我国在长材轧制中普遍采用步进式冷床，钢材冷却的均匀性有了很大提高，经步进式冷床冷却钢材平直度可达 2‰，大部分钢材经冷床冷却后不需要补充矫直，只有少量要求高的钢材才需要补充矫直，大大节约了生产场地面积和生产人员。但随着世界汽车业和机械制造业向我国转移，几乎对优质钢和合金钢棒材内在质量和外部质量都提出了更高的要求。引进世界的先进标准，由此棒材精整的内容由单纯的矫直扩展为矫直、抛丸、倒棱、外表面探伤和内部探伤。采用步进式冷床冷却，钢材平直度提高了，大部分钢材经冷床冷却后不需要补充矫直了，但需要进行精整钢材的总量不但没有减少，反而增多了。在我国生产优质钢和合金钢的热轧棒材生产线之后，几乎都有多条棒材热处理和黑皮精整生产线。需要进行黑皮精整的合金钢与优质钢棒材和线材为：

（1）经缓冷后的钢材。经缓冷后钢材弯曲，外观不整而且表面覆一层厚的氧化铁皮，需要矫直与去除表面的氧化铁皮并倒棱，以提高钢材的外观质量。

（2）经热处理的钢材，性能改善但外表与缓冷材一样，需要矫直与去除表面的氧化铁皮并倒棱，以改善棒材的外观。

（3）经冷床冷却，钢材的平直度不能满足用户要求；或冷剪后产生压扁；或热锯后切口毛刺影响用户使用者，需要离线精整进行端部倒棱和矫直。

（4）重要用途的产品为保证使用安全，需要去除表面缺陷和内部缺陷者，需要经抛丸、矫直、倒棱后进行外表面和内部探伤，并对表面缺陷进行修磨，切除有内部缺陷部分。

黑皮精整量可用下式计算：

$$Q = A_1 + A_2 + B + C$$

式中 Q——黑皮精整量，t/a；

A_1——缓冷钢材生产量，t/a；

A_2——计划退火钢材生产量，t/a；

B——需要倒棱和提高矫直精度的钢材量，t/a；

C——需要表面涡流探伤或内部超声波探伤的钢材量，t/a。

黑皮精整生产线的布置有两种主要形式，一种是与轧机的主生产线布置在同一车间内，另一种是布置在轧机主生产线之外，全厂集中精整热处理。分散在各个长材轧钢车间和全厂集中精整热处理这两种形式各有优缺点。分散在各个长材轧钢车间，专门处理本车间的产品，不需要往返运输和中间的多次堆存、吊运，有利于降低成本；产品从加热→轧制→热处理→精整都在一个车间，产品质量责任一贯制，对产品质量管理有好处。第一种形式的缺点是：分散在各车间，精整线设备和热处理炉不能充分利用，容易出现忙闲不均的现象；各车间都要设置同样职能的管理人员。集中热处理和精整的优点正是分散处理的缺点。目前，两种布置形式国内都有，分散在各轧钢车间者更多一些。

11.3.2 黑皮精整工艺

合金钢长材的黑皮精整工艺过程包括：抛丸→矫直→倒棱→表面探伤→内部探伤→外表面修磨→切断→测长→称重→收集→打捆→入库等。图 11-27 为合金钢黑皮精整热处理车间的工艺流程。

11.3.2.1 原料及原料准备

供给精整车间的原料应该是成捆的，同一捆棒材应属于同一炉号和钢种，尺寸也应该是相同的，而且在棒材捆上还应该带有注明钢种、炉号、尺寸、根数、重量以及热轧车间合格标记等内容的名牌。原料在投产之前必须按技术要求分别进行化学成分、力学性能、几何尺寸、表面质量、弯曲度等项检验。棒材的外表面缺陷在冷加工过程中会不断扩大，因此，对于外表面有缺陷的原料，严重者应当报废，轻度者可以进行修磨，但修磨后的尺寸不允许超出公差的规定。长材外表面缺陷的修磨一般使用手提式砂轮机、吊挂式砂轮机、无心磨床、剥皮车床等设备。对于弯曲度过大的棒材应该先在压力矫直机上预矫直，然后进入随后的精整工艺，对于过度弯曲的麻花弯，通常予以报废处理。

11.3.2.2 热处理

合金钢长材的热处理通常包括：软化退火、再结晶退火（中间退火）、成品退火、正火、球化退火以及调质处理等。根据钢种的不同和所要求终端产品的力学性能不同选择不同的热处理工艺过程。它是提高产品力学性能的有力手段。

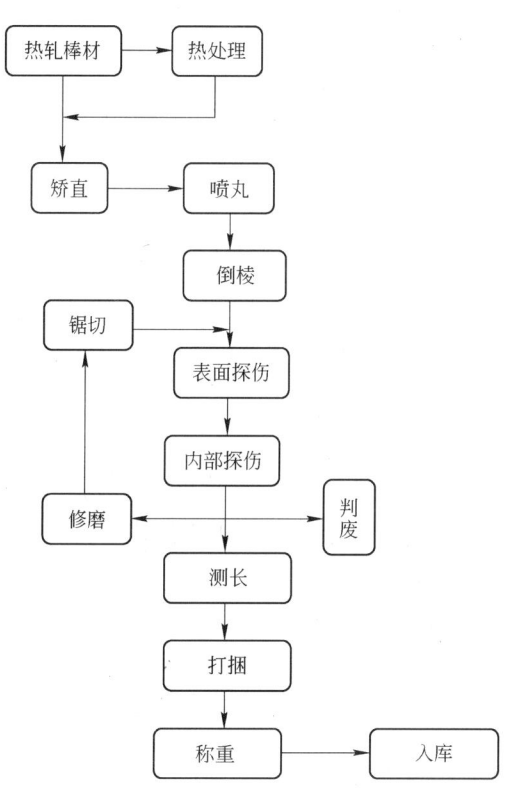

图 11-27 合金钢黑皮精整热处理车间的工艺流程

11.3.2.3　精整

精整线是对合金钢长材进行矫直、抛丸处理、倒棱、外表面探伤、内部探伤、修磨、贴标、打捆和在线称重的生产线。该生产线主要是确保合金钢圆钢的直线度、减少表面的氧化铁皮、去除剪切或锯切在两端面产生的毛刺和飞边以及表面和内部无缺陷等。进入精整线原料表面状态是热轧或退火状态（热轧材表面带的是致密稳定的氧化铁皮，退火材带有疏松氧化铁皮），抛丸工序是把表面存在的氧化铁皮和其他表面杂质清除，为下游的探伤精整工序做好准备。

矫直工序要求精整原料的头部状态是被锯切过或剪切的，不存在严重的毛刺现象，保证其不会损坏或划伤矫直辊辊面。如钢材的弯曲度太大，要先经过压力矫直机预矫，再进入多辊矫直机或二辊矫直机进行精矫。无论是压力矫直机、多辊矫直机还是二辊矫直机，设备的形状与角度布置都要使棒材受到超出其弹性极限的应力，这样才可达到理想的矫直效果。精整线为 7～9 辊矫直机，矫直后的轧件平直度可保证在 1/1000～1/1500；选用二辊矫直机，其精度可更高，可达 1/1500～1/2000，且不存在头尾的矫直"死区"。

倒棱工序通常采用的设备有砂轮倒棱机和金属倒棱机，相比较而言，金属倒棱机的倒棱效果更好。倒棱是对棒材两端进行倒角加工，设备可完成 45°、30° 倒角，最大倒角的深度可以达到 5mm。完成上述矫直、倒棱、抛丸等精整工序后，对多数钢材而言已可满足要求，可从抛丸机后的卸料台架卸料。对需要进行表面和内部探伤的钢材，则需要继续前行，通过涡流探伤装置对棒材进行表面探伤，以及通过超声波装置进行内部探伤。对于轻度的表面缺陷通过布置在其后的修磨机去除，内部缺陷需要切断处理。合格产品进入合格成品收集区域，测量长度，并称重、打包、贴标。

通过精整线精整，除棒材端部倒棱外，棒材的径向尺寸精度不发生任何变化，矫直后棒材表面质量在矫直过程中要求不产生新的矫直缺陷，如划伤、压痕及矫直造成的内部疏松和裂纹，以及为其配套的附属设备所造成钢材表面超过标准要求的划伤、印痕等表面缺陷。

11.3.3　几种产品的典型生产工艺流程及设备布置

合金钢精整材按照后续的用途不同分为黑皮材交货和银亮材交货。典型棒材黑皮材精整生产工艺流程如图 11-28 所示，国内某合金钢生产企业精整车间的典型生产工艺流程如图 11-29 所示。

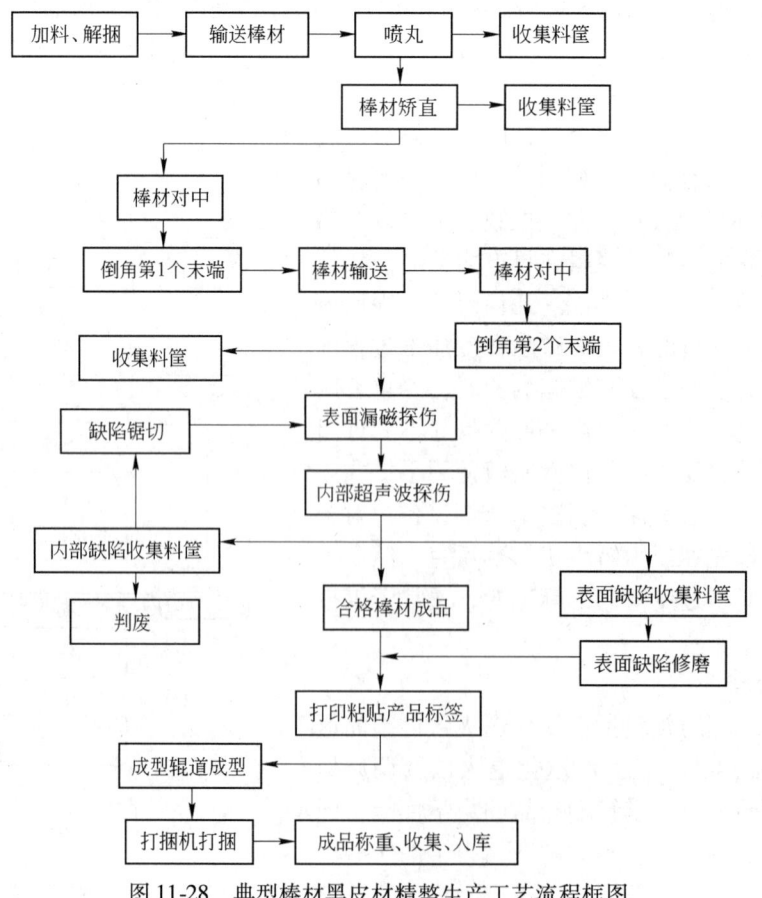

图 11-28　典型棒材黑皮材精整生产工艺流程框图

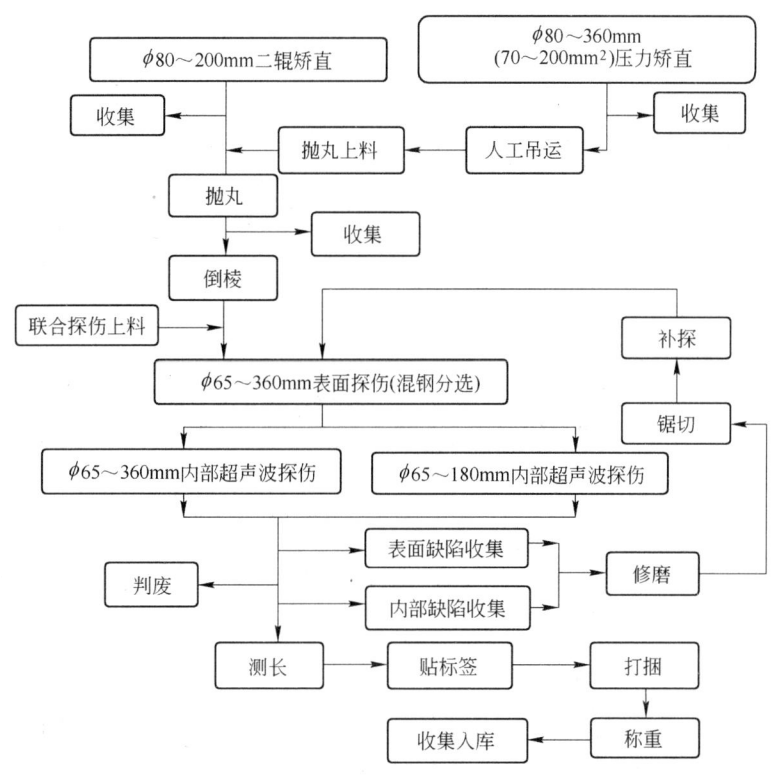

图 11-29　国内某合金钢生产企业精整车间的典型生产工艺流程

不同规格棒材的黑皮精整线平面布置图如图 11-30 ~ 图 11-33 所示。

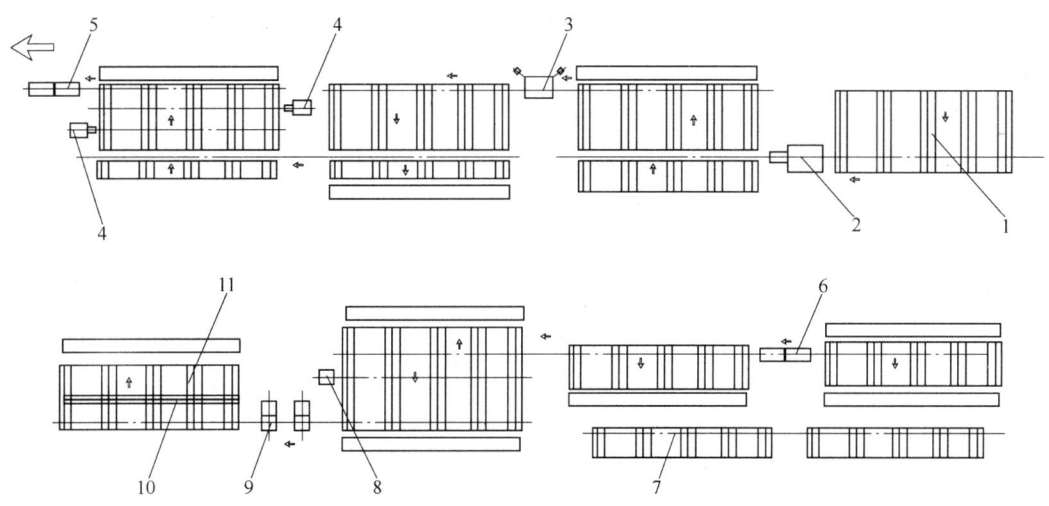

图 11-30　DL 钢厂小规格圆钢（13 ~ 40mm）黑皮精整线平面布置示意图

1—上料台架；2—抛丸机；3—矫直机；4—倒棱机；5—涡流表面无损探伤仪；6—超声波内部缺陷无损探伤仪；

7—人工修磨台架；8—贴标签机；9—打包机；10—称重装置；11—下料台架

图 11-30 所示为 DL 钢厂小规格圆钢（13 ~ 40mm）黑皮精整线平面布置示意图。DL 钢厂共有四条小规格圆钢黑皮精整线，其中两条处理规格 ϕ13 ~ 40mm，两条处理规格 ϕ20 ~ 60mm。这四条线设备组成与工艺过程相似，设计生产能力共计 30 万吨。其生产的工艺过程是：成捆的棒材用吊车放置在上料台架上，由人工解开捆线平铺在上料台架上，上料台架的链条将成捆棒材一根一根地分开并向前运送。上料台架端部的辊道将单根或多根（小规格时为多根同时进入）送入抛丸机进行去除氧化铁皮的抛丸处理。抛丸棒材继续前行，经移钢台架和辊道进入二辊矫直机进行矫直。矫直后经移钢台架和辊道进入两台倒棱机对两端进行倒棱，倒棱后进行涡流表面探伤，然后再前行进行超声波内部探伤。超声波内部探伤后进行贴标签、打捆、称重、卸料。

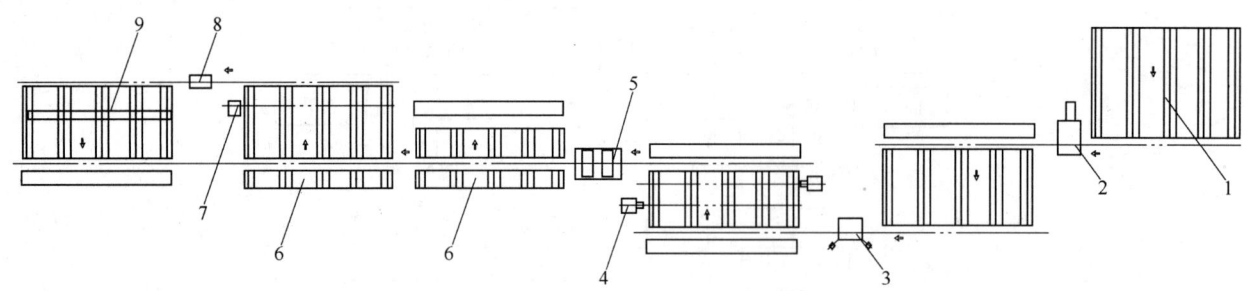

图 11-31　FY 钢厂大棒材（ϕ50～160mm）黑皮精整线平面布置示意图

1—上料台架；2—抛丸机；3—压力矫直机；4—倒棱机；5—联合（表面与内部）探伤机；

6—人工修磨台架；7—贴标签机；8—打捆机；9—称重装置

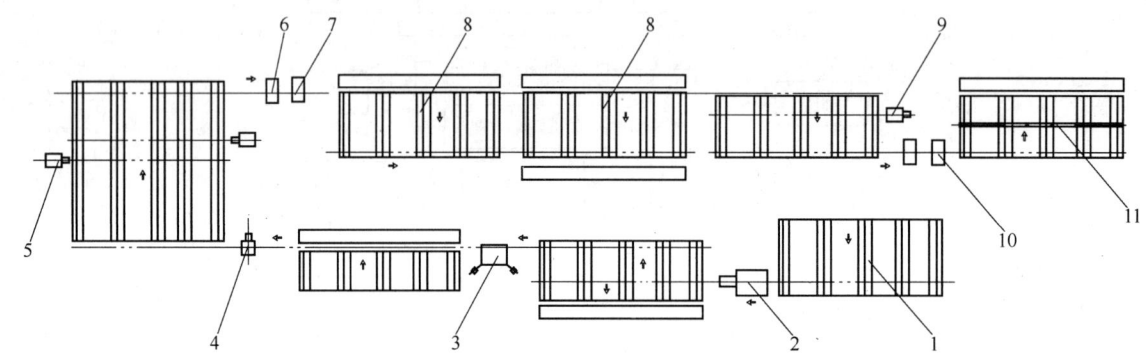

图 11-32　GY 钢厂大棒材（ϕ80～180mm）黑皮精整线平面布置示意图

1—上料台架；2—抛丸机；3—二辊矫直机；4—高压水冲洗装置；5—倒棱机；6—涡流探伤仪；

7—超声波无损探伤仪；8—修磨台架；9—贴标签机；10—打捆机；11—称重装置

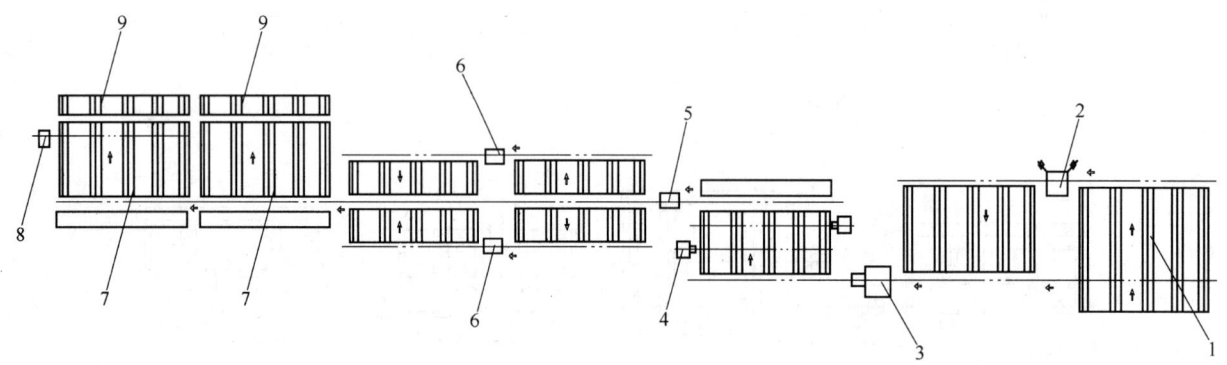

图 11-33　FY 钢厂大棒材（ϕ150～250mm）黑皮精整线平面布置示意图

1—上料台架；2—压力矫直机；3—抛丸机；4—倒棱机；5—超声波无损探伤仪；

6—磁粉探伤仪；7—移钢台架；8—贴标签机；9—修磨台架

　　除了上述全流程的完整精整作业外，在生产线上还设有多处上料、下料台架。在抛丸机后矫直机前、矫直机后倒棱机前，均设有上料台架。对不需要进行抛丸处理的钢材，可直接从抛丸机后矫直机前的上料台架上料；对不需要抛丸，也不需要矫直的钢材，从矫直机后倒棱机前上料。在抛丸机后矫直机前、矫直机后倒棱机前、倒棱机后涡流探伤前、涡流探伤后超声波探伤前、超声波探伤后贴标签前、贴标签后打捆机前均设有下料台架。经每一道精整工序后，不要求再进行下一道工序处理的产品，即可从此工序后的下料台架下料。在涡流表面探伤后，合格的棒材继续前行，进行下工序的精整，表面不合格的棒材由机后的台架下料，移至人工修磨台架（图 11-30 中的 7）进行人工修磨。在超声波探伤后，合格钢材继续前行进行贴标签、打捆、称重、收集。有内部缺陷不合格的钢材，由超声波后的下料台架下料，用吊车吊运至线外进行处理。

图 11-31 为 FY 钢厂大棒材（φ50～160mm）黑皮精整线平面布置示意图。与图 11-30 进行比较可以发现，φ50～160mm 的大规格棒材与 φ13～40mm、φ20～60mm 的小规格棒材精整线基本相同，但也不完全相同。其区别是：

（1）φ50～160mm 规格的精整线将抛丸机布置在矫直机之前，规格越大弯曲的可能性相对越小。

（2）矫直机的形式，小规格棒材的矫直机为二辊式或多辊式，大棒材也有用二辊式或多辊式者（矫直上限为 φ160mm 或 φ200mm），但更多情况下是用压力矫直机。

（3）将表面探伤和内部探伤合二为一，其好处是可缩短机组的长度，缺点是不管是否需要表面与内部探伤都得通过。

图 11-32 所示为 GY 钢厂大棒材（φ80～180mm）黑皮精整线平面布置示意图。此线亦为抛丸机布置在矫直机之前，但此线的矫直机不是压力矫直机，而是二辊矫直机。为使探伤效果更好，在矫直后设置了高压水冲洗，这是这条生产线所特有的，其他黑皮精整线上没有见过这种配置。另外在联合探伤后设有两个人工修磨台架，对表面不合格的产品进行人工修磨。

图 11-33 所示为一个更大规格棒材（φ150～250mm）的黑皮精整线，其矫直机仍是布置在抛丸机之前，但矫直机为压力矫直机，因为矫直规格达 φ250mm 的辊式矫直机，其结构非常庞大，至今二辊矫直还没有这个系列。此外，其表面探伤不是前面介绍过的涡流或漏磁法，而是荧光磁粉探伤。因荧光磁粉探伤需要人工识别，速度比较慢，因此作业线设置了两台荧光磁粉探伤仪。在后面同样设置了两个人工修磨台架。

在合金钢和优质钢黑皮精整线的设计中如何决定生产线的生产能力是非常纠结的问题。生产线的处理能力可以通过生产线中各机组的通过能力计算出来，但又难以准确计算，因为影响的因素很多，棒材的长度、来料的表面和弯曲状态、硬度都会对作业线生产率产生很大的影响。下面列举了 DL 厂黑皮精整线设计中的计算表。从表 11-14～表 11-17 可以看出 φ13～40mm、φ20～60mm 相应规格合适的矫直、抛丸和探伤速度，以及在此速度下的机时产量。从表 11-14、表 11-15 的对比中可以发现，同样是 φ13～40mm 的棒材，机组的年工作小时同样是 7012h 左右，但棒材长度分别为 6m 与 9m，可采用的操作速度和机时产量差别很大，6m 长度，机组综合能力只有 44000t/a；而 9m 长度，机组综合能力可提高至 72320t/a，其产能增加将近 50%。φ20～60mm 的黑皮精整线亦有相同的情况，当棒材长度为 6m 时，机组的综合能力仅 99330t/a；而棒材长度为 9m 时，机组的综合能力可达 116600t/a。规格大小的比例也会影响到机组的机时产量，这些因素在生产中都会出现，机组实际生产能力会在一个较大的范围内波动。

表 11-14　棒材长度 6m、材料屈服极限 1100MPa、直径 13～40mm 的产量计算

轧材直径 /mm	单位重量 /kg·m⁻¹	棒材质量 /kg	抛丸速度 /m·min⁻¹	抛丸机能力 /t·h⁻¹	矫直速度 /m·min⁻¹	二辊矫直机 /t·h⁻¹	倒棱机能力 /t·h⁻¹	无损探伤设备 /t·h⁻¹	最小产量 /t·h⁻¹	实际产量 /t·h⁻¹	产品比例 /%	产量 /t·a⁻¹	每种规格所需工时 /h·a⁻¹
14.0	1.21	7.26	53.1	3.0	120.0	4.4	3.4	3.0	3.0	2.9	17.05	7500	2586.2
16.0	1.78	10.68	49.6	4.2	110.0	11.3	5.0	4.2	4.2	4.1	18.18	8000	1951.2
21.0	2.72	16.32	49.6	11.3	110.0	9.5	11.7	9	11.3	8.8	19.32	8500	965.9
25.0	3.65	21.9	49.6	9.0	100.0	12.8	10.9	11.3	9.0	11.2	20.45	9000	803.6
32.0	6.31	37.86	45.9	13.8	90.0	19.7	18.1	13.8	13.8	13.5	14.77	6500	481.5
39.0	9.39	56.34	45.9	20.5	90.0	21.3	21.1	20.5	20.5	20.1	10.23	4500	223.9
总计											100.0	44000	7012.3

表 11-15　棒材长度 9m、材料屈服极限 1100MPa、直径 13～40mm 的产量计算

轧材直径/mm	单位重量/kg·m⁻¹	棒材质量/kg	抛丸速度/m·min⁻¹	抛丸机能力/t·h⁻¹	矫直速度/m·min⁻¹	二辊矫直机/t·h⁻¹	倒棱机能力/t·h⁻¹	无损探伤设备/t·h⁻¹	最小产量/t·h⁻¹	实际产量/t·h⁻¹	产品比例/%	产量/t·a⁻¹	每种规格所需工时/h·a⁻¹
14.0	1.21	10.89	79.6	4.5	120.0	5.3	5.1	4.5	4.5	4.4	19.0	11820	2686.4
16.0	1.78	16.02	74.3	11.2	110.0	11.4	11.5	11.2	9.5	9.3	18.0	12000	1290.3
21.0	2.72	24.48	74.3	9.5	110.0	11.2	17.5	9.5	11.2	11.1	13.0	12500	1126.1
25.0	3.85	34.65	74.3	13.5	100.0	15.0	24.7	13.5	13.5	13.2	19.0	12000	909.1
32.0	6.31	56.79	68.8	20.7	90.0	22.8	29.64	20.7	20.7	20.2	13.0	12000	594.1
39.0	9.39	84.51	61.4	30.1	80.0	31.2	40.6	30.1	30.1	29.5	8.0	12000	406.8
总计											100.0	72320	7012.7

表 11-16　棒材长度 6m、材料屈服极限 1100MPa、直径 20～60mm 的产量计算

轧材直径/mm	单位重量/kg·m⁻¹	棒材质量/kg	抛丸速度/m·min⁻¹	抛丸机能力/t·h⁻¹	矫直速度/m·min⁻¹	二辊矫直机/t·h⁻¹	倒棱机能力/t·h⁻¹	无损探伤设备/t·h⁻¹	最小产量/t·h⁻¹	实际产量/t·h⁻¹	产品比例/%	产量/t·a⁻¹	每种规格所需工时/h·a⁻¹
21.0	2.72	16.32	49.6	11.3	110.0	9.5	11.7	11.3	9	8.8	21.98	21830	2480.7
25.0	3.85	23.1	49.6	9.0	100.0	12.8	10.9	9.0	11.3	11.2	20.13	20000	1785.7
32.0	6.31	37.86	45.9	13.5	90.0	19.7	18.1	13.8	13.8	13.5	15.1	15000	1111.1
39.0	9.38	56.28	45.9	20.5	80.0	21.3	21.1	20.5	20.5	20.1	15.1	15000	746.3
45.0	12.45	74.7	42.1	25.3	70.0	33.4	34.1	25.3	25.3	24.8	15.1	15000	604.8
60.0	22.20	133.2	42.1	44.9	50.0	41.0	61.6	44.9	44.9	44.0	12.58	12500	284.1
总计											100.0	99330	7012.7

表 11-17　棒材长度 9m、材料屈服极限 1100MPa、直径 20～60mm 的产量计算

轧材直径/mm	单位重量/kg·m⁻¹	棒材质量/kg	抛丸速度/m·min⁻¹	抛丸机能力/t·h⁻¹	矫直速度/m·min⁻¹	二辊矫直机/t·h⁻¹	倒棱机能力/t·h⁻¹	无损探伤设备/t·h⁻¹	最小产量/t·h⁻¹	实际产量/t·h⁻¹	产品比例/%	产量/t·a⁻¹	每种规格所需工时/h·a⁻¹
21.0	2.72	24.48	74.3	9.5	110.0	11.2	11.5	9.5	9.5	9.3	17.15	20000	2150.5
25.0	3.85	34.65	74.3	13.5	100.0	15.0	16.4	13.5	13.5	13.2	30.02	35000	2651.5
32.0	6.31	56.79	68.8	20.7	90.0	22.8	26.1	20.7	20.7	20.2	19.73	23000	1138.6
39.0	9.38	84.42	66.4	30.1	80.0	31.2	40.6	30.1	30.1	29.5	12.86	15000	508.5
45.0	12.45	112.05	62.3	36.5	70.0	36.7	51.2	36.5	36.5	36.7	11.15	13000	354.2
60.0	22.20	199.8	41.6	51.7	50.0	51.7	92.4	65.5	51.11	50.6	9.09	10600	209.5
总计											100.0	116600	7012.9

　　表11-18与表11-19列出了同样是4条ϕ13~40mm、ϕ20~60mm的黑皮精整线，采用9m、12m进料与6m进料产能计算的差别。

表11-18　三条棒材长度9m和一条棒材长度12m精整线的产能计算

生产线	棒材长度/m	直径范围/mm	不同规格产量/t·a^{-1}								
			(13~15)	(16~18)	(19~22)	(23~28)	(29~35)	(36~42)	(45~60)		总产量
			14mm	17mm	21mm	25mm	32mm	39mm	45mm	60mm	
A1	9	13~40	12024	11391	8227	12024	8227	5063	—	—	56956
A2	9	13~40	12024	11391	8227	12024	8227	5063	—	—	56956
A3	9	20~60	—	—	19086	37136	22282	11141	16092	17330	123788
B1	12	20~60	—	—	22608	42391	25434	12717	18396	19782	141303
4条作业线总产能			24048	18750	48450	85970	46700	23250	71574		379003
厂家要求的产能			20700	18750	48450	85970	46700	23250	56180		300000

表11-19　4条棒材长度6m的产能计算

生产线	棒材长度/m	直径范围/mm	不同规格产量/t·a^{-1}								
			(13~15)	(16~18)	(19~22)	(23~28)	(29~35)	(36~42)	(45~60)		总产量
			14mm	17mm	21mm	25mm	32mm	39mm	45mm	60mm	
A1	6	13~40	7884	6537	6537	9151	5665	34686	—	—	39220
A2	6	13~40	7884	6537	6537	9151	5665	34686	—	—	39220
A3	6	20~60	—	—	13370	25905	14206	5849	11699	12535	83563
B1	6	20~60	—	—	13370	25905	14206	5849	11699	12535	83563
4条作业线总产能			15688	13073	39814	70112	39742	18671	48464		245566
厂家要求的产能			20700	18750	48450	85970	46700	23250	56180		300000

11.3.4　长材黑皮精整生产线的设计

　　为提高合金钢和优质钢长材产品的实物质量，近年来大连钢厂、上钢五厂、大冶钢厂、抚顺钢厂、江阴兴澄、淮阴钢厂、济源钢厂等，纷纷扩建和新建黑皮精整线。通过上述生产线的设计，我们认为在长材黑皮精整生产线的设计中，业主和设计人员需要了解和解决如下两个主要问题，即作业线的规格范围问题和精整处理量问题。当然除这两个问题外还有其他一些问题，如抛丸机在矫直之前还是之后的问题、矫直机和形式问题、探伤的方式问题、探伤后的修磨问题等。但对企业的领导者和设计人员来说最主要需要解决是作业线的规格范围问题和精整处理量问题。

11.3.4.1　作业线的规格范围问题

　　表11-20列出了国内几条黑皮精整线处理产品的规格范围，可为其他厂设计新的精整线提供参考。

表 11-20　国内几条黑皮精整线处理产品的规格范围

项　目	DL 钢厂 A	DL 钢厂 B	FY 钢厂 A	JY 钢厂	FY 钢厂 B
处理规格范围/mm	13 ~ 40	20 ~ 60	50 ~ 160	80 ~ 180	150 ~ 250
生产能力/t·a⁻¹	43500 ~ 63000	83000 ~ 123000	200000	200000	200000
生产线的数量	2	2	1	1	1

从表 11-20 可以看出，黑皮精整线处理的产品规格范围比为 $K = D_{max}/D_{min} = 1.8 ~ 3.0$。

任何设备都有一个合理的工作范围，其产能和设备的潜力都可得到最合理的发挥。从小到大的产品都在同一生产线上解决，是某种情况下的无奈选择，是极不可取的。

我们推荐：产品规格下限为 $\phi 12 ~ 50mm$ 时，$K = 3$；产品规格下限为 $\phi 60 ~ 90mm$ 时，$K = 2 ~ 2.5$；产品规格下限不小于 100mm 时，$K = 1.8 ~ 2$。

11.3.4.2　精整处理量问题

如何确定本厂的黑皮精整量可从两个方面考虑：一是根据本厂产品的市场定位，以本厂长材总产量的百分比来考虑，黑皮精整材的比例按本厂长材总产量的 80%、60%、40% 来考虑都认为是合理的。如本厂产品的市场定位是中高端的长材产品，精整材的比例可按 80%、60% 来考虑；如产品定位是中端的长材产品，精整材的比例可按 60%、40% 选取。二是要根据生产线的能力来选取，换句话说要根据本厂的投资能力，可以建设几条精整生产线来考虑。表 11-20 列出了现有设计的黑皮精整线的生产能力，可供参考。

11.3.4.3　其他问题

（1）抛丸机在矫直之前还是之后的问题：矫直机在抛丸机之前，棒材经过矫直，平直度较好，抛丸效果会更好。但氧化铁皮会对矫直辊造成较大的磨损。抛丸机在矫直机之前，进入矫直机的氧化铁皮 98% 已经去除，对矫直机磨损减少，但未经矫直进行抛丸处理，有的棒材平直度不好，影响抛丸效果。目前两种布置形式都有，小规格精整线抛丸机在矫直机之前者居多，大规格精整线矫直机在抛丸机之前者居多。

（2）矫直机形式问题：目前 $\phi 12 ~ 160mm$ 的精整线使用辊式矫直机，大于 $\phi 160mm$ 的精整线多用压力矫直机。辊式矫直机有二辊式和多辊式，二辊矫直机矫直的精度高，平直度可达 1/1500 ~ 1/2000，且头部和尾部没有死区；其缺点是矫直速度较低，效率不如多辊矫直机。经过改进二辊矫直机的矫直速度已可达 120m/min，其小时产量已足够高，可与精整线上的其他设备（抛丸、倒棱、探伤）相匹配，因此现在二辊矫直机用得比较多。压力矫直机的效率低，但大棒材弯曲的几率比较少，一旦大棒出现弯曲需要的矫直力很大，用辊式矫直机设备会很庞大，而且大弯需要压力矫直机预矫直。所以，尽管现在已有矫直规格达 200mm 的二辊矫直机，但 160mm 以上仍多选用压力矫直机。

（3）探伤的形式问题：表面探伤的方式有涡流探伤、漏磁探伤、磁粉探伤。磁粉探伤的精度高，但需要人工肉眼检查，且磁粉液处理麻烦，因此只用于方坯探伤和大于 $\phi 200 ~ 220mm$ 的大圆钢探伤。涡流探伤的精度比漏磁探伤要高，因此涡流探伤用得比漏磁探伤要多。

（4）缺陷探伤后的修磨问题：大方坯精整线的表面探伤后多设有 2 ~ 4 台钢材修磨机，对有表面缺陷的钢坯进行在线修磨。但在圆钢黑皮精整线后一般不设在线修磨机，只设人工修磨台架，对少量缺陷进行人工修磨，因为成品直径已经比较小，出现大量表面缺陷在线修磨来不及，对有表面和内部缺陷的产品只能下线处理。

11.3.5　合金钢精整线的发展趋势

目前合金钢精整线的发展趋势是：

（1）最大限度地改善产品质量，提高金属材料的收得率。

（2）精整线设备加工精度高，结构坚固耐用，以获得良好的产品几何精度和表面粗糙度。

（3）设备利用系数高，提高设备的生产能力，降低生产成本。

（4）缩短精整过程所需要的时间，尽可能缩短生产的停机时间。

（5）热处理设备尽可能完善和具备共用性，以便精整产品丰富，品种多样化，满足市场要求。

（6）降低能源消耗，减少生产操作人员的配备。

（7）改善设备运行的环境条件，减少对外界环境的影响。

（8）简化和方便设备维护保养，较少设备维护工作量。

（9）降低设备噪声水平，提高无损探伤合格率。

（10）提高自动化控制系统性能。

11.4 银亮材生产

银亮材是近年来钢铁下游产业，如汽车、标准件产业迅速发展提出的新需求，其目的是要求钢铁行业提供表面无轧制缺陷、无氧化铁皮、无脱碳层、表面光洁、尺寸精确、可供直接使用的圆钢。其需要量的多少目前还没有精确的统计，它不像热处理量那样，比较固定的钢种钢号一定要处理，什么样的钢号可以不处理，一切都还在摸索变化中。因此，目前在我国厂家采取试试看的方针，如先上一条剥皮光亮生产线，或再上一条磨光线，这些生产线的能力有多大就多大，看市场的需求变化再决定下一步上多少线。总的发展是下游产业对银亮材需求量在逐渐增多，银亮材生产线也会随之增多。

某特殊钢公司银亮材精整车间产品方案如表 11-21 所示。

表 11-21　某特殊钢公司银亮材精整车间产品方案

钢　种	代 表 钢 号	各规格产品产量/t						合计 /t
		6～12mm	12～20mm	20～40mm	40～80mm	80～120mm	120～150mm	
碳素结构钢	S20c、S45c、1018	960	960	1200	1800	600	480	6000
碳素工具钢	T10							
合金结构钢	Y40Mn、30Mn2SiV、35CrMo、42CrMo、YF40MnV、D410、9SMn28			2400	4800	1200		8400
合金工具钢	D2、H13、9CrWMn、O1、SKD61、FS136	120	120	960	1200	960	240	3600
轴承钢	GCr15、ASTM485-1、52100	3600	7200	7200	2400			20400
弹簧钢	60Si2Mn、60Si2CrVAT、60Si2CrA、55Cr3、54SiCr6	1200	3600	6000	3600			14400
高速工具钢	W6Mo5Cr4V2							
不锈耐热钢	304、304HC、316、Y1Cr13、4Cr13	240	240	480	480	480	480	2400
合　计		6120	12120	18240	14280	3240	1200	55200

如前所述，长材精整包括黑皮材精整和银亮材生产，由于对产品的要求不同，采用的精整工艺和设备也有所区别。黑皮精整的基本特点是：钢材的径向尺寸精度不发生变化，外表仍带有黑色的氧化铁皮。银亮材生产的基本特点是：钢材的径向尺寸精度和状态发生变化，棒材径向尺寸精度提高，外表光亮如"银"，不带氧化铁皮、表面裂纹和脱碳层，其表面粗糙度大大降低。银亮材的主要产品是剥皮材、冷拔材、磨光材和抛光材。银亮材的生产通常包括抛丸、预矫直、精矫直、倒棱、中间修磨、成品修磨、剥皮、抛光、成品切断和涂防锈油等。银亮材的成品处理有探伤、检验、抛光、称量、涂油、打印、包装等。

银亮材生产工艺过程的核心是"银亮"，其他前后工序都是为实现"银亮"而服务的。银亮方式有使用陶瓷或高速钢刀具剥皮、拉拔、磨光、抛光等多种，根据不同的需要来选择，这些方式的组合还可以产生更多的加工和生产方式。如用户没有特别的明确要求，钢厂首选是磨光，磨光的加工精度最低，最容易实现。其次是剥皮，剥皮的精度比磨光稍高，且切削深度的可控程度高于磨光；只有用户的要求用磨光或剥皮都无法达到时才选用抛光的生产方法。现在实际生产的配置是：有独立的磨光材生产线，但极少有独立的剥皮生产线，一般将剥皮与抛光联合在一起组成生产线，对剥皮即可满足要求者，剥皮后下线；需要抛光者，剥皮后继续进行抛光。这种配置的主要原因是：现在剥皮材、抛光材的市场需求量还不是很确定，生产者以此灵活的布置应对还不是很确定的市场。预计如果银亮材的需求量大了以后，也会像热处理那样转向磨光、剥皮、抛光专业分工。

11.4.1　磨光材生产工艺流程

（1）棒材磨光生产工艺流程如图11-34所示，磨光材产品大纲如表11-22所示。

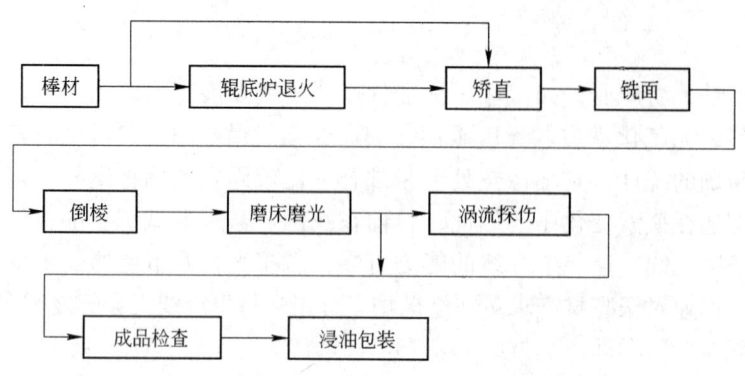

图 11-34　棒材磨光生产工艺流程

表 11-22　磨光材产品大纲

钢　种	代表钢号	各规格产品产量/t					总计/t
		$\phi5\sim8$mm	$\phi8\sim16$mm	$\phi16\sim20$mm	$\phi20\sim40$mm	$\phi40\sim100$mm	
碳结钢	20号、45号、50号	—	500	1500	2000	1000	5000
轴承钢	GCr15	—	750	1000	1000	250	3000
合结钢	40Cr、18Cr2Ni4WA	—	500	1500	1500	1500	5000
弹簧钢	60Si2Mn、60Si2CrA	—	400	400	200	—	1000
其　他			300	300	300	100	1000
合　计		—	2450	4700	5000	2850	15000

（2）盘条磨光生产工艺流程：盘卷磨光生产线有两种情况，一种是卷→条，即盘卷开卷后矫直、磨光，然后切成条（见图11-35）；另一种是卷→卷，即盘卷开卷后矫直、磨光，然后重新卷成卷（见图11-36）。

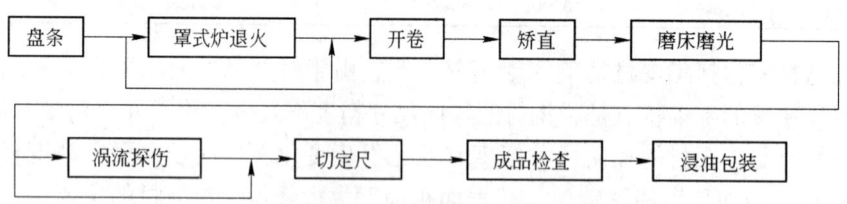

图 11-35　盘条磨光生产线卷→条工艺流程

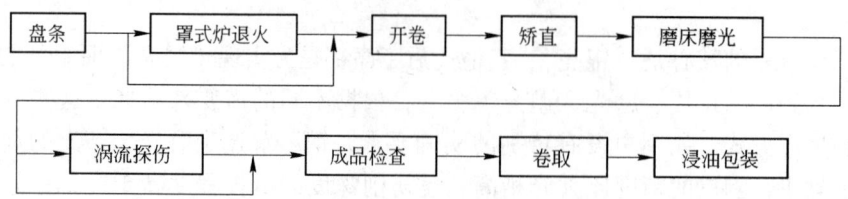

图 11-36　盘条磨光生产线卷→卷工艺流程

表11-23列出了某特钢公司盘卷棒材磨光材的产品规格和精度。

表 11-23　某特钢公司盘卷棒材磨光材的产品规格和精度

规　格	$\phi(10\sim150)\,\mathrm{mm}\times(2\sim8)\,\mathrm{m}$	配合拉拔、剥皮后磨光及二辊矫直抛光精度可达到	h9 级
精　度	h11 级		h10 级
弯曲度	≤1mm/m	表面粗糙度	0.3~0.6μm

11.4.2　剥皮材光亮生产线

11.4.2.1　直条棒材银亮材剥皮生产工艺

淮阴钢厂直条棒材银亮材剥皮生产线的情况如下：本剥皮线适用于直径 40~160mm、长度 4~12m 的棒材。剥皮线的工艺流程如图 11-37 所示。

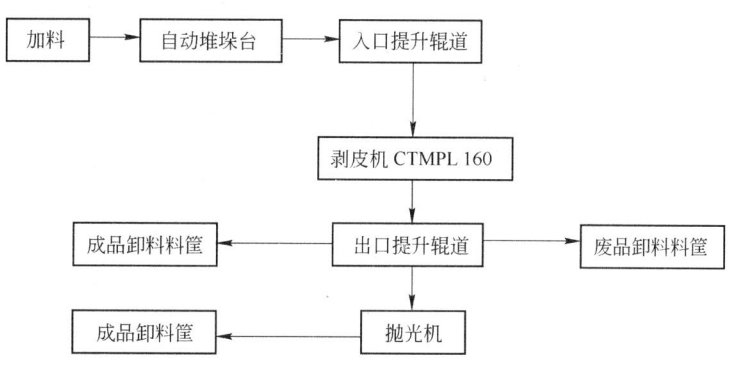

图 11-37　剥皮材生产工艺流程框图

类似的剥皮生产线主要参考工厂有：

（1）Cattarossi（美国，2006 年），端面 220mm 以下棒材的矫直剥皮机，产品屈服强度达到 1400MPa。

（2）Kold Toll（墨西哥，2005 年），端面 150mm 以下的矫直-剥皮线。

（3）Nucor Nebraska（美国），剥皮机用于直径 100mm 以下的工程用钢。

（4）Lucchini Vertek（Lucchini Group），剥皮机用于直径 80mm 以下屈服强度可达 1300MPa 的工程用钢。

（5）Acciaierie Bertoli Safau（ABS）（意大利），剥皮机用于 80mm 以下的工程用棒材及不锈钢。

（6）Siderurgica Comelli（意大利）剥皮机用于 80mm 以下的工程用棒材及不锈钢。

（7）Tre Valli（意大利），用于工程用钢的矫直-剥皮机，型号为 RL 150。

（8）Lucchini Vertek（Lucchini Group）（意大利），棒材矫直-剥皮机，型号为 RL 150。

剥皮的钢种有：优碳钢（20、45）、合金结构钢（20CrMo、20CrMnTi、20CrMnMo、20Cr、40MnB、42CrMo）、弹簧钢（60Si2Mn、50CrVa）、易切削钢（Y12）、轴承钢（GCr15）、齿轮钢（28MnCr5）、硬质结构钢（40CrH、18CrMnTiH、20CrMnTiH）。

剥皮银亮材生产线的产品范围见表 11-24，加工前材料特性见表 11-25，成品棒材特性见表 11-26。

表 11-24　某剥皮银亮材生产产品范围　　　　　　　　　　　　（mm）

棒材最小直径	39	棒材最小长度	4000
棒材最大直径	156	棒材最大长度	12000

表 11-25　加工前材料特性

材 料 类 别	热　轧	材 料 类 别	热　轧
表面清洁度	SA2.0~2.5	棒圆度公差	DIN 1013 标准（直径公差的百分数）
表面粗糙度 R_a	12.5~25μm	棒材切割端面	用剪或锯切割的端面没有毛刺①
最大屈服应力	1100MPa	用于矫直的原始棒材直度	最大为 1mm/m
棒材温度	0~40℃	称重料筐上最大棒材捆重量	5000kg
棒材尺寸公差	DIN 1013 标准	最大捆直径	500mm

①为保证连续恒定地加料，切割时应与棒材端面垂直并且不能损坏棒材。

表 11-26　成品棒材特性

成材直径范围	35~152mm	根据剥皮的速度和不同的刀具可达到的尺寸公差	H8
表面粗糙度 R_a	0.5~3μm	棒材圆度公差	尺寸公差的 50%

注：棒材所能达到的表面粗糙度与所需加工棒材的等级、切割速度、加料速度及使用刀具有直接的关系。

CTMPL 150 型剥皮机技术特性如下：

（1）棒材加料速度：最小 0.5m/min，最大 30m/min。

（2）头部旋转速度：最小 110r/min，最大 1750r/min。配有连续恒定调节系统并分成两个速度等级：1 号 110~515r/min，2 号 425~1750r/min。

（3）主电机功率：185kW（DC）。

（4）安装在剥皮机上的总功率：约 300kW。

（5）刀架：5 套刀具覆盖整个工作范围。

（6）棒材加料系统：4 个自对中辊子，由同一个马达驱动。

（7）剥皮工艺所需冷却水用量：约 300L/min。

（8）剥皮工艺所需冷却水压力：约 1.6MPa。

（9）剥皮机工作轴标高：比地面高 1100mm。

（10）最大金属切削量：2~2.5mm，最大金属切削量与所加工的钢种、棒材直径及刀具有直接的关系。

（11）剥皮机生产率：如图 11-38 和图 11-39 所示，从图中可以看出，其生产率因棒材的强度、直径不同而变化。

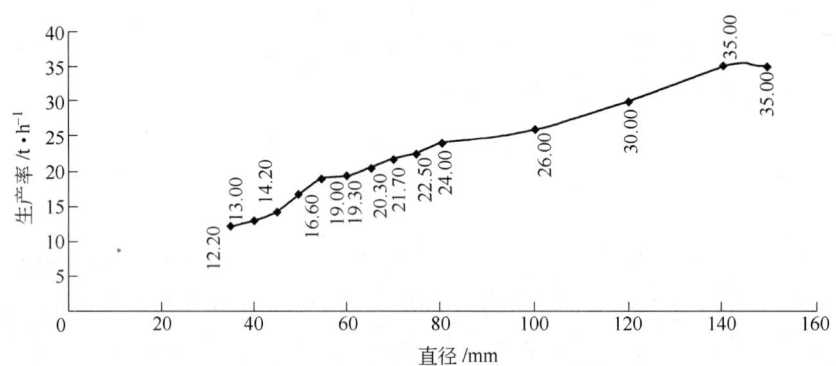

图 11-38　CTMPL 150 型剥皮机的生产率（一）

（C10，热轧态，540MPa）

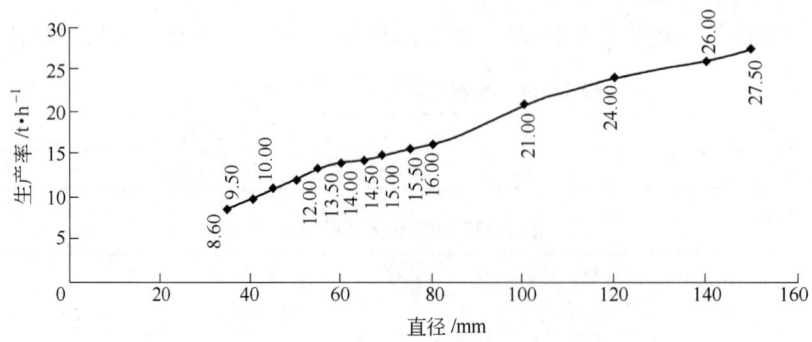

图 11-39　CTMPL 150 型剥皮机的生产率（二）

（C60，热轧态，900MPa）

某厂另外一条直条棒材剥皮生产线的工艺流程如图 11-40 所示。

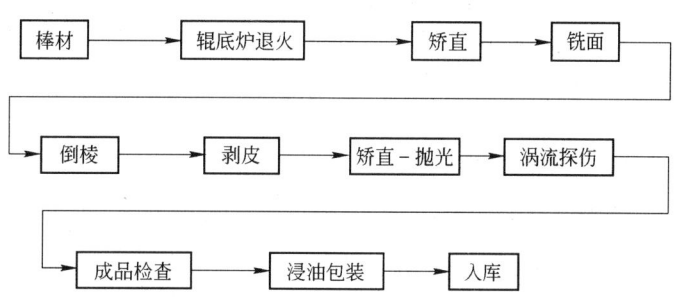

图 11-40　直条棒材银亮材剥皮生产线工艺流程图

直条棒材银亮材剥皮生产工艺典型的产品大纲见表 11-27。

表 11-27　某直条棒材银亮材剥皮生产线产品大纲

钢　种	代表钢号	各规格产品产量/t				总计/t
		$\phi 8 \sim 16mm$	$\phi 16 \sim 20mm$	$\phi 20 \sim 40mm$	$\phi 40 \sim 100mm$	
轴承钢	GCr15	400	800	800	200	2200
弹簧钢	60Si2Mn、60Si2CrA	1000	5500	4000	1000	11500
合结钢	40Cr、45	500	2000	3900	3600	10000
其　他		300	500	400	100	1300
合　计		2200	8800	9100	4900	25000

11.4.2.2　成卷盘卷银亮材剥皮生产工艺

盘卷银亮材剥皮—抛光生产线工艺流程如图 11-41 和图 11-42 所示。

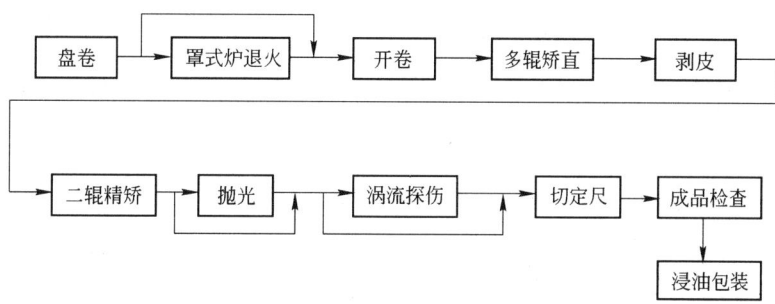

图 11-41　盘卷银亮材剥皮—抛光生产线（卷→直条）工艺流程

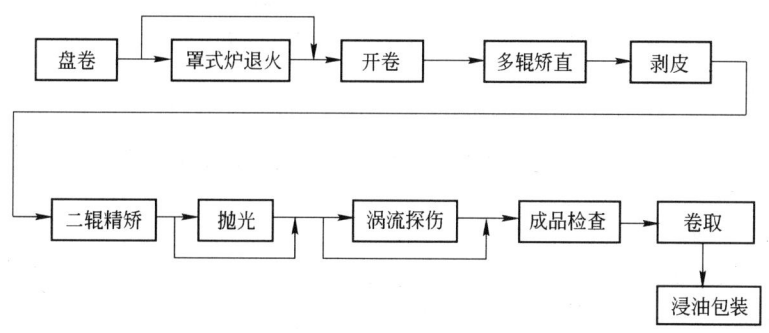

图 11-42　盘卷银亮材剥皮—抛光生产线（卷→卷）工艺流程

盘卷银亮材剥皮—抛光生产线典型的产品大纲见表 11-28。

表 11-28　盘卷银亮材剥皮—抛光生产线典型的产品大纲

钢　种	代表钢号	各规格产品产量/t				总计/t
		φ5~8mm	φ8~16mm	φ16~20mm	φ20~40mm	
碳结钢	20 号、45 号、50 号	1500	1000	300	200	3000
合结钢	40Cr、18Cr2Ni4WA	1000	400	400	200	2000
轴承钢	GCr15	2000	1500	—	—	3500
弹簧钢	60Si2CrA	750	750	—	—	1500
合　计		5250	3650	700	400	10000

11.4.3　拉拔—矫直—抛光银亮材生产线

棒材剥皮—抛光—磨光生产工艺流程如图 11-43 所示。某特钢公司剥皮—抛光材对应的产品规格和精度见表 11-29。

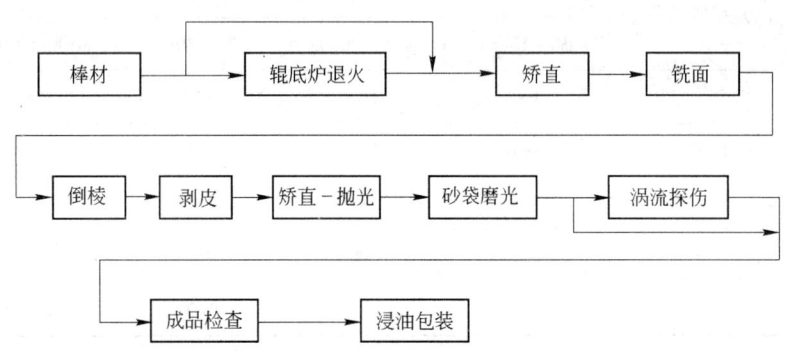

图 11-43　棒材剥皮—抛光—磨光生产工艺流程框图

表 11-29　某特钢公司剥皮—抛光材对应的产品规格和精度

规　格	φ(6~150)mm×(2~8)m	表面粗糙度 R_a	1.5~3.2μm
精　度	h11 级	配合二辊精矫、抛光后的表面粗糙度 R_a	0.3~0.6μm
弯曲度	≤1mm/m	弯曲度	≤0.5mm/m

线材剥皮—抛光—磨光生产工艺流程如图 11-44 所示。

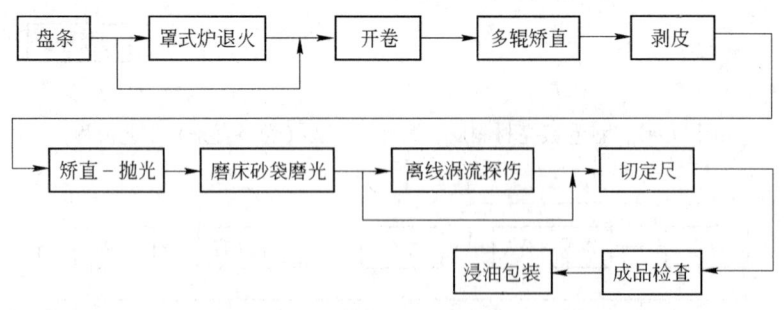

图 11-44　线材剥皮—抛光—磨光生产工艺流程框图

棒→棒拉拔生产线工艺流程如图 11-45 所示。

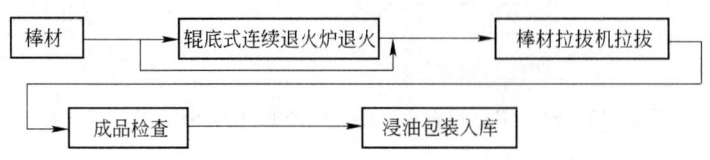

图 11-45　棒→棒拉拔生产线工艺流程框图

盘卷→盘卷拉拔生产线工艺流程如图 11-46 所示。

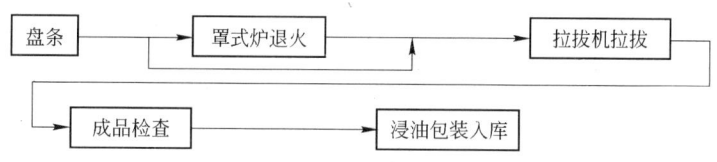

图 11-46 盘卷→盘卷拉拔生产线工艺流程框图

盘卷→直条拉拔生产线工艺流程如图 11-47 所示。

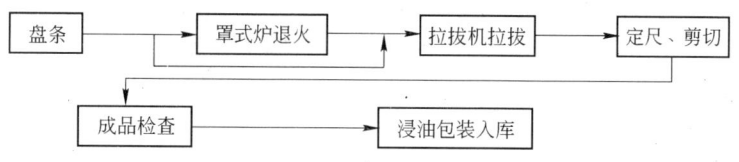

图 11-47 盘卷→直条拉拔生产线工艺流程框图

典型生产线工艺平面布置如图 11-48 和图 11-49 所示。

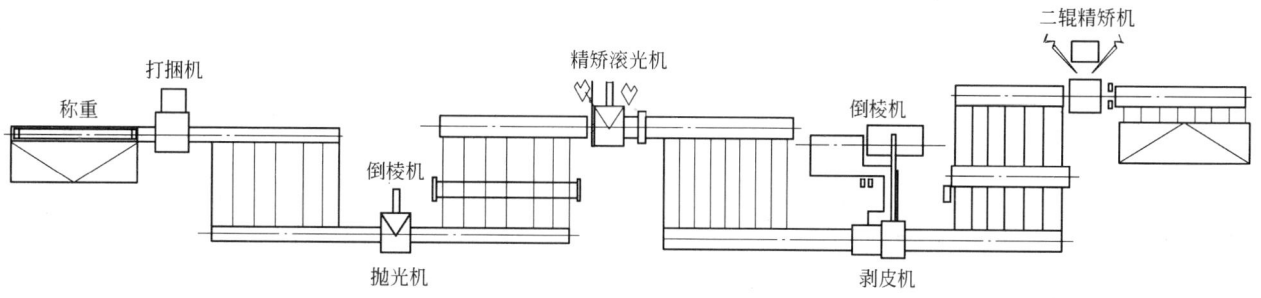

图 11-48 棒材剥皮—抛光生产线工艺平面布置示意图

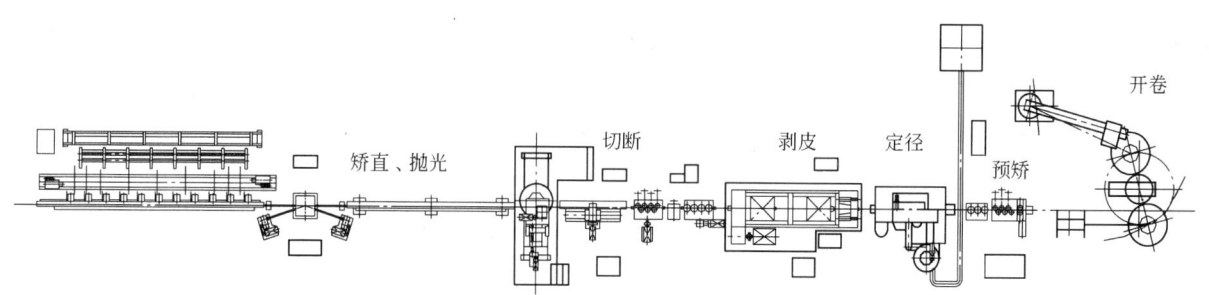

图 11-49 盘卷→直条剥皮—矫直—抛光生产线工艺平面布置示意图

11.5 长材精整设备

长材精整设备包括抛丸机、矫直机、倒棱机、修磨机、剥皮机、剥光机、无损探伤设备、钢种标识设备、切断设备、涂油设备、包装设备等，现在分别介绍如下。

11.5.1 抛丸机

抛丸机是利用高速旋转的抛丸轮将球形或带棱角的丸粒，加速到 $75 \sim 100m/s$ 的速度，定向抛射到被加工金属的表面，依靠弹丸所具有的动能来破坏或打碎被加工金属表面的氧化铁皮，使钢材表面具有均匀的粗糙度，以便更容易发现表面和内部缺陷，提高探伤检测质量。钢材经抛丸处理后还能适当消除因剪切、热处理等工序产生的内应力，并可部分替代拉拔行业的酸洗工艺。抛丸机根据被抛丸产品的不同分为棒材抛丸机、线材抛丸机和扁钢抛丸机。抛丸机的设备构成如图 11-50 所示。用于处理各种产品的抛丸机抛头布置方式如图 11-51 所示。

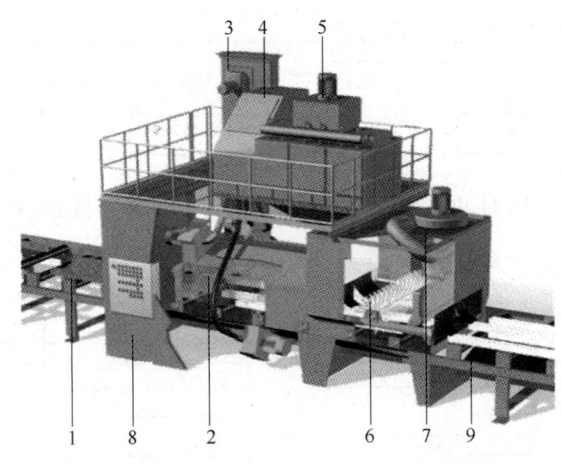

图 11-50　RC950/6/1 抛丸机的设备构成

1—上料辊底；2—抛丸室的抛丸轮；3—丸料斗式提升机；4—丸料分离系统；5—丸料清理装置；
6—机械丸料排除站；7—气动排除站；8—噪声吸附控制室；9—输出辊道

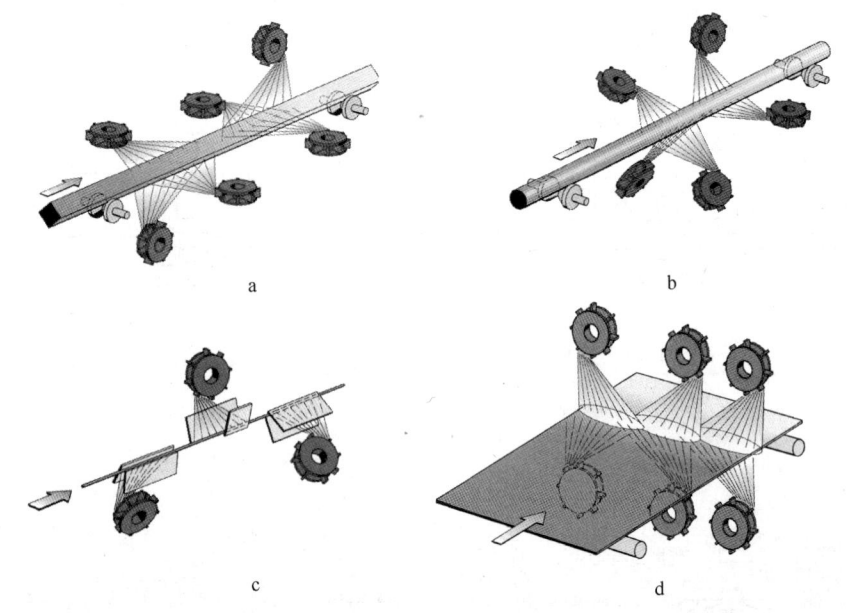

图 11-51　用于处理各种产品的抛丸机抛头布置示意图

a—方坯的抛丸机抛头；b—棒材的抛丸机抛头；c—高速线材的抛丸机抛头；d—扁钢的抛丸机抛头

11.5.1.1　大棒材精整线的抛丸机

国内某钢铁公司用于大棒材精整线的抛丸机主要技术参数如下：

（1）大棒材抛丸机清理的钢材规格：

1）圆钢：$\phi 80 \sim 360\,mm$，方钢：$70\,mm \times 70\,mm \sim 200\,mm \times 200\,mm$；

2）长度：$3 \sim 12\,m$；

3）单重（最大）：$7911.6\,kg/m$（$\phi 360\,mm$）；

4）钢材弯曲度：$\leqslant 4\,mm/m$ 或 $\leqslant 20\,mm/$全长；

5）钢材表面温度：$\leqslant 80\,℃$。

（2）抛丸机的输送方式及速度：

1）输送方式：单根通过式（V 形输送辊道）；

2）清理速度：$15 \sim 30\,m/min$（变频调速）；

3）输送速度：$40\,m/min$（最大）；

4）辊轮 V 形槽下标高：+950mm。

（3）棒材抛丸机的主要技术性能见表 11-30。

表 11-30　棒材抛丸机的主要技术性能

序号	项目名称		单位	数值	备注
1	抛丸器	数量	台	4	
		最大抛丸量	kg/min	4×675=2700	
		叶片宽度	mm	100	
		弹丸速度	m/s	78	
		功率	kW	4×45.0=180.0	
2	抛丸室	数量	台	1	
		耐磨护板		SP Mn13	
		抛丸室尺寸	mm		
3	密封室	数量	台	2	（1）SP Mn13 轧制高锰钢衬板；
		外形尺寸			（2）"柔性环链 + 弹丸幕帘"密封技术
		密封形式		多级柔性链密封 + 弹丸幕帘	
4	自动满幕帘分离器	数量	台	1	
		分离效率（合格率）	%	99.8	
		分离量	t/h	140	
		形式		自动调节满幕帘风选	
		功率	kW	11.50	

（4）抛丸处理后棒材的表面质量：抛丸后棒材表面无氧化铁皮残存；表面清洁度：ASa2.5 级；表面粗糙度：$R_a = 12.5 \sim 25 \mu m$；棒材尺寸减小量：小于 0.2mm；硬度增高率：小于 0.2%。

11.5.1.2　线材表面处理的抛丸机

德国 EJP 公司生产的用于线材表面处理的抛丸机，采用双向旋转门设计、丸粒自动回收、高耐磨锰钢箱体、废气净化过滤等系统，使整个抛丸过程实现了全程自动化。

（1）适用范围：主要用于线材盘卷的机械除氧化层，也有适用于圆钢、六角形型钢和方钢除去表面氧化层的抛丸机。

（2）处理效果：该种机器的处理结果是表面彻底清洁（按照美国标准协会 ASa2.5 ～ 3 级的标准去除氧化层和灰尘）。

EJP 线材抛丸机组的主要技术性能参数如下：

线材直径范围	5 ~ 25mm
盘卷最大外径	1500mm
盘卷最小内径	850mm
拉伸状态盘卷长度	3800mm
盘卷重量	最大 2.5t
涡轮数量	6 台 TC36L 型涡轮抛头
涡轮工作功率	111.5kW
丸粒抛射量	260kg/min
涡轮直径	360mm
抛头叶轮数量	6
丸粒速度	76m/s
电机旋转速度	3200r/min
丸粒安装量	8t
总工作功率	158kW
机械设备总重量	约 32t

11.5.1.3　扁钢抛丸机

某特钢公司由潘邦欧洲德国 V + S 公司引进的扁钢精整线上的 RC 950/6/1 型抛丸机用于扁钢表面氧化铁皮的清理,收到了良好的使用效果。该设备的特点是:抛头为 6 抛头曲面叶片,能具有更高的抛射速度和更宽广的表面处理范围,减少设备的振动和 Pd^2,更便于设备维修,叶片损耗同步,具有高效的抛射束。丸料抛射量 1200kg/min;抛射速度 100m/s。

抛丸处理的扁钢厚度:5 ~ 300mm;宽度:100 ~ 850mm;长度:2000 ~ 8000mm;单位长度重量:最大 2200kg/m;扁钢最大重量:8300kg。

抛丸后表面质量等级:ASa 2.5、BSa 2.5。依据 ISO 8501-1:1988 标准(扁钢表面氧化铁皮 100% 去除,不产生明显的凹坑),抛丸后粗糙度 R_a = 11.3 ~ 12.5μm;抛丸覆盖率 100%。扁钢在以 3m/min 的速度通过抛丸机时扁钢四面表面质量等级可达到 ASa 2.5 和 BSa 2.5。

V + S 扁钢抛丸机的曲面叶片抛头比直面能够更好更全面地去除氧化铁皮。

11.5.2　矫直机

轧件在轧制、冷却及运输过程中,常因外力作用、温度变化及内应力作用产生弯曲或扭曲变形。为了消除这些缺陷、获得平直的轧件必须进行矫直。长材的矫直按照其作用、精度要求可分为预矫和终矫。尤其是成品棒经过热处理后,必须进行预矫和精矫,以保证棒材的弯曲度符合相关标准技术条件所规定的要求。

矫直机按照结构特征进行分类,主要有压力矫直机、平行辊式矫直机(简称辊式矫直机)、斜辊矫直机、转毂矫直机、拉伸矫直机、拉弯矫直机、拉坯矫直机等。长材常用的矫直机是压力矫直机和斜辊矫直机。

11.5.2.1　压力矫直机

压力矫直机种类很多,按照其动力源分为机动压力矫直机和液动压力矫直机;按照其压头与地面是垂直或水平分为立式压力矫直机和卧式压力矫直机。其工作原理是:将带有原始弯曲的工件支承在工作台的两个活动点之间,用压头对准最弯部位进行反向压弯。当压弯量与工件弹复量相等时,压头撤回后工件的弯曲部位变直。如此进行,棒材的各弯曲部位必将全部变直从而达到矫直的目的。由于压力矫直机的矫直精度较差,而且生产率低,在棒材的精整生产工序中压力矫直机主要用于棒材的预矫直,尤其用于大规格或弯曲度较大的圆棒和方坯的预矫直和中间矫直。

压力矫直机按结构形式大体可以分为:机械压力矫直机、液压压力矫直机和气动压力矫直机。

(1) 机械压力矫直机:有立式和卧式两种,其每一种又分为单面矫和双面矫(即双凸轮压力矫)两种形式,另外还有螺旋压力矫直机。机械压力矫直机的最大压力约为 40MN,多用于钢管的矫直。

(2) 液压压力矫直机:液压压力矫直机矫直力比机械式大,其最大压力约为 200MN,常用于大规格的棒材和方坯的矫直。液压压力矫直机有卧式、立式和四面作用式三大类,卧式又分为单面作用式和双面作用式两种,立式又分为固定工作台式和移动工作台式。

下面介绍几种压力矫直机。

国内某合金钢大棒精整车间采用液压压力矫直机矫直棒材,棒材规格为:ϕ80 ~ 360mm 圆钢,70 ~ 200mm² 成品方钢,棒材长度 3 ~ 12m;矫直后棒材精度:不大于 2mm/m;最大矫直力:15MN;表面质量无压痕。所采用的液压压力矫直机的基本技术性能参数如下:

(1) 矫直机结构:卧式;

(2) 功能:用于对弯曲较严重的圆钢及方坯进行矫直;

(3) 来料温度:不大于 400℃;

(4) 压力矫直机驱动方式:液压缸驱动;

(5) 主油缸工作压力:30MPa;

(6) 最大矫直力:15MN;

(7) 辅助缸工作压力:16MPa;

(8) 主油缸行程:1000mm(油缸行程可控可预设,带显示功能);

（9）压头加压前进速度：3～15mm/s；

（10）空行程快进速度：120mm/s；

（11）空行程返回速度：150mm/s；

（12）矫直机开度（压头和砧座间距离）：850mm；

（13）两砧座支点中心线距离：450～3000mm；

（14）砧座距离调节方式：电动传动丝杠调节，距离可控并且可以预设；

（15）圆钢、方坯主动回转翻钢装置数量：4组，主机前2组，主机后2组；

（16）辊道速度：0～0.4m/s（变频调速）。

表11-31为德国EJP公司的压力矫直机技术性能参数。

表 11-31　德国 EJP 公司压力矫直机的技术性能参数

矫直力（VPS）/MN	60	100	150	200
最大圆钢直径/mm	200	300	380	500
异形材断面尺寸	根据要求	根据要求	根据要求	根据要求
直线度/mm·m^{-1}	1～2	1～2	1～2	1～2

德国EJP公司的立式压力矫直机见图11-52，卧式压力矫直机见图11-53。

图11-52　立式压力矫直机

图11-53　卧式压力矫直机

11.5.2.2　斜辊矫直机

为了高效率、高质量、低能耗地矫直棒材，开发了斜辊矫直机，即两个或者两排工作辊轴线交叉，且与工件轴线倾斜某一角度，棒材在矫直时边旋转边前进，受到反复弯曲使轧件矫直。其中矫直工作辊辊身要做成一定的形状，如双曲线形。

斜辊矫直机按照矫直辊的数目可以分为二辊式和多辊式。以前多辊式使用较多，近年二辊式使用逐渐增多。二辊斜辊矫直机其矫直理论独具特点，它对工件的矫直作用不是依靠各辊之间的交错压弯使工件产生塑性弯曲变形，而是依靠辊缝内部弯曲的曲率变化而达到的。二辊矫直机通常的矫直工件范围是 ϕ1.5～200mm。与多辊矫直机相比二辊矫直机有如下特点：

（1）棒材可以得到全长矫直，解决工件头尾两端留有盲区的矫直难题；

（2）极高的矫直精度，达到0.3～0.5mm/m；

（3）对圆材的外径有较强的圆整作用，显著地减少了圆材的椭圆度；

（4）可以有效地消除矫直后圆材的缩径现象，能够保证工件的尺寸精度；

（5）能够使圆材表面质量得到改善；

（6）矫直速度较低，一般为7～75m/min，其生产率低于多辊矫直机；

（7）导板消耗量较大；

（8）对管材的矫直容易造成缩径，故不能矫直径厚比 $D：\delta \geqslant 15$ 的管材。

二辊矫直机按照其结构形式分有卧式和立式两种。在长材的精整中多用卧式二辊矫直机。

表 11-32 是法孚布朗克斯的二辊矫直机与九辊矫直机来自于一个英国钢铁厂的生产数据对照。

表 11-32　法孚布朗克斯的二辊矫直机与九辊矫直机生产数据对照

矫直机机型	HDT6 九辊矫直机	PBR6 二辊矫直机
机组适用性	用于矫直所有材质的热轧态圆钢，特别适合矫直从现代精密轧机生产出来的椭圆度公差好的棒材。来料要求相对比较好的直线度（小于 10mm/m），并且没有明显的端部弯曲。而所能达到的绝对直线度不如二辊矫直机好，它更适用于满足无损探伤要求的棒材	用于矫直热轧态和银亮棒材的传统机型。用于"黑皮"上能够得到端部到端部极好的直线度，还能减小来料的椭圆度，是一种相对速度比较慢的工艺，但可以处理非常弯的来料，可以用来矫直热处理棒材
矫直直线度	保证 1/1500，一般可好于 1/2000	保证 1/2000，一般可好于 1/3000
矫直速度	一般最大速度为 120m/min	一般最大速度为 75m/min
辊子角度	20°～30°间调整	10°～20°间调整
设定时间	采用 Compass 自动设定系统将设备从一种规格棒材切换到另外一个规格可在 5min 内完成	借助 Compass 自动设定，从一种规格棒材切换到另外一种规格，在不换导板的情况下可在 5min 内完成。如果所换规格需要更换导板，那么此设定大约需要 15min
生产能力	一般为每周 2500t（15 个班）。直径范围 25～100mm（平均 50mm）	一般为每周 1000t（15 个班）。直径范围 25～100mm（平均 50mm）
维修辊子	三个下辊需要每 9 个月进行重磨，6 个上辊磨损较小，仅需要经常查看一下	两个辊需要大约每 6 个月进行重磨
导板的使用	一种导板规格覆盖矫直机能力范围内的所有棒材尺寸，导板仅用于防止棒材喂入不当，因此其磨损非常小，一般为一个月检查一次	需要 4～5 个规格的导板覆盖矫直机能力范围的所有规格，导板承受极端严峻的负荷，并且连续使用，需要几个小时就更换一次。 通过表面硬化重新修复导板是二辊矫直机所需要的主要维修工作

二辊矫直机的矫直精度和表面质量优于七辊或九辊矫直机，但导板和辅助设备维修量大，优点与缺点相比，优点多于缺点，近年我国大部分合金钢生产公司的棒材矫直生产线和银亮材生产线上大多配备了二辊矫直机。

图 11-54 和图 11-55 是法孚布朗克斯二辊矫直机的结构示意图。表 11-33 是部分法孚布朗克斯二辊抛光矫直机设备性能参数。

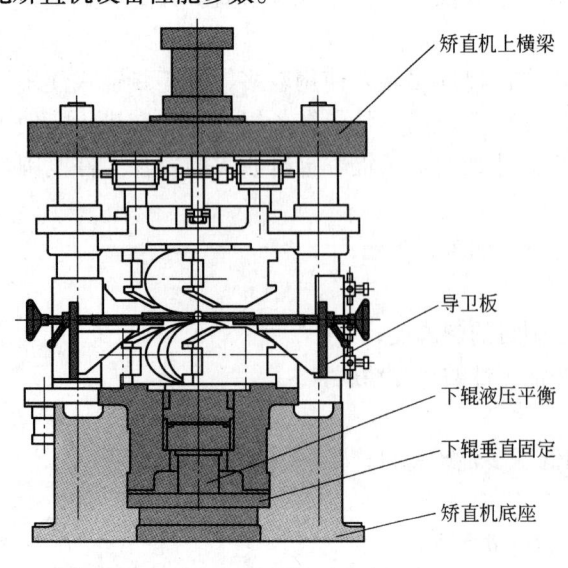

图 11-54　二辊矫直机示意图之一

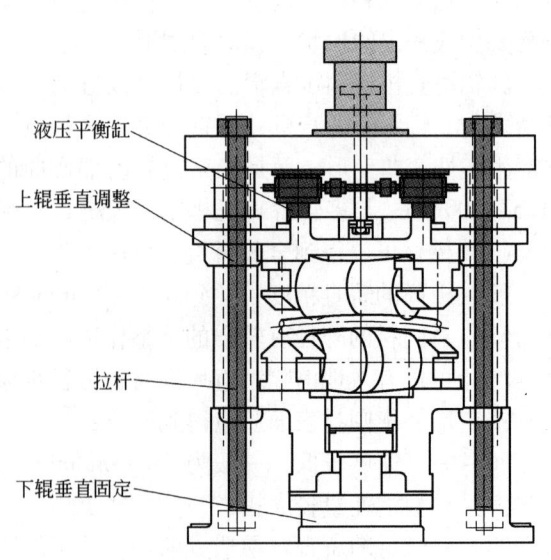

图 11-55　二辊矫直机示意图之二

表 11-33　部分法孚布朗克斯二辊抛光矫直机设备性能参数

型号	最小工件直径/mm	6 种屈服强度所对应的最大工件直径/mm						速度/m·min⁻¹	功率/kW
		30~40MPa	40~50MPa	50~60MPa	60~70MPa	70~80MPa	80~90MPa		
BR000	1.5	8	7	6	6	6	6	15	2×1
BR00	3	16	14	13	12	12	11	27	2×3
BR0	5	25	22	21	20	19	18	27	2×11.5
PBRV0	5	32	28	26	25	24	23	15/30	2×5 / 2×10
PBRV2	5	38	35	33	31	29	28	15/30	2×10 / 2×20
PBRV3	6	44	41	38	36	35	33	15/30	2×12.5 / 2×25
PBRV4	10	57	53	50	47	45	43	15/30	2×15 / 2×30
PBRV5	16	82	73	68	64	61	59	15/30	2×30 / 2×60
PBRV6	19	108	96	90	85	80	77	15/30	2×40 / 2×80
PBR7RF	22	133	127	118	112	107	107	1.5~30	10/200DC
PBR8RF	25	152	152	151	143	135	130	1.5~30	12.5/250DC
PBR9RF	35	200	183	171	163	154	148	1.5~30	20/400DC
PBR10RF	50	300	270	252	241	229	220	1.5~30	30/600DC

　　法孚布朗克斯的二辊抛光矫直机也称为矫直抛光机,其抛光作用须在辊子斜角很小的条件下才能发挥出来,故一般仍以矫直作用为主。抛光矫直机的特点是将凹辊做成两段式结构,两辊段距离可调。当它们的间距合适时可以使用两条螺旋形滚压面互相衔接成一体。在银亮材生产上使用抛光矫直机可以对无轴心剥皮车床和拉拔机加工出来的棒材进行端部到端部的矫直,并且在矫直的同时完成一道次的高精度抛光。

11.5.3　倒棱机

　　棒材在剪切时难免产生压扁,锯切时带毛刺和飞边。这些不规则的端部不仅影响产品的外形美观,而且在精整过程中会擦伤矫直辊、刮碰探伤装置的线圈,因此需要倒棱。倒棱机是对棒材两个端部进行 45°~60°倒角处理,通常有金属倒棱机和砂轮倒棱机两种。砂轮倒棱机设备结构简单,操作方便,价格相对便宜。金属倒棱机则可有效地控制棒材的跑偏,倒棱速度快,效果好,能够有效保证棒材进入下一工序的需要,同时提高棒材端部质量及商品化水平。图 11-56 所示为意大利麦尔公司提供给国内某小棒材精整线的金属倒棱机,其技术性能参数见表 11-34。

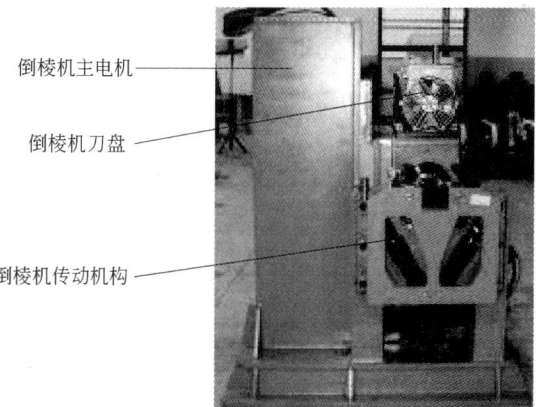

倒棱机主电机

倒棱机刀盘

倒棱机传动机构

图 11-56　意大利麦尔公司的金属倒棱机

表 11-34　意大利麦尔公司金属倒棱机的技术性能参数

处理棒材直径	φ13~60mm	倒棱深度（连续可调）	0~4mm
倒棱角度	按照选择的刀架分为 30°、45°、60°	每个倒棱机头的主传动功率	19.5kW

　　对于大规格的棒材需要配备大规格的倒棱机。表 11-35 为国内某大棒材精整车间使用的金属倒棱机倒棱不同规格的棒材需用的时间统计。

表 11-35　大棒材倒棱机倒棱工序时间统计表

直径/mm	φ80 ~ 100	φ105 ~ 140	φ150 ~ 190	φ200 ~ 360	合　计
代表直径/mm	φ90	φ120	φ170	φ260	
产量合计/t	110600	109500	107500	22400	350000
延长米/km	2212	1234.5	603.6	53.8	4103.9
9m 长的支数/支	245778	137167	67067	5978	455990
一支的倒棱时间/s	14	16.5	26.5	45.5	
辊道通过速度/m·min⁻¹	40	30	20	12	

大棒材金属倒棱机的主要技术性能参数为：

(1) 倒棱的尺寸公差：按国标 GB 702—2008 的规定。

(2) 端部状态：锯切端部，部分存在毛刺现象；圆钢两端的切斜度不大于圆钢公称直径的 30%。

(3) 倒棱精度：沿棒材端部圆周方向倒角 (1 ~ 4)mm ± 0.2mm × (45° ~ 60°) ± 1°。

(4) 倒棱质量：

1) 棒材两端的飞边、毛刺等缺陷得到彻底清除；

2) 两端处理后保证周边光亮，光亮带宽度 1 ~ 6mm；

3) 周边光亮带与棒材轴线所呈角度为 45°、60°；

4) 棒材在倒棱机运行过程中不产生新的质量缺陷。

物料消耗：倒棱机的正常物料消耗包括可转位硬质合金刀片、刀具紧固件和刀把。其中刀具紧固件和刀把的使用寿命较长，价值较低。仅可转位硬质合金刀片的消耗量较大。对不同材质的棒材，不同硬质合金刀片的牌号、消耗量差别较大。对 45 号钢来说，大棒材倒棱刀片的大致消耗见表 11-36。

表 11-36　大棒材倒棱刀片消耗量

直径/mm	φ80 ~ 100	φ105 ~ 140	φ150 ~ 190	φ200 ~ 360	合　计
代表直径/mm	φ90	φ120	φ170	φ260	
产量合计/t	110600	109500	107500	22400	350000
延长米/km	2212	1234.5	603.6	53.8	4103.9
9m 长的支数/支	245778	137167	67067	5978	455990
一支的倒棱时间/s	14	18.5	27.5	45.5	
一块刀片倒棱头数/头	1800	1350	900	600	

11.5.4　探伤设备 (表面探伤、内部探伤)

长材精整线常用的探伤方法有：涡流探伤、磁粉探伤、漏磁探伤、超声波探伤和红外线探伤等。

(1) 涡流探伤：涡流探伤是建立在电磁感应原理基础之上的一种无损检测方法，它适用于导电材料。把一块导体置于交变磁场之中，在导体中就有感应电流存在，即产生涡流。导体自身各种因素（如电导率、磁导率、形状、尺寸和缺陷等）的变化会导致涡流的变化，利用这种现象判定导体性质、状态的检测方法称为涡流探伤检测法。涡流检测适用于导电材料的金属表面缺陷检测。其优点是：1) 检测时，线圈不需要接触工件，也无需耦合介质，所以检测速度快；2) 对工件表面或近表面的缺陷，有很高的检出灵敏度，且在一定的范围内具有良好的线性指示；3) 可在高温状态、工件的狭窄区域、深孔壁（包括管壁）进行检测；4) 能测量金属覆盖层或非金属涂层的厚度；5) 可检验能感生涡流的非金属材料，如石墨等；6) 检测信号为电信号，可进行数字化处理，便于存储、再现及进行数据比较和处理；7) 没有环境污染。缺点是：1) 检测对象必须是导电材料，只适用于检测金属表面缺陷；2) 采用穿过式线圈对材料进行检测时，对缺陷所处圆周上的具体位置无法判定；3) 旋转探头式检测可以定位，但检测速度慢。涡流探伤是现在长材精整线上使用最多的一种表面探伤方法。

(2) 磁粉探伤：磁粉探伤是用来检测铁磁性材料表面和近表面缺陷的一种检测方法。当工件磁化时，若工件表面有缺陷存在，由于缺陷处的磁阻增大而产生漏磁，形成局部磁场，磁粉便在此处显示出缺陷的形状和位置，从而判断缺陷的存在。磁粉探伤种类按工件磁化方向的不同，可分为周向磁化法、纵向磁化法、复合磁化法和旋转磁化法；按采用磁化电流的不同，可分为直流磁化法、半波直流磁化法和交流磁化法；按探伤所采用磁粉的配制不同，可分为干粉法和湿粉法。磁粉探伤设备简单、操作容易、检验迅速、具有较高的探伤灵敏度，可用来发现铁磁材料镍、钴及其合金、碳素钢及某些合金钢的表面或近表面的缺陷；它适于长材表面缺陷的检验，对于断面尺寸相同、内部材料均匀的材料，磁力线的分布是均匀的。当棒材表面有裂纹、气孔、夹杂等缺陷时，磁力线将绕过磁阻较大的缺陷产生弯曲。此时在棒材表面撒上磁粉，磁力线将穿过表面缺陷上的磁粉，形成"漏磁"。根据被吸附磁粉的形状、数量、厚薄程度，便可判断缺陷的大小和位置。内部缺陷由于离棒材表面较远，磁力线在其上不会形成漏磁，磁粉不能被吸住，无堆积现象，所以缺陷无法显示。磁粉检测的优点是：1）能直观地显示出缺陷的位置、大小、形状和严重程度，并可大致确定缺陷的性质；2）具有很高的检测灵敏度，能检测出微米级宽度的缺陷；3）能检测出铁磁性材料工件表面和近表面开口与不开口的缺陷；4）综合使用多种磁化方法，几乎不受工件大小和几何形状的影响，能检测工件的各个方向；5）检查缺陷的重复性好；6）单个工件检测速度快，工艺简单，成本低，污染轻。磁粉检测有一定的局限性：1）只能检测铁磁性材料；2）只能检测工件表面和近表面缺陷；3）有一定的轻度污染，环保处理麻烦。现在磁粉探伤主要用于钢坯的表面探伤。

（3）漏磁探伤：漏磁探伤是当铁磁性棒材充分磁化时，棒材中的磁力线被其表面的或近表面处的缺陷阻断，缺陷处的磁力线发生畸变，一部分磁力线泄漏在长材的外表面形成漏磁场，然后采用探测元件检测漏磁场来发现缺陷的电磁检测方法。漏磁探伤检测技术由于检测速度快、可靠性高且对工件表面清洁度要求不高等特点在金属材料的检测和相关产品的评估中得到广泛应用。与磁粉探伤检测不同，漏磁检测中信号不用磁粉显示，对环境无污染。由于采用各种敏感元件（如霍尔元件和线圈方式），检测结果直接以电信号输出，容易与计算机连接实现数字处理，因此其检测结果可存储和再现，便于检测信号的分析以及检测结果的趋势分析。但该方法采用检测信号与标准缺陷信号比较来进行缺陷分析，很少考虑到检测过程中不同因素对信号分析结果的影响，对缺陷类型、几何形状和棒材的工况等缺乏定量描述。

（4）超声波探伤：超声波探伤是利用超声波能透入金属材料的深处，并由一截面进入另一截面时在界面边缘发生反射的特点来检测长材内部缺陷的一种方法。当超声波束自长材表面由探头通至金属内部，遇到缺陷与材料底面时就分别发生反射波，在荧光屏上形成脉冲波形，根据这些脉冲波形来判断缺陷位置和大小。

超声波在介质中传播时有多种波形，检验中最常用的为纵波、横波、表面波和板波。用纵波可探测金属铸锭、坯料、中厚板、大型锻件和形状比较简单的制件中所存在的夹杂物、裂缝、缩孔、白点、分层等缺陷；用横波可探测管材中的周向和轴向裂缝、划伤、焊缝中的气孔、夹渣、裂缝、未焊透等缺陷；用表面波可探测形状简单的制件上的表面缺陷；用板波可探测薄板中的缺陷。棒材超声波探伤装置如图11-57所示。

超声波探伤系统的特点是：穿透能力强，探测深度可达数米；灵敏度高，可发现与约十分之几毫米的空气隙反射能力相当的反射体；在确定内部反射体的位向、大小、形状及性质等方面较为准确；仅需从一面接近被检验的物体；可立即提供缺陷检验结果；操作安全，设备轻便。但需要由有经验的人员谨慎操作；对所发现缺陷作十分准确的定性、定量表征仍有困难。

（5）红外线探伤：红外线探伤系统用于检测铁磁性材料和非铁磁性材料的表面缺陷。在常温下所有的物体都能发射红外线，温度越高红外线的辐射量越大。红外线诊断技术就是基于棒材热红外能量的变化而出现的。当物体内部存在缺陷时物体的性能将发生改变。检测时测定棒材温度的分布状态，检测出温度变化的差别，从而判断棒材缺陷的存在。棒材精整线的红外线探测系统是使通过高频线圈的坯料表面因感应电流而被瞬时加热，在表面有开口缺陷的地方会因缺陷

图 11-57　棒材超声波探伤装置

产生的涡流热量使该区域的温度升高。红外线探伤能准确地探测缺陷的深度，并且不受坯料速度、坯料尺寸和形状、钢材质量、线圈尺寸和形状等因素的影响，准确确定缺陷位置并喷标、记录缺陷数据（缺陷长度、深度、数量），给出缺陷检测结果报告。红外线探伤技术因具有设备简单、非接触、响应快的优点而被广泛应用。

目前长材精整线的检测系统通常包括两部分：第一部分是对长材进行综合检查，包括对长材的钢种、平直度、表面质量和内部质量进行逐支检查。第一部分的检查设备根据生产工艺的需要分布在精整线的不同位置：激光测长装置通常设置在精整线的起始位置（位于矫直或者抛丸机组之前）；分钢装置通常位于探伤设备之前；探伤设备是精整线对产品的表面和内部缺陷进行检测的主要设备，精整线上的材料无损检测设备包括表面检测和内部检测两大类，根据检测钢种和对产品质量的要求不同通常有 4 种组合：涡流探伤 + 超声波探伤、漏磁探伤 + 超声波探伤、磁粉探伤 + 超声波探伤及红外线探伤 + 超声波探伤。涡流探伤、漏磁探伤、磁粉探伤和红外线探伤用于铁磁性棒材外表面探伤，涡流探伤、红外线探伤也可用于非铁磁性棒材的表面探伤，超声波探伤用于材料的内部探伤。几种表面探伤设备检测特性比较见表 11-37。

表 11-37　几种表面探伤设备检测特性比较

技　术　特　性	涡流探伤	漏磁探伤	磁粉探伤	红外线探伤
棒材表面温度/℃	≤80	≤70	≤70	≤80
最大检测速度/m·min^{-1}	120	ϕ160mm；60	5～15	1.5
纵向缺陷检测精度(宽×深×长)/mm×mm×mm	0.1×0.1×10	0.15×0.2×10	0.05×0.15×5	0.1×0.15×10
检测盲区/mm	20	20～50	≤50	无
设备公司	嘉盛科技		射阳赛福	ROHLOFF

长材精整线检测系统的第二部分是计算机信息管理系统，用于记录和存储被检测产品的全部质量状态。根据检测结果对棒材进行处理，弯曲度不合格的进行补矫；表面质量不合格的进行修磨处理，严重不合格的判废；内部不合格的进行锯切处理，严重不合格的判废。

11.5.5　修磨机

轧材的任何表面缺陷，在塑性变形的过程中不仅不会消失，相反会逐步扩大。因此，坯料和成品棒材表面的缺陷，应当根据不同的要求予以清除，特别像钢帘线、弹簧钢的热轧坯表面缺陷必须在投料之前清除。修磨是清除表面缺陷的手段之一，用于清除比较明显的麻点、结疤、裂纹等。根据加工性质的不同修磨分为坯料修磨、中间修磨和成品修磨三种类型。坯料修磨大部分是轧制方坯修磨和部分圆坯修磨，是消除原始热轧过程中的表面缺陷；中间修磨是清除加工过程中暴露的缺陷；成品修磨是清除在成品及成品前一个循环加工过程中所出现的缺陷，成品修磨必须在标准要求允许的条件下进行，其修磨之后的棒材表面应该符合相关标准和技术条件的规定。

修磨设备主要有方坯修磨机、圆钢砂轮修磨机、无心磨床和吊挂砂轮等。方坯修磨在第 1 章第 3 节中已有介绍，在此不作重复。

棒材砂轮修磨机主要用于生产合金钢圆棒磨光材，国内的银亮材车间和棒材精整车间都有使用，大部分是国产设备。修磨机的用途主要是去除表面裂纹等缺陷和清除附在棒材表面的氧化铁皮。根据后部工序的要求，修磨机的砂轮选择不同的粒度，在工艺上分为粗磨和抛光。

图 11-58 所示为国内某机械制造厂的无心式圆钢修磨生产线。

近年来，国内对精整材的需求规格在不断加大，下面是国内某特钢公司修磨生产线上配备的 ϕ80 ～

图 11-58　国内某机械制造厂的无心式圆钢修磨生产线

360mm 圆钢修磨机的主要技术性能参数：

  钢种：碳结、合结、碳工、合工、弹簧、轴承、高工、不锈钢等。

  规格：$\phi80\sim200$mm。

  圆钢最大单重：4t。

  长度：$3\sim12$m。

  弯曲度：不大于5mm/m，全长弯曲度不大于4‰。

  安装砂轮规格：$\phi500$mm$\times100$mm$\times\phi203$mm。

  砂轮最高工作线速度：50m/s。

  修磨速度：$0.5\sim2.5$m/min 内连续可调。

  表面粗糙度：$R_a\leqslant25\mu$m。

  圆钢进给方式：无芯式斜轮送进。

11.5.6 剥皮机

生产优质银亮棒材通常使用的工艺设备是无心车床剥皮作业生产线，无心车床用于生产没有表面缺陷、发纹、裂纹、表面脱碳等任何热轧缺陷，达到最佳质量的特殊钢棒材。先进的无心剥皮机可以满足高质量、高效率、简洁的操作与维护、低生产成本的要求。

图 11-59 所示为 Danieli 公司为某特钢棒材精整线提供的 CTMPL 150 型无心剥皮车床。表 11-38 为 CTMPL 150 型剥皮机的技术性能参数。

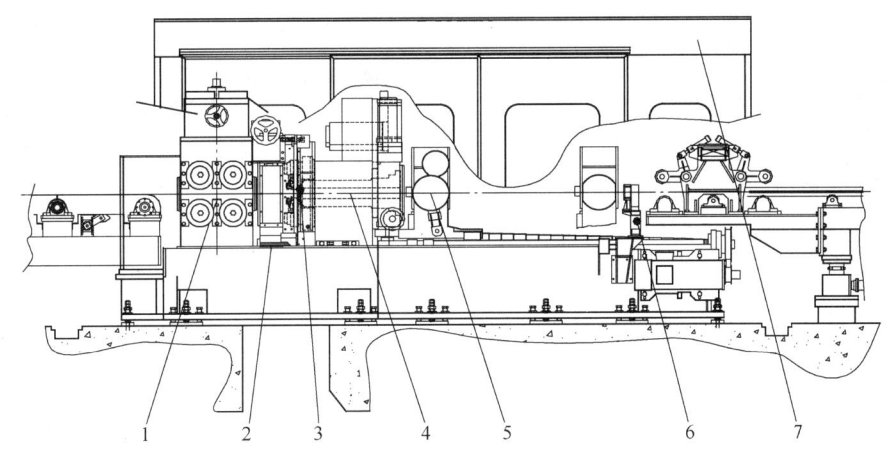

图 11-59　CTMPL 150 型无心剥皮车床（Danieli）

1—双喂进夹送辊；2—棒材入口导卫；3—旋转控制刀架和传动设备；4—棒材出口导卫；5—棒材拉出小车；
6—用于刀具闭环控制的激光系统；7—机上液压及电气控制系统结构框架组

表 11-38　CTMPL 150 型剥皮机的技术性能参数

加工材料直径	$\phi30\sim150$mm	刀 架	5 套刀具覆盖整个工作范围
棒材加料速度	最小 0.5m/min，最大 30m/min	棒材加料系统	4 个自动对中辊，由同一个马达驱动
头部旋转速度	最小 110r/min，最大 1750r/min	剥皮工艺所需冷却水用量	约 300L/min
两个连续恒定速度的等级调节系统	1 号 110～515r/min，2 号 425～1750r/min	剥皮工艺所需冷却水压力	约 1.6MPa
主电机功率	185kW，DC	剥皮机工作轴标高	高于 ±0.00m 地面 1100mm
安装在剥皮机上的总功率	约 300kW	最大金属切削量	2～2.5mm

11.5.7　抛光机

修磨和抛光是清除棒材表面缺陷的主要方法。修磨主要是用于清除比较明显的缺陷，如麻点、结疤、裂纹等，而抛光则主要是用于清除加工过程中产生的轻微划痕等缺陷和提高表面光亮度。

按照使用设备的不同，抛光可以分为机械抛光和电抛光两类。电抛光的质量要比机械抛光高，可使用棒材的表面粗糙度达到 $R_a = 0.1 \sim 0.2 \mu m$，但成本较高，一般在钢铁厂精整均使用机械抛光。机械抛光的设备形式很多，我国目前广泛使用的是布轮抛光机和砂袋抛光机。布轮抛光机和砂袋抛光机的技术性能见表 11-39 ~ 表 11-41。

表 11-39　布轮抛光机的技术性能

技 术 性 能	参　　数	技 术 性 能	参　　数
磨削棒材直径	5 ~ 85mm	抛轮转速	2400r/min
布轮尺寸（直径×壁厚）	φ300mm × 50mm	抛轮线速度	311.68m/s
抛光材料	80 ~ 400 目氧化铝磨料	电机功率	4.5kW

表 11-40　M50200 型无心砂袋抛光机技术性能

技 术 性 能	参　　数	技 术 性 能	参　　数
最大抛光直径	φ200mm	抛光轮规格（直径×宽度）	300mm × 120mm
抛光工件直径范围	φ5 ~ 200mm	无接缝基底砂袋规格（周长×宽×厚）	2000mm × 100mm × (1 ~ 3) mm
抛光工件长度范围	1500 ~ 9000mm	砂袋转速	1580r/min

表 11-41　M50350 型无心砂袋抛光机技术性能

技 术 性 能	参　　数	技 术 性 能	参　　数
最大抛光直径	φ351mm	无接缝基底砂袋规格（周长×宽×厚）	3000mm × 200mm × 2mm
抛光工件直径范围	φ141 ~ 351mm	砂袋转速	1050r/min
抛光工件长度范围	1500 ~ 12500mm	电机总容量	15.05kW
抛光轮规格（直径×宽度）	300mm × 120mm		

11.5.8　切断设备

棒材切断设备的种类很多，常用的有机床切断机、砂轮锯、摩擦锯、圆盘锯、带锯床和弓锯等形式。棒材切除和切断的作用主要是将精整后的倍尺长度的棒材切成客户需要的定尺长度的产品；也用于切除探伤检查出来的缺陷严重不可修复部分的棒材或者用于检验化验切取试样。

机床切断机的特点是生产效率较低，但棒材切断后端头光洁平直规范，适合于精整棒材和银亮材端部要求较高的产品。

砂轮锯的生产效率较高，其设备规格以砂轮直径的大小来表示，通常用于连续精整中间产品的切断。

摩擦锯的生产效率较高，可以单根或者多根同时剪切，但是棒材端部容易留有毛刺，一般用于连续精整中间产品的切断。

带锯的生产效率较低，用于棒材和扁钢成品锯切。锯切断面规整。其生产效率取决于锯切棒材的直径和扁钢的厚度。

11.5.9　成品检查和验收设备

成品检查和验收设备属于精整和银亮材产品的尾端设备，成品检查台面装有聚酯纤维材料，成品收集料筐的设计带有下降系统的收集框，使用齿轮马达的步进降低皮带系统，使棒材卸料平稳，有效减少了噪声排放和最终产品的表面刮伤。在成品检查收集区域应当设计加强照明，产品的表面、直径公差、椭圆度、弯曲度、定尺长度等要逐支全面检查。按照产品的规格、数量、钢号、炉号及其对应的国家标准和国际标准的要求检查，严防混钢现象的发生。

11.5.10 成品涂油和包装设备

银亮材产品采用的防锈剂有防锈油、防锈脂、气相防锈脂、气相缓蚀剂等。成品涂油和包装工序是银亮材成品和部分黑皮材的终端工序。通常检查合格的棒材（通常每捆重量不超过 2000kg），用尼龙吊带吊起放入涂油防锈槽内进行成品涂油。检查合格后的产品至涂油时间最长不应超过 24h，防锈油要定期进行更新同时应当进行涂油油槽清理，以保证涂油工序的产品质量。

11.5.11 包装

银亮材产品的包装材料分内包装材料和外包装材料。内包装材料有中性石蜡纸、塑料薄膜、聚乙烯塑料布和中性复合材料；外包装材料有麻布、塑料编织物、防潮防水无腐蚀材料和聚丙烯编织物等。

通常涂油后的银亮材吊至沥油架上沥油，沥完油的钢材吊至包装台架上进行包装。成品包装采用两层包装，内包装为中性材料（如中性石蜡纸或聚乙烯塑料布等），外包装为聚丙烯编织物，或采用复合包装布包装。包装完毕的料先封头，然后用打包机把包装好的银亮材连同至少 6 根竹坯条或竹帘用钢带捆扎紧，较长料应对接布置竹坯条或竹帘，竹坯条或竹帘沿料捆的外圆均布。捆扎道次的要求为：长度不大于 6m 的捆扎道次每捆不少于 4 道钢带，大于 6m 的不少于 5 道钢带，然后在竹坯条或竹帘外面再捆扎至少 3 道铁丝腰（至少两头各 1 道，中间 1 道）。

对于要求装箱供应的银亮材精品，内层为塑料布即可直接装箱。

拉拔盘料包装方法为缠绕式，内外层包装为中性材料。包装完毕的料用黏胶带沿盘卷的内圆及外侧各均匀粘贴两道，再用打包机把包好的盘卷用钢带扎紧，捆扎道次不少于 4 道，然后再均匀捆扎至少 3 道铁丝腰。

每捆、每盘或每箱包装好的料至少拴挂两个金属标牌。金属标牌要求打上钢种、炉号、规格、重量等，并且字迹清楚、准确。

11.6 精整热处理车间的技术经济指标

某特殊钢企业精整热处理车间技术经济指标见表 11-42。

表 11-42 某特殊钢企业精整热处理车间技术经济指标

序 号	指标名称		单 位	数 量	备 注
1	年精整量		t/a	815000	规格范围：$\phi(50\sim250)$ mm $\times(4000\sim12000)$ mm
2	商品材		t/a	785975	
	其中：精整商品材		t/a	721400	
	剥皮商品材		t/a	50700	
	银亮商品材		t/a	13875	
	车间设备总量		t	5565	未包括热处理机组设备重量
	其中：精整设备		t	4881	
	起重运输设备		t	684	
3	车间电气设备总容量		kW	13357	
4	额定年工作时间		h	7000，6600	热处理车间 7000，精整车间 6600
5	主厂房面积		m²	57540	
6	车间内定员		人	420	
7	吨材产品消耗指标	金属	t	1.037	
		电	kW·h	95	
		循环水	m³	6	其中新水 0.2
		燃料	GJ	2.3	按 17 万吨热处理量计算
		压缩空气（标态）	m³	34	

序　号	指 标 名 称		单　位	数　量	备　注
7	吨材产品消耗指标	氮气（标态）	m³	38	按 11 万吨辊底炉热处理量计算
		耐火材料	kg	0.3	
		液压润滑材料	kg	0.15	
		丸粒	kg	3	

参 考 文 献

[1] 宋维锡. 金属学[M]. 北京：冶金工业出版社，2007.

[2] 朱学仪. 钢材热处理手册[M]. 北京：中国标准出版社，2007.

[3] 崔浦. 矫直原理与矫直机械[M]. 2 版. 北京：冶金工业出版社，2007.

[4] 重庆钢铁设计研究院. 冷轧冷拔钢管车间工艺设计参考资料[R].

[5] 樊东黎. 热处理技术数据手册[M]. 北京：机械工业出版社，2009.

[6] EBNER 罩式退火炉产品样本[R].

[7] DANIELI 公司产品样本[R].

[8] 法孚布朗克斯国际公司北京代表处产品样板[R].

[9] 欧宁检测技术有限公司产品样本[R].

[10] 浩中国际有限公司. 浩中科技精整全方案产品目录[R].

[11] 北京嘉盛国安科技公司产品样本[R].

[12] 圆方机械制造有限公司产品样本[R].

编写人员：中冶京诚瑞信长材研究所　马志勇、刘雅松

第3篇 长材轧制设备

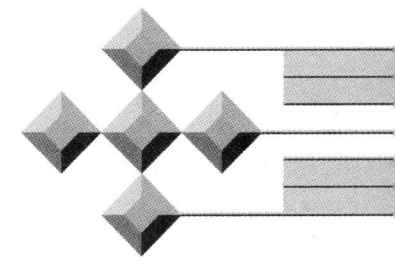

12 长材设备概述

用轧制方法生产钢材，具有生产过程连续性强、易实现机械化和自动化等优点。因此，与铸造、锻造、挤压、拉拔等生产工艺相比，该法的生产效率高，生产成本低，对批量大的钢铁产品最具市场竞争力。据 2010 年世界钢铁协会的统计资料，全球约有 90% ~ 94% 的钢以轧制的方法成材。钢材产品分为长材（或称型钢）、板材和管材三大类。通常亦把宽度不大于 300mm 的扁钢也划入长材系列，因此，热轧长材产品品种繁多，形状各异，它又可分为简单断面和复杂断面两大类。简单断面包括：圆、带肋钢筋、方、扁、六角、八角等；复杂断面包括：H 型钢、工字钢、角钢、槽钢、铁路钢轨、吊车轨、电梯导轨、球扁钢、L 钢、履带钢、U 型矿用钢、周期钢、窗框钢、U 型钢板桩、Z 型钢板桩、一字型板桩、汽车车轮轮辋钢、十字钢、F 钢、中空六角形杆等。

轧钢机械或轧钢设备主要是指完成从坯料到成品的整个轧钢工艺过程中，在生产线上使用的机械设备，一般包括轧钢机及一系列的辅助设备。通常把使轧件产生塑性变形的机器称为轧钢机。轧钢机由工作机座、传动装置（接轴、齿轮座、减速机、联轴器）及主电机组成。这一机器系统称之为主机列，也称之为轧钢车间主要设备。主机列的类型和特征标志着整个轧钢车间的类型和特点。除轧钢机外的其他设备，统称为轧钢车间的辅助设备。

12.1 长材轧机

长材轧机的种类及类型主要按照轧机的构造和用途来区分。

12.1.1 长材轧机按构造分类

轧机按构造分类可分为如表 12-1 所列的类型。

表 12-1 长材轧机按机构分类

序号	轧机的结构类型	工 作 特 性	运用车间及品种
1	三辊式	在一个机座中装有上、中、下三个传动轧辊，上下辊为同方向旋转，中辊则为反向旋转。轧件中下辊咬入轧制，提升后再由中上辊反向轧制，在同一个机架轧制多道	曾广泛用于长材的轨梁，中型、小型轧机的成品轧机及线材轧机的开坯机，现在我国已很少采用
2	二辊可逆式	具有两个传动辊，可以逆转，轧件在轧辊进行多道次的往复轧制	用于初轧开坯、厚板及炉卷轧机的粗轧机、轨梁、大中型 H 型钢、大规格圆钢生产线的开坯机
3	二辊不可逆式	具有两个传动的轧辊，不可逆转，轧件在每架轧机上只轧 1 道，是目前长材轧机中用得最多的一种轧机	适用于大中小圆钢及钢筋生产，以及线材生产的粗、中轧

序号	轧机的结构类型	工 作 特 性	运用车间及品种
4	二辊立式	轧机结构与二辊不可逆式相同,区别仅为两个轧辊垂直布置。用途与二辊不可逆式相同	适用范围与二辊不可逆式相同
5	三辊 Y 型轧机	具有三个传动的轧辊,后一架与前一架错开 60°布置,不可逆转,轧件在每架轧机上只轧 1 道	目前仅用于中、小规格圆钢的精轧减径与定径机。用于简化孔型系统和提高轧件的尺寸精度
6	四辊万能轧机	两个水平辊和两个立辊布置在同一个垂直平面上,两个水平辊传动,立辊为不传动椭辊。轧件在轧制过程中四个方向受到压缩	用于平行翼缘的 H 型钢、钢轨及其他型钢的轧制
7	悬臂式轧机	两个悬臂辊环,前后两架交错 90°布置,可单独或双机架传动,也可多架由 1 台电机集体传动	用于小型棒材、线材生产的高速无扭转轧制
8	行星轧机	由上下两个传动的大轧辊分别带动许多围绕在大轧辊周围的小行星椭辊	在 20 世纪 60~70 年代曾设想用于生产长材或板材的粗轧机上。在试验中机械事故频发,实际生产中几乎没有人用
9	摆锻式轧机	摆锻式轧机将轧制与锻造结合在一起,看似一种完美的加工方式,生产率低下没有人用	用于高合金钢的开坯轧制。但生产率低下,在世界范围内只建了少数几台,我国买了 2 台都没有用

轧机的标称有许多习惯称谓,一般与轧辊的尺寸有关。

钢板车间轧机的主要性能参数是轧辊的辊身长度,因为轧辊辊身长度与其能轧制的钢板的最大宽度有关。因此,钢板轧机是以轧辊辊身长度标称的,如 1780mm 热轧带钢轧机、2080mm 热轧带钢轧机、1780mm 冷轧带钢轧机等。钢管车间的轧机则是直接以其能够轧制钢管的最大外径来标称,如 140mm 无缝管轧机、250mm 无缝管轧机、400mm 无缝管轧机等。

长材(型钢)轧机的主要参数是轧辊的名义直径,因为轧辊名义直径的大小与其能轧制的最大最小断面尺寸有关。因此,长材轧机就以轧辊的名义直径来标称,或用人字齿轮节的圆直径标称。当轧钢车间中有数列或数架轧机时,则以最后一架精轧机的轧辊名义直径作为轧钢车间的标称。

近年来,长材轧机的名称还是以轧辊的名义直径来标称的,但长材轧钢车间的称谓有了很大变化,现在多为以生产产品的规格来称谓车间或生产线的名称,如小型车间、线材车间、中型 H 型钢车间、大型 H 型钢车间、轨梁车间、开坯-大棒车间等。已很少有人称 1150 初轧-开坯车间、450 中型车间、350 小型车间或 170 线材车间。原因可能是,各公司轧机的标准化定型化设计,生产线的轧机组成基本定型,如普通钢小型轧机基本上都是由 18 个机架组成,但 6 机架成品轧机的轧辊名义直径却各有不同,一般为 φ350mm,也有 φ380mm 或 φ330mm 者。线材生产线都由 28 个机架或 30 个机架组成,但无扭精轧机或 4 机架减径定径机的辊环直径却略有不同。再按传统的称谓——以最后一架精轧机的轧辊名义直径,则会叫出多种不同小型和线材车间来。为省事大家就不称最后一架轧机的名义直径了,约定俗成,在 20 世纪 90 年代以后,钢铁行业就这样称呼长材轧机。

12.1.2　长材轧机按用途分类

长材轧机按用途分类可以分为如表 12-2 所示的类型。

表 12-2　长材轧机按用途分类

轧 机 类 型		轧辊尺寸/mm		最大轧制速度/m·s⁻¹	产品规格
		辊 径	辊身长度		
初轧-开坯机		750~1250	1800~3100	≈3.5	120~240 方
轨梁轧机	万能平辊	1120~1400		5.0	43~75kg/m 重轨
	二辊状态	1000~1150	1000~2000		150~400H 型钢
大型 H 型轧机	万能平辊	1300~1400		4.0	450~1000H 型钢
	二辊状态	1080~1250	1500~2000		
中型 H 型轧机	万能平辊	1050~970		5	200~450H 型钢
	二辊状态	920~800	900~1100		
大型棒材轧机		650~850	1000~1400	4.5	φ90~300
中型棒材轧机		450~550	700~800	8~13	φ30~90
小型轧机		330~380	650	18	φ12~50
线材轧机		150~230	57~83	105~120	φ5.0~25

12.2　长材轧机的辅助设备

在长材的轧钢生产中，除了在轧机完成热塑性变形的轧制工序外，还需要一系列的辅助工序，如在轨梁生产中，有连铸坯上料、加热、高压水除鳞、BD1 轧制、BD2 轧制、切头、U1-E-U2 可逆轧制、切头、冷床冷却、平立复合矫直、联合检查和测量、铣头和切断、压力矫直-收集等工序。

长材生产的发展、技术水平的提高不仅取决于轧钢主要设备（轧机）速度的提高和轧制周期的缩短，而且很大程度上取决于轧钢辅助设备的不断完善和改进。如小型轧机的老式拉钢冷床，冷却不均匀，拉弯严重，大量要进行离线矫直，占用大量厂房面积和劳动力，使小型轧机的产量无法提高；20 世纪 90 年代后，采用先进的步进式冷床，冷却均匀，轧件的平直度达 2/1000~4/1000，不再需要进行离线矫直，使小型轧机的效率得以充分发挥。又如，目前限制小型轧机轧制速度进一步提高的不是主轧机，也不是飞剪，而是上冷床的动作周期；长材轧制生产线是一个整体的系统工程，生产线上的主辅设备的生产效率和装备的机械化自动化水平必须配套，才能使整个轧线优质、高效。

12.3　长材轧制技术与装备在我国的发展

春秋中期（公元前 600 年），我国已发明了生铁冶炼技术，到了春秋末年，铁制的兵器和农器已得到普遍的使用。到了战国时代，人们已经掌握了"块铁渗碳钢"制造技术，造出了非常坚韧而锋利的宝剑。西汉中晚期，发明了谓之炒钢的生铁脱碳技术。但 1856 年贝斯麦转炉的发明开启了近代的钢铁工业，却迟迟与我国无缘。我国真正意义上的现代化钢铁工业，是从 1896 年张之洞在大冶创办的"汉阳铁厂"开始的。我国最早以工业化方法生产轧钢产品是 1904 年，由"汉阳铁厂"生产了每米 43kg 的钢轨。

1938 年抗日战争期间，国民政府将大冶钢厂搬往重庆，此时，国民政府军政部军工署下属重庆钢厂有两个轧钢厂，大型轧钢厂和条钢厂。大型厂有两套轧机，一套是 2400mm 的二辊式中板轧机，另一套是 φ800mm×3 的钢轨轧机，中间由一台 6400 马力的蒸汽机驱动。条钢厂也有两套轧机，一套是 φ320mm×5，另一套是 φ500mm×2，中间亦由一台蒸汽机共同传动两套轧机。后来在条钢厂又增加了一套 φ300mm×5 的小型轧机。这就是迄今为止我们所知道的早期中国的长材轧机。

20 世纪 30~40 年代，日本在中国东北的鞍山、大连、本溪建了一些钢铁企业和轧钢厂，但这些由日本人出资、日本人管理、产品为日本人的侵华战争服务的企业，只是建在中国土地上，用的是中国的资源、中国的劳动力的日本企业，它不是中国钢铁工业。

20 世纪 30 年代后期，山西王阎锡山在太原建立了太原钢铁厂，除炼铁炼钢系统的高炉、平炉外，轧钢系统有 φ650mm×3 大型轧机（设备由 KRUPP 公司引进）和 1 套穿梭式的小型轧机。20 世纪 40 年代在上海、天津、唐山还建设了一些小型的轧钢厂生产小型的长材产品。总之在 1949 年以前，在山西太原、四川重庆、上海出现了一些较为现代钢铁工业，但规模很小，工艺与当时的世界水平相比也有很大的差距，而轧钢设备的设计与制造还是空白。

1949 年以后，中国的钢铁和长材生产得到了一定程度的发展，从 1952 年在鞍山钢铁公司进行三大工种改造开始，恢复并扩建了大型厂、中型厂，新建了无缝钢管厂。1958 年建成了武汉钢铁公司大型厂，1964 年建成包头钢铁公司轨梁厂，1974 建成攀枝花钢铁公司轨梁厂等大型型钢生产基地，同时，地方中小型型钢生产也得到了发展。与此同时，引进了苏联的设备设计和制造技术，并在各工科院校大批培养设计、制造设备的技术人才。在 20 世纪 50 ~ 70 年代，模仿苏联的设计或以苏联的设计图制造了几套 300 横列式线材轧机、400 × 250 × 5 小型轧机、550 × 3 中型轧机、650 × 3 大型轧机、800 × 3 轨梁轧机，以及 1150 初轧机开坯机。但从 1957 ~ 1980 年的 20 多年的时间里，中国钢铁工业技术水平和产量基本上处于停滞状态。1979 年后中国走上改革开放的发展之路，钢铁工业得以走上健康发展之路。

（1）线材轧机。1960 年湘潭钢厂从东德引进一套全连续式四线线材轧机。这套轧机因设计上存在缺陷，又碰上"文革"的动乱，所以从引进至 1998 年改造的 30 年间就一直没有正常生产过。我国线材轧机的新起点是从马钢开始，马鞍山钢铁公司在当时经贸委主任张劲夫的支持下，从德国 SMS 引进速度为 85m/s 的新型高速线材轧机（1983 年签订合同，1987 年建成投产）。马钢引进线材轧机是一个重要标志，它标志着中国线材轧制技术要与高唱了 30 年"中国式道路"的"横列式，复二重"决裂，走世界"大卷重、高速、无扭转"的共同发展之路。从此，我国又先后在上钢二厂、唐山等厂引进多套高速无扭线材轧机，国内公司（如北京钢铁设计研究总院）也开始研发线材高速无扭轧机。在引进—消化—逐渐国产化模式下，在引进 Morgan、Danieli、SMS 先进线材轧机的同时，积极进行线材轧机国产化的开发。以 10 机架高速无扭轧机、夹送辊、吐丝机为核心，配套以预精轧机，风冷运输机和集卷站，继而开发粗、中轧机及运卷、收集系统。20 世纪 90 年代以后，国外先进的线材轧机在继续引进，CERI 等主要国产线材轧机的机型也在逐渐成熟和稳定，促进了我国线材生产技术及装备的快速提高。

（2）小型和棒材轧机先进技术的引进更晚一些。1960 年首钢从苏联引进 1 套 19 机架的全连续式小型轧机，平心而论这套轧机在设备制造和电气控制上都没有太大的问题，只是限于当时的电气制造水平，有许多电气元件不够过关，致使在调试和生产中出现了许多问题。从 20 世纪 60 ~ 80 年代的 20 多年中，我国再也没有引进过先进的小型棒材轧机，更没有自己设计制造的连轧机。在国内小型和棒材轧钢领域中 400/250 横列式轧机独霸天下。

1985 年左右首钢特钢引进一套瑞典的二手套轧线材设备，贵阳钢厂和抚顺钢厂也引进了类似的二手设备。瑞典短应力线轧机的出现，使我国轧钢界产生了一些思考，当时轧钢界的一些名人提出，要以短应力线轧机改造我国的横列式轧机。但引进的这几套二手设备都不争气，没有一套运转成功，在客观上给"改造横列式论"泼了一大瓢冷水，技术人员毕竟讲究效果，响应者寥寥。但 1989 年上钢五厂引进西班牙由德国 KRUPP 制造的一套半连轧的合金钢棒材轧机，国人首次懂得合金钢也可以用单重比较大的坯料以半连轧方式生产；而且知道了小型轧机的机型除有铸造的闭口式外，还有预应力式轧机。以 1992 年抚顺钢厂的合金钢小型生产线引进国外的技术和装备为标志，国人知道了：合金钢生产可以用连铸坯，可以用大规格和大单重的坯料，可以用连续式轧制，还有在线的温度控制技术。抚钢合金钢小型轧机的成功，全面展示了短应力线轧机在连续轧制线生产线中的优越性。在 1993 年、1994 年的金属学会上，北京钢铁设计研究总院在当时冶金部领导的支持下，借势引导，向全国轧钢界介绍和推荐连续式的短应力线轧机。从此，高刚度短应力线轧机很快在我国深入人心，全连续式、全线短应力线轧机、成为了我国小型轧机现代化的两个最重要的标志。从此，在我国各种类型的高刚度短应力线轧机如江南的雨后春笋，大量被开发、制造出来。

1983 年首钢从加拿大 Co-Steel 国际公司以专利交换的形式购买了生产螺纹钢的孔型设计和导卫装置技术，1992 ~ 1993 年广州钢厂和唐山钢铁公司先后从 Danieli 引进连续式小型轧机以及切分轧制技术。连铸坯的热送热装、全连续式的工艺布置与短应力线轧机的普遍采用、切分轧制在钢筋生产中的应用，是我国小型轧钢生产高效率、低成本的四大法宝。

小型、线材轧机在我国数量多，产量最大。从某种意义上说，只有小型和线材轧机才称得上是我国真正的"民生"轧机，它为中国普通百姓提供了住、行所需的最基础的钢铁产品。中国钢铁界三代人，历时半个世纪，找到了适合中国国情的小型、线材生产工艺流程和生产方式，中国的钢铁才有这几年高速的发展，圆了中华民族千年的钢铁梦。

（3）大、中型 H 型钢。从 1908 年美国伯利恒、德国培因厂采用万能轧制法生产平行腿的 H 型钢成功以后，美国、德国开始大量建设生产平行腿工字钢的轧钢厂。1958 年欧洲产生了新的工字钢系列——IPE 工字钢系列，推动了 H 型钢生产在世界，特别是在日本的快速发展。但 H 型钢在我国起步很晚，1997 年马钢从 Demag 引进大型 H 型钢，莱芜钢厂从新日铁引进半连续式的中型 H 型钢，我国才从此起步。马钢大 H 型钢刚投产的最初几年非常困难，这样的好设备生产的好产品竟没有人要，头两年只生产了几万吨。因为中国的市场只知道钢筋混凝土，不知道 H 型钢为何物。马钢牵头出人出钱，编制 H 型钢的生产标准和使用标准，使 H 型钢生产和使用法制化，建立市场的信心。在马钢的带头推动下，我国终于在短短几年内认识了 H 型钢的优越性，H 型钢市场从冷变火。继马钢之后，在莱芜、津西、山西安泰相继建设了大型 H 型钢生产厂；在日照、津西、马钢、长治、鞍山宝德等建起了多套中型 H 型钢生产线。H 型钢在我国的发展超出了人们的意料，2010 年我国 H 型钢生产和消费量达到了 1000 万吨左右。更让人始料不及的是 H 型钢在我国迅速普及和推广，更多人认识到 H 型钢的受力特性与结构特性，优越性远高于普通的工字钢、槽钢和角钢，并迅速取代后者，导致过去型钢的看家产品工字钢、槽钢和角钢的使用量和生产大量减少，估计目前 H 型钢的生产量和使用量占型钢总量的 70% ~75% 以上。目前除了电力的输送铁塔需要用角钢结构，或少数工业厂房仍用角钢外，已很少有用角钢的钢结构，我国建了两个专业型钢轧机，除各生产了 30 万吨左右的角钢外，槽钢、工字钢的生产量极少，一直处于半饥半饱状态，而各个大、中型 H 型钢生产线基本满产。

大型 H 型钢生产线，以 1 +3 布置，精轧以 3 机架的 UR-E-UF 可逆式连轧，X-H 轧法实现。我国建了 4 条大型 H 型生产线，关键设备——3 机架的 UR-E-UF 可逆式连轧机组均由 SMS 引进。中型 H 型钢生产线多采用 1 +（7 ~10）架的半连续式布置，关键设备——7 ~10 架的万能轧机也多从国外引进，近来国内开发了中型 H 型钢的万能轧机和 X-H 轧制法的孔型设计，希望在国内和国际市场进行推广。

（4）钢轨。钢轨是铁路运输专用钢材，与铁路关系密切如鱼与水。工业化要发展铁路运输，首先应建设生产钢轨的轧钢厂。报告说，美国在 1874 年有 69 台轧机在生产不同质量的钢轨。在我国建立的第一套现代意义的轧机，是 1896 年在大冶铁厂建立的 800 轨梁轧机。1949 年以后，我国先后在鞍钢、武钢、包钢、攀钢建设了 4 套轨梁轧机，都验证了这个道理。在当时条件下所建起来的是 1 +3，即 1 架可逆式粗轧机，3 机架横列式 850 轧机。

1964 年在日本运行成功的高速铁路，开创了铁路运输高速、重载的新时代。当铁路机车时速超过 200km/h 时，对钢轨提出了一系列的新要求，即所谓三高"高纯度、高强度、高精度"。为保证"三高"，在炼钢炉外精炼、连铸、轧制加热、轧制、精整等一系列环节进行了许多重大的改进，包括万能轧制和复合矫直等。万能轧制法生产钢轨，从 20 世纪 70 年代开始就在日本、法国、美国普遍采用。当时的万能轧制法，与现代 SMS 开发的万能轧制法相比还有较大的不同，2 机架的二辊可逆式轧机（与现在相同），接着是 3 列串列布置的 U1-E1、U2-E2、U3 轧机，在 2 架二辊可逆轧机上轧制多道成轨型后，在 U1-E1 上可逆轧制 3 道，在 U2-E2 上轧制 1 道，在 U3 上轧制 1 道成最后的成品。

20 世纪 90 年代 SMS 为韩国建立了 1 +3 的大型 H 型钢轧机，韩国在 SMS 的支持下在 3 机架可逆式万能轧机 U1-E-U2 上轧制钢轨，获得了成功，从此，SMS 将此生产工艺用于鞍钢、包钢、武钢以及印度等的多个厂。在鞍钢、包钢等多年孔型设计经验的支持下，该工艺大为成功，成为钢轨生产的新工艺。

我国在 20 世纪 50 ~60 年代建设的四个轨梁厂经过 40 年的运行，工艺和设备都显得老旧落后。从 1990 年左右开始，我国铁路道部门和钢铁界就在商讨，实现铁路运输高速化与钢轨生产现代化问题。当时觉得高速化是方向，但花钱太多，难度很大，是可望而不可及的事。攀钢经过多年准备，率先进行现代化改造，并在 2004 年完成改造。2001 年鞍钢亦与 SMS 签订购买设备合同，对老生产线进行改造；随后包钢、武钢亦对老生产线进行了彻底的现代化改造。四大钢轨厂完成现代改造，实现钢轨生产的"三高"标志着我国钢轨生产和高速铁路的发展进入了全新的阶段。现在回头看，当年憧憬我国钢轨生产现代化和高速铁路的梦，在 15 ~20 年后都实现了。

20 世纪末 21 世纪初这几年，我国经济建设的持续快速发展，使钢铁行业充满了活力，也促使我国长材轧制技术与装备发生了重大的变化。特别是在 2006 ~2010 年的"十一五"期间，我国轧钢工艺装备实现跨越式发展，建成投产一批具有世界先进水平的现代化轧钢生产线。我国不但引进了一系列世界领先水平的高端装备，国产的新型长材轧制装备水平也实现了跨越式发展，主要技术装备已接近或达到世界先进水平，全套引进整条生产线的情况在我国已越来越少。

目前，我国在长材轧制生产线中，已基本实现轧钢等主要工序、主体装备国产化。国产化棒、线材生产线的主体装备达到国际先进水平；大、中型钢生产线实现国内自主集成，主体装备实现国产化或具备国产化能力。新型国产高刚度轧机、悬臂式辊环轧机、精密轧制设备、各类控制冷却装置、各类飞剪机、锯切装置、多种结构类型的冷床等国产新装备广泛应用于国内外轧钢车间，基本取代了同类进口产品。

然而，在某些高端领域，我国的长材装置装备水平与国际领先水平相比还存在一定差距。比如高速线材减定径机组、棒材三辊减定径机组、大型钢可逆式万能轧机机组等装备目前还依赖进口。我国科技工作者正在从事这些高端技术与装备的研究开发工作，相信在不久的将来，国产高速线材减定径机组、棒材减定径机、三机架可逆式万能轧机等世界领先的长材轧制装备将应用到现代化的轧钢生产线中。

12.4 我国长材轧制装备的未来

国家"十二五"钢铁工业科技发展的主要目标，要求钢铁行业通过淘汰落后，转型升级，降低成本和资源、能源消耗，全面提高钢铁产品竞争力。国家关于吨钢能耗、低碳排放等国家标准和约束性指标，意在促使企业实现技术进步与创新，加大新技术新装备的应用。为了实现这些目标，长材轧制设备应该有所作为，我们认为其主要体现在：

(1) 扩大高刚度轧机的应用范围：高刚度轧机应用在小型生产中的优越性，逐渐为我国钢铁界所认识。短应力线轧机普遍应用，操作方便和可实现整体机架更换，带来轧机的高作业率；切分轧制技术的普遍采用带来高小时产量，共同促成我国小型轧机的高生产率，单线年产量达 100 万吨以上。近年来，不但在新增的棒材小型生产线中，普遍采用高刚度的短应力线轧机，在线材生产线中的粗中轧机，亦在逐步采用高刚度轧机（短应力线轧机、CCR 轧机等），以取代传统的闭口牌坊式轧机。

高刚度短应力线轧机比传统的闭口式轧机具有更高的刚度，可以生产尺寸精度更高的半成品和成品。这只是理论上的定性分析，迄今为止，仍没有公司出示实测的数据对比两种机型在产品精度上的差别。但高刚度短应力线轧机操作方便，换孔型、换机架简单，在生产操作中一看便明，无需更多的解析，仅这一项优点就可提高轧机的有效作业率，即大幅度增加产量。至于刚度和产品精度，虽无实际数据，但至少不会比闭口式轧机差，这就使用户有了足够的理由来采用。高刚度短应力线轧机需要备用机架，在初始投资上要稍有增加，但对于想获得高产量的线材轧机来说，有效作业率提高的收益，远高于初始投资稍有增加的损失。这就是 1998 年杭州钢厂高线材生产线首次在粗、中机组上采用短应力线轧机后，我国线材生产线效仿者逐渐增多，以至成为主流的原因。

(2) 高刚度短应力线轧机延伸开发。高刚度短应力线轧机首先应用于小型棒材生产中，取得了空前成功，继而逐渐用于线材生产线的粗轧和中轧机组上；在开发 $\phi550mm$、$\phi650mm$ 级的短应力线轧机基础上开发更大规格 $\phi750mm$、$\phi850mm$ 级的轧机，并用于开坯-大棒材生产线，将短应力线高刚度轧机的应用扩展至 $\phi90\sim300mm$ 的大圆钢生产线上。最近又以 $\phi650mm$、$\phi850mm$ 的机型为基础，开发了四辊万能轧机，将高刚度短应力线轧机进一步延伸到中型 H 型钢和小型 H 型钢生产线上。

国外的 Danieli 公司将高刚度短应力线轧机从棒材生产一直延伸到初轧开坯机。其不仅有短应力线型的 $\phi1000mm\times1800mm$ 二辊可逆开坯机，还有 $\phi1000mm$ 二辊不可逆短应力线棒材轧机。我们认为，高刚度短应力线轧机尽管有那么多的优点，但它应用也是有一定范围的，它用在棒材轧制中的优点最为明显，且它的辊径范围在 $\phi300\sim850mm$ 为宜。大于 850mm 的轧机，需进行整体机架更换，且要有多个备用机架，其成本不低，不宜采用。二辊可逆式开坯机，一是轧制坯料规格大，所受轧制力大；二是在轧制方向上受力较大；三是开坯机的能力都比较大，又相对比较粗放，换辊周期长，没有必要进行整体机架更换。所以二辊可逆式轧机还是二辊闭口式为好，没有必要做成高刚度短应力线式。

(3) 两辊可逆轧机（开坯机）的复兴。该技术产生于 20 世纪 30 年代，在 60～70 年代发展达到顶峰。随着连铸技术的逐渐成熟，连铸坯一火成材以其高效、节能、低投入等优势风靡世界，初轧开坯技术逐渐被淘汰。然而近年来，二辊可逆式开坯机又在悄然复兴，且其应用有不断扩大的趋势。究其原因在于：1）型钢生产的新工艺，大型 H 型钢生产采用 1 + 3（1 架二辊可逆 + 3 机架万能可逆连轧）和轨梁轧生产采用 2 + 3（2 架二辊可逆 + 3 机架万能可逆连轧），两者均需 $\phi1150mm$ 级的二辊开坯机为粗轧机；2）世界制造业向我国转移，机械制造业的发展导致 $\phi70 \sim 200mm$ 甚至更大规格圆钢的需求量剧增。大规格圆钢需要更大规格的轧机，半连轧的方式是产量不是很高的大圆钢车间的首选，半连轧的大圆钢生产线需要 $\phi850mm$、$\phi1000mm$ 级的二辊可逆式轧机为开坯机，有的用户甚至要求 $\phi1150mm$ 或 $\phi1250mm$。

现代两辊可逆轧机与以往相比，同为二辊可逆式轧机，但轧机的结构与控制方式都有了很大的变化，操作维护更方便，自动化程度更高。一般采用闭口式铸钢牌坊，轧机刚度高；辊系采用四列短圆柱轴承 + 双列圆锥止推轴承或四列圆锥轴承；采用液压平衡，上轧辊带轴向调整；电动或液压压下，APC 控制（程序控制快速压下、准确定位）；具备轧卡解卡及防过载功能；采用快速换辊装置；前后配置高效翻钢、推钢系统，操作便捷灵活。

（4）高线轧机的开发。近年来国产高速线材装备的技术取得了明显进步，已替代大部分进口装备。国产顶交重载 10 机架无扭精轧机组，轧制速度已达 105m/s，小时产量可达 120t，轧线自动化水平稳定可靠，接近世界先进水平，但与世界先进水平相比仍有不少差距。近 15 年来线材生产已出现新的装备即减径定径机，俗称 8 + 4 线材精轧机，在世界和我国都得到了广泛的应用。

新型的 8 + 4 线材精轧机，将传统的 10 机架精轧机分成 2 组，一组 8 架，另一组 4 架，2 组轧机间增加一段水冷。第一组 8 架与传统的精轧机相同，顶交 45°，8in❶ 辊环，仍称为线材精轧机；第二组 4 架，前 2 架为 8in 大辊环，用于大压下率的减径，后 2 架为 6in 小辊环，用于小压下率的定径，称为减径定径机；MORGEN 型的 RSM（Reducing & Sizing Mill），4 架由一台 4000 ~ 4500kW 的交流机传动。DANIELI 型双模块机组 TMB（Twin Module Block），前 2 架由 1 台 4200kW 的交流机传动，后 2 架由 1 台 1200kW 的交流机传动。

采用减径定径机优点是：

1）轧机的轧制速度可提高至 120m/s。

2）实现单一孔型系统，可减少轧辊与导卫备件，可提高轧线作业率；采用椭-圆-圆圆孔型系统，提高了产品的尺寸精度。

3）产品的尺寸不局限于国家标准规定的标准尺寸，可按用户的实际要求交货——"自由轧钢"。

4）实现真正意义上的低温温控轧制，细化晶粒，提高产品的冶金力学性能。

减径定径机设计速度 140m/s，可轧钢速度 120m/s（最小辊环时的保证速度为 112m/s），为当代线材轧制技术与装备最高水平的标志。开发线材减径定径机（8 + 4）及其配套的夹送辊、吐丝机、高速飞剪，应是线材轧制技术与装备的下一个目标。

（5）大型 H 型钢和中型 H 型钢。我国现在已建设了 4 条大型 H 型钢生产线，7 条中型 H 型钢生产线。4 条大型 H 型钢生产线的关键设备，3 机架可逆式万能轧机全部从国外引进。按照以往的思维方式，别人有的我们都要有，大型 H 型钢的关键设备——3 机架可逆式万能轧机也要开发。现在的情况有所不同，大型 H 型钢在我国可能不会再多建，因此，3 机架可逆式万能轧机组的需求不会太多，3 机架可逆式万能轧机比较复杂，开发的技术难度大，不一定有人愿意投入人力和资金去进行开发。

中型 H 型钢的生产方式有：连续式、半连续、3 机架可逆式，以半连续最多。半连续中型 H 型钢生产线，有 7 ~ 10 机架的万能连轧机，其技术的复杂程度低于 3 机架可逆连轧，开发起来相对容易；另外中型 H 型钢生产在我国可能会有一定的市场，因此，有公司愿意进行开发，现我国已开发出了中型 H 型钢的工艺和设备，在等待着国内外用户选择和购买。

轨梁轧机的情况与大型 H 型钢相似，现在四大轨梁厂（鞍钢、包钢、攀钢、武钢）已有 4 条现代化的 100m 长尺钢轨生产线，包钢一条新线正在建设。邯郸有一条现代钢轨生产线也已建成。钢轨很重要，技术含量高，但在 3 ~ 5 年的未来很难看到会有人再建钢轨轧机。轧制钢轨与大型 H 型钢相似，在 3 机架可逆式万能轧机上完成。如此的技术难度，如此的市场前景，很难指望国内公司能投入力量进行轨梁主

---

❶1in = 25.4mm。

轧机以及预弯式冷床、水平/垂直复合矫直机等辅机的开发。德国 SMS 公司对世界大型 H 型钢和钢轨生产设备的垄断地位，可能会继续下去。

　　(6) 机械设备与轧制工艺的密切结合。关于设备与工艺的关系，一种看法是新工艺要求产生了一种新的轧制设备，另一种看法是新的轧制设备催生一种新的工艺。同样的设备，采用不同的组合方式，则产生了新的生产工艺。如万能轧机，它是由在同一垂直平面上的两个水平辊和两个立辊组成的，水平辊由电机通过齿轮座传动，立辊为惰辊，没有动力传动。同样的万能轧机可有多种类型的组合，全连续式、半连续式、3 机架可逆式连轧。

　　3 机架可逆式万能轧机 U1-E-U2，与 H 型钢的 X-H 孔型设计相结合，就产生了生产大型 H 型钢的一种新工艺，而对万能轧机的压下控制、传动方式控制上稍加改进，以适应可逆式连轧，就成为一种生产大型 H 型钢的全新设备。同理，钢轨生产应用万能轧机已多年，20 世纪 70 ~ 80 年代的钢轨万能轧制是在 BD1-BD2 后的 3 列串列式布置的轧机上进行的，U1-E1 上可逆轧制 3 道次，U2-E21 上轧制 1 道，最后在 U3 上精轧 1 道。在 90 年代中在 3 机架可逆式连轧上，轧制重轨获得成功后，产生了重轨生产的新工艺和新设备，3 机架可逆式连轧 U1-E-U2。万能轧机 U 和轧边机 E 的机械结构没有变，轧制工艺方法变了，轧机的组合方式变了，电气控制的方式也变了，产生了新的生产工艺和新的设备。

　　与工艺紧密结合提高轧机效能的实例在前面已提到，如小型生产线同样是短应线轧机，在采用切分轧制工艺后轧线的生产率成倍增加；现在我们正在积极推广小型棒材和线材生产的无孔型轧制法。小型或线材轧机的粗轧、中轧机组，同样是短应线轧机，在 1 ~ 12 架采用无孔型轧制后，吨钢辊耗由 0.4kg/t 降为 0.12kg/t，可使开轧温度降低 30℃，减少加热的燃料消耗。由于换槽、换辊的次数显著减少，可综合提高轧机的作业率约 5%，增大轧件的变形量，从而减少轧机数量。在实际生产中，根据线材的规格不同可少用 2 ~ 4 架轧机，以每架轧机的电机功率为 600 ~ 800kW 计算，节能的效益巨大。由于变形阻力降低，因而在同等压下量的情况下，轧制能耗减少约 7%。

　　线材轧机与吐丝机、风冷线配套生产成卷线材，与高速上冷床机构配套成为小直径直条棒材生产线，用于生产 $\phi 8 \sim 20$mm 的圆钢和钢筋。

参 考 文 献

[1] 德国钢铁学会. 钢铁生产概况[M]. 北京：冶金工业出版社，2011.
[2] Willian T, Lankford Jr. The making shaping and treading of steel [M]. New York：Nabu Press, 1985.
[3] Willian L Roberts. Hot Rolling of Steel [M]. New York and Basel：Marcel Dekker Inc. , 1983.
[4] 邹家祥. 轧钢机械[M]. 3 版. 北京：冶金工业出版社，2006.
[5] 施东成. 轧钢机械设计方法[M]. 北京：冶金工业出版社，1990.
[6] 王延溥. 轧钢工艺学[M]. 北京：冶金工业出版社，1981.
[7] 李曼云，等. 小型型钢连轧生产工艺与设备[M]. 北京：冶金工业出版社，1999.
[8] 彭兆丰，王莉. 初轧-开坯机的复兴[C]. 2008 年全国轧钢会议论文集.
[9] 王京瑶，耿志勇，彭兆丰. 我国长材轧制技术与装备的发展(一)[J]. 轧钢，2011，28(4)：34 ~ 41.
[10] 彭兆丰，李新林. 我国长材轧制技术与装备的发展（三）[J]. 轧钢，2011，28(6)：34 ~ 41.
[11] 彭兆丰，邓华容. 我国长材轧制技术与装备的发展（四）[J]. 轧钢，2012，29(1)：38 ~ 44.

编写人员：中冶京诚工程技术公司　刘　炜

13　长材轧制的主要设备

长材轧制所用的主轧机在第 2 篇"长材轧制工艺"中和本篇的"长材设备概述"中已作过详细介绍：

（1）重轨生产的主轧机是：2 架二辊可逆式轧机 + 3 机架串列式布置的万能可逆轧机。

（2）大型 H 型钢或其他大型型钢主轧机是：1 架二辊可逆式轧机 + 3 机架串列式布置的万能可逆轧机（当轧制其他型钢时，将万能轧机的立辊拆下，当普通二辊轧机用）。

（3）中型 H 型钢或其他中型型钢的主轧机是：1 架二辊可逆式轧机 + 7 ~ 10 机架串列式布置的万能连轧机（当轧制其他型钢时，将万能轧机的立辊拆下，当普通二辊轧机用）。

（4）大型棒材和开坯的主轧机是：1 架二辊可逆式轧机 + 6 ~ 8 机架的二辊连轧机。

（5）小型棒材的主轧机是：18 机架二辊连轧机或 16 机架二辊连轧机 + 4 ~ 5 机架的 3 辊减径定径机。

（6）线材的主轧机是：6 机架粗轧 + 6 机架中轧 + 6 机架预精轧 + 10 机架高速无扭转轧机，或 6 机架粗轧 + 6 机架中轧 + 6 机架预精轧 + 8 机架高速无扭转轧机 + 4 机架减径定径机。

下面分别对这些主轧机进行介绍。

13.1　二辊可逆式开坯机

13.1.1　二辊可逆式开坯机概况

二辊可逆式开坯机又叫开坯机、初轧机。二辊可逆式开坯机用于厚板、炉卷轧机的开坯，在长材生产中用于开坯轧制，如大型 H 型钢生产线，重轨生产线和合金钢开坯 - 大圆钢生产线，以钢锭或大断面连铸坯为原料，生产适当断面的中间方或异型和轨型断面。

表 13-1 列出了我国早期二辊可逆式初轧机的技术性能。在 20 世纪 50 ~ 80 年代，初轧机是钢铁联合企业轧钢系统的排头兵，它上连炼钢，下接成品轧机。其作用将钢锭初轧开坯成中间坯 - 方坯或板坯，供下游的成品轧机二次加工成板材或长材。这时期初轧机的最显著特点是产量高，反映在装备上是，上轧辊提升高度大，提升速度快；正 - 反转频繁且速度快；传动电机功率大，轧机质量重。

表 13-1　我国早期二辊可逆式初轧机的技术性能

序号	企业及轧机名称	轧辊尺寸直径×辊身长 /mm×mm	传动功率 /kW	上辊最大提升 高度/mm	钢锭质量 /t	钢锭尺寸（最大） /mm×mm×mm
1	鞍钢 1000 初轧	ϕ1180/1080×2400	2600×2	650	7.1	710×620/760×670×2280
2	鞍钢 1150 初轧	ϕ1180/1080×2800	4560×2	1470	15	1650×640/1600×540×2370
3	本钢 1150 初轧	ϕ1200/1050×2100	2300×2×2	2100	23.5	1600×935/1500×885×2600
4	包钢 1150 初轧	ϕ1180/1080×2800	4560×2	1070	9.65	660×930/700×970×2300
5	宝钢 1300 初轧	ϕ1350/1250×3100	5000×2		28.3	
6	太钢 1000 初轧	ϕ950/850×2350	6000	1300	7.5	520×1100/420×1050×2200
7	大冶 850 初轧	ϕ850/780×2400	4600	520	3.0	550×550/450×450×1430
8	抚顺 850 初轧	ϕ910/825×2400	2800×2	780	4.5	780×460/720×420×1610 + 350
9	上钢五厂 750 初轧	ϕ750×1850	2800	—	13.3	510×510/430×430×1300 + 490

20 世纪 80 年代以后，连铸技术日渐成熟，直接以连铸坯为原料一火轧制成材工艺风靡世界，全球一片关闭初轧潮。当时有专家预言，初轧机的末日已经来临。但这种预言没有成真，连铸坯的大量使用，不需要二辊初轧机开坯了，但在厚板生产、炉卷轧机、轨梁轧机、大中型 H 型钢轧机仍需要二辊可逆轧机作开坯机，因此，它还在顽强地生存着。更有意思的是：连铸技术的发展，推倒了初轧机；连铸技术水平进一步提高了，许多合金钢都可以用连铸方法生产，合金钢生产需要更大断面的连铸坯，大断面连

铸坯又需要二辊可逆式开坯机。自 20 世纪 90 年代中期以来，沉寂了多时的二辊可逆式开坯机，又悄然回到了合金钢开坯-大棒生产线，二辊可逆式轧机又复兴了。近年来，我国又新建了十多套二辊可逆式轧机，详见表 13-2。

表 13-2　近年来我国新建的二辊可逆式初轧机的技术性能

序号	企业及轧机名称	轧辊尺寸直径×辊身长 /mm×mm	传动功率 /kW	轧制速度 /m·s⁻¹	轧制坯料规格（最大） /mm×mm
1	鞍钢轨梁二辊开坯机	$\phi 1100 \times 2800$ $\phi 1050 \times 2200$			280×380，320×410
2	攀钢轨梁二辊开坯机	$\phi 1100 \times 2300$	5000	$0 \sim 5.0$	280×380，360×450
3	包钢轨梁二辊开坯机	$\phi 1100 \times 2600$ $\phi 850 \times 2300$	5000 4000	$0.65 \sim 5.0$ $0.8 \sim 6$	280×380，320×410
4	马钢大 H 型钢开坯机	$\phi 1200/900 \times 2800$	5000	$0 \sim 5.0$	$750 \times 450 \times 120$
5	莱钢大 H 型钢开坯机	$\phi 1150/950 \times 2600$	5500	$0 \sim 5.0$	$1000 \times 380 \times 100$
6	莱钢中 H 型钢开坯机	$\phi 980 \times 2750$	3300	$0 \sim 5.0$	275×380
7	津西大 H 型钢开坯机	$\phi 1150/950 \times 2600$	5500	$0 \sim 5.0$	$1000 \times 380 \times 100$
8	津西中 H 型钢开坯机	$\phi 980 \times 2750$	3300	$0 \sim 5.0$	320×410
9	日照中 H 型钢开坯机	$\phi 1000/720 \times 1800$	3300	$0 \sim 5.0$	340×230
10	长治中 H 型钢开坯机	$\phi 1100 \times 2300$	3500	$0 \sim 5.0$	400×200
11	江阴兴澄大棒开坯机	$\phi 1100/890 \times 2500$	4800	$0 \sim 5.0$	370×490
12	淮阴大棒开坯机	$\phi 1100/890 \times 2500$	4800	$0 \sim 5.0$	$\phi 500$
13	大连大棒开坯机	$\phi 1100/890 \times 2500$	5000	$0 \sim 5.0$	8.0t 锭
14	无锡大棒开坯机	$\phi 900/800 \times 2100$	4000	$0 \sim 5.0$	280×360

从表 13-2 可以看出，现在的开坯机的工作情况是：

（1）开坯-大棒生产线，1 架二辊可逆开坯机 +4~8 架平/立二辊连轧机。

（2）重轨生产线，2 架二辊可逆开坯机 +3 架可逆式万能轧机。

（3）大型型钢生产线，1 架二辊可逆开坯机 +3 架可逆式万能轧机。

（4）中型型钢生产线，1 架二辊可逆开坯机 +7~10 架万能连轧机。

在这些生产线上使用的二辊可逆轧机有所区别，但区别不大，当然在厚板或炉卷轧机中使用的二辊可逆式轧机的区别会比较大，但厚板或炉卷轧机不属于长材，不在本书讨论之列。

重新回到长材生产阵列中来的二辊可逆式初轧机，外表看起来没有多大变化（图 13-1），还是两个轧辊正转-反转，前后推床移来移去，但仔细分析发现同是两个轧辊在转，但细节已有较大的变化。最大的变化是轧机的身材比从前瘦小许多，因为，产量不需要从前那么高了，电机功率可以小，正反转速度无需那么快；不以钢锭为原料，不轧板坯，上辊提升高度不用那么高了，不轧钢锭，轧制道次少，辊身可以短，机架高度减少，辊身长度缩短。工艺操作要求的变化带来轧机的变化，下面以机械的角度进行较为详细介绍。

13.1.2　长材开坯机的类型及工作原理

如上所述，长材轧机中的大型、中型、小型轧机的规格是以传动轧辊的标称直径或齿轮座的节圆直径表示的，如公称直径为 $\phi 850$mm 的轧机，表示其传动齿轮座的节圆直径为 850mm。

长材开坯机的轧辊直径一般为 750~1350mm，辊身长度 1800~3100mm，上辊行程一般为 600~1000mm，辊身上

图 13-1　$\phi 1000$mm 二辊可逆式轧机的外形

刻有数个轧槽，采用方形、矩形或圆形断面钢坯，经多次翻钢轧制成方坯、矩形坯或圆坯。各种规格开坯机的轧辊尺寸与传动功率见表13-3。

表13-3 各种规格开坯机的轧辊尺寸与传动功率

轧机名称	轧辊尺寸/mm×mm	传动功率/kW
850 二辊开坯机	$\phi900/800 \times 2100$	4000
1000 二辊开坯机	$\phi1100/890 \times 2500$	5000
1150 二辊开坯机	$\phi1150/950 \times 2600$	5500
1250 二辊开坯机	$\phi1350/1150 \times 2800$	6500

13.1.3 轧机结构

13.1.3.1 主传动系统

图13-2为开坯机的传动示意图。图13-2a是两根轧辊由各自的电动机通过万向联轴器传动，此种方式适用于高产量大型初轧机（300万~400万吨/年）或厚板轧机的开坯机。因传动功率多大于6000~7000kW，大功率的电机制造和齿轮座的设计都会碰到困难，因此，设计成两个轧辊单独传动，其同步由电控解决。此种方式投资较高。图13-2b是由一台电动机通过齿轮座传动两根接轴，从而驱动轧机轧辊转动。此种方式适用于开坯机作为粗轧机的大棒车间。齿轮座方案有两种，一种为速比 $i=1$，齿轮座只是分配齿轮箱的作用；另一种为 $i \neq 1$，此时齿轮座起到减速及分配的作用，前一种采用低转速同步电机，初次投资较高，但是运行成本较低。第二种方式，初次投资稍低，但是运行成本较高，且正-反转的加速特性不如第一种方式。因此，现在国内大中型H型钢、钢轨及大棒车间应用 $i=1$，单电机驱动方式较多。

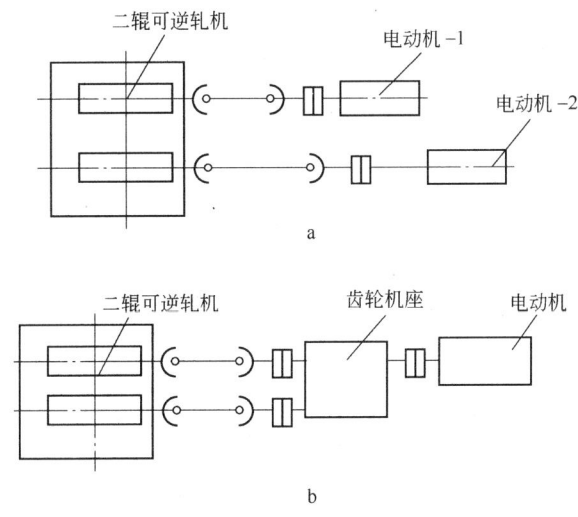

图13-2 二辊可逆式初轧-开坯机的传动方式
a—双电机传动；b—单电机传动

图13-3为典型开坯机的布置图，其传动系统包括：主电机、联轴器、齿轮座、万向联轴器、接轴平衡装置。

联轴器2是用来连接电动机与齿轮座下齿轮的传动轴的，一般为鼓型齿结构。齿轮座由齿轮轴、轴承、轴承座和箱体组成。由于开坯机齿轮座的传递力矩较大，但其中心距受到轧辊中心距的限制，因此，齿轮座的齿轮直径小，宽度大，往往做成人字齿轮轴。

开坯机通过万向接轴将力矩传递给轧辊。由于电动机轴线或齿轮座中心距一旦确定是固定不变的，而轧辊直径和开口度需要较大的调整范围，其轴线变化频繁。若使联轴器能将两个轴线相互变化的轴良好连接起来，除考虑万向联轴器允许的倾角外，还要考虑齿轮座中心线与下轧辊中心线的高度差以及联轴器轴套在轧辊辊颈上的滑动距离，这样能够得出最合理的联轴器长度。一般轧机接轴的允许倾角为8°~10°，如果车间空间足够，可以在设计时将接轴控制在3°以内，以增加联轴器的效率及寿命。开坯机用的万向接轴均为无伸缩式。

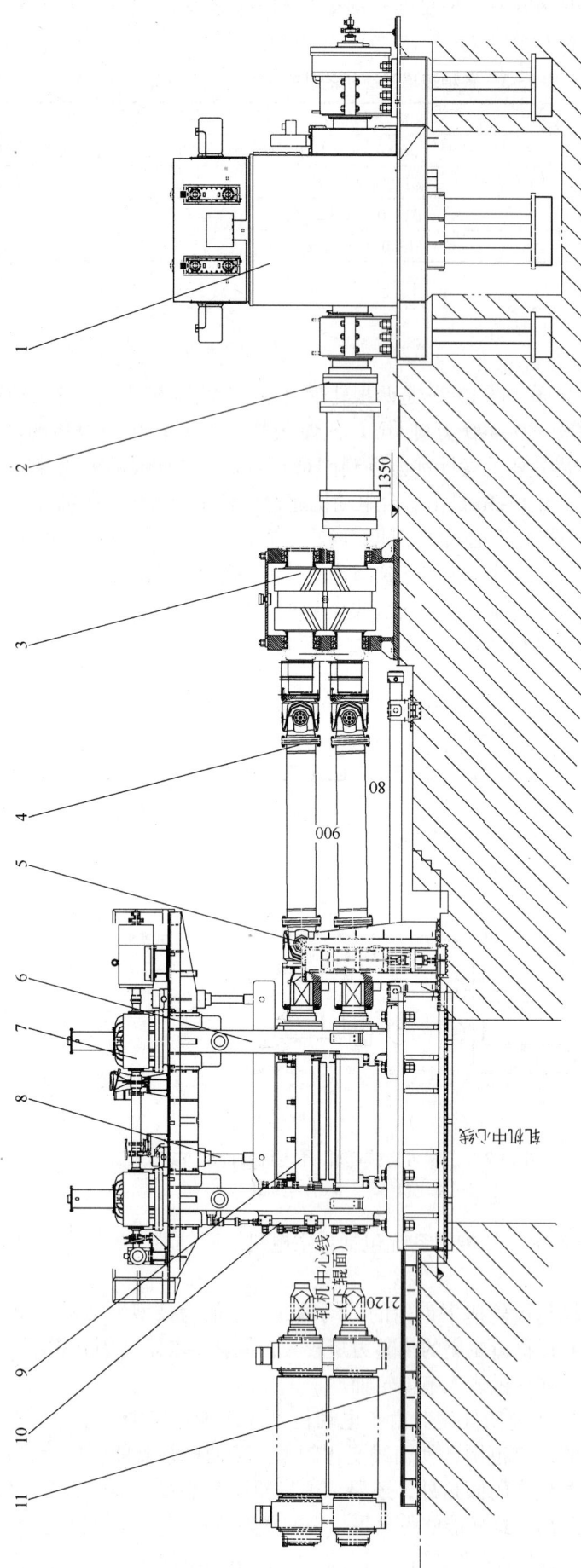

图 13-3　850 开坯机布置图

1—主电机;2—联轴器;3—齿轮座;4—万向联轴器;5—接轴托架及平衡装置;6—轧机机架;
7—压下装置;8—平衡装置;9—轧辊装配;10—轧辊锁紧装置;11—轧辊换辊装置

万向接轴有两种类型，一种为开式滑块万向接轴，一种为十字万向接轴。近年来为了克服万向接轴的润滑不良、磨损严重的缺点，广泛应用了十字轴式万向接轴，并有逐步取代开式滑块万向接轴的趋势。

在直径大于 450~500mm 的开坯机上，当接轴质量较大时，为了不使接轴的质量传递到轧辊上，一般设置接轴平衡装置。常用的接轴平衡装置有弹簧平衡、重锤平衡和液压平衡三种形式。弹簧平衡一般只用于下接轴的平衡，这是因为下接轴所连接的轧辊不需要调整其位置。上接轴在轧制过程中辊提升行程较大，老的开坯机用重锤平衡，较新的轧机均使用液压平衡方式。设计接轴平衡力时，一般平衡力比接轴的质量大 10%~30%。

13.1.3.2　轧辊辊系

老式轧机轧辊辊系采用夹布胶木瓦开式结构。近年新型开坯机轧辊辊系均已采用滚动轴承结构，一种轧辊轴承为四列圆锥滚子轴承（图 13-4），此种轴承配置方式较为简单，轧辊的轴向力及径向力均由四列圆锥滚子承受。另一种为四列圆柱滚子轴承与单独的止推轴承组合的形式，径向轧制力由四列圆柱滚子轴承承受，轴向力由止推轴承承受。轧辊侧采用唇形密封与迷宫密封组合方式防止轧辊冷却水与氧化铁皮进入。

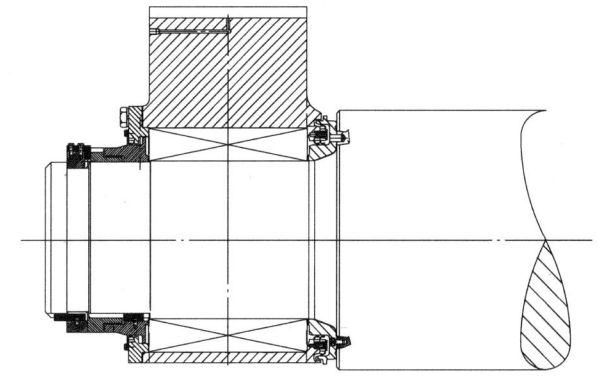

图 13-4　四列圆锥轴承形式

采用四列圆柱滚子轴承（图 13-5）与止推轴承组合的方式可以使轧辊的轴向调整（轴向调整用来对齐上下轧辊的轧槽）通过内部蜗杆齿轮套的方式实现，蜗杆通过液压马达驱动，能够准确地控制轴向调整量。采用圆锥滚子轴承的轴向调整一般都是通过调整操作侧轴承座耳朵与轧机牌坊之间的楔形块来实现的，如图 13-6 所示。

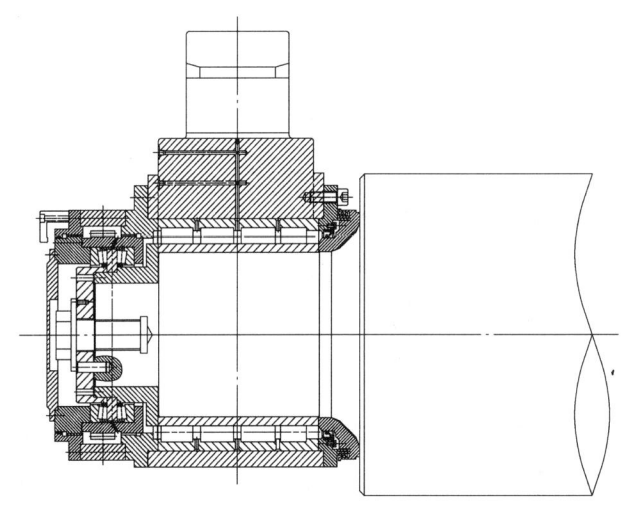

图 13-5　四列圆柱轴承形式

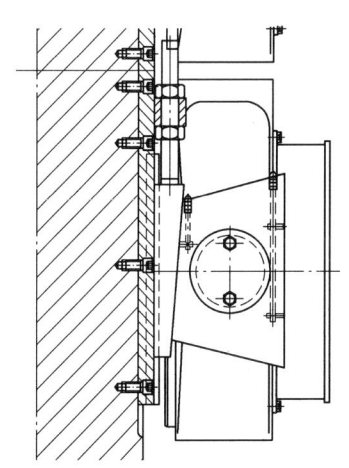

图 13-6　四列圆锥轧辊轴承轴向调整

开坯机的轧辊经常在很大的轧制力和扭矩下工作，而且在可逆运转中，惯性力及冲击力都较大。因此，对开坯机的轧辊主要要求其有足够的强度。轧辊一般用高强度铸钢或锻钢。常用材料有 40Cr、50CrNi、60CrNi、60CrMoV、60CrMoMn、60CrNiMo、60SiMnMo 等。

开坯机轧辊辊身长度 L 与轧辊辊径 D 的比值一般在 2.2~3.0 之间。开坯机轧辊的力学性能及表面硬度一般应符合表 13-4 和表 13-5 的规定。

表 13-4　热轧轧辊常规力学性能

钢　号	力　学　性　能				
	R_m/MPa	R_{eL}/MPa	A/%	Z/%	α_K/J
55Cr	690	355	12	30	—
60CrMoV	785	490	15	40	24

钢　号	力 学 性 能				
	R_m/MPa	R_{eL}/MPa	A/%	Z/%	α_K/J
50CrNiMo	755	—	—	—	—
60CrNiMo	785	490	8	33	24
50CrMnMo	785	440	9	25	20
60CrMnMo	930	490	9	25	20
60SiMnMo	不规定				
70Cr3NiMo	880	450	10	20	20

表 13-5　热轧轧辊的表面硬度

钢　号	表面硬度 HB		钢　号	表面硬度 HB	
	最终热处理状态	锻坯状态		最终热处理状态	锻坯状态
55Cr	217 ~ 286	≤269	50CrMnMo	229 ~ 302	≤269
60CrMoV	217 ~ 286	≤269	60CrMnMo	229 ~ 302	≤269
50CrNiMo	217 ~ 286	≤269	60SiMnMo	255 ~ 302	≤269
60CrNiMo	217 ~ 286	≤269	70Cr3NiMo	229 ~ 302	≤269

有槽轧辊辊身强度按简支梁计算，轧制压力简化为集中载荷，由于在不同轧槽中过钢，外力作用点是变化的，一般需要对多方案进行计算找出危险断面。有槽轧辊辊径则计算弯曲和扭转强度，传动端头只计算扭转强度。

采用钢轧辊时，合成应力 σ_p 按第四强度理论计算：

$$\sigma_p = \sqrt{\sigma^2 + 3\tau^2} \tag{13-1}$$

对于铸铁轧辊，则按莫尔强度理论计算。由于计算轧辊强度时，未考虑疲劳等因素，故轧辊的安全系数一般取 $n = 5$，轧辊材料的许用应力可参考以下数据：

对于合金锻钢轧辊（$\sigma_b = 700 \sim 750$MPa），许用应力 $[\sigma] = 140 \sim 150$MPa；

对于碳钢轧辊（$\sigma_b = 600 \sim 650$MPa），许用应力 $[\sigma] = 120 \sim 130$MPa；

对于铸钢轧辊（$\sigma_b = 500 \sim 600$MPa），许用应力 $[\sigma] = 100 \sim 120$MPa；

对于铸铁轧辊（$\sigma_b = 350 \sim 400$MPa），许用应力 $[\sigma] = 70 \sim 80$MPa。

计算时，轧辊各断面的计算应力应小于轧辊的许用应力。

13.1.3.3　压下平衡装置

在轧制过程中，开坯机的上轧辊要求快速、大行程和频繁地上下移动，这就使得开坯机在结构和性能上具有显著的特点。大棒开坯机的压下速度一般为 50 ~ 100mm/s。开坯机的压下装置是具有代表性的快速压下装置，快速压下装置几乎全部采用电动螺杆螺母机构，这主要是行程大的缘故。压下螺丝的传动装置目前用得较多的有两种形式：（1）垂直传动，即电机轴和其他各传动轴都与压下螺丝轴线相垂直；（2）平行传动，电机轴和其他各传动轴都与压下螺丝轴线平行。图 13-7 为开坯机的压下装置，压下装置由一端一台主电机 1 通过联轴器，驱动两台蜗轮减速机 3，蜗轮减速驱动带花键的螺杆，螺杆对于大棒开坯机一般使用 3/30° 锯齿形螺杆，螺杆与固定在牌坊内的铜螺母形成螺纹副，实现压下装置的上下运动。两台蜗轮减速机间设一离合器，调整轧辊辊缝对齐，离合器脱开单侧压下装置。压下装置的另一端设一压下辅传动电机，用于轧机辅助解卡。压下螺杆端部为球面结构，用于改善受力状况。

几乎所有的大棒开坯机都设置上轧辊平衡机构。大家知道，当轧辊没有轧件时，由于上轧辊及其轴承座的重力作用，在轴承座与压下螺丝之间、压下螺丝与压下螺母的螺纹之间均会产生间隙。这样，当轧件咬入轧辊时，会产生冲击。利用上轧辊平衡装置使上轴承座紧贴压下螺丝端部并消除螺纹之间的间隙，可防止出现上述情况。此外，轧机的平衡装置还兼有抬升上辊的作用。

轧机的形式不同，要求采用的平衡装置的类型也不同。由于开坯机行程大、快速、频繁移动，目前

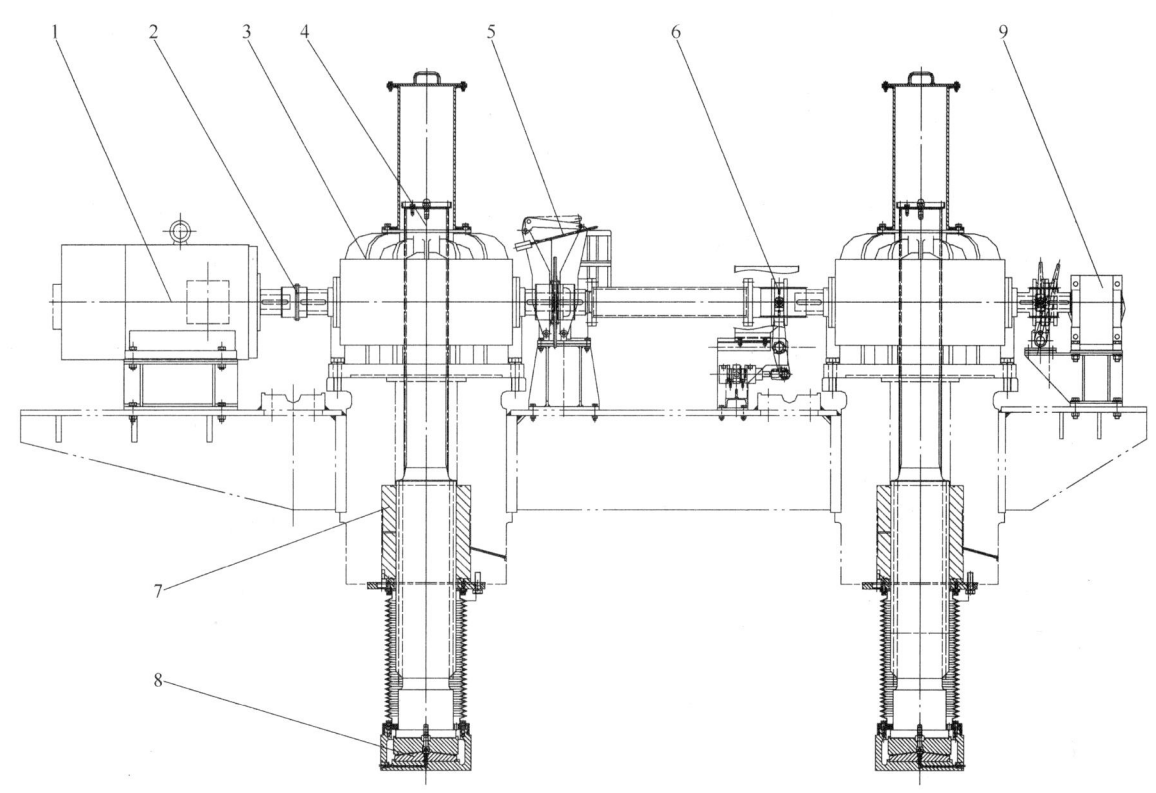

图 13-7 850 轧机压下装置

1—压下传动电机；2—联轴器；3—压下蜗轮减速机；4—螺杆；5—制动器；6—离合器；

7—铜螺母；8—球面垫；9—解卡辅助电机

使用的有重锤式或液压式平衡机构。图 13-8 为 850 开坯机的液压平衡装置，其余的液压平衡装置还有单缸、双缸、四缸、五缸、八缸式等多种。

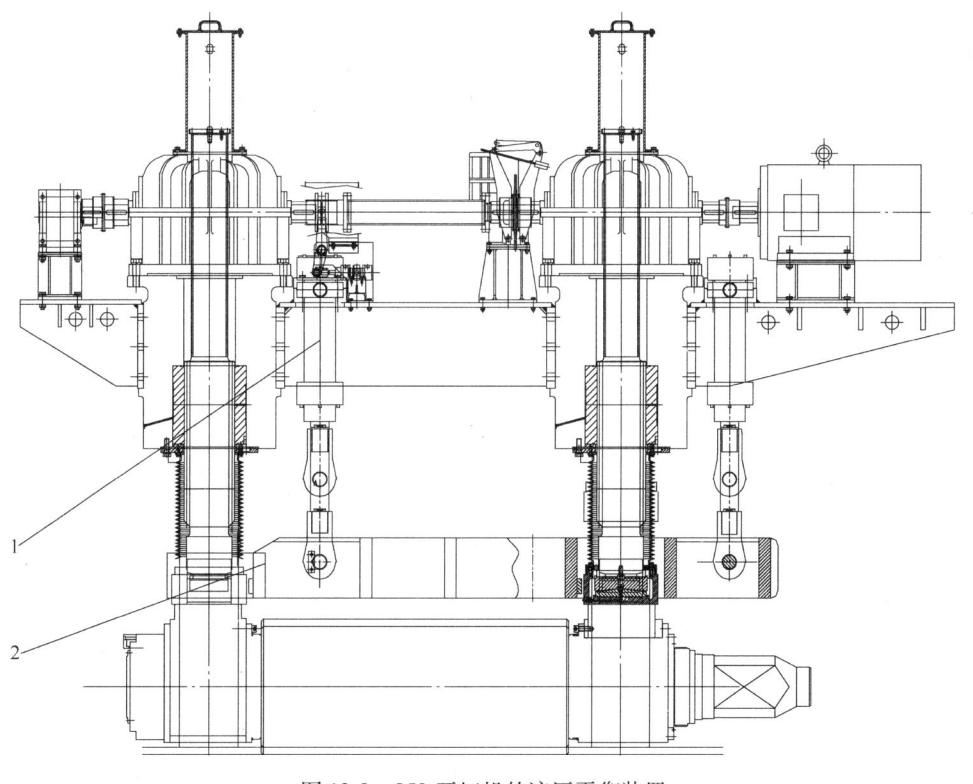

图 13-8 850 开坯机的液压平衡装置

1—平衡装置液压缸；2—平衡装置横梁

大棒开坯机的压下均为快速电动压下装置，快速电动压下装置一般用于上轧辊调节距离大、调节速度快，以及调节精度不高的轧机上。

快速压下机构较多的还是采用卧式电动机，传动轴与压下螺丝垂直交叉布置。快速电动压下机构调整时不带负荷，即不"带钢"压下。压下电动机的功率一般均按空载压下情况选用。

快速电动压下在生产中常遇到两个问题。一是压下螺丝的卡钢阻塞事故，卡钢时，轧件对轧辊的压下力很大，压下电动机无法启动。为解决这一问题，开坯机都会设置"解卡"机构。解卡方式有电机辅助解卡和"液压垫"解卡两种。前者结构简单，在压下传动机构另一端设减速电机即可；液压解卡方式还兼有最大轧制力卸荷作用，需配置液压系统，结构较复杂。

另一个问题是压下传动系统不能自锁而旋松。为解决这一问题，可采用加大压下螺丝止推轴颈的直径并在球面铜垫上开孔，以加大螺丝的摩擦阻力矩，或通过加大螺丝直径，相应减小螺纹升角的办法来增强自锁性的作用来解决。应该指出，在压下传动系统中，企图用增设制动器的办法防止压下螺丝的自动旋松，效果是不好的，这是因为快速压下装置的传动比很小，因而制动放松作用不大。

13.1.3.4 机架（牌坊）部件

开坯机的轧制压力很大，所以一般都采用闭式机架。轧机机架是轧机中的重要部件，其尺寸及质量最大，机架的质量约为轧机本体质量的 30% ~ 40%，为主轧机机列的 20% ~ 25%。机架因为要承受轧制力，所以应有足够的强度及刚度。Danieli 公司有短应力线无牌坊的 850 二辊可逆开坯机，没有见其他公司采用短应力线型的二辊可逆开坯机。Danieli 公司这种结构的开坯机，在我国也只有一家采用，当时是把未开箱的新设备当二手设备买进的情况下用的。

因为轧机机架较大，轧辊与前后工作辊道的距离较远，为了便于喂钢，在机架前后各设有 1 ~ 2 个机架辊。机架辊的圆周速度应与轧机的速度相同，即喂入轧件时，其速度与工作辊道的速度相同；当轧件被轧出轧辊时，其速度与轧出轧机的速度相同；其速度与轧件速度不相符时，机架辊的传动装置应在最短时间内保证它们的同步性。

机架的主要尺寸包括立柱的断面面积、窗口的大小。窗口两立柱间的距离，决定了轧辊的最大尺寸；上下横梁的间距决定了上轧辊压下的行程。轧机机架装配如图 13-9 所示。

计算机架的强度时，利用材料力学的方式均对牌坊的受力做了一些简化的假设。现在有限元技术得到推广，利用有限元方式计算轧机牌坊的受力，简单准确。对于牌坊的受力，一般最薄弱的部位为下横梁与立柱的过渡处，此处的圆角过渡处理是牌坊设计很重要的部分（图 13-10）。

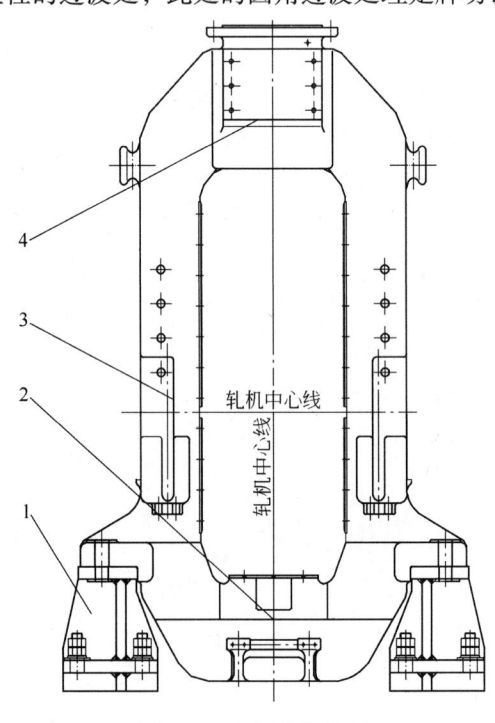

图 13-9 轧机机架装配

1—底座；2—下横梁；3—立柱；4—上横梁

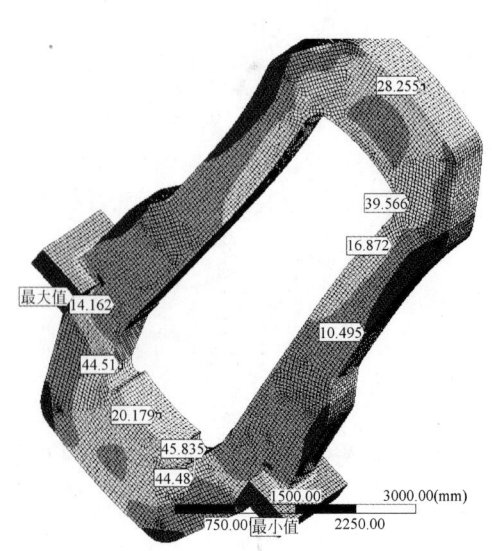

图 13-10 机架有限元分析

13.1.3.5　开坯机前后辅助设备

开坯机前后辅助设备有前后辊道、推床及翻钢机等。

（1）开坯机前后辊道分为机前后工作辊道、机前后延伸辊道。辊道组有集中传动、减速电机单独传动以及电机直连驱动等方式。三种方式中，集中传动出现在 20 世纪 50～70 年代的老车间中，由于一旦驱动电机发生故障将不得不停机，从而影响轧机的作业率，现在设计中已经逐渐淡出。有的厂家使用减速电机传动方式，但是减速电机不太适合频繁的正反转。因此开坯机前后辊道比较适合电机直连的驱动方式，现在新建的开坯机多采用这种方式。一般工作辊道采用实心铸造（锻造）辊，延伸辊道采用空心辊。工作辊道频繁加减速的要求使得工作辊道的电机功率大于延伸辊道的电机功率。

老式开坯机用于轧制钢锭，钢锭的长度短，所以机前机后都设有机架辊托住钢锭，使之能在最初几道顺利进入和轧出。现在初轧开坯机用连铸坯长度长（至少长于 3000mm），由机前机后的工作辊接送即可顺利进入轧机，新设计的开坯机很少再设机架辊，但也有设机架辊者。

（2）轧机推床位于轧机前后工作辊道上方，推床的作用为将轧件推到不同的轧槽位置处，同时，推床还具有一定夹持、矫直的作用。推床的驱动方式有电机-齿轮齿条驱动、液压驱动。大棒轧机使用电机驱动方式的较多。采用电机驱动方式时，有的前后推床为了保持动作一致，通过中间轴将前后推床的传动连接起来，此种方式受开坯机传动侧的结构限制。现在电气控制已经足够的准确，两套推床逐步采用前后各自独立驱动，用电气同步的控制方式。

推床体目前均采用钢板焊接方式，床体内侧设计成可以更换的耐磨板，床体内部均设置通水冷却。设计推床的行程时要考虑到推床下面的辊道可以方便更换，因此推床的行程要留出辊道轴承座宽度的富余量。

推床的长度由轧制工艺确定，一般推床的长度不小于开机成品长度的 1/3。

翻钢机为了实现轧件的 90°翻转，大棒开坯机的翻钢装置有液压方式及电动方式两种类型。翻钢钩设置在推床的床体上，根据操作的方便一般只在轧机入口设置翻钢装置，但 H 型钢的开坯机机前机后均设有翻钢装置。翻钢长度一般为翻钢钩长度的 3 倍。如果轧件长度过长，会在推床尾部设置一加送翻钢机构。开坯机前后推床及翻钢机的示意图见图 13-11。

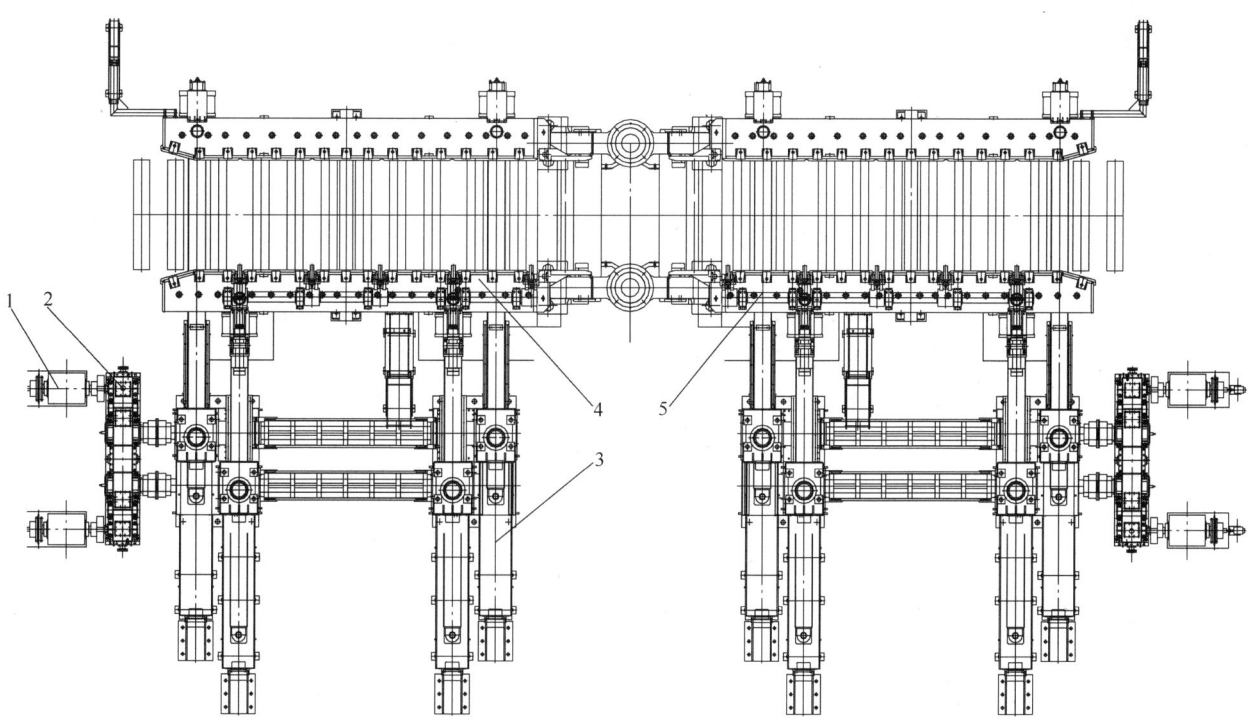

图 13-11　开坯机前后推床及翻钢机
1—驱动电机；2—减速机；3—齿轮齿条传动机构；4—推床床体；5—翻钢机构

13.2　钢轨和钢梁（H 型钢）轧制设备

13.2.1　概述

钢轨和大型 H 型钢生产的轧制过程可分为两大阶段：初轧开坯和精轧。初轧开坯是将矩形坯的连铸坯切深轧制成具有 H 型雏形的中间坯（Leader Pass），或将异形坯延伸成更接近成品尺寸的中间坯；精轧是将接近 H 型的中间坯进一步延伸，将腰和腿进一步减薄成为成品。钢轨与大型 H 型钢的差别是大型 H 型初轧开坯机只有 1 架，钢轨生产多采用 2 架初轧开坯机。开坯机在本书 12 章中已有详细介绍，在此不再重复。无论是 1 + 3 布置的大型 H 型钢生产线，还是 1/5 + 7 ~ 10 的中小型 H 型钢生产线，其精轧都采用了万能轧机，差别在于机型以及辊径大小和辊身长度不同。生产钢轨和 H 型钢需要万能轧机与水平轧边机相互配合，万能轧机轧制钢轨或 H 型钢腰的厚度和腿部的厚度，轧边机控制腿的高度。轧边机与普通二辊轧机无异，在此不多介绍，着重介绍万能轧机。

万能轧机由两个水平辊和两个立辊构成，两水平辊由电机通过齿轮箱传动，两个立辊为不传动的惰辊，如图 13-12 所示。万能轧机主要用来轧制 H 型钢、钢轨及其他平行于翼缘或对称断面的型钢。万能轧机拆下两个立辊便转换为普通二辊轧机，可用以轧制钢板桩、角钢、槽钢等普通型钢。四辊万能轧机虽都是两个水平辊传动，两个立辊不传动，但大型 H 型钢与中小 H 型钢仍有所区别，大型 H 型钢多用闭口式结构机架，中小型万能轧机多用短应力线式结构。

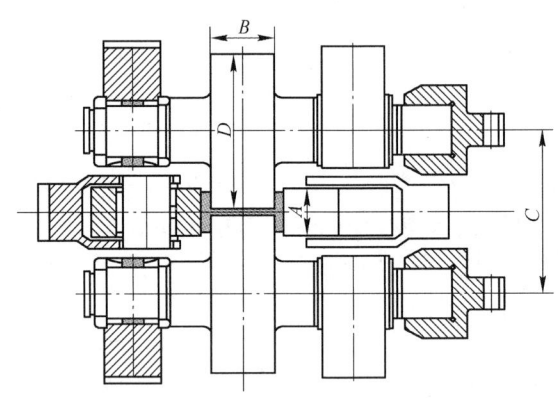

图 13-12　四辊万能轧机示意图

13.2.2　轧制钢轨和大型 H 型钢的万能轧机

万能轧机可按其生产产品的规格大小或按设备结构来区分。按产品的规格大小来分，现在一般将生产 H 型腹高不小于 400 ~ 450mm，或生产重轨不小于 43kg 的万能轧机称为大型万能轧机，将生产小于上述规格的轧机称为中小型万能轧机。

生产钢轨和 H 型钢的万能轧机，自 20 世纪初问世以来，已有一百多年的历史了，万能轧机的结构形式也出现了好多种，有闭口可拆横轭式万能轧机、楔型万能轧机、连接板式万能轧机、预应力式万能轧机、短应力式万能轧机、闭口开轭式万能轧机、CCS 万能轧机等。闭口可拆横轭式万能轧机及楔型万能轧机等闭口式机架，为早期万能轧机结构，随着时间的变迁与科学技术的发展进步，其生产产品的产量和质量都已落后于时代，现大多已被改造。连接板式万能轧机、预应力式万能轧机、短应力式万能轧机这几种万能轧机，从本质上讲都属于开口式短应力线型万能轧机，虽然其结构紧凑、刚性较好，但要整机架换辊，因而准备工作量大、投资较多、品种规格范围有限等，一般只用在中小型 H 型钢线上。目前，在用的主要有闭口开轭式万能轧机、CCS 万能轧机等，但大型 H 型钢线及轨梁生产线，大多采用的还是新近出现的 CCS 万能轧机。

图 13-13 为某大型 H 型钢厂的万能轧机机组中的万能轧机，该厂的万能轧机机组采用的是当今较流行的紧凑式 3 机架串列布置的万能可逆连轧机机组（Compact Cartridge Stands，CCS）。从图可看出，大型 H 型钢的万能轧机主要包括：主电机、主联轴器、齿轮座、万向接轴、接轴支架、万能轧机本体、换辊系统等。下面就其技术参数、设备结构原理等作简要介绍。

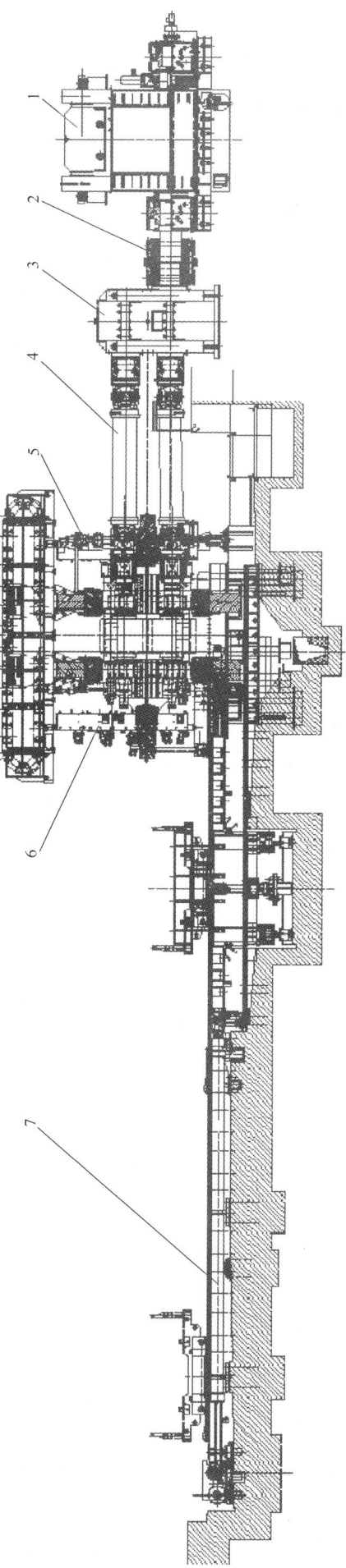

图 13-13 大型 H 型钢的万能轧机

1—主电机;2—主联轴器;3—齿轮座;4—万向接轴;5—接轴支架;6—万能轧机本体;7—换辊装置

13.2.2.1　大型 H 型钢的万能轧机的主要技术参数

大型 H 型钢的万能轧机的主要技术参数如表 13-6 所示。

表 13-6　大型 H 型钢的万能轧机的主要技术参数

主电机	功　率	kW	5500
	转　速	r/min	60/120
	额定转矩	kN·m	875
齿轮座	中心距	mm	950
	润　滑		集中稀油润滑系统
万向接轴	接轴长度	mm	5000
	接轴头部直径	mm	800
	工作角	(°)	±5
接轴支架	定位方式		液压缸
轧制力		kN	10000（水平辊）
		kN	6000（立辊）
水平辊	辊身长度	mm	最大 2000
	辊身直径	mm	$\phi1300 \sim 1400$
	辊颈直径	mm	$\phi500$
	压下速度	mm/s	0～4
	调节行程	mm	200
立辊	辊身长度	mm	450/250
	辊身直径	mm	$\phi880 \sim 980$
	辊颈直径	mm	$\phi450$
	压下速度	mm/s	0～8
	调节行程	mm	560
上辊平衡			液　压
下辊轴向调节		mm	±5
冷　却			工业用冷却水
换辊系统	机架牌坊移动距离	m	约 8.7
	机架牌坊移动速度	mm/s	约 100
	辊系装配移动行程	m	约 11.5
	辊系装配移动速度	mm/s	约 100
	横移小车移动行程	mm	约 12000
	横移小车移动速度	mm/s	约 200
	换辊周期	min	≤20

　　轧制钢轨的紧凑式 3 机架串列布置的万能可逆连轧机机组（CCS）与轧制大型 H 型钢的轧机在机构结构和工艺布置上完全相同，但规格上有所不同，轧制大型 H 型钢的轧机规格比轧制钢轨者略大，且钢轨的 3 机架可逆连轧机前设有翻钢机，轧制钢轨时，轧件从 BD2 进入 3 机架可逆式连轧机前需要翻转90°，轧制钢轨 3 机架串列布置的可逆式万能连轧机机组的性能如表 13-7 所示。

表 13-7　3 机架可逆式万能精轧机组性能

公司名称	UR（万能式）			轧边机		UF（万能式）		
	水平辊尺寸 $\phi \times L$/mm×mm	立辊尺寸 $\phi \times L$/mm×mm	电机功率 /kW	轧辊尺寸 $\phi \times L$/mm×mm	电机功率 /kW	水平辊尺寸 $\phi \times L$/mm×mm	立辊尺寸 $\phi \times L$/mm×mm	电机功率 /kW
包钢轨梁-1	1120×600	740×285	3500	800×1200	1500	1120×600	740×285	2500

公司名称	UR（万能式）			轧边机		UF（万能式）		
	水平辊尺寸 $\phi \times L$/mm×mm	立辊尺寸 $\phi \times L$/mm×mm	电机功率 /kW	轧辊尺寸 $\phi \times L$/mm×mm	电机功率 /kW	水平辊尺寸 $\phi \times L$/mm×mm	立辊尺寸 $\phi \times L$/mm×mm	电机功率 /kW
包钢轨梁-2	1400×1000	980×450/340	5500	1000×1300	2500	1400×1000	980×450/340	5500
攀钢轨梁	V1-1120×600 V2-1120×600	V1-800×285 V2-800×285	VR1 5000 VR2 3500	Z1-900×1200 Z2-900×1200	Z1 1500 Z2 1500	1120×600	800×285	2500
鞍钢轨梁	1120×600	740×285	3500	800×1200	1500	1120×600	740×285	1250
武钢轨梁	1120×600	800×285	4000	900×1200	1500	1120×600	800×285	4000
邯郸轨梁	V1-1120×600 V2-1120×600	V1-800×340(285) V2-800×340(285)	V1 4000 V2 4000	1000×1200	1500	1120×600	800×340(285)	3000

13.2.2.2　设备结构原理

设备结构有：

（1）主联轴器，布置在主电机和齿轮座之间，为鼓形齿联轴器。

（2）齿轮座，位于主电机和万向接轴之间，中心距 950mm，齿轮轴轴承采用自调心滚子轴承，箱体为焊接钢结构，轴承和齿采用集中稀油润滑。

（3）万向接轴，在齿轮座和机架轧辊之间，接轴长度约 5000mm，接轴倾角 ±5°，齿轮座端是轮毂热压冷缩配合装到齿轮轴上，轧辊端用梅花头装在轧辊的扁头上。

（4）接轴支架，在齿轮座和轧辊之间，靠轧辊扁头一侧，用于在更换轧辊时将万向接轴保持在换辊位置，接轴的定位是通过液压缸实现的，框架为焊接钢结构。

（5）万能轧机本体。图 13-14 所示的就是某大型 H 型钢厂采用的当今较流行的紧凑式 3 机架串列布置的万能可逆连轧机机组中的 CCS 万能轧机本体。

CCS 万能轧机是德国 SMS 公司在型钢轧机的最新成就，也是大型型钢轧机的最新一代机架，其主要的特点是：

1）结构紧凑：机架由传动侧牌坊和操作侧牌坊两部分组成，并通过液压方式，由专用拉杆锁固。

2）由于牌坊间距可变，轧制型钢时具有更高的机架刚度。

3）全液压辊缝自动调整系统（AGC + HPC）。

4）水平辊液压动态轴向调整。

5）使用介质塔代替了设备的随机配管。

6）实现 20min 内的快速换辊。轧件导卫固定在水平轧机的轴承座上，在轧辊车间离线装配，整个辊系和导卫成组快速更换，且上线后无需导卫调整装置。

CCS 万能轧机本体主要包括机架、立辊装配、平辊装配、立辊平衡及压下系统、上辊平衡、平辊压下系统、介质塔等。

平辊装配，为了承受轧制径向力，轧辊轴承用的是四列圆柱滚子轴承，用两只球面锥轴承来承受轴向载荷，为了固定传动侧四列圆柱滚子轴承的位置，设置了一只圆柱滚子轴承。在轧辊侧采用 V 形环和迷宫式密封进行密封，下轴承座配有连接一体的连杆，以便换辊。

立辊装配，450mm 立辊是采用一只四列圆锥滚子轴承，250mm 立辊是采用一只双列圆锥滚子轴承，轴承座为 U 形，开口处设置了锁紧销将立辊辊子锁在轴承座内。轴承座上配有两个带喷嘴的提供冷却水的集管。

水平辊轴承座上安装有导卫梁，用以固定轧机导卫，焊接钢结构。换辊时，导卫梁随着成套轧辊装配通过牌坊窗口移走。

上辊平衡通过液压缸实现。立辊也是通过液压缸实现平衡的。

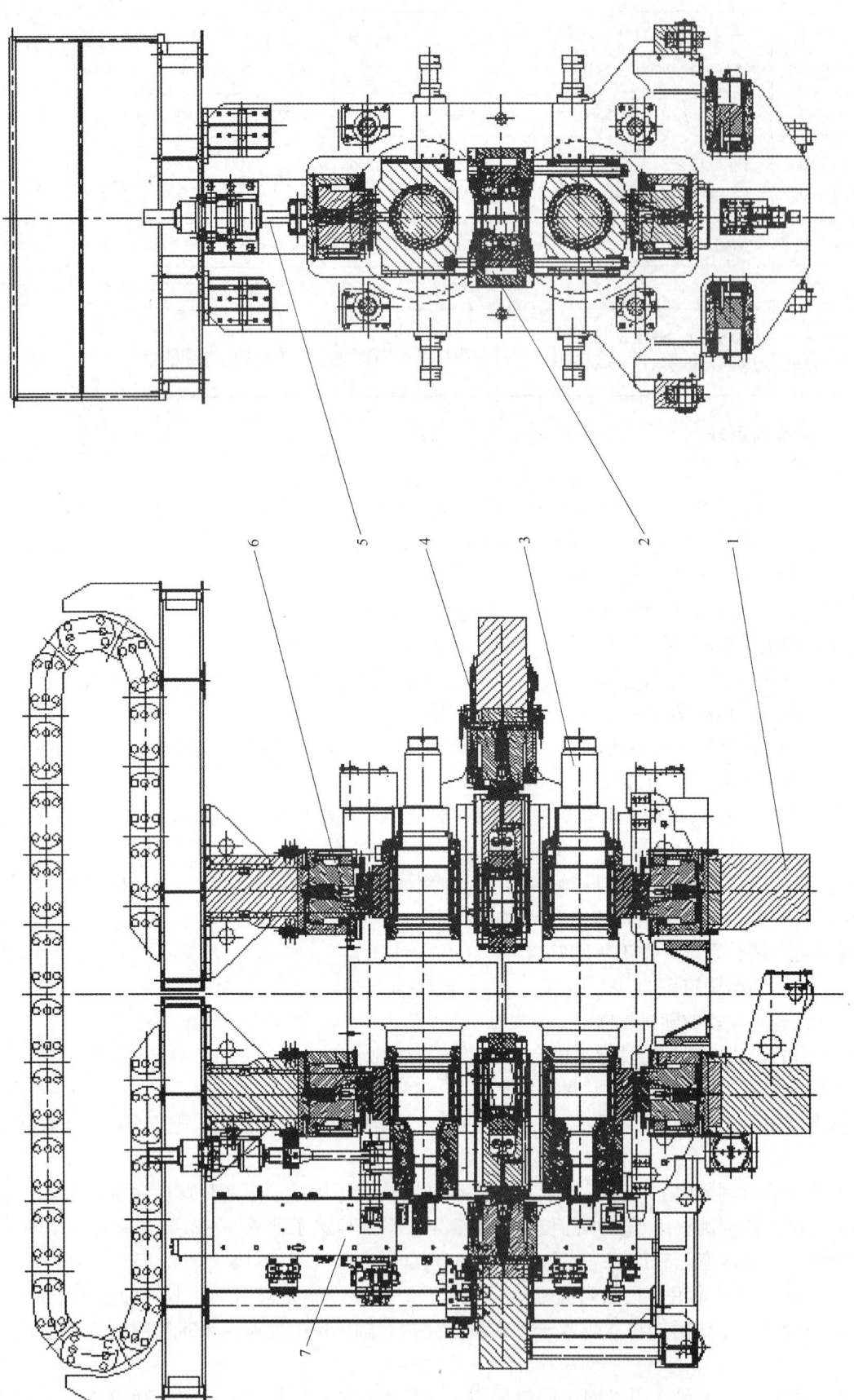

图 13-14　CCS 万能轧机本体

1—机架;2—立辊装配;3—平辊装配;4—立辊平衡及压下系统;5—上辊平衡;6—平辊压下系统;7—个质塔

压下系统为全液压压下系统，采用了液压自动厚度控制（AGC）技术和液压辊缝自动控制技术（HGC）。液压 AGC 系统的核心任务就是通过补偿轧机的弹跳和调整压下系统的位置来保持带载辊缝和轧件出口厚度的恒定。AGC 进行辊缝值计算时，将产品数据转换成机架数据，HGC 根据 AGC 中的辊缝值，控制伺服阀驱动液压缸对辊子进行精确位置闭环控制和力的闭环控制。通过液压压下系统和调整垫片可以对每个水平辊和立辊进行单个调节。液压压下系统在发生"坐辊"或出现过载时，对机架能起到良好的保护作用。

上、下水平辊的液压压下调节，在荷载作用下的液压调节是通过液压缸实现的，这些液压缸安装在水平辊轴承座与机架牌坊之间，液压缸装在牌坊里，液压缸活塞通过球面垫将压力传递到轴承座上，液压缸在执行所有动作的同时调节辊缝。电气和液压过载保护装置是嵌入安装的，每只调节液压缸中装有一个传感器。

立辊的液压压下调节，在荷载作用下的液压调节也是通过液压缸实现的，这些液压缸安装在立辊轴承座和横向轭架之间，液压缸活塞通过球面垫将压力传递到立辊轴承座上，液压缸在执行所有动作的同时调节辊缝。电气和液压过载保护装置是嵌入式的，每只调节液压缸中装有一个传感器。

水平辊轴向调整是通过操作侧机架上的液压操纵的卡板，实现上、下辊的轴向固定。下水平辊可进行轴向调节，是一个液压轴向调整装置，能动态自动进行。

两片封闭式铸钢牌坊通过拉杆连接形成一个刚性的机架，拉杆配有液压螺母，牌坊窗口配有耐磨板。两片牌坊的锁固拉杆为专用拉杆，其牌坊间距可变，在轧制型钢时具有更高的机架刚度。换辊时，成套轧辊装配及导卫可以方便地通过操作侧牌坊窗口以液压方式移出或送入。

介质塔集成了轧机本体各液压系统的相关元器件，简化了设备的随机配管。

在机架牌坊的进出口侧，上下分别固定有两个喷淋集管，实现上、下辊的冷却；立辊轴承座上，配有两个带喷嘴的提供冷却水的集管，可对立辊进行冷却。

轧辊轴承，连接到油气润滑系统上；其他润滑点连接到集中干油润滑系统。

（6）CCS 万能轧机的快速换辊。万能轧机的快速换辊指的是辊系整体快速更换。

换辊时，将轧机机架锁紧拉杆松开之后，所有机架操作侧牌坊将可以随着辊系和导卫装置一起移动出来。

到达横移小车后，辊系及导卫装置和机架牌坊之间的连接装置将松开，机架牌坊可以移到横移小车以外。

所有辊系及导卫装置都摆放到横移小车之后，并且新的辊系及导卫装置也已放到那里，横移小车可以移动到一边去，这样，新的辊系及导卫装置便处于装入机架的正确位置。

可移动的机架牌坊回移至新的辊系及导卫装置处，经过连接之后，再将带有新的辊系及导卫装置的轧机机架移入轧线中。

这时，轧机机架锁紧拉杆锁紧，轧机恢复到可轧制状态。

由于导卫装置和辊系是安装在一起而成为一体的，换辊时连导卫也一起更换，大大缩短了轧辊和导卫的更换时间；也减少了专用导卫更换装置的投资；而且也无需在轧机上更换和调整导卫，从而减少了人力。因此，轧机的利用率大大得到了提高。

万能轧机的快速换辊的主要组成有：横移小车、机架牵引装置、换辊小车、换辊传动装置等，见图13-15。

横移小车由一只液压缸实现横向移动，将新辊系移到机架前方的换辊位置或将旧辊系移出。

机架牵引装置通过液压缸移动可移动的机架牌坊。辊系及导卫装置可随机架牌坊被移动到轧制线外的横移小车上。

换辊小车用于放置成套轧辊装置，设置有四个行走轮，行走在轨道上，可被移出或移入轧制线。

换辊传动装置用于驱动换辊小车，将辊系移到轧辊准备间。电机通过联轴器、齿轮箱、传动轴等驱动链条装置，链条装置便带动换辊小车也做相应运动。

13.2.2.3 大型 H 型钢万能轧机前后设备

万能轧机前后设备主要由：延伸辊道、升降式辊道、移动对中装置等组成。分布在万能轧机两侧，

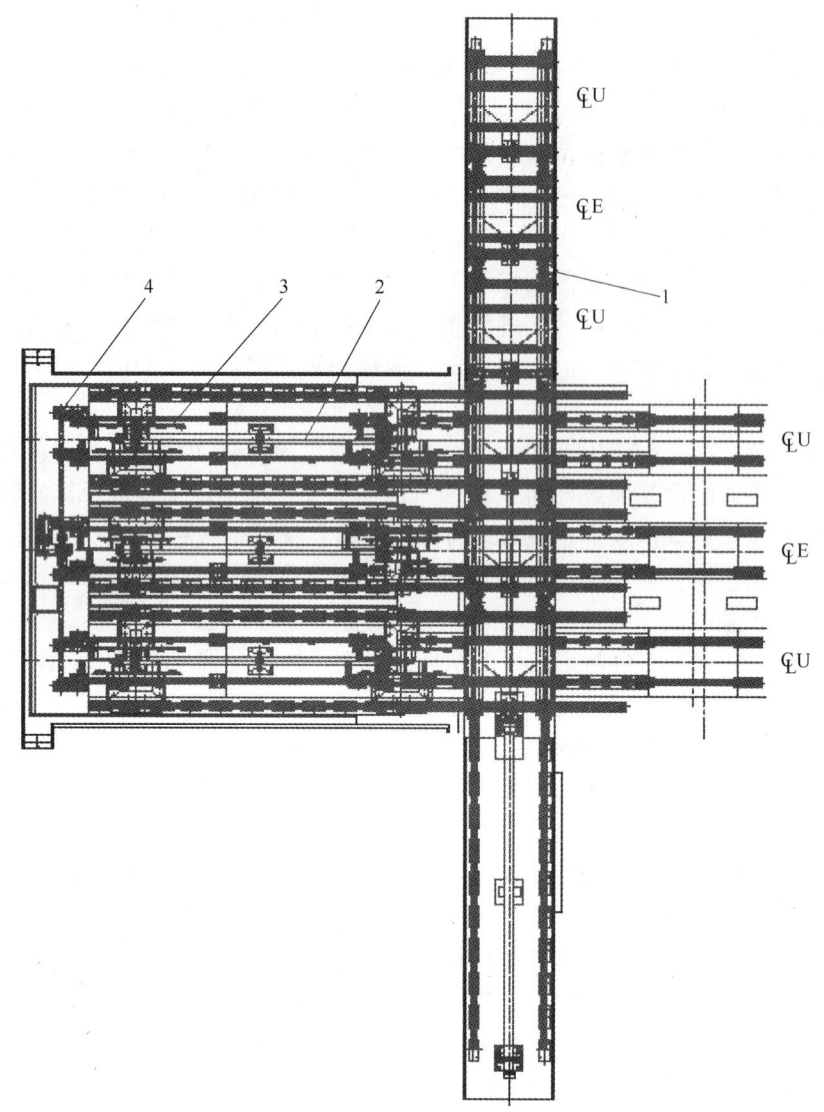

图 13-15　CCS 万能轧机的快速换辊系统
1—横移小车；2—机架牵引装置；3—换辊小车；4—换辊传动装置

是两套相同的装置。万能轧机机前设备如图 13-16 所示，万能轧机机后设备如图 13-17 所示。

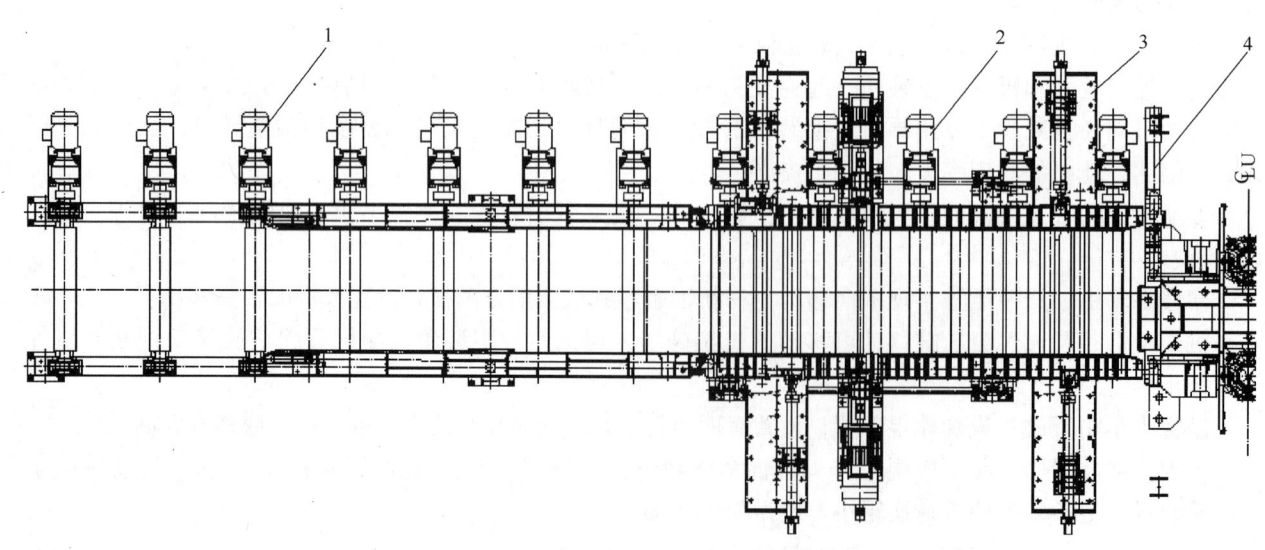

图 13-16　大型 H 型钢万能轧机机前设备
1—延伸辊道；2—升降式辊道；3—移动对中装置；4—万能轧机

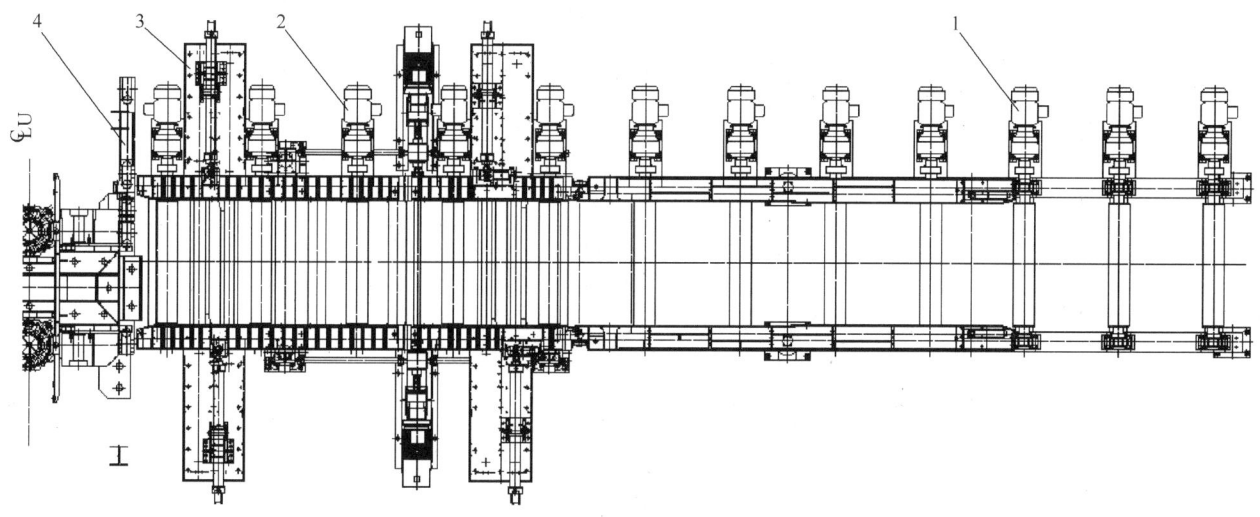

图 13-17　大型 H 型钢万能轧机机后设备
1—延伸辊道；2—升降式辊道；3—移动对中装置；4—万能轧机

　　延伸辊道用于输送轧件，升降式辊道可根据轧制程序的要求，进行高度的设定，移动对中装置就是对轧件进行对中操作。

　　延伸辊道用于输送轧件，万能轧机的前后各有一组。延伸辊道辊子的规格是 ϕ360mm × 2000/1300mm，空心辊辊子的间距为 1600mm，速度 0～8m/s。辊子是由齿轮电机通过联轴器单独传动的。辊道架为焊接钢结构，轴承是自调心滚子轴承，集中干油润滑。

　　升降式辊道可根据轧制程序的要求，进行高度的设定，在万能轧机的前后各有一组。升降式辊道辊子的规格是 ϕ360mm × 2000mm，空心辊辊子的间距为 1600mm，速度 0～8m/s，其升降高度约为 150mm。辊子是由齿轮电机通过联轴器单独传动的，升降传动装置为机电操作式。辊道架和电机底座为焊接钢结构；盖板配有焊接的侧导向机构，为焊接钢结构。轴承是自调心滚子轴承，集中干油润滑。

　　移动对中装置就是对轧件进行对中导卫操作，万能轧机的前后各有一套。两个侧导卫为焊接钢结构件，由入口导板和平行侧导卫组成。入口导板与辊道相连，对中是通过液压缸操作的，对中装置安装在升降式辊道上。

13. 2. 3　轧制中小型 H 型钢的万能轧机

　　自 20 世纪 70 年代以来，随着计算机技术的发展和普及，计算机自动控制技术及微张控制技术得到了发展和提高，H 型钢的连轧生产方式在中小型 H 型钢线上获得了应用，年产规模突破了百万吨大关。短应力线万能轧机因其结构紧凑、刚性较好、多机架整体换辊技术等，在中小型 H 型钢线上得到了较广泛的应用。相对来说，连接板式万能轧机的综合性能远不如短应力线万能轧机；而在早期应用的开口式万能轧机及现在在大型 H 型钢和钢轨流行使用的 CCS 万能轧机，用在中小型 H 型钢线上，年产规模拼不过短应力线万能轧机。

　　中小型 H 型钢的万能轧机，目前，国内在用的有连接板式万能轧机、CCS 万能轧机、短应力线万能轧机，但短应力线万能轧机占多数。

　　短应力线万能轧机的主要特色是：

　　（1）辊缝能实现对称调整，这有助于提高作业率。

　　（2）由于力的传递途径为短应力线，轴承和轴承座的受力情况更好，轴承寿命有所提高。

　　（3）换辊采用整机架更换，换辊快，占线时间短。

　　短应力线万能轧机因其整机架换辊模式，换辊快，占线时间短，利于提高产能，从而受到诸多中小型 H 型钢厂的青睐。下面就介绍下短应力线万能轧机的技术参数、设备结构原理等。

13.2.3.1　中小型 H 型钢万能轧机的主要技术参数

短应力线万能轧机组的主要技术参数见表13-8。

表 13-8　短应力线万能轧机组的主要技术参数

机架号	类型	万能轧机/mm				两辊轧机/mm			电机功率 /kW	转速 /r·min⁻¹	备注
		水平辊直径		立辊直径		轧辊直径		辊身长度			
		最大	最小	最大	最小	最大	最小				
1	H/U	1030	895	700	600	840	720	900	1500	500/1200	DC
2	H/U	1030	895	700	600	840	720	900	1500	500/1200	DC
3	H/U	1030	895	700	600	840	720	900	1500	500/1200	DC
4	H/U	1030	895	700	600	840	720	900	1500	500/1200	DC
5	H/U	1030	895	700	600	840	720	900	1500	500/1200	DC
6	H					840	720	900	600	500/1200	DC
7	H/U	1030	895	700	600	840	720	900	1500	500/1200	DC
8	H/U	1030	895	700	600	840	720	900	1500	500/1200	DC
9	H					840	720	900	600	500/1200	DC
10	H/U	1030	895	700	600	840	720	900	1500	500/1200	DC

短应力线万能轧机的主要技术参数见表13-9。

表 13-9　短应力线万能轧机的主要技术参数

轧 制 力		kN	5000（水平辊）
		kN	3000（立辊）
水平辊	辊身长度	mm	最大 900
	辊身直径	mm	φ895 ~ 1030
	辊颈直径	mm	φ380
	压下速度	mm/s	0.5
	工作中心距	mm	1150 ~ 1020
立 辊	辊身长度	mm	270
	辊身直径	mm	φ600 ~ 700
	辊颈直径	mm	φ247.65
	压下速度	mm/s	0.5
	工作中心距	mm	1120 ~ 645
轧辊平衡			碟 簧
上辊轴向调节		mm	±4.5
冷 却			工业用冷却水
换辊系统	纵向牵引小车速度	mm/s	≈50
	横移小车移动行程	mm	≈2500
	横移小车移动速度	mm/s	≈100/50
	换辊周期	min	≤10

13.2.3.2　设备结构原理

图13-18为某中小型 H 型钢厂的万能轧机机组中的短应力线万能轧机。从图中可看出，短应力线万能轧机主要包括：主电机、电机联轴器、齿轮箱、万向接轴、接轴支架、万能轧机本体、底座等。

（1）电机联轴器。电机转矩通过鼓形齿联轴器传递给齿轮箱。为了保护传动设备，联轴器带有安全销。

（2）齿轮箱。位于主电机和万向接轴之间，齿轮轴轴承采用自调心滚子轴承，齿轮为硬齿面，箱体为焊接钢结构，轴承和齿轮采用集中稀油润滑。

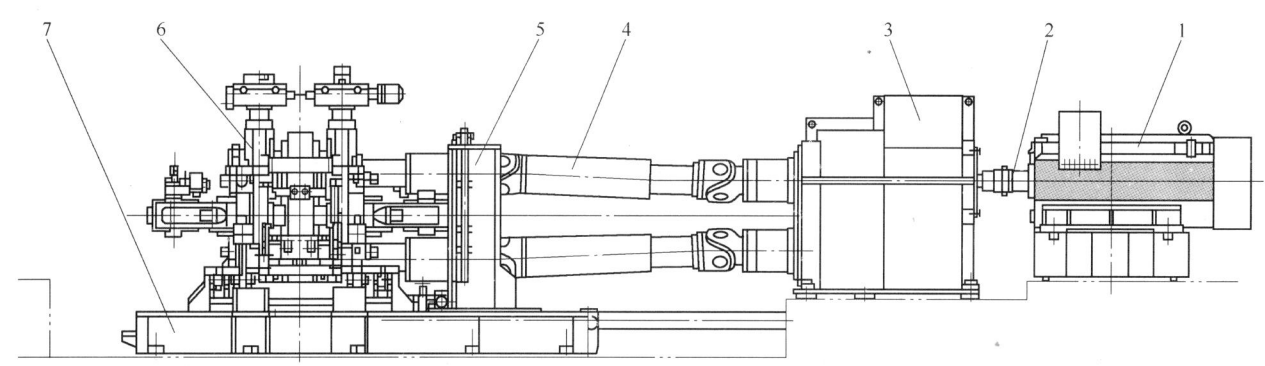

图 13-18　中小型 H 型钢厂的万能轧机
1—主电机；2—电机联轴器；3—齿轮箱；4—万向接轴；5—接轴支架；6—万能轧机本体；7—底座

（3）万向接轴。位于齿轮箱和轧辊之间，轧制力矩通过万向伸缩接轴连接轧辊和齿轮箱。

（4）接轴支架。在齿轮箱和轧辊之间，接轴支架用来支撑接轴来达到自对中的目的，随轧机机架一起移动。框架为焊接钢结构。

（5）短应力线万能轧机本体。短应力线万能轧机的本体是一种短应力线无牌坊拉杆式四辊轧机，其水平辊和立辊的轴线互成90°，四个轧辊共同形成一个孔型。核心由三个部分构成，即上辊及其轴承座，中间支座，下辊及其轴承座。这三部分由四个拉杆紧固在一起，若将拉杆卸下，这三部分就可以分离。水平压下机构则是支撑在四个拉杆之上，立辊系统则是用螺栓紧固在中间支座上，再把导卫横梁固定在中间支座上，这样就构成了短应力线万能轧机的机芯，然后，通过螺栓将机芯锁定在无牌坊短应力机座上，短应力线万能轧机本体就形成了，如图 13-19 所示。

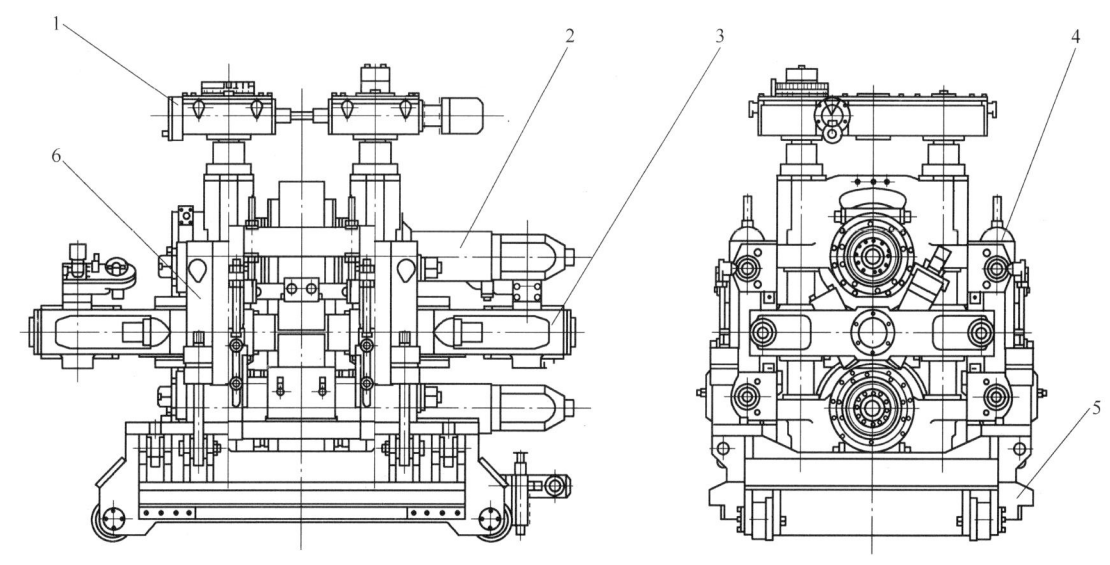

图 13-19　短应力线万能轧机本体
1—水平压下机构；2—水平辊辊系；3—立辊辊系；4—导卫横梁；5—无牌坊短应力机座；6—中间支座

水平辊轴承座。四个轧辊轴承座用四个拉杆连接起来。两个轧辊的轴承为四列圆柱滚动轴承，承受径向负荷，两个止推轴承承受轴向负荷。轧辊轴承采用油气润滑。

水平辊轴向调整。轧辊轴向调整装置，手动调整，±4.5mm。

水平压下机构。轧机的压下装置，采用了正反螺纹丝杠结构；可以实现上下轧辊对称调整。压下装置安装在机架顶部，可以用液压马达和手动方式同步或单独调整辊缝。液压马达驱动蜗轮蜗杆，再通过正反螺纹丝杠带动上下轧辊的轴承座做对称运动。

水平辊平衡系统。四个轴承座全部都有平衡系统用于消除压下螺纹与螺母的间隙。轧辊轴承座的质量通过一套弹簧来平衡。

立辊轴承座。轧辊轴承座用螺栓固定在机架上，安装和拆卸非常方便。两个立辊是被动的，轧辊轴承为圆锥滚动轴承，承受径向负荷和轴向负荷。轧辊轴承采用油气润滑，机上管线采用快速连接板。

立辊平衡系统。采用机械弹簧来减小压下螺丝和轴承座的间隙。

立式压下机构。每个立式轧辊轴承座都有一套液压马达驱动的独立压下机构，也可以手动调整。

导卫横梁。安装在轧辊轴承座进出口侧。

无牌坊短应力机座。上下辊组件和中间牌坊由拉杆将其紧固在一起，轧制过程中用机座夹持装置固定。换辊时，机架与底座一起移入移出轧线。

（6）底座。为焊接结构，用于支撑无牌坊短应力机座和接轴支架。无牌坊短应力机座和接轴支架用液压锁紧在该底座上。

底座上装设有一个液压缸，该液压缸用于调整轧槽和进行换辊。

若以不带立辊的中间牌坊替换万能轧机的牌坊，以普通二辊轧机的轧辊替换万能轧机水平辊，就构成了二辊水平轧机。

（7）机上配管：包括轧机上各种流体介质管路，钢管及管路附件均为普碳钢。

13.2.3.3　中小型 H 型钢的万能轧机前后设备

中小型 H 型钢万能轧机前后设备主要由切头剪、机架间辊道、轮廓仪、机架更换系统等组成，见图 13-20。

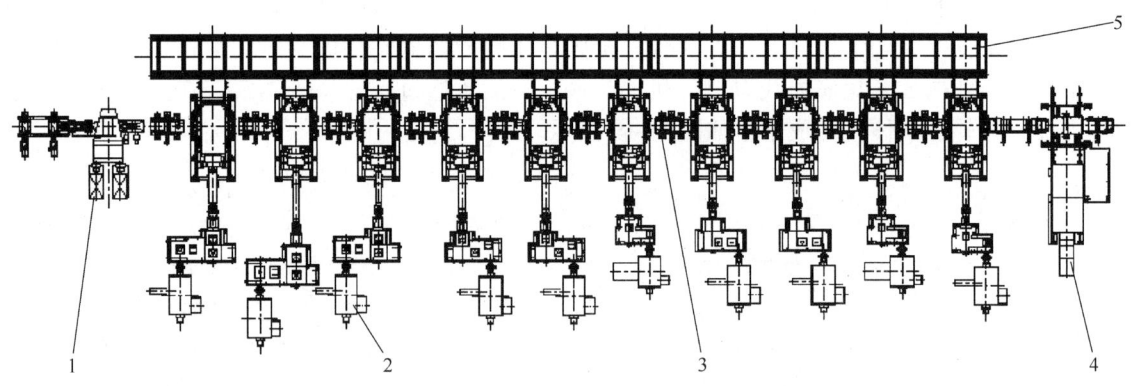

图 13-20　中小型 H 型钢万能轧机前后设备

1—切头剪；2—万能精轧机组；3—机架间辊道；4—轮廓仪；5—机架更换系统

A　切头剪

切头剪布置在万能轧机机前，主要包括：切头剪本体、进出口导卫、传动系统、切头收集装置、换剪刃小车等。用于开坯机后对轧件进行切头和分段、紧急碎断。

切头剪是起停式飞剪。电机通过联轴器、齿轮箱、曲柄轴等，带动剪刃进行剪切，换剪刃或维护期间用气动抱闸锁住。切头剪的最大剪切力 3300kN，剪刃轴中心距 1800mm，曲柄偏心 240mm，剪刃宽度 500mm。

切头剪本体为焊接钢结构；进口导卫固定在剪体上，有气动底板用于处理切尾；出口导卫是固定在基础上的钢结构。切头收集装置由一个齿轮马达驱动的切头收集斗小车和一个带有转换挡板的溜槽等组成。剪刃更换小车的车体为焊接钢结构，四个剪刃位置，两个放旧的，两个放新的，小车由人工在轨道上推行。

B　机架间辊道

机架间辊道分布在各架轧机之间，对轧件进行导向。辊子由齿轮电机通过联轴器单独传动。辊子的规格是 ϕ268mm × 570mm，空心辊辊子的间距是 1200mm，速度 0 ~ 5m/s。辊道架为焊接钢结构，轴承是自调心滚子轴承，集中干油润滑。

C　轮廓仪

轮廓仪布置在万能轧机机后，是一个机电一体设备，用于动态检测轧件的外轮廓。轮廓仪安装在一个可以横移的小车上，由液压缸驱动，不使用时移出轧线，用空过辊道替代。空过辊道带行走轮，辊子为自由辊，辊道架为焊接钢结构。

　　D　机架更换系统

机架更换系统用于短应力线万能轧机机组各架轧机机架的更换。

机架更换系统为液压横移车 + 电动拖车式结构。电动拖车将旧机架拉出，横移车横移将新机架对准轧机位置，再由电动拖车将新机架推入到轧机位置。液压横移车为 10 架精轧机共用，每架精轧机配 1 台电动拖车。电动拖车直接将旧机架送入轧辊间。

　　E　替补辊道

用于甩机架时，对轧件进行导向并输送轧件。辊道为自由辊，辊子规格是 $\phi268mm \times 600mm$，空心辊的速度为 $0 \sim 5m/s$。辊子为空心焊接辊子，辊道架为焊接钢结构，轴承是自调心滚子轴承，干油润滑。

13.3　棒材和小型轧机

棒材和小型材是我国生产量和使用量最大的钢材品种，2010 年生产小型材 4252 万吨，棒材 6892.6 万吨，钢筋 130964 万吨；2011 年生产小型材 4573.4 万吨，棒材 6940.1 万吨，钢筋 15405.6 万吨；产量大表明其在中国经济生活中的地位重要，如此高的产量，需要使用轧机的套数多。在我国到底有多少套小型轧机，业内专家、行业协会都表示难有准确的数字，有人估计在 300 套以上。下面将对在世界和我国使用较多的小型轧机机型作一介绍。

13.3.1　二辊闭口式轧机

二辊闭口式轧机包括：二辊可逆式与二辊不可逆式，上面介绍过的初轧-开坯机是二辊闭口可逆式，现在要介绍的"二辊闭口式轧机"实际上是二辊闭口不可逆式轧机。它曾用于小型和中型棒材连轧机，线材的粗轧和中轧机组。随着短应力轧机的普及，近年它的使用量在减少。但轧制负荷大、产品精度要求高、轧机开口度大且不必整机架更换的轧机仍用闭口式，如厚板轧机、炉卷轧机、热连轧带钢轧机、冷轧机、钢轨和大型 H 型钢轧机等。现在在小型生产线的粗、中轧，线材生产线的粗、中轧也还有人采用闭口式轧机。

国际间技术交流的日益广泛，有力地促进了国内轧钢设备的进步和发展，在小型型钢和棒材轧机的设计上，国内的设计水平与引进设备相比差距越来越小。小型材的闭口轧机在国内外的发展趋于稳定，改进创新不多。闭口轧机牌坊通过螺栓/锁紧缸固定在轧机机座上，在换辊时均是将轧辊辊系抽出。因此，轧机换辊时间长，操作不方便，影响轧线的作业率。现在国内棒线材生产线采用闭口轧机的逐渐减少。闭口轧机有较高的强度并能承受更大的轴向力，因而，小型闭口轧机在工、角、槽钢等连轧生产线中仍然大量使用。

值得一提的是，西马克近年在 H 型钢生产线中使用可具有短应力线轧机快速更换形式的闭口轧机，此轧机继承了闭口轧机的高强度与短应力线轧机的快速灵活。短应力线轧机与西马克新型闭口轧机的对比见图 13-21。

表 13-10 所列为中冶京诚的采用四列圆柱滚子轴承的二辊闭口式轧机的性能参数。表 13-11 所列为采用四列圆锥滚子轴承的二辊闭口式轧机的性能参数。该轧机主要用于小型轧机的粗、中轧区。生产钢种有：碳素结构钢，优质碳素结构钢，焊条钢，高碳钢，低合金钢等。原料规格 150mm × 150mm。图 13-22 所示为二辊闭口式轧机机列图。

表 13-10　采用四列圆柱滚子轴承的二辊闭口式轧机的性能参数

轧 机 名 称	轧辊直径/mm	辊身长/mm	轧制力/kN	轧制力矩/kN·m
$\phi550$ 轧机	$\phi610/\phi520$	800	2400	230
$\phi520$ 轧机	$\phi560/\phi480$	600	2100	190
$\phi450$ 轧机	$\phi495/\phi420$	700	1500	120
$\phi420$ 轧机	$\phi450/\phi400$	650	1000	70
$\phi350$ 轧机	$\phi380/\phi330$	650	700	50

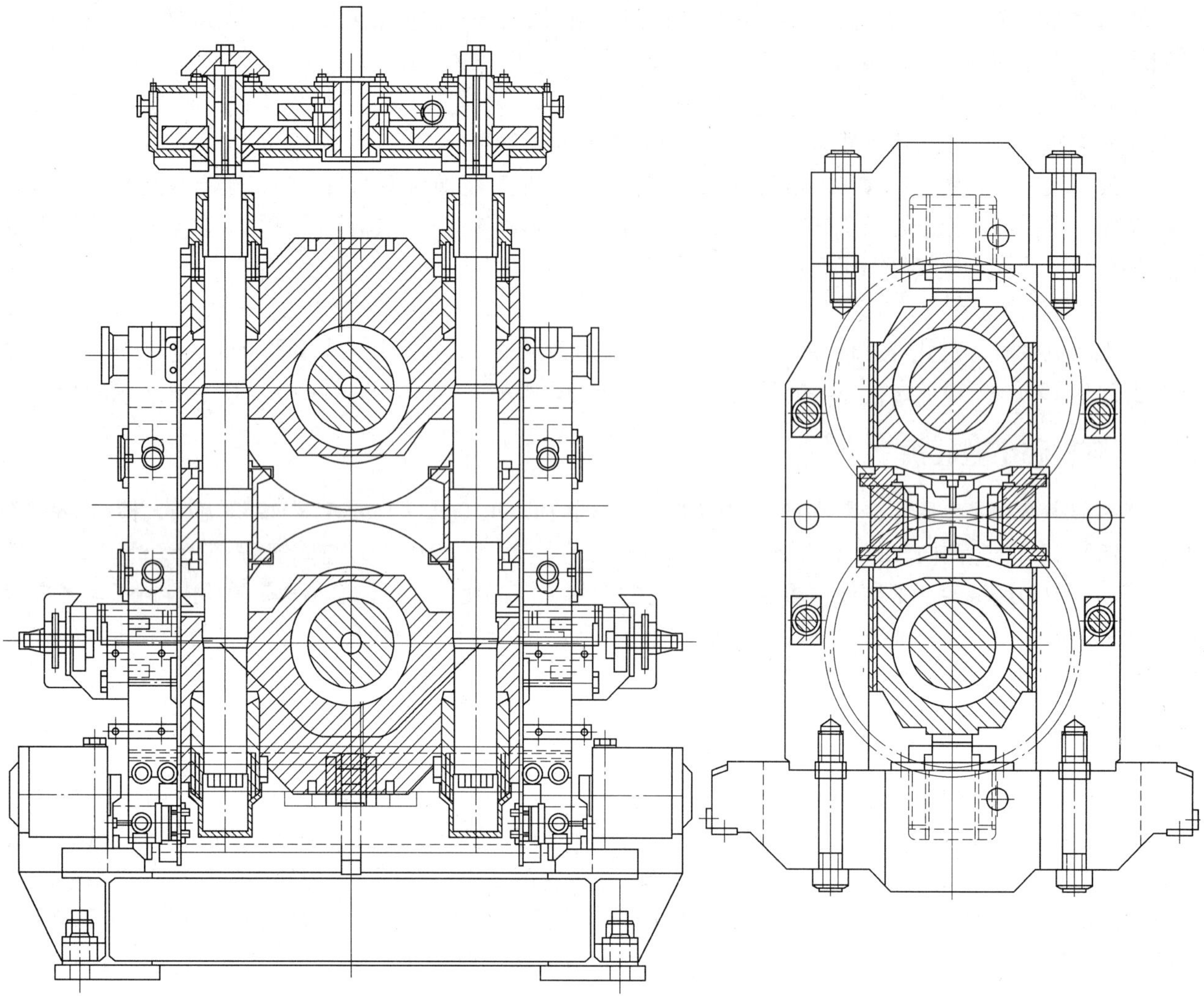

图 13-21　短应力线轧机与西马克新型闭口轧机的对比

表 13-11　采用四列圆锥滚子轴承的二辊闭口式轧机的性能参数

轧 机 名 称	轧辊直径/mm	辊身长/mm	轧制力/kN	轧制力矩/kN·m
φ550 轧机	φ580/φ495	700	2100	220
φ450 轧机	φ475/φ405	680	1200	100
φ400 轧机	φ430/φ380	650	700	50

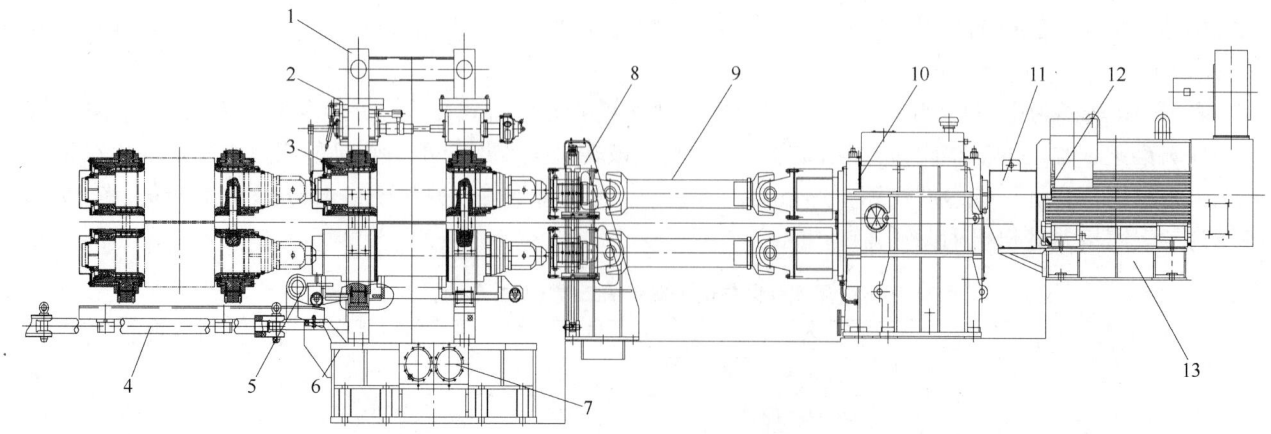

图 13-22　二辊闭口式轧机机列图

1—牌坊；2—压下装置；3—轧辊装配；4—横移装置；5—换辊小车；6—轧机底座；7—锁紧缸；8—接轴托架；
9—轧机接轴；10—减速机；11—联轴器；12—主电机；13—电机底座

（1）辊系结构。图 13-23 为采用四列圆锥滚子轴承的辊系结构，圆锥滚子轴承除承担轧制力外，还能承担轴向力，辊系结构较简单，换辊较方便。但轴承的承载能力比四列圆柱滚子轴承要小。轴承轴向固定采用螺纹套加卡环式，装拆方便。轴承的密封采用迷宫加双密封圈的形式，能有效防止轧机冷却水及氧化铁皮等进入轴承，延长轴承的使用寿命。

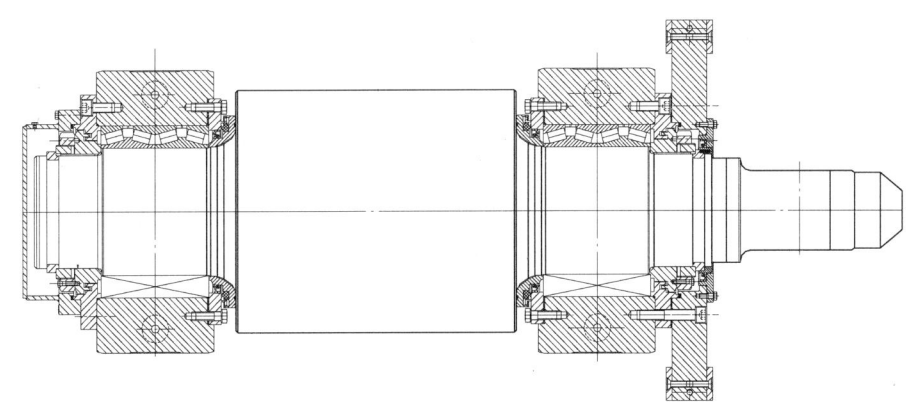

图 13-23　采用四列圆锥滚子轴承的辊系结构

图 13-24 为采用四列圆柱滚子轴承的辊系结构，圆柱滚子轴承只承担轧制力，不能承担轴向力，因此需要增加止推轴承来承担轴向力。止推轴承可以采用角接触球轴承、四点接触球轴承、双向推力圆锥滚子轴承或双列圆锥滚子轴承，这种辊系结构的主要优点在于提高轴承的承载能力。

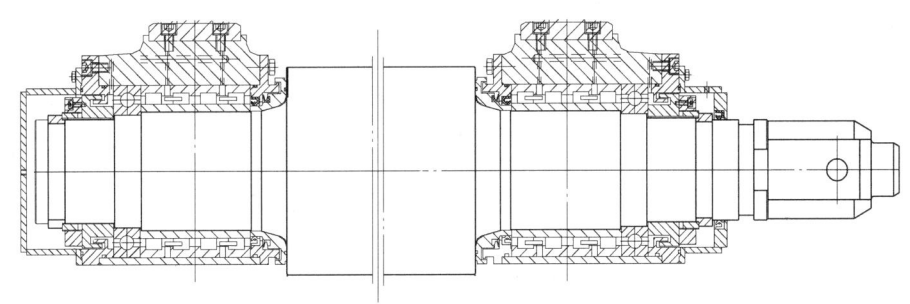

图 13-24　采用四列圆柱滚子轴承的辊系结构

（2）轧机机架。过去用铸钢件制造，现在机架采用厚钢板切割而成，两片牌坊采用横梁连接在一起。连接有两种形式，一种是牌坊与横梁之间采用螺栓连接，销子定位。另一种是采用焊接方式，将机架焊接成一个整体。无论哪种形式都要求对牌坊窗口进行整体加工以保证机架的整体加工精度。

（3）压下装置。压下装置采用内藏式，位于机架窗口内。改变了传统轧机压下螺母卧于牌坊上横梁内的结构，牌坊上横梁内不再需要开孔，使得牌坊由铸件改为钢板切割成型成为可能。同时消除了牌坊上横梁中应力集中的问题，使牌坊的各部分断面积更趋于合理。

图 13-25 为 $\phi350$mm 轧机压下装置的装配图，压下装置由液压马达、蜗轮蜗杆减速器、压下螺丝等组成。压下螺丝位于蜗轮的心部，蜗轮也是螺母，蜗杆带动蜗轮旋转，压下螺丝做上下直线运动。在压下螺丝的中间有一防转杆，防止压下螺丝转动。调整压下螺丝时，压下螺丝端面与轴承座弧形垫之间没有相对运动，不会产生附加的摩擦力矩，也不再需要在压下螺丝与轴承座间安装承压轴承之类的装置，压下装置的结构更加优化。在轧机的传动侧和操作侧各设有一套压下螺丝，中间用轴和离合器连接在一起。液压马达设置在传动侧，操作侧设置有两个手柄，一个是离合器手柄，一个是手动调整手柄。通过离合器的离合可实现手动或液动单边调整和双边同步调整。

（4）轧辊轴向锁紧和调整装置。通常有两种形式：1）压板式，如图 13-26 所示，用螺栓将压板固定在牌坊上，压板可打开。在轴承座的耳座上装有调整垫片和弧形垫板。为了消除辊系加工、安装等误差，避免上下轧辊孔槽错位，采用压板作轧辊轴向固定时，需要在轧辊间配辊时使用标准模板来检测上下轧辊的孔槽位置，然后通过调整垫片的厚度来保证轧辊孔槽在轧辊装入机架后不错位。这种方式不能进行

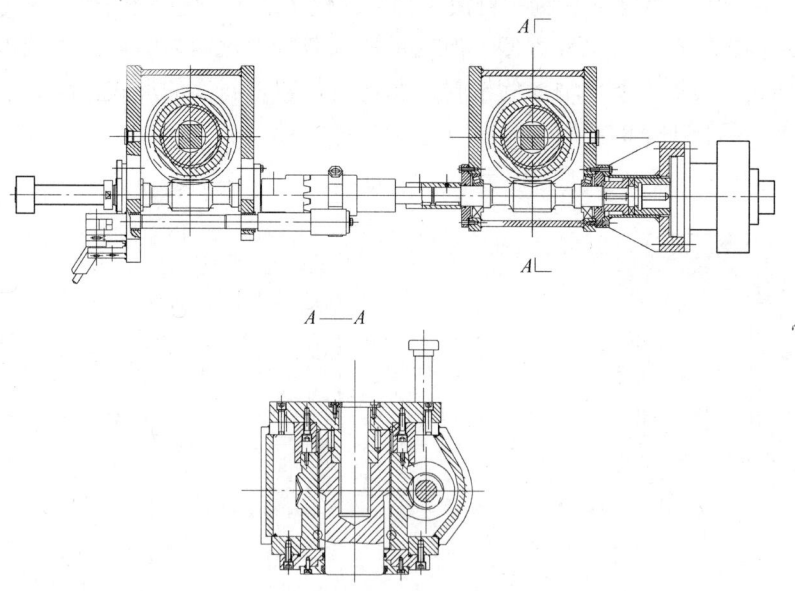

图 13-25　φ350mm 轧机压下装置的装配图

在线调整。因此大多用于粗、中轧机上，精轧机不能使用这种方式。2）连杆式调整机构，形式虽然比较古老，但很实用。如图 13-27 所示，转动中间的连接螺母即可使轴承座连同轧辊一起做轴向移动。因为是在线调整，所以在轧辊间配辊时装配调整工作量大大减少，工作效率得到提高，而且在线调整可以消除安装误差以及使用中出现的轧辊窜动、孔槽磨损等因素造成的孔槽上下槽口错位现象。一般情况下拉杆调整机构只需要装在上轧辊处即可。下轧辊轴向固定仍然采用压板式。调整时以下轧辊为基准，上轧辊作轴向位移使孔槽上下对正即可。也有的轧机采用液压缸作为轧辊轴向锁紧用。这种方式虽然可以实现快速锁紧和快速打开，节省换辊操作时间，但因为用这种方式只能将轴承座作轴向固定而不能进行轴向调整，而为了使轧辊能做轴向移动，就必须在辊系中设置一套轴向移动装置。辊系结构变得复杂，制造成本增加，安装维修工作量也增大，所以在闭口式轧机中较少采用。

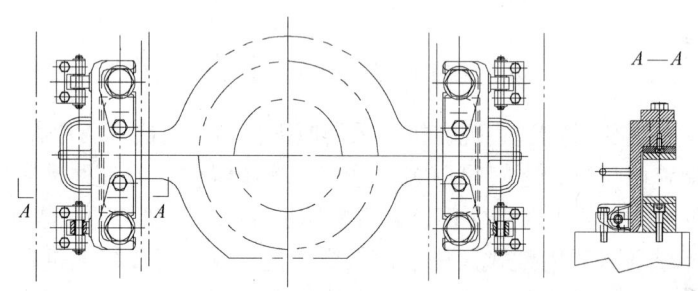

图 13-26　压板式轴向锁紧

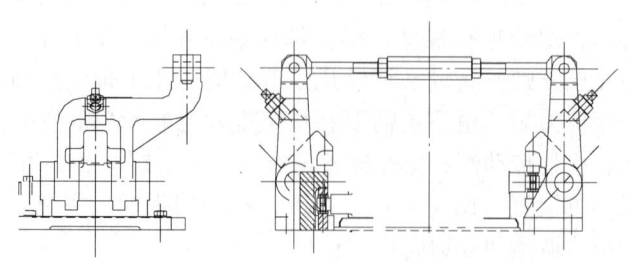

图 13-27　连杆式轴向调整机构

　　（5）轧辊平衡装置。现代小型轧机的轧辊平衡装置一般有两种形式：1）液压缸平衡，采用液压平衡方式操作较方便，平衡力可以调整，设定液压系统的压力后，调整时无论辊缝如何变化，平衡力都是一个定值，缺点是增加了机体上的连接管路，换辊时要先拆卸油管，增加工作量，而且传动侧的操作不方便，同时液压系统油的泄漏带来环境污染。2）弹性阻尼器平衡。这种平衡装置已经在小型轧机上得到了广泛应用。它的优点是：不需要外部管路，不存在因漏油污染环境的问题，安装简单，不需要作任何调整即可投入工作。弹性阻尼体的平衡质量为上轧辊装配的质量与 1/2 上接轴的质量之和。由于弹性阻尼器的反力是随着阻尼器的行程而变化的，压缩量越大，反力越大，因此设计压下装置时应考虑到弹性阻尼器的最大反力。

（6）换辊装置。轧机的换辊装置具有双重功能，既能实现快速换辊又能快速更换孔槽。换辊装置由换辊车架、换辊液压缸等组成，轧辊坐在车架上，将轧辊拉入机架后，轧辊轴承座即与车架分离，轧制时轧制力通过轴承座直接传递到机架上。车架与牌坊用销或钩子连接在一起，需要更换孔槽时，液压缸推动机架横移将新孔槽对准轧线。换辊时将连接销或钩子打开，车架与牌坊脱离，液压缸推动车架将旧轧辊推出，将新轧辊拉入。采用快速换辊及快速换孔槽装置是现代小型型钢轧机的特点之一。

（7）接轴托架。为了配合快速换辊，闭口式轧机使用的接轴托架有两种主要结构。其主要特点是轧机工作时托架打开，接轴与托架不接触，换辊时托架托住接轴。接轴托架分为两种：1）钳口夹紧式，如图 13-28 所示。在托架的上部有汽缸，活动夹钳装在门形架上，夹紧块在中部与夹紧杆固定在一起，轧机工作时汽缸将夹紧块松开，接轴可自由运动，换辊时汽缸将夹紧块拉紧，夹紧块将接轴轴套抱紧。2）摆臂式托架，如图 13-29 所示，分别使用单独可调的摆臂将上下接轴托起。摆臂的摆动靠手动泵来实现。轧机工作时，摆臂与接轴脱离接触，换辊时，将摆动臂挑起，摆动臂上的弧形托板卡在接轴轴套的环形槽上，一方面将接轴托住，另一方面将轴套进行轴向定位，使轧辊能够顺利抽出和插入。

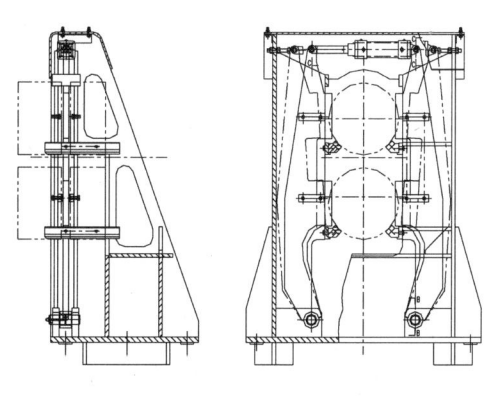
图 13-28　钳口夹紧式托架

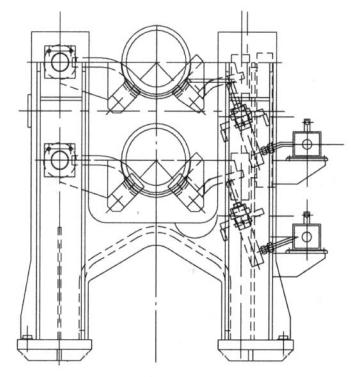
图 13-29　摆臂式托架

（8）机架锁紧装置。为了实现快速更换孔槽，机架必须作横向移动，因此机架的固定与快速打开也是至关重要的。通常的做法是采用弹簧锁紧液压打开的方式。如图 13-30 所示，锁紧装置的具体结构各有不同，可适应不同的安装场合。采用弹簧锁紧比较安全可靠，可避免液压锁紧装置因液压系统故障发生突然松开的事故。

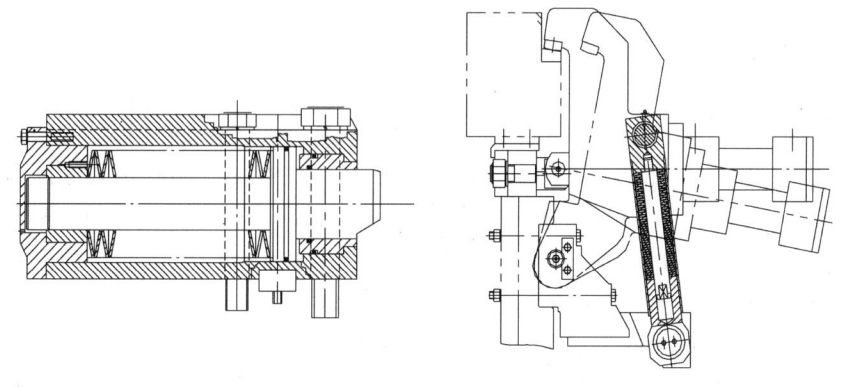
图 13-30　轧机锁紧缸

（9）立式轧机的辊系结构。轧机本体基本上与水平轧机相同，只是立式轧机的轧辊为垂直放置，因此立式轧机的传动装置有上传动（图 13-31）与下传动之分。下传动立式轧机的传动装置位于轧机下部。传动方式的选择取决于整个工厂设计的原则，但是采用上传动形式较好，传动位置位于机架上部，安装检修均较方便。

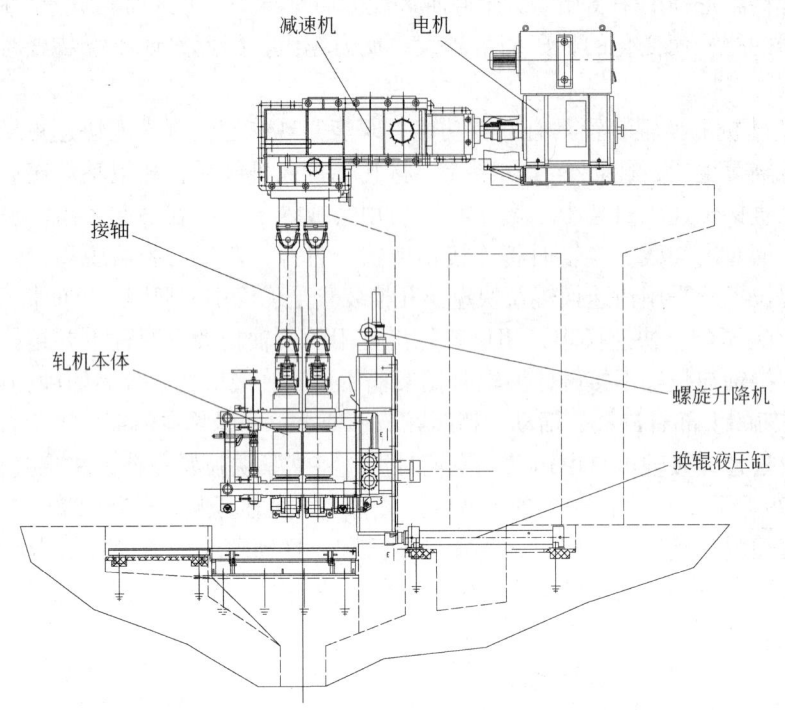

图 13-31　上传动轧机机列

由于立式轧机采用与水平轧机相同规格的机架和辊系，因此立式轧机的承载能力就机架强度和刚度而言与水平轧机没有差别。

（10）轧机升降装置。图 13-32 所示为立式轧机升降装置。立式机架挂在升降架上，升降架上端挂钩处有一液压缸驱动的锁紧销将机架压住，防止脱钩。升降架由齿轮电机通过丝杆升降机带动上下运动。升降架沿两侧导轨滑动，虽然滑动摩擦阻力较大，但因为是平面接触，导向性能较好。轧机工作时，机架锁紧缸将机架锁紧在立式轧机底座上。换辊或换孔槽时，锁紧装置打开，升降架带动机架升降，实现快速换孔槽和快速换辊动作。机架下降到换辊轨道上后，换辊液压缸将机架推出至换辊位置，用天车从机架上方将旧辊吊走，将新辊吊入。

13.3.2　短应力线轧机

13.3.2.1　短应力线轧机简介

短应力线轧机在小型生产中应用得最广，近年来在中型与大型棒材、线材的粗、中轧中也得到了广泛的应用。短应力线轧机是一种无牌坊轧机，按一般的概念，牌坊是轧机承受轧制力的封闭构件，没有牌坊的轧机其刚度就没有保证了。但这种轧机结构与传统的不同，它去掉了牌坊，缩短了轧机的应力回线，提高了轧机刚度。这一理论的问世，为中小型轧机的设计开辟了新的途径。在这一理论的指导下，各国轧机设计师们都在努力地寻找缩短应力线的途径。普通闭口式轧机与短应力线轧机应力线回路比较见图 13-33。

第一代短应力线高刚度轧机大约出现在 20 世纪 40 年代中期，是由瑞典中央、莫格斯哈马公司（Morgardshammar）研制的 P500 型无牌坊轧机。它最先开始摆脱了机座的传统设计思想的束缚，取消了传统轧机的牌坊，用拉紧螺杆将两个刚性很大的轴承座连在一起，缩短了应力线长度，如图 13-34 所示。这种轧机采用辊系全悬挂三脚架侧边支撑结构，轴承座上端中部有压下螺丝，通过四根拉杆实现上轴承座的升

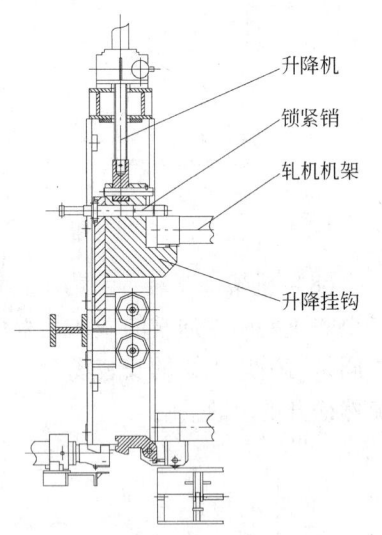

图 13-32　立式轧机升降装置

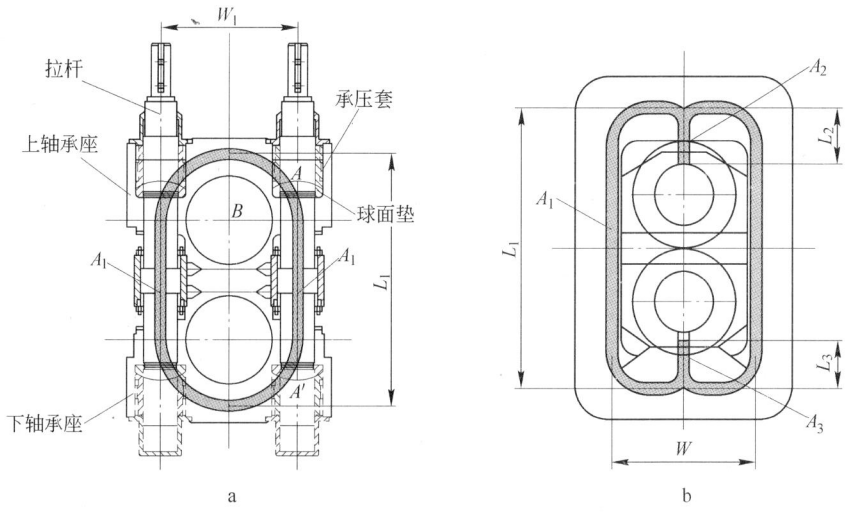

图 13-33 普通闭口式轧机与短应力线轧机应力线回路比较
a—短应力线轧机应力线回路；b—普通闭口式轧机应力线回路

降来进行辊缝对轧制线的非对称调整。由于辊系采用全悬挂的支撑方式，所以无论是轴向调整还是在轧制状态，四根拉杆总是铅垂的而保证受纯拉力，因而这种轧机的杆系结构是稳定的。但是由于三脚机架侧边支撑结构采用侧边轴向固定与调整，固定点与轧辊的轴向有一偏心距离，造成轴向刚度不高，而且三脚架挡住了连接扳手的空间，不便于接轴装拆。非对称调整增加了轧制中导位板的调整工作量。另外，它保留了单独的压下螺丝和上横梁，应力线缩短不够理想，且上轧辊轴和轴承座受压下螺丝传递集中载荷（轧制压力）的作用，受力情况较差，轴承受到影响。后来，瑞典人改进了第一代无牌坊轧机，将上轴承座的集中载荷——压下螺丝，改为分散载荷，其下轴承座不变，这样就使得应力线进一步缩短，改善了上轴承座的受力情况。但主要缺点是不能实现对称调整，如图 13-35 所示。

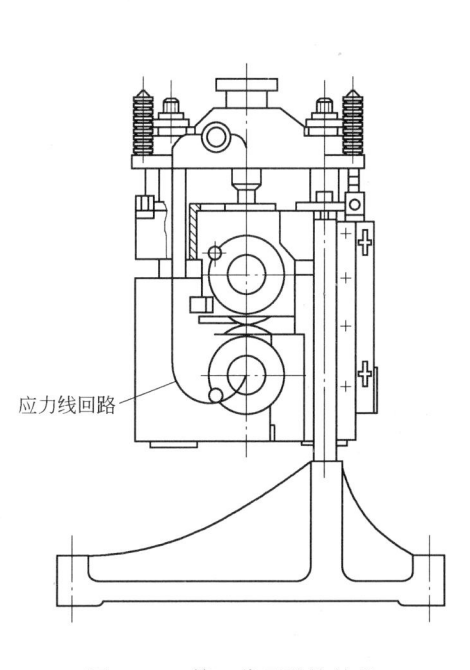

图 13-34 第一代无牌坊轧机

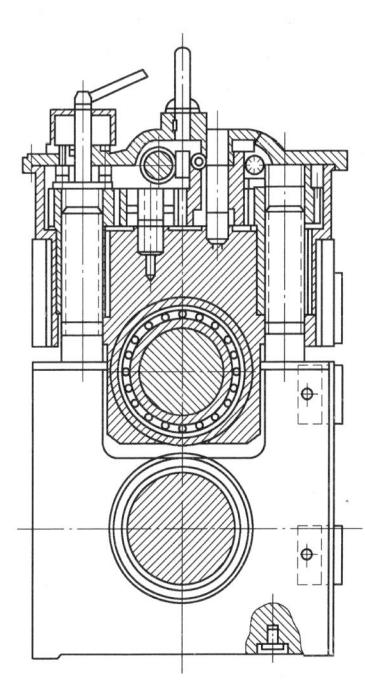

图 13-35 改进的第一代无牌坊轧机

　　第二代短应力线高刚度轧机是 20 世纪 60 年代以瑞典中央、莫格斯哈马公司研制的 P600 型轧机为代表的。与 P500 型轧机相比，它取消了压下螺丝和上横梁，因而使轧机应力回线又趋缩短，进一步提高了轧机的纵向刚度和轴承寿命。第二代高刚度轧机采用两根拉杆落地、两根拉杆悬空的辊系半悬挂三脚机架侧边支撑机构，利用拉杆上、下部的正反扣螺纹，转动拉杆，实现辊缝对轧制线的对称调整，如图13-36所示。

第三代短应力线高刚度轧机由 Pomini 公司于 20 世纪 80 年代初研制成功，也称"红圈"轧机，"红圈"即指轧机的应力回线，如图13-37所示。这种轧机拉杆支撑由头部改到中部，整个辊系通过拉杆中部支撑在半机座式底座上，使轧机的稳定性明显高于第二代高刚度轧机，同时通过加大拉杆直径，减小压下螺母之间的距离 f，在 s 和 S 处加大轴承座厚度等措施使应力线尽量缩短，轧机刚度进一步提高。

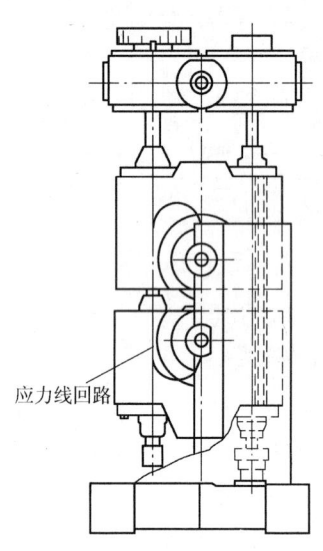

图 13-36　第二代高刚度轧机

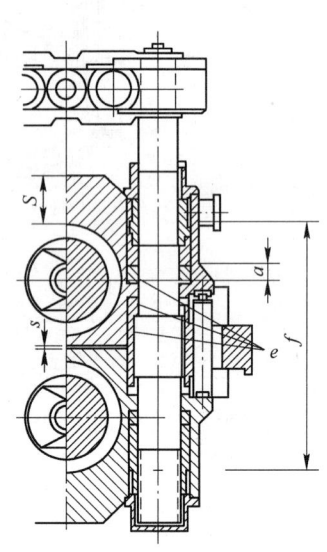

图 13-37　"红圈"轧机

近 20 年来，国内外钢铁行业的工程师们也在不断地对短应力线轧机进行开发和研制，现阶段短应力线轧机的类型也都是基于红圈高刚度轧机基础上的一些改进或变化。

现在短应力线轧机正沿着提高轧机刚度、增加轧机小时产量、提高轧机利用系数、生产组织灵活、操作方便以及提高产品尺寸精度、力学性能的方向发展。为了发挥短应力线轧机独特的优势，国内外几个著名的钢铁设备供应商都围绕这些方面做了大量研究工作，进行了大量的优化，推出了不少新机型，如达涅利公司（GCC）轧机、波米尼公司（RR/HS）轧机、西马克公司（HL）轧机、中冶京诚（ZJD）轧机、中冶赛迪（NHCD）轧机、中冶设备院（SY）轧机等。各家设备结构各有不同，但缩短轧机应力回线的目的是一致的。

达涅利公司（GCC）短应力线轧机，每个机型的辊径范围覆盖得比较大，采用反挂式碟簧平衡装置，球面的防轴窜系统，横拉式横梁结构，轧机的刚性好。

波米尼公司（RR/HS）短应力线轧机，在红圈轧机的基础上，进行了结构上的改进，采用中间式弹性胶体平衡装置，弧形面的防轴窜系统，每个机型的辊径范围不大，整体稳定性好。

西马克公司（HL）短应力线轧机类似达涅利机型，采用反挂式螺旋弹簧平衡装置，平面防轴窜系统，每个机型的辊径范围不大。

中冶京诚（ZJD）、中冶赛迪（NHCD）、中冶设备院（SY）以及其他国内短应力线轧机设备厂家，都是在基于达涅利、波米尼轧机的模型上，融入了各自的元素，开发研制出了全国产化、全系列的短应力线轧机，轧机的技术水平与国外机型相差无几。下面就以中冶京诚新近研制开发的 ZJD 第五代高刚度短应力线轧机为例，介绍短应力线轧机的性能参数及结构特点。

13.3.2.2　短应力线的轧机的结构

短应力线的轧机的主要特点为：轧机应力回线短，刚性高，保证了产品的高精度，容易实现负公差轧制；能实现辊缝的对称调整，操作稳定，延长导卫寿命；能实现线外调整组装，快速整体更换，提高了作业率；与相同规格的轧机相比，短应力线轧机的质量也较轻，整机外形尺寸较小，机架间距小，因此在作业线长度和厂房高度上都具有节省投资的潜力。表13-12 所列为中冶京诚 ZJD 第五代短应力线轧机的性能参数。该机型主要用于棒材、线材、型材的连轧粗、中、精轧区。生产钢种包括：碳素结构钢，优质碳素结构钢，焊条钢，高碳钢，低合金钢，冷镦钢，合金结构钢，弹簧钢，不锈钢等。图13-38 为 ZJD 水平轧机机列图，由轧机本体、接轴托架、水平轧机底座、机架锁紧装置、机架横移装置及传动装置组成；图13-39 为 ZJD 立式轧机机列图，由轧机本体、接轴托架、立式轧机底座、机架锁紧装置、机架提升装置、轧机换辊装置及传动装置组成，其中轧机本体、机架锁紧装置与水平可以完全互换。

表 13-12　ZJD-V 轧机的性能参数

型 号 参 数		9280	8268	7860	6850	5741	4532	3628
开口度 /mm	最大（无负荷）	930	830	800	700	590	460	370
	最大（负荷）	920	820	780	680	570	450	360
	最小（负荷）	800	680	600	500	410	320	280
辊身长度/mm		1200	1200	1000	800	700	650	500
单边最大轧制力/kN		6400	4400	3100	2800	2200	1300	1000
轴承座平衡		碟形弹性阻尼体/碟形弹簧						
机架横移量/mm		±400	±400	±360	±280	±265	±280	±225
轴向调整量/mm		±4	±4	±3	±3	±3	±3	±3

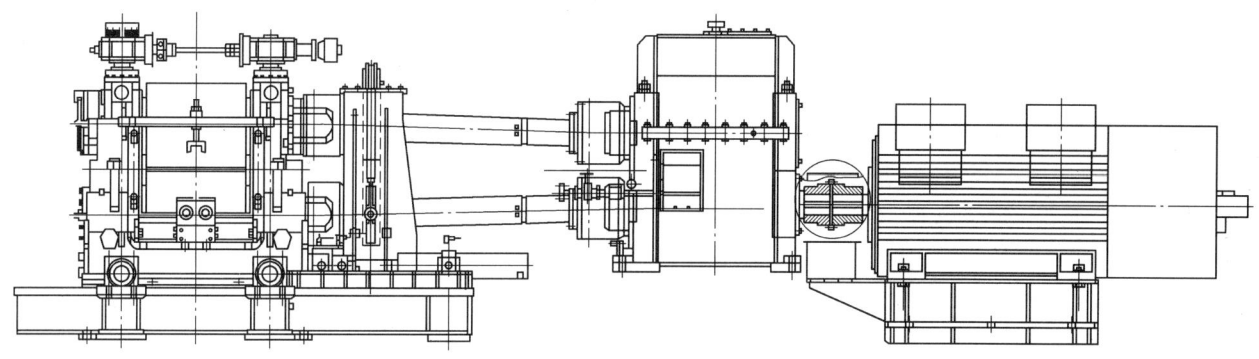

图 13-38　ZJD 水平轧机机列

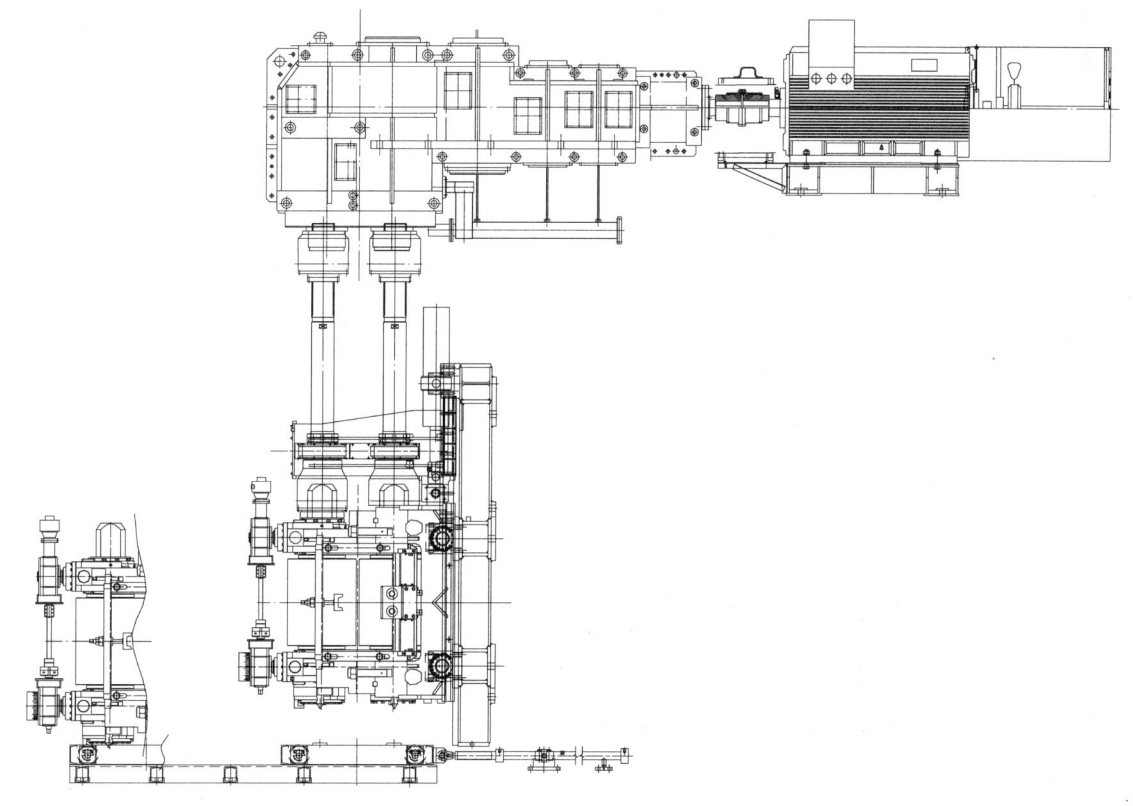

图 13-39　ZJD 立式轧机机列

轧机本体由拉杆装配、轧辊装配、压下装置、导卫梁、轧机机座等组成，详见图 13-40。

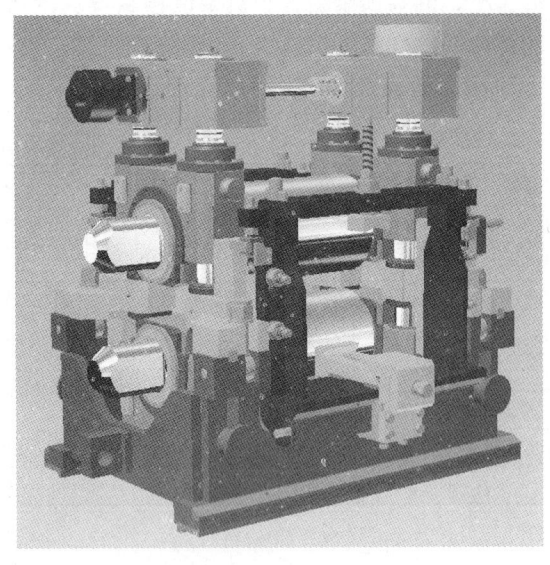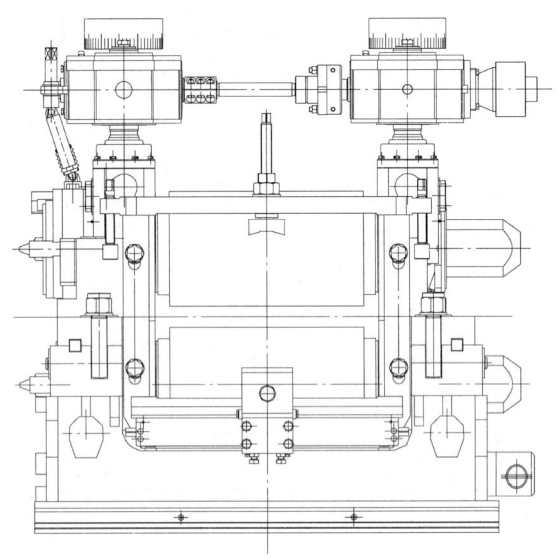

图 13-40　ZJD 轧机本体

（1）轧机拉杆装配。短应力线轧机因为没有牌坊，其轧制力由四根拉杆承担。拉杆结构如图 13-41 所示，在拉杆的中部装有中间支撑块，起支撑整个轧机本体的作用。拉杆穿过上下轴承座，拉杆上装有调整螺母、球面垫、定位套等。拉杆上下分别为左右旋梯形螺纹，梯形螺纹外侧为碟形弹性胶体，对轧辊起到平衡作用。当拉杆转动时，上下轴承座做相对运动，实现轧辊中心距同步相对调整，轧制线保持不变。球面垫具有自动调心作用，保证轧辊轴承受力良好。

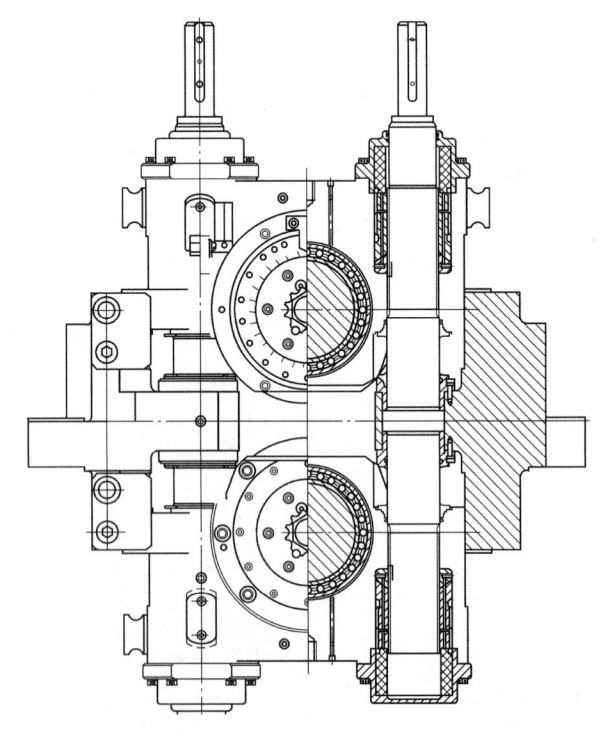

图 13-41　轧机拉杆装配

（2）轧机轧辊装配。轧辊两侧由四列圆柱滚子轴承承受径向载荷，推力滚子轴承承受轴向载荷，通过万向接轴传递力矩。轧辊结构如图 13-42 所示，上辊轴向调整机构，由手动转动蜗杆，带动蜗轮进行轴向调整，调整量为 ±3mm，补偿孔槽的错位。在轴承座的端部外侧设置球面的防止轴向窜动机构，与机座和支撑块配合保证了轧机的轧制精度。

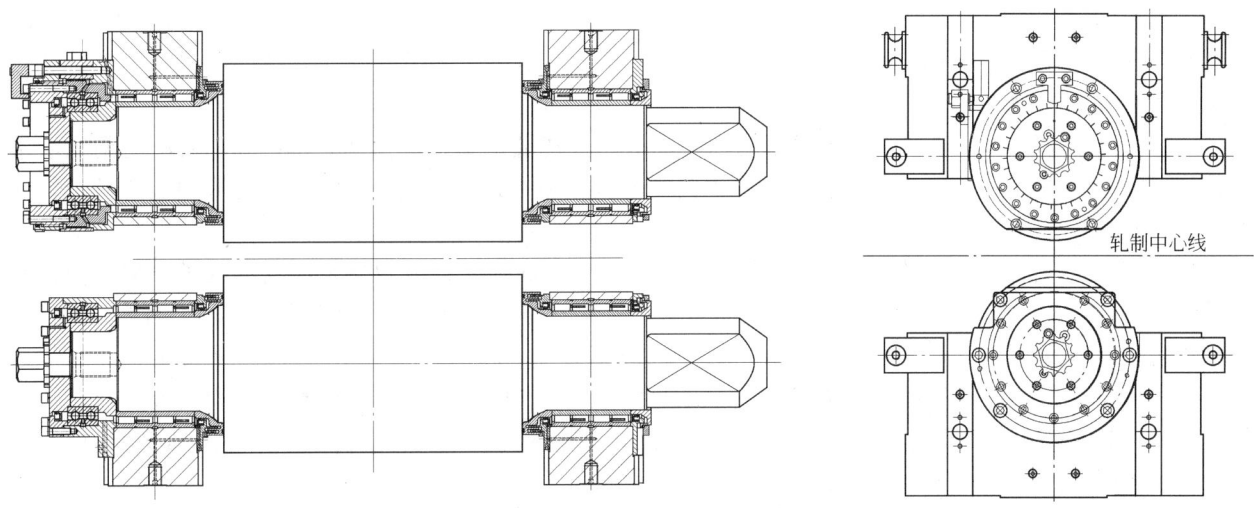

图 13-42　轧机轧辊装配

（3）轧机压下装置。轧机压下装置装在拉杆装配的四根拉杆的顶部，压下结构如图 13-43 所示，采用蜗杆-蜗轮-齿轮装置转动四根拉杆，在拉杆上正反向螺纹副作用下，上下轧辊相对于轧制线对称调节；轧机两侧的压下装置可以单独调整，也可以两侧同步调整；压下装置在传动侧由液压马达驱动进行快速调节，也可以在操作侧进行手动精调，压下量由刻度盘显示。

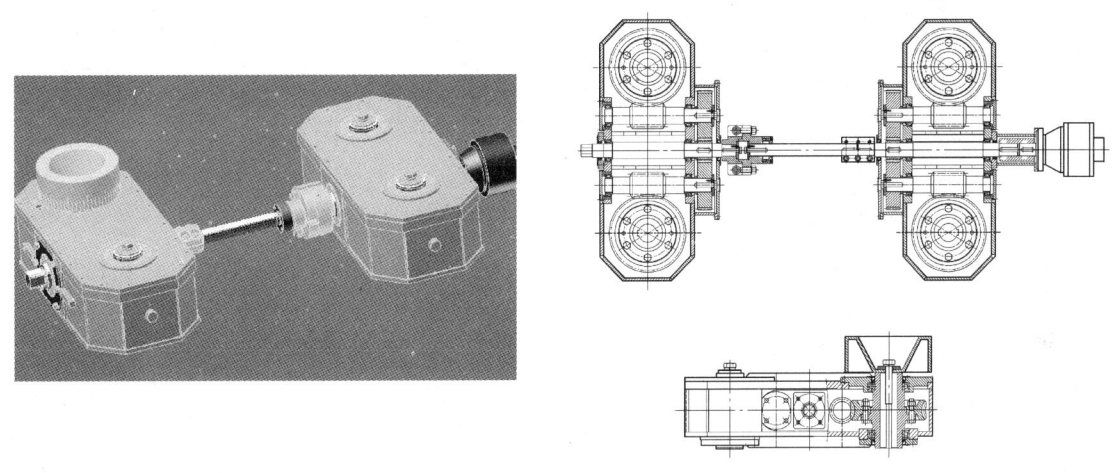

图 13-43　轧机压下装置

（4）轧机导卫梁。轧机导卫梁安装在机架中间的支承块上，如图 13-44 所示，整体焊接框架式结构。

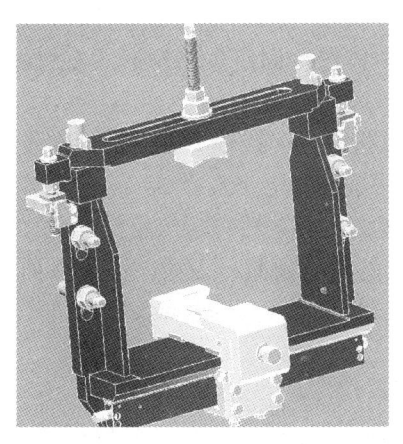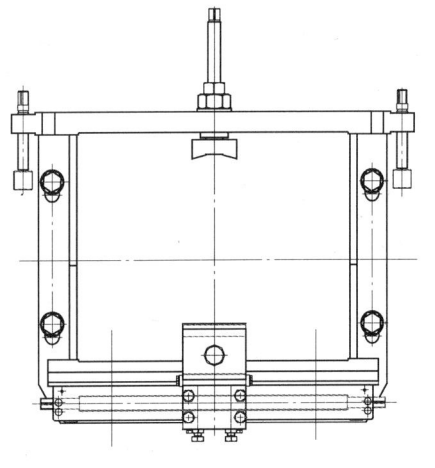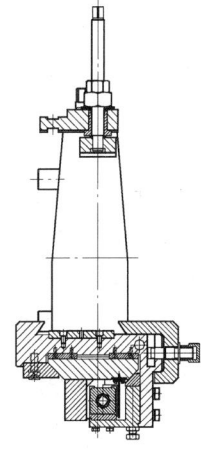

图 13-44　轧机导卫梁

导卫梁的升降通过两侧的调整丝杆来完成。导卫座的横移是通过导卫座下面的丝杆来完成的。导卫梁的中间设有一个压紧装置，可以从顶部将导卫盒压住，正面用燕尾板将导卫盒压紧在燕尾槽中。上下轧辊的水配管通过导卫梁进入。

（5）轧机机座装配。轧机机座由钢结构焊接而成，上述装配整合放置其上，机架和底座之间用活接螺栓-螺母固定在一起；底座下部设有滑板，放置在轧机底座上，可沿底座滑动，也可采用液压螺母紧固连接。

（6）轧机接轴托架。传动接轴设有接轴托架，如图 13-45 所示，以便换辊时支撑接轴。为了使传动接轴与轧辊连接的万向节始终处于水平位置（有利于换辊操作），万向节由接轴托架内滚动轴承支撑，并在轴承内转动，托架轴承座设有平衡装置，其允许接轴可在一定范围内浮动，保证上下接轴相对同步运动，并可停留在任意位置，而中心线始终与轧制线保持一致。接轴托架和轧机本体之间用液压连接销连接在一起，连接销由液压缸插上或打开。接轴托架由轧机横移装置或提升装置移动，从而带动轧机本体移动。水平托架有链条，立式托架没有链条。

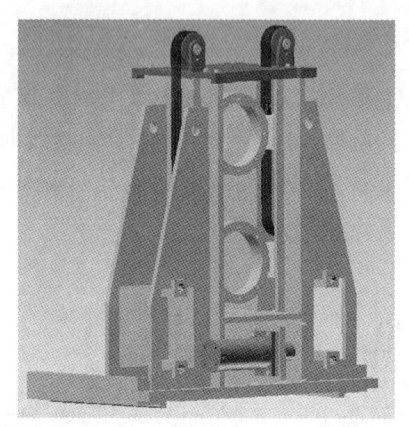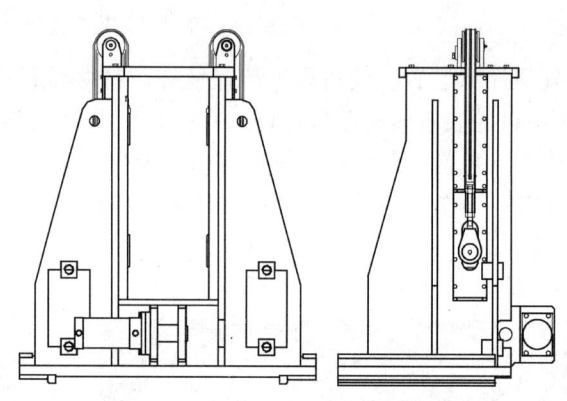

图 13-45　轧机接轴托架

（7）轧机底座装配。轧机底座由焊接钢结构件加工而成，用地脚螺栓固在基础上，轧机底座可在其上滑动，底座前后共设四个锁紧装置，用以将轧机本体固定在底座上。水平轧机横移装置（立式轧机的提升装置）固定在底座上，水平轧机一般采用液压缸横移。立式轧机的升降装置一般有两种形式：1）采用液压缸升降，这种方式结构简单，和水平轧机的横移装置一样，只是在液压系统要考虑平衡和锁紧系统，防止系统故障时轧机因自重下落。2）采用螺旋升降机升降，左右各一台丝杆升降机，中间用轴串联在一起，由齿轮电机或液压马达带动。升降丝杆具有自锁性能，确保机构安全可靠，更换孔槽的位置准确。

（8）立式轧机换辊装置。立式轧机的换辊车位于轧机下方，车架上有定位孔，换辊车由液压缸传动。更换机架时，由升降装置将机架下降放到换辊车上，液压缸将旧机架推出，由天车将旧机架吊走，将新机架吊到换辊车上，液压缸再将新机架拉入。

（9）轧机锁紧装置。轧机锁紧装置固定在轧机底座上，对轧机本体进行固定。结构形式有机械式、碟簧锁紧液压打开式和液压锁紧液压打开式等。

（10）轧机传动装置。轧机传动装置由接轴、减速机、联轴器和电机组成。接轴有万向接轴和鼓形齿接轴两种形式。减速机有平剖及立剖减速机。联轴器一般采用鼓形齿联轴器。

ZJD 第五代短应力线轧机的机型全面，辊径范围覆盖多，轧机刚度高，稳定性好，产品精度高。同时采用了反挂式弹性胶体平衡装置，自适应的球面防轴窜装置，框架式的轴向预紧导卫梁，多重保护型密封系统等多项先进的专利技术。

13.3.3　棒材减径定径机

小型轧机的减径定径机有二辊式、三辊式和四辊式，目前以三辊式的棒材减径定径机用得比较多，三辊式中主要有 KOCKS 和 SMS MEER 两种机型。我国现在有 8 套三辊 KOCKS 轧机在运转，有一套正在

谈判。SMS MEER 的三辊式减径定径机出现得
比较晚，2006 年才推出此种机型，现在德国和
美国有两套在运转，我国有两套合同正在执行。
德国 KOCKS 公司在 1957 年开发了这种轧机，
后来又对轧机进行了许多改进，KOCKS 轧机的
轧制原理如图 13-46 所示。轧件在 KOCKS 中三
向受压缩力，而常规的二辊轧机轧件只在上下
方向受压缩力，在横向（宽展）不受力。前者
变形效率高，宽展量小；在同一断面上各点的
速度差小，引起轧辊的不均匀磨损小。KOCKS
公司开发的本意是要以全线的三辊 KOCKS 轧机
代替二辊轧机，用于生产合金钢。

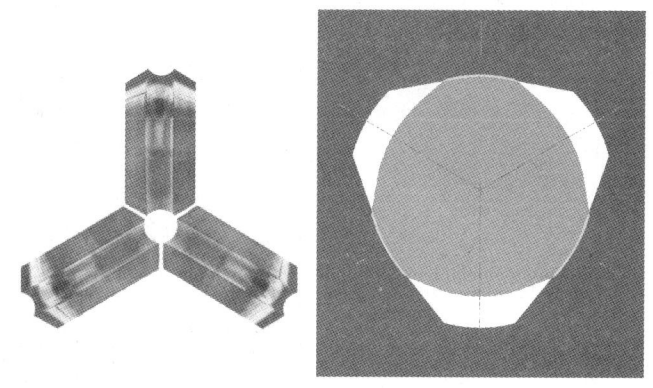

图 13-46　三辊轧机的孔型

13.3.3.1　KOCKS 三辊轧机

在 20 世纪 70 年代中至 80 年代中，意大利、日本、韩国几家公司在轧线上采用了 12 架 KOCKS 轧机，
但直至 90 年代初，大家都搞不清轧制合金钢，特别是高合金钢应该选用何种轧机。当时欧洲、日本的合
金钢厂有用 KOCKS 轧机者，有用短应力线轧机者，也还有用闭口式牌坊轧机者。当时在抚顺钢厂建设前
对这些厂的生产情况进行了考察后认为，KOCKS 轧机生产产品的尺寸精度高，但设备机构复杂，生产成
本高，轧线过剩的功能没有必要，整体更换的 KOCKS 轧机用于小批量多品种的合金生产最为合适。因
此，在抚顺合金钢小型牛产线的建设中，选用了短应力线轧机作为合金钢小型轧机的主导机型（后来迅
速扩展到普通钢小型轧机），而没有选择 KOCKS 轧机。抚顺的成功示范，为小型轧机在我国的快速推广
树立了可信的样板。因世界其他国家钢铁发展有限，90 年代以后，在其他国家好像再也没有人再在轧线
上用 12 架以上的 KOCKS 轧机。KOCKS 公司还曾想过，将三辊轧机用于线材精轧机或预精轧机，我国湘
潭钢厂选择了 KOCKS 轧机作为线材的预精轧机，但没有人将其用于线材精轧机。经过几番周折与磨合，
在 20 世纪 90 年代，KOCKS 公司将三辊 KOCKS 轧机定位为棒材轧机（$\phi12 \sim 90mm$）的减径定径机。
KOCKS 公司这个合理定位为世界市场所接受，从此得到比较好的推广。在随后建设的上钢五厂不锈钢棒
材、大冶小型合金钢棒材、石家庄大棒、湘潭线材-大盘卷、大连小棒、兴澄小型、济源小棒等工程中，
采用了三辊 KOCKS 减径定径机。

A　KOCKS 三辊机架的设计

KOCKS 已开发出两种类型的机型，早期出售的机架是只有一个驱动轴的精密定径机（PSB），近期出
售的大多数减径定径机是经过进一步改进，采用三个输入驱动轴的机架（RSB）（图 13-47）。

三辊轧机的三根辊轴与地坪成 120°布置，每一个三辊机架由电机通过其自己的 C 模块齿轮系统驱动，
前后相邻机架彼此互成 180°布置。由于对机架和导卫进行同心调整，故轧制线是固定的。KOCKS 三

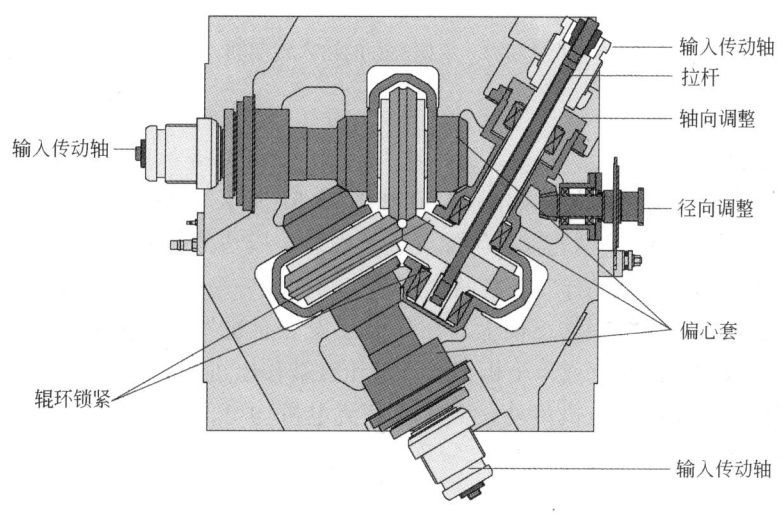

图 13-47　三根传动轴的 KOCKS 三辊机架

辊轧机的 C 形机架如图 13-48 所示，带偏心套的输入传动轴结构如图 13-49 所示。

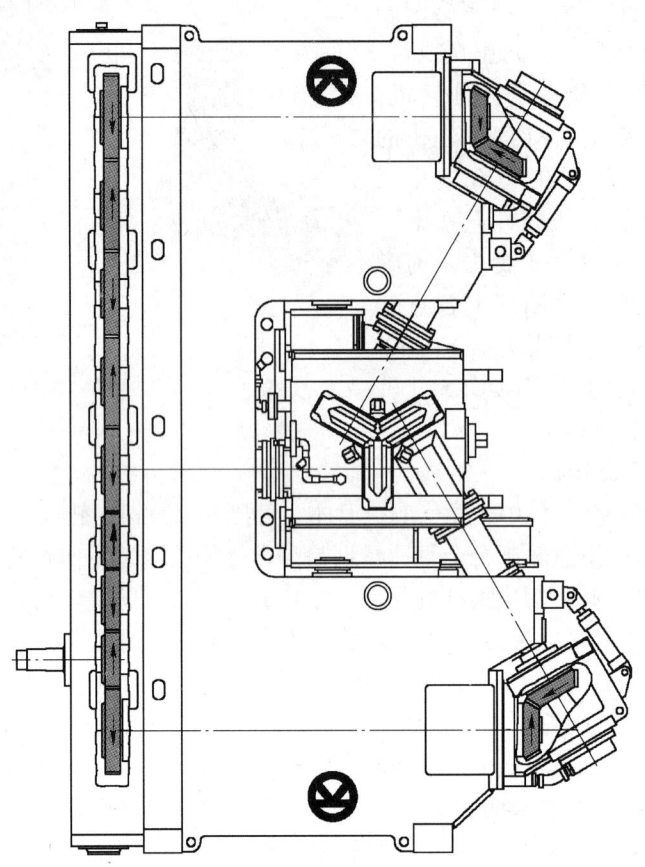

图 13-48　KOCKS 三辊轧机机架

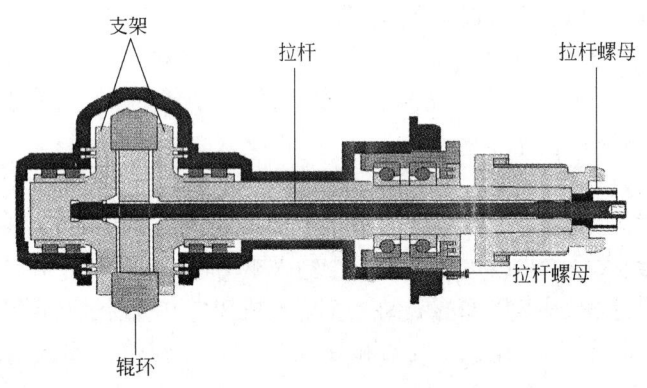

图 13-49　带偏心套的输入转动轴

B　C 模块及轧辊驱动系统

C 模块是用于三辊机组的新一代的驱动系统，它为钢制的焊接外壳标准齿轮箱，被安装在一个带有公共顶架的公用底座上，形成紧凑的机组，如图 13-50 和图 13-51 所示。

标准 C 模块可以为 Y 型和倒 Y 型轧辊机架配置进行安装。模块的输入轴交替地位于较高和较低的水平位置，因此电机和各自的减速机同样安装在两个水平上，构成一个非常紧凑且节省空间的布置形式。

每一个三辊机架安放在一个公用的支架上，在其上还安装有机架液压夹紧和机架平移系统。为更换机架，上下机架联结将被收回，所有或单个机架通过液压缸被移出机组。

每一个三辊机架由一个单独的电机传动，交流或直流电机均可作为主电机，每一个机架均采用安全联结以防止发生过载。

C　机架快速更换系统

（1）机架横移"出-进"。快速更换机架时将采用一套液压横移系统将机架从机架支架中移到更换小

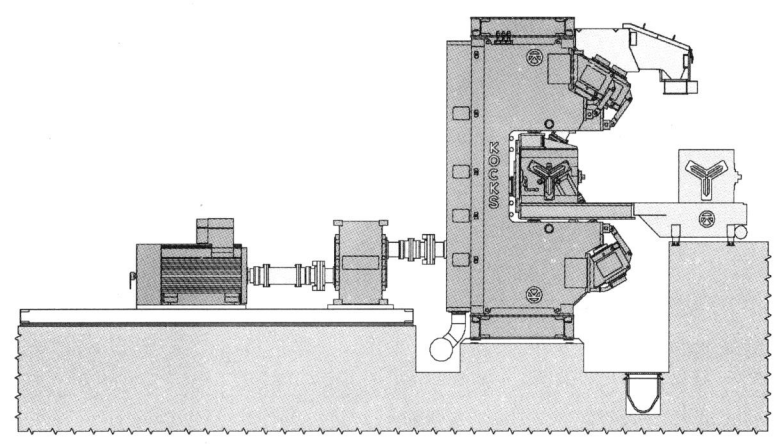

图 13-50 C 形架传动系统

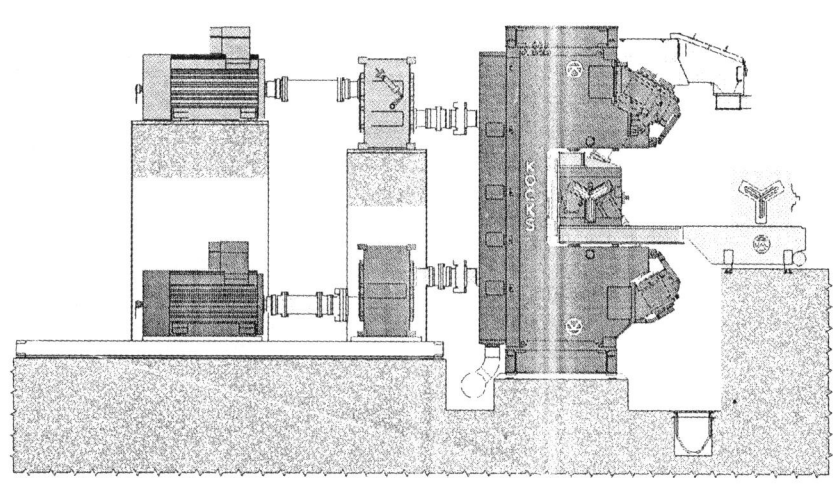

图 13-51 前后两个 C 形架的传动系统

车上。该系统可以依照轧制程序的需要，更换单个机架或者同时更换全部机架。

将载有使用过的机架更换小车移开，将载有为下一个轧制规格准备的新机架的小车移到机组前方，在将新机架推进轧制线之后，即可继续进行轧制。

机架更换小车轨道系统：可用两台更换小车，也可以用一台更换小车。根据车间的布置，两台更换小车可以横向移动（图 13-52），也可纵向移动。

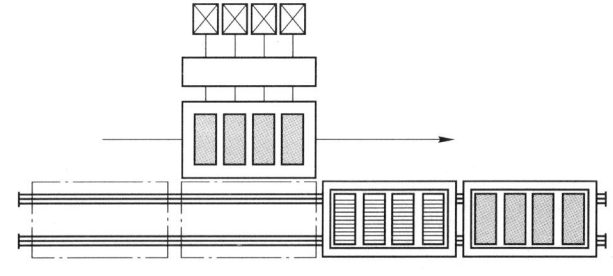

图 13-52 两台换辊小车（横移）的快速换辊系统

（2）两台更换小车纵向和横向移动（Ⅰ型）。标准的更换小车系统由两台连在一起的机架更换小车组成，轨道与轧制线平行，小车传送系统（液压钢丝绳绞盘或者是具有供电拖缆的电动小车）及一个用于将机架运出/运回轧辊间的特殊提升装置。

D 三辊机架快速换辊

三个轧辊沿轧制线各自互成120°布置，机组中所有机架完全相同且可以互换。三个轧辊轴均为主动辊，且径向、轴向可调。轧辊轴由两个承受径向载荷的双列圆柱滚子轴承和一个承受轴向载荷的径向止推滚珠轴承所支撑。

（1）轧辊调整。轧辊轴在偏心套轴中的旋转通过驱动调节螺杆（手动或通过远程控制），所有的三个偏心套轴均同时旋转，从而同心调节辊缝。对于轴向调整（调整任一个轴），旋转带有止推轴承的螺纹套轴（这一操作在轧辊间中更换辊环后进行）。

采用特殊迷宫设计和机架中空气的微正压以防止水和氧化铁皮渗入机架和轴承中。机架几乎是免维护的，仅仅需要在轧辊间内每次更换辊环后对轴承进行周期性的干油润滑。

（2）辊环装配。辊环的材质可以采用球墨铸铁（NCI）、工具钢（TS）和碳化钨（TC）辊环。采用先进的装配技术，能避免辊环中出现不希望的径向应力。三个辊环的更换可以快速地通过一种液压工具完成。生产不同规格的产品，可以采用不同宽度的辊环，尽可能降低辊耗以降低生产成本。

因为辊环可以在标准车床或磨床（在采用碳化钨辊环的情况下）上单独进行加工，所以不需要特殊的加工机床。

（3）快速换辊。快速换辊在轧制生产期间采用换下的机架在离线的轧辊间中的一个特殊换辊位置进行，因此不会影响生产。这种半自动的轧辊更换装置由带有夹紧机构的机架支架、机架旋转装置和一个特殊的液压更换油缸组成。

E　机架和导卫的计算机辅助调整系统

这是一个面向用户的计算机化系统，它能够对三辊轧机架辊子及导卫的轴向和径向进行调整，进行高精度的设定。调整工作可在理想状态下快速可靠地进行。该系统由如下主要部件组成：

（1）两个装配工位，每个工位具有自身独立的光学单元，包括光源和瞄准仪。

（2）安装在气动横移支架上的CCD照相机。

（3）配有键盘、监视器和打印机的工业计算机。

13.3.3.2　SMS MEER 公司的三辊棒材减径定径机

图 13-53 为 SMS-4 机架带液压辊缝调节的三辊棒材定径机。SMS MEER 公司将三辊连轧管技术移植于棒材轧制，2006 年推出了高精度棒材定径机 PSM 380/4。PSM 设计用来减小从中轧机过来轧件的外径，得到具有一定精度的各种规格的成品。主要部件包括：PSM 轧机机座、变速齿轮箱、液压调整系统、3 辊机架、3 辊导卫梁。

图 13-53　SMS-4 机架带液压辊缝调节的
三辊棒材定径机

A　PSM 380/4 轧机机座

棒材轧机机座为焊接结构，包括一个用于接纳机架的机座梁（图 13-54）。机座顶部通过横向支撑与机座梁安装和连接，并在其上部有由螺栓紧固包含机架夹紧缸在内的支撑固定装置。液压小仓调节组合

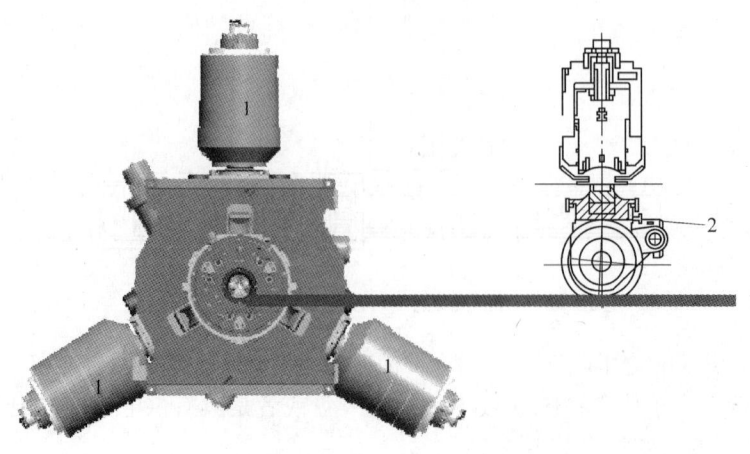

图 13-54　PSM 380/4 轧机机座
1—液压小仓；2—带辊环的旋臂

在机座内。机座内还设有传动轴的回缩和位置固定装置以及机架的电动调节装置。

机座的所有介质管路（不锈钢）和线路都接到规定的交界点，包括配对法兰。

技术数据如下：

机架型号：3 辊机架；

机架数量：4；

机架间距：800mm；

最大来料直径：101mm（满足最大成品规格 90mm，最终来料规格以孔型设计为准）；

成品直径：20～90mm；

出口速度：1～18m/s。

B　变速齿轮箱

PSM 装备 4 套独立的传动机构，分别为各个机架所设。交流电机通过安全联轴器和主齿轮箱连接。齿轮箱由变速齿轮部分和分配齿轮部分构成，每个配备 3 个输出轴（图 13-55）。

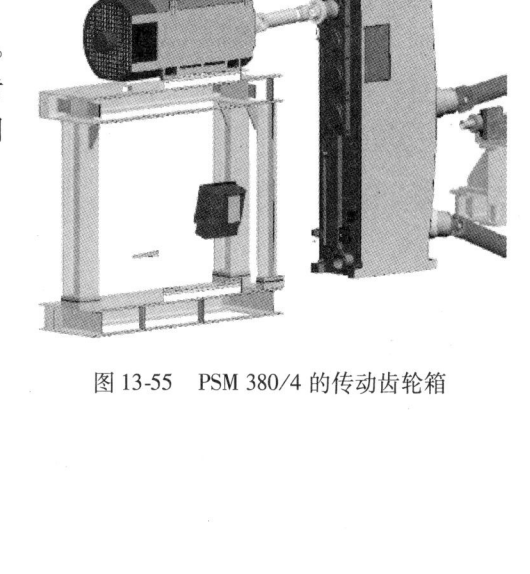

图 13-55　PSM 380/4 的传动齿轮箱

C　液压调整系统

功能：允许在轧制过程中对各个辊环进行单独调整。

位置：在各个机架位置处。

技术数据如下：

工作行程：21mm；

打开行程：30mm；

总行程：75mm；

每一机架位置处完整装配的液压小仓的数量：3；

每一机架位置位移传感器的数量：3；

每一机架位置伺服阀块的数量：3。

D　380 三辊机架

机架包括三个轧辊，为长方形的单片箱体设计。所有的辊轴有带花键的联轴器套节，可与伞齿轮轴联轴器套轴自动连接。

滚子轴承和液压小仓表面集成在一个旋转架内，配备的气压阻尼使系统保持无间隙状态。轴的轴向位置将由架上的可滑动轴来保证。调整工作在机架装配、轴承更换或周期性检修时进行。辊的径向位置由每次正常换辊后的校正程序确定，无需重新定位。

辊轴的滑动轴解决方案保证了无需打开机架进行快速换辊。扭矩控制系统将轴锁住，并在组装后将滚子轴承也锁住。机架带导卫梁，如图 13-56 所示。

轧机轴承和机架内迷宫环的油气润滑由集中油/气润滑单元提供。辊子用水冷却，喷嘴处于轧辊表面附近，以保证良好散热。冷却水管在机架推入时自动连接。

轧辊也可以在标准的数控车床或磨床（用于碳化钨）上加工，这允许了自由式孔型的使用。

380 机架的技术数据如下：

机架型号：带径向和轴向轴承的 3 辊机架；

每个机架的轧辊数量：3；

最大辊径：390mm；

最小辊径：370mm（重车后）；

辊环材质：球墨铸铁、工具钢或碳化钨；

辊环宽度：100mm，对于不大于 35mm 的产品可用辊环宽度 40mm；

辊环调节：轴向 1mm；

图 13-56　带导卫梁的三辊机架

径向 20mm；

每台机架上的辊环位置传感器数量：3。

　　E　三辊轧机的导卫梁

导卫梁为紧凑型设计，安装在 2～4 机架前（图 13-57）。导卫将轧件保证
在正确位置。力恒定阻尼的使用保证了导卫的自动对中，有了此特点，在自由
尺寸范围内无需作任何额外的调整。

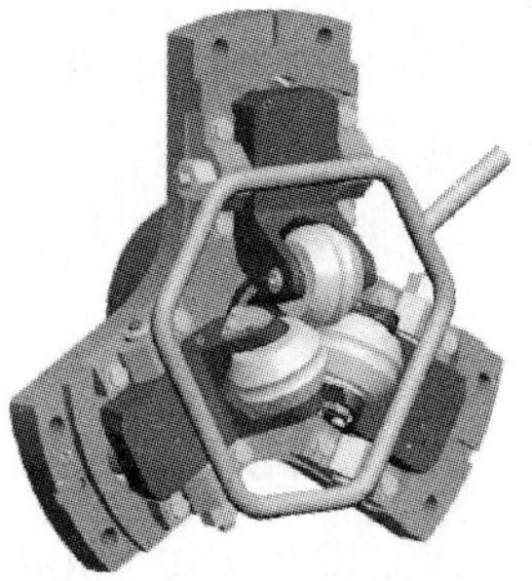

图 13-57　三辊轧机的导卫梁

13.3.3.3　其他公司的棒材减径机

　　HPR（High-Precision Rolling，高精度轧制）轧机是一种既可用于型钢轧
制，又可用于棒材轧制的高精度定径设备，产品尺寸精度小于 ±0.1mm。HPR
的高刚度性能是基于预应力原理，采用轧辊的预压靠来实现的。

　　美国摩根公司的减径机方面有 TEKISUN 技术，该技术有两个机型，即 RSM 轧机和二辊式轧机。RSM
轧机用于线材轧制（在线材部分介绍）。二辊棒材减径机性能参数如下：

　　（1）产品：

产品类型	尺寸范围/mm	尺寸增量/mm
光圆	25～36	1.0
光圆	38，40，42，45，48，50，53，55，56，58，60	—
光圆	63，65，68，70，75，80，85，90	

　　（2）尺寸公差：

产品规格/mm	公差/mm	椭圆度/%
≥25.0～≤35.0	±0.15	60
≥36.0～≤50.0	±0.20	60
≥51.0～≤60.0	±0.25	60

　　（3）轧机性能：Morgan 公司二辊棒材减径定径机的参数及照片见表 13-13 及图 13-58。

表 13-13　Morgan 公司二辊棒材减径定径机的参数

轧机区域	机架号	轧辊尺寸/mm		电　机	
		直　径	辊身长	转速/r·min⁻¹	功率/kW
棒材定径机	1H	386/338	130	750/1425	1500
	2V	386/338	130	750/1425	1500
	3H	386/338	130	700/1330	300

图 13-58　Morgan 公司 360mm 二辊棒材减径定径机

波米尼公司的定径机是从定径导卫发展起来的，这种定径机采用了一种具有液压预应力的悬臂式高精度二辊轧机。这种轧机的辊缝可以百分之一毫米为单位精确调整，辊缝还可以设定为零；并且由于存在预应力，可以消除机架间的间隙；同时可以精确地进行孔型的轴向调整，以满足高精度轧制的要求。

13.4　高速线材轧机

13.4.1　导言

直径范围在 $\phi 5.5(4.5) \sim 25mm$，以成卷方式供应的钢材称之为线材（wire rod）。线材在热轧产品中是单重（kg/m）最小的钢材，因为其断面小，在热轧过程中热损失大；断面小，小时产量低。为保证其有足够的变形温度和有较高的生产率，线材生产必须高速度。为提高轧钢过程的生产率，各种轧钢方法，热连轧、冷连轧、厚板生产、无缝钢管轧机、长材轧机都在不断地提高轧制速度，但以线材轧机的速度提高得最快。不断提高终轧速度和坯料单重是近100年来线材工作者不断追求的目标。

20世纪30~40年代，世界线材生产的主流方式是，直线式布置的平辊有扭转的粗轧，平辊有扭转套轧的中轧与精轧，有扭转轧制避免了复杂的立辊，但轧制速度受到扭转的限制，最高只能在15m/s左右。二战结束后，速度可调的直流电气传动和控制技术得到了发展，50年代初出现了平/立交替布置的全连续式4线线材轧机，1960年我国湘潭钢厂从东德台尔曼厂引进的线材轧机就属于这种类型。全线各架由直流电机单独传动，每架速度可调。无扭转轧制克服了扭转容易产生事故带来的问题，轧制速度有所提高，但轧制速度提高有限，这种传动方式的轧制速度也只能在25~29m/s。因为，轧制过程中电机速度频繁调整，电机的惯性在加速、减速过程中带来巨大的冲击力，使电机经常被损坏。这种类型的线材轧机，其机械设备和电控设备比有扭转的套轧增加了许多，但收效却不多。投入和产出的比例不符的经济法则，使这种轧机没有得到多大的发展。

1966年10月Morgan公司设计制造的无扭精轧机（No-Twist finishing mill）和斯太尔摩（Stelmor）控制冷却线在加拿大钢公司投产成功，这种以10机架集体传动，轧辊与地面成45°交替布置，悬臂碳化钨小辊环，单线无扭转轧制为主要特征的线材精轧机，首次将线材轧制速度提高至45m/s。轧制速度提高，使轧制过程中的温降变小，从而可使用更重的坯料（当时将坯料单重提高至1000kg）。它与后面的水冷线和斯太尔摩控制冷却线相结合，坯料单重大，生产效率高，可生产尺寸 $\phi 5.5mm$ 的线材，产品的尺寸精度高，表面质量好，氧化铁皮少，头尾尺寸和性能均匀，从而引发线材生产的一次革命。从20世纪60年代至今的40多年中，线材轧制技术和装备，一直是围绕无扭精轧机为核心进行的。对高速无扭轧机的设计和制造技术不断改进，终轧速度快速提高，从50m/s、65m/s、75m/s、85m/s、95m/s、105m/s…至90年代初达到了105m/s，到90年代末达到了120m/s。

线材的粗轧和中轧机与小型轧机无异，水冷段和控制冷却线将在辅助设备部分叙述，下面就线材轧机的核心部分：预精轧机、精轧机、夹送辊、吐丝机进行介绍。

13.4.2　线材预精轧机

线材无扭精轧机出现的早期，许多厂商只将它用于精轧，即在有扭转的粗轧机、有扭转套轧中轧机后，安装10机架无扭精轧机。Morgan公司引导了线材轧机设计和轧制技术发展的新潮流，将无扭转轧制的概念向前推进，设计了与无扭精轧机相似的悬臂式4机架预精轧机，以可以提高线材的尺寸精度为由向全球的用户推广。全球用户很快接受了"线材预精轧机"的新概念，线材预精轧机成为线材轧机核心技术不可分割的组成部分。

13.4.2.1　预精轧轧机的功能及要求

预精轧的作用是继续缩减中轧机组轧出的轧件断面，为精轧机组提供轧制成品线材所需的断面形状正确、尺寸精确并且沿全长断面尺寸均匀、无内在和表面缺陷的中间料。高速无扭线材精轧机组是固定机架间轧辊转速比，通过改变来料尺寸和选择不同的孔型系统，以微张力连续轧制的方法生产诸多规格的线材产品的。这种工艺装备和轧制方式决定了精轧成品的尺寸精度与轧制工艺的稳定性有紧密的依赖关系。实际生产情况表明精轧6~10个道次的消差能力为来料尺寸偏差的50%左右，即要达到成品线材断面尺寸偏差不大于±0.1mm，就必须保证预精轧供料断面尺寸偏差值不大于±0.2mm。如果进入精轧机的轧件沿长度上的断面尺寸波动较大,不但会造成成品线材沿全长的断面尺寸波动,而且会造成精轧的轧制事故。为减少精轧机的事故发生,一般要求预精轧来料的轧件断面尺寸偏差不大于 ±0.3mm。

13.4.2.2　国产预精轧机组的布置形式及特点

预精轧的 2~4 个道次,轧件断面较小,对张力已较敏感,轧制速度也较快,张力控制所必需的反应时间要求很短,采用微张力轧制对保证轧件断面尺寸精度和稳定性已难以奏效了。自 20 世纪 70 年代末期以来,高速线材轧机预精轧采用单线无扭无张力轧制,对应每组粗轧机设置一组预精轧机,在预精轧机组前后设置水平侧活套,而预精轧道次间设置立活套。这种工艺方式较好地解决了向精轧供料的问题。实际生产情况说明,预精轧采用 4 道次单线无扭无张力轧制,轧制断面尺寸偏差能达到不超过 ±0.2mm,而其他方式仅能达到 ±(0.3~0.4)mm。

悬臂式预精轧机组主要由两架水平轧机、两架立式轧机、三个立活套以及安全罩等部分组成。

此型预精轧机组简图如图 13-59 所示。

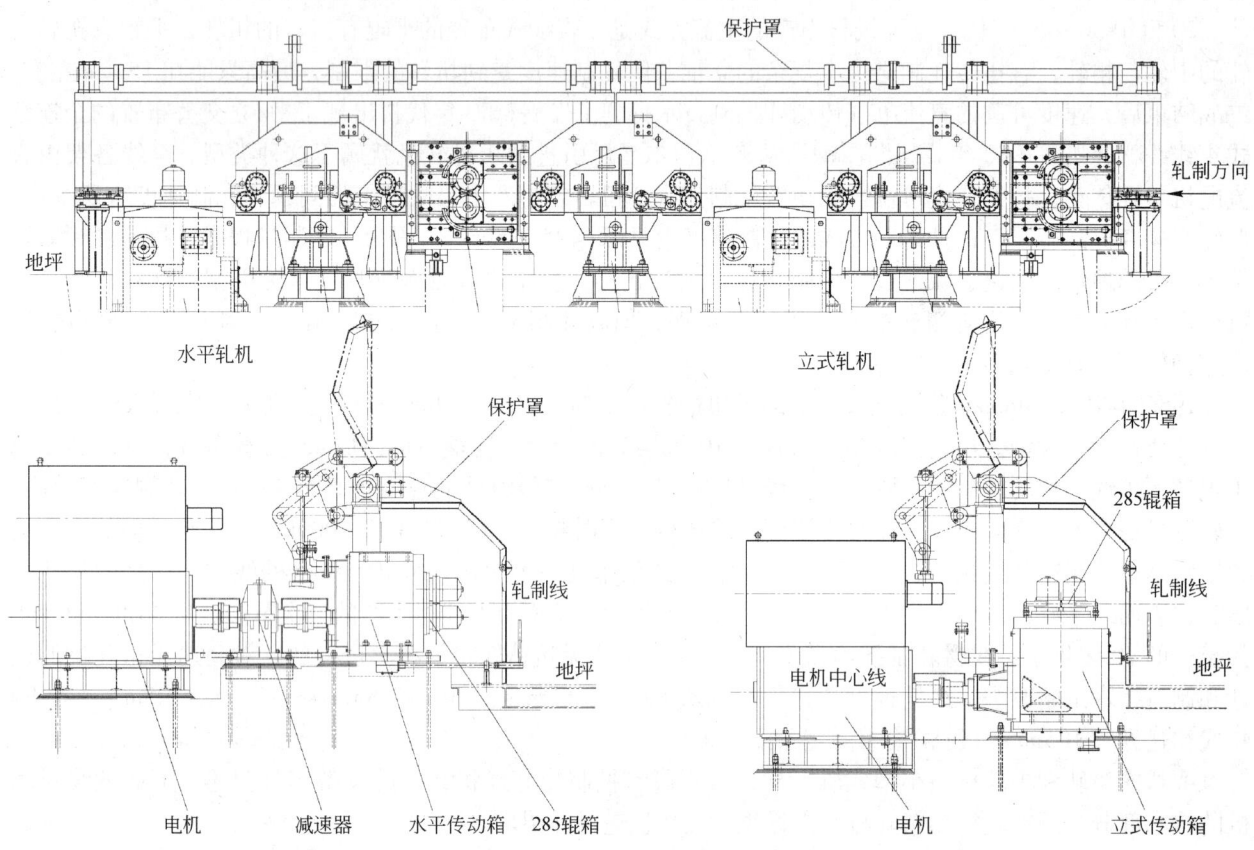

图 13-59　平立交替布置的预精轧机组

每架轧机机架由传动箱和轧辊箱组成。传动箱的作用是将电机或减速器输出的力矩传递到轧辊轴上。水平传动箱有一对圆柱斜齿轮;立式传动箱增加一对螺旋锥齿轮,两架立式传动箱螺旋锥齿轮速比不同。轧辊箱采用法兰插入式安装,每个轧辊箱内有上、下两根轧辊轴,上、下两根轧辊轴之间不啮合,而是分别由传动箱中的一对圆柱斜齿轮传动。每根轧辊轴上装有一个悬臂的辊环形轧辊,轧辊轴由前、后油膜轴承支撑安装在偏心套内。偏心套由辊缝调节机构中的左、右丝杠和螺母带动转动,使上、下两根轧辊轴相对轧制中心线对称均匀地开启和闭合,从而实现辊缝调整。

悬臂式预精轧机机组的主要特点如下:

(1) 传动箱和轧辊箱各自独立为一个部件,便于装拆。

(2) 辊缝调整采用偏心套式,这种调整机构的最大优点是保持轧制中心线不变。

(3) 通过轧辊轴末端的止推轴承,有效解决了轧辊轴的轴向窜动问题,保证轧件的尺寸精度。

(4) 水平机架和立式机架的轧辊箱结构和尺寸完全一样,轧辊箱的全部零件均可互换。

(5) 采用专用工具装拆辊环,快速可靠。

（6）立式轧机传动系统中省去了减速机，而由安装在传动箱内的一对锥齿轮来传递动力和变速，机列设备质量小、占地面积小。

常用预精轧机机组的设备性能如下：

轧辊直径：$\phi 255 \sim 285$mm；

轧辊宽度：70mm、95mm；

轧辊中心距：$\phi 255 \sim 291$mm；

辊缝调整量：±18mm。

13.4.2.3 预精轧机技术的发展

20 世纪 80 年代后期，专营线材轧机的几个大公司把高速无扭精轧机技术移用于预精轧机上，这种预精轧机组的结构与无扭精轧机组相同，轧机采用悬臂辊环、顶交 45°布置（图 13-60）。轧机规格有两种：一种与精轧机架相同，为 $\phi 230$mm；另一种较精轧机架稍大，为 $\phi 250$mm。两架一组集体驱动，称为微型无扭轧机。其优点是轧机的质量小，基础减少，轧机强度高，可省去 1 个机架间活套，主电机和传动装置由 4 套减为 2 套，其造价比常规预精轧机可减少 22%。

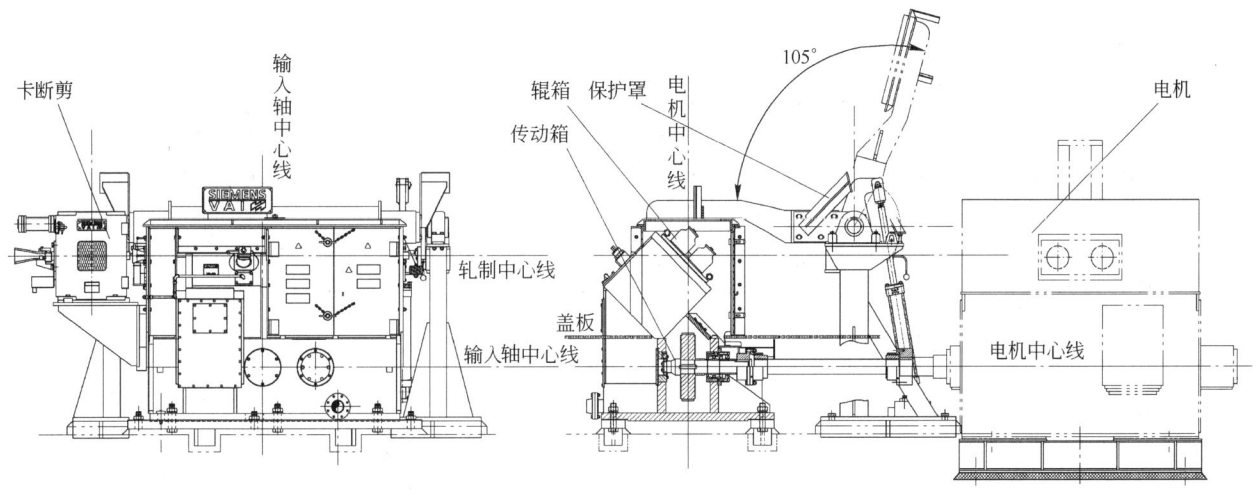

图 13-60 顶交预精轧机组

13.4.3 线材精轧机

13.4.3.1 精轧机的功能及要求

高速线材精轧机组是用于高速线材轧钢车间的终轧设备，其技术水平决定了整套线材轧机的水平。从高速轧机的诞生与发展看，不论哪一种形式的轧机都追求实现高速，而达到高速都必须解决高速运转所产生的振动问题。

减少振动的方法有：一是提高机械传动系统的固有频率，避免高速工作时的共振现象；二是降低轧机高度，缩小轧机尺寸，以降低运转部位到基础的距离和尽可能缩减转动体的体积；三是取消振动难以控制的零部件，如轧机接轴、轴套、联轴器等；四是对运转零部件进行更严格的制造质量控制和动平衡试验。振动问题解决了，轧机运转速度就可以提高。这也是设计、生产、制造、使用高速轧机最根本的原则。在此基础上，产生了许多不同形式的高速机组，并各具特点。经过几十年的生产实践，目前技术成熟、应用较多的是摩根机型、达涅利机型、西马克机型和 CERI 机型。

作为终轧设备的精轧机组还必须保证轧件的精度。通常要求高速线材轧机的产品断面尺寸精度能达到 ±0.1mm（对 $\phi 5.5 \sim 8$mm 的产品而言）及 ±0.2mm（对 $\phi 9 \sim 16$mm 产品及盘条而言），断面不圆度不大于断面尺寸总偏差的 80%。这样就要求轧机具有足够的刚性结构和耐磨的轧辊。

13.4.3.2 精轧机组的布置形式和特点

历经多年的发展演变，各种类型的高速无扭线材精轧机组在结构和参数上已逐渐呈现趋同状况，并有很多共同之处，即：

（1）为实现高速无扭轧制，采用机组集中传动，由一个电动机或串联的电动机组通过增速齿轮箱将传动分配给两根主传动轴，再分别传动奇数个和偶数个精轧机架。相邻机架轧辊转速比固定，轧辊轴线互成90°交角。

（2）为使结构紧凑和在微张力轧制时减小轧件失张段长度，尽可能缩小机架中心距。

（3）为提高变形效率和降低变形能耗，均采用较小的轧辊直径，各类高速无扭精轧机组辊环直径均为150～230mm，辊环材质采用高硬度高耐磨性的碳化钨。

（4）为便于在小机架中心距情况下调整及更换轧辊和导卫装置，轧机工作机座采用悬臂辊形式，采用装配式短辊身轧辊，用无键连接将高耐磨性能的硬质合金辊环固定在悬臂的轧辊轴上。辊环上刻有2～4个轧槽，辊环宽度62～92mm。

（5）为适应高速轧制，并保证在小辊环直径的情况下轧辊轴有尽可能大的强度和刚度，轧辊轴承采用油膜轴承。

（6）为适应高速轧制，轧机工作机座采用轧辊对称压下调整方式，以保证轧制线固定不变。

（7）为提高机组的作业率，均采用插入式辊箱和专用快速拆装辊环工具。

现以目前市场占有率最高的摩根机型为例，介绍高速精轧机组的结构特点：五代机组布置图见图13-61，六代机组布置图见图13-62。

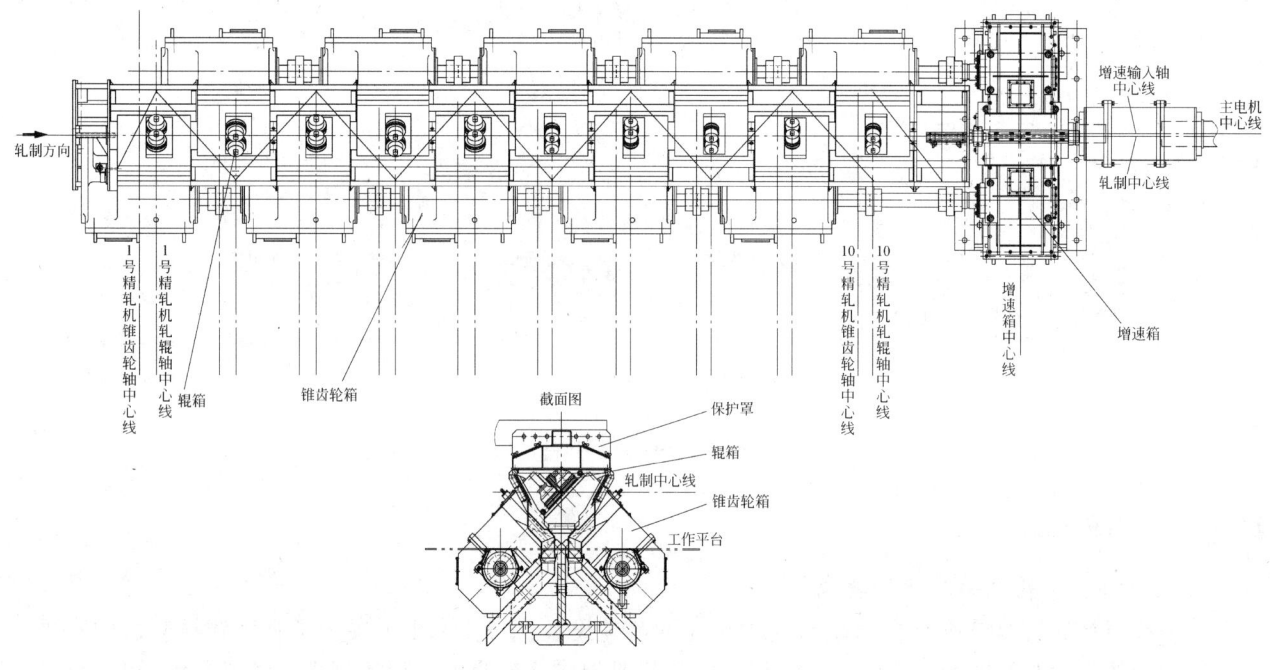

图 13-61　摩根型五代精轧机组布置图

由图13-61和图13-62可见顶交45°精轧机组是由8～10架（多为10架）轧机组成的整体机组，各架轧机以固定中心距成直线组合排列。所有机架由一台交流电机成组传动，由增速箱同时驱动奇数机架和偶数机架的锥齿轮箱，经由锥齿轮变速，然后通过一对变速圆柱斜齿轮传动悬臂辊，即精轧机组主体设备是由增速箱、锥齿轮箱和辊箱等部件组成的。

轧机机架由锥齿轮箱（图13-63）与插入式结构的轧辊箱（图13-64）组成。锥齿轮箱内安装有锥齿轮副、圆柱同步齿轮副。轧辊箱由法兰式锻造面板和焊接辊盒构成，中间的轧辊轴通过偏心套机构安装于轧辊箱内，轧辊箱的辊盒插入锥齿轮箱的箱体内，通过法兰式锻造面板用螺栓与锥齿轮箱相连接。轧辊箱内有上、下两根轧辊轴，上、下两根轧辊轴之间不啮合，而是分别由传动箱中的一对圆柱斜齿轮传动。每根轧辊轴上装有一个悬臂的辊环形轧辊，轧辊轴由前、后油膜轴承支撑安装在偏心套内。偏心套由辊缝调节机构中的左、右丝杠和螺母带动转动，使上、下两根轧辊轴相对轧制中心线对称均匀地开启和闭合，从而实现辊缝调整。

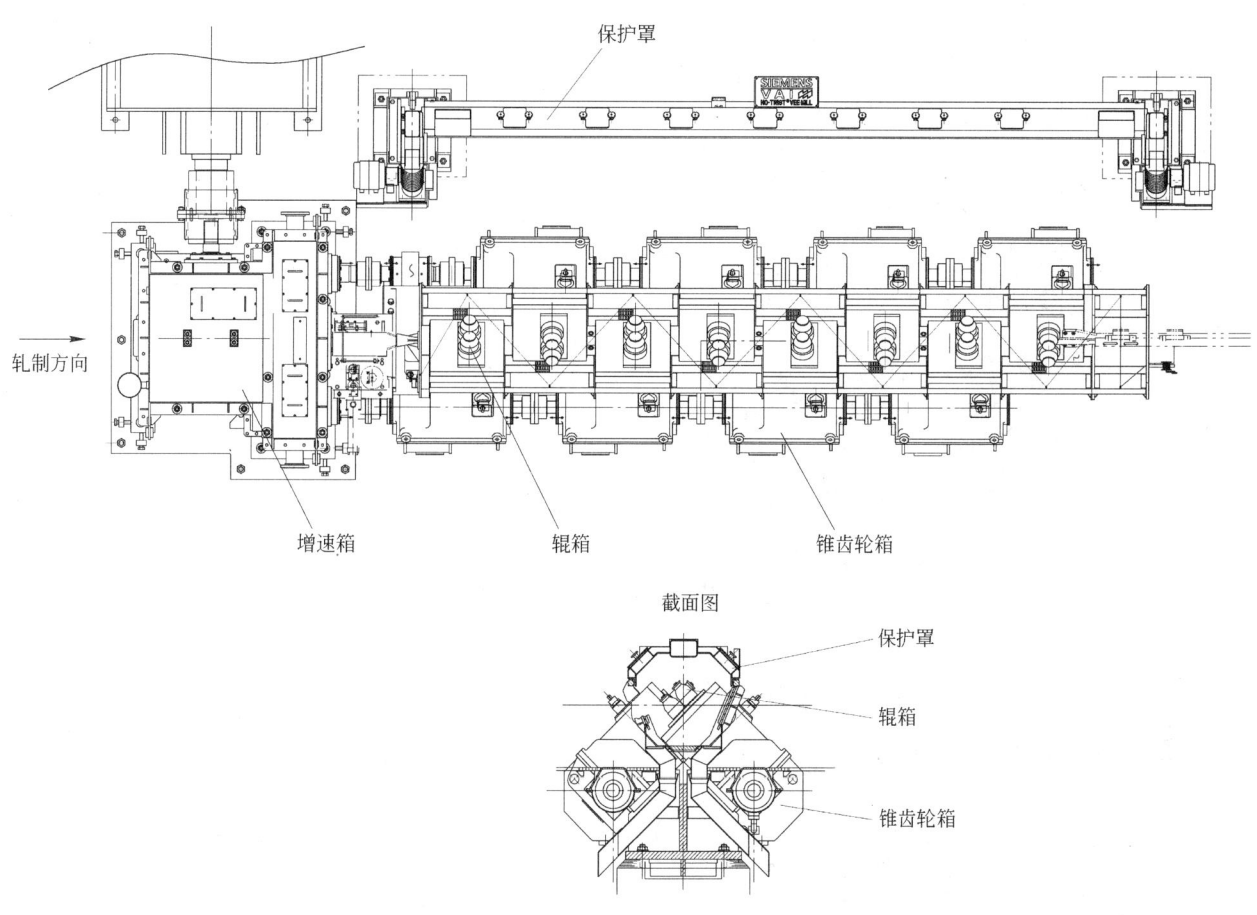

图 13-62　摩根型六代精轧机组布置图

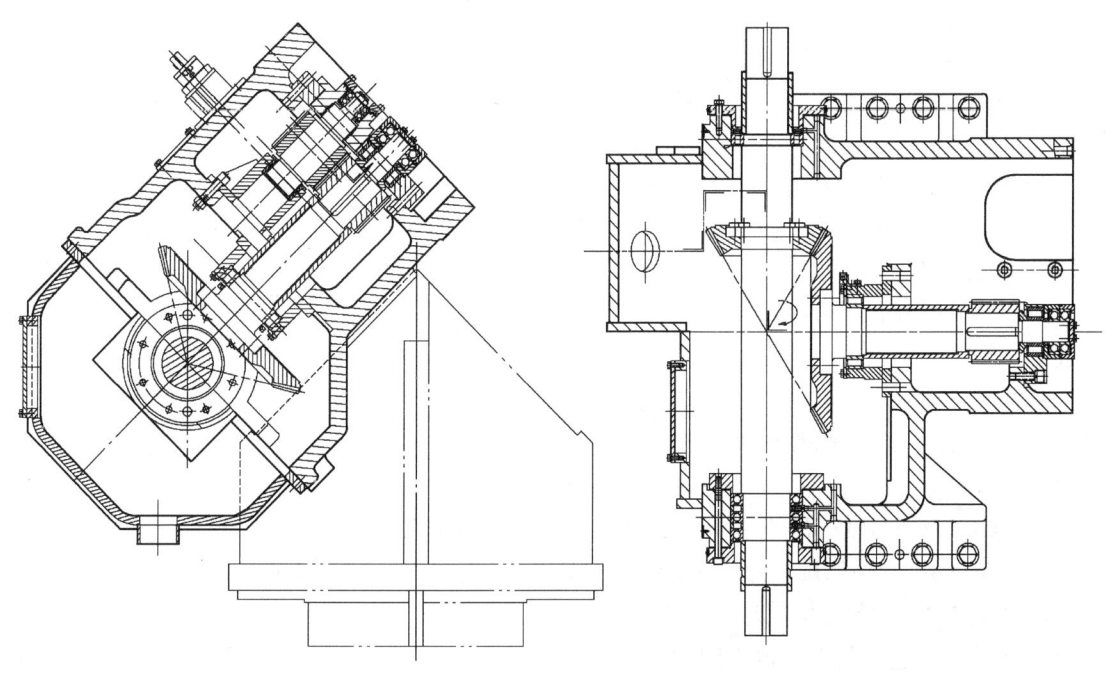

图 13-63　锥齿轮箱

这种类型的无扭精轧机组结构特点为：

（1）轧辊箱采用插入式结构，悬臂辊环，箱体内装有偏心套机构用来调整辊缝。

（2）轧辊箱与锥齿轮箱为螺栓直接连接，轧辊箱与锥齿轮箱靠两个定位销定位，相同规格的轧辊箱

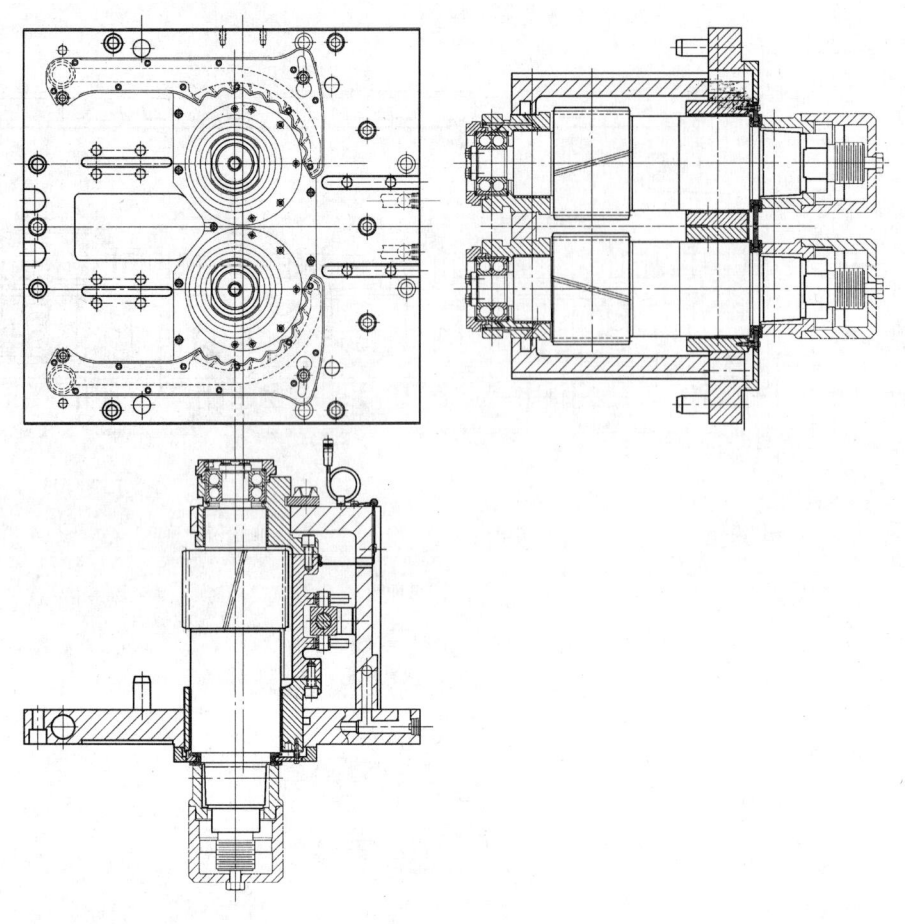

图 13-64   高速精轧机辊箱图

可以互换。

（3）轧辊侧油膜轴承处的轧辊轴设计成带锥度的结构，从而提高了轧辊轴的寿命。

（4）轧辊轴的轴向力是由一对止推滚珠轴承来承受，而这一对滚珠轴承安装在无轴向间隙的弹性垫片上，即保证了轧件的尺寸精度。

（5）辊缝的调节是旋转一根带左、右丝扣和螺母的丝杆，使两组偏心套相对旋转。

（6）辊环采用碳化钨硬质合金，用专用的液压换辊工具更换辊环，换辊快捷方便。

MORGAN 型精轧机组的设备性能如下：

轧机形式：悬臂辊环式轧机；

机架数量：10 架（1~5 架为 φ230mm 轧机，6~10 架为 φ170mm 轧机，可根据轧制工艺要求来布置机架）；

布置方式：顶交 45°，10 机架集中传动；

辊环尺寸：φ230mm 轧机：φ228.3mm/φ205mm × 72mm；

φ170mm 轧机：φ170.66mm/φ153mm × 57.35mm/70mm；

传动电机：AC 同步变频电机，功率为 5500~6800kW，转速为 1000~1500r/min。

13.4.3.3   精轧机组的技术发展

10 机架集体传动的精轧机存在以下问题：

（1）当轧制大规格的产品时，机组后部的 2 架或 4 架最多到 8 架，不轧钢但仍在高速下空转，很不经济。

（2）进一步提高轧速，轧件必须在机架间加强冷却与均热，这就意味着需加大机架间的距离，而拉大距离势必会加长传动轴，这就会恶化高速旋转下传动轴的工作性能，特别是振动问题难以解决。

由于要解决上述两个问题，近几年西马克推出了各机架单独传动的顶交精轧机机型（图13-65），摩根（图13-66）和达涅利（图13-67）则推出了每两个机架一组的顶交精轧机机型。这样不仅解决了上述两个问题，而且还可简化生产计划，减少备品备件，使生产操作容易掌握，各架轧辊可以最有效地利用其最大寿命。

虽然目前仅西马克单独传动的精轧机组有应用实例，但随着电控技术的发展，这种灵活、经济性能好的模块化精轧机组会逐渐成为发展趋势。

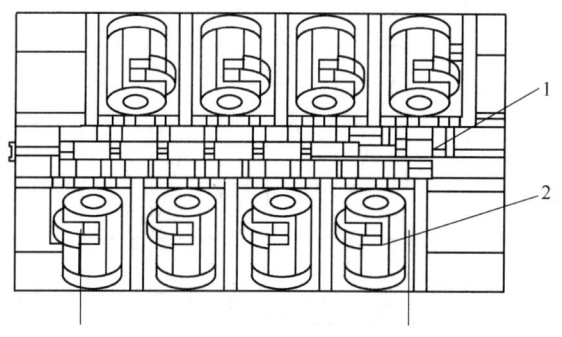

图13-65　西马克单独传动精轧机组（8机架）
1—轧机机架；2—电机

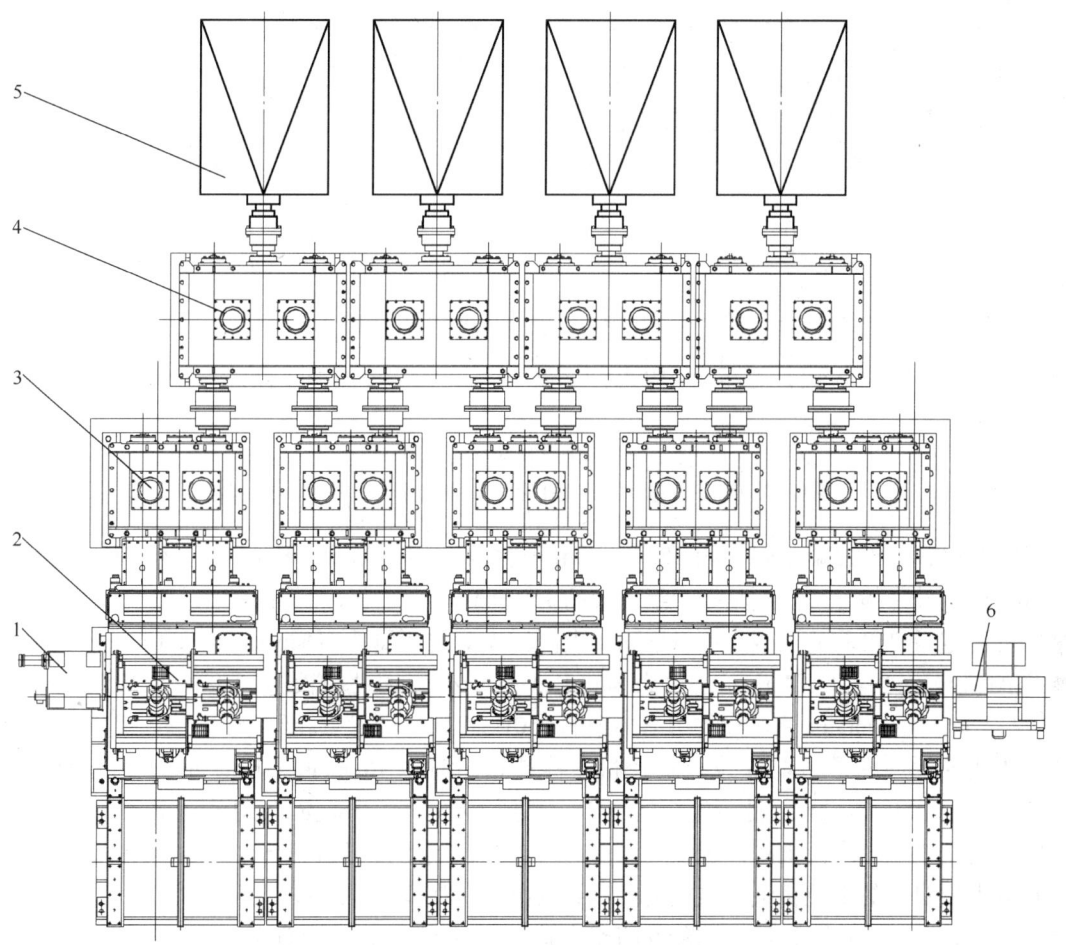

图13-66　摩根新型模块化精轧机组
1—卡断剪；2—模块化机架（2道次轧机）；3—2级传动箱；4—1级传动箱；5—电机；6—废料箱

13.4.4　线材减径定径机组

13.4.4.1　线材生产车间减径定径机组的问世与产生的效益

汽车制造业和其他制造业蓬勃发展，对线材和棒材的尺寸精度及性能提出了更高的要求，催生了线材减径定径机组的研发和迅速推广。

在20世纪80年代，日本的制造业特别是汽车制造业飞速发展，制造商为了创造自己的竞争优势，要求原材料供应厂提供精度高、强度高、质量好、品种和规格多的原材料，这样可以减少二次加工量，减轻产品的质量，从而降低产品制造成本。当时日本的大同钢铁公司设法满足用户的要求以取得更多订单，在80年代初开发了棒材定径机，名为Teksin轧机，后与Morgan公司合作，在80年代后期，开发出高速

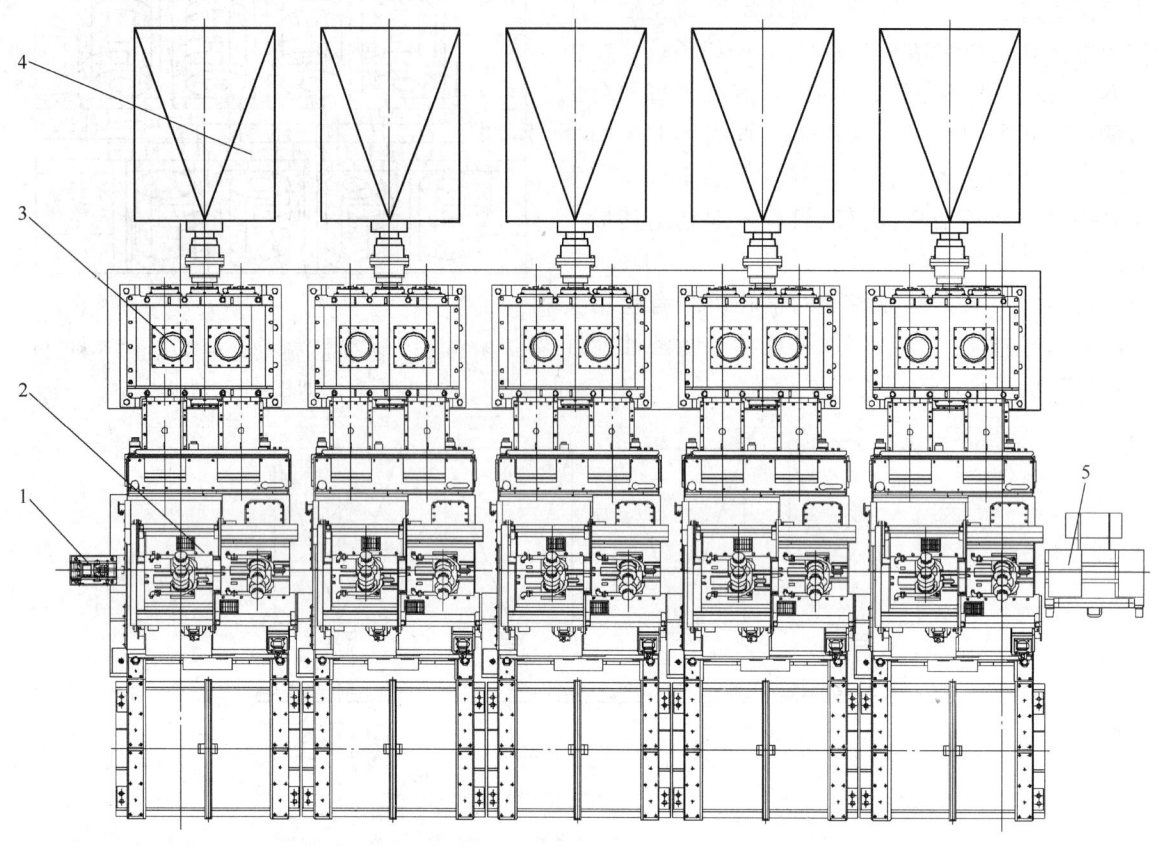

图 13-67　达涅利新型精轧机组
1—卡断剪；2—模块化机架（2 道次轧机）；3—传动箱；4—电机；5—废料箱

线材轧机定径机组，一组二架，辊径为 150mm，由于它的结构更紧凑，因此定名为 150CSM，经生产试验，他们认为最佳效果的定径机组是把二组二架的 150CSM 串列一起，既可单组使用，也可两组串列同时使用，这样可使定径机组前的孔型为单一系列，大同钢铁公司所属的 Hoshizaki 厂和 Chita 厂的线材轧机都配备了这样的机组。90 年代 Morgan 公司为西班牙 Orbegozo 厂旧轧机改造而设计的 V 型双机架精轧机（MEB）投入生产。后 Morgan 公司把它与第二组的 150CSM 轧机的优点相结合，把第一组的 150CSM 轧机换成 230MFB 轧机就形成了目前的减径定径机，称轧机 RSM（Reducing/sizing mill）。第 1 台装在美国 USS/KOBE 厂，于 1995 年投产。此后短短的三年，即到 1998 年，Morgan 公司就制造了 11 套减径定径机组。由于它在使用中显示出巨大的优越性，深受用户欢迎，别的公司如 SMS、Danieli、Pomini 也以相似的思路，各自开发出自己的定径机组。减径定径机组的出现，使线材生产技术又提高了一大步。

线材车间装备了减径定径机组（与精轧机组合称 8 + 4 机组）后，收到了以下多项的效果：

（1）可获得高精度的产品：由于采用椭圆-圆-圆-圆孔型系统，最后两架采用小辊径和小压下量，可实现精密轧制，使线材产品的尺寸公差控制在 ±0.1mm 以内，椭圆度为尺寸总偏差的 60%，这对于下游的金属制品深加工和标准件生产用户极为有利，可取消机械加工的剥皮工序，降低机械加工费和原材料的消耗。10 机架和 8 + 4 机组的产品精度的比较如表 13-14 所列。

表 13-14　10 机架和 8 + 4 机组的产品精度的比较

规格/mm	直径公差/mm		不圆度/mm	
	10 架精轧机	"8 + 4" 精轧机	10 架精轧机	"8 + 4" 精轧机
5.0		±0.12		直径公差的 60%
5.5 ~ 10	±0.12	±0.10	≤0.20	直径公差的 60%
10 ~ 20	±0.15	±0.10	≤0.24	直径公差的 60%

（2）可进行自由尺寸轧制：在 φ5.5mm 到 φ25mm 尺寸范围内，大大增加尺寸规格的数量，尺寸间距

可达 0.3mm，使用户均可选择到自己需要的规格。尤其对拔丝厂，可按成品钢丝的尺寸和性能，按算出的最经济的坯料尺寸购买线材，降低成本。

（3）可提高轧制速度，提高单机产量：此机组的轧制速度一般可达 112～120m/s，原先的工艺采用 10 架精轧机组，轧速高，总温升过大，特别对那些变形温度区窄的合金钢，会影响产品金相性能，故轧速一般小于 105m/s，相对比减径定径机组要低。

（4）可使粗、中、精轧机组使用单系列孔型：所有规格的产品，都从减径定径机组轧出，在粗、中、精轧机中只用一套孔型。变规格只变减径定径机组的孔型，这样就给生产带来如下的效益：

1）可保证进入减径定径机组的坯料精度：任何规格的产品，粗、中、精轧都是同一套孔型，它的调节、设定等情况不变，轧钢工人熟能生巧，精益求精，提高调节精度，从而保证坯料精度。

2）增加轧机的灵活性，提高轧机的利用率：由于改换品种、规格时，整个轧线只需更换减径定径机组的轧辊，而减径定径机组用移动小车进行快速换辊，一般只需 5min，而且轧辊和导卫预先在线外已准确设定，试轧往往一次成功，可节省试轧时间和坯料的耗费，由此，轧机能适应多品种小批量的生产，轧机的利用率仍可保持在 90% 以上。

3）减少轧辊备件：由于减径定径机前的所有机架只用一套孔型，因此可以大大减少轧辊备件。减径定径机的孔型采用较小的减面率。成品孔型的寿命，在保证同样的轧件表面质量的情况下，要比一般普通 10 架的精轧机的成品孔型长一倍。

4）减少产品库存：由于减径定径机组的生产灵活性大，便于更换品种规格，生产周期又短，可随时订货，随时生产，快速交货，因此可大大减少产品库存。

（5）提高金属收得率：由于减径定径机组轧制的产品，头尾仍可保持尺寸精度而不需切除，收得率可达 97.5%。

（6）可提高线材的物理性能：由于减径定径机组前，设有水冷段，可使坯料在进入减径定径机组前冷却至 750～800℃，四架减径定径机组总减面率在 30%～50% 左右，因而可对轧件实施热机轧制，获得超细晶粒的轧件，使产品具有高强度同时又具有高韧性。

（7）减径机辊箱能与精轧机辊箱通用，可减少备件数量，降低投资成本。

13.4.4.2　线材减径定径机组的机械结构特点

根据减径定径机的生产工艺要求，其机械结构应具备以下功能：

A　有足够的强度和刚度

为了满足轧制各种规格与高质量的产品，进口尺寸从 $\phi7～25.7$mm，进口温度最低达 750℃，故要求轧机能够承受大轧制负荷。为了保证轧件尺寸的高精度，定径机除了考虑轧辊径向刚度外，还需考虑轴向刚度，在轧辊轴向加预应力并考虑轧辊的轴向调整——摩根和达涅利的定径机均采用液压预紧（图 13-68）。同时，减径定径机组的传动系统也要坚固。

B　合理的机架间距

在设计 4 个机架之间的距离时，需考虑以下三个因素：

（1）两机架间最小间距应考虑机械零部件所需的最小空间，过小的间距需注意排除两机架之间的氧化铁皮问题。

（2）考虑获得热机轧制所需的变形量，防止由过小的变形量引起晶粒变大，或过大的变形量引起晶粒尺寸的不均匀。

（3）考虑防止或减少在轧制时轧件的旋转问题。

目前，摩根减径定径机组机架间距为 820mm，971mm，150mm；达涅利减径定径机组机架间距为 800mm，1380mm，150mm；西马克单独传动减径定径机组机架间距为 850mm，850mm，850mm。

C　减径定径机组传动方式

由于对产品规格要求能自由轧制，即产品规格从 $\phi5$mm、$\phi5.5$mm 到 $\phi20$mm 每隔 0.5mm 甚至 0.3mm 就有一种规格可选，因此各架都有几种减面率可调，这就要求机械上每架都应有多种传动速比与之配合。目前国际上四架定径机或减径定径机组的主传动有几种形式，常见到的有两种，一是四架由一台电机驱

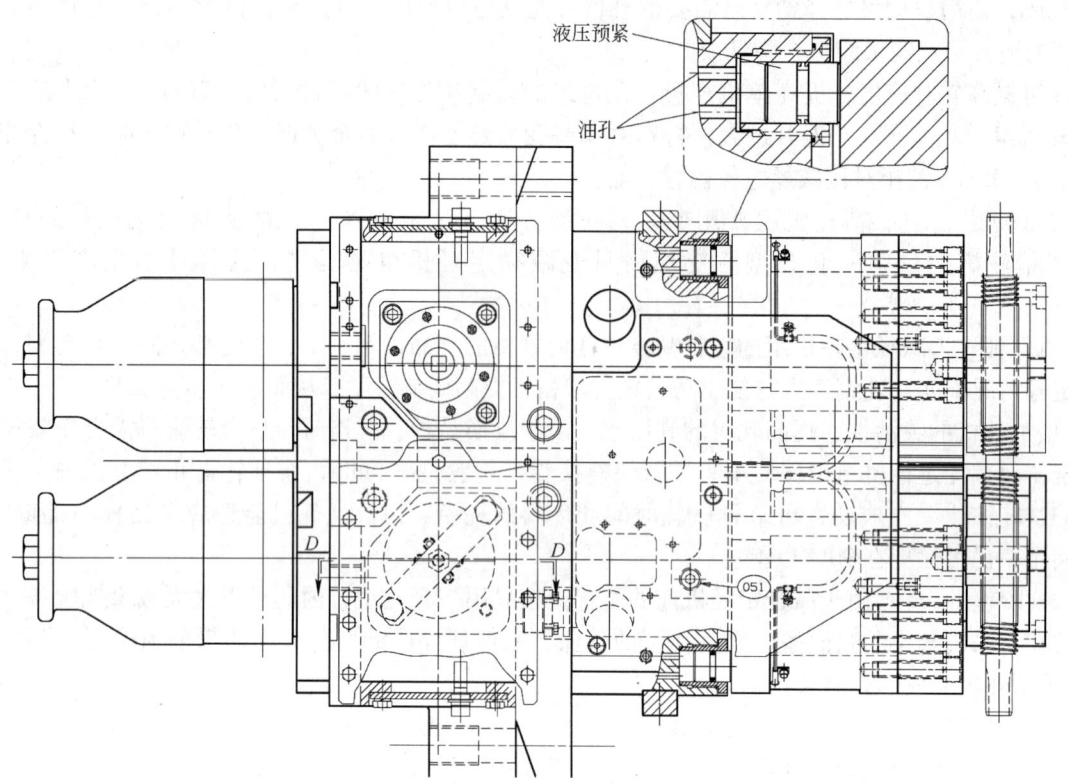

液压预紧

油孔

图 13-68　定径机辊箱示意图

动，如 Morgan 公司的减径定径机组（图 13-69），另一种是分成两组，每组两架由一台电机驱动，如 Danieli 公司的双模块轧机（图 13-70），这两种在我们国内经生产实践证实都很成功。这两种传动各有优缺点，单电机传动的优点是不管是轧件进入机组的瞬间，即机组受到阶跃负荷时或在轧制进行的中间，

还是稳态轧制时，各机架间的速度关系均不会变，这样可减少轧件头尾超差，而双电机传动的定径机组，在轧件进入机组的瞬间，两个电机受阶跃负荷的前后时间差别、负荷大小的差别、机械转动惯量的差别，必然会使前后两机组之间的速度配合关系有所变动，这就会引起轧件头、尾与中部产生尺寸误差，若头、尾尺寸超差，就会降低金属收得率和产量。但单电机传动使传动部分机构复杂，设备质量增大，机械部分造价高，维修工作量也加大，而双电机传动可简化传动结构，减轻设备质量。

　　另外，西马克公司近几年推出了单独传动的柔性减定径机（Flexible Reducing & Sizing，缩写 FRS，见图 13-71）。一套 FRS 设备配备 4 个带变速箱的机架，每个变速箱满足相应机架设置的速度范围，取消因改变机架之间压下比而使用的减速机，并采用电子减速机使得 FRS 的电机相互调节控制，实现机架间的控制与匹配。此机型目前仅有 1 个应用实例。

　　Morgan 型减径定径机传动齿轮箱设有 9 个离合器，可组合出满足不同工艺要求的 256 种速比；再通过设定合理的辊缝，可保证减径定径机组内为微张力轧制，从而得到高尺寸精度的产品。

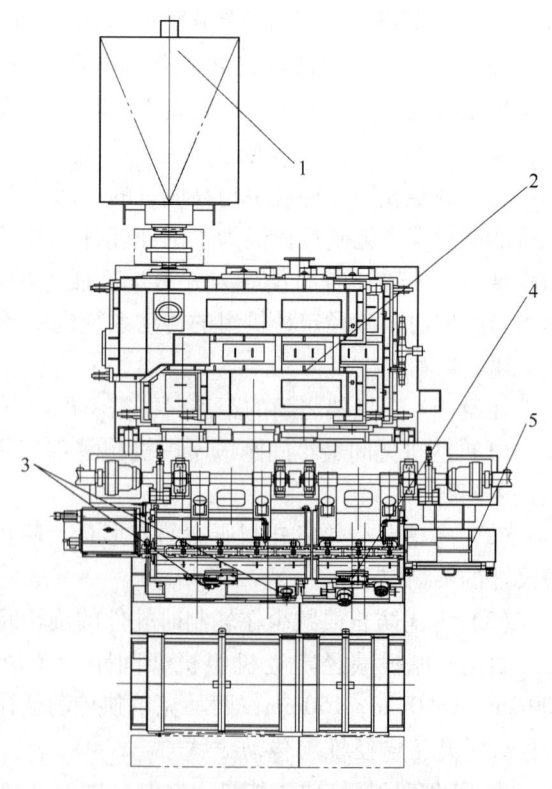

图 13-69　Morgan 型减径定径机设备平面图
1—4000kW 交流电机（交-直-交）；2—传动齿轮箱；
3—230 辊箱；4—150 辊箱；5—废料箱

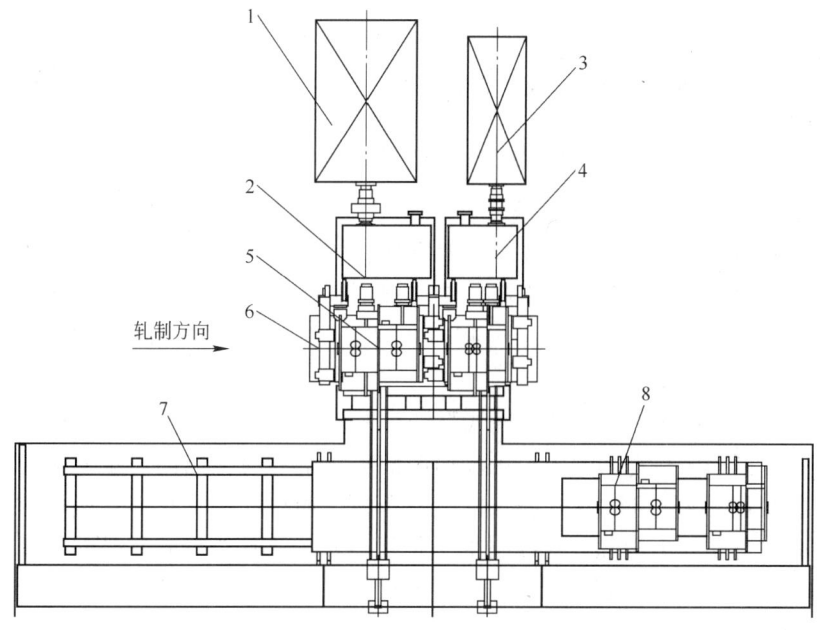

图 13-70　Danieli 双模块轧机平面图

1—4000kW 交流电机；2—增速齿轮箱 1；3—1000kW 交流电机；4—增速齿轮箱 2；
5—双模块轧机；6—卡断剪；7—快速更换小车；8—备用更换机架

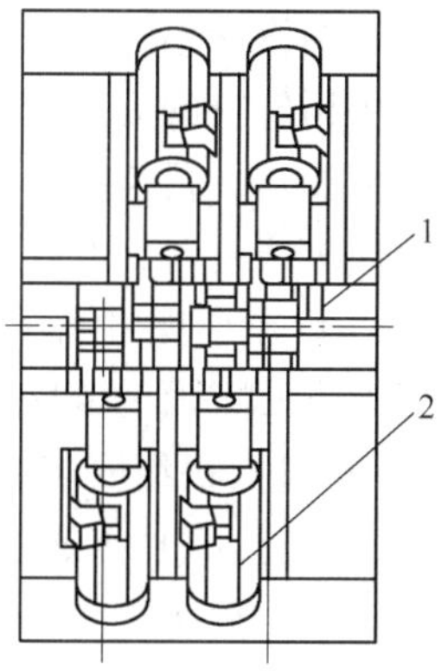

图 13-71　西马克单独传动
减径定径机组（FRS）

1—轧机机架；2—电机

　　Danieli 双模块轧机共有 2 个独立的传动齿轮箱，每个齿轮箱为单输入轴双输出轴，在输入轴和其中一根输出轴上装有 3 个离合器，通过离合器操作可得到 64 种速比，以满足不同产品所需的轧制速度。两个模块间采用电气联锁，实现两个双模块的轧制速度匹配，速比可在操作室遥控选择。

13.4.4.3　主流线材减径定径机组的性能参数

　　目前线材轧制领域减径定径机组市场主要由摩根、达涅利和西马克占领，其中摩根和达涅利所占份额居多，其性能参数见表 13-15。

表 13-15　摩根（Morgan）与达涅利（Danieli）减径定径机技术性能对比

项　目	单　位	Danieli-MTB		Morgan-RSM	
		重　型	轻　型	重　型	轻　型
辊箱规格		200H	150L	230 辊箱	150 辊箱
机架数量		2	2	2	2
机架中心距	mm	800	150	820	150
最大辊环直径	mm	212	158	228.34	156.00
最小辊环直径	mm	191	144	205.00	1413.00
辊环宽度	mm	83	44/60	72/57/59	44/70/57
轧制力	kN	350	140	330	130
传动电机功率	kW	4200	1200	4500	

13.4.5　线材的夹送辊与吐丝机

　　高速线材夹送辊与吐丝机位于高线精轧水冷段之后，散卷风冷运输机之前，是保证线材吐丝成卷的关键设备。

　　当轧线上的热金属检测器检测到高线精轧机组送来的轧件后，夹送辊延时压下，夹持轧件。夹送辊始终以一定的转速旋转，确保轧件保持相对稳定的速度进入吐丝机。高速运动的直线轧件经过吐丝机后形成连续不断的规整的螺旋线圈，并自动散布在散卷运输机上。随散卷运输机的运行，形成较长的线材螺旋，以便适应强化冷却的工艺要求，使成品线材便于成卷、包装、贮存、运输。为采用大坯重，提高盘卷直径，提高盘卷质量，提高线材轧制速度，提高生产率，创造了可能性。

高速线材精轧后夹送辊与吐丝机的主要特点是：（1）生产过程中要和精轧机同步运行，要求在精轧机组的最大操作速度下正常夹送和吐丝。（2）达到最佳吐丝线圈直径并保持均匀。（3）夹送辊及吐丝机在高速运转条件下振动及噪声均要符合要求。

13.4.5.1　夹送辊

夹送辊的主要作用是夹送从水冷段穿出的线材，并平稳送入吐丝机中。为了适应高速夹送的要求，夹送辊的设计不断改进，当前主流设计为整体式平行传动，水平悬臂夹送，气动控制夹送动作。夹送辊可利用精轧机的废旧碳化钨辊环，并设有夹持极限位置调整装置，使两辊不相碰。为了匹配减径定径机的速度要求，目前世界上最先进的夹送辊的最高设计速度可达到 140m/s，保证工作速度 120m/s。在轧制不同规格线材时，吐丝机前夹送辊所起的作用不同：

（1）在小规格线材的生产中，一般轧制速度较高，此时高速线材的轧制从精轧机到吐丝机间的线材会因如下几方面的原因而引发抖动：1）水箱中的冷却喷嘴喷射到高速向前运动的线材上的高压水流的湍流作用。2）机组安装的轧制中心线的直线度不好。3）线材进入机组各导卫、输送导槽及吐丝管接口时产生的冲击。4）夹送辊夹送不均匀。这种抖动如不消除，对线材的平稳运行极为不利，使吐丝机的吐圈不好，影响后续工序，并有可能诱发整个机组或精轧机组的卡钢、乱线及零部件的较大磨损。一般在吐丝机之前设置一个夹送辊来达到消除这种抖动的目的。夹送辊用两个高速旋转的辊环以适当的夹紧力夹住轧材，并且辊环的线速度以一定的比例高于精轧机组最后一个工作机架的线速度，使得在夹送辊和精轧机之间的轧材以一定的拉伸量处于拉紧状态来消除抖动。

（2）在大规格线材的生产中，一般轧制速度较低，此时大规格线材末尾脱离精轧机组后，依靠自身惯性难以保证原有速度穿过水冷段和导槽。因此夹送辊会在此时对大规格线材的尾部进行夹送，保证轧材以恒定速度进入吐丝机。

夹送辊与吐丝机的电机均在轧线的一侧布置，并且均由齿轮实现增速传动。

夹送辊由传动齿轮、输入轴、中间轴、轧辊轴和轴承座箱体组成，夹送辊依靠圆柱齿轮进行平行传动，完成单级或者多级的增速，夹送辊齿轮箱内由一个中间齿轮带动上、下辊轴上的齿轮，使上、下轧辊向同一个方向同步夹送线材，轧辊夹送动作由汽缸压下完成。传动齿轮有直齿或斜齿圆柱齿轮等形式，高速工作的夹送辊辊轴转速可达 10000r/min 以上。

夹送辊有单级和多级传动两种结构，不管是几级增速，高速轴上均由油膜轴承支撑径向受力，轴向依靠两盘角接触球轴承定位。单级传动的夹送辊箱体结构紧凑简单，但散热性较差，拆装维修时空间较小。多级传动的夹送辊箱体结构复杂，润滑点较多。但是箱体结构较大，散热效果不受影响（图 13-72）。

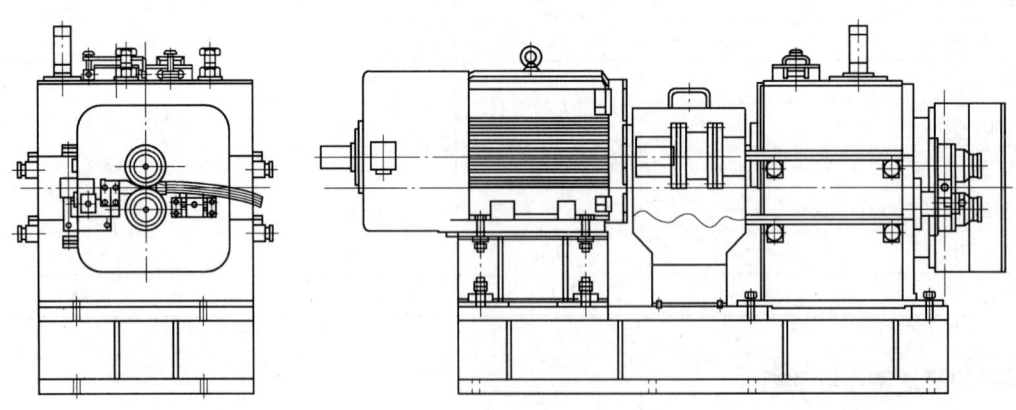

图 13-72　线材轧机的夹送辊

13.4.5.2　吐丝机

早期的吐丝机为立式的布圈器，线材进入布圈器后向下成圈，散落在风冷辊道上。成圈器工作速度较慢，只能满足轧制速度在 30m/s 以下的线材轧制的需要。由于轧制速度不断提高，老式布圈器已经无法满足较高轧制速度的要求，于是卧式吐丝机应运而生。卧式吐丝机的倾角最早为 5°或 10°，国内出现过的卧式吐丝机包括摩根、达涅利、德马克、西马克、阿希洛、波米尼等机型。设计速度也从最早的40m/s跃升至目前的140m/s。随着轧制速度的加快，吐丝机倾角也不断加大，由最初的5°、10°逐渐发展为当前的15°、20°。卧式吐丝机向下的倾斜角度是为了保证吐丝机与风冷辊道的对接过渡。吐丝机工作主轴上装有空间螺旋曲线形状的吐丝管，吐丝管随吐丝机主轴高速旋转。线材进入吐丝机内部并进入吐丝管，在吐丝管内壁的摩擦阻力作用下降速并弯曲成圈，通过旋转的吐丝管沿着圆周切线方向吐出形成线圈，并由吐丝盘将形成圆圈的线材推向前方。

吐丝机由传动齿轮、空心轴、吐丝锥、吐丝管、吐丝盘和轴承座箱体组成，依靠螺旋锥齿轮进行垂直传动，一般为单级增速或等速齿轮。电机通过齿轮传动空心轴旋转，旋转的速度取决于轧制速度。输入轴轴向与轧制线垂直，输出轴轴向与轧制线方向相同。吐丝机的输入轴为齿轮传动，输出轴齿轮位于两轴承之间，但吐丝机空心轴前端连接有质量较大的吐丝锥，悬臂支撑于吐丝机箱体外。吐丝机的这种结构形式及其较高的工作转速，对吐丝机设备零件的制造和装配精度，以及动平衡调整精度提出了较高要求。目前吐丝机轴系转子和整机的动平衡要求精度等级为ISO标准G13.4级，配重方式为选择在吐丝头上两个平面增加配重块。

吐丝机空心轴一般由两盘角接触球轴承对轴向定位，浮动端用一盘圆柱辊子轴承支撑径向受力，而传动齿轮位于空心轴上靠近轴向定位轴承一端。这样设计的目的是尽量减少空心轴工作时因为受热发生膨胀而引起齿轮间隙的变化，进而影响传动效果。

近些年国内装备制造水平不断提升，加工制造能力不断增强，因此国产吐丝机设备无论从原材料质量、热处理技术还是机械加工精度都有了显著提高，产品质量及可靠性都有明显改善。目前国产主流吐丝机机型是经过引进、消化、吸收再创新的全国产化吐丝机机型，该机型具有刚度高、悬臂质量小、运转振动小等特点，保证工作速度可达到105m/s以上，如图13-73所示。

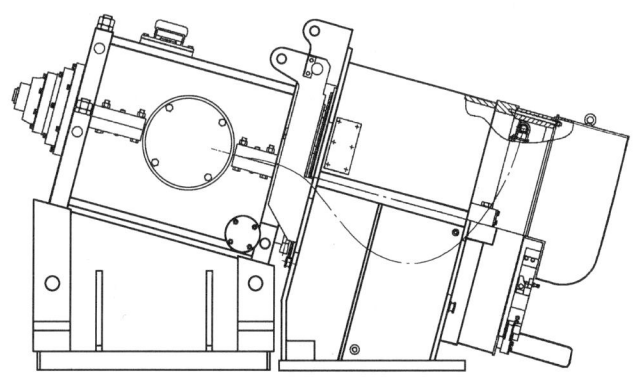

图13-73 新一代国产吐丝机外形图

减定径机组在高速线材轧制领域得到越来越多的应用，国际各知名线材轧制设备供应商都研发了更新一代的吐丝机设备，其中最有代表性的是摩根和达涅利新型吐丝机。

摩根新型吐丝机为卧式结构，锥齿轮增速传动，如图13-74所示，其下倾角为20°（图中未示出）。输入轴为悬臂形式，输出轴支撑形式比较特殊：固定端由双列角接触轴承定位，浮动端由两盘型号不同的圆柱滚子轴承支撑，希望两个轴承分担负载径向载荷。其中ϕ500mm/ϕ600mm轴承安装于吐丝机箱体轴承座上，ϕ400mm/ϕ500mm轴承安装于带减振系统的浮动轴承座上，其轴承间隙可调。这种支撑形式对吐丝机空心轴加工的同轴度要求及现场安装调整要求极高，由于两个轴承的工作游隙不同，负载往往施加在工作游隙小的径向轴承上，因此可能造成两盘径向轴承一盘受力另一盘空转，使得轴承的损坏加快，影响使用寿命。

达涅利新型吐丝机为卧式，倾角初设20°，且可由液压缸调整倾斜角度，最大倾角可达30°，见图13-75。输入轴轴承形式为两端支撑，锥齿轮等速传动，输出轴固定端为双列角接触轴承定位，浮动端由一个内径ϕ400mm的大型油膜轴承支撑径向力。在吐丝机空心轴浮动端用油膜轴承替换圆柱滚子轴承应该说是一个稳妥可行的方案，油膜轴承的支撑形式运转平稳，高速运行性能良好，其供油油路可由减定径机稀油润滑站提供。

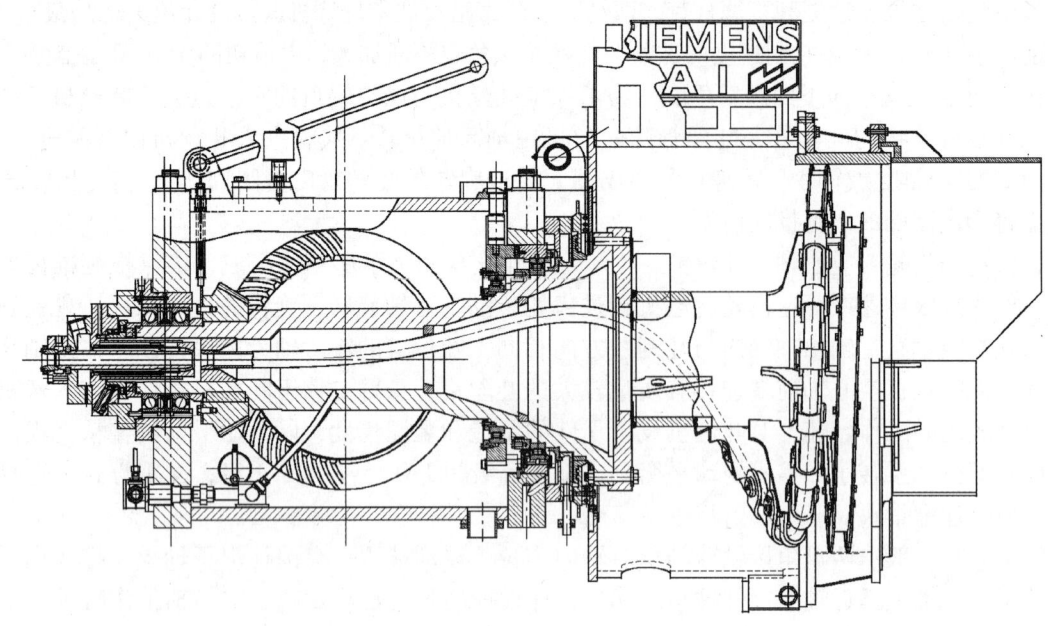

图 13-74　新一代摩根吐丝机

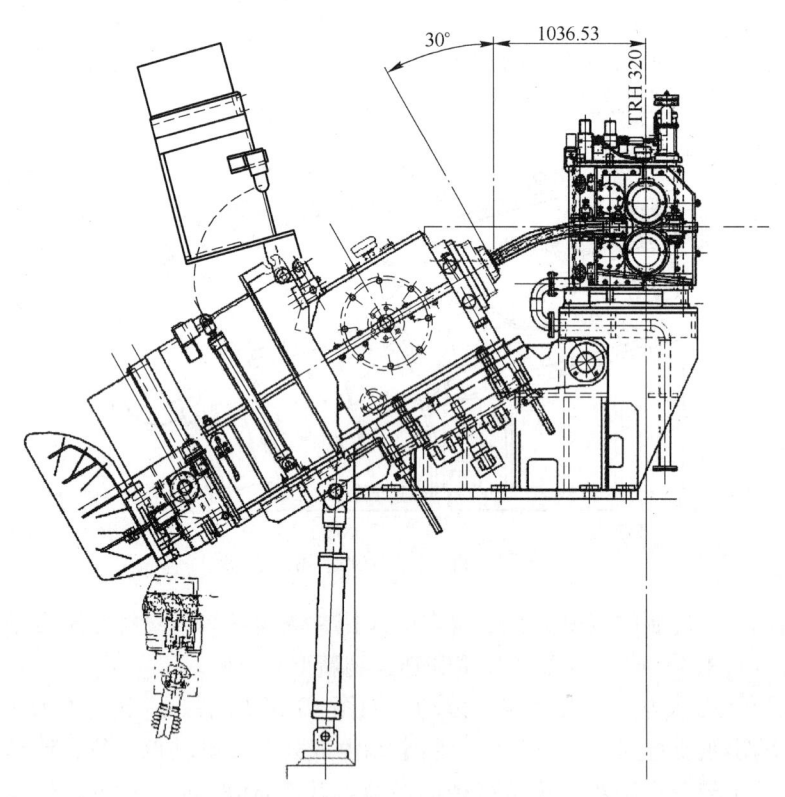

图 13-75　达涅利新型吐丝机

上述两种新型吐丝机的共同特点是对吐丝头结构进行了较大改进, 吐丝管出口后增加了一圈弧形导槽, 有效地提高了导向成圈作用, 使吐丝机吐出的线圈更加规则整齐, 便于集卷收集。

13.4.5.3　润滑与冷却

夹送辊与吐丝机均为稀油润滑, 润滑点为各个齿轮啮合处、滚动轴承, 目的是提供润滑并带走机械传动产生的热量, 润滑系统同时为油膜轴承供油。在高速线材生产线上夹送辊、吐丝机可以与精轧机共用一个稀油润滑站也可单独配置润滑站。若夹送辊、吐丝机高速轴上均采用油膜轴承的形式, 则单独设置润滑站显得非常必要。

夹送辊上安装了冷却水系统和冷却空气系统，以应对轧辊轴高速旋转对密封圈摩擦生热的影响。吐丝机除有冷却空气系统吹扫吐丝管内部的氧化铁皮外，在吐丝管前导管及吐丝机保护罩下端还有净环水冷却。最近一些新型水雾冷却喷淋系统也开始用于对吐丝锥的降温，使得吐丝机工作时吐丝管的温度始终处于较低的状态，这样可以缩短吐丝管更换的时间并降低更换难度。

13.4.5.4　常见问题

在生产过程中夹送辊的常见问题为高速轴的滚动轴承磨损，以及辊轴轴颈密封圈处进水，导致夹送辊箱体内润滑油的洁净度下降。

在生产过程中吐丝机出现的常见问题为设备振动值高、吐丝乱卷、甩尾等。由于吐丝机的工作轴质量在1t以上，其工作轴径向支撑轴承较容易破坏，引起设备振动值升高。

吐丝乱卷和甩尾等问题属于吐丝质量问题，主要影响因素包括吐丝机与夹送辊、精轧机之间的速度设置，吐丝圈托爪的角度设置，吐丝盘外缘与吐丝机保护罩内壁之间的间隙因变形而加大，致使间隙咬入钢头等。

在生产中的常见问题可以通过定时点检及早发现，日常监测设备的振动值、温度、润滑油的洁净度等关键指标。电气专业需要及时发现并识别电气干扰源，避免电气设备老化或使用精度下降。

13.4.5.5　发展趋势

夹送辊与吐丝机是配合高速线材精轧机使用的设备，因此其发展方向与高线精轧机的发展方向直接相关。更高的轧制速度已经成为国际著名冶金设备供货商的一个努力目标，新研制出的高线减定径机组，轧制速度可达到120m/s以上。为此，各厂家对吐丝机新型轴承形式进行了尝试，吐丝管空间曲线经过仿真和验证不断优化改进，轴承座中增加了减振装置等。

除了研制更高工作速度的设备之外，夹送辊与吐丝机也逐渐向"重电气控制，轻机械设备结构"方向发展。机械、电气、电子、光学功能一体化的智能轧制设备将是未来的发展重点。如何为用户提供更加便捷、高效率、免维护的产品成为各冶金设备供货商的研究课题。为此，一些诸如吐丝机头部定位功能、在线监测装置、吐丝锥动平衡调整装置应运而生。

13.5　长材轧机轧辊

13.5.1　轧辊概况

13.5.1.1　轧辊的诞生及发展

轧辊是轧机的主要组成部分，是使金属产生塑性变形的重要部件。在轧钢工业生产中，每一种轧材无一不是依靠轧辊的轧制而成型的，也就是说"无辊不成材"，所以轧辊的质量和作用是至关重要的。回顾历史，自从1530年德国的依·赫斯（E. Hesse）发明了世界上第一台轧钢机便有了轧辊，先期的轧辊是采用砂型整体浇注的，后来便发明了金属型铸造，当人们开始从铸型底部以切线浇口浇注轧辊时，轧辊的制造技术便有了很大的变革。随着轧钢工业的发展，对轧辊的性能要求越来越高，一方面要求辊身硬度高、耐磨性好，同时要求抗冲击韧性和抗热裂纹性能好、抗事故性能高，并且轧辊咬入性好、不打滑；另一方面要求轧辊芯部强度高、不断辊，而且变形量要小，而这些性能往往是相互矛盾的。

为了解决这些问题，轧辊研制者想到了复合轧辊，初期的复合轧辊是采用半冲洗法生产的，后期发展为溢流全冲洗法生产，使轧辊的制造技术得到了很大的提高。随着铸造技术的发展，到了20世纪60年代末，离心复合铸铁轧辊在日本宣布研制成功，使轧辊制造技术又有了飞跃的发展，也使得复合轧辊制造技术更加完善。40年来，离心复合轧辊的制造技术取得了广泛的发展和应用。

如今，轧辊制造技术除了有一部分在材质上需要保留传统的整体铸造方法以外，大多数是以复合制造技术为主。复合轧辊是指轧辊的辊身与轧辊的芯部及辊颈采用两种或两种以上的材质复合而成，通过两种或两种以上不同材质的成分设计和热处理工艺而获得预期要求的组织和性能。到目前为止，复合轧辊的生产方法主要有半冲洗复合法、溢流全冲洗复合法、离心铸造复合法、连续铸造复合法、电渣重熔复合法、喷射沉积成型复合法，以及镶套组合法等。轧辊的材质也由原来的普通铸铁轧辊发展到目前的高速钢轧辊及硬质合金组合轧辊等，到了21世纪，各类材质的组合轧辊已应用得非常广泛。

13.5.1.2　轧辊材质的分类

轧辊按材质分可分为：

（1）铸铁轧辊。铸铁轧辊分为冷硬铸铁轧辊、无限冷硬铸铁轧辊、半冷硬铸铁轧辊、球墨铸铁轧辊、高铬铸铁轧辊。

（2）铸钢轧辊。铸钢轧辊分为合金铸钢轧辊、合金半钢轧辊、石墨钢轧辊、高铬钢轧辊、高速钢轧辊、半高速钢轧辊。

（3）锻钢轧辊。锻钢轧辊分为合金锻钢轧辊、高铬锻钢轧辊、锻造高速钢轧辊、锻造半高速钢轧辊。

（4）特种轧辊。特种轧辊主要指以硬质合金材料及陶瓷材料等为主的粉末冶金类轧辊。

13.5.1.3　轧辊的生产方法

在轧辊众多的生产方法中，被最普遍采用的生产方法是铸造方法和锻造方法，其中铸造轧辊又分为整体铸造轧辊和复合铸造轧辊两大类型。其他如烧结法、连续复合法、电渣重熔法、喷射成型法等方法用得相对比较少。

A　铸造轧辊的生产方法

整体铸造轧辊是相对于复合铸造轧辊而言的，整体铸造轧辊是指轧辊的辊身与轧辊的芯部及辊颈采用单一材质铸造而成。轧辊生产采用静态浇注，浇注前首先将铸造轧辊辊身部分的金属型、铸造轧辊上下辊颈部分的砂型以及浇注系统组装好，然后采用底注或顶注的方式将金属液浇注到型腔内，待铁水或钢水凝固后进行开箱、清砂、热处理、加工等工序。

整体铸造轧辊的特点是静态浇注、轧辊的辊身材质与轧辊的芯部及辊颈完全相同、辊身与辊颈的性能要兼顾。

复合铸造轧辊又是相对于整体铸造轧辊而言的，是指轧辊的辊身与轧辊的芯部及辊颈采用两种或两种以上的材质复合而成。复合铸造轧辊有静态浇注半冲洗法、溢流全冲洗法和离心铸造法。

半冲洗法是将合金铁水从铸型底部浇入，当铁水达到上辊颈与辊身交界处时停止浇注，静置一段时间，这时处于辊身部位的合金铁水由于受到金属型的激冷作用快速冷却，而上下辊颈部位由于是砂型，冷却速度缓慢，当辊身部位形成一定厚度的外壳层时，将包内剩余的铁水加入硅铁粉搅拌后形成高硅铁水再继续浇注，从而达到提高轧辊芯部强度的目的。其特点是：静态浇注，轧辊的辊身与轧辊的芯部及辊颈材质为同一包铁水浇注而成，但含硅量不同，轧辊芯部及辊颈的强度得到改善。

全冲洗法是将合金铁水从铸型底部浇入，当铁水达到上辊颈与辊身交界处时，停止浇注，静置一段时间，这时处于辊身部位的合金铁水由于受到金属型的激冷作用快速冷却，而上下辊颈部位由于是砂型，冷却速度缓慢，当辊身部位形成一定厚度的外壳层时，换另一包高强度的芯部铁水沿底浇口继续浇注，将尚未凝固的原芯部铁水从冒口下端完全置换出去后封住出水口将冒口浇满，从而形成复合轧辊。其特点是静态浇注，轧辊的辊身与轧辊的芯部及辊颈材质为两种不同成分和性能的合金铁水浇注而成，轧辊芯部及辊颈的强度得到显著提高，缺点是铁水收得率低、轧辊制造成本高。

随着离心铸造复合轧辊制造技术的普及和发展，采用以上两种工艺方法生产复合轧辊的越来越少。

离心铸造复合轧辊是采用动态浇注，对于卧式离心铸造来说，浇注前首先将铸造轧辊辊身部分的金属型放在离心机上，启动离心机使金属型快速旋转，金属型的旋转速度视轧辊直径大小而定，一般情况下为 400 ~ 1000r/min，重力系数通常为 70 ~ 110g，并同时向金属型内浇注用于轧辊工作层部分的金属液，待金属液刚刚凝固后立即停机，将金属型连同凝固层吊离开离心机，竖起并与轧辊上下辊颈部分的底箱、冒口组合在一起，再从冒口顶部静态浇注用于轧辊芯部及上下辊颈部分的金属液，待铁水或钢水凝固后进行开箱、清砂、热处理、加工等工序。

立式离心铸造和斜式离心铸造复合轧辊，可实现轧辊工作层金属液与轧辊芯部金属液的浇注都在离心机上完成，浇注前将铸造轧辊辊身部分的金属型与铸造轧辊上下辊颈部分的底箱、冒口组装好，一起放在离心机上，启动离心机使铸型快速旋转，并同时从离心机顶部向型腔内浇注用于轧辊工作层部分的金属液，当这部分金属液刚凝固时再从离心机顶部向型腔内浇注用于轧辊芯部及上下辊颈部分的金属液，边浇注边减速，直至停机后完全浇满，待整个铁水或钢水凝固后再进行开箱、清砂、热处理、加工等工序。

立式离心复合轧辊的主要特点为：一方面是具有不同成分和性能的轧辊辊身工作层金属液与轧辊芯部金属液的浇注都在离心机上完成，生产过程易于进行自动化控制，产品质量稳定；另一方面是离心机旋转速度高、离心力大，重力系数通常可达到 $100 \sim 150g$，甚至更高，因此轧辊工作层的结晶组织更加细密，耐磨性好，轧辊的芯部及辊颈强度高、不易断裂；但缺点是设备投资大、轧辊工装模具精度要求高、设备维护复杂。

离心铸造复合轧辊的诞生，将轧辊的制造技术提升到新的阶段。

B　锻造轧辊的生产方法

锻造轧辊是一种将钢锭或锻材经过锻造变形制成辊坯并经过多次热处理而制成的一种轧辊，锻造轧辊通常为单一材质整体锻造而成，通过调整锻坯的化学成分和控制不同的热处理工艺来确保对不同用途轧辊的性能要求，以及做到辊身和辊颈具有不同硬度和性能的差异性。

13.5.1.4　轧辊的种类

A　冷硬铸铁轧辊

冷硬铸铁是利用铁水自身的过冷度和模具表面激冷作用而快速冷却的方式获得的一种铸铁。冷硬铸铁轧辊辊身表面因激冷而生成白口层，硬度高、耐磨性好；辊身工作层为纯白口组织，辊身表面的白口层与辊身芯部的球铁（或灰铁）过渡层的麻口区间很窄，具有明显的分界线，在断口上明确可辨。辊身芯部先期为灰口铁，随着离心复合轧辊的发展，轧辊的芯部材料目前基本上已演变为球墨铸铁，从而确保轧辊芯部强度。冷硬铸铁轧辊在国家标准 GB/T 1504—2008 中按合金含量的高低分为铬钼冷硬、镍铬钼冷硬Ⅰ、镍铬钼冷硬Ⅱ、镍铬钼冷硬离心复合Ⅲ、镍铬钼冷硬离心复合Ⅳ五种牌号。根据牌号的不同，冷硬铸铁轧辊硬度可达到 HSD 58 ~ 85。

冷硬铸铁轧辊辊身工作层的基体组织可分为：珠光体 + 碳化物的冷硬铸铁，索氏体 + 碳化物的冷硬铸铁，屈氏体 + 碳化物的冷硬铸铁，贝氏体 + 马氏体 + 碳化物 + 少量残余奥氏体的冷硬铸铁，马氏体 + 碳化物 + 少量残余奥氏体的冷硬铸铁。

冷硬铸铁轧辊通常用于普通线材轧机精轧机架、薄板轧机精轧机架和轧制小规格圆钢的精轧机架，缺点是材质的韧性差，在使用过程中辊面容易出现热裂纹和掉块，甚至产生环状裂纹以致引起断辊。

B　无限冷硬铸铁轧辊

无限冷硬铸铁轧辊是介于冷硬铸铁和灰铸铁之间的一种轧辊材质。无限冷硬铸铁轧辊与冷硬铸铁轧辊相比，由于铁水中含硅量较高，因此，无限冷硬铸铁轧辊辊身工作层基体组织内除了含有与白口铸铁中相似数量的碳化物和莱氏体以外，还存在着均匀分布的片状、点状或蠕虫状石墨。石墨量从辊身表面向内随着深度的增加而增加，而硬度则相应随之降低。所以，无限冷硬铸铁轧辊工作层与辊身芯部没有明显的分界线，断口上无明确可辨的过渡位置。早在 1990 年，我国轧辊标准术语中曾将"无限冷硬铸铁轧辊"改为"无界冷硬铸铁轧辊"，但是，人们仍然习惯称为"无限冷硬"，因此 2008 版铸铁轧辊国家标准中仍恢复称之为无限冷硬铸铁轧辊。

在国家标准 GB/T 1504—2008 中无限冷硬铸铁轧辊，按合金含量的高低分为铬钼无限冷硬、镍铬钼无限冷硬Ⅰ、镍铬钼无限冷硬Ⅱ、镍铬钼无限冷硬离心复合Ⅲ、高镍铬钼无限冷硬离心复合Ⅳ、高镍铬钼无限冷硬离心复合Ⅴ六种牌号。无限冷硬铸铁轧辊辊身工作层基体组织内含有较大数量的碳化物，因此有较好的耐磨性，基体组织中均匀分布的少量细小石墨，起到了松弛机械应力的作用，延缓了裂纹的扩展，有利于减轻辊身表层的剥落；同时，石墨本身具有良好的导热性能，有利于防止热裂纹的产生；此外，辊身表面由于石墨脱落形成细小的孔穴，会改善轧辊的咬入性能。无限冷硬铸铁轧辊由于合金加入量多，不仅硬度高、耐磨性好，而且抗热裂纹性能优良，加之其热处理工艺简单，在轧辊制造中得到了广泛的应用。

无限冷硬铸铁轧辊辊身工作层根据合金含量的高低，其基体组织可形成：珠光体 + 碳化物 + 游离石墨的无限冷硬铸铁，索氏体 + 碳化物 + 游离石墨的无限冷硬铸铁，屈氏体 + 碳化物 + 游离石墨的无限冷硬铸铁，贝氏体 + 马氏体 + 碳化物 + 游离石墨 + 少量残余奥氏体的无限冷硬铸铁，马氏体 + 碳化物 + 游离石墨 + 少量残余奥氏体的无限冷硬铸铁。

因此，无限冷硬铸铁轧辊广泛应用于型钢、线材、棒材轧机的精轧机架，以及带钢连轧机、中厚板轧机的精轧机架和板带轧机的平整机架。用于带钢连轧机精轧机架的无限冷硬铸铁轧辊的表面硬度一般为 HSD 75~85，用于中厚板轧机精轧机架和平整机架的无限冷硬铸铁轧辊的表面硬度要稍低一些，一般为 HSD 70~80，用于线棒材轧机精轧机架的无限冷硬铸铁轧辊的表面硬度也为 HSD 70~80。

高合金无限冷硬铸铁轧辊的基体组织一般为马氏体和贝氏体，为了提高无限冷硬铸铁轧辊的性能，近年来开发了改进型无限冷硬铸铁轧辊，其主要特征是利用 Nb、V、Ti、W 等强碳化物形成元素，使组织中获得细小颗粒状高硬度碳化物，并改善石墨形态，获得细小点状的石墨，使轧辊在保持良好的抗事故性能的同时提高其耐磨性。

C　球墨铸铁轧辊

球墨铸铁是指组织中含有球状石墨的铸铁，它是在灰口铁水的基础上，通过向铁水中加入球化剂和孕育剂，使铸铁中的石墨由片状转变为球状，因此，球墨铸铁轧辊辊身工作层除了含有与无限冷硬铸铁轧辊相似的基体组织以外，主要区别在于存在着均匀分布的球状和团状石墨。基体组织中石墨的含量从辊身表面往里随着深度的增加而增加，与其相对应，硬度则随之降低。所以，球墨铸铁轧辊不仅像无限冷硬铸铁轧辊一样具有良好的耐磨性、良好的导热性和良好的咬入性，而且还具有比无限冷硬铸铁轧辊更高的抗拉强度和冲击韧性。

最早的球墨铸铁轧辊是我国鞍钢轧辊厂于 20 世纪 50 年代中期研制成功的，用于制造 1150mm 大型方/板坯开坯轧机初轧辊。60 年代末期，日本对合金球墨铸铁轧辊进行了系统的研究与开发，目前，球墨铸铁轧辊的制造工艺和装备都达到了相当高的水平，已开发了不同辊身硬度的系列品种，比如，具有较低硬度的其基体组织含有少量铁素体的珠光体球墨铸铁轧辊、基体组织为珠光体的珠光体球墨铸铁轧辊、具有较高硬度的其基体组织为贝氏体的贝氏体球墨铸铁轧辊以及具有很高硬度的其基体组织为贝氏体和马氏体混合组织的针状组织球墨铸铁轧辊。

具有不同组织和性能的球墨铸铁轧辊可以通过以下两种途径获得：一是在合金球铁中通过调整镍、铬、钼等合金元素的含量，就可以在铸态下直接获得所需要的组织；二是通过热处理手段以正火＋回火，或者是等温淬火＋回火的方式获得所需要的组织。尽管通过热处理手段获得的贝氏体球墨铸铁轧辊和针状组织球墨铸铁轧辊在生产工艺过程中较为复杂，但是其综合性能却高于铸态下直接获得的贝氏体球墨铸铁轧辊和针状组织球墨铸铁轧辊的综合性能。遗憾的是国内目前几乎没有哪个轧辊生产厂家是采用热处理的方式来获得贝氏体组织和针状组织。

现各种不同类型的合金球墨铸铁轧辊已经在各类轧机上取得了广泛的应用。

D　高铬铸铁轧辊

高铬铸铁轧辊是以含铬 12%~22% 的高铬白口耐磨铸铁为轧辊辊身外层材料，以球墨铸铁为轧辊芯部和辊颈材料，采用离心复合浇注工艺而生产的高合金复合铸铁轧辊。通常在各类合金铸铁轧辊中，随着铁水的凝固在辊身外层组织中析出的碳化物是 Fe_3C 型，Fe_3C 型碳化物的显微硬度为 HV 840~1100。而对于高铬铸铁，由于铁水中含有大量的铬及镍、钼等合金元素，在铁水凝固时辊身外层组织中析出的碳化物已不是 Fe_3C 型渗碳体，而是呈现出 M_7C_3 型共晶碳化物，M_7C_3 型碳化物的显微硬度可达到 HV 1500~2000，因此耐磨性好。

高铬铸铁轧辊目前主要用于热轧板带材轧机精轧前段机架和立轧机架的工作辊，以及无缝钢管轧机。该种轧辊的优点是耐磨性好，不足之处就是轧辊的热敏感性高，对冷却水的水质、水压、水量要求较高。

E　铸钢轧辊

在金属学中碳含量小于 2.1% 的铁基材料统称为钢，所以铸钢轧辊包含了合金铸钢轧辊、半钢轧辊、石墨钢轧辊、高铬钢轧辊、高速钢轧辊、半高速钢轧辊，以及早期应用较多目前已趋于淘汰的碳素钢轧辊。但是，通常我们所说的铸钢轧辊主要是指合金铸钢轧辊和碳素钢轧辊，它的主要特征就是化学成分中的 C 含量小于 1.3%。合金元素总量小于 0.8% 的铸钢称为碳素钢，合金元素总量大于 0.8% 的铸钢称为合金铸钢，合金铸钢轧辊的基体组织以珠光体为主，含有少量的碳化物，硬度通常在 HSD 35~50 之间。合金铸钢轧辊的特点是强度高、韧性好，并具有良好的咬入性、抗热裂纹性和抗冲击能力。所以合金铸钢轧辊主要用于大型型钢轧机的粗轧机架，同时也广泛用于板带轧机粗轧机架以及支承辊，合金铸钢轧辊的不足之处就是硬度低、耐磨性差。

F　半钢轧辊

半钢轧辊起源于美国，20世纪40年代末期，热轧带钢连轧机在美国迅速发展，当时轧机的精轧机组前几架使用的是合金冷硬铸铁轧辊，带钢表面出现了大量的"斑带"缺陷，严重影响轧机效率和轧材表面质量，为解决这一问题，美国冶金学家们研制出兼有铸钢轧辊的高强度和韧性，同时又具有铸铁轧辊的良好耐磨性的半钢轧辊。70年代半钢轧辊在世界上得到了广泛的应用，在一定程度上代表了当时轧辊生产的国际水平和发展方向。半钢轧辊化学成分中的C含量在1.3%~2.1%范围之间，半钢轧辊组织中游离碳化物的含量大约在5%~10%，共析成分以外的碳可以是碳化物或石墨，以碳化物为主要存在形式的称作半钢，以石墨为主要存在形式的称作石墨钢。

半钢轧辊的强韧性接近于钢辊而优于铁辊，其硬度和耐磨性接近于铁辊而优于钢辊，它综合了钢和铁两者的优点。

半钢轧辊的另一特点是硬度落差小，能切削较深的孔型。广泛用于代替铸钢轧辊和普通低合金铸铁轧辊，通常用于大型型钢轧机、中型型钢轧机、万能轧机、热轧带钢轧机粗轧和精轧前段工作辊、热轧带钢轧机支承辊等。

由于半钢轧辊的耐磨性不如高合金铸铁轧辊，而且热膨胀量较后者大，所以一般不用于精轧机或成品机架，从20世纪80年代以来，该种轧辊在板带钢轧机上已经逐渐被高铬铸铁轧辊所替代。

G　石墨钢轧辊

石墨钢轧辊属于半钢轧辊范畴，通过对其化学成分进行合理匹配，以及向钢液中添加适量的孕育剂和球化剂对钢水进行孕育和球化处理，从而使钢液在凝固过程中共析成分以外的碳直接形成了球状或蠕虫状的游离石墨，这种兼有钢和铁性能的材质，称之为石墨钢。石墨钢轧辊兼有半钢轧辊所有的特点，而且其抗热裂纹性能优于半钢轧辊，因此，石墨钢轧辊主要用于初轧机开坯轧辊、大型型钢粗轧辊、开坯连轧机轧辊和热轧带钢连轧机立辊等。

H　高铬钢轧辊

高铬钢轧辊是20世纪80年代初欧洲轧辊厂在综合分析高铬复合铸铁轧辊技术特性和使用性能的基础上研究开发的含铬量为8%~14%，含碳量为0.7%~1.4%，以及含有钼、镍和适量钒等合金元素的铸钢轧辊新材质，这种轧辊材料具有优良的抗热裂纹性能和较高的耐磨损性能，是以高铬钢作为轧辊的外层材料，以球墨铸铁作为轧辊的芯部和辊颈材质，采用离心复合浇注工艺而生产的高合金复合铸钢轧辊。高铬钢轧辊化学成分的确定是以有利于获得不连续而且对热裂纹不敏感的细小 M_7C_3 型碳化物为前提的。由于辊身外层具有比高铬复合铸铁材质更加富铬的基体组织（Cr/C比高），它的耐磨性极好，用于热轧带钢连轧机粗轧机架比普通合金铸钢轧辊的寿命可延长一倍以上。

I　高速钢轧辊

高速钢轧辊材质是在工具高速钢材质基础上发展而来的。早在20世纪80年代，锻造高速钢材质已开始用于冷轧辊的制造，但由于大型高速钢轧辊在锻造和热处理过程中难度很大，而且由于合金含量多，其生产成本很高，因此锻造高速钢轧辊的推广使用很难。为推广高速钢轧辊的应用，充分发挥它的性能优势，80年代末，人们开始开发铸造高速钢复合轧辊，这种轧辊是以碳含量较高的高速钢作为轧辊的工作层材料，以球墨铸铁、铸钢或锻钢作为轧辊的芯部材料，将工作层材料和芯部材料以冶金结合方式而制成的复合高速钢轧辊。所以，目前人们所称的高速钢轧辊除特指外均为铸造高碳高速钢复合轧辊。

高速钢材料作为工具钢已有百年的历史，作为轧辊的制造材料也有20年的时间，近年来将高速钢轧辊用在棒线材轧机上，以优良的综合性能开创了棒线材轧制新时代，不仅每次单槽轧钢量比针状组织球铁轧辊可提高3~5倍、轧辊磨损量小、使用周期成倍增加，而且高速钢轧辊每吨的价格却仅为碳化钨硬质合金组合轧辊价格的五分之一，因此性价比高。由于高速钢具有很高的耐磨性和淬透性，而且有在高温时的红硬性，因此以高速钢材料制造的轧辊，在国内广泛用板带材轧机的精轧机组的前几架、棒材及小型型钢轧机的精轧机架以及高速线材轧机。

高速钢与其他材料相比有下特点：一是它含有较多的钒、铬、钨、钼、铌等合金元素，因此，轧辊组织中的碳化物是以MC型和 M_2C 型为主，碳化物的形态好、硬度高，因而耐磨性好；二是具有较好的热稳定性和红硬性，在轧制温度下具有较高的硬度和较好的耐磨性；三是具有良好的淬透性和淬硬性，从辊身表面到工作层内部硬度几乎不降，从而确保轧辊从外到内具有同等良好的耐磨性；四是高速钢轧辊在使用过程中，辊面能够形成附着力强而致密的氧化膜，这种均匀而致密的氧化膜长时间存在而不脱落，使得高速钢轧辊的耐磨性得到显著提高；五是高速钢材料的膨胀系数大，导热性能好，轧辊在轧制过程中轧槽在微量磨损的同时，高速钢材料自身的膨胀又使得孔型不断变小，因此，高速钢轧辊在轧制过程中轧槽变化不大，孔型尺寸一致性的保持时间长，更有利于棒材和螺纹钢的负公差轧制。

J　半高速钢轧辊

半高速钢是在 1940 年左右为解决钨等合金材料紧缺的矛盾，德国冶金学家研究出的一种不同于当时的高速钢但又具有高速钢某些性能特点的合金钢，作为高速钢的替代品，主要是提高了钼和钒的含量，降低了钨的含量，由于其合金总量相对于高速钢要低，由原来高速钢的 15% 以上降低到 8% ~ 15%，所以称之为半高速钢。

20 世纪 90 年代，轧辊制造者结合半高速钢的材质特性和热轧粗轧机工作辊的工作条件，将半高速钢引入轧辊生产，研制出用于热轧连轧机四辊粗轧机架的半高速钢工作辊。

半高速钢轧辊碳含量一般在 0.5% ~ 1.5%，经特殊热处理后，半高速钢轧辊外层组织为：马氏体 + 残余奥氏体 + 5% 左右碳化物，辊面硬度为 HSD 70 ~ 85。碳化物形态呈细小块状和颗粒状弥散分布，以 MC 型、M_2C 型为主，碳化物和基体的显微硬度高，具有良好的耐磨性；大量合金元素的存在，使基体合金含量增加，回火稳定性增强，具有较好的红硬性、良好的高温耐磨性和抗热疲劳性；辊颈采用球墨铸铁，具有良好的强度和韧性，适合于轧制温度较高的可逆四辊粗轧机架。

半高速钢轧辊一经问世，首先在用热连轧带钢轧机四辊可逆粗轧机架替代高铬复合铸钢轧辊时获得了成功应用，目前主要用于热连轧带钢轧机四辊粗轧机架和线棒材轧机的中轧机架。随着半高速钢轧辊的推广应用，根据其自身的性能特点，半高速钢轧辊可望在中板轧机四辊粗轧机架、型钢万能轧机、热带连轧机轧边机上得到应用。

K　锻钢轧辊

锻钢轧辊是一种通过化学成分调整、锻造工艺和热处理工艺的最佳匹配，使轧辊辊身工作层兼有均匀一致的高硬度、高耐磨性和优良的抗事故能力，同时还要保证轧辊辊颈和辊身芯部具有较高的强度和较好的韧性。因此，尽管铸造轧辊质量优良、生产周期短以及生产成本低廉，但在某些领域，特别是在冷轧以及有色材轧制方面，仍然广泛使用锻钢轧辊。

随着轧机向大型、高速、连续和自动化方向发展，对轧辊应具有的特性提出了更高的要求，因而对锻造轧辊的材质选择和制造工艺都有很大的促进，在合金锻钢轧辊的基础上，又相继开发了锻造白口铁轧辊、锻造高速钢轧辊、锻造半高速钢轧辊、锻造冷作模具钢轧辊、锻造热作模具钢轧辊等一系列特殊用途锻造轧辊。此外，伴随着轧辊新材质合金化程度的增高，对轧辊钢水的冶金纯净度提出了更严格的要求，因此，在锻造轧辊生产过程中采用炉外精炼工艺技术，感应加热淬火工艺技术，深冷处理、差温热处理和大型整体油淬等工艺技术，对充分发挥合金元素的潜力，提高锻造轧辊的使用质量起到了保证作用。

锻钢轧辊分为锻钢热轧辊和锻钢冷轧辊。锻钢热轧辊以前广泛用做轧制方/板坯的大型初轧辊和大型型钢的粗轧辊，目前则主要用于热轧板带材轧机的支承辊，而且从材质上已经发展到 Cr4、Cr5，甚至发展到 Cr8 锻钢支承辊。

锻钢冷轧辊包括锻钢冷轧工作辊和锻钢冷轧支承辊。

L　碳化钨硬质合金组合轧辊

随着硬质合金辊环在高速线材轧机精轧机组、连轧棒材轧机精轧机组和无缝钢管减定径机组上获得成功应用，碳化钨硬质合金组合轧辊的制造技术取得了迅速发展。国内外生产的硬质合金辊环的材质大多数为 WC-Co 和 WC-Co-Ni-Cr 两大系列，其中作为黏结剂的 Co 和 Co-Ni-Cr 的含量范围为 6% ~ 30%。硬质合金辊环具有良好的耐磨性、高温红硬性、耐热疲劳性和导热性好以及较高强度等特点，其抗弯强度可达到 2200MPa 以上，冲击韧性可达到 $(4 ~ 6) \times 10^6 J/m^2$，硬度可达到 HRA 80 ~ 90。硬质合金辊环的最大优点是耐磨性好、单槽轧制量高；缺点是价位高，而且脆性大，容易发生断裂。

13.5.2 大型型钢轧机轧辊材质的选择与应用

轧辊是轧钢生产过程中最主要的消耗备件，它不仅关系到轧制成本和轧机作业率的高低，而且直接影响到轧材的尺寸精度和轧材的表面质量。由于每种轧机的轧制条件、轧材的品种和轧材的规格不同，以及使用架次的不同，对轧辊材质的选择和对轧辊力学性能及物理性能的要求也就完全不同，因此，正确地设计轧辊特性和合理地选用轧辊材质是十分重要的。

大型型钢轧机主要包括轨梁轧机、H 型钢轧机（同时生产槽钢、角钢等大型型钢）、大型棒材轧机等。

大型型钢轧机在轧制过程中的特点是：轧材断面尺寸大、孔型深；轧材断面往往不对称、温差大；轧材在孔型内各部位的变形量和流动速度差别大，轧槽磨损不均匀；轧辊槽底冷却不充分，热裂纹严重，以及由于轧材各部位的温度、变形量与轧辊辊面的相对滑移速度都不相同，轧辊各部位承受的温度应力、弯曲应力、冲击力、摩擦力也不同，因此，轧辊失效的过程变得十分复杂。

大型型钢轧机一般分为粗轧、中轧和精轧或者是一架粗轧可逆往复轧制＋精轧机组连轧，所以，根据机架不同，所选用轧辊的材质也有所区别。

粗轧机架轧辊由于坯料尺寸大，通常加工有较深的孔槽，而且轧制温度高、轧制压力大，要求轧辊应具有较高的强度和较好的耐热性，采用硬度为 HSD 36～45 的合金铸钢轧辊或石墨钢轧辊比较合适，诸如万能轧机的 BD 轧辊采用的就是合金铸钢轧辊。随着无槽轧制技术的发展和轧辊冷却的改进（使用辊温不大于 60℃时），硬度为 HSD 45～50 的合金半钢轧辊在粗轧机架上的使用取得了很好的效果。

对于有中轧机架的轧辊必须同时具备良好的抗热裂性和耐磨性，该机架轧辊单从抗热裂纹性和耐磨性角度考虑，选用硬度为 HSD 55～65 的合金球墨铸铁轧辊或者是铸造带槽合金球墨铸铁轧辊是可以的。缺点是合金球墨铸铁轧辊由于游离石墨的析出，辊身工作层内硬度落差很大，当轧制大规格型钢时，由于轧槽深、轧制压力大，轧辊槽底的耐磨性和轧辊强度都难以保证。铸造带槽的合金球墨铸铁轧辊时，槽孔内的硬度落差与整体浇注的合金球墨铸铁轧辊开槽后的硬度落差相比有了很大的改观，但是，对于大规格合金球墨铸铁轧辊来说，由于铁水的凝固特点，槽孔上、下面析出的游离石墨形态和大小往往是不一致的，致使孔型两侧硬度不同，耐磨性也就不同。合金半钢轧辊通过调整化学成分和经过特定的热处理工艺，使轧辊辊面硬度控制在 HSD 50～60，其优点是辊身工作层内硬度落差小、轧辊强度和韧性比合金球墨铸铁轧辊高，即使是轧槽较深，仍有较好的耐磨性，而且断辊几率也会降低。

精轧机架的轧制过程就是要提高大型型材的尺寸精度，减少允许偏差，保证负公差轧制。因此，用于大型型钢轧机精轧机架的轧辊，不仅要同时具有一定的强度和刚度，而且要具有良好的耐磨性。当轧制轨梁、槽钢和角钢等大型材时，精轧辊应选用耐磨性和热裂纹性较好的珠光体球墨铸铁轧辊，硬度为 HSD 60～70，或者是高碳合金半钢轧辊，硬度为 HSD 60～65；而对于万能轧机轧制大 H 型钢时，由于轧机是平立辊环组合轧制，轧件规格尺寸大，珠光体球墨铸铁轧辊因为辊身工作层内硬度落差大，已无法满足使用要求，因此，平辊和立辊通常都采用高碳合金半钢辊环或高碳 Cr3 半钢辊环，硬度为 HSD 60～65；这两种辊环国外最新使用方向是平辊环采用高 Cr 铸铁，硬度为 HSD 65～75，立辊环采用高 Cr 铸铁或针状组织贝氏体球墨铸铁，硬度为 HSD 65～75，达到了极佳的使用效果。表 13-16 为大型型钢轧机几种典型的轧辊材质、硬度及其适用范围。

表 13-16　大型型钢轧机几种典型的轧辊材质、硬度及其适用范围

材质	化学成分/%							硬度 HSD		适用范围
	C	Si	Mn	Cr	Ni	Mo	Mg	辊身	辊颈	
合金铸钢 AS60 I	0.55～0.65	0.20～0.60	0.50～1.00	0.80～1.20	0.20～1.50	0.20～0.60	—	36～45	≤45	粗轧机架
石墨钢 SG140	1.30～1.50	1.30～1.60	0.50～1.00	0.40～1.00	—	0.20～0.50	—	36～45	≤45	粗轧机架
合金半钢 AD140 I	1.30～1.50	0.30～0.60	0.70～1.10	0.80～1.20	0.50～1.20	0.20～0.60	—	45～50	≤45	粗轧机架

材　质	化学成分/%							硬度 HSD		适用范围
	C	Si	Mn	Cr	Ni	Mo	Mg	辊身	辊颈	
珠光体球墨铸铁Ⅱ	2.90~3.60	1.20~2.00	0.40~1.00	0.20~1.00	2.01~2.50	0.20~0.80	≥0.04	55~65	35~55	中轧机架
合金半钢 AD160Ⅰ	1.50~1.70	0.30~0.60	0.80~1.30	0.80~2.00	≥0.20	0.20~0.60	—	50~60	≤50	中轧机架
珠光体球墨铸铁Ⅲ	2.90~3.60	1.00~2.00	0.40~1.00	0.20~1.20	2.51~3.00	0.20~0.80	≥0.04	60~70	35~55	精轧机架
合金半钢 AD190	1.80~2.00	0.30~0.80	0.60~1.20	1.50~3.50	1.00~2.00	0.20~0.60	—	60~65	≤50	精轧、H 型钢平辊和立辊
合金半钢 AD200	1.90~2.10	0.30~0.80	0.80~1.20	2.00~4.00	0.60~2.50	0.60~0.80	—	60~65	≤50	H 型钢平辊和立辊
高铬铸铁Ⅰ	2.30~3.30	0.30~1.00	0.50~1.20	12.0~15.0	0.70~1.70	0.70~1.50	V 0.0~0.6	65~75	32~45	H 型钢平辊和立辊
贝氏体球墨铸铁Ⅱ	2.90~3.60	1.00~2.00	0.40~0.80	0.30~1.50	3.51~4.50	0.50~1.00	≥0.04	65~75	32~45	H 型钢立辊

　　注：表中的化学成分均为轧辊工作层的化学成分，下同。

13.5.3　棒材轧机及中小型轧机轧辊的选材

　　据钢铁协会统计，2011 年中国大陆粗钢产量为 6.8326 亿吨，钢材产量为 8.8131 亿吨，其中棒线材及中小型材产量达到了 3.9178 亿吨，约占整个钢材产量的 45%。对于如此大的比例，高产量的钢材，其轧辊的使用量和消耗量都很大，正确选择轧辊意义重大。

13.5.3.1　棒材轧机轧辊

　　棒材轧机是长材轧机的一种，近 20 年来，我国棒材轧制技术和装备水平飞跃发展，横列式轧机很快退出历史舞台，连铸、连轧、高速、无扭、无张力的棒材轧机如雨后春笋，在全国各地涌现。到目前为止，我国棒材轧机生产线的总数无官方准确统计，初步估算，2011 年我国棒材和钢筋的生产总量为 22346万吨，如果每条棒材轧机生产线（包括半连轧）平均年产量按 60 万吨计算，全国大约有 372 套棒材轧机生产线，这一数据尚未包括数十套 2011 年新建和在建的棒材轧机生产线。

　　现代的棒材连轧机是以 150mm×150mm~165mm×165mm 的连铸坯为原料，生产 φ10~50mm 的螺纹钢和圆钢，全线采用平立交替布置、无扭转连续轧制，全线为高刚度轧机。这种轧机不仅结构紧凑，操作方便，换辊及装卸容易，而且大大降低了轧辊的消耗。这种轧机产量高、轧制压力大，因而对轧辊的选用提出了更高的要求，由于轧材特长，轧辊烘热时间久，对轧辊的要求不仅是耐磨性好、强度高，而且要具有更好的抗热裂纹性和强韧性。

　　棒材连轧机同样分为粗轧、中轧和精轧机组。粗轧机架轧辊的轧制压力大、轧槽深，因此，必须使轧辊具有较高强度、不断辊；另一方面，由于该机架轧制速度慢、轧辊烘热时间长，因此必须保证具有良好的抗热裂纹性能和抗剥落性能；同时，轧辊还必须具有良好的耐磨性、抗冲击性及咬入性，很明显，其中一些性能是相互矛盾的。

　　钢轧辊比球墨铸铁轧辊具有较好的咬入性，而且强度高，但其耐磨性和抗热裂纹性能却不如球墨铸铁轧辊。有的厂家粗轧机架采用半钢轧辊，尽管从强度和耐磨性方面可以满足轧机要求，但轧辊的热裂纹却非常严重。所以，目前大多数厂家粗轧机组第一架选用基体组织中含有少量铁素体，硬度为 HSD 45~50 的珠光体球墨铸铁轧辊，其他机架选用硬度为 HSD 50~55 的珠光体球墨铸铁轧辊。其实粗轧机组理想的材质应该是真正的无碳化物贝氏体球墨铸铁轧辊（NCC 轧辊），组织中碳化物量应小于 3%，无网状碳化物存在，硬度为 HSD 48~55，该种轧辊的组织中无碳化物存在，抗热裂纹扩展能力强，缺点就是价位高，而且，如果不通过特殊的热处理工艺仅仅靠合金成分上的控制很难做到真正的无碳化物贝氏体轧辊，因此也就难以达到理想的使用效果。

中轧机架轧辊一方面具有较深的轧槽和较大的轧制压力，所以轧辊的强度仍然是至关重要的；另一方面由于轧辊孔型尺寸较大，槽底的冷却不能充分进行，因此，轧辊的抗热裂纹性和冲击韧性仍然不可忽视。同时，对该机架轧辊的耐磨性与粗轧机架相比提出了更高的要求，特别是槽底的硬度应与槽顶的硬度保持相近，因此，中轧机架采用硬度为 HSD 60~68 的珠光体球墨铸铁轧辊比较理想，也很经济，而且轧辊使用后辊面磨损情况及热裂纹情况都较好，尽管针状贝氏体球铁的耐磨性较好，但抗热裂纹性能却比珠光体球铁稍差。中轧机架轧辊今后发展的趋势是采用硬度为 HSD 70~80 的半高速钢轧辊，其耐磨性是针状贝氏体球铁轧辊的 2 倍。

精轧机架轧辊既要保证轧机的正常作业率、减少换辊次数、提高轧材产量，又要保证钢材的表面质量，因此，轧辊的耐磨性是关键。同时，由于螺纹钢的轧制，轧辊的韧性和抗剥落性仍然至关重要，所以该机架以前普遍选用硬度为 HSD 68~75 的针状贝氏体球墨铸铁轧辊，因为这种轧辊的基体组织是针状的贝氏体，故轧辊的耐磨性和强韧性均较好。

随着轧机装备和轧制工艺的发展，轧辊在选用上发生了根本的变化，早在 20 世纪 90 年代初瑞典山特维克和德国萨阿就将碳化钨硬质合金辊环推向中国，用于棒材连轧机精轧机组，随后国产的碳化钨硬质合金辊环也相继推出，至今国内许多轧线在棒材连轧机精轧机组都先后使用或试用过碳化钨硬质合金辊环，耐磨性比贝氏体球铁轧辊可提高 5~10 倍，缺点是价格贵、断裂脆性较高。

比如日本 JFE 的三爱商事株式会社的轧钢生产线是一条 18 架连轧机组，轧材品种为角钢，粗轧机组 1~8 架 $\phi 600mm \times 600mm$ 轧辊采用的是半钢轧辊和珠光体球墨铸铁轧辊，中轧机组 9~12 架 $\phi 500mm \times 600mm$ 轧辊采用的是半高速钢轧辊，精轧机组 13~18 架 $\phi 420mm \times 600mm$ 轧辊采用的是高速钢轧辊。

近年来，高速钢轧辊在棒材连轧机的成品架、成品前架和预切分机架得到应用，其耐磨性比贝氏体球铁轧辊可提高 3~5 倍。因此，轧辊使用寿命长，换辊次数少，提高了轧机的作业率和班产量，减少辊耗，降低成本，节约资源，同时改善轧材的表面质量，提高产品的市场竞争力。

高速钢轧辊在轧制过程中轧槽的耐磨性好，保持孔型尺寸一致性时间长；在轧制棒材或螺纹钢时更有利于提高产品的尺寸精度和实现负公差轧制。表 13-17 为棒材连轧机几种典型的轧辊材质、硬度及其适用范围。

表 13-17　棒材连轧机几种典型的轧辊材质、硬度及其适用范围

材　质	化学成分/%							硬度 HSD		适用范围
	C	Si	Mn	Cr	Ni	Mo	Mg	辊身	辊颈	
珠光体球墨铸铁 I	2.90~3.60	1.40~2.20	0.40~1.00	0.10~0.60	1.50~2.00	0.20~0.80	≥0.04	45~55	35~50	粗轧机架
无碳化物贝氏体球墨铸铁	2.90~3.20	1.50~2.20	0.20~0.80	0.00~0.30	3.01~3.50	0.50~1.00	≥0.04	48~55	35~50	粗轧机架
珠光体球墨铸铁 II	2.90~3.60	1.20~2.00	0.40~1.00	0.20~1.00	2.01~2.50	0.20~0.80	≥0.04	60~68	35~50	中轧机架
半高速钢	0.60~1.20	0.80~1.50	0.50~1.00	3.00~9.00	0.20~1.20	2.00~5.00	V、W 0.4~3	70~80	30~45	中轧机架
贝氏体球墨离心复合铸铁 II	2.90~3.60	1.00~2.00	0.20~0.80	0.30~1.50	3.51~4.50	0.50~1.00	≥0.04	68~75	32~45	精轧机架
高镍铬钼无限冷硬离心复合 IV	2.90~3.60	0.60~1.50	0.40~1.20	1.00~2.00	3.01~4.80	0.20~1.00	—	70~80	32~45	精轧机架
高速钢	1.50~2.20	0.30~1.00	0.40~1.20	3.00~8.00	V 2~9	2.00~8.00	W 0~8	80~90	30~45	精轧机架

13.5.3.2　高速线材轧机轧辊

在 20 世纪的上半叶，由于战争和战后的重建，所有工业国家需要大量线材，因而促使线材连轧机取得了迅速发展。20 世纪 60 年代中，高速无扭线材精轧机和斯太尔摩控制冷却工艺的问世，把世界线材的生产技术推到了一个新的阶段。

1987 年马钢高速线材生产线建成投产，标志着我国线材生产与"复二重"告别，走向高速、无扭转的世界共同发展之路。自此之后，线材轧机的装备水平和轧制技术发生了根本性的改变，高速无扭轧机成为我国线材生产的主流。我国目前线材轧机生产线的总数也同样没有确切的统计，据估算，到 2011 年底我国线材轧机生产线的总数已经超过 250 套。2011 年我国线材的生产总量为 12259 万吨，如果每条线材轧机生产线年平均产量按 50 万吨计算，全国大约有 245 套线材轧机生产线，这一数据尚未包括数十套 2011 年新建和在建的高速线材轧机生产线。

高速线材轧机具有轧制速度快、产品精度高、表面质量好、轧材盘重大，以及整个轧线无扭转、微张力等特点。高速线材轧机是由粗轧机组、中轧机组、预精轧机组和精轧机组组成的，通常整条轧线一般在 28 ~ 30 架不等。

粗轧机组一般由 4 ~ 8 个机架组成，由于开轧温度高、截面大、轧辊轧槽较深，因此，用于粗轧机架的轧辊应兼有良好的抗折断、抗热裂纹、耐磨损和良好的咬入性能。通常粗轧机架采用硬度为 HSD 45 ~ 55 的珠光体球墨铸铁轧辊或硬度为 HSD 45 ~ 50 的合金半钢轧辊。

中轧机组轧辊一般要求具有良好的耐磨性和抗表面粗糙性能，在选材上没有太大的差别。所以高速线材轧机中的轧机组一般选用硬度为 HSD 60 ~ 70 的珠光体球墨铸铁轧辊或合金无限冷硬球墨铸铁轧辊，既经济又实用。

高速线材轧机的预精轧机组可以减少精轧的轧制事故，提高成品线材的尺寸精度。因此，预精轧机组选用轧辊材料的原则应当是，用于该机组的轧辊能够起到承前启后的作用，应以保证轧辊的耐磨性为主要依据。提高轧辊辊身工作层的硬度，尤其是增加辊身工作层基体组织中的硬质耐磨相是减少磨损的有效途径。因此，在辊身工作层基体组织中，增加上述硬质合金碳化物的数量，并控制其析出形态，是提高预精轧轧辊（或辊环）耐磨性的重要保证。多数预精轧机架轧辊是组合式结构，由辊环和芯轴套装而成。

国外高速线材轧机对预精轧机组辊环的材料选择较广，如高钒合金铸铁、高钨铬合金铸铁、高速钢、碳化钨复合辊环等。我国高速线材轧机预精轧机组辊环以前大多数选用外层硬度为 HSD 75 ~ 80 的高镍铬钼无限冷硬铸铁，内层为合金球墨铸铁的离心复合轧辊或辊环，取得了较好的使用效果。也有的厂家采用碳化钨硬质合金辊环，尽管耐磨性很好，但强度低，也会出现断裂现象。而离心复合环和高速钢轧辊比高镍铬钼无限冷硬铸铁的耐磨性高 3 倍，强度比碳化钨硬质合金辊环更高，而价格更低廉，因此，离心复合辊环和高速钢轧辊将是今后预精轧机组轧辊或辊环的首选材质。

高速线材轧机精轧机组是保证线材实现高精度轧制的重要因素，因而高速线材轧机精轧机组必须采用碳化钨硬质合金辊环，否则轧制的速度和辊环的耐磨性均将无法保证。到目前为止，高速线材轧机精轧机组的碳化钨硬质合金辊环还没有任何材料能够取代。表 13-18 为高速线材轧机几种典型的轧辊材质、硬度及其适用范围。

表 13-18　高速线材轧机几种典型的轧辊材质、硬度及其适用范围

材　质	化学成分/%							硬度 HSD		适用范围
	C	Si	Mn	Cr	Ni	Mo	Mg	辊身	辊颈	
珠光体球墨铸铁 I	2.90 ~ 3.60	1.40 ~ 2.20	0.40 ~ 1.00	0.10 ~ 0.60	1.50 ~ 2.00	0.20 ~ 0.80	≥0.04	45 ~ 55	35 ~ 45	粗轧机架
合金半钢 AD140 I	1.30 ~ 1.50	0.30 ~ 0.60	0.70 ~ 1.10	0.80 ~ 1.20	0.50 ~ 1.20	0.20 ~ 0.60	—	45 ~ 50	≤45	粗轧机架
镍铬钼球墨无限冷硬 II	2.90 ~ 3.60	0.80 ~ 2.50	0.40 ~ 1.20	0.30 ~ 1.20	1.01 ~ 2.00	0.20 ~ 0.80	—	60 ~ 70	35 ~ 45	中轧机架
珠光体球墨铸铁 II	2.90 ~ 3.60	1.20 ~ 2.00	0.40 ~ 1.20	0.20 ~ 0.60	2.01 ~ 2.80	0.20 ~ 0.80	≥0.04	60 ~ 68	35 ~ 45	中轧机架
高镍铬钼无限冷硬离心复合 IV	2.90 ~ 3.60	0.60 ~ 1.50	0.40 ~ 1.00	1.00 ~ 2.00	3.01 ~ 4.80	0.20 ~ 1.00	—	75 ~ 80	32 ~ 45	预精轧机架
高速钢	1.50 ~ 2.20	0.30 ~ 1.00	0.40 ~ 1.20	3.00 ~ 8.00	V 2 ~ 9	2.00 ~ 8.00	W 0 ~ 8	80 ~ 90	30 ~ 45	预精轧机架

13.5.4　钢基硬质合金组合轧辊在棒材轧机中的应用

从 2006 年以来，钢基硬质合金（材料代号：ACS，英文名称 Alloy Carbide of Steel）组合轧辊出现在棒材轧机的精轧机上。目前，这种轧辊已在全国十几家钢铁公司应用，并取得很好的应用效果。

钢基硬质合金组合轧辊具有硬度高，耐磨性好，韧性好及抗急热、急冷能力强的优点。与传统铸铁轧辊相比，耐磨性达到传统铸铁轧辊的 8~12 倍。同时，也不易出现碳化钨轧辊的爆辊、爆轧槽现象。

钢基硬质合金组合轧辊由于耐磨性好，大量减少了换辊换槽时间，同时非常好地控制了轧件料型，减少了轧机事故率，从而全面提升了轧线的作业率、成材率、定尺率及产量。

13.5.4.1　钢基硬质合金组合轧辊的产品特点

钢基硬质合金组合轧辊由钢基硬质合金辊套、辊芯、左右护套机械组合而成，如图 13-76 所示。

钢基硬质合金辊套由钢基硬质合金材料经离心铸造而成。钢基硬质合金由大量合金碳化物构成，合金碳化物的硬度高同时分布细密，所以，具有良好的耐磨性；同时强韧性基体上既没有微观孔洞，也没有骨架性碳化物对基体的割裂作用，所以也具备较高的冲击韧性。同时钢基硬质合金辊套由离心铸造而成，可以制造有效辊面长度为 440~555mm 的辊套，使钢基硬质合金组合轧辊的有效辊面同铸铁轧辊相当，大大提升了轧辊的使用效率。

图 13-77 为钢基硬质合金金相组织照片，表 13-19 为钢基硬质合金组合轧辊与相关产品的主要技术指标对比。

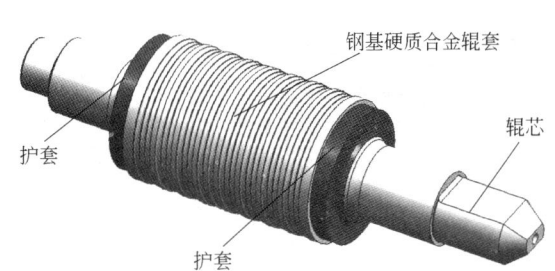

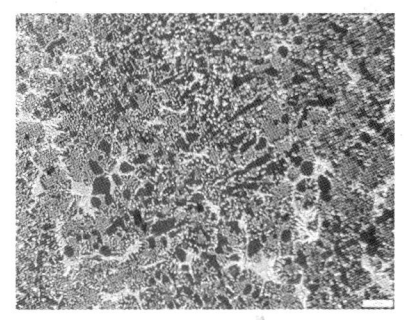

图 13-76　钢基硬质合金组合轧辊结构示意图　　　图 13-77　钢基硬质合金金相组织照片（×100）

表 13-19　钢基硬质合金组合轧辊与相关产品的主要技术指标对比

对比指标	高镍铬贝氏体球墨铸铁轧辊	碳化钨硬质合金组合轧辊	钢基硬质合金组合轧辊
硬度 HS	70~85	≥90	≥90
抗拉强度/MPa	400~600	700~900	≥700
抗压强度/MPa	1900~2500、	6000~6500	≥3000
冲击韧性/$J \cdot cm^{-2}$	4.5~5.5	0.5~0.6	12.5~13.5
辊面硬度差 HS	≥5	≤2	≤2
淬硬层深度/mm	<50		≥80

钢基硬质合金组合轧辊辊套、辊芯采用机械锁紧结构（专利号 ZL200510057085.8）进行连接，该结构可以保证组合轧辊安全使用。

13.5.4.2　钢基硬质合金组合轧辊的应用特点

钢基硬质合金组合轧辊主要应用于棒材轧机精轧机架，特别适用于预切分、切分、成品前孔、成品机架轧辊。在以上机架配套使用钢基硬质合金组合轧辊将为轧钢生产线带来较好效益。

（1）钢基硬质合金组合轧辊在预切分、切分、成品机架应用的特点。钢基硬质合金组合轧辊应用于预切分、切分机架时，钢基硬质合金耐磨性好、磨损均匀及使用过程中不掉块的特点，可以充分保障轧件的料型稳定及缩短换辊、换槽时间，从而大大降低切分轧制的事故率，极大提高切分轧制的成材率及轧线产量。

钢基硬质合金组合轧辊应用于成品前孔、成品机架时，由于其耐磨性好、磨损均匀及使用过程中不掉块的特点, 保障了轧件的负公差控制, 从而可全面提升成材率及定尺率。

（2）钢基硬质合金组合轧辊内外层组织及硬度均匀, 能够让轧辊从最大使用直径到最小使用直径保持稳定的使用状态及过钢量。

（3）钢基硬质合金组合轧辊牌号、性能及适用机架见表 13-20。

表 13-20　钢基硬质合金组合轧辊牌号、性能及适用机架

牌　号	性　能　指　标						适　用　机　架
	碳化物类型	硬度 HRC	抗拉强度 /MPa	抗压强度 /MPa	冲击韧性 /J·cm^{-2}	断裂韧性 /MPa·m$^{1/2}$	
ACS01	70% MC + 30% M$_6$C	65 ~ 67	800 ~ 850	3100 ~ 3200	12 ~ 13.5	30 ~ 32	成品及成品前机架
ACS02	65% MC + 35% M$_6$C	63 ~ 65	750 ~ 800	3100 ~ 3200	13.5 ~ 15.5	28 ~ 30	预切分、切分机架, 中轧及 K6、K5 精轧机架

13.5.4.3　钢基硬质合金组合轧辊的使用数据

（1）钢基硬质合金组合轧辊轧制 12 螺纹钢的使用情况见表 13-21。

表 13-21　钢基硬质合金组合轧辊轧制 12 螺纹钢的使用情况　　　　　　（t）

机　架	预切分机架	切分机架	成品机架
单槽过钢量	5414.7	5414.7	979.8
轧辊直径	以上为某钢厂轧辊 ϕ380 ~ 320mm 的平均数据		

（2）钢基硬质合金组合轧辊使用前后的综合效益对比情况见表 13-22 和表 13-23。

表 13-22　钢基硬质合金组合轧辊使用前后吨钢能源消耗对比

项　目	水	电	混合煤气
使用前	1.13	68	340
使用后	0.98	64	315
变化百分比 [（后 – 前）/前]×100%	13.27	5.88	7.35

表 13-23　钢基硬质合金组合轧辊使用前后综合指标对比

项　目	成材率/%	定尺率/%	作业率/%	机时产量/t·h^{-1}	平均日产/t·日$^{-1}$
使用前	95.68	96.2	80.21	170	3000
使用后	96.51	98.4	84.33	175	3800
变化百分比 [（后 – 前）/前]×100%	0.83	2.2	5.14	2.94	26.6

13.5.5　硬质合金辊环在高线及连轧棒材轧机上的应用

硬质合金辊环具有良好的耐磨性、高温红硬性、耐热疲劳性和热传导性以及较高的强度等, 与其他材质辊环相比具有寿命长、轧制产品表面质量好、成本低的优点, 可极大提高生产效率, 降低工人劳动强度。现已普遍应用于高速线材、棒材、螺纹钢、无缝钢管等的轧制生产中。

从 1966 年开始, 世界上第 1 台摩根无扭线材轧机在加拿大 Stelco 公司正式投产, 世界上第 1 次使用的硬质合金辊环是 ϕ156mm/ϕ112mm, 硬质合金以其优异的性能在长材轧制上得到了广泛的运用。图 13-78 和图 13-79 分别表示硬质合金辊环在长材轧制中棒材轧机和线材轨机上的运用。

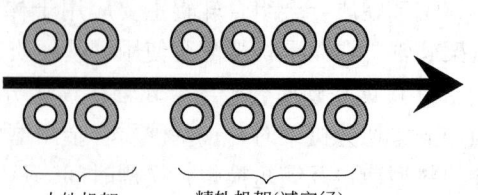

中轧机架　　精轧机架(减定径)

13.5.5.1　在棒材轧制中的运用

硬质合金辊环在棒材轧制有两种形式:

图 13-78　硬质合金辊环在棒材轧机上的应用

预精轧机　　　　　　精轧机组　　　　　减径定径机组

图 13-79　硬质合金辊环在线材轧机上的应用

（1）普通棒材轧机，只有粗轧、中轧和精轧机。可在 6 架精轧机全部或部分使用硬质合金辊环。

（2）带减定径机组的棒材生产线，棒材减定径机组的形式，包括：三辊式的 KOCKS 轧机，POMINI、DANIELI 或 MORGAN 的二辊式，3 ~ 5 个机架减定径机可全部使用硬质合金辊环。

在带肋钢筋轧制中的运用。棒材轧机和高速线材轧机都可以轧制带肋钢筋。硬质合金辊环适用于规格 $\phi 20mm$ 以下的带肋钢筋轧制（光面圆钢可用于轧制 $\phi 36mm$ 以下的规格）。热轧带肋钢筋硬质合金辊环见图 13-80。

图 13-80　热轧带肋钢筋硬质合金辊环

13.5.5.2　硬质合金辊环在高线轧制中的运用

硬质合金辊环硬度高、耐磨性好、弹性模量高，与钢质辊环相比具有寿命长、成本低的特点，轧制产品尺寸精度高、表面质量优良，可以极大降低工人的劳动强度，提高生产效率。但由于硬质合金为脆性材料，对其使用条件的要求比较苛刻，要最大限度地使用好，必须科学有序合理地进行使用。在线材轧制中的运用高线轧机可分为：预精轧 10 机架高速精轧机的标准型和 8 机架高速精轧 + 4 机架减径定径机的机型。上述两种高线轧机中，预精轧、精轧、减径定径机均必须使用硬质合金辊环。

A　高线轧制的硬质合金辊环牌号

硬质合金辊环牌号的选择一直是困扰硬质合金辊环生产和高速线材生产的双重难题，也是一个关键的问题，更是一个需要持续改进的问题。选择硬质合金辊环牌号时要求做到"适合的牌号用在合适的架次"。而专业的硬质合金辊环生产企业都有不同系列的硬质合金辊环牌号适用于不同的使用工况及架次，例如专业从事硬质合金轧辊生产近 30 年的株硬集团，提供多种硬质合金辊环牌号供用户选择。表 13-24 为株硬集团针对高品质钢轧制的系列牌号，表 13-25 为株硬集团普线轧制牌号，表 13-26 为预精轧机组和带肋钢筋成品机架专用牌号。

表 13-24　高品质钢轧制用硬质合金辊环牌号及理化性能

牌　号	成分含量(质量分数)/%		WC 晶粒度 /μm	密度 /g·cm⁻³	硬度 HRA	抗弯强度 /MPa	断裂韧性（K_{IC}）/MPa·m¹ᐟ²
	WC	Co/Co + Ni					
YGH05	94	6	超粗（6.0）	16.90	89.0	2600	18
YGH10	92	8	超粗（6.0）	16.70	88.0	2800	20
PA10	90	10	超粗（5.0）	16.50	86.0	2700	20
PA20	85	15	超粗（6.0）	16.05	85.5	2900	22
PA30	80	20	中粗（3.2）	13.50	81.5	2500	24

表 13-25　普线轧制用硬质合金辊环牌号及理化性能

牌号	化学成分/%				WC 晶粒度/mm	力学性能			物理性能				
	Co	Ni	Cr	WC		硬度 HRA	抗弯强度/MPa	抗压强度/MPa	杨氏弹性模量/GPa	密度/g·cm⁻³	热导率/W·(m·K)⁻¹	线膨胀系数/℃⁻¹	断裂韧性(K_{IC})/MPa·m$^{1/2}$
YGH20	10	—	—	90	粗 (2.4)	86.0	2300	3500	560	16.30	83.7	6.0×10^{-6}	18.0
YGH25	13	—	—	87	粗 (2.4)	85.0	2300	3400	550	16.20	83.7	6.0×10^{-6}	18.0
YGH30	15	—	—	85	粗 (3.2)	86.0	2400	3300	540	13.90	83.7	6.1×10^{-6}	20.0
YGH40	18	—	—	82	粗 (3.2)	83.5	2500	3200	500	13.50	79.5	6.4×10^{-6}	22.0
YGH45	20	—	—	80	粗 (3.0)	83.0	2400	3100	480	13.40	75.4	6.5×10^{-6}	22.0
YGH50	22	—	—	78	粗 (3.2)	81.0	2500	3100	450	12.70	71.2	7.0×10^{-6}	23.0
YGR20		10		90	粗 (2.4)	86.0	2300	3500	560	16.30	83.7	6.0×10^{-6}	16.0
YGR25		13		87	粗 (2.4)	85.0	2300	3400	550	16.20	83.7	6.0×10^{-6}	16.0
YGR30		15		85	粗 (3.2)	83.0	2400	3300	540	13.90	83.7	6.1×10^{-6}	18.0
YGR40		18		82	粗 (3.2)	82.0	2500	3200	500	13.50	79.5	6.4×10^{-6}	20.0
YGR45		20		80	粗 (3.2)	81.0	2400	3100	480	13.40	75.4	6.5×10^{-6}	22.0

表 13-26　预精轧机组和带肋钢筋成品机架专用牌号

牌号	成分含量(质量分数)/%		WC 晶粒度/μm	密度/g·cm⁻³	硬度 HRA	抗弯强度/MPa	断裂韧性(K_{IC})/MPa·m$^{1/2}$
	WC	Co/Co + Ni					
YGR55	75	25	中粗 (3.2)	13.00	80.0	2400	25
YGR60	70	30	中粗 (3.0)	12.70	79.0	2200	26

B　高线轧机硬质合金牌号选择

硬质合金辊环牌号选择要做到"适合的牌号用在合适的架次",必须结合实际使用工况,在硬质合金辊环牌号选择上应遵循以下原则:

(1) 逐步的试验,通过时间积累获得经验;

(2) 牌号的选择应依据轧材、孔型结构、冷却水量;

(3) 每架轧机选择不同的材质;

(4) 从前至后逐步适当提高每架的硬度;

(5) 避免热裂纹过度扩展应牺牲一定的工作寿命。

硬质合金辊环牌号推荐见图 13-81 和图 13-82。

a　硬质合金辊环的装配

硬质合金辊环的装配对其使用寿命有较大的影响。

硬质合金辊环安装时,辊环、辊轴及锥套之间要求合理配合,不能过紧或过松。如装配过紧,轧制时温度升高,会使辊环处于较大的张应力状态,稍大的轧制力波动将会导致辊环产生径向裂纹,从而使

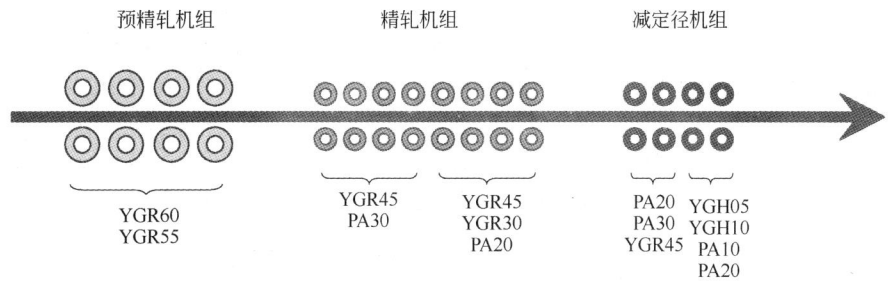

图 13-81　带减定径机组的高线硬质合金辊环牌号推荐（4 + 8 + 4）

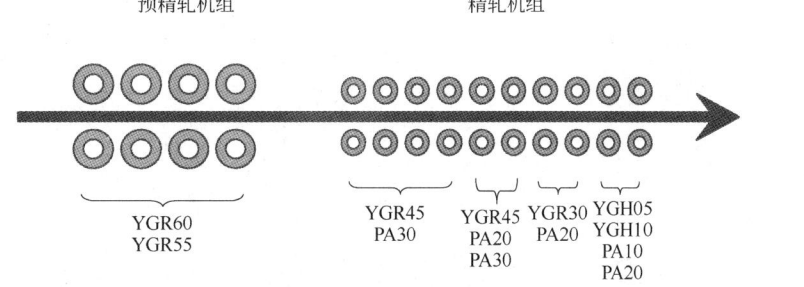

图 13-82　不带减定径机组的高线硬质合金辊环牌号推荐（4 + 10）

辊环断裂。辊环安装时，辊环与轧辊轴接触面之间间隙过大则会产生相对滑动，造成接触面的磨损或刮伤，严重时将导致辊环、锥套、轧辊轴报废。

同时，硬质合金辊环装配时还必须注意气温的影响，尤其在北方冬季昼夜温差较大，轧机停轧后轧辊轴、锥套的温度下降。开轧之前，急于抢产量，而在轧辊轴、锥套温度较低的情况下就将辊环安装到轧辊轴上。当轧机恢复生产后，轧辊轴、轧辊在高速旋转中温度不断上升，引起辊轴热膨胀，致使轧辊轴与锥套、锥套与辊环之间的过盈力加大，造成辊环崩辊情况的发生。因此，对于北方高线轧机来说，要对锥套、辊环的存放处采取适当的保温和取暖措施，以确保锥套、辊环在预装前达到合适的温度。

辊环安装时，导卫安装不对中，在每次过钢时轧件会对辊环造成冲击力，最终造成辊环所受冲击力过大而导致辊环碎辊。在每次更换精轧内导卫及对精轧机进行检查时，都要对精轧各架进出口导卫的对中情况进行检查，以减少由导卫对中不好所造成的辊环冲击力加剧和辊环失效。部分钢厂已经开始使用加工精度更高、耐磨性更好的硬质合金导卫，避免此类事故的发生。

b　硬质合金辊环的冷却

在轧制生产过程中轧辊受交变应力冲击，易产生热疲劳裂纹，随着网状热裂纹的延伸，严重时会造成合金剥落，甚至引起碎辊。为防止轧辊的破裂，减少高温对轧辊表面的热腐蚀以及延缓裂纹扩展，延长轧槽使用寿命，必须对硬质合金辊环进行有效的冷却。

一般对于高线精轧机组，冷却水的压力范围控制在 0.4 ~ 0.6MPa，各架次最低水流量要求在 250 ~ 350L/min，最后两架水流量应达到 380L/min。喷水方向应为沿径向与轧辊旋转方向交角成 15° ~ 30°。冷却水不能散射或为雾状，应直接喷入轧槽。

冷却水水质对轧辊的使用影响也较大，主要是因为冷却水 pH 值的高低对硬质合金轧辊的腐蚀影响很大。当 pH ≥ 7.2 时，应采用含纯钴黏结剂的轧辊，如 YGH 系列轧辊；当 pH < 7.2 时，对钴的腐蚀加剧，这时应采用含镍黏结剂的辊环，如 YGR 系列轧辊。同时冷却水中的固体粒子在轧制时的作用类似磨料，对轧辊中的黏结剂（钴或镍）有磨蚀作用。由于高线轧机轧制速度高、轧制力大，加速了轧槽微裂纹的扩展和延伸。因此，必须对冷却水进行沉淀和净化处理，使固体粒子的含量小于 15mg/L。为了保证冷却效果，要求冷却水温度控制在 35℃以下。

c　硬质合金辊环的修磨

轧辊在使用过程中产生微裂纹是不可避免的，当微裂纹达到一定深度时要及时进行修磨。如过量轧制，会导致微裂纹迅速扩展，易引起轧辊合金的剥落、破碎，甚至发生严重的设备事故。在修磨轧辊时，必须将辊环槽内的微裂纹彻底磨去，否则，未磨尽的微裂纹在下次轧制时将扩展得更快，使辊环迅速破裂。辊环在进行正常修磨时，每次的进给量宜控制在 0.02 ~ 0.03mm；如进给量过大，易形成加工应力，降低辊环的使用寿命。

　　另外，合理的轧制量也是确定辊环修磨量的依据。辊槽轧制过程中产生的微裂纹会随使用时间的延长而扩展、加深。生产一定量后，辊槽表面也会变得粗糙，对于成品孔和成品前孔，出现这种状态时应及时下线修磨，以保证产品的几何尺寸和表面精度。当过量轧制后，轧槽表面会更加粗糙，硬质合金辊环黏结剂开始脱落，WC 颗粒暴露出来，此时应立即下线修磨。一般来说，精轧辊槽的磨损量应控制在 0.2mm 左右，预精轧控制在 0.4mm 左右。当严重过量轧制后，辊槽内的微裂纹迅速扩展、延深，如不及时下线，将导致辊环破裂（图 13-83）。

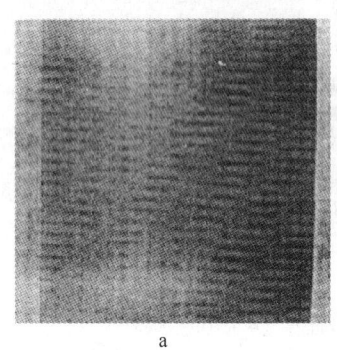

a　　　　　　　　　　　　　b　　　　　　　　　　　　　c

图 13-83　不同轧制量的轧辊槽状态
a—投入使用前；b—生产一定量后；c—过量轧制后

d　其他使用影响因素

　　锥套质量问题：装配时锥套的内表面与辊箱的辊轴接触，外表面与轧辊的内表面接触，因此，工艺上对锥套的同心度和椭圆度要求较高，如果同心度和椭圆度超差，锥套与辊环的接触不均，生产过程中就容易造成局部应力，引起辊环断裂。

　　经预精轧机组后的轧件若尺寸控制不好，尤其是尺寸过大时，常常使精轧机组第一架轧机辊环的冲击力加大，变形量加大，轧制力升高。同时，也会使精轧机组前几架轧机辊环的轧制力加大，并引起轧件在前几架轧机间的抖动加大，最终增加了精轧机组前几架轧机辊环碎辊的几率。因此，要严格控制进入精轧机组轧件的形状及尺寸，使其尽可能满足轧制程序的要求。进入无扭精轧机的入口断面尺寸是很关键的，理想情况是：其尺寸保持在标准值的 ±(1 ~ 1.5)% 之间。

　　此外，轧钢时出现过充满以及轧制螺纹钢时轧槽各棱边都会出现明显划痕，严重时划痕会相互连接形成裂纹，裂纹扩展后出现掉块等损坏形式。并且，当轧制硬线时，冷却条件偏离会造成辊面划伤，黑头会使轧制力及对辊环的冲击力加大，都易引起辊环掉块或碎裂。

　　轧钢时各种原因引起的憋钢都将使辊环一侧过热，而另一侧在水冷作用下急冷，造成辊面产生微裂纹，恢复轧钢时此微裂纹快速扩展而使辊环碎裂。生产过程中发生堆钢事故在所难免，若在精轧机里发生堆钢事故，对辊环造成的损伤和危害较大。因为轧件在精轧机高速轧制时，温度在 1000℃ 以上，堆钢时金属堆积在辊槽周围，由于高温熔化作用，金属附在轧辊表面，形成"积龟"现象。此时，辊环局部受热，产生大的热应力。若轧辊继续使用，势必会造成断裂失效。堆钢卸下的辊环不论轧槽是否可用，都应进行重新修磨，以消除辊环的应力，防止热疲劳裂纹的产生和扩展。

13.5.5.3　硬质合金辊环在棒材连轧轧机上的应用

A　硬质合金复合辊环简介

　　硬质合金复合轧辊是指将硬质合金辊环采用某种方式固定在钢轴上的轧辊上，用于棒材轧机上轧制圆钢、螺纹钢、角钢等小型材。硬质合金复合轧辊的主要特点有：

　　（1）提高单槽轧制量 10 倍以上。

　　（2）提高轧机的有效作业率，使轧机产量提高。

（3）降低加工成本。用硬质合金辊环替代原针状体球墨铸铁轧辊，由于槽孔耐磨，轧制吨位高，使用寿命长，可减少轧辊年总需要修磨次数，轧辊年总修磨费用可有所降低，从而降低轧辊的切削加工成本。

（4）提高成材率。应用硬质合金辊环可以显著改善产品尺寸精度，减少废品率，减少了换槽产生的废品。

（5）因轧槽更换次数大幅度减少，故可以改善轧钢调整工和轧辊装配工的劳动强度。

（6）轧材表面质量显著提高。轧出的圆钢产品表面粗糙度低，外形美观，负偏差控制得非常精确。

B　硬质合金复合轧辊的复合形式

a　机械组合式复合轧辊

机械复合轧辊是通过一个或两个螺母以施加一定预应力的方式将碳化钨辊环组合在钢轴上，主要生产商有下列公司：

（1）KARK 公司是创建于 1945 年的一家德国中型机械工程公司，主要产品服务于钢厂轧制生产线，比如配套改良轧辊冷却系统，与其他公司合作生产粉末冶金件等。

（2）韩国泰固克公司的复合轧辊采用液压端面锁紧的机械复合方式，辊径 300~450mm，多用于棒材、线材的中轧，也可轧制板材和角钢。

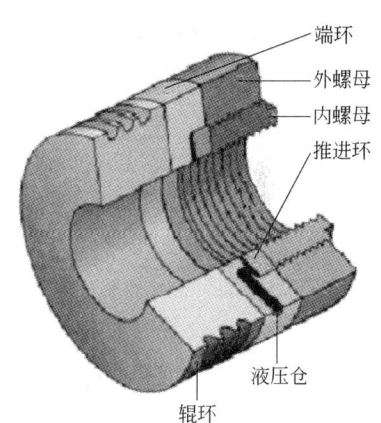

图 13-84　新特美液压螺母结构

（3）新特美公司是北美最大的线材轧制用硬质合金辊环制造商。该公司 Shur-Lock 复合轧辊采用机械复合方式将硬质合金或粉末冶金工具钢辊环固定到钢轴上，轧制效果相当于传统铸铁轧辊的 6~20 倍。其复合原理见图 13-84，内孔部分为钢轴，按图 13-84 装配并将外螺母拧紧，液压仓加压 250MPa，轴体延伸，再次将外螺母拧紧，卸除液压装配完成。

（4）日本三菱公司和卢森堡的 CERAMETAL 的机械复合辊：通过带有十几个甚至二十几个螺钉的普通螺母将碳化钨辊环组合在钢轴上，和萨阿公司的产品结构相似。日本日立公司在此基础上，为了防止使用时辊环窜动，装配时在辊环内孔和轴间加胶，拆卸辊环必须返回复合轧辊制造厂。

（5）株洲硬质合金集团有限公司经过多年的研究，分析了国内外硬质合金复合轧辊的结构方案，经过反复摸索实践，目前采用的液压螺母机械式组合方案已经在国内外 10 多家钢厂进行了使用，效果良好。

b　铸造式（CIC）复合轧辊

（1）CIC 复合轧辊的结构。一种是采用 CIC 复合辊环端面开键槽，通过键和独立辊轴上的键槽，辅以锁紧螺母成为复合轧辊（图 13-85）。在这种方式下用户可以随时更换辊环，也可以只采购 CIC 辊环。

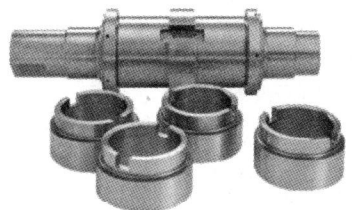

图 13-85　CIC 复合轧辊

另一种是铸铁滚轴和硬质合金辊环铸造加工成一个整体。这种结构没有键和螺母，可以经受更大的轧制力矩，而且没有螺母，辊面可设计的槽数较多。

（2）CIC 复合轧辊的基本生产流程如下：

烧结后的硬质合金辊环→球墨铸铁浇铸内孔→球墨铸铁冶金复合为硬质合金辊环的内环或轴→热处理消除内应力→机械加工→复合辊环或轧辊

硬质合金和球墨铸铁结合界面互有原子扩散，实现冶金复合。

c　冶金复合式复合轧辊

萨阿公司 SARACOM 采用粉末冶金方法复合硬质合金与钢套，通过热等静压，两种材料间会有固态扩散，实现冶金复合。

采用机械夹持复合方式，将 SARACOM 材料制成的辊环装到钢轴上，端面数十个螺丝提供轴向夹紧力。如果轧制力矩要求更大，可以辅助以键、楔以及辊环加热膨胀后装配。其复合原理见图 13-86。

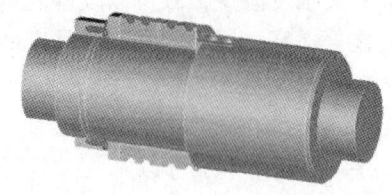

图 13-86　冶金复合式复合轧辊

d　黏结式复合轧辊

黏结式复合轧辊是指在辊环和钢芯连接面采用高强度、耐热的胶进行黏结，提供足够的辊环与芯轴的连接力，通过胶结力传递扭矩，保证在使用过程中不出现滑动、脱辊、断轴等黏结不牢现象，国内外有几家公司采用此技术。该工艺简便易行，但复合辊环的结合强度较低，国产胶的结合强度不大于 70MPa，进口胶的结合强度不大于 100MPa，而且黏结强度随着温度的升高而急剧下降，远远满足不了工业生产中的大载荷要求，不宜在高温、高压力下使用，因此没有被广泛采用。

胶结复合工艺流程为：

表面机械处理—酸洗—干燥—涂胶—固化—表面清除—硬质合金复合辊环

C　硬质合金复合轧辊辊环的牌号

每个硬质合金辊环生产企业都有针对棒线轧制复合轧辊的专用牌号，具体情况见表 13-27。

表 13-27　不同企业棒线轧制复合轧辊的专用牌号

牌号	化学成分/%				WC 晶粒度/μm	力学性能			生产企业
	Co	Ni	Cr	WC		硬度 HRA	抗弯强度/MPa	密度/g·cm⁻³	
C25C	12	12	1	75	粗 (3.5)	82.5	2700	13.0	SANDVIK
C30T	13	15	2	70	超粗 (5.0)	81.5	2700	12.7	SANDVIK
SM-62	30			70	粗	78.4	2600	12.8	美国型特美（SM）公司
SM-52	35			65	粗	80.5	2750	12.6	美国型特美（SM）公司
KHR90	30			70	—	78.0 ~ 80.0	2600	12.6 ~ 12.9	韩国 taegutec 公司
KHR90A	30			70	—	77.5 ~ 79.5	2600	12.6 ~ 12.9	韩国 taegutec 公司
KHR96	32			72	—	77.0 ~ 79.0	2600	12.4 ~ 12.7	韩国 taegutec 公司
VN 76	14.25	14.25	1.5	70.0	—	80.5	—	12.7	德国萨阿（SARAMANT）公司
VN 77	14.25	14.25	1.5	70.0	—	77.5	—	12.7	德国萨阿（SARAMANT）公司
YGR55	25			75	中粗 (3.2)	80.0	2400	13.0	株硬集团
YGR60	30			70	中粗 (3.0)	79.0	2200	12.7	株硬集团

D　硬质合金复合轧辊使用要求

（1）合金轧辊安装在线后，应仔细检查轧辊冷却水管及位置，然后从引入的软管接到专用水管上去。软管接入后接口一定要固定紧，预防接口脱落导致轧辊处于无冷却水状态而造成严重后果。

（2）轧制过程中，应密切注意轴承座的运转状态，发现异常立即停车检查。

（3）硬质合金轧辊水冷却在使用过程中是一个极为重要的手段，冷却状况越好，即轧制吨位就越高，反之轧槽就容易产生裂纹。所以，在试轧前先检查冷却水是否正常；在轧制过程中，每生产班应每隔 4h 停车检查专用冷却水管的位置是否移动，水管喷头是否堵塞，然后再开车轧制。

（4）为确保轧辊冷却水量、水质和水压，建议轧机水管从控制冷却水管处接入，并安装水压表和水压报警装置，如遇报警应立刻停车，待水压调节正常后再开车轧制。工作台操作人员应确保成品轧机专用冷却水管压力在 0.4～0.6MPa 的范围内。如超出范围，则按要求将水压调整至以上范围。

（5）在轧制过程中，辊缝调整不得零间隙，即不得贴辊轧制。

（6）轧制过程中，要防止轴承过热引起的硬质合金辊环轴向断裂。

（7）轧辊在使用过程中，如遇断水及水管位置偏移后，应立即停机，以免造成轧槽烧损、裂纹以及"掉肉"等。

（8）轧槽单槽轧制量应根据实际情况确定轧制吨位（合理轧制吨位随使用条件的不同而不同），并严格按额定吨位执行，严禁过量轧制，以免造成轧辊裂纹。

（9）在出现卡钢和堆钢时，应对轧辊继续冷却，并迅速将上辊抬起，当轧件温度降低后，方可停水处置。

（10）如因意外事故而使轧辊在无水冷却条件下运行了一段时间，此时必须立即停机将轧辊卸下，让其缓慢（自然）冷却，待其冷却后或重新修磨后方可投入使用。否则，如果将冷却水浇到轧辊上将会使合金辊环炸裂。

（11）硬质合金复合轧辊吊运维护要求。在装配、拆卸过程中严禁用硬物撞击轧辊。轧辊暂不轧制时，轧辊放置不能叠放，应存放在专用辊架上。对专用轴承座进行检查和保养。

E　硬质合金复合轧辊的冷却

轧辊冷却的目的为：一是防止轧辊过热最终导致破碎；二是延长热疲劳裂纹产生的时间和阻碍它们的扩展。

轧辊的受热主要来自于与红钢的接触，辐射和线材变形热的作用。

通常认为，红钢与轧辊接触区的温度是轧件温度和轧辊温度的平均值，即轧辊与轧件接触的辊面瞬间温度可达 500℃ 左右，如何使辊面温度快速冷却极为重要。理想的冷却系统应当是喷嘴呈环形分布，并能向轧槽喷射出持续、充足的水流。正确的冷却轧辊可以减慢轧槽的磨损，提高轧槽寿命，可以减少换槽、换辊次数，提高轧机作业率。冷却良好时，可以保证轧槽表面光洁，使轧件表面质量良好。轧辊各部分冷却严重不均时，可能因过大的热应力而造成断辊事故。轧辊的冷却可分为轴承的冷却和辊身的冷却两部分，轴承的冷却也对硬质合金辊环有较大影响，过热的轴承使得芯轴过热，而过热的芯轴（热胀冷缩）膨胀后将导致脆的硬质合金辊环轴向裂开；辊身的冷却最常见的是用水冷却。为了提高冷却效率，应把冷却水管的喷嘴做成与孔型相适应的形状，使冷却水直接喷到孔型部分。冷却水的作用一方面是把辊身的热量带走，保持轧辊在低温下工作，以便提高轧槽的耐磨性；另一方面在轧件与轧槽之间的冷却水也起到一定的润滑作用，在两者之间形成具有隔热作用的蒸汽膜，对减少轧槽受热与提高其耐磨性亦起有利作用。

a　冷却水水压

硬质合金复合轧辊在使用过程中，红钢温度在 900～1000℃ 左右，冷却水在此高温下形成一层气膜覆盖于轧槽表面，此时要对轧槽充分冷却，必须冲破气膜，而冲破气膜则要求冷却水要有足够的压力。实践表明，冷却水压力（出口处）在 0.2MPa 以上时才能冲破气膜，到 0.4MPa 才有明显效果。足够的冷却水压力和水量的另外一个作用是保证快速带走热量；同时，冲去粘在轧槽表面的黑皮，减少轧槽磨损，提高轧制量。因此，对冷却水的水压要求是 0.4～0.6MPa。

b　冷却水水量

达到一定的水压而没有一定的水量，冷却效果也不能达到。因为高水压、低水量只意味着水柱细小、冷却区域狭窄。一般来说，冷却水水量按表 13-28 配置较好。

表 13-28　冷却水水量及适用情况

冷却水水量/m³·h⁻¹	适用情况	冷却水水量/m³·h⁻¹	适用情况
12～15	φ12mm 以下棒材单槽	30～40	φ22～25mm 棒材单槽
15～25	φ14～16mm 棒材单槽	50～60	φ28～32mm 棒材单槽、双面弹簧扁钢
25～30	φ18～20mm 棒材单槽	60～100	φ36mm 棒材单槽、单面双槽弹簧扁钢

c　冷却水布置

冷却水的布置最好是从出钢口开始的约三分之一轧辊圆周，水量应该是出钢口最大再逐步减小，尤其是出钢口的冷却非常重要。出钢口水嘴的水量应占环形水管总水量的30%，同时出钢口水嘴喷出的水柱越靠近轧辊越好。这是因为轧辊在接触红钢后应立即进行充分冷却。从接触红钢到开始冷却的间隔时间越短越好，同时用较大的水量来保证冷却效果。通过控制水压、水量及喷嘴角度，得到的最终冷却效果应以辊面温度为准，轧辊表面温度控制在50℃以下。对于中小型轧辊，轧辊冷却水停止5～10min后便可测量辊面温度。冷却水的水温最好控制在30℃以下。

另外需注意的是，环形水管的水嘴应对准轧槽，安装应牢靠，决不允许轧制时断水、水管脱落或水管堵塞（将导致硬质合金轧辊迅速开裂而报废）。冷却水布置如图13-87所示。

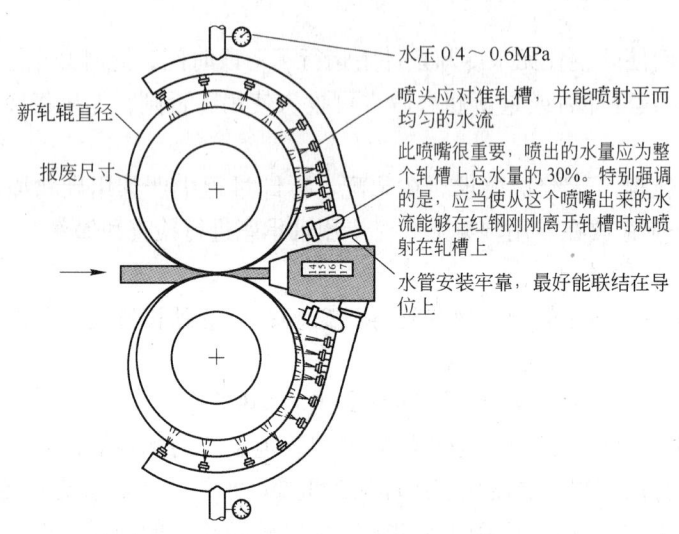

图 13-87　棒材精轧机水冷却系统设计示意图

F　影响硬质合金复合轧辊使用寿命的因素

轧辊在工作时，各种因素总是在一起作用破坏轧槽表面和导致轧辊损坏。这些因素是：裂纹、磨损、腐蚀。

a　硬质合金辊环的裂纹及裂纹形式

总体上说导致合金轧辊损坏和破裂的重要因素是裂纹的产生和扩展。裂纹有两种形式：横向裂纹和纵向裂纹。横向裂纹与辊环轴线平行，纵向裂纹沿辊环圆周方向，横向裂纹和纵向裂纹对辊环的破坏是致命的。

（1）产生横向裂纹的主要因素有：

1）精轧孔型中的压下量过大、堆钢等导致轧制力过大；

2）轧辊轴承、齿轮轴承和齿轮箱工作不正常，产生过量的热量。

（2）在轧环表面上产生的裂纹。在轧环表面上产生的裂纹是热疲劳导致的（图13-88）。这些裂纹在修磨时必须磨掉，否则，任其继续扩展，最终将导致轧辊提前损坏。热疲劳裂纹的扩展主要取决于轧制

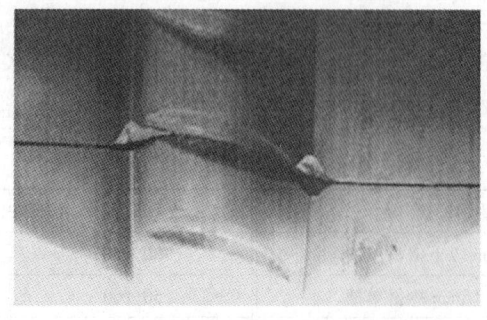

图 13-88　典型硬质合金的辊环裂纹

过程中的机械应力。轧辊的失效可以由横向或纵向裂纹引起，主要因素有：

1）高温的轧材导致与其接触的辊环受热膨胀，从而使冷却后的残余应力增高。

2）低速轧制将使热量有时却更深入地渗透从而导致更深的裂纹，这是一个非常重要的因素，它可以解释为什么轧速较低的前几架轧辊会出现更粗和更深的热裂纹痕迹。

3）高压下率和硬线材会产生更多的变形热。

4）辊环过大导致接触弧更长，产生更深的热渗透。

5）冷却不当或冷却不充分。

b　轧环的磨损

轧环在轧制过程中，与轧件接触而发生的物理摩擦作用，与冷却水在高温高压下接触而发生的化学腐蚀作用和氧化作用所引起辊环表面的变化，叫做轧辊的磨损。

磨损有两种形式：摩擦磨损和磨粒磨损。摩擦磨损是由红钢和轧槽之间相对运动产生的。磨粒磨损是由轧件表面的坚硬氧化物造成的。

影响轧槽磨损的主要因素有：

（1）在热轧条件下，红钢与冷却水接触生成 Fe_3O_4 和 Fe_2O_3 等硬度很大的氧化物，其粘在轧槽表面，使轧槽生成黑暗色的表面，即黑皮。黑皮是造成轧槽异常磨损的主要原因。

（2）在轧制时孔型先与红钢接触，随后又被水冷却，因而交替地受热和冷却作用，结果在轧槽表面上出现网状裂纹，裂纹处金属发生强烈氧化，使裂纹扩展。轧槽表面发生氧化使摩擦系数增大，导致磨损加快。

（3）轧辊冷却不当同样会使轧槽表面磨损和破坏。当轧件出口处有充足的冷却水时，既能充分冷却轧槽，又能防止冷却水随同轧件进入孔型，这种冷却方法可以使孔型的使用期限大大延长。但是，当冷却水随轧件进入轧槽时，水在变形区的高温高压下变成水蒸气，轧件表面温度降低，轧件硬度增大，使轧制力增加，能使轧槽表面磨损加快。

（4）轧件的化学成分对轧槽的磨损也有影响。与软钢相比，高碳钢更容易使轧槽磨损。轧制合金钢和硅钢时轧槽磨损得特别快，其原因是轧制温度比较低，变形抗力比较大。

（5）孔型设计与压下规程也会影响轧槽的寿命。随着轧制压力的增加，磨损速度相应增大。为防止轧槽很快磨损，减少轧机的弹性变形，精轧孔型的压下量通常取 6% ~ 10%，从而可得到尺寸精确的钢材。

c　辊环的腐蚀

电解腐蚀出现在酸性冷却水中。腐蚀使暴露在硬质合金表面的黏结相损失，特别是在有裂纹的表面上，腐蚀产生后，使碳化物颗粒暴露，从而磨损加剧，轧槽寿命急剧下降。防止发生腐蚀的办法有改变轧辊硬质合金牌号和在冷却水中加入石灰或氧化铝。

13.5.5.4　小结

硬质合金辊环是一种高科技手段制造的高耐磨、抗热裂的高性能轧辊。轧辊孔型加工、维护、合理使用，可大大提高轧槽吨位、轧制稳定性、轧机生产作业率及负偏差率。一旦使用不当，就会产生轧槽大块"掉肉"，严重的则使轧辊产生深度裂纹，直至开裂报废，造成严重的浪费（因硬质合金辊环单价为高 NiCr 轧辊的十倍）。为降低轧辊消耗，降低生产成本，减轻操作工人的劳动强度，必须针对具体的使用工况，合理地、科学地使用硬质合金辊环。

参 考 文 献

[1] 邹家祥. 轧钢机械[M]. 3 版. 北京：冶金工业出版社，2006.

[2] 施东成. 轧钢机械设计方法[M]. 北京：冶金工业出版社，1990.

[3] 房世兴. 高速线材轧机装备技术[M]. 北京：冶金工业出版社，1997.

[4] 彭兆锋，王莉. 初轧-开坯机的复兴[C]. 2008 年全国轧钢生产技术会议，601 ~ 607.

[5] 王廷溥. 轧钢工艺学[M]. 北京：冶金工业出版社，1981.

[6] 傅德武. 轧钢学[M]. 北京：冶金工业出版社，1983.

[7] 钟廷珍. 短应力线轧机的理论与实践[M]. 2 版. 北京：冶金工业出版社，1998.

[8] 路凤佳. 短应力线轧机结构参数优化[D]. 秦皇岛：燕山大学，2005.

[9] KOCKS 公司样本（内部资料），2010.

[10] 武汉钢铁设计院. 轧钢设计参考资料通用部分(一)[M]. 武汉：武汉钢铁设计院，1978.

[11] 乔德庸，等. 高速轧机线材生产[M]. 北京：冶金工业出版社，1999.

[12] 李曼云，等. 小型型钢连轧生产工艺与设备[M]. 北京：冶金工业出版社，1999.

[13] 翁宇庆. 轧钢新技术 3000 问（型钢分册）[M]. 北京：中国科学技术出版社，2005.

[14] 宫开令，等. 高速钢复合轧辊的研制及生产[J]. 钢铁，1998，33(3).

[15] 孙格平，等. GB/T 1504—2008 铸铁轧辊国家标准[S]. 北京：中国标准出版社，2009.

[16] 刘娣，等. GB/T 1503—2008 铸钢轧辊国家标准[S]. 北京：中国标准出版社，2009.

编写人员：中冶京诚瑞信长材工程技术有限公司　王任全、赵英彪、邓华容
　　　　　中冶华天　何家宝
　　　　　中国钢研科技集团公司　宫开令
　　　　　重庆川深金属新材料公司　张　轶
　　　　　株洲硬质合金集团有限公司　王亿民
　　　　　上钢一厂　沈茂盛

14　长材轧制辅助设备

长材轧制的辅助设备包括主轧机以外的全部轧线机械设备，如加热炉、炉前设备、运输辊道、剪切设备、锯、冷床、矫直机、型钢堆垛设备、水冷设备、线材风冷线、线卷运输设备等，但不包括标准设备，如起重运输机、平板车、轧辊车床、轧辊磨床、测温仪、测径仪等。加热炉应是比较特殊的设备，在第 1 篇的第 3 章中已有专门的介绍。辊道在每一个长材生产车间中都有，但辊道设备太简单、太普遍，考虑到本书的读者应是有中等专业水平以上的工程技术人员，所以本书不对辊道进行专门的叙述，只对主要的长材辅助设备进行介绍。

14.1　剪切设备

现代长材轧制生产线上，由于轧件在轧制过程中头尾易产生缺陷及温降过大，以及对轧件的分段剪切、成品定尺的要求，需要相应的切断设备对轧件进行头尾剪切和分段。主要切断方式有剪机、锯机、火焰切割设备。目前广泛应用的剪机分为停剪和飞剪，其中停剪主要用于大断面轧机连轧前的切头和成品定尺剪切等，飞剪广泛用于连轧线的切头尾、事故碎断、倍尺剪切、定尺剪切等。锯机包括金属锯和砂轮锯，主要用于中大规格型材生产线的定尺切断。火焰切割设备目前仅用于小部分大断面异形坯的切断，效率低，已逐步被剪机取代，在本书中不再论述。

14.1.1　停剪

停剪的功能是按设定的长度切断停止在生产线上的轧件。停剪剪切吨位大，剪切断面平整，一般放置在轧线的收集区用来剪切冷态钢材，作为定尺成品剪。

棒材在轧线上经过粗轧区、中轧区、精轧区轧制成成品之后，然后上冷床冷却，空冷后的轧件温度在 300℃ 左右，轧件下冷床之后被编组成排，输送到停剪区将排钢剪切成定尺。因此，收集区剪切定尺的停剪又称为冷停剪或者冷剪。

冷停剪位于冷床出口辊道之后，用于对成品棒材进行定尺剪切，一般由清尾装置、冷剪机列、收集装置等设备组成。冷停剪布置图如图 14-1 和图 14-2 所示。

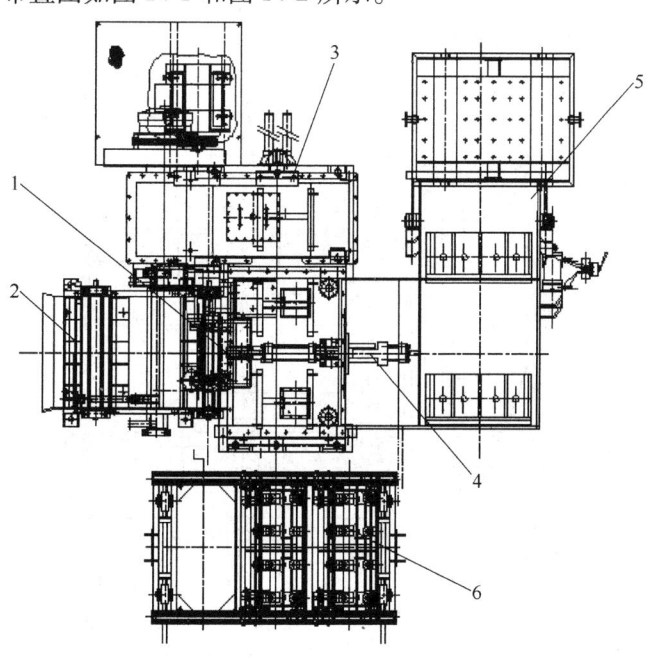

图 14-1　冷停剪布置图之一

1—入口压辊；2—清尾装置；3—冷停剪机列；4—对齐挡板；5—收集装置；6—换刀架小车

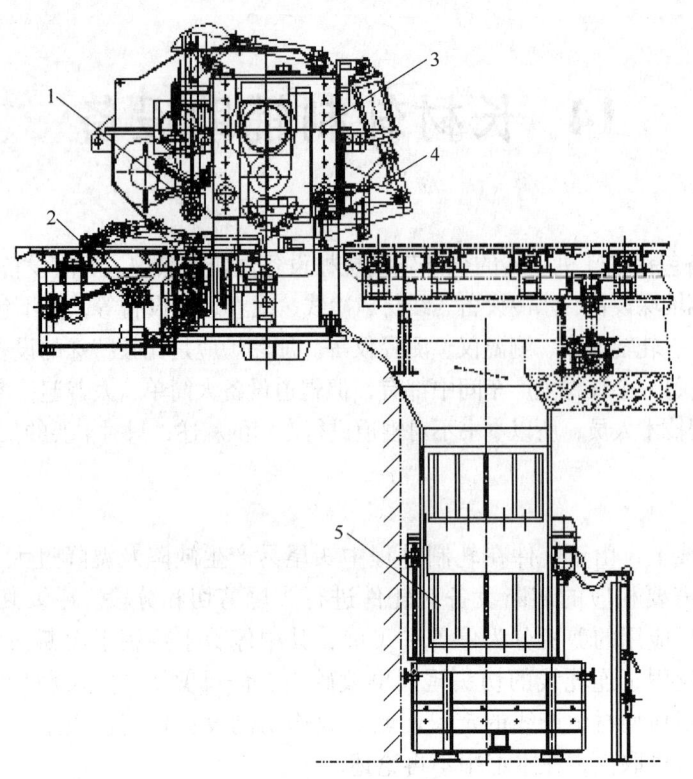

图 14-2　冷停剪布置图之二

1—入口压辊；2—清尾装置；3—冷停剪机列；4—对齐挡板；5—收集装置

　　冷停剪通常按照剪切吨位大小区分，常见规格有：1300t 冷停剪、1200t 冷停剪、1000t 冷停剪、850t 冷停剪、450t 冷停剪、400t 冷停剪、350t 冷停剪、250t 冷停剪等多种规格，一般根据车间轧机生产能力选择合适的剪切吨位。

　　我国早期使用的冷停剪主要靠引进技术和准备，国内使用较多的进口产品主要来自 Danieli、Pomini 等欧洲公司。随着我国不断消化吸收国外技术和再创新，国产装备逐步成熟，目前剪切能力 1000t 以下的冷停剪基本均为国产装备。

　　国内轧钢厂的设计产能一般在 80 万吨/年左右，主要使用的冷停剪吨位通常在 850t 左右。该型冷停剪（图 14-3）采用偏心轴带动上刀架上切式结构，一台电动机通过皮带轮带动冷停剪机输入轴上的气动离合器转动。当离合器接合时，输入轴通过两级减速带动偏心轴转动，偏心轴通过滑架带动上剪刃上下

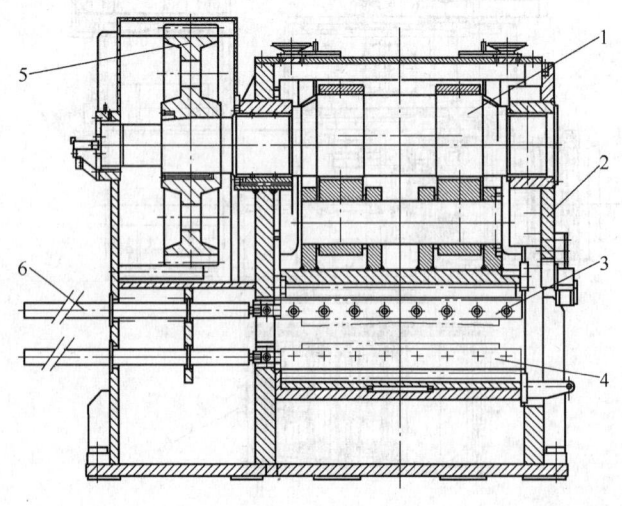

图 14-3　冷停剪结构图

1—偏心轴；2—箱体；3—上刀板；4—下刀板；5—传动齿轮；6—液压缸

运动，旋转一周完成一次剪切动作。每剪切一次均通过气动离合器/制动器来完成，电机为连续工作制。

棒材冷停剪切头时，对齐挡板处于下位，其余部分保持初始状态。等料头对齐后，对齐挡板升起，入口导向辊下降压住棒材，冷剪后摆动辊道下降，制动器打开，离合器合上，电动机通过皮带带动齿轮转动，通过两级减速完成剪切，上剪刃又回到上位，离合器离开，制动器制动，冷剪后摆动辊道升起，棒材继续往前输送，完成一次切头动作。

冷停剪定尺时，定尺机定尺挡板处于下位，其余部分保持初始状态。等定尺对齐后，入口导向辊下降压住棒材，冷剪后摆动辊道下降，制动器打开，离合器合上，电动机通过皮带带动齿轮转动，通过2级减速完成剪切，上剪刃又回到上位，离合器离开，制动器制动，冷剪后摆动辊道升起，定尺机定尺挡板升起，棒材继续往前输送，完成一次定尺剪切动作。

清尾装置对棒材尾料进行清理，动作由液压缸执行，清尾辊道还有辊道提升动作，辅助冷停剪剪切。

换刀架小车设备为冷剪本体外部的单独设备，位于冷剪本体正前方，与冷剪本体内锁紧缸配合使用可达到安全、可靠及快速的更换刀片，操作简单方便，提高生产效率。

冷剪收集装置由料管、溜槽、气动挡板组成，切下的头、尾沿溜槽落入收集筐内。

随着我国轧钢车间产能的不断提高，要求冷剪的能力也越来越大。目前剪切能力在1000t以上的冷剪得到越来越多的应用，最大剪切能力已达1300t甚至更大，但此类冷剪更多的还是依赖进口，我国相关企业正在研发推广。

14.1.2　飞剪

飞剪的功能是按设定长度切断在生产线上运行的轧件。飞剪动作快，精度高，结构紧凑，装设在连续式轧机的轧制作业线上，在现代化轧钢车间中得到了广泛的采用，是现代连续轧钢生产线上的关键设备之一。

根据生产工艺的要求，通常会在轧线的粗轧区、中轧区、精轧区和收集区各布置一台飞剪，分别用来切头、切尾、事故碎断、倍尺和定尺。飞剪机的特点是能横向剪切运动中的轧件，对它的基本要求是：

（1）飞剪机的生产能力必须与轧机生产率相协调，能够保证轧机的生产率充分发挥。

（2）剪切时，剪刃在轧件运动方向的分速度应与轧件运动速度保持一定的关系，保证在剪切过程中，轧件不弯曲也不被拉断。

（3）按照轧制工艺剪切长度，使长度尺寸公差与剪切断面符合国家有关规定。

目前，国内棒线材生产线上的飞剪设备和控制系统有的是全套从国外引进的，有的是我国在消化和吸收引进技术的基础上自己开发出来的。

14.1.2.1　飞剪机的主要形式

飞剪的形式有多种，经常使用的有曲柄连杆式飞剪、回转式飞剪、组合式飞剪、圆盘式飞剪、摆式飞剪等。

A　曲柄连杆式飞剪

曲柄连杆式飞剪由于其剪切断面大、剪切质量好，广泛应用在板带车间、型钢车间及棒线材轧钢车间。在棒线材车间，它主要用来切头、切尾、倍尺及碎断。曲柄连杆式飞剪在机构设计过程中要求：

（1）上、下剪刃的运动轨迹应该满足给定的封闭曲线，保证两剪刃有一定的开口度和重合度。

（2）为了保证工艺质量，在剪切过程中，剪刃始终尽可能保持垂直于轧件表面。

（3）在剪切过程中，剪刃的水平分速度与轧件运行速度尽可能相等。

曲柄连杆式飞剪通常采用电动机直接启停式工作制度。曲柄式飞剪机由箱体、减速齿轮、刀架、导槽等组成（图14-4）。减速齿轮直接放置在箱体内部，不单独配置减速箱，结构设计紧凑。在飞剪剪切时，电动机通过减速齿轮，将动力传递到剪切四连杆机构，这时固定在刀架上的剪刃随曲柄做近乎垂直于轧件的剪切动作，因而可以获得较高的剪切质量，但由于其存在不均衡质量，因此剪切速度不能太高。同时剪机在高速轴上可以配置飞轮来提高飞剪的剪切能力。目前国内常用的曲柄式飞剪按照剪切吨位分为330t曲柄式飞剪、160t曲柄式飞剪、125t曲柄式飞剪、120t曲柄式飞剪、80t曲柄式飞剪、60t曲柄式飞剪、40t曲柄式飞剪等。

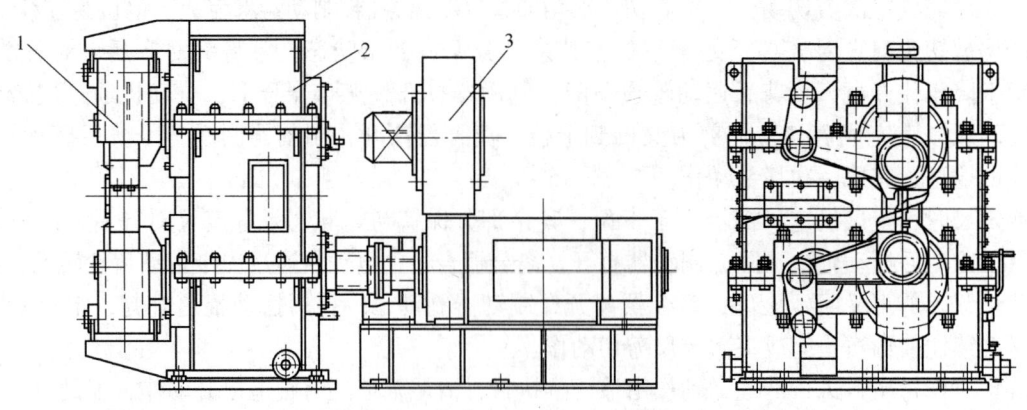

图 14-4 曲柄连杆式飞剪机
1—刀架装配；2—箱体装配；3—传动装置

曲柄连杆式飞剪由于具有好的剪切断面和大的剪切力等优点，所以经常使用在收集区作为定尺成品剪。中冶京诚公司开发的国产龙门式 LFJ-450 冷飞剪也是采用了曲柄连杆结构（图 14-5）。

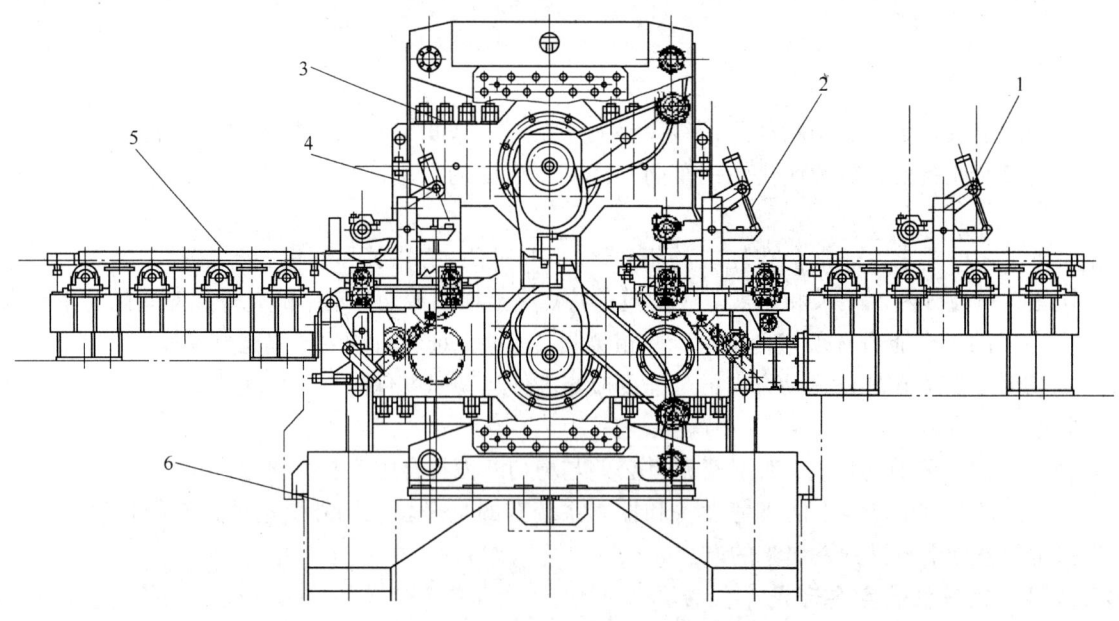

图 14-5   LFJ-450 曲柄式冷飞剪布置图
1—入口辊道；2—入口压辊；3—冷飞剪机列；4—出口压辊；5—出口辊道；6—收集装置

冷飞剪机适用于棒材、小型轧钢车间的最终产品的定尺剪切。和冷停剪相比，可实现轧件运行中剪切、生产效率高，占地小等优点。一台剪切力为 450t 的冷飞剪的产能与一台 850t 冷停剪相当。

以 LFJ-450 曲柄式冷飞剪为例，冷飞剪机布置于棒材、小型轧钢车间的冷床与收集区之间，剪机的输入、输出辊道分别与冷床输出辊道和收集区运输辊道衔接，正常生产时对由冷床输出的成品轧材进行定尺剪切。冷飞剪由剪机本体、传动电机、前后压辊、输入辊道、输出辊道及切头收集装置等组成。

曲柄式冷飞剪机为启停工作制。在定尺剪切过程中，在轧件连续输送过程中，飞剪机定尺剪切，其剪切效率与以往的定尺剪机相比有明显的提高。冷飞剪机的最大剪切力为 4500kN，通过合理安排生产工艺流程，可最大发挥其效能。冷飞剪机的最短定尺长度为 6m，这是由飞剪机的启停工作制决定的。剪切 $\phi25$mm 以下的棒材时使用平剪刃，剪切 $\phi25$mm（含）以上的棒材、型钢时使用相应孔型剪刃。使用孔型剪刃时，需同时使用与孔型剪刃相配的压辊及算条。

剪机本体为整体结构，刀架安装在龙门架内，曲轴为双支点支撑，能承受大剪切力。传动系统为齿轮传动，两台直流电机并联传动。机架采用焊接结构。剪机采用启停工作制。

剪机入口、出口处均设有压辊装置，以防止剪切时轧件的弹跳。输入辊道、输出辊道上各安装有四根电磁辊，使被剪棒材紧贴辊面，保证剪切精度。有的输入辊道做成了磁性链结构，也能够满足冷飞剪在使用当中起到稳定棒料、保证剪切精度的功能。收集装置由料筐、溜槽、导向槽组成。切下的头、尾沿导向板落入收集筐内。

B 回转式飞剪

回转式飞剪的工作原理是上、下剪刃固定在做圆周运动的剪臂上，剪臂在电动机的驱动下做旋转运动，旋转的剪刀将来料剪断。回转式飞剪机的结构如图14-6所示。

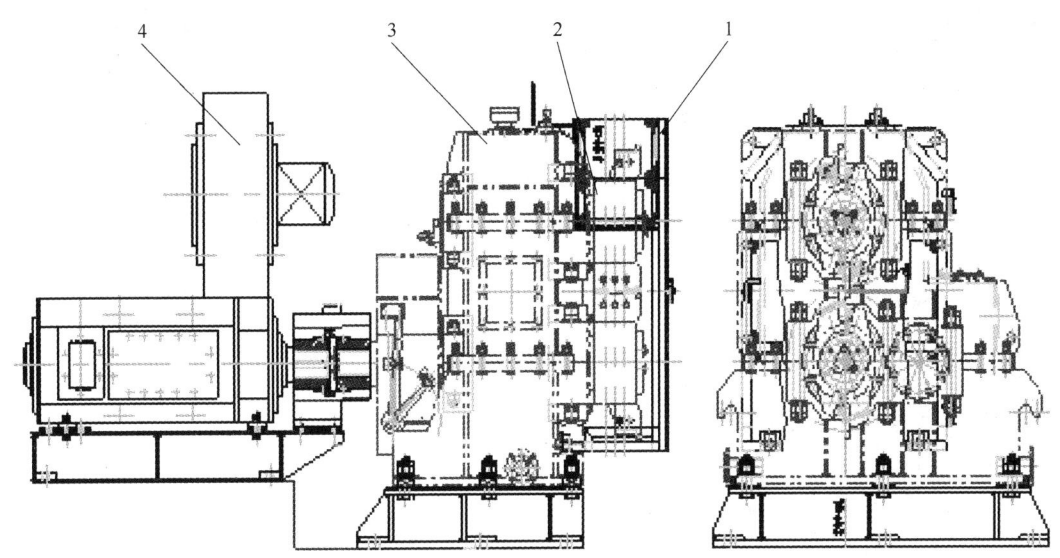

图14-6 回转式飞剪机的结构
1—保护罩；2—剪刃装配；3—箱体装配；4—传动装置

回转剪结构相对简单，由箱体、减速齿轮、刀架和导槽组成。由于回转剪运动轨迹为一圆形，剪切轧件断面有斜切口，断面质量一般，但是由于其整机惯量小，减小了启动负荷，更适应较小断面且高速运行的轧件的剪切。现在国内现有的这种飞剪，剪切速度最高可达到20m/s以上。

回转剪在高速轴也可以通过配置飞轮来提高飞剪的剪切能力，并且回转剪在剪臂上可以做成双剪刃或者多剪刃结构，以达到碎断长度更短的效果，短的废料更方便收集和处理。

C 组合式飞剪

由于飞剪在剪切时要保持速度与轧件大致相同，故飞剪需要不同的回转半径来匹配不同的轧件速度，我们一般在速度范围大于3倍的时候选择组合式飞剪。所谓组合式飞剪就是同时具备曲柄剪切模式和回转剪切模式的飞剪机。这种曲柄/回转组合式飞剪一般用于轧件的倍尺剪切，对即将上冷床的轧件分段剪切，得到倍成于定尺长度的剪切长度，因此这种组合式飞剪也被称为倍尺飞剪。倍尺飞剪一般要求剪切的规格范围、速度范围大，而且随着国内轧钢工艺的发展，多切分轧制和控轧控冷工艺的广泛应用，轧件在经过穿水冷却后，表面的温度低。低温倍尺飞剪应运而生。现以中冶京诚公司开发的低温高速倍尺飞剪为例对组合式飞剪结构加以说明，如图14-7和图14-8所示。

低温高速倍尺剪主要由飞剪保护装置，入、出口导槽，飞剪本体，飞剪传动，飞剪机上润滑系统五部分组成。

飞剪机采用电机启停式工作制，电动机通过鼓形齿联轴器带动剪机传动轴转动，传动轴上的齿轮通过一个介轮传动上剪轴的齿轮，同时传动轴上的齿轮与下剪轴的齿轮相啮合，从而带动上、下剪刃转动，每剪切一次均由电动机直接启、制动来完成。飞剪机有两套刀体结构，分别用于曲柄剪切模式和回转剪切模式。在剪机的传动轴上装有离合式飞轮，在剪切低速、大断面时将飞轮接合以加大剪切能力。

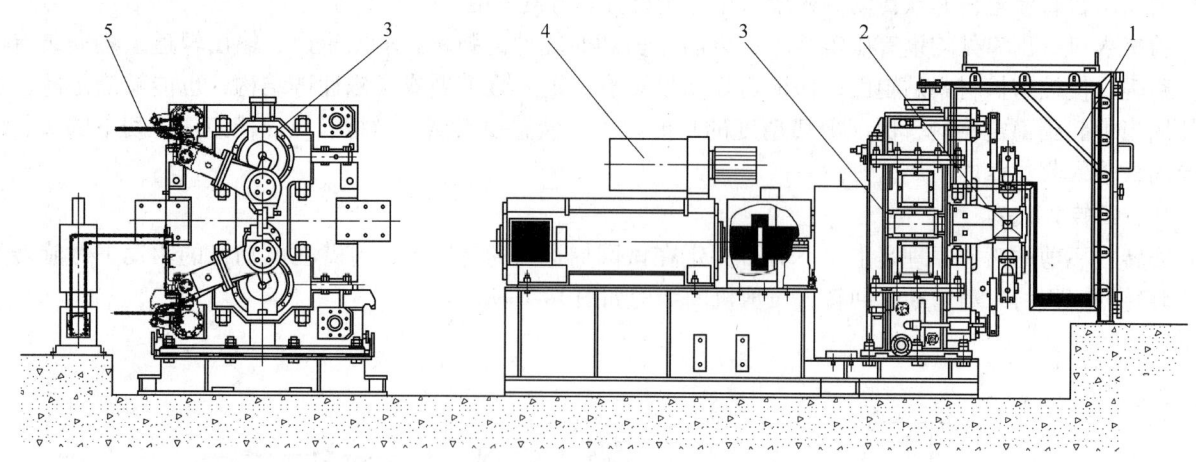

图 14-7　低温高速倍尺飞剪机列图

1—飞剪保护装置；2—入、出口导槽；3—飞剪本体；4—飞剪传动；5—飞剪机上润滑系统

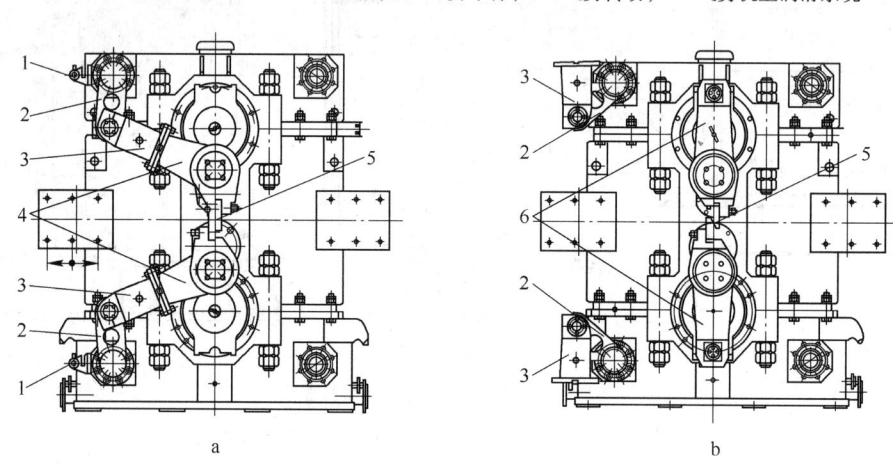

图 14-8　曲柄剪模式（a）和回转剪模式（b）

1—悬挂装置；2—摆杆；3—连杆；4—曲柄刀架；5—刀片；6—回转刀架

　　该型低温高速倍尺飞剪的剪切力可达 650kN，轧件速度范围达 1.8～18m/s。它采用了曲柄/回转组合式结构，该飞剪配置两套刀架，一套为曲柄刀架，另一套为回转刀架。当剪切速度低于 8m/s 时，采用曲柄剪切模式，此时剪轴上安装曲柄刀架；当剪切速度高于 8m/s 时，采用回转剪切模式，此时剪轴上安装回转刀架，两套刀架的剪切中心线重合，并配置有刀架快速更换装置，简化更换步骤，操作省时省力。两种剪切模式均可在一定速度范围内带飞轮剪切，以提高剪切能力。剪机与电机间的手动钳盘式制动器在飞剪机检修时进行制动，以保证检修人员的安全。

　　D　圆盘式飞剪

　　圆盘式飞剪（图 14-9）的剪切机构是由固定在上、下剪轴上的一对做连续圆周运动的圆盘组成的，圆盘外圆固定有剪刃，剪切时，通过剪前的转辙器将轧件摆到剪切中心线上，旋转的剪刃将轧件剪断，剪切完毕后，再由转辙器将轧件摆到轧制中心线上。由于飞剪是连续运转的，要求剪前的转辙器动作要快且精准。

　　圆盘式飞剪剪切速度高，一般剪切的轧件速度在 25m/s 以上，目前国外有的剪机速度能够达到 120m/s 左右。但是，圆盘式飞剪剪切断面小，剪切断面的质量较低。飞剪的圆盘刀架上

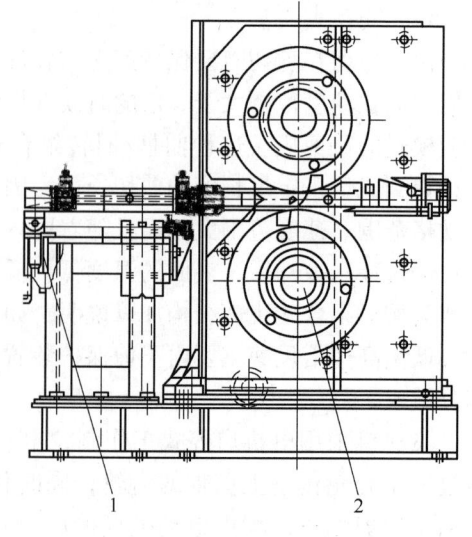

图 14-9　圆盘式飞剪机

1—转辙器；2—高速飞剪

可以固定一对剪刃，甚至多对剪刃，剪刃对数多能够减小碎断长度，但是在切头时对剪前的转辙器要求的动作更快。圆盘式飞剪机本体的结构相对简单，可是由于飞剪本身的高速度，对飞剪前后的辅助设备要求高，往往采用伺服系统来控制导槽的位置。

E 摆式飞剪

摆式飞剪由于其剪切吨位大，剪切速度低，可用在粗轧区作为切头剪，在棒材车间又常常设在冷床出口，作为成品剪。

摆式飞剪按照剪切吨位大小，可分为 450t 摆剪、350t 摆剪、325t 摆剪、280t 摆剪等多种规格。国外拥有此技术的主要有 Danieli 等，在国内有设计院和制造厂转化设计过国外的产品。

摆式飞剪（图 14-10）的传动系统是由连续运转的电机通过带飞轮的减速机、气动离合器和制动器驱动偏心轴，剪切时通过控制气动离合器和制动器配合来完成飞剪的剪切动作。

国内生产线上主要引进的摆剪是双偏心对切式摆式飞剪，剪切机构由偏心轴挂在固定机座上，剪切机构上部由偏心轴带动，剪切机构下部由曲柄连杆带动，并于剪切的同时摆动而构成摆式飞剪。

飞剪的剪切传动：两直流电机并联—主减速机—双偏心曲轴剪切机构。飞剪的摆动传动：直流电机—减速机—曲柄连杆机构。

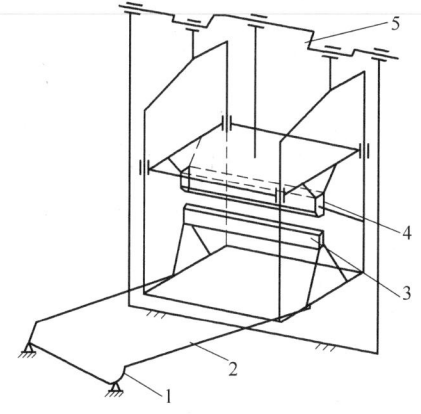

图 14-10 摆式飞剪原理图
1—曲柄；2—连杆；3—下剪刃；
4—上剪刃；5—偏心轴

摆式飞剪放置在成品区，作为定尺飞剪，具有剪切中轧件不停止、剪切断面平整、剪切断面大、剪切精度高、适应轧线节奏的特点，其剪切效率与以往的定尺剪机相比有明显的提高。

14.1.2.2 飞剪的飞轮机构

飞剪在剪切轧件时，需要克服轧件的抗剪能力，大的剪切力仅靠电机的力量完全不够，常需要在飞剪的高速轴上配置飞轮，增加剪机的剪切能力，并且在使用当中受到轧件钢种、规格、温度和速度等工艺方面的影响，飞轮通常要设置成可离合结构，如图 14-11 所示。

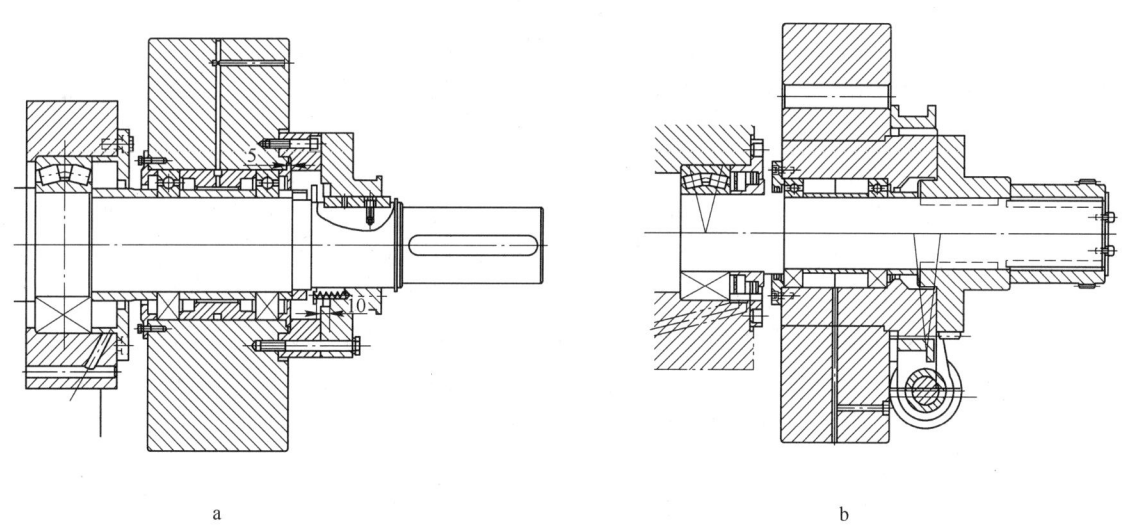

a   b

图 14-11 端面齿飞轮离合机构（a）和花键套飞轮离合机构（b）

端面齿飞轮离合机构是靠一个固定在轴上面的带锥度齿状结构的法兰来连接紧固在飞轮上面带相同结构的法兰，从而带动飞轮旋转的机构。它的优点是噪声小、冲击小，但飞轮离合的切换工作时间较长。

花键套飞轮离合机构是靠一个内齿套同时咬合两对花键来带动飞轮旋转或咬合一端花键实现飞轮脱开的机构。当需要飞轮旋转时，花键套滑动到与两对花键相结合的位置，使传动轴上面的花键带动花键套，从而带动飞轮旋转；当不需飞轮旋转时，花键套通过滑杆滑动到两对花键的飞轮端，从而脱离了传动轴的带动，实现飞轮的脱开。它的优点是飞轮离合的切换工作时间短，操作较为方便，但噪声大、冲击大。

14.1.2.3　飞剪的剪刃侧隙调整机构

飞剪机在剪切的过程中剪刃间隙是变化的，剪切时剪刃间隙的大小直接影响剪切质量和剪后轧件质量，尤其是精轧机出口处的倍尺飞剪，成品剪对产品的断面平整度要求更高。剪刃间隙应在剪机静止状态下进行调整，剪刃上下靠齐时应将剪刃侧隙调至 0.1 ~ 0.4mm 之间，剪刃重合度最大为 3mm（主要通过修磨剪刃和加垫片进行调整）。

剪机剪刃侧隙的调整有两种方法：一种是采用刀片加垫片的调整方法，垫片损坏后需要在现场配磨；另一种是采用偏心轴的调整方法，使用偏心轴调整方便，操作简单，固定可靠，其中包括曲柄模式和回转模式两种，如图 14-12 和图 14-13 所示。

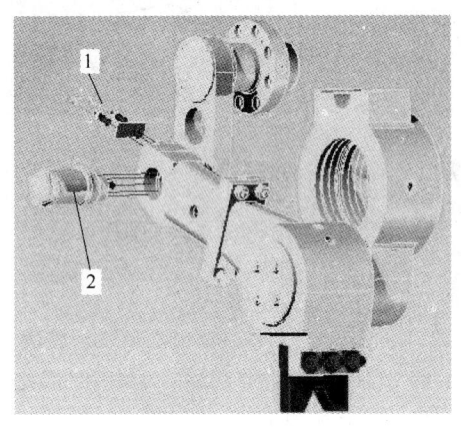

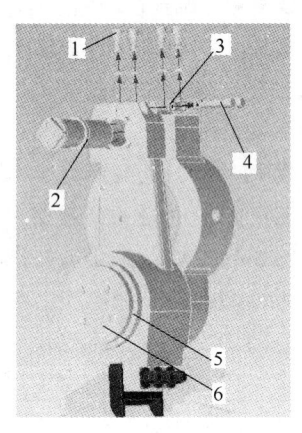

图 14-12　曲柄模式调整机构

1—螺栓；2—偏心轴

图 14-13　回转模式调整机构

1—螺栓；2—偏心轴；3—垫片；4—螺钉；5—圆螺母；6—压盖

14.1.2.4　飞剪机的电气控制

飞剪机通常由电机驱动启停，在飞剪前后设备、飞剪本体及电机上安装电气元件，然后通过计算机可编程智能控制器接收检测元件发来的各种信号，在程序中进行运算、比较、计数后，通过输出模块向外送出信号，当轧制情况变化时，可通过修改程序来改变对飞剪的控制，使飞剪的剪切迅速适应轧制线生产的变化。

通常在飞剪前装设两个热金属检测器，在剪前轧件的轧辊轴上装设脉冲发生器，飞剪的可编程控制器中装有两个特殊的飞剪智能模块，一个是高速计数器，用来计算较高频率的脉冲，另一个是轴定位模块，用来控制剪刃的位置和速度。当轧件通过第一个热金属检测器时，热金属检测器发出信号给控制器，控制器开始计脉冲，程序开始运行，当轧件通过第二个热金属检测器时，控制器收到第二个热金属检测器发出的信号，程序立即计算出两个热金属检测器的信号之间共计有多少个脉冲，两个热金属检测器间的距离为非变量，则程序立即运算出单位长度的脉冲数。飞剪控制器的另一智能模块是轴定位模块，根据单位长度的脉冲数、热金属检测器至飞剪剪刃间的距离、要求的切头长度以及飞剪启动至剪切的时间，便可以准确地控制飞剪的启动、加速、剪切、减速、停位。

飞剪机的剪切精度与轧件运行速度有关。采用可编程智能控制启停式飞剪，剪切精度可控制在 $\pm(0.005v)$（单位:mm）之内，其中 v 为轧件速度，单位为 mm/s。

14.2　锯切设备

14.2.1　概述

锯切设备是中大规格型材生产线必不可少的重要设备，用来切断轧件，以获得断面整齐的定尺产品。对于中大型型材生产线，锯切定尺区是整条生产线产品产量的瓶颈，因此，正确合适的锯切设备选型至关重要。

型材生产线上使用的锯机主要为圆盘锯，其余形式锯机（如带锯、绳锯等）这里不做讨论，本章节所指锯机均为圆盘锯。

根据锯切的轧件温度，锯机可分为锯切高温轧件的热锯机，锯切常温轧件的冷锯机。根据锯机是否能够沿轧线横移，锯机可分为固定锯和移动锯。根据锯切目的不同，锯机可分为分段锯、定尺锯和改尺锯。

锯片直径 D 是锯机最主要的结构参数，常以锯片直径作为锯机的主要系列标称，钢铁领域常用的有 $\phi1250mm$ 锯机、$\phi1500mm$（$\phi1600mm$）锯机、$\phi1800mm$ 锯机、$\phi2000mm$ 锯机、$\phi2200mm$ 锯机等。

但决定锯机性能的最关键要素是锯机使用什么锯片，根据锯切机锯片材质分为金属锯和砂轮锯。由于金属锯片带有锯齿，使用金属锯片的锯机又被称为有齿锯，使用砂轮锯片的锯机为砂轮齿，又被称为无齿锯。

14.2.2　金属锯

金属圆盘锯，又称为有齿锯。金属锯锯切动作流程为：快进—慢进锯切—锯切完成—快速退锯—待命。图 14-14 为滚轮滑座式金属锯机结构图。

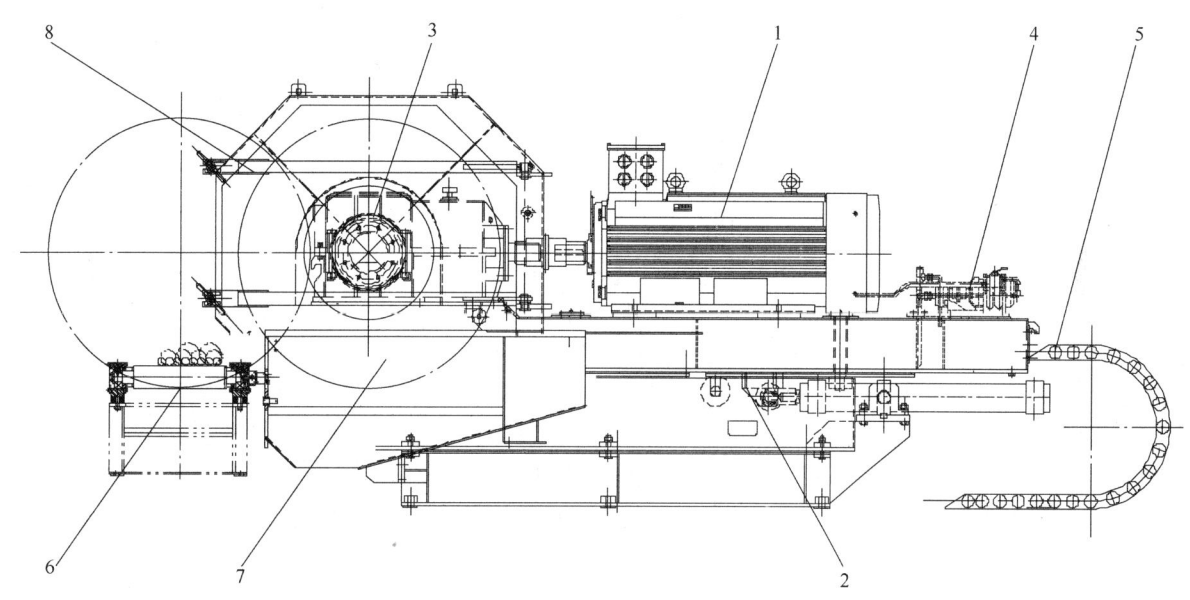

图 14-14　滚轮滑座式金属锯机结构图
1—传动机构；2—进给机构；3—锯片锁紧机构；4—稀油泵；5—拖链；6—输送辊道；7—锯片；8—锯片保护罩

14.2.2.1　金属锯的结构

金属锯锯机主要由三部分组成：传动机构、进给机构及锯片夹紧装置。对于可以横移的移动锯还要增加一套横移机构。

A　传动机构

锯机的传动方式主要有三种：由电动机直接传动、电动机经皮带传动及电动机通过锥齿轮箱传动。

直接传动因为没有中间环节，传动效率高，转动惯量小，价格便宜，但由于电动机距离轧件较近，用于热锯时，高温轧件对电动机影响较大，所以一般只适用于冷锯切。该传动结构近年来已经逐渐被淘汰。

皮带传动方式结构简单、造价低，同时皮带传动自带过载保护功能（皮带打滑），过去曾得到广泛应用，但由于皮带振动较大，随着锯切线速度的不断提高，锯切时皮带振动容易导致锯机振动，造成轧件切口质量下降，甚至导致锯片损坏，所以近年来使用越来越少。

电动机驱动锥齿轮箱的传动结构是近年来主流传动形式，随着锥齿轮加工精度的不断提高，锥齿轮箱的噪声和振动得到有效控制，传动十分平稳，锯切效果好，但价格较贵。锥齿轮箱的传动结构需要稀油强制润滑，一般采用单台锯机循环泵强制润滑方式，不单独设置稀油润滑站。

B　进给机构

进给机构目前多数采用液压缸驱动的滚轮送进式滑座机构，为避免进给时产生振动，采用多组多方位滚轮定位导向。滚轮滑座式机构相对于滑动导板式机构，系统阻力小，导向零件磨损小，更换方便。

　　近年来国外一些锯机制造商开始使用液压缸或滚珠丝杠驱动的直线导轨进给机构，振动小，进给更平稳，但价格较高。随着机加工水平的提高，钢厂对锯切质量要求的不断提高，此种进给机构必将成为主流锯机的标准配置。

　　C　锯片锁紧装置

　　锯片锁紧装置，用于将锯片安装到锯机上，并且要保证锯片在高转速情况下的可靠锁紧，同时又要保证锯片更换方便、快捷。其主要分为机械锁紧装置和液压锁紧装置两种。机械锁紧需要人工拧紧或松开锁紧螺栓，操作工人劳动强度大，同时拧紧质量无法保证。液压锁紧装置是先采用液压机构压紧，然后人工拧紧锁紧螺母，之后液压机构再卸载。换锯片时，先液压机构压紧，然后松开锁紧螺母。工人劳动强度相对低，拧紧质量有保障。但操作比较复杂，并且需要专用的手持高压液压泵。

　　同时金属锯片锁紧法兰上设有销子，锯片上钻有销孔。

　　D　横移机构

　　横移机构由于横移距离较长，多采用电机驱动的齿轮齿条机构，同时配有锁紧装置，保证锯机横移到位后锯机的稳定。

14.2.2.2　金属锯片

　　型材最终的锯切质量，除了受锯机本身的制约，很大程度上取决于锯片。对于金属锯片而言，材质、锯片厚度、锯齿形状及锋利程度都是影响最终锯切断面质量的重要因素。现阶段最常用的锯片材料为65Mn，齿型为鼠牙型。

　　金属锯锯片需要配置中压水除屑装置，同时用于冷却锯片，目前采用的中压水压力为 2.5MPa，同时需配置常压水冲渣。锯片设有活动保护罩，在起到保护作用的同时方便锯片更换。

　　金属锯片大概需要每班（8h）更换一次，更换时间一般小于 10min。更换下来的锯片需要对齿形进行修型磨齿。金属锯片的重磨量与轧件尺寸、锯机结构等因素有关，一般为锯片直径的 5% ~ 10%，大概在100 ~ 150mm。金属锯运行成本相对较低，大概在每吨 2 ~ 10 元，这也是金属锯得到广泛应用的最重要原因。同时过低的锯切成本在很大程度上是以锯切质量下降为代价的，即延长更换锯片时间。

　　近年来，采用硬质合金镶嵌锯齿的金属锯片得到快速发展及应用，锯切质量及噪声得到了很大的提高及控制，但成本较高。

14.2.2.3　金属锯结构参数

　　A　锯片直径 D

　　锯片直径 D（单位：mm）的选择主要考虑被锯切的最大轧件高度，可用以下经验公式计算：

　　对于方钢：$D = 10A + 300$（A 为方钢边长）；

　　对于圆钢：$D = 8d + 300$（d 为圆钢直径）；

　　对于角钢：$D = 10B + 300$（B 为角钢对角线长度）；

　　对于槽钢、工字钢：$D = 10C + 300$（C 为方钢边长）。

　　同时综合考虑电机容量、锯片损耗速度、锯切质量等因素。一般来讲，增大锯片直径，锯片损耗速度降低，但振动增加，锯切质量下降。理论上锯片不宜过大，但在实际应用中，大多选型都比上边公式计算出来的大 1 级，主要是因为钢厂对锯片损耗速度，即锯片更换时间更为敏感，同时近年来锯机因锯片直径增大而导致的振动得到明显控制。金属锯片直径最大可达 2200mm。

　　B　锯片厚度 δ

　　金属锯片厚度 δ（单位：mm）不宜过大，过大将增加锯机功率及钢材损耗，但过小将降低锯片强度，锯齿容易变形，同时增加振动值。一般按以下经验公式选择：

$$\delta = (0.18 \sim 0.20)\sqrt{D}$$

　　C　锯机中心高 H

　　金属锯机中心高 H 为锯机输出轴中心线到辊道上表面的高度（图 14-15）。

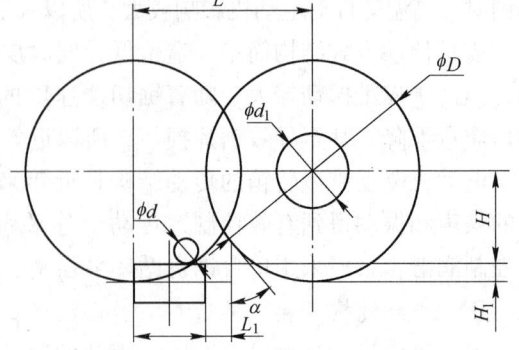

图 14-15　锯机尺寸示意图

钢铁行业锯机采用被切轧件不动，由锯机进给机构实现锯机垂直于轧线横移锯切轧件。为此，H 不能过小，否则会导致锯机在横移锯切的过程中轧件被锯机推开而不能进行锯切。同时当轧件最大直径 d 一定时，H 不宜过大，否则在保证修磨后锯片最小直径时 H_1 为正值的前提下，会导致锯片低于辊面高度 H_1 过大，进而导致锯切角度 α 变小，实验表明 α 值越小，锯切功率越大，同时锯片的实际使用直径变小。一般可按以下经验公式选择：

$$H = D/2 - (50 \sim 150)\text{mm}$$

同时，H 受锯机锯片锁紧装置法兰直径 d_1 及轧件的最大直径 d 的限制和制约（图 14-15）。

D 锯机进给行程 L

锯机的进给行程 L 由锯区输送辊面宽度 L_1 决定。锯机的进给行程 L 应保证大于辊面宽度 L_1。辊面宽度 L_1 由被锯切轧件的最大宽度和并排锯切的最多根数而定。一般可按以下经验公式选择：

$$L > L_1 + \frac{D}{2}$$

14.2.2.4　金属锯性能参数

A 锯片圆周速度 v

锯片的圆周速度主要受锯片材料、锯机传动机构的限制。目前锯片材料的限制是主要影响因素。

提高锯片圆周速度 v，可以在同样进给速度 μ 不变的前提下减少每个锯齿所锯切的切削厚度，从而减小每个齿的受力。换言之，如每个齿受力不变，则可以提高锯机进给速度 μ，从而提高锯机生产能力。但是随着锯机圆周速度的提高，由离心力而引起的径向拉应力也将增加，从而降低锯齿所能承受的锯切能力。因此，在锯片材料能够允许的前提下，尽量提高锯片的圆周速度 v。

现阶段，一般应用的锯片圆周速度 v 在 $80 \sim 120\text{m/s}$，部分锯机最大可以达到 140m/s，但鉴于安全的考虑不建议应用。

B 锯机进给速度 μ

锯机进给速度 μ 主要受锯片圆周速度 v、被锯切材料硬度、被锯切材料断面大小制约。在锯片圆周速度 v 一定的前提下，根据被锯切材料硬度、被锯切材料断面大小，锯机进给速度应做相应调整：锯切材料硬度大，被锯切材料断面大，则减小锯机进给速度 μ，反之增大。一般 μ 在 $30 \sim 300\text{mm/s}$。

C 锯切生产率 f

每秒锯机能够锯切的轧件断面面积我们称之为锯切生产率。锯切生产率是计算锯机锯切力和锯机功率的主要输入参数。在钢铁行业，一般金属锯机生产率 f 在 $1000 \sim 5000\text{mm}^2/\text{s}$。

14.2.2.5　金属热锯、金属冷锯的应用

一般以被切轧件的温度定义锯切类型，有以下几种类型：

（1）轧件温度低 $100℃$ 时为冷切；

（2）轧件温度在 $100 \sim 600℃$ 时为温切；

（3）轧件温度高于 $600℃$ 时为热切。

一般我们将用于锯切轧件温度低于 $300℃$ 的金属锯机称之为金属冷锯，将用于锯切轧件温度高于 $600℃$ 的金属锯机称之为金属热锯。金属热锯和金属冷锯，其设备结构是没有区别的。

对于方钢、圆钢生产线，由于冷态锯切时钢材太硬，锯切面积大，锯切周期长，切口质量低，所以一般很少采用冷锯切，大多采用热锯切或采用砂轮锯机。

对于工槽角、钢管等生产线，由于其为薄壁结构，单位时间内锯切面积小，热切容易使钢材变形，且飞边严重，所以基本上都采用金属冷锯切。

14.2.2.6　金属锯机辅助设备

金属锯机要完成轧件的锯切定尺工作还需要一些必不可少的辅助设备，这些辅助设备的机构性能对于锯切质量同样具有不可忽视的影响。

辅助设备主要包括输送辊道、移动辊道、定尺机、上压紧装置、侧压紧装置、下压紧装置等。

输送辊道：用于输送轧件，以实现轧件的移动。

移动辊道：移动金属锯在可横移范围内对应的辊道应设计为可沿轧线移动的移动辊道，以实现轧件

的无级定尺。移动辊道的移动距离要大于 1 个辊子直径与锯片厚度的和。

定尺机：用于实现轧件的定尺。

上压紧装置、侧压紧装置、下压紧装置：上压紧装置是从轧件上方将轧件压紧在辊道面上；侧压紧装置是从锯机的操作侧将轧件向传动侧压紧；下压紧装置是用于配合上压紧装置从辊道下方将轧件压紧。国内锯机供应商一般都提供上压紧装置和侧压紧装置的锯机配置，基本上不配置下压紧装置，国外一些锯机供应商可提供带有下压紧装置的锯机配置。如无下压紧装置，则在轧件快被切断时，轧件的两端会产生弯曲变形，夹紧锯片，造成断面末端产生飞边，影响锯切质量。这在切头、切尾及锯片钝化后特别明显。

14.2.3　砂轮锯

砂轮圆盘锯，又称为无齿锯，采用高硬度磨料及黏结剂层层叠加挤压固化成型的砂轮锯片，靠摩擦切割轧件。砂轮片本身具有自锐功能，不需要磨齿。砂轮锯片对振动更加敏感，如锯机振动较大，容易产生爆片事故。

砂轮锯锯切动作：下落—快进—慢进锯切—锯切完成—抬起—快速退锯—待命。

14.2.3.1　砂轮锯的结构

砂轮锯主要由传动机构、进给机构、摆动机构、锯片锁紧机构及除尘装置等组成，如图 14-16 所示。

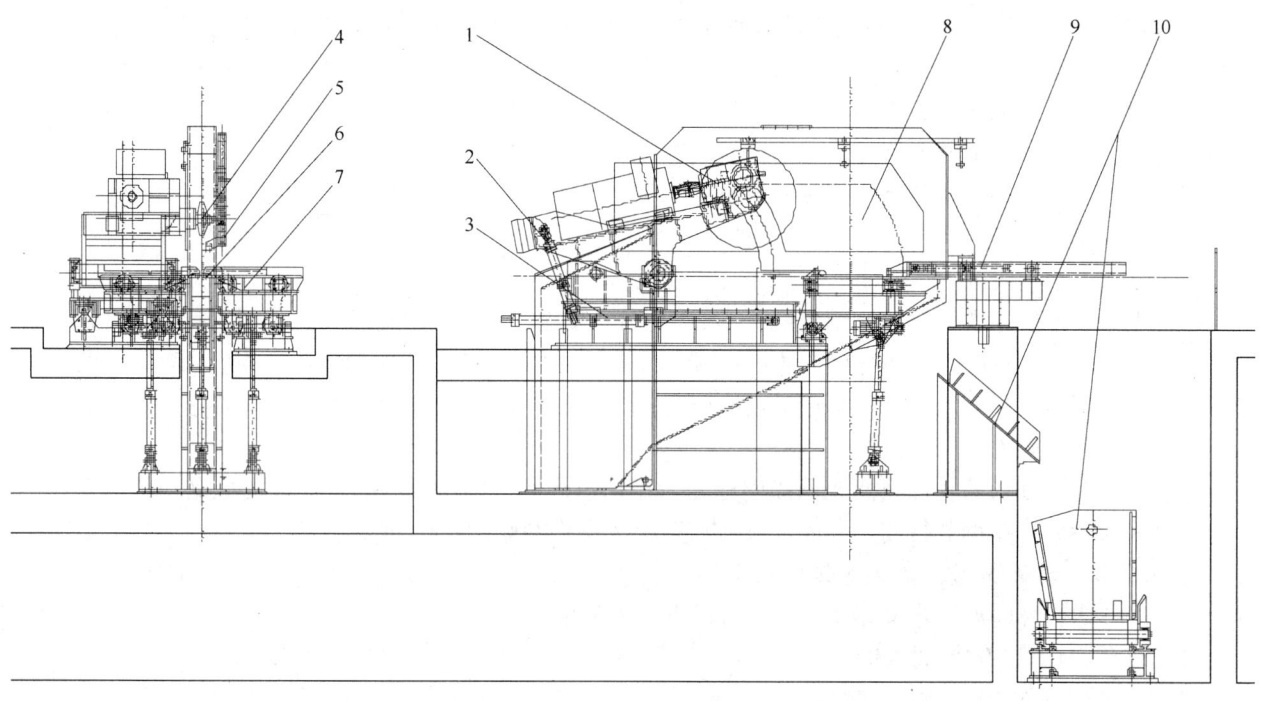

图 14-16　砂轮锯的结构

1—传动机构；2—摆动机构；3—进给机构；4—锯片锁紧机构；5—上压紧装置；
6—下压紧装置；7—摆动辊道；8—保护罩；9—侧压紧装置；10—溜槽及料筐

A　传动机构

砂轮锯机的传动方式主要有三种：由电动机直接传动、电动机经皮带传动及电动机通过锥齿轮箱传动。由于砂轮锯片比金属锯片对振动更加敏感，不推荐采用皮带传动方式。主要传动方式为齿轮箱传动。

B　进给机构

由于砂轮锯锯机对振动的要求比金属锯机更加严格，除老式锯机采用滑动底座式进给机构外，近年来推出的新型锯机都采用液压缸或滚珠丝杠驱动的直线导轨进给机构，可更加有效地控制锯机的振动。

C　锯片锁紧机构

锯片锁紧机构同样有机械式与液压式锁紧装置，但砂轮锯片上没有销孔，卡盘法兰上无定位销。砂轮锯片的锁紧相对于金属锯片完全靠摩擦锁紧，要求更高。

D 摆动机构

摆动机构是根据砂轮锯片的特性所设计的，为砂轮锯机所特有的机构，是砂轮锯在进锯和退锯前将砂轮锯锯片落下和抬起的机构。如此设计主要有两个原因：一是可以提高砂轮锯片的利用率；二是可以避免直接退锯时锯片与轧件触碰而导致锯片振动损坏。锯机根据锯片磨损情况，下降时控制高度，当锯片直径大时，下降高度小，磨损后，下降高度大。自动化生产线上砂轮锯机需配有锯片直径实时测量装置。

E 除尘装置

砂轮锯锯切时会产生大量粉尘，所以在线砂轮锯要配备除尘装置。由于移动砂轮锯的振动问题解决困难，同时锯机移动导致除尘困难，所以基本不使用移动砂轮锯。近年来国外有厂家设计出来移动式砂轮锯机，由于以上所述原因，一直没有得到实际应用。

14.2.3.2 砂轮锯片

型材最终的锯切质量，除了受锯机本身的制约，很大程度上取决于锯片。对于砂轮锯机而言，锯片对型材最终锯切质量的影响比金属锯机要大得多。砂轮锯机的很多技术参数受砂轮锯片的制约。

砂轮锯片是采用高硬度磨料及黏结剂层层叠加挤压高温固化成型的。与金属锯片需要磨齿不同，砂轮锯片在切割轧件不断磨损消耗的同时拥有自锐功能。砂轮锯片的摩擦切割方式决定了砂轮锯机的切割断面质量较金属锯机要好，锯切断面粗糙度 Ra 可以达到 14.2，甚至可以达到 $Ra1.6$，这是金属锯片所无法比拟的。砂轮锯片每班（8h）需要更换多次，更换时间一般小于 5min。砂轮锯片的使用时间与锯片大小、轧件尺寸、锯机结构等因素有关。砂轮锯运行成本相对较高，大概在每吨 20~40 元（杭钢提供的数据甚至高达每吨 80~100 元），这也是很多钢铁企业最终选择金属锯的重要原因。但同时砂轮锯机的运行成本不仅仅与所锯切的轧件的温度、钢种、锯片锯切速度等有关，还与锯机质量有很大关系。主要是砂轮锯机的振动值的控制，振动值小，则锯片损耗低，运行成本就低，反之则较高。锯机振动值与锯片的损耗为指数关系。锯机的振动最直观的反映就是噪声的大小。

现阶段，砂轮锯机全部采用干切方式锯切轧件，即不使用冷却液，有些厂家的锯机配置空气冷却。

14.2.3.3 砂轮锯结构参数

A 锯片直径 D

对于砂轮锯锯片直径 D 的选择，经济原因是最重要的决定因素。砂轮锯锯片直径应尽量选用大一些，这样可以延长更换周期，这对提高锯切生产率非常重要。近年来随着砂轮锯片材料性能及加工工艺的不断提高，砂轮锯片直径最大可达 2000mm，但国内实际使用的锯片最大直径为 1800mm。砂轮锯锯片直径的选择可用如下公式进行计算：

对于方钢：$D = 10A + 450mm$（A 为方钢边长）；

对于圆钢：$D = 8d + 450mm$（d 为圆钢直径）。

同时综合考虑电机容量、锯片损耗速度、锯切质量等因素，一般来讲，增大锯片直径，锯片损耗速度降低，但振动增加，锯切质量下降。

砂轮锯片的最小直径可按下面公式计算：

$$D_{min} = D_F + 2h$$

式中，D_F 为锯片夹紧装置法兰盘直径；h 为轧件高度。

为了节约成本，一般会将切割大规格型材换下的砂轮锯片用于切割小规格型材。

B 锯片厚度 δ

砂轮锯片厚度 δ 越小越好，其主要受制于砂轮锯片的加工工艺、材料及最大圆周速度。国产砂轮锯片相对于进口砂轮锯片较厚，或相同厚度锯片所允许的最大圆周速度较低。

C 锯机摆动角度 α、β

砂轮锯机最大摆动角 α 和最小摆动角 β 如图 14-17 所示。

砂轮锯机最大摆动角 α 为锯机摆动到最高位置时锯机齿轮箱输出轴与摆动铰点之间的连线与水平的夹角。保证在最大锯片的时候，锯片与辊道上的轧件不干涉，同时作为更换锯片的起始位置。

砂轮锯机最小摆动角 β 为锯机在使用最小锯片锯切轧件时能够摆动到的最小角度。

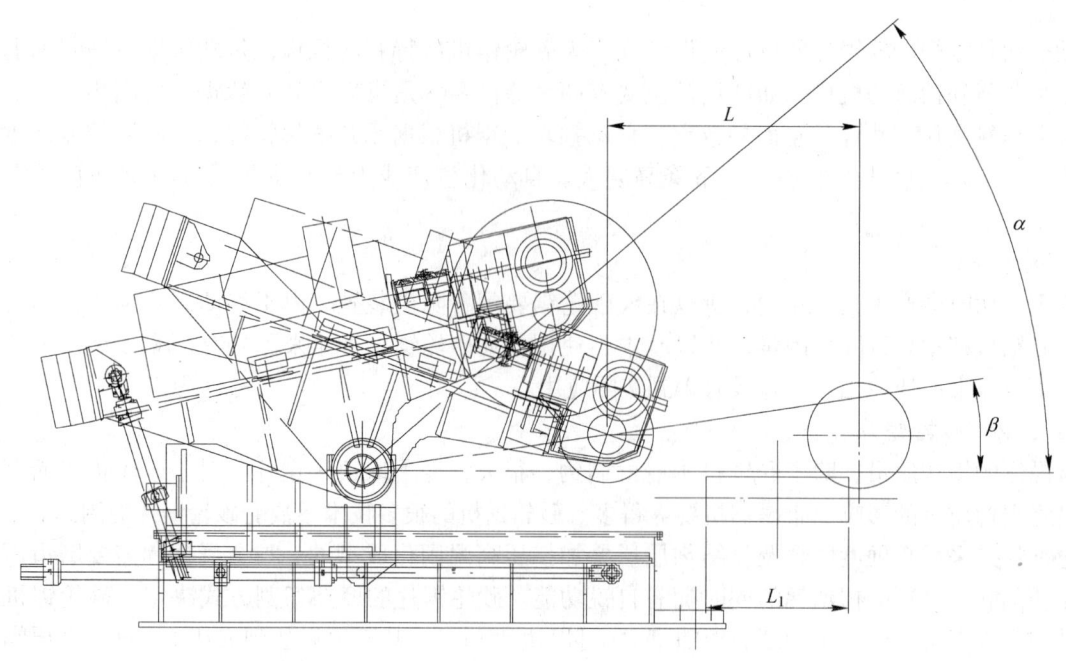

图 14-17　锯机最大摆动角 α 和最小摆动角 β

D　锯机进给行程 L

锯机的进给行程 L 由锯区输送辊面宽度决定。锯机的进给行程 L 应保证大于辊面宽度 L_1。辊面宽度 L_1 由被锯切轧件的最大宽度和并排锯切的最多根数而定。

14.2.3.4　砂轮锯性能参数

A　锯片圆周速度 v

砂轮锯片的圆周速度主要受锯片材料、锯机传动机构的限制。由于设计及机加工水平限制了采用锥齿轮箱传动机构锯机在高速情况下的振动对锯切质量的影响，现阶段锯片的圆周速度主要受砂轮锯片材料及加工工艺的限制。

现阶段的加工工艺及材料能够制造出圆周速度 v 最大达到 120m/s 的砂轮锯片，出于安全的考虑，砂轮锯片给出的推荐使用速度为 100m/s。故砂轮锯机的锯片圆周速度 v 在 80~100m/s。

B　锯机进给速度 μ

锯机进给速度 μ 主要受锯片圆周速度 v、被锯切材料硬度、被锯切材料断面大小制约。在锯片圆周速度 v 一定的前提下，应根据被锯切材料硬度、被锯切材料断面大小、锯机进给速度做相应调整，锯切材料硬度大，被锯切材料断面大，则减小锯机进给速度 μ，反之增大。一般 μ 为 8~450mm/s。

C　锯切生产率 f

每秒锯机能够锯切的轧件断面面积我们称之为锯切生产率。锯切生产率是计算锯机锯切力和锯机功率的主要输入参数。在钢铁行业，一般砂轮锯机生产率 f 在 1000~4000mm²/s。

D　砂轮锯片平均消耗率 GA

锯切的轧件面积与消耗的砂轮片面积的比值，我们称之为砂轮锯片平均消耗率 GA。GA 值与轧件温度、切削进给速度、锯机结构等有关，见表 14-1。

表 14-1　GA 值

切削方式	冷　切	温　切	热　切
温度/℃	20~100	100~600	600~1100
进给速度/cm·s⁻¹	8~15	7~20	14~45
GA 值/cm²·cm⁻²	1.8~14.5	2.4~6	8~14

GA 值是砂轮锯机（主要是砂轮锯片）的一个重要参数，由此我们可以计算出锯片更换所需时间及单个锯片产量。

14.2.3.5 砂轮热锯、砂轮冷锯的应用

一般我们将用于锯切轧件温度低于300℃的砂轮锯机称之为砂轮冷锯，将用于锯切轧件温度高于600℃的砂轮锯机称之为砂轮热锯，砂轮热锯和砂轮冷锯，其设备结构是没有区别的。

虽然砂轮锯机锯切断面质量高，但由于砂轮锯机设备价格、生产成本较高，一般用于高品质钢铁产品的热锯切或用于金属锯机无法使用的冷锯切。

由于砂轮锯片与轧件压力较大，容易将工槽角、钢管等型钢挤压变形，故一般不适用工槽角等薄壁断面型材的切断。

14.2.3.6 砂轮锯机辅助设备

金属锯机要完成轧件的锯切定尺工作还需要一些必不可少的辅助设备，这些辅助设备的机构性能对于锯切质量同样具有不可忽视的影响。辅助设备主要包括输送辊道、定尺机、上压紧装置、侧压紧装置、下压紧装置等。下面进行具体介绍。

输送辊道：用于输送轧件，以实现轧件的移动。

定尺机：用于实现轧件的定尺。

上压紧装置、侧压紧装置、下压紧装置：上压紧装置是从轧件上方将轧件压紧在辊道面上；侧压紧装置是从锯机的操作侧将轧件向传动侧压紧；下压紧装置是用于配合上压紧装置从辊道下方将轧件压紧。国内锯机供应商一般都提供上压紧装置和侧压紧装置的锯机配置，基本上不配置下压紧装置，国外一些锯机供应商可提供带有下压紧装置的锯机配置。如无下压紧装置，则在轧件快被切断时，轧件的两端会产生弯曲变形，夹紧锯片，造成断面末端产生飞边，影响锯切质量，这在切头、切尾及锯片钝化后特别明显。

14.3 冷床

冷床是直条长材生产线必不可少的重要设备，用来均匀冷却轧件，将上游轧机送来的高温轧件冷却到100℃左右，同时具备在冷却过程中矫直轧件的功能。根据冷却轧件类型的不同、冷床在轧线布置位置的不同及冷却要求的不同，冷床的结构形式有很大不同，所需达到的功能也不尽相同。

根据轧件类型，冷床可分为圆钢冷床、方钢冷床、钢管冷床、型钢冷床、厚板冷床等。根据轧线布置位置，冷床可分为布置在定尺区前的倍尺冷床和布置在定尺区后的定尺冷床。根据驱动方式的不同，冷床可分为电动冷床和液压冷床。

以上分类主要是按适用范围及功能划分，但按其结构形式划分，最主要可分为步进式齿条冷床、链式冷床、步进梁式冷床、步进式辊齿冷床、滚盘冷床等几种结构形式。

根据所轧制型材类型、轧制速度、轧制材料及工艺要求的不同，正确选择冷床类型及合理配置相关上下料设备是最终成品品质的重要保证。

在棒线材轧钢车间，电动步进式齿条冷床是适用范围最广且应用最为广泛的一种冷床结构形式。下面以国内应用较多的普通小型棒材冷床、高速棒材冷床、大棒冷床、H型钢复合冷床为例介绍其特点、结构及布置方式。

14.3.1 普通小型棒材冷床

对于轧件速度不高于18m/s的ϕ12~40mm小规格棒材生产线，该种冷床结构及配置得到了广泛应用，结构形式如图14-18所示。

14.3.1.1 冷床上钢装置

该类型冷床采用带制动板输入辊道形式上钢装置，位于轧线分段剪后，实现轧件的输送及分钢上料功能。制动板式结构形式能够满足最高18m/s成品轧制速度生产线的棒材分钢上料功能。制动板的升降主要采用液压驱动或电机驱动两种传动方式，液压驱动传动方式如图14-18所示，电机驱动制动板结构如图14-19所示。

液压驱动制动板升降结构形式，设备结构简单、重量轻，制造及安装相对容易简单，便于维护，投资成本低，但设备振动较大。电机驱动制动板升降结构形式，设备较复杂，制造、安装复杂且对于维护要求较高，但设备振动较小。

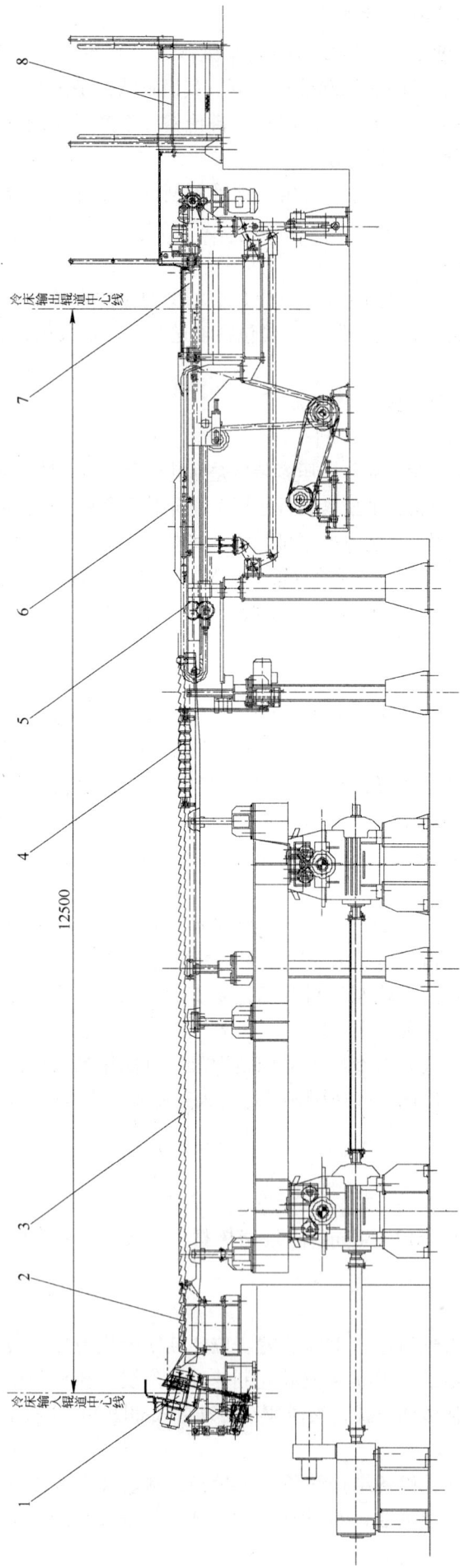

图 14-18　普通小型棒材冷床剖面图

1—带制动板输入辊道；2—矫直板；3—冷床本体；4—对齐辊道；5—排布链式运输机；6—升降小车链式运输机；7—输出辊道；8—走台盖板

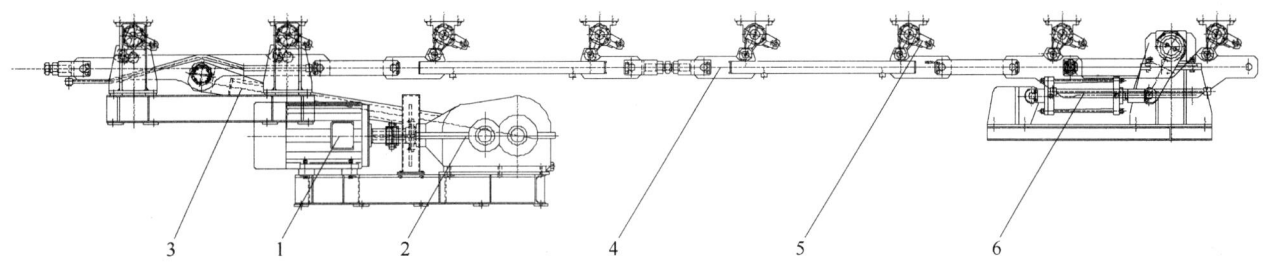

图 14-19　电动驱动制动板结构示意图
1—电机；2—减速机；3—驱动杆；4—拉杆；5—驱动曲柄；6—平衡气缸

图 14-19 中拉杆 4 要求通水冷却防止变形。

14.3.1.2　冷床本体

冷床入口设置矫直板以利于轧件的矫直，出口设对齐辊道用于轧件对齐。冷床本体采用电机驱动偏心轮旋转以实现齿条步进，同时主传动轴上安装配重以减小电机功率（图 14-20）。

小规格棒材由于断面较小故冷却较快，冷床长度较短，一般为 12.5m 左右；为保证产量，需采用倍尺冷床，故宽度方向较长，一般为 120m 左右。

偏心轮偏心距为 e，当主传动轴动作时，偏心轮转动，在支撑轮的配合下，整个冷床活动部分（包括动齿条），按半径为 e 的圆周步进动作，达到将定齿条齿槽上的棒材托起步进横移到下一齿槽上。冷床步进分为等齿步进和不等齿步进两种。等齿步进即偏心轮偏心距 e 等于 1/2 齿条齿距；不等齿步进指偏心轮偏心距 e 小于 1/2 齿条齿距。小棒冷床、型钢冷床一般为等齿步进；中棒、大棒、方钢冷床为不等齿步进，主要为达到轧件在冷床步进的过程中翻转的目的。

配重用于平衡冷床活动设备（包括辊箱、动梁、动齿条等）对于主传动轴的力矩。在实际设计时，一般情况下按照配重产生的力矩等于冷床活动设备及最小负载对传动轴所产生力矩之和的原则，配重一般都多配一些。

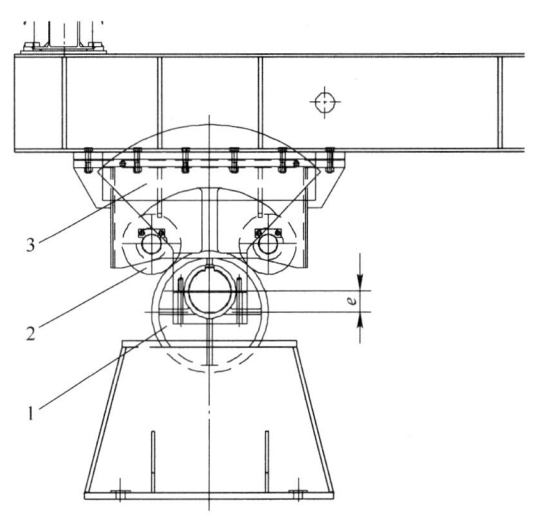

图 14-20　偏心轮步进机构
1—偏心轮；2—支撑轮；3—配重

冷床的传动采用通过电机驱动双包络蜗轮蜗杆减速箱，进而驱动主传动轴的形式。小棒冷床为倍尺冷床，其宽度较长，根据冷床宽度沿轧线方向在冷床中间布置一个或多个冷床传动装置。

冷床输出端一般设有对齐辊道，用于对齐轧件。对齐辊道由带有 6~8 齿槽的槽型辊组成，其齿槽数由轧件速度计算得出，一般小棒冷床设 4~8 齿槽的对齐辊道。

14.3.1.3　冷床下料装置

如图 14-18 所示，冷床下料装置主要由排布链式运输机、升降小车链式运输机、输出辊道等组成。排布链式运输机用于承接冷床本体输送来的轧件并将其编组排布，当接满一组轧件后由升降小车链式运输机托起并横移到输出辊道上，输出辊道将轧件向后输送。

14.3.2　高速棒材冷床

用于轧件速度高于 18m/s 的棒材生产线，结构形式如图 14-21 所示。该结构冷床可以满足轧件速度最大 40m/s 的高速棒材生产线。

14.3.2.1　上钢装置

对于轧件速度高于 18m/s 的高速棒材，制动板式上钢装置就不太适用了，一般采用转鼓式冷床上钢装置（图 14-22）。

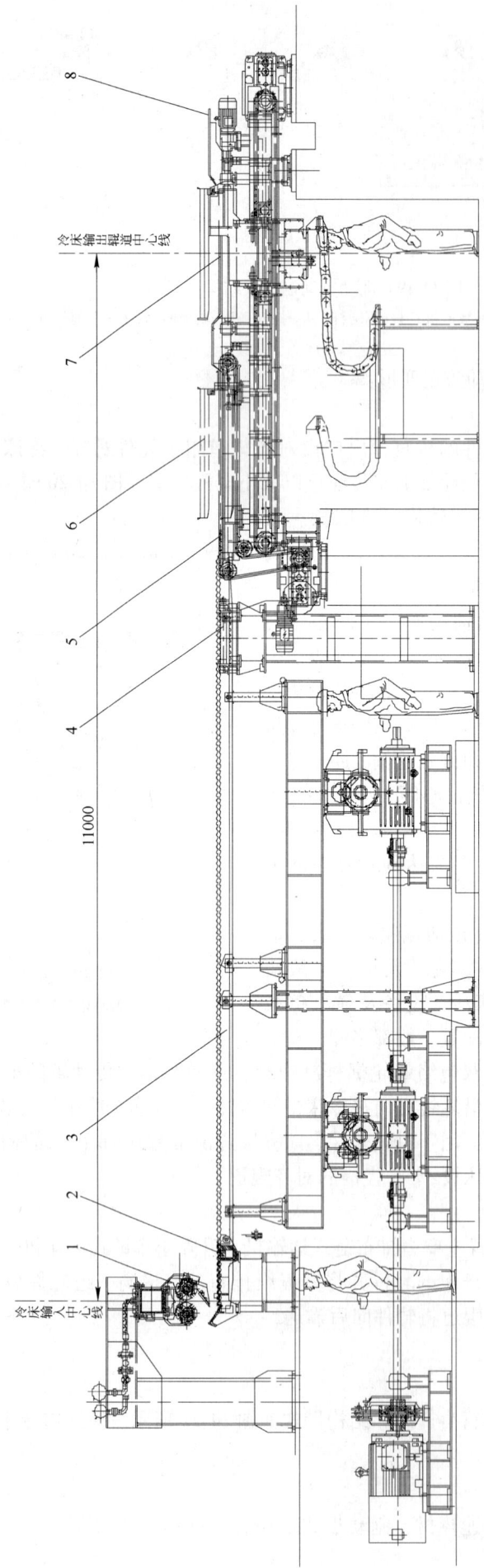

图 14-21 高速棒材冷床剖面图

1—转鼓上钢装置；2—矫直板；3—冷床本体；4—对齐辊道；5—排布链式运输机；6—升降小车链式运输机；7—输出辊道；8—走台盖板

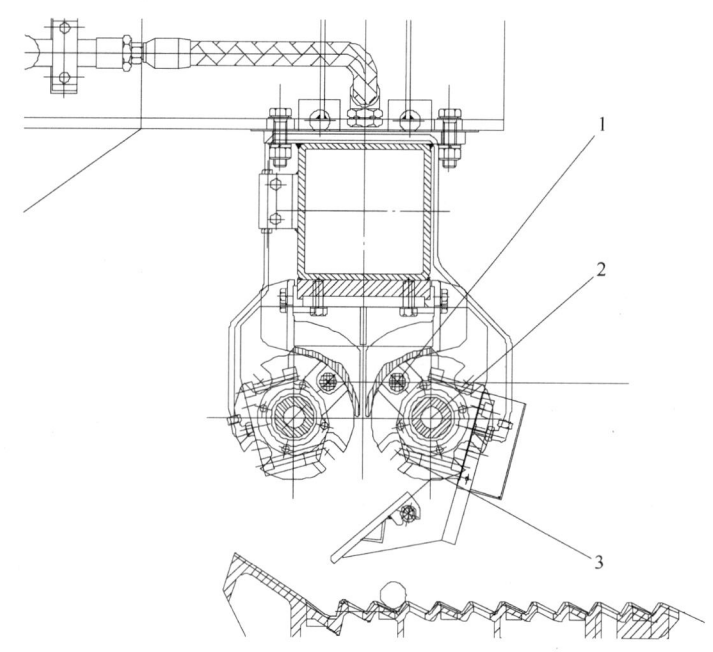

图 14-22　转鼓示意图

1—轧件输入位；2—转鼓本体；3—轧件输出位

转鼓式冷床上钢装置需要与制动夹送辊配合使用，制动夹送辊位于冷床前端，夹紧轧件尾部以达到对轧件制动的目的，当轧件在转鼓中制动后（转鼓轧件输入位），转鼓转动，将轧件转动到轧件输出位置，依靠重力，轧件从转鼓中落到冷床矫直板上。

高速棒材生产线在国内较少，主要有以下原因：

（1）高速棒材生产线主要用于生产小规格直条棒材以提高产量，虽然其直条棒材质量较线材要高，但相对于高速线材生产线在产量上没有优势。

（2）高速棒材的冷床上钢机构是高速棒材生产线的关键技术，主要由德国 SMS、意大利 DANIELI 等公司所掌握，国内没有该类型产品，导致建设成本较高。

14.3.2.2　冷床本体、冷床下料装置

冷床本体、冷床下料装置等设备功能完全与普通小型棒材冷床相同，具体结构略有不同而已，不再赘述。

14.3.3　大棒定尺冷床

与以上所述两种类型的倍尺冷床不同，大棒冷床一般为定尺冷床，即轧件在热态锯切为成品定尺后再上冷床冷却。大棒冷床的典型布置及结构如图 14-23 和图 14-24 所示。

14.3.3.1　上料装置

在定尺区锯切成定尺的成组轧件经辊道输送到冷床头部，经上料装置分开一根一根输送到冷床上，即上料装置应具有多根分钢上料功能。

如图 14-25 所示，分钢装置是在辊道上将多根定尺轧件一根一根逐次推到冷床定齿条上，根据轧件规格由编码器控制推钢行程，保证每次输送一根轧件到冷床上。该设备结构特点是机构简单、设备质量小、投资小，但在分钢上料的过程中一直占用输入辊道，对生产节奏有一定影响。

另外一种大棒冷床上料装置，如图 14-26 所示。该类型上料装置由升降小车链式运输机将成组轧件托起输送到分钢斜台架上，再由分钢拨钢一根一根逐次拨到冷床上。该机构上钢装置虽然避免了分钢占用辊道的弊端，但是增加了轧件从输入辊道到分钢斜台架之间的输送过程，同时，该类型分钢上料装置设备较多，投资较大。

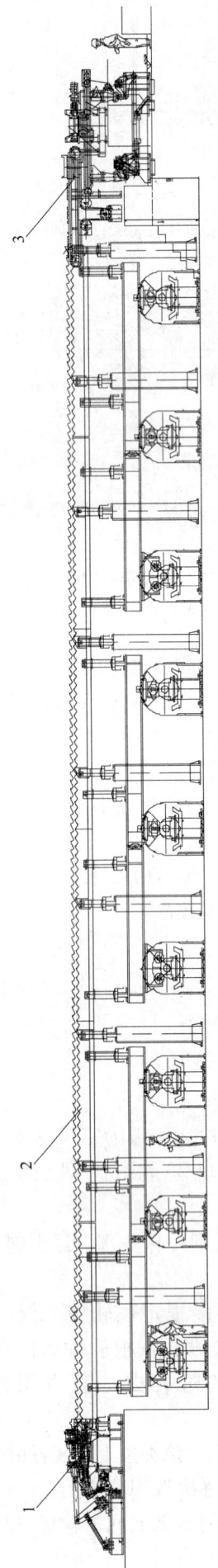

图 14-23　大棒冷床典型结构剖面示意图

1—输入辊道及上料装置；2—冷床本体；3—输出辊道及下料装置

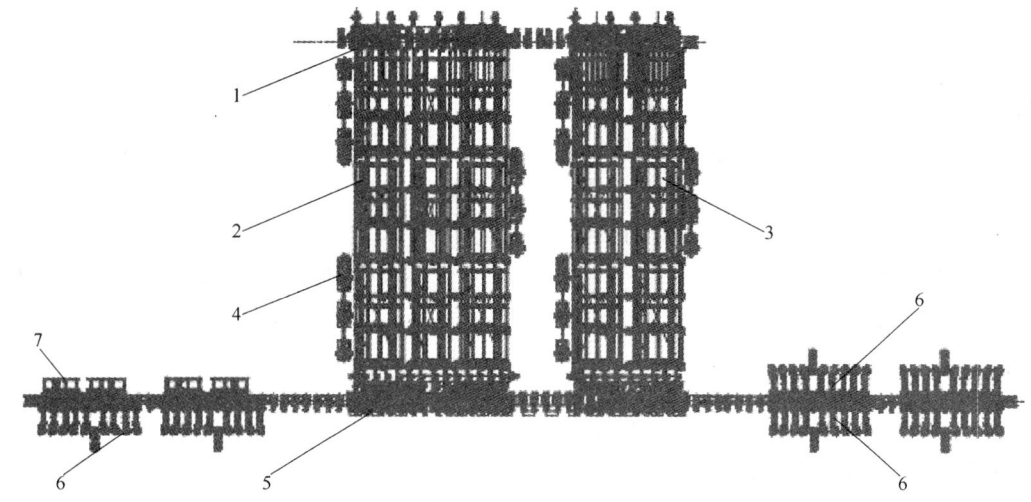

图 14-24 大棒冷床典型结构布置示意图

1—输入辊道及上料装置；2—1 号冷床本体；3—2 号冷床本体；4—传动装置；

5—输出辊道及下料装置；6—圆钢收集料筐；7—方坯收集台架

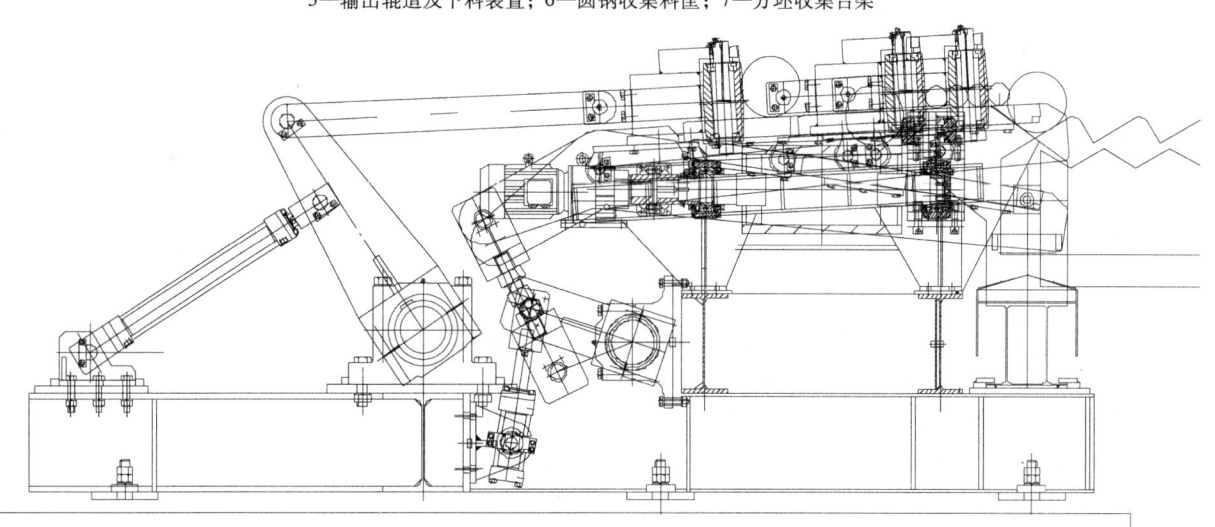

图 14-25 上料装置剖视图

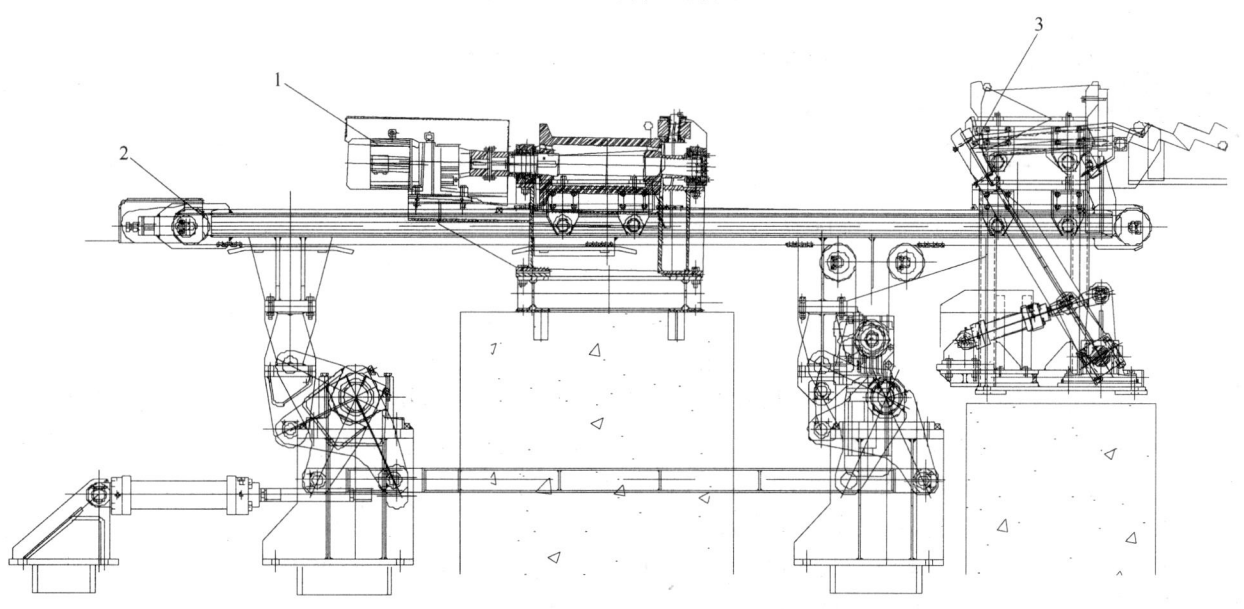

图 14-26 上料装置剖视图

1—输入辊道；2—升降小车链式运输机；3—分钢斜台架及分钢拨杆

14.3.3.2　冷床本体

大棒冷床本体的基本结构及原理与小棒冷床完全相同，但布置方式不同。由于轧件断面积较大，冷却时间较长，故冷床长度较长，一般在 40m 左右；轧件断面积大，则单重较大，同时由于其断面积大，在冷却后定尺成本较高，故一般采用定尺冷床，冷床宽度较小，为保证产量，一般设置两个冷床。

由于冷床宽度较小，冷床传动装置的布置既可以布置在冷床中间，也可以布置在冷床侧面。两种布置形式各有优缺点：传动装置布置在冷床中间时，可以减小冷床设备质量，有效减小阻力及提高传动效率，但不便于检修，同时传动装置工作环境比较恶劣；传动布置在冷床侧面时，电机、减速机等便于检修，工作环境好，但设备质量增加，传动效率低。

14.3.4　大型 H 型钢冷床

14.3.4.1　步进梁 + 链式组合冷床的主要技术参数

步进梁 + 链式组合冷床的主要技术参数见表 14-2。

表 14-2　步进梁 + 链式组合冷床的主要技术参数

冷床输入辊道	辊道长度/m	约 86	冷床本体	链间距/mm	2400
	辊身直径/mm	360	翻上/下装置	翻转角度/(°)	90
	辊身长度/mm	1300		翻钢杆驱动	液压驱动
	辊子间距/mm	1600	出口移钢机	运输距离/mm	7500
	辊道速度/m·s⁻¹	0 ~ 8		托架间距/mm	2400
冷床本体	宽度/m	86		升降行程/mm	200
	长度/m	40	冷床输出辊道	辊道长度/m	约 86
	步进梁段长度/m	约 13		辊身直径/mm	360
	水平步距/mm	600 ~ 1200		辊身长度/mm	1500
	升降行程/mm	200		辊子间距/mm	2400
	链式段长度/m	约 21		辊道速度/m·s⁻¹	0 ~ 14.5

14.3.4.2　设备结构原理

轧件到达冷床输入辊道后，步进梁式冷床动作，将轧件移至翻上装置处，翻上装置将轧件翻转 90°，呈立式在冷床上冷却，链式冷床边冷却边将轧件移至翻下装置处，翻转 90° 后，由冷床下钢装置将轧件移至冷床输出辊道，冷床输出辊道最后将轧件送至矫直机。图 14-27 为步进梁 + 链式组合冷床的结构示意图。

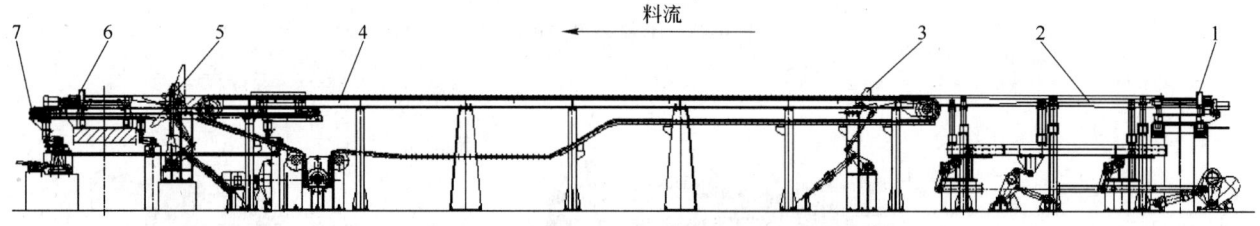

图 14-27　步进梁 + 链式组合冷床的结构示意图
1—输入辊道；2—步进梁冷床；3—翻上装置；4—链式冷床；5—翻下装置；6—输出辊道；7—下钢装置

冷床输入辊道，用于输送进入冷床的轧件。辊子是由齿轮电机通过联轴器单独传动的。辊道架为焊接钢结构，轴承是自调心滚子轴承，集中干油润滑。

步进冷床边冷却边移送轧件。主要构成为步进梁和动梁，步进梁和动梁均为焊接钢结构，步进梁的传动为液压传动，轨迹为矩形。步进梁放置在托轮上，由液压缸通过摆杆来升降托轮，从而实现步进梁的升降。步进梁的平移由液压缸驱动步进梁在托轮上移动来实现。

翻上装置，就是将轧件翻转 90°，呈立式在冷床上进行冷却。该装置为液压缸操作的四连杆机构，液压缸是两个液压缸叠加在一起的双行程缸。正常生产 H 型钢时，下位缸一直处于伸出状态，当轧件到位后，上位缸活塞杆伸出，翻钢臂旋转 90°，完成 H 型钢的翻转，轧件移走后，上位缸活塞杆缩回，等待下一次的翻钢。当轧件不需要翻转时，下位缸及上位缸均处于缩回状态。

链式冷床边冷却边移送轧件。链式冷床主要构成为链轮链条、支撑梁和传动装置，支撑梁和传动底座均为焊接钢结构，轧件由链条带着前移，链条由电机通过联轴器、齿轮箱、传动轴、链轮等带动。

翻下装置，将轧件翻转90°后，由冷床下钢装置将轧件移至冷床输出辊道，冷床输出辊道最后将轧件送至矫直机。该装置为液压缸操作的四连杆机构，液压缸是两个液压缸叠加在一起的双行程缸。正常生产H型钢时，下位缸一直处于伸出状态，当轧件到位后，上位缸活塞杆缩回，翻钢臂旋转90°，完成H型钢的翻转，轧件移走后，上位缸活塞杆伸出，等待下一次的翻钢。当轧件不需要翻转时，下位缸及上位缸均处于缩回状态。

冷床下钢装置，其作用是将轧件移至冷床输出辊道。其结构为升降小车式，小车带有行走轮，在一焊接钢结构的轨道梁上行走，轨道梁可由一液压缸驱动实现升降。小车的行走由电机通过联轴器、齿轮箱、传动轴、链轮链条等带动。升降结构为液压传动，由液压缸通过一个四连杆机构来升降小车的行走轨道梁。

冷床输出辊道将下冷床的轧件送至矫直机。辊子是由齿轮电机通过联轴器单独传动。辊道架为焊接钢结构，轴承是自调心滚子轴承，集中干油润滑。

14.3.5　钢轨冷床

14.3.5.1　冷床区设备的形式及组成

BG集团长尺钢轨生产用冷床为液压驱动步进栅条式冷床（图14-28）。冷床由输入辊道、入口横移装置、入口上翻装置、冷床本体（包括动台面及驱动、定台面）、出口下翻装置、出口横移装置、输出辊道及冷却风机等组成。冷床长度为30.5m，宽度为112m。

14.3.5.2　冷床区设备的功能

由UF万能精轧机轧出的轧件，经输送辊道输送至冷床入口热锯机处。根据要求，轧件可在冷床入口热锯机上分别进行切头、分段、取样等工作，然后进入冷床输入辊道。

由热锯辊道及冷床输入辊道将轧件运送到固定挡板处（位于冷床输入辊道端部）对轧件进行定位，等待上冷床。

在冷床输入辊道上定位的轧件由入口横移装置的横移小车托起，离开辊道面，并向冷床出口侧横移一段距离，横移距离视轧件情况而定，具体如下：

（1）对于既不翻转也不预弯的轧件，运送到冷床定台面即可。然后入口横移装置的横移小车落下，将轧件放置在冷床的定台面上。在此情况下入口上翻装置潜藏在冷床台面下，不参与冷床的冷却工作。

（2）对于需要翻转的轧件（工字钢），运送到冷床入口上翻装置处，然后入口横移装置的横移小车落下，并返回待料位。由入口上翻装置将轧件翻转90°，放置在冷床定台面上。

（3）对于需要预弯的轧件（钢轨），入口横移装置的各横移小车走不同行程，形成预先设定好的预弯曲线，然后入口横移装置的横移小车落下，将轧件放置在冷床的定台面上。在此情况下入口上翻装置潜藏在冷床台面下，不参与冷床的冷却工作。

位于定台面上的轧件由动台面托起向出口侧横移一段距离（视轧件规格而定）。然后动台面下降，将轧件放置在定台面上，并返回原始位。经过如此循环，一步步地将轧件运向冷床出口处。

当已翻转的轧件被运送到出口下翻装置处时，出口下翻装置将轧件翻转90°并放置在冷床定台面上，然后再由出口横移装置的横移小车将轧件托起，运送到输出辊道上方并放置在输出辊道上。

未经翻转的轧件被运送到出口横移装置的上方，然后由出口横移装置的横移小车将轧件托起，运送到冷床输出辊道上方并放置在冷床输出辊道上。在此情况下冷床出口下翻装置潜藏在冷床台面下，不参与冷床的冷却工作。

然后由冷床输出辊道将轧件运往矫直机处进行矫直。

轧件至冷床出口处时，要求被冷却至80℃以下，如果轧件不能冷却到80℃以下，则需要开启设置在冷床下的冷却风机对轧件进行强制冷却。

14.3.5.3　冷床区各设备详情介绍

A　冷床入口横移装置

a　功能

横向移送单根轧件，将轧件从辊道上托起移送到冷床步进梁上，同时如果是非对称断面轧件（如钢

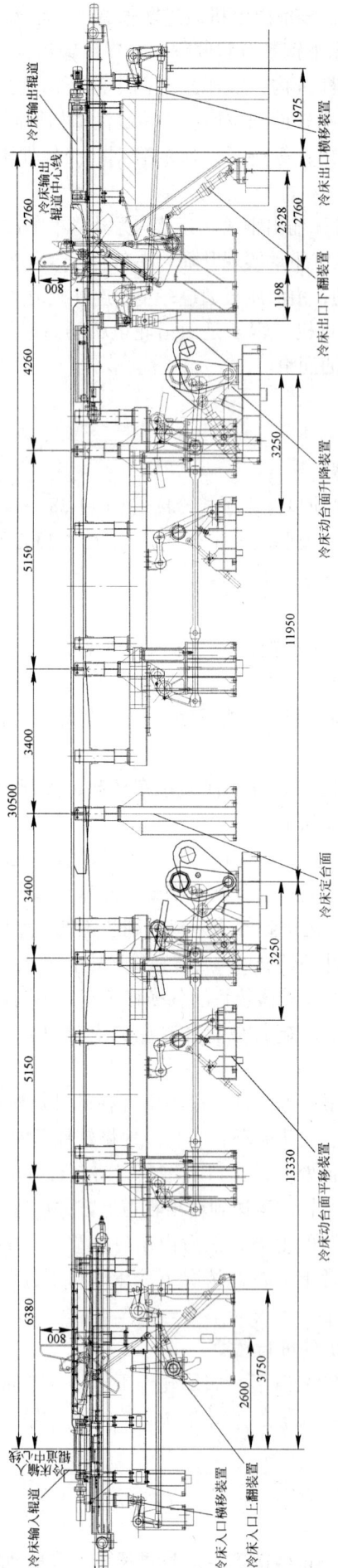

图 14-28　钢轨长尺冷床

轨），通过调整横移小车的横移速度，实现对轧件的预弯。

　　b　设备组成

　　由横移小车、横移小车的升降机构及横移机构等组成，如图14-29所示。

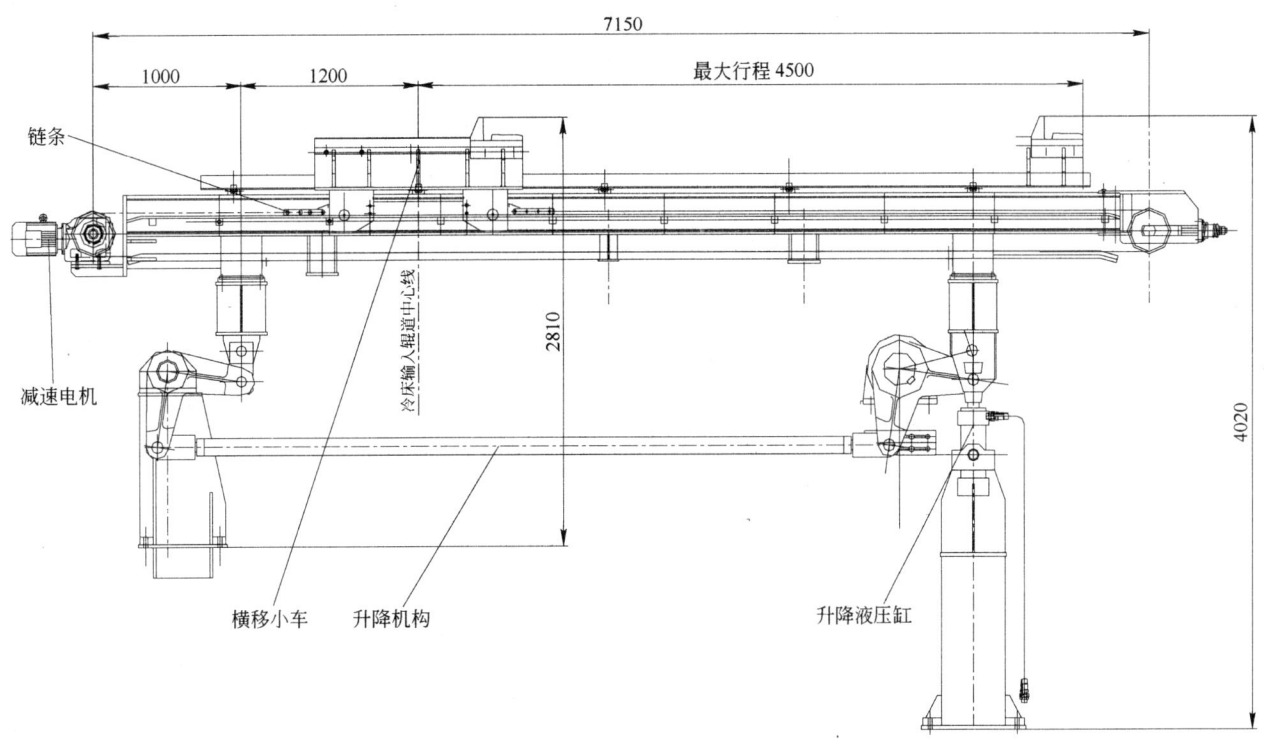

图14-29　钢轨冷床入口横移装置

　　c　结构形式

　　该装置由13组横移和升降机构组成，设置在冷床输入辊道及冷床的定台面之间。升降机构实现横移小车轨道的升降，每一组机构均由一个液压缸驱动连杆框架完成，等待工作时潜藏在冷床输入辊道的下面，取钢时轨道框架升起，横移小车托起型钢使之离开辊道面。每组横移小车均安装在升降轨道框架上，每一个横移小车由减速电机通过链条单独驱动，由此可实现移送钢材及预弯功能。同步由电控系统实现，预弯功能由调整横移小车速度差来完成。

　　设备润滑点的润滑采用干油集中润滑。小车车轮采用手动润滑。

　　d　技术性能

　　小车速度：约0.6m/s；

　　小车横移最大行程：约4500mm；

　　升降液压缸规格：$\phi140mm/\phi90mm \times 200mm$；

　　液压缸工作压力：13MPa。

　　B　冷床入口上翻装置

　　a　功能

　　将上冷床前需要翻转的轧件，由横移小车移送到上翻装置中，横移小车下降，型钢放在翻钢拨料板处，由上翻装置翻转90°。

　　b　设备组成

　　设备由双行程液压缸、连杆、拨料板、长轴、支座、轴承座组成，如图14-30所示。

　　c　设备结构

　　该装置由16组液压缸驱动的翻板装置组成，每一组由三个或两个液压缸通过连杆驱动长轴带动多个拨料板翻转。液压缸为双行程液压缸，其中一个行程用于完成翻转功能，另一行程用于不需翻转时将拨料板潜藏在定台面的下面。长轴的轴承座安装在支座上。由液压系统实现同步。

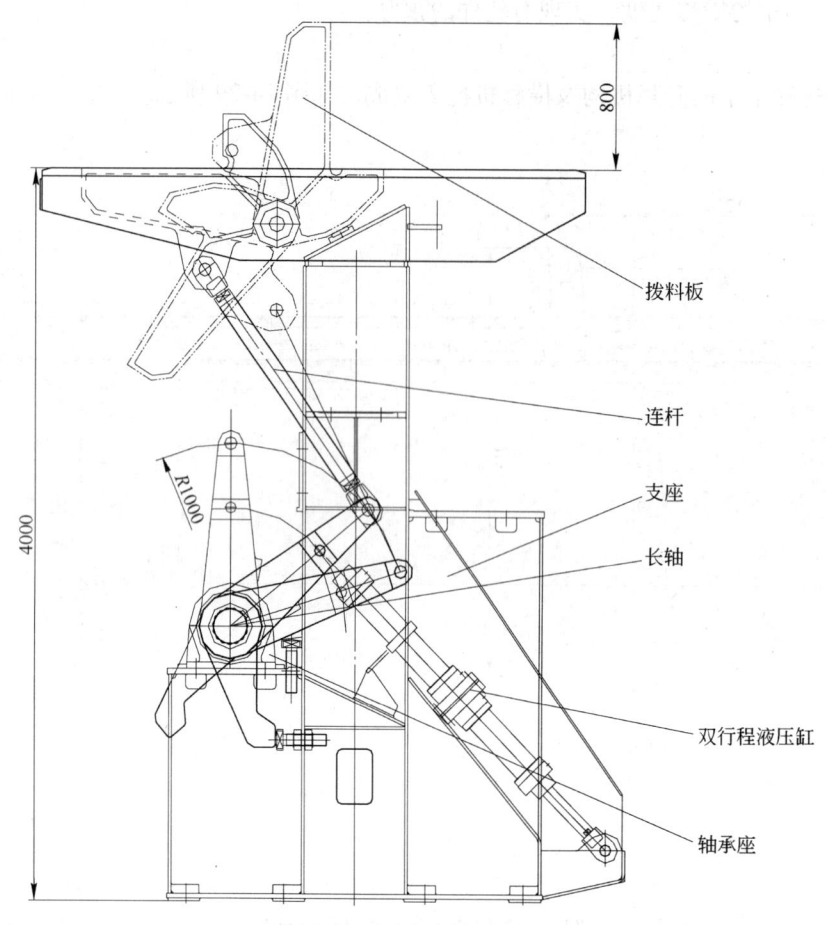

图 14-30　钢轨冷床入口上翻装置

设备润滑点的润滑采用干油集中润滑。

d　技术性能

双行程液压缸规格：$\phi 125mm/\phi 70mm \times 550mm/300mm$；

液压缸工作压力：13MPa。

C　步进式冷床本体

a　功能

将入口横移装置输送并卸到冷床上的轧件缓慢地横向移动，逐渐自然冷却或外加强制冷却（风冷或水冷却），使轧件的温度降到要求的温度。

b　设备组成

由动台面、动台面横移装置（驱动油缸、连杆、回转轴）、动台面升降装置（驱动油缸、连杆、回转轴）、定台面等组成。

c　结构形式

本冷床为步进式，由两组台面组成：一组是固定的，称定台面；另一组可以在垂直平面平行运动，称动台面。冷床定台面是钢结构焊接件，由型钢、钢板焊接的支架及支架上面固定的栅条组成，如图 14-31 所示。

动台面的上部由型钢结构支撑的栅条构成。动台面的传动装置设在冷床下面，冷床不工作时，定台面顶面高于动台面。动台面共有 28 组，分别有 28 套升降装置和 28 套横移装置，每套升降装置和横移装置分别由一个液压缸驱动。每套升降装置和横移装置驱动一组动台面。同步由液压系统来实现。当升降装置液压缸工作时，带动动台面下面的四连杆机构使动台面向上升起，把置于固定台面上的轧件抬起，接着横移装置液压缸工作，使升起的动台面向前平移一段距离，然后升降装置下降，将动台面上的轧件放在固定台面上，把轧件横移一个步距，最后横移装置驱动动台面返回原位。轧件在不断的横移中逐渐冷却。动台面的运动轨迹为近似矩形轨迹。钢轨冷床台面运动机构如图 14-32 所示。

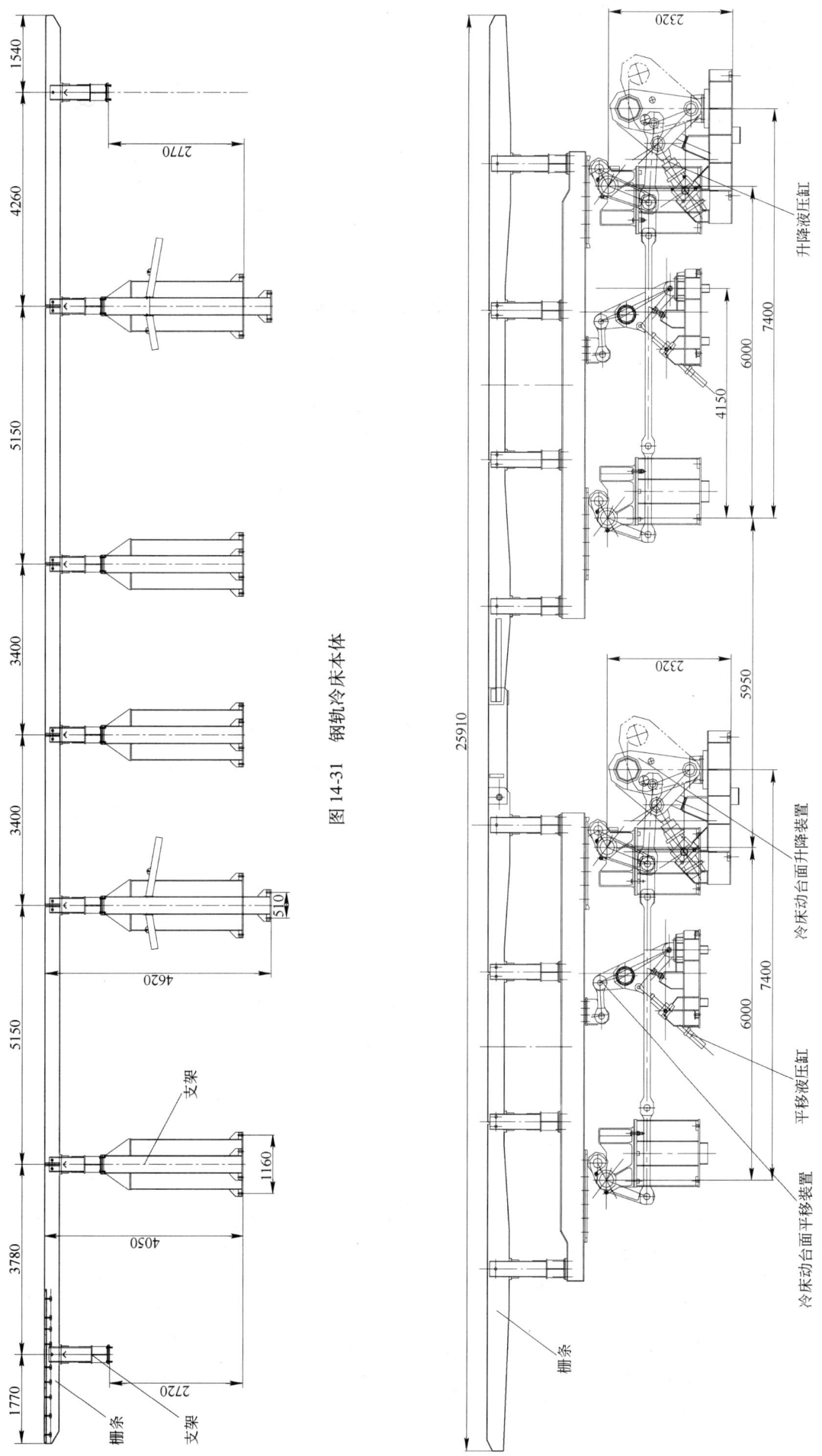

图 14-31 钢轨冷床本体

图 14-32 钢轨冷床台面运动机构

设备润滑点的润滑采用干油集中润滑。

d　技术性能

动台面横移速度：约 0.09m/s；

横移液压缸规格：ϕ125mm/ϕ90mm×760mm；

动台面升降速度：约 0.09m/s；

升降液压缸规格：ϕ250mm/ϕ160mm×500mm；

液压缸工作压力：13MPa。

D　冷床出口下翻装置

a　功能

冷床上冷却完毕的轧件如需要翻转，由出口横移装置移送到出口下翻装置中的翻转拨料板处将其翻转90°。

b　设备组成

设备由双行程液压缸、连杆、拨料板、长轴、支座、轴承座等组成，如图 14-33 所示。

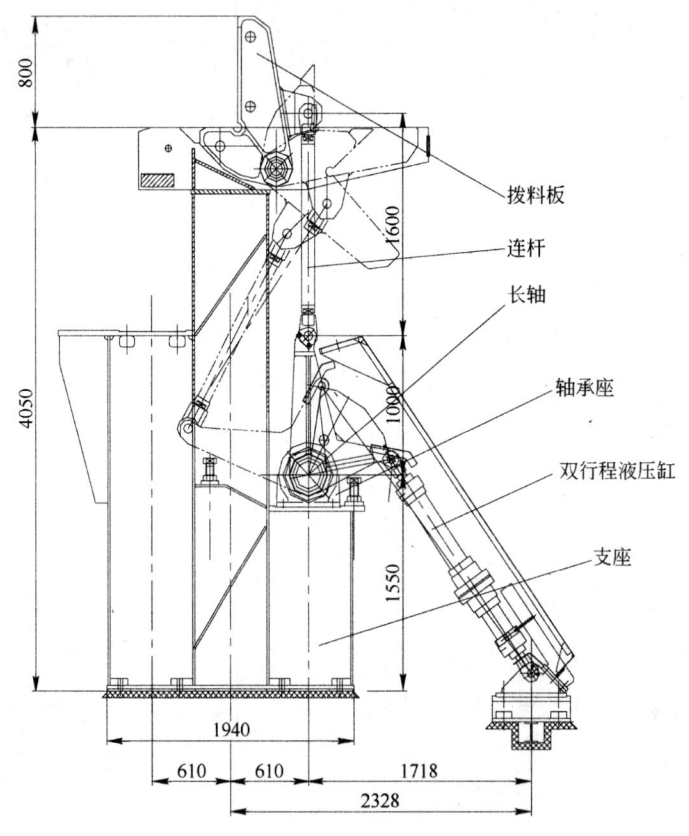

图14-33　钢轨冷床出口下翻装置

c　结构形式

该装置由 13 组液压缸驱动的翻板装置组成，每一组由三个或两个液压缸通过连杆驱动长轴带动多个拨料板翻转。液压缸为双行程液压缸，其中一个行程用于完成翻转功能，另一行程用于不需翻转时将拨料板潜藏在定台面的下面。长轴的轴承座安装在支座上，由液压系统实现同步。

设备润滑点的润滑采用干油集中润滑。

d　技术性能

双行程液压缸规格：ϕ125mm/ϕ70mm×550mm/190mm；

液压缸工作压力：13MPa。

E　冷床出口横移装置

a　功能

将冷床上冷却完毕的轧件输送到冷床输出辊道上。

b 设备组成

由横移小车、横移小车的升降机构及横移机构等组成，如图14-34所示。

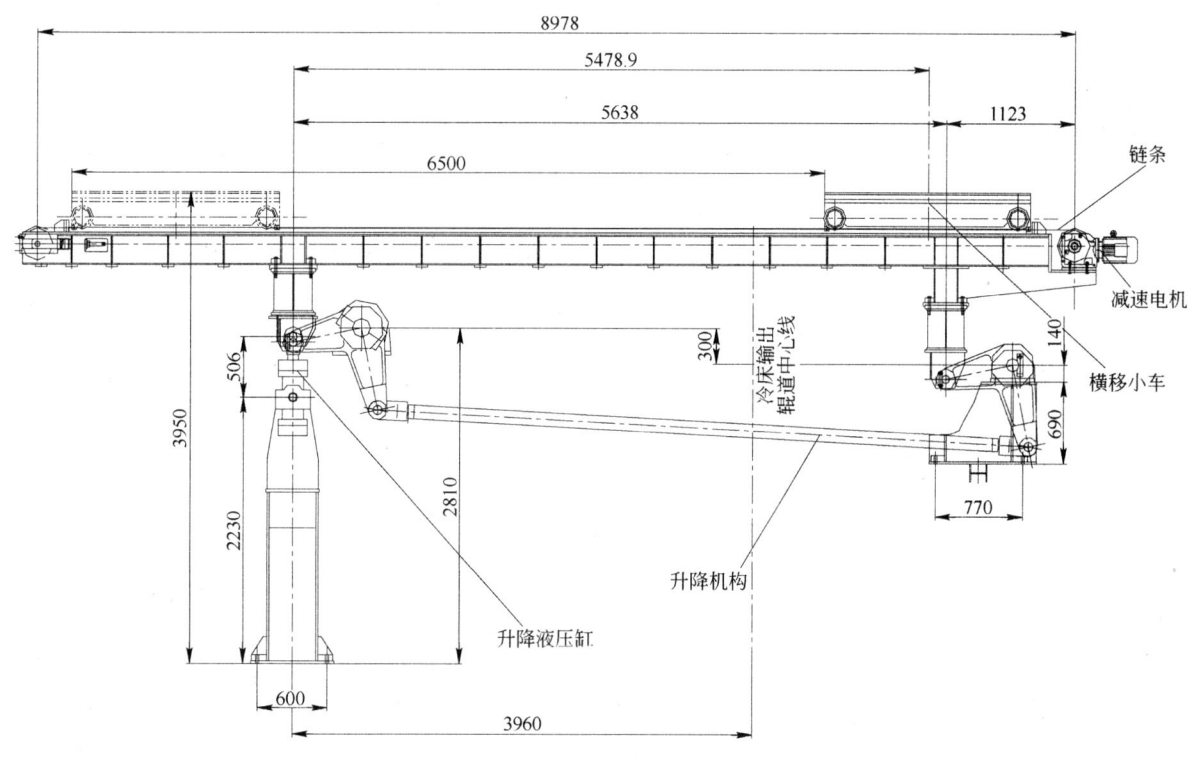

图14-34 冷床出口横移装置

c 结构形式

该装置由13组横移和升降机构组成，设置在冷床输出辊道及冷床的定台面之间。升降机构实现小车轨道的升降，每一组机构均由一个液压缸驱动连杆框架完成，等待工作时潜藏在冷床定台面的下面。取钢时轨道框架升起，横移小车托起型钢使之离开定台面顶面，升降同步由液压系统实现。每组横移小车均安装在升降轨道框架上，每一个横移小车由减速电机通过链条单独驱动，同步由电控系统实现。

设备润滑点的润滑采用干油集中润滑，小车车轮采用手动润滑。

d 技术性能

小车速度：约0.6m/s；

小车横移最大行程：约6500mm；

升降液压缸规格：$\phi140$mm/$\phi90$mm$\times250$mm；

液压缸工作压力：13MPa。

14.4 矫直机

14.4.1 大型H型钢的矫直机

型钢生产线上使用的矫直机，主要有不同节距悬臂矫直机、变节距悬臂矫直机、CRS辊式矫直机。不同节距悬臂矫直机，主要用在中小型H型钢线上；变节距悬臂矫直机和CRS辊式矫直机，可用在大型H型钢生产线上，但CRS辊式矫直机用得更多。因此，下面具体介绍某大型H型钢厂所采用的CRS辊式矫直机。

14.4.1.1 CRS辊式矫直机的主要技术参数

CRS辊式矫直机的主要技术参数见表14-3。

表 14-3　CRS 辊式矫直机的主要技术参数

最大屈服点/MPa	约 420（当 $W_z = 1200cm^3$ 时）	垂直调节速度/mm·s^{-1}	20
驱动的矫直辊数/个	9（单独传动）	轴向调节范围/mm	约 ±30
垂直调节辊数/个	4	矫直辊直径/mm	1000 ~ 1200
辊间距/mm	2000（水平）	矫直速度/m·s^{-1}	0.1 ~ 1.5/14.5
最大矫直力/kN	3000（单轴）	矫直温度/℃	5 ~ 80
垂直调节距离/mm	最大 320	矫直辊更换时间/min	≤20

14.4.1.2　设备结构原理

CRS 辊式矫直机为西马克公司推出的最新一代辊式矫直机，采用液压调整，可以实现整体快速换辊。
CRS 辊式矫直机具有如下特点：

（1）矫直辊轴为紧凑式双支撑。

（2）矫直辊筒能自动对中，液压锁紧。

（3）用换辊机械手整体更换 9 个矫直辊。

（4）9 个辊子均由电机单独传动。

（5）9 个辊子均设置液压轴向调节装置。

（6）4 个上辊均设置液压垂直调节装置。

（7）在辊式矫直机出口处设置弯辊对。

（8）具有最佳的矫直效果及最小的残余应力。

（9）可以在 20min 内实现快速换辊。

CRS 辊式矫直机，布置在冷床出口，是紧凑夹心式结构。两片式机架夹住中间的 9 个矫直辊（上 4，下 5），上部 4 个矫直辊垂直可调。换辊时，操作侧的片式机架打开，由专用换辊系统一次更换 9 个矫直辊，换辊结束，操作侧的片式机架再合上。主要组成有：入口导卫、机架、换辊系统、出口导卫、矫直辊装配、氧化铁皮收集装置等，如图 14-35 所示。

（1）入口导卫，为两个垂直立辊，用于导入型钢，利用液压方式可以水平调整。

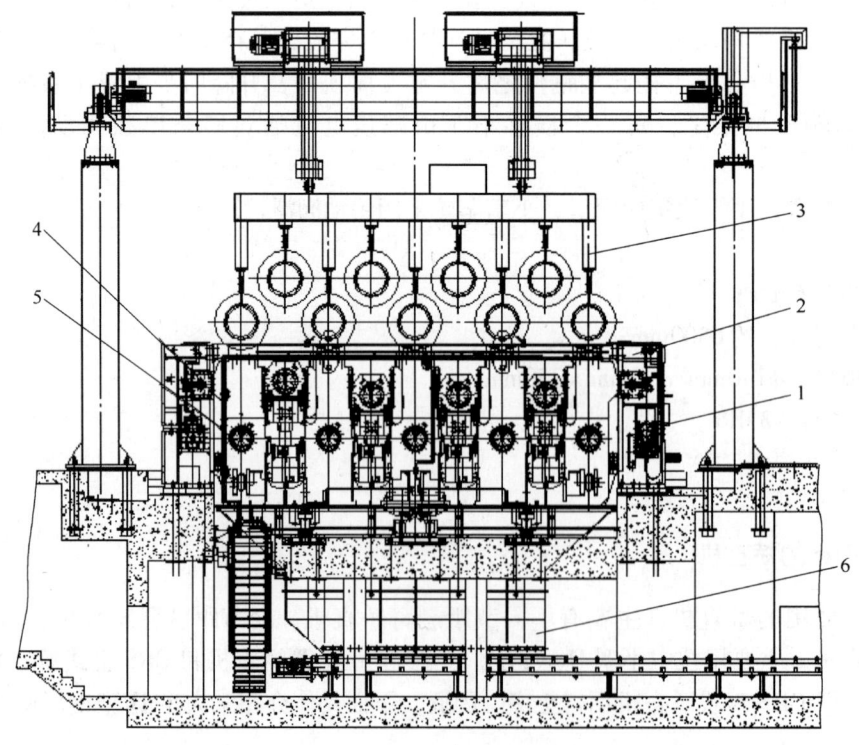

图 14-35　CRS 辊式矫直机

1—入口导卫；2—机架；3—换辊系统；4—出口导卫；5—矫直辊装配；6—氧化铁皮收集装置

（2）机架，由焊接钢结构的左右两片式机架构成，换辊时，操作侧的片式机架可以打开，在专用换辊系统一次换完9个矫直辊后再合上。

（3）换辊系统，用于矫直辊的更换，主要由更换支架、换辊机构组成。更换支架，位于矫直机旁侧，用于放置矫直辊，为焊接钢结构。换辊机构，布置在矫直机上面和旁边。换辊时，换辊机械手移动到矫直机之中拾起所有9个矫直辊筒；然后，操作侧的片式机架锁紧打开并移开；与此同时，但有一个延迟，换辊机械手将矫直辊筒从矫直辊轴上移出，并将其放到更换支架上，换辊机械手再把新的矫直辊筒拾起并装上矫直辊轴。

（4）出口导卫，为1个水平辊，用于型钢输出时的导向，是由电机驱动的。

（5）矫直辊装配，该矫直机具有9个水平布置的矫直辊，都是单独传动的，上部4个矫直辊垂直可调。矫直辊轴为两点支撑，每片机架支撑一点，矫直辊筒在左右两片式机架之间利用液压预应力拉杆锁紧（即夹心式结构）。为了承受矫直径向力，矫直辊轴承用的是两列圆柱滚子轴承，用两只球面锥轴承来承受轴向载荷。

矫直辊的轴向调整，为液压轴向调整，在负荷条件下可调。上矫直辊垂直调整，也是液压调整，在负荷条件下可调，每个都是由两个液压缸驱动进行垂直调整。矫直辊的驱动，是电机通过联轴器、齿轮箱和万向传动轴对矫直辊进行单独传动。

（6）氧化铁皮收集装置，氧化铁皮通过转向导板和装在矫直机下方的运输机卸走。

（7）润滑，矫直辊轴承、齿轮箱是稀油集中润滑，其他润滑点是集中干油润滑。

14.4.2 钢轨矫直机

14.4.2.1 概述

矫直机区设备布置在冷床后面，用于对冷却后的钢轨进行矫直，以满足标准或用户要求。用于高速铁路用钢轨平直度要求高，用普通型钢的平辊矫直不能满足要求，需采用平辊、立辊复合矫直方式进行矫直。钢轨要以轨头向上、轨底向下的状态进入矫直机，所以在矫直机前设有一套钢轨翻转装置，将钢轨翻转至直立位置。矫直机的布置方式为平辊矫直机布置在矫直机区的入口侧，立辊矫直机布置在矫直机区的出口侧。

设备组成：由矫直机前工作辊道、矫直机前翻钢机、水平辊矫直机、立辊矫直机、矫直机后工作辊道、矫直辊换辊装置、氧化铁皮清除装置等组成。

功能：对冷却轧件矫直。下面对钢轨矫直区各设备进行详细介绍。

14.4.2.2 钢轨翻钢机

A 功能

布置在水平辊矫直机前方，用于钢轨的翻转并协助钢轨导入矫直机。

B 设备组成

由翻钢机机架、翻钢机的横移机构、钢轨夹持机构、钢轨翻转机构、旋转盘的升降机构等组成。

C 结构形式

钢轨翻钢机的机架是钢结构焊接件，其底部有四个轮子。由液压缸驱动在轨道上平移，以调整翻钢机与水平辊矫直机的位置。钢轨夹持机构由两个立式夹辊组成。夹辊分别通过一个液压马达驱动旋转。夹辊各由一个液压缸驱动合拢或分开。翻钢机的夹持结构固定在旋转盘上，旋转盘是翻钢机翻转机构的一部分。翻钢机翻转机构由摆动液压缸、旋转盘等组成。摆动液压缸出轴的端部固定一个齿轮，该齿轮与固定在旋转盘上的齿圈啮合。通过摆动缸的运动驱动齿轮、齿圈、旋转盘旋转，即驱动翻钢机的夹持机构旋转，从而实现钢轨的翻转。旋转盘的升降机构由两个液压缸驱动旋转盘升降，以对准矫直机的轧制线。

润滑采用干油集中润滑。

D 技术参数

立式夹辊数量：2 根；

夹紧辊直径：260mm；

立式夹辊开口：最大 750mm；

夹紧辊线速度：约 0.1 ~ 1.0mm/s；

夹紧和打开速度：最大 75mm/s；

夹紧力：最大 150kN；

提升框架行程：800mm；

提升速度：100mm/s；

框架走行（平移）：约 450mm；

旋转盘旋转角度：约 122°；

旋转时间：约 2.5s（122°位置）。

14.4.2.3　水平辊矫直机（悬臂式）

A　功能

布置在立辊矫直机前方，钢轨翻钢机后，用于钢轨矫直。

B　设备组成

由矫直机传动、矫直机机架、矫直辊装配、矫直机入口和出口可升降水平导辊、入口和出口立式导辊等组成，如图 14-36 所示。

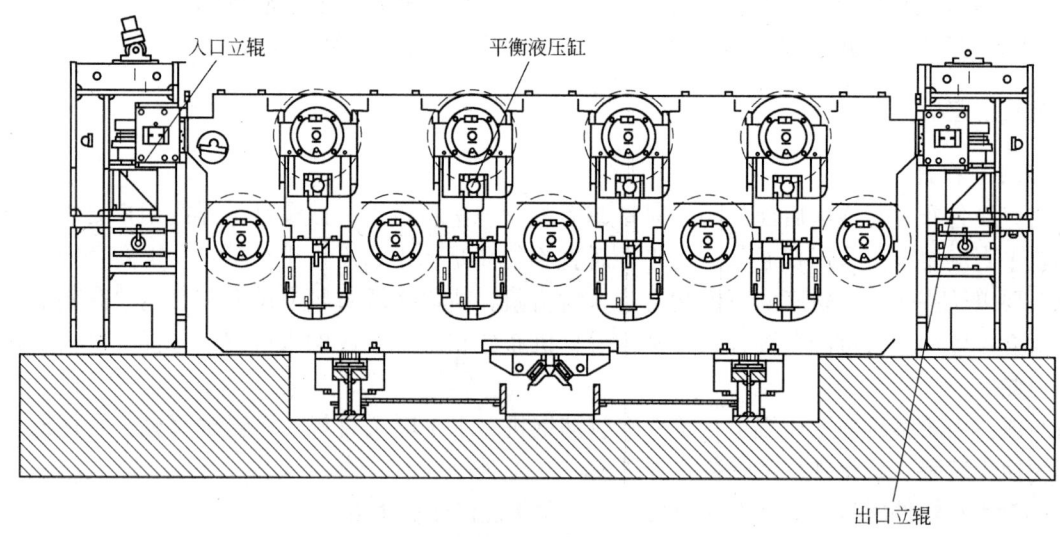

图 14-36　钢轨水平矫直机（立面图）

C　结构形式

水平辊矫直机具有 9 根水平布置的悬臂式矫直轴，有 8 根矫直轴独立传动。这 8 根矫直轴上的矫直辊为有孔型的矫直辊，另一个矫直辊无传动，也没有孔型，为圆柱形辊子。矫直机本体为固定式。

矫直机的传动共 8 套，每套均由电机、联轴器、减速机、万向轴等组成，用于驱动矫直机的矫直辊。

矫直机机架为厚板焊接钢结构，用于承受矫直力。5 根下矫直轴固定在机架上。机架还用于支持 4 根垂直调整上矫直轴的轴承座。

矫直轴安装在矫直机轴承上，轴承固定在机架或机架内的轴承座里。矫直机的前部轴承为圆柱滚子轴承，后部轴承配有一个圆柱滚子轴承和两个止推轴承，它们分别安装在可轴向移动的螺纹衬套内。矫直轴的悬臂部分用于安装矫直轴套和矫直辊。矫直轴上的弹性张力拉杆用来固定矫直轴套和矫直辊，拉杆端部有用于拉紧的装置。矫直机的换辊是通过拉杆的液压拉紧和卡环的旋转实现的。

每个上矫直辊轴承座的垂直调整由电动机通过蜗轮蜗杆带动丝杠来实现的。上矫直辊采用液压平衡，并且有轴向夹紧。入口和出口处的水平导向辊为自由辊，其升降是通过电动机带动螺旋升降机实现的。出入口立导辊为自由辊，由液压缸驱动，实现夹紧或松开。这些导辊对钢轨具有支撑和导向的作用。

矫直辊轴承和减速机的润滑为稀油润滑，其他润滑点采用干油集中润滑。

D 技术参数

矫直轴总数：8+1根，8根驱动；

上矫直轴数量：4个，可垂直调整；

立式导辊数量：入口侧2个；出口侧2个；

矫直轴间的水平距离：1600mm（固定间距）；

单辊最大矫直力：约3600kN；

单辊最大轴向力：约1000kN。

14.4.2.4 立辊矫直机（悬臂式）

A 功能

布置在水平辊矫直机后方，用于钢轨矫直。

B 设备组成

由矫直机传动、矫直机机架、矫直辊装配、矫直机入口和出口可升降水平导辊、出口立式导辊等组成。钢轨立式矫直机的立面图和俯视图分别如图14-37和图14-38所示。

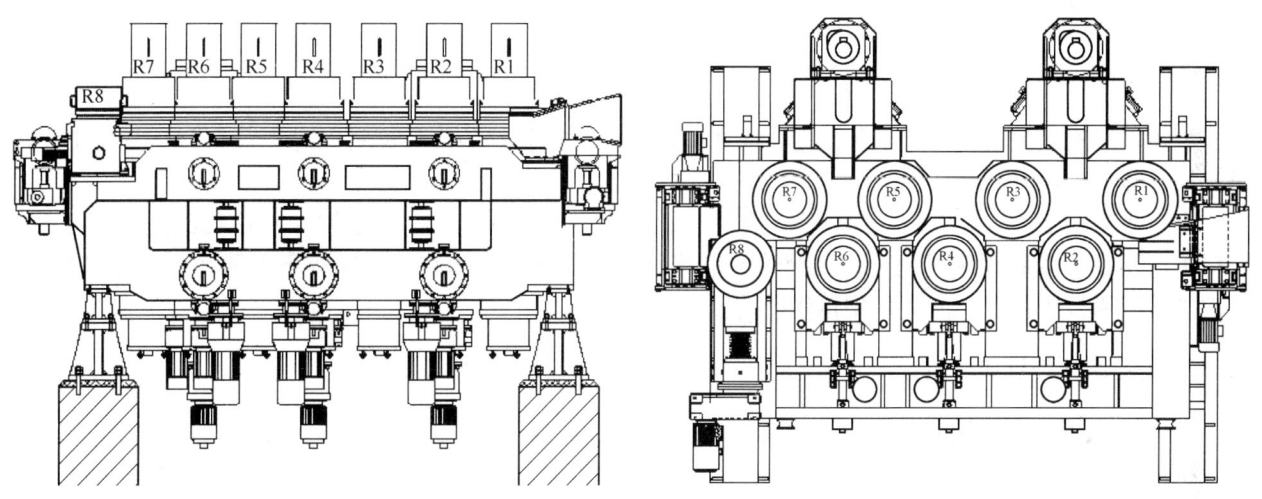

图14-37 钢轨立式矫直机（立面图）　　　　图14-38 钢轨立式矫直机（俯视图）

C 结构形式

立辊矫直机具有7个垂直布置的悬臂式矫直轴，其中有4根矫直轴通过2台电动机传动，另外3根矫直轴无传动。7根矫直轴上的矫直辊为有孔型的矫直辊。矫直机本体为固定式。

矫直机的传动共2个电机，电机通过联轴器、中间齿轮、连接轴驱动4根矫直辊。

矫直机机架为厚板焊接钢结构，用于承受矫直力。4根矫直轴固定在机架上，机架还用于支撑另外4根水平调整上矫直轴的轴承座。

矫直轴安装在矫直机轴承上，轴承固定在机架或机架内的轴承座里。矫直机的上部轴承为圆柱滚子轴承，下部轴承配有一个圆柱滚子轴承和两个止推轴承，它们分别安装在可轴向移动的螺纹衬套内。矫直轴的悬臂部分用于安装矫直轴套和矫直辊。矫直轴上的弹性张力拉杆用来固定矫直轴套和矫直辊，拉杆端部有拉紧装置。矫直机的换辊是通过拉杆的液压拉紧和卡环的旋转实现的。

3根可水平调整的矫直辊轴承座的水平调整由电动机通过蜗轮蜗杆带动丝杠来实现。可水平调整的矫直辊采用液压平衡，并且有轴向夹紧。入口和出口处的水平导向辊为自由辊，其升降是通过电动机带动螺旋升降机实现的。出口立导辊为自由辊，圆柱形辊身，由电机驱动进行水平方向的调整（相当于矫直机的第8辊）。这些导辊对钢轨具有支撑和导向的作用。

矫直辊轴承和减速机的润滑为稀油润滑，其他润滑点采用干油集中润滑。

D 技术参数

矫直辊数量：7+1个；

传动矫直辊数量：4 个；

水平可调节矫直辊数量：3 + 1 个；

立导辊数量：1 个（非有槽轧辊）；

立导辊直径：650mm；

水平导辊数量：入口侧 1 个，出口侧 1 个；

水平导辊直径：260mm；

水平导辊垂直行程：±100mm；

矫直轴间的水平距离：1300/1200/1100mm；

矫直轴的水平可调节行程：200mm；

矫直轴轴向调整范围：±28mm；

轴向调整速度：约 0.8mm/s；

矫直辊直径：最大 750mm，最小 700mm；

矫直速度：0.1 ~ 1.5/2.5m/s；

单辊最大矫直力：约 1700kN；

单辊最大轴向力：约 250kN。

14.5　型钢堆垛机

型钢堆垛机是型钢生产线上重要的设备之一，经冷锯锯切好的定尺型材已是商品型材，一般都要经过打捆才能向外销售。要打捆，一般都要先进行码垛。

型钢生产线上的堆垛机主要有平移式码垛机、二次翻转码垛机、一次翻转 + 平移码垛机。平移式码垛机主要用在大型 H 型钢线上，一次翻转 + 平移码垛机较多的是用在球扁钢等不对称型材的生产线上，二次翻转码垛机用在中、小型 H 型钢生产线上。

14.5.1　大型 H 型钢码垛机

某大型 H 型钢厂采用的大 H 型钢平移式码垛机，如图 14-39 所示。成排 H 型钢经锯切、定尺后，经码垛机输入辊道送往码垛机码垛。主要组成有：入口移钢机、码垛机输入辊道、升降挡板、1 号链式运输机、成排分离装置、翻钢装置、2 号链式运输机、3 号链式运输机、成排装置、码垛台、出口移钢机、码垛机输出辊道和平移式码垛吊车等。

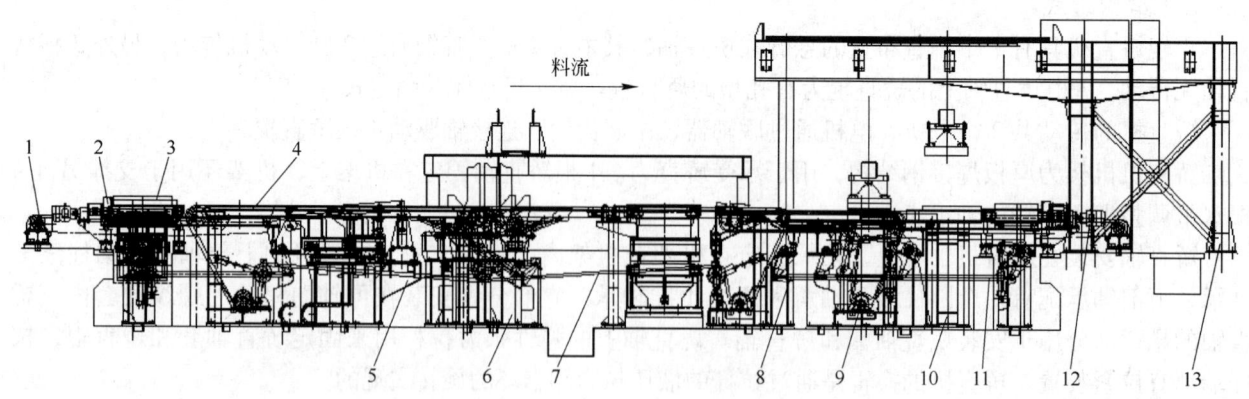

图 14-39　大型 H 型钢码垛机

1—入口移钢机；2—码垛机输入辊道；3—升降挡板；4—1 号链式运输机；5—成排分离装置；6—翻钢装置；7—2 号链式运输机；
8—3 号链式运输机；9—成排装置；10—码垛台；11—出口移钢机；12—码垛机输出辊道；13—平移式码垛吊车

14.5.1.1　大型 H 型钢码垛机的主要技术参数
大型 H 型钢码垛机的主要技术参数见表 14-4。

表 14-4　大型 H 型钢码垛机的主要技术参数

升降挡板	宽度/mm	1600	出口移钢机	运输距离/mm	3800
	升降行程/mm	300		托架间距/mm	3200
1 号链式运输机	运输距离/mm	6600		升降行程/mm	150
	链间距/mm	3200	冷床输出辊道	辊道长度/m	约 84
成排分离装置	调节行程/mm	约 950		辊身直径/mm	360
	分离高度/mm	约 100		辊身长度/mm	1300
翻钢装置	翻转角度/(°)	180		辊子间距/mm	1600
	翻钢杆驱动	液压驱动		辊道速度/m·s⁻¹	0.75
2 号链式运输机	运输距离/mm	7500	码垛输入辊道	辊道长度/m	约 45
	链间距/mm	3200		辊身直径/mm	360
3 号链式运输机	运输距离/mm	3000		辊身长度/mm	1600
	链间距/mm	3200		辊子间距/mm	1600
成排装置	横移距离/mm	1200		辊道速度/m·s⁻¹	0~2.5
	提升行程/mm	150	入口移钢机	运输距离/mm	2500
码垛吊车	运行距离/mm	1800		托架间距/mm	3200
	提升高度/mm	1300		升降行程/mm	150
	磁铁块间距/mm	3200			

14.5.1.2　设备结构原理

码垛机输入辊道,在冷锯辊道之后。辊子是齿轮电机通过联轴器单独传动,辊道架为装配式焊接钢结构,轴承是自调心滚子轴承,集中干油润滑。

升降挡板,分布在码垛机输入辊道内部和端部,挡头升降由气缸操作,轧材的撞击能量靠弹簧吸收,挡板座为焊接钢结构。

入口移钢机,位于码垛机的入口侧,将来自码垛机输入辊道的成排型钢输送到 1 号链式运输机。移钢小车在焊接钢结构制成的轨道梁中行走,移钢小车的行走,由电机通过联轴器、齿轮箱、传动轴及链轮链条带动。轨道梁由液压缸通过四连杆机构驱动进行上升和下降,从而实现移钢小车的升降。

1 号链式运输机,作输送型钢用,型钢随链条一起走行。链条由电机通过联轴器、齿轮箱、传动轴及链轮驱动。链条在固定导槽中运行,导槽设置在支撑框架上,支撑框架为焊接钢结构。

成排分离装置,在 1 号链式运输机区域内,用于将成排型钢分离,以利于后续码垛。成排型钢来到挡钢装置处,分离臂升起,断开成排型钢,1 号链式运输机移走需要的型钢,从而实现分离的目的。分离臂是液压缸驱动的,挡钢装置的升降动作是通过液压缸实现的。

翻钢装置,在成排分离装置之后,必要时用来翻转型钢,以便检查和垂直码垛。翻钢装置由一个上翻和下翻装置组成,上翻装置将卧式型钢立起,下翻装置将立起型钢放回卧式。翻钢杠杆由一同步轴连接,由液压缸驱动,可以隐藏在链条之下。

2 号链式运输机,在 1 号链式运输机之后,作输送型钢用,型钢随链条一起走行。链条由电机通过联轴器、齿轮箱、传动轴及链轮驱动。链条在固定导槽中运行,导槽设置在支撑框架上,支撑框架为焊接钢结构。

3 号链式运输机,在 2 号链式运输机之后,作输送型钢用,型钢随链条一起走行。链条由电机通过联轴器、齿轮箱、传动轴及链轮驱动。链条在固定导槽中运行,导槽设置在支撑框架上,支撑框架为焊接钢结构。

成排装置,在 3 号链式运输机区域内,将型钢收集成排,以便码垛操作。成排小车是由液压缸单独驱动,可在焊接钢结构制成的轨道梁中行走,轨道梁由液压缸通过四连杆机构驱动进行上升和下降,从而实现成排小车的升降。

码垛台,在出口移钢机区域内,作用是形成水平码垛,为焊接钢结构,配有钢格栅。

出口移钢机，在码垛台和输出辊道之间，用于将码垛从码垛台送到输出辊道。移钢小车在焊接钢结构制成的轨道梁中行走，移钢小车的行走，由电机通过联轴器、齿轮箱、传动轴及链轮链条带动。轨道梁由液压缸通过四连杆机构驱动进行上升和下降，从而实现移钢小车的升降。

码垛吊车，安装在码垛机输出辊道外侧，用于水平码垛。其组成有横移装置、提升系统、支架等。

横移装置，焊接钢结构制成的横梁支撑在支架的轨道上，其上带有横移的传动系统、码垛电磁铁提升系统等。电机通过联轴器、齿轮箱、传动轴及齿轮齿条机构，带动横移装置横移。提升系统，码垛电磁铁是吊挂在一焊接钢结构制成的大梁上，由液压缸驱动链轮链条机构来升降码垛电磁铁进行码垛的相应操作。支架为横移装置、提升系统的支撑，是焊接钢结构制成的。

码垛机输出辊道，将码好的垛送往打捆机打捆。辊子是齿轮电机通过联轴器单独传动，辊道架为焊接钢结构，轴承是自调心滚子轴承，集中干油润滑。

14.5.2 中小型 H 型钢码垛机

图 14-40 所示为某中小型 H 型钢厂采用的二次翻转码垛机。

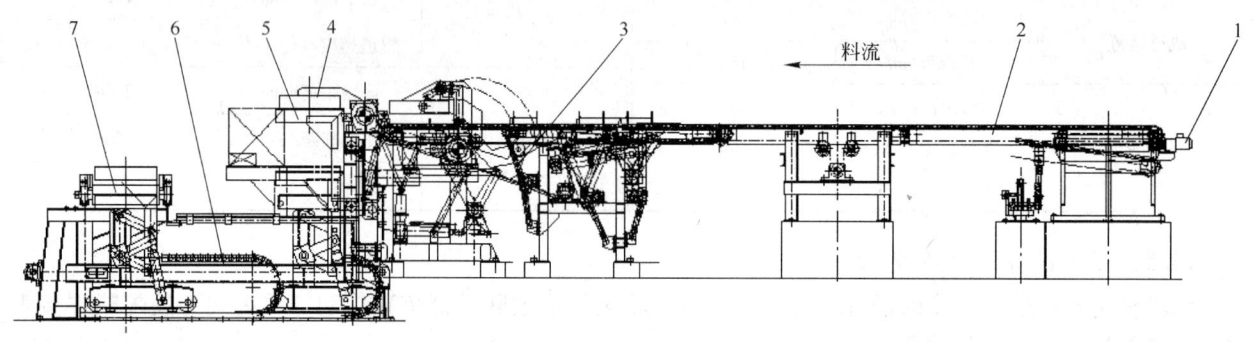

图 14-40   中小型 H 型钢码垛机

1—码垛机输入辊道；2—上钢升降链；3—成排链；4—电磁码垛机；5—码垛台；6—出口移钢小车；7—码垛机输出辊道

成排 H 型钢经锯切、定尺后，经码垛机输入辊道送往码垛机码垛。主要组成有码垛机输入辊道、上钢升降链、成排链、电磁码垛机、码垛台、出口移钢小车、码垛机输出辊道等。

14.5.2.1 中小型 H 型钢码垛机的主要技术参数

中小型 H 型钢码垛机的主要技术参数见表 14-5。

表 14-5   中小型 H 型钢码垛机的主要技术参数

码垛输入辊道	辊道长度/m	约 52	电磁码垛机	电磁铁间距/mm	2000
	辊身直径/mm	268	码垛台	托臂宽度/mm	1000
	辊身长度/mm	1350		托臂升降行程/mm	1000
	辊子间距/mm	1200	出口移钢小车	移送距离/mm	3000
上钢升降链	运输距离/mm	6500		提升行程/mm	450
	链间距/mm	2000	码垛输出辊道	辊道长度/m	约 53
成排链	运输距离/mm	5500		辊身直径/mm	310
	链间距/mm	2000		辊身长度/mm	1100
电磁码垛机	翻转角度/(°)	180（+180）		辊子间距/mm	1100

14.5.2.2 设备结构原理

码垛机输入辊道，在冷锯辊道之后。辊子是齿轮电机通过联轴器单独传动。辊道架为焊接钢结构，轴承是自调心滚子轴承，集中干油润滑。

上钢升降链，位于码垛机的入口侧，将来自码垛机输入辊道的成排型钢拾起，送往成排链。上钢升降链由一水平段和一摆动升降段组成，两段链条由一套传动装置驱动，链条由电机通过联轴器、齿轮箱、传动轴及链轮驱动，链条在固定导槽中运行，导槽设置在支撑框架上，支撑框架为焊接钢结构。摆动升降链由液压缸通过四连杆机构驱动进行上升和下降。

成排链在上钢升降链和电磁码垛机之间，作输送型钢用，型钢随链条一起走行。链传动靠电机通过联轴器、齿轮箱、传动轴等完成，链条在固定导槽中运行，导槽设置在支撑框架上，支撑框架为焊接钢结构。在其中设有分组装置，按照码垛要求的型钢支数进行分组成排，分组装置由升降机构和前后调整机构组成，升降机构由液压缸通过四连杆机构驱动进行上升和下降，前后调整机构，靠电动机械装置完成。

电磁码垛机，位于成排链和码垛台之间，用翻转电磁铁吸取型钢旋转180°或360°，去磁后将型钢一层一层地堆放在堆垛台上，其由一次翻转码垛机、二次翻转码垛机两台翻转码垛机组成，两台翻转码垛机设备结构基本一样，有电磁头、翻转机构、传动装置等。电磁头安装在翻转机构的翻转臂上，电机通过联轴器、齿轮箱、传动轴等驱动电磁头旋转。一次翻转码垛机实现型钢翻转180°，二次翻转码垛机根据操作要求再实现型钢翻转180°或不翻转。

码垛台位于码垛机和码垛输出辊道之间，作用是平稳接料形成水平成品垛，达到规定的垛形后将型钢垛平稳地放在移出小车上。托臂靠电机通过联轴器、齿轮箱、传动轴、齿轮齿条机构等完成上下升降。

出口移钢小车在电磁码垛机和输出辊道之间，用于将码垛从码垛台送到输出辊道。移钢小车车体为焊接钢结构制成，在固定轨道上行走，移钢小车的行走由电机通过联轴器、齿轮箱、传动轴及链轮链条带动。升降臂安装在小车车体上，由液压缸通过四连杆机构驱动进行上升和下降，从而实现型钢垛的接收与送出。

码垛机输出辊道将码好的垛送往打捆机打捆。辊子是齿轮电机通过联轴器单独传动。辊道架为焊接钢结构，轴承是自调心滚子轴承，集中干油润滑。

14.6　钢轨精整及收集区设备

百米重轨生产线精整及收集区从所采用的工艺和设备足见其复杂，它包括从平立矫直机后延伸辊道到钢轨的成品收集，本区域是钢轨生产非常重要的辅助生产工序。工艺布置及设备选型主要由重轨产量、品质、规格及场地空间决定。下面是年产量90万吨百米高速重轨生产线的工艺流程及设备组成。

按功能不同，钢轨精整及收集区设备分为六个区域：一区为钢轨无损探伤区，二区为钢轨头尾锯钻区，三区为钢轨人工检查区，四区为百米轨集排收集区，五区为50m轨定尺锯区及收集区，六区为25m轨定尺锯区及收集区。其总的工艺流程如图14-41所示，平面布置如图14-42所示。

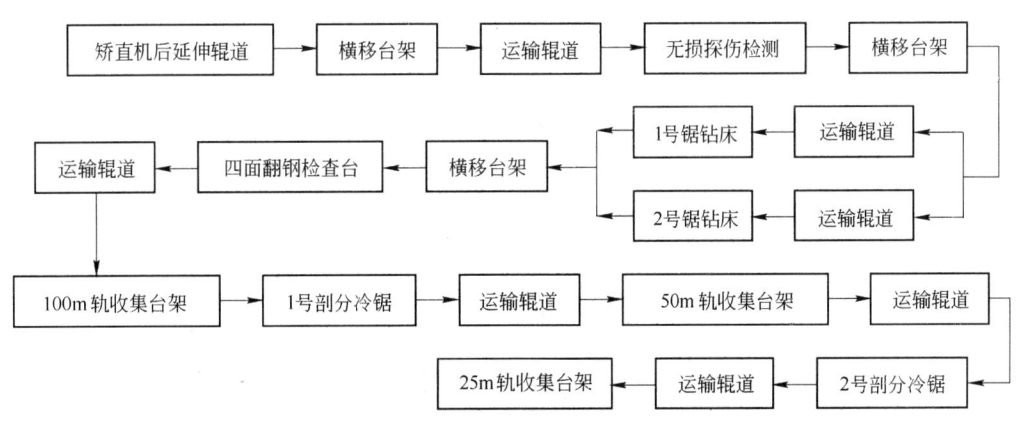

图14-41　钢轨精整及收集区工艺流程框图

14.6.1　钢轨无损探伤区

功能：矫直后的钢轨通过检测中心将其检测到的数据输送到一个控制中心，实现对产品质量的全面监控。

设备组成：运输辊道，横移上、下料装置，链式运输机，测量与检测中心。

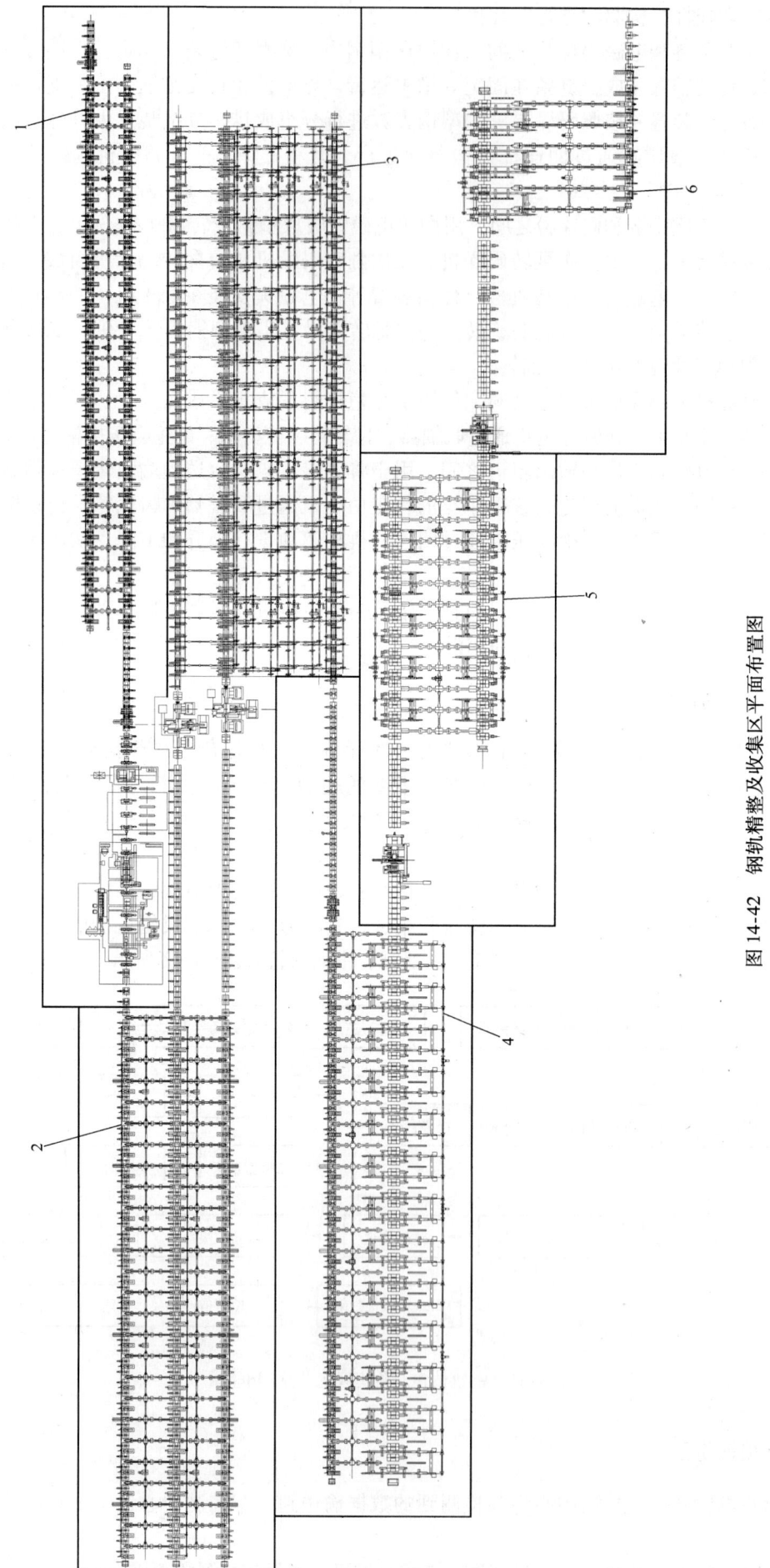

图 14-42　钢轨精整及收集区平面布置图

1—一区；2—二区；3—三区；4—四区；5—五区；6—六区

14.6.1.1　横移上、下料装置

A　功能

横向移送单根钢轨，将钢轨从辊道上托起移送至链式运输机上或将钢轨从链式运输机上托起移送至辊道上。共有两套设备，分别布置在链式运输机的入口和出口处，两套设备其结构完全相同。

B　结构特点

这种形式的横移上、下料装置（图14-43）由26个可单独升降托盘装置小车及集体横移传动装置组成，沿100m钢轨运行方向布置。每个小车设有一个可升降的托盘，由液压缸单独驱动上下运动，小车横移是由6个液压缸同时驱动一根长轴，同步转动轴上的26个回转臂，带动小车上的连杆，使小车在轨道上实现横移功能。小车移送位置要求可调，因此在小车移送链轴上加装编码器控制。特点是：结构简单；设备重量轻；运送钢轨可实现轻拿轻放，对钢轨轨底无伤害，适合于运行距离较短的场合。

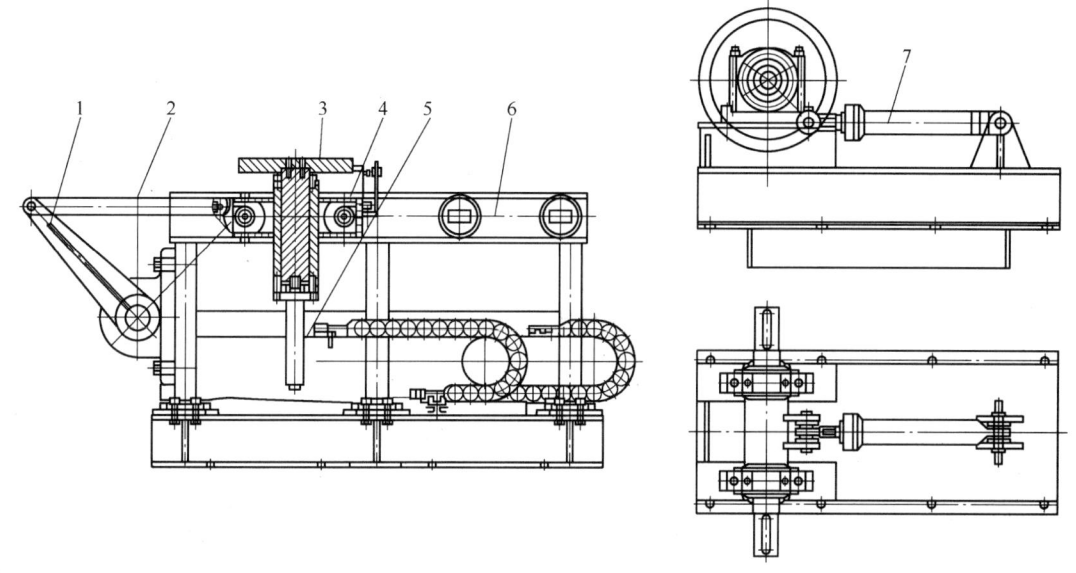

图14-43　横移上、下料装置
1—长轴上回转臂；2—小车上连杆；3—托盘；4—横移小车；5—升降油缸；6—小车横移轨道；7—横移油缸

C　工作原理

横移上料装置从辊道上将钢轨移送到链式横移机上时，横移小车首先潜行在辊道的下方，待钢轨进入辊道后小车升起托起钢轨，此时横移机构工作，将钢轨移送至链式横移机上，小车下降并返回至辊道下方原始位，等待下一个重复工序。横移下料装置工作原理与横移上料装置完全相同，不同点是将钢轨从链式横移机上移送到运输辊道上。

由于移送的钢轨很长，因此要求所有的横移小车必须保持同步动作，在设计时要考虑长轴的刚度，回转臂和连杆尺寸公差要求以及液压系统的同步性，保证钢轨在横向运输过程中不发生偏移。

D　技术性能

小车托盘升降行程：150mm；油缸参数：$\phi63mm/\phi45mm \times 150mm$，24个油缸。

小车横移行程：850mm；油缸参数：$\phi80mm/\phi45mm \times 325mm$，6个油缸。

移送钢轨长度：105m；移送钢轨重量8t/根。油缸行程极限位均由接近开关检测。

14.6.1.2　链式运输机

A　功能

横向移送由横移上料装置送来的单根钢轨，按步距不翻转输送到输出辊道前。链式运输机上可排布多根钢轨。实现钢轨由轧制线移到检测线上来。

B　结构特点

链式运输机由板式滚子输送链、主动链轮、被动链轮、传动长轴、链条导轨台架及传动装置等组成，如图 14-44 所示。由电动机经减速后驱动装有主动链轮的长轴旋转，带动链条在导向支架上滑动，拖动放在上面的钢轨平行移动，这种运输机可使钢轨与链子没有相对运动，避免了钢轨的损伤。为合理利用空间，主动链轮及传动装置布置在输送机中间，设有两个导向轮，为减轻重量，传动轴设计为空心焊接结构。由于设备的传动轴较长而且是采用三台电机同时驱动，要求电机必须同步，在电机上设有测速编码器。

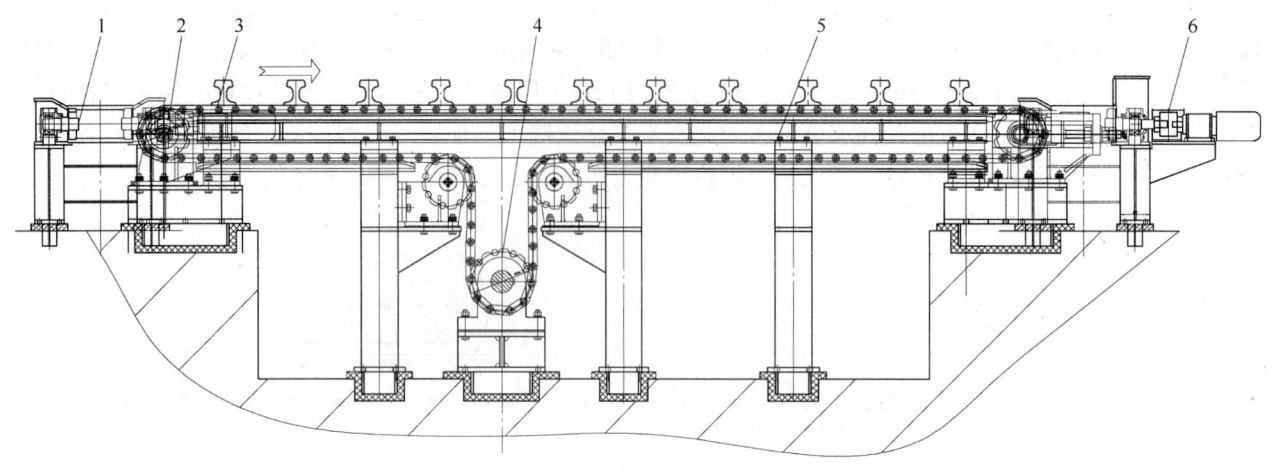

图 14-44　链式运输机

1—输入辊道；2—链式运输机被动链；3—输送链；4—链式运输机主动链轮；5—导向支架；6—输出辊道

C　技术性能

电机台数：共 3 台，尾部均带有增量型编码器；

电机功率：22kW；

减速机输出转速：11r/min；

减速比：135；

链式运输机运输速度：0.05 ~ 0.15m/s；

链条间距：4000m；

步进距离：500mm。

14.6.1.3　测量和检测中心

无损检测技术是保证产品质量、保证产品使用安全不可缺少的手段。目前钢轨质量检测方法已从传统的人工离线检测转变为自动在线检测。本系统是从加拿大 NDT 公司引进的设备。

功能：该系统安装在链式输送机的输出辊道上，对成品钢轨进行无损检测。将几个单独的检测装置，包括去磁装置、表面清洁、断面尺寸测量、平直度检测、涡流表面检测、内部超声波探伤、喷标、钢轨号识别系统、主计算机、辅助设备及打印机等组合成一个测量和检测中心，整个系统统一到一个控制中心内。

中心设备组成及结构特点如下：

（1）去磁装置、表面清洁站：是为钢轨进行无损性检查和尺寸测量之前而设计的表面去磁和去除钢轨表面松散的氧化铁皮及废物的清洁装置。去磁装置采用两个分立线圈，一个是直流线圈，一个是交/直流去磁线圈，可将钢轨去磁至小于或等于 60Gs。表面清洁站采用一套可更换的钢丝刷。每个刷子带有一套旋转盘，由电机来驱动，如果钢轨停在了检测站内，则系统发信号使刷子停止旋转。清洁站设计为浮动式框架，是一个万向系统，当清洁不同尺寸钢轨时，刷子可自动由液压和气动系统来调整。液压系统将刷子调到工作位，使刷子可清刷钢轨全长。气动系统控制刷子在钢轨表面的压力。清洁站是封闭的，空气净化系统采用旋流型集尘器，下面设有机械振动废物收集装置，以便废物顺利收集。

（2）激光测量站：对钢轨尺寸、平直度、波浪度和端部扭转度进行测量。波浪度测量是利用透射方法实现的，尺寸和平直度测量是利用直接反射方法实现的。该系统可以采用特殊的测量标准和公差来计算尺寸、平直度、波浪度和端部扭转度的值，也可以测量钢轨小腰、本体和头部的值。激光器的位置由伺服电机通过计算机直接控制。

（3）涡流表面检测仪：对钢轨表面质量进行自动检测和评估。原理是带有正弦波电流激励线圈的探头接近钢轨表面时，线圈周围的交变磁场在金属表面产生感应电涡流。入口设有导卫辊限制钢轨在横向 ±50mm 范围内运动。所有探头布置在一个旋转盘上。总计 18 个检测通道，14 个通道工作，4 个通道备用。每个检测通道依照不同的标准调节检测灵敏度。对钢轨底部、中部和两侧检测区域可调整成不同检测灵敏度。探头在距离钢轨表面安全位置等待，当钢轨到达探头时，探头则由一套液压缸和气缸驱动接近钢轨。探头的距离由一套接触辊接触到钢轨来决定，通过调整接触辊来保证探头和钢轨表面的距离要求。不合格的钢轨自动启动喷标系统进行喷标。

（4）内部超声波探伤：自动检测和评估钢轨内部的质量。检测轨头、轨腰和轨底的内部所有方向的危险缺陷。原理是利用脉冲回声技术。超声波探头装在一可更换的套筒内，安装在一个保护块上。与钢轨接触的探头面是一个可更换的保护靴，具有高耐磨性能并且在任何情况下对钢轨表面不会有损伤。探头的角度和与钢轨的距离的调整均由液压和气动系统来完成，检测时气缸确保保护块和保护靴与钢轨表面柔性接触。通过液压缸实现探头保护块向钢轨快速移动。探头有三种不同的调整：一是对不同高度钢轨探头的粗调，它是通过降低探伤仪上部框架来实现的；二是对探头保护块位置的调整，对每一单独块的精调，探头做横向移动；三是将探头块的中心线调整到与钢轨中心线轴线重合。本设备共设有 20 个检测通道，其中 16 个工作，4 个备用。

14.6.2　钢轨头尾锯钻区

功能：经过无损探伤区检测后的钢轨在此区内进行编组，然后分别送到两台锯钻床上完成切头切尾工序。由于在此只有 100m 钢轨，所以钻床功能无用。

设备组成：运输辊道，横移上、下料装置，1 号、2 号链式运输机，运输小车，1 号、2 号锯钻联合机床。

14.6.2.1　1 号、2 号链式运输机

功能：本区域中设有两台链式输送机。1 号链式运输机横向移送由横移上料装置送来的单根钢轨，按步距不翻转输送到 1 号锯钻联合机床输入辊道前。2 号链式运输机横向移送由运输链送来的单根钢轨，按步距不翻转输送到 2 号锯钻联合机床输入辊道前。链式运输机上均可排布多根钢轨，实现将钢轨由检测线移到锯切线上来。

结构特点和技术性能与链式运输机完全一致。

14.6.2.2　运输小车

A　功能

有两个功能，一是横向移送单根钢轨，将钢轨从 1 号链式运输机上托起运输到 1 号锯钻联合机床输入辊道上；二是横向移送单根钢轨，将钢轨从 1 号链式运输机托起送到 2 号链式运输机上。

B　结构特点

运输小车结构如图 14-45 所示，运输小车由 26 个可带有单独升降托盘装置的小车及集体横移传动装置组成，沿 100m 钢轨运行方向布置。每个小车设有 1 个可升降的托盘，由液压缸单独驱动上下运动，小车横移是由 6 台减速电机同时驱动 1 根同步长轴转动轴上的 26 个链轮，通过链条带动小车，使小车在轨道上实现横移功能。小车有两个工作停位，由装在传动轴上的绝对值编码器发信号控制，小车横移的同步由每台电机尾部的增量型编码器发信号控制。小车升降同步由同步液压系统来控制。结构特点是：结构简单；运送钢轨可实现轻拿轻放，对钢轨轨底无伤害，适合于运行距离长并且需要多个停位的工况。

工作过程与横移上、下料装置相同。

C　技术性能

小车托盘升降行程：150mm；

油缸参数：$\phi63m/\phi45m \times 150mm$，24 个油缸；

小车横移最大行程：1700mm；

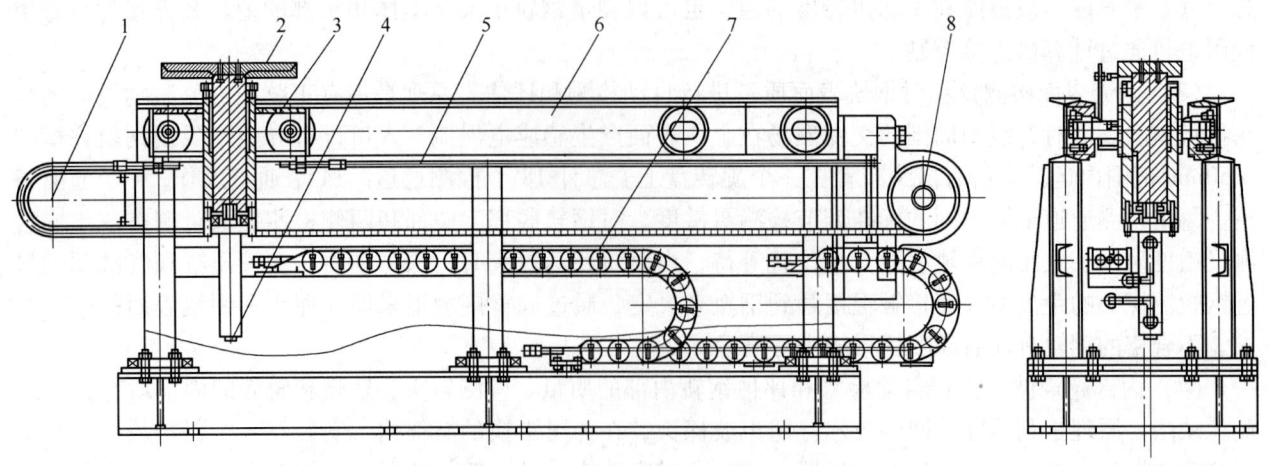

图 14-45　运输小车结构

1—被动链轮；2—升降托盘；3—横移小车；4—升降油缸；5—传动链；6—运行轨道；7—管线拖链；8—传动装置

减速电机功率：5.5kW；

输出转速：25r/min；

减速比：56.55，电机变频调速；

移送钢轨长度：105m；

质量：8t/根。

14.6.2.3　1号、2号锯钻联合机床

本台锯钻联合机床是引进设备，型号为LSB800/S6。

A　功能

将无损探伤后的钢轨进行切头切尾，对于生产50m和25m钢轨时可进行钻孔。

B　结构特点

锯钻联合机组是冷圆盘锯，采用硬质合金锯片，钻头采用嵌入式硬质合金钻头的锯钻联合机床。按其功能设备包括两大部分：锯机和钻机。

a　锯机

锯机包括：

（1）锯机本体：焊接结构设计，这种极其坚固的复合材料钢结构和特殊的钢筋混凝土结构用以确保锯机能够承受它本身产生的极其高的自振。在位于锯片和锯机滑道上设有水平振动测量装置，可以显示锯切加工时产生的反作用力和振动。确保了较高的切割性能和经济的锯片使用寿命。锯机滑道的轨道用螺栓和锯机本体固定在一起。

（2）锯机减速机：锯机横移减速机壳为焊接结构。滑动齿轮箱包括减速齿轮、预应力主轴承、螺旋齿轮，由AC主传动电动机通过皮带进行传动。为了确保刀锯有较高的使用寿命，在高性能切割时，对于ϕ660mm的锯片，锯片法兰到锯轴的速比设定为2.5：1。锯轴密封环配有防磨环，可以在不拆卸机器或齿轮的情况下简单并快速地从外部进行更换。

（3）锯机滑动导卫：滑动导卫与锯机倾斜18°安装，配有4个预加荷载的旋转辊装置，导卫滑动装置配有硬质合金和研磨支架，配有4个循环槽，可以施加压力、张力和侧向力。它具有非常牢固、高荷载能力、高定位精度、长使用寿命、良好的密封和安装简便的特点。在导轨和锯机导卫装置之间为防止振动设置了防震油膜元件，其布置与导卫滑动装置相同。

（4）进给装置：AC伺服电动机驱动精密的滚珠螺旋丝杠带动皮带实现进给。

（5）锯片防震/锯片稳定防震装置：在锯片的两侧，确保轨道的无声进入和离开，以及防止振动并稳定锯片。锯片防震装置包括防磨对中板，反面配有滑动轴承材料的防震板，它可以通过调节装置进行调整。当钢轨进入或离开时，压力缸来提供动力。

（6）废屑清除系统：通过可调节的清除刷将遗留的钢屑从锯片的钢屑区域清除出去。

（7）锯片的最小量润滑：润滑剂是油气润滑，系统包括定量泵、气动装置、液位开关、带有支架的软管和喷雾装置，在硬质合金刀片上形成细油膜可以提高刀锯的使用寿命。

（8）锯片冷却系统和保护罩：设有特殊的冷却空气喷嘴对锯片的钢质部分进行冷却。

b　钻机

钻机包括：

（1）机器本体：重型焊接结构，用螺丝固定在支架上，配有特殊的钢筋混凝土。这种极其坚固的复合材料钢结构和特殊的钢筋混凝土结构用以确保锯机能够承受它本身产生的极其高的自振。

（2）两套钻轴传动装置：每套由变频交流电机驱动分配齿轮箱带动3个主钻轴。分配齿轮箱输出轴与主钻轴之间采用万向接轴连接，并设有3个单独的托架。

（3）钻心检测装置：设在钻机滑动装置上，用于自动识别钢轨在夹紧区域内的位置，以便固定钻机的开始位置。

（4）两个钻轴滑动调节装置：钻轴滑动装置配有垂直和水平调节装置，按照位置的指示由螺旋丝杠轴进行调整。在水平定位和垂直定位后，由液压缸夹紧钻轴滑动装置。

（5）压缩空气冷却装置：用于在内部冷却钻具。压缩空气管道系统通过钻轴供给钻具，只有在钻机在进给工作期间才供冷却气。

（6）钢屑罩：钻轴的保护罩用以保护钻轴，避免钢屑进入钻轴里面，钻机滑道的盖板可以提升。

（7）夹具：夹具设计为C型焊接结构，作为锯机和钻机之间的连接件。夹具罩为硬质合金的且用螺栓固定。由独立的夹紧缸、液压驱动，配有硬质合金的夹板和夹爪。进给侧有两个垂直夹具、两个水平夹具，输出侧有1个垂直夹具，第两个夹具由压力辊完成，两个水平夹具。垂直夹具为主夹具。水平夹具为对中夹具，用于对中设备固定轴承侧的钢轨。每个夹具的夹持力垂直约35N，水平约13.5N。

（8）进给辊：用螺栓固定在夹紧装置的进给侧，包括两个垂直导向辊，其中1个辊可调整轨底宽度；两个回弹保护进给板，经硬化处理并可更换。

（9）升降辊：位于安装好的夹送辊的进口侧和出口侧，用于将钢轨运输到锯机外。

锯钻联合机组还包括一些辅助设施：如清除钢屑、中心润滑系统、液压系统、气动装置及自动化系统等。

C　技术性能

抗拉强度：最大1400MPa（N/mm²）；

钢轨来料长度：54.64m或105m；

切头切尾长度：头150~1500mm，尾150~1500mm；

最终钻孔：直径26~40mm；

轨道温度：轨头温度低于60℃，由热锯在冷却区域切割；

钢轨弯曲：轨道头和尾最大3.0mm/m，轨道本体最大1mm/m；

代表钢种：U71Mn，PD3，BnbRE，350LHT；

锯切端面倾斜度：小于0.4mm；

锯钻后钢轨长度：50m或100m；

钻头水平位置（从锯片中心线开始计算）：至1号钻头45~245mm，至2号钻头145~400mm，至3号钻头245~500mm，两个钻头之间的距离最小100mm；

钻孔要求：26~40mm，钻孔高度（从轨底开始计算）最小45mm，最大100mm。

14.6.3　人工检查区

功能：经锯钻联合机床加工后的钢轨，送入此区域连续自动翻转四个面进行人工表面检查。

设备组成（图14-46）：输入辊道、两组上料小车、一组下料小车、六组链式运输机、四组横移翻钢机、下料辊道。

工作过程：加工后的钢轨经输入辊道1、3送至翻钢检查台区，由横移上料小车9、15将钢轨平移送至链式运输机10、16上，由链式运输机2、11将钢轨平移送至翻钢机4处，翻钢机4将钢轨横

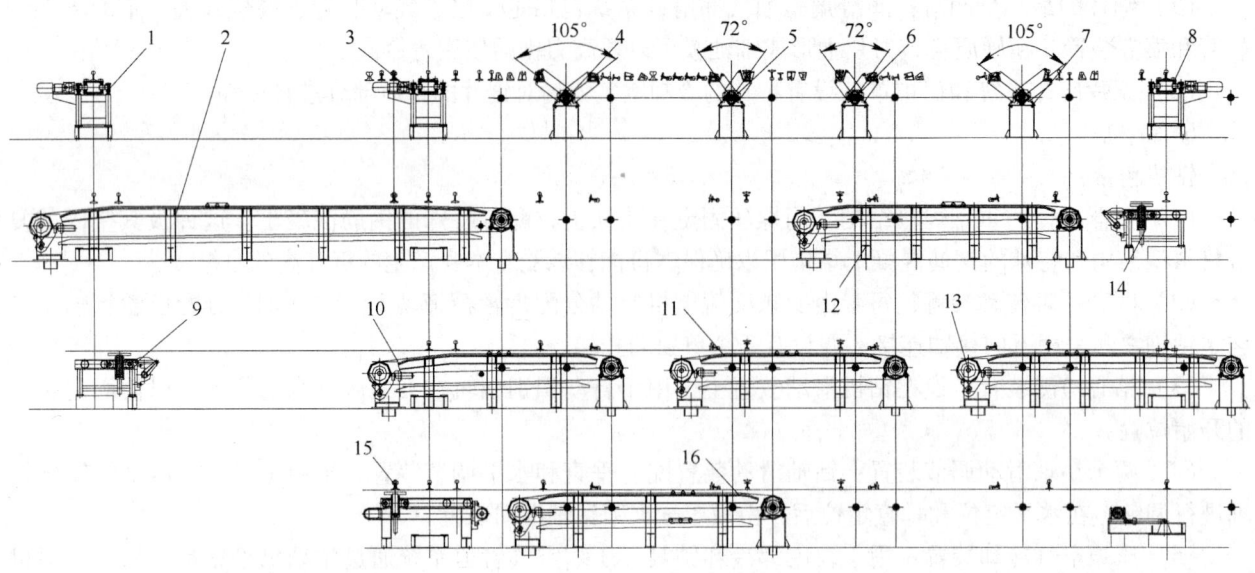

图 14-46　人工检查区设备组成

1，3—输入辊道；2，10~14，16—链式运输机；9，15—横移上料小车；14—横移下料小车；4~7—四面翻钢机；8—下料辊道

移并翻转一个面移送至链式运输机 16 上，再由链式运输机将钢轨平移送至翻钢机 5 处，翻钢机 5 将钢轨横移并翻转一个面移送至链式运输机 11 上，再由链式运输机将钢轨平移送至翻钢机 6 处，翻钢机 6 将钢轨横移并翻转一个面移送至链式运输机 12 上，链式运输机继续将钢轨平移送至翻钢机 7 处，翻钢机 7 将钢轨横移并翻转一个面移送至链式运输机 13 上，这样钢轨就翻转了四个面，轨头仍然向上。钢轨由链式运输机 13 运输移送至横移下料小车 14 处，横移下料小车将钢轨从链式运输机上移送至下料辊道 8 上，将钢轨运往下一工序。这种方式始终将钢轨的检查面保持向上，有利于人工检查。

14.6.3.1　横移上料小车、横移下料小车

功能：横向移送单根钢轨，将钢轨从辊道上托起移送至链式运输机 10 上，或将钢轨从链式运输机托起移送至辊道上。

结构特点和技术参数与横移上、下料装置相同。

14.6.3.2　链式运输机

功能：横向移送钢轨，以便进行人工检查。六个链式运输机配合动作还可将钢轨不翻转而连续运输钢轨至下料辊道。由于移送的钢轨很长，因此要求所有的链条必须保持同步动作，保证钢轨在横向运输过程中不发生偏移。

结构特点（图 14-47）：六个链式运输机结构和原理基本相同，不同之处在布置形式和输送距离不等。

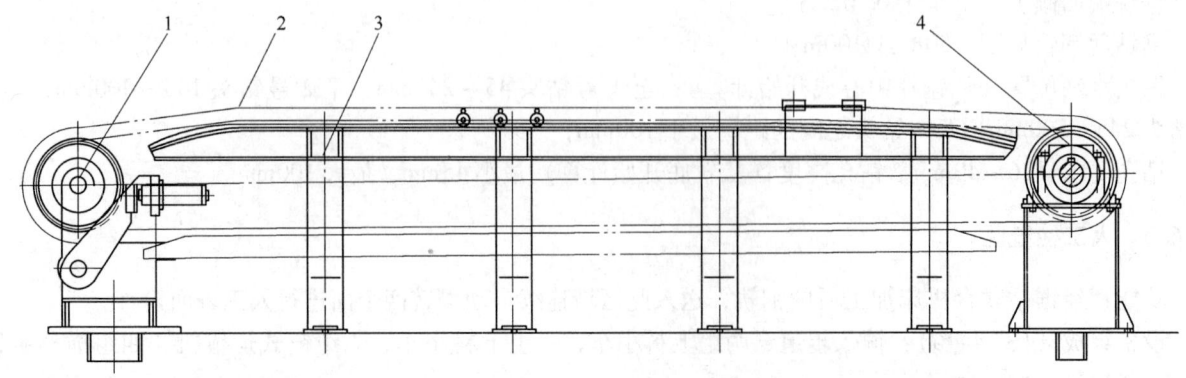

图 14-47　链式运输机结构示意图

1—张紧链轮；2—运输链；3—支撑架；4—主动轮传动装置

链式运输机由板式滚子输送链、主动链轮、被动链轮、链条、导轨、台架及传动装置组成。由四台电动机经减速后驱动主动链轮长轴旋转驱动来完成。由链条在导向支架上滑动，拖动放在上面的钢轨平行移动，这种运输机可使钢轨与链子没有相对运动，避免了钢轨的损伤。本输送机主动链轮布置在输送机的出口端，主被动轮中心线在同一标高，被动轮有张紧功能。设备沿钢轨长度方向100m。运输机行程由传动轴端的编码器控制，电机同步由电机尾部的编码器控制。此结构简单，特别适合移送距离短的工况。

技术参数：链条速度为0.05～0.15m/s，链条节距为200mm，4台减速电机的功率为5.5kW，变频调速，减速比为11.55，4台大减速比减速机的减速比为89.06。

14.6.3.3　横移翻钢机

功能：将单根钢轨从链式运输机上托起移送至另一链式运输机上，并且将钢轨翻转一个面。四个钢轨横移翻钢机配合正好将钢轨翻转四个面。只对重轨进行翻钢，其他品种的钢轨不进行翻钢，由五个链式运输机连续运输。由于移送的钢轨很长，因此要求各摆杆必须保持同步动作，保证钢轨各段同步横移。翻转摆杆不动作时，摆杆要低于链条面，当不需要翻钢时，五个链式运输机配合动作能将钢轨平移运输至下料辊道。

结构特点（图14-48）：翻钢机由托料摆杆、长轴、轴承、支座及传动装置组成。摆杆一般由厚钢板制成，固定在长轴上，沿钢轨长度方向按一定间距布置。长轴由多段组成，用联轴器连接，支承在轴承座上，传动装置是电动机驱动减速机输出端联结的长轴旋转，共四台驱动装置，并带动轴上的摆杆摆动一定的角度，从而使钢轨翻转90°，要求各摆杆摆动必须同步。四个翻钢机的结构基本一样，只是摆杆头部形状随翻转的钢轨断面形状而改变。

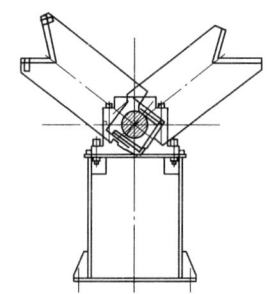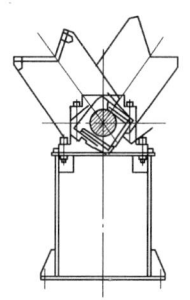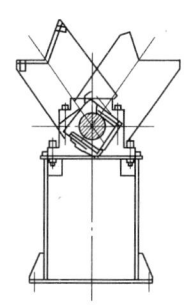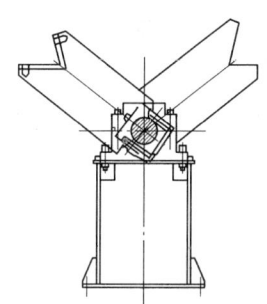

图14-48　横移翻钢机

技术性能：驱动电机功率为5.5kW，转速为960r/min，减速机速比为450，共4台。

14.6.3.4　横移上料小车

功能和结构特点与运输小车相同。

技术性能：小车托盘升降行程为150mm，油缸参数为φ63mm/φ45mm×120mm，24个油缸，小车横移最大行程为1250mm，减速电机功率为5.5kW，输出转速为25r/min，减速比为56.55，电机变频调速，共4台。

14.6.4　百米轨集排收集区

功能：经加工检测后，百米钢轨由辊道进入集排收集区。

工作过程（图14-49和图14-50）：集排100m轨时，横移小车2潜行在输入辊道1和链式运输机3上的链条下方，横移小车2的托盘升起将输入辊道上第一根钢轨横移送到链式运输机3链条上，链式输送机按一定步距横移，依次将钢轨布置在链式运输机上，集排时，集排收集横移小车4潜行在链式运输机3上链条下，集排横移小车4的收集小车上升100mm将链式运输机3链条上第一根钢轨托离50mm，小车集排第一根钢轨托离50mm，小车横移托着钢轨进入集排台架5上方，在预定的位置下降将钢轨放到集排台架5上，且距集排台架5前端的挡块有一安全距离，挡板用于集排钢轨的定位。接着横移小车4返回从链式运输机3链条上取第二根钢轨，小车横移托着钢轨进入集排台架5，集排收集小车4前端端面推着第一根钢轨至集排台架5前端挡块停下使其定位，小车下降将第二钢轨放到集排台架5上。重复上述动作，当横移小车4将第五根钢轨放到集排台架5上时，已集4根钢轨成排，横移小车4再将四根成排钢轨横移至收集台架7。专用吊具再将其运到成品存放架或直接吊往火车皮。

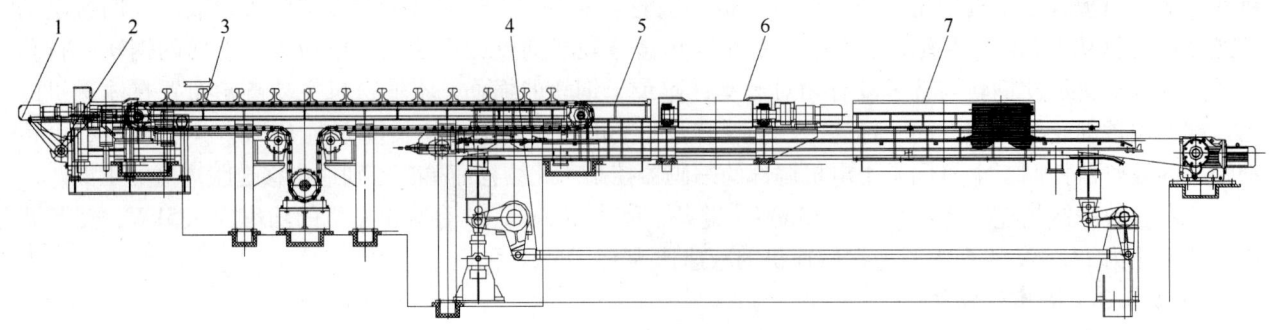

图 14-49　百米轨集排收集区

1—输入辊道；2—横移小车；3—链式运输机；4—集排收集横移小车；5—集排台架；6—输出辊道；7—收集台架

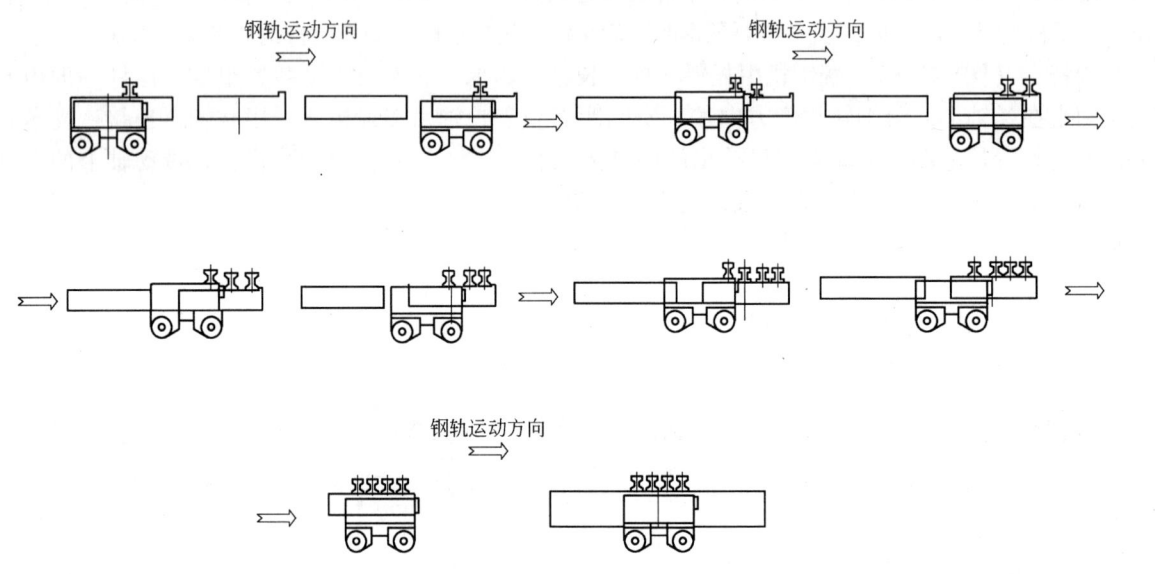

图 14-50　集排收集方式与过程

集排 50m 或 25m 轨时，由集排收集横移小车 4 运输到输出辊道 6 上，送到 50m 和 25m 的锯切区。

14.6.4.1　集排收集横移小车

功能：具有升降横移集排、升降横移收集的功能。可在链式运输机链条上表面下潜行，上升托起链式运输机链条上最前端的钢轨，依次运往集排台架进行集排，集排完成后将成排钢轨运往收集台架收集或运送到输出辊道上，送到 50m 和 25m 的锯进行锯断收集。全过程轻拿轻放，钢轨与小车相对静止无滑动摩擦。

结构特点（图 14-51）：集排收集横移小车、集排台架，沿 100m 成品钢轨运行方向布置，横移小车由

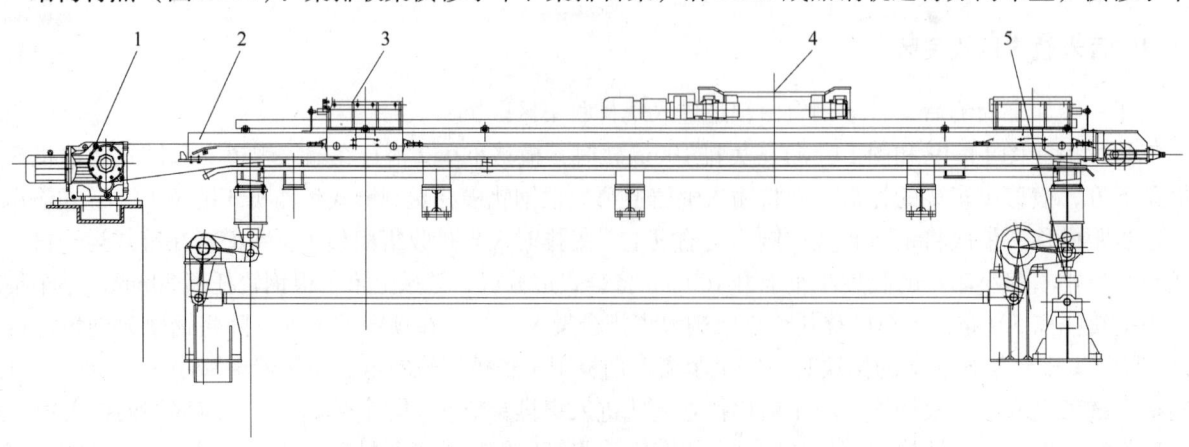

图 14-51　集排收集横移小车

1—横移小车传动；2—框架；3—横移小车；4—输出辊道；5—升降油缸

13 个带有轨道的四连杆升降框架组成，每个升降框架轨道上并排行驶 2 个集排收集小车（共计 13×2＝26 个小车），各由 1 个液压缸驱动框架升降，极限位置及中间位置由 3 个接近开关控制。3 套交流变频电机减速机传动装置驱动一根长轴同步转动，长轴上相间布置的 26 根链条分别牵引集排收集小车，横移小车运行有 3 个工作位，减速机低速轴的一端装有 1 个绝对值编码器以控制小车行程。全过程轻拿轻放，钢轨与小车相对静止无滑动摩擦。固定的长轴传动装置通过柔性的链条牵引升降框架上的集排小车，框架升降时不影响固定的长轴传动装置。由于钢轨长度达 100m，集排收集横向行进中进行，使得该区域纵横方向尺寸长度大。集排收集横移小车在内的各单体设备相间布置、首尾交错衔接，结构紧凑，布置困难，设计时要充分考虑各设备之间相互关系，以及小车的升降、横移的同步性。

性能参数：集排升降行程为 100mm，收集升降行程为 150mm，横移最大行程为 6900mm，横移小车运行速度为 0～300mm/s，集排数量为 4 根，小车载重量为 32t，升降油缸 φ150mm/φ105mm×150(295)mm，共 13 个，横移电机功率为 11kW，转数为 1440r/min，共 3 台，减速机速比为 89.89，共 3 台。

14.6.4.2 集排和收集台架

集排和收集台架均为焊接结构。

14.6.4.3 输出辊道

功能：将集排好的并排 4 根钢轨纵向输送到剖分锯的输入辊道上。

结构特点：结构形式与运输辊道相同。不同之处，由于改为运送 4 根钢轨，辊道负荷加大。

性能参数：减速电机功率为 7.5kW，输出转速为 98r/min，变频调速，辊子线速度为 0～2m/s，辊子间距为 2000mm，辊身长度为 1050mm，辊身直径为 φ360mm。

14.6.5 50m 钢轨收集区

功能：集排区集成的 4 根钢轨经输出辊道送到 1 号剖分锯输入辊道，将钢轨剖分成 50m 定尺后送到 50m 钢轨收集区，经集排后钢轨送到 2 号剖分锯的输入辊道，进行下一道工序（图 14-52）。

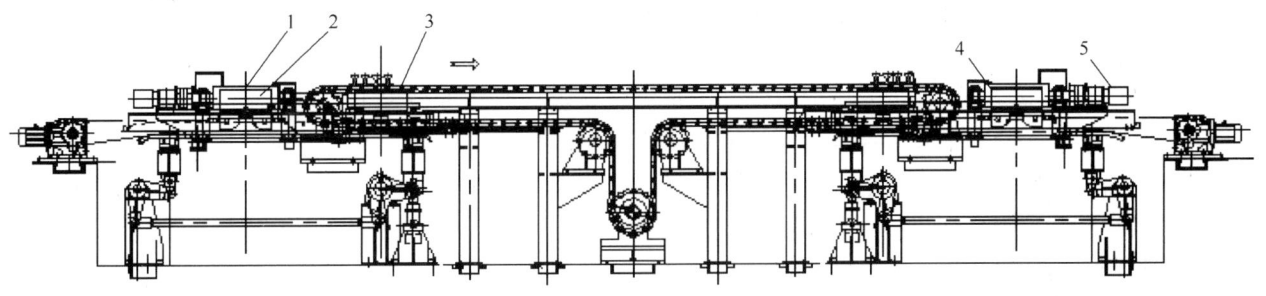

图 14-52　50m 钢轨收集区
1—输入辊道；2，4—横移小车；3—链式运输机；5—输出辊道

设备组成：输入输出辊道、两台横移小车、链式输送机、1 号剖分锯。

14.6.5.1 两台横移小车

功能和结构与集排收集横移小车结构完全相同，由于钢轨由 100m 锯为 50m，沿钢轨长度方向布置尺寸是不同的。

性能参数：升降油缸 φ150mm/φ105mm×150(295)mm，共 6 个，横移电机功率为 11kW，转数为 1440r/min，共 2 台，减速机速比为 89.89，共 2 台。其余与集排收集横移小车相同。

14.6.5.2 链式运输机

功能和结构与上述链式运输机相同。沿钢轨长度方向布置尺寸是不同的，传动电机为两台。

14.6.5.3 1 号剖分锯：LAZZARI IRS 1100

功能：将 100m 成排成品钢轨锯切为 50m 的钢轨。

结构特点（图 14-53）：硬质合金刀具的盘形锯片垂直进行锯切。整台锯包括：

（1）锯机机架，钢结构焊接件，用螺栓与基础固定。

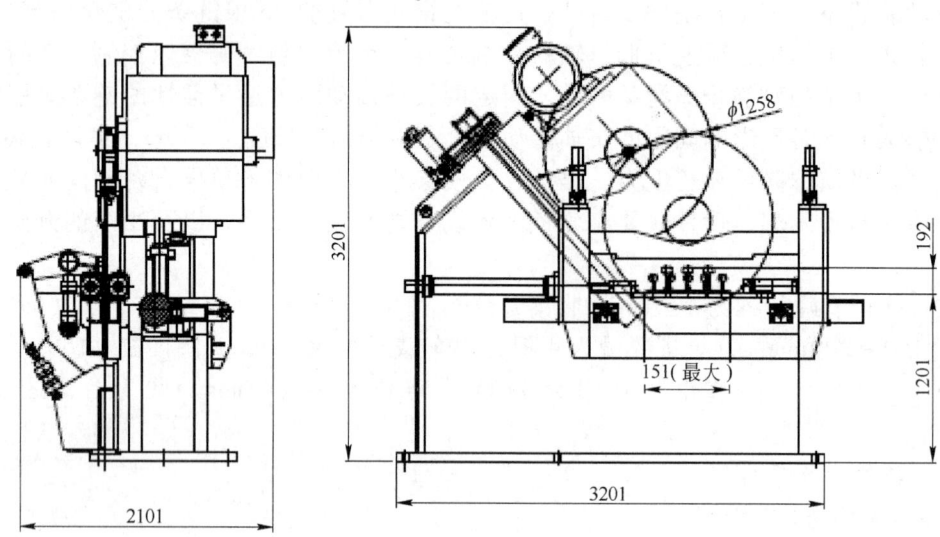

图 14-53　1 号剖分锯：LAZZARI IRS 1100 示意图

（2）锯片刀架为钢结构焊接件，上安装锯片的传动装置，主电机通过带齿皮带传动装置传动特殊齿轮箱的主轴，齿轮箱出轴与主轴之间采用安全接手。锯片的轴向位置由液压装置驱动，锯片的轴向移动大约为 5mm。锯片快速返回之前立即使钢轨与锯片脱离。

（3）锯片刀架进给系统，锯片刀架在导卫装置上运行，该导卫装置通过螺栓固定在锯机机架上。锯片刀架的送进通过电机驱动皮带带动滚珠螺杆工作。刀架的平衡由液压缸完成并消除螺杆的间隙。

（4）成排钢轨的夹紧系统，夹紧系统固定在锯机机架上，该系统包括入口侧夹紧装置、出口侧夹紧装置。出口侧夹紧装置由两个液压缸驱动。成排钢轨在垂直方向和水平方向上通过两个夹紧装置固定。根据轨排宽度和高度，自动调节夹紧爪的行程和夹紧力，水平夹紧爪的行程可以夹紧单根钢轨，液压缸驱动。在垂直方向上，上爪通过液压缸驱动，下爪固定在锯切线高度位置上。在水平方向上，夹紧爪通过液压缸驱动。每个活动爪的位置通过相关液压缸中安装的位置传感器控制。在锯切尾端，出口侧夹紧装置将钢轨排推离锯片 10mm，然后通过锯片轴向移动 5mm，使得钢轨在锯片刀架的快速返回过程中彻底脱离锯片。该功能称为"切口打开"。入口侧夹紧装置包括电机驱动辊和在辊子前后布置的固定挡板。在轨排喂送期间，为便于轨排在锯机中的移动，上述辊子大约高于锯切线 4mm。在锯切期间，辊子与锯切线高度相同。

（5）防震系统：该系统固定在锯片刀架上，用于在锯切开始前和锯切期间防止锯片弯曲和振动。采用压缩空气加载，通过可打开系统固定，以便于锯片更换。

（6）锯齿清理刷：固定在锯片刀架上，用于刷除残存在锯齿中的锯屑。

（7）锯片冷却和润滑系统：通过压缩空气使一种特殊的乳化液在锯片齿间形成雾进行润滑。通过压缩空气冷却锯片本体。

（8）辅助设备：电气设备、保护罩、液压设备、干油润滑、气动设备等。

工作过程：锯机收到钢轨，夹紧装置接到就位信号，夹紧系统打开。垂直夹紧系统低压夹紧，水平夹紧系统夹紧，垂直夹紧系统以最终压力夹紧，锯片刀架快速喂送，锯切开始，锯片脱离（切槽打开），锯片刀架快速返回，水平和垂直夹紧装置打开。锯片更换采用小吊车和特殊锯片更换系统进行，锯片更换需要 5min。

技术性能：锯切电机带 AC 电机变频器，锯切速度为 60～180m/min，锯片喂送速度根据切屑厚度可调，锯片快速返回速度为 120mm/min，垂直夹紧装置打开范围最小为 50mm，最大为 310mm，水平夹紧装置打开范围最小为 100mm，最大为 700mm，垂直夹紧力为 10000kg，水平夹紧力为 8000kg。锯切周期时间，对于 GB60 类钢轨排（抗拉强度 $R=1100MPa$），约 95s，钢轨长度为 $50\sim100m$，$43\sim120kg/m$，切头切尾长度 $150\sim1500mm$，钢轨张力强度最大为 $1400MPa$，钢轨温度低于 $60℃$，镰刀弯头尾最大为 $3mm/m$，中间最大为 $1mm/m$。

14.6.6　25m 钢轨收集区

功能：将钢轨剖分成 50m，定尺后的钢轨送到 2 号剖分锯的输入辊道，进行 25m 定尺的锯切和收集。

设备组成：输入输出辊道、两台横移小车、链式输送机、2 号剖分锯。

单体设备的结构功能和参数与 50m 钢轨收集区的设备结构和原理相同，不同的是沿钢轨长度方向的布置长度。

14.7　棒材和线材的水冷线

控轧控冷是综合提高材料性能、节能环保的一项重要技术，在不增加或少增加合金元素的条件下，利用控制变形温度、变形量和冷却路径相结合的技术，生产出各项性能优异的轧制产品。为实现这一目的，就需要精确制定热轧和冷却过程的各个工艺参数，并对其进行严格控制和实时监测，然后根据监测结果对工艺参数进行适当调整。对于长材而言，精轧前的水冷可以控制轧件的终轧温度，而轧后的水冷则控制轧件相变的速率和过程。水冷装置作为重要的直接执行机构在控轧控冷系统中的作用至关重要。

14.7.1　棒材的水冷设备

我国 GB 1499.2—2007 热轧带肋钢筋标准中规定钢筋强度级别为 HRB335、HRB400、HRB500，而 400MPa 级钢筋（俗称Ⅲ级钢筋）具有强度高、性能稳定、抗震性能好等优点，以适应高层建筑、高速铁路、铁路桥基、大型水坝，我国将以标准的形式强力推行使用Ⅲ级钢筋。

目前，我国 400MPa（Ⅲ级）以上带肋钢筋的生产方法主要有微合金化、微合金化 + 控轧控冷、控轧控冷等方法。

棒材和线材生产的强化工艺和冷却方式正在走向多元化，各种新的冷却工艺正在开发和研究中。但不论何种工艺，对棒材和线材在轧制过程中进行可控制的冷却是必需的。目前，在棒材生产线水冷装置的设置如图 14-54 和图 14-55 所示。

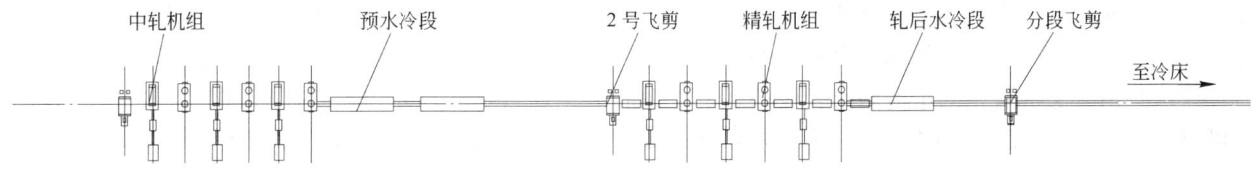

图 14-54　以生产钢筋为主的普通小型棒材轧机水冷线的设置

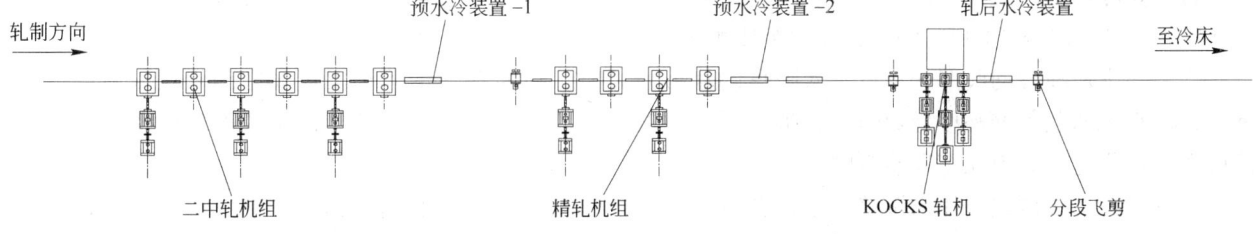

图 14-55　以生产优质钢和合金钢为主的小型棒材轧机水冷线的设置

棒材水冷装置必须能够使表层温降快，但不能过低，使棒材或线材表面出现马氏体组织，通过工艺恢复段的设置，使芯部与表层的温度均匀，轧件可以获得细小均匀的铁素体组织，避免不良表层组织的产生和晶粒过于不均匀。

14.7.1.1　水冷却单元

水冷却单元（或喷嘴）是水冷装置的核心元件，轧件温度能否得到有效的控制，水冷却单元是一个主要因素。目前在棒材系统中应用较多的有文氏管式（湍流管）冷却单元、直喷式冷却单元、套筒式冷却单元等。这里详细介绍一下各水冷单元的结构及特点。

A　文氏管式（湍流管）冷却单元

文氏管式冷却单元是由喷嘴和湍流管构成的组件，其典型结构如图 14-56 所示。

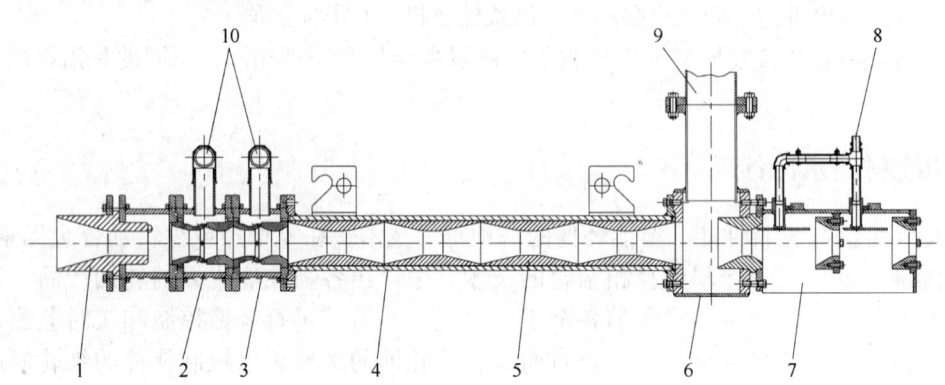

图 14-56　文氏管冷却单元示意图
1—进口导管；2—第一组喷嘴；3—第二组喷嘴；4—中间管；5—文氏管元件；
6—回水箱；7—偏离箱；8—压缩空气；9—回水管；10—供高压水

如图 14-56 所示，文氏管作为水冷单元，采用两组高压水喷嘴，喷嘴采用 $4\text{-}\phi10\text{mm}$ 的孔进行射流；中间管设有 4 段文氏管元件，可根据轧件规格确定文氏管孔直径，回水主要通过回水箱，剩余的水通过压缩空气吹扫在偏离箱进行偏离。

首先，水流从喷嘴的 $4\text{-}\phi10\text{mm}$ 孔通道喷出，加大了流股的射能，冷却水中的悬浮物轰击膜态沸腾所产生的气液屏障，由于悬浮颗粒为氧化铁，其密度为 5.7t/m^3，所以其动能为水的 5.7 倍，这样会有效地破坏蒸汽膜。

其次，由于湍流管的变截面形状，采用了最优化的几何角度进行聚敛和发散排列，使冷却水具有紊流状态，冷却水除沿轴向流动外，截面变化会造成压力的变化。在轧材的垂直表面形成剧烈的搅动，冷却水的各个质点有更多的机会接触或撞击热态棒材的表面，冲击其表面的蒸汽膜，并将其中的高温质点挤走，充分地进行热交换，从而获得良好的冷却效率。

再次，由于文氏管中的水流向与轧件的运动方向相同，而且在高压水（1.8MPa）作用下，水流的速度可以达到 20m/s，高于棒材最高的轧制速度 16m/s，因此可以达到牵引轧件运动的目的，进而减少了棒材在冷却器中的运行阻力。

B　直喷式冷却单元

直喷式冷却单元其实就是一环形喷嘴，冷却水通过喷嘴直接喷射到轧件上，对轧件实施冷却，如图 14-57 所示。数组喷嘴串列安装在箱体内组成水冷装置。

当冷却水从喷嘴的底部进水口进入喷嘴的环形通道时，喷嘴的外锥套和内锥套之间形成收敛的环形缝隙，冷却水从收敛的环形缝隙喷出，加大了流股的射能，冷却水中的悬浮物轰击膜态沸腾所产生的气液屏障，这样也会有效地破坏蒸汽膜。

环形缝隙通过调整垫片来调整大小，进而控制冷却水的流量，从而可以有效地控制轧件的冷却温度，增加或减少轧件的温降梯度。

此种结构的轧件冷却强度受到喷嘴的数量、冷却水温度、冷却水压力和冷却水流量的影响，特别是冷却水的流量和压力是两个最主要的参数。

C　套筒式冷却单元

套筒式冷却单元是在喷嘴后部增加一个套管，用来提高冷却强度。冷却水通过喷嘴进入管内，轧件

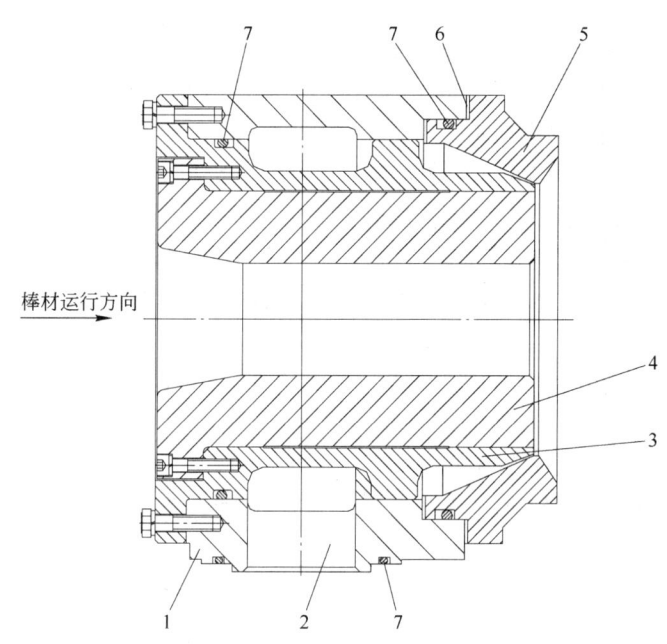

图 14-57　直喷式冷却单元示意图

1—壳体；2—供水口；3—外锥套；4—衬套；5—内锥套；6—调整垫片；7—密封圈

通过充满水的套管进行冷却，如图 14-58 所示。

　　此结构类似直喷式喷嘴，冷却水从喷嘴的底部进入喷嘴的环形通道，冷却水从收敛的环形缝隙喷出，但是在喷嘴后增设了套管。

　　尾套将冷却水挡在套筒里，使轧件能够同冷却水充分接触，增加了水冷强度。环形缝隙通过调整垫片调整大小，进而控制冷却水的流量。此种结构的轧件冷却强度受到冷却水压力和冷却水流量的直接影响。

　　D　文氏管式和直喷式及套筒式冷却单元特点比较

　　具体如下：

　　（1）文氏管式（湍流管）冷却单元：

　　1）文氏管的紊流状态高，因此其换热系数较大，冷却效果

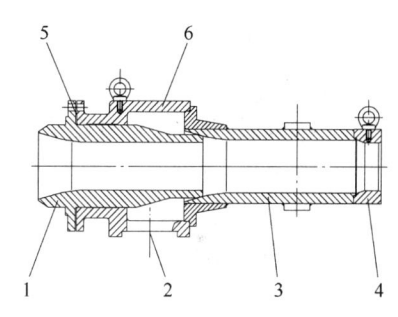

图 14-58　套筒式冷却单元示意图

1—内锥套；2—供水口；3—套筒；
4—尾套；5—调整垫片；6—壳体

较好。与直喷式和套筒式相比，在达到相同冷却效果的情况下，需要的冷却单元数量和用水量均有明显减少。

　　2）文氏管结构虽冷却效果好，但也造成轧件冷却温度梯度大，难以精确控制冷却温度，因此多用于普碳钢的生产或控制冷却系统中的预水冷装置等控温精度不高的场合。

　　3）文氏管结构一般没有水箱体，会造成冷却水溢出，车间水雾比较严重。

　　（2）直喷式和套筒式冷却单元：

　　1）直喷式沿断面方向的温度梯度分布小，容易控制冷却温度，多用于精轧之后的水冷装置。

　　2）直喷式和套筒式比较适合于较大规格和较复杂钢种。

　　3）直喷式和套筒式水冷单元都设有箱体，冷却水溢出较小，车间水雾小。

　　4）直喷式环形喷嘴对水质要求比较高，环缝容易堵塞。

14.7.1.2　棒材水冷线

棒材的水冷设备主要分为两部分，第一部分为预水冷装置：位于中轧机组后，精轧机组前，主要目的是降低和控制轧件进入精轧机组的温度。第二部分为精轧后的穿水冷却装置：位于精轧机组后，目的

是控制相变，实现轧件的最终组织性能。

A　预水冷装置

预水冷装置控制轧件进入精轧机组的温度，防止精轧温度过高。要求对轧件的温降梯度不宜过大，但是又要满足温控的需要。所以根据钢种的需要可设一段预水冷，也可设置两段预水冷。

预水冷装置结构主要由水冷却单元、输送辊道、横移小车、机旁配管四部分构成。

冷却单元和旁通辊道安装在移动小车上。轧件需要水冷时，将水冷却单元对准轧制线。轧件不需水冷时，则移动小车将旁通辊道对准轧制线。

预水冷装置一般选用文氏管式冷却单元。因为文氏管的热交换效率高，也造成水冷的温度梯度比较大。因此，为了保证合理的紊流状态和换热系数，要求冷却单元中文氏管元件的数量一定要合理。因为预水冷轧件的规格较大，不希望太高的换热系数，否则沿断面方向的温度梯度太大，会造成热应力大，恢复时间长。

对于较大规格的轧件，也可选择直喷式或套筒式水冷单元。

机旁配管设有调节阀门，根据轧件规格和钢种，调节阀门的进水量。阀门调节一般分为两种，一种是闭环程序控制，一种是手动调节控制。

B　轧后水冷装置

轧后水冷装置对终轧后的高温轧件进行在线水冷处理，通过快速冷却控制变形奥氏体的组织状态，阻止变形奥氏体晶粒的回复和晶粒长大或碳化物过早析出。

目前，国内棒材应用于生产的穿水冷却装置的冷却单元，大致有两种，一类是套管式，即水通过喷嘴进入管内，钢筋通过充满水的套管进行冷却；另一类是湍流管式，又称文氏管式，水通过喷嘴进入一连串的湍流管，钢筋通过湍流管进行冷却。其结构详见水冷却单元的介绍。

穿水冷却装置一般由穿水冷却单元（或冷却水箱）、输送辊道、横移小车三部分构成。现以文氏管式穿水冷却装置为例加以说明。图 14-59 和图 14-60 所示的是一种 4 通道穿水冷却装置，包括旁通辊道、单线穿水、二切分穿水、四切分穿水通道。

图 14-59 和图 14-60 中每个穿水冷却通道由 2～3 组水冷却单元（一般情况下可设 1～4 组）、缓冷段（或输送辊道）组成，数个通道并行安装在一套横移小车装置上。生产时横移小车进行移动，满足单线轧制穿水和二切分轧制穿水、四切分轧制穿水的生产要求。

每组水冷却单元由进水水箱、两组喷嘴、文氏管组件、回水管及出口偏转箱、控制阀等组成，每个通道的最末一组水冷却单元后加阻水器和缓冷段。

穿水冷却装置目前都能够采用闭环控制。闭环控制系统可以设定轧件冷却后的温度目标值，并根据

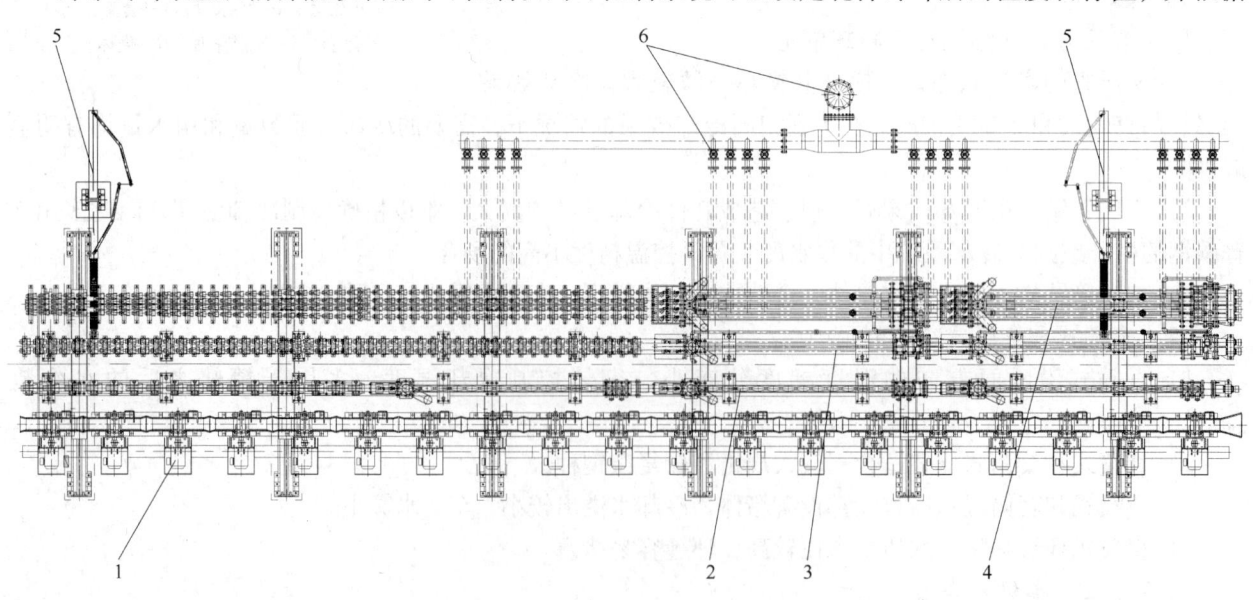

图 14-59　穿水冷却装置平面示意图

1—旁通辊道；2—单线穿水冷却单元；3—双线穿水冷却单元；4—四线穿水冷却单元；5—液压缸；6—控制阀门

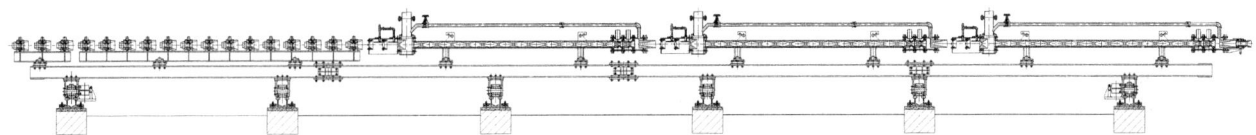

图 14-60　穿水冷却装置立面示意图

检测值自动调节水压，达到控制冷却的目标值。

闭环控制要求在进水总管上安装电磁流量计 1 台（用于进水流量检测，累积计算用水量），进水温度传感器 1 台（检测进水温度），进水压力传感器 1 台（检测进水压力）。每组水冷却单元分别设有气动调节阀 1 台（控制喷水水压和流量），压力传感器 1 台（检测喷水水压），喷水切断阀 4 台（控制喷水位置）。

穿水冷却电气自动控制系统采用 PLC 控制装置和工业计算机（人机接口）实现闭环控制，PLC 控制系统预设所有轧制规格的控冷控制规程，对每种规格的穿水冷却所需的水压进行预设置。并且通过每个水冷却单元上的压力传感器对分段水压进行非常精确的控制，同时可以对供水压力的波动进行一定范围内的补偿，使出水口能达到一个相对恒定的出水压力，从而进一步提高设备的稳定性。水冷装置还配置流量计、压力表、高温计等全部一次检测器件、控制元器件及其支座。

14.7.2　线材的水冷设备

在现代高速线材轧制过程中，高速轧制下变形功转化为热能，导致轧件快速温升，尤其是在精轧机组中的轧件温升尤为突出。因此，控制进入精轧机的轧件温度和精轧机后至吐丝机前的温度尤为重要。

世界上第一条高速线材控制冷却线于 20 世纪 60 年代问世，它采用的是穿水冷却和散卷控制冷却的方式对轧件进行的在线控制冷却，称为斯太尔摩控制冷却线。斯太尔摩法是最早的一种散卷控制冷却方法，也是世界上应用最普遍、最成熟、最稳妥可靠的一种线材控制冷却方法。

随着轧制工艺和装备的不断进步，基于斯太尔摩法基本原理的线材控制冷却技术也在不断改进和完善。目前高速线材生产线上用于实现控温轧制和控制冷却的重要手段是精轧机组前的水冷控制、精轧机组后的水冷控制和减定径机组后的水冷控制、散卷冷却控制等。

14.7.2.1　线材预水冷装置及水冷装置

A　国内外常见高线水冷装置布置方式

a　预精轧 + 10 机架精轧高线

预精轧 + 10 机架精轧高线的预水冷装置及其水冷装置布置见图 14-61。

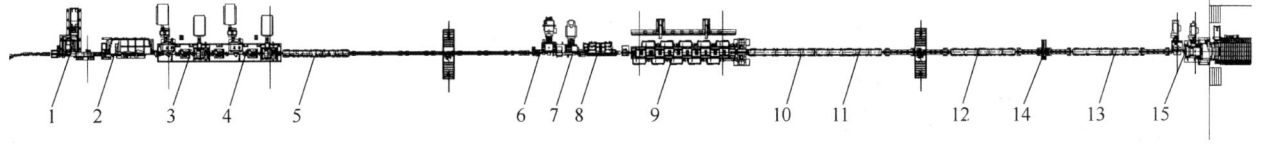

图 14-61　预精轧 + 10 机架精轧高线的预水冷装置及水冷装置布置图
1—2 号飞剪；2—预精轧侧活套；3—预精轧机组；4—预精轧机间立活套；5—预水冷水箱及预水冷导槽；6—3 号飞剪；
7—精轧机前碎断剪；8—精轧机前侧活套及卡断剪；9—10 机架精轧机组；10—精轧后 1 号水冷水箱；11—精轧后
2 号水冷水箱；12—精轧后 3 号水冷水箱；13—精轧后 4 号水冷水箱；14—测径仪；15—吐丝机

水箱布置：预水冷需要 1 组水箱，长度约 8m，导槽长度 10m 左右；精轧后水箱 4 组，每组长约 6m，回温导槽 12m 左右。

精轧前预水冷：为了控制进入精轧机的轧件温度，在无扭精轧机组前设置水冷箱，通过控制水箱内水冷喷嘴的开启度和开启数量，轧件经过水冷箱温降可达 100 ~ 150℃，然后经过一个温度恢复段，使轧件的芯部与表面温度均匀，温差控制在 ±30℃ 左右，以保证轧件晶粒的均匀。

精轧后水冷的目的是使轧件从精轧温度冷却至所需的吐丝温度，控制奥氏体的晶粒度和减少氧化铁皮的生成量。为此，在精轧后设置 3~5 个水箱，将精轧机出口温度高达 980~1000℃的轧件冷却至 830~900℃左右的吐丝温度。

　　b　预精轧 + 精轧 + 减定径高线

　　预精轧 + 精轧 + 减定径高线的预水冷装置及水冷装置布置见图 14-62。

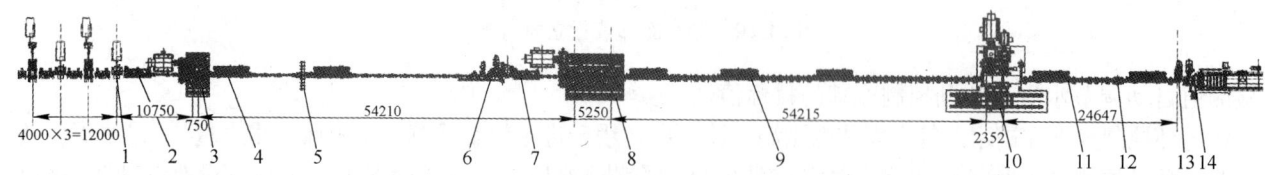

图 14-62　预精轧 + 精轧 + 减定径高线的预水冷装置及水冷装置布置图

1—预精轧前轧机 4 架；2—预精轧侧活套；3—预精轧机组后 2 架；4—预水冷水箱及导槽；5，12—测径仪；6—3 号飞剪；
7—精轧机前侧活套及卡断剪；8—精轧机组（8 架高速无扭）；9—精轧后 1 号、2 号、3 号水冷水箱及导槽；
10—减定径机组；11—减定径后 1 号、2 号水冷水箱；13—夹送辊；14—吐丝机

　　水箱布置：预水冷需要 2 组水箱，精轧后水箱 3 组，减定径后水箱 2 组。

　　减定径机组后的水冷，同样是为了更精确地控制吐丝温度，以进一步细化线材奥氏体的晶粒度和减少氧化铁皮的生成量。一般控制在 870~900℃。为了保证线材性能均匀，一般要求将吐丝温度严格控制在规定范围内，允许波动一般约为 ±10℃。

　　c　高线大围盘水冷

　　在高速线材生产线的预水冷和水冷装置中，每段水箱后面均设有回温导槽，以减少线材表面与芯部温差。随着轧制速度的不断提高，需要的水箱回温导槽也越来越长，而实际上生产线很难提供足够的场地满足要求，导致每段水箱的能力难以完全发挥或线材表面与芯部温差较大。

　　为改善此种现象，近年来德国 SMS 公司开发了一种类似早期线材生产线使用的大围盘布置方式的水冷线，采用围盘折返的方式增加走钢线长度，从而增加了回温导槽长度，实现线材表面与芯部温差的改善。

　　图 14-63 为这种布置方式的高速线材生产线实例。

　　水箱布置：预水冷需要 1 组水箱，精轧水箱 2 组，减定径后水箱 1 组。

　　大围盘生产线的优点为：增加水冷水箱数量和回温导槽段的长度，使轧件的芯部和表面温度更均匀；通过旁通导槽的方式，诸如 6 架精轧机组等设备不参与轧制时可停止运行，以减少高速空转的损耗。

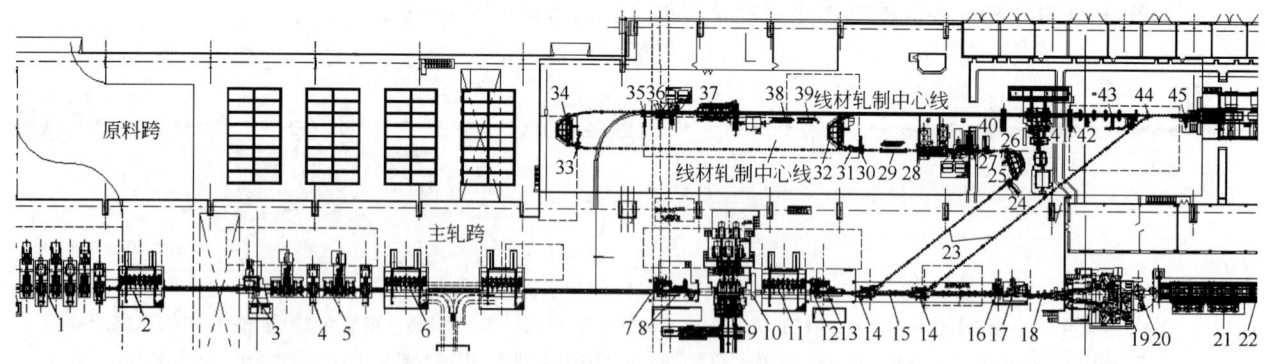

图 14-63　大围盘式的水冷装置布置

1—中轧机组；2—1 号水冷装置；3—2 号飞剪；4—预精轧机组；5—立活套；6—2 号水冷装置；7—1 号夹送辊；8—3 号飞剪；
9—棒材减定径机组；10—测径仪探伤仪；11—3 号水冷装置；12—2 号夹送辊；13—4 号飞剪；14—分钢道岔；15—大盘卷导槽；
16~22—棒材生产线相关设备；23—高速线材输送导槽；24—4 号夹送辊；25—线材 1 号水平活套（围盘）；26—5 号夹送辊；
27—6 号飞剪（含碎断剪）；28—4 架线材预精轧机组；29—5 号水冷装置；30—6 号夹送辊；31—线材 1 号分钢道岔；
32—线材 2 号水平活套（围盘）；33—7 号夹送辊；34—线材 3 号水平活套（围盘）；35—8 号夹送辊；36—7 号飞剪
（含碎断剪）；37—6 架线材精轧机组；38—6 号水冷装置；39—7 号水冷装置；40—测径仪；41—4 架线材
减定径机组；42—测径仪；43—8 号水冷装置；44—线材 2 号分钢道岔；45—夹送辊及吐丝机

这种布置方式同时也带来一些缺陷：高速运行的轧制折返导致轧件在大围盘处的剧烈摩擦引起划伤，对高等级钢种的影响尤为严重，同时也导致生产线故障率增高；为保证轧件正常通过，需配置数台夹送辊等设备，增加投资和控制难度。

B 水冷装置结构

a 常用水冷装置结构（一）

常用水冷装置结构（一）如图14-64所示。

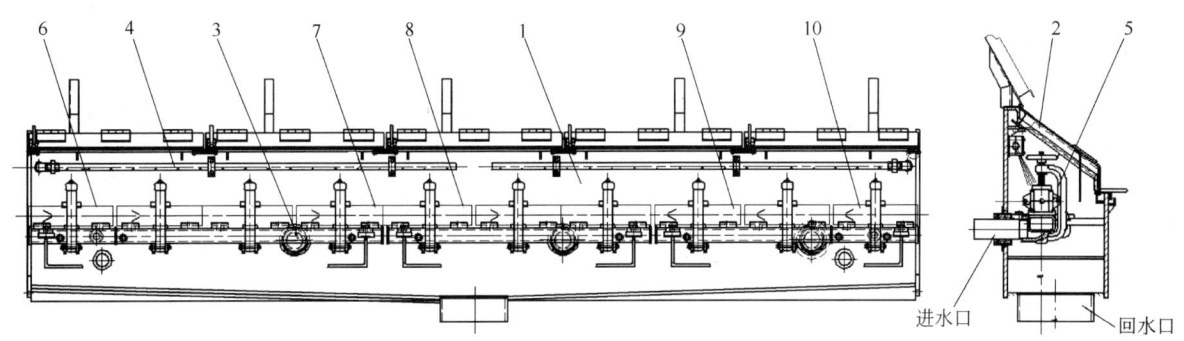

图14-64 常用水冷装置结构（一）

1—水箱箱体；2—箱体盖子；3—联管箱；4—水箱喷淋冷却管；5—喷嘴锁紧装置；6—正向气扫喷嘴；
7—高效水冷喷嘴；8—空过回温喷嘴；9—反向水冷喷嘴；10—反向气扫喷嘴

（1）水箱箱体是箱体焊接结构，长度一般为5~8m，小箱体有1m，各个箱体可根据工艺要求组合配置合适的水冷长度。

（2）箱体盖子是焊接结构，长度1m左右，手动打开，安全钩固定打开状态。

（3）联管箱是机械加工的部件，喷嘴安装在联管箱上，冷却水通过联管箱进入喷嘴，这使得安装底座得到有效的冷却，不会受热轧件的影响而变形；每个联管箱有1个进水口（或进气口），对应2~4个喷嘴，冷却水的压力和水量控制分配稍微不均。

（4）水箱喷淋冷却管是普通钢管上穿孔，对喷嘴外部进行喷洒冷却。

（5）喷嘴锁紧装置是手轮旋转螺纹把喷嘴锁紧在联管箱上，方便检修更换喷嘴（喷嘴介绍见下章）。

b 常用水冷装置结构（二）

常用水冷装置结构（二）如图14-65所示。

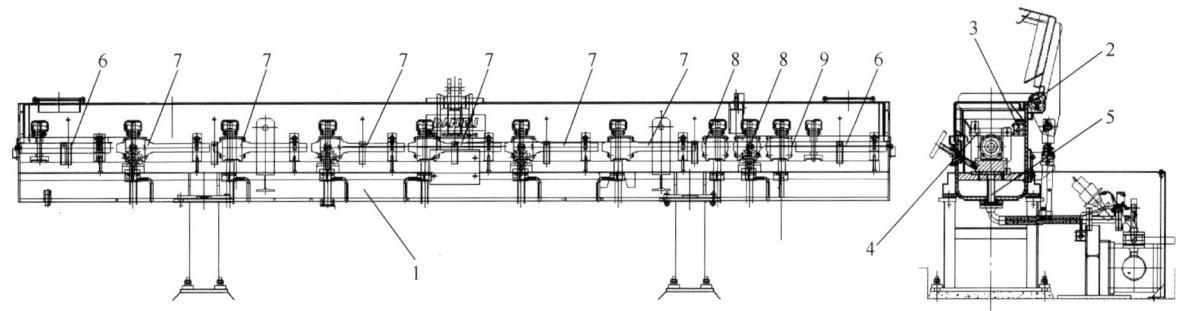

图14-65 常用水冷装置结构（二）

1—水箱箱体；2—箱体盖子；3—水箱喷淋冷却管；4—喷嘴锁紧装置；5—水梁；
6—空过导管；7—正向水冷喷嘴；8—反向水冷喷嘴；9—反向气扫喷嘴

（1）水箱箱体是箱体焊接结构。

（2）箱体盖子是焊接结构，液压缸打开，成本较高，操作不方便。

（3）水箱喷淋冷却管是普通钢管上穿孔，对喷嘴外部进行喷洒冷却。

（4）喷嘴锁紧装置是手轮旋转螺纹把喷嘴锁紧在联管箱上，方便检修更换喷嘴。

（5）水梁是机械加工的部件，喷嘴安装在水梁上，冷却水通过联管箱进入喷嘴，这使得安装底座得到有效的冷却，不会受热轧件的影响而变形。

（6）空过导管是不锈钢材质。

c　新型水冷装置结构

新型水冷装置结构如图 14-66 所示。

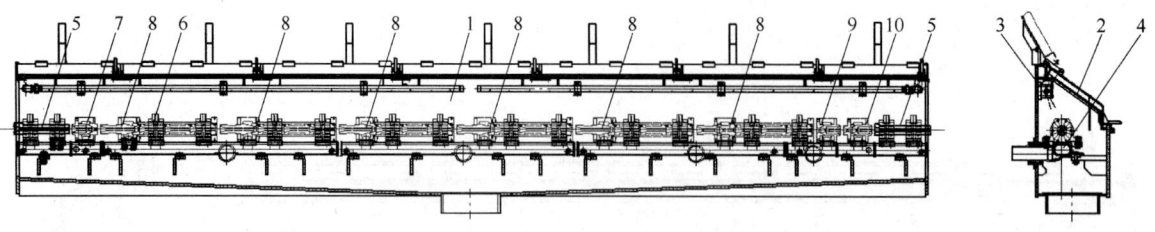

图 14-66　新型水冷装置结构

1—水箱箱体；2—箱体盖子；3—水箱喷淋冷却管；4—联管箱；5—导向管；6—喷嘴锁紧装置；
7—正向气扫喷嘴；8—正向水冷喷嘴；9—反向水冷喷嘴；10—反向气扫喷嘴

（1）水箱箱体是箱体焊接结构。

（2）箱体盖子是焊接结构，长度 1m 左右，手动打开，安全钩固定打开状态。

（3）水箱喷淋冷却管是普通钢管上穿孔，对喷嘴外部进行喷洒冷却。

（4）联管箱是机械加工的部件，喷嘴安装在联管箱上，冷却水通过联管箱进入喷嘴，这使得安装底座得到有效的冷却，不会受热轧件的影响而变形；每个联管箱有 1 个进水口（或进气口），对应 2～4 个喷嘴，冷却水的压力和水量控制分配稍微不均。

（5）导向管是不锈钢材质。

（6）喷嘴锁紧装置是螺栓把喷嘴锁紧在联管箱上，方便检修更换喷嘴。

14.7.2.2　水冷喷嘴结构

A　正向气扫喷嘴

正向气扫喷嘴的图片如图 14-67 所示。

喷嘴采用不锈钢材质，耐磨耐高温，喷嘴为环形喷孔形式，喷嘴主体为两半分体，安装时用压紧装置压紧。正向气扫喷嘴安装在水箱入口第一个喷嘴的位置上。

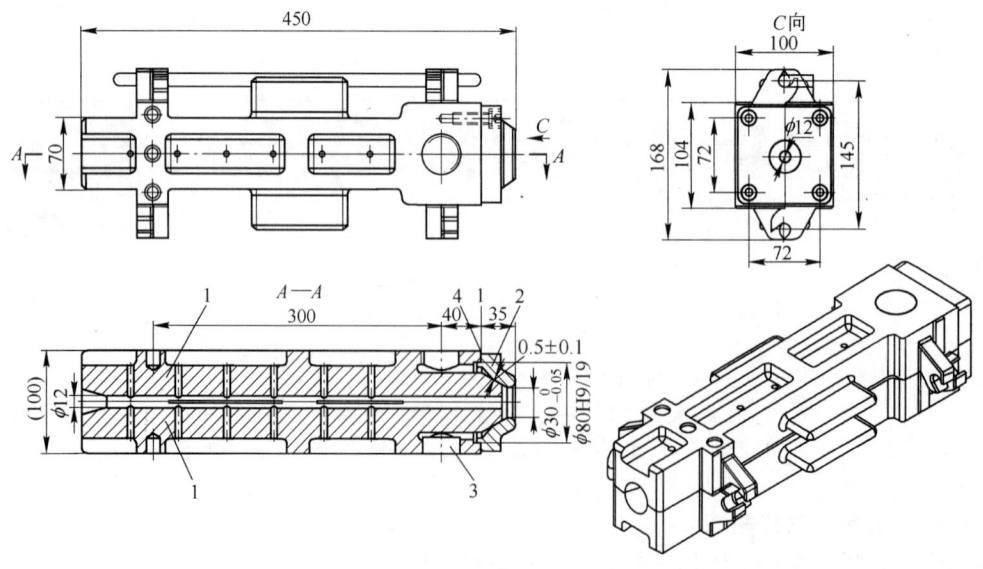

图 14-67　正向气扫喷嘴

1—喷嘴主体；2—喷嘴头；3—堵头；4—调整垫片

B　高效水冷喷嘴（正向水冷喷嘴）

高效水冷喷嘴的图片如图 14-68 所示。

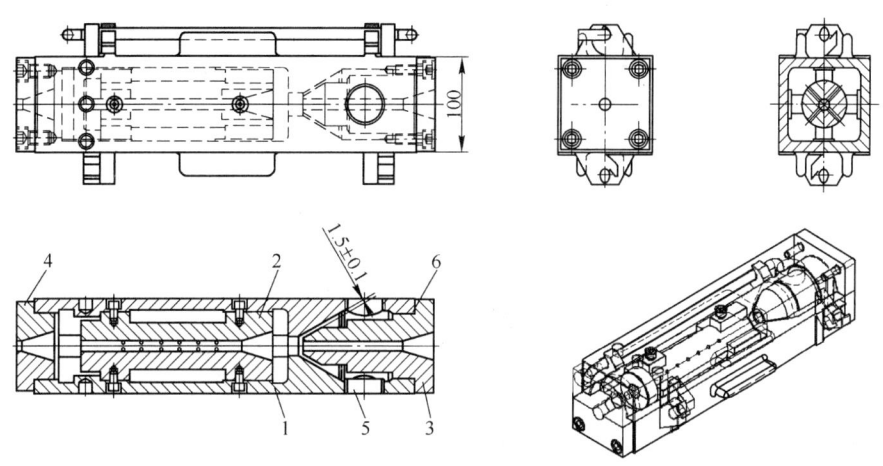

图 14-68　高效水冷喷嘴

1—喷嘴主体；2—喷嘴芯；3—喷嘴头；4—喷嘴后盖；5—堵头；6—调整垫片

喷嘴采用不锈钢材质，耐磨耐高温，喷嘴为环形喷孔形式，喷嘴为两半分体，安装时用压紧装置压紧。高效水冷喷嘴即正向水冷喷嘴，是水箱冷却单元的主体，高效水冷喷嘴的结构决定了水箱的冷却效果。

C　反向气扫喷嘴

反向气扫喷嘴的图片如图 14-69 所示。

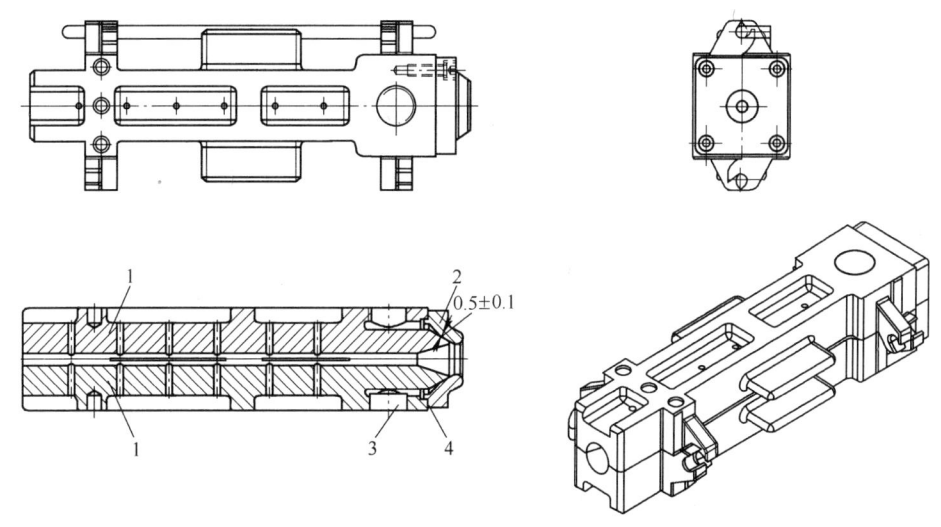

图 14-69　反向气扫喷嘴

1—喷嘴主体；2—喷嘴头；3—堵头；4—调整垫片

喷嘴采用不锈钢材质，耐磨耐高温，喷嘴为环形喷孔形式，喷嘴主体为两半分体，安装时用压紧装置压紧。反向气扫喷嘴安装在水箱出口最后一个喷嘴的位置。

D　反向水冷喷嘴

反向水冷喷嘴如图 14-70 所示。

喷嘴采用不锈钢材质，耐磨耐高温，喷嘴为环形喷孔形式，喷嘴主体为两半分体，安装时用压紧装置压紧。反向水冷喷嘴与反向气扫喷嘴的不同之处就是喷嘴间隙不同，安装在最后一个高效水冷喷嘴之后。

E　正向水冷喷嘴

正向水冷喷嘴的图片如图 14-71 所示。

喷嘴采用不锈钢材质，耐磨耐高温，喷嘴为环形喷孔形式，喷嘴主体为整体结构，安装时用压紧装

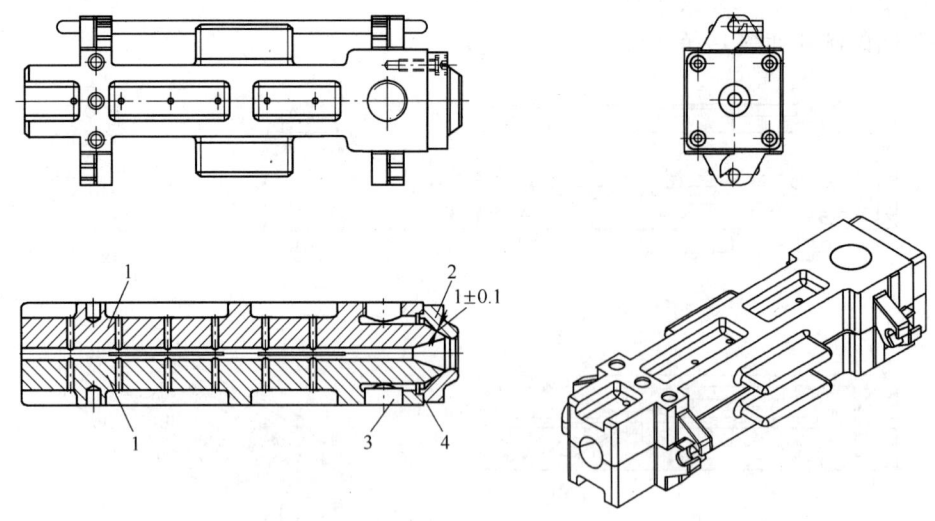

图 14-70　反向水冷喷嘴

1—喷嘴主体；2—喷嘴头；3—堵头；4—调整垫片

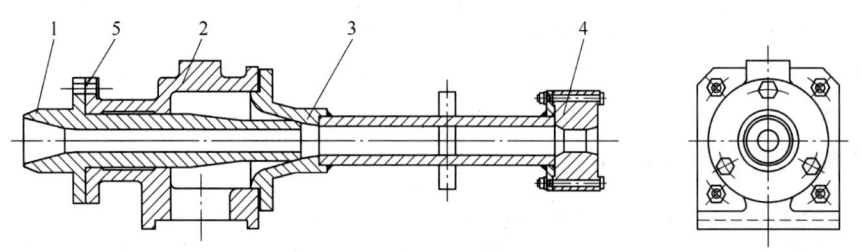

图 14-71　正向水冷喷嘴

1—入口喷嘴主体；2—喷嘴盖；3—喷嘴头；4—喷嘴后盖；5—调整垫片

置压紧。喷嘴间隙为锥形，由大到小形成压力腔。

　　F　反向气扫（水冷）喷嘴

　　反向气扫（水冷）喷嘴的图片如图 14-72 所示。

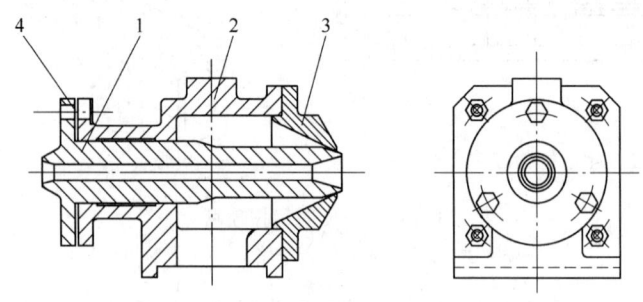

图 14-72　反向气扫（水冷）喷嘴

1—喷嘴主体；2—喷嘴盖；3—喷嘴头；4—调整垫片

　　喷嘴采用不锈钢材质，耐磨耐高温，喷嘴为环形喷孔形式，喷嘴主体为整体结构，安装时用压紧装置压紧。喷嘴间隙为锥形，由大到小形成压力腔。反向水冷喷嘴与反向气扫喷嘴的不同之处就是喷嘴间隙不同。

　　G　新型正向水冷喷嘴

　　新型正向水冷喷嘴的图片如图 14-73 所示。

　　喷嘴采用不锈钢材质，耐磨耐高温，喷嘴为环形喷孔形式，喷嘴主体为整体结构,安装时压紧装置压紧。

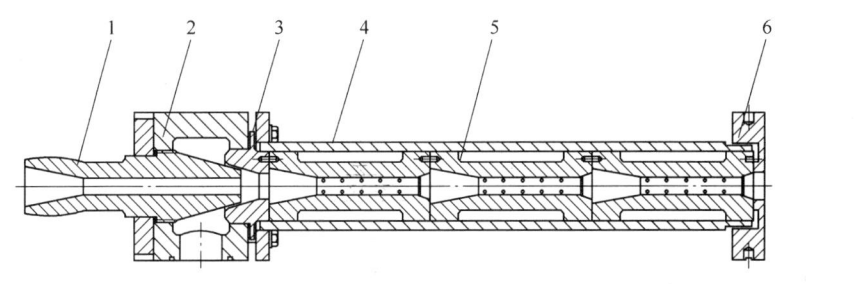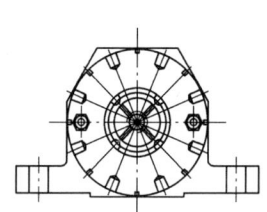

图 14-73　新型正向水冷喷嘴
1—水冷喷嘴；2—喷嘴支座；3—喷嘴后盖；4—导管；5—喷嘴芯；6—法兰

14.8　线材散卷冷却运输机

散卷冷却运输机是高速线材冷却线的重要组成部分，完成线材在线温度控制、轧后温度控制最后阶段的控制。其功能是通过控制冷却温度和冷却速度，使吐丝机吐出的高温线卷完成奥氏体相变过程，使不同钢种、不同规格的产品获得所需要的最佳金相组织和力学性能，然后运输到集卷站进行收集。

14.8.1　散卷冷却运输机的功能与分类

现在使用的散卷冷却运输机按冷却方式的不同可分为：标准型、缓慢型和延迟型三种。标准型散卷冷却运输机的上方是敞开的，下方设有风机，散卷在输送机上运输过程中由下方风机鼓风进行冷却。缓慢型散卷冷却运输机与标准型的不同之处在于，运输机前部增加了可移动的带有加热烧嘴的保温罩，运输机的速度更低，可使散卷以很缓慢的速度冷却。缓慢型散卷冷却运输机对冷却速度的控制最为理想，但实现却并不容易。由于带可移动加热烧嘴，不单结构复杂，而且增加了能耗，因此，实际使用极少。

延迟型散卷冷却运输机是在标准型运输机的基础上，结合缓慢型冷却的工艺特点加以改进而成。它在运输机两侧加装隔热的保温层侧墙，并在保温墙上方装有灵活开闭的保温罩。保温罩打开，并开启运输机下的鼓风机，可进行标准型冷却；保温罩打开，不开风机，可进行自然状态的冷却；关闭保温罩，又能达到缓慢型冷却的效果。由于延迟型运输机适用性广，取消了缓慢型运输机的加热器，设备费用和生产费用相应降低，目前高速线材生产线大多采用延迟型散卷冷却运输机。

14.8.2　散卷冷却运输机的结构

散卷冷却运输机按结构不同可分为链板式、链式和辊式3种，常见者为链式和辊式。辊式运输机靠辊子转动带动线圈前进，与链式运输机相比，不存在线圈和辊子之间的固定接触点。同时辊道分成若干段，且各段单独传动，可通过改变各段辊道速度改变圈与圈之间的搭接点，因此从保证冷却质量看，辊式的更好些。链式运输机只是在早期用过，现在已很少用。

目前得以广泛应用的散卷冷却运输机为辊式延迟型。由头部辊道、标准运输辊道及尾部辊道组成。

头部辊道又称受料辊道，位于吐丝机下方，可摆动升降，以实现不同规格的线圈可平稳地落到运输机上，其典型结构如图14-74所示。辊道的升降由电机驱动螺旋升降机实现，辊道上方设有可移动的安全防护罩，辊道下方一般不设风机。标准运输辊道为焊接结构辊架，辊道采用链条分段集中传动，由齿轮电机驱动。辊道上设保温罩，辊道两侧设有对中装置。根据工艺需要，辊道下方可设或不设风机。尾部辊道紧邻集卷站，其典型结构如图14-75所示。为实现不同规格的线圈均可顺利落至集卷筒内，辊道可沿轧制方向移动，辊道移动由电动推杆驱动。靠近集卷筒处设有压卷装置，可以防止线圈的尾部翘起，使线圈下落更为平稳。

14.8.2.1　摩根型辊式延迟型散卷冷却运输机

摩根型（斯太尔摩）散卷冷却运输机为延迟型散卷冷却运输机，在国内应用得很广泛。当高线轧制速度大于100m/s时，全长一般在104~114m之间，最终实际长度根据轧线工艺要求设定，其典型结构如图14-76所示。运输机全长为104m时，通常配备14台大风量离心风机，设置于前7段标准运输辊道下

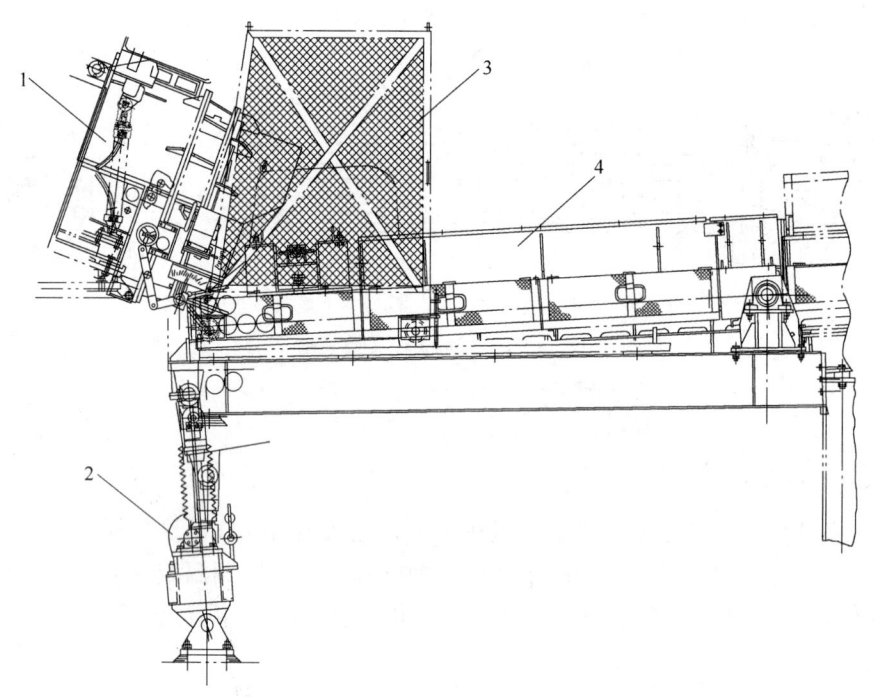

图 14-74 头部辊道
1—吐丝机；2—升降驱动装置；3—安全防护罩；4—运输辊道

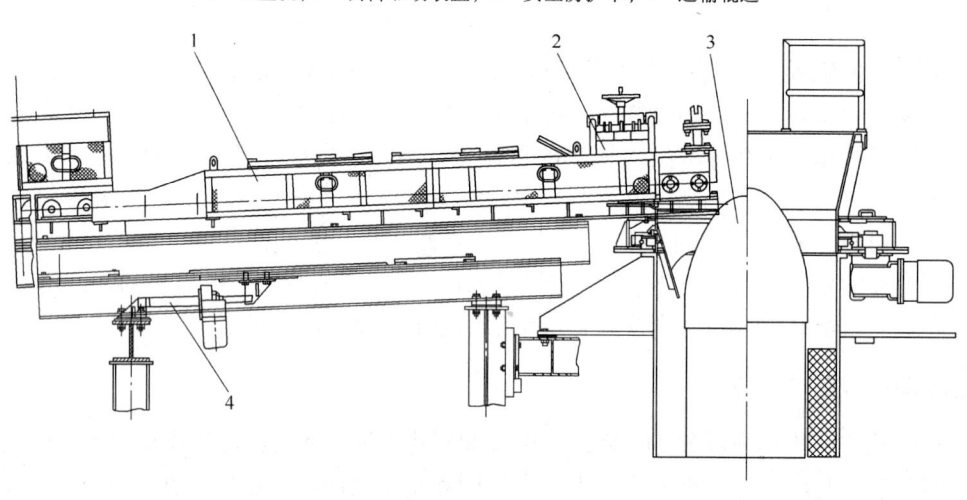

图 14-75 尾部辊道
1—运输辊道；2—压卷装置；3—集卷筒；4—移动驱动装置

方。运输机全长为 114m 时，通常配备 16 台大风量离心风机，设置于前 8 段标准运输辊道下方。由于散卷两侧堆积厚密，中间疏薄，为了加强两侧风量，在各个风机的出风口设置了风量分配装置（佳灵装置）。佳灵装置采用丝杆螺母传动方式，手动调节。

运输机由头部辊道、标准运输辊道、尾部辊道组成。头部辊道长约 14.8m，为 $\phi 125mm$ 的密排辊。标准运输辊道分为 10~11 个传动组，采用交流变频电机驱动。每组辊道长约 9.25m，由两段辊道组成，辊子直径为 $\phi 120mm$，辊子间距约为头部辊道的 2 倍，辊子之间布置有风机出风口。各段辊道上方均设有保温罩，保温罩由电动推杆控制其开闭。为了使各线圈之间的接触点发生变化，在尾部辊道及之前的 3 段标准运输辊道衔接处设置了 3 个高度约为 200mm 的落差台阶。该台阶也有利于单独调节尾部辊道速度，使之符合集卷需要。尾部辊道长约 4.3m，移动行程为 300mm，其上的压卷装置由悬臂压杆、配重和调节手轮组成。根据生产产品的需要，手动调节手轮以调节压杆与辊面的相对高度，同时可在压杆上设置不同的配重。全线辊子采用耐热铸铁材质。

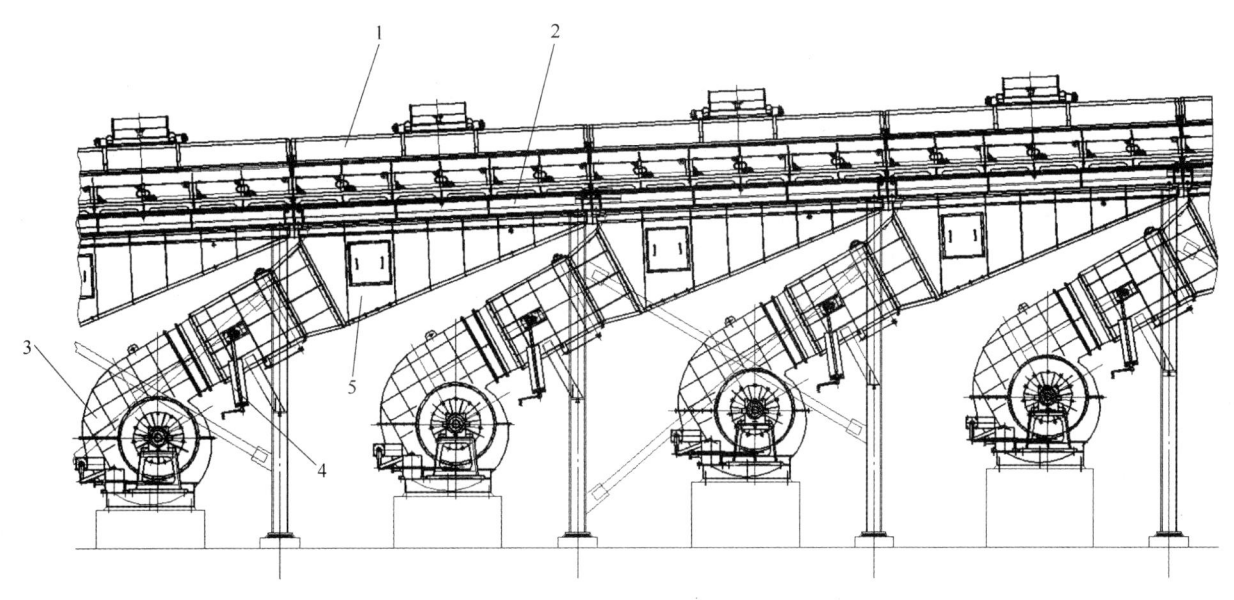

图 14-76　摩根型散卷冷却运输机
1—保温罩；2—标准运输辊道；3—离心风机；4—佳灵装置；5—压力风室

14.8.2.2　达涅利型散卷冷却运输机

意大利达涅利公司称其散卷控制冷却生产线为达涅利线材组织控制系统，在我国高速线材生产线中也占有一定的份额。它分为三种类型，即粗组织控制系统（相当于延迟型）、细组织控制系统及普通组织控制系统（相当于标准型）。目前，达涅利公司通常设计的散卷冷却运输机为粗组织控制系统，即延迟型散卷冷却运输机。

当高线轧制速度大于 100m/s 时，达涅利型散卷冷却运输机的全长一般为 112m，其典型结构如图 14-77所示。运输机每段辊道下方均配备风机，共设置 23 台大风量离心风机。风机出口处设有手动风量调节装置，采用连杆机构实现两侧风量调节板的打开或闭合，以调节风量的分布。

头部辊道长 4.5m，为 ϕ120mm 的密排辊。头部辊道处防护罩为一大的落地防护罩，防护罩侧门可手

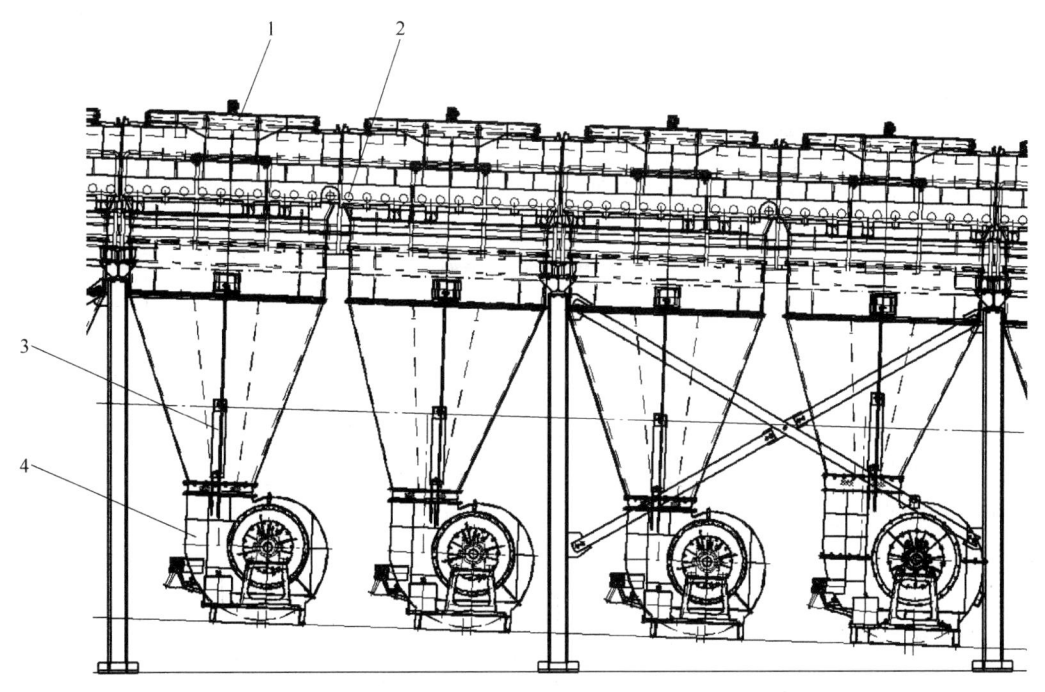

图 14-77　达涅利型散卷冷却运输机
1—保温罩；2—标准运输辊道；3—风量调节装置；4—离心风机

动推拉，防护罩顶盖采用气动马达驱动齿轮齿条，实现顶盖沿着轧制方向的移动，以满足检修需要。标准运输辊道分为 17 个传动组，采用交流变频电机驱动。每组辊道长约 6m，辊子直径为 φ120mm，辊子间距约为头部辊道的 2 倍，用以布置风机出风口。除紧邻尾部辊道的那段运输辊道外，各段辊道上方均设有保温罩，共有多组保温罩，每个保温罩均可单独开闭。尾部辊道与其前标准运输辊道之间设置了 1 个落差台阶。尾部辊道长约 2.3m，移动行程为 180mm。其上的压卷装置由汽缸、连杆、压辊组成。根据生产产品的需要，当需要调节压辊与辊面的相对高度时，可通过汽缸驱动连杆实现压辊的上下调节，而汽缸的压紧力可通过气动系统的节流阀进行调节。

综合比较上述两种散卷冷却运输机，其辊道的结构基本类似，但风机的数量、布置及出风口方向各有不同。

14.8.3　高速线材集卷站

高速线材生产线集卷站的功能是将散布在散卷冷却运输机上的线材集成盘卷，以便于成品运输。当一卷已收集好的线卷被卸下时，集卷站可提供一个缓冲空间，以保证正常的生产节奏。集卷站有多种结构形式，目前高线上建设的最常用的是双臂回转芯棒式和旋转台架式结构。

14.8.3.1　双臂回转芯棒式集卷站结构特点

双臂回转芯棒式结构是目前应用最广泛的集卷站结构形式，现以美国摩根公司设计的双臂回转芯棒式集卷站为例介绍该型集卷站的主要结构。如图 14-78 所示，集卷站由集卷筒、双臂回转芯棒、线卷升降托板及运卷小车组成。

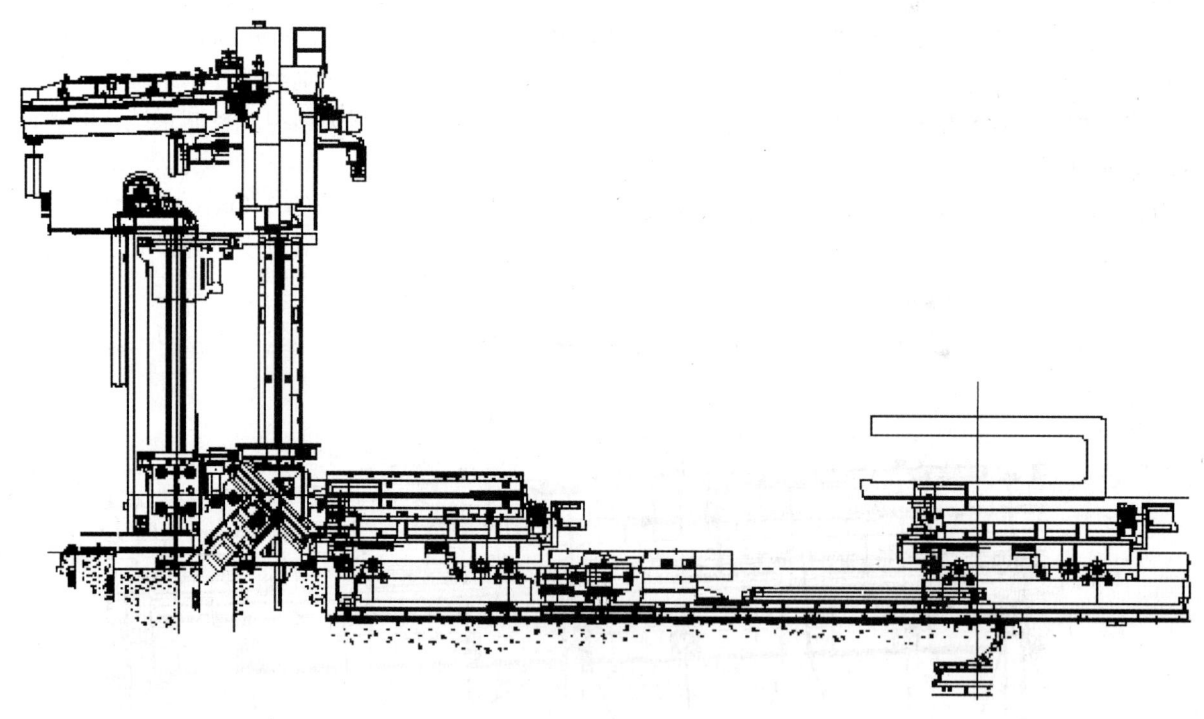

图 14-78　双臂回转芯棒式集卷站示意图

（1）集卷筒：由集卷筒、布卷器、鼻锥等组成。集卷筒为钢结构件，筒内径为 1250mm，鼻锥外径为 838mm。运输机上的线卷进入集卷筒后，先经过不停旋转的布卷器。布卷器通过叶片旋转对散卷进行布卷，以减小成卷高度。集卷筒鼻锥由一套分离爪机构和芯棒交替支撑，在散卷完全落于托板上后，分离爪闭合，用于支撑下一散卷，同时托住鼻锥，该机构由汽缸驱动。集卷筒内设有数组光电开关，依次垂直布置用于推算出线卷堆积的速度，以此确定托盘下降的速度，保证两者速度的匹配。

（2）双臂回转芯棒：位于集卷筒下方，其运动由芯棒旋转和内芯棒升降组成。回转芯棒由两个互成 90°的芯棒组成，一个为垂直方向用于接料，一个为水平方向用于运卷车卸卷。其旋转轴线与地面成 45°。芯棒外圆周上设有耐磨导轨。芯棒旋转由齿轮减速电机或回转液压缸驱动，两芯棒 A、B 分别在水平和竖直位置交替运动。

内芯棒的升降由电动推杆或液压缸驱动，用于在正常落卷时支撑集卷筒的鼻锥。

（3）线卷升降托板：线卷升降托板环绕在芯棒周围。其作用是落卷时托板托住盘卷底部并逐步下降，保证散卷落下时的堆积位置基本稳定，不易乱卷，并且使盘卷平稳降至芯棒底部。当托板上升至最高位时，分离爪打开，盘卷落下，托板开始匀速下降至最低位。托板升降由电机驱动，通过链轮与链条的啮合带动托盘上下运动。托板开闭由液压缸驱动。

（4）运卷小车：运卷小车的功能是将水平芯棒上的线卷卸下，并运至钩式运输机的 C 形钩上。运卷小车由车架、行走机构、升降机构和线卷对中机构组成。行走机构由电机驱动，通过齿轮齿条机构前后行走；升降机构由液压缸驱动；线卷对中机构由液压马达驱动。

14.8.3.2　旋转台架式集卷站结构特点

旋转台架式集卷站在国内也得到一定程度的应用，其典型代表是达涅利公司，现以该机型为例介绍该型集卷站的主要结构。旋转台架式集卷站的结构如图 14-79 所示，集卷站由集卷筒、线卷托板、芯棒、升降台架、旋转台架、倾翻台架、运卷小车组成。

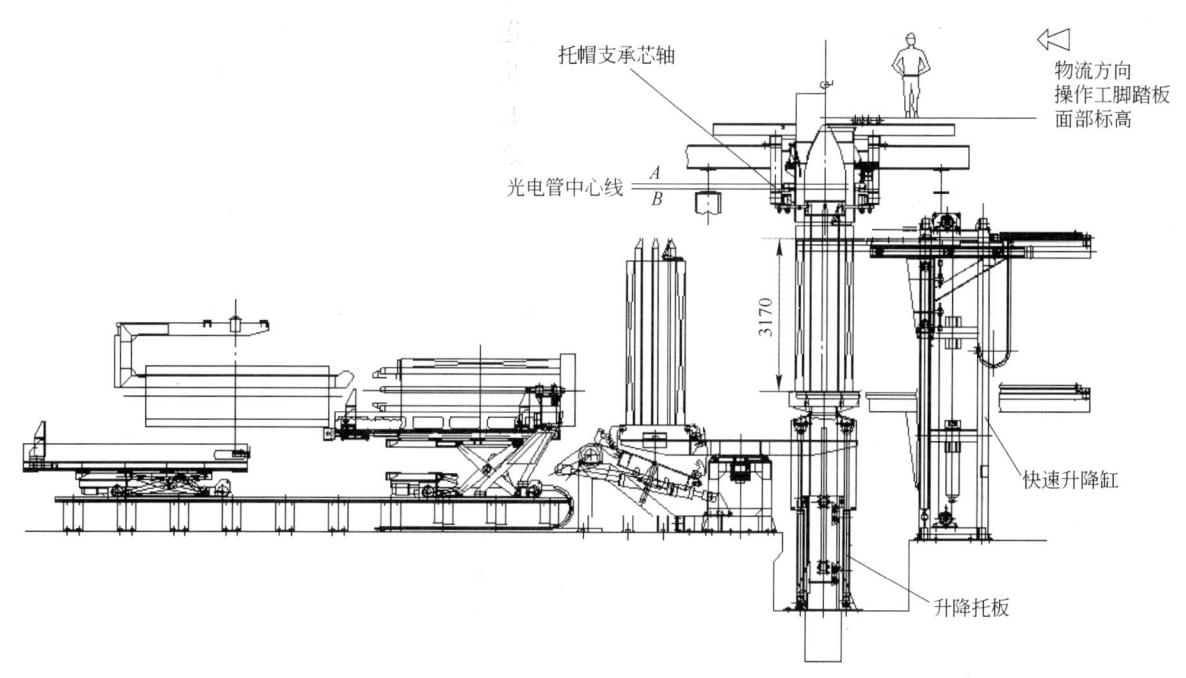

图 14-79　旋转台架式集卷站示意图

（1）集卷筒：除布卷器、鼻锥、分离爪机构以外，该集卷筒增设了两台风机，分别布置于布卷器两侧，对布卷器进行冷却并吹扫粉尘。该型集卷筒鼻锥的外径略有减小，鼻锥头与下部过渡的圆弧半径加大，更有利于线卷的平稳落下，减小鼻锥挂卷概率。分离爪机构由液压缸驱动，在吸收冲击和缓冲性能上不如汽缸。

（2）线卷托板：线卷托板的运动由托板升降和托板的伸出缩回组成。当需要接收新线卷时，托板上升到最高位，托板伸出；当托板和线卷下落至最低位时，托板缩回，线卷落至支撑芯棒的旋转台上。托板的升降由电机驱动，托板的伸出缩回由液压缸驱动。为减小对链条及传动机构的冲击，与托板相对一侧悬挂有配重，配重直接连接于链条上。

（3）升降台架：位于集卷筒下方，用于支撑处于接卷位置的芯棒，通过台架升降使芯棒与鼻锥结合或脱离，由两个液压缸驱动。

（4）旋转台架：旋转台架上布置有互成 180° 的两芯棒。当处于集卷筒下方的芯棒接完线卷后，台架旋转，将卸卷位的芯棒旋转至集卷筒下方，等待接卷；装有线卷的芯棒旋转至运卷小车侧，等待卸卷。通过减速电机驱动齿轮，带动固定于齿轮上的台架进行旋转。

（5）倾翻台架：位于卸卷位芯棒下方。当装有线卷的芯棒旋转至卸卷位置后，由液压缸驱动的四个夹紧爪抬起，卡在芯棒的支座上，将芯棒固定于倾翻台架上，然后由液压缸驱动四连杆机构带动台架和芯棒一起摆动至水平位置，等待运卷小车卸卷。

（6）运卷小车：运卷小车由车架、行走机构、升降机构和挡料机构组成。小车行走由电机经过减速机驱动车轮，带动小车前后移动。

综合比较回转芯棒式和旋转台架式集卷站发现，回转芯棒式集卷站设备部件数量少，工序简单，控制较容易。旋转台架式集卷站设备部件较多，工序繁琐，故障点较多，对于控制系统要求较高。目前，回转芯棒式集卷站在国内高线生产线应用得较为普遍，事故率较低。

14.9　线材输送设备

14.9.1　概况

线材输送设备主要用于高速线材集卷后的收集、运输、冷却、修剪、取样、打包、称重、包装、卸卷等生产工艺过程。在高速轧机的线材生产中，根据线材盘卷运输过程中所处方向不同可分为立式输送和卧式输送两种方式，输送方式不同，其设备形式和应用范围也有所不同。

中国古代的高转筒车和提水的翻车，是现代提升机和输送设备的雏形；17 世纪中，开始应用架空索道输送散状物料；19 世纪中叶，各种现代结构的输送机相继出现。1906 年，在英国和德国出现了惯性输送机。此后，输送机受到机械制造、电机、化工和冶金工业技术进步的影响，不断完善，逐步由完成车间内部的输送，发展到完成在企业内部、企业之间甚至城市之间的物料搬运，成为物料搬运系统机械化和自动化不可缺少的组成部分。

14.9.1.1　线材输送设备种类及其特点

线材输送设备可分为：

（1）立式输送设备。立式输送设备也称卷芯架输送设备，是将集卷筒内的盘卷直接收集到卷芯架上（替代双臂芯棒），然后通过输送辊床运送卷芯架从而实现线材盘卷的运输。立式卷芯架输送系统具有以下特点：占地面积小、易于维护、可靠性高、集卷高度比双芯棒集卷低、卷重大、卷型好、布置灵活等。最主要的是可用于恶劣工矿下特殊钢种的在线热处理或线下保温缓冷处理工艺。目前在高速线材生产中已经得到了广泛的应用。

（2）卧式输送设备。卧式输送设备也称为钩式输送设备，是将集卷后的立式盘卷通过双芯棒或翻转辊床翻转 90°卧倒后，挂在运输线的 C 形钩上进行运输。卧式运输有三种形式，即 P/F 线（积放式悬挂输送线）、悬挂辊道输送线、单轨输送线。其中，P/F 线和悬挂辊道输送线均采用 C 形钩布置方向与前进方向垂直的横钩布置；单轨输送线采用与前进方向一致的顺钩布置。

14.9.1.2　在生产中应用情况和使用范围

根据在生产中应用情况的不同可分为：

（1）卷芯架输送设备。卷芯架输送设备可替代双臂芯棒直接将集卷筒内的盘卷收集到卷芯架上，然后通过输送辊床运送卷芯架，从而实现线材盘卷的运输。卷芯架输送设备既可独立完成线材盘卷的收集、运输、冷却、修剪取样、打包、称重、包装、卸卷等工艺全过程的输送工作（立式输送），也可通过翻转辊床将立式盘卷翻转成卧式，再通过运卷小车将盘卷横移到卧式输送系统上。在国内外均得到广泛应用，特别是在特殊钢生产线的高温集卷和场地受限制的线材生产线得到普遍采用。

（2）悬挂辊道输送线。悬挂辊道输送线采用 C 形钩布置方向与前进方向垂直的横钩布置方式，电机采用单独布置形式。主要优点是运行快慢灵活，积放自由；悬挂辊道输送线采用 C 形钩多点吊装，重载无倾斜，有效防止线材表面划伤。但由于悬挂辊道输送线采用了电机单独布置，整个传动系统用的电机较多，电控系统比较复杂，投资大。在欧美使用较为广泛，国内一般将其用在坯料规格较多的个别轧线。

（3）P/F 输送线。采用 C 形钩布置方向与前进方向垂直的横钩布置方式，采用电机集中驱动，主要特点是：

1）积放灵活，C 形钩车组可在任一位置根据需要随时自动停止或启动，便于人工检查成品尺寸和缺陷，以及修剪取样等操作；

2）C 形钩承载车组停靠密集，提高了工艺线路的有效利用率；

3）各工位前设置等待存储位置，易于集中和疏散 C 形钩，以适应生产中的突发性情况；

4）当某一 C 形钩出现故障时，可将其移运到检修线修理而不影响其他 C 形钩的运行；

5）投资较省，P/F 输送线为国内及经济不发达国家高速线材生产线应用最为广泛的输送设备。

（4）单轨输送线。采用 C 形钩布置方向与前进方向一致的顺钩布置方式。采用电机单独传动，优点也是运行快慢灵活，积放自由；但由于单轨输送线采用电机单独传动，整个传动系统用的电机较多，电控系统比较复杂，维护工作量大，投资大。由于单轨输送线采用顺钩布置的方式，盘卷在运行过程中容易滑动和划伤，积放长度也较其他方式长，导致工艺线路布置过长，占地面积大。因此，一般较少使用，并逐渐被淘汰。

目前，高线盘卷运输设备配置方式分为：（1）集卷筒 + 双臂芯棒 + 卧式运输；（2）集卷筒 + 立式卷芯架输送系统；（3）集卷筒 + 立式卷芯架输送系统 + 卧式运输三种组合方式，国内在 2009 年以前，大多数高速线材生产厂家都在采用集卷筒 + 双臂芯棒 + 卧式运输方式；而 2009 年以后，新建项目大多采用集卷筒 + 立式卷芯架输送系统 + 卧式运输方式，替代传统的集卷筒 + 双臂芯棒 + 卧式运输方式。

14.9.2 立式卷芯架输送系统

14.9.2.1 立式卷芯架输送设备的产生和发展历程

立式输送系统最早出现在欧洲，2007 年由国内公司消化、吸收、改进为国内产品。

14.9.2.2 立式卷芯架系统的主要技术参数

立式卷芯架系统的主要设备包括输送辊床、举升辊床、旋转辊床、翻转辊床、卷芯架、挂卷小车等。
主要参数如下：

型式：输送辊床、举升机构、旋转机构、翻转机构；

举升输送辊床升降行程：250mm；

旋转输送辊床旋转角度：水平旋转 90°；

翻转机翻转角度：将带卷的卷芯架垂直翻转 90°；

翻转液压缸行程：1425mm；

辊床输送速度：12 ~ 24m/min；

挂卷小车举升行程：260mm；

挂卷小车行走速度：0.7m/s；

立式卷芯架：卷芯架在集卷处承受的盘卷最高温度 600℃。

14.9.2.3 立式卷芯架系统工艺长度与卷芯架数量的确定

A 立式卷芯架系统工艺长度和卷芯架数量的确定

立式卷芯架系统工艺长度需综合考虑轧制速度、冷却温度、生产节奏、场地布置等因素，其中，满足生产节奏要求为第一要素，以图 14-80 的设计为例：工艺长度 60m，逆时针运行，集卷至运卷承载区工艺长度 44.34m，可停架 14 台，运行时间 = 旋转时间 + 输送时间 = 5 × 4 + 44.34/0.4 = 130s，即落卷后 120s 可到达翻转运卷工位。所以，按每分钟一卷计算，空载等待区需提供 3 台以上卷芯架以满足生产节拍要求。

空载等待区工艺长度 15.66m，可停空架 5 台，运行时间 = 旋转时间 + 输送时间 + 翻转时间 = 5 × 2 + 15.66/0.4 + 52 = 101s，空架至集卷最短运行距离 3m，运行时间 = 3/0.4 = 4.3s。

各工位生产节奏：集卷举升工位 51s，旋转工位（含运行）9.5s，翻转工位 52s，可满足 55s/卷生产节奏要求。

最少卷芯架数量 = 空载区最低数量 + 重载冷却区最少数量 = 3 + 5 = 8 台

最高数量 = 空载区最大存储数量 + 重载等待区最大存储数量 = 5 + 14 = 19 台

本案例实际配置数量 = 空载 5 台 + 等待 10 台 = 15 台

后区设备发生故障时，可提供约 5min 检修时间。

B 卷芯架工作面高度的确定

卷芯架工作面高度与盘卷松卷高度有关，如 2t 卷，松卷高度为 2600mm，卷芯架翻转为水平位置时，需满足 2600mm 松卷高度要求，所以，适应 2t 卷的卷芯架松卷高度常采用 2600 + 600 = 3200，其中 600 为保证收集的安全余量。

14.9.2.4　立式卷芯架系统应用实例

目前立式卷芯架输送系统是一种成熟的输送系统，被国内众多钢厂采用，如鞍钢、青钢、山东张店、宣钢、攀长钢等，经众多项目检验，该系统运行平稳、可靠，故障率低，产品美观，因此该系统取代双臂芯棒已成为一种趋势。如图 14-80 所示，吐丝机后区设备的基本配置如下：110m 延迟型风冷辊道、集卷站、85m 立式卷芯架系统、运卷车、280m P/F 线（含卧式打包机、称重站、卸卷站）。

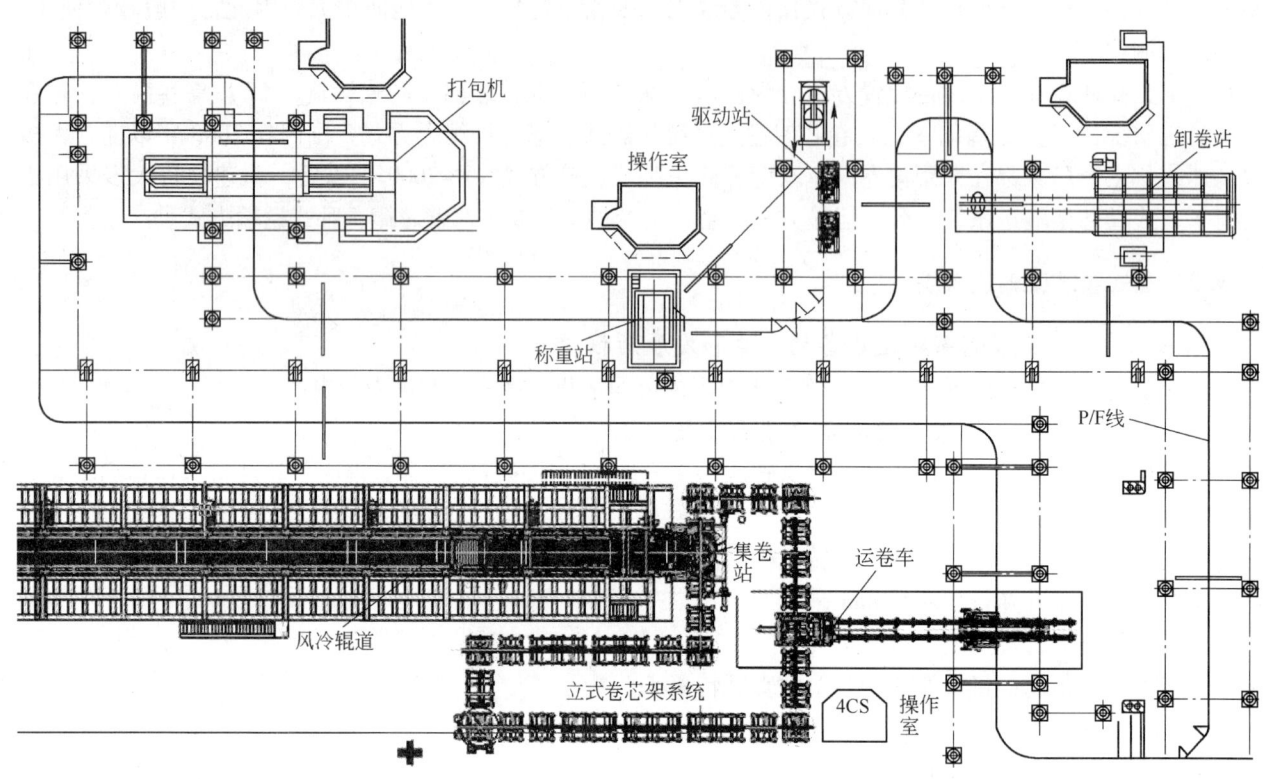

图 14-80　立式卷芯架系统工艺布置图

14.9.2.5　立式卷芯架系统的主要设备及介绍

立式卷芯架系统主要由机械系统、电气控制系统、液压系统、气动系统、润滑系统等部分组成（图 14-81），其中，机械系统包括输送辊床、举升机构、旋转机构、翻转机构、卷芯架、挂卷小车等；电气控制系统主要包括计算机程序控制系统、PLC 控制柜、远程控制柜、远程操作台、变频控制柜、继电器控制

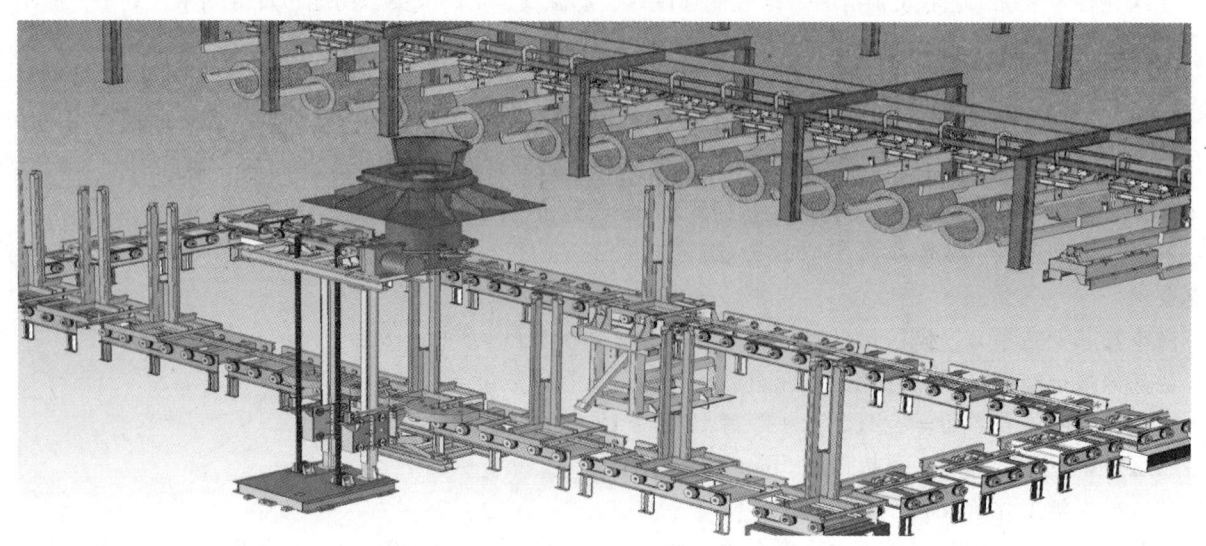

图 14-81　立式卷芯架系统三维装配视图

柜、机旁操作箱等部分。

（1）输送辊床。输送辊床主要由变频减速机、同步轮、同步带、传动轴、机架、接近开关等部分组成，主要完成卷芯架水平方向输送。输送辊床的示意图如图 14-82 所示。

（2）举升辊床。举升辊床由举升机构、举升液压缸、夹紧装置、夹紧汽缸、辊床等部分组成，主要实现卷芯架夹紧、举升功能，升降行程 260mm，一般设置在集卷工位。示意图见图 14-83。

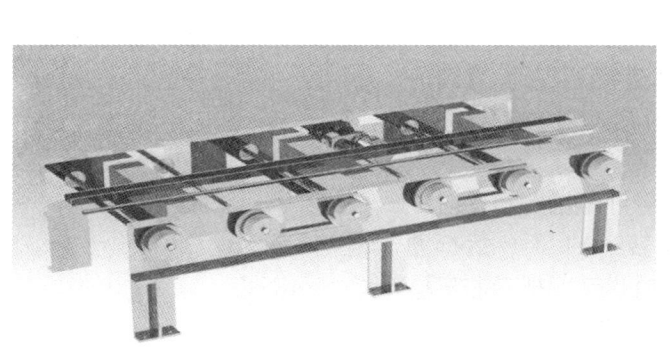

图 14-82 输送辊床

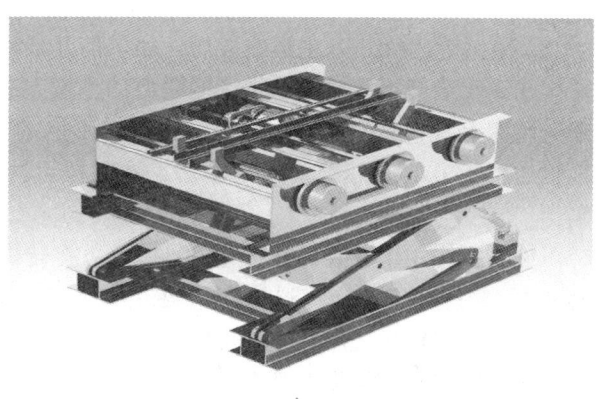

图 14-83 举升辊床

（3）旋转辊床。旋转辊床的功能是实现卷芯架运行方向的转换，转换角度为 90°。旋转辊床由旋转机构、旋转电机减速机、辊床、接近开关等部分组成。旋转辊床示意图如图 14-84 所示。

（4）翻转辊床。翻转辊床由变频减速机、液压缸、翻转机构、夹紧机构、定位机构、辊床、接近开关等部分组成，翻转角度 90°。翻转辊床的三维图如图 14-85 所示。

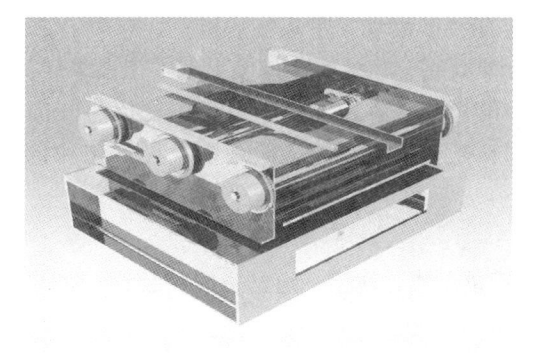

图 14-84 旋转辊床

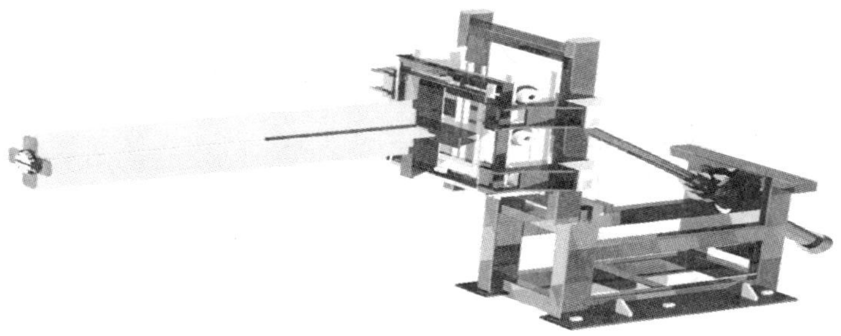

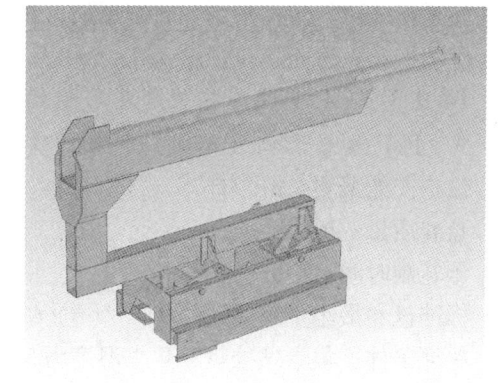

图 14-85 翻转辊床

（5）挂卷小车。挂卷小车是将翻转机翻转成水平卷芯架上的盘卷托起，并将盘卷收拢，从卷芯架上转运到 C 形钩上，落下盘卷挂在 C 形钩上，挂卷小车退离 C 形钩。小车限位有机械、电气两种方式。挂卷小车示意图如图 14-86 所示。

（6）卷芯架。卷芯架由型钢和钢板焊接成主体，卷芯架底部设有两个导向轮和两个导轨，导轨和导向轮由螺栓连接在卷芯架上，导向轮在输送辊床的导向槽中运动，起到卷芯架运行中的导向作用，导轨安装在卷芯架的底部，它和输送辊床的滚轮接触，导轨磨损可以卸下来更换。卷芯架的示意图见图 14-87。

（7）电控系统。立式卷芯架系统采用 PLC 控制。当集卷筒给出信号允许卷芯架进入后，举升装置上的输送辊床

图 14-86 挂卷小车

电机与运行方向前端的输送辊床电机同时启动，把卷芯架运输到举升装置上，待卷芯架停稳后，升降装置上的抱紧装置抱紧，这时升降装置上的液压上升电磁阀得电，把卷芯架举起与鼻锥准确对接，接卷完毕后举升装置下降，电磁阀得电，使升降装置下降到位后抱爪打开，这时举升装置上的辊床电机与运行方向后端的输送辊床电机同时得电，把卷芯架送到下一工作环节。

当立式卷芯架进入主运输段后，如果前几段辊床没有卷芯架，那么这个输送辊床与下几段输送辊床同时启动，把卷芯架向前输送。当前段输送辊床上有卷芯架时，则这个输送辊床不启动（进行等待）。直到前段输送辊床上的卷芯架输送出去后，这两段可同时启动对卷芯架进行输送。

旋转机构用于立式输送线的90°拐角。旋转机构可以正向和反向旋转90°。当旋转机构旋转到接卷芯架位置（正向旋转90°）时，运行方向前的卷芯架输送辊床与旋转机构上的行走辊床同时启动，把卷芯架输送到旋转机构上。当卷芯架停稳后旋转90°（反向旋转90°）与下段输

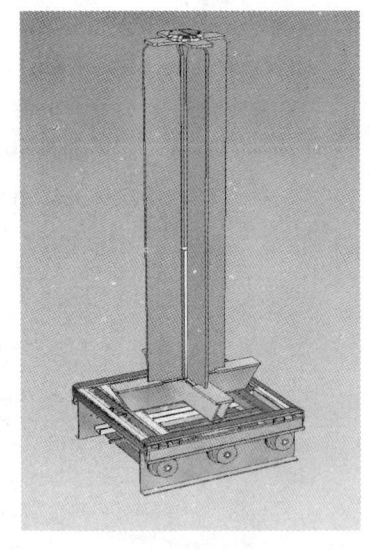

图 14-87　卷芯架

送辊床对接，运行方向后的卷芯架输送辊床与旋转机构上的行走辊床同时启动，把卷芯架输送到下段卷芯架输送辊床上。这样反复运动，完成输送功能。

翻转机构位于立式输送线上，其功能是把卷芯架倾翻90°，使盘卷水平卧倒，用小车把线卷移到 C 形钩上，翻转机构回翻，使卷芯架与输送线垂直，翻转机构上的行走辊床把卷芯架输送到主运输段上。

14.9.3　P/F 线

14.9.3.1　P/F 输送设备的产生和发展历程

19 世纪中叶，各种现代结构的输送机相继出现。1868 年，在英国出现了带式输送机；1887 年，在美国出现了螺旋输送机；1905 年，在瑞士出现了钢带式输送机；1906 年，在英国和德国出现了惯性输送机。此后，输送机受到机械制造、电机、化工和冶金工业技术进步的影响，不断完善，逐步由完成车间内部的输送，发展到完成在企业内部、企业之间甚至城市之间的物料搬运，成为物料搬运系统机械化和自动化不可缺少的组成部分。

14.9.3.2　P/F 线的主要技术参数

P/F 线的主要工艺设备包括：驱动装置，车组总成，牵引链条总成，轨道，道岔，回转装置，张紧装置，吊具总成，定位装置，打捆机，润滑装置，气路系统，称重站，卸卷站等。

主要参数如下：

车组间距：一般为 1850mm；

C 形钩吊具单线数量：年产量 50 万吨生产线，一般选用 50 ~ 60 个 C 形钩；

驱动形式：集中驱动，一般采用一用一备，电机功率通常在 11 ~ 15kW；链条运行速度 15 ~ 18m/min；

轨道形式：轨道多采用三轨制形式，轨道材质为 16Mn；

牵引链条：链条抗拉强度 320 ~ 560kN。

14.9.3.3　P/F 线工艺长度及 C 形钩数量的确定

A　P/F 线 C 形钩（车组）数量的确定

设定产能最大：A t/年；

盘卷质量：B t/卷；

年轧制时间：C h/a；

标准盘卷最小生产周期：$D = A/(B \times C \times 60)$ min/卷；

保证条件：集卷站处盘卷要求温度为 550 ~ 650℃；

打捆机处打包温度：≤350℃；

P/F 线需要冷却温度：650℃ - 350℃ = 300℃。

基本要求如下：

（1）冷却时间一般要求20~30min。

（2）在集卷工位到打捆机工位能够存储该P/F线上所有的C形钩。

（3）打捆机发生故障后，能够保证30min的检修时间；另卸卷到集卷工位应满足有15~20个空钩等待。

计算结果为：

综上所述P/F线车组最少数量为(50~60)/D套方能保证高速线材生产线的运输功能。

B　P/F线工艺长度的确定

在所有工位均为单工位的情况下，冷却时间按照30min计算，在集卷工位到打捆机工位至少有30/D套车组，由打捆工位回到集卷工位应至少有30/D套车组；

P/F线冷却段长度：60/D×1.85m×1.2，1.2为系数；

打捆后到集卷站长度：30/D×1.85m×2.5，2.5为系数。

P/F线理想工艺长度为270/D m，但考虑到车间空间限制、轧线工艺布置等因素，单轧制线的工艺长度根据轧制钢种的不同通常在300~500m。

14.9.3.4　P/F线应用案例

悬挂式P/F线输送系统工艺需满足生产产品大纲的要求，并根据厂房、成品跨、机修车间等综合情况进行合理设计和布置，保证合理的冷却时间、冷却温度、工艺长度、成品存放空间，来满足集卷、打包、称重、卸卷、发货等工序的要求，并使全线具有充分的缓冲时间，为发生故障时提供足够的抢修时间。现以青钢四线为例进行说明，青钢四线精整区工艺布置图如图14-88所示。

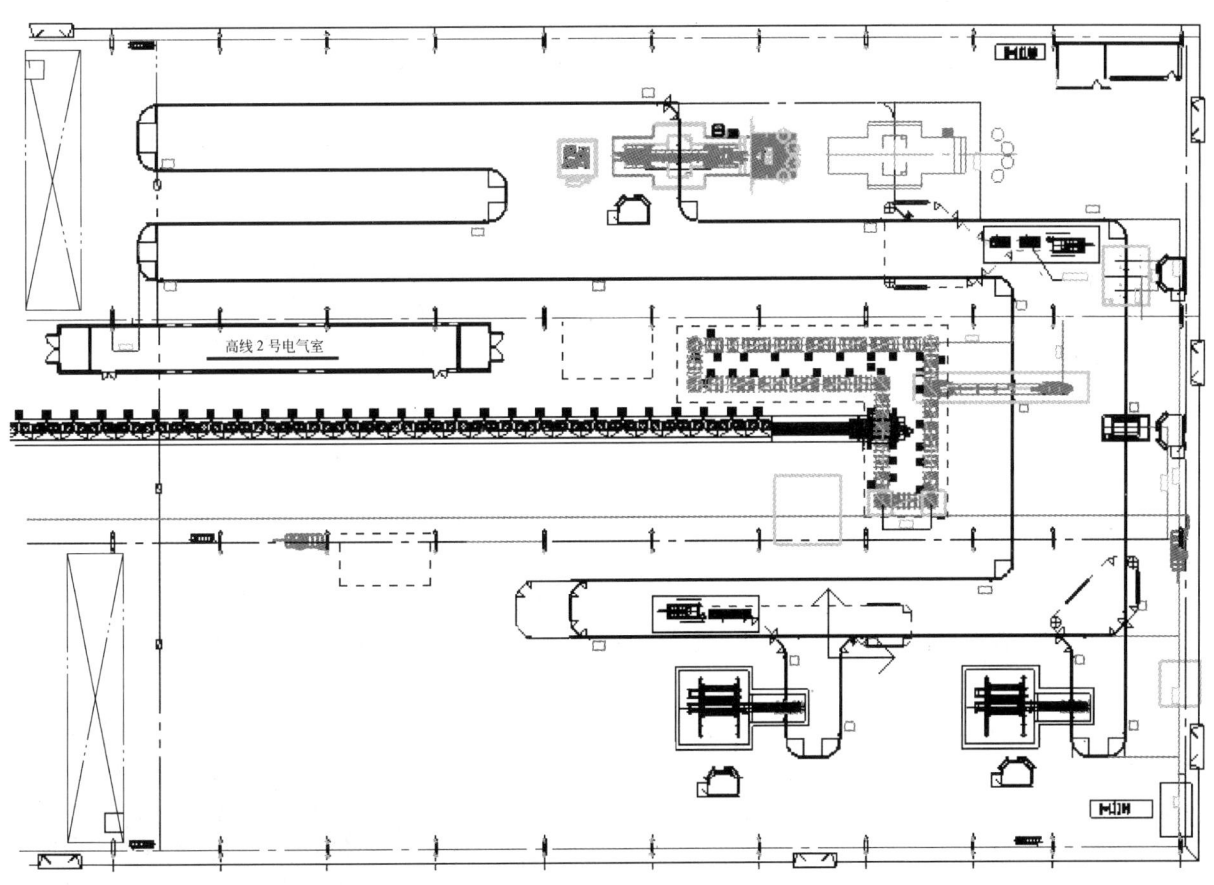

图14-88　青钢四线精整区工艺布置图

该线集卷后区设备采用立式卷芯架系统和悬挂式P/F线系统两种输送系统相组合的方式，为全线运行提供了更多的存放空间。其中，P/F线系统设打包工位2个，称重工位1个，双排四卷卸卷工位2个；集卷在中跨区域，成品区域设在3跨，打包在1跨区域完成。自集卷至第一台打包机盘卷的冷却时间约

20~25min，保证盘卷进打包机前得到充分冷却达到打包机要求的温度，在集卷与打包之间具备一定的盘卷存储能力；称重至第一台卸卷站盘卷运行时间约 5min，可保证称重、标牌打印完毕后在卸卷前完成挂牌动作；集卷与最后一台卸卷工艺长度约 90m，可存放空钩 50 个，按每分钟一卷计算，称重、卸卷等发生故障时可保证 50min 抢修维护时间。

14.9.3.5　P/F 线主要设备及介绍

悬挂式 P/F 线输送系统主要由牵引链条、滑架、轨道、回转装置、驱动装置、张紧装置、夹紧器、停止器、发号器、C 形吊具、载荷梁、承载小车、电控系统等组成，如图 14-89 所示。

图 14-89　P/F 线生产现场

（1）牵引链条。牵引链条为模锻易拆链，由侧环、中环、链销组成，材质多为 42CrMo，也有采用 45Mn2（图 14-90）。拆卸链条时，相对于链条纵轴线旋转两个链环，将外环移动到内环的收缩部位，然后将另外两个外环移近，销轴回转 90°，即可取出销轴。该链条采用模锻成型，拆卸快速方便，故称为模锻易拆链。

高速线材生产线上用牵引链条主要有两种形式：X678 及 X5-7，其中，X678 为传统型，X5-7 为加强型，X5-7 型式的破断负荷、耐磨性能均得到提高，现为高线行业首选。

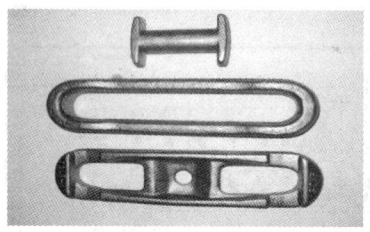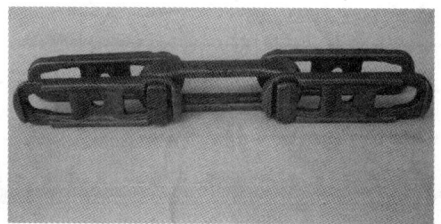

图 14-90　牵引链条

（2）轨道。主要介绍三轨制结构的轨道，包括牵引轨和承载轨两部分，同时容纳牵引链条和车组在其中行进，完成物料输送功能。牵引轨轨底与承载轨轨底的距离为轨间距，常用轨间距主要有 381、386、390、395 四种。牵引轨一般采用 10 号工字钢。承载轨有三种形式：15 号异型槽钢、16 号槽钢及 16 号异型槽钢。其中，16 号异型槽钢适用于 2t 及以上卷重生产线，15 号异型槽钢与 16 号槽钢适用于 1.5t 及以下卷重的生产线，如图 14-91 所示。

（3）道岔。在 P/F 线线体输送中，根据工艺流程需要，为改变车组运行方向设置有道岔。道岔有分流和合流两种。分流道岔由气动元件根据 PLC 发出信号，通过汽缸来控制道岔舌的方向，完成车组向不同方向行进的要求；合流道岔由车组前进时

图 14-91　轨道

自然改变道岔舌方向，完成并线要求。示意图如图 14-92 所示。

（4）滚子组回转装置。线体转弯时的承载轨道，加装高耐磨滚子，以承受牵引链条转弯时受到指向圆心方向的牵引力。回转装置的角度有 15°，30°，45°，60°，90°，120°，150°，180°等；半径系列主要有 450mm，600mm，750mm，900mm，1200mm，1500mm，2000mm，2500mm 等。滚子组回转装置如图 14-93 所示。

图 14-92 道岔   图 14-93 滚子组回转装置

（5）驱动装置。驱动装置的主要功能是驱动全线牵引链条，以带动车组、吊具前进完成物料输送任务。驱动装置主要由电机、减速器、机架、活动支架、链条张紧装置、驱动链轮、驱动链条等组成。高速线材生产线用驱动装置主要有蜗轮蜗杆式和摆线针轮式两种形式，机架部分配备双驱动切换机构，一台出现故障时可以在较短的时间内完成动力切换；设有过载保护装置，防止过载造成设备损坏。蜗轮蜗杆式驱动装置如图 14-94 所示。

（6）张紧装置。张紧装置的主要功能是随时保持牵引链条处于张紧状态。张紧装置由张紧汽缸、张紧气路单元、张紧光轮、机架等部分组成。张紧动力由张紧汽缸提供，汽缸行程一般控制在 900mm 以内，如图 14-95 所示。

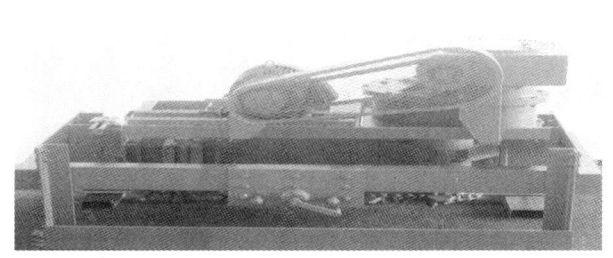

图 14-94 蜗轮蜗杆式驱动装置   图 14-95 张紧装置

（7）C 形吊具。C 形吊具是承载所运输物料的主要用具。一般根据松卷直径和高度可以设计成不同规格尺寸的 C 形钩吊具（图 14-96）。在制作过程中，需要进行静平衡试验和重力加载试验，以保证吊具安装后保持水平及运行过程中保持平稳并达到规定承载能力。

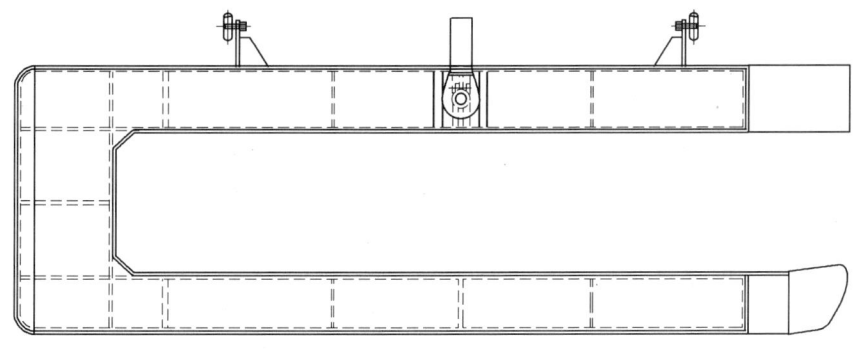

图 14-96 C 形钩

设计 C 形钩时应进行受力分析，其主要承受剪切力。C 形钩受到吊钩的向上的拉力和钢卷质量及吊具的自重向下作用的力。钢卷的力作用在钢卷的中心，吊具的自重力作用在吊具的重心，还要考虑配重。配重是为了保证 C 形钩在空载时能达到平衡作用。两个弯角处的断面是受剪力和弯矩作用的，计算时可不考虑自重，安全系数一般取 6 ~ 7 即可。根据钢卷的质量来选择用什么结构的断面，质量小可以用工字型断面，加配筋；质量大，可以用箱型断面加配筋，弯角处可采用圆角半径 200mm 以上，提高强度，减小应力集中。

C 形钩的变形量需要认真计算和严格控制，如打包工位处，C 形钩底面与打包机十字开口底面的安全距离一般为 50 ~ 70mm，如果 C 形钩变形量过大或不平衡，很易造成打包机撞钩现象。

（8）承载车组。承载车组的主要功能是吊装 C 形吊具完成物料输送任务。承载车组有二车组、三车组、四车组、五车组等多种形式，图 14-97 为四车组示意图。

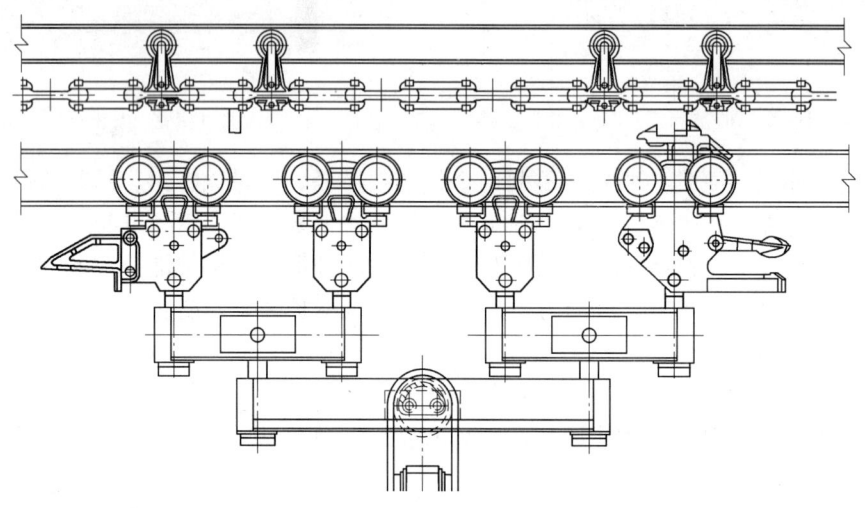

图 14-97 承载车组

四车组形式由前车、中车、中车、后车组成；运动原理是链条推头推动前车升降爪，从而带动车组前行，当前车前铲与前一车组尾铲相遇时，前铲张开，升降爪下降，推头与升降爪分离，车组停止运行。车组按负载要求，可采用前后、前中后、前中中后、前中中中后等几种组合形式。

（9）电控系统。电控系统的主要功能是控制全线设备按工艺要求运行和停止。采用分布式 I/O 形式，用以实现自动化程序控制。线路信号传感元件采用电子接近开关、限位开关及光电开关，以实现小车的按工艺路线行走和积存功能。停止器采用单电控气动电磁阀控制，工位夹紧器和道岔电磁阀为双电控电磁阀，停止器电磁阀通常为停止状态，即电磁阀不得电，只有当停止器电磁阀得电时方能打开停止器，使小车放行。线路设有驱动站过载保护装置、张紧超行程保护装置以及气压保护装置。当发生以上任意一种故障时，控制柜报警装置均可发出声光报警，并使驱动站立即停车。主要工位处所设操作箱上，装有手自动选择开关、操作按钮和急停按钮，当线路发生紧急情况时，按下急停按钮，这时传动立即停止运行并发出音响报警。

14.10 压紧打捆机

热轧线材经散卷冷却后集卷成盘卷，重新集卷的盘卷比较松散，为便于贮存和运输，线材盘卷要进行压紧打捆。直条的中小型棒材在收集后也需要捆扎成捆方可吊装运输。用于线材的压紧打捆设备有卧式和立式两种，卧式打捆机与悬挂式运输机（P/F 线）配套使用，立式打捆机与辊道配套使用，多用于 300 ~ 500kg 以下的较小盘重，在 20 世纪 80 年代我国在 50 ~ 65m/s 水平级的线材轧机上曾用过这种形式的打捆机。在轧机速度提高，卷重加大以后，现在线材生产中立式打捆机几乎不再有人使用。

压紧打捆机是非常专业的专用设备，世界有许多公司设计和制造过线材和棒材的压紧打捆机，如德国的西马克（SMS）、日本的小仓、法国的波特兰、美国的摩根等。在我国市场中森德斯（Sund/Birsta）

设计制造的压紧打捆机用得比较多一些，近年来 SMS 的用户也在增多，其他打捆机用得比较少。下文只对这两种形式的打捆机进行介绍。

为了适应现代化钢材生产的需要，目前国际上打捆机的发展呈现了以下趋势：

（1）多品种、专业化、系列化，满足各种不同钢材打捆的需要。

（2）打捆机与全自动钢材成型机配套使用，提高钢材打捆的自动化程度，且打好捆的钢材具有整齐固定的形状。

（3）打捆速度不断提高，目前打捆机平均每道的捆扎速度在 20s 左右，退火或热轧盘条打捆机的打捆速度一般在 10 ~ 20s 左右。

（4）自动化程度越来越高，采用了微机控制和 PLC 控制技术，具备了全自动打捆、故障报警、自动计数的能力，在流水线生产中能实现自动送料、自动定位、自动转位等功能，提高了工作效率。

14.10.1　森德斯 PCH-4KNB 线材打捆机

线材打包机能对水平悬挂在 C 形钩输送系统上的盘卷进行自动压实，并用打包线完成 4 点包装。KNB 型打包头成型的扭结没有任何突出的捆线头，也不会浪费捆线，两个线头朝向盘卷，打捆线的直径应在 6.3 ~ 7.3mm 之间。

该机设计为可选用 SBH 型带材打包头，使用 32mm 宽、0.8mm 厚的带材来完成打包。线材打包机完全自动运行，但所有的功能都可以手动操作。森德斯 PCH-4KNB 线材打捆机的示意图如图 14-98 所示。

14.10.1.1　技术参数

打捆机的各项技术参数见表 14-6。

图 14-98　森德斯 PCH-4KNB 线材打捆机

表 14-6　打捆机的各项技术参数

项　目		打包机 PCH-4KNB/3800	打包机 PCH-4KNB/4600	打包机 PCH-4KNB/5000	打包机 PCH-4KNB/5500
外形尺寸（长×高×宽）/mm×mm×mm		12400×3400×2600 左右	12900×3400×2600 左右	13800×3400×2600 左右	14500×3400×2600 左右
质量/kg		约 42500	约 45500	约 46500	约 47500
压紧力/kN		75 ~ 400			
打包周期/s		30（1500kg 盘卷）	32（2000kg 盘卷）	26（2500kg 盘卷）	37（3000kg 盘卷）
盘卷尺寸	压紧卷高度（最小值）/mm	600			
	盘卷外径（最大值/最小值）/mm	1400/1250			
	盘卷内径（最大值/最小值）/mm	1100/800			
液压工作压力（标准）/MPa		13			
打包头	外形尺寸（长×高×宽）/mm×mm×mm	830×615×370			
	送线速度（最大值）/m·s⁻¹	1.3			
打捆机工作温度/℃		≤400			

14.10.1.2　打包线规格

线材直径：$\phi(7+0.3/-0.7)$mm；

盘卷尺寸：外径最大值 1400mm，内径最小值 800mm，高度最大值 1300mm。

14.10.1.3　设备描述

水平线材打包机安装有 4 个打包头，自动完成压紧、打包或线材打捆成盘卷的动作，森德斯 PCH-4KNB 线材打包机的外形图如图 14-99 所示。

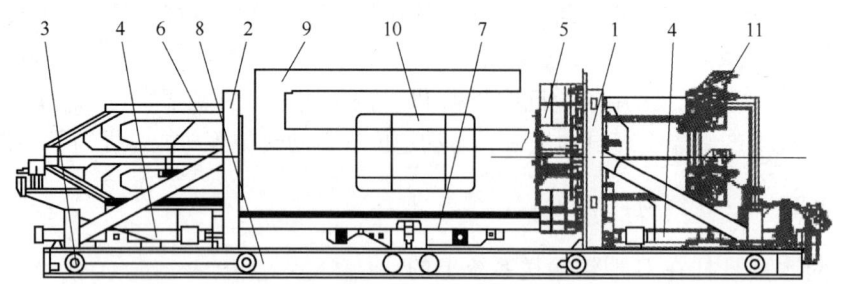

图 14-99　森德斯 PCH-4KNB 线材打包机外形图

1，2—压板；3—轮子；4—液压缸；5—打包头；6—线材导向系统；
7—升降台；8—导向装置；9—传输钩；10—盘卷；11—送线机构

打包机主要由以下部件组成：两个压板 1、2，在轮子 3 上移动，并由导向装置导向。压板由两个液压缸 4 分别驱动而水平移动。盘卷 10 与压板接触的地方安装有耐磨板。

四个打包头 5 与地面成 45°角安装在压板 1 上。打包头还用于扭结、切割和夹紧的装置。

四个送线机构 11 安装在压板 1 上。每一个送线机构都从一个固定夹板上送入打包线，打包线通过打包头穿过打包物体周围的线导，然后返回到打包头。

一个用于打包线材的导向系统 6，安装在压板 2 上。导向系统悬挂在轴上，安装在送线机构上。导向系统由液压马达驱动压板水平移动。

升降台 7 主要由两个水平横梁组成，其作用是压紧线材时，升降台受两个液压缸驱动从传输钩 9 上抬高盘卷。

轨道装置 8 主要由两个轨道组成，安装有耐磨板，压板的轮子在横梁的外侧移动。轨道装置还装有压板的液压缸。

14.10.1.4　打包周期

打包周期包括：

（1）准备压实。压板 1 和 2 同时向盘卷方向移动，阻止线导系统的缓冲器在远离中心的位置，并用空气加压；线导系统从压板 2 开始移动；升降台开始向上移动到使盘卷脱离传输钩的位置。该过程的示意图如图 14-100 所示。

（2）压实。当压板 2 到达接近盘卷的地方时，光电开关发出信号，升降台上升到上方位置，使盘卷脱离传输钩；压板 1 和 2 继续压紧盘卷，当线导系统到达压板 1 时，继续压缩缓冲器，接近开关显示缓

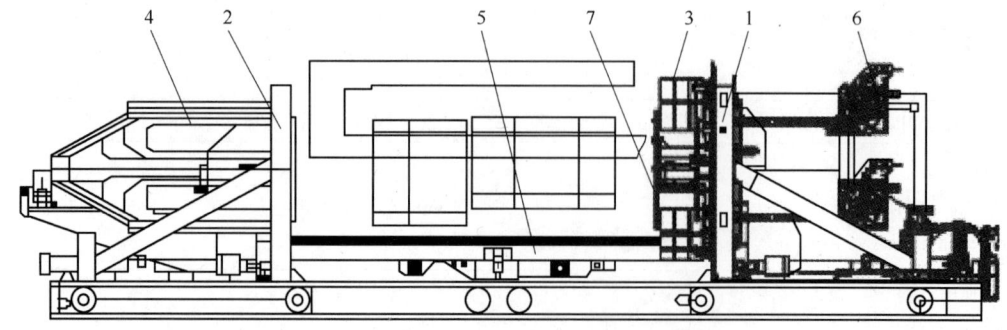

图 14-100　PCH-4KNB 线材打包机的压紧打包过程示意图

1，2—压板；3—打包头；4—线导系统；5—升降台；6—送线机构；7—缓冲器

器，可移动的线导进线导系统。

（3）送线压实。线导关闭后，开始送入线；压板1和2完全压紧盘卷，并且保持压力直到完成打包动作。

每一个压板都装有一个脉冲编码器，用来控制根据传输钩重心相对称的压紧盘卷的位置。

（4）停止送线，线头夹紧。送线轮把打包线送入线导系统，直到线头到达打包头的末端，在这个位置线头被夹入夹紧机构。

（5）线材抽紧。线头被夹紧，定时器发出信号，打包头从送线位置移入到打包位置（靠着盘卷一边），送线轮返回来，线被绕着挡线板和盘卷抽紧。

（6）抽紧扭结。线在盘卷旁边抽紧，送线轮停止，扭结动作开始；当扭结动作结束时，线夹子打开，线被切断，打包过程完全结束。

（7）返回到结束位置。打包过程结束，压板、线导系统返回到初始位置，升降台下降到初始位置。直到这时，已打包的线材盘卷可以被送出打捆机，打捆机此时准备接收一个新盘卷进行打包。

14.10.2　西马克高线打捆机

14.10.2.1　技术参数

打捆道次：4道；

有效开挡：4700mm；

最小开挡：620mm；

盘卷最大外径：1400mm；

盘卷最小内径：850mm；

盘卷质量（最大）：2000kg；

打捆机动作周期时间：

对常规质量盘卷：34s（不包括C形钩进出时间）；

液压工作压力：13.5MPa；

压紧力：60~400kN可调；

打捆线直径：6.5mm和8mm（+0.3/-0.7mm）。

14.10.2.2　独有技术

具体如下：

（1）打捆头可采用6.5mm和8mm公称直径打捆线而不需要更换任何机上零件。

（2）增强型防划伤装置可以更有效地保护盘卷并使盘卷更紧实。

（3）稳定的收线程序保证设备运行的高可靠性。

14.10.2.3　设备描述

为对盘卷进行下一步的运输和堆放，西马克卧式打捆机在轧制生产线的末端自动对盘卷实施压紧和捆扎。盘卷由钩式运输系统置于打捆位并处于打捆机两压盘之间，打捆开始后，打捆机升降台将盘卷托离钩面（钩子处于原位），压盘对盘卷实施压紧，与此同时，送线装置将打捆线沿穿线导槽穿过打捆头并环绕盘卷，当打捆线第二次进入打捆头后，打捆头对打捆线线头进行夹持，此时送线装置反转将打捆线收紧于盘卷，打捆头随即对打捆线实施扭结，扭结完成后剪切以形成捆扎线匝。捆扎结束后，设备全部打开，盘卷被放回C形钩并被送至下一工位。

西马克高线线材打包机外形图及设备图如图14-101和图14-102所示。

打捆机主要组成部件包括：

1号压盘——由4组车轮支撑，1个压紧油缸驱动；

2号压盘——由4组车轮支撑，1个压紧油缸驱动；

底座——安装在基础上，既作为两个压盘的导轨，又作为压紧油缸的支座；

打捆头——安装在1号压盘上，对打捆线实施导向、夹持、扭结、剪切；

送线装置——安装在1号压盘上，对打捆线实施喂送和回收；

导线小车——安装在2号压盘上，对打捆线实施导向从而完成对盘卷的环绕；

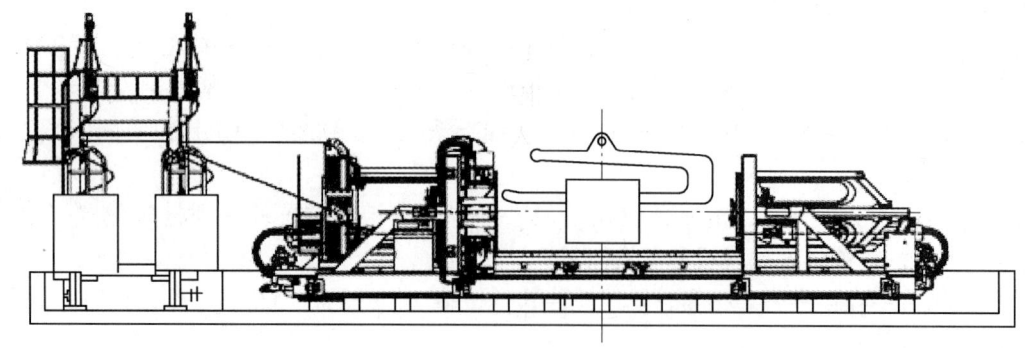

图 14-101　西马克高线线材打包机外形图

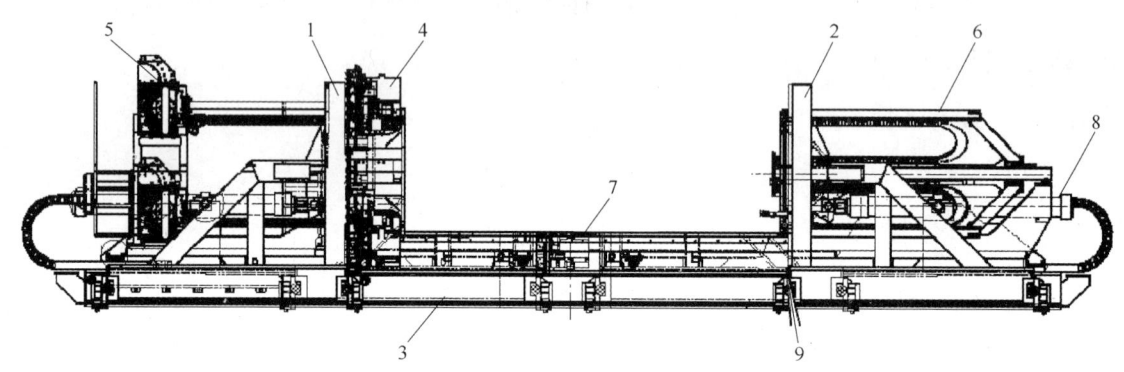

图 14-102　西马克高线线材打包机设备图

1—1 号压盘；2—2 号压盘；3—底座；4—打捆头；5—送线装置；6—导线小车；7—升降台；8—油缸；9—车轮组

升降台——安装在底座上，将盘卷托离并放回 C 形钩；

压紧油缸——安装在底座上，对盘卷实施压紧；

车轮组——安装在 1 号、2 号压盘上；

1 套放线架——包括 4 套独立的取线装置和积线系统；

1 套液压站——包括 4 台主泵、1 台循环泵、油箱和蓄能器；

1 套电气控制系统——包括 1 套 PLC 柜、1 套 MCC 柜、1 套主操台、4 套机旁操柜和 1 套手操箱以及 1 组接线箱。

14.10.3　棒材打捆机

棒材打捆机的型号 KNCA-8/800，用于完成对圆形棒材捆的捆扎包装。打捆机安装在辊道上的固定位置，棒材捆从辊道运输，穿过打捆机闭合的线道系统。森德斯棒材打捆机的示意图如图 14-103 所示。

图 14-103　森德斯棒材打捆机

14.10.3.1　技术参数

森德斯型号 KNCA-8/800 的棒材打捆机的技术参数如表 14-7 所列。

表 14-7　森德斯型号 KNCA-8/800 的棒材打捆机的技术参数

型　号	800	1000	1300	1800
捆线尺寸/mm	$\phi 6.3 \sim 8$	$\phi 6.3 \sim 8$	$\phi 6.3 \sim 8$	$\phi 6.3 \sim 8$
捆线紧固力（最大值）/kN	9	9	9	9
马达功率/kW	11.0	11.0	11.0	11/12.5

型　号	800	1000	1300	1800
钢线导引内径/mm	约 φ700	约 φ900	约 φ1150	约 φ1800
圆形钢捆尺寸/mm	φ150～550	φ150～650	φ300～850	φ450～1150
方形钢捆最小尺寸 /mm×mm	150×150 450×450	150×150 600×600	300×300 750×800	450×450 1050×1050
液压箱/L	300	300	300	300
工作压力/MPa	10	10	10	10
质量/kg	3100	3150	3200	3150

14.10.3.2　设备描述

打捆机采用钢线捆绑棒材、钢筋、钢管等。

它可以配备两种不同类型（单转或双转）尺寸的钢线导引，并能够捆绑方形与圆形钢捆。机器可以通过液压马达和齿条移入和移出生产线。它还可设计为在支架上沿生产线移动。其他附件包括钢线导引和标记装置。

机器需要电气连接到主 PLC 系统，以便能作为工厂的组成部分进行联机工作。机器操作完全自动化，也可通过本地控制面板手动操作。机器可以安装连接到外部液压供给或"自带"的液压站供给。

钢捆通过滚轮传送带传送并穿过机器。在钢捆进入捆绑位置后，机器自动启动。小型棒材打包机如图 14-104 所示。

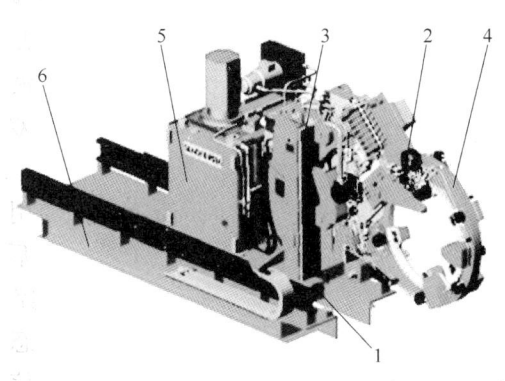

图 14-104　小型棒材打包机示意图

1—支架；2—捆绑装置；3—垂直支架；
4—钢线导引；5—液压装置；6—基座框架

（1）支架。支架为手动驱动，它具有两个位置：前部位置（捆绑位置）和初始位置。可以选用液压驱动支架，配备液压缸或带齿条的液压马达。

（2）捆绑装置。捆绑装置由喂线装置和绞线装置组成（图 14-105）。它们一起安装在可垂直移动的支架上。钢线导引安装在捆绑装置上，用于引导钢线围绕钢捆。

（3）喂线装置。喂线装置由一个喂线轮和四个压带轮组成，喂线轮由液压马达驱动，压带轮则通过液压缸将捆线压在喂线轮上。其中一个压带轮用作脉冲编码器，以控制喂线和张紧。

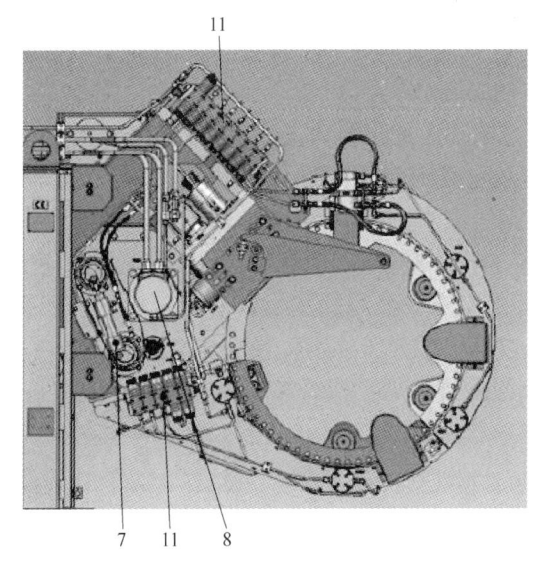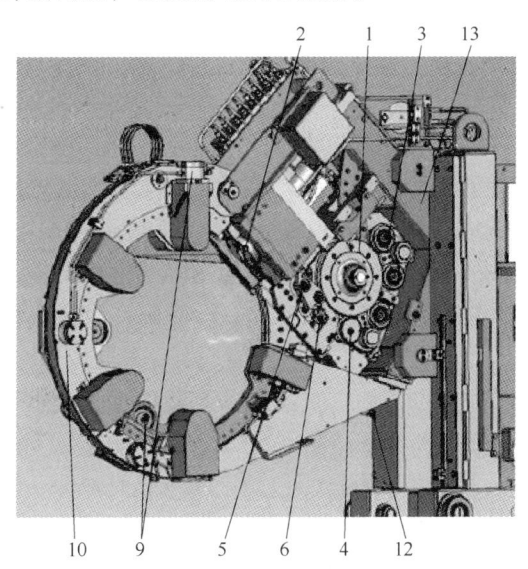

图 14-105　棒材打捆机的捆绑装置

1—喂线轮盘；2—绞线头；3—压带轮；4—带脉冲编码器的压带轮；5—钢线探测轮；6—钢线探测轮轴传感器；
7—液压缸（打开/关闭压带轮）；8—液压马达喂线轮；9—液压活盖；10—钢线导引，单转或双转捆绑；
11—阀块；12—滑块，适合双转捆绑；13—垂直支架

在绞线装置与喂线轮之间设有一个独立的弹簧滚轮。该滚轮与接近开关相连，后者可检测到滚轮下的钢线（即喂线装置中存在钢线）。该滚轮的功能主要是预防钢线在张紧期间，因任何原因折断或夹持不当而离开喂线装置。在钢线脱离喂线装置后，弹簧滚轮向下伸展约 10mm，然后启动传感器，从而立即停止进一步张紧。

（4）绞线装置。绞线装置包括盘绕、切削和夹取钢线的装置。绞线头由液压马达驱动。为了以相同的转数打结，而不受线材与尺寸制约，绞线轴安装有编码器来控制。

为获得足以切断钢线的切割力，还装备有一个液压活塞与绞线马达并行使用。它还在绞线头重置时作为机械制动器，以确保绞线头停止位置的准确性。

两个液压操作的活塞夹持钢线的两个线头，在差不多半转后，两个活塞松开夹具。通过持续转动绞线头，钢线被从中拉出，直到完全打好结头，且结头不会处于绞线头内，打结约需三转左右。

（5）垂直支架。捆绑装置安装在可由液压缸垂直移动的支架上。

（6）钢线导引。钢线导引分为单转或双转类型，包括一个固定零件和一个可移动零件。它具有不同尺寸，以适合不同大小的钢捆。

（7）活盖。在钢线导引上安装的活盖用于使捆绑尽量紧。

在喂线期间，活盖处于关闭状态，随后以与喂线时的位置相反的顺序依次打开。在钢线张紧期间，喂线装置中的脉冲编码器作为零速度限制控制器。

在开始张紧时，所有活盖处于关闭状态，但当脉冲编码器停止时，信号发出且活盖打开。钢线张紧继续，直到钢线在剩下的活盖旁停止。新信号发出，活盖打开。继续执行类似的周期，直到所有活盖均已打开，且钢线在钢捆上牢固张紧。这时来自脉冲编码器与前述类似的信号将启动绞线过程。

（8）液压设备。液压设备由以下装置组成：

1）用于喂线装置和活盖的阀块；

2）用于绞线装置的阀块；

3）用于钢线导引和滑块的阀块。

14.10.3.3 绑线流程

绑线流程如下：

（1）关闭钢线导引（可选）。如果机器配备有可开钢线导引，则它必须在启动喂线之前关闭。

（2）喂线。在每个捆绑流程后，将自动喂线，直到接近开关不再受影响。捆绑装置等待新的指令。

（3）双转捆绑。如果机器配备为双转捆绑，则滑块前移，并在钢线导引中多喂入一转钢线。

（4）捆绑装置下移。捆绑装置朝捆绑物体向下移动，并在接近开关不再受影响时停止（如果机器配备有可移动支架，则在接近开关不再受影响时仍可下移）。

（5）钢线夹具 1。张紧时，钢线夹具夹住钢线以支撑末端。此操作由液压缸执行。

（6）张紧钢线。钢线张紧，含活盖流程。活盖流程的打开间隔由脉冲编码器控制。

（7）钢线夹具 2。在绞线开始之前，钢线夹具夹住钢线以支撑末端。此操作由液压缸执行。

（8）绞线和切削。绞线头由液压马达通过齿轮减速进行驱动。为获得足够的切断钢线的切割力，还装备有一个液压活塞与绞线马达并行使用。该活塞作用在绞线头轴的外围，以便为轴提供切断钢线所需的额外作用力。它还在绞线头重置时作为机械制动器，以确保绞线头停止位置的准确性。

（9）关闭钢线夹具。在差不多半转后，两个活塞松开夹具。通过持续转动绞线头，钢线被从中拉出，直到完全打好结头，且结头不会处于绞线头内。打结约需三转。

（10）打开钢线导引（可选）。当绞线完成时，钢线导引打开。

（11）捆绑装置上移。捆绑装置离开捆绑物体，并回到初始位置。

（12）重置绞线头。绞线头重置到初始位置。

14.10.4 手动打捆机

（1）技术参数：

空气压力：0.4 ~ 0.6MPa；

钢带规格：32mm×(0.8~1.2)mm；

钢带捆紧速度：5m/min；

抽紧力：8500N；

夹口承受拉力：1685N；

耗气量：1m³；

质量：15kg。

（2）设备描述。棒材打捆机的捆绑装置如图14-106所示。

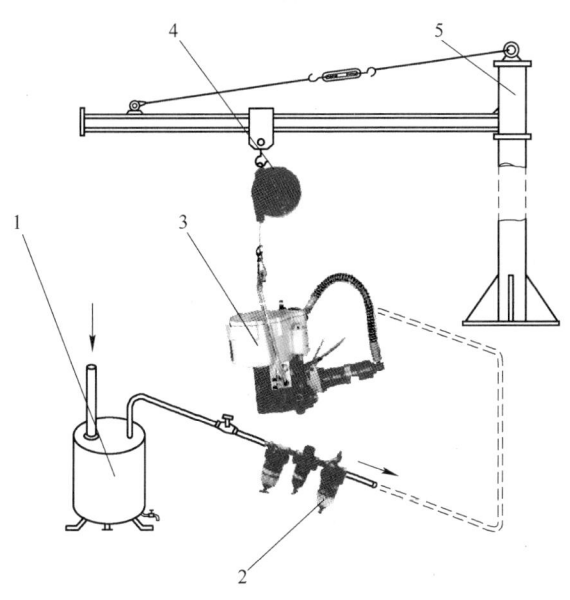

图14-106　棒材打捆机的捆绑装置

1—气源；2—气动三联件；3—打捆机；4—平衡器；5—支架

（3）打捆周期：

1）将锁扣套在打捆机的钢带上，并将钢带绕被捆物体一周后再插入锁扣里，形成上层和下层钢带，最后将下层钢带在距离锁扣50~80mm处折叠。用手抽紧松散的钢带。

2）打开气源开关，移动打捆机，使其接近被捆物体上方上层钢带置于摩擦轮和支座上的垫轮中间，并将打捆机向前推动使锁紧扣与锁紧扣机构位置对正，此时打捆准备完毕。

3）按下阀杆，气动马达带动摩擦轮转动使钢带抽紧，直到马达停止转动，此时被捆物已经被捆紧。再按下另一个阀杆，本机自动锁紧，剪短工作。

参 考 文 献

[1] 董志洪. 高技术铁路与钢轨[M]. 北京：冶金工业出版社，2003.

[2] 刘宝昇，赵宪明. 钢轨生产与使用[M]. 北京：冶金工业出版社，2009.

[3] 赵登超. 现代轨梁生产技术[M]. 北京：冶金工业出版社，2008.

[4] Sections mills by SMS Meer，SMS-Meer 资料.

[5] 董红卫，徐绍纬，等. 重轨生产技术. 中冶东方内部资料.

[6] 谢雄元.850t冷剪机故障分析与处理[J]. 冶金设备，2007年10月(5).

[7] 房树峰，陈占福. 曲柄摇杆式飞剪剪切机构的优化设计[J]. 机械设计与制造，2007年7月(7).

[8] 邹家祥. 轧钢机械[M].2版. 北京：冶金工业出版社，1989.

[9] 董志洪. 世界H型钢与钢轨生产技术[M]. 北京：冶金工业出版社，1999.

[10] 丁玉龙，邓华容. 金属锯、砂轮锯的结构特点及优缺点分析及比较[C]. 中国金属学会冶金设备分会第七届压力加工设备学术研讨会论文集，2010.

[11] 邹家祥，臧勇. 金属热切圆锯片实验研究[J]. 冶金设备，1990(2).

[12] 房世兴. 高速线材轧机装备技术[M]. 北京：冶金工业出版社，1997.

[13] 程知松，余伟. 棒材生产线及穿水冷却系统[J]. 金属世界，2010(5):81~84.

[14] 邢浴鸿，张燕平. 控冷技术在宣钢高线厂的应用[C]. 2006 年全国轧钢生产技术会议文集，2006.

[15] 杨鸿伟，肖树勇. 首钢新建棒材轧机的几项实用技术[J]. 轧钢，2009，26(3):63~65.

[16] 欧阳标. SWRH82B 线材控制冷却工艺分析[J]. 轧钢，2005，22(4):47~49.

[17] 曹树卫. 棒线材控制轧制和控制冷却技术的研究与应用[J]. 河南冶金，2005(3).

[18] 张敏. 线材风冷输送设备改造[J]. 数字技术与应用，2010(9).

[19] 张志斌. 斯太尔摩风冷线的改进[J]. 山西科技，2012(2).

[20] 方庆珀. 物流系统设施与设备[M]. 北京：清华大学出版社，2009.

[21] 谢志刚，陈小芹. 高速线材工程积放式悬挂输送机系统设计[J]. 起重运输机械，2011(12).

[22] 河南济源钢铁公司线材打捆机技术附件（内部资料），2010.

[23] 沈鑫刚. 全自动钢管打捆机的研究与开发[D]. 杭州：浙江大学，2005.

[24] 森德斯材打包机操作与维护手册.

编写人员：中冶京诚瑞信长材工程技术有限公司　丁玉龙、梁鸿、张雪琴、何巍巍、李想、苏力

　　　　　中冶东方　赵鲁民、赵忠凯、李淑华

　　　　　中冶华天　何家宝

　　　　　青岛雷霆重工机械研究所　王进

第4篇　长材生产的电气传动和控制

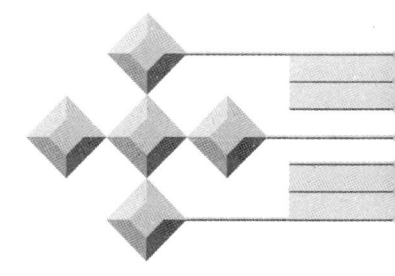

15　长材轧机传动与自动化发展概况

15.1　概述

现代长材生产技术是集工艺、设备与电气传动控制最新技术为一体的综合系统，先进的工艺是依靠先进的设备和电控技术来实现的，而电气传动和控制水平，往往就是此条轧钢生产线水平高低的标志。从另一方面来说，轧钢的电气传动和控制很重要，但它是为生产工艺服务的，它必须与工艺、设备相结合，不能单独存在和发展，离开工艺与设备，电气传动和控制就失去意义。因此，在介绍电气传动和控制的发展过程时，不可避免地要与轧钢工艺的发展紧密相连。通过以下轧钢传动发展史的简短介绍，读者将不难发现，正是电气传动和控制技术快速发展，促进了轧钢工艺和生产水平的迅速提高。

在1869年就出现了平/立交替布置的无扭连轧机，由一台蒸汽机通过复杂的齿轮系统传动各架轧机。由于立辊轧机的安装和更换困难，传动系统过分复杂，这种连轧机在当时没有能得到推广。现在，平/立交替布置的无扭转连轧机，与当时的轧制方式并没有什么本质上的不同，但在立辊轧机的机械结构上作了大的改进，使安装和换辊方便了；更主要的是传动方式有了根本性的变革，各架电机单独传动、速度可调，设备大为简化、操作方便、速度提高、效率大增，使连续式的无扭转轧制，成为今天棒材和线材轧机的主导生产方式。

15.2　传动系统发展历程

虽然14世纪以来就开始用冷轧的方法加工有色金属，但钢的热轧开始于晚了将近300年后的17世纪。当时一对装在圆柱体辊轴上的辊环将钢剖分为窄条用于制钉或其他工业。这时的轧机在剖分过程中并不减薄加工工件的厚度。

1728年英国的约翰·彼尼（John Payne）在两个刻成不同形状孔型的轧辊中加工锻造棒材。1759年英国的托马斯·伯勒克里（Thomas Blockley）取得了用孔型轧制圆钢的专利，标志在人类历史上正式开始生产型钢。但直到18世纪，轧机的传动仍用水力驱动。

15.2.1　蒸汽机传动

1698年托马斯·塞维利（Toms Savery）、1705年托马斯·纽科门（Toms Newcomen）各自独立发明了早期的蒸汽机，当时蒸汽机的效率很低，只用于矿井的抽水。经过半个多世纪后，1764年英国人詹姆斯·瓦特作为一个蒸汽机修理工，发现了纽科门蒸汽机存在的问题，对蒸汽机做了重大的改进，并在1769年取得了英国的专利。瓦特使蒸汽机实现了现代化，大大提高了蒸汽机的效率。自18世纪晚期起，蒸汽机不仅在采矿业中得到广泛应用，在冶炼、纺织、机器制造业中都获得了迅速推广。

在船舶上采用蒸汽机为推动力实验始于1776年，经过不断改进，1807年美国人富尔顿制成了第一艘实用的以蒸汽机推进的轮船"克莱蒙号"，此后，蒸汽机在船舶上作为动力经历了百年之久。

1800年英国的特里维西克设计了可安装在较大车体上的高压蒸汽机，1803年他把它用来推动在一条环行轨道上开动的机车，这就是火车机车的雏形。英国的史蒂文森将机车不断改进，于1829年创造了

"火箭号"蒸汽机车，开创了铁路的时代。

　　蒸汽机在轧钢生产中的应用时间与船舶、机车不相上下。蒸汽机直接传动轧机的记录是约翰·威尔金逊（John Wilkinson）1786年在布列德里厂的专利，一台波尔顿-瓦特蒸汽机被连接到一台剖分轧机上。从此，蒸汽机作为轧机动力亦达百年之久。1835年由哈洛德·斯密特（Haarodt Smidt）在比利时科勒（Couillet Beligum）建立了一套蒸汽机传动的轧机，该轧机的布置如图15-1所示。蒸汽机用于热轧生产，大大提高了轧机的生产能力。

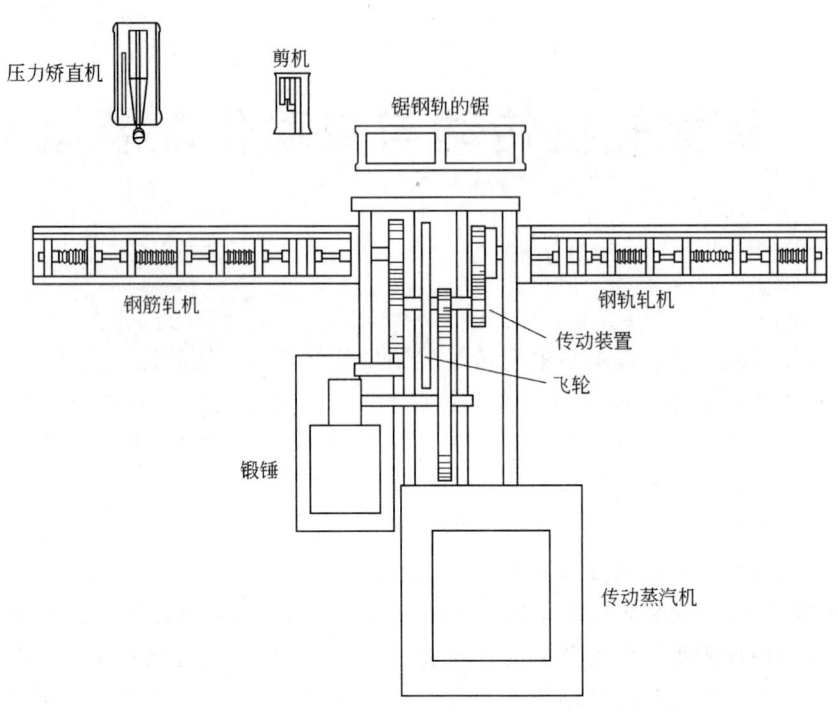

图15-1　1835年比利时科勒（Couillet Beligum）蒸汽机传动的轧机

　　蒸汽机的发展在20世纪初达到了顶峰，它具有恒扭矩、可变速、可逆转、运行可靠、制造维修方便等优点，因此，曾被广泛用于电站、工厂、机车和船舶等各个领域，特别在军舰上成了当时唯一的原动机。

　　一台在1882年建造的小型轧机如图15-2所示，从图中可以看出，粗轧机为连续式，精轧为横列式套轧，一台蒸汽机通过皮带轮和齿轮传动所有的轧机。

　　虽然在1820年丹麦物理学家奥斯特就发现了电磁效应，1821年法拉第发明了世界上第一台电动机，但用电动机传动轧机开始于1900年，并在此后，仍还有大量的轧机在使用蒸汽机。一台在1938年建造的以蒸汽机传动的横列式小型轧机如图15-3所示。

　　我国第一个现代化的轧机是大冶铁厂于1893年9月建成投产的800mm轨梁轧机，它是德国制造的一列3机架 ϕ800mm轧机，由一台4800kW（6400hp）的蒸汽机传动，用于生产钢轨和其他型钢，生产了我国最早的每米43kg的钢轨。

　　1938年抗日战争期间，大冶钢厂搬往重庆，隶属国民政府军政部兵工署。当时重庆钢厂大型厂有两套轧机，一套是2400mm的二辊式中板轧机，另一套是 ϕ800mm×3的钢轨轧机，中间由一台4800kW的蒸汽机驱动。1951年为了给成渝铁路生产钢轨，对轧机进行改造，增加6000kW（8000hp）的蒸汽机用于单独传动 ϕ800mm×3轧机，直至20世纪70年代以后才换成电机传动。已使用100多年的轧机现在仍在重庆钢厂继续使用。

15.2.2　电动机传动

　　1900年出现了第一台电动机传动的轧机，其优越性立即显现。尽管在1900年后，仍有许多轧机采用蒸汽机传动，但在1930年以后，这些早期的轧机几乎都进行了改造，以电动机代替蒸汽机传动。

　　在19世纪的下半叶，随着发电机和电动机制造技术的发展，一种新的更为有效的轧机传动方式成为

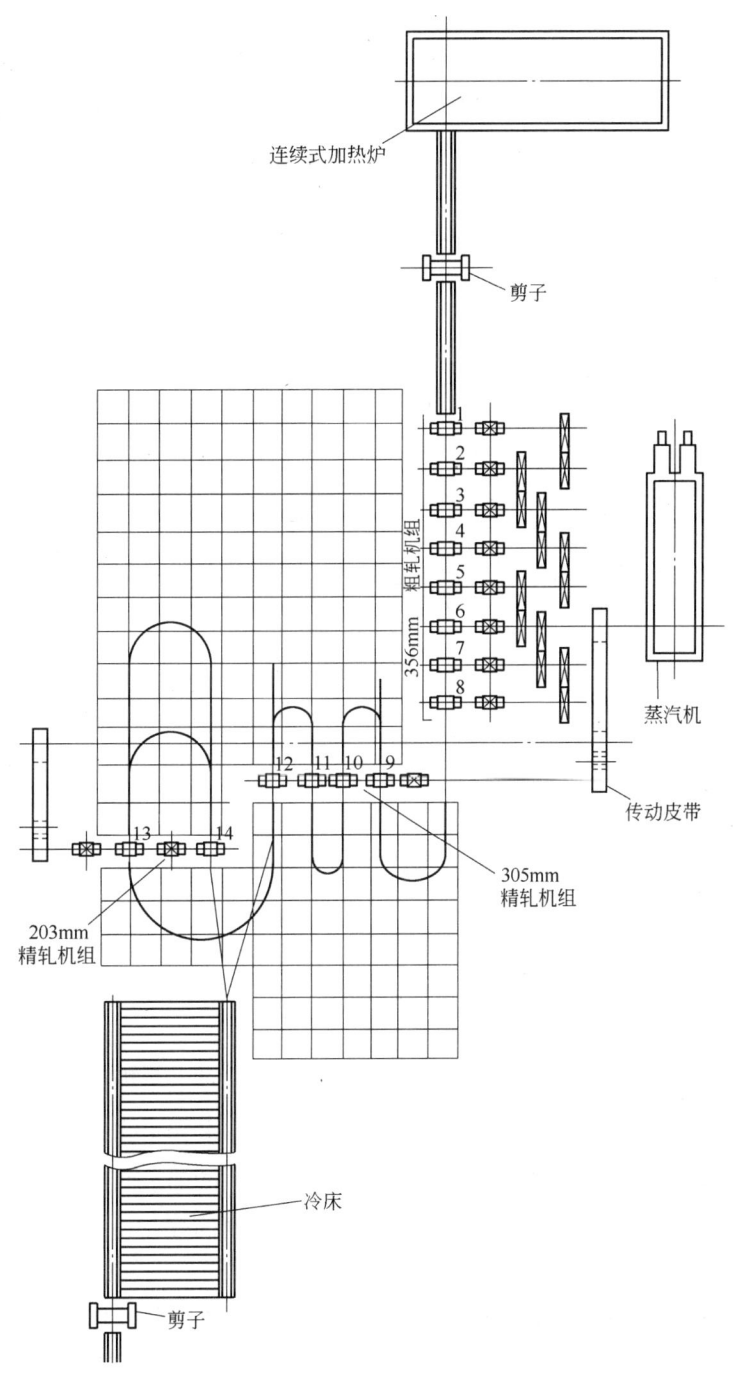

图 15-2　1882 年建造的小型轧机

可能。在 1890 年，开发了燃烧高炉煤气的内燃机，煤气发动机可以直接使用高炉产生的煤气，这样可以节省蒸汽锅炉需要燃煤的费用。这种煤气发动机用作高炉鼓风机的原动机或传动发电机。在 1908 年设计加利钢厂（Gary Steel Work）时这种原动机既用于带动鼓风机也用于发电机。在当时煤气发动机拖动电动机可输出的功率为 2000kW，在 1915 年安装在加利钢厂的煤气发动机用于传动电动机，是美国钢厂的第一个发电设备，它使得钢厂可以使用 4500kW（6000hp）的电机传动轧机。晚些时候，煤气发动机-发电机的最大容量增加至 6000kW，在伊利诺斯芝加哥（Chicago Illions）南方钢厂安装了 3 组这种发电机。

　　在 1905 年，两台 1120kW（1500hp）、100/125r/min 的直流电动机安装在不列颠多卡（Braddock）伊得加·汤姆逊厂（Edgar Thomson Works）的轻轨轧机上，它由两台 1000kW 蒸汽机传动的直流发电机供电。在同一年第一台可逆式直流主传动电动机安装在芝加哥南方钢厂 762mm（30in）万能厚板轧机上。后者的直流电压是 575V，由一台 2200V、25Hz 的直流发电机组供电。

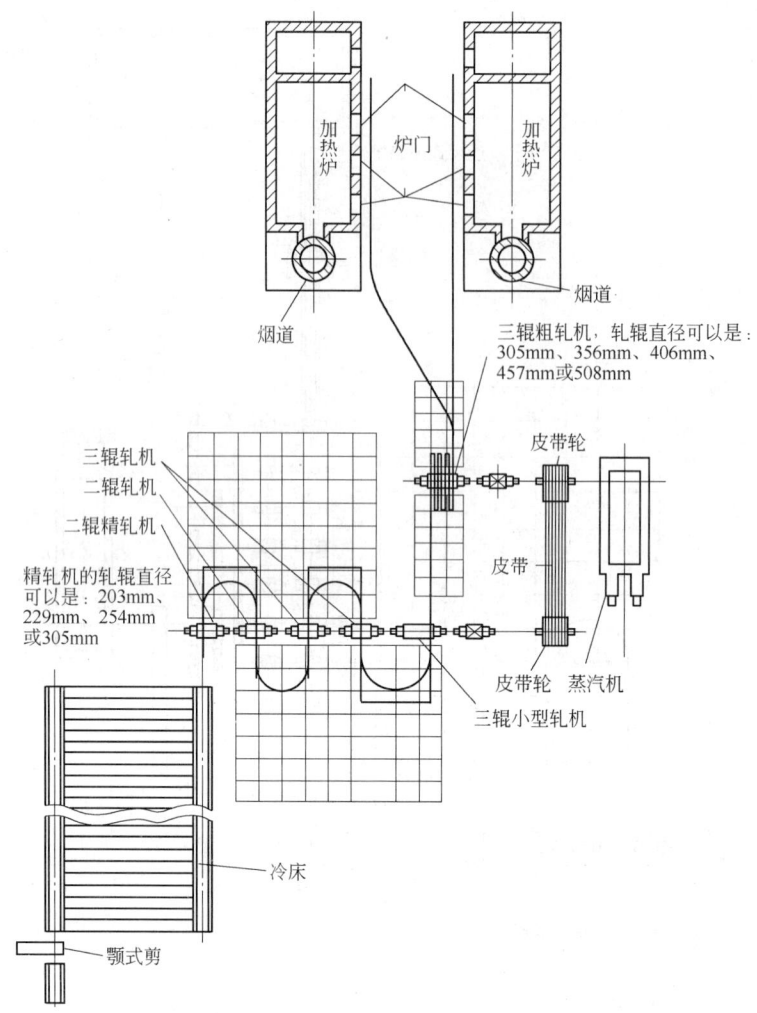

图 15-3　1938 年建造的三辊粗轧与套轧精轧的小型轧机

　　差不多在同时期（1908～1910 年）加里厂（Gary Works）设计了世界上最大的厚板轧机，以低速绕线式感应电动机传动，其中一些绕组为外接触式，调整连接方式可以改变电动机的极对数，这就是所谓的双速电动机。除此之外，轧机的传动被设计成恒速操作，速度的变化由改变电动机绕线电阻而获得。这种只有两种固定速度的传动方式适合于某些轧机，如三辊横列式型钢轧机、三辊劳特式中板轧机、串列式热带轧机的粗轧机组等。但对于棒材轧机、线材轧机及其他连轧机，要求调速范围很大；而对于可逆式轧机要求频繁改变轧制方向。这种电动机系统速度只能在比较有限的范围内改变，而且系统复杂、效率低下。因此需要开发一种调速范围广、运行更稳定、控制更简单的传动系统，直流电动机和直流传动便应运而生，迅速取代了原来的恒速交流传动，并一直持续应用到现在。

15. 2. 3　直流电动机的供电与控制

　　直流电动机可调速的特性，可满足可逆轧制和连续轧制轧机的主传动的要求，但直流电无法实现远距离输送，只能由靠近直流电动机的直流发电机直接供给。因此，直流电的获得一直困扰着直流电动机，并在很长一段时期限制了直流电动机的使用。早期是用蒸汽机或煤气发动机为原动机，带动直流发电机为直流电动机供电。

　　从 1930 年以后，逐渐用交流电动机带动直流发电机为直流电动机供电，称之为电动机-发电机组，也就是"Г-Д"机组。我国在 1954 年建的鞍钢二初轧、1958 年建的武钢初轧、1964 年建的包钢初轧等直流可逆传动，都是用"Г-Д"机组供给直流电。当时，大约大于 3000kW 的直流发电机组用同步机带动，小于 3000kW 的机组用交流感应电动机带动。

在 20 世纪 50 ~ 60 年代中，曾流行过"水银整流器"供电，即用"水银整流器"将电网输入的交流电整流成直流电，供轧机直流电动机使用。

1960 年出现了硅整流器并得到迅猛发展，至 1970 年已经比较完善，在 70 年代以后可控硅整流器已逐步用于轧机的主传动和辅传动，取代了磁放大器、真空管放大器和水银整流器等原有的技术。可控硅技术的成熟与大量使用，促进了直流调速在轧钢生产中普及，对钢铁工业水平的提高起到了很大的推进作用。

可控硅整流器经历了从模拟量到数字量的发展过程。在 90 年代初期以前，直流传动装置多为模拟系统，此后全数字的直流传动装置不断发展并被引进到中国得到普及应用，比较典型的是西门子的 6RA24 系列整流器。从模拟系统演变到数字系统是一个质的飞跃，操作系统与操作回路的数字化，使元器件的数量大大减少，系统的稳定性有了很大提高；参数的自适应优化功能极大地减少了调试工作量。

全数字的直流传动系统在钢铁企业的大量应用，极大地提高了钢铁企业的生产效率，目前在我国的钢铁企业中仍有大量的全数字直流传动装置在使用。

15.2.4 交流电动机的供电与控制

交流传动系统的快速发展始于 20 世纪 70 年代。1971 年德国及美国的工程师同时提出了矢量控制的基本原理，而后在实践中经过不断改进，形成了现已得到普遍应用的矢量控制变频传动系统，结合电力电子技术的发展，多种类型的交流传动装置相继问世，综合性能已达到和超过直流传动系统的水平。与直流电动机相比，交流电动机具有结构简单、坚固、运行可靠、维护方便、可用于恶劣环境下且易于向高压大功率方向发展、制造成本较低等诸多优点，同时交流变频传动技术日趋成熟，成本不断降低，比直流传动技术更加适应冶金工业生产的需求。全交流变频传动技术是未来钢铁行业应用的方向。

目前在钢铁企业广泛应用的交流传动有低压交-直-交电压型变频器、交-交变频器、中压交-直-交电压型变频器、负载换相变频器（LCI）等。

低压交-直-交电压型变频器在 20 世纪 80 年代被引进到中国，90 年代中期在钢铁行业开始大量使用，常用的电压为 AC380V 或 AC690V，具有开环及高精度闭环转速控制、转矩控制等功能，适用于拖动功率不是很大的鼠笼型异步变频电动机。

交-交变频调速技术由德国西门子公司率先于 20 世纪 60 年代开发，在 80 年代，日本、法国、英国、美国等国的电气公司也相继开发出了相应产品。交-交变频器主要用于拖动大功率的低速同步电动机，也可拖动异步电动机。我国从 1985 年起引进交-交变频设备用于拖动轧机主电动机，单机容量达到 9000kW。从 90 年代中期全数字的交-交变频器开始被引进到中国，容量及性能也不断提升，逐步取代了采用直流电动机的大功率传动系统。

负载换相变频器（LCI）在 20 世纪 90 年代中期引进到中国，主要是西门子公司及 ABB 公司的产品。负载换相变频器适合驱动高速运行的同步电动机，具有结构简单、成本经济的优势，输出功率可达 10MW 级，广泛用于驱动高速线材的精轧机传动，或作为大功率风机、泵类设备的软启动器。

中压交-直-交电压型变频器发展得益于大功率、高电压功率器件的发展，该类型变频器既可驱动同步电动机，也可驱动异步电动机，变频器输出频率宽，适用于各种大功率驱动的场合。同时该类型变频器具有输入功率因数高、谐波电流小等优点。我国宝钢及鞍钢在 20 世纪 90 年代引进了采用 GTO 元件的中压变频器用于驱动热连轧机。但 GTO 存在开关损耗大、效率低、维护困难等问题，一直没有得到广泛的应用。近年来大功率器件的研发取得了很大进展，IGCT、IEGT 等先进功率器件的使用使得中压交-直-交电压型变频器性能有了显著的提升，越来越多的钢铁企业采用此种变频器控制大功率的轧机电动机。目前此类变频器价格还相对较高，但随着技术的进步、成本的降低，该类变频器的优势会更加突出，并有逐步取代其他类型中压变频器之势。

15.3 自动化系统发展历程及特点

15.3.1 长材轧机自动化系统发展历程

在 20 世纪初，长材轧机一般普遍采用单机架或横列式轧机，长材轧制主要以速度控制、手动操作为主，生产效率低，产品质量落后。随着电气和自动化技术的发展，并伴随着工艺技术的进步，长材生产技术沿着高速、连续的方向发展，连轧机逐步成为主流的生产方式。与之相适应，长材控制也逐渐发展成以电气传动为核心，大量使用继电器及逻辑组合线路实现轧钢过程逻辑、联锁和顺序的控制，由专用电子电路组成的自动控制环节承担诸如活套控制等功能的长材轧制电气控制系统。这种控制系统工作可靠性较低，维护工作量大，在更换品种或修改程序时需要更换和调整大量的继电器、接触器和线路，所需花费的时间及资金也比较多。

进入20世纪60年代，计算机逐渐成为控制系统的核心，长材轧制自动化控制技术开始快速发展，特别是1980年以后，PLC（可编程逻辑控制器）的出现使长材轧制自动化系统得到极其迅速的发展和普及，并成为现代长材轧制生产线上自动化系统中不可或缺的关键装备之一。轧线上的各种设备都可以在PLC构成的基础自动化的监督和控制之下，系统功能强大，可靠性、实时性和可维护性均得到极大改善，产量和质量得到迅速提高，经济效益显著。当根据工艺和生产需要进行品种更换时，只需修改计算机软件就可以完成。同时，近年来发展起来的现场总线、工业以太网等技术也逐步在长材控制系统中应用，分布式系统结构取代集中控制渐渐成为主流。

PLC硬件具有很好的通用性和可靠性，它所提供的梯形图和功能图编程语言，使得电气工程师可以很方便地按照电气自动化控制自身的控制元素来编程，直观性强，便于调试，其优越性是以前的模拟控制和单板机为核心的计算机控制系统所无法比拟的，因而更容易为工程技术人员所熟悉，在长材自动化系统中得到广泛应用。在80年代全国引进了多条现代化长材生产线，通过对引进技术的消化吸收和再创新，国内快速掌握了轧钢领域的前沿工艺技术，并出现了第一条完全由国内自主开发设计的长材连轧控制系统。进入90年代，自主设计和集成的长材生产线自动化系统越来越多，特别是进入21世纪以来，我国长材轧制自动化系统和技术得到高速发展和大规模推广应用。目前国内的长材，包括棒材、小型型钢、高速线材等生产线的自动化控制系统基本都是由国内自主开发或集成的。大棒、大盘卷、120m/s高线等生产线自动化控制系统也有国内自主开发成功应用的项目，如华菱锡钢大棒生产线、河南济源钢铁公司大盘卷生产线等。

在大型材轧机方面，2002年以前国内整体工艺装备和电气装备水平都较低。国内大中型材主要生产企业马钢、武钢、包钢、莱钢和攀钢中，除马钢TM万能轧机生产线引进国际先进水平的TCS工艺控制系统外，其余均为落后的横列式轧机，这些生产线虽然经过部分改造配备有PLC控制系统，但由于关键轧制工艺没有改变，无法装备先进的TCS工艺控制系统，且全线没有实现全交流调速，造成产品质量与国外相比，档次低、尺寸偏差大、生产效率低、成材率低、能耗较高。

近几年，由于国内大型型钢的消费量快速增长，马钢、莱钢、津西、鞍钢、包钢、攀钢、武钢等企业先后建成投产现代化的大型材TM万能轧机生产线，其中有些还同时兼顾生产部分高速铁路钢轨。这些生产线均成套引进国外技术与设备，装备国际流行的先进的万能型钢轧机，采用万能轧制工艺，在轧机上配备有TCS工艺控制系统，全线采用两级计算机控制系统，并引进全套的钢轨检测中心。主辅传动国内配套，主传动采用交-交变频调速，辅传动采用交-直-交变频调速，实现了全线交流化矢量控制。其中最有代表性的是包钢轨梁TM万能轧机轨梁生产线，该大型材及钢轨生产线已达到了国际先进水平。

中型型钢的进步紧跟大型型钢和钢轨，国内先后建成兴澄钢厂、莱钢、津西（两条）、马钢、日照、长治、鞍山宝德等中小型H型钢生产线。这些连续式或半连续式的中型型钢生产线亦采用先进的TCS工艺控制系统。当然，国内还有24~25套横列式的中型型钢轧机，这些轧机仍处在手工和机械化操作状态。国内外100多年的经验证明，这类轧机基本不可能改造成为较为先进的轧机，关闭这类轧机只是时间问题，对这类轧机在此不做介绍。

万能型钢轧机控制，德国西马克（SMS MEER）公司做出了开创性的贡献，已经研究出万能型钢轧机数学模型，该模型与一级TCS系统配合，进一步提高产品的尺寸精度，提高产品成材率。目前在国外，这项技术应用到生产实践中较少，在欧洲仅看到德国蒂森钢铁厂应用了该项技术。

近些年来意大利达涅利公司开发出无牌坊型钢TM万能轧机，该项技术主要采用多主CPU高速控制器和液压技术相结合，解决轧机的弹跳问题，为型钢TM万能轧机开辟了新的领域，在生产实践中还需积累更多实际经验。

目前国内已经建成的现代化大型 H 型钢生产线共计 4 条（马钢、莱芜、津西、山西安泰），主要技术装备均采用万能型钢轧机 TCS 工艺控制系统，其主要技术核心为多主 CPU 高速控制器，该系统可使产品尺寸公差达到较高水平。目前这项技术还是依赖于国外引进，在国际上拥有 TCS 技术的国外厂商主要有达涅利、西马克等公司。

2011 年以前，国内建设的大型材生产线主传动调速设备，基本都采用传统的交-交变频技术。目前在国际上，针对低转速、高过载、可逆粗轧型主传动变频调速，已开发出更为先进的 IGCT 功率元件电压型交-直-交变频技术，能够提供该技术的公司主要有 TMEIC、ABB、西门子公司等。

在中型材方面，目前国际上中型材生产主要采用先进的连轧工艺，在精轧机组的后几个机架上配有液压 AGC 系统，采用多主 CPU 高速控制器构成伺服控制系统，使产品尺寸公差达到较高水平。在国内生产中型材的企业中，莱钢、兴澄钢厂中型生产线全套引进国外技术，其电气装备水平已达到国际先进水平。

15.3.2　长材轧机自动化系统特点

长材基础自动化控制系统中的自动控制，按照其实现的难易程度，可以划分为以下四类：

第一类为逻辑控制、状态监视和顺序控制等。如轧线设备的启停逻辑，联锁逻辑，时序逻辑，液压、润滑、冷却水等公辅设备的监视和联锁。这一类控制在程序中占很大的部分，而且也比较容易实现，但是必须满足设备、工艺和操作的要求。

第二类为位置自动控制和速度给定控制。如开坯机压下的位置控制，推床的同步、定位控制，轨梁液压压下位置控制等。影响控制精度的主要因素是位置检测的精度、控制算法、执行机构的精度。值得一提的是棒材生产线的倍尺飞剪，需要在高速（18m/s 以上）的情况下完成准确的定长剪切，定位难度较大，其控制水平直接影响到生产线的成材率和生产率。

第三类为活套控制、机架间的微张力控制，这些都属于较为复杂的数字闭环系统。同上面两类控制相比要更难一些，需要一个调试和参数匹配的过程，轧制工况对这类控制有明显的影响，要达到一个稳定、快速的控制效果还是有难度的。

第四类为尺寸精确控制，属于复杂的综合控制功能。影响控制精度的因素很多，如来料的波动、轧机系统的影响、温度的变化等，并且很难精确计算，因此控制算法对物理过程的描述只能是近似的，目前棒线材轧机上很少有对尺寸进行全自动控制的。但随着对质量要求的不断提高，精确尺寸控制将逐步成为长材轧制过程中的必要功能。

随着控制技术的不断进步，目前长材生产线自动控制系统呈现出以下主要特点：

（1）生产技术连续化。在长材的轧制过程中，同一轧件在多个机架中同时进行轧制，机架间的速度匹配关系非常重要，速度匹配不好会直接影响到产品质量，甚至导致轧件被拉断或堆钢。核心控制包括微张力控制、活套控制、轧机主令速度控制、飞剪剪切控制等。

（2）轧制过程高速化。提高轧制速度可以提高产量，同时也减轻了轧制过程中温度的变化对产品尺寸及质量的影响。目前高线轧制速度由 60m/s 逐步提升至 90m/s、105m/s、120m/s，设计速度已经达到 140m/s 以上，棒材轧制速度已经达到 40m/s 以上。

（3）产品质量精益化。随着现代轧制设备的应用，产品的尺寸精度不断提高，对控制技术也提出了新的要求，如高线减定径机与精轧机之间轧件速度很高，无法采用活套或微张力进行速度调节，需要采用负荷观测器或转矩预补偿等方法实现精确的尺寸控制；在精轧机前后配置高精度穿水冷却控制系统以获得良好的冶金和力学性能等。

（4）生产过程自动化。随着控制设备的飞速发展，各种先进的控制器也在长材生产线中得到广泛应用，使得复杂的控制算法得以实现。为实现质量追溯和生产过程的高效管理，过程控制系统和过程管理系统也逐步得到推广应用。

虽然目前长材控制系统已经可以实现自主设计和自主集成，但控制系统平台特别是可靠性要求比较高的高性能控制器，基本上都由国外进口，如 Siemens、GE、Rockwell、ABB 等，国产的 PLC 在总体水平上与国外先进水平相比，还有很大差距，很难在大型长材控制系统中得到应用。研发出完全自主的自动化控制系统，我国的自动化工作者们任重而道远。

15.4　技术发展方向

随着国内钢铁工业结构调整步伐的加快，国际钢铁市场竞争的加剧，环境保护要求钢铁工业节能减排呼声高涨，中小型轧钢技术装备的发展趋势正在向高效率、高品质、高精度、高质量、连续化、短流程、智能化和节能环保方向发展。国家"十二五"规划明确提出，将新一代信息技术、节能环保、高端装备制造确定为重点发展的支柱产业，与此相适应，长材轧制自动化系统将会向以下方向发展：

（1）以节能降耗为目标的电气新技术。随着电力电子器件的发展，传统的晶闸管元件正逐步让位于新型可关断电力半导体器件，应用变频传动取代不调速的交流传动或直流调速传动成为必然的趋势；随着新型电力电子技术和控制技术的发展，需要研发出具有自主知识产权的大功率高性能电气传动用于取代进口设备，并在长材轧制生产线上得到应用和普及。

（2）以提高产品性能、质量为目标的电气新技术。控轧控冷技术：是通过控制轧制温度和轧后冷却速度、冷却的开始温度和终止温度，来控制钢材高温的奥氏体组织形态以及相变过程，最终控制钢材的组织类型、形态和分布，提高钢材的组织和力学性能，减少合金元素添加，大幅度减少热处理能耗。精密轧制技术：线材产品尺寸精度公差可达 ±0.1mm，椭圆度 0.1，可实现自由尺寸轧制，自由定径范围 ±0.3mm。

（3）以生产连续化、自动化为目标的电气新技术。控制器的运算能力不断提高，原来需要在过程计算机中完成的内容现在可以下放到基础自动化层级完成，实时性更强，可以实现 1ms 级的实时控制，完成诸如减定径机间的速度配合、高速飞剪剪刀的准确定位及精确剪切等。

设备诊断技术采用基于神经元网络、模糊控制、专家系统等人工智能技术，快速定位故障和自动生成处理方案，有助于实现设备的预测性维护，提高维护效率，降低维护成本，使生产线的运行更为流畅。

机器视觉技术将得到广泛应用，用于钢坯的跟踪识别、尺寸测量、表面缺陷检测、棒材点支计数、设备状态检测及设备自动控制等多个方面。

（4）以实现信息化和工业化两化融合为目标的电气新技术。预计在未来 10 年的时间里，物联网技术、无线监控技术等新兴技术将会在钢铁生产线上得到推广和应用，应用 iPhone 于千里之外对生产线进行监控将逐步成为可能，足不出户而全厂生产情况尽在掌握；多媒体技术也将得到广泛应用，如图示化生产过程、设备内部过程和事故解决过程等。

在企业信息化方面，将逐步实现管控一体化，综合运用运筹学、流程仿真，生成一个分布式、网络化、集成的"虚拟工程"环境，通过人机交互和协同计算，模拟生产过程。利用数据挖掘技术，整合生产数据，为生产流程优化和生产控制决策提供理论依据。

（5）自主开发的控制系统硬件和软件平台。随着对国外先进技术的消化吸收和自主创新，预计将开发出自主知识产权的高性能控制设备，并采用智能控制等先进控制方法，形成性能优异、运行可靠的高性能冶金自动化系统，逐步应用到长材轧制控制系统。

参 考 文 献

[1] Willian T L, Lankford Jr. The making, shaping and treating of steel[M]. Tenth Edition. New York, 1985.

[2] Willian L Roberts. The hot Rolling of steel[M]. New York and Basel, 1983.

[3] 方一兵，潜伟. 汉阳铁厂与中国早期铁路建设——兼论中国钢铁工业化早期的若干特征[J]. 中国科技史，2005，26（4）.

[4] 王国栋，吴迪，等. 中国轧钢技术的发展现状和展望[J]. 中国冶金，2009，19（12）.

[5] 翁宇庆. 我国轧钢生产技术近年来的进步与发展[J]. 轧钢，2008，25（5）.

[6] 吴迪，赵宪明. 我国型钢生产技术进步 20 年及展望[J]. 轧钢，2004，21（6）.

[7] 康永林，陈继平. 国外轧钢技术现状及发展动态[J]. 轧钢，2009，26（1）.

编写人员：中冶京诚　王云波、冉庆东、郭巨众

中冶东方　刘　辉

16　重轨和 H 型钢生产线的传动与自动化控制

本章通过介绍德国 SMS MEER 和 SIEMENS 公司在钢轨及大型型钢轧制方面的控制技术，阐述国内重轨和 H 型钢生产线的传动和自动化控制装备水平，总结国内大中型材轧制电气传动及自动化控制技术。

16.1　概述

目前，国内正在建设或已经建成的现代化大中型型材轧线中，莱钢、包钢、日照、武钢、攀钢、鞍钢等大中型型材轧线项目的传动及基础级 MSC（主机架控制）计算机系统设备具有较高的自主集成水平。最具代表性的项目是鞍钢、包钢、攀钢轨梁 100m 长尺轨工程。在这些项目中，国内承担了加热炉区、轧机介质系统、具有预弯功能的冷床、型钢及钢轨精整线的电控设计、集成、制造以及编程调试工作。在设计中，采用高可靠性的 PCS7 计算机控制系统，如某轨梁及大型型钢生产线，其装备水平如下：

（1）硬件配置：AS 系统 AS416-3，7 套；远程 I/O ET-200S、ET-200M，共计 99 套；PC 服务器 PCS7 OS SERVER IL 40S IE，4 套；工作站 HMI 客户机 PCS7 OS CLIENT IL 40S，22 套；TCP/IP 工业以太网环网，6 套；工程师站 PCS7 ES/OS IL 40S IE，8 套；现场总线 Profibus DP。

（2）软件配置：基本软件包括服务器软件 V5.0 PO 5000/RT、操作员站归档软件 OS ARCHIVE V5.0；操作员站软件客户机 V5.0、操作员站 SFC 可视化系统 V5.0；PCS7 工程与组态软件 AS/OS 2000PO、PCS7 模拟测试软件、Protool/pro V5.0 + SP2 中文版等。应用控制软件自主开发。

（3）优势和差距：近几年来，经过消化吸收国外先进技术，特别是通过莱钢中型和包钢轨梁 100m 长尺轨等项目，国内已经部分掌握了当代最先进的大中型型材轧线及轨梁生产线的电气传动与计算机控制技术；具备了一定的电气设备自主集成制造能力。但是国内与世界上最先进的国外公司相比较，还是有较大差距，主要表现在串列式 TM 万能轧机的电气核心技术工艺控制 TCS 系统方面，这项关键技术国内还没有掌握，有待于更进一步研究开发 TCS 软硬件系统。

随着国内钢结构建筑业的快速发展，国内大中型型材的消费量增长很快，为了抢占大中型型材及钢轨生产线建设市场，应当开发具有自主知识产权的多 CPU 高性能控制系统，研制开发大中型型材生产线关键设备 TCS 系统。利用在莱钢、包钢、攀钢、鞍钢、武钢等项目上的优势，消化吸收达涅利、西马克等技术资料，包括：轧机功能规格书、软件硬件配置等技术文件，开发出国内自主品牌的 TCS 系统软件和硬件。通过不断的实践，优化系统配置和应用控制软件，最终将国内自主品牌 TCS 系统推向市场，向用户提供成套的 TCS 系统软硬件设备，从而提高国内轨梁及大中型型材轧线生产线的电气技术水平，替代 SMS MEER 公司 TCS 系统的 IPC 装置，提高市场竞争力。

16.2　钢轨及大型 H 型钢生产线传动和自动化控制

钢轨及大型 H 型钢生产线典型的工艺设备及电气设备布置见图 16-1 ~ 图 16-5（西门子 SIEMENS）。

16.2.1　轧机主传动系统

钢轨及大型 H 型钢生产线的轧机主传动属于低转速、大调速范围、频繁可逆、重过载、大冲击负荷的轧钢类大型传动。针对这一工艺特点，主传动电动机一般选用同步电动机，采用变频调速技术。目前，

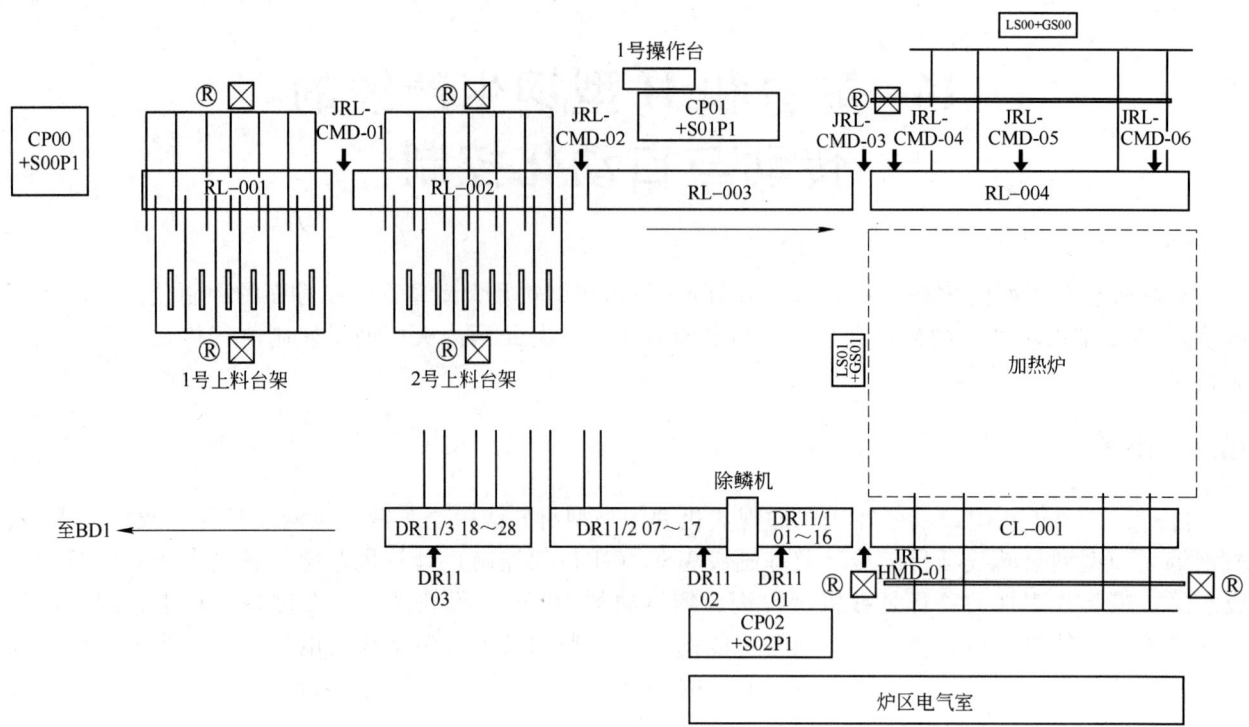

图 16-1 重轨生产线加热炉区工艺设备布置

变频调速通常采用可控硅交-交变频调速方案和交-直-交变频调速方案，两种变频调速方案技术性能比较见表 16-1。

表 16-1 变频调速方案技术性能比较

序 号	项 目	交-交变频调—速	交-直-交变频调速	备 注
1	功率元件	晶闸管可控硅 GTO	门极换流晶闸管 IGCT	
2	电压等级	1.15～1.6kV	3.15～3.3kV	
3	变频范围	最大 25Hz	3～75Hz	
4	动态性能	1.5%s	0.15%s	
5	网侧谐波	差	较好	
6	网侧功率因数	差	好	
7	总效率	较高	高	考虑无功动补
8	设备费用	低	高	
9	维护费用	低	低	
10	可靠性	高	高	
11	电网无功冲击	大	小	

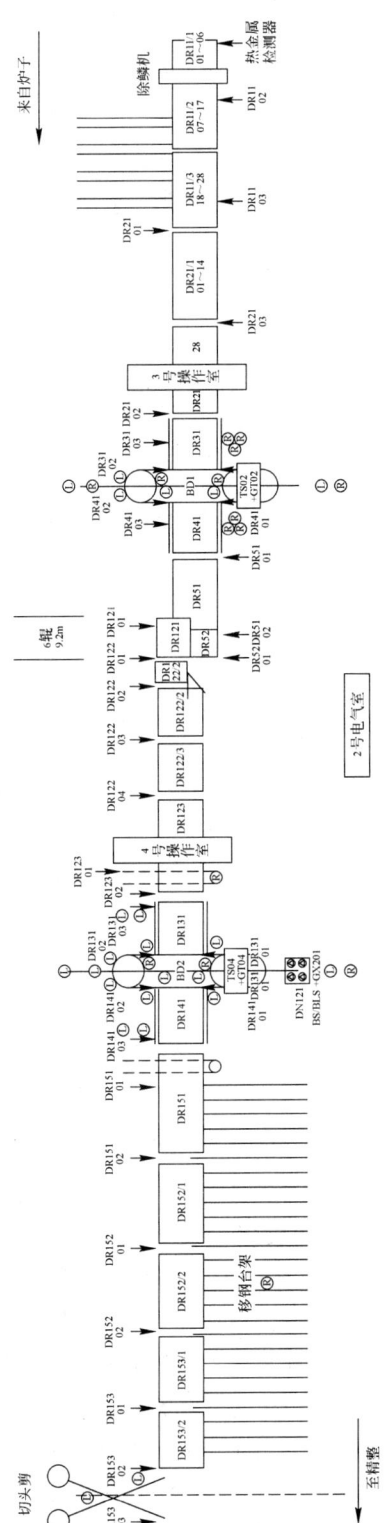

图 16-2　BD 开坯机区工艺设备及电气设备布置

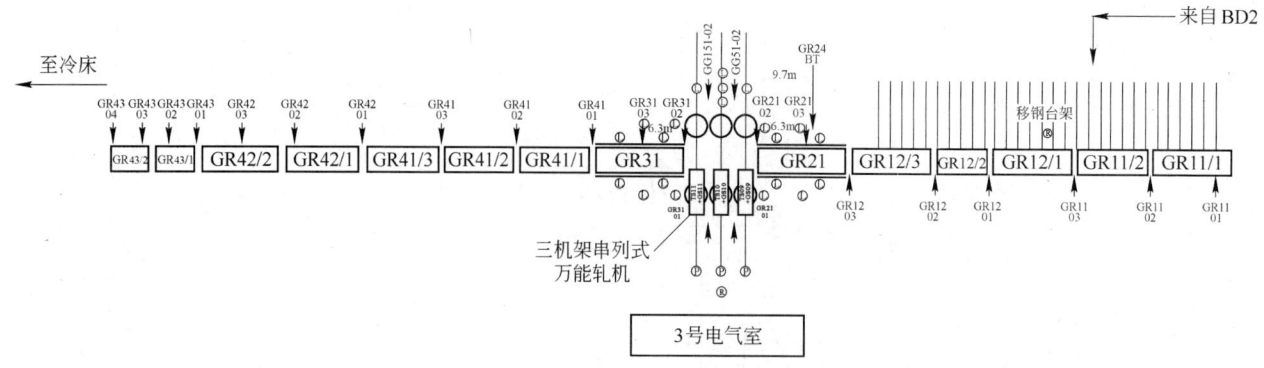

图 16-3　三机架串列式可逆万能轧机区工艺设备电气布置图

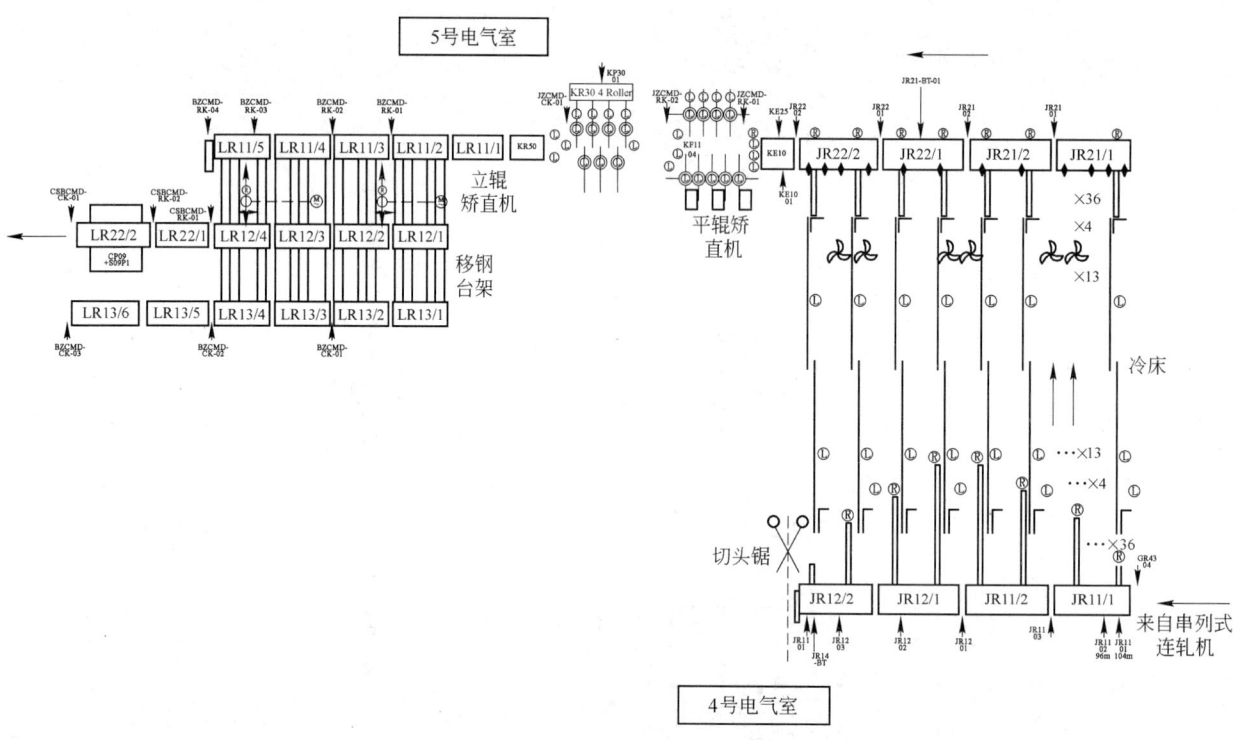

图 16-4　CB 冷床及 STR 矫直机区工艺设备及电气设备布置（西门子 SIEMENS）

　　钢轨及 H 型钢生产线主传动交-交变频调速方案典型配置见图 16-6，主传动交-直-交变频调速方案典型配置见图 16-7。比较两种主传动配置方案，有以下特点：

　　（1）主传动交-交变频方案，网侧功率因数大约为 0.5，功率因数较低，应根据轧制规程计算动态无功冲击，动态无功冲击负荷对高压供电系统产生冲击，可造成电压波动、闪变等。其电压波动、闪变的大小近似等于无功冲击负荷与高压供电系统短路容量之比，当比值超过国家标准规定值时，就需要设置 SVC 动态无功补偿装置。通常情况下，应当设置 SVC 动态无功补偿装置。

　　（2）如果考虑 SVC 动态无功补偿装置的损耗，主传动交-交变频方案总效率约为 91.1%；而主传动交-直-交变频方案采用 IGCT 功率元件整流时，网侧功率因数大约为 0.95 以上，功率因数较高，基本没有动态无功冲击，不需要 SVC 动态无功补偿装置，其总效率约为 94.6%，交-直-交变频方案更加节能。

　　（3）主传动交-交变频方案的定子整流变压器容量较大，大约为交-直-交变频定子整流变压器容量的 2 倍。

　　（4）主传动交-交变频方案设备价格较低，可节约建设投资费用。

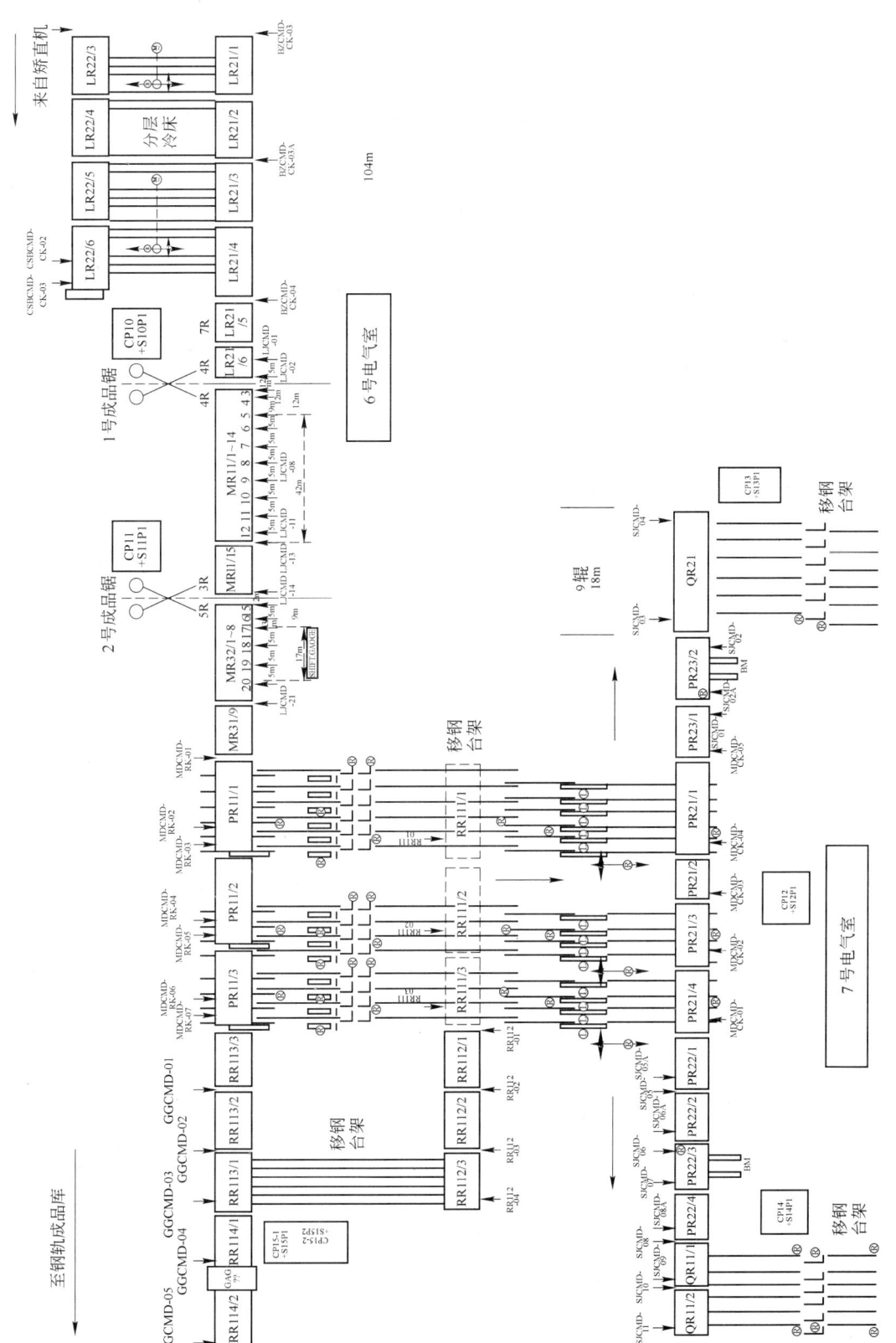

图 16-5　PB 码垛及 LB 收集区工艺设备及电气设备布置（西门子 SIEMENS）

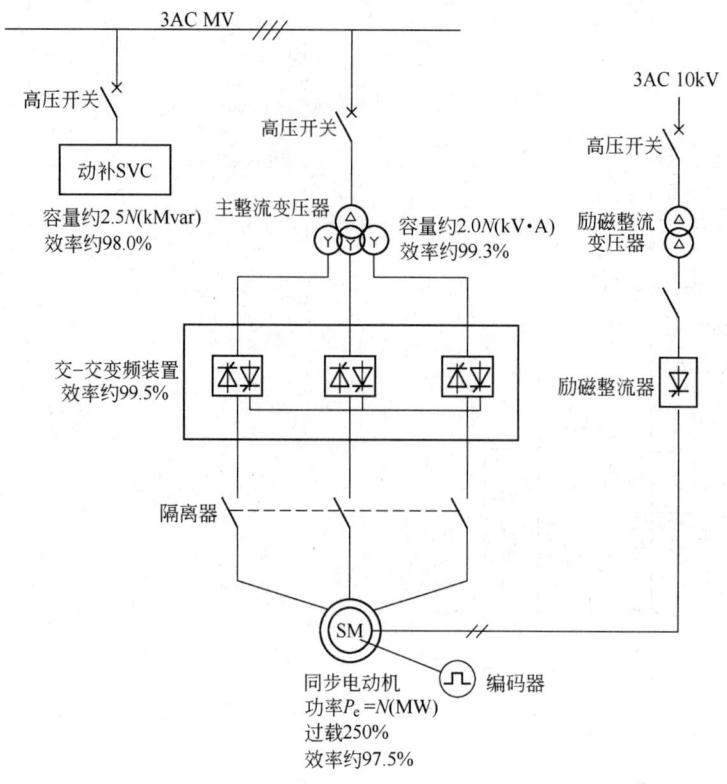

图 16-6　主传动交-交变频调速方案典型配置

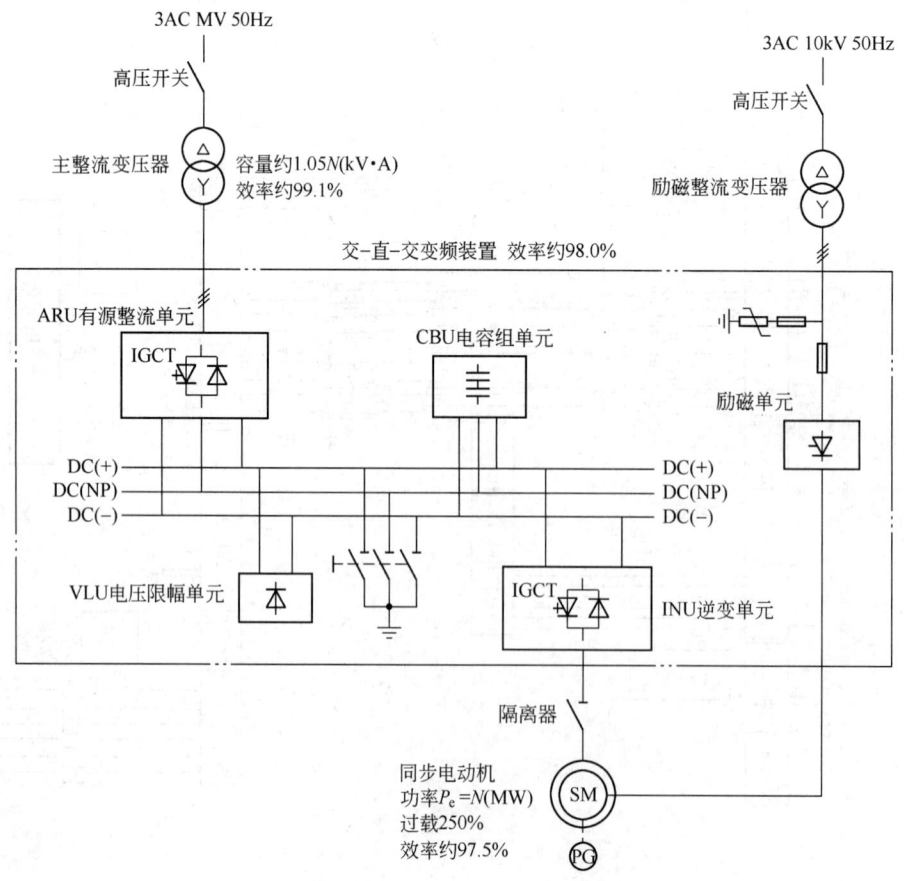

图 16-7　主传动交-直-交变频调速方案典型配置

根据轧制工艺机架方案的不同，目前国内钢轨及大 H 型钢生产线主要有两种主传动工艺配置，均采用德国 SMS 公司工艺方案：

（1）5 机架方案：BD1 开坯机、DB2 开坯机单机架可逆轧制，UR 万能粗轧、E 立辊、UF 万能精轧机三机架连轧可逆轧制，共有 5 套主传动，主传动总装机容量 17.5MW。按照轧制表计算，最大严重工况为轧制 400mm×200mm、65.7kg/m 钢轨及大 H 型钢，产生最大有功 17.8MW，在咬钢加速阶段最大无功冲击（交-交变频）约 27.8Mvar。

（2）7 机架方案：BD1 开坯机、DB2 开坯机单机架可逆轧制，UR 万能粗轧、E1 立辊、U2 万能轧机、E2 立辊、UF 万能精轧机连轧可逆轧制，共有 7 套主传动。主传动总装机容量 24.0 MW。按照轧制表计算，最大严重工况为轧制 300mm×150mm、32kg/m 钢轨及大型 H 型钢，产生最大有功 16MW，在咬钢加速阶段最大无功冲击（交-交变频）约 21~27Mvar。

上述主传动应考虑设置动态补偿装置，使 10kV 或 35kV 供电系统在最小短路容量时，电压波动限制在 2% 左右。10kV 供电最小短路容量一般为 250~450MVA。

主传动特点是：

（1）根据轧制工艺，主传动频繁可逆，S9 工作制，并具有低转速、大功率负荷特性。

（2）主传动承受频繁剧烈的尖峰负荷。在轧制过程中，轧机带着轧辊间的轧件一起加减速。为了使轧件顺利咬入，轧件咬入要求有一定速度（采用低速咬钢），在该速度下咬入或打滑时对轧辊有冲击，产生冲击负荷。

（3）主传动频繁正反转操作。轧制每道次均要反复的正转、反转操作，在换辊时应具备爬速功能。

（4）主传动在频繁地反向、制动及调速过程中，要求有尽可能短的过渡过程；主轧机的正反转过渡过程占有相当大的一部分时间，所以缩短过渡过程的时间对提高生产率十分有利。

（5）主传动应有大的调速范围，初始几道次钢坯低速咬入轧制，随着轧制道次的增加、轧件的增长，需加大轧制速度，提高产量。

（6）主传动要求过载能力要大，经常在重过载下工作；在稳态及动态时都能输出电动机的最大工作能力，以及故障时应具有堵转特性。

（7）按照工艺要求，基速下的动态冲击调节精度应不大于 0.1%s。

（8）电动机的过载能力和变频装置的过载能力应匹配，特别是低转速范围内，以满足轧钢的要求。

（9）交-交变频调速或交-直-交变频调速装置输出含有谐波，对电机的温升、绝缘、噪声、轴承等产生影响。

（10）主传动轴系共振及扭振，应计算谐振放大系数，并采取措施避免轴系共振，使轴系扭振控制在允许的目标值范围内。

16.2.1.1 轧机主传动电动机

钢轨及大型 H 型钢生产主传动电动机工艺数据见表 16-2。

表 16-2 轧机主传动电动机工艺数据

序号	机架	数量	类型	基本功率 /kW	弱磁功率 /kW	转速 /r·min^{-1}	工作制	安装方式 IM	防护等级 IP
5 机架主传动									
1	BD1	1	同步电动机	5000	5000	60/120	S9	B3	IP54
2	BD2	1	同步电动机	4000	4000	75/150	S9	B3	IP54
3	UR	1	同步电动机	3500	3500	65/190	S9	B3	IP54
4	E	1	同步电动机	1500	1500	100/275	S9	B3	IP54
5	UF	1	同步电动机	2500	2500	65/190	S9	B3	IP54

序号	机架	数量	类　型	基本功率 /kW	弱磁功率 /kW	转速 /r·min⁻¹	工作制	安装方式 IM	防护等级 IP
7 机架主传动										
1	BD1		同步电动机	5000	5000		S9	B3	IP54
2	BD2		同步电动机	5000	5000		S9	B3	IP54
3	UR		同步电动机	5000	5000		S9	B3	IP54
4	E1		同步电动机	1500	1500		S9	B3	IP54
5	U2		同步电动机	3500	3500		S9	B3	IP54
6	E2		同步电动机	1500	1500		S9	B3	IP54
7	UF		同步电动机	2500	2500		S9	B3	IP54

　　轧机主传动电机采用交流调速同步电动机，交-交变频器或交-直-交变频装置供电，电机基速以下恒转矩运行，基速以上恒功率运行。

　　电动机工作制为 S9，在调速范围内电动机过载能力为：

　　（1）115% 经常连续过载（S1）；

　　（2）220% 额定负载时工作 30s；

　　（3）250% 额定负载时工作 10s；

　　（4）275% 额定转矩为切断转矩。

　　电动机的励磁为有刷励磁，其电压、电流应满足过载倍数和传动强励倍数的要求。

　　电动机 GD^2 及允许的加减速转矩要满足工艺要求，在不考虑机械设备（联轴器接手拆开）的情况下电动机反向可逆时间如下：

　　（1）正反向额定速度之间，可逆时间不超过 1.5s；

　　（2）最大正反向速度之间，可逆时间不超过 4s。

　　电动机配有用于改善交-交变频动态性能的阻尼绕组。电动机应能承受外加轴向推力，轴向推力约为 $\pm 250 \sim 300$kN。

　　交-交变频传动的输出电压波形中含有大量谐波，针对这一谐波，电动机从电气和机械两方面采取措施：在电气上加强绝缘、改变气隙及冲片形状来减少热损耗和噪声；在机械结构上将电动机固有频率避开谐波频率和输出电压基波频率范围，并应考虑轧机轴系与电动机轴组合后的轴系共振计算，避免扭振现象发生。

　　对低速可逆大型电动机来说，电动机轴承需设置高压油润滑和低压油冷却，保证电动机安全运行。

　　电动机定转子绝缘等级为 F 级，冷却方式采用电动机上部背包式空-水冷却 ICW37A86。

　　由于电动机安装在车间内的轧线旁，不考虑建主电动机室，因此要求防护等级 IP54，包括本体、滑环、轴承座、润滑及其辅助部件等。

　　电动机总体结构特点为：

　　（1）电动机为卧式结构，定子为整体结构，凸极转子；其结构设计时，除要考虑轧钢工况加强电动机结构强度外，还要考虑安装现场实际情况，以便于安装检修。

　　（2）电动机自带轴承润滑系统，其轴承采用绝缘轴承。润滑系统电控设备随电动机由制造厂配套。

　　（3）电动机传动侧装有接地电刷，非传动侧安装有位置及速度检测元件。

　　（4）电动机装有防潮加热器。

　　（5）空水冷却器应配备必要的检测元件。

　　5 机架交-交变频主传动电动机技术数据见表 16-3。

表 16-3 5 机架交-交变频主传动电动机技术数据

序 号	项 目	轧 机 传 动				
		BD1	BD2	UR	E	UF
1	容量/kW	5000	4000	3500	1500	2500
2	定子电压/V	1650	1650	1650	1650	1650
3	定子电流/A	1818	1461	1276	551	919
4	额定励磁电压/V	241	227	243	145	224
5	额定励磁电流/A	417	310	332	296	332
6	功率因数 $\cos\phi$	0.9915	0.9919	0.994	0.9948	0.9928
7	极 数	12	12	12	6	12
8	频率/Hz	6~12	7.5~15	5.5~19	5~13.75	5.5~19
9	定子接法	Y	Y	Y	Y	Y
10	效率/%	97.04	95.56	95.59	95.73	95.93
11	$GD^2/t \cdot m^2$	93	64	64	6	38
12	定子/转子重量/t	42/59	33/40	33.5/40	16/15	30/35
13	总重/t	126	90	90	40	80

16.2.1.2 主传动变频调速装置

目前主传动变频调速采用可控硅交-交变频或交-直-交变频，两种变频调速方案比较如下：

（1）低频特性，交-直-交变频方案功率输出需降容使用。

（2）交-交变频产生无功冲击，需要设置动态无功补偿装置。

（3）交-直-交变频设备价格较高，在国内采购国外品牌产品；交-交变频设备价格较低，可以国内集成制造。

上述两种变频方案，目前在国内钢轨及大 H 型钢生产线均有采用。

目前，可控硅交-交变频调速装置采用西门子 SINAMICS SL150 或国内交-交变频产品；交-直-交变频装置选用 ABB ACS6000 和日本东芝三菱 TMEIC TMDrive-70、西门子 SINAMICS SM150 品牌产品。

主传动变频调速方案采用同步电动机的可控硅交-交变频调速方案时，每台同步电动机由一套全数字可控硅交-交变频装置供电。其可控硅功率单元由多组 6 个反并联可控硅模块组成，可控硅的冷却方式采用柜顶风机空气冷却；变频装置控制采用多 CPU 控制器，如西门子 SIMADYN D 系统，控制方式为全数字速度闭环转子磁场定向 VC 矢量变换控制方式；变流器为无环流系统，功率单元具有再生制动能力，可四象限对称可逆运行。

变频装置的控制单元具有逻辑控制、电动机保护、自诊断、故障显示和记录等功能。

主电动机风机、加热器、轴承润滑电控系统由变频装置供电、控制。电动机的温度检测信号、空-水冷却器检测信号等均输入到变频装置中，由变频装置进行监控。

变频装置应有良好的操作和监控人机界面，并具备 PROFIBUS-DP 总线接口，实现与 PLC 基础自动化级之间数据交换通讯功能，使 PLC 基础自动化级完成对变频设备的逻辑顺序、速度、位置等控制。

按照工艺要求，基速下的动态冲击调节精度不大于 0.1% s。按电动机的过载能力配变频装置的过载能力，以满足轧钢的要求。

交-交变频装置可达到的性能指标：调速范围 1:100；速度响应小于 50ms；电流响应小于 10ms；转矩脉动小于 0.8%。

每套交-交变频装置由一台油浸式主整流变压器供电，其一次侧电压为 10kV，冷却方式为 ONAN。为达到 12 相整流效果，减少高次谐波分量，BD1 和 BD2 轧机两台主整流变压器二次侧绕组接线形式分别为 Y 和 △；UR 和 UF 轧机两台主整流变压器二次侧绕组接线形式分别为 Y 和 △。BD1 和 BD2 轧机主电机交-交变频装置的励磁单元共用一台励磁变压器。UR 和 UF 轧机主电机交-交变频装置的励磁单元共用一台励磁变压器。E 轧机主电机交-交变频装置的励磁单元单独用一台干式励磁变压器。

5 机架主传动 BD1 开坯机、BD2 开坯机、UR 万能粗轧、E 立辊、UF 万能精轧交-交变频调速主要设备见表 16-4。

表 16-4　5 机架主传动交-交变频调速主要设备

序　号	项　目	规　格	数　量
一、主传动整流变压器			
1	BD1 主传动定子整流变压器	9600kV·A/3×3200kV·A，10/1.2kV	1
2	BD1~2 主传动励磁整流变压器	1600kV·A/2×800kV·A，10/1.2kV	1
3	BD2 主传动定子整流变压器	7800kV·A/3×2600kV·A，10/1.2kV	1
4	UR 主传动定子整流变压器	6600kV·A/3×2200kV·A，10/1.2kV	1
5	UR、UF 主传动励磁整流变压器	1200kV·A/2×600kV·A，10/1.2kV	1
6	E 主传动定子整流变压器	2820kV·A/3×940kV·A，10/1.2kV	1
7	E 主传动励磁整流变压器	250kV·A，干式	1
8	UF 主传动定子整流变压器	4800kV·A/3×1600kV·A，10/1.2kV	1
9	同步变压器	50kV·A	1
二、交-交变频装置			
1	BD1 主传动定子变频装置主柜	晶闸管	6
2	BD2 主传动定子变频装置主柜	晶闸管	6
3	UR 主传动定子变频装置主柜	晶闸管	6
4	E 主传动定子变频装置主柜	晶闸管	6
5	UF 主传动定子变频装置主柜	晶闸管	6
6	吸收柜	过压吸收装置	15
7	励磁晶闸管主柜	晶闸管柜	5
8	辅助电源柜	电源、开关、继电器等	5
9	控制柜	SIMADYN D	5
10	测速装置	编码器	5
11	远程 I/O 站	ET200 装置	10

16.2.1.3　整流变压器

5 机架主传动交-交变频调速整流变压器技术参数、结构特点和接线方式如下：

（1）技术参数：整流变压器技术规格见表 16-4。过载能力为：115% 经常连续过载（S1）；220% 额定时工作 30s；250% 额定时工作 10s；275% 额定冲击负荷。总电流谐波含量约 50%。

（2）结构特点：变压器选用三相油浸自冷式低损耗优质电力变压器，一次电压为 10kV 或 35kV，技术性能符合 IEC 标准的要求。

铁芯材料选用优质高导磁的取向冷轧硅钢片，铁芯均采用心式铁芯，结构为 45° 全斜等距多阶梯的圆截面无冲孔结构，变压器采用铜芯结构。

初级线圈均具有 ±5% 分接电压头。

（3）变压器接线方式：变压器的副边为三绕组，采用 △/△ 及 △/Y 交替连接方式，以获得 12 相整流效果。

16.2.2　辅助设备传动系统

16.2.2.1　交流辅传动变频调速

针对钢轨及大型 H 型钢生产线的交流辅传动负载特点，辅传动变频应选择适合冶金轧钢工业环境的变频方案，应能适合恒转矩、频繁重载启动、过载能力大、调速范围广并具有弱磁调速功能的变频系统。因此，为获得最佳的控制特性并且节能，对非成组传动的变频控制采用全数字速度闭环 VC 矢量控制或

DTC（直接转矩控制）控制方式，对成组传动（如辊道电动机）采用全数字标量开环控制方式。不论何种控制方式均要求具有再生制动能力，可四象限对称可逆运行。变频装置采用直流公共母线供电的全数字交-直-交变频装置，目前国内钢轨及大型 H 型钢生产线采用西门子 6SE70 和 ABB ACS800，该装置采用模块式结构，包括具有再生制动能力的可控硅整流/回馈单元、IGBT 元件 PWM 逆变单元，由直流公共母线给多台逆变器供电，这样可通过直流母线实现电动机到电动机制动、电动机到交流电源的再生制动。

一般情况下，矢量控制时静态控制精度不大于 0.01%，基速下的动态冲击调节精度不大于 0.1%·s。

一般情况下由整流变压器给变频装置供电，即一组或几组可控硅整流/回馈单元由整流变压器供电。当一台整流变压器给几组可控硅整流/回馈单元供电时，进线供电单元输入侧加入电抗器，可进一步抑制变频器对电网以及电网对电控设备的谐波影响。

由于特殊情况必须由 380V MCC 母线供电的变频传动装置，其变频装置的整流/回馈单元采用带有自换向、脉冲式整流/回馈的 IGBT 元件 AEF 整流，此时可减少谐波，提高功率因数，抑制变频装置对 MCC 母线、电动机、动力变压器、电容无功补偿装置的影响。

在变频装置的逆变器负载侧可以采用输出电抗器及 du/dt 滤波器，其目的一方面是降低电动机端电压峰值，减小噪声；另一方面是增加动力屏蔽电缆敷设长度，变频专用电动机可不配置 du/dt 滤波器。

辅传动电动机采用适合交-直-交变频装置供电的变频调速专用笼型异步电动机，在一般情况下的要求是：电动机变频范围 5 ~ 100Hz、F 级绝缘；电动机基速以下恒转矩运行，基速以上恒功率运行；最大过载能力 250%。其他特殊要求应由机械设计商单独提出。辊道电动机冷却方式采用机壳表面冷却 IC411，其他电动机冷却方式采用机壳表面冷却带有风机的 IC416 方式，防护等级 IP54，对有可能飞溅水区域的电动机防护等级采用能防水溅的 IP55 等级。

变频装置应有良好的操作和监控人机界面，并具备 Profibus-DP 总线接口，实现与 PLC 基础自动化级之间数据交换通讯功能，使 PLC 基础自动化级完成对变频设备的逻辑顺序、速度、位置等控制。

钢轨及大型 H 型钢生产线各区辅传动按照加热炉区、BD 区、TM 万能轧机区、冷床区、矫直区、钢轨及大型 H 型钢检测中心及四面矫直、锯钻机床区、剖分区配置辅传动 DC 公共母线、交-直-交变频装置和整流变压器。

16.2.2.2　交流辅传恒速传动

对于非调速频繁正、反转启停反复短时工作制电动机，采用可控硅无触点交流电子开关柜供电，交流电力电子开关单元选择固定式安装结构，非抽出式结构，可控硅无触点电力电子开关单元按三用一备配置。

非调速 S1 工作制电动机采用 MCC 马达控制中心驱动，MCC 马达控制中心选用固定分隔式结构柜，柜内低压电器元件选用国内引进技术生产的优质产品。

单机容量较大的电动机（超过 75kW 以上的）采用可控硅交流软启动装置，软启应具备旁路、软停功能。

钢轨及大型 H 型钢生产线各区辅传动按照加热炉区、BD 区、TM 万能轧机区、冷床区、矫直区、钢轨及大型 H 型钢检测中心及四面矫直、锯钻机床区、剖分区配置 MCC、PCC 和动力变压器。

16.2.3　钢轨及大型 H 型钢生产线 L1 级基础自动化控制

钢轨及大型 H 型钢生产时，可逆三机架串列式 TM 万能轧机工作模式有 UR/E/UF 万能模式和 DR/E/DF 二辊模式（UR/UF 为万能机架、DR/DF 为二辊机架、E 为可移动二辊轧边机架），轧制钢轨和 H 型钢采用万能模式，其他大型 H 型钢采用二辊模式。

德国 SMS MEER 公司三机架串列式可逆轧机万能轧制见图 16-8。

轧制钢轨时，坯料首先在 BD1 和 BD2 二辊开坯机进行若干道次轧制，然后进入万能可逆三机架串列式精轧机对钢轨进行万能轧制，钢轨在 UR/UF 万能轧机进行轧制时，整个钢轨的断面都同时而且均匀地由平辊和立辊进行轧制，带水平辊的 E 轧边机限制轨头和轨底的宽度。

钢轨万能轧制与传统二辊轧制相比有许多优点，用传统二辊轧制时相对于轧件来说不同的辊子圆周速度会引起较高的摩擦损失。另外，传统二辊轧制使轨型不对称变形，而用万能轧制使轨型变形对称，

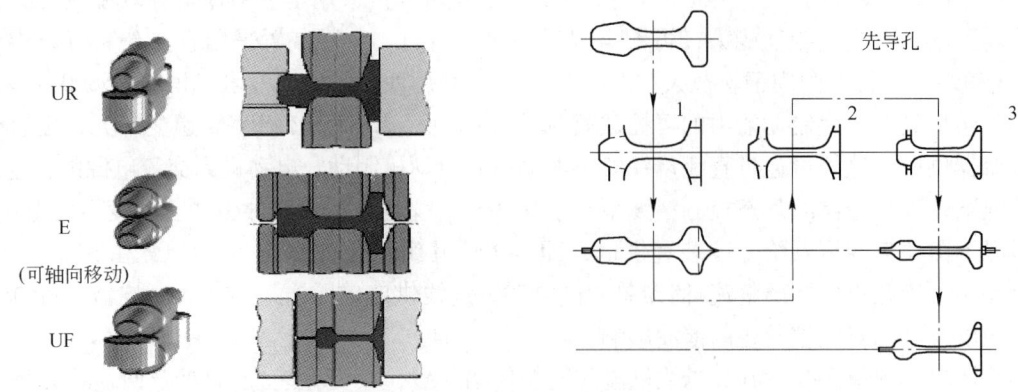

图16-8 钢轨三机架串列式可逆轧机万能轧制（SMS MEER）

即钢轨的四个面均发生变形，提高了钢轨产品质量。

现代钢轨 TM 万能轧机配有液压位置控制系统（HPC）和液压自动辊缝控制（AGC）相结合的全液压压下系统，可以保证最好的公差。

根据各区域不同的工艺控制要求和功能，L1 级基础自动化分为 TCS 工艺过程控制系统和 MCS 控制系统。TCS 工艺过程控制系统主要完成与钢轨及大型 H 型钢产品质量保证相关的控制；如 TM 轧机液压 AGC 控制系统，由多主 CPU 控制器 IPC 或 TDC 构成；其他一般的逻辑联锁等控制由 MCS 自动化系统完成，由 SIEMENS PCS7 AS 高性能控制器构成。MCS 控制系统完成一般的逻辑联锁和主令控制。

目前国内钢轨及大型 H 型钢生产线的 TCS 工艺控制计算机设备主要与 SMS TM 万能轧机设备配套引进，MCS 控制系统采用西门子 PCS7 系统。

目前国内钢轨及大型 H 型钢生产线，L1 级计算机采用全集成的 SIEMENS PCS7 系统。SIEMENS PCS7 系统具有全集成自动化（TIA）功能，可以实现统一数据管理、统一组态、统一通信机制，因此极大地提高了计算机控制系统的可靠性、兼容性。

另外，在 PCS7 ES 工程师站中可以完成 PCC 负荷中心、MCC 马达中心、交/直流传动装置、计算机控制装置的诊断、组态、参数化，实现了全集成功能。

生产线计算机控制功能见图 16-9，热轧区 L1 级基础自动化控制系统见图 16-10（SMS MEER）。

16.2.3.1 TM 万能轧机 TCS 工艺控制

TCS 工艺控制系统主要用于万能轧机（UR、E、UF）AGC 液压辊缝调整，通过调整 TM 万能轧机（UR、UF、E）液压辊缝，控制轧件几何尺寸，使尺寸精度达到要求。

TCS 工艺控制系统作为基础自动化系统轧机主令系统 MSC 的辅助系统，从 MSC 和 HMI 连续接收轧制程序数据，并通过相应的连接给 MSC 基础自动化及 HMI 发送实际数值，如位置、辊缝、压力和轧机系统状态等数据。

TCS 工艺控制系统包括两个主要部分，液压 HPC 和液压 AGC。

HPC（液压位置控制）为轧机机架的主要部件，包括如下几部分：

（1）机械部分：压下液压缸，位于轧机牌坊窗口和轴承座之间；

（2）液压部分：管道、蓄能器、阀门和液压站；

（3）控制系统：位置变送器、压力变送器及 IPC 计算机系统。

AGC（液压辊缝控制）主要包括：

（1）轧制力的实际数据生成；

（2）辊缝基准值生成；

（3）机架模数计算；

（4）轧制力限定控制；

（5）补偿控制。

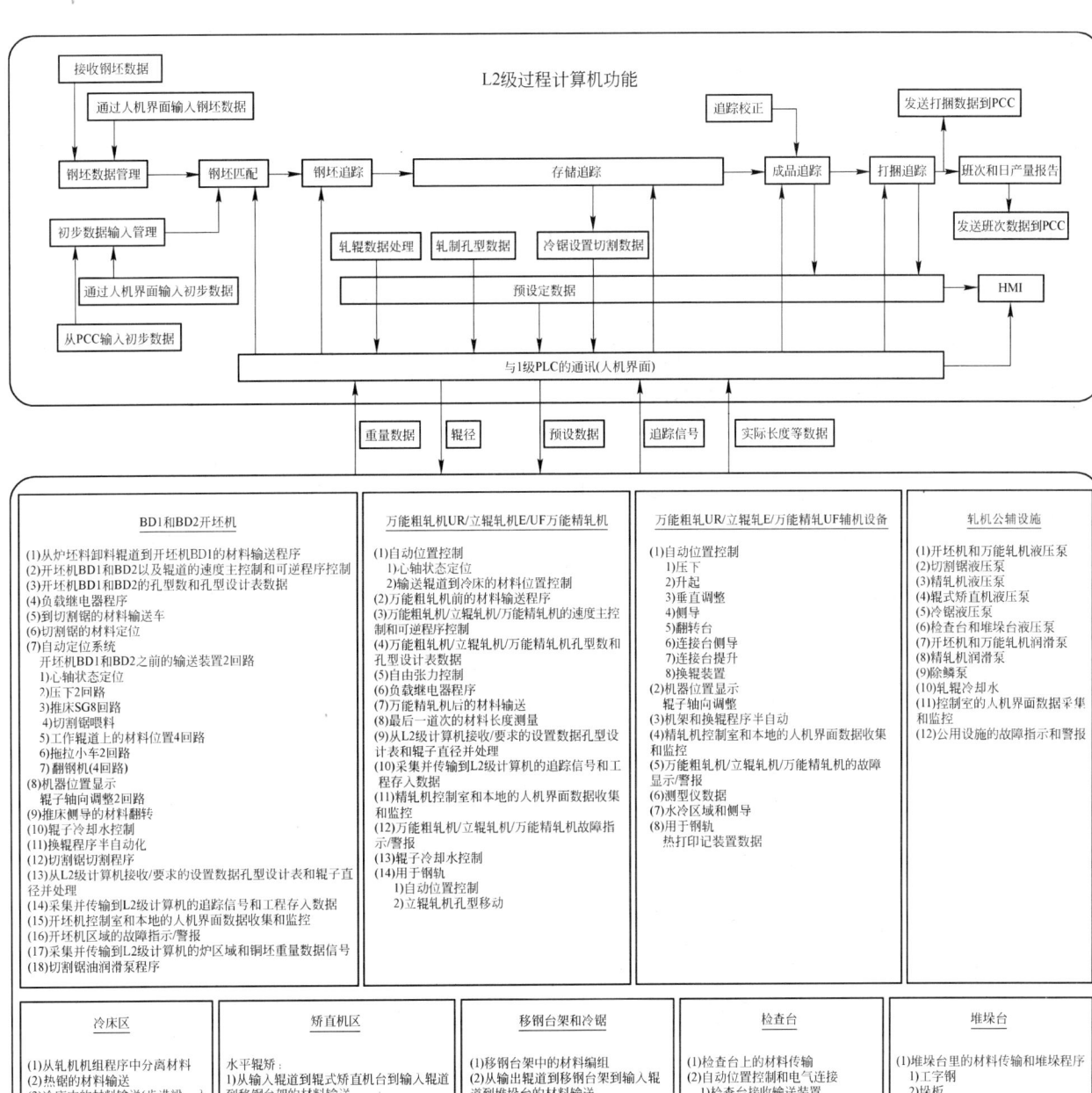

图 16-9 生产线计算机控制功能框图

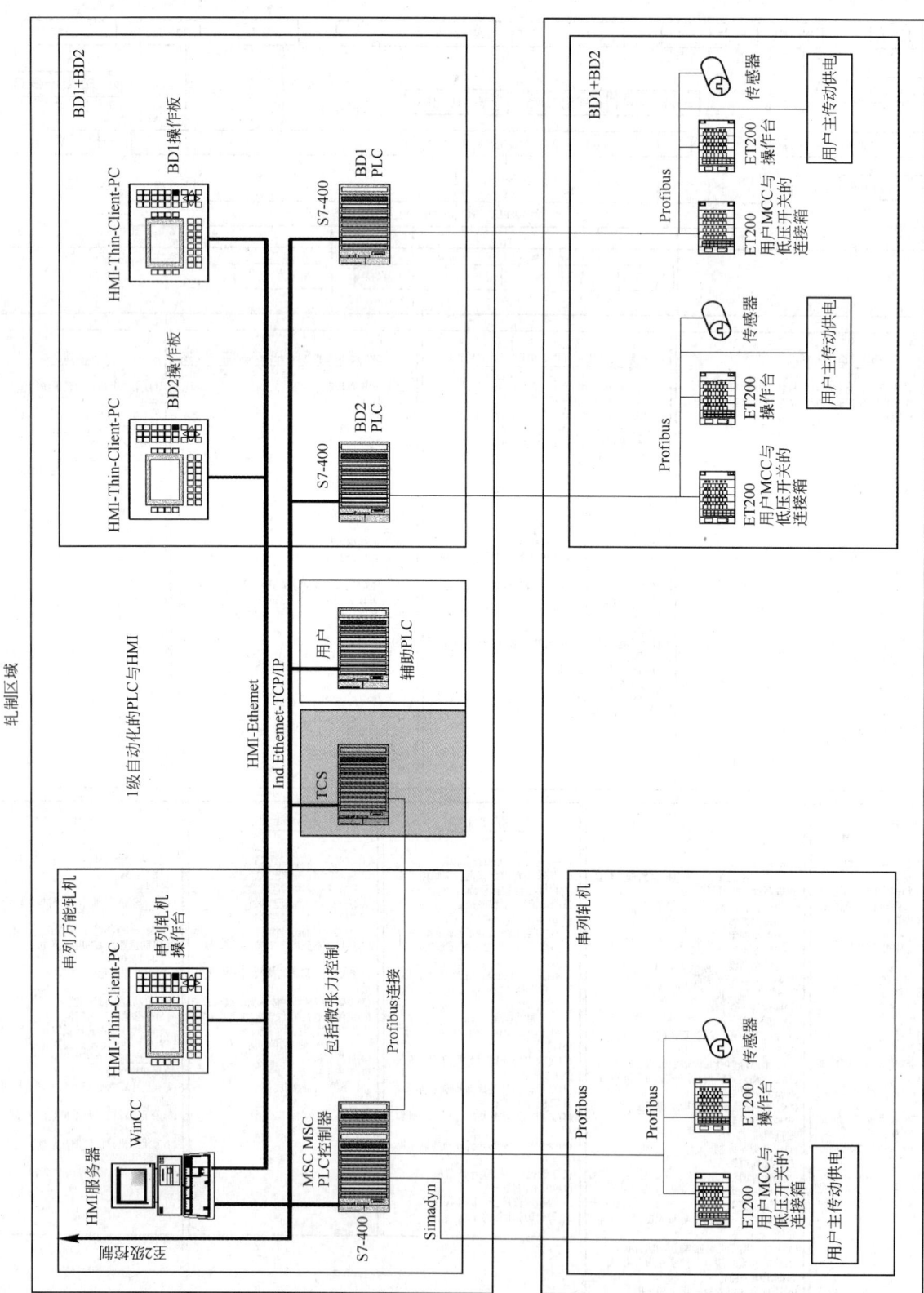

图 16-10 热轧区 L1 级基础自动化控制系统框图（SMS MEER）

A　TCS 工艺控制计算机性能

(1) 位置变送器精度：约 ±0.05mm；

(2) 位置控制周期时间：约 3ms。

B　TCS 传感器和现场装置

(1) 传感器：约 22 个压力变送器和 22 个位置变送器；

(2) 连接器：UR 和 UF 轴承座上特殊插拔接头，用于轴向移动。

C　TCS 电气柜列

(1) 电源柜，3 相、50Hz，AC380/220V，约 10kVA；

(2) 数字 I/O 柜，通过光电耦合器，基于 PROFIBUS；

(3) 模拟 I/O 柜，输入/输出模拟信号；

(4) 工业 PC 计算机控制柜。

D　TCS 工艺控制功能

(1) 液压缸位置测量：通过液压缸上的绝对编码器测量位置行程，输入控制器中计算位置。

(2) 液压缸直接压力测量：通过液压缸旁边的压力变送器测量油压，输入控制器中计算。

(3) 每个液压缸的闭环位置控制：每个液压缸控制器采用闭环位置控制液压缸伺服阀。

(4) 每个液压缸单独的位置和压力控制：控制器一般工作在位置控制模式，特殊时使用压力模式。

(5) 通过 iba 进行伺服阀控制数据显示。

(6) 轧制力计算：在控制器中通过液压缸上测量的压力数据计算轧制力。

(7) 机架模数补偿和测量：在换辊之后可以根据 HMI 请求在控制器中计算机架模数。AGC 补偿机架弹性，并考虑万能轧机机架中的耦合辊隙和轧辊平直度等。

(8) 快速过载保护：通过轧制力的分级限定对机架进行大轧制力保护。

(9) 一个 H 轧辊（UR、UF）的轴向位移和位置控制：每个 U 机架中的一个 H 轧辊将在控制状况下进行轴向位移，以对中两个 H 轧辊。

(10) 调零和校准程序：通过 U 机架的位置变送器，对辊隙和轧制中心线通过自动校准程序进行校准。

(11) 通过设置计算进行凸度/凹度的单独调整：轧机机架将根据轧制程序独立进行凸度/凹度调整。可以单独设定两种凸度。U 机架中的 3 个辊隙在轧制过程中耦合，以满足轧制道次要求。

(12) 工程师站，用于运行及维护期间的参数确定和诊断。

显示：控制器状态、故障、事件、控制信号和通信数据可以在 WIN/HMI 上显示。按时间和文本对显示的信号进行分类和规定。

操作：在维护模式下可以从 WIN/HMI 手动操作控制机架。可以检查机架动作或者伺服阀功能。

记录：系统内部配有记录功能，以高分辨率显示对话和数字信号。

参数确定：重要控制参数可以修改，机架功能可以优化。通过 WIN/HMI 显示或修改所有信号，并可以进行预选定。

E　操作模式

(1) 轧制模式：轧制模式用于轧制过程。所有控制器按位置控制方式工作，并具有保护功能。通过接口从当前轧制程序提供设定值。

(2) 校准模式：校准模式用于机架校准。通过自动程序对传感器和辊隙校准调零。所有控制器在允许的校准程序状态下工作；根据校准要求启动保护功能，轧辊设定数据必须通过接口在校准之前传送。

(3) 换辊模式：换辊模式用于机架换辊。通过 MSC 接口请求启动换辊位置。所有控制器以位置控制方式工作，同时具有保护功能；轧辊组数据必须提前通过接口传输。

(4) 维护模式：维护模式用于轧辊或液压缸的手动测试，检查伺服阀。通过 WIN/HMI 选择维护模式，关闭控制器或可以按位置控制方式工作，同时保护功能被禁止。

(5) 正常停止：用作安全状态停机。

16. 2. 3. 2　轧机 MSC 控制

生产线 MSC 控制系统主要以 SIEMENS PCS7 AS416-3 高性能控制器为主，并配置有组态工作站、HMI 操作员站 OS、通讯网络 NET、工程师站 ES 及打印机等设备。

MSC 控制系统按区域设置 AS 设备共计约 20 套，主要控制功能有：设备启动/停止、操作模式选择（包括维护、手动、换辊、机架校准、轧制）、轧件位置跟踪、顺序控制、逻辑联锁控制、定位控制、数据采集和通讯、故障诊断、存储和接收设定数据、报警和事件生成、人机接口（包括状态监视、输入输出、操作、报警、打印、报表等），以及与其他基础自动化系统的接口、与传动装置的 Profibus 接口（基准值、实际值，状态信息）。

AS 控制器详细配置如下：上料及加热炉区 1 套 AS416-3；BD1 轧机区 1 套 AS416-3；BD2 轧机区 1 套 AS416-3；TM 轧机区 2 套 AS416-3；冷床、矫直机区 1 套 AS416-3；探伤、编组、冷锯区 1 套 AS416-3；型钢码垛、型钢打捆称重、型钢收集区 1 套 AS416-3；钢轨锯钻联合机床区 1 套 AS416-3；剖分锯、钢轨收集台架区 1 套 AS416-3；余热淬火轨热处理区 1 套 AS416-3；各单体机电成套设备（如热锯、矫直机、冷锯等）9 套 AS416-3。

PCS7 AS416-3 高性能控制器性能为：带有用于 100 个过程对象的 SIMATIC PCS 7 AS 运行授权；带有 3 个接口（MPI/DP、DP 和 IF 模块插槽）的 CPU；11.2 MB RAM（程序和数据各 5.6 MB）；CPU 416-3（最多约 1400 个过程对象）；工业以太网工厂总线接口模块 CP 443-1EX20；UR 模块机架；PS 电源；Profibus DP 接口模块；存储卡；离散 I/O 采用 ET-200M 远程站。

A　BD 开坯机 MSC 控制

BD 开坯机区域根据轧制工艺不同，分为 BD1 开坯机和 BD2 开坯机，轧件在 BD1 开坯机和 BD2 开坯机进行脱头可逆轧制。MSC 主机架控制系统控制 BD1、BD2 开坯机区域的轧制过程，并向主电动机变频器和辅传动变频器提供基准设定值。

MSC 系统完成该区域的基础自动化功能，并配备 HMI、主操作员台和机旁操作台设备。其控制范围：加热炉后面的辊道一直到 BD2 后的横移机。

开坯机 MSC 控制主要功能有：主传动与轧制速度的同步；BD1 和 BD2 前/后辊道速度控制同步；开坯区域的轧件跟踪；对中装置控制；上辊压下控制；轧制模拟（通过虚拟轧制进行空轧）；轧制程序传输（包括传输到 TM）；自动道次程序控制；换辊的半自动控制；轧件长度测量；切头尾轨梁定位；热锯切头尾控制；机架辅助设备控制，包括压下系统、轧辊冷却、压板控制、执行机构及其辅助设备。

B　TM 万能轧机 MSC 控制

MSC 系统控制万能轧机（UR/E/UF）的轧制过程、换辊、液压驱动以及辅助设备，并给主传动电动机变频装置和辅传动变频装置提供基准设定值。

TM 万能轧机配有若干液压辅助装置，在轧制期间 MSC 系统通过具体的控制程序完成机架控制，以实现各种功能。

MSC 系统作为该区域的基础自动化设备，配备人机接口 HMI 功能，包括主操作台和机旁操作台（箱）。

万能轧机 MSC 主要控制功能有：主传动与轧制速度的同步；UR、E、UF 机架之间的微张力控制；连轧机前/后辊道速度控制同步；测速编码器测量轨梁长度；万能连轧机内部的轧件跟踪；对中装置控制；升降辊道对中控制；轧制模拟（通过虚拟轧制进行空轧）；根据实际轧制速度设定标印机的速度设定值；机架辅助设备控制，包括压板、轧辊平衡、机架锁紧、张力杆锁定和施加预应力、活塞杆摆动、换辊液压缸锁定、E 机架横移、轴头横移；轧辊和导卫更换的自动顺序控制。

C　冷床及精整区 MSC 控制

MSC 控制冷床、矫直机、横移台架、型钢精整线、钢轨精整线、余热淬火轨热处理线，完成一般的 MSC 控制功能，并为辅传动变频器装置提供基准设定值。

D　MSC 与各控制系统的数据通信

采用网络通信实现数据交换，MSC 数据通信接口见表 16-5。基于 IEEE 标准，配备下列类型的通信网络：ETHERNET TCP/IP；Profibus DP。

表 16-5　MSC 数据通信接口汇总表

序　号	发　送	接　收	接口类型	备　注
1　开坯机 MSC 数据接口				
1.1	MSC BD 区域	MSC TM	Profibus DP	
1.2	MSC BD 区域	MSC TM	ETHERNET TCP/IP	
1.3	MSC BD 区域	AC 主传动控制	Profibus DP	
1.4	MSC BD 区域	MSC-HMI	ETHERNET TCP/IP	
1.5	MSC BD 区域	现场装置	Profibus DP	
1.6	MSC BD 区域	控制台	Profibus DP	
1.7	MSC TM	2 级	ETHERNET TCP/IP	
2　万能轧机 MSC 数据接口				
2.1	MSC TM	MSC BD 区域	Profibus DP	
2.2	MSC TM	MSC BD 区域	ETHERNET TCP/IP	
2.3	MSC TM	TCS	Profibus DP	
2.4	MSC TM	TCS	ETHERNET TCP/IP	
2.5	MSC TM	AC 主传动控制	Profibus DP	
2.6	MSC TM	MSC-HMI	ETHERNET TCP/IP	
2.7	MSC TM	现场装置	Profibus DP	
2.8	MSC TM	控制台	Profibus DP	
2.9	MSC TM	2 级	ETHERNET TCP/IP	

16.2.3.3　HMI 人机界面

L1 级自动化 HMI 人机界面采用 SIEMENS PCS7 OS 系统（SCADA 监控与数据采集系统），根据生产工艺操作要求，选用单站和 C/S 多用户架构，完成操作员与现场工艺设备之间的视窗界面。

HMI 画面的刷新时间（初步）不大于 250ms ~ 1s，切换时间不大于 1.5s。

A　人机界面功能

（1）显示设备状态信息；

（2）显示过程实际数据；

（3）显示轧件跟踪及模拟画面；

（4）显示当前设定值；

（5）显示作业事件信息、各类故障及报警信息；

（6）操作人员数据输入，如人工修正设定值；

（7）操作人员干预生产的指令，如操作模式等。

B　HMI 人机界面系统构成

HMI 人机界面系统由 HMI 客户机/服务器（C/S 系统）和 HMI 单站组成。其中 C/S 系统包括：HMI 操作员站服务器 OS-SERVER、HMI 操作员站 OS-Client 客户机。

HMI 服务器 OS-SERVER：安装在相应区域电气室内，作为 HMI 操作员站 OS-Client 客户机的服务器，其数据库支持所收集数据的实时数据库，从 PLC 单元收集设备数据，根据控制要求生成数据并将其送到 PLC 等控制器。

HMI 操作员站 OS-Client：安装在各操作室内，作为 HMI 服务器的客户机，访问 HMI 服务器。

HMI 单站：安装在各操作室内，具有操作员与现场工艺设备之间人机画面接口功能。其数据库支持所收集数据的实时数据库，从 PLC 单元收集设备数据，根据控制要求生成数据并将其送到 PLC 等控制器。

生产线 HMI 操作员站 OS-SERVER 服务器采用两台基于 PC 的工业工作站，HMI 人机界面配置如下：

（1）上料、加热炉、BD 轧机、TM 轧机 HMI：C/S 多用户架构 1 套，设置 PCS7 OS-SERVER 服务器 1台。

（2）冷床、矫直机、横移台架、型钢精整线、钢轨精整线、余热淬火轨热处理线 HMI：C/S 多用户架构 1 套，设置 PCS7 OS-SERVER 服务器 1 台。

全生产线共配置上述两套 PCS7 HMI 系统。

a　HMI 服务器

类型：工业 PC 计算机，如 PCS7 OS SERVER IL 40S IE；

CPU：Intel Duo4；

RAM：2GB；

硬盘：500GB；

光驱：配备 DVD；

接口：以太网 TCP/IP；

软件：WinXP、PCS7 OS-SERVER 软件 V5.0 PO 5000/RT。

b　HMI 客户机

类型：工业 PC 计算机，如 PCS7 OS CLIENT IL 40S；

CPU：Intel Duo4；

RAM：2GB；

硬盘：500GB；

光驱：配备 DVD；

接口：以太网 TCP/IP；

软件：Win XP、PCS7 OS-Client 软件 V5.0、操作员站 SFC 可视化。

16.2.3.4　编程、维护及开发工程师站

为了方便软件开发和维护工作，设置 PCS7 ES 工程师站，为 ES 工程师站的 PC 计算机配备维护、开发软件，具有组态编程功能。

ES 工程师站在各电气室内，对 AS 控制器、TDC 控制器进行编程、维护和测试 I/O，监控内部数据等。

ES 工程师站采用基于 PC 的工业工作站，其软硬件配置如下：

（1）主机 PCS7 ES/OSIL 40S IE；

（2）PCS7 工程与组态软件 V7.0 AS/OS 2000PO；

（3）PCS7 模拟测试软件；

（4）AS/OS V7.0 的 SIMATIC PCS7 Safety ES 软件包；

（5）DRIVE ES PCS7 V7.0 SPx 软件；

（6）3UF7 PCS7 等低压电器功能库。

16.2.3.5　PDA 数据采集计算机

BD1、BD2 开坯机及 TM 万能轧机各设置 1 套 PDA 快速数据分析装置（iba 系统）。它具有多功能监控功能，用于详细分析各种过程变量和事件。该系统可进行高速数据采集和存储，并能实时显示所捕捉到的各种变量。即使是进行实时数据处理时，PDA 也能支持离线数据显示和分析，并可进行现场数据收集和存储，将这些数据发送给客户。

16.2.4　L1 级基础自动化控制关键技术

钢轨及大型 H 型钢生产线的 L1 级基础自动化控制关键技术：

（1）TM 万能轧机 TCS 工艺控制；

（2）MTC 微张力控制。

16.2.4.1　SMS MEER 工艺控制 TCS

目前国内轨梁生产基地攀钢、鞍钢、武钢、包钢均引进德国 SMS MEER 公司的串列式 TM 万能轧机，其万能轧机 TCS 工艺控制与轧机机械设备配套引进，由德国 SMS MEER 公司设计、供货。

A　TCS 系统构成

TM 万能机架（UR、E、UF 机架）配有液压辊缝调整系统，由以下几部分组成：

（1）机械部分：液压油缸，位于轧机牌坊窗口和轴承座之间；

（2）液压部分：管道、蓄能器、阀门和液压站；

（3）控制系统：由位置传感器、压力传感器、接口电子元件和计算机装置硬件、应用软件组成，简称 TCS 工艺控制。

TCS 工艺控制系统通过液压来调整、操作和控制机架中辊缝，TCS 系统控制轧件的几何尺寸，决定钢轨成品最终尺寸。

TCS 工艺控制系统对机架的每个液压缸而言都是由两个主要部分组成的：

（1）HGC 液压辊缝控制，用于快速闭环轧辊定位；

（2）AGC 自动厚度控制，用于轧机弹性的动态补偿。

HGC 和 AGC 二者密切配合工作，通过动态辊缝调整获得精确的成品钢轨尺寸。

L1 级基础自动化的 MCS 在 TM 轧机轧制期间保存轧制规程，并执行轧制工艺操作。MCS 为每个道次不断地发送下一个道次相关的参考值。TCS 控制系统在两个道次/孔型之间做出相应设定值的调整。TCS 通过工业以太网络给 L1 级基础自动化 MCS 发回实际值（如位置、辊缝、压力和机架系统状态数据等）。

TCS 工艺控制系统工作模式：轧制方式、换辊方式、校准方式。

TCS 工艺控制系统框图见图 16-11，万能轧机 TCS 控制伺服液压缸见图 16-12，TCS 系统 AGC 控制框图见图 16-13，TCS 系统 HGC 液压伺服闭环控制见图 16-14。

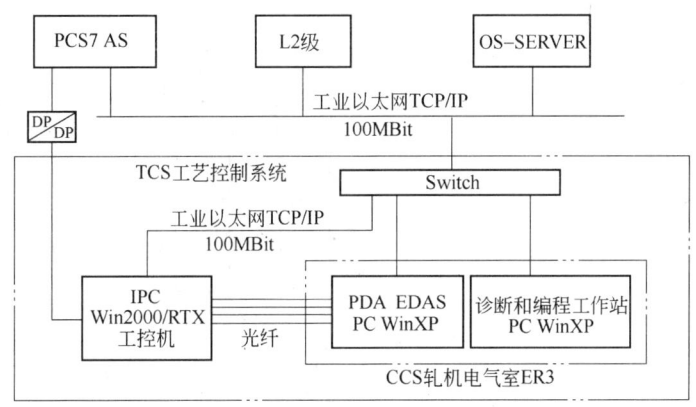

图 16-11　TCS 工艺控制系统框（SMS MEER）

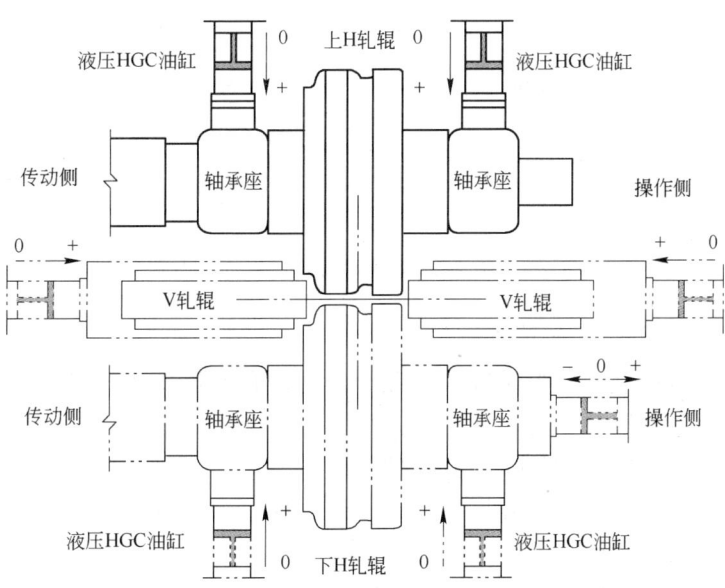

图 16-12　万能轧机 TCS 控制伺服液压缸（SMS MEER）

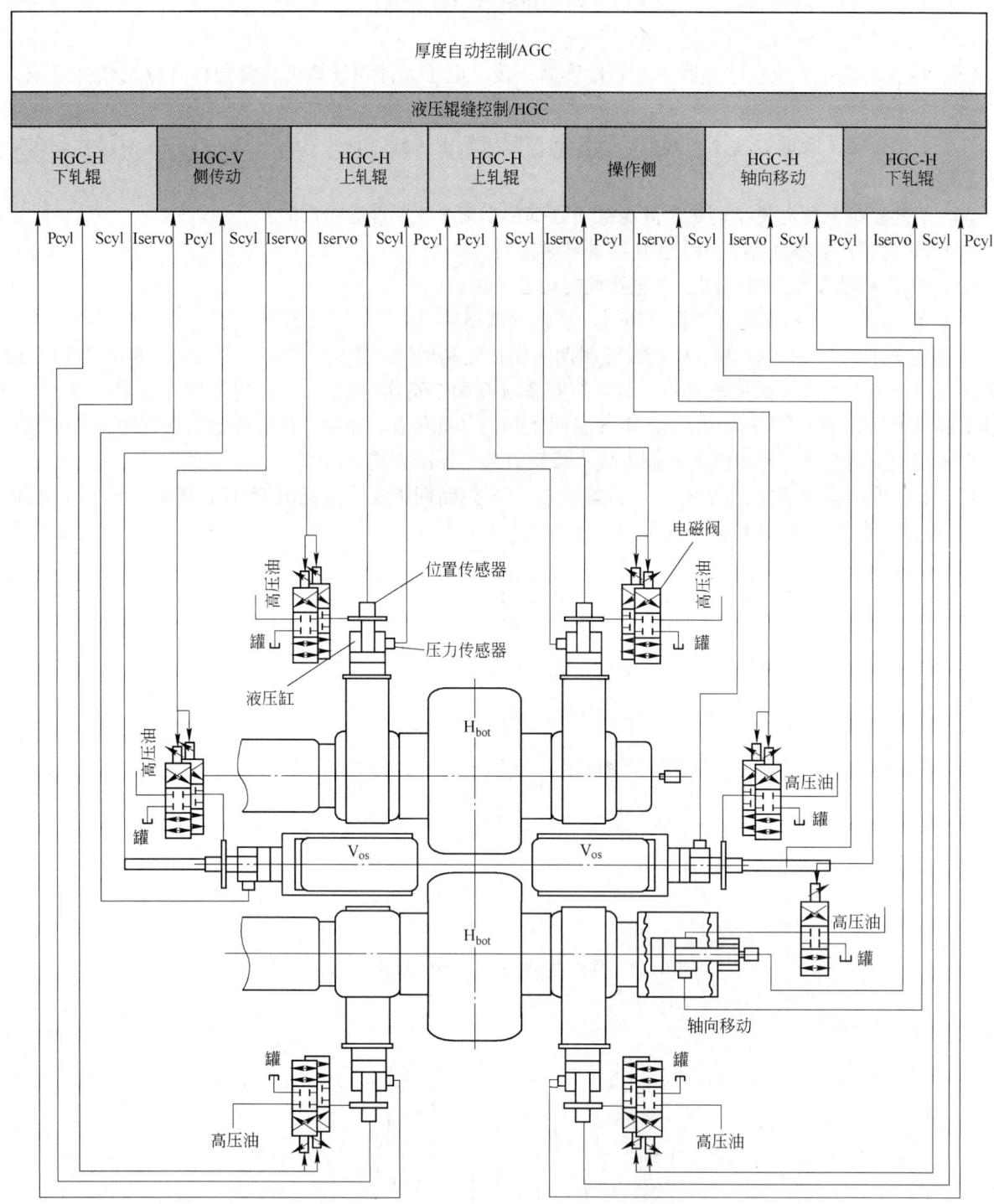

图 16-13　TCS 系统 AGC 控制框图（SMS MEER）

B　TCS 工艺控制 HGC 系统主要功能

（1）根据轧制表上的成品尺寸（腹板/翼缘厚度）计算所有辊缝参考值；

（2）分别调整翼缘辊缝和腹板辊缝；

（3）调整的同步化（DS-OS）和协调（机架之间）；

（4）考虑到轧辊弹性压扁及轧机弹跳进行动态补偿（AGC）；

（5）通过阶梯式轧辊力限定进行快速主动的过载保护；

（6）水平辊（UR、UF）的轴向位移和位置控制；

（7）每个液压缸中内置的绝对值编码器进行液压缸位置检测；

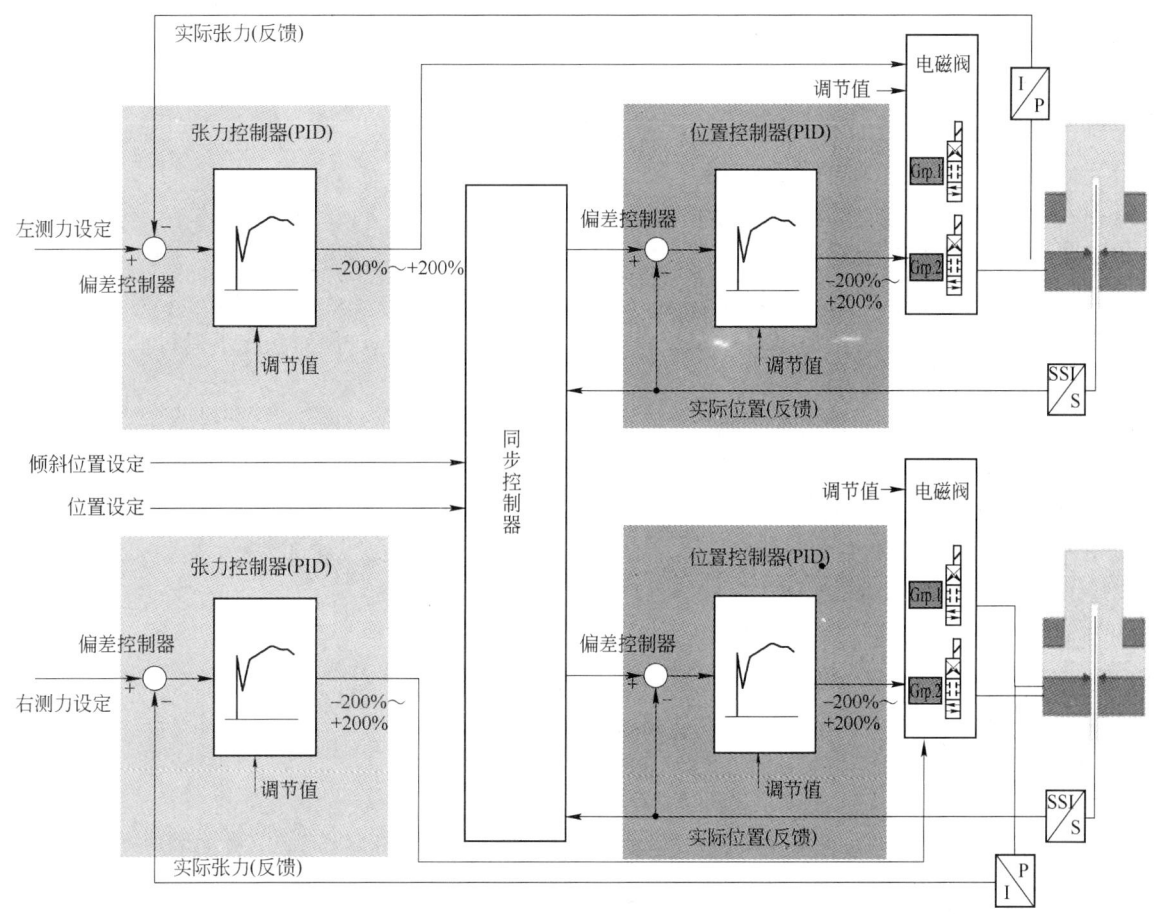

图 16-14 TCS 系统 HGC 液压伺服闭环控制（SMS MEER）

（8）每个液压缸的快速高精度的闭环位置控制；

（9）通过压力传感器进行每个液压缸的直接压力检测；

（10）通过在液压缸处检测到的压力数据进行轧制力计算；

（11）液压缸闭环压力控制；

（12）换辊之后的自动辊缝回零；

（13）上轧辊的自动找平/摆动；

（14）维修之后位置传感器校准的自动流程；

（15）轧线（U 机架）检查/校准的半自动流程；

（16）与传动、MCS 和 L2 级系统的标准接口。

C TCS 控制系统技术数据

传感器：现场装置压力和位置传感器。

轴向窜辊的连接器：在 U 形轴承座上安装特殊插头/插座连接器。

TCS 电气柜组成如下：

（1）1 个电源柜，3 相、50Hz、380V/220V，约 10kV·A，UPS 供电；

（2）1 个数字 I/O 柜，通过光电耦合器，基于 PROFIBUS；

（3）1 个模拟 I/O 柜，输入/输出模拟信号；

（4）1 个工业 PC 计算机控制柜。

TCS 系统的工业 PC 计算机控制柜是基于一个高性能插槽 IPC 工控机，其配置确保 HGC 位置控制器运行周期大约在 3ms，机柜主要构成如下：

（1）PCI 背板，配 18 个 PCI 插槽，2 个 ISA 插槽。

（2）1 个插槽配 IPC-CPU，技术指标为：Pentium P4 3.4GHz，2GB；IDE 闪存，安装在移动机柜上；1

个 ETHERNET 端口 100/10MBps；4 个双工 Profibus 控制器；2 个 USB2.0 端口，面板上；2 个 IDE 控制器；1 个 VGA 和键盘接口；6 个 AI/AO PCI-接口板，16 位；1 个 IDE 硬盘，60GB，移动机柜上（备用驱动）；1 个 DVD/RW 驱动。

（3）1 个 PCI Profibus 控制器，SST 5613-PFB-PCI。

（4）2 个诊断系统的光纤链路的接口板。

（5）2 个冗余工作 PC 电源，带热交换功能。

（6）4 个机柜冷却风扇。

（7）温度和通风监视装置。

（8）RTX 实时操作系统，通过 Windows XP 植入运行，控制程序在该操作系统下运行。

TCS 系统的 I/O 机柜构成如下：

（1）Profibus DP I/O 模块 ET200；

（2）8 个 IM153 总线连接；

（3）8 个 IM321，用于 32DI，24VDC；

（4）8 个 IM322，用于 32DO，24VDC；

（5）AI/AO 16 通道及 Profibus DP 远程 I/O 模块 ET200。

TCS 系统工作站构成如下：

（1）1 个 HMI，17" LCD 监视器；

（2）维护诊断 PC（P4 > 1.2MHz）；

（3）用作多通道记录器，具有分析功能（包括 iba 分析软件）；

（4）总线连接快速接口；

（5）1 个 ProBAS，包括 LogiCAD 开发许可。

D　PDA 数据采集工作站

PDA 数据采集 PC 机工作站用于维修和轧制工艺的诊断（iba 系统），它是一种在线和离线数据采集系统，可以处理来自 TCS 的 256 个模拟信号，分辨率大约为 5ms。

PC 机工作站通过光纤接口与 TCS 连接，进行工艺数据高速传输。

E　分析诊断和编程工作站

诊断和编程 PC 机工作站的配置如下：

（1）ProHMI 软件工具（英文）用于 TCS 变量状态和组态的诊断；对控制系统参数化，编辑控制常数，校正控制参数并显示工艺数据。

（2）TCS 的应用控制软件采用 LogiCAD32 在 E-PROBAS 开发软件系统中编写而成；带 LogiCAD 和 E-PROBAS 的 PC 通过以太网连接到 TCS。

（3）控制程序通过编程软件 LogiCAD 生成，这是一个以 IEC1131 标准为基础的用于编程控制软件的工具，带有一个图形用户接口。LogiCAD 在 Windows 下运行。在 LogiCAD 下生成的控制程序转换为 C 代码并下载到 TCS 计算机。

F　TCS 工艺控制系统组成

（1）1 个开关柜，带各种必要的控制装置，包括 UPS；

（2）1 个用于 TCS 的 IPC 控制器，包括监视器；

（3）1 个诊断和编程工作站，配备监视器和以太网接口，用于编程和 ProHMI 诊断；

（4）1 个 PDA 工作站，配备监视器和光纤接口，作为 PDA 诊断站进行工作；

（5）1 个以太网交换机和 Profibus DP/DP-耦合器，用于连接 L1 基础自动化系统 MCS；

（6）1 套远程 I/O 和端子箱，安装在轧机机架上；

（7）1 套位置和压力传感器；

（8）1 套应用软件；

（9）1 套 ProHMI 诊断软件；

（10）1 套 iba 诊断软件；

（11）1 套 E-PROBAS、状态机编辑软件和 LogiCAD32 开发软件。

16.2.4.2　TM 万能轧机 MTC 微张力控制

可逆三机架串列式 TM 万能轧机不论是 UR/E/UF 万能模式还是 DR/E/DF 二辊模式，轧件在各机架间均形成连轧，各机架必须遵循"秒流量相等"原则，为此应采用微张力无套连轧技术。

目前国内轨梁生产基地攀钢、鞍钢、武钢均采用西门子 MTC 微张力控制技术，轧件经 UR 机架至 UF 机架轧制时其控制原理如下，当轧件径 UF 机架至 UR 机架轧制时控制原理类似。

（1）当轧件进入连轧机第一机架（UR 机架）且速度控制稳定之后，将连轧机第一架电动机转矩存入内存中，见图 16-15。

（2）当轧件进入第二机架（UF 机架）之前，第一机架改为转矩控制，用之前测量并存贮的转矩（减去设定张力）作为设定转矩，见图 16-16。

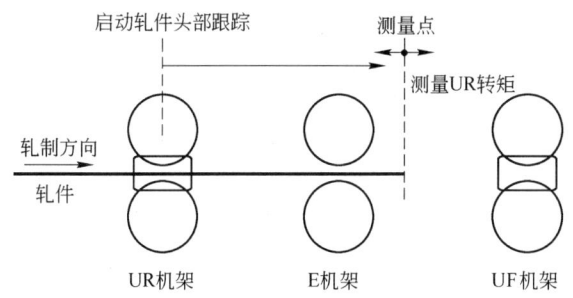

图 16-15　UR 机架转矩测量（西门子 SIEMENS）

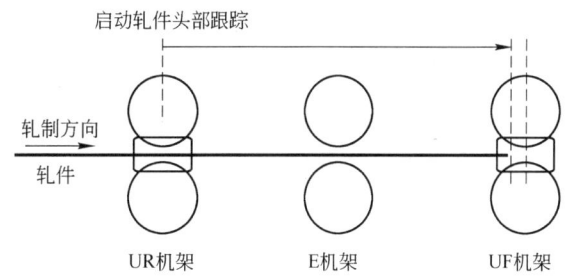

图 16-16　UR 机架转矩控制（西门子 SIEMENS）

（3）当轧件带有微张力进入第二机架（UF 机架）并且第二机架的速度控制稳定时，记录并存储仍在转矩控制模式下的第一机架（UR 机架）的实际电动机速度，见图 16-17。

（4）用第一机架（UR 机架）的速度测量值来计算两个机架的新关系并更新延伸系数。同时第一机架（UR 机架）用修正过的延伸系数来校正速度参考值，并恢复速度控制。

需注意以下几点：

（1）初始道次轧制时存储的电动机转矩以及从轧制表计算出来的张力力矩设定值可由 HMI 操作员修改。

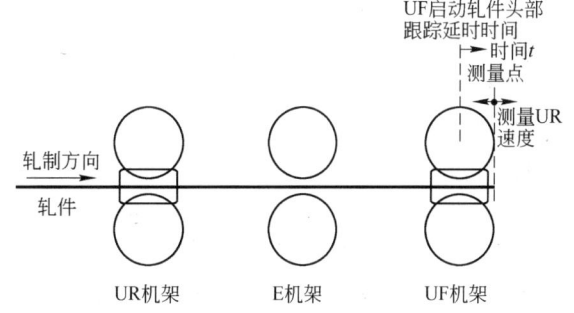

图 16-17　UR 机架速度测量（西门子 SIEMENS）

（2）单位张力设定值代表某种型钢出口横截面的最佳特性数值。

（3）实际电动机转矩值由轧制转矩和张力转矩构成。

（4）末机架的出口给定速度基准值。

16.2.5　通信网络

为了实现自动化设备之间快速、实时、可靠通讯，L1 级各个计算机设备通过工业以太网相互连接，经网络交换机互联构成一个局域网，实现数据交换。主干网线使用光缆，其他分支使用双绞线 TP 电缆。

在各操作室、电气室内分别设置工业交换机 SCALANCE X，交换机用光纤以太网连接，构成光纤主干网络。

网络部件可选 SIEMENS 等品牌产品。

16.2.5.1　局域网配置

L2 级网络设置 1 台 L2 级 SCALANCE X400 中心交换机，设置在 TM 轧机 ER3 电气室内，中心交换机与各 L2 级终端客户机的二层交换机 SCALANCE X300 通过光纤连接。

L1 级网络设置 3 个光纤工业以太环网：

（1）热轧区 PCS7 OS 光纤工业以太环网；

（2）冷床及精整、余热淬火区 PCS7 OS 光纤工业以太环网；

（3）PCS7 AS 控制器、TCS 控制器光纤工业以太环网。

交换机初步配置如下：

（1）中心交换机：SCALANCE X400 1 台，支持虚拟网络 VLAN；

（2）操作室交换机：34 台；

（3）电气室交换机：15 台。

16.2.5.2　局域网特性

（1）标准：工业快速以太网 TCP/IP；

（2）电缆：主干网采用光纤，电气室和操作室采用工业双绞线屏蔽电缆 TP；

（3）最大节点数量：1024；

（4）最大数据传输率：100Mbit/s（主接口、服务器、主干光纤），10Mbit/s（其他接口，不包括服务器、主干光纤）；

（5）Profibus 网络：包括总线中继器、光链路模块（OLM）、DP/DP 耦合器。

16.2.5.3　现场总线

L1 级基础自动化采用 Profibus 现场总线技术，将 IEC61158 国际标准和规范的智能化现场设备（如传感检测元件等）相互连接。Profibus DP 现场总线将各自区域内主辅传动的全数字变频装置、MCC、传感检测元件等连接到 AS 等各控制器 PLC 主站，实现控制信号的传输。

L1 级基础自动化采用模块化远程 I/O 站，形成分布式配置，将远程 I/O 模块安装在现场端子箱或操作台内，通过 Profibus-DP 连接到 PLC 控制器主机。

16.2.6　与 L2 级过程自动化报文数据通信

L2 级过程计算机 L2RM 自动化系统一般采用 PC 计算机客户机/服务器架构，通常设置 1 个服务器和多个 HMI 客户机终端用户，服务器配有数据库等软件。

L2RM 的全部功能分配在各个集成模块中，并在不同的独立应用中完成。L2RM 所有的应用都是作为独立的后台程序在服务器中运行，功能模块通过事件触发执行其任务。

执行一个功能所需要的数据从中央数据库中读取，结果也是保存在该数据库中。当一个模块完成其任务时，通过一个事件来表征其状态。L2RM 用这些模块管理外部接口，并控制数据流。

HMI 客户机是一个完整的并独立的 PC 计算机。每个 HMI 用户都可以从 L2RM 中央数据库中读取并写入数据。另外，它还具有生成和发送事件的功能。

通过 HMI 用户，操作员可以检查 L2RM 的功能。此外，操作员还可以将子功能切换为手动方式，并对其进行手动控制。

L2 级过程自动化计算机系统 L2RM 用于收集各种测量数据和生产数据，并向各种不同的 L1 级计算机提供设定数据。生产线上生产的各种轧件的质量数据保存在一个数据库中。L2 级系统通过 HMI 屏幕进行监视，操作员可以干预 L2 级系统。

L2 级过程自动化计算机设备可选 SIEMENS、Fujitsu、Compaq 或 HP 等品牌产品，国内集成制造。

L2 级服务器安装在轧机电气室计算机机房内，作为 L2 级 HMI 客户端的服务器，其数据库存放生产过程数据；从 L1 级收集数据，存储到数据库中；并将控制数据传送到各 L1 级控制器。

为了实现 L2 级计算机功能（生产计划、轧制节奏、跟踪及管理、所有工艺阶段的材料追踪、记录输入和最终产品及废品、监控技术工艺参数、控制产品质量、控制设备运行指令、记录工艺方法和能耗、记录设备停车时间、生产记录、生产报表），L1 级与 L2 级之间需要通信接口及报文数据。

L2RM 通过操作员在 HMI 输入并通过与 L1 级通信来获得外部数据。外部通信是 TCP/IP 协议，通信数据为设定值、测量值、跟踪信息和状态信息。

通信数据按照预先定义的报文（电码）发送，并按照规定的固定时间间隔发送。

报文是由标题部分和用户部分组成的。标题部分包含识别报文种类的独一的标识码和数据结构总的长度。用户部分自由定义。

每个通信伙伴具有其自己的 TCP/IP 地址。为每个通信伙伴预留两个端口：一个用于发送，另一个用于接收。

L2RM 报文（电码）传输内容包括：

（1）接收来自 MES 生产制造执行系统的"生产指令"，包括产品原始数据。

（2）利用"轧制程序"进行预设定设置，并把其发送到相关的 L1 级基础自动化系统。

（3）接收来自 L1 级基础自动化的"实绩生产数据"，并在内部数据库内更新。

16.2.6.1　加热炉区报文

A　轧件识别码

当坯料入炉时，加热炉 PLC 必需生成一个轧件标识码。轧件标识码是一个整数值，并且是 1000 的倍数。在坯料通过加热炉的过程中必须对该标识码进行跟踪。出炉时该标识码交付给轧机区的 L1 级系统。

B　轧件跟踪

加热炉 PLC 周期性地给 L2RM 发送报文，报文包含加热炉中所有轧件标识码。每次出料都要用包含轧件标识码的电码报告。

不合格的坯料移送到废钢收集装置，由加热炉 PLC 用包含轧件标识码的电文报告。

C　测量数据处理

在炉区只有一个测量值，就是出炉温度，这个值通过出料报文从炉子 PLC 发送到二级。

D　轧制节奏

每次出料后，出料周期时间由 L2RM 用报文发送给 L1 级系统（轧机）或由人工发送。L1 级（轧机）将该周期时间放到一个缓冲器中。当向加热炉请求下一个坯料时，L1 级开始用给定的周期时间计时。

当该计时器走完计时的时间时，出料请求触发炉子的 PLC。但是，出料请求必须与轧机"准备就绪"条件连锁。L1 级也可以忽略或中断该周期时间，并且完全由人工发出出料请求。

加热炉 PLC 的准备好信号和出料请求是互锁的，L1 级（轧机）必须等待这个请求直到加热炉 PLC 发出准备好的信号（L1 级 PLC 之间信号交换）为止。

出料请求条件是：轧机准备就绪、加热炉准备就绪、计时器准备好（或人工触发器）。这些条件和出料请求本身都是由 L1 级控制的。

16.2.6.2　轧机区报文

A　轧件跟踪

轧机区的 L1 级必须在加热炉出料时接收来自加热炉 PLC 发送的轧件标识码，并且使用该标识码进行轧件跟踪。跟踪信息要用数据报文的形式发送给 L2RM。L1 级和 L2 级要对报文结构进行定义。

当轧件离开轧机区时，其轧件标识码需发送到钢轨或型钢精整线的 L1 级 PLC。

轧机区的 L1 级 PLC 设有若干个跟踪区。其中轧机跟踪区内，轧机的机架中心作为原始点。每个轧机跟踪区具有其自身的坐标系，用于向 L2RM 传输轧件头部实际的位置；其他跟踪区不需要坐标系。

跟踪信息周期性地用跟踪报文传输给 L2RM，内容包含：跟踪区、在跟踪区内的位置（坐标）、移动方向、长度。

B　模拟（虚拟）轧制

为了测试，L1 级进行模拟轧制，此时要用一个报文（轧机状态电码）传输。当执行模拟轧制时，L2RM 将忽略相关区域的跟踪电码。

C　测量数据处理

轧机区的测量数据是对轧件长度的连续测量。L1 级必须采集测量数据并进行统计评价。L1 级必须用统计包传输测量数据，该统计包包含最大值、最小值和平均值、测量单位、标准偏差和轧件头部的参照长度、中间段长度。

D　设定值处理

为了记录质量数据，从 L2RM 接收设定值的 L1 级需要给 L2RM 发送回实际使用的设定值（通过报文）。无论何时，如果忽略 L2RM 设定值，而采用 L1 级自己的设定值数据时（通过 L1 级 HMI 人工输入），或当操作员在 L1 级和 L2 级的设定值数据之间切换时，L1 级必须用报文通知 L2RM。

L2RM 对每一个轧件发送设定值，并且用轧件标识码进行识别。L1 级发送回的实际使用的设定值，必须同样用轧件标识码来识别该轧件。

L1 级从 L2RM 获取的每个新的设定值，存入到"下一个缓冲器"，并覆盖该缓冲器中的所有数据。轧制表的设定数据可以通过重新发送来修改，直到 L1 级将设定数据存入到"执行缓冲器"为止。

L1 级通过内部触发器确定何时将"下一个缓冲器"复制到它的"执行缓冲器"中。如果在"下一个缓冲器"中的轧件标识码与下一个轧件不相同，它就将该过程锁定。一旦将设定值放到"执行缓冲器"后，它就不能再进行更改。

L1 级具有"单支"跟踪功能（不是"轧批"跟踪）。如果 L1 级的轧件标识码不同于设定值中（轧制表）的轧件标识码的话，该系统就被锁定。

E　轧辊数据处理

操作员用一个请求报文请求轧辊数据，L2RM 将发送一个轧辊数据报文。当请求的是一个无效的轧辊组标识码时，L2RM 发送一个空电码（填入零）。

当换辊时，L2RM 期望从 L1 级收到一个实际使用的轧辊数据报文，来触发 L2RM 换辊识别。如果 L1 级进行修改或使用了不同的轧辊的话，L1 级必须发送修改过的轧辊数据。

16.2.6.3　钢轨精整区

A　轧件跟踪

钢轨精整区的 L1 级需要根据各个跟踪区进行轧件的跟踪。轧件标识码必须从一个 PLC 发送到另一个 PLC。在轧件分切时，L1 级必须生成两个新的轧件标识码。L1 级必须发送上述跟踪报文至 L2RM。

B　测量数据处理

锯钻机和冷锯机的长度测量装置都是由 L1 级 PLC 控制。L1 级 PLC 将测量结果与所测量的轧件标识码一起用报文发送到 L2RM。

C　设定值处理

由 L2RM 发送的设定值直接发送到相关设备，如锯钻机、轨梁检验中心和冷锯。

16.2.6.4　型钢精整区

A　轧件跟踪

型钢精整区的 L1 级系统需要根据各个跟踪区进行轧件跟踪。轧件标识码必须从一个 PLC 发送到另一个 PLC。在型钢分切时，L1 级必须生成两个新的轧件标识码。L1 级必须发送上述跟踪报文至 L2RM。

每次锯切 L1 级必须用"切割执行报文"通知 L2RM，并发送使用的锯片和挡板标识码。

B　测量数据处理

型钢的测量数据由操作员在精整线上人工执行，操作员在 HMI 的画面中键入测量数据，不考虑用 L1 级 PLC 传输测量值。

16.3　中型型钢生产线的电气传动和电控设备

自 1998 年马鞍山钢铁公司引进德国工艺技术与设备的大型 H 型钢生产线投产以来，经过十几年的发展，国内的 H 型钢生产进入了快速发展的阶段。至今已投产近 10 条大型 H 型钢生产线，10 余条中小型 H 型钢生产线。其中生产线电气传动和电控设备，从引进日本东芝、德国 SMS 等国外电控设备到现在逐步采用国产化、具有自主知识产权的电气设备。

16.3.1　中型型钢轧机主传动

目前，根据轧制工艺机架方案的不同，国内中型型钢生产线主要有两种主传动工艺配置方案：

（1）半连续式型钢轧机（1＋7）：BD 开坯粗轧机单机架可逆轧制，7 机架万能、二辊转换式精轧机组，即 U1 万能机架、U2 万能机架、E1 轧边机架、U3 万能机架、U4 万能机架、E2 轧边机架、U5 万能机架。主传动总装机容量约 22.7MW，如鞍山宝得 120 万吨中小型 H 型钢生产线。

（2）全连续式型钢轧机（5＋10）方案：5 机架平立交替二辊粗轧机组，10 机架中、精轧机组由 7 机架 TM 万能轧机和 3 机架水平辊轧机组成；主传动总装机容量约 15.4 MW，如马钢 100～400mm 中小型 H 型钢生产线。

16.3.1.1 半连续式型钢轧机（1＋7）主传动

BD 开坯粗轧机主传动属于低转速、大调速范围、频繁可逆、重过载、大冲击负荷的轧钢类大型传动，单台主电动机容量约 3500～4500kW。针对这一工艺特点，主传动电动机一般选用同步电动机，变频调速采用可控硅交-交变频调速方案或交-直-交调速方案，有关内容参考 16.2.1 节。

7 机架万能／二辊转换式精轧机组主传动属于高转速、不可逆、低冲击负荷的轧钢类主传动，单台主电动机容量约 500～2000kW。针对这一工艺特点，主传动电动机一般选用异步电动机，变频调速采用交-直-交调速方案，有关内容参考 16.2.1 节。

16.3.1.2 全连续式型钢轧机（5＋10）主传动

全连续式型钢轧机（5＋10）与半连续式型钢轧机（1＋7）类同，其主传动均属于连轧型主传动，具有高转速、不可逆、大冲击负荷的轧钢类主传动特点，单台主电动机容量约 500～2000kW，主传动电动机一般选用异步电动机，变频调速采用交-直-交调速方案，有关内容参考 16.2.1 节。

近几年来，国内轧机主传动交-直-交调速装置主要采用 ABB ACS6000 和日本东芝三菱 TMEIC TM-Drive-70、西门子 SINAMICS SM150 品牌产品。

16.3.2 中型型钢生产线的自动控制

中型型钢生产线自动化控制系统采用两级计算机控制，即 L1 级基础自动化和 L2 级过程自动化，计算机控制系统见图 16-18。

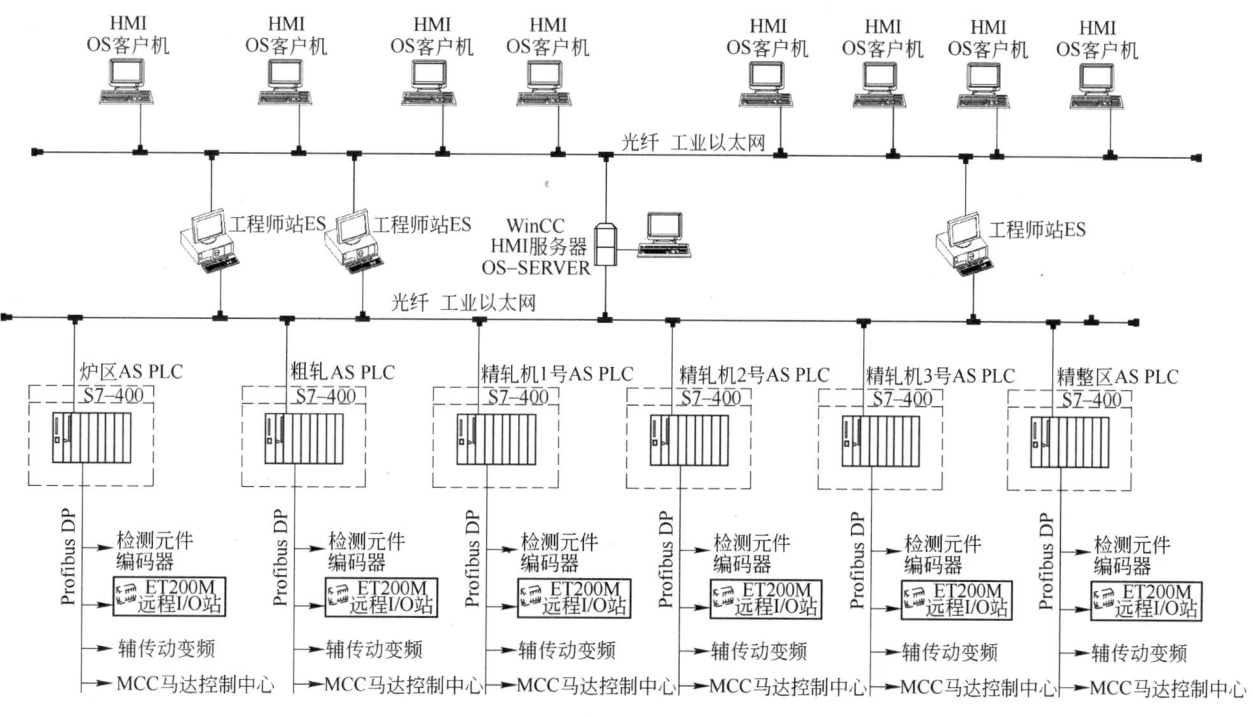

图 16-18 计算机控制系统

16.3.2.1 系统配置

目前，国内中型型钢生产线 L1 级基础自动化主要由西门子 PLC 构成，生产线 6 套 AS PLC 组成，并通过工业以太网光缆相互连接，实现数据交换，详见计算机控制系统框图。

L1 级自动化 HMI 人机界面为 SIEMENS PCS7 OS 系统（SCADA 监控与数据采集系统），根据生产工艺操作要求，采用单站和 C/S 多用户架构。完成操作员与现场工艺设备之间的视窗界面。

生产线设置 4 个 OS 操作员站，OS 操作员站采用工业 PC 机，操作系统为 Win XP，监控画面软件

WinCC，监控显示画面包括工艺流程画面、数据管理画面、事故报警画面、物料跟踪画面等。

AS PLC 配置如下：

（1）炉区 AS PLC：1 套 AS416-3，用于上料、入炉、步进式加热炉、出炉等控制。

（2）BD 粗轧机区 AS PLC：1 套 AS416-3，用于除鳞、BD 粗轧机、切头锯等控制。

（3）精轧机区 1 号 AS PLC：1 套 AS416-3，用于精轧机组设定、级联、微张控制。

（4）精轧机区 2 号 AS PLC：1 套 AS416-3，用于精轧机组轧制存储、快速换辊、离线辊缝调整等控制。

（5）精轧机区 3 号 AS PLC：1 套 AS416-3，用于精轧机组热锯、介质系统控制。

（6）精整区 AS PLC：1 套 AS416-3，用于冷床、矫直机、编组、冷锯、码垛、收集台架等设备控制。

16.3.2.2　主要控制功能

A　轧机设定、级联

根据 L2 级计算机的轧制规程，确定机架选择、R 因子设定、轧辊直径及修正值、机架出口速度等设定数据。

精轧机组共计 7 个机架，即 U1 万能机架、U2 万能机架、E1 轧边机架、U3 万能机架、U4 万能机架、E2 轧边机架、U5 万能机架。7 机架精轧机组为连轧关系，因此需引入 R 因子概念。

R 因子指给定机架入口轧件断面和出口轧件断面之比，也是该机架的轧件出口速度和入口速度之比；采用 R 因子对轧机速度设定，保持级联关系；当改变某机架 R 因子时，不会影响到其他机架的 R 因子设定。通过 R 因子可以对各机架轧辊磨损和其他参数的改变进行估算。特别是更换新的轧制品种后，为了减少废品，采用较低的速度轧制，但 R 因子不会改变，实际上仅改变末机架出口速度即可。

轧件咬入下一机架后的一段时间后，R 因子被记忆，用于下一根型钢的咬入控制，使得下一根型钢的速度级联关系会更好。如果 R 因子超出一定范围，系统将给出报警信息，以便操作人员进行相应的干预。

操作员站可以人工通过画面和操作键完成系统设定、选择和操作，包括：机架配置选择、速度设定、辊径设定、区域启停。

B　轧制表存储

轧制表存储系统允许操作员为轧机中最常使用的轧件品种建立一个库，轧制时可以根据不同的产品规格调用。

每个轧制表包含轧机机架配置、R 因子、轧辊参数、末机架出口速度和对应于新孔型的 R 因子。操作员可以快速地进行轧制表修改和存贮，方便以后重新使用，从而不断完善轧制工艺。

存储的值可以被独立地调用或根据实际生产用于整个轧线。

轧制表通过键盘完成调用，并在轧制表画面显示如下选择：修改、准备、轧制、自动模式。

轧制表存储功能既可以对实际的轧制设定值进行存储，也可以由操作员通过键盘直接输入进行存储。

C　轧辊数据设定

轧辊数据包括当前直径、辊身长度等。其数据可以在操作员站通过页面设定，也可以从 L2 级下载。

轧辊速度根据轧辊直径调整，预设轧机出口速度。为此当前轧辊直径必须输入到控制系统中。

更换轧辊后，由操作员输入新轧辊数据；如果自动换辊，这个数据会在换辊结束后自动导入取代以前的轧辊数据。

操作员可以随时改变轧辊数据，当前轧辊数据只能在轧制间隙修改。

D　MTC 微张力控制

精轧机组连轧过程中，为了实现机架间"秒流量"相等，避免机架间堆钢或拉钢，精轧机组采用机架间无活套 MTC 微张力控制和下游级联控制，并设有手动补偿按钮。精轧机组共计 7 个机架，包括 U1 万能机架、U2 万能机架、E1 轧边机架、U3 万能机架、U4 万能机架、E2 轧边机架、U5 万能机架。

MTC 微张力控制采用"转矩记忆法"，通过调整上游机架速度，实现机架间微张力控制。当轧件进入连轧机第 U_i 机架，且速度控制稳定之后，采样第 U_i 机架电动机转矩，采样间隔 100ms，采样转矩数据 10 个，计算转矩采样数据的平均值 M_{i0}，并将 M_{i0} 存入内存中记忆。当轧件进入连轧机第 U_{i+1} 机架时，连轧机第 U_i 机架电动机转矩将发生变化，此时第 U_i 机架电动机转矩 M_i 可能大于 M_{i0}，也可能小于 M_{i0}，此时

轧件张力转矩为 $M_t = M_{i0} - M_i$，利用下式计算第 U_i 机架速度调整值 Δv_i：

$$\Delta v_i = k(M_{i*} - M_t) = k(T_{i*} S_i R_i - M_t) = k(T_{i*} S_i R_i - M_{i0} + M_i)$$

式中 k ——常数；

M_{i*} ——轧件张力转矩参考值；

T_{i*} ——轧件张力参考值；

S_i ——机架出口侧轧件截面面积；

R_i ——水平轧辊半径。

当轧件进入第 U_{i+1} 机架，按 Δv_i 调整完毕，且速度控制稳定之后，速度调整值 Δv_i 被锁定保持当前值；按照连轧级联关系 R 因子调整所有上游机架。

操作人员可以通过 HMI 手动按钮对 Δv_i 进行人工补偿；手动补偿时，MTC 微张力控制单元中断，并保持当前速度调整值。

E APC 自动位置控制

BD 粗轧机电动压下采用 APC 自动位置控制，粗轧机每一道次辊缝各异，工艺要求压下装置应快速准确调整辊缝，以提高产品质量，加快生产节奏。

F 精轧机组快速换辊及辊缝调节

精轧机组换辊一般采用机架更换方式，即在线轧钢的同时，离线组装第 2 套机架，用于轧制下一个产品。机组辊缝调节分为在线和离线两种方式，每种方式均包括水平辊辊缝调节、立辊辊缝调节等。

通过 APC 辊缝调节功能，精轧机组可迅速得到计算机设定的辊缝，精度约 0.05mm；机组辊缝离线调整后，在半自动换辊方式下，利用换辊小车，可在 10~20min 内完成 7 台轧机联动换辊。机组换辊后，可通过人机接口方便地实现联动辊缝调节。

G 道次管理

粗轧机为二辊可逆式，每一道次均需一批相应的工艺参数，如轧制速度、延伸系数、工作辊直径、辊缝、孔型、翻钢模式、前后推床位置、钢坯高度和宽度等。当需要轧制某一规格产品时，通过监控画面上的数据请求按钮，可将过程级计算机预先设定的该钢种的工艺参数，以道次分组成批下载存储于 AS PLC 中，道次变化以粗轧机咬钢信号为依据，相应设备（如推床、翻钢钩、压下装置、粗轧主电动机、前后辊道等）根据本道次提供的数据动作。

H 自动翻钢

粗轧机轧件自动翻钢功能通过操作侧推床、传动侧推床、推床上的翻钢钩三者协调动作实现自动翻钢。

I 轧件跟踪

轧件跟踪以热检或咬钢信号作为出发条件，以扫描时间（或脉冲发生器所发脉冲个数）和辊道反馈速度（或每个脉冲对应的轧件运行距离）为依据，计算轧件位置或长度。

J 钢坯自动摆动

钢坯进入加热炉出口辊道后，该辊道前方的热检检得信号时，钢坯暂停，AS PLC 装置判断是否满足前进条件。若满足条件，钢坯自动进入粗轧机入口辊道；否则，钢坯以一定速度在出炉辊道上来回摆动；直到操作人员确定条件满足后按下复位按钮为止。其目的就是防止热钢坯与冷辊道长时间静止接触，导致在接触位置形成"黑印"，影响轧制质量。

关于 HMI 人机界面、工程师站、PDA 数据采集计算机（iba 系统）、通信网络及 L2 级报文数据通信等内容可参照重轨的相关章节。

16.4 大棒生产线控制

16.4.1 概述

近些年，国内新建了多条大棒生产线，这些生产线的主体设备，如开坯机、热锯还是引进国外的机械设备。2010 年，华菱锡钢的大棒生产线是我国第一条完全自主的大棒生产线，其机械设备和电气控制均由国内公司提供，以其为例，其工艺流程如图 16-19 所示。

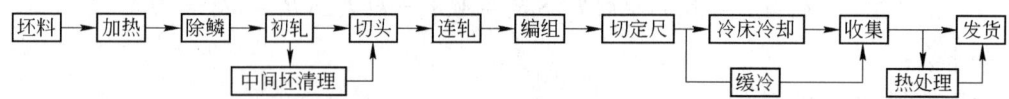

图 16-19　大棒生产线工艺流程

工艺流程简述如下：

轧钢车间与炼钢连铸车间紧凑布置，热铸坯可直接送到轧钢车间。坯料准备和上料方式包括两种：炼钢连铸车间的热坯直接上料和冷坯经缓冷、热处理、检查修磨后上料。

热装热送时，坯料由连铸坯输出辊道送至本车间热送辊道，由提升机提升到平台上，经测长、称重后送入加热炉，入炉时坯料温度约 600℃。对于不合格的坯料，可以通过设在辊道边的钢坯剔出装置剔出收集。

冷装料方式时，连铸车间生产的连铸坯冷却之后，经缓冷、热处理、检查修磨，合格的连铸坯通过过跨小车送到轧钢钢坯跨中存放。根据生产计划，再由吊车吊运至步进式上料台架上，然后逐根地把钢坯送到冷坯上料台架上，经测长、称重后送入加热炉加热。

钢坯加热炉为侧进侧出步进梁式加热炉，双排布料。步进梁将坯料向前输送加热。根据不同钢种要求，钢坯在加热炉内加热至 1100 ~ 1250℃。

加热好的钢坯由出炉辊道送出，进入除鳞机入口辊道，由设在该处的高压水除鳞装置对坯料进行除鳞。不合格坯由反向出钢辊道送出至钢坯跨的下料台架上，冷却后由吊车运走。除鳞完成后由辊道将轧件送到二辊可逆开坯机，开坯机机前辊道设有推床及钩式翻钢机。钢坯在二辊可逆式开坯机中往复轧制 7 ~ 9 道，轧成接近方形的中间断面轧件。根据压下规程设定，某些道次后轧件要用翻钢机翻钢后再继续轧制。为了防止轧件在连轧过程中头部开裂，开坯后轧件需由热剪切去头尾。

热剪切头后，中间轧件进入平立交替布置的 6 架中轧机组中进行无扭转微张力轧制，然后进入 4 架精轧机组轧制。轧件在连轧机组中轧制时采用微张力控制。在中轧机组和精轧机组后均设有飞剪。中轧机组、精轧机组、飞剪的控制与棒线材连轧线类似，相关控制功能见第 17 章中描述。小规格轧件需分段后上横移台架，大规格轧件不必分段直接上横移台架。

连轧机组出口设置有测径仪，对轧件进行在线测径，以便及时了解轧制情况和调整轧机。飞剪分段后分钢装置把轧件导入至辊道不同位置，防止前后轧件头尾相撞。轧件在台架上由链式移送机按一定数量对其进行编组。平移小车将轧件成组托起移到输出辊道上，由输出辊道成排地将轧件运送到三台热锯处切成定尺长度。

轧件定尺锯切后，分料装置把切断后的轧件逐根地拨送至冷床冷却。轧件冷却至工艺要求温度后下冷床，并由辊道输送至收集台架，在此进行收集、人工打捆称重，最后由吊车吊到成品库堆放。

需高温缓冷的棒材由热锯切成定尺后，由缓冷台架收集到缓冷坑。

需要热处理的棒材由设在成品跨内的三台车底式热处理炉进行热处理。

需要精整的棒材由吊车吊至矫直机前的上料台架上，之后依次进入矫直、抛丸、倒棱和探伤机组，探伤合格的棒材打捆包装，表面质量不合格的棒材由吊车吊至修磨区进行人工修磨处理，之后再人工打捆包装，心部质量不合格的棒材由砂轮锯进行分段，再人工打捆包装。

缓冷热处理材和一部分需要矫直的热轧棒材首先进入矫直机进行矫直处理，矫直处理后的棒材和不需要矫直处理的热轧棒材进入滚磨机组进行表面剥皮处理，处理后下料人工检查修磨后收集包装。

滚磨下料的棒材由二辊碾光机进行碾光处理，之后进行收集，检查合格后打捆包装。

16.4.2　自动化控制系统结构

大棒生产线的计算机自动化控制系统一般都采用基础自动化级和过程自动化级的二级控制系统。基础自动化来完成各生产机械的监控，过程自动化主要实现轧件跟踪，原料管理，设备管理等功能。

根据大棒生产线的工艺特点，基础自动化控制系统分为以下几个区域：加热炉前上料区，加热炉区，开坯机区，连轧区，编组区，锯切，冷床及收集区，精整区，每个区域设置相应的 PLC 控制系统和人机接口。典型的大棒生产线的自动化控制系统示意图如图 16-20 所示。

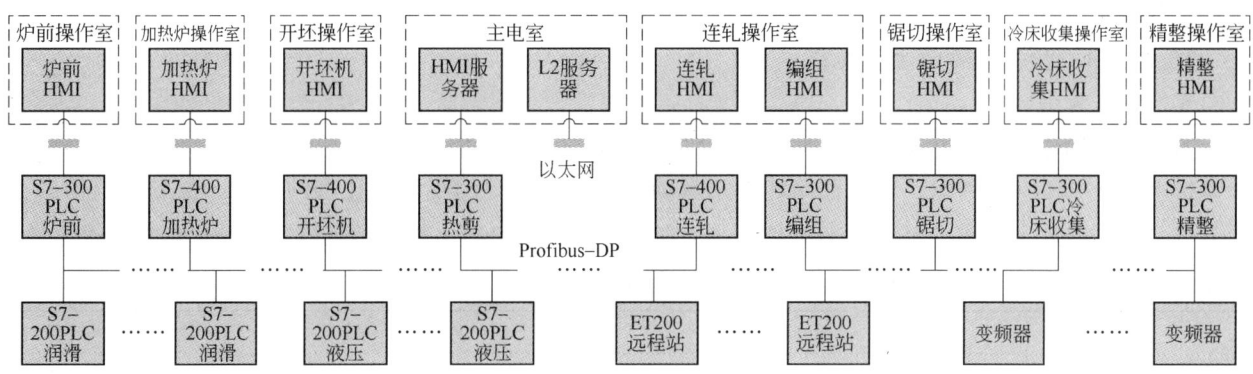

图 16-20 大棒生产线自动化控制系统示意图

自动化控制系统通过三大类通讯网络连接，以太网、Profibus 远程 IO 网和 Profibus 传动网组成并行运算、集中管理、分散控制、资源共享的分布式计算机控制系统。液压润滑等介质站控制系统、远程站和变频器通过 Profibus-DP 与各区域的主站通讯，人机接口（HMI）和 L2 系统通过以太网与各 PLC 控制系统通讯，人机接口也作为 L2 的客户端。由于控制分散，可靠性增强，局部计算机故障不影响全局；而集中监控，则可使操作及管理人员掌握全局。

下面重点叙述开坯机控制、横移编组控制和锯切控制功能，连轧机组控制等其他功能见第 17 章。

16.4.3 开坯机控制

16.4.3.1 概述

开坯机的主要功能是对加热炉加热后的坯料进行往复轧制，轧制成一定尺寸的中间坯料供连轧机组使用。经加热炉加热后的热坯经辊道运输至开坯机前，控制系统根据 HMI 预先设定的工具参数和轧制程序，决定翻钢设备是否翻钢；压下设备自动到达设定辊缝；在推床将坯料对准轧制孔型之后，辊道和轧辊运转将坯料送进开坯机，开坯机咬钢轧制开始。当开坯机抛钢之后，这个道次轧制完成，进入下一个道次，如此往复，直至轧制完成所需道次。

16.4.3.2 工艺设备布置图

工艺设备布置图如图 16-21 所示。

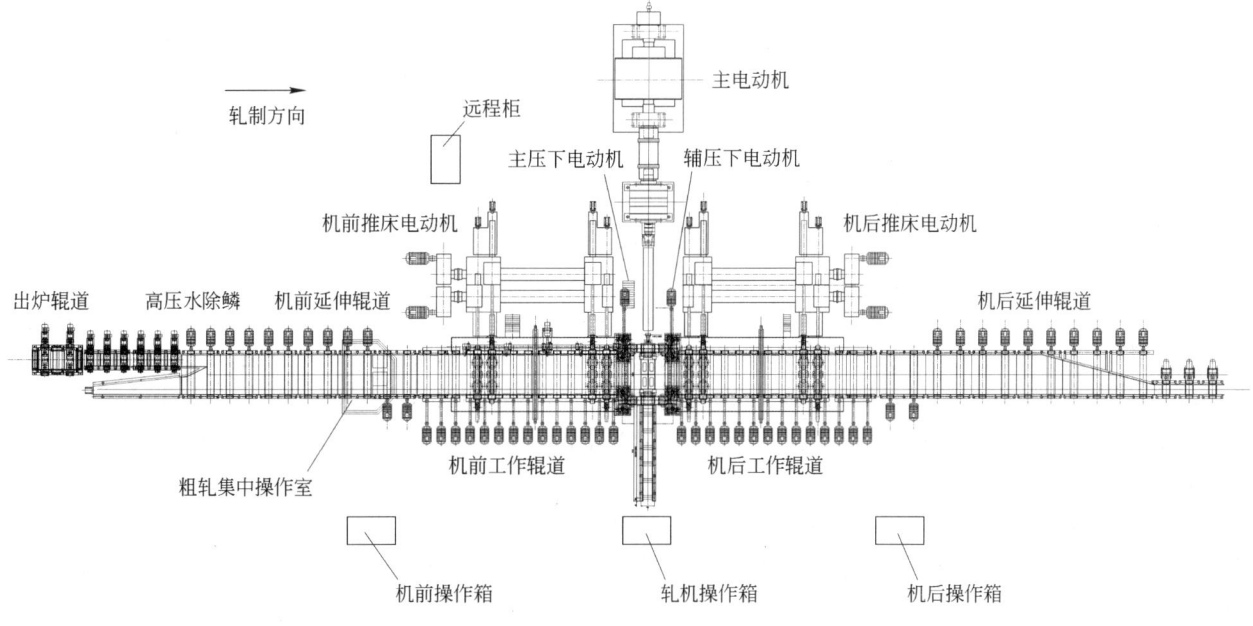

图 16-21 开坯机工艺设备布置图

开坯机区域的主要设备：出炉辊道、高压水除鳞机组、机前延伸辊道、机前工作辊道、机前推床及翻钢设备、开坯机主传动、开坯机主压下装置、开坯机辅助压下装置、开坯机换辊设备、机后工作辊道、机后延伸辊道。

16.4.3.3　控制系统的主要功能

A　工具数据库

为了方便操作人员在更换工具时对工具参数的调用，减小操作人员的数据输入操作，在开坯机 HMI 计算机上设计了工具数据库，用来存储轧辊工具的参数，如轧辊的辊径，孔型的宽度、深度，辊径修正系数等。操作人员可以通过 HMI 在数据库增加、修改、删除、下载工具记录参数。工具参数表见表 16-6。

表 16-6　工具参数表　　　　　　　　　　（mm）

记录号	上辊直径			下辊直径		轧辊长度	
	893			900		2100	
	第 1 孔	第 2 孔	第 3 孔	第 4 孔	第 5 孔	第 6 孔	第 7 孔
孔型中心线	270	645	930	1200	1455	1692.5	1912.5
槽　深	50	60	60	55	55	60	60
槽　宽	400	220	220	190	190	155	155
辊径修正值	50	58.5	58.5	52.5	52.5	60	60

B　轧制程序数据库

在轧制不同规格的棒材时，需要不同的轧制程序。比如，在轧制大规格的产品时需要较少的轧制道次，轧制小规格的产品却需要较多的道次，而且每个道次使用的孔型、辊缝设定值等都不尽相同。这样，在每次换规格时操作人员都需要修改这些轧制参数。为了减少操作人员对轧制程序的频繁输入，在 HMI 计算机上设计了轧制程序数据库，可以对轧制程序进行保存、修改，以方便对轧制程序的调用。轧制程序表见表 16-7。

表 16-7　轧制程序表

轧制程序号	60Y20 号								
炉　号	20101109								
钢坯材质	20 号				钢坯温度/℃		1000		
钢坯规格	高×宽×长 = 180mm×240mm×8000mm				道次总数		3		
道　次	翻　钢	孔型号	空　过	设定辊缝 /mm	轧后宽度 /mm	咬入速度 /m·s⁻¹	轧制速度 /m·s⁻¹	抛钢速度 /m·s⁻¹	辊缝补偿值 /mm
1	1	2	0	70	190	0.8	2.5	1	0
2	0	2	0	42	205	-0.8	-2.5	-1	0
3	1	4	0	53	175	0.8	2.5	1	0
0	0	0	0	0	0	0	0	0	0

C　推床位置的标定

开坯机机前机后共有四个推床，为了保证各个推床的相对位置，首先必须进行标定，即四个推床有相同的基准位置。实践中，最初所有推床都以机前传动侧推床的后极限为基准，但是由于其他推床和这个基准点的位置不易精确测量，导致误差较大。最后采用以轧制中心线为基准，利用轧制中心线到各推床的距离进行位置标定的方法进行标定，标定后的位置比较精确，效果很好。

D　推床的定位和同步

开坯机在轧制生产时，要求机前机后的推床一直保持同步。两者的同步是通过一个推床跟随另一个推床的实际位置而实现的。开坯机前后推床的同步及定位的方框图如图 16-22 所示。以机前推床为主机后推床跟随为例，在自动运行时，机前推床接受位置给定，波形发生器根据设定好的加速度和最大速度计算出位置 P1ref 和速度 V1ref 的波形，作为位置调节器的给定，位置调节器根据位置的实际值 P1act 和位置的给定值的偏差以及速度 V1ref 计算出给传动装置的速度给定来控制机械设备。这时机后推床完全跟随机前推床的位置，即机后推床的控制器中波形发生器的位置输入为机前推床的实际位置，其位置调节器的速度给定 V2ref 也来自于机前的 V1ref。同理，机后推床为主的控制原理也是一样的。

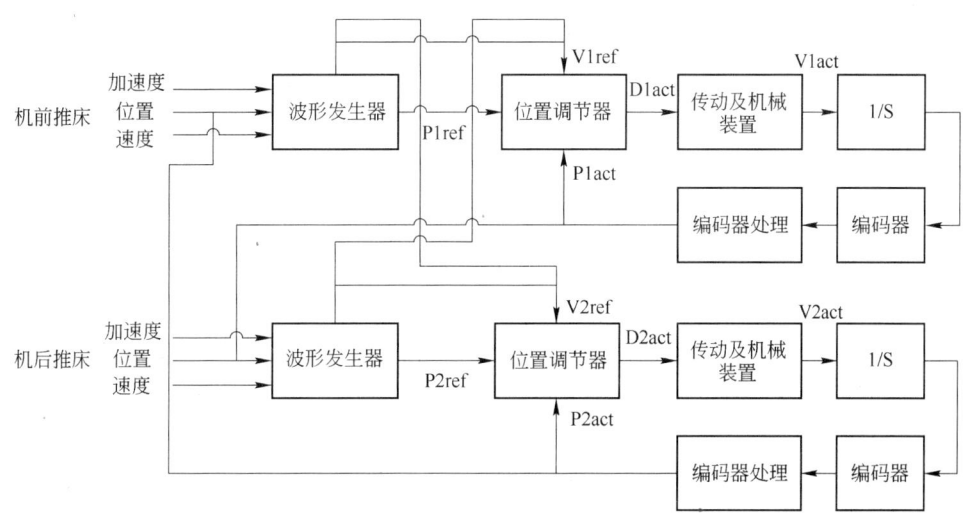

图 16-22 推床同步定位方框

E 推床翻钢钩的类人操作

开坯机在轧制小规格的产品时，特别是在最后一个道次时，由于规格较小导致轧件很长，过长的轧件给翻钢带来了困难。为了能够可靠地翻钢，程序中设计了模拟人工操作的翻钢程序，具体表现为在翻钢时，带翻钢钩的推床向前运行，利用惯性实现翻钢；在翻钢之后推床对坯料进行扶持。

F 推床的夹持

在实际生产中，由于坯料的温度不好或者坯料太长时，在开坯机的轧制中，坯料会发生扭转的情况。为了防止这种情况的发生，控制系统增加了推床夹持的功能。推床夹持就是在开坯机咬钢后，传动侧和操作侧的推床在轧制孔型的两边一直向轧制中心线方向推着坯料，实现对坯料的导向和矫直的功能。

G 压下装置自动压靠

压下装置的位置标定一般由人工测量辊缝的高度然后进行标定，其缺点是误差较大。采用人工压靠，即上辊和下辊压紧靠在一起，容易导致轧辊压死。压死后压下装置不能抬起，而处理轧辊压死故障也是一个比较棘手耗时的事情。为了得到准确的零辊缝，控制系统在人工标定的基础上增加了压下装置自动压靠标定零位的功能。自动压靠的流程如图 16-23 所示。

H 压下自动定位

同样，压下装置的自动定位也采用如前所述推床的波形发生器和位置调节器的结构，系统定位快速，定位精度高，误差在 ±0.5mm 之内，完全满足 ±1mm 的工艺要求。

I 主传动速度控制

在自动轧制时，例如某一道次，压下达到轧制位置而且推床对准轧制孔型，这时开坯机主传动先以咬入速度运行，在咬钢之后，以轧制速度运行，在快抛钢时要以抛钢速度运行。在抛钢之后，由于轧辊冷却水一直对轧辊进行冷却，这时如果轧辊停止会导致冷却水对轧辊冷却不均，为了防止这种情况，当开坯机抛钢之后系统会自动转入爬行速度运行直至下一道次

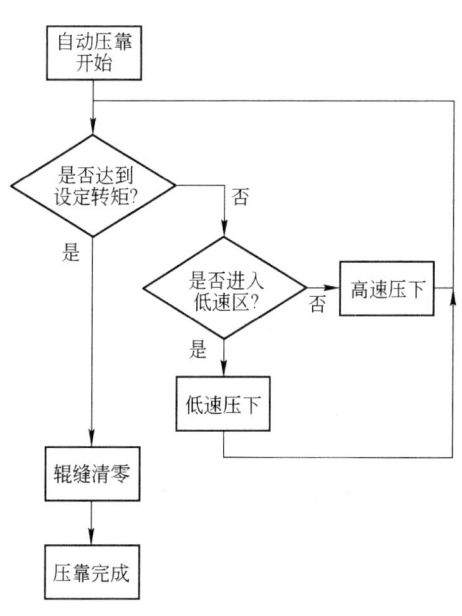

图 16-23 自动压靠流程

开始。

　　J　机前机后辊道同步

　　机前机后辊道的速度控制可以选择与开坯机同步或者独立运行。在画面上可以设定辊道与主传动同步的系数。

16.4.4　横移编组控制

　　大棒生产线横移编组区位于连轧区后，其主要功能是将精轧机轧制后的成品棒材按照工艺要求编制成组，然后输送至锯切区进行定尺锯切。横移编组区根据工艺要求不同可以采用不同的设备完成上述功能，下文将以某钢厂为例对横移编组设备控制功能进行说明。

　　横移编组区主要设备：分钢器、分钢辊道、双辊道、上料小车、编组台架、拨钢器、下料小车、输出辊道。

　　横移编组区工艺示意图如图16-24所示。

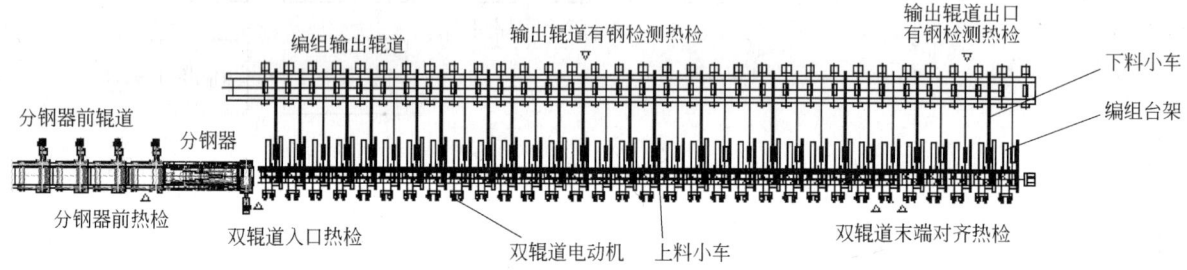

图16-24　横移编组区工艺示意图

　　分钢器位于倍尺飞剪与双辊道入口之间，倍尺飞剪剪切后的棒材通过分钢器送入到双辊道空闲的一侧辊道内，实现前后两根钢分离作用。分钢器由两组双线圈液压电磁阀控制，并设有四个接近开关分别检测左右分钢板的高低位。分钢器前辊道设有热金属检测器，用于检测有钢信号。左分钢挡板位于低位右分钢挡板位于高位时，分钢器向双辊道左辊道分钢；左分钢挡板位于高位右分钢挡板位于低位时，分钢器向右辊道分钢。

　　分钢辊道位于精轧机出口至双辊道入口之间，每个辊道由一台变频调速电动机单独传动。分钢辊道跟随主轧线出口线速度运行，在精轧机咬钢后开始起动。为了节能，自动模式时，分钢辊道运行过程若轧机无钢超过一段时间，分钢辊道将自动停止运行，直至精轧机咬钢信号到来。

　　双辊道由两排V型辊道组成，每个辊道由一台变频调速电动机单独传动。在棒材未被剪切前，为了减少辊道磨损，双辊道速度与精轧机出口线速度保持一致，在倍尺飞剪剪切后，为了拉开前后两根钢间距，双辊道中有钢的一排辊道开始以超前精轧机速度10%～30%的速度运行。通常，双辊道入口设有一台热金属检测器，末端设有两台热金属检测器，入口热金属检测器主要用于起动双辊道，末端热金属检测器主要用于控制双辊道停止，以实现双辊道头部对齐。

　　双辊道通常有两种工作方式：双位接料、单根接料。所谓双位接料是双辊道同时工作，当双辊道内均有棒料且辊道停止后，方允许上料侧运料小车上升。所谓单根接料通常是指左辊道接料或者右辊道接料，双辊道只有一排辊道工作，另一排辊道离线。

　　横移编组上料侧运输小车升降通常由液压缸驱动，前进后退由变频电动机驱动。小车全长通过机械轴连接在一起。小车升降液压缸由比例阀控制，比例阀主要用于控制小车升降速度，以实现小车升降同步；驱动小车前进的所有电动机通过一台变频器控制，以实现小车前进后退的速度同步。上料侧运输小车用于将双辊道上棒料运送至编组台架上，并根据工艺要求进行编组。上料侧运输小车主要有升降速度同步控制、前进后退速度控制、前进后退位置控制、布料位置控制、布料连锁控制等控制功能。在台架上布料数量达到工艺设定值时，上料侧小车在高位前进至缓冲位置时将停止前进，待下料侧小车将编组后的棒料运输出编组台架后方可继续前进。

　　横移编组下料侧运输小车与上料侧设备结构基本相同，也是由液压缸驱动升降，变频电动机驱动前进后退。下料侧小车主要用于将编组完毕的棒层运送至编组输出辊道，下料侧运输小车主要有升降速度同步控制、前进后退速度及位置控制、与上料小车连锁控制、与编组输出辊道连锁控制等控制功能。当上料侧运输小车在卸料位高位时，下料侧运输小车在接料位置时禁止上升。当编组输出辊道有钢或输出辊道运行时，下料侧小车在高位前进至缓冲位置时将停止前进，待输出辊道无钢且停止运行时，方可继续前进。

横移编组输出辊道通常采用变频调速电动机驱动，每个辊道由一台变频调速电动机单独传动，辊道通常分为两至三组，由两至三台变频器控制运行。横移编组输出辊道用于将编组后的棒层输送至锯切区域进行锯切。

16.4.5 锯切控制

大棒锯切区位于横移编组区后、冷床前，锯切区主要用于将编完组的大棒锯切为定尺，并输送至冷床或缓冷台架进行冷却。大棒锯切区主要包括热锯及定尺机，热锯通常采用的是金属锯。

锯切区的锯切能力直接影响到大棒生产线产能，为了提高锯切效率，大棒生产线通常设置 3 台热锯，依次为 1 号热锯、2 号热锯、3 号热锯。1 号热锯通常为固定锯，锯后设有定尺机用于对锯切棒料进行定尺，1 号主要用于切头、两倍定尺或三倍定尺分段、切尾；2 号热锯通常为移动锯，2 号热锯通过锯本体移动控制 2 号热锯与 3 号热锯之间距离，以实现不同定尺锯切，2 号锯通常主要用于定尺锯切；3 号热锯通常为固定锯，锯后设有定尺机，3 号锯主要用于切头、切尾、定尺锯切。

锯切区辊道根据工艺及操作要求通常分为 1 号锯前辊道、1 号锯后辊道、2 号锯前辊道、2 号锯后辊道、3 号锯后辊道几部分。为了满足工艺要求的不同的定尺长度，锯切区辊道按照变频装置的分组情况进行分组控制，以实现定尺长度不同时的辊道自由组合。

锯切区工艺布置图如图 16-25 所示。

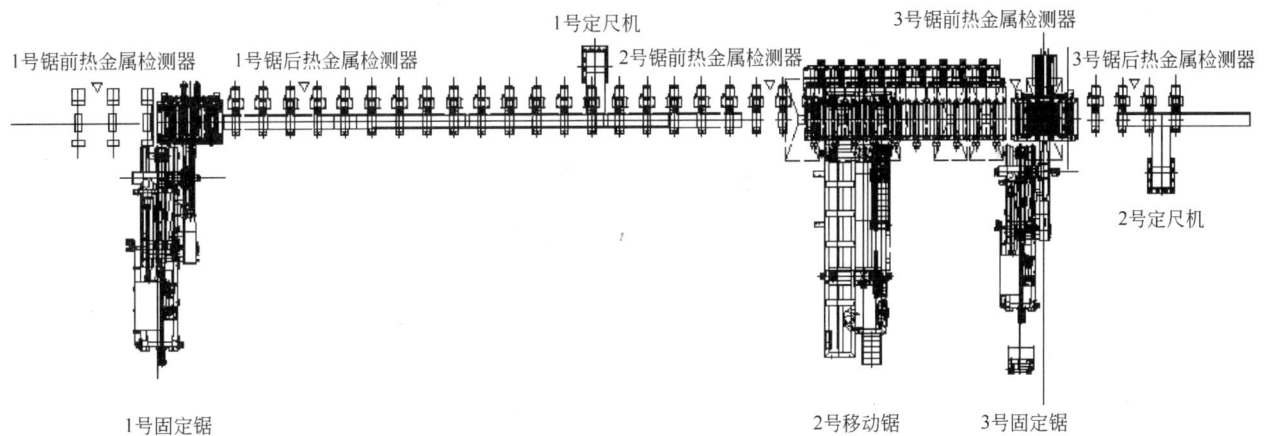

图 16-25 大棒锯切区工艺示意图

固定热锯主要由锯片、进锯液压装置、夹紧装置以及润滑系统等设备组成，锯片由高压恒速电机驱动，进锯液压装置由比例阀控制，实现进锯速度控制，进锯液压装置同时设有位移传感器，用于检测锯片实际位置。夹紧装置由上夹紧装置和下夹紧装置组成，锯片前后各设有一套夹紧装置，在锯片开始锯切前，夹紧装置首先动作将棒材夹紧后方可锯切，夹紧装置由双线圈电磁阀控制，侧夹紧装置一般设有线性位移传感器，用于检测侧夹紧装置位置，判断夹紧装置是否夹紧。

在切头、切尾、分段锯切三种不同模式下，锯片前后夹紧装置工作方式将有所区别。切头模式下，通常前夹紧装置工作，后夹紧装置不工作，首先是前侧夹紧装置开始运行，延时后上夹紧装置压下，侧夹紧装置与下夹紧装置同时到位，确认夹紧后方可进行锯切。切尾模式下，通常后夹紧装置工作，前夹紧装置不工作。分段剪切模式下，前后夹紧装置同时工作。

1 号锯、3 号锯前通常设有对齐挡板，以便切头、切尾时实现头尾对齐功能。通常具备切头、切尾功能的热锯入口、出口设有自由辊道，自由辊道上设有编码器，用于切头、切尾长度控制。

切头功能投入时，锯前热检检测到有钢后，切头挡板上升至高位，待棒料对齐锯前辊道停止后，切头挡板下降至低位，锯前辊道低速起动，此时自由辊道编码器开始计数，计算棒料通过长度，当棒料到达目标位置时辊道停止，可以开始切头操作。

分段剪切功能投入时，锯前后辊道起动后，锯后热金属检测器检测到有钢信号时，系统可根据定尺长度、辊道速度计算出棒材到达定尺挡板所需时间，并开始计时，即将到达定尺挡板处时挡板下降至低位，辊道减速对齐后停止，可以开始分段锯切。

切尾功能投入时，当锯后热检检测到棒材尾部后，锯后辊道停止运行，锯前对齐挡板上升，锯后辊道反向低速起动向对齐挡板处运行，尾部对齐后停止，对齐挡板下降，同时锯后辊道开始低速正向运行，锯后自由辊道编码器开始计数，系统自动计算棒材尾部位置，当棒材尾部到达设定位置时锯后辊道停止运行，可以开始切尾操作。

在大棒生产线中，1~3号热锯通常有如下几种工作模式：

（1）1号锯锯切三倍定尺，2号锯、3号锯同时锯切定尺，将1号锯锯切的三倍定尺分段为三个定尺棒材。这种模式适用于定尺长度较短的产品，锯切效率最高。

（2）1号锯锯切两倍定尺，2号锯离线，3号锯锯切定尺，将1号锯锯切的两倍定尺分段为两个定尺棒材。这种模式使用于定尺长度较长的产品，锯切效率较高。

（3）1号锯离线，不参与剪切，2号锯、3号锯同时工作，一次锯切两个定尺棒材。这种模式适用于1号锯故障的情况下锯切定尺长度较短的产品，锯切效率次之。

（4）1号锯、2号锯同时离线，不参与剪切，3号锯工作，一次锯切一个定尺棒材。这种模式仅仅在1号锯、2号锯同时故障的情况下使用，适用于任何产长度的定尺产品，但锯切效率最低。

从上述四种热锯工作模式可以看出，3号热锯为大棒生产线关键热锯，当3号热锯出现故障无法工作时，整个锯切区将无法锯切定尺棒材，因此在日常维护中尤其要加强对3号热锯的维护。

参 考 文 献

[1] 德国 SMS MEER. 包钢大型型钢技术报价[R]. 2011.
[2] 德国 SIEMENS. 包钢大型型钢技术报价[R]. 2012.
[3] 闫治国，刘建国，唐丽娟. 包钢钢轨的万能法轧制及轧钢调整[J]. 世界轨道交通，2007(10).
[4] 仇曙川，赵乐生，等. 莱钢中型型钢轧机自动化控制系统[J]. 冶金自动化，2000(2).

编写人员：中冶东方 刘 辉
中冶京诚 郭巨众、干思权

17 棒线材轧机自动化控制

17.1 棒线材轧机传动控制系统

现代化的棒线材生产线采用连轧方式生产，要求轧制过程中必须符合各机架中轧件秒流量相等的基本原则，否则就会造成堆钢或拉钢，不能进行正常生产。影响秒流量的因素有很多，如来料因素（温度、尺寸等）、轧机因素（辊缝设置、轧机弹跳等）、电气传动系统因素（响应时间、负载特性等）。一般情况下，是依据最终成品的需求对来料、轧机和传动系统进行设置，而在当轧制过程中出现扰动时，通过对轧机主传动速度进行快速、精密调节以克服这些扰动对秒流量配合关系的影响，实现连轧生产。

因此，现代化的连轧生产线对轧机主传动有下列要求：

（1）调速范围宽；

（2）调速精度高，速度响应快；

（3）动态速降小，恢复时间短。

直流传动系统控制技术非常成熟，在棒线材生产线上得到了广泛应用。随着近年交流调速技术的发展和日益成熟，交流系统与直流系统相比，结构简单、坚固、运行可靠、维护方便，更加适合冶金生产工业的要求，因而取得越来越广泛的应用。

17.1.1 传动电动机

本节所述的传动电动机均为棒线材车间应用的调速电动机，不包括恒速电动机。

17.1.1.1 直流电动机

棒线材车间直流电动机功率从几十千瓦到一千多千瓦，均为他励直流电动机，表17-1为某高速线材车间主要直流电动机参数表。

表 17-1 高速线材车间主要直流电动机参数

名　　称	功率/kW	电枢电压/V	励磁电压/V	转速/r·min^{-1}	电枢电流/A	励磁电流/A
1~2 号轧机电动机	450	660	220	750/1500	729	25.9
3~18 号轧机电动机	600	660	220	750/1500	966	34.3
碎断剪电动机	132	440	220	1000	332	11.8
夹送辊电动机	160	400	220	750/1700	450/456	13.9
吐丝机电动机	250	400	220	1000/1800	680/685	18.8
1 号飞剪	355	660	220	550	589	23.6
2 号飞剪	225	440	220	680	574	17.5
3 号飞剪	225	440	220	540	561	18.8

对于功率较大的电动机，为降低电流，可采用 DC660V、DC750V、DC850V 等电压等级，其他可采用 DC440V 电压等级。

直流电动机技术要求：

（1）冷却方式：直流电动机效率低，而轧机电动机功率较大，通常采用风水冷却方式（如 ICW37A86），其他电动机如碎段剪、夹送辊、吐丝机电动机等可采用强迫风冷方式（IC416）。

（2）绝缘温升要求：轧钢车间对电动机的绝缘及温升要求较高，通常采用 F 级绝缘电动机，并按 B 级温升考核。

（3）保护措施：大功率直流电动机，如电动机损坏会造成较大的损失，因此对于轧机电动机等重要设备应考虑足够的保护措施，通常设置多个测温元件，典型的配置是定子绕组内设置两个、补偿绕组内设置两个、每个轴承各设置一个，温度检测信号送入基础自动化系统，并能在画面显示，当电动机温度过高时及时报警。另外空水冷气器装有温度开关及压差开关，检测冷却器的工作情况。电动机内安装防凝露加热器，电压通常为 AC220V。

（4）编码器：为达到较高的稳态及动态特性要求，电动机的非传动端需安装增量型编码器，要求编码器安装精度在 5 丝以内。

（5）直流飞剪电动机要求的动态响应较高，电动机要求较低的转动惯量和较高的过载倍数，通常要求特殊设计。

17.1.1.2　交流异步电动机

目前棒线材车间采用的低压交流变频异步电动机为笼型异步电动机，笼型异步电动机具有结构简单、制造容易、价格便宜等特点，棒线材车间应用的低压笼型异步电动机主要有 AC380V 及 AC690V 两种电压等级，功率从几十千瓦到一千多千瓦，应用于轧机及其他辅助传动设备。表 17-2 为某棒线材车间交流轧机电动机参数表。

表 17-2　棒材车间轧机交流电动机参数

名　称	功率/kW	额定电压/V	转速/r·min⁻¹	额定电流/A
1~2 号轧机电动机	550	690	900/1700	540
3~13 号轧机电动机	850	690	900/1700	836
14 号轧机电动机	1200	690	900/1700	1180
15~16 号轧机电动机	850	690	900/1700	836
18 号轧机电动机	1200	690	900/1700	1180

除车间主轧机电动机外，其他设备如飞剪电动机、冷床动齿电动机等都可采用低压交流变频异步电动机。

对于高速线材车间的精轧机电动机及减定径电动机，近几年越来越多的电气商选择采用中压交流变频异步电动机方案，功率多为 2000~7000kW 范围，电动机的供电电压为 AC3000V，与低压变频异步电动机一样采用笼型结构。

异步变频电动机技术要求如下：

（1）由于异步机的临界转矩在恒功率弱磁调速段与弱磁深度平方正反比，随转速上升，以二次方关系下降，所以异步机不适合于高弱磁倍数的场合。

（2）冷却方式：轧机用异步变频电动机的冷却方式主要为强迫风冷 IC416 及风水冷（如 ICW37A86），通常电动机制造商根据自身制造能力，在一定的机座号以上采用风水冷却方式。

（3）绝缘温升要求：轧钢车间对电动机的绝缘及温升要求较高，通常采用 F 级绝缘电动机，并按 B 级温升考核。

（4）与直流电动机不同的是，交流调速电动机绝缘要承受变频输出的脉冲电压的作用，作用在电动机的相间电压最大可达到直流母线电压的两倍，通常对于 AC380V 传动系统供电的电动机要求相间能够承受 1400V 电压及 6kV/μs 的电压变化率；对于 AC690V 传动系统供电的电动机要求相间能够承受 2000V 电压及 10kV/μs 的电压变化率；对于采用中压三电平变频器供电的电动机要求相间能够承受 7200V 电压及 3kV/μs 的电压变化率。

（5）保护措施：轧机电动机功率较大，如电动机损坏会造成较大的损失，因此对于轧机电动机通常设置多个测温元件，典型的设置是定子绕组每相两个、每个轴承各一个，温度检测信号送入基础自动化系统，并能在画面显示，当电动机温度过高时及时报警。另外空水冷气器装有温度开关及压差开关，检测冷却器的工作情况。电动机内安装防凝露加热器，电压通常为 AC220V。

（6）传动端应设接地电刷以消除轴电流。

（7）编码器：为达到较高的稳态及动态特性要求，电动机的非传动端需安装增量型编码器，要求编码器安装精度在 5 丝以内。非传动端采用绝缘轴承有利于减小轴电流对编码器的不良影响。

（8）交流飞剪电动机要求的动态响应较高，电动机要求较低的转动惯量及过载倍数，通常要求特殊设计，目前多采用进口品牌电动机，国内电动机制造商业绩较少。

17.1.1.3　交流同步电动机

在棒线材车间应用的交流同步电动机多为普通励磁同步电动机，主要用于高速线材车间的精轧机及减定径机传动，目前有电气商设计了采用无刷励磁同步电机驱动高线精轧机的方案，优点是减少了励磁部分的维护量，但还没有得到推广应用。

同步电动机具有如下特点：

（1）单机容量不受限制。直流电动机由于换向器的换向能力限制了电动机的容量与速度，而同步电动机的容量可达到几十兆瓦，并且可以充分利用电力电子器件的能力提高供电电压来减少电动机的额定电流以便于制造。

（2）同步电动机结构简单、体积小、重量轻，坚固耐用，并且调速范围宽，可在极低的转速下运行，因此有可能与机械合为一体，形成机电一体化产品，大大简化机械结构，减少体积和重量，提高可靠性。

（3）转动惯量小、动态响应好。

同步电动机其他技术要求：

（1）低转速、大转矩同步电动机在轧制过程中会承受较大的轴向推力，因此在电动机的传动端应设计双向止推轴承，轴承所能够承受的推力大小按工艺要求的数值设计。

（2）采用空水冷却，空水冷却器的安装配置根据需要可以安装在电动机顶部，侧面，下方（设备基础坑内）。如采用下方安装方式要充分考虑安装和维护的可行性。

（3）电动机轴承为油膜轴承，配有相应的润滑站。为防止传动装置产生的高次谐波在转子中产生的轴电流击穿油膜造成烧坏轴瓦的事故，每台电动机非传动端的轴承应该对地绝缘，而且在电动机的传动端一侧的转轴上设有接地碳刷。

（4）绝缘温升要求：电动机的定子及转子均为 F 级绝缘。

（5）非传动端应安装相应的检测元件包括增量编码器、绝对值编码器、超速开关等。

17.1.2　电动机的选择

17.1.2.1　各类型电动机性能比较

确定棒线材车间采用何种电动机，何种控制方案主要考虑如下两个方面：首先考虑系统是否能够满足功能需要，能否能到设计的最大产能要求；其次要考虑系统的一次性投资及长期运行成本。这就要对采用不同电动机的传动系统方案的优缺点进行比较（见表 17-3）。

表 17-3　各类型电动机性能比较

比 较 项 目	异步电动机	直流电动机	同步电动机	说　明
电动机价格	电动机价格相当			电动机的重量决定于电动机的额定转矩，因此在额定转矩相当的情况下，电动机的价格差别不大
电动机维护	基本免维护	工作量多，复杂	维护量为直流电动机的 1/4	异步电动机在维护成本方面有很大的优势
电动机冷却方式	采用风冷或风水冷	一般采用风水冷	一般采用风水冷	异步鼠笼电动机采用风冷可以节省冷却水系统投资
容　量	异步电动机适合高转速，低过载能力场合，由于气隙较小，大功率、大扭矩的电动机制造较困难	极限容量与速度之积受限	同步电动机适合低转速高过载能力的场合，单机容量不受限制，可达到几十兆瓦	
功率因数	一般在 0.85 ~ 0.9 左右		可为 1	
电动机效率	93% ~ 97%	93%	95% ~ 96%	直流电动机效率较低，电能损耗大
电动机惯量	小	大	比异步电动机小	交流机惯量小响应快，体积小，节省土建面积

直流电动机的运行维护成本高、制造容量受约束，目前正逐步的被交流电动机取代，而在需要采用大功率、大扭矩电动机的场合，采用同步电动机是最佳的选择。

17.1.2.2　棒线材车间轧机电动机的选择

对于棒线材车间功率在几百千瓦至一千多千瓦的普通轧机电动机，采用直流电动机或异步电动机均可，由于直流电动机的容量与速度受换向能力的制约，在选择直流电动机时要考虑电动机允许的最高转速能否满足工艺要求，如不满足应适当调整齿轮箱的速比以配合电动机的使用。对于某些特殊的设备如 KOCKS 公司的减定径机，只能采用交流异步电动机驱动，该设备要求电动机的最高转速达到接近 1900r/min，电动机功率为 600 ~ 1250kW，若采用直流电动机受制造极限的约束不能满足系统要求。

普通轧机电动机采用异步电动机时，由于前文提到的异步电动机的临界转矩与弱磁深度的平方成反比，因此需要核算电动机在弱磁段工作时电动机的临界转矩是否大于工艺要求的轧制转矩并应留有至少 20% 的容量，以防止电动机失步。

对于如高速线材车间的精轧机及减定径轧机电动机转速较高，功率通常在 7000kW 以下，转速在 1500r/min，既可采用同步电动机也可采用异步电动机，现在的发展趋势是越来越多的采用异步电动机，这主要是考虑异步电动机方便维护的优点。

棒线材车间的辅传动电动机目前也都广泛的采用交流传动系统，以提高系统的效率，减小维护工作量。

17.1.3　传动装置

17.1.3.1　直流传动装置

目前轧钢车间应用的直流装置包括西门子 SIMOREG 6RA70 及 ABB 公司的 DCS800 等品牌产品，其中西门子公司的 SIMOREG 6RA70 直流传动装置进入中国市场较早，在中国市场的占有率较高，用户比较熟悉和认同。直流传动装置在产品结构，选型及性能指标上大同小异，本文不一一介绍，仅就 SIMOREG 6RA70 直流传动装置重点介绍。

SIMOREG 6RA70 系列整流装置为三相交流电源直接供电的全数字控制装置，其结构紧凑，用于可调速直流电动机电枢及励磁供电，装置额定电流范围为 15 ~ 2000A，并可通过并联达到更大的输出电流值，6RA70 系列整流器根据不同的应用场合需要，可提供单象限或四象限工作的传动装置，不需要其他的任何附件设备即可完成参数的设定。所有的控制、调节、监视及附件功能都由微处理器来实现。通过 PRO-FIBUS 接口可与上位机通讯。

6RA70 系列整流器综合技术性能指标见表 17-4。

表 17-4　6RA70 整流器综合技术性能

综合技术性能及指标								
交流电源电压	3AC 400V	3AC 575V	3AC 690V	3AC 830V	3AC 466V	3AC 575V	3AC 690V	3AC 830V
额定直流电压	DC485V	DC690V	DC830V	DC1000V	DC420V	DC600V	DC725V	DC875V
励磁额定电压	最大 DC 325V							
运行环境温度	强迫风冷、额定电流时：0 ~ 40℃							
控制精度	数字量给定及脉冲编码器测速反馈时，在电动机基速下 $\Delta n = 0.006\%$							
允许电压波动	交流电源电压 3AC400V 时：−20% ~ 15%；3AC575 ~ 830V 时：−15% ~ 10%							
工作象限	单象限				四象限			

图 17-1 为 6RA70 系列四象限整流器的典型回路原理图，电枢回路为三相全控桥式电路，励磁回路采用半控桥，装置单机容量范围 0.7 ~ 1550kW。在需要扩大容量时允许最多 6 个整流装置并联工作，几台装置之间采用主/从控制方式，从系统仅为电流闭环，主系统为速度、电流双闭环。

17.1.3.2　交-直-交电压型变频传动装置

交-直-交电压型变频传动装置包括低压（小于 1000V）交-直-交变频器及中压（大于 1000V）交-直-交变频器，低压交-直-交电压型变频器传动装置是一种应用最广泛的变频调速装置，用于驱动低压变频电动机。

电压型变频器主要可以分为整流单元和逆变单元两大部分：整流单元将电源的三相交流电经整流成直流电（交-直变换），采用不同的电力电子器件及不同的控制方法可以构成不同的整流方式以满足不同场合的应用要求；而逆变单元则把直流电逆变成频率和电压任意可调的三相交流电（直-交变换），目前逆变部分一般采用 IGBT、IGCT 和 IEGT 等器件。

A　低压交-直-交电压型变频传动

低压交-直-交电压型变频传动系统分为单传动系统与多传动系统，单传动是指将整流器、逆变器集成于一个交流传动单元中，适合控制规模较小或单体运行的设备，尤其是适合风机、泵类负载。多传动是指采用公共直流母线的配置形式，采用公用的整流单元为多台逆变器提供直流电源，采用多传动方案的优点是：（1）节省了布线、安装及维护的费用；（2）节省了空间，减少了器件的数量，提高了可靠性；（3）公共直流母线实现电能循环，可实现电动机之间的能量交换而无需配置大功率的制动斩波器或能量回馈单元。

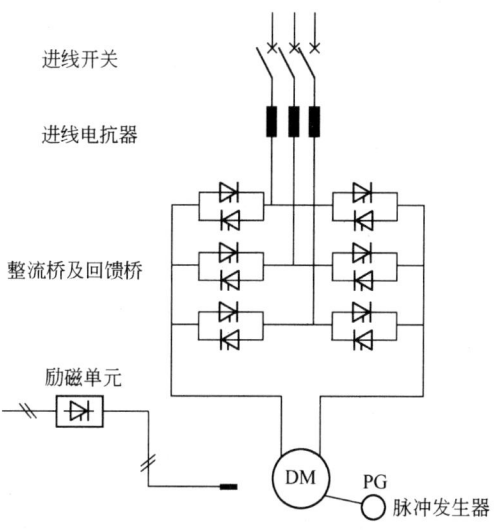

图 17-1　6RA70 整流器典型回路图

多传动系统可采用不同类型的整流器供电，本文以 ABB 公司的 ACS800 系列传动装置加以介绍。ACS800 系列多传动有三种整流器供选择分别为 DSU（Diode Supply Units）、TSU（Thyristor Supply Units）及 ISU（IGBT Supply Units），均分为 3 个电压等级包括 AC400V、AC500V 及 AC690V，能够满足不同应用场合要求。

DSU 是一个半控的晶闸管-二极管整流装置。它将三相交流电整流为直流电，向装置的中间直流回路供电，进而中间直流电路再向驱动电动机的逆变器供电。DSU 主回路图如图 17-2 所示。

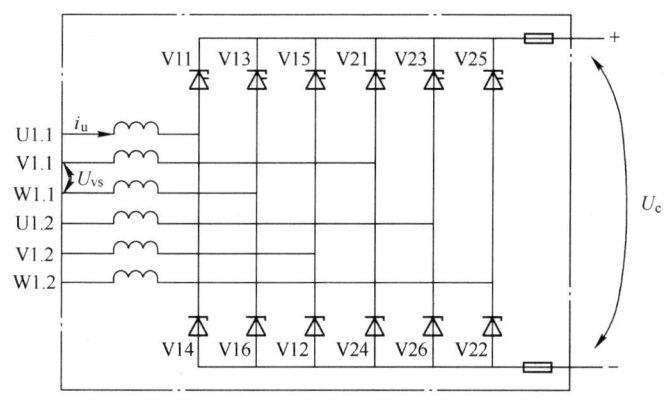

图 17-2　DSU 主回路图

上桥臂的晶闸管的触发有两种控制模式：充电模式和正常模式。

充电模式：接通交流电源的短时间内采用充电模式，此时逆变模块中间直流回路的电容处于充电状态，晶闸管的触发角从 170°到 0°之间受控调整。

正常模式：晶闸管触发角为 0°，晶闸管按二极管方式工作。

为减小电网谐波 DSU 可配置为 12 脉动电路。由于 DSU 不能将能量回馈给电网，直流母线上反馈的电能只能通过由制动单元及制动电阻构成的能耗电路消耗掉。因此对于回馈能量不大的系统可采用 DSU。

TSU 包含有两个三相全控晶闸管整流器，在这种结构中，其中一个桥用作整流（称为正桥），另一个桥用在需要将多余的电机制动能量回馈到电网的应用场合（称为反桥）。TSU 主回路图如图 17-3 所示。

通常需要在回馈桥的进线侧加装自耦变压器，自耦变压器将反桥的进线电压提高 20% 以提高反桥的换向能力，并使得整流桥工作在接近 0°的触发角，此时整流器的功率因数较高。如不采用自耦变压器则

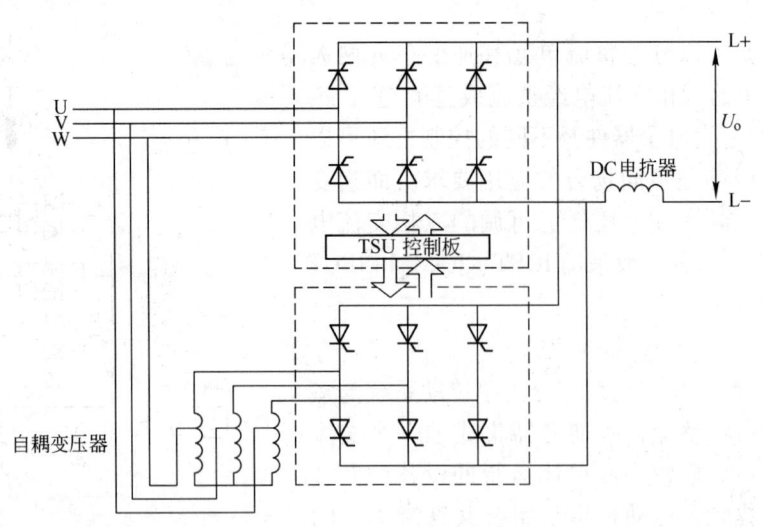

图 17-3 TSU 主回路图

需将变压器的供电电压提高 20%，此时整流器工作在 30°左右的触发角，整流器的功率因数较低，无功电流较大，需要的整流变压器容量比采用带有自耦变压器的情况下要大。TSU 也可构成 12 脉动系统以减少电网谐波。由于可控硅回馈桥存在逆变颠覆的缺陷，在电网波动较大的场合采用 TSU 整流器发生故障的可能性增加。

ISU 是一种四象限脉冲整流器，四象限脉冲整流器可以向中间回路供电，也可将中间回路的能量回馈给电网。ISU 包括主开关、滤波器和整流单元，整流单元能在电动及发电两种模式运行，控制 IGBT 以保持直流母线电压的恒定和线电流的正弦波形，同时控制系统提供一个接近 1 的功率因数，因此不需要无功补偿。由于采用了直接转矩控制（DTC）和 LCL 滤波技术，极大地降低了谐波含量。并且在电网电压波动时也能保证稳定的直流母线电压，为高精度控制提供了可靠的保证，但是由于采用 IGBT 元件使得该类整流器造价较高，功率损耗也较可控硅及二极管整流器要大。单从性能及稳定性上考虑 ISU 是最先进的整流器。ISU 主回路图如图 17-4 所示。

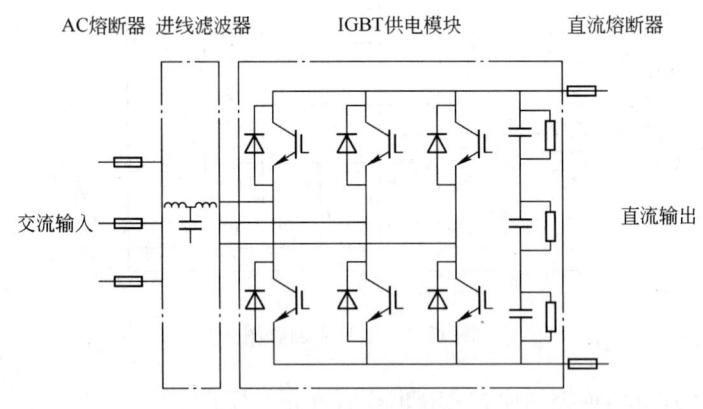

图 17-4 ISU 主回路图

ACS800 传动逆变单元（INU）：逆变单元是变频调速的核心功率器件，将整流后的直流电压转换为电压和频率均可变化的交流电，送给交流电动机以实现变频调速。逆变单元的功率器件采用 IGBT，采用两电平 PWM 方式调制，控制方式为直接转矩控制方式（DTC）或标量控制方式。

逆变单元具有内置的电容，对直流母线电压起稳压作用。在直流母线与逆变单元间设有熔断器。一个可选的带电容充电装置的熔断开关可以选择用于断开该传动单元。每个逆变器具有一个传动控制单元。

控制单元配置多种通讯接口模块以便与上位机通讯，包括 profibus、modbus 等。

传动装置之间采用快速光纤通讯实现主/从控制。传动装置具有可编程 I/O 接口。

传动装置的性能指标如表 17-5 所示。

表 17-5　ACS800 传动逆变单元性能指标

输出频率		0 ~ ±300Hz
弱磁点		8 ~ 300Hz
转　矩　控　制		
转矩阶跃上升时间	开　环	额定转矩下 <5ms
	闭　环	额定转矩下 <5ms
非线性度	开　环	额定转矩下 ±4%
	闭　环	额定转矩下 ±3%
转　速　控　制		
静态精度	开　环	电机滑差的 10%
	闭　环	电机额定转速的 0.01%
动态精度	开　环	0.3 ~ 0.4% s, 100% 转矩阶跃时
	闭　环	0.1 ~ 0.2% s, 100% 转矩阶跃时

B　中压交-直-交电压型变频传动

中压交-直-交变频调速系统是一种应用广泛的大功率交流调速系统，它的发展得益于高压大功率电力半导体器件的发展，近年来，高压大功率电力半导体器件是各公司研究的热点，由瑞士 ABB 公司研制成功的门极可关断器件 ICGT 是在 GTO 基础上进行创新的一种新型大功率电力电子半导体器件。它在器件结构设计上减少了控制电路，将驱动电路集成到器件旁，使 IGCT 的开关损耗较 GTO 减少一个数量级，提高了开关速度，取消了缓冲吸收电路，大大简化了变频器的结构并提高了效率，采用此类大功率元件的三电平 PWM 变频器在棒线材车间的大功率轧机上得到了良好的应用，目前 ABB、SIMENS、ANSALDO 等公司都能够提供基于 IGCT 的三电平中压变频器，日本 TMEIC 公司研制的基于 IEGT 即电子促进绝缘栅双极晶体管的三电平中压变频器也得到了较多应用。

本文以 ABB 公司的 ACS6000 系列中压变频器为例介绍此类变频器的功能。

功率范围：3 ~ 27MW，可控制同步机及异步机；

冷却方式：水冷；

输出频率：0 ~ 75Hz；

静态精度：±0.01%；

动态精度：0.2% s，带编码器 DTC 控制。

ACS6000 采用模块化设计，整流单元采用两种类型模块：

（1）线性供电单元（LSU）：12-脉波二极管整流器，两象限运行，在整个运行范围内可保持功率因数为 0.95，在回馈能量较小的场合可采用此整流器，但需配置制动单元与制动电阻。

（2）有源整流单元（ARU）：有源整流单元允许四象限运行，在整个功率范围内能将功率因数控制为 1，即使在低速范围也是如此。控制方式：采用 DTC 直接转矩控制。

ACS6000 也可构成多传动系统，电网侧允许多个整流单元并联，直流母线下可连接多个逆变单元。

另外基于 IGBT 的三电平变频器近些年也有较大的发展，但由于 IGBT 自身容量不大，由此构成的变频器功率通常不到 2MW，在棒线材车间极少应用。

17.1.3.3　大功率交-交变频传动装置

交-交变频调速系统由三组反并联晶闸管可逆桥式变流器组成，具有过载能力强、效率高、输出波形好等优点，但同时也存在着输出频率低（最高频率小于 1/2 电网频率），电网功率因数低等缺点。交-交变频器分为有环流和无环流方式，可驱动同步电动机或异步电动机。

目前国内应用最广泛的是西门子公司生产的交-交变频传动装置，核心控制器是 SIMADYN D 数字控制系统，西门子数字控制器是一种图形化自由编程、模块化自由配置、多处理器并行工作的实时处理通用数字控制系统，适用于高技术性能要求的大功率闭环电气传动控制，满足各种复杂的和精确的控制要求，例如在冶金行业的有高精度要求的大功率轧机主传动、大功率卷取机传动、飞剪传动等有广泛应用。交-交变频器的主回路典型接线图如图17-5所示。

17.1.3.4　交流LCI变频传动装置

晶闸管负载自然换相电流型交-直-交变频调速系统（Load Commutated Inverter）也称为无换向器电动机系统，是一种适用于大功率（3000kW以上）、高速（600r/min以上）、中压（3~10kV）场合的同步电动机调速系统，在大型风机、泵、压缩机等设备中得到应用，它有时也用来作为巨型同步电机（大于10MW）的软启动器。它的缺点是过载能力低（120%左右），宜拖动高速并且过载不大的负载。

在棒线材车间只有高速线材的精轧机同步电动机适用此类传动装置，目前在国内应用最多的是西门子公司的LCI传动装置，最新系列产品为SINAMICS GL150系列，控制单元采用CU320控制器，负责GL150传动的所有功能，如开环控制、闭环控制、监控传动系统状态等，图17-6为高线精轧机LCI传动的系统配置图。

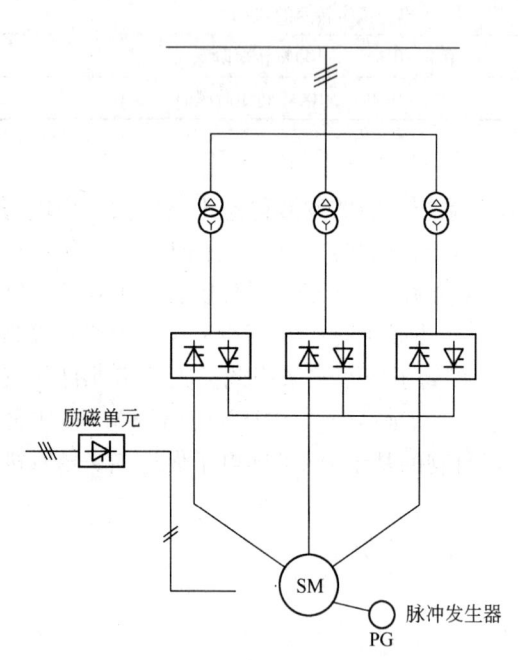

图17-5　交-交变频器主回路图　　　　　　　　　图17-6　LCI变频器主回路图

传动装置采用12脉动系统，与6脉动系统比较有如下优点：对于电网侧能够减小整流变压器高压侧的谐波电流成分，对电网的不良影响减小；对于电动机侧能够减小阻尼绕组的损耗，并能够减小力矩波动。表17-6为某车间精轧机传动系统主要参数。

表17-6　精轧机传动系统主要参数

整流变压器		LCI传动装置数据		电机主要数据	
额定功率	2×4500kW	额定输入电压	2×3000V	额定功率	5500kW
电　压	10/2×3000kV	额定输出电压	2×2400V 在1000r/min；2×2750V 在1500r/min	速度	0~1000/1500r/min
分接头	±5%			频率	0~33.3/50Hz
连接组别	Dd0/Dy11	额定输出电流	2×1064A	电　压	2×2400V 在1000r/min
短路阻抗	9%	输出频率	0~100Hz		2×2750V 在1500r/min

17.1.3.5　伺服传动系统

伺服电动机传动系统主要应用在棒线材车间高速飞剪的前后转辙器传动，主要功能是将轧件快速导入适当的位置，完成碎断、剪切等功能，该设备对动作的快速性要求非常高，在高速剪切的情况下剪切位置到通过位置的允许时间只有25ms，对控制系统的快速性和重复精度要求很高。

目前对于此类设备多采用伺服电动机控制系统取代传统气动系统，主要得益于伺服电动机控制系统的高可靠性与卓越的动态性能。

伺服电动机有多种类型,包括永磁同步伺服电动机、异步伺服电动机、直流伺服电动机等,其中永磁同步伺服电动机的转子转动惯量可以做到非常低,而功率密度又相对较大,因此在高要求的场合得到广泛的应用。

根据不同的伺服电动机类型配置不同的伺服传动装置以满足系统性能要求,通常伺服电动机与伺服传动装置为机电一体化产品,各供货电气商都能够提供成套解决方案,对于某些品牌的伺服传动装置也支持配套第三方伺服电动机,但这会增加调试的工作量并且性能也会受到些许影响。因此很少采用第三方伺服电动机。

某车间采用德国包米勒伺服传动系统完成对高速飞剪转辙器的控制,按工艺要求转辙器伺服系统应该在60ms完成加减速及定位的全部过程。永磁同步伺服电动机型号为 DSO 100L-25R,最高转速为2000r/min,转动惯量只有 $0.0175kg \cdot m^2$,峰值力矩可达160N·m。伺服控制系统选择了控制器与驱动单元一体化的驱动模块,并选用旋转变压器(Resolver)作为位置传感器,提供电动机轴角度的绝对位置检测。

17.1.3.6 传动装置的选择

各类型传动装置性能对比如表 17-7 所示。

表 17-7 各类型传动装置性能对比

传动装置类型	低压交-直-交电压型变频器	三电平中压交-直-交变频器	LCI负载换向变频器	直流调速装置	交-交变频器
传动装置效率/%	98	95~96	99	99	99
进线功率因数	0.93~1	0.95~1	0.7	0.7	0.5~0.8
变压器容量	小	小	大	大	大
静态精度/%	±0.01	±0.01	±0.01	±0.01	±0.01
力矩响应/ms	5	5	5	10	10
速度响应/rad·s⁻¹	30~60	60	30~40	30~40	40~50

棒线材车间的直流轧机传动应选用带有回馈桥的四象限整流器供电,采用带有速度传感器的闭环速度控制,根据所带电动机额定电压确定整流器的额定电压值。

对于低压交流异步机轧机采用低压交-直-交电压型变频器供电,采用公共直流母线的配电形式,以ABB ACS800 低压传动为例,从一次性投资考虑整流可采用不带回馈的二极管整流器,通过制动单元、制动电阻消耗电机制动过程中产生的能量,但从运行费用上考虑,由于能量以热的形式消耗掉,浪费了电能,综合两个方面,采用带有回馈桥的可控硅整流器是性价比较高的方案,其中回馈桥可依据回馈能量的大小确定容量以减少投资。IGBT 整流器因造价较高,效率也相对较低,虽然性能优异,但较少采用。

对于高速线材车间的精轧机电动机,如采用同步机驱动,既可考虑采用 LCI,也可采用中压三电平电压型变频器,采用不同的传动装置,电动机的额定电压,绝缘要求等不同。如考虑采用异步电动机驱动,应采用中压三电平电压型变频器;高线减定径机要求较高的动态响应,只能采用中压三电平电压型变频器驱动。

棒线材车间的其他辅传动电机,应考虑采用交流异步电动机驱动,采用低压变频器供电。

17.1.4 整流变压器

由于传动装置的供电电压与电网电压往往不一致,并且传动装置运行过程中所产生的各种非正常状态会对变压器产生不良的影响,采用通常的动力变压器很难满足要求,因此需要选用适合传动系统使用的变压器,称之为整流变压器。

整流变压器在设计时考虑如下因素:

(1)整流变压器短路机会较多,因此整流器变压器的绕组和结构应有较大的机械强度。在同等容量下,整流器变压器的体积比一般电力变压器大。

(2)晶闸管整流装置发生过电压机会较多,因此变压器应有较高的绝缘强度。

（3）整流变压器的漏抗可限制短路电流，改善电网电流波形，因此整流变压器的漏抗可略大一些，一般整流变压器的相对短路电压 U_d = 5% ~ 10% 。

（4）为了避免电压畸变和负载不平衡时中点漂移，整流变压器的一次与二次绕组中应有一个绕组接成三角形。

（5）为了防止瞬态电压变化时对晶闸管的影响，在整流变压器的一次和二次绕组之间加一层静电屏蔽层，且该屏蔽层必须接地。

17.1.4.1　整流变压器容量计算

整流变压器容量的计算可采用如下计算公式：

$$S \geqslant k \frac{P_w}{\lambda \eta_c \eta_m} \tag{17-1}$$

式中　S —— 变压器的视在功率；

　　　P_w —— 电动机输出的总轴功率，当多台电动机采用一个整流变压器供电时，该值为根据工况考虑相应的同时系数后的计算值；

　　　η_m —— 电动机效率（通常为 0.93 ~ 0.98）；

　　　η_c —— 传动装置效率（根据不同传动装置类型该值为 0.96 ~ 0.98）；

　　　λ —— 进线侧综合功率因数；

　　　k —— 考虑谐波损耗或变压器容量裕度的系数（通常取 1.1）。

在订购整流变压器时除向变压器制造商提供以上计算容量外，还需提供整流变压器的谐波含量数据，制造商根据谐波含量计算附加的功率损耗，否则整流变压器的容量会不足。

17.1.4.2　三绕组整流变压器

为减少传动系统产生的谐波对电网的影响，传动系统可采用 12 脉冲结构，此时需采用三绕组整流变压器为传动系统供电。变压器的两个副边绕组相角差 30°，常用的连接组别为 Dd0y5 或 Dd0y11，为了保证传动系统在运行过程中分别连接在两个副边绕组上的整流装置的电流平衡，对三卷整流变压器有如下要求：

（1）变压器采用分裂绕组形式；

（2）两个副边绕组的短路阻抗差值 $\Delta V_k \leqslant 5\%$ ；

（3）两个副边绕组的空载电压差 $\Delta V \leqslant 0.5\%$ ；

（4）传动装置与整流变压器的连接电缆的长度及截面应相同。

17.2　棒材轧机自动化控制

17.2.1　概述

目前我国仍有少量的横列式小型轧机，也有为数不多的半连续式小型轧机，但绝大多数是连续式的小型轧机。典型的全连续式小型轧机如图 17-7 所示。

这类轧机的特点是：

（1）以连铸坯为原料，一火轧成，生产成本低。

（2）连铸与加热炉紧凑布置，连铸坯热送热装，节能达到 30% ~ 45% 。

（3）步进式加热炉加热，加热均匀，自动化程度高。

（4）炉后设高压水除鳞装置，提高了表面质量。

（5）轧线 18 个机架平/立交替布置，全线采用无扭转轧制，生产事故少，效率高。

（6）轧机采用短应力线轧机，轧机刚度高，辊缝对称调整操作方便，机架整体更换，轧辊孔型和导卫在轧辊间调整，在线调整少。

（7）轧线主传动采用直流传动或交流调速传动，实现轧线速度无级调速。

（8）采用切分轧制工艺生产钢筋。

（9）采用步进式冷床，冷却效率高，冷却质量好。

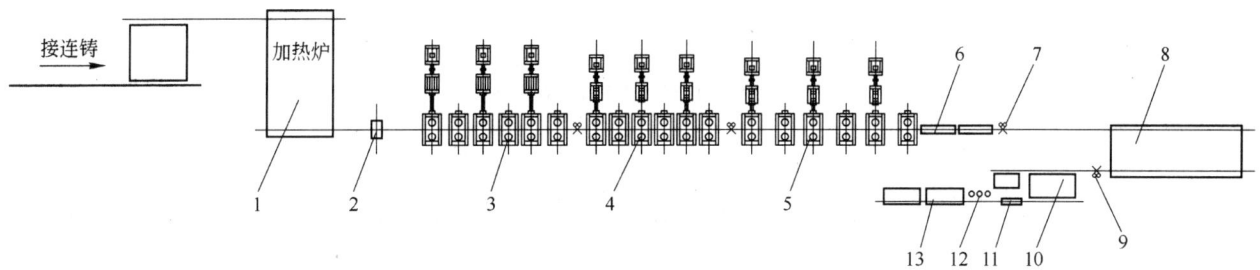

图 17-7 典型 18 架轧机布置的小型轧机

1—步进式加热炉；2—高压水除鳞机；3—粗轧机组；4—中轧机组；5—精轧机组；
6—轧后水冷装置；7—分段飞剪；8—步进式冷床；9—冷剪；10—移钢台架；
11—成型装置；12—打捆机；13—成品收集台架

（10）部分厂在冷床后采用冷飞剪剪切定尺，剪切效率高，能力与轧机能更好匹配。

随着小型连轧机轧制速度的不断提高，需要提高轧线作业率、减少故障率、节能降耗、改善产品质量、生产国民经济发展急需的新品种，自动化系统已经成为不可或缺的关键设备。

目前我国轧钢尤其是棒线材轧制工业自动化的水平已经和发达国家的应用水平相差无几，主要表现为：

（1）各大型钢铁公司主要机组与发达国家相应机组的自动化水平基本相当，地方大中型钢铁公司或者民营新建、改建的主要生产机组与国外也差别不大；都是配备多级计算机控制系统，采用的装备都是 PLC、DCS、先进的检测仪表和电力电子装备等。

（2）从统计数据来说，据中国钢铁工业协会近年来的调查，在基础自动化方面采用 PLC、DCS 或工业控制机进行控制已较普及，其中轧钢的计算机控制的采用率达到 99.68%；同时过程自动化与管理自动化方面也有广泛的应用。

（3）先进自动化装备如 PLC、DCS、管理控制计算机以及现场检测仪表（包括近年来发展起来的现场总线及工业以太网络）、先进的电力传动及控制装置（包括数字化控制及晶闸管、可关断电力电子器件如 IGBT 等组成的各类交直流调速装置）已和发达国家一样用于钢铁工业中。

（4）在自动化工程设计、研究和教育方面，国家设有专门的全国性钢铁设计院（现均已改制为中冶集团旗下的工程公司）以及科研院所，能进行三电工程（电气、自动化、计算机，国内由于其同属电类，常称为三电）的设计、系统集成、设备供货及现场调试；冶金行业的其他研究院所及大中型钢铁企业亦有类似机构。此外，国内设有专门面向冶金自动化技术的高等院校。

17.2.2 自动化系统架构

目前我国钢铁企业棒线材轧制领域，连轧机组自动化系统有了一定的积累，有的已经达到很高的水平，虽然不同钢铁企业的具体自动化程度有所不同，但从整个行业看，基础自动化、过程自动化在钢铁企业中得到了广泛应用，并伴随自动化技术的发展而逐步加深。

典型小型连轧机组自动化系统框图如图 17-8 所示，过程控制级可选择中、高档的网络服务器作为中心服务器，如 HP、IBM、DELL 等，采用客户机/服务器结构，分别在生产调度室、操作室、坯料间、磨辊间、成品间等设置客户机，承担过程管理、监视及优化功能。另外设置若干台工业 PC 作为人机接口，用于过程变量的图形显示和操作人员的数据输入。中心服务器可选用 Windows Server 等操作系统，Oracle 等数据库和 Visual Studio 编程软件作为主机的应用软件开发平台。

基础自动化采用 PLC 承担轧制过程的自动控制。目前在棒材控制系统领域应用较多的 PLC 有德国的 Siemens S7 系列，美国的 GE 的 PACs 系列、Rockwell 及 ABB 等公司的 PLC。PLC 的分工选型需要考虑工艺特点、控制要求、控制范围以及各种软硬件的性能价格等因素，最终确定一个成熟可靠的控制方案。

PLC 在工业自动化中占有举足轻重的地位，技术的不断发展极大地促进了基于 PLC 为核心的控制系统在控制功能、控制水平等方面的提高。同时对其控制方式、运行水平的要求也越来越高，因此交互式

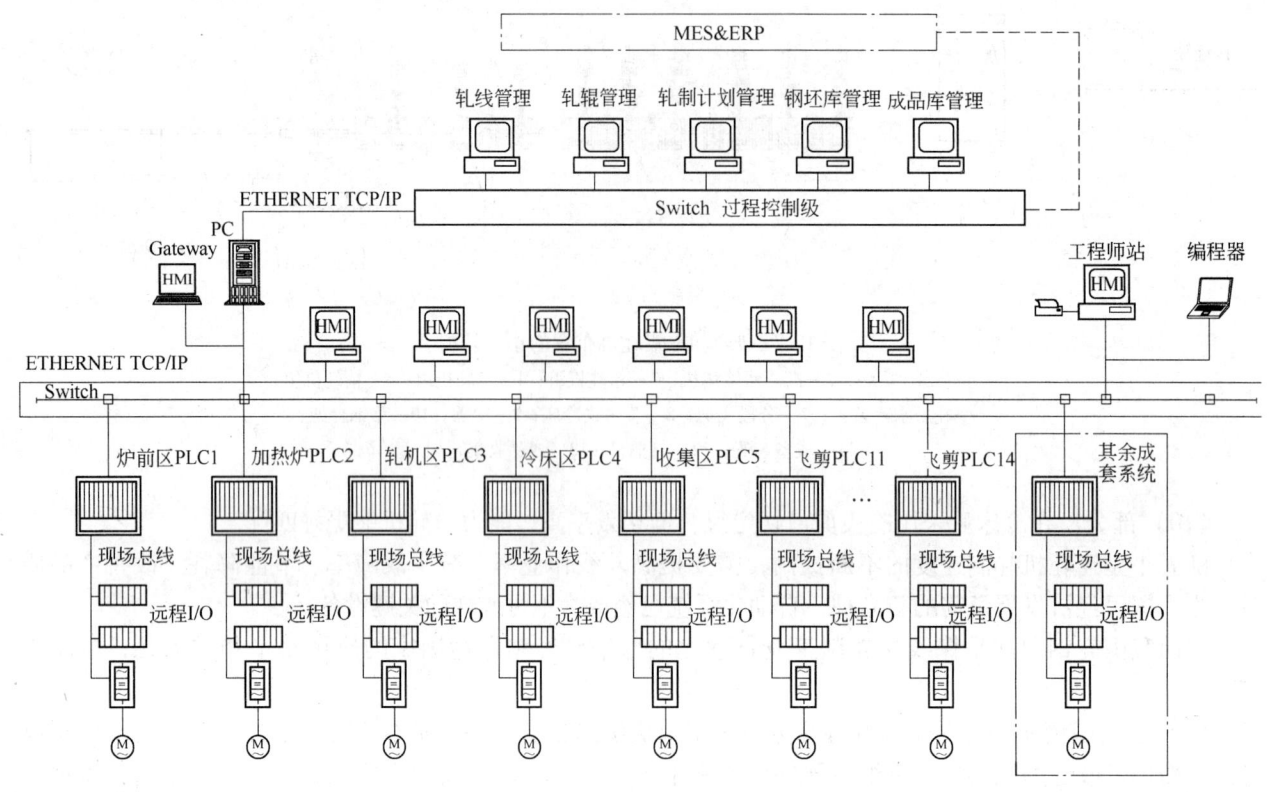

图 17-8　典型小型棒材连轧机组自动化系统框图

操作界面、报警记录和打印等要求也成为整个控制系统中重要的内容。对于那些工艺过程较复杂，控制参数较多的工控系统来说，尤其显得重要。因此可编程的人机接口系统（HMI），对于在构建 PLC 工控系统时实现上述功能，提供了一种简便可行的途径。

对于连轧生产线来说，通过 HMI，操作人员可方便地进行轧线组态和设定。如果在计算机系统内有预先存贮的轧制程序，则可直接调用，对轧线进行自动设定。通过屏幕可方便地进行轧制程序表的输入、修改、存贮及调用。用鼠标指定需要修改的数据后便可进行设定、选择、修改等操作。事故及报警表通过屏幕显示并可自动存盘，自动打印，传动系统故障可在人机接口上很方便地查询到故障原因，这样可大大节省故障处理时间。

基础自动化各系统之间以及基础自动化与过程自动化之间通常采用星形或者环形拓扑结构的工业以太网，可以采用双绞线或光纤作为通信介质，通过交换机相连。以太网随着计算机的发展得到了广泛使用，已成为计算机网络的主流，主要有以下特点：

（1）应用广泛。以太网是应用最广泛的计算机网络技术，几乎所有的编程语言如 Visual C ++、Java、Visualbasic 等都支持以太网的应用开发。

（2）通信速率高。目前，10Mb/s、100Mb/s 的快速以太网已开始广泛应用，1Gb/s 以太网技术也逐渐成熟，而传统的现场总线最高速率只有 12Mb/s。

（3）成本低廉。以太网网卡的价格较之现场总线网卡要便宜得多（约为 1/10）；另外，以太网已经应用多年，人们对以太网的设计、应用等方面有很多经验，具有相当成熟的技术。大量的软件资源和设计经验可以显著降低系统的开发和培训费用，降低系统的整体成本，并大大加快系统的开发和推广速度。

（4）资源共享能力强。随着 Internet/Intranet 的发展，以太网已渗透到各个角落，网络上的用户已解除了资源地理位置上的束缚，在联入互联网的任何一台计算机上就能浏览工业控制现场的数据，实现"控管一体化"，这是其他任何一种现场总线都无法比拟的。

（5）可持续发展潜力大。以太网的引入将为控制系统的后续发展提供可能性，用户在技术升级方面无需独自的研究投入，对于这一点，任何现有的现场总线技术都是无法比拟的。同时，机器人技术、智能技术的发展都要求通信网络具有更高的带宽和性能，通信协议有更高的灵活性，这些要求以太网都能很好地满足。

由于以太网具有应用广泛、价格低廉、通信速率高、软硬件产品丰富、应用支持技术成熟等优点，目前它已经在工业企业综合自动化系统中的资源管理层、执行制造层得到了广泛应用，并呈现向下延伸直接应用于工业控制现场的趋势。

基础自动化与传动仪表级（包括操作台、操作箱、远程 IO 柜）之间的数据交换采用现场总线。各厂家的 PLC 都能选择可以互连的现场总线，如 Siemens 公司的 Profibus，GE 公司的 Genius bus，Rockwell 公司的 Devicenet 等，目前使用最广泛的是 Profibus-DP，由于其开放性、可靠性、实时性以及灵活扩展等优点，目前在工业自动化领域已经得到了极为广泛的应用。

采用现场总线后，信号互连电缆大大减少，可以提高系统的可靠性，降低系统的造价。

17.2.3　轧线主要功能

17.2.3.1　轧线速度设定与级联

连轧机组轧机控制最重要的内容是维持机架间的金属秒流量平衡，随着工业自动化程度越来越高，棒材生产线对自动化要求也越来越高。

连轧的基本原理就是金属秒流量相等，简单地说，就是在相同时间内通过各架轧机的金属体积是相等的，如果相同时间内通过两架轧机的金属体积不相等，则或者轧件在机架间堆积导致堆钢，或者机架间张力越来越大将轧件拉细或拉断，这对于轧制过程都是不利的。以两架相邻轧机 n 与 $n+1$ 为例，假设轧机速度分别为 v_n 及 v_{n+1}，轧件出口截面面积为 S_n 及 S_{n+1}，在某一时段 T 内通过轧机的轧件长度为 L_n 及 L_{n+1}，不考虑轧制过程中的损耗，以及轧机的前滑等因素，则应该有：

$$S_n L_n = S_{n+1} L_{n+1} \tag{17-2}$$

即

$$S_n v_n T = S_{n+1} v_{n+1} T$$

因此有：

$$S_n v_n = S_{n+1} v_{n+1} \tag{17-3}$$

棒线材轧制特点是固定孔型轧制，忽略辊缝的调整对截面面积的影响，其实决定秒流量相等的最终因素就是轧机线速度，从理论上来说，当两架轧机之间出现堆钢或者拉钢，即秒流量不相等的时候，调整这两架轧机中的任意一架都可以最终达到金属秒流量的平衡。而基于连续式轧机的特点，除了头尾两架轧机之外，任意一架轧机的速度调整会同时影响其与上游及下游轧机间的秒流量关系，为了使控制系统或操作人员能够调整轧线某一对相邻机架的速度关系，而不影响轧线其他机架间已有的速度关系，必须引入级联调节，这就意味着任意两架相邻轧机间的速度调整都应该选取方向，既可以选取首架轧机为速度基准轧机进行顺轧制方向调节，也可以选取末架轧机为速度基准轧机进行逆轧制方向调节。保持末机架的速度稳定对成品质量、产量控制、轧制过程的稳定等都有很好的作用，因此，通常末机架作为基准机架，级联控制沿逆轧制方向进行。

控制系统通过级联速度设定为轧线各机架提供速度给定，通过确定轧线基准速度和各机架速度设定系数来确定各机架的设定速度。轧制过程中，操作人员可以对各机架速度进行手动修正，由于棒线材连轧机架多、速度高等特点，仅仅通过手动调整是很难满足各机架间金属秒流量平衡的，因此需要各种检测及速度控制手段，如微张力调节、活套调节来对级联设定速度进行修正，从而实现机架间更精确的速度配合，称为自动级联调节。机架间控制系统（活套、微张力等）产生的速度修正信号作用于其对应机架及级联方向上的所有机架，从而能修正相关机架间的设定速比而不影响其他机架的速度配合关系。

由级联速度设定及自动级联调节综合产生的各机架线速度给定，再根据对应机架的工作辊径及齿轮减速比等因素折算为电机轴转速，然后线性变换为速度给定信号，控制器通过传动网络送给主传动速度调节系统。

轧件线速度与电机转速变换公式如下：

$$v = \frac{n}{60i}\pi D \frac{1}{1000} \tag{17-4}$$

或者

$$n = \frac{v1000}{\pi D}60i \tag{17-5}$$

式中　n ——电机转速，r/min；

　　　v ——轧件线速度，m/s；

　　　i ——减速箱减速比；

　　　D ——轧辊工作辊径，mm。

速度级联系统的自动调节级联关系在前后两根钢之间断开，以减小前面轧件对后面轧件的速度干扰。轧件尾部离开机架后，通过活套、微张力调节器产生的调节量撤销，轧机恢复到设定级联速度，当轧件头部穿过机架并连接下一机架时对应自动调节级联关系重新接通，这种做法称之为级联隔离。级联隔离对微张力调节、活套调节，以及飞剪的剪切精度等都有良好的作用。

17.2.3.2　微张力控制

A　控制说明

张力控制是通过检测和调整相邻机架间的速度关系从而实现微张力轧制的一种手段，适合于轧件截面较大的场合，如小型连轧机组的粗、中轧机组。微张力控制不但有利于提高中间坯料的尺寸精度，使精轧的工艺条件更稳定，减少轧废，而且可以减少成品头尾超差长度，从而使金属消耗降低，并为精密尺寸轧制创造良好的条件。微张力的闭环控制已成为棒线材连轧中提高产品精度的关键技术之一。

目前在棒线材热连轧中至今没有一种简单、实用的机架间张力的直接测量方法。连轧理论的分析表明：张力的变化对相关轧机主传动电动机的输出力矩有直接影响，前张力增大使主电动机输出转矩减少，后张力增加使主电动机输出转矩增大。如果忽略一些次要因素的影响，可以认为，张力对主电动机的影响是线性的，而转矩的变化必然导致电动机电流的变化。因此可以通过检测电流（交流传动可直接检测力矩）来间接地检测机架间的张力变化。

B　公式推导

相邻两机架形成连轧时，电动机轧制力矩可以表示如下：

$$M_m = M_r + M_t + M_a + M_f \tag{17-6}$$

式中，M_m 为总的轧制力矩；M_r 为轧件道次压下量所需的轧制力矩，即自由轧制力矩；M_t 为张力所产生的力矩；M_a 为加速力矩；M_f 为摩擦力矩。

稳态轧制时 $M_a = 0$，并忽略 M_f，则式 17-6 可表示为：

$$M_m = M_r + M_t \tag{17-7}$$

张力力矩 M_t 又可分为两部分：

$$M_t = M_{t1} + M_{t2} \tag{17-8}$$

式中，M_{t1} 为常数，即机架间设定张力矩；M_{t2} 为变化量，控制系统通过调节机架速度将 M_{t2} 变为 0。

假设机架 n 与 $n+1$ 之间存在张力 T，则张力对机架 n 产生的转矩值：

$$M_t = TD/(2i) \tag{17-9}$$

式中，D 为机架 n 工作辊径；i 为减速比。

机架 n 与 $n+1$ 之间单位张力：

$$\sigma = T/S = 2iM_t/(DS) \tag{17-10}$$

式中，S 为机架 n 出口轧件截面面积。在基础自动化系统中，i 为固定值，S、D 根据不同机架、不同产品规格人工输入参数，单位张力 σ（N/mm²）则由工艺人员确定。

在基础自动化控制系统中，微张力控制以下列概念为基础：

（1）后张力变化对传动转矩的影响比前张力小 2~4 倍，即后张力对转矩作用较小。这就意味着：对于变化的速度关系，下游机架比上游机架的转矩变化小。也就是说当轧件被咬入 $n+1$ 机架前，n 架与 $n-1$ 机架间的速度校正不会影响到 n 机架转矩检测的准确性。

（2）轧件进入下游机架前，上游轧机转矩相当于该机架辊缝压下量所需的转矩，即自由轧制力矩。未受到其他临时性力矩的干扰影响。

（3）轧件一旦进入下游辊缝，上游轧机转矩的一切变化，均是由不恰当的速度关系产生的推力或拉力所引起的，这一假定是基于温度、摩擦力和压下量情况不影响轧制转矩的变化为前提。

17.2.3.3　活套控制

A　控制说明

活套是用来检测和调节相邻机架间速度关系从而实现无张力轧制的设备，一般用于轧件截面较小的场合。

如图 17-9 所示，活套间所存贮的套量 L，定义为活套前后辊间轧件总长度 L_2 与活套前后辊间直线距离 L_1 之差，即：

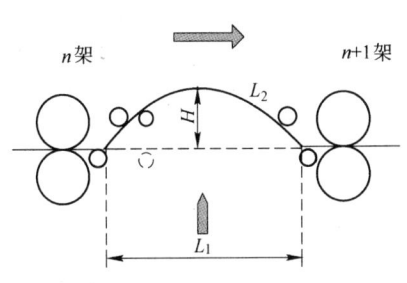

图 17-9　立活套典型结构图

$$L = L_2 - L_1 \tag{17-11}$$

活套量等于活套入口处轧件速度与出口处轧件线速度之差的积分。当入口速度大于出口速度时，套量就逐渐增加；反之套量就逐渐减少；相等时套量维持不变。活套调节的基本原理就是通过调整前后机架间的速度配合关系，维持活套量在给定值上不变。

在实际的工作中，L_2 的测量是比较困难的事情，而活套高度 H 的测量相对来说比较简单，因此只能通过检测活套高度的方法，间接地求出套量。

通过使用正弦曲线或者弓形圆弧来拟合活套形状，可以得出：

$$L = CH^2 \tag{17-12}$$

式中，C 为常数。以下为拟合正弦曲线套量计算公式的推导：

$$y = H\sin\frac{\pi}{L_1}x \tag{17-13}$$

因此有：

$$L_2 = \int_0^{L_1} \sqrt{1 + H^2\left(\frac{\pi}{L_1}\cos\frac{\pi}{L_1}x\right)^2}\,\mathrm{d}x \tag{17-14}$$

令

$$u = \left(\frac{\pi}{L_1}H\right)^2\cos^2\frac{\pi}{L_1}x \tag{17-15}$$

可得：

$$L_2 = \int_0^{L_1}(1 + u)^{\frac{1}{2}}\,\mathrm{d}x \tag{17-16}$$

由于 $\cos\dfrac{\pi}{L_1}x < 1$，且在实际中 $L_1 > \pi H$，因此 $0 < u \ll 1$。

将 $(1 + u)^{\frac{1}{2}}$ 按泰勒级数展开并忽略高次项，可得：

$$L_2 = \int_0^{L_1}\left(1 + \frac{u}{2}\right)\mathrm{d}x \tag{17-17}$$

将式 17-15 代入式 17-17：

$$L_2 = \int_0^{L_1}\left[1 + \frac{1}{2}\left(\frac{\pi}{L_1}H\right)^2\cos^2\frac{\pi}{L_1}x\right]\mathrm{d}x = L_1 + \frac{\pi^2 H^2}{2L_1^2}\int_0^{L_1}\cos^2\frac{\pi}{L_1}x\,\mathrm{d}x \tag{17-18}$$

最终可得：

$$L_2 = L_1 + \frac{\pi^2 H^2}{4L_1} \tag{17-19}$$

因此：

$$L = L_2 - L_1 = \frac{\pi^2 H^2}{4L_1} \tag{17-20}$$

由此可见，套量 L 与活套高度的平方成正比，维持活套高度不变即可保持套量不变。

活套高度检测由活套高度扫描器来完成，活套扫描器用于检测热钢坯位置，即通过一个对放射热源敏感的光电探测器测出钢坯相对于参考位置的实际位置。在其扫描范围内，热坯的位置与其输出信号呈线性关系，因此在扫描器安装完毕之后，只需要标定两个固定位置，即可得出套高与信号的表达式，并在实际过钢过程中随时监测活套高度。

活套控制主要包括套高（套量）控制及起套辊控制。

B　套高控制

活套调节器通过调节机架速度以维持活套高度保持给定值不变，从而实现机架间轧件秒流量平衡，通过活套调节使轧件在轧制过程中形成自由弧形，保持轧制过程为无张力状态。

如图 17-10 所示，同样以机架 n 为例，假设机架 $n+1$ 为出口机架，n 与 $n+1$ 之间的活套实际值与设定值之间产生的偏差为 ΔH，若活套调节采用 PI 调节器，则机架 n 的速度调节量为：

$$\Delta v_n = K_\mathrm{p}\Delta H + K_i\Sigma\Delta H_i \tag{17-21}$$

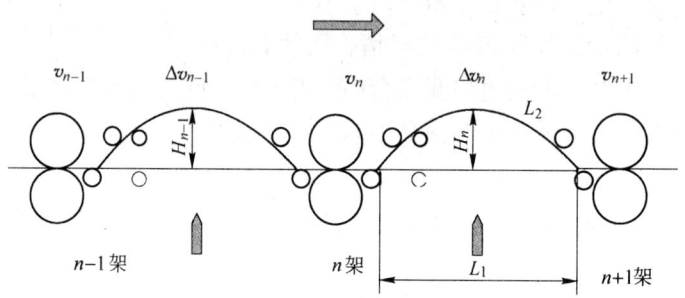

图 17-10　活套级联调节示意图

为保证该活套对机架 n 产生的调节量不影响机架 $n-1$ 与 n 之间的速度配合关系，由 ΔH 产生的速度调节量同时也应级联叠加到 $n-1$ 机架，根据秒流量相等原则，调节量应为：

$$\Delta v_{n,n-1} = \Delta v_n \frac{v_{n-1}}{v_n} \tag{17-22}$$

式中，v_n 及 v_{n-1} 分别为机架 n 与 $n-1$ 的设定级联速度。

同理，所有上游参与本根坯料轧制的机架均因 n 与 $n+1$ 之间的活套调节器产生相应的调节量。

而对于机架 $n-1$ 来说，由于 $n-1$ 与 n 之间也设有活套调节机构，因此同样的，有调节量：

$$\Delta v_{n-1} = K'_\mathrm{p}\Delta H' + K'_i\Sigma\Delta H'_i \tag{17-23}$$

因此，机架 $n-1$ 总的调节量为：

$$\Sigma\Delta v_{n-1} = \Delta v_{n,n-1} + \Delta v_{n-1} \tag{17-24}$$

同样的，该活套产生的调节量也级联至上游所有参与本根坯料轧制的机架，并且越往上游，机架所产生的速度调节量的来源越多，直到机架抛钢，等下根坯料到来之后重新建立新的级联关系。

C　套高设定

在实际的生产过程中，需要根据实际情况对活套高度进行设定，理想的活套形状应该是钢坯依托于起套辊起套位置，并形成一个自然的弧形进入下一架轧机。若活套高度设定过大，如图 17-11 中 1 号套型所示，起套之后为了达到设定高度，需要在机架间堆积更多的套量，钢坯与套辊表面不能形成很好的接触，容易导致堆钢及甩尾现象，不易控制；若活套高度设定过小，如图 17-11 中 3 号套型，为达到设定高度，轧件对起套辊形成较大压力，并导致活套型成非常不自然的形状，不仅造成套辊的磨损，机械故障多，而且机架间不能实现无张力轧制，难以实现料形的控制。正

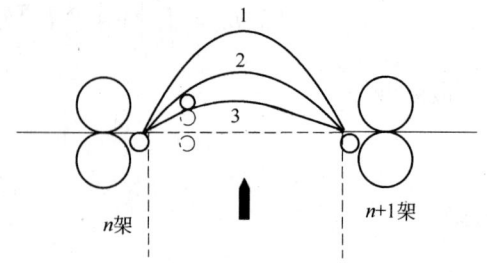

图 17-11　套高设定与实际套型

常的套型应如图 17-11 中 2 号套型所示，此时活套高度设定得当，活套辊工作正常，轧件能实现机架间无张力轧制，对红坯料形控制较好，并且若遇起套辊收套不及时的情况，也不容易造成甩尾现象。

D 活套起落套控制

活套起落套时序如下：

（1）当棒材进入活套的下一机架时，由于咬钢冲击速降作用形成一定的初始套量。

（2）起套辊达到伸出极限位置时帮助形成正确的活套形状。

（3）当起套辊伸出到位时，活套调节器开始工作。

（4）为确保棒材头端进入机架时过渡过程较稳定，活套调节器输出信号以一定变化率逐渐加入机架速度调节器。

（5）在轧制时，活套调节器输出信号送给前一机架速度调节器进行速度修正，保证预设定的活套贮量（活套高度）。同时通过级联调速系统按比例控制上游机架的速度。

（6）当棒材尾端接近活套的前一机架时，开始收套，活套高度给定信号将以一定变化率逐渐降为零，同时起套辊收回。

在轧机咬钢之后，由于冲击速降的存在，会使轧件在机架间有少量的堆积，此时起套辊伸出至极限位置是起套的最佳时机，若起套过早，在轧件进入下游轧机前起套辊伸出，容易引起堆钢；起套过晚，则轧件运行状态不受控制，易造成轧制故障。因此仅仅依靠下游机架负荷信号产生之后再发出起套指令往往已经滞后，需要对活套起套时机作精确跟踪，同时考虑到起套辊动作执行机构的机电延迟，起套辊伸出信号应提前其动作延迟时间发出。该信号根据轧件跟踪系统提供的轧件头部位置产生。

17.2.3.4 速度设定自学习

机架间自动调节系统（活套、微张力等）产生的速度修正信号反映了设定的机架间速度关系的误差，在轧制过程进入稳态后，调节器输出的速度修正量变化一般不会很大，而其稳态值可以反映出机架间的堆拉钢关系，有经验的操作人员通过观察该稳态调节量，即可通过级联手动调整轧机速度来干预机架间的堆拉钢关系。

电气控制系统可以代替操作工完成这个决策和实施过程，通过软件提取出调节器稳态情况下的速度修正量并直接对轧机的设定级联速度进行修正，修正后的设定速度将使下一根钢到来时机架间的速度配合关系处于较好的状态，这个过程，称为速度设定自学习过程。

还是以机架 n 和 $n+1$ 为例，假设轧制某个规格的产品时，设定级联速度分别为 v_n 以及 v_{n+1}，为了简化起见，取 $n+1$ 为末机架。设进行某根坯料轧制时，活套调节器对机架 n 产生的速度修正量为 Δv_n，也就是说，实际上机架 n 的设定速度为 $v_n + \Delta v_n$ 时，机架间的秒流量匹配。理想状态下，若操作人员手动干预，或者投入自学习功能改变机架 n 的设定速度为：

$$v'_n = v_n + \Delta v_n \tag{17-25}$$

那么进行下一根钢坯轧制时，理论上，活套产生的速度修正量为零。

然而，在实际生产过程中，由于各种因素的如钢坯的温度变化，轧辊的磨损，辊缝的变化，轧制的前滑及后滑等等，坯料与坯料之间，甚至同一根坯料前后之间的轧制情况是不同的，活套调节器的输出也是实时变化的量，因此自学习功能是一个逐步逼近的过程。

17.2.3.5 冲击速降补偿

典型系统在突加额定负载时将产生动态速降，动态速降由相应机架咬钢时负载的突变引起的，取决于负载的变化，包括机械部分（减速机、轧机）的电动机转动惯量，以及传动控制系统的动态响应。动态速降在机架咬钢时影响机架间设定正确的速度关系，使机架间产生轧件堆积。

假设轧件线速度为 v，t 时刻动态速降深度为 $\Delta n = \dfrac{n_s - n_f}{n_s}100\%$，首次恢复设定速度时间为 T_r，则在该时段内，因动态速降引起的轧件堆积长度 ΔL 可以表达为：

$$\Delta L = v\int_0^{T_r} \Delta n t \mathrm{d}t \tag{17-26}$$

如图 17-12 所示，定义传动系统抗负载扰动性能指标 D 为实际速度 n_f 与设定速度 n_s 所围成部分的面积，将其等效为三角形，即有：

$$D = \frac{\Delta n_{\mathrm{m}} T_{\mathrm{r}}}{2} \qquad (17\text{-}27)$$

式中　　D——速降面积，% s；

　　　　T_{r}——速降恢复时间，s；

　　　　Δn_{m}——速降峰值，% 。

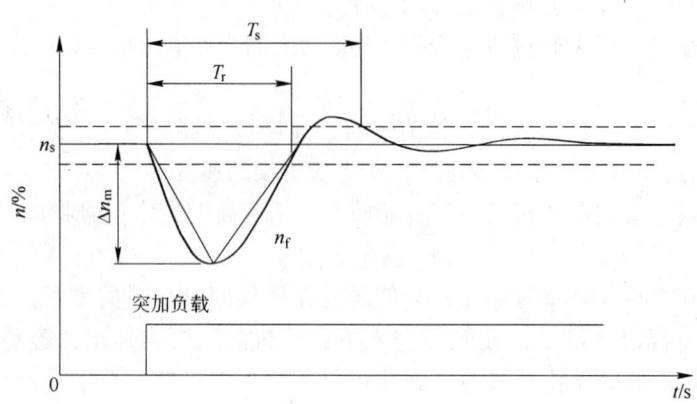

图 17-12　突加负载传动抗扰动示意图

因此，轧件堆积长度又可以表示为：

$$\Delta L = VD \qquad (17\text{-}28)$$

以轧件线速度 18m/s，冲击速降为 5%，恢复时间 0.5s 为例，可以计算轧件堆积长度为 450mm，为了尽量减少冲击速降对轧制过程带来的影响，除了提高传动系统的动态响应性能，还应该在自动控制系统中进行冲击速度补偿。

通常冲击速度补偿有两种方式：速度补偿和转矩补偿。

速度补偿就是在轧机咬钢前先在主速度的基础上叠加一附加速度，即速度超前率，在咬钢后速度降落时再撤销附加速度给定。其原理就是通过这种方式改变速降深度及恢复时间，以达到减少速降面积，改善头部质量的目的，如图 17-13 所示。

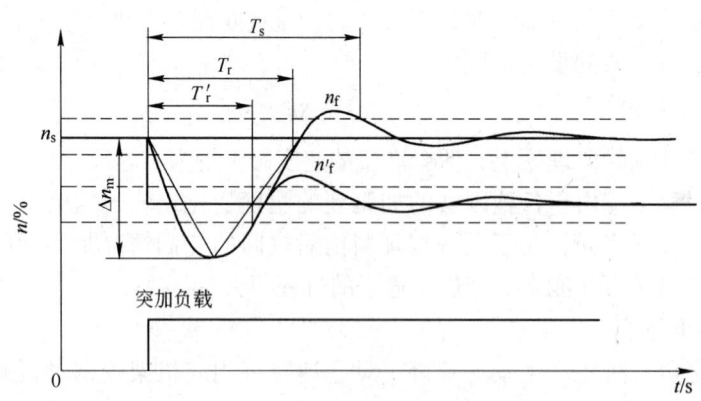

图 17-13　速度补偿示意图

操作人员可以通过 HMI 设定各机架速度超前率，根据生产的情况，可以先设定一个经验值，经过一段时间的生产，通过观察补偿效果对设定值进行修正，以达到较优的补偿效果。除了设定值外，速度补偿的另一个关键点就是补偿时机，如果超前率过早撤除，相当于未投入补偿功能，如果撤得太晚，等咬钢速降恢复之后再撤销，不仅起不到补偿的效果，反成另一个扰动源。这就要求自动化系统提供精确的轧件跟踪功能，尤其是下游速度较高，轧件较细的轧机，对补偿时机的要求更高。

转矩补偿的原理（见图 17-14）则是在负载突变（咬钢）的同时叠加同样大小的转矩，以保持咬钢过程中动力矩和阻力矩的平衡关系，相当于通过消除扰动源来避免动态速降。

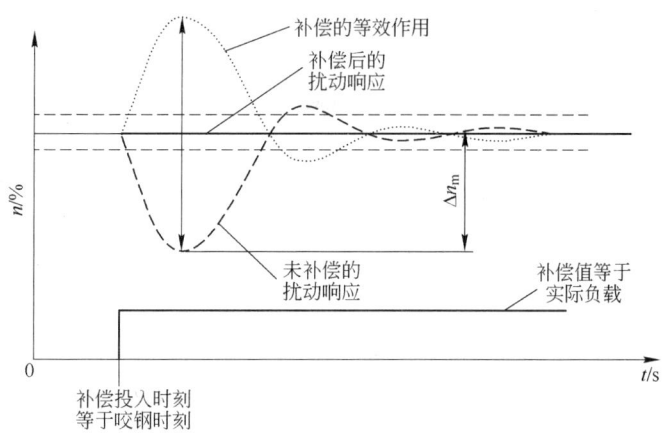

图 17-14　转矩补偿示意图

动态速降补偿可以通过传动系统本身的负荷观测器功能来实现，负荷观测器时刻观测传动系统负荷的变化，将补偿转矩立即作用于传动系统的转矩输出环节。负荷观测器根据基础自动化系统的设定和跟踪信号来使能。或者通过传动系统与基础自动化配合，在轧机咬钢瞬间投入设定的转矩补偿量，保证传动系统动态速降完全满足控制指标的要求。

转矩补偿值在 HMI 上设定。同样的，转矩补偿对投入时机也有严格的要求，不然补偿效果就会大打折扣，出现图 17-15 提前补偿或者图 17-16 滞后补偿的情况，严重时甚至引起飞车。

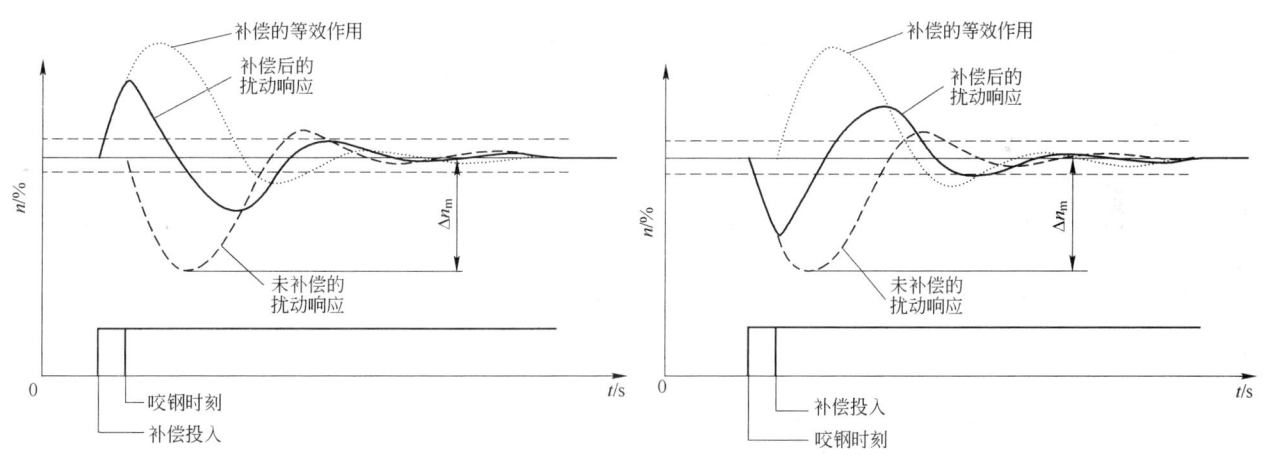

图 17-15　转矩提前补偿示意图　　　　　图 17-16　转矩滞后补偿示意图

17.2.3.6　轧件跟踪

基础自动化系统中所指的轧件跟踪，指的是跟踪轧件头尾位置信号，用于轧线故障检测及启动有关控制功能。其原理是根据检测元件的有钢信号，通过对速度 v 进行积分后计算轧件头尾通过的距离 L，即：

$$L = \int v\mathrm{d}t \tag{17-29}$$

并在下一检测段起点时更新该积分距离，以消除积分累积误差。

轧件跟踪是整个基础自动化控制系统的基础，贯穿于整个轧制过程的始终，与其他重要控制功能如微张力控制、活套控制、自学习功能、冲击速降补偿功能等息息相关，轧件跟踪的精度直接影响整个控制系统的优劣，具有不可替代的作用。

图 17-17 所示为一典型跟踪系统示意图，在实际的控制中，将整个轧机区设备分成若干个跟踪

段，在每个跟踪段的起点将跟踪信号刷新，以这种方式逐步传递，最终实现轧件头尾在整个工艺段的精确定位。

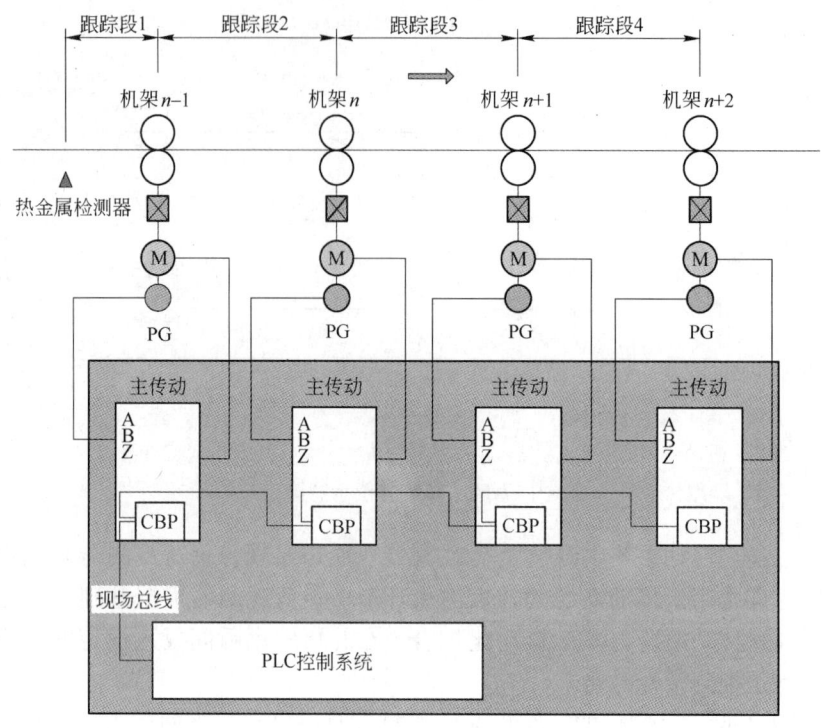

图 17-17　跟踪控制系统示意图

跟踪功能的实现需要借助如下关键设备：

（1）HMD：热金属检测器（Hot Metal Detector），检测高温钢坯发射的红外线，并输出开关信号至控制器，HMD 检测准确性高，响应快，可以精确地定位钢坯的位置，在跟踪系统中有着不可替代的作用。

（2）PG：编码器（Pulse Generator），安装在电机轴上，用以测量电机转速，通常编码器信号直接进传动系统，PLC 控制器通过现场总线从传动系统接收电机转速并转换成轧件线速度，以此实现轧件的跟踪。

（3）轧机：之所以把轧机列为跟踪设备之一，是因为在钢坯头尾进入/离开轧辊的时候会有负荷的变化，并以此判断轧件头尾，因此轧机也可以作为某一个跟踪段的起点，尤其是对跟踪精度要求稍低的场合，往往不需要安装过多的 HMD，有助于减少故障点并降低控制系统的成本。

（4）LHS：活套扫描器（Loop Height Scanner），检测视场范围内钢坯的位置并输出模拟量信号至控制系统，主要用以检测活套的高度，同时，LHS 也输出开关量信号，与 HMD 一样，可以对钢坯的位置进行定位。

跟踪系统的精度，与检测元件响应精度及控制器扫描周期等有着密不可分的关系，因此，在某些需要精确跟踪的场合，通常以 HMD 作为跟踪的起点，并通过脉冲分路器等方式将编码器信号直接引入 PLC 控制器，以减少中间通讯环节带来的延时，同时，选择运算能力快，扫描周期短，更适合实时控制的控制器来实现跟踪功能以实现更优的控制效果。

17.2.3.7　飞剪控制

A　起停式飞剪概述

在连续轧制的棒线材生产线中，起停式飞剪扮演着重要的角色，起停式飞剪主要完成轧制过程中轧件的切头、切尾、分段以及事故碎断等功能。通常，常规棒材生产线轧线上设有 3 台起停式飞剪，其布置如图 17-18 所示。

1 号飞剪（见图 17-19）：通常位于 6 号轧机与 7 号轧机之间，由一台直流调速电机或者交流变频调速电机驱动，主要用于完成对粗轧机组轧制后的轧件进行切头、切尾、碎断等功能。由于粗轧出口轧件速

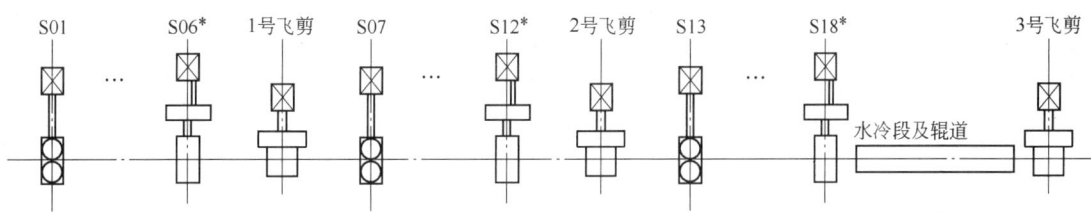

图 17-18 典型棒材飞剪布置示意图

度较低，轧件截面面积较大，因此 1 号飞剪通常采用剪切力大、剪切速度低的曲柄式机械结构，并配有飞轮。在轧制大规格棒材时，1 号飞剪需要通过挂上飞轮以增加飞剪剪切力。1 号飞剪特点是剪切速度低，剪机转动惯量大。

图 17-19 棒材 1 号飞剪

2 号飞剪（见图 17-20）：通常位于 12 号轧机与 13 号轧机之间，由一台直流调速电机或者交流变频调速电机驱动，主要用于完成对中轧机组轧制后的轧件进行切头、切尾、碎断等功能。由于中轧出口轧件速度较高，轧件截面面积较小，因此 2 号飞剪通常采用剪切力较小、剪切速度较高的回转式机械结构，根据轧制产品范围的不同可以考虑配置飞轮，以满足大规格轧制时剪切力要求。2 号飞剪特点是剪切速度较高，剪机转动惯量较小。

3 号飞剪（见图 17-21）：通常位于 18 号轧机出口（即精轧机出口）与冷床裙板输入辊道之间，由一台直流调速电动机或者交流变频电动机驱动，主要用于完成对精轧机组轧制后的成品棒材进行倍尺分段剪切功能，3 号飞剪因此通常也称作倍尺分段飞剪。3 号飞剪通常为曲柄与回转可切换式机械机构，并且两种结构均配有飞轮。在高速轧制小规格产品时采用回转机械机构以满足速度要求，在低速轧制大规格产品时采用曲柄机械机构以满足剪切力要求。

图 17-20 生产中的棒材 2 号飞剪

图 17-21 生产中的棒材 3 号飞剪（倍尺剪）

　　起停式飞剪通常采用直流调速电动机或者交流变频调速电动机驱动。直流电动机冷却方式通常采用空水冷却器进行冷却，直流电动机具备投资成本低等优点，但是维护成本较高；交流电动机通常采用风冷，交流电动机首次投资略大，但维护简单。目前国内棒材生产线上大多数采用的是直流电动机，但是近几年来随着交流变频技术的日渐成熟，交流电动机越来越获得用户的青睐，越来越多的起停式飞剪采用交流电动机驱动。

　　B　起停式飞剪控制系统的组成

　　起停式飞剪控制系统通常以下几部分组成：调速传动装置、PLC 控制系统以及检测元件。

　　调速传动装置主要包括传动电动机及调速装置，调速装置主要用于完成电动机电流闭环控制、速度闭环控制。

　　PLC 控制系统主要用于完成飞剪剪刃位置闭环控制、轧件剪切长度控制、优化剪切控制以及附属设备逻辑控制。飞剪核心控制功能为剪刃位置闭环控制、轧件剪切长度控制，通常由 PLC 控制系统特殊智能模块完成。

　　检测元件主要包括编码器、接近开关、热金属检测器等，编码器安装在电动机轴端，用于电动机速度反馈、位置反馈；接近开关用于剪刃标定原位，即为剪刃设置初始位置；热金属检测器检测轧件长度，触发飞剪剪切命令。

　　典型起停式飞剪控制系统原理图如图 17-22 所示。

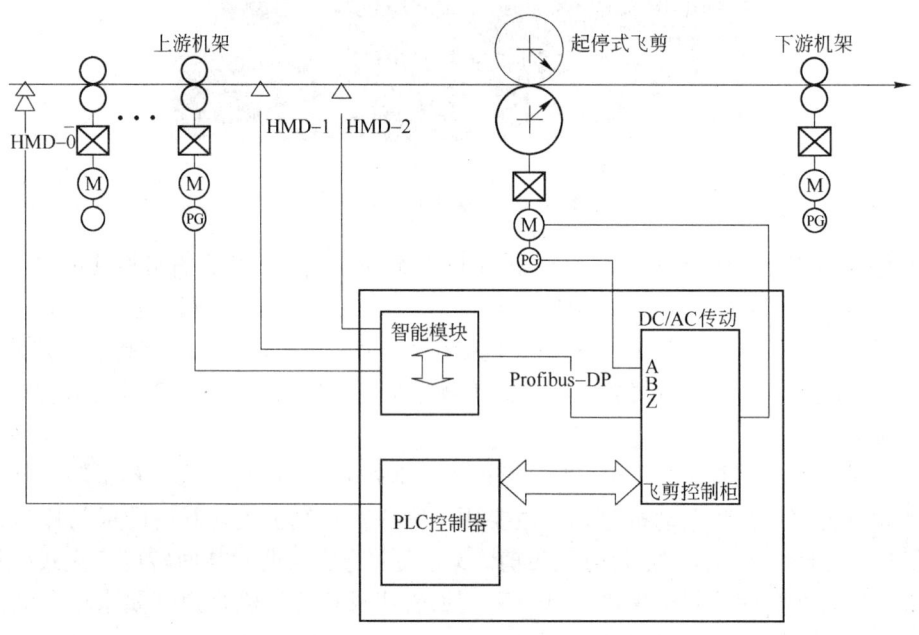

图 17-22　典型起停式飞剪控制系统原理图

　　C　起停式飞剪控制功能及原理

　　棒材生产线中起停式飞剪主要完成如下工艺控制功能：轧件的切头、切尾、分段控制；轧件的碎断控制；自动切废控制；手动切废控制；单剪切控制；就地点动控制；剪刃原位标定功能。

　　起停式飞剪控制的关键控制技术通常由 PLC 控制系统中智能模块来完成，主要有以下两个方面：轧件长度/速度的测量和剪切长度控制；剪刃位置控制和动作周期控制。

　　起停式飞剪控制系统通常是通过上游机架脉冲以及飞剪前热金属检测器信号计算得到轧件长度和速度，即在热金属检测器检测到有钢后开始记录上游机架脉冲累计数量，脉冲数量与脉冲当量（单位脉冲所代表的长度）的乘积即为实际轧件的长度，脉冲频率与脉冲当量的乘积即为实际轧件的速度。

　　为了实现剪刃位置精确控制，通常起停式飞剪采用电流闭环、速度闭环、位置闭环三环控制系统来控制剪刃位置，剪刃位置控制原理示意图如图 17-23 所示。

　　下文将从理论上着重分析起停式飞剪剪切速度及剪刃位置控制。

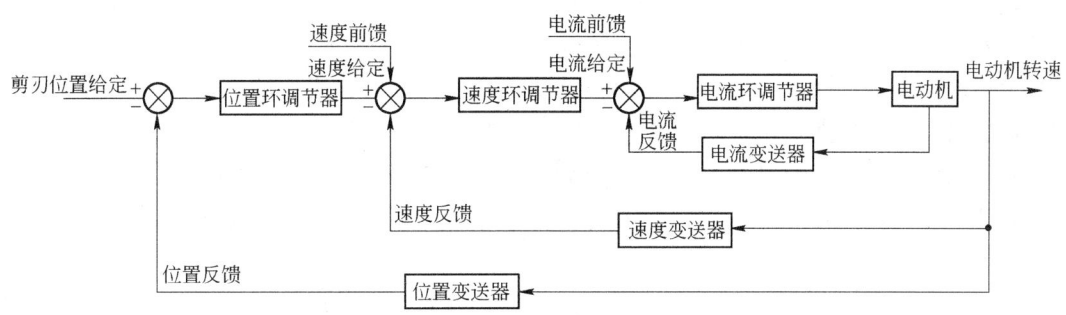

图 17-23 典型起停式飞剪剪刃位置控制系统原理示意图

D 起停式飞剪剪切速度及剪刃位置控制

起停式飞剪剪切速度控制的主要目的是使飞剪剪刃由静止状态逐步加速到与运行中的轧件相匹配的速度，以避免剪切过程中因轧件与剪刃发生相互碰撞而导致堆钢，当剪切完成后时剪刃在给定的角度内逐步减速到静止状态，在减速过程中由剪刃位置闭环控制系统控制剪刃停止位置，以保证剪刃停止后处于初始位。虽然棒材生产线中三把飞剪的机械机构不尽相同，但剪切控制原理是基本相同的。

起停式飞剪一个工作周期的速度曲线如图 17-24 所示。

要控制飞剪剪刃位置，首先需要确定飞剪初始位置。起停式飞剪初始位置必须满足最高剪切速度要求，即飞剪起动后剪刃运行至剪刃接触棒材点时达到最高剪切速度。为了便于分析，假定飞剪以下参数已知：R 为剪刃回转半径，m；G 为减速箱减速比；D 为轧件的直径，m；v_{max} 为上游机架最大轧制速度，m/s；a_{max} 为最大加速度，m/s²；N 为飞剪最大转速，r/min。

飞剪剪切时速度分析如图 17-25 所示。

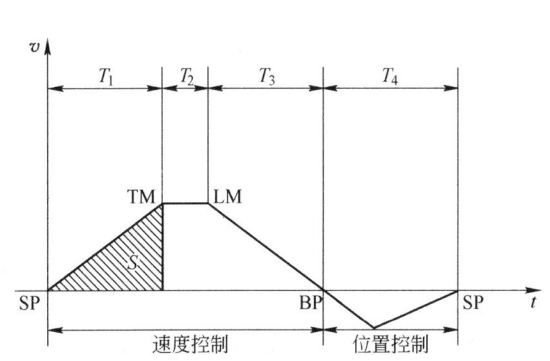

图 17-24 起停式飞剪运动速度曲线

T_1—飞剪加速段；T_2—飞剪匀速剪切段；
T_3—飞剪制动段；T_4—飞剪反转定位段；
SP—飞剪初始位置；TM—剪刃接触轧件点；
LM—剪刃离开轧件点；BP—剪刃制动
停止点；S—飞剪起动距离

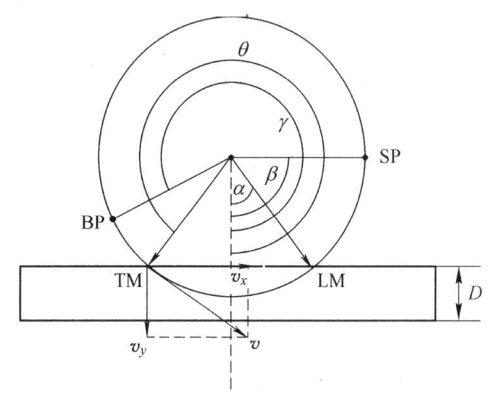

图 17-25 起停式飞剪速度分析示意图

v—飞剪剪刃到达轧件接触点时的线速度，m/s；v_x—飞剪
剪刃到达轧机接触点时的线速度水平分量，m/s；v_y—飞剪
剪刃到达轧机接触点时的线速度垂直分量，m/s；α—飞剪
剪刃与轧件接触点角度，弧度；β—飞剪初始位置角度，
弧度；γ—飞剪制动停止点角度，弧度；θ—飞剪
剪刃到达接触轧件点时的角度，弧度

由图 17-25 可以计算得到：

$$\alpha = \arccos\left(\frac{R - \dfrac{D}{2}}{R}\right) \tag{17-30}$$

$$\theta = 2\pi - \alpha \tag{17-31}$$

由式 17-30 可以看出，飞剪剪切切入角度与轧件直径、飞剪剪刃回转半径有关，在飞剪回转半径确定

的情况下，轧件直径越大，剪切切入角度就越大，反之就越小。为了保证飞剪剪切时轧件不发生弯曲，飞剪剪切速度水平分量应大于轧件速度。根据图 17-25 中速度分量可以看出，飞剪剪切切入角度越大，飞剪速度水平分量越小，因此要求飞剪剪切时的线速度将越大；反之，飞剪剪切切入角度越小，要求飞剪剪切时的线速度将越小。由此可以得出结论：在剪切大规格轧件时，飞剪剪切速度超前轧件速度将较大，剪切小规格轧件时，飞剪剪切速度超前轧件速度将较小。通常在棒材生产线中，1 号飞剪剪切速度超前率较大，2 号飞剪、3 号飞剪剪切速度超前率较小，这与上述理论计算结果是一致的。

E　起停式飞剪剪切速度计算

设轧机出口速度为 v，飞剪起动时加速度为 a，下面将分析飞剪开始起动至定位停止一个周期过程中加速度、各段剪刃线速度计算方法。

加速过程中加速度：

$$a = \frac{v^2}{2\cos^2\alpha(2\pi - \alpha - \beta)R} \tag{17-32}$$

加速度过程中剪刃线速度参考值：

$$v_1 = \frac{v(S - \beta)}{\cos\alpha(2\pi - \alpha - \beta)} \tag{17-33}$$

式中　S——剪刃实际位置（角度）。

剪切过程中剪刃线速度参考值：

$$v_2 = \frac{v}{\cos(2\pi - S)} \tag{17-34}$$

剪切后制动过程中剪刃线速度参考值：

$$v_3 = \frac{v(\gamma - S)}{\cos\alpha(\gamma - \alpha)} \tag{17-35}$$

剪刃反向定位加速过程中剪刃线速度参考值：

$$v_4 = \frac{2v_{\text{jog}}(S - \gamma)}{\gamma - \beta} \tag{17-36}$$

式中　v_{jog}——反向定位最高速度，通常取额定速度的 5% ~ 10% 左右。

剪刃反向定位减速过程中剪刃线速度参考值：

$$v_5 = \frac{2v_{\text{jog}}(\beta - S)}{\gamma - \beta} \tag{17-37}$$

在反向定位过程中，飞剪控制系统通常采用剪刃位置闭环控制、速度闭环控制、电流闭环控制三环伺服控制系统进行剪刃位置控制，以此提高剪刃位置控制精度。

剪刃位置控制精度不够将有可能带来如下不利影响：剪刃加速过程中加速距离不够，导致剪刃到达剪切位置时无法达到设定的剪切速度，将影响剪切质量，严重时甚至可能因轧件速度高于飞剪剪切速度导致轧件撞击剪刃而堆钢。因此，实际工程中应保证飞剪剪刃位置控制精度。

F　起停式飞剪附属设备顺序逻辑控制

棒材飞剪通常主要包含如下附属设备：剪前转辙器、剪后切废导板、废料框、稀油润滑系统、干油润滑系统等。

棒材生产线中，2 号飞剪前通常设有转辙器，转辙器的主要用途是将飞剪正常剪切位与碎断剪切位区分开。棒材 2 号飞剪为回转剪，剪刃通常由两对组成，一对剪刃宽，一对剪刃窄，通常宽剪刃用于切头切尾，窄剪刃仅仅在碎断剪切时使用。正常切头、切尾时，剪前转辙器将轧件转向剪刃里侧，剪切由宽剪刃完成；碎断剪切时，剪前转辙器动作，将轧件转向剪刃外侧，即窄剪刃侧，这样碎断过程中宽剪刃和窄剪刃将同时剪切，这样碎断的废料仅为用宽剪刃碎断时的一半，便于废料滑入废料框。

棒材生产线中，1 号飞剪、2 号飞剪后通常设有切废导板以及废料框，在切废时切废导板升起，以挡住因惯性飞向下游导位的废料；废料框通常位于平台下，通常由两个料框组成，废料框导向板由气动电磁阀驱动，用于控制废料落入左料框或者右料框。

　　棒材飞剪稀油润滑系统通常取自轧线稀油润滑系统，也有的飞剪设置独立的稀油润滑系统。飞剪独立稀油润滑系统通常由一台恒速电机驱动，在飞剪齿轮箱入口设有润滑油压力或者流量检测开关。润滑油压力开关或流量开关参与飞剪操作连锁控制，当润滑压力或流量开关检测到无信号时将禁止操作飞剪。

　　飞剪干油润滑通常取自轧线干油润滑系统。

　　G　棒材倍尺飞剪优化剪切控制

　　棒材倍尺飞剪用于将成品棒材剪切成倍尺棒材，以便于倍尺棒材上冷床冷却。由于棒材来料长度变化、切头切尾长度变化以及辊缝调整等因素影响，棒材在倍尺飞剪剪切完毕后剩余的尾部长度经常发生变化，在尾部长度较短时将可能导致尾部棒材无法上冷床，影响成材率，当穿水冷却投入时甚至可能因为过短的短尾停留在水冷管道内导致堆钢事故，这种堆钢事故处理时间较长，影响作业率。

　　为了避免出现上述情况，倍尺飞剪剪切时就必须控制棒材尾部长度。优化剪切控制策略能够帮助倍尺飞剪实现控制棒材尾部长度的目标，从而大大提高生产作业率及成材率。优化剪切控制的关键在于预测轧件的最终总长度，预测结果越准确，优化的结果越准确。在已知棒材总长度后，就能根据设定的棒材尾段长度来调整倍尺飞剪的剪切策略。

　　H　连续回转式飞剪控制

　　连续回转式飞剪如图 17-26 所示。

　　连续回转式飞剪（以下简称连续回转剪）主要是相对于起停式飞剪而言的，起停式飞剪剪切工作过程是由起动-剪切-停止过程组成，完成剪切后剪机处于停止状态，等待下一次剪切指令。连续回转剪机械设备由上下两组剪刃和一个入口转辙器组成，而且上下剪刃通常有三对或四对对称

图 17-26　连续回转式飞剪

布置的主剪刃，在主电机驱动下连续运转。这种结构的优点在于一台飞剪既能完成切头、切尾，还能实现高速碎断，不需要单独设置碎断剪，剪切及碎料收集设备布置紧凑；但对转辙器的动作快速性要求非常高——由于转辙器的位置转换必须在相邻的两剪刃的间隔时间内完成，在高速运转的情况下，从剪切位置到通过位置的允许摆动时间仅有 25ms，对控制系统的快速性和重复精度要求很高。控制系统计算出剪切点的动态位置，选择与之最匹配的一对剪刃对其进行位置闭环跟踪，以期在目标剪切点到达剪机中心位置时剪刃刚好闭合；与此相配合，系统控制剪前转辙器适时偏转，将轧件导入剪刃下方，完成同步剪切。

　　连续式飞剪主要控制技术如下：

　　（1）旋转运动的物体对直线运动物体进行动态位置跟踪的检测方法和控制算法。

　　（2）轧件头尾位置和速度的精确测量。

　　（3）高速交流伺服系统的应用，实现转辙器的快速运动控制。

　　（4）交流变频调速传动系统的应用，实现大惯量负载下高动态性能的速度控制。

17.2.4　冷床及收集区域主要功能

17.2.4.1　冷床区控制

　　A　冷床区电控设备概述

　　棒材冷床区主要可分为如下几部分：冷床上卸钢侧设备、冷床本体、冷床下料侧设备。

　　冷床区上卸钢侧电控设备主要有冷床输入辊道、制动裙板、拨钢器等；冷床本体电控设备主要冷床动齿、对齐辊道；冷床下料侧设备主要有排钢链、运料小车、冷床输出辊道等。

　　冷床区工艺设备示意图如图 17-27 所示。

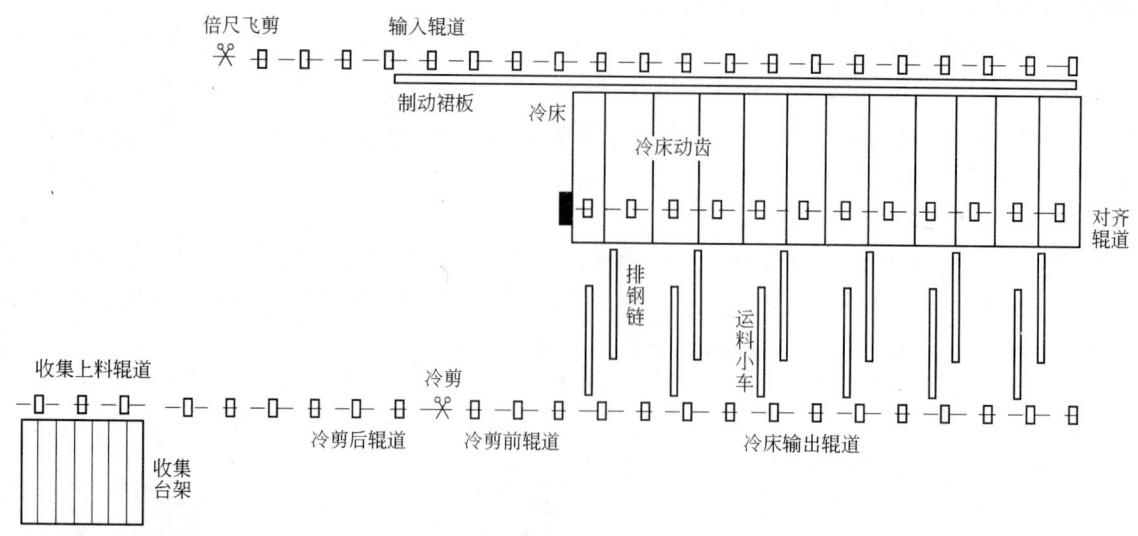

图 17-27　冷床区工艺设备示意图

输入辊道主要用于将被倍尺分段飞剪分段后的棒材进行加速，以拉开剪切后的棒材尾部与下一根棒材头部的距离，为棒材分钢提供时间和空间。冷床输入辊道设备分为两部分：冷床前段运输辊道和带制动裙板的辊道。为了使棒材能够顺利滑入制动板，前段运输辊道辊子由 0°逐步倾斜过渡到 12°，其后的辊道全长向冷床倾斜，辊道的轴线与水平夹角为 12°。

升降裙板主要用于对辊道上运行的棒材进行制动，在制动的同时还起到分钢的作用，并将制动后的棒材卸入冷床矫直板矫直。制动裙板上表面向外侧倾斜 35°，以便于当制动裙板位于低位时棒材从输入辊道内滑入制动裙板。

制动裙板上方设有盖板，可翻起，根据轧制速度确定其遮盖的长度；当升降裙板下降，本根棒材滑入裙板时，盖板将下一根钢限制在输入辊道上防止其滑入裙板，从而实现分钢。

分钢器布置在制动点，起到辅助分钢的作用，分钢器由一个单线圈气动电磁阀控制。分钢器位置可移动，通常安装在分钢点入口。

冷床动齿主要用于将制动裙板卸入冷床的成品棒材逐根运送至冷床出口，成品棒材在运送过程中在冷床上自然冷却。

对齐辊道位于冷床出口，主要用于将经过自然冷却的成品棒材进行对齐，便于排钢链布料以及冷剪剪切。

排钢链、运料小车位于冷床出口与冷床输出辊道之间，排钢链用于将冷床动齿输送来的成品棒材按照工艺要求布置成棒层，运料小车将布置好的棒层运送至冷床输出辊道。

冷剪通常有两种形式：冷飞剪或者冷停剪。采用冷飞剪时，冷剪剪切效率高，自动化程度高，但控制得不好易产生长度误差；采用停剪剪切时，定尺长度可由定尺机控制，剪切精度高，但是剪切效率较低，自动化程度不高。

B　棒材冷床区主要控制功能

棒材冷床区主要有如下控制功能：冷床输入辊道速度控制；制动裙板自动上卸钢控制；冷床动齿位置控制；冷床动齿自动单循环控制；冷床自动清空控制；对齐辊道自动起停控制；排钢链自动布料控制；运料小车自动卸料控制；冷剪前后辊道自动控制；冷剪自动剪切控制；定尺剪切长度控制。

C　裙板式冷床上卸钢装置控制

冷床裙板式上钢装置主要包括输入辊道和制动裙板。

冷床输入辊道每个辊道由一台变频调速电动机单独驱动，全部辊道通常可分为 5 ~ 8 段，每段辊道分别由独立变频调速装置控制，辊道速度可调。冷床输入辊道速度控制通常采用开环控制。

制动裙板有两种驱动方式：液压缸驱动、变频调速电动机驱动。采用液压缸驱动时，制动裙板全长由一根长轴连接，共由约 10 ~ 13 段液压缸驱动，液压缸通过比例阀进行升降速度控制，制动裙板升降行程由制动裙板高低位检测接近开关控制。液压驱动制动裙板控制较为简单，但制动裙板高速运行过程中对机械设备冲击较大，设备维护比较频繁。

采用变频调速电动机时，制动裙板全长分为 3~5 段，每段由一台可调速变频电动机单独驱动，制动裙板升降位置控制采用位置闭环控制，系统设有原位接近开关用于标定裙板初始位置。变频电动机驱动制动裙板（简称电动机裙板）位置控制较为复杂，但在上卸钢过程中对机械设备冲击很小，大大降低了设备维护时间，延长了设备的使用寿命。制动裙板位置闭环控制原理与飞剪位置闭环控制相似。制动裙板一个周期内裙板位置时间曲线如图 17-28 所示。

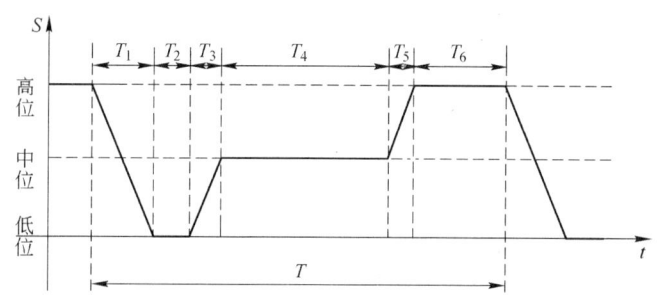

图 17-28　制动裙板一个周期位置时间曲线

T—制动裙板一个单循环周期时间；T_1—制动裙板由高位下降至低位时间；T_2—制动裙板低位停留时间；
T_3—制动裙板由低位上升至中位时间；T_4—制动裙板中位制动时间；T_5—制动裙板
由中位上升至高位时间；T_6—制动裙板高位等待时间

通常制动裙板上方盖板为人工打开或者扣上，操作比较麻烦。目前国内出现了电动扣板，即扣板通过双线圈气动电磁阀控制开闭，并设有打开、闭合位检测接近开关，这种电动扣板的使用能够实现冷床区上料侧设备更高度自动化，并且能够自动适应轧线出口速度变化。在控制系统计算出分钢点位置后，电动扣板将根据分钢点位置来控制分钢点前后扣板的打开或者关闭。

为了实现分钢，冷床输入辊道速度通常超前精轧机出口速度。经过倍尺飞剪分段后的棒材在输入辊道上加速，当棒材的尾端（或前端，取决于棒材在冷床上对齐方向）到达合适位置时，升降裙板由高位下降至低位，此时输入辊道内的棒材将沿着辊道斜面滑入制动裙板，在下一根钢头部到来之前，升降裙板上升至中位以便挡住下一根钢（防止其滑入制动裙板导致堆钢），升降裙板内的棒材从滑入制动裙板的一刻开始依靠棒材与裙板表面摩擦力进行摩擦制动，待棒材完全停止后升降裙板继续上升至高位，由于裙板上表面向冷床侧倾斜，因此棒材将依靠自身重力作用沿裙板上表面滑向冷床内。

棒材在冷床上的上钢过程主要包含两个运动过程：倍尺剪切后的加速过程、升降裙板内制动过程。下文将对这两个运动过程进行详细的运动学分析，并对裙板式冷床上卸钢装置可控问题展开讨论分析。

a　棒材在冷床输入辊道上加速过程分析

冷床输入辊道速度通常高于精轧机出口速度，这样在倍尺飞剪剪切后的棒材就可以通过输入辊道进行加速，以拉开棒材尾部与下一根钢头部的距离。为了准确得到输入辊道合理的速度设定值，有必要对棒材在输入辊道上的加速过程进行动力学分析，棒材在输入辊道上加速过程中的受力情况见图 17-29。

从图 17-29 可以看出，棒材在加速过程中主要受到重力 mg、辊道面支撑力 N_1、裙板侧面支撑力 N_2、棒材与辊道表面的滑动摩擦力 F_1 以及棒材与制动板侧表面的滑动摩擦力 F_2。其中，mg、N_1、N_2 在同一平面上，方向与棒材运行方向垂直，滑动摩擦力 F_1 与棒材运行方向相同，滑动摩擦力 F_2 与棒材运行方向相反。

棒材在纵向未发生位移，根据静止物体受力平衡原理，棒材在纵向平面上受力向量和应为零，即：

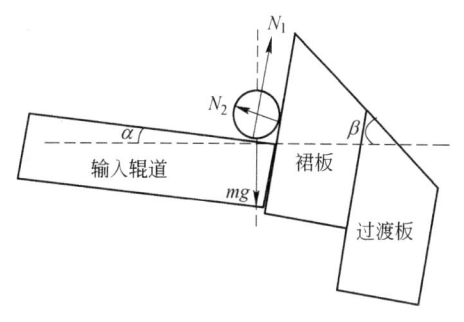

图 17-29　棒材在冷床输入辊道
运行过程中受力分析示意图

$$N_1 \sin\alpha - N_2 \cos\alpha = 0 \tag{17-38}$$

$$N_1 \cos\alpha + N_2 \sin\alpha - mg = 0 \tag{17-39}$$

设棒材与辊道表面滑动摩擦系数为 μ_1，与裙板表面滑动摩擦系数为 μ_2，根据摩擦力与物体表面受力关系可以得到：

$$F_1 = N_1 \mu_1 \tag{17-40}$$

$$F_2 = N_2 \mu_2 \tag{17-41}$$

棒材在输入辊道上加速是受到与运行方向相同的摩擦力 F_1 以及与运行方向相反的摩擦力 F_2 共同作用的结果，设棒材在辊道上加速度为 a，根据动力学原理可以得到如下公式：

$$ma = F_1 - F_2 \tag{17-42}$$

根据上述公式整理可以得：

$$a = (\mu_1 \cos\alpha - \mu_2 \sin\alpha) g \tag{17-43}$$

由上式可以看出棒材在辊道上的加速度只与重力加速度、棒材与辊道表面摩擦系数、棒材与裙板侧面摩擦系数以及辊道倾斜角度有关，加速度为常量。

设精轧机出口速度为 v_0，辊道速度为 v_r，倍尺飞剪剪刃到分钢点的距离为 S，加速时间为 t_a，加速后恒速运行时间为 t_b，可以得到如下公式：

$$S = v_0 t_a + \frac{1}{2} a t_a^2 + v_r t_b \tag{17-44}$$

$$t_a = \frac{v_r - v_0}{a} \tag{17-45}$$

令 $t_b = 0$，上式整理可以得到：

$$v_r = \sqrt{2aS + v_0^2} \tag{17-46}$$

设辊道速度超前精轧机出口速度的超前率为 R，即：

$$v_r = (1 + R) v_0 \tag{17-47}$$

整理可得：

$$R = \sqrt{1 + \frac{2aS}{v_0^2}} - 1 \tag{17-48}$$

由此可以看出，棒材在输入辊道加速过程中，加速度是恒定不变的，因此棒材加速后能够达到的最大速度取决于精轧机出口速度以及加速距离。精轧机出口速度越大，冷床分钢点位置距离剪刃越近，允许的速度超前率就越低。

棒材开始制动时的最大速度将影响棒材在冷床上的停止位置，因此控制系统有必要知道棒材开始制动时的最大速度，而棒材实际的速度无法通过测量得到，仅有辊道速度可供参考，因此需要保证棒材在通过辊道加速后能够达到辊道设定速度。辊道速度超前率通常不能超过 $\sqrt{1 + \dfrac{2aS}{v_0^2}} - 1$，否则棒材将无法达到辊道设定速度，并且增大辊道与棒材之间的磨损。

b　棒材在制动裙板内制动过程分析

棒材在冷床上停止位置主要取决于摩擦系数、精轧机出口速度以及棒材开始制动时的最大速度。在精轧机出口速度、棒材开始制动时的最大速度已知的情况下，为了控制棒材在冷床上停止位置，首先需要确定制动时的摩擦系数。为了得到摩擦系数，下文将对棒材在制动裙板内制动时的受力情况进行分析。棒材在制动裙板里制动时的受力情况见图 17-30。

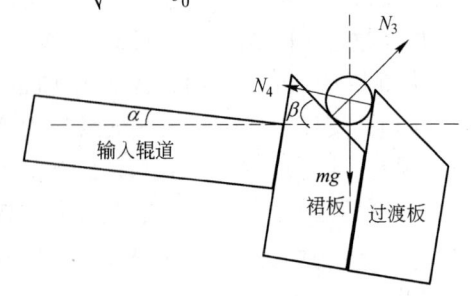

图 17-30　制动裙板制动过程
受力分析示意图

从图 17-30 可以看出，棒材在制动过程中主要受到重力 mg、

裙板表面支撑力 N_3、过渡板侧面支撑力 N_4、棒材与裙板表面的滑动摩擦力 F_3 以及棒材与过渡板侧表面的滑动摩擦力 F_4。其中，mg、N_3、N_4 在同一平面上，方向与棒材运行方向垂直，滑动摩擦力 F_3、F_4 与棒材运行方向相反。摩擦力 F_3、F_4 是棒材制动的作用力。

棒材在纵向未发生位移，根据静止物体受力平衡原理，棒材在纵向平面上受力向量和应为零，即：

$$N_3 \sin\beta - N_4 \cos\alpha = 0 \tag{17-49}$$

$$N_3 \cos\beta + N_4 \sin\alpha - mg = 0 \tag{17-50}$$

裙板和过渡板的表面与棒材滑动摩擦系数相同，均为 μ_2，根据摩擦力与物体表面受力关系可以得到：

$$F_3 = N_3 \mu_2 \tag{17-51}$$

$$F_4 = N_4 \mu_2 \tag{17-52}$$

棒材在裙板内制动是受到与运行方向相反的摩擦力 F_3、F_4 共同作用的结果，设棒材在裙板内的减速度为 a_1，根据动力学原理可以得到如下公式：

$$ma_1 = F_3 + F_4 \tag{17-53}$$

将上述公式进行整理可以得到：

$$a_1 = \frac{\cos\alpha + \sin\beta}{\cos\alpha\cos\beta + \sin\alpha\sin\beta} \mu_2 g \tag{17-54}$$

令等效摩擦系数 $\mu = \dfrac{\cos\alpha + \sin\beta}{\cos\alpha\cos\beta + \sin\alpha\sin\beta} \mu_2$，则 $a_1 = \mu g$。设制动距离为 S_f，制动开始棒材的速度为 v_f，可以得到：

$$S_f = \frac{v_f^2}{2\mu g} \tag{17-55}$$

由此可以看出制动距离与输入辊道速度、棒材与制动板表面滑动摩擦系数以及制动板倾斜角度有关系，而与产品轧制规格等因素无关系。当辊道速度超前率满足 $R \leqslant \sqrt{1 + \dfrac{2aS}{v_0^2}} - 1$ 时，棒材开始制动时的最大速度可控，$v_f = v_r$；等效摩擦 μ 与实际滑动摩擦系数 μ_2 以及辊道倾斜角度 α、制动裙板倾斜角度 β 有关，其中滑动摩擦系数 μ_2 与裙板表面温度和棒材的温度都有关系，因此在穿水与不穿水时滑动摩擦系数会不同，相同速度下制动距离将会发生改变。

c 冷床前输入辊道最小长度分析

冷床前辊道长度必须能够满足最高轧制速度时棒材在冷床输入辊道上有足够的加速距离便于分钢，同时应保证棒材有足够的制动距离以便最大程度的利用冷床。为此，有必要讨论一下冷床前输入辊道最小长度问题。

设冷床前输入辊道长度为 L_r，最高轧制速度为 v_{max}，辊道速度超前率为 R，棒材开始制动时的速度为 v_f，裙板从高位下降至低位时间为 T_1，低位停留时间为 T_2，上升至中位时间为 T_3，分钢点到倍尺飞剪剪刃距离为 S，制动距离为 S_f，加速度为 a，加速时间为 t_a，恒速时间为 t_b，制动时间为 t_f，棒料在输入辊道内加速后与下一根钢头部距离为 ΔL。

理想分钢过程：当棒材尾部即将到达分钢点时，裙板刚好下降到低位，此时辊道内的棒材滑入制动板内，在下一根钢头到达分钢点之前裙板上升至中位以上，挡住下一根钢的头部。

其边界条件如下：

$$T_2 + T_3 \leqslant \frac{\Delta L}{v_{max}} \tag{17-56}$$

棒材尾部到达分钢点与下一根钢头部距离为：

$$\Delta L = S - (t_a + t_b) v_{max} \tag{17-57}$$

棒材加速时间为：

$$t_a = \frac{v_f - v_{max}}{a} \tag{17-58}$$

棒材恒速时间为:

$$t_b = \frac{S - \frac{(v_f - v_{max})^2}{2a}}{v_f} = \frac{2aS - (v_f - v_{max})^2}{2av_f} \qquad (17\text{-}59)$$

棒材开始制动时的速度为:

$$v_f = v_{max}(1 + R) \qquad (17\text{-}60)$$

将公式整理得:

$$S \geqslant \left(1 + \frac{1}{R}\right)v_{max}(T_2 + T_3) + \frac{1 + (1 + R)^2}{2aR}v_{max}^2 \qquad (17\text{-}61)$$

冷床前输入辊道长度为:

$$L_r = S + S_f \qquad (17\text{-}62)$$

因此有:

$$L_r \geqslant \left(1 + \frac{1}{R}\right)v_{max}(T_2 + T_3) + \left[\frac{1 + (1 + R)^2}{2aR} + \frac{(1 + R)^2}{2g\mu}\right]v_{max}^2 \qquad (17\text{-}63)$$

从上式可以看出,冷床前输入辊道最小长度与最高轧制速度、制动裙板低位停留时间、上升至中位时间、辊道速度超前率以及摩擦系数有关,但主要影响因素还是最高轧制速度,可以看出,最高轧制速度越高,冷床前输入辊道长度就要求越长。

d　上冷床棒材最小长度分析

在某一轧制速度下,当倍尺飞剪分段的棒材长度小于某个值时,升降裙板或者动齿将来不及上钢。

其边界条件定义如下:当前根棒材开始制动时,本棒材头部以轧线速度运动到制动点前某处;在前根棒材制动过程中,本棒材以输入辊道速度运动,在前根棒材制动结束时刻,本棒材尾端恰好运动至制动点;棒材的制动时间不小于冷床动齿的动作周期。

设本根钢开始制动时下一根钢头部到倍尺飞剪剪刃距离为 L_1,最短上冷床棒材长度为 L_{min}。

$$L_1 = v_0 t = \frac{v_0^2 R}{a} \qquad (17\text{-}64)$$

设从上一根钢开始制动到倍尺飞剪再次剪切时间为 t_1,则有:

$$t_1 = \frac{L_{min} - L_1}{v_0} \qquad (17\text{-}65)$$

设从上一根棒材开始制动到本根棒材开始制动时间间隔为 T,则有:

$$T = t_1 + t_a + t_b \qquad (17\text{-}66)$$

为了保证在下一根钢尾部到达分钢点时制动裙板具备分钢条件,考虑到裙板必须在中位制动最少时间为 $\frac{t_f}{2}$,因此有:

$$\frac{t_f}{2} < T \qquad (17\text{-}67)$$

$$t_f = \frac{v_f}{a_1} = \frac{v_f}{\mu g} \qquad (17\text{-}68)$$

上述公式整理可得:

$$L_{min} > \left[\frac{(1 + r)(\cos\alpha\cos\beta + \sin\alpha\sin\beta)}{2\mu_2 g(\cos\alpha + \sin\beta)} + \frac{R^2}{2g(1 + R)(\mu_1\cos\alpha - \mu_2\sin\alpha)}\right]v_0^2 - \frac{s}{1 + R} \qquad (17\text{-}69)$$

从上式可以看出棒材最小上冷床长度与轧线轧制速度平方成正比,轧制速度越高,要求的最小上冷床棒材的长度就越长,否则棒料将无法正常上钢。

当制动时间小于冷床动作周期时,必须满足倍尺飞剪剪切周期大于冷床动作周期,设冷床动作周期

为 T_{mr}，则有：

$$L_{\min} > T_{mr}v_0 \tag{17-70}$$

e　棒材在冷床对齐方式讨论

棒材在冷床上停止位置有两种对齐方式：尾对齐、头对齐。这两种对齐方式通常取决于工艺布局，本节将对这两种控制方式进行深入分析。

棒材在冷床上尾对齐方式工艺示意图如图 17-31 所示，棒材在冷床上头对齐方式工艺示意图如图 17-32 所示。

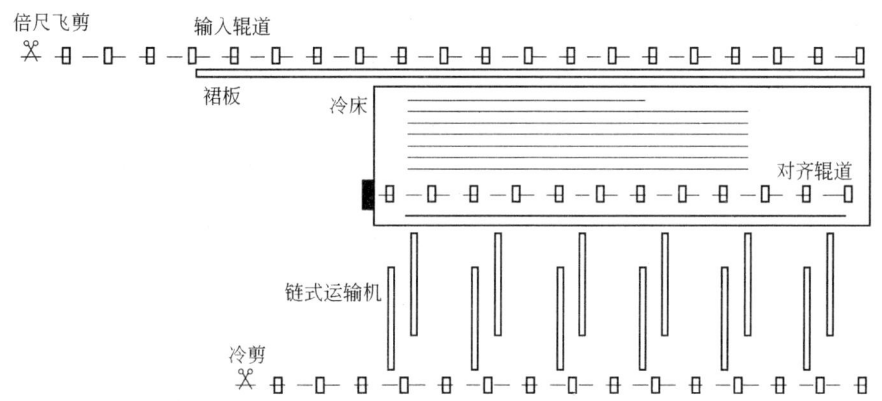

图 17-31　尾对齐冷床工艺示意图

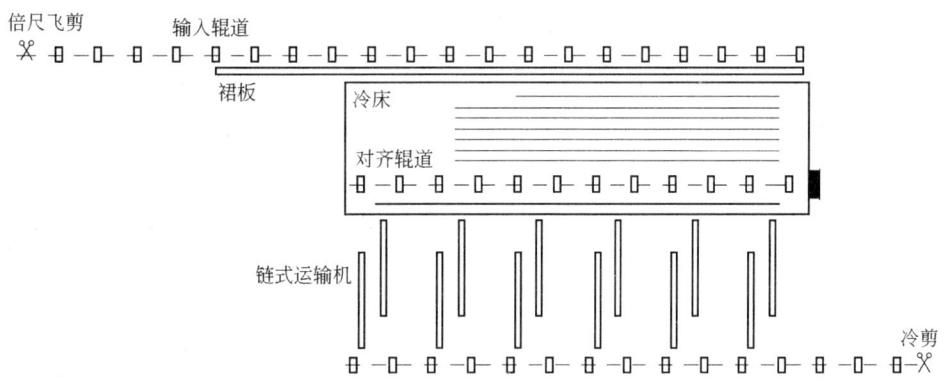

图 17-32　头对齐冷床工艺示意图

对于棒材尾对齐这种方式，主要采用跟踪棒材尾部的控制方法对棒材在冷床上停止位置进行控制。当棒材尾部到达设定分钢点时升降裙板开始分钢并制动，由于棒料制动距离与棒料长度无关，因此能够实现尾部对齐功能。对于尾钢的控制，应通过倍尺飞剪优化剪切控制尾钢长度，只有当尾钢长度不小于棒材最小上冷床长度，尾钢才能够正常上冷床。

头对齐与尾对齐方式相比，不同地方在于对尾钢的处理。头对齐时，在倍尺飞剪剪切时开始跟踪下一根钢的头部位置（对于第一根钢通过飞剪前热检信号跟踪头部位置），当头部到达设定位置时升降裙板开始分钢并制动，对于尾钢将采用延迟分钢制动策略，主要是为了使得尾钢能够通过辊道充分向冷床对齐端运行，以此实现尾钢对齐目的。

由于裙板式上钢装置分钢与制动是同时开始的，无法单独控制分钢点位置和开始制动点位置，因此采用头对齐方式通常会带来如下两个问题：

（1）影响出钢节奏。为了实现尾钢头对齐，势必要求尾部在输入辊道上多运行一段时间，在尾钢开始制动前下一根棒材的头部必须未到达分钢点位置，否则在尾钢分钢的同时下一根钢将滑入制动板，最终导致堆钢。这样将不得不牺牲轧制节奏以满足尾钢对齐要求。

对于过短的尾钢，为了提高轧制节奏，可以考虑采用尾钢不分钢制动的方法，将尾钢与下一根钢同时上钢，这种方法通常导致尾钢不能够成功上冷床，虽然提高了轧制节奏，但是却降低了成材率。

当然，在尾钢开始制动前，还可以考虑二者结合的方法，即在下一根钢头部到达分钢点之前将尾钢卸入裙板开始制动，这样就在最大限度地满足了轧制节奏的同时最大限度地使得尾钢的头部尽可能靠近对齐端。这种方法的缺点就是在尾钢过短且轧制节奏较快时，容易导致尾钢撞动齿条，因为短尾导致分钢时间间隔短，动齿可能运送上一根钢时刚好达到高位。

（2）影响优化剪切的使用。对于尾对齐方式，尾钢的处理通常是采用倍尺飞剪优化剪切的方法控制尾钢的长度，下面就讨论对于头对齐方式可否采用优化剪切的方法控制尾钢的长度问题。

采用头对齐方式时跟踪头部位置，如果采用优化剪切势必导致其中部分定尺长度与其他定尺长度不一样，对于分钢点固定的分钢模式来说将产生如下影响：

倍尺长度小于其他正常倍尺长度时，为了实现头对齐目标，该倍尺棒材将不得不延时分钢，设正常分钢延时时间为 T_d，短倍尺分钢延时时间差为 ΔT_d，倍尺长度差为 ΔL_b：

$$\Delta T_d = \frac{\Delta L_b}{v_f} \tag{17-71}$$

在这段延时时间内，要满足下一根棒材头部不得到达分钢点位置，即：

$$(T_d + \Delta T_d)v_0 \leqslant S \tag{17-72}$$

将上式整理得：

$$v_f \geqslant \frac{\Delta L_b v_0}{S - v_0 T_d} \tag{17-73}$$

由此可以看出，要满足正常分钢，棒材开始制动速度必须满足上式的条件，在轧制速度越大时，棒材开始制动速度与轧制速度差也越大，但实际情况是轧制速度越大时，棒材开始制动速度与轧制速度差越小，显然在高速轧制时这将是一对互相矛盾的命题。

倍尺长度大于其他正常倍尺长度时，为了实现头对齐目标，该倍尺棒材将提前分钢，提前分钢将导致棒材甩尾现象，即棒料尾部未完全离开盖板时裙板就开始分钢。这种分钢情况容易导致下一根钢产生追尾，甚至因此产生乱钢现象。

总之，采用头对齐方式时对优化剪切的应用产生重大影响，在某种特定情况可能导致不能够使用优化剪切。

D　冷床本体设备控制

冷床本体电控设备主要有冷床动齿、对齐辊道。冷床动齿通常由三台直流或者交流调速电动机驱动，速度采用闭环控制方式，通过编码器采集速度反馈信号。三段动齿通过机械联轴连接在一起，传动速度控制上采用主从控制策略。三台电动机中一台设置为主传动，另外两台传动电动机作为从传动跟随主传动速度或者力矩。冷床动齿传动主从控制示意图如图17-33所示。

冷床动齿一个单循环周期运行360°，动齿单周期内速度时间曲线如图17-34所示。

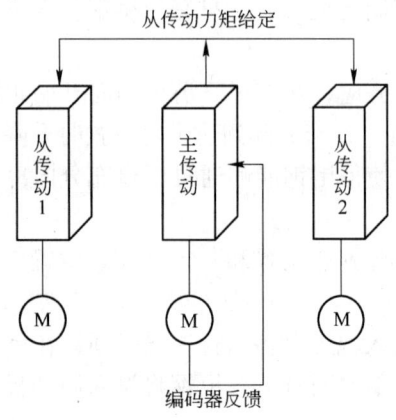

图17-33　冷床动齿传动装置主从控制示意图

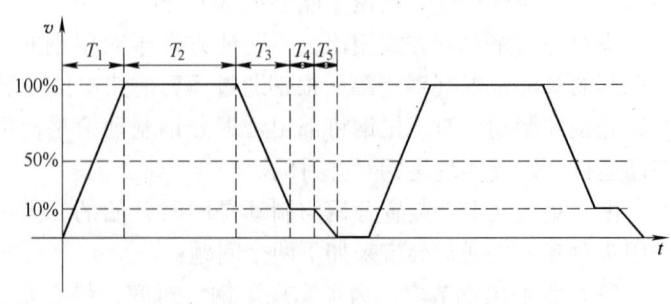

图17-34　冷床动齿单循环速度时间曲线

T_1—动齿加速时间；T_2—动齿高速运行时间；T_3—动齿减速时间；

T_4—动齿低速运行时间；T_5—动齿低速减速时间

由图 17-34 可以看出，动齿单周期时间为：$T_1 + T_2 + T_3 + T_4 + T_5$。为了缩短起动时间，动齿起动时以一个较大加速度起动，到达高速后恒速运行，然后开始以相同加速度减速至低速，即将到达停止位时以较小斜坡停止定位。这样的速度控制方式既保证了动齿运行的快速性（动齿单周期时间通常不超过 3.4s），又提高了动齿定位精度。动齿速度曲线通常由 PLC 控制系统计算得到并发送给传动系统，传动系统采用速度闭环控制跟随接收到的设定速度曲线。

冷床动齿通常有单周期运行、连续运行、炉号间隔控制等控制功能。单周期运行指在正常生产中，裙板每做一个单循环延时后冷床动齿运行一个单周期，以将裙板卸入矫直板内的棒材向出口运送一个齿距。连续运行通常用于生产线停止出钢时清空冷床上棒材。炉号间隔控制通常指在坯料换炉号时冷床动齿自动连续运行几个单周期，将冷床上钢侧空出几个齿距，以达到与下一炉号坯料区分的目的。

冷床本体出口侧设有对齐辊道，对齐辊道由约 100 个辊道组成，每个对齐辊道由一台变频调速电动机单独驱动，全部辊道通常分为三段，分别由三台变频器控制，辊道速度采用开环控制，无速度反馈。对齐辊道通常是带槽辊道，每个辊道通常设有 4~8 个槽位，每个槽宽与动齿静齿条宽相当。为了减少对齐后辊道与棒材之间的磨损，对齐辊道每槽下方设有升降托板装置，主要用于在棒材对齐后将辊道内的棒料托起以减少棒材与对齐辊道的磨损，同时可以防止轧制小规格棒材时棒材对齐后因对齐辊道继续运行导致的冷床乱钢。

E 冷床下料侧设备控制

冷床下料侧设备有多种，下面主要以国产典型设备配置介绍冷床下料侧设备控制。冷床下料侧设备主要有排钢链、运料小车。排钢链主要用于将冷床动齿输送到排钢链上的棒材按照工艺要求的数量进行布料，以形成棒层。棒层形成后由运料小车运送至冷床输出辊道上。排钢链、运料小车分别由 5~6 台变频调速电动机驱动，设备端通过一根长轴连接在一起，变频电动机由一台变频调速装置控制。排钢链、运料小车速度、位置均采用开环控制。

排钢链在布料过程中主要有走小步、走大步等控制功能。走小步是指在料层形成之前，动齿每动作一个周期运送一根料至排钢链后，排钢链将走一个较小的步距（小步距通常略大于棒材直径），待排钢链上最新的棒层数量达到设定值后，排钢链将走一个大步距（可人工设定），以区分本料层与下一个料层。排钢链通常设有一台编码器用于检测棒层位，控制排钢链布料步距。

运料小车升降通常由液压缸驱动，全长设置 5~10 台液压缸，液压缸由比例阀或者普通液压阀台控制。运料小车设有高低位、前进/后退检测接近开关，并设有一台编码器检测小车实际位置。

运料小车与排钢链卸料方式通常有以下三种：固定存放、棒层检测、棒层跟踪。

固定存放是指排钢链新的棒层形成后将走一个大步距将棒层运送至固定位置，即运料小车初始位，排钢链停止后小车将自动上升托起棒层，并将棒层运送至冷床输出辊道，之后下降返回至初始位（接料位）。这种存放模式适用于排钢链宽度较小，无法放置多个棒层的情况。

棒层检测是指排钢链新的棒层形成后将走一个固定步距的大步，走大步结束后继续布置新的棒层，在卸料位等待的小车在接收到新的料层形成的命令后开始向排钢链上棒层方向前进，待小车上有料检测接近开关检测到小车上方有料时即停止并上升托起棒层，然后将棒层运送至冷床输出辊道，小车下降到位后若排钢链上还有棒层小车将继续进行下一个循环。

棒层跟踪模式与棒层检测模式较为相似，不同的是小车不用依靠棒层检测开关控制接料位置，而是根据最近棒层的实际位置以及小车实际位置控制小车接料位。

棒层检测、棒层跟踪模式适用于排钢链宽度较大，能够同时存放多个料层的模式。

17.2.4.2 冷剪控制

棒材冷剪机械设备通常分为两种：冷停剪、冷飞剪。冷停剪的优势是剪切精度高且稳定，缺点是自动化程度低、剪切周期长、生产能力受限；冷飞剪的优势是自动化程度高、剪切周期短、产能大；缺点是控制得不好易产生长度误差。

A 冷停剪

冷停剪通常采用恒速电动机驱动剪机本体运行，通过软启动器控制电动机起停，冷停剪及其前后附属设备通常由冷床 PLC 控制。冷停剪剪机上设有离合器、制动器，通过离合器制动器配合动作完成剪切，制动器设有冷却风机进行冷却。

　　冷停剪剪切前，首先起动冷剪润滑系统（稀油泵、干油泵），然后起动冷剪制动器风机电动机，最后起动冷剪主电动机，冷剪主电动机起动前必须确认制动器在制动位，离合器在脱开位。

　　冷停剪主电动机起动后，可进行剪切操作，操作单剪切时，制动器、离合器动作时序如下：

　　（1）制动器电磁阀得电，制动器脱离；

　　（2）离合器电磁阀延时得电，离合器接合，剪刀开始下降进行剪切；

　　（3）剪刀闭合后离合器电磁阀延时失电，离合器脱离；

　　（4）离合器脱离后，制动器电磁阀失电，制动器接合制动。

　　冷停剪主要附属设备有切头对齐挡板、剪前压辊、摆动辊道、定尺机等，冷停剪自动控制流程如图 17-35 所示。

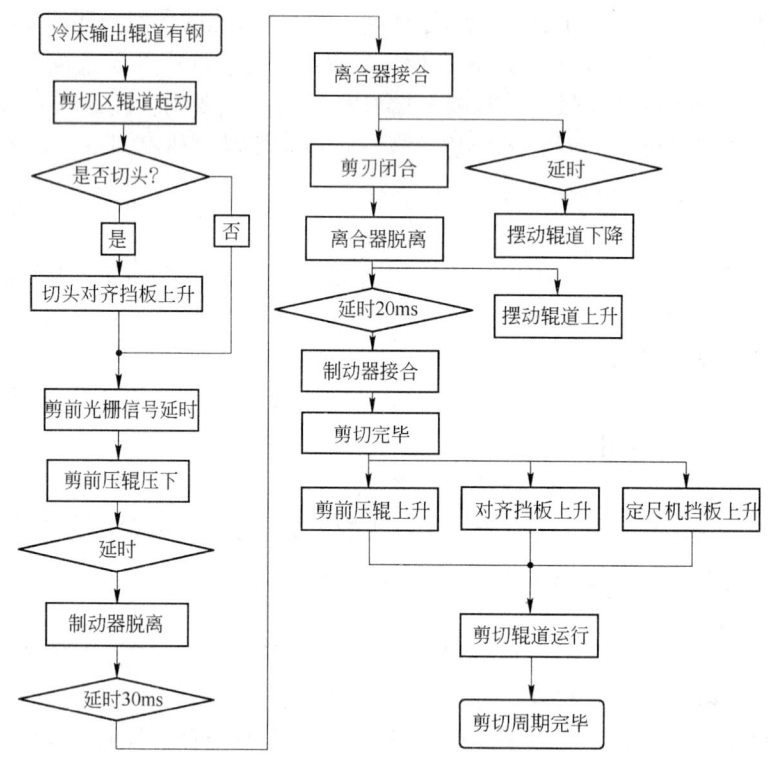

图 17-35　冷停剪自动控制流程

　　B　冷飞剪

　　目前国内应用的冷飞剪主要有两种机械形式：曲柄式冷飞剪、摆式冷飞剪。这两种机械机构有所不同，因此电控系统存在一定差别，下面对这两种冷飞剪分别进行介绍。

　　a　曲柄式冷飞剪

　　曲柄式冷飞剪剪刃由两台直流或者交流调速电动机通过减速箱驱动，两台电动机及减速箱配置完全相同，传动速度控制方式通常采用主从控制方式，速度控制原理图可参见冷床动齿。减速箱入口均设有油压或油流检测开关，参与连锁控制。主传动电动机选用直流调速电动机时采用空水冷方式进行冷却，选用交流变频调速电动机时采用风机冷却方式进行冷却。

　　冷飞剪前后通常设置磁力辊道，剪前磁力辊道电动机设有编码器，用于测长。冷飞剪设置磁力辊道的目的有两个：防止飞剪剪切时棒材在辊道上跳动；防止棒材与辊道发生滑动，以提高编码器测长精度。

　　曲柄式冷飞剪控制原理与棒材 1~3 号飞剪基本相同，具体可参考棒材 1~3 号飞剪控制原理分析。与棒材 1~3 号飞剪不同的是冷飞剪剪切力大，剪切速度低（通常在 1.0~1.5m/s 之间），机械设备及转动惯量大，因而传动控制策略上有所不同。

　　b　摆式冷飞剪

　　摆式冷飞剪机械结构与其他飞剪均有所不同。摆式冷飞剪由主剪刃及剪摆组成，主剪刃由两台直流调速或者交流变频调速电动机驱动，传动装置通常采用主从控制方式；剪摆由一台直流调速或者交流变频调速电动机驱动，设有独立的传动装置。在位置控制上，主剪刃与剪摆均采用位置闭环控制，同时下摆位置实时跟随主剪刀位置。剪摆与主剪刀之间位置跟随控制是摆式冷飞剪控制的一个难点，位置跟随控制精度要求高，一旦位置跟随误差过大，可能将无法剪断棒材甚至损坏剪刃。

　　摆式冷飞剪主剪刃与剪摆均是采用电流闭环、速度闭环、位置闭环三环控制方式，剪摆跟随主剪刀位置，控制原理如图17-36所示。

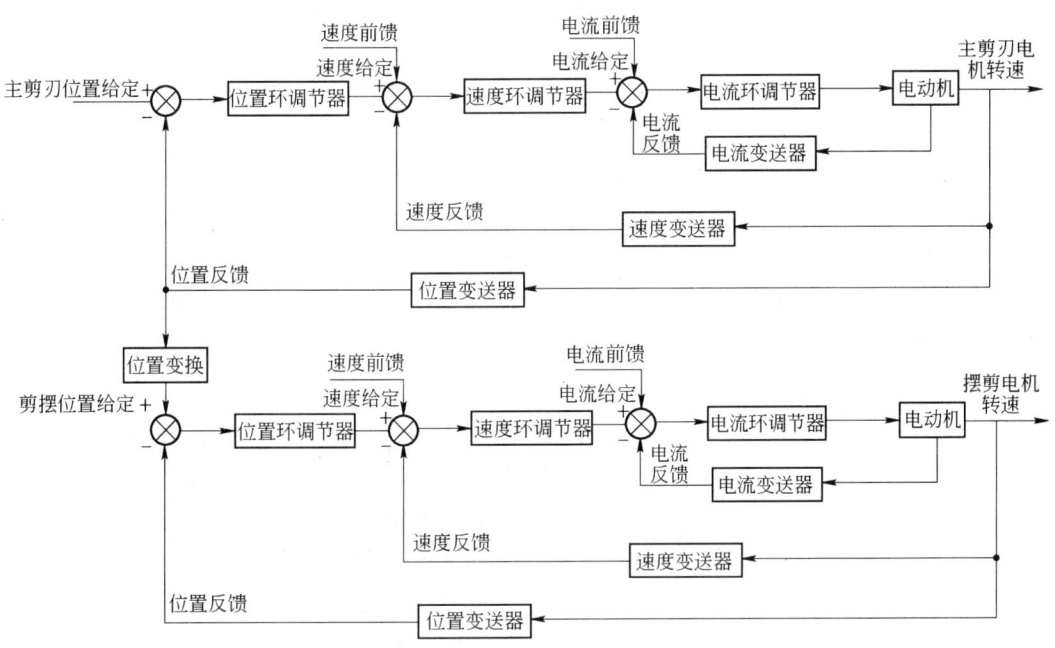

图17-36　典型摆式冷飞剪剪刃位置控制原理示意图

　　摆式冷飞剪前通常设有永磁式磁性链式运输机，作用同磁力辊道，剪后通常设置普通磁力辊。

　　曲柄式冷飞剪、摆式冷飞剪通常设置独立PLC控制系统完成各种控制功能，PLC系统在完成剪机本体设备控制的同时，冷飞剪前后辊道也由冷飞剪PLC控制系统控制，冷飞剪前后辊道均由变频调速电动机单独传动，电动机速度采用开环控制，剪前辊道速度以及剪后磁力辊道通常与剪切速度相匹配，以控制剪切精度，剪后磁力辊道后输送辊道速度通常要高于剪切速度，以拉开定尺剪切后的棒材与下一批棒材的间距，为收集区上料争取时间和空间。

17.2.4.3　收集区控制

A　棒材收集区概况

棒材收集区指从定尺剪往后到成品收集台架的全部设备，主要完成定尺的收集、打捆和非定尺的剔除。棒材收集形式变化较大，往往根据年产量、投资水平不同而不同。总的来说可以大致分为以下几种情况：

（1）收集上游为冷飞剪，剪后辊道接钢处为双位卸料机（也称回转托架）；

（2）收集上游为冷停剪，剪后辊道接钢处为接料小车；

（3）短尺剔除装置在剪后辊道之后；

（4）短尺剔除装置在运输链中间；

（5）打捆区为自动打捆；

（6）打捆区为手动打捆。

上面几种形式可以根据需要进行组合，根据年产量不同有单收集和双收集两种情况。

B　剪后辊道的接钢控制

a　冷飞剪加双位卸料机模式

定尺剪为冷飞剪的情况下，剪切速度高，剪后辊道在剪切过程中处于常转状态。此时收集区的接钢设备要求能在钢行走的过程中快速将钢从辊道运到收集区的运输链上。在这种情况下双位卸料机能够满足快速接钢的要求。

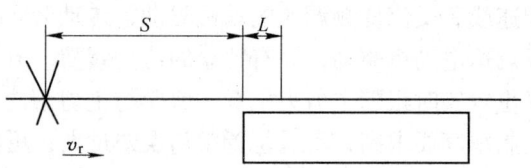

图 17-37　双位卸料机接钢计算

双位卸料机是在钢行走的时候接钢的,对接钢的时机要求非常准确,提前接钢和延迟接钢都会导致乱钢。如图 17-37 所示,双位卸料机接收飞剪的剪切信号,从飞剪剪切的时刻开始计时,延时到时间 T 启动双位卸料机接钢。时间 T 计算如下:

$$T = \frac{S + L}{v_r} - T_r \qquad (17\text{-}74)$$

式中　S ——飞剪剪刀闭合位到双位卸料机入口距离;

　　　L ——预设定的棒材尾部最终落到运输链上的位置;

　　　v_r ——棒材在辊道上行走速度;

　　　T_r ——双位卸料机从等待位到运行接钢位的时间。

双位卸料机在机械上分为两个小部分,每部分各由一个电动机控制,两部分之间由联轴器连接,有主从控制和同步控制两种方案。

主从控制是将联轴器连接,机械上连为一个整体,在传动控制上采用主从控制,一个设备为主进行速度闭环控制,另一个为从设备,接收主设备的转矩信号进行转矩控制,主从控制要求两个被控设备的负载特性一致。这对设备的加工制造和设备的安装有很高要求。实际使用中由于设备加工水平和施工水平的限制,效果不是很好。在主从控制模式下往往导致电动机过载,整个运行周期不平稳。针对这种情况,引入同步控制,来解决两个设备的同步问题。

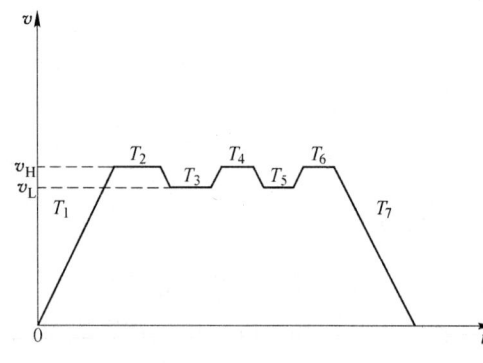

图 17-38　双位卸料机动作周期

在同步控制模式下,机械联轴器脱开,两个部分独立控制,在速度和位置上要保持同步。在速度上两个电动机要具有同样的速度给定。如图 17-38 所示,对双位卸料机共有 7 个速度过程,T_1 为从启动开始从 0 速上升到设定的最高速 v_H;T_2 保持最高速前进;T_3 为双位卸料机上升到辊道面,速度降低到低速 v_L;T_4 从辊道面接完钢后高速运行;

T_5 为双位卸料机下降到运输链上方,速度降低到 v_L,将钢轻放到运输链上;T_6 为卸钢之后高速下降;T_7 为制动停车,完成一个周期。为了提高生产节奏,除了接钢和卸钢外,双位卸料机均以高速运行。

为了保证在接钢的过程中,所有托臂都在一个水平面上,还需要保证两者在位置上是一致的。如图 17-39 所示,两个部分的双位卸料机为同一速度给定,由于负载特性不完全相同,在位置上会有误差,将误差引入同步 PID 控制器中对位置进行跟随控制。采用这种控制结构将原来的机械同步改变为电气同步,

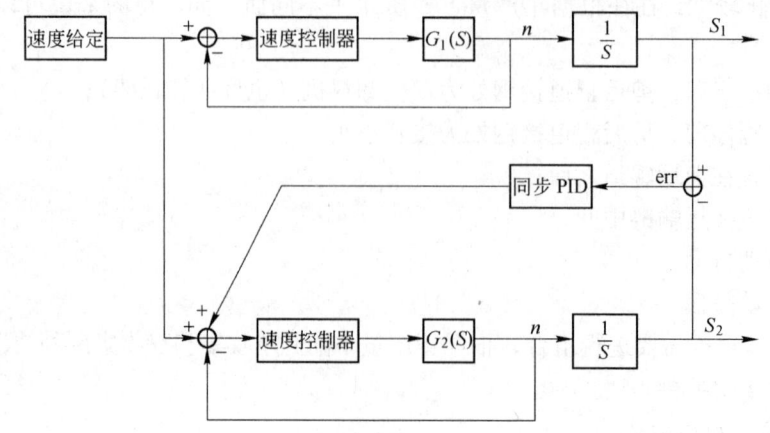

图 17-39　双位卸料机同步控制结构图

大大减小了机械间相互作用，对设备是一种保护。

b　冷停剪加卸料小车模式

定尺剪为冷停剪的情况下，收集区的接钢设备多为卸料小车。这种情况下，冷停剪剪过的定尺随辊道运送到收集区后，辊道停止，卸料小车将棒材从辊道卸到输送链上。

必须保证整个定尺完全进入到卸钢区域后才能停止辊道。如图 17-40 所示，在收集区前方辊道处设一个光栅用于检测棒材的尾部信号，当检测到尾部后延时时间 T ，辊道停止，开始卸钢过程。时间 T 计算如下：

$$T = \frac{S + L}{v_r} \tag{17-75}$$

式中　S ——光栅到收集区入口距离；

　　　L ——预设定的棒材尾部最终落到运输链上的位置；

　　　v_r ——棒材在辊道上行走速度。

卸料小车通常由一个比例阀控制前进、后退，一个电磁阀控制上升下降。如图 17-41 所示，小车通过一个周期动作将钢从辊道卸到运输链上。

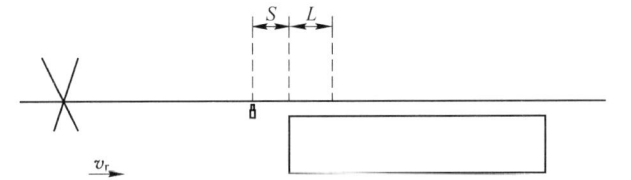

图 17-40　卸料小车接钢计算

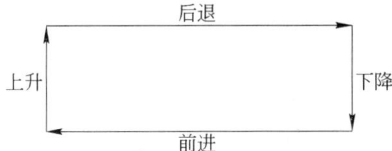

图 17-41　卸料小车接钢周期

C　短尺剔除控制

通过倍尺剪的优化剪切能大大减小处理短尺的时间，使短尺大部分集中到倍尺的最后一次剪切里面。对短尺的收集可以放到运输链中间也可以放到输送辊道上。放在运输链中间的模式相对来说效率低，占用生产时间长。短尺收集放置在输送辊道的最后的形式相对省时间，由定尺剪判断尾钢，如果为尾钢则辊道不停，直接将尾钢输送到短尺收集装置里，不影响下一次剪切。

D　打捆区控制

打捆区有自动打捆和手动打捆两种情况。手动打捆模式控制简单，只需将棒层停到手动打捆工位上，其余由人工完成。自动打捆则需要根据定尺长度的不同来确定打捆的匝数，根据打捆的位置来控制辊道停止的位置。打捆机的个数有两个的，也有三个的，通常两个的居多。打捆机个数不同，打捆的策略也不同。下面通过常见的两个打捆机和 9m 定尺的打捆策略来说明自动打捆过程。

两个打捆机的布局如图 17-42 所示，两个打捆机间距一般为 2m，1 号打捆机前和 2 号打捆机后距离 r 处均设一个测量辊用来检测棒层的行走距离，测量辊为自由辊，棒层与测量辊接触带动测量辊转动，测量辊上安装的编码器将棒层的行走距离记录下来。

首先确定打捆的匝数和位置，打捆的匝数应当遵循国家相关标准，对 9m 的定尺需要打 5 匝。如图 17-43 所示，分三次打捆，第一次两个打捆机同时打捆，第二次 2 号打捆机打捆，第三次两个打捆机同时打捆。

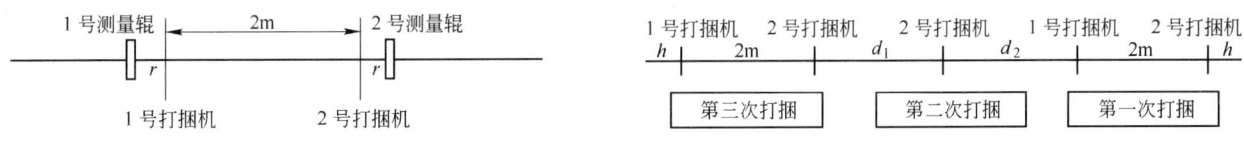

图 17-42　打捆机布局　　　　　　　　　　　　图 17-43　打捆策略示意图

通常棒材的头尾各留出 $h = 0.5m$ 的距离，第二次打捆位置由 d_1、d_2 确定，打捆位置一般尽量均匀分布，所以有：

$$d_1 = d_2 = \frac{9 - 2h - 2 \times 2}{2} \tag{17-76}$$

第一次打捆时两个打捆机同时使用，所以第一次控制辊道要让棒层头部伸出 2 号打捆机 r 的距离。此时棒层还没有到 2 号测量辊的位置，位置信号取 1 号测量辊的编码器反馈。由此可以计算第一次打捆 1 号测量辊的测量距离：

$$S_1 = r + 2 + h \tag{17-77}$$

即检测 1 号测量辊位置反馈，当行走距离为 S_1 时，辊道停止，两个打捆机开始打捆。

第二次打捆时采用 2 号测量辊的编码器反馈，控制辊道将棒层第三匹的打捆位置运送到 2 号打捆机处，由此可以计算第二次打捆时 2 号测量辊的测量距离：

$$S_2 = 2 + h + d_2 - r \tag{17-78}$$

第三次打捆时也采用 2 号测量辊的编码器反馈，控制辊道将棒层的第四匹位置运送到 2 号打捆机处，由此可以计算第三次打捆时 2 号测量辊的测量距离：

$$S_3 = 2 + h + d_2 + d_1 - r \tag{17-79}$$

由以上计算得到的距离就可以控制辊道将棒层运送到所希望的位置，完成自动打捆。

其他品种的定尺，自动打捆的控制方法类似，可以参照上面的方法计算出辊道的自动停止位置，完成自动打捆。

17.2.4.4　棒材计数

棒材生产车间通常采用定支打捆方式进行打捆，因此棒材打捆前的准确计数非常重要。常用的棒材计数方法有三种：人工计数法、光脉冲计数法、图像处理计数法。

人工计数法存在工人劳动强度大、计数错误率高、工作效率低、无法满足在线实时计数功能等缺点，正在被逐步淘汰。

光脉冲计数法需要前置机械装置对堆叠的棒材进行平铺处理，但机械装置很难对所有规格的棒材进行良好的平铺处理，尤其轧制小规格棒材是极难完成的，因此这种方法也存在先天不足，计数结果无法令人满意。

图像处理计数法是通过采集棒材端部照片，通过计算机系统对采集的图像进行处理识别，从而实现棒材计数的一种方法，这种方法处理速度快，计数准确率高，是目前为止应用前景最为广阔的棒材计数方法。

图像处理棒材计数系统主要由图像采集设备、计算机处理系统、操作设备三部分组成，棒材计数系统构成示意图如图 17-44 所示。

（1）图像采集设备：图像采集设备包括工业相机、光源系统两部分。工业相机主要用于采集棒材端

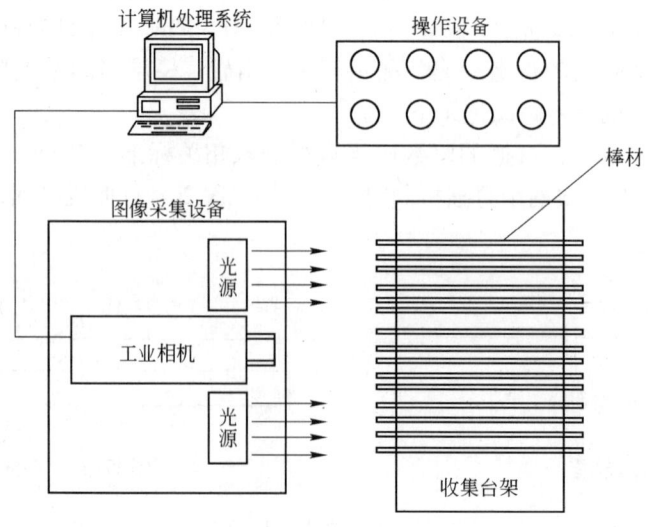

图 17-44　棒材计数系统

面图像，获取图像后通过以太网或者其他接口方式高速发送给计算机处理系统进行图像处理。光源系统用于给工业相机提供光照，保证相机获取图像的质量。工业相机可采用固定帧方式进行图像采集，为了保证计数准确通常要求相机具备至少30帧/s的图像采集能力。

（2）计算机处理系统：为了实现图像的快速处理，计算机处理系统应选用高性能工业计算机。计算机图像处理时间应不大于图像采样周期，这样才能够保证图像处理的连续性，确保计数准确性。由于专用的工业相机图像采集能力能够达到50帧/s（即图像采集间隔为20ms）甚至更快，因而计数系统对计算机处理能力要求较高。

计算机系统首先对获取的照片进行处理，提取图像特征，从而识别图像中的棒材。在识别完成后，计算机系统将对前后两帧的图片进行对比，提取图片中的共同信息，从而实现棒材的准确跟踪，并完成计数功能。

图像处理棒材计数系统计数的准确程度取决于两个方面：棒材识别的准确率、棒材跟踪的准确率。

图像识别方法有多种成熟的算法，例如常用的灰度识别法、轮廓识别法等，采用不同的图像识别算法，所需的运算时间、识别结果各不相同，如何选用最适合的图像识别算法是图像处理棒材计数系统成功与否的关键。

（3）操作设备：棒材计数系统通常在现场设有就地操作台，操作台主要用于完成起停计数、暂停计数、人工干预修正计数值、计数清零等功能。

17.2.5　过程数据采集系统

这里所说的过程数据采集系统（Process Data Acquisition，PDA）指的是一种能够对来自自动化系统的信号（数字量和模拟量）进行采集、在线显示、分析、存储的工具。

目前，工业数据采集主要有两种实现方法，一是利用A/D转换板卡，通过计算机总线将数据送至计算机记录或显示；二是利用组态软件的方法，通过编程实现与计算机外围接口的通信，从而获取数据。前者实现数据采集功能是建立在硬件层面上，板卡有专用的数据采集处理计算芯片，计算机CPU负担较轻，对信号处理响应速度快，采样频率较高，实时性较好。但是，受接口及计算机总线插槽的限制，采样信号的通道数量有限，而后者主要利用工业组态软件编程来实现与底层计算机总线协议的连接，对数据的获取、调理、变换等处理都是用软件实现，因此对计算机CPU资源占用较大，但是可以实现多信号的采集，编程灵活，用户界面友好，功能丰富。

常规的工程组态软件即属于后者，其主要功能是通过图形化的界面与现场控制单元相对应，便于直观了解及控制系统运行状态、工艺流程及过程参数，参与系统的控制，同时可以完成记录数据、生成报表等功能。但是，由于受采样速率及采集信号数量的限制，这种传统工业组态软件不能满足对大量数据进行高速采集的工业场合，在大量信号采集下则仅能达到秒级，对于要求精确的过程数据分析的场合，只能反映信号的大致变化趋势，已经难以满足高速数据采集的要求，无法为系统故障分析及工艺分析提供数据支持。因此，寻找一种与常规控制系统程序链接方便、系统采样跟踪速度更快、结构相对简单的技术手段，已经成为必然。同时，随着现场总线技术的发展，以及可编程控制器（PLC）和大型工艺控制器应用的普及，不同厂家之间生产的控制器在通信规范和连接方式上的多样性，对过程数据采集系统提出了更高的要求，数据采集系统不仅要能方便地对控制器内部数据进行采集，而且要求在尽可能不改变原控制系统硬件及网络结构的前提下与原控制系统进行连接。

因此，一种独立于上位监控软件，具有高速采集能力（可达10ms甚至1ms），可实现对所有电气及工艺人员关心的数据信号进行全天候数据采集作业，同时完成数据的在线实时显示及离线分析的采集系统越来越广泛的应用于现代棒线材轧制车间中。这类数据采集系统主要由分散式信号采集单元、连接线缆、PC板卡以及在线监测记录软件和离线分析软件等部分组成。适配多种信号类型的模块化设计和伸缩自如的结构使PDA适用于分散式的复杂系统，从而集中而同步地采集大量信号通道，即便在最简单的配置下也能发挥出全部功能。

PDA对重要数据信号的实时采集、记录保存、监测分析功能对车间内系统优化、生产效率、产品质量等起了巨大的作用，并且随着受控系统复杂性和集成度的增加，PDA将日益成为保障系统稳定优越的越来越重要的一个环节。

17.3　线材轧机自动化控制

17.3.1　概述

据最新统计，我国国内目前线材生产线有 200 多条，其中高速线材生产线有 130 多条，归属到 70 多家钢铁生产厂家。我国线材生产线装备水平参差不齐，其中以宝钢、马钢、安阳、杭钢、青钢、永丰、天钢为代表的高速线材生产线，主要设备和工艺从国外引进（以摩根、达涅利、西马克为主），最高轧制速度可达 120m/s；以沙钢、包钢、武钢、新疆八一、湘钢、昆钢、天钢、本钢北营、邢钢、鄂钢、萍钢等代表的次高速生产线，大都在 20 世纪 90 年代中末期建成，有的仅主轧机引进，有的全部是国内先进企业供应的设备，轧制保证速度在 90 ~ 105m/s；还有一些落后水平的生产线，这类生产线大多是 20 世纪 80 年代从国外引进，或 90 年代中从国外购买的二手设备，轧制速度一般在 75m/s 左右；另外，还存在需要淘汰的生产线，这类生产线是对原有的复二重横列式轧机改造而成，或是 20 世纪 80 年代末至 90 年代初建成，轧制速度一般在 65m/s 以下，尺寸精度控制水平较低。

以装备水平最高的高线轧机为例，主要特点如下：

（1）采用了 4 机架的减定径机组，保证速度 112m/s，轧制速度可达 120m/s。

（2）采用了超重型"V"形辊箱精轧机组。

（3）采用与减径机结构相同的"V"形辊箱，电机"一拖二"的预精轧机组。

（4）精轧前的预水冷，精轧后和减定径后的水冷，延迟型的辊道式风冷运输机，实现真正意义上的控轧控冷。

（5）实现单一孔型轧制。

典型的单线 8 + 4 高线生产线平面布置如图 17-45 所示。

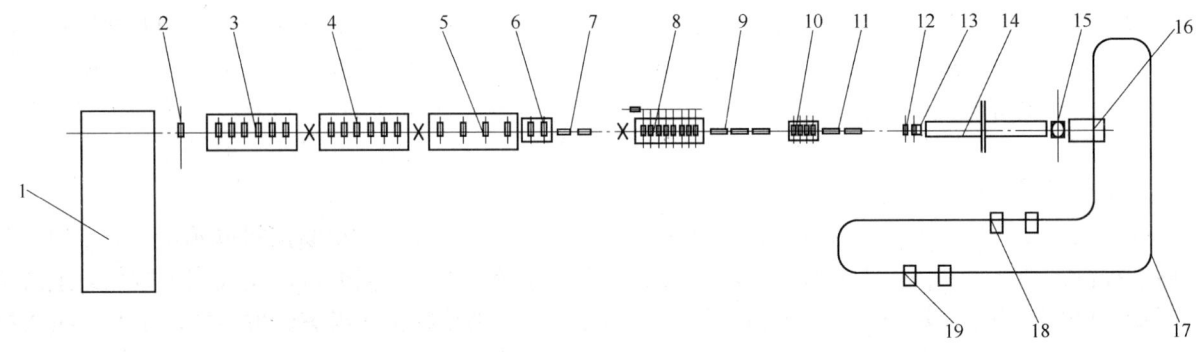

图 17-45　典型 8 + 4 高速线材生产线布置图

1—步进式加热炉；2—高压水除鳞；3—粗轧机组；4—中轧机组；5—预精轧机组；6—2 机架 V 型预精轧机组；
7—精轧机前预水冷；8—8 机架精轧机组；9—精轧机组后水冷；10—4 机架减定径机；11—减径定径机后水冷；
12—在线测径仪；13—夹送辊吐丝机；14—辊道式风冷运输机；15—集卷筒；16—运卷小车；
17—P/F 线；18—压紧打捆机；19—卸卷台

17.3.2　自动化系统架构

线材轧制的自动化控制发展及装备水平与常规棒材相当，在此不再赘述，图 17-46 为典型高线连轧机组自动化系统框图。下文主要针对工艺情况的特点而产生的重要控制功能进行阐述。

17.3.3　主要控制功能

高速线材轧机机区工艺布置与常规棒材的连轧部分相似，在控制功能上也基本相同，如轧件跟踪、速度级联、微张力控制、活套控制等。本节重点对高速线材特有的精轧机组、减定径机组、夹送辊及吐丝机等设备控制进行说明。

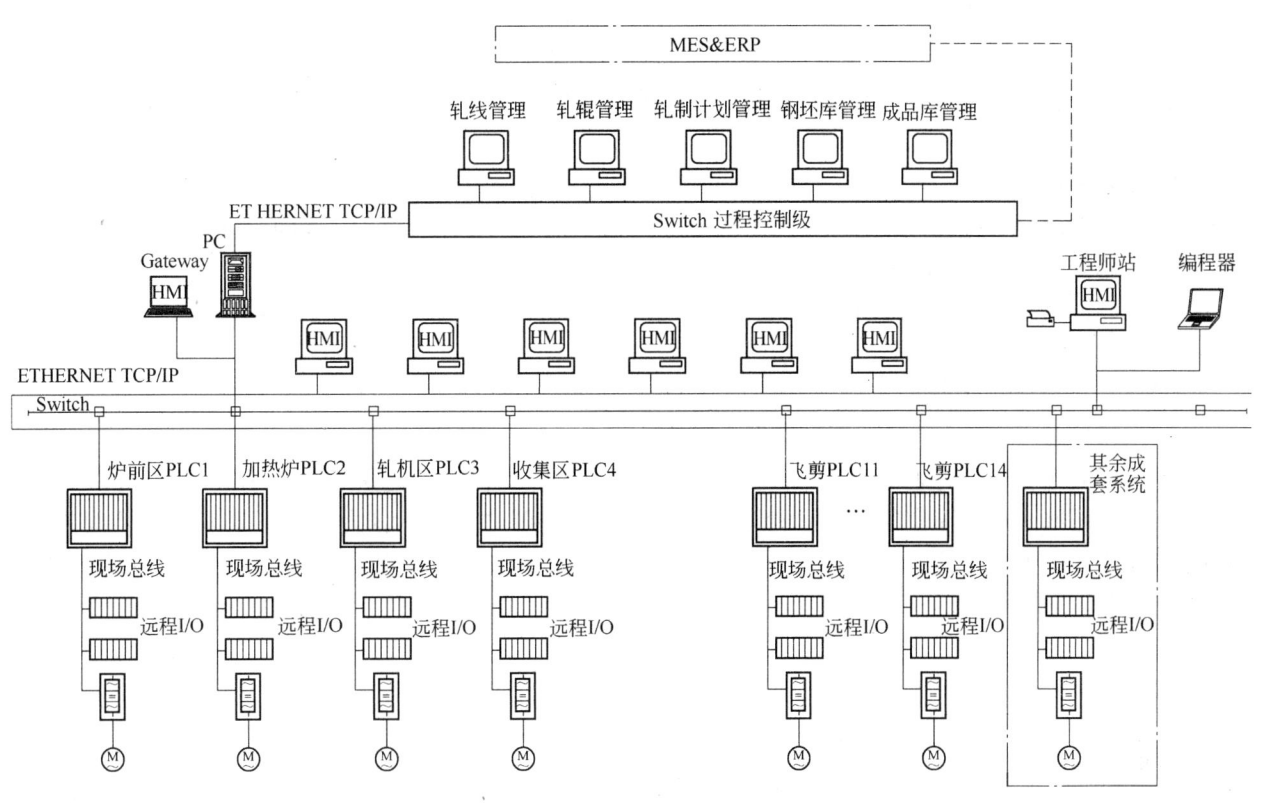

图 17-46　典型高线连轧机组自动化系统框图

17.3.3.1　精轧机与减定径机控制

世界经济的持续发展为钢铁工业不断提供新的发展机遇，同时也提出了新的挑战。总的来说，为了满足未来世界经济发展的需要，需要不断进行轧钢技术的创新和轧制设备的改进，并开发出具有高强度甚至超高强度、优良的耐腐蚀性能、成型性能和高表面质量等性能的钢铁产品，这也是未来轧制技术发展的方向和趋势。

如前所述，目前国内装备水平高的高速线材生产线，往往在车间内装备减定径机组。减定径机组位于精轧机组和吐丝机之间，机组间的水箱和均温导槽，可以控制轧件进入减定径机组的温度，实现低温控轧（840~860℃），获得较常规轧制更为细小的晶粒，获得良好的金相组织和力学性能。通过控制晶粒尺寸和吐丝温度，使得生产出来的产品不需热处理就可以使用，缩短了后序热处理时间。

减定径机组被称为 21 世纪高速线材发展的必经之路，经过几年的发展，技术已经日趋成熟，先进的装备水平必然要求与之匹配的先进的控制水平，因此减定径机组的控制是整个车间自动化控制中极为重要的一环。

对于精轧机组来说，入口轧件速度不高，断面尺寸相对来说也比较大，机架与机架之间通过机械耦合，由一个电机驱动，不存在速度匹配的问题，因此在控制上并没有突出的难点，按照常规轧机的控制即能满足要求。

目前的减定径机形式主要有 Morgan 形式的 TEKISUN 轧机及 Danieli 形式的双模块（Twin Module Block，TMB）轧机，二者的最大区别在于：Morgan 4 个机架由 1 个电动机传动，Danieli 的 4 个机架由 2 个电动机传动，每 2 架 1 个电动机。Danieli 将复杂的机械速比，转交给两个模块间的电气速度控制去解决，使增速箱的设计大为简化。

由于精轧机与减定径机之间物料速度很高（可达 80m/s），要在这样高的速度下实现相邻两个机架间的速度调节难度确实很大，若两者之间速度在动态过程中不匹配便容易引起堆钢，因此除去良好的速度匹配关系，稳定的速度调节系统外，对外界突加扰动的迅速恢复是减定径机控制系统的关键点，主要体现在咬钢瞬间的动态速度补偿。

为减少轧机高速咬钢、抛钢时速度波动带来的影响，通常可采用以下两种控制策略：

其一是采用转矩预控（Pre-control）结合负载观测器（Load observer）的方法：在合适的时间对系统加负载补偿，并在过钢时通过负载观测器得出当前的实际负载，并以此为参考作为下根钢的补偿量。控制的关键点在于负载补偿的时间，通过安装在机架前的热检信号，并且综合考虑电流控制器的上升时间等延时因素。通过这种方法几乎可消除速度冲击。

其二是采用速度补偿的方式，在咬钢瞬间增加一定的速度增量，抛钢瞬间增加一定的速度减量以维持速度的稳定，同时依靠传动的快速响应控制方法——直接转矩控制（Direct Torque Control）迅速消除扰动。咬钢及抛钢瞬间通过跟踪系统生成。

两种控制策略均需要精度高的跟踪系统以实现对咬钢瞬间的判断，同时配有过程数据采集系统（PDA系统），对相关控制信号进行高速采集及分析。

17.3.3.2　吐丝机控制

A　吐丝机前夹送辊

吐丝机前夹送辊位于高速线材轧机的水冷段和吐丝机之间，其作用是夹持水冷后的轧件顺利通过吐丝机，并控制尾部圈形。在实际轧制过程中，精轧机与夹送辊之间以恒张力控制形式来保证匹配关系。夹送辊工作模式有夹头／夹尾／夹头尾／全夹等方式，根据不同轧制规格及现场实际情况选择夹送方式。图17-47为夹送辊工作时序图。

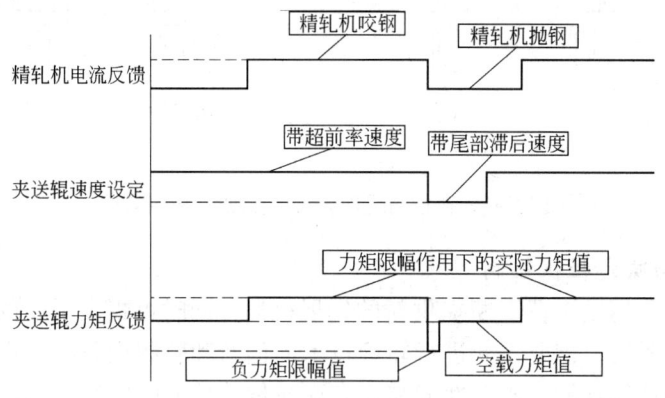

图17-47　夹送辊工作时序图

当夹送辊打开时，夹送辊不与轧件接触，其速度取决于程序设定速度；当夹送辊闭合时，且尾部没有离开精轧机（减定径机）时，通过设定速度超前率使夹送辊的速度大于轧件速度来保持夹送辊与精轧机（减定径机）之间的张力；当跟踪系统检测到轧件尾部离开精轧机以后，夹送辊的速度切换为程序设定的尾部夹持速度，直到尾部离开夹送辊。

夹送辊闭合时，通过气缸压力夹持轧件，由于夹送辊的设定速度超前于轧件速度，夹送辊有快于轧件速度的趋势，所以夹送辊作用在轧件上有一个向前的相对静摩擦力 F；相反，夹送辊受到一个反向摩擦力 F' 的作用。这样通过夹送辊在精轧和夹送辊之间施加了一个恒定的张力 F。

张力 F 与辊环施加在线材上的夹紧力 P 及该轧制温度下材料的摩擦系数 f 有关，即：

$$F = Pf = pSf \tag{17-80}$$

式中　p——辊环施加在线材上的单位压力；

　　　S——辊环与线材的接触面积。

因此，夹紧力除了气缸的压力外，还与线材尺寸和辊环的辊缝形式有关。

在夹紧时，夹送辊的力矩 M 应该为：

$$M = M_f + M_0 = F'D/2 + M_0 \tag{17-81}$$

式中　M_f——夹送辊摩擦力矩；

　　　M_0——夹送辊机械力矩；

　　　D——夹送辊工作辊径。

根据不同规格，通过设定速度超前系数，使得夹送辊与轧件之间存在相对滑动摩擦，并且通过设定力矩限幅，使夹送辊力矩接近于力矩 M。

对于普通的夹送辊来说，压下量的调整只能通过离线完成，无法实现在线调整，也就是说，施加在线材上的夹紧力 P 是固定不变的。夹送辊力矩的设定受到限制，压下量是否合适只能在过钢过程中通过观察调整，如果压下量过大，容易形成压痕，影响材质，如果过小，则有可能张力过小，不能完全实现夹送功能。在这一点上，智能夹送辊的优势便体现出来，智能夹送辊可通过伺服电动机在轧制过程中自动调整辊环压下量，这是智能夹送辊与普通夹送辊的最大区别，可以更好的通过压下量的调整保持夹送辊的力矩，从而确保夹送辊与精轧机之间的张力。

夹送辊的夹尾信号对于控制时序非常重要。一般夹送辊的电磁阀压下信号和夹尾信号应该分开使用，考虑到电磁阀的动作时间，夹送辊提前压下是必要的，但夹尾信号控制尾部滞后量，如果提前给出会导致精轧机线速度超前夹送辊，容易在精轧机内堆钢，所以该信号必须精确调整，这同样依赖于轧件跟踪系统功能。

B 吐丝机

在高速线材生产线上，线材在经过轧制后，需要通过吐丝机吐丝成圈，才能完成由直线状线材向盘卷的转化。线材通过高速旋转的吐丝管时，受到吐丝管管壁的正压力、滑动摩擦力、精轧机和夹送辊的推力、自身的离心力的作用下，随着吐丝管的形状逐渐弯曲变形，由直线运动逐渐弯曲，并在吐丝管出口达到所要求的曲率，形成螺旋线圈，均匀平稳地成圈吐出。

a 吐丝机速度设定

如图17-48所示，吐丝管的中间段是按阿基米德螺旋线展开，螺旋线从回转轴线方向开始，并且与回转轴线法向平面的夹角由90°逐渐减少，到螺旋线末端吐丝管出口处 $\alpha = 1.6° \sim 1.9°$，吐丝管轴线上各点到回转轴的距离，即该点的回转半径 R 逐渐增大，出口段一定范围内 $R = R_0$。

在连续工作条件下，线材进出吐丝管遵守秒流量相等原理，故线材在吐丝管中的速度均为 v，方向为沿相应点的吐丝管的切线方向。由于吐丝管螺旋曲线方向是变化的，线材相对吐丝管速度的分量也随吐丝管的方向变化（如图17-49所示）。根据吐丝管螺旋曲线，线材相对吐丝管的速度 v 分解为轴向 v_x、切向 v_y、径向 v_z，设回转轴法向上的速度为 v_B，因此有：

$$v = \sqrt{v_x^2 + v_y^2 + v_z^2} = \sqrt{v_x^2 + v_B^2} \tag{17-82}$$

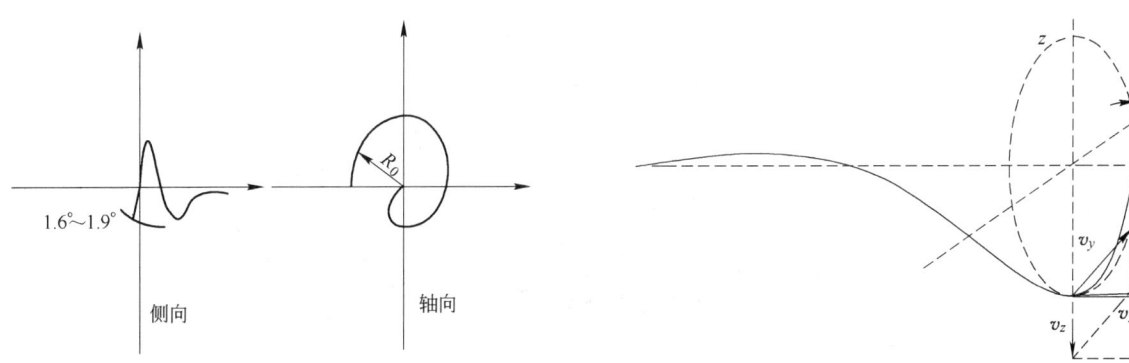

图17-48 吐丝管空间曲线 　　　　　　　　　　图17-49 吐丝管空间曲线

设 α 为线材速度 v 与吐丝机回转轴法向平面的夹角，则

$$v_x = v\sin\alpha \tag{17-83}$$

$$v_B = v\cos\alpha \tag{17-84}$$

因此，在出口处线材对吐丝管速度分别为：

$$v_{x0} = v\sin(1.6° \sim 1.9°) \tag{17-85}$$

$$v_{B0} = v\cos(1.6° \sim 1.9°) \tag{17-86}$$

由此可以看出，轴向速度分量较小，又假设吐丝机回转角速度为 ω，因此有：

$$v_{B0} = v\cos(1.6° \sim 1.9°) = \omega R_0 \tag{17-87}$$

由上式可以看出，吐丝机的线速度设定应略大于轧件线速度，即超前 $1/\cos(1.6° \sim 1.9°)$，可以使吐出的圈半径为 R_0，若吐丝机线速度与轧件不匹配，则导致圈形不一。

　　b　吐丝机头部定位

吐丝机头部定位控制主要是确保轧件通过吐丝机时，轧件头部能够在给定位置出吐丝管，避免成品线材经过吐丝机时，头部会钻入到斯太尔摩辊道的辊缝之间，造成辊道卡线。

目前吐丝机头部定位控制主要有两种方式：飞剪延时剪切及吐丝机角度控制。

飞剪延时剪切控制：当轧件头部到达飞剪前热检时，根据精轧机出口轧件的速度 v 和热检至吐丝机管口等效距离 L 计算轧件头部到达吐丝管口所需要的时间 t_1，然后结合吐丝机的角速度 ω 计算该时间内，吐丝机所转过的角度 $\Phi_0 = \omega t_1$，将 Φ_0 与 $2k\pi$ 比较取余数，得到 Φ_1。一般而言，吐丝机定位误差为 $\pi/3$，因此将误差限定在 $\pi/4$，将 Φ_1 与限幅相比较，即可得到需要调整的角度 $\Delta\Phi$，进而得到飞剪延时剪切时间 Δt。

吐丝机角度控制：当轧件头部到达精轧前热检时，程序根据轧件出精轧机的出口速度 v 和热检到吐丝机吐丝管口距离 L' 计算轧件头部到达吐丝管口所需时间 t_2，同样计算出调整角度 Φ_2，通过给吐丝机叠加一个小的附加给定以使得当线材头部从吐丝管抛出时吐丝管位于误差之内。

系统根据精轧机出口的热金属检测器对线材头部位置进行修正，当线材头部达到吐丝机前夹送辊时进行跟踪位置的自学习，以期准确跟踪下一支钢的头部位置。

17.3.3.3　线材收集区域控制

高速线材的收集区域是指从吐丝机出口开始至卸卷站结束，其设备主要包含风冷线（风冷辊道和风冷风机）、保温罩、集卷站、P/F 线、打捆机、称重挂牌装置和卸卷站等，典型布置图如图 17-50 所示。

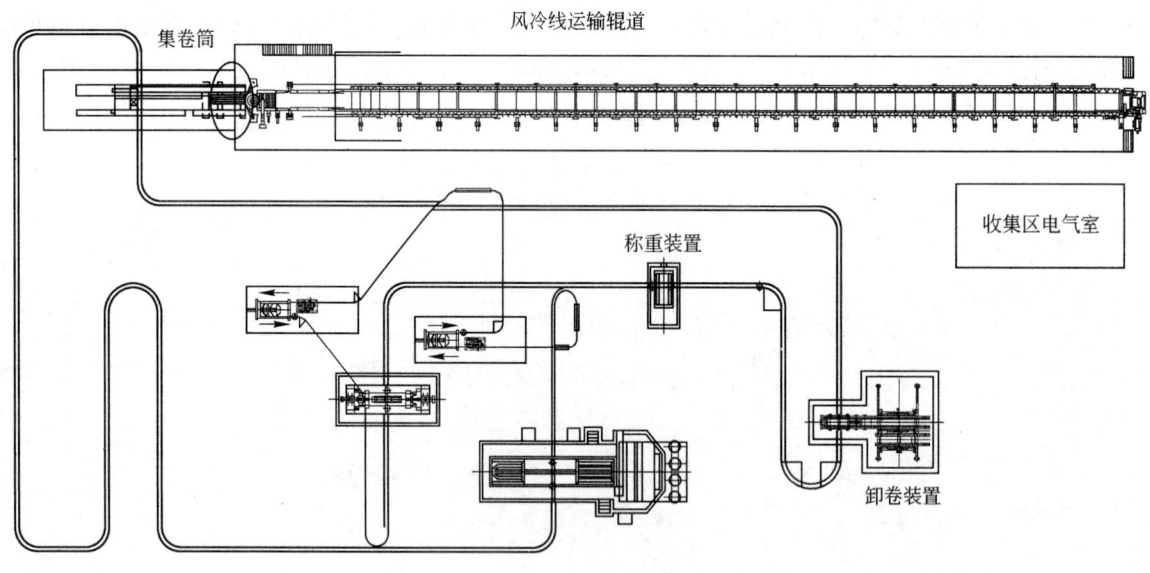

图 17-50　线材收集区

　　A　风冷线

现有的生产线大多采用斯太尔摩冷却工艺，而在散卷冷却区域更多地采用了延迟型冷却工艺，其作用是接受吐丝机吐出的线圈，并将线圈以一定的圈距平稳地输送到集卷区，在运输过程中完成线圈冷却，通过调节风冷风机风量、辊道速度和保温罩的开闭，实现对不同钢种、不同规格线材的不同冷却要求，从而获得最优的材料综合力学性能。

入口段辊道：在以该段末尾端为轴辊道可以上下摆动，由两个垂直可升降机械丝杠支撑入口端，并由这些丝杠垂直定位冷却线的入口高度，以调整到同吐丝机吐丝相匹配的入口段的高度。

出口段辊道：可以进行前后位置的调整，通过调节出口段的位置，使其调整到同集卷筒相匹配的位置。出口段辊道速度分为级联控制和单独控制两种，级联速度跟随上游辊道速度，单独控制则可自由设置该段辊道的速度。

风冷辊道提供了辊道爬行和振荡功能：当风冷线或者集卷站出现轻故障需要处理时，可将辊道选择爬行模式，选择爬行后辊道将以低速运行，便于故障处理。如果故障处理时间较长时，可将辊道选择振荡，避免辊道上的盘卷长时间烘烤辊道面，造成设备损伤。

风冷辊道速度控制：风冷辊道正常运行时，辊道速度由上游向下游级联，辊道速度由 HMI 设定的主速度以及各段辊道的速度超前率控制。

辊道速度计算如下：

$$v_n = v_{n-1}\left(1 + \frac{R_n}{100}\right) \tag{17-88}$$

式中　v_n——本段辊道速度；

　　　v_{n-1}——上游辊道速度；

　　　R_n——本段辊道速度超前率（ -100% ~ 100% ）。

头部辊道速度计算如下：

$$v_0 = v_{\text{main}}\left(1 + \frac{R_0}{100}\right) \tag{17-89}$$

式中　v_0——头部辊道速度；

　　　v_{main}——辊道主速度，在 HMI 上设定（ 0 ~ 1.3m/s ）；

　　　R_0——头部辊道速度超前率（ -100% ~ 100% ）。

当风冷辊道选择爬行模式或振荡模式时，所有辊道速度均相等，速度由 HMI 辊道慢速速度控制，通常设定为 0.1m/s 左右。

尾部加速功能：在吐丝机夹送辊前热检信号检测到尾钢到来时，经过短暂延时后，风冷辊道全线加速，这样可以拉开与下一根钢的距离；加速值、加速时间均可在 HMI 设定，要注意的是，加速时间不能超过上一根钢尾部与下一根钢头部间隔时间，即在下根钢头部出吐丝机前完成加速。

风冷风机：主要用于对风冷辊道上的线圈进行余热处理，使线圈进入集卷筒时温度降到 300 ~ 550℃，从而使成品线材具有良好的金相组织和均匀一致的力学性能。冷却风机的起停在 HMI 上操作，根据不同的工艺要求可以选择需要起动的风机，风机的阀门开度一般由模拟量输出模块控制，阀门开度可在 HMI 上进行设置。选择需要起动的风机后，风机将按照顺序逐一自动延时起动，同时风机阀门自动延时打开。风机阀门打开延时以及风机起动间隔可由 HMI 设定。为了保护风机电机，风机在停止运行后，一般 10min 内不允许再次起动。

保温罩：当工艺要求线圈冷却速度变慢时便可投入保温罩，通过保温罩保温可以降低线圈冷却速度。根据不同的工艺要求，操作人员还可以选择需要投入的保温罩位置和数量。

B　集卷站

集卷站作为高速线材厂工艺最为复杂的区域，包括集卷筒、布料器、托爪、鼻锥、双芯棒、双芯棒内置的内芯轴、集卷筒内吹扫装置、托盘、运卷小车等众多设备。集卷站的作用是将风冷线辊道的散卷通过集卷站的一系列操作将之收集为成型的可打捆钢卷，再由运卷小车将钢卷与 P/F 线的 C 形钩对中后挂至 C 形钩上，为其下一步打捆做好准备。

标识开关：集卷筒需用一旗形工作开关检测落进集卷筒的线圈，该开关对于集卷站的自动化控制有很重要的作用。其工作原理为，前进的线圈接触到悬杆，此杆为集卷筒顶部装设的枢轴臂所悬挂，使枢轴臂转动，枢轴臂一转动，附着于臂上的凸轮即进入接近开关的检测范围，只要有线圈正在进入集卷筒，此开关就处于被推动状态，当最后一圈进入集卷筒后，此开关就停止被推动，并维持此"停止推动"状态一段时间，此间隔时间即钢坯的轧制间歇时间。约两秒或两秒以上时间之后，后面一根钢坯所生产的第一圈线圈开始到达集卷筒。当此接近开关的停止推动时，接近开关发出"托爪需闭合"的信号。

鼻锥：位于集卷筒内，用于有效"接长芯棒"，使双芯棒延伸高度进入集卷筒内，保证线圈能均匀地落到盘卷托盘和双芯棒。在盘卷收集过程中，鼻锥是靠双芯棒内芯轴支撑；而在线圈移送过程中，鼻锥由托爪来支撑。

布卷器：主要作用是将落入集卷筒内的盘卷均匀布料。当检测到盘卷头部落入集卷筒内时，布卷器开始起动按顺时针方向运转（集卷筒顶部向下看方向）；当检测到盘卷尾部到达集卷筒时，布卷器停止运行。

布卷器周围有送风环吹扫设备，布卷器起动后，送风环起动，送风环的主要作用是通过送风环内圈均布小孔将大量的氧化铁皮粉尘向下吹入集卷筒内，大大减少粉尘对人员操作影响。

工艺经验表明，表17-8 所列布卷器的速度可以获得良好的布卷效果。

表17-8　布卷器速度

线材规格/mm	布卷器转速/r·min⁻¹	电机转速/r·min⁻¹	线材规格/mm	布卷器转速/r·min⁻¹	电机转速/r·min⁻¹
φ5.5~7	18	1016	φ11~14	10	564
φ7~9	15	846	φ14~16	8	451
φ9~11	12	677			

注：电机转速 $n = 1500$ r/min，传动齿轮速比 1：5 环境下测得。

托爪：也称为快门托板，托爪的主要作用是将盘卷头部托举在集卷筒内，待盘卷达到设定厚度时将盘卷放到升降托盘上，待盘卷尾部落入托盘上后，托爪闭合将鼻锥托起，准备接下一个盘卷，这样可以为芯棒的换位赢取时间，避免下一个盘卷也落入芯棒上。

托盘：其功能是通过托盘下降将其上承托的线卷放到芯棒上。它有两个分开的可以开合的托盘臂，用来承托线卷。托盘臂张开可使双芯棒转动，在集卷时两臂闭合。当线卷在集卷筒内成卷后托盘下降将线卷放置到垂直芯棒上，盘卷在芯棒上收集时，托盘按盘卷高度控制的要求慢慢向下移动。

托盘升降高度及速度控制如图17-51 所示。当盘卷从集卷筒的托爪落到升降托盘上经延时后，盘卷将按照PLC 计算出的盘卷下落速度向下降落。当旗形开关检测到盘卷的尾部信号后，升降托盘快速下降，下降到距零位前一定距离时慢速运行，并使托盘停在零位。托盘降到零位将盘卷放到芯棒上，然后打开托盘使双芯棒旋转，同时托盘上升到第一停止位 B（在到位前减速停车）。在双芯棒旋转到位后关闭托盘，最后托盘上升到最高位 A（在到位前减速停车），等待下一个盘卷。

在运行过程中托盘的加减速位置及停止位置的判断均由高速计数器（HSC）模块根据脉冲编码器的脉冲计数值确定。

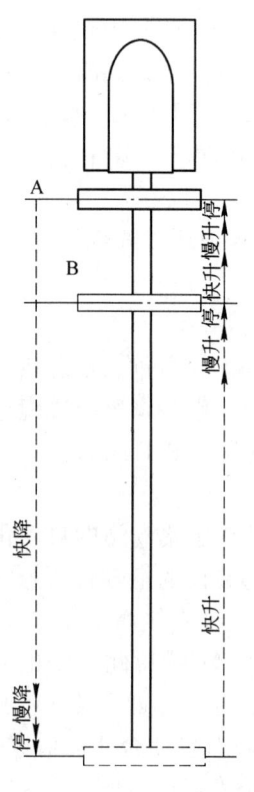

双芯棒：位于集卷筒下面，线圈环绕芯棒一臂形成盘卷。芯棒有两个工作位置，臂1 直接在集卷筒下呈竖直状态，而臂2 则在水平位置从集卷筒向外指向运卷车；180°回转后，芯棒将进入另一工作位置，臂与臂调换位置，使臂2 在集卷筒下呈竖直状态，而臂1 呈水平状态。当臂1 在集卷筒处呈竖直状态时，线圈环绕此臂形成盘卷，盘卷形成过程中的终点到达时，芯棒回转180°，使臂1 及盘卷移到水平位置，盘卷由输送车从芯棒取下。

旋转过程中，要求芯棒在开始的150°范围内高速运转，在停止前的30°范围内转换为低速运行，以便准确停车。芯棒只能在180°范围内旋转，因此若前一次为顺时针方向旋转，下次起动则应改变旋转方向为逆时针方向旋转，旋转方向的确定由位置接近开关进行识别。

双芯棒旋转示意图如图17-52 所示。

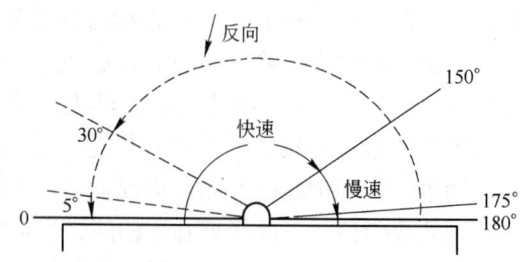

图17-51　托盘升降高度及速度控制　　　　图17-52　双芯棒旋转示意图

双芯棒内有一个液压驱动的内芯轴，升降机构是固定的，其动作时将位于集卷筒处垂直位置的芯棒臂内芯轴托起，内芯轴将鼻锥从托爪上托起，当内芯轴下降时将鼻锥放到托爪上。

芯棒的动作过程为：

（1）当线卷尾部进入集卷筒后，快门托板关闭。

（2）内芯轴下降（托盘打开）。

（3）当内芯轴完全下降并且托盘已经打开后，双芯棒开始旋转。此时托板开始向第一停止位上升。

（4）旋转到位后内芯轴升起，同时托盘闭合，准备下一接卷流程。

运卷小车：用于将水平芯棒上的盘卷运送到 P/F 链钩子上。当水平芯棒有钢后，运卷小车前进到芯棒位将盘卷托起并压紧，压紧后运往钩子位，通过卷心定位将盘卷中心与钩子中心对中，以保证钩子平衡。

小车行程中有三个位置：等待位、芯棒位和吊钩位，如图 17-53 所示。

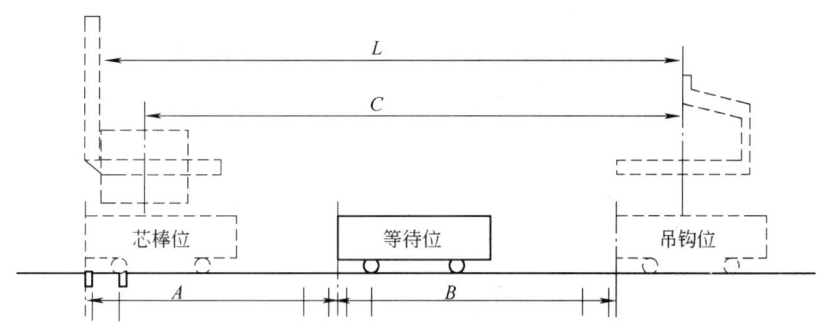

图 17-53　运卷小车的位置

移动臂：即压紧臂，在运卷小车的另一侧。当车上没有盘卷时，移动臂处于退缩位置，当车从芯棒上抬起盘卷时移动臂即前进，接触到盘卷后停下，可根据移动臂前进的位置来判断盘卷的高度。

回转臂：在运卷小车的两侧有一臂状部件，当车从芯棒处抬起盘卷时，臂状部件进入闭合状态，以支承车上运卷的端部线卷。

卷心定位：运卷小车运送盘卷去钩子位时，小车停止位置与盘卷的厚度有关系，盘卷的厚度可由移动臂行走的距离获得（见图 17-54）。

盘卷厚度为：

$$X = A - Z$$

为了使钩子保持平衡，当盘卷挂在钩子上时，应当使盘卷的中心与钩子的中心一致。

运卷小车在钩子位的位置计算（见图 17-55）如下：

$$B = Y - \frac{X}{2} \tag{17-90}$$

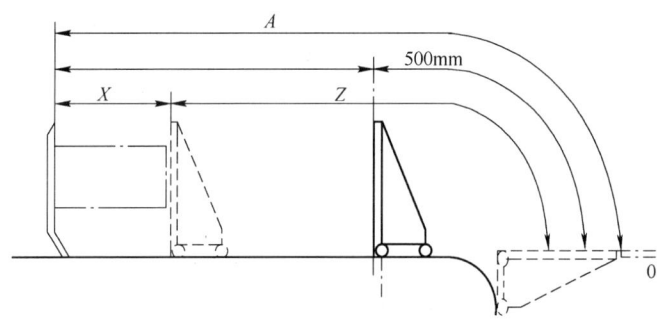

图 17-54　卷心定位

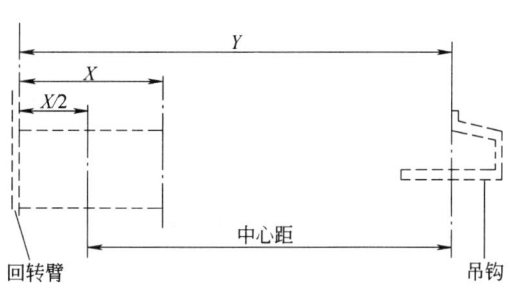

图 17-55　运卷小车位置计算

A—压紧臂零位到回转臂之间的总长度；

Z—压紧后压紧臂行走的距离（通过编码器脉冲计算得出）

式中　B——小车在钩子位的位置；

　　　　Y——芯棒位到钩子中心线的距离；

　　　　X——盘卷的厚度。

与 P/F 线的电气连锁要求是：

（1）当运卷小车在等待位或者等待位与钩子位之间时，且钩子未准备好才允许钩子进入集卷站。

（2）当运卷小车在等待位或者等待位与钩子位之间时，且钩子有钢才允许钩子出集卷站。

（3）当钩子夹紧准备好时，且钩子位无钢时，运卷小车才允许去钩子位。

集卷站接钢和卸卷的工艺流程为：

吐丝机吐出的高线成品散卷由斯太尔摩辊道经过风冷后，经集卷筒上方的布料器整理后成自由落体形式落入集卷筒内的托爪上并慢慢累积，当集卷筒内的散卷累积至一定高度时（具体高度视不同钢种及风冷辊道速度不同而具体确定），托爪打开；散卷进而跌落至已处于上极限位置的托盘上；再经一定时间的延时后，托盘开始慢速下降，此时要确保由风冷线落入集卷筒内的散卷仍然在集卷筒内完成集卷过程（可使卷型较为好看且不易拉钢）；当钢卷完全落完时，托盘经过短暂的信号滤波时间后即进入快速下降阶段（与此同时托爪关闭），直至下降到减速位并平缓到达下降停止位；此时托起鼻锥的内芯轴下降，且托盘的左、右臂同时打开至打开位；打开到位后，托盘以打开到位的状态上升，同时双芯棒开始旋转，当双芯棒旋转（顺时针或者逆时针）至某一安全角度后，托盘开始闭合，并以闭合到位状态继续上升至上极限位；同时双芯棒旋转到垂直位后内芯轴上升顶住鼻锥，此状态可进行下一个接钢的循环。此时，小车由卸卷位或等待位行驶至芯棒位并上升至高位，上升同时回转臂闭合、移动臂前进夹紧散卷。之后以高位方式向 C 形钩方向运行，对中后下降，同时移动臂后退、回转臂打开。小车再次驶回原先的等待位，进入下一次接钢循环的等待状态。

流程示意图如图 17-56 所示。

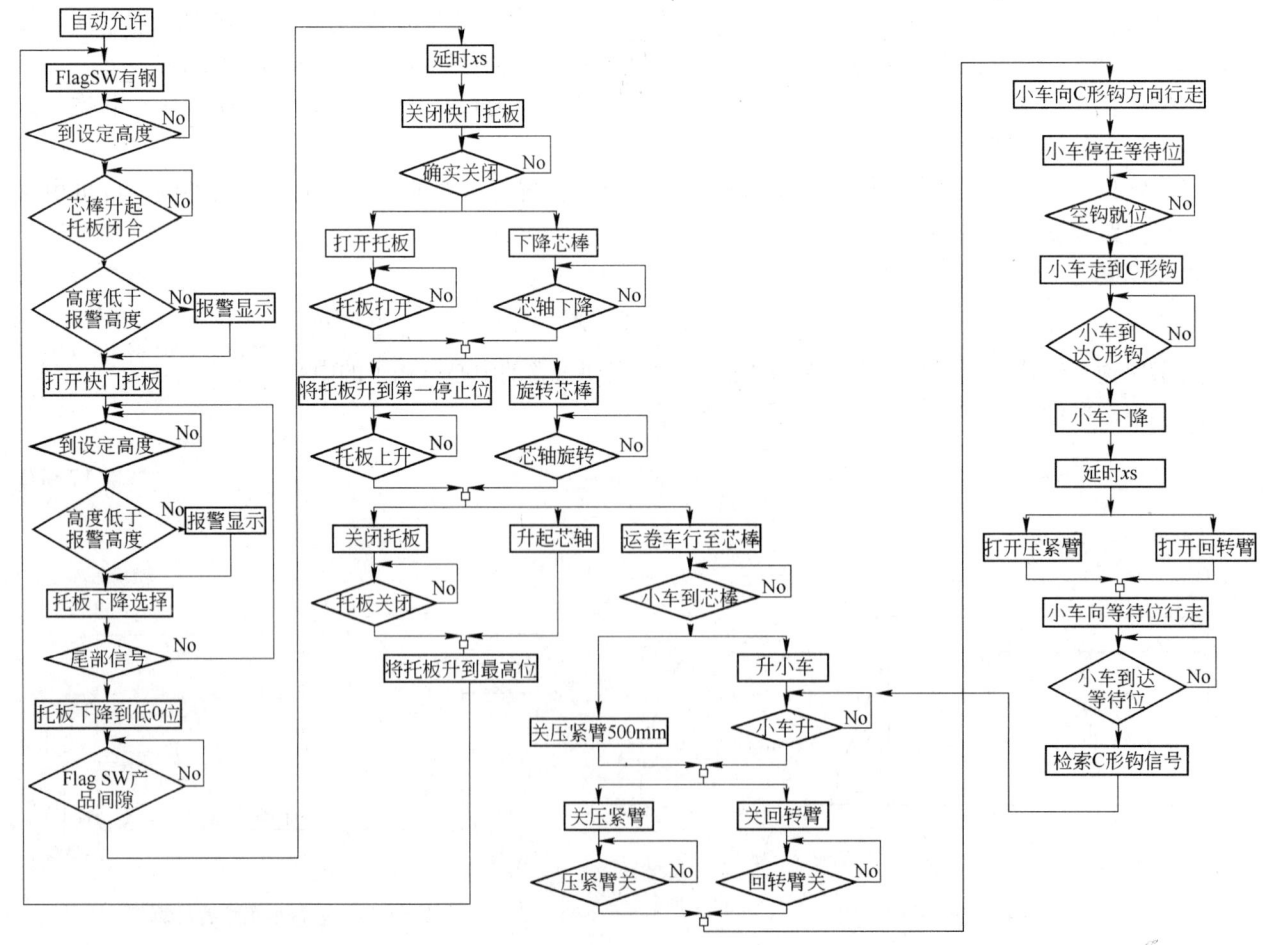

图 17-56　集卷站控制流程图

C 称重区域

经过打捆后的盘卷由 P/F 线运输系统输送至称重位置，由称重装置进行称重。称重装置由一个液压缸操纵的升降托盘和一组称重传感器组成，并由两个接近开关来指示称重托盘的上下位置。盘卷运至称重位置后，发出称重指令，称重托盘上升，将盘卷从 C 形钩上托起。当托盘上位接近开关发出托盘到位信号后，称重传感器及二次仪表开始工作，将称重结果输入计算机，完毕后发出称重完毕信号，称重托盘下降将盘卷放回 C 形钩，当称重托盘下位接近开关发出托盘复位信号，指示 P/F 线将盘卷移走，等待下一工作循环。

D 卸卷区域

卸卷区域一般有卸卷车和横移车两个设备，以某钢厂为例：卸卷车的作用是将盘卷从 C 形钩移送到横移小车的存放架上，完成移动和升降两个动作。

横移小车有 6 个存卷位置，3 个位置与卸卷车在同一直线上，用来上卷，另外 3 个位置用来吊车卸卷。因此卸卷车第 1 次移动到最远端，第 2 次移动到中部，第 3 次移动到近端。当横移小车从卸卷车接受 3 个盘卷后横移，将 3 个盘卷横移到吊车卸卷位置，同时 3 个空的存卷位置移动到与卸卷车在同一直线上，即实现了位置互换。

E 收集区域的自动化控制特点

收集区域的控制重点在于集卷站，由于设备处于高温和振动剧烈的恶劣环境，且该区域检测信号较多，因此集卷站是较易出现问题的区域。控制难点主要在其众多设备同时进行定位和联锁控制的协调性要求，如集卷筒周边设备中布料器的可变速旋转控制、托爪开闭控制、空气吹扫阀开关控制；托盘开闭控制及其变速上升及下降的位置控制；双芯棒的顺时针及逆时针变速旋转位置和速度的控制、内芯轴的上升下降位置控制；运卷小车的变速行走位置控制、运卷小车上升及下降位置控制、卷心定位等功能要求。

17.3.4 大盘卷生产自动化控制

17.3.4.1 大盘卷生产线概况

大盘卷生产线的产品主要为工业用钢，经过开卷、拉拔、酸洗等后继工序处理可以作为机械制造用钢，用来生产轴、销等机械零件。目前随着我国制造业的进一步发展，大盘卷产品用量也会随之增多，当前国内新建大盘卷生产线的数量呈上升趋势。

大盘卷生产线的关键工艺和设备均为国外引进，设备和工艺厂商包括意大利 Danieli 公司、意大利 POMINI 公司和美国 Morgan 公司。鉴于国内对大盘卷产品需求量远不及常规棒线材产品，为了提高整体效益，增加生产线的产品灵活性，国内多采用大盘卷 + 高线、大盘卷 + 直条棒材的复合线组合。

在自动化控制系统方面，国内已经开发出针对大盘卷的自动化控制系统，并成功应用于多个项目。大盘卷电气控制系统的关键技术在于连续回转式飞剪剪切控制、卷取机的高速定位、振荡三角波的快速跟随、头部定位和多个液压设备的快速定位控制，具有一定的技术实现难度。由于整个卷取区为全自动生产模式，涉及的检测信号多，在程序设计时应当考虑故障诊断与识别，并以报警、历史趋势等形式反馈给操作人员。总的来说，国内的大盘卷控制系统已经能够满足大盘卷生产线的工艺要求。

17.3.4.2 大盘卷的设备和控制功能

各个设备生产商的设备形式不尽相同，但完成的功能类似。以引进 Danieli 公司关键设备的大盘卷生产线为例，大盘卷区域的设备主要包括水冷箱、回转式飞剪、分钢器、夹送辊、活动导槽、螺旋管、卷取机、移卷机、升降机、步进式冷床、风机、翻卷装置等。其中夹送辊、活动导槽、螺旋管和卷取机设置有两套，两套卷取机交替接钢。各部分设备的控制功能包括：

水冷箱对卷取的轧件进行温度控制，控制轧件的温度既可以提高轧件的材料性能，又可使卷形更加紧凑、美观。水冷箱的控制系统不在大盘卷的轧线自动化系统里面，它和轧线的几个水冷箱作为一个系统进行单独控制。但水冷箱的温度控制对盘卷区其他设备互相影响，温度的高低、水量的大小或喷嘴打开时机不合适会对某些钢种产生过大阻力从而导致堆钢。

连续回转式飞剪的功能为切头、切尾、碎断。回转式飞剪在一个圆周上有三个或四个剪刃，能够满足较高轧件速度的剪切要求。通过飞剪前的转辙器将轧件从轧制线到剪切位置之间来回切换。为了达到

20m/s 的剪切速度,需要转辙器有较快的响应速度和良好的定位精度。传统的气动转辙器已经不能满足要求,需要用伺服电动机来驱动转辙器快速进行位置切换。伺服系统单次动作周期需达到 60ms 的响应时间。

分钢器的作用是将轧件交替送入两套卷取机中。在分钢器前有一个热检,由其检检测来料的尾部,通过设定延时,将分钢器切换到另一通道。

夹送辊用于保持稳定的轧件速度,轧件的速度稳定有利于卷取时更加均匀,达到更好的卷形效果。

活动导槽和螺旋管(也称预弯管)将轧件导入到卷取筒内,螺旋管通过自带的螺旋形导管将来料进行预弯。活动导槽和螺旋管在卷取的过程中随着盘卷高度的增加逐步上升,上升的速度和盘卷增高的速度要匹配,以达到较好的卷形。同时,活动导槽和螺旋管必须保持同步,两者的导管始终要保持在统一直线上,两者的错位会直接导致堆钢。

卷取机是大盘卷的关键设备,通过卷取机的周期性速度振荡,不断改变卷取机的线速度和轧件速度的匹配关系,使轧件能够均匀的从里到内进行布卷,不至于在部分区域过分堆积。由于卷取机在生产时最大可带 3t 的盘卷进行周期振荡,对电动机的转矩和动态响应都有很高的要求。而且为了缩短动作周期,当轧件尾部进入卷取机后,卷取机能够快速制动并定位。尤其是生产小规格产品时,卷取机速度高,对电动机的动态性能是一个很大的考验。为了解决盘卷的头部在步进冷床上运输时有可能挂到耐火砖上导致散卷的问题,需要对来料的头部进行跟踪,并依此调整卷取机的停止角度,使盘卷头部位于步进冷床中心的凹槽里。卷取完成的盘卷经托板将盘卷从卷筒托出,等待移卷。

移卷机有三个工作位置,1 号卷取位、2 号卷取位、卸卷位,主要是将卷取机上方托出来的盘卷移送到卸卷位。

升降机通过升降运动将移卷机上的盘卷放到步进冷床上。

步进式冷床和风机用来实现盘卷的冷却处理,达到预期的产品性能。

翻卷装置将垂直放置在步进冷床上盘卷翻转为水平状态,挂在 P/F 链上。

从以上介绍的大盘卷设备和控制要求来分析,对大盘卷控制系统的电气设计提出了较高要求。大盘卷的控制系统要满足快速响应、定位准确、稳定性高、安全性好等要求。

17.3.4.3　大盘卷自动化控制系统设计

棒线材的自动化控制系统多采用 PLC(Programmable Logic Controller)作为控制器。德国西门子公司、美国 GE 公司、瑞典 ABB 公司等都有适用于棒线材控制的控制器产品。同一公司的产品按照控制系统的要求不同分成了不同档次的 PLC。

设备的控制性能指标和被控对象的数量(控制系统的点数)决定了选择哪种类型的 PLC。对大盘卷控制系统来说,因为卷取机高速动态跟随、快速定位和多个液压的位置速度闭环控制要求,整个程序的扫描周期,最好在 15ms 以内。且需要具备循环时间中断功能,以满足卷取机位置信号处理和轧件头部跟踪等对时间要求小于 10ms 的控制要求。该区域较为复杂的被控设备(主传动和比例阀等)有 20 多个,绝对值编码器和其他相关检测元件数量也很多。综合上述因素,可选西门子的 S7-400 系列 PLC(或同等级其他厂家产品如 GE 公司 PAC7i 系列 PLC)作为大盘卷控制系统的主控制器。

在某大盘卷生产线中,整个区域采用西门子 SIMATIC S7-400 系列 416 控制器,远程站采用 ET200M,传动系统采用西门子 6SE70 交流变频器。该区域内设两层通讯网络,上层用工业以太网连接 PLC 和 HMI 人机交互系统;下层用 Profibus 网络连接远程 IO 和传动装置。该方案的网络体系结构是目前最为常见的一种结构。随着现场总线的发展,基于 Profinet 的控制网络结构正在逐渐被应用到棒线材控制领域。

在系统的安全性方面,需要考虑电气传动和液压传动的急停系统。急停系统是针对控制系统失灵后为了保护设备和人身安全设置的硬线紧急停车系统。对传动系统,西门子的 6SE70 有专门的接口来接收操作台传来的硬线急停信号,接收到急停信号后,传动的驱动器封锁触发脉冲,切断驱动电流,设备停止动作;对液压传动系统,没有专门的接口来进行紧急停车,但可以通过切断电磁阀或比例阀的供电电源来实现硬线停车,这种方式适用于具有弹簧对中功能的比例阀,当电源被切断后,在弹簧力的作用下,阀芯被拉到中心位置,阀口关断,设备停止动作。急停系统的合理设计为设备调试、维修和生产中的意外情况提供了安全保障。

17.3.4.4 大盘卷关键设备控制

大盘卷区域设备控制方法涉及比较典型的电气传动控制和液压传动控制两种方式。在大盘卷设备中电气传动的执行机构为交流电动机，液压传动的执行机构为比例阀。两种执行机构都用来完成各自的位置控制和速度控制。

A 卷取机控制

如图 17-57 所示，卷取机主要控制过程包括三角波振荡、制动定位两个部分。卷取机由交流电动机驱动，在卷取末期，最大可带 3t 重的盘卷做高速振荡，振荡完成后需要进行快速制动定位，由于接钢周期的限制，要求卷取机的定位时间越小越好。这两个苛刻的要求决定了电动机必须能够提供足够的功率来实现大惯量设备的快速响应。

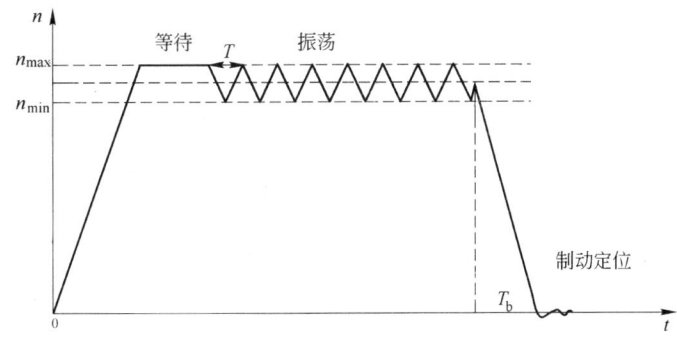

图 17-57 卷取机的动作过程

可以通过以下的方法来估算电动机在工作过程中提供的转矩和功率。

忽略摩擦转矩和负载转矩有：

$$T_e = J \frac{\mathrm{d}\omega}{\mathrm{d}t} \tag{17-91}$$

式中 T_e——电动机的电磁转矩；

J——设备和盘卷的转动惯量；

$\dfrac{\mathrm{d}\omega}{\mathrm{d}t}$——电动机的角加速度。

在卷取过程中转动惯量不断增大，在卷取末期卷筒的盘卷接近最大质量（可近似为一只钢坯的质量），此时转动惯量最大，取此时刻设备和盘卷总的转动惯量作为计算值。

当生产最小规格产品时，轧制速度最大，振荡周期最短，而实际设定的振动幅度各个规格相差不是很大，在这种情况下得到最大角加速度为：

$$\frac{\mathrm{d}\omega}{\mathrm{d}t} = \frac{2\pi(n_{max} - n_{min})}{60\dfrac{T}{2}} \tag{17-92}$$

制动过程中的加速度近似为：

$$\frac{\mathrm{d}\omega}{\mathrm{d}t} = \frac{2\pi n_{max}}{60 T_b} \tag{17-93}$$

比较两种情况，取两者中较大值得到最大角加速度，通过最大的转动惯量和最大角加速度计算，可以得到电动机的最大电磁转矩。在最高转速下可以得到电动机提供的最大功率，考虑到摩擦转矩和调节裕量等因素，实际的选型用的转矩和功率应当适当加大。

$$P_{max} = T_{max} \omega_{max} \tag{17-94}$$

卷取机的振荡工艺要求通过速度控制实现，在振荡过程中，卷取机电动机带动转筒实时跟随 PLC 程序的三角波速度设定。实际速度越接近给定的三角波，卷型效果越好。这里提出了一个高动态响应的问题。为了解决响应问题，在变频器常规的速度、电流双闭环调速的基础上增加前馈控制（也称预控制）

环节。

如图 17-58 所示，除了转速控制器和电流控制器外增加了转矩前馈给定。在实际应用中转速控制器和电流控制器一般在变频器内完成，前馈给定计算可以在 PLC 中完成，也可以直接利用变频器的相关功能实现。西门子 6SE70 变频器提供了转矩预控制方法，可以很方便地通过设置参数来完成转矩的前馈给定。

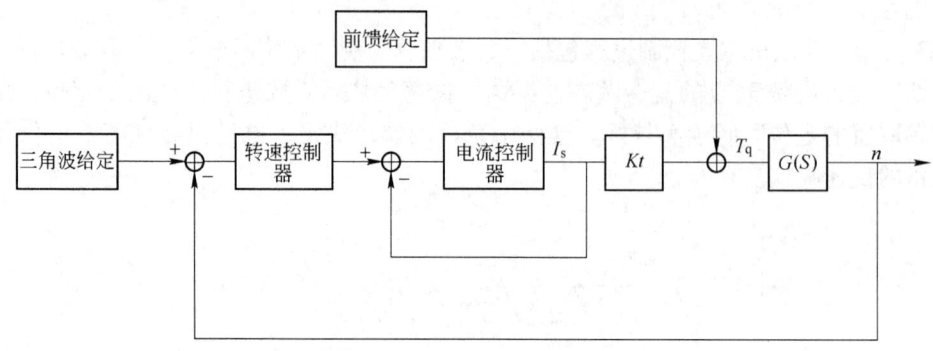

图 17-58 卷取机速度控制

如图 17-59 所示，为在轧制速度 18m/s 下卷取机波形，通过设计前馈给定环节，达到了很好的跟随效果。

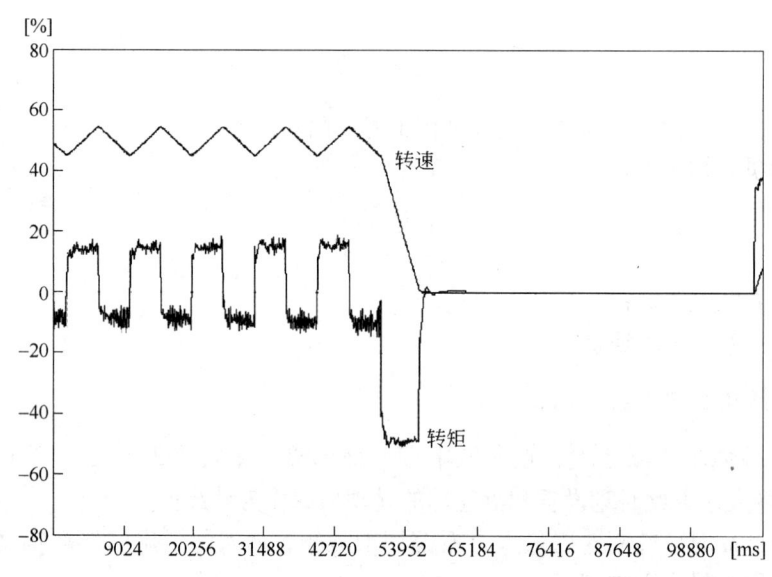

图 17-59 卷取机实际波形

卷取机的制动定位过程需要完成两个目的，首先要保证托板的 6 个空隙和移卷装置的 6 个托臂重合，当移卷装置移卷时，托臂伸出能够刚好能进到托板的空隙中，定位精度为 ±1°；其次要将棒材的头部定位到如图 17-60 所示的区域内，保证盘卷卸到步进冷床上后，棒材头部位于步进梁的中间，不被耐火砖刮到，定位的区域范围为 60°。托板 6 个空隙和托臂的配合是随意的，不存在差异，将托板定位到 60° 的整倍数即可。棒材头部所处区域的定位点是唯一的，也就是说需要根据棒材头部所处的区域来决定最终的定位目标。

为了得到棒材头部落入卷筒中的位置，在卷取机前设一个热检，当棒材头部经过时记下此时卷取机的角度，根据热检到卷筒底部的距离和轧件线速度就可以计算到头部落入的区域角度范围，最终得到定位角度。

卷取机最终的定位过程是一个典型的位置自动控制系统，并且所要求的定位目标值是预先给定的，属于预设定位置自动控制（APC）。预设定位置自动控制在棒线材轧制领域里应用广泛，大盘卷的螺旋管升降、旋转，移卷机的三个工位间的往复运动，卸卷小车的往复卸卷过程，这些都是预设定位置自动控

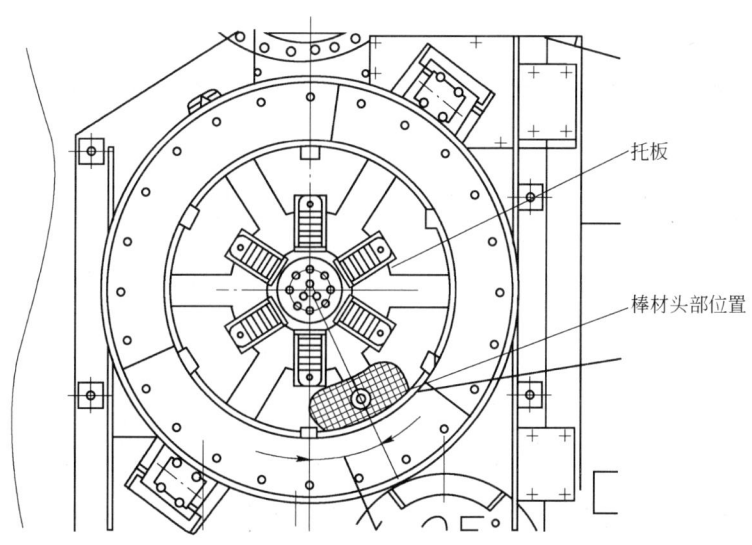

图 17-60 棒材的头部定位

制过程,每个过程的位置目标值是预知的,甚至是完全固定下来的,而且定位周期是可预知的。对这类设备的控制通常有以下要求:

(1) 定位周期要满足工艺流程要求;

(2) 定位误差要满足设备连锁所规定的精度;

(3) 定位过程要平稳,尽量减少设备冲击,延长设备使用寿命;

(4) 对有限行程的定位要保证系统无超调;

(5) 稳定性好,能满足工厂连续生产不中断的要求。

为了满足上述要求通常采用前馈控制加 PID 闭环调节的控制方法。位置前馈控制可以预测性的控制设备速度和加速度,比单纯的 PID 控制过程更加平稳。但前馈控制本身是一种开环控制,在定位精度要求很高的情况下单独采用不能够满足精度要求,需要借助闭环调节来满足定位精度。对这种预设定位置自动控制也可以直接采用轴定位模板来实现,轴定位模板采用了类似的控制方法,功能更为强大。

通常控制过程采用梯形的速度曲线(见图 17-61),加速度 a 为设备和驱动机构允许范围内的数值,整个曲线包括匀加速、最大速度前进、匀减速三个过程,由于加速度不变可以使设备运行更加平稳,避免设备齿面间的频繁撞击。对于卷取机仅选取了梯形曲线的匀减速过程。

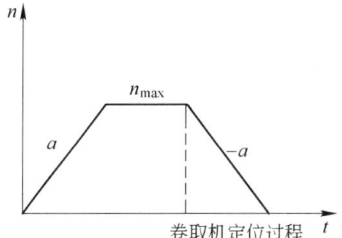

图 17-61 卷取机定位速度曲线

通过现场实际应用测试,采用前馈控制加 PID 闭环调节的控制方法取得了很好的控制效果,定位精度达到 $\pm 0.2°$,转矩控制平稳,定位时间短。

B 液压设备控制

大盘卷的主要液压设备包括活动导槽、螺旋管、移卷装置、升降机、翻卷装置等,它们的共同点在于用比例阀来完成位置或速度的控制。比较典型的是活动导槽和螺旋管,这两个设备由两个独立的比例阀进行驱动,既要完成接完钢后各自的定位功能,又要实现在接钢过程中同步上升的功能。下面以这两个设备为例来说明大盘卷区域液压设备的比例阀控制方法。

比例阀的电气控制属于电液比例控制技术,是在传统液压传动技术和以闭环控制为特征的电液伺服技术基础上发展起来的适用于工业控制领域的一种流体控制技术。在航空、航天、船舶等对控制精度有较高要求的地方均采用伺服阀控制,但伺服阀对加工精度和油品清洁度有较高要求,成本也较高,为了降低使用门槛,满足工业控制领域中控制精度要求不是很高的场合需要,比例阀得到了广泛应用。

表 17-9 列出了各种比例阀和伺服阀的性能参数，可以看到伺服阀的滞环小，无死区，频宽高，适用于各种高精度、高动态响应的场合；伺服比例阀的性能指标相近，动态响应偏低；无电反馈和带电反馈的比例阀响应低，存在死区和滞环，这种特性决定了其很难完成高精度的位置控制，尤其是涉及在零位附近频繁调整的控制过程。

表 17-9　比例阀与伺服阀的性能比较

特性 \ 类别	伺服阀	比例阀		
		伺服比例阀	无电反馈比例阀	带电反馈比例阀
滞环/%	0.1 ~ 0.5	0.2 ~ 0.5	3 ~ 7	0.3 ~ 1
中位死区/%	0	0	5 ~ 20	
频宽/Hz	100 ~ 500	50 ~ 150	10 ~ 50	10 ~ 70
应用场合	闭环控制系统		开环控制系统及闭环速度控制系统	

在大盘卷设备中多采用的是带电反馈的比例阀，相对于无电反馈的比例阀，带电反馈比例阀通过将阀芯的位置反馈引入到电磁阀控制器中，对阀芯位置进行闭环控制，减小了滞环，提高了流量的控制精度。

对比例阀来说适用于薄壁节流情况下的流量公式：

$$q_v = kA(x_v)\sqrt{\Delta p} \tag{17-95}$$

式中　q_v——通过阀口的流量；

　　　k——与节流孔口形状、油液密度和油温的系数；

　$A(x_v)$——阀口的流通面积，与阀芯位移 x_v 有关；

　　Δp——阀口的压力降。

通过流量公式可以看出，影响流量控制精度的因素包括油温、油液的品质、阀芯的位置精度、阀进口和出口的压力波动。实际使用过程中，应当减少这些不利因素的影响，才能保证最终的控制精度。

导槽和螺旋管在接钢过程中保持同步上升，两个设备的接口处必须保持在一条直线上，位置的错位会直接导致堆钢，而且两者的上升速度要求平稳、准确，有利于均匀布卷。为了达到上升过程的位置完全同步要求，需要针对设备和比例阀的特性设计合适的运动控制器才能满足速度与位置的双重要求。

图 17-62 为导槽和螺旋管同步控制的结构图。该控制结构解决了如下几个问题：

（1）控制结构中没有直接采用速度闭环控制，因为位置信号可以通过线性位移传感器直接得到，而速度信号只能通过位置进行微分得到，在控制器里的微分计算会引入噪声信号，计算的速度值相对实际

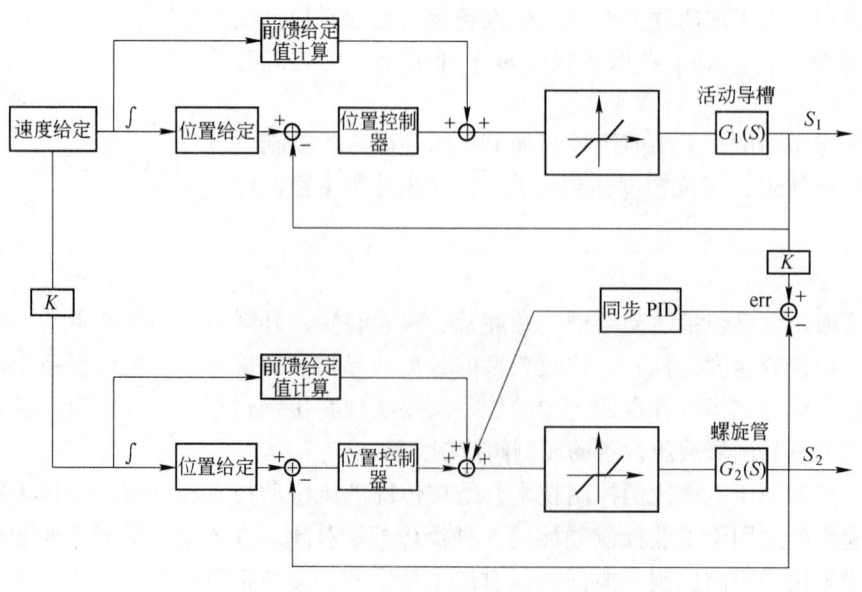

图 17-62　导槽和螺旋管同步控制结构

速度有很大波动，已经不能反映真实的动态过程。将速度给定经过积分转换为位置给定，从速度给定变成位置曲线，同时采用线性位移的位置反馈进行闭环控制，满足了工艺上螺旋高度随盘卷高度同步上升的要求。

（2）由于活动导槽和螺旋管的位置传感器安装位置的限制，两者位置反馈不是 1：1 关系，在其工作范围内进行线性化处理，得到两者在速度上和位置上的对应关系 K，利用对应关系，以活动导槽为主设备、螺旋管为从设备来进行位置和速度值的折算。

（3）为了增加系统的快速性，加入速度的预控制。

（4）由于比例阀存在死区（大约在 15%），为了更快打开阀芯，迅速进入调节状态，对比例阀的死区进行了补偿，同时由于比例阀在零位的切换会导致振荡，影响控制效果，所以在工艺控制精度允许范围内，增加了给定的滞环功能，在零位区域，小范围的波动不改变阀的开口方向，虽然牺牲了一定的调节精度，但设备运行会更平稳。

（5）为了保证两个设备的位置同步，引入两个设备的位置信号，通过同步 PID 控制器来控制两者位置偏差在允许范围内，此时以活动导槽位置为主，螺旋管跟随活动导槽的位置。

活动导槽和螺旋管除了完成同步过程外，在接钢完成后要迅速下降到低位，并保持在同一直线上，这个过程可以看做两个独立的定位过程。除此之外，螺旋管的旋转、移卷机的三工位移动、升降机的控制等都属于同一类控制问题，因此采用同样的控制方法。图 17-63 为液压设备定位控制系统结构图。

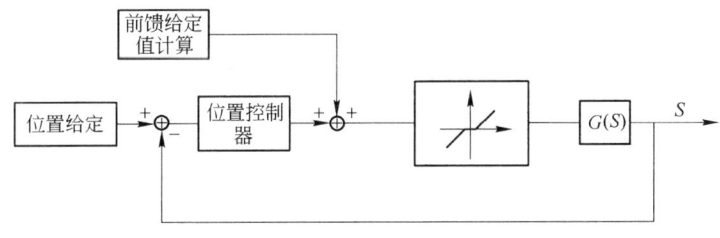

图 17-63　电液伺服定位控制结构图

与电气传动相比较，共同之处在于都采用了前馈控制加 PID 闭环调节的控制方法，不同之处在于比例阀存在死区特性，必须进行补偿。在上述控制框图里比例阀和比例阀的放大器作为一个被控对象来处理，实际上，对于带电反馈的比例阀，其在放大器内部还引入阀芯反馈进行了阀芯位置的闭环控制，增加了流量控制的精度。前馈控制能够预测性地控制速度和加速度，使设备运行平稳，这点对液压设备尤为重要。仅采用简单的高低速定位切换在设备由高速突然变为低速运行的瞬间，机械的动能转化为液压油的势能，阀芯处和回油腔的液压油压力瞬间上升到很大的数值，对阀芯的冲击会逐渐损坏阀芯进而影响控制精度，同时也缩短了比例阀的使用寿命。

17.4　过程自动化系统

与板带材轧机相比，棒线材轧制基本不需要在线设定、自学习等复杂的模型，过程自动化系统发展较为缓慢，长期以来只是完成轧件跟踪、报表管理等基本功能，在很多生产厂根本就不设置独立的过程自动化系统。但随着生产自动化程度的提高，轧制技术的不断进步和用户对质量控制的深入要求，过程自动化系统的普及率有逐步扩大的趋势。

17.4.1　概述

轧制过程自动化系统一般自上而下分为 4 层，包括由生产管理级（L3）、过程自动化级（L2）、基础自动化级（L1）和传动及信号检测级（L0）。在这种分级控制结构体系中，过程自动化级或过程控制系统位于生产管理级（L3）和基础自动化系统（L1）之间。该系统在生产线自动控制系统中用来管理生产过程数据，完成生产线上各设备的设定值计算；生产过程数据、产品质量数据及设备运行数据的收集；生产计划数据、生产原料数据及生产成品数据的管理；物料数据在生产线上的全线跟踪；协调各控制系统之间的动作和数据传递等。过程计算机控制系统需要和生产管理系统通信，接收生产计划指令、原料数据、设备数据等数据，并上传生产计划完成进度数据、生产结果数据、设备使用数据和其他管理需要的数据。

随着钢铁行业计算机控制系统功能的不断完善、控制范围不断扩大以及控制精度的不断提高，过程控制系统的作用日益重要。同样，在棒线材生产中，为了对各机组、设备进行优化设定，使设备处于良好的工作状态并获得良好的产品质量，过程控制系统的作用同样重要。

为实现上述功能，过程控制系统应满足以下要求：可靠性高、响应时间满足实时控制系统的要求、利用数据库提供数据存储功能、物料跟踪功能、灵活支持各种通信方式等功能。

17.4.2　过程控制系统硬件架构

过程控制系统的硬件由服务器、外部设备、网络通信设备、客户机等组成。系统硬件配置是系统设计的一项十分重要的内容。在某种意义上来说，系统配置是否正确，是否合理，决定了系统设计能否成功。系统配置得成功，就将为生产厂家带来高安全性、高效益、高质量。

17.4.2.1　服务器

服务器是网络环境中的高性能计算机，它接听网络上的其他计算机（客户机）提交的服务请求，并提供相应的服务。为此，服务器必须具有承担服务并且保障服务的能力。

它的高性能主要体现在高速度的运算能力、长时间的可靠运行、强大的外部数据吞吐能力等方面。

服务器的构成与微机基本相似，有处理器、硬盘、内存、系统总线等，它们是针对具体的网络应用特别制定的，因而服务器与微机在处理能力、稳定性、可靠性、安全性、可扩展性、可管理性等方面存在差异很大。

服务器配置时应重点考虑以下几个问题：

（1）硬件水平较为先进，设备的生命周期较长。冶金自动化的工程一般具有周期长、投资大的特点。因此应选择水平先进、生命周期长的计算机硬件，以便延长系统的运转时间，减少系统更新升级的次数。

（2）在能够满足生产过程和工艺发展需要的前提下，追求较高的性价比。计算机硬件水平发展太快，即使系统配置时选择当前最先进的硬件，过不了多久，也会落后。因此追求较高的性价比是明智的选择。

（3）系统的可扩展性。为增加新的硬件提供便利的条件，为开发新的应用软件留有余地。

（4）软件开发和维护手段方便。要具备方便灵活的软件开发环境和手段，或者说有一定的中间件（支持软件）。

服务器是过程控制系统的核心硬件，一旦发生故障，会造成停产，带来较大的经济损失。因此在进行系统配置时，除了对各种系统的技术功能和性能指标合理评价外，要把系统的可靠性放在首位。一般可采用以下几点措施：

（1）设置备用服务器。在线服务器发生故障时，切换到备用服务器，继续控制生产过程。

（2）采用 RAID 磁盘阵列，提高硬盘的可靠性和读写性能。磁盘阵列（Redundant Arrays of Inexpensive Disks，RAID），有"价格便宜且多余的磁盘阵列"之意。原理是利用数组方式来作磁盘组，配合数据分散排列的设计，提升数据的安全性。磁盘阵列是由很多便宜、容量较小、稳定性较高、速度较慢磁盘，组合成一个大型的磁盘组，利用个别磁盘提供数据所产生加成效果提升整个磁盘系统效能。同时利用这项技术，将数据切割成许多区段，分别存放在各个硬盘上。磁盘阵列还能利用同位检查（Parity Check）的观念，在数组中任一颗硬盘故障时，仍可读出数据，在数据重构时，将数据经计算后重新置入新硬盘中。

（3）关键部件支持热插拔和冗余，如风扇，电源，网卡等。

（4）采用不间断电源，保证服务器的供电质量。

典型的 L2 服务器硬件配置如下：

（1）CPU：英特尔至强 E5504 四核处理器 2GHz；

（2）RAM：4GB；

（3）DVD-RW 光驱；

（4）双 1G/100M/10M bps 自适应网卡；

（5）键盘，鼠标；

（6）19 寸 TFT 液晶显示器；

（7）硬盘 3×146G Raid5 存储。

17.4.2.2 客户机

客户机是指连接服务器的计算机。客户机使用服务器共享的文件、打印机和其他资源。

客户机又称为用户工作站，是用户与网络打交道的设备，一般由微机担任，每一个客户机都运行在它自己的、并为服务器所认可的操作系统环境中。客户机主要享受网络上提供的各种资源。通常，采用客户机/服务器结构的系统，有一台或多台服务器以及大量的客户机。服务器配备大容量存储器并安装数据库系统，用于数据的存放和数据检索；客户端安装专用的软件，负责数据的输入、运算和输出。

典型的 L2 客户机硬件配置如下：

（1）CPU：Pentium IV，双核；

（2）RAM：2GB；

（3）硬盘：240GB；

（4）DVD 光驱；

（5）100Mbps 网卡；

（6）19" TFT 4∶3 液晶显示器；

（7）USB 接口键盘，鼠标；

（8）集成显卡。

17.4.2.3 网络打印机

网络打印机主要用于打印报表和调试信息，基本配置为：

（1）10/100M 以太网卡；

（2）内存 16MB（黑白网络激光打印机）；

（3）TCP/IP 以太网通讯软件；

（4）A3 纸黑白激光打印机。

17.4.2.4 通信网络

过程控制系统的通信网络比较简单，一般采用以太网连接，通信速度为 100/1000M 自适应。图 17-64 是某厂棒材车间的过程控制系统网络架构示意图。

L2 系统与 L1 之间的通讯可以采用 TCP/IP 协议或 OPC 协议。

A TCP/IP 协议

TCP/IP 是 Transmission Control Protocol/Internet Protocol 的简写，中译名为传输控制协议/因特网互联协议，又名网络通讯协议，是 Internet 最基本的协议、Internet 国际互联网络的基础，由网络层的 IP 协议和传输层的 TCP 协议组成。TCP/IP 定义了电子设备如何连入因特网，以及数据如何在它们之间传输的标准。协议采用了 4 层的层级结构，每一层都呼叫它的下一层所提供的网络来完成自己的需求。通俗而言，TCP 负责发现传输的问题，一有问题就发出信号，要求重新传输，直到所有数据安全正确地传输到目的地。

TCP 协议的开发原理：

服务器，使用 ServerSocket 监听指定的端口，端口可以随意指定（由于 1024 以下的端口通常属于保留端口，在一些操作系统中不可以随意使用，所以建议使用大于 1024 的端口），等待客户连接请求，客户连接后，会话产生；在完成会话后，关闭连接。

客户端，使用 Socket 对网络上某一个服务器的某一个端口发出连接请求，一旦连接成功，打开会话；会话完成后，关闭 Socket。客户端不需要指定打开的端口，通常临时的、动态的分配一个 1024 以上的端口。

Socket 接口是 TCP/IP 网络的 API，Socket 接口定义了许多函数或例程，程序员可以用它们来开发 TCP/IP 网络上的应用程序。Socket 具有一个类似于打开文件的函数调用 Socket( )，该函数返回一个整型

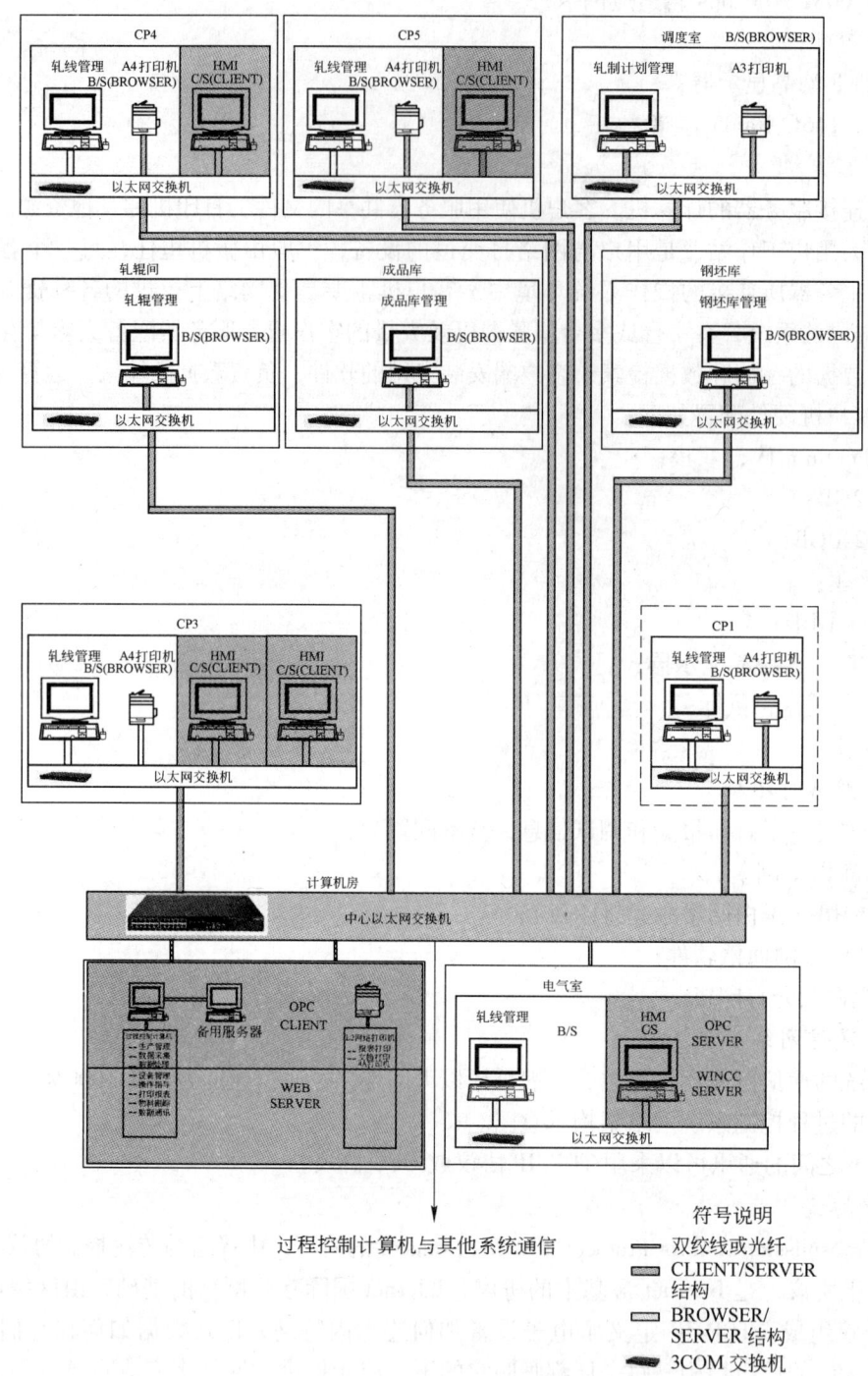

图 17-64　过程控制系统网络架构

的 Socket 描述符，随后的连接建立、数据传输等操作都是通过该 Socket 实现的。

　　常用的 Socket 类型有两种：流式 Socket（SOCK_STREAM）和数据报式 Socket（SOCK_DGRAM）。流式是一种面向连接的 Socket，针对于面向连接的 TCP 服务应用；数据报式 Socket 是一种无连接的 Socket，对应于无连接的 UDP 服务应用。Socket 为了建立 Socket，程序可以调用 Socket 函数，该函数返回一个类似于文件描述符的句柄。Socket 函数原型为：int socket（int domain, int type, int protocol）；domain 指明所使用的协议族，通常为 PF_INET，表示互联网协议族（TCP/IP 协议族）；type 参数指定 Socket 的类型：SOCK_STREAM 或 SOCK_DGRAM，Socket 接口还定义了原始 Socket（SOCK_RAW），允许程序使用低层协议；protocol 通常赋值 0。Socket（）调用返回一个整型 Socket 描述符，你可以在后面的调用使用它。Socket 描述符是一个指向内部数据结构的指针，它指向描述符表入口。调用 Socket 函数时，Socket 执行体将建立一个 Socket，实际上"建立一个 Socket"意味着为一个 Socket 数据结构分配存储空间。Socket 执行体为你管理描述符表。两个网络程序之间的一个网络连接包括五种信息：通信协议、本地协议地址、本地主机端口、远端主机地址和远端协议端口。Socket 数据结构中包含这五种信息。

　　B　OPC 协议

OPC 全称是 Object Linking and Embedding（OLE）for Process Control，它的出现为基于 Windows 的应用程序和现场过程控制应用建立了桥梁。在过去，为了存取现场设备的数据信息，每一个应用软件开发商都需要编写专用的接口函数。由于现场设备的种类繁多，且产品的不断升级，往往给用户和软件开发商带来了巨大的工作负担。通常这样也不能满足工作的实际需要，系统集成商和开发商急切需要一种具有高效性、可靠性、开放性、可互操作性的即插即用的设备驱动程序。在这种情况下，OPC 标准应运而生。OPC 标准以微软公司的 OLE 技术为基础，它的制定是通过提供一套标准的 OLE/COM 接口完成的，在 OPC 技术中使用的是 OLE 2 技术，OLE 标准允许多台微机之间交换文档、图形等对象。

COM 是 Component Object Model 的缩写，是所有 OLE 机制的基础。COM 是一种为了实现与编程语言无关的对象而制定的标准，该标准将 Windows 下的对象定义为独立单元，可不受程序限制地访问这些单元。这种标准可以使两个应用程序通过对象化接口通讯，而不需要知道对方是如何创建的。例如，用户可以使用 C + +语言创建一个 Windows 对象，它支持一个接口，通过该接口，用户可以访问该对象提供的各种功能，用户可以使用 Visual Basic、C、Pascal、Smalltalk 或其他语言编写对象访问程序。在 Windows NT4.0 操作系统下，COM 规范扩展到可访问本机以外的其他对象，一个应用程序所使用的对象可分布在网络上，COM 的这个扩展被称为 DCOM（Distributed COM）。

通过 DCOM 技术和 OPC 标准，完全可以创建一个开放的、可互操作的控制系统软件。OPC 采用客户/服务器模式，把开发访问接口的任务放在硬件生产厂家或第三方厂家，以 OPC 服务器的形式提供给用户，解决了软、硬件厂商的矛盾，完成了系统的集成，提高了系统的开放性和可互操作性。

OPC 服务器通常支持两种类型的访问接口，它们分别为不同的编程语言环境提供访问机制。这两种接口是：自动化接口（Automation interface）；自定义接口（Custom interface）。自动化接口通常是为基于脚本编程语言而定义的标准接口，可以使用 VisualBasic、Delphi、PowerBuilder 等编程语言开发 OPC 服务器的客户应用。而自定义接口是专门为 C + + 等高级编程语言而制定的标准接口。OPC 现已成为工业界系统互联的缺省方案，为工业监控编程带来了便利，用户不用为通讯协议的难题而苦恼。

17.4.3　系统软件

系统软件是面向计算机的软件，与应用对象无关。系统软件一般包括以下内容：操作系统、高级编程语言、数据库、办公软件、通信网络软件。

17.4.3.1　操作系统

系统软件中的主要部分是操作系统。操作系统是服务器上的第一层软件，它是整个系统的控制管理中心，控制和管理计算机硬件和软件资源合理的组织计算机工作流程，为其他软件提供运行环境。操作系统主要完成的功能有：（1）进程及处理器管理；（2）存储管理；（3）设备管理；（4）文件管理。

17.4.3.2　数据库

数据库（Database）是按照数据结构来组织、存储和管理数据的仓库，它产生于距今 50 年前，随着信息技术和市场的发展，特别是 20 世纪 90 年代以后，数据管理不再仅仅是存储和管理数据，而转变成用户所需要的各种数据管理的方式。数据库有很多种类型，从最简单的存储由各种数据的表格到能够进行海量数据存储的大型数据库系统都在各个方面得到了广泛的应用。

数据库是依照某种数据模型组织起来并存放二级存储器中的数据集合。这种数据集合具有如下特点：尽可能不重复，以最优方式为某个特定组织的多种应用服务，其数据结构独立于使用它的应用程序，对数据的增、删、改和检索由统一软件进行管理和控制。从发展的历史看，数据库是数据管理的高级阶段，它是由文件管理系统发展起来的。

常用的数据库有：

（1）Oracle：Oracle 前身称为 SDL，由 Larry Ellison 和另两个编程人员在 1977 年创办，他们开发了自己的拳头产品，在市场上大量销售，1979 年，Oracle 公司引入了第一个商用 SQL 关系数据库管理系统。Oracle 公司是最早开发关系数据库的厂商之一，其产品支持最广泛的操作系统平台。目前 Oracle 关系数据库产品的市场占有率名列前茅。现在 Oracle 数据库包含三种：大型数据库（主流是 10g/11g）、My Sql 数据库、内存数据库。

（2）Sybase：Sybase 公司成立于 1984 年，公司名称"Sybase"取自"system"和"database"相结合的含义。Sybase 公司的创始人之一 Bob Epstein 是 Ingres 大学版（与 System/R 同时期的关系数据库模型产品）的主要设计人员。公司的第一个关系数据库产品是 1987 年 5 月推出的 Sybase SQLServer1.0。Sybase 首先提出 Client/Server 数据库体系结构的思想，并率先在 Sybase SQLServer 中实现。

（3）SQL Server：1987 年，微软和 IBM 合作开发完成 OS/2，IBM 在其销售的 OS/2 ExtendedEdition 系统中绑定了 OS/2Database Manager，而微软产品线中尚缺少数据库产品。为此，微软将目光投向 Sybase，同 Sybase 签订了合作协议，使用 Sybase 的技术开发基于 OS/2 平台的关系型数据库。1989 年，微软发布了 SQL Server 1.0 版。

（4）MySQL：MySQL 是一个小型关系型数据库管理系统，开发者为瑞典 MySQL AB 公司。在 2008 年 1 月 16 号被 SUN 公司收购。而 2009 年，SUN 又被 Oracle 收购。对于 Mysql 的前途，没有任何人抱乐观的态度。目前 MySQL 被广泛地应用在 Internet 上的中小型网站中。由于其体积小、速度快、总体拥有成本低，尤其是开放源码这一特点，许多中小型网站为了降低网站总体拥有成本而选择了 MySQL 作为网站数据库。

（5）Access 数据库：美国 Microsoft 公司于 1994 年推出的微机数据库管理系统。它具有界面友好、易学易用、开发简单、接口灵活等特点，是典型的新一代桌面数据库管理系统。其主要特点如下：

1）完善地管理各种数据库对象，具有强大的数据组织、用户管理、安全检查等功能。

2）强大的数据处理功能，在一个工作组级别的网络环境中，使用 Access 开发的多用户数据库管理系统具有传统的 XBASE（DBASE、FoxBASE 的统称）数据库系统所无法实现的客户服务器（Cient/Server）结构和相应的数据库安全机制，Access 具备了许多先进的大型数据库管理系统所具备的特征，如事务处理/出错回滚能力等。

3）可以方便地生成各种数据对象，利用存储的数据建立窗体和报表，可视性好。

4）作为 Office 套件的一部分，可以与 Office 集成，实现无缝连接。

5）能够利用 Web 检索和发布数据，实现与 Internet 的连接。Access 主要适用于中小型应用系统，或作为客户机/服务器系统中的客户端数据库。

17.4.3.3　高级语言

高级语言是目前绝大多数编程者的选择。和汇编语言相比，它不但将许多相关的机器指令合成为单条指令，并且去掉了与具体操作有关但与完成工作无关的细节，例如使用堆栈、寄存器等，这样就大大简化了程序中的指令。同时，由于省略了很多细节，编程者也就不需要有太多的专业知识。

高级语言主要是相对于汇编语言而言，它并不是特指某一种具体的语言，而是包括了很多编程语言，如目前流行的 VB、C++、FoxPro、Delphi 等，这些语言的语法、命令格式都各不相同。像最简单的编程语言 PASCAL 语言也属于高级语言。

高级语言所编制的程序不能直接被计算机识别，必须经过转换才能被执行，按转换方式可将它们分为两类：

解释类：执行方式类似于我们日常生活中的"同声翻译"，应用程序源代码一边由相应语言的解释器"翻译"成目标代码（机器语言），一边执行，因此效率比较低，而且不能生成可独立执行的可执行文件，应用程序不能脱离其解释器，但这种方式比较灵活，可以动态地调整、修改应用程序。如较早时期的 Qbasic 语言。

编译类：编译是指在应用源程序执行之前，就将程序源代码"翻译"成目标代码（机器语言），因此其目标程序可以脱离其语言环境独立执行，使用比较方便、效率较高。但应用程序一旦需要修改，必须先修改源代码，再重新编译生成新的目标文件（＊.OBJ）才能执行，只有目标文件而没有源代码，修改很不方便。现在大多数的编程语言都是编译型的，例如 C/C++、Visual Foxpro、Delphi 等。

对于一般的棒线材 L2 系统，建议选取下列系统软件：

（1）操作系统：Windows 2003 server；

（2）数据库：Oracle 或 Sql Server；

（3）防火墙：病毒防火墙，网络防火墙；

（4）编程工具：MicroSoft VS 2008；

（5）办公软件：Office 2007。

17.4.4 应用软件架构

过程控制系统应用软件包括两个部分：服务器上运行的 PCS 系统软件和客户机上运行的客户端软件。过程控制系统软件架构如图 17-65 所示。

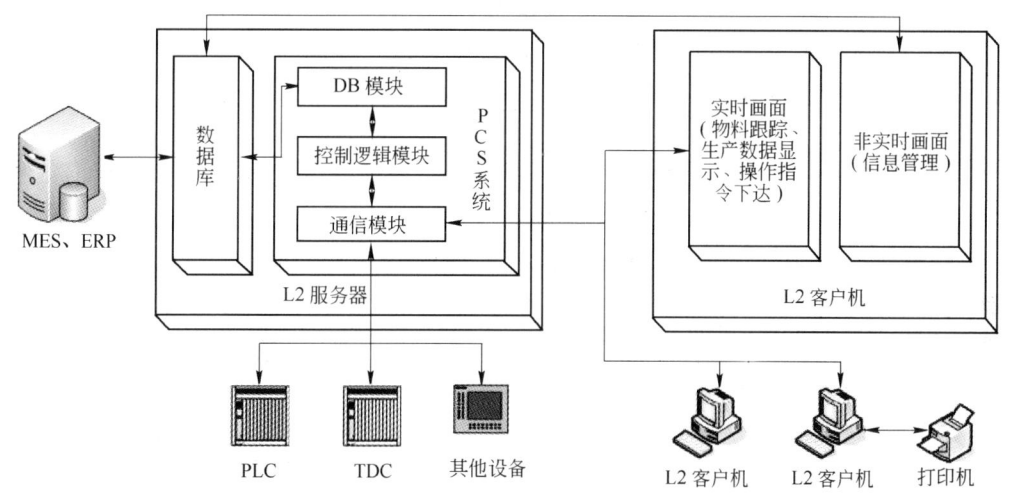

图 17-65 过程控制系统软件架构

过程控制系统软件最基本的功能模块包括：通信模块、控制逻辑模块和 DB 模块。通信模块一方面需要与 PLC、TDC 以及现场工艺设备通信以获取实际生产数据；另一方面与 L2 HMI 客户端通信以传送物料跟踪结果、实际生产数据以及接收操作工的控制指令。控制逻辑模块根据实际生产数据完成物料跟踪、生产指令下发等功能。DB 模块将生产数据存储到数据库中，并能够从数据库中获取轧件的 PDI 信息、轧辊信息等。

客户端软件包括实时画面和非实时画面两个部分。实时画面用于显示物料跟踪结果以及实际生产数据等；非实时画面主要用于管理使用，供操作人员完成 PDI 信息管理、数据查询等功能。

17.4.5 过程控制系统的主要功能

17.4.5.1 数据通信

（1）与基础自动化通信：过程控制系统与基础自动化通信的网络连接介质是工业以太网，为达到实时通信的要求，基础自动化和过程自动化之间的通信协议采用 TCP/IP 面向连接的 Socket 协议。采用二进制的数据报文，直接传送数据内容。L1 系统的 PLC 将采集和设定的数据集中存放在两个数据块中，过程机运行一个数据通讯程序将 L1 级的实测数据从特定 PLC 的实测数据块中读取到过程机，同时将过程机的设定值写入到特定 PLC 设定基准值数据块中。

（2）与基础自动化 HMI 通信：WinCC 是实现 HMI 功能的一个功能完善、使用方便的系统工具。WinCC 本身提供对外的通信方式有 OPC（WinCC 主要推荐）、COM 服务、DDE、ODK 等。

过程控制计算机与 HMI 服务器之间的数据通讯采用 OPC 数据交换方式进行，过程控制计算机作为 HMI 服务器的 OPC 客户端，可以向 HMI 服务器发送数据并能够接收来自 HMI 服务器的数据。数据内容包括物料跟踪的位置信息、跟踪修正的命令字以及轧件在指定位置的状态信息等。

（3）与 L3 系统的通信：过程控制系统与生产管理系统之间的通信可以采用 TCP/IP 或是数据库表通

信方式连接。

采用数据库方式时，L2 和 L3 系统在各自的数据库中建立专门的数据表，用于存放对方所需要的数据，并为对方设置读写这些数据表的权限。发送方将数据存放在数据表中，接收方读取完成后将该表清空。

L3 系统发送给 L2 系统的数据包括：生产计划数据、原料数据和生产要求数据、轧辊数据。

L2 系统发送给 L3 系统的数据包括：生产进度、生产结果、换辊实绩、交接班生产记录数据、停机数据。

（4）与客户端的通信：L2 系统与客户端之间的通信包括两个部分，与实时画面的通信可以采用 TCP/IP 的方式；与非实时管理画面之间采用数据库表通信方式连接。

17.4.5.2 物料跟踪

过程控制系统物料跟踪一般分区段进行，即将生产线按物理位置及控制功能划分为不同的跟踪区，每个跟踪区按设备位置及控制功能划分为不同的跟踪段。跟踪过程通过事件进行，分为头部进入跟踪区段、尾部离开跟踪区段，头部进入跟踪段，认为本跟踪段有钢，尾部离开跟踪区，本跟踪段失钢。

物料跟踪主要依靠如下信号及其变化确定轧件位置：主轧线的高温计、轧机咬钢信号、飞剪剪切信号、热金属检测器 HMD、冷金属检测器 CMD、轧机的电流电压、步进梁步进信号、锯切信号。

对于从 L1 接收到的检测信号，L2 系统还需要进行如下处理，以保证信号的可靠性。

（1）信号滤波：除 L1 对信号进行滤波外，L2 也需要对信号进行滤波，以避免由于信号的不稳定而导致物料跟踪的错误。

（2）一致性检查：跟踪信号对每个事件均需要进行一致性检查，通过时间或数量确认信号的合理性。

（3）冗余设计：跟踪系统除配备主传感器外，还需考虑备用传感器，以提高系统的可靠性。

当二级系统从一级系统读取的跟踪数据显示轧线上轧件不能按照正常的方法进行，跟踪需要提供修正功能。跟踪修正在各操作室操作终端上进行，包括轧件前移、后移、交换、吊销、插入。

17.4.5.3 PDI 数据管理

过程控制计算机为了进行设定计算以及对生产工艺过程进行跟踪和控制，需要事先获取轧件的原始数据，在棒线材生产中，典型的 PDI 数据包括：钢种、规格、长度、重量、目标规格、目标长度等。

当 L3 系统投入使用时，L2 系统从 L3 系统获取钢卷的 PDI 数据，当 L3 系统离线时，L2 系统提供 PDI 数据的录入、修改、查询、删除等操作。

（1）PDI 数据的录入：在 L2 工作站进行新 PDI 数据输入的时候，L2 系统应对关键数据进行有效性检查，如果存在不合理的数据录入，则提示操作人员进行修改，修改正确的轧制计划进入数据库中。进入生产线正常跟踪的 PDI 数据不能再进行更改。

（2）PDI 数据的查询与修改：具有操作权限的操作人员可以对未进入生产线钢卷的 PDI 数据进行更改。L2 系统提供 PDI 查询功能，操作人员对查询到的 PDI 数据进行修改。

（3）PDI 数据的删除：如果要删除 PDI 数据的某条记录，首先通过查询找到符合条件的 PDI 数据，删除选中的 PDI 数据。

17.4.5.4 预设定值

L2 系统接收到 L3 发送的 PDI 数据和生产要求后，根据上述信息计算该轧件的相关设定值，并将该设定值保存到数据库中。操作人员能够在操作终端的操作界面上修改每个未生产的轧件的生产设定值。L2 系统将修改后的生产设定值和原设定值一起被保存到数据库中。当轧件上线时，其设定值将被下传到 L1 系统中。作为其进行设备控制的基准值。

在棒线材生产中，典型的工艺参数数据包括：机架伸长率、辊径修正系数、速度超前率、轧机辊缝、终轧出口速度。

规程计算是基于数据库中预存的数据表数据，该数据在调试期间，由工艺人员和 L2 系统调试人员离线计算得到，并在调试过程中修正该数据。该计算过程是在考虑到各设备的能力、材料属性和工艺要求等限制因素的情况下，以达到最大产能为目标，进行运算得到。在实际调试和生产过程中，工艺人员能够修改该设定数据表来达到更好的生产效果。操作人员能够通过 HMI 查看和修改该轧件的设定值。当轧件上线后，L2 的设定值发送给 L1 系统用于生产。操作人员能够在 HMI 上，将当前生产的设定值设置为下一轧件的设定值，这样当新的轧件上线时，可直接拷贝上一个轧件的设定值，作为当前轧件的设定值。

17.4.5.5 停机管理

当生产线由于故障导致生产中断时，过程控制系统应记录下停机开始时间、停机结束时间、停机区域、停机原因以及当前班次等信息，并存在数据库中。

管理人员可以按照班次或时间范围等条件检索停机记录，并由 L2 系统自动统计出设备利用率，以及由各种故障导致的停机时间等。

17.4.5.6 轧辊管理

在棒线材生产中，生产不同规格的产品需要更换不同的轧辊或者同一轧辊的不同孔型，因此，需要对轧辊进行管理，并统计出轧辊每个孔型的轧制重量，在达到限轧吨位时发出警报，以提示及时更换轧辊。

轧辊数据中包含以下数据：轧辊号、轧辊类型、轧辊直径、凸度、轧辊材质、运行历史数据。

轧辊数据管理主要包含以下功能：

（1）轧辊档案表：记录新进厂的轧辊的基本信息。在此时为轧辊分配唯一的编号。

（2）轧辊历史数据查询：根据轧辊的编号查询其所有历史数据。

（3）在线轧辊使用情况显示：显示在线轧辊的使用情况，并能做出极限预警。

（4）轧辊修磨管理：登记进行修磨的轧辊数据。

（5）轧辊准备通知单：修磨完毕的轧辊自动存放在轧辊准备通知单中，以备轧辊上线时查询使用。

（6）换辊管理：轧辊上线或者下线时，由操作人员在 L2 工作站上进行相关操作。

17.4.5.7 质量管理

操作人员以炉号为单位输入抽检支数、不合格支数，并选择该批次所属班组等信息。对于不合格的产品，由操作人员选择不合格原因。

管理人员可以按照炉号、班组或时间段选择查询质量数据。查询内容包括质量数据、产品合格率、质量缺陷的分布情况。

17.4.5.8 库管理

库管理主要包括原料库和成品库的管理。管理内容包括：入库、出库、倒库、盘库及统计库存量等。

17.4.5.9 生产报表

在生产过程中，过程控制系统需要将生产时各种数据汇总并保存成各种报表，以供分析。一般有以下几种报表：

（1）班报和日报。班报和日报包括每班和每天的生产情况，如产品规格、产量、收得率、设备停机时间等。

（2）工程记录。工程记录主要是记录跟设定计算和设定相关的数据信息，如机架伸长率、辊径修正系数、速度超前率、轧机辊缝、终轧出口速度等。

（3）质量报表。质量报表主要是产品的质量分类数据。

参 考 文 献

[1] 许益民. 电液比例控制系统分析与设计[M]. 北京：机械工业出版社，2006.

[2] 高金源，等. 计算机控制系统-理论、设计与实现[M]. 北京：北京航空航天大学出版社，2001.

[3] 黄立培. 电动机控制[M]. 北京：清华大学出版社，2003.

[4] 尔桂花，窦曰轩. 运动控制系统[M]. 北京：清华大学出版社，2002.

[5] 孙一康，王京. 冶金过程自动化基础[M]. 北京：冶金工业出版社，2006.

[6] 瞿坦. 计算机网络及应用[M]. 北京：化学工业出版社，2002.

[7] 施伯乐. 数据库教程[M]. 北京：电子工业出版社，2004.

［8］姚琳. C＋＋程序设计［M］. 北京：人民邮电出版社，2011.

［9］张希元，王云波，寇新民，冯建标. 棒材过程控制系统的设计与应用［J］. 冶金自动化，2011，(2).

［10］师传刚，曲军. 过程控制计算机系统安全架构的实现［J］. 宝钢技术，2004，(6).

［11］薛兴昌，胡宇，师淑珍. 小型连轧机组自动化系统功能述评和技术发展(上)［J］. 冶金自动化，2006，(1).

［12］薛兴昌，胡宇，师淑珍. 小型连轧机组自动化系统功能述评和技术发展(下)［J］. 冶金自动化，2006，(1).

［13］姜逊，张汉中. 棒线材高速轧机立活套的设计及应用［J］. 江苏冶金，1995，(3).

［14］朱英韬，张竟祥，董君祥，孙宝泰. 棒线材连轧动态速降的研究［J］. 电气传动自动化，2005，24(5).

［15］孙欣，孙汉峰. 棒线材轧机速度级联控制系统［J］. 冶金自动化，2006，(1).

［16］刘庆禄，杨金，王会凤. 棒材倍尺钢上冷床工艺过程的分析与研究［J］. 河北冶金，2005，(4).

［17］葛延津，陈栋，高峰. 飞剪的定位控制［J］. 控制与决策，2003，18(5).

［18］李江昀，郭香云，童朝南. 一类轮鼓式飞剪运行控制方法［J］. 电气传动，2008，38(3).

［19］程知松. 棒材倍尺分段飞剪优化剪切原理［J］. 钢铁，2004，(3).

编写人员：中冶京诚电气所　冉庆东、陈精、干思权、任广宁、卞振华、张希元

冶金工业出版社部分图书推荐

书　　名	定价(元)
高速轧机线材生产(第2版)	85.00
高速线材生产	39.00
高速轧机线材生产知识问答	33.00
宽厚钢板轧机概论	75.00
中厚板生产与质量控制	99.00
中厚板生产实用技术	58.00
中厚板生产知识问答	29.00
中国中厚板轧制技术与装备	180.00
型钢生产知识问答	29.00
小型型钢连轧生产工艺与设备	75.00
热轧棒线材力学性能数学模型的建立	26.00
板带冷轧机板形控制与机型选择	59.00
中型型钢生产	28.00
冷热轧板带轧机的模型与控制	59.00
钢轨生产与使用	52.00
中国热轧宽带钢轧机及生产技术	75.00
热轧生产自动化技术	52.00
冷轧薄钢板生产(第2版)	69.00
板带冷轧生产	42.00
冷轧生产自动化技术	45.00
矫直技术与理论的新探索	20.00
钢铁企业安全生产管理(第2版)	65.00
现代汽车的开山之作——福特T型车的设计故事	25.00
中厚板外观缺陷的界定与分类	150.00

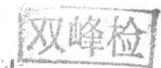